Theory and Engineering Technology
of Ground Improvement

地基处理理论与工程技术

李彰明　著

中国电力出版社
CHINA ELECTRIC POWER PRESS

内 容 提 要

基于作者在软土地基处理领域长期研究与大量工程实践及测试的心得体会和成果积累，本书阐述了软土地基加固基本理论及原理，全面介绍与讨论了地基加固常用的与近些年发展起来并应用前景好的技术方法，并提供了大量内容翔实的、由作者直接负责或指导的工程实例以及一些工法机理研究最新成果，可供借鉴参考及应用。本书共分为两篇共十五章，分别是地基处理理论与实践发展概况、变形体力学理论基础、土体工程基本性质与参数相互关系、土体工程原理与设计准则、土体工程基本理论及本构关系、地基处理原理及方法、静力排水固结法、动力固结法、静动力排水固结法、水泥搅拌桩与注浆法、水泥粉煤灰碎石桩、微型桩、其他常用地基加固方法、地基处理常用方法方案比选。

本书适合设计、施工、监测、监理、检测、研究、土木建筑业主及有关管理机构等人员参考使用，也适合高等院校土建类专业师生参考使用。

图书在版编目（CIP）数据

地基处理理论与工程技术/李彰明著. —北京：中国电力出版社，2014.3
ISBN 978-7-5123-5539-2

Ⅰ.①地... Ⅱ.①李... Ⅲ.①地基处理 Ⅳ.①TU472

中国版本图书馆 CIP 数据核字（2014）第 026192 号

中国电力出版社出版发行
（北京市东城区北京站西街 19 号　100005　http://www.cepp.sgcc.com.cn）
责任编辑：梁　瑶　　电话：010-63412605　E-mail：liangyao0521@126.com
责任印制：郭华清　　责任校对：王小鹏
北京盛通印刷股份有限公司印刷·各地新华书店经售
2014 年 3 月第 1 版·第 1 次印刷
787mm×1092mm　1/16·41.25 印张·1020 千字
定价：98.00 元

前言

由于土地有限性及不断扩张建设中选址的日益困难，地基处理问题从来没有像现在这样突出地摆在我们面前，成为工程建设中的技术及经济关键。科学有效地解决该方面问题，需要在自然科学与工程技术两个领域共同努力。一般而言，科学家着重解决"为什么"的问题，工程师则侧重于"怎么做"的问题；在地基处理方面也大致如此。然而，由于地基土体工程响应的十分复杂性及不确定性，以及理论分析及力学描述的困难，地基处理更需要将理论与工程技术紧密地相结合。在长期的工程实践与理论研究中，作者切身感受到，要做好地基处理，须在理论及原理、试验、计算分析、设计、施工、监测与检测等各方面全面把握好，要形成所谓的"一条龙"的系统知识及技术，互相加以弥补、验证及推进。本书正是这样一种努力。

本书分为两大部分，第一部分为地基处理理论及方法，第二部分为典型工法及实例，如目录所示由 15 章构成。系统阐述及介绍包含作者最新研究成果在内的基础理论、相关原理及工法机理与作者全面负责或指导的工程实例，其中包括对当前学术界与工程界特别关注及疑虑的一些关键问题的研究与工程应用。

在理论方法方面，首先从严格的理论体系上介绍目前广泛应用的基础理论知识，以便借以知晓及判断其前提条件、方法对于实际工程的适用性。接着着重阐述土体基本而重要的工程性质；同时，试图给出土体基本参数关系，尤其是原位测试力学参数之间的关系，以解答变形体力学中最基本问题中的一个问题（一个求解问题中独立量是几个？若存在非独立量，其相互关系又如何？），也为实际工程运用提供便利。接着，介绍土体工程一般原理与设计准则。此后，着重介绍与讨论了目前仍处于学术前沿的本构关系研究，其中包括作者创立的有限特征比理论与一般广义塑性理论等，以为进一步发展相关理论提供基础。最后，落脚于各类地基处理原理、方法、分析与质量评估检测，以及力学方式加固的微观机理，为地基处理方案适用性判断、选择及优化提供依据。

在工法实例方面，介绍、分析与讨论了应用广泛或发展势头强劲的各类典型工法及实施中应注意的问题，其中包括作者提出、系统形成（如确定了具有加固作用的几种基本因素、建立了关键设计参数之间定量关系）的静动力排水固结法等，并提供作者本人全面负责或指导的工程实例，以作借鉴参考或直接应用。

上述工作是作者本人长期在工程实践及相关理论方法研究的切身体会、经验与总结。这些源于第一线的切身体验及理解与成功经验付诸于公开出版，是该领域科学技术方面的一种共享及交流，希望有助于每一位看到本书的设计、施工、监测、监理、检测、建（构）筑物业主、有关管理机构等人员，有助于相关学者、专家以及具有一定专业知识及判断能力的高年级本科生、硕士生与博士生。由于本书各部分相互关联又具有一定的独立性，对于时间或专业经历有限的读者，可按所需选择不同的阅读重点。

本书撰写得到冯强教授级高工以及作者诸多研究生刘锦伟、钱晓敏、黄文强、曾文秀、刘俊雄、张大军、林伟弟、罗智斌、温子奇、祁娜与孙海伦等同学的协助；得到国家自然科学基金项目（批准号：51178122）资助以及"广州市建设科技发展基金项目"支持；中国电力出版社与该社编辑梁瑶女士的热情相邀及高度负责任地编辑为本书出版及质量保障提供了基础；一并致以十分诚挚的感谢！同时，也谨向本书所有参考文献及资料的作者前期工作表示真挚敬意与谢意！

本书难免有遗漏、欠妥与错误之处，敬请读者指正。

联系 Email：ukzmli@163. com。

著者
2014 年 2 月

目录

前言

第1篇　地基处理理论及方法

附　　录

第 1 篇

地基处理理论及方法

第 1 章

地基处理理论与实践发展概况

1.1　地基处理理论进展

1.1.1　地基与软土地基的基本概念

地基是指支承基础的土体或岩体。

地基处理又称地基加固，指承托建（构）筑物基础的岩土体（地基）很软弱，通过采取人工行为而提高其承载力、改善其变形或渗透性质的一种活动。我国的现行规范《建筑地基基础设计规范》（GB 50007—2011）中认为：**软弱地基**指"主要由淤泥、淤泥质土、冲填土、杂填土或其他高压缩性土层"构成的地基。而**软土**是淤泥、淤泥质土以及泥炭质土的总称，是在静水或非常缓慢的流水环境中沉积，经生物化学作用形成的物质。软土的天然含水量 w 大于液限 w_L，天然孔隙比 e 大于或等于 1.0，压缩系数 a_{1-2} 大于 $0.5\mathrm{MPa}^{-1}$，不排水抗剪强度 c 小于 20MPa。上述现行规范做了进一步区分定义："淤泥为在静水或缓慢的流水环境中沉积，并经生物化学作用形成，其天然含水量大于液限、天然孔隙比大于或等于 1.5 的黏性土。天然含水量大于液限而天然孔隙比小于 1.5 但大于或等于 1.0 的黏性土或粉土为淤泥质土。含有大量未分解的腐殖质，有机质含量大于 60％的土为泥炭，有机质含量大于等于 10％且小于等于 60％的土为泥炭质土。"需要指出的是，在工程上，所谓的软基通常指此处的 **"软弱地基"**，而**软土地基**是其中承载与变形性能差的淤泥和淤泥质土地基。**软土地基加固**就是提高淤泥和淤泥质土及泥炭质土的承载力、改善其变形或渗透性质的人工行为。目前在我国工程界，常常将**软弱地基**与**软土地基**统统简称为软基；鉴于加固机理、工法造价、处理难度都有所区别，故作者认为，随着科学技术的进步，应该将**软土地基**与**软弱地基**同其他地基加以必要的区分。

1.1.2　地基处理理论的基本问题

地基加固理论属于土体工程理论范畴，而后者基于以土力学（及土动力学）等为代表的基础理论及应用基础理论。如前言所叙，土力学与土体工程学科的理论及方法依然存在许多问题，就作者体会而言，概括起来大致可分为三个方面。

（1）物理力学方面——主要表现为对土体性质及加固机理认识远远不够。

（2）数学及分析工具方面——描述及分析方法依然存在难以克服的问题。

（3）周围及外界条件的非确定性。

上述的问题（1）主要又包含两类问题：基本问题与特性问题。

基本问题主要指一般变形体力学中目前仍未解决的关于独立变量个数及非独立变量之间关系的问题，诸如：何种条件下可能影响结果的量中起控制性作用的是哪些？哪些量是独立的？独立的量在数量上是否确定？共有多少？非独立量之间存在何种关系？这些量是如何相互影响（本构）甚至导致本身发生质的变化的？在何种自然与外界条件下土体有何种物理（与化学）力学响应及演变？其中，关于独立变量个数的确定目前还做不到。特性问题则是土力学及土体工程学中的问题，即不同外界环境条件下土体本身性质（以及参数）及其变化如何，这一问题的回答通常是非确定的。

上述的问题（2）也主要包含两类问题：工具的不适合性与数学本身的困难。

求解工具的不适合性，其表现如下：

1）非确定性问题用确定性数学方法处理——由于土的三相性与时空变异性特点，土体工程问题呈现明显的非确定性，但目前一般用确定性的求解方法来分析处理，自然存在由此带来的许多问题。

2）非线性问题用线性方法及工具描述——土体的力学响应一般是物理非线性与几何非线性的，线性只是其特例，用线性方程描述非线性问题本身就带来了固有差别。

3）非连续性问题用连续性方法处理——连续性对于土体来讲完全是相对的，在许多情况下关键力学量不存在足够高的连续性，甚至连应力与应变量的采用都存在概念上意义的丧失，求解结果的非客观性可想而知。

4）非适定性问题用适定性理论处理——就变形体力学而言，除了弹性力学等少数学科分支外，对于大多数复杂条件下土体工程中的力学问题，目前尚未能从理论上证明是适定性的，而在许多情况下实际是非适定性的。

数学本身的困难，其表现如下：

1）非适定性问题描述的困难——由于解的存在性、唯一性与稳定性都可能存在问题，如何求解分析是基本的困难。

2）非连续性问题描述的困难——诸如连应力、应变等基本概念均基于连续性条件，非连续性问题的描述存在很大的局限性，更难以解决复杂的实际问题。

3）非线性问题及联立微分方程组解析求解的困难——即使变形体力学中最简单的弹性力学空间问题，其 15 个基本未知量也要用 15 个基本方程在某一定解条件下求解，作为一个适定性问题，但往往还采用逆解法或半逆解法或数值近似解法（如有限元法等）；而对于非弹性力学问题，解析求解的难度是可以想象的，其适定性没有保证，期望数值近似解也常常令人困惑。

上述的问题（3）主要是外界条件（特别是非自由面及非临空面处）的非确定性，包括荷载条件的非确定性，位移边界条件的非确定性，水力边界条件的非确定性，初始条件的非确定性。

上述这些困难给我们带来极大的挑战。然而，这些并不很妨碍土体工程建设的大力推进，其原因一方面是社会发展及需要的驱动；另一方面则来自本领域土力学等各学科，特别是对土体工程性质不断加深、了解及积累，在相当程度上帮了大忙。

1.1.3　地基处理理论发展

作为地基处理理论的基础学科，土力学的发展大致可分为三个阶段，一是以库仑 (Charles Augustin de Coulomb，1736—1806) 贡献为标志的第一阶段；二是以太沙基 (**Karl von Terzaghi，**1883—1963) 贡献为标志的第二阶段；三是太沙基后的现代发展阶段。作者深有感触的是，诸如太沙基这样的开拓者，其几乎所有的创造都与现场第一线切身体验与长期独立思考分析分不开。

地基处理理论的发展与土力学及地基处理技术的发展紧密相关，理论的主要构成及发展大致可以划分为以下几方面：

1）考虑土体主固结变形的固结理论。

2）考虑土体次固结的流变理论。

3）各种地基加固工法技术相对应的作用机理，诸如真空与堆载联合作用下软土固结与力传递理论，冲击荷载下软土变形及固结与力传递理论，复合地基变形与力传递理论，搅拌桩固结机理，电渗固结机理，加筋土作用机理等。

4）考虑瞬时变形的有关理论也可认为是地基加固理论的基本组成部分。

固结及流变理论包括：均匀地层的线弹性、黏弹性、弹塑性、黏弹塑性、黏弹黏塑性等变形（固结）理论，成层地基的各种固结理论，考虑软土结构性效应的固结理论，基于作者提出的有限特征比本构关系的固结理论等；其中，以考虑小变形的线弹性固结理论应用得最为广泛。

线弹性固结理论以 1925 年太沙基提出的一维固结理论为开创标志，以比奥 (**M. A. Biot**) 1941 年建立较为完备而作为代表的固结理论。而巴隆 (**R. A. Barron**) 于 1948 年在太沙基固结理论基础上，建立了轴对称固结基本微分方程并导出其解析解，其在砂井地基设计中得到了广泛应用。

太沙基固结理论与比奥固结理论的假定是基本一致的，即骨架线性弹性、变形微小、渗流符合达西定律等；但有一个很大的区别，即太沙基理论实际包含了一个假定——在固结过程中法向总应力和 $(\Theta = \sigma_x + \sigma_y + \sigma_z)$ 不随时间而变。比奥方程推导的方式与太沙基方程稍有不同，但若增加此假定，就会得出与太沙基方程完全一致的形式。由于这两种理论在假定上的差别，导致了建立的方程形式不同；太沙基方程中只含孔隙压力一个未知变量，与位移无关；比奥方程则是包含孔隙压力和位移的联立方程组。太沙基方程在推导过程中应用了有效应力原理、连续性方程式，对本构方程只用了与体积变形有关的表达式，在假定总应力和不变后就可将应力或应变从方程中消去；孔隙压力的消散仅仅决定于孔隙压力的初始条件和边界条件，与固结过程中位移的变化无关。而比奥固结理论没有做总应力和为常量的假定，在方程中不能将应力或应变消去，故需完整地引入本构方程，进而引入几何方程，最后把孔隙压力与位移联系起来。这就可以反映固结过程中位移与孔隙压力的相互影响，或者说反映了两者的耦合。

为了科学、合理地应用线弹性固结理论，在此将比奥固结理论的假定与主要结果做一简单介绍。在连续性、均质性与各向同性等线弹性力学基本假定基础上，比奥理论的附加假设如下：

（1）土骨架为线弹性变形。

（2）土体是饱和的，只有土骨架和水两相。

（3）荷载作用下孔隙水的压缩量忽略不计（当考虑稳定渗流时，土粒本身压缩量也忽略不计）。

（4）水的渗透流动符合达西定律，渗透系数为常量。

（5）渗流速度很小，不考虑动水压力。

（6）不考虑温度效应。

有工程经验的读者不难看出，上述假设（1）与（4）在大多数情况下与实际条件有大的偏差。

依据平衡方程、几何方程与线弹性本构方程（胡克定律），同时利用有效应力原理、达西定律及渗流区孔隙流体平衡方程、渗流连续方程，可得到以三个位移分量 w_x、w_y、w_z 与一个孔压量 u 共四个基本变量的偏微分方程组作为控制方程，即比奥固结方程。

$$\left.\begin{array}{l} G\nabla^2 w_x + \dfrac{G}{1-2\upsilon}\dfrac{\partial}{\partial x}\left(\dfrac{\partial w_x}{\partial x}+\dfrac{\partial w_y}{\partial y}+\dfrac{\partial w_z}{\partial z}\right)-\dfrac{\partial u}{\partial x}=0 \\[2ex] G\nabla^2 w_y + \dfrac{G}{1-2\upsilon}\dfrac{\partial}{\partial y}\left(\dfrac{\partial w_x}{\partial x}+\dfrac{\partial w_y}{\partial y}+\dfrac{\partial w_z}{\partial z}\right)-\dfrac{\partial u}{\partial y}=0 \\[2ex] G\nabla^2 w_z + \dfrac{G}{1-2\upsilon}\dfrac{\partial}{\partial z}\left(\dfrac{\partial w_x}{\partial x}+\dfrac{\partial w_y}{\partial y}+\dfrac{\partial w_z}{\partial z}\right)-\dfrac{\partial u}{\partial z}=-\rho g \\[2ex] \dfrac{\partial}{\partial t}\left(\dfrac{\partial w_x}{\partial x}+\dfrac{\partial w_y}{\partial y}+\dfrac{\partial w_z}{\partial z}\right)+\dfrac{1}{\gamma_w}\left(K_x\dfrac{\partial^2 u}{\partial x^2}+K_y\dfrac{\partial^2 u}{\partial^2 y}+K_z\dfrac{\partial^2 u}{\partial z^2}\right)=0 \end{array}\right\} \qquad (1.1)$$

式中　　　　　　∇^2——$\nabla^2=\dfrac{\partial^2}{\partial^2 x}+\dfrac{\partial^2}{\partial^2 y}+\dfrac{\partial^2}{\partial^2 z}$，为拉普拉斯算子；

　　　　　　G、υ——分别是材料的剪切模量与泊松比；

　　K_x、K_y、K_z——分别为三个互交方向的渗透系数；

　　　　　　ρg——重力。

上述四个偏微分方程对应包含四个未知变量 u、w_x、w_y、w_z，均是坐标 x、y、z 和时间 t 的函数，在一定的边界条件及初始条件下，可解出这四个基本变量，并由此得到其他未知量。

当采用横观各向同性的线弹性本构方程并考虑土体惯性力时，参照上述方法亦不难得到更一般的弹性固结方程。与次固结描述有关的流变学及黏弹力学基本状况可见本书的第 2 章以及相关文献。

本书也提供了作者的与有关地基加固工法技术相对应的作用机理与考虑瞬时变形的理论研究及讨论，如第 3、6、9 章反映了作者及课题组近年来的部分相关探讨研究。

1.2　地基处理工程实践发展

1.2.1　地基处理工程实践发展历程

在国际上，荷兰等欧洲国家的地基处理技术发展较早。然而，近二十几年来，我国基本建设规模不断扩大，其建设规模及速度前所未有，因而在诸如建筑、码头、水利、国防、市政、道路和铁道等土木工程建设中，越来越多地遇到大量复杂的不良地基及地基加固问题。地基加固是否恰当关系到整个工程的质量、投资和进度。合理地选择地基加固方法和基础形式是降低工程造价的重要途径之一。人们日益重视地基的加固。

近 30 多年来，在社会及建设需求不断的大力推动下，我国在各种地基处理技术的普及和提高及综合利用等各方面都得到了较大的发展，积累了丰富的经验。中国建筑科学研究院会同有关高校和科研单位，组织编写了三版《建筑地基处理技术规范》（JGJ 79—1991）、（JGJ 79—2002）、（JGJ 79—2012）。上海、天津、深圳、浙江、福建与广东等省市已经编制了地区性地基和地基处理规范，根据各自的情况，因地制宜，把一些地基处理方法编入规范；各种地基加固综合方法也在实际工程中大量应用。

这些年来，地基处理的发展主要表现在以下几个方面：

（1）对各种地基处理方法的适用性和优缺点有了进一步的认识，在根据工程实际选用合理的地基处理方法上减少了盲目性。能够注意从实际出发，因地制宜，选用技术先进、确保质量、经济合理的地基处理方案。对有争议的问题，能够采取科学的态度，注意调查研究，开展试验研究，在确定地基方案时持慎重态度。能够注意综合应用多种地基处理方法，使选用的地基处理方案更加合理。

（2）地基处理能力的提高。一方面，已有的地基处理技术本身的发展，如施工机具、工艺的改进，使地基处理能力得到了提高，高含水量软黏土地基处理方法诸如静动力排水固结法的发展就是一个例证；另一方面，近年来，各地在实践中因地制宜发展了一些新的地基处理方法或综合运用了一些处理技术优点而派生出的方法，取得了较好的社会经济效益。

（3）复合地基理论的发展。随着地基处理技术的发展和各种地基处理方法的推广使用，复合地基概念在土木工程中得到越来越多的应用。工程实践要求加强对复合地基基础理论的研究。然而对复合地基承载力和变形计算理论的研究不够，复合地基理论正处于发展之中，还不够成熟。

复合地基指天然地基在地基处理过程中部分土体得到增强或被置换，或在天然地基中设置加筋材料，加固区是由基体（天然地基土体）和增强体两部分组成的人工地基，加固区整体是非均质和各向异性的。根据地基中增强体的方向，又可分为纵向增强体和横向增强体复合地基。纵向增强体复合地基根据纵向增强体的性质，可分为散体材料桩复合地基和柔性桩复合地基。复合地基的分类如图1.1-1所示。

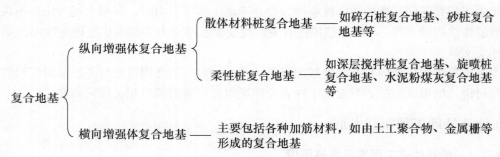

图 1.1-1 复合地基的分类

横向增强体复合地基、散体材料桩复合地基和柔性桩复合地基的荷载传递机理是不同的，应该分别加以研究。国内也有人狭义地将通过以桩柱形式置换形成的、由填料与地基土相互作用并共同承担荷载的地基，定义为复合地基。

复合地基有两个基本特点：它是由基体和增强体组成的，是非均质和各向异性的；在荷载作用下，基体和增强体共同承担荷载的作用。后一特征使复合地基区别于桩基础。一般来说，对于桩基础，荷载是先传给桩，然后通过桩侧摩擦阻力和桩底端承力把荷载传递给地基土体的。若钢筋混凝土摩擦桩桩径较小、桩距较大，形成所谓的疏桩基础，由桩土共同承担荷载，则也可视为复合地基，应用复合地基理论来计算。

　　人工地基中有均质地基、双层地基和复合地基等。事实上，对人工地基进行精确分类是很困难的。大家知道，天然地基也不是均质、各向同性的半无限体，天然地基往往是分层的，而且对每一层土，土体的强度和刚度也是随着深度变化的。天然地基需要进行地基处理时，被处理的区域在满足设计要求的前提下尽可能小，以求较好的经济效益。各种地基处理方法在加固地基的原理上有很大差异。然而，上述分类有利于我们对各种人工地基的承载力和变形计算理论的研究。按照上述思路，常见的各种地基，包括天然地基和人工地基可粗略地分为均质地基、双层地基（或多层地基）、复合地基和桩基四大类。以往对均质地基和桩基础的承载力和变形计算理论研究较多，而对双层地基和复合地基的计算理论研究较少。特别是对复合地基，其承载力和变形计算的一般理论尚未形成，需加强研究。

　　各国学者对碎石桩复合地基研究较多，通过载荷试验积累了不少资料，并提出了多个碎石桩复合地基承载力计算公式。随着深层搅拌法和高压喷射注浆法形成的水泥土桩的应用，人们开始注意柔性桩复合地基的研究。微桩技术的应用还促使人们注意微桩复合地基设计计算方法的研究。复合地基承载力计算应以增强体和天然地基土体共同作用为基础。对于桩体复合地基，人们不仅注意散体材料桩和柔性桩的承载力研究，还注意桩间土承载力的研究。起初用天然地基承载力作为桩间土承载力，现在则已开始考虑由固结引起的强度增长、周围桩体的围护、成桩过程中的挤压以及扰动等因素对桩间土承载力的影响。近年来，对桩土应力比的确定及影响因素开展了大量研究。试验资料分析表明，桩土应力比与桩体性质、桩距、天然地基承载力、复合地基强度发挥度等因素密切相关，还与施工方法、质量控制等因素有关。桩土应力的确定通常采用现场载荷试验，其测定值也受荷载板尺寸的影响。近几年来，各类复合地基承载力与变形计算的研究工作越来越得到人们的重视。然而复合地基计算理论的发展，还远远不能满足工程实践的要求。

1.2.2　各类地基处理技术发展简况

　　（1）排水固结法。传统的排水固结法又称预压法，适用于淤泥质土、淤泥、冲填土等饱和黏性土地基；20 余年来该法得到了长足的发展，其主要的改进在于荷载或附加压力形式的多样性。饱和软黏土在附加压力作用下，孔隙中水慢慢被排出，土的孔隙比减小，随着超静孔隙水压力消散，有效应力提高，土的强度增加。通过排水固结法处理地基可以使地基沉降在加载预压期间大部或基本完成，减少建筑物在使用期间的沉降和沉降差，也可提高地基承载力。排水固结法是由排水系统和加压系统两部分共同组合而成的。排水系统通常有普通砂井、袋装砂井和塑料排水带等；加压系统通常有堆载预压法、真空预压法、降低地下水位法、电渗法和联合法。近二十年来，竖向排水系统采用塑料排水带和袋装砂井较多，加压系统采用堆载预压和真空预压法较多，也有的采用真空加堆载联合预压法以及建筑自重加载法；特别是，利用冲击荷载及软土上覆盖层共同作用形成残余作用力，使得冲击荷载作为加压系统组成部分，成为一种经济而有效的选择。

　　袋装砂井和塑料排水带的长细比大，井阻影响得到了人们的重视。为了消除地基在使用荷载下的主固结变形，减小或消除次固结变形，可以采用超载预压。所谓超载预压，就是在预压过程中采用比使用荷载大的预压荷载预压。

　　真空预压法一般能够取得相当于 $78\sim92kPa$ 的等效荷载，为了进一步提高加固效果，

7

可采用真空-堆载联合预压法。据称，根据工程要求已可获得相当于 130kPa 的等效荷载。真空-堆载联合预压法先后在天津、上海、福州和广州等地得到应用。对于真空预压法的有效加固深度，学术界看法不一，有的学者认为真正的有效深度在 6m 以内，有的则认为在某种条件下可达十多米。真空预压的有效深度需引起重视和进一步研究，而真空预压与堆载联合预压的各种压力效果如何叠加更需要开展研究。袋装砂井也存在一个有效深度问题，某些日本学者认为袋装砂井有效深度在 15m 以内。对于超软弱地基，要注意防止地基固结过程中袋装砂井的折断问题。

（2）强夯法和强夯置换法。强夯法处理地基首先由法国 Menard 技术公司于 20 世纪 60 年代末创用。我国于 1978 年引进该技术，交通运输部第一航务工程局科研所及协作单位在天津首先开展试验研究。由于该法设备简单、效果显著、经济和施工快，很快得到推广。除强夯法外，近 20 年来，强夯置换法也得到不少应用。强夯置换法和强夯法在加固机理上是不同的，应用范围也不相同。强夯法常用来加固碎石土、砂土、低饱和度的黏性土、素填土、杂填土、湿陷性黄土等各类地基。对于饱和度较高的黏性土等地基，如在一定措施基础上并取得工程经验或试验证明采用强夯法有加固效果的，也可采用。通常认为，强夯法只适用于塑性指数 $I_p \leqslant 10$ 的土。对于设置有竖向排水系统的软黏土地基，是否适用强夯法处理目前尚有不同看法。对于厚度小于 6m 的软黏土层，采用强夯置换法处理，边夯边填碎石等粗粒料，形成深度为 3～6m、直径较大（如 2m 左右）的碎石桩体与周围土体构成复合地基，也已取得较好的加固效果。

尽管业界做出了许多努力，强夯法至今依然没有一套被人们普遍接受的理论和计算方法，还需要在实践中总结和提高。

强夯施工主要设备包括夯锤、起重机、脱钩器和门架等。工程实践表明，施工机具和工艺会直接影响加固效果和经济效益。近些年来，人们较重视强夯机具装置的科学化、系列化和规格化的研究。强夯造成的振动、噪声等公害应引起足够的重视，有一定的应用限制。

（3）振冲法。利用振动和水冲加固地基的方法，称为振冲法。振冲法由德国工程师 S. Steuerman 在 1939 年提出，我国于 1977 年开始应用。由于大量工业民用建筑、水利和交通工程地基抗震加固的需要，该法得到迅速推广。振冲法早期用来振密松砂地基，后来也应用于黏性土地基。振冲法演变成两类：振冲密实法和振冲置换法。振冲密实法的加固原理是一方面依靠振冲器的强力振动，使饱和砂层发生液化，砂颗粒重新排列，孔隙减少；另一方面依靠振冲器的水平振动力，在加回填料情况下通过填料，使砂层挤压加密。振冲置换法的加固原理是利用振冲器在高压水流下边振边冲，在软弱黏性土地基中成孔，再在孔内分批填入碎石等坚硬材料，制成一根根桩体，碎石桩体和原地基构成碎石桩复合地基，以提高地基承载力、减小地基沉降。振冲密实法适用于颗粒含量小于 10% 的松砂地基；振冲置换法适用于不排水抗剪强度大于 20kPa 的黏性土、粉土和人工填土等地基，有时还可用于处理粉煤灰地基。

振冲法施工需要大量水，并会在施工过程中排放泥浆、污染现场。为了克服这一缺点，干法振动加固地基技术得到了应用。利用干法振动成孔器在软弱地基中设置碎石桩，干法振动加固地基技术主要适用于松散的非饱和黏土、杂填土和素填土，以及二级以上非自重湿陷性黄土。

另外，各地还因地制宜地应用了沉管干夯挤密碎石桩、干振道渣石屑桩、钢渣桩加固地基。为了提高碎石桩桩体本身的刚度，发展了水泥粉煤灰碎石桩技术和低强度等级混凝土桩技术。这类低强度等级柔性桩形成的复合地基具有承载力提高幅度大、变形模量高的特点，是一种有发展潜力的地基处理技术。

（4）石灰桩、砂桩、土桩、灰土桩法。石灰加固地基的传统方法受到了国内外岩土工程工作者的重视。1989 年 3 月，我国在上海召开了一次石灰加固软弱地基的专题学术讨论会，交流论文 25 篇。1989 年 7 月，第二届全国地基处理学术讨论会上又做了进一步的交流和讨论，会上对石灰桩法加固地基技术的现状和展望做了较全面的综述和总结。

石灰桩法工艺简单，不需复杂的施工机具，应用较广泛。其加固机理包括打桩时挤密、石灰吸水、膨胀、升温、离子交换、胶凝、碳化和置换等，但基本加固作用则可归纳为打桩挤密、桩周土脱水挤密和桩身的置换作用。从提高承载能力看，在正常情况下置换作用占的份额最大。经验与实践证明，只要填充石灰达到必要的密实度，就不会出现软心现象。另外，采用粉煤灰等适宜的掺合料也有助于避免发生软心现象。桩土应力比是衡量置换作用的主要指标。要满足一般工程要求，不需追求过高的桩土应力比。当需要提高桩土应力比时，除了要保证桩身具有较高强度外，桩还必须打穿软土层，以免桩尖刺入，降低桩土应力比。

目前，在实用概念上认为，若加固着眼点为石灰的吸水与膨胀作用，则必须采用新鲜生石灰且不加掺合料，最好采用细桩径小桩距。若放弃石灰熟化的吸水、脱水作用（此作用提高不超过 5％的地基承载力），则用熟石灰亦能取得好的加固效果，掺入粉煤灰可节约石灰，并可达到与不掺粉煤灰相近的效果，最高掺合量可达 80％～90％，此时称为二灰桩。

当被加固的渗透系数太小时，不利于软土脱水固结，脱水加固效果很小；若被加固土的渗透性太大，则孔中充水，石灰难以密实，效果不好。工程实例中，发生过浓酸碱腐蚀损坏灰土的实例。在考虑采用石灰桩法加固地基时，应注意石灰桩法的适用条件及正确的施工方法。采用石灰桩加固地基有成功的经验，但也有些达不到预期效果。目前，认为关键问题是其工后性能的稳定性不够好。

此外，Broms（1987 年）还指出，当用石灰桩处理软土时，如果遇有透水砂层或粉土层，则石灰的膨胀比黏土地基的固结快，桩体积增加将会使软黏土地基隆起，而不会使固结和含水量减小。

砂桩法于 19 世纪 30 年代起源于欧洲，50 年代引入我国。起初，砂桩法用于处理松散砂地基，视施工方法不同，又可分为挤密砂桩法和振密砂桩法。后来，也用来加固软弱黏性土地基，通过砂桩的置换作用形成砂桩复合地基，对其进行加载预压，也可加快地基固结。

土桩和灰土桩法在我国西北和华北地区得到广泛应用。土桩和灰土桩法适用于地下水位以上的湿陷性黄土、杂填土和素填土等地基。

在采用土桩和灰土桩法加固地基时，可用石灰和粉煤灰二灰桩处理粉煤灰地基和杂填土地基等。为了利用城市渣土，北京地区发展了渣土桩专利技术。它不但消除了渣土对环境的污染，而且为地基处理提供了廉价的原材料。在挤密桩施工中，除了打管挤密、爆扩挤密和冲击锥挤密外，还有橄榄锤锤击挤密成桩法，该法具有设备简单、施工方便和不需三材等优点。

（5）深层搅拌法和高压喷射注浆法。深层搅拌法是通过特制机械沿深度将固化剂与地基土强制搅拌就地成桩加固地基的方法，当固化剂（水泥或石灰）为粉体时，又称粉体喷射搅拌法。深层搅拌法适用于处理淤泥、淤泥质土和含水量较高的地基及承载力标准值不大于

120kPa 的黏性土、粉土等软土地基。当处理泥炭土或地下水具有侵蚀性时，宜通过试验确定其适用性，冬期施工应注意负温对处理效果的影响。

深层搅拌法目前在国外特别是日本和美国应用很广泛，国内近些年发展较快，在房屋地基加固、开挖工程代替板桩支护、铁路软基加固等方面，有大量的工程实践，对整套技术已有一定经验。在机械设备上，虽然分别由冶金工业部建筑研究总院和交通运输部规划设计研究院、天津机械化施工公司和交通运输部第一航务工程局科研所、浙江大学岩土工程研究所等单位研制成了双搅拌轴中心管输浆及单轴搅拌叶片输浆的浆体深层搅拌专用机械，中铁第四勘察设计院和上海探矿机械厂研制成了深层粉喷搅拌专用机械，但与国外同类型机械相比，还有一定的差距。深层搅拌法可以根据工程需要制作成块状、格子状、壁状和圆柱状等形状的加强体，同时具有施工中无振动、无噪声、无地面隆起、不排污、对相邻建筑不会产生有害的影响等优点，该法较受工程界欢迎。深层搅拌桩地基的设计可按复合地基考虑。许多工程实测资料表明，在正确设计和施工的情况下，深层搅拌法处理的地基沉降较小。

高压喷射注浆法是将带有特殊喷嘴的注浆管置于土层预定深度，以高压喷射流使固化浆液与土体混合、凝固硬化加固地基土体的方法。它适用于淤泥、淤泥质土、黏性土、粉土、黄土、砂土、人工填土和碎石土等地基。当土中含有较多的大粒径块石、坚硬黏性土、大量植物根茎或有过多的有机质时，应根据现场试验结果，确定其适用程度。遇地下水流速过大和已涌水的工程应慎重使用。注浆形式分旋喷、定喷和摆喷，施工分单管法、二重管法及三重管法。

高压喷射注浆法用于处理新建和原有建筑的地基，如深基挡土结构、坑底加固、防止管涌与隆起、处理隧道坍方和修建地下防水帷幕等。

为适应隧道、地下工程及深基开挖等施工的需要，水平高压喷射及注浆加固技术在意大利、日本和德国得到较快的发展。意大利 Radio 公司还开发了可同时在钻进中检测地层土质、机器控制和自动调节设计浆量并收集反馈信息的机械，国内也很重视并已进行过一些探索性试验。

（6）注浆法和化学处理。注浆法是沿用至今的一种传统方法，它用于处理黄土、砂土以及洞穴、裂缝等，均获得很好的效果。近些年在改进浆液材料，如用超细水泥和其他新掺合剂，以及减少环境污染等方面做了不少工作。

实践证明，在渗透性差的黏土地基中，注浆液难以有效地灌入，加固效果通常不理想。新的压密注浆法的应用，使注浆加固黏土获得了新的生命力。压密注浆与一般注浆法的不同之处是采用的浆液稠度大、注浆压力高，浆液通过挤压形成浆泡，或填充裂隙使土体强化。这种方法始于 20 世纪 50 年代，之后不断得到完善，近些年来受到重视，在美国和法国等已有很多工程实例；利用国外大学图书馆电子数据库用关键词"注浆"查询，可查到 11451 篇相关文献，其中有大量论文讨论了这种注浆方法的适用条件和工程实例，国内在石油勘探方面与采油方面大量应用这种方法作为压裂岩扩大采油量的有效手段。在铁路上用以加固黄土和软土地基的试验取得了效果。20 世纪 70 年代，铁路领域曾用类似的方法加固桥基：一处由于软土深度大加固后虽初期有效，但却未能解决下沉的问题；另一处为浅层处理，因发生地面隆起影响了加固的效果。可见，应用这种方法还必须考虑其适用条件。

（7）水泥粉煤灰碎石桩法。水泥粉煤灰碎石桩（CFG 桩）是在碎石桩基础上添加一些石屑、粉煤灰和少量水泥，加水拌和，用振动沉管打桩机或长螺旋钻管内泵压成桩机具制成的一种具有一定黏结强度的桩，桩和桩间土通过褥垫层形成复合地基。

当前，由于城市环境治理，大城市煤用量大量减少，一般使用天然气，导致粉煤灰产量减少，价格上涨，粉煤灰价格接近水泥价格，所以有些部门用低强度等级素混凝土桩代替。

（8）桩锤冲扩桩法。桩锤冲扩桩法宜用直径 50～120cm，长度 150～300cm，质量 8～20t 的柱状锤进行，孔内可分多次填入碎砖和碎石或生石灰，边冲击边将填料挤入孔内，复打冲击成孔和桩。其加固机理有：在成孔及成桩过程中对原土的动力挤密作用、动力固结冲扩充填置换作用、当填生石灰时的水化和胶凝作用等。

（9）静动力排水固结法。静动力排水固结法是近些年来发展起来的一种软土地基处理新技术，它利用强夯法的夯击机具与排水固结法中的排水体系，针对高含水量的软黏土地基进行处理。作者与冯遗兴等人最早在深圳、珠海、惠州、海南等省市针对不同的建构筑物的软土地基进行了大量的工程实践及监测测试，取得了成功，积累了丰富的经验。此后，该法获得逐步推广应用，包括上海某空军机场大面积淤泥质软土地基的处理、广州南沙泰山石化仓储区大面积厚淤泥软基处理、湛江某基地淤泥软基处理等；技术及施工机具也获得了改进，如组合式高效减振锤的发明，软土上覆盖层厚度定量控制，沉降速率控制发明等。该法的称谓历经动力固结法、动力排水固结法等，反映了该法的逐渐形成过程，也体现了对该法关键技术特点的把握情况。

在"静动力排水固结法"称谓中，"排水"是为表明相应的夯击方法与传统的"动力固结法，即强夯"的区别，而"静（静力）"则反映了该法中表面静力（静覆盖力）对于软土处理不可缺少的基本组成。该法将静（覆盖）力、动力荷载及其后效力与快速排水体系进行有机结合，对软土地基进行了加固；同时，强调通过信息化施工，进行施工质量的过程控制、处理平面或空间内的点控制（便于减小差异沉降），以确保达到或超过技术、经济与工期等要求。需要特别指出的是，这不是传统强夯法与传统排水固结法技术手段的简单相加，而是扬长避短、有机的科学结合。其具有如下特点：

1）冲击力大小可控性强、加卸载方便；对于淤泥地基，在设置合适的人工排水体系与一定厚度覆盖扩散土层的（诸如回填土层）共同协作下，通过不断调整及循序渐进的加载方式，给予不同处理阶段的地基土以合适的固结压力，大大加速了软基排水固结。

2）人工竖向排水体周围水柱的形成以及冲击瞬间水柱不可压缩性，使得荷载可深度传递。

3）一定冲击力作用下弱结合水可转化为自由水，使得排水能力增强（而工程量级的静力则不可能有此特点）。

4）冲击荷载在静覆盖层下可使软基中产生可持续一定时间的残余作用力。

5）地表新填土一次加固到位，其加固效果远超出其他地基处理方法采用的分层碾压等方法的效果。

这些特点的巧妙结合与科学运用（诸如能量施加的大小与时机、排水体系设置的适应性、静力覆盖土层厚度、其他施工关键参数的掌握等），使得该法具有质量好、造价低、工期短等优势。

该法的理论分析与规范性设计及施工仍是需要进一步解决的。

综上所述，地基加固方法种类很多，而且还在不断发展，这里不可能对所有的地基处理方法进行一一介绍。

1.2.3　地基处理发展中存在的问题

近 20 几年来，我国地基处理技术得到了很大的发展，为了进一步提高地基处理（特别是高含水量、厚度大的软基处理）水平，了解与认识发展中存在的问题是必要的。目前，存在的问题主要有以下几个方面。

（1）未能合理选用处理方案。由于地基处理问题的复杂性、认识的局限性、技术的不确定性与利益博弈等方面原因，在选用地基处理方案时往往存在一定的盲目性与不合理性。例如，饱和软黏土地基不适宜采用振密、挤密法加固，强夯法不适用于高含水量软土地基；甚至还有混淆已知、**可知与暂时未知**的理论及方法以及已有、**能有与暂时未能**有的实际技术，危害极大。根据工程地质条件、上部结构特点、允许工期、经济性、可靠性及可实施性与地基加固原理，有针对性地合理选用恰当处理方案至关重要。目前，通常对几个技术上可行的方案进行比较、论证及优化还远远不够。经验与事实表明，方案的选择是地基处理成败与投资多少的最关键环节。

（2）设计针对性不强。对于复杂的地基处理与较新的工法，"细节决定成败"这句话怎么讲都不为过；有了合理的方法，但若不能针对具体工程的各方面条件（特别是在广东等地区地质条件复杂且变化很大的情况下）进行有针对性的细致考虑、优化设计，往往也不能获得好的效果甚至会导致失败。在许多软基处理设计参数的确定中，控制合适的"度"是非常重要的。

（3）施工质量问题。造成施工质量问题的来源主要是施工单位素质、施工设施以及可能的赶工期等几方面问题。由于体制等各方面原因，地基处理施工队伍往往缺乏必要的技术培训，熟练技术工人缺乏是普遍现象；现行体制重视总包单位是否具有高资质，而忽视对具体施工实体的实际技术考核与管理，难以形成稳定的专业化施工队伍。此外，还存在偷工减料以及弄虚作假现象。

需要特别指出的是，对于软基处理，目前常常忽视对信息化施工的重视与实际应用，以致不能及时发现与处理问题，造成质量后患。

（4）施工设施问题。近 20 多年来，我国地基处理施工机械发展较快，已形成系列化产品。但应看到与我国工程建设需要相比较，其差距还很大，一些设备较为粗陋且稳定性较差，对施工质量与工期的保证有不良影响。

（5）地基处理理论落后于实践。实践是理论的基础，对地基工程更是如此。然而，重视理论研究与科学运用于实践也非常重要：首先，可防止原则性的重大错误；其次，可在正确的方向上进一步优化设计与施工等。对地基处理各种工法及一般理论缺乏深入、系统的研究及成果，也是发展中存在的问题。

（6）检测方法选择不当。诸如，依靠浅层平板载荷试验推算包括整个地基持力层的承载力与变形指标，利用点接触载荷试验确定地基承载力，利用扰动多次土样的室内试验确定某些力学指标等。

（7）可靠的质量监测与检验手段不够。可靠的质量监测与检验手段是保证施工质量的重要措施，也是积累经验、完善与发展理论的重要手段，目前不少工法缺乏可靠的质量监测及检验手段，而达到科研精准水平的监测及检验手段更少。

（8）人为因素干扰。近十年来，相当一些地基处理项目因受到"政绩"等因素的影响，要赶工期，不按地基处理自身固有的科学规律办事，往往使工程质量受到严重影响或造成巨大的经济浪费。

（9）多种不利因素共发。从近些年较为频发的建筑物因地基问题而出现的事故或灾害来看，其中很多事故与勘测资料不足或不准确、设计不当、施工不当有关，而勘测不足、设计与施工几者同时有缺陷时，更容易引起事故，尤其值得警惕。

1.2.4　地基处理发展展望及建议

随着基本建设规模的发展，人们将越来越多地遇到软基的处理问题。而地基加固处理领域中科学理论及方法依然存在许多问题，如物理力学方面——主要表现为对土体性质认识远远不够，数学及分析工具方面——描述及分析方法依然存在难以克服的问题，以及周围和外界条件的非确定性问题；对应这些问题，在理论上讲，存在着已知、可知与暂时未知的理论及方法，而工程技术也对应存在已有、能有与暂时未能有的实际技术。我们对此要有清醒的认识与基本的判断，以促进学科健康发展、技术真正进步。未来地基加固处理领域必将在上述方面不断取得进展。就目前而言，作者认为在地基处理发展中应重视下述几方面的问题：

（1）进一步认识与掌握各种土体尤其是软基在各种条件下的物理（及化学）、力学基本特性及响应规律，这是解决问题的基础与关键；在此基础上，利用整体科学与技术的不断进步，发展相关理论及计算分析方法与对应的地基处理工程技术。

（2）地基处理的设计和施工应符合技术先进、确保质量、安全适用和经济合理的要求。各种地基处理方法都有一定的适用范围，一般来讲，"没有最好，只有最适用"。提倡用多基本因素法优选地基处理方案。根据前些年的发展情况看，因地制宜特别重要。对大、中型复杂工程，要通过现场试验提供设计参数，检验处理效果。

（3）进一步研究各种地基特别是饱和软土地基处理的加固机理，针对不同的外部条件寻求地基工程响应规律，建立相应关系式，为优化设计及施工提供更为坚实、可靠的基础，同时也为其提供便利。

（4）提倡、发展与应用信息化施工技术及管理，努力逐步实施地基处理在时间方面的过程控制与空间方面的点控制，确保施工质量的全面可控性，对于复杂工程尤其如此。

（5）注意发展能消纳工业废料与减少对环境不利影响的地基处理技术。

（6）重视复合地基理论的研究。与均质地基的桩基承载力和变形计算理论相比，复合地基计算理论还很不成熟，正处于发展之中。为了满足工程实践的要求，应重视复合地基一般理论的研究，开展复合及散体材料以及各类复合土体基本性状的研究。

（7）重视研制开发多功能、先进的地基处理机械及配套的电子控制感应设备，发展适用于各地、各种条件下地基处理施工技术的设备。

（8）进一步重视地基处理过程中的监测与检测工作，进行质量控制，保证地基处理施工质量；努力研究开发新的、可靠的监测与检测设备。

（9）建立地基处理信息库。信息库可以包括在各特征区域的工程及水文地质基本条件、上部建（构）筑物特点、工期要求等条件下地基处理方法的选择实例与建议，以及最新技术发展等。信息库可由地区做起，逐步扩展到全省甚至全国，建议最好由政府建设主管部门或相关学会牵头负责。

（10）在地基处理的研究工作中应重视科研、高校、设计和施工单位的协作，设法消除不利于合作的各种障碍，共同努力，不断提高地基处理水平。

（11）要提高从事地基处理工作队伍的整体素质及职业道德；其中，不仅包括人们对现有地基处理技术的认识，还包括现有各种地基处理技术的发展、机具及施工工艺水平的提高；应从制度上建立其相关单位及人员对历史负责的机制。

（12）建立公共可追溯的科技成果评价与奖励体系。目前，我国实施的科技成果评价与奖励基本由相关政府机构与少数由政府通过某种方式聘请的专家决定，虽然有一系列的严格程序及公示过程，但其他方面及个人无法获知用以判断的充分资料，即使参与的评审专家，也只对看到的材料等部分事实负责，这就给科技成果评价与奖励留下巨大的滥用或误用空间，甚至可能对科技界产生明显的误导作用。因此，有必要在足够长的时间内公开或在一定条件下公开所有可以判断是否为成果以及成果水平如何的第一手资料，而有关技术机密可以通过专利等形式加以保护，使得地基处理等领域科技真正进步，造福于人类并信服于大众。

参考文献

[1]　李彰明．软土地基加固的理论、设计与施工．北京：中国电力出版社，2006.

[2]　李彰明．软土地基加固与质量监控．北京：中国建筑工业出版社，2011.

[3]　高大钊．岩土工程的回顾与前瞻．北京：人民交通出版社，2001.

[4]　龚晓南．地基处理技术发展与展望．北京：中国水利水电出版社，2004.

[5]　李彰明．土力学的方法、困境与机遇．广州：广东工业大学，2008.

第 2 章

变形体力学理论基础

2.1 弹性力学基本理论

2.1.1 弹性力学基本假设和适用性

弹性力学是变形体力学的分支，也是变形体力学中最基本的具有较完整理论体系的分支，它在土体工程及软基处理分析中应用广泛。其基本思想与概念如下：

（1）弹性（实际上指理想弹性）：在引起变形的原因（力、温度等）卸除后能完全恢复其原有形态的性能。换而言之，外力（及温度）在其作用点的位移上所做的功是以可逆形式，即以储存为物体中弹性能的形式被物体所接受的。从数值上讲，弹性能等于外力所做的功。

（2）理想弹性体体现了在隔离系统中能量守恒的热力学第一定律。

理想弹性体具有不遗留过去荷载任何痕迹的性能。这种物体的形状及变形只与既定瞬时作用在该物体的外界因素（力、温度等）有关，而与这些外界因素如何逐渐"由零值增长"无关，即与以前各瞬时荷载、温度等性质无关。它忽略了：变形或应力历史的影响；变形相对于荷载改变相对滞后的影响；常变形时应力不断消减的现象的影响；永久残余变形的影响。

（3）固体弹性性态的特征：对于物体的任一温度都存在着应力与变形的单值关系，而与时间无关。

（4）弹性力学（理论）：研究平衡状态或运动状态（材料的物理及其他性质不随时间变化）时力在弹性体上的作用，并决定此时所产生的应力与变形（分布）。

弹性力学理论基本假设如下：

1）连续介质假设。

①此假设不考虑介质的微观与细观即单元粒状结构，更不考虑组成物体的分子（微观）甚至更大尺度上的运动。事实上，在常温与常压下，单个颗粒彼此间相隔一定距离，并以相互吸引或排斥的力相联系。

②此假设还将介质想象分割为许多小单元，而这些小单元被取得足够小而且任意小（其极限是无限小），同时想象该小单元足够大，大到能代表介质整体的平均性质。这些小块

（单元）被假设成紧密地互相毗连。

③该假设是应力、应变概念的基础。

2）自然应力状态假设。弹性力学所求应力一般不是物体中的实际应力，而是在所考虑的应力状态点时，应力在初始应力状态（未知）上的增加值（对于金属来讲初应力一般为零，而岩土介质的初应力一般不为零）。

3）均质假设。均质假设指介质内各点的物理力学性质均相同，因而可取任意点（单元）来讨论。

4）各向同性假设。从介质的任何一个方向看上去物理力学性质均相同，因而结果与坐标系的方向选取无关。

5）理想弹性假设（如前述）。

6）应力状态自决假设。介质中某点的应力状态只决定于在同一点的变形状态，而不决定于在此点附近某一区域的变形状态，亦即：无论所考虑的点属于均匀受力介质（所有相邻点的应力与变形是相同的）或非均匀受力介质（相邻点的变形不同于所考虑点的变形），这并不加速或推迟在这一点材料破坏的时刻或改变应力状态，而只要在这两种情况下，所考虑点的变形状态就是相同的。

其数学意义：应力梯度（表明应力从一点到另一点的变化的数量）对于给定点的介质强度无影响。

讨论：

①由 $\sigma = \sigma(x, y, z)$，…，在计算给定点应力时，介质中应力状态的非均匀性将影响到此点的应力大小，即间接地考虑了应力梯度。

②弹性力学讨论的介质处于弹性状态，距破坏还相差较远。应力梯度的影响只是指在一般考虑破坏状态（或临近此状态）时同时估计到在给定的点及其附近的情况；而弹性力学问题并非如此，只是在塑性力学中比较适用。

7）小变形假设。变形较介质尺寸，可在几何方程中忽略二阶以上小量，几何方程为线性的。

①介质的相对伸长及相对剪切（即剪切角）相对于单位数 1（100%）小到可忽略不计。

②转角较之单位数 1（100%）相当小，而转角的平分较之相对伸长及相对剪切小到可以忽略不计。

例如，钢的典型应变值为 $(1 \sim 5) \times 10^{-3}$。

8）圣维南原理——互相平衡的外加荷载影响局部性原理。在物体的任一部分作用的一平衡力系在物体中所引起的应力将随着离力系作用部分的距离而迅速消减（应力按指数规律消减）；或为：在固体上距离外荷载作用处相当远的点，应力与外荷载作用的详细方式几乎无关。

圣维南原理又可表述为：作用在物体表面一小部分上的平衡力系（主矢量与主矩均为零）所产生于物体中的应力在距离相当远处（与力系作用区域尺寸相比），其值甚小，可以忽略不计（该原理将边界条件放宽，允许某一力系由任一等效力系代替）。

可以从最小变形功（变形位能）原理出发证明其正确性。该原理表述为：平衡力系效应的局部性相当于最小变形位能。

9）等温，忽略温度效应。

2.1.2　弹性力学中连续体的一般力学方程

应力的基本定义为

$$\sigma = \lim_{\Delta S \to 0} \frac{\Delta F}{\Delta S} \tag{2.1}$$

式中　ΔS——面元；

　　　ΔF——作用于面元上的力。

上述定义要求应力 $\sigma = \sigma(x,y,z)$ 是坐标的连续函数（$\Delta S \to 0$）。

应力正负号规定：作用面法向方向与坐标一致的正应力与坐标指向相同；否则指向相反。

假定介质中的一个已知点 M 无限接近于另一点 N，则 N 点的应力分量较 M 点相差一个无限小的量，N 点的应力分量可由 M 点的应力分量足够精确的表示，如（σ 泰勒级数展开包含 2 阶及以上量）：

$$\begin{cases} \sigma_x^N = \sigma_x^M + \dfrac{\partial \sigma_x^M}{\partial x}\mathrm{d}x + \dfrac{\partial \sigma_y^M}{\partial y}\mathrm{d}y + \dfrac{\partial \sigma_z^M}{\partial z}\mathrm{d}z \\[2mm] \tau_{yx}^N = \tau_{yx}^M + \dfrac{\partial \tau_{yx}^M}{\partial x}\mathrm{d}x + \dfrac{\partial \tau_{yx}^M}{\partial y}\mathrm{d}y + \dfrac{\partial \tau_{yx}^M}{\partial z}\mathrm{d}z \\[2mm] \tau_{zx}^N = \tau_{zx}^M + \dfrac{\partial \tau_{zx}^M}{\partial x}\mathrm{d}x + \dfrac{\partial \tau_{zx}^M}{\partial y}\mathrm{d}y + \dfrac{\partial \tau_{zx}^M}{\partial z}\mathrm{d}z \end{cases} \tag{2.2}$$

若 M，N 两点位于与坐标轴平行的一条直线上，即当 MN 平行 x 轴时，上述各应力分量与 y、z 无关，则

$$\begin{cases} \sigma_x^N = \sigma_x^M + \dfrac{\partial \sigma_x^M}{\partial x}\mathrm{d}x \\[2mm] \tau_{yx}^N = \tau_{yx}^M + \dfrac{\partial \tau_{yx}^M}{\partial x}\mathrm{d}x \\[2mm] \tau_{zx}^N = \tau_{zx}^N + \dfrac{\partial \tau_{zx}^M}{\partial x}\mathrm{d}x \end{cases} \tag{2.3}$$

1. 应力状态理论——静力平衡方程

设一已知物体处于平衡状态，围绕某点 M，列出一无限小正六面体，此六面体适合六个平衡方程（静力问题）：

$$\Sigma F_x = 0 \qquad \Sigma F_y = 0 \qquad \Sigma F_z = 0$$
$$\Sigma M_x = 0 \qquad \Sigma M_y = 0 \qquad \Sigma M_z = 0$$

若物体在运动，则上述投影方程式右边并不等于 0。按牛顿第二定律，应等于单元体质量与加速度在该坐标轴上的投影的乘积（惯性力的投影）。

设 M 点位移在坐标轴 x、y、z 方向的投影分别为 u、v、w，且位移较小，则加速度在 x、y、z 轴上的分量（投影）为

$$\frac{\partial^2 u}{\partial t^2}, \frac{\partial^2 v}{\partial t^2}, \frac{\partial^2 w}{\partial t^2}$$

又 $\Sigma F_x = 0$ 可得到 x 方向平衡方程，同理可得 y、z 方向平衡方程：

$$\begin{cases} \dfrac{\partial \sigma_x}{\partial x} + \dfrac{\partial \tau_{xy}}{\partial y} + \dfrac{\partial \tau_{xz}}{\partial z} + X\rho = \rho \dfrac{\partial^2 u}{\partial t^2} \\[2mm] \dfrac{\partial \sigma_y}{\partial y} + \dfrac{\partial \tau_{yx}}{\partial x} + \dfrac{\partial \tau_{yz}}{\partial z} + Y\rho = \rho \dfrac{\partial^2 v}{\partial t^2} \\[2mm] \dfrac{\partial \sigma_z}{\partial z} + \dfrac{\partial \tau_{zx}}{\partial x} + \dfrac{\partial \tau_{zy}}{\partial y} + Z\rho = \rho \dfrac{\partial^2 w}{\partial t^2} \end{cases} \tag{2.4}$$

即 $\sigma_{ji,j} + X_i\rho = \rho \ddot{u}_{i,t}$。

而对各坐标轴取矩（忽略运动惯性力 $J\dfrac{\partial^2 w_i}{\partial t^2}$，$\Sigma M_x = 0$、$\Sigma M_y = 0$、$\Sigma M_z = 0$），则可得到切应力互等定理：

$$\tau_{xy} = \tau_{yz}, \cdots$$

因而独立的未知函数有六个：σ_x，σ_y，σ_z，τ_{xy}，τ_{xz}，τ_{yz}，而独立方程有 3 个，故任何弹性力学问题都是超静定问题。

2. 几何方程与变形相容方程

在小变形假定下可得到几何方程：

$$\begin{cases} \varepsilon_x = \dfrac{\partial u}{\partial x}, & \gamma_{xy} = \dfrac{\partial u}{\partial y} + \dfrac{\partial v}{\partial x} \\[2mm] \varepsilon_y = \dfrac{\partial v}{\partial y}, & \gamma_{yz} = \dfrac{\partial w}{\partial y} + \dfrac{\partial v}{\partial z} \\[2mm] \varepsilon_z = \dfrac{\partial w}{\partial z}, & \gamma_{xz} = \dfrac{\partial u}{\partial z} + \dfrac{\partial w}{\partial x} \end{cases} \tag{2.5}$$

当介质保持连续时，在几何方程的基础上可直接导出变形相容方程：

$$\begin{cases} \dfrac{\partial^2 \varepsilon_x}{\partial y^2} + \dfrac{\partial^2 \varepsilon_y}{\partial x^2} = \dfrac{\partial^2 \gamma_{xy}}{\partial x \partial y}, & \dfrac{\partial}{\partial x}\left(\dfrac{\partial \gamma_{zx}}{\partial y} + \dfrac{\partial \gamma_{xy}}{\partial z} - \dfrac{\partial \gamma_{yz}}{\partial x}\right) = 2\dfrac{\partial^2 \varepsilon_x}{\partial y \partial z} \\[3mm] \dfrac{\partial^2 \varepsilon_y}{\partial z^2} + \dfrac{\partial^2 \varepsilon_z}{\partial y^2} = \dfrac{\partial^2 \gamma_{yz}}{\partial y \partial z}, & \dfrac{\partial}{\partial y}\left(\dfrac{\partial \gamma_{zy}}{\partial x} + \dfrac{\partial \gamma_{xy}}{\partial z} - \dfrac{\partial \gamma_{xz}}{\partial y}\right) = 2\dfrac{\partial^2 \varepsilon_y}{\partial x \partial z} \\[3mm] \dfrac{\partial^2 \varepsilon_x}{\partial z^2} + \dfrac{\partial^2 \varepsilon_z}{\partial x^2} = \dfrac{\partial^2 \gamma_{xz}}{\partial x \partial z}, & \dfrac{\partial}{\partial z}\left(\dfrac{\partial \gamma_{zx}}{\partial y} + \dfrac{\partial \gamma_{zy}}{\partial x} - \dfrac{\partial \gamma_{xy}}{\partial z}\right) = 2\dfrac{\partial^2 \varepsilon_z}{\partial y \partial x} \end{cases} \tag{2.6}$$

3. 物理方程

物理方程即本构方程或称物性方程按胡克定律给出，在各向同性条件下为

$$\begin{cases} \varepsilon_x = \dfrac{1}{E}\left[\sigma_x - \mu(\sigma_y + \sigma_z)\right], & \gamma_{xy} = \dfrac{1}{G}\tau_{xy} \\[2mm] \varepsilon_y = \dfrac{1}{E}\left[\sigma_y - \mu(\sigma_x + \sigma_z)\right], & \gamma_{yz} = \dfrac{1}{G}\tau_{yz} \\[2mm] \varepsilon_z = \dfrac{1}{E}\left[\sigma_z - \mu(\sigma_y + \sigma_x)\right], & \gamma_{xz} = \dfrac{1}{G}\tau_{zx} \end{cases} \tag{2.7}$$

由上述三类方程共 15 个独立方程结合边界条件（当考虑运动时还要考虑初始条件），理论上便可求解任何弹性力学问题。在具体求解中，通常有位移求解法（即以三个位移分量为基本变量的平衡方程作为控制方程进行求解）、应力求解法（即以六个应力分量为基本变量的相容方程作为控制方程进行求解）。然而，由于问题的复杂性和数学上的原因，目前要获得弹性问题的解析解在大多数情况下还很困难。故在教科书中，常常采用逆解法或半逆解

法，而解决实际问题时则一般采用有限元等数值求解方法。

应该指出的是，上述的平衡方程、几何方程或相容方程在假定条件下适合任何性状的介质，而物理方程本身是关于介质性状的。对于软土等非弹性介质，需发展与应用其他的物性理论（即本构理论，见下述）及方程。

2.2　经典塑性理论体系

一般而言，塑性势面理论应用最为广泛，其建立在连续介质力学的基础上，并具有下面几个附加假设：

（1）假设应力空间中存在塑性势面（对应地，存在势函数）。若假定仅存在一个塑性势面，则又隐含假定塑性应变增量分量互成比例，塑性应变增量的方向只与应力有关，而与应力增量无关；若假定存在线性无关的多个（一般是对应于应力分量的个数）塑性势面，而塑性应变分量既与塑性势面（及屈服面）有关，又与应力增量有关。

（2）假设介质存在屈服现象，应力空间对应存在屈服面（数学上对应于屈服函数）。

（3）假设介质服从关联或不关联的流动法则。当服从关联流动法则时，屈服函数等同于势函数，否则不同。

（4）假设介质变形服从某一硬（软）化规则，规定屈服后续变形规律。

（5）给出某一加卸载准则，规定按弹性还是塑性规律进行计算。

在上述假定的基础上，针对介质的不同特性，可以构造出不同的各种经典塑性理论下的本构模型。

2.3　流变力学理论基础

在土的流变力学理论中，可利用流变模型从宏观上模拟土骨架结构，解释土的流变现象，并建立土骨架与时间有关的应力-应变关系的数学表达式。

2.3.1　流变概念及蠕变特点

弹性变形和塑性变形是通过其变形能否恢复来加以区别的，但均与时间无关。流变则指变形与力的响应与时间有关的性质。材料变形及应力-应变关系与时间因素有关的性质，称为流变性。材料变形过程中具有时间效应的现象，称为流变现象。研究流变现象的学科称为流变学（**rheology**）。流变性一般用以下几方面性质加以表征。

蠕变：在恒定力（荷载）的条件下变形随时间发展的性质。

应力松弛：在恒定变形的条件下应力随时间减少的性质。

弹性后效：加载或卸载时，弹性变形及应变滞后于应力的性质。

黏性流动：永久变形的大小与荷载作用持续时间相关的性质。

此外，可将瞬时弹性变形视为流变性的一种特例。

上述五种特性构成了土的流变特性描述的基本元素。其中，蠕变是流变中最为基本的表现，其类型与特点如下。

（1）蠕变的类型。

1）稳定蠕变：低应力状态下发生的蠕变，如图 1.2-1（a）中的曲线 σ_c。

2）不稳定蠕变：较高应力状态下发生的蠕变，如图 1.2-1（a）中的曲线 σ_a 与 σ_b。

（2）典型蠕变的阶段。第一阶段[图 1.2-1(b)中 $a-b$]，减速蠕变阶段：应变速率随时间增加而减小。

第二阶段［图 1.2-1(b) 中 $b-c$］，等速蠕变阶段：应变速率保持不变。

第三阶段［图 1.2-1(c) 中 $c-d$］，加速蠕变阶段：应变速率随时间增加而增加。

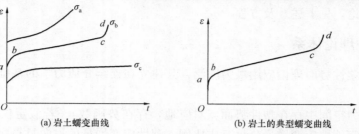

(a) 岩土蠕变曲线　　　　　　　　　(b) 岩土的典型蠕变曲线

图 1.2-1　典型的岩土蠕变曲线

不少工程材料，如土、岩石、混凝土、高聚合材料、某些生物组织以及处于高速变形状态的金属材料，既具有弹性性质，又具有黏性性质，这种兼具弹性和黏性性质的材料称为黏弹性体。黏弹性性质是流变性的表现形式之一。在外力作用下，黏弹性体产生弹性变形，而且变形随时间而变化，因此用弹性力学方法来研究黏弹性体不能反映实际情况。黏弹性理论与弹性力学的主要区别在于应力-应变关系不同。因此，黏弹性体的应力-应变关系就成为黏弹性理论的主要研究内容。通常，用服从胡克定律的弹性元件和服从牛顿黏性定律（即应力和应变率成正比）的黏性元件来表征黏弹性体的特性。用这两种元件的不同组合模型，可以反映多种复杂黏弹性体的应力-应变关系。与此同时，若再结合塑性元件，就可进一步表征黏塑性体的特性。下面分别介绍一些基本元件模型。

2.3.2　描述流变性质的基本元件

国内外学者为了不同需要，建立的流变模型很多，但其均由几种基本元件构成。以下介绍部分常用的基本元件模型及其描述的应力-应变关系的数学表达式。

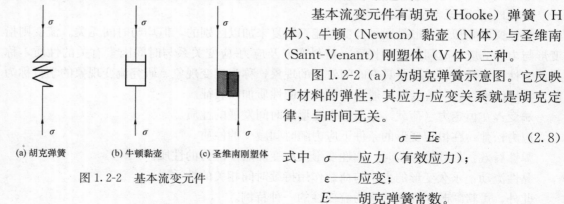

(a) 胡克弹簧　　(b) 牛顿黏壶　　(c) 圣维南刚塑体

图 1.2-2　基本流变元件

基本流变元件有胡克（Hooke）弹簧（H体）、牛顿（Newton）黏壶（N体）与圣维南（Saint-Venant）刚塑体（V体）三种。

图 1.2-2 (a) 为胡克弹簧示意图。它反映了材料的弹性，其应力-应变关系就是胡克定律，与时间无关。

$$\sigma = E\varepsilon \tag{2.8}$$

式中　σ——应力（有效应力）；

ε——应变；

E——胡克弹簧常数。

图 1.2-2 (b) 所示为牛顿黏壶。它为一个缓冲器，反映材料的黏性，其应力与应变速率间呈线性关系，即

$$\sigma = \eta\dot{\varepsilon} \tag{2.9}$$

式中　σ——应力，对于土体为骨架应力（即有效应力）；

$\dot{\varepsilon}$——应变速率；

η——黏滞系数。

20

图 2-2（c）为圣维南刚塑体。它由两块相互接触、在接触面上具有黏聚力和摩擦力的板组成，可反映材料的刚塑性。当应力小于流动极限时，圣维南体没有变形；当大于流动极限时，达到屈服状态，变形可无限增长。其关系式如下：

$$\varepsilon_V = 0 \qquad \sigma_V < \sigma_S$$
$$\varepsilon_V = \infty \qquad \sigma_V = \sigma_S \tag{2.10}$$

以上三种基本元件按不同方式加以组合，可得到各种不同的组合流变模型，可分别用来解释各种流变现象。仅由弹簧和黏壶组成的模型，称为黏弹性模型，包括以上三种基本元件的模型，称为黏弹塑性模型。

若将各元件进行串联或并联，则其具有如下性质：

$$串联性质 \begin{cases} \sigma = \sigma_1 = \sigma_2 = \cdots \\ \varepsilon = \varepsilon_1 + \varepsilon_2 + \cdots \end{cases}$$

$$并联性质 \begin{cases} \sigma = \sigma_1 + \sigma_2 + \cdots \\ \varepsilon = \varepsilon_1 = \varepsilon_2 = \cdots \end{cases}$$

基于这些单元件模型并结合串、并联性质，就可构造各种流变模型。需注意如下几个问题：

（1）塑性流动与黏性流动的区别。前者，当 $\sigma \geqslant \sigma_s$ 时，发生塑性流动，当 $\sigma < \sigma_s$ 时，表现出刚体的特点；对于后者，当 $\sigma > 0$ 时，就可以发生黏性流动，不需要应力超过某一定值。

（2）实际材料的流变性是复杂的，是三种基本元件的不同组合的性质，不是单一元件的性质。

（3）用黏弹性体来研究应力小于屈服应力时的流变性，用黏弹塑性体来研究应力大于屈服应力时的流变性。

2.3.3　典型组合模型及其性质

1. 宾哈姆模型（V/N 体～理想黏塑性体）

宾哈姆（Bingham）模型由圣维南刚塑体和牛顿黏壶并联组成，如图 1.2-3（a）所示。由于是并联，模型总应力等于各元件应力之和，而各元件应变相等并等于总应变。其应力-应变速率关系如图 1.2-3（b）所示，为：

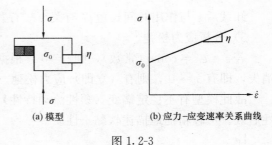

(a) 模型　　　　(b) 应力-应变速率关系曲线

图 1.2-3

$$\dot{\varepsilon} = \begin{cases} 0 \\ \dfrac{\sigma - \sigma_0}{\eta} & 当 \sigma > \sigma_0 时 \end{cases} \tag{2.11}$$

在恒定应力作用下，若应力小于某定量，则应变为零；若应力大于某定值，则应变速率为常数，即产生等速蠕变，可以用来描述蠕变现象的第二阶段，即稳定阶段，其变形速率保持为常量，历时一般很长。由于此模型考虑因素较为简单，精度有限，故其实用价值有限。

宾哈姆模型（V/N 体）的导出过程及性质分析如下。

（1）本构关系。

按并联性质，有：

$$\sigma = \sigma_V + \sigma_N \tag{2.12}$$

21

$$\varepsilon = \varepsilon_V = \varepsilon_N \tag{2.13}$$

各单元体本构：

牛顿体

$$\sigma_N = \eta\dot{\varepsilon} \tag{2.14}$$

$$\varepsilon_V = 0 \quad \sigma_V < \sigma_s$$

圣维南刚塑体

$$\varepsilon_V = \infty \quad \sigma_V = \sigma_s \tag{2.15}$$

1）当 $\sigma < \sigma_s$ 时，由式（2.12）可知，有 $\sigma_V < \sigma_s$，则由式（2.15）及式（2.13）有：$\varepsilon = \varepsilon_V = \varepsilon_N = 0$，故在此条件下为刚体。

2）当 $\sigma \geqslant \sigma_s$，将式（2.13）、式（2.14）、式（2.15）代入式（2.12），则

$$\sigma = \sigma_s + \eta\dot{\varepsilon} \Rightarrow \dot{\varepsilon} = \frac{\sigma - \sigma_s}{\eta} \tag{2.16}$$

即为本构关系式。

（2）性质讨论（由模型元件特性知，无瞬时弹性，无弹性）。

1）只讨论 $\sigma \geqslant \sigma_s$ 情况，当 $\sigma = \sigma_C \geqslant \sigma_s$ 时，代入式（2.16）

$$\frac{\mathrm{d}\varepsilon}{\mathrm{d}t} = \frac{\sigma_C - \sigma_s}{\eta} \Rightarrow \varepsilon = \frac{\sigma_C - \sigma_s}{\eta}t + A（待定系数）$$

初始条件：当 $t = 0$ 时，有 $\varepsilon = 0$，代入上式，得 $A = 0$

则得到蠕变方程

$$\varepsilon = \frac{\sigma_C - \sigma_s}{\eta}t \tag{2.17}$$

$\varepsilon = \varepsilon(t)$，有蠕变，但不稳定；$t \to \infty \Rightarrow \varepsilon \to \infty$。

2）$t = t_1$ 时刻卸载，$\sigma|_{t=t_1} \to 0$，则由该模型元件特性知，模型停留在当时位置，$\dot{\varepsilon} = 0$，由式（2.17）得

$$\varepsilon = \varepsilon_1 = \frac{\sigma_C - \sigma_s}{\eta}t_1 \tag{2.18}$$

卸载后 ε 与作用时间长短 t_1 有关，故有黏性流动；无弹性，故无弹性后效。

3）分析应力松弛。

若 $\varepsilon = \varepsilon_C = \mathrm{const}$（常数），则 $\dot{\varepsilon} = 0$，根据模型（摩擦）特性，变形一旦停止，应力立即消失，即有 $\sigma \to 0$，则有（立即）应力松弛。

故此模型有不稳定蠕变（塑性流动特性）、黏性流动、立即应力松弛；无瞬时弹性、弹性后效。可较粗糙地描述软黏土性质。

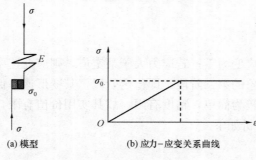

(a) 模型　　　　(b) 应力-应变关系曲线

图 1.2-4　弹塑体模型

2. 弹塑性体模型

弹塑性体模型由胡克弹簧和圣维南刚塑体串联组成的，如图 1.2-4（a）所示。由于是串联，模型总应变等于各元件应变之和，总应力即为各元件应力。若应力 σ 小于起始阻力 σ_0，则材料处于弹性状态；若应力 σ 大于 σ_0，则材料屈服，应变可无限增长，如图 1.2-4（b）所示。

由于土体的非线性特性明显强于金属物

体，此模型用来描述土体不是很合理，而在用来描述金属的拉伸性状时较合理。

3. 马克思威尔模型

图 1.2-5（a）所示为马克思威尔（Maxwell）模型，由胡克弹簧和牛顿黏壶串联而成，其流变方程为

$$\frac{\dot{\sigma}}{E} + \frac{\sigma}{\eta} = \dot{\varepsilon} \qquad (2.19)$$

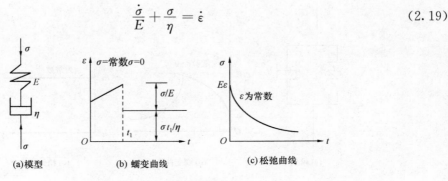

图 1.2-5　马克思威尔模型

在不变应力 σ（即 $\dot{\sigma}=0$）作用下，用初始应变 $\varepsilon_0 = \frac{\sigma}{E}$ 求解式（2.19）得

$$\varepsilon = \frac{\sigma}{E} + \frac{\sigma}{\eta}t$$

若在 t_1 时刻将应力卸除，则 $t \geq t_1$ 时刻的应变为

$$\varepsilon = \frac{\sigma}{\eta}t_1$$

可见，卸荷后蠕变变形完全不能恢复，如图 1.2-5（b）所示。

若土体产生初始弹性应变 ε_0 后，总应变 ε 保持不变，求解式（2.19）得

$$\sigma = E\varepsilon e^{-\frac{Et}{\eta}}$$

可见，在总应力不变的情况下，应力随时间衰减（即 $t\uparrow$，$\sigma\downarrow$），如图 1.2-5（c）所示。马克思威尔模型在描述土的某一阶段蠕变（等速蠕变）时意义重大，因此又称松弛模型。

4. 开尔文模型

开尔文（Kelvin）模型又称伏埃特（Voigt）模型，由胡克弹簧和牛顿黏壶并联而成，如图 1.2-6（a）所示，其流变方程为

$$\sigma = E\varepsilon + \eta\dot{\varepsilon} \qquad (2.20)$$

在常应力作用下，利用初始条件 $\varepsilon_0=0$，解式（2-6）得

$$\varepsilon = \frac{\sigma}{E}\left(1 - e^{-\frac{Et}{\eta}}\right)$$

若在 t_1 时刻将应力 σ 卸去，则 $t \geq t_1$ 时刻的应变为

$$\varepsilon = \frac{\sigma}{E}\left(e^{-\frac{E}{\eta}(t-t_1)} - e^{-\frac{E}{\eta}t}\right)$$

其中当 $t\to\infty$ 时，$\varepsilon\to0$ 时，应变即可完全恢复，如图 1.2-6（b）所示。伏埃特模型描述的这种现象，称为弹性后效。

若获得初始弹性应变 ε_0 后总应变保持不变（即 $\dot{\varepsilon}=0$），则解得

$$\sigma = E\varepsilon_0$$

即应力不衰减，如图 1.2-6（c）所示，故伏埃特模型又称非松弛模型。此模型可以描述常应力作用下土的衰减蠕变。若在某时刻将应力卸去，则随时间的发展，应变可以完全恢复。该模型可以表现土体弹性。

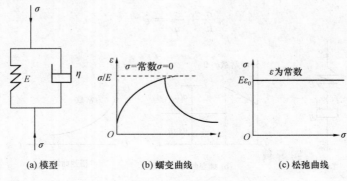

(a) 模型   (b) 蠕变曲线   (c) 松弛曲线

图 1.2-6 开尔文模型

5. 悉尼模型

悉尼模型（Zener Body）由胡克体与马克思威尔体并联构成，又称 H/M 体或 Poynting-Thomson 体，其本构关系如下：

$$\frac{\eta_M}{E_M}\dot{\sigma} + \sigma = \frac{\eta_M}{E_M}(E_M + E_H)\dot{\varepsilon} + E_H\varepsilon \tag{2.21}$$

该本构关系导出过程及性质分析如下。

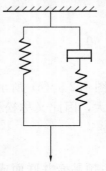

（1）基本关系。由关系式（2.19），为用下标区别 H/M 体中的不同基本元件，M 体本构关系记为

$$\frac{\eta_M}{E_M}\dot{\sigma}_M + \sigma_M = \eta_M\dot{\varepsilon}_M \tag{2.22}$$

H 体本构关系则记为

$$\sigma_H = E_H\varepsilon_H \tag{2.23}$$

关联规则为

$$\varepsilon = \varepsilon_H = \varepsilon_M \tag{2.24}$$

$$\sigma = \sigma_H + \sigma_M \tag{2.25}$$

图 1.2-7 悉尼模型

因为存在六个未知数：（σ_M、σ_H、σ、ε_M、ε_H、ε）和五个方程，故可列出 $\sigma - \varepsilon$ 的本构关系式。

（2）本构关系对式（2.24）、式（2.25）两边进行求导（对 t），则得

$$\dot{\varepsilon} = \dot{\varepsilon}_H = \dot{\varepsilon}_M \tag{2.26}$$

$$\dot{\sigma} = \dot{\sigma}_H + \dot{\sigma}_M \tag{2.27}$$

将以上两式代入式（2.22）得

$$\frac{\eta_M}{E_M}(\dot{\sigma} - \dot{\sigma}_H) + \sigma_M = \eta_M\dot{\varepsilon}_M = \eta_M\dot{\varepsilon} \tag{2.28}$$

对式（2.23）两边进行求导得

$$\dot{\sigma}_H = E_H\dot{\varepsilon}_H \tag{2.29}$$

由式（2.24）知 $\dot{\sigma}_H = E_H \dot{\varepsilon}_H = E_H \dot{\varepsilon}$，代入式（2.24）得 $\frac{\eta_M}{E_M}(\dot{\sigma} - E_H \dot{\varepsilon}) + \sigma_M = \eta_M \dot{\varepsilon}$，即

$$\sigma_M = \eta_M \dot{\varepsilon} - \frac{\eta_M}{E_M}(\dot{\sigma} - E_H \dot{\varepsilon}) \tag{2.30}$$

再利用式（2.22）、式（2.23）和式（2.24），则等式（2.30）变换为

$$\sigma_M = \sigma - \sigma_H = \sigma - E_H \varepsilon_H = \sigma - E_H \varepsilon$$

于是由式（2.30）得

$$\sigma - E_H \varepsilon = \eta_M \dot{\varepsilon} - \frac{\eta_M}{E_M}(\dot{\sigma} - E_H \dot{\varepsilon})$$

进一步整理后得

$$\frac{\eta_M}{E_M}\dot{\sigma} + \sigma = \frac{\eta_M}{E_M}(E_M + E_H)\dot{\varepsilon} + E_H \varepsilon \tag{2.31}$$

上式即为悉尼模型本构关系。

（3）性质讨论。

（1）$t=0$，施加恒压 $\sigma = \sigma_C = \text{const}$，讨论蠕变。

由式（2.31）知 $\frac{\eta_M}{E_M}(E_M + E_H)\dot{\varepsilon} + E_H \varepsilon = \sigma_C$，两边同除第一项系数，整理后为

$$\dot{\varepsilon} + \frac{E_H E_M}{\eta_M(E_M + E_H)}\varepsilon = \frac{E_M}{\eta_M}(E_M + E_H)\sigma_C \tag{2.32}$$

初始条件为 $t=0$，$\sigma = \sigma_C$，M 体与 H 体均发生瞬时弹性，故 $\sigma_C = \sigma_M + \sigma_H = (E_M + E_H)\varepsilon$ 即 $t=0$ 时，$\varepsilon = \frac{\sigma_C}{E_M + E_H}$，则一阶线性微分方程（2.32）的通解为

$$\varepsilon = A e^{\frac{E_H E_M}{\eta_M E_H + E_M}t} + \frac{\sigma_C}{E_H}$$

由上述初始条件定常数 A。

$$\frac{\sigma_C}{E_H + E_M} = A + \frac{\sigma_C}{E_H}，\text{则 } A = \left(\frac{1}{E_H + E_M} - \frac{1}{E_H}\right)\sigma_C，$$

即 $\varepsilon = \left(\frac{1}{E_H + E_M} - \frac{1}{E_H}\right)\sigma_C \cdot e^{\frac{E_H E_M}{\eta_M E_H + E_M}t} + \frac{\sigma_C}{E_H}$ 或者

$$\varepsilon = \left(\frac{1}{E_H} - \frac{1}{E_H + E_M}\right)\sigma_C \cdot \left(1 - e^{\frac{-E_H E_M}{\eta_M E_H + E_M}t}\right) + \frac{\sigma_C}{E_H + E_M} \tag{2.33}$$

$\varepsilon = \varepsilon(t)$，与 t 有关，故有蠕变。

当 $t=0$ 时，$\varepsilon = \frac{\sigma_C}{E_H + E_M}$，故 $E_H + E_M$ 为 H/M 体瞬时弹性模量；

当 $t \to \infty$ 时，$\varepsilon = \frac{\sigma_C}{E_H}$，故 E_H 为 H/M 体长期弹性模量。

又 $\dot{\varepsilon} = \left(\frac{1}{E_H + E_M} - \frac{1}{E_H}\right)\sigma_C \cdot \frac{-E_H E_M}{\eta_M(E_H + E_M)} \cdot e^{\frac{E_H E_M}{\eta_M E_H + E_M}t}$，则 $\dot{\varepsilon}$ 与 t 成负指数函数。

（2）卸载（讨论弹性后效与黏性流动）。

$t = t_1$ 时刻，$\sigma \to 0$，本构关系式（2.31）变为 $\frac{\eta_M}{E_M}(E_M + E_H)\dot{\varepsilon} + E_H \varepsilon = 0$，即 $\dot{\varepsilon} +$

$\dfrac{E_\mathrm{H}+E_\mathrm{M}}{\eta_\mathrm{M}(E_\mathrm{H}+E_\mathrm{M})}\varepsilon=0$，为一阶齐次线性方程，通解为

$$\varepsilon=Ae^{-\frac{E_\mathrm{H}E_\mathrm{M}}{\eta_\mathrm{M}E_\mathrm{H}+E_\mathrm{M}}t} \tag{2.34}$$

初始条件为 $t=t_1$（卸载），从式（2.33）可得（弹性部分即刻恢复）

$$\varepsilon_{t_1}=\left(\frac{1}{E_\mathrm{H}}-\frac{1}{E_\mathrm{H}+E_\mathrm{M}}\right)\sigma_\mathrm{c}\cdot(1-e^{\frac{-E_\mathrm{M}E_\mathrm{H}}{\eta_\mathrm{M}E_\mathrm{M}+E_\mathrm{H}}t_1})$$

代入式（2.34）

$$\left(\frac{1}{E_\mathrm{H}}-\frac{1}{E_\mathrm{H}+E_\mathrm{M}}\right)\sigma_\mathrm{c}\cdot(1-e^{\frac{-E_\mathrm{M}E_\mathrm{H}}{\eta_\mathrm{M}E_\mathrm{M}+E_\mathrm{H}}t_1})=Ae^{\frac{-E_\mathrm{H}E_\mathrm{M}}{\eta_\mathrm{M}E_\mathrm{H}+E_\mathrm{M}}t_1}$$

所以 $A=\varepsilon_{t_1}e^{\frac{E_\mathrm{H}E_\mathrm{M}}{\eta_\mathrm{M}E_\mathrm{H}+E_\mathrm{M}}t_1}$，代回式（2.34）得

$$\varepsilon=\varepsilon_{t_1}e^{\frac{E_\mathrm{H}E_\mathrm{M}}{\eta_\mathrm{M}E_\mathrm{H}+E_\mathrm{M}}t_1}\cdot e^{-\frac{E_\mathrm{H}E_\mathrm{M}}{\eta_\mathrm{M}E_\mathrm{H}+E_\mathrm{M}}t}$$

即

$$\varepsilon=\varepsilon_{t_1}e^{-\frac{E_\mathrm{H}E_\mathrm{M}}{\eta_\mathrm{M}E_\mathrm{H}+E_\mathrm{M}}(t-t_1)} \tag{2.35}$$

由上式可见：$\varepsilon=\varepsilon(t)$ 与 t 有关，故有弹性后效；$t\rightarrow\infty$ 时，$\varepsilon\rightarrow0$，故无黏性流动。

（3）$\varepsilon=\varepsilon_\mathrm{c}=\mathrm{const}$（常数），分析应力松弛：

本构关系式（2.31）变换为

$$\frac{E_\mathrm{M}}{\eta_\mathrm{M}}\sigma+\dot{\sigma}=\frac{E_\mathrm{M}E_\mathrm{H}}{\eta_\mathrm{M}}\varepsilon_\mathrm{C} \tag{2.36}$$

其通解为　$\sigma=Ae^{\frac{E_\mathrm{M}}{\eta_\mathrm{M}}t}+E_\mathrm{H}\varepsilon_\mathrm{C}$

初始条件为 $t=0$，$\sigma=(E_\mathrm{H}+E_\mathrm{M})\varepsilon_\mathrm{C}$ 代入通解求得 $A=E_\mathrm{M}\varepsilon_\mathrm{C}$，则

$$\sigma=E_\mathrm{M}\varepsilon_\mathrm{c}e^{\frac{E_\mathrm{M}}{\eta_\mathrm{M}}t}+E_\mathrm{H}\varepsilon_\mathrm{C} \tag{2.37}$$

由此可见，随着 t 增加，σ 减小，故有应力松弛，且当 $t\rightarrow\infty$ 时，$\sigma\rightarrow E_\mathrm{H}\varepsilon_\mathrm{C}$（常量）。
故该模型有瞬时弹性、蠕变、弹性后效、应力松弛，无黏性流动。

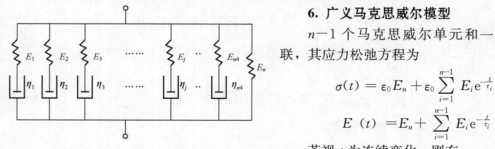

图 1.2-8　广义马克思威尔模型

6. 广义马克思威尔模型

$n-1$ 个马克思威尔单元和一个弹簧并联，其应力松弛方程为

$$\sigma(t)=\varepsilon_0 E_n+\varepsilon_0\sum_{i=1}^{n-1}E_ie^{-\frac{t}{\tau_i}}$$

$$E(t)=E_n+\sum_{i=1}^{n-1}E_ie^{-\frac{t}{\tau_i}}$$

若视 t 为连续变化，则有

$$E(t)=E_n+\int_0^\infty E(\tau)e^{-\frac{t}{\tau_i}}\mathrm{d}\tau$$

式中　$E(t)$——松弛时间谱；

　　　τ_i——马克思威尔体的特性常数，与黏滞系数有关，$i=1,2,\cdots,n-1$。

7. 广义开尔文模型

广义开尔文由一个弹簧、$(n-1)$ 个开尔文单元与一个黏壶串联，蠕变方程为

$$\varepsilon(t)=\sigma_0 D_0+\sigma_0\sum_{i=1}^{n-1}D_i(1-e^{-\frac{t}{\tau}})+\sigma_0\frac{t}{\eta_n}$$

$$D(t) = D_0 + \sum_{i=1}^{n-1} D_i (1 - e^{-\frac{t}{\tau}}) + \frac{t}{\eta_n}$$

$$D(t) = D_0 + \int_0^\infty L(\tau')(1 - e^{-\frac{t}{\tau}}) \mathrm{dln}\tau' + \frac{t}{\eta_n}$$

$D(\tau')$ 为推迟时间谱。

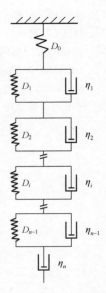

图 1.2-9   广义开尔文模型

2.3.4   流变模型进一步问题及黏弹性问题的解

上述一维基本方程还可推广到更复杂应力状态的问题求解。就流变模型中的黏弹性模型而言，在实际中，常需将多个弹性元件和黏性元件按各种不同形式串联或并联，形成其本构关系（诸如四元件、五元件等模型），以描述不同黏弹性体的特性；更进一步的是，建立时间相关的应力函数与时间相关的应变函数导数之间的关系，即广义线性黏弹体本构关系。其数学上的基本特点如下：线性黏弹性体微分型本构方程阶数等于模型中黏性元件的个数；线性黏弹性体可由多阶常系数微分方程描述，其非零系数的个数等于模型中的总元件数。

采用流变模型，可把复杂的流变性质直观地表现出来，便于分析变形的弹性、塑性和蠕变分量，同时可用数学表达式直接描述蠕变和松弛现象，故流变模型在土的流变理论中得到了广泛应用。然而，土的流变性质很复杂，影响流变及蠕变的因素也很多且复杂，参数的变异性也大；流变模型只能用来描述某些流变现象，并不能完全反映其实质。各种流变模型均有一定的适用范围，如土的应力松弛与马克斯威尔体相似，而弹性后效性质又与伏埃特体相似，流动特性则与宾哈姆体相似。因此，选用流变模型时应慎重考虑，企图用某个流变模型全面反映土的复杂流变性质极其困难，不必将模型做得太复杂，以反映问题实际性状的简单模型最好。

各种材料的黏弹性性能，可通过蠕变试验和振动试验加以确定。

积分是微分的逆运算，本构方程既可用微分形式表示，也可由积分形式给出。一维流变模型可以积分形式表示，拟合土的流变特性，不似微分模型那样多为指数方程形式，但由于积分方程运算困难，实际上流变模型的积分形式也仅限于少数几种函数形式，在此不做介绍。有兴趣的读者可参看有关书籍和资料。

三维流变模型问题。实际土体问题都是三维问题，因而需建立三维流变模型，其数学形式可分为微分或积分形式。三维流变模型很难用形象化的力学元件表示，因而不用通过对模型的组成元件的分析来建立模型。建立三维流变模型的一种方法是基于一维模型，通过类比法直接推出各种三维模型；更为一般的方法是基于理论流变力学及基本假定推导出整个流变模型的基本本构方程，从而得到流变模型的蠕变方程、卸荷方程和应力松弛方程等。

值得指出的是，黏弹性理论中的几何方程和运动方程与弹性力学完全相同。从理论上说，利用本构方程、运动方程、几何方程、边界条件以及初始条件，可找到黏弹性边值问题的解。在缓慢加载的前提下，如果黏弹性体所受的体积力、表面力和黏弹性体的位移边界条件都可以写成空间和时间的分离变量形式，且全部应力、应变以及它们对时间各阶导数的初始值都为零，则可利用对时间的拉普拉斯变换，把一个线性黏弹性体的问题转化为一个同样形状和大小的线性弹性体的问题。求出后者的解并利用拉普拉斯逆变换，即可得到原黏弹性

27

体问题的解。

参考文献

[1]　朱兆祥. 材料本构关系理论. 北京：中国科技大学近代力学系，1982.

[2]　HHNTER S C. Mechanics of continuous media. 2nd Ed，chic hester：Ellis Horwood Ltd，1983.

[3]　李彰明. 广义内时本构方程及岩石粘塑性模型. 武汉：中国科学院，1984.

[4]　GERMAIN P，NGUYEN Q S and SUQUET P. 连续介质热动力学. 郭仲衡译. 北京：科学出版社，1987.

[5]　李松年，黄执中. 非线性连续统力学. 北京：北京航空学院出版社，1987.

[6]　张学言. 土塑性力学的建立与发展. 力学进展，1989，19(4)：485-496.

第 3 章

软土工程性质及土参数相互关系

软土一般是指在静力或缓慢流水环境中以细颗粒为主的近代沉积物，其直径小于 0.1mm 的颗粒一般占土样质量的 50％以上。软土天然含水量大、压缩性高、承载力低、渗透性小，是一种呈软塑到流塑状态的饱和黏性土。软土的基本概念见 1.1.1 节。工程上将淤泥、淤泥质土、泥炭、泥炭质土、冲填土、杂填土和饱和含水黏性土，统称为软弱土。其中前四种又称为软土。软弱土地层还包括软土与砂土、碎石土、角砾土及块土等形成的互层。因此，软弱地层还可包括除岩石以外的所有含有软弱土层的地层。

我国沿海地区和内陆平原或山区都广泛地分布着海相、三角洲相、湖相和河相沉积的饱和软土。沿海软土主要位于各河流的入海口处。例如，渤海及津塘地区、温州、宁波、长江三角洲、珠江三角洲及闽江口平原等地都有深厚的软土层，其厚度由数米至数十米不等。内陆软土主要分布在洞庭湖、洪泽湖、太湖流域及昆明的滇池地区。山区软土则分布于多雨地区的山间谷地、冲沟、河滩阶地和各种洼地。与平原地区不同的是，山区软土的分布零星，范围不大，但厚度及深度变化悬殊，多呈透镜体状，土质不均，土的强度和压缩性变化很大。软土按其沉积环境及形成特征，大致可分为四种类型，一般具有下述特征，见表 1.3-1。

表 1.3-1　　　　　　　　　　软土成因类型和形成特征

类型	成　因	在我国主要分布情况	形　成　与　特　征
滨海沉积	泻湖相，三角洲相，滨海相，溺谷相	东海、黄海、渤海等沿海地区	在较弱的海浪岸流及湖汐的水动力作用下，逐渐停积淤泥厚 5～60m，常含贝壳及海生物残骸，表层硬壳之下，局部有薄层泥炭透镜体。滨海相淤泥常与砾砂相混杂，极疏松，透水性强，易于压缩固结，三角洲相多薄层交错砂层，水平渗透性较好，泻湖相溺谷淤积一般更深、更松软

类型	成因	在我国主要分布情况	形成与特征
湖泊沉积	湖相，三角洲相	洞庭湖、太湖、鄱阳湖、洪泽湖周边、古云梦泽边缘地带	淡水湖盆沉积物，在稳定的湖水期逐渐沉积，沉积相带有季节性，粉土颗粒占主要成分，表层硬壳厚0～5m，泥炭层多呈透镜体，但分布不多
河滩沉积	河床相，河漫滩相，牛轭湖相	长江中下游、珠江下游、汉江下游及河口、淮河平原、松辽平原、闽江下游	平原河流流速减少，水中携带的黏土颗粒缓慢沉积而成，成层不匀，以淤泥及软黏土为主，含砂与泥炭夹层，厚度一般小于20m
谷地沉积或残积		西南、南方山区或丘陵区	在山区呈丘陵区地表水带有大量含有机质的黏性土，汇积于平缓谷地之后流速降低，淤积而成软土，山区谷地也有残积的软土，其成分与性质差异很大，上覆硬壳厚度不一，软土底板坡度较大，极易造成工程变形

（1）天然含水率高、孔隙比大。软土多呈软塑或半流塑状态，其天然含水率很高，一般超过30%。山区软土含水率可高达70%，甚至达200%。软土的饱和度一般大于90%，液性指数多大于1.0。因此，软土地基具有变形大、强度低的特点。

（2）透水性低。软土的透水性很低，其渗透系数一般为10^{-9}～10^{-7}cm/s，有的甚至低至10^{-10}cm/s；因此，软土固结需要相当长的时间。当地基中有机质含量较大时，土中可能产生气泡，堵塞渗流通道而降低其渗透性。

（3）压缩性高。软土的孔隙比大，具有高压缩性的特点。软土的压缩系数a_{1-2}一般为0.5～2.0MPa^{-1}，最大可达4.5MPa^{-1}。如其他条件相同，则软土的液限愈大，压缩性就愈大。

（4）抗剪强度低。软土的抗剪强度很低，并与排水固结程度密切相关，在不排水剪切时，软土的内摩擦角接近于零，抗剪强度主要由内聚力决定，而内聚力值一般小于20kPa。经排水固结后，软土的抗剪强度便能提高，但由于其透水性差，当应力改变时，孔隙水渗出过程相当缓慢，因此抗剪强度的增长也很缓慢。

（5）具触变性。软土具有絮凝结构，是结构性沉积物，具有触变性。当其结构未被破坏时，具有一定的结构强度，但一经扰动，土的结构强度便被破坏。当软土中含亲水性矿物（如蒙脱石）多时，结构性强，其触变性较显著。

（6）具流变性。软土具有流变性，其中包括蠕变特性、流动特性、应力松弛特性和长期强度特性。长期强度特性是指土体在长期荷载作用下土的强度随时间变化的特性。考虑到软土的流变特性，可用一般剪切试验方法求得的软土的物理力学性质指标的统计值，见表1.3-2。

表 1.3-2 各类软土的物理力学性质指标统计值

| 类　型 | 重度 γ /(kN/m³) | 天然含水率 $w(\%)$ | 天然孔隙比 e | 抗剪强度 | | 灵敏度 S_t | 压缩系数 a_{1-2} /MPa⁻¹ |
				内摩擦角 $\varphi_1/(°)$	黏聚力 c /(kN/m²)		
滨海淤积软土	15.0～18.0	40～100	1.0～2.9	1～7	2～20	2～7	1.2～3.5
河滩淤积软土	15.0～19.0	30～60	0.8～1.3	0～10	5～30	2～5	0.3～3.0
湖泊淤积软土	15.0～19.0	35～70	0.9～1.3	0～11	5～25	4～8	0.8～3.0
谷地淤泥（残积）软土	14.0～19.0	40～120	0.52～1.5	0	5～19	2～10	>0.5

　　软土工程性质的了解对于软土体理论模型、参数确定、分析计算、工程设计及施工都是最基本的，也是最重要的。本章将对其加以介绍，为了通过对比而更深入地了解软土特性与软土地层，对其他类别的土性也加以介绍。此外，为更好地理解土体特性及其不同表现的相互联系，还将阐述土参数的相互关系。

3.1　物理特性及多相特性

　　土及软土的工程性质取决于集中相互影响的复合效应和通常相互联系的因素。这些因素可分为两大类：成分的因素和环境的因素。

　　成分的因素决定了土性质的潜在范围值，可用未扰动的样品进行研究，其内容如下：

　　(1) 矿物的种类；

　　(2) 每种矿物的含量；

　　(3) 吸附阳离子的种类；

　　(4) 颗粒的形状和粒径分布；

　　(5) 孔隙水的成分。

　　环境的因素决定了土性质的实际价值，可用未扰动的样品和原位测试来研究，其内容如下：

　　(1) 含水率；

　　(2) 密度；

　　(3) 围压；

　　(4) 温度；

　　(5) 组构；

　　(6) 水的有效性。

　　完全依靠土的成分和环境因素来定量预测土的性状是不现实的，其理由如下

　　(1) 大多数天然土的成分很复杂；

　　(2) 土成分的确定很困难；

　　(3) 不同的相和组分之间将发生物理的和物理化学的相互作用；

　　(4) 土组构的确定和定量表述也是很困难的；

　　(5) 在实验室内很难模拟过去的地质史和目前现场的环境条件；

31

（6）成分、环境与性质之间定量关系的物理化学理论是不充分的。

尽管存在着这些问题，但是土成分的资料对于深入理解土的各种性质和定性地评价实际土的行为是有用的。在这一节中，将总结成分因素和工程性质间的相互关系。讨论的重点将放在黏土矿物上，因为黏土相控制大多数细粒土的形状，目的是提高对土性质重要性的认识。

3.1.1　研究成分和性质相互关系的方法

研究土的成分和土成分与土性质间的相互关系，一般采用两种方法。

第一种方法，采用天然土确定其成分和工程性质以及它们的相关性。这种方法的优点在于它所测定的各种性质是天然状态下土的属性。其缺点是分析成分困难、费时，特别是含有多种矿物或其他组分的土，诸如有机质、硅、铝和铁的氧化物等，任何一种成分的影响都很难隔离。

第二种方法，采用人工合成土确定其工程性质。将不同成分的由市场供应的相当高纯度的黏土矿物彼此混合起来，然后渗入粉土和砂，制备成各种已知成分的合成土。虽然这种方法比较方便，但是纯矿物的性质不一定和天然土中矿物的性质相同，有机物和氧化物的胶结和其他化学作用的影响如何，尚值得研究。

无论使用哪一种方法，都会遇到两个困难。第一，在很多情况下，沉积物中成分和性质的变化是很大的，究竟在相隔几厘米的距离内是否会发生矿物学的变化呢？这一点还没有定论。因此，在选择供研究使用有代表性的样品时，必须十分仔细。另一个困难是，由于不同组分之间物理和物理化学的相互作用，使得按已知比例的组分所配土的性质间接地受到影响。举一个物理相互作用的例子。把相同量均匀的砂和黏土（砂和黏土压实密度都为 $18kN/m^3$）混合在一起，压实后的密度不等于 $18kN/m^3$ 的混合土，而得到高达 $20kN/m^3$ 或更高的压实密度；这是因为黏土充填到砂粒之间空隙内的缘故。

3.1.2　黏土相的重要影响

一般来说，土中黏土矿物的含量越多，土的塑性就越高，膨胀势就越大，渗透性就越低，压缩性就越高，其真黏聚力越高和真内摩擦角越小。颗粒的表面力和它们的影响范围相对于粉质、砂质颗粒的质量和大小来说，其作用是很小的。然而，相对于极小的片状黏土颗粒来说，表面力有极强的影响。

是黏土相还是颗粒相控制土的性状，在一定程度上取决于土中黏土的含量。水被强烈地吸引到黏粒表面产生塑性。非黏土矿物的亲水性很小不产生明显的塑性，甚至研磨得很细时也如此，可以近似地假设土中水全部与黏土相发生联系（Seed、Woodward 和 Lundgren，1964 年）。在这个假设的基础上，可以确定在任何含水量下，填充颗粒相所形成的空洞和阻止粒状颗粒间的直接接触所需黏土含量。因此，可以得出以下关系式：

$$V_{GS} = \left(1 - \frac{C}{100}\right) \frac{W_s}{G_{SG}\gamma_w} e_G$$

$$水体积 + 黏土体积 = \frac{w}{100} \frac{W_s}{\gamma_w} + \frac{C}{100} \frac{W_s}{G_{SC}\gamma_w}$$

式中　　V_{Gs} ——颗粒相中空洞体积；

C ——黏土相百分比；

W_s ——颗粒质量；

G_{sC}、G_{sG} ——分别为黏土和颗粒相的比重；

γ_w ——水的重度；

e_G ——颗粒相的孔隙比；

w ——含水量百分比。

假如黏土和水填满颗粒相的空洞，那么

$$\frac{w}{100}\frac{W_s}{\gamma_w} + \frac{C}{100}\frac{W_s}{G_{sC}\gamma_w} = \left(1-\frac{C}{100}\right)\frac{W_s}{G_{sG}\gamma_w}e_G$$

最终可以得出以下关系式：

$$\frac{w}{100} + \frac{C}{100G_{sC}} = \left(1-\frac{C}{100}\right)\frac{e_G}{G_{sG}} \tag{3.1}$$

有粗大颗粒组成粒状材料的空隙比，在最松散状态下为 0.9。在大多数土中颗粒相相对密度为 2.67，黏土相相对密度为 2.75，把这些值代入式（3.1）可得

$$C = 48.4 - 1.42w \tag{3.2}$$

这一方程式的关系示如图 1.3-1 所示。不难看出，该式适用于一定含水率的范围。从图3-1中可看出，在实践中常遇到的含水率下，最多只需土体固体部分的 1/3 的黏土，便可以使粒状颗粒不直接接触，而黏土就得以控制土体的性状。由于在大多数土中，黏土颗粒往往包裹在粒状颗粒的表面，因此，黏土可以对土的性质施加明显的影响，即使在较小的黏土含量的情况下也是如此。

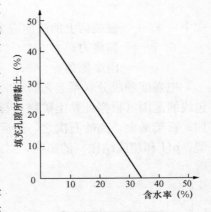

图 1.3-1 含水率同填满
粒状体空洞的关系

3.1.3 黏土矿物的物理特性

不同类型的黏土矿物所显示的工程性能的范围极广，即使在任何一类矿物的内部，它的范围也是很大的。这是许多因素作用的缘故，诸如粒径、结晶度、吸附阳离子类型和孔隙水中电解质的种类和浓度等。一般来说，这些因素的重要性按下列顺序逐渐增加：高岭石＜水云母（伊利石）＜蒙脱石。绿泥石介于高岭石和水云母之间，蛭石和比较少见的凹凸棒石介于水云母与蒙脱石之间。

由于上述成分因素的影响，加上环境因素的影响，因此不同的矿物的各种工程性质只能给出范围值。

3.1.3.1 粒径和颗粒形状

不同的黏土矿物往往出现在稍微不同的粒径范围内，已报道的粒径分析资料大多数小于 $2\mu m$，但未考虑在这一级组分内的粒径分布。

除埃洛石是管状外，所有黏土矿物均为片状。高岭石颗粒比较大、厚且硬，蒙脱石是由很细小薄膜状颗粒构成的，伊利石处于高岭石和蒙脱石的中间状态，经常呈台阶形，边部很薄。

3.1.3.2 体积变化特点

一般来说，黏土矿物的膨胀和收缩性质也和它们的塑性性质相仿，矿物的可塑性越高，其膨胀势和收缩势就越大。土样浸润和干燥后所观察到的实际膨胀量除受矿物成分影响外，

还有其他因素，如颗粒排列、最初含水率和周围的压力。土的缩限值表示不同矿物被干燥到低含水率时的收缩势。不同黏土矿物的膨胀与它们各自的塑性指数紧密相关。

3.1.3.3　水力传导性（渗透性）

除了矿物成分以外，粒径、粒径分布、孔隙比、组构和孔隙液特点都影响渗透性。含水率超过正常范围（塑限到液限）时，所有黏土矿物的渗透系数都将小于 1×10^{-5} cm/s。单价阳离子的蒙脱类矿物可能低于 1×10^{-10} cm/s。所观察到的天然黏性土的渗透系数为 1×10^{-6} ~1×10^{-8} cm/s。在相同含水率下进行比较，黏土矿物渗透性的顺序为：蒙脱石＜凹凸棒石＜伊利石＜高岭石。

3.1.3.4　抗剪强度

有许多不同方法测定和表达土的抗剪强度。在大多数情况下应用莫尔包线或修正的莫尔应力圆。莫尔包线图是抗剪强度（通常为峰值或残余强度）在破裂面上作为直接作用应力的一个函数而绘制的；而修正的莫尔圆是在破裂处，抗剪强度作为最大和最小主应力平均值的函数绘制的法向应力，可以用总应力或有效应力在所关心的法向应力范围内的曲线上画一条直线表示，如图 1.3-2 所示，抗剪强度可用下式求得：

$$\tau = c + \sigma_n \tan\varphi \tag{3.3}$$

式中　σ_n——破裂面上的法向应力；

　　　c——黏聚力；

　　　φ——内摩擦角。

把强度和成分联系起来研究时，有效应力破裂包线有是用的，图 1.3-3 为有效应力破裂包线的范围（根据纯黏土矿物和石英的峰值绘制）。曲线表明抗剪强度随有效应力增加而增加，石英最大，高岭石次之，然后为伊利石和蒙脱石。由于一些因素（组构、吸附阳离子类型、pH 和超固结比）的影响，对于一定的矿物类型，可以有不同的破裂包线的范围。

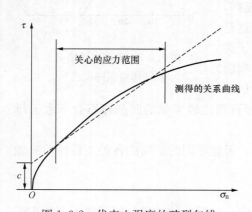

图 1.3-2　代表土强度的破裂包线

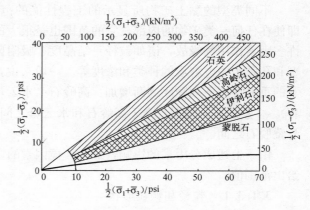

图 1.3-3　纯黏土矿物和石英的有效应力破裂包线

根据许多作者的研究（Hvoreslev 1937 年、1960 年；Gibson 1953 年；Trollope 1960 年；Schmertmann 和 Sterberg 1960 年及其他人），可以确信，黏土的总强度实际上是有两个不同部分组成。一是黏聚性，它只取决于孔隙比（含水量）；二是摩擦作用，它只取决于法向有效应力。通常用两个相同的孔隙比但不同有效应力的样品，测量其强度以确定黏聚力和摩擦作用，用这种方法确定的强度参数，有时称为"Hvorslev 参数"或"真黏聚力"和"真摩擦"，它显示黏聚力随黏土的塑性和活动性的增加而增加，摩擦作用随塑性和活动性的增加而减小。

然而，具有相同孔隙比但不同有效应力的两个样品，已经知道它们的结构是不相同的。而且，在有效应力范围很大的试验表明，按图 1.3-2 的方法所绘制的实际有效应力破裂包线所得黏聚力很小或为零，即使是高度固结的黏土也是如此。因此，在化学连接（胶结）缺乏的情况下，有意义的真黏聚力（假如规定强度存在于有效应力为零处）是不存在的。

对于黏土矿物来说，即使是最大的摩擦角值也明显地小于无黏聚性土峰值强度的摩擦角（一般的 φ_d 值为 30°～50°）。图 1.3-4 为有些石英-黏土混合物的残余强度摩擦角。如果每一种矿物的影响是同等重要的，那么，任一已知混合物摩擦角曲线应当对称于 50% 的点。高岭石和孔隙水中无盐的水云母的混合物曲线似乎就是这种情况。然而，在其他混合物的曲线中，在黏土率低于 50% 的情况下，黏土的影响占优势，这是因为在膨胀性黏土矿物（蒙脱土）和絮凝组构蒙脱土（30g NaCl/L）中，湿黏土-石英的体积比大于干黏土-石英的体积比，这就进一步说明黏土相影响的重要性。

3.1.3.5 压缩性

Rendulic（1935 年）和 Terzaghi 一起工作期间，在维也纳一所理工大学用三轴固结仪对黏土固结做了深入研究。他发现，用三轴固结仪得出的固结率比固结试验得出的固结率更接近实测值。

Casagrande（1932 年）通过观察固结试验发现，扰动土和非扰动

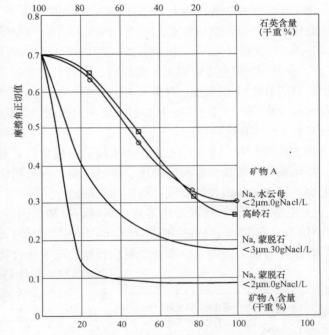

图 1.3-4 天然土石英-黏土混合物的残余强度摩擦角

土的压缩性有很大的区别。他指出，海水中盐的凝聚作用比较强，可以把黏土粒、粉粒、小砂粒凝聚成块。Casagrande 还指出，发生在粉粒间的大变形仅承受小部分压力产生的摩擦力，并且变形之后土质依然很软。Casagrande 观察到土样在先期固结压力作用时固结曲线有急剧向下的现象，对于扰动土，急剧向下点发生在加载至先期固结压力前。

Casagrande 的另一个重要贡献是用"图表法"从固结试验中计算先期固结压力，这种方法现在已经为全世界所通用。Rutledge（1944 年）发现用"图表法"可以很好地将墨西哥黏土的先期固结压力和有效覆盖压力推导出来。Skenpton（1948 年）也发现"图表法"适用于 Gosport 黏土的计算。Casagrande 还在 $e-\log t$ 曲线中找到了固结 100% 时曲线上与之相对应的点。

1936 年，Kjellman（1950 年）设计制作了直剪仪，该试验仪器用来做固结和渗流试验。为了消除固结仪中刚性壁和样品之间的摩擦力，样品由橡皮膏包围，橡皮膏周围再套上一系

列铁环。由于对样品加上了巨大的压力，所以铁环间橡皮膏微微鼓起，从而产生一定的初始固结压力。

Terzaghi 和 Peck（1948 年）指出，在相同条件下，如果液限超过 100% 或 7～10m 深度以下的自然含水率超过液限，则由表达式给出的系数而计算出的压缩量为实际压缩量的几倍。

Terzaghi 在 1941 年指出，当荷载加载速度缓慢的时候，软黏土实际沉降量比计算沉降量小得多。他提出，存在一个临界深度，当黏土荷载超过某个值时，在临界深度以下，真压缩曲线的斜率无关紧要，黏土颗粒间的刚性连接被破坏。

饱和黏土样品的压缩性是按下列次序增加：高岭石＜伊利石＜蒙脱石。Cornell 大学（1951 年）报导压缩指数 C_c 值对高岭石为 0.19～0.28，伊利石为 0.50～1.10，对不同阳离子的蒙脱石为 1.0～2.6。土的压缩性越高，吸附阳离子类型作用和电解质浓度的影响越明显。

由于压缩性和渗透性是土成分的函数，因此固结系数 C_v 也应该与土成分有联系；C_v 与渗透系数成正比，与压缩系数成反比。Cornell 大学在一次研究中所确定的 C_v 值如下：蒙脱石为 $(0.06～0.3)×10^{-4} cm^2/s$，伊利石为 $(0.3～2.4)×10^{-4} cm^2/s$，高岭石为 $(12～90)×10^{-4} cm^2/s$。在另一次研究中，得到了高岭石、伊利石、蒙脱石、埃洛石和由这些黏土矿物组成混合物的固结系数 C_v 的范围，从蒙脱石的 $1×10^{-4} cm^2/s$ 到埃洛石的 $378×10^{-4} cm^2/s$（Konder 和 Vendrell，1964 年）。个别黏土矿物并不影响混合物固结系数与含量之间的正比关系。

3.1.3.6　有机物作用

从工程观点看，不希望土中存在大量的有机物质，有机物质会引起土的高塑性、高收缩性、高压缩性、低渗透性和低强度。遗憾的是，有机物质对工程性质影响的详细定量分析资料极少，目前的知识仅够发表一些定性看法。

无论是从化学与物理变化还是从不同历史和成因的角度来看，土中有机物质都是复合物（Mielenz 和 King，1955 年；KononnoVa，1961 年；Schmidt，1965 年）。土中有机物质有：碳水化合物、蛋白质、沥青、树脂和蜡、碳氢化合物和煤炭五类。残积土表层中有机物质很丰富，其中纤维素（$C_6H_{10}O_5$）是土中主要有机成分。有机物质的颗粒小到 $0.1 \mu m$，有机胶体粒子特殊性质随着母质、气候和分解阶段的不同有着很大变化。

腐殖质在性质上像凝胶体，带负电（Marshall，1964 年）。有机颗粒紧紧地吸附在矿物颗粒表面，这种吸附不仅改变了矿物性质，也改变了有机物本身的性质。吸附在矿物表面或边缘上的有机物质可以形成颗粒间的连接或包裹在较大颗粒的外表面。

高含水率下，分解的有机物质具有可逆膨胀体系的行为，在干燥期间的某些阶段上，表现出胀缩的可逆性。干燥以后的有机土，阿太堡（Atterberg）界限值明显地下降。

试验表明，有机碳仅增加 1%～2%，就可使液塑限明显地增加，相当于小于 $2 \mu m$ 黏土含量或蒙脱土含量增加 10%～20%。这说明有机碳含量对土塑性特

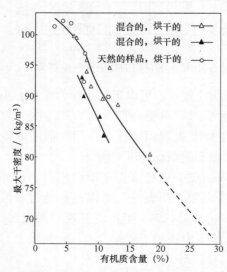

图 1.3-5　最大干密度与有机质含量的函数关系

（图例）
混合的，烘干的　△
混合的，烘干的　▲
天然的样品，烘干的　○

（纵轴）最大干密度 / (kg/m³)
（横轴）有机质含量 (%)

征的影响是显著的。

Franklin、Orozco 和 Semrau（1973 年）将有机质含量对击实和强度的影响做了研究。他们用机械搅拌的无机土和泥炭的混合物与具有相同有机质含量的天然土，进行击实和强度的对比试验，其结果如图 1.3-5 所示。有机质含量的作用表现在随着有机质含量增加而最大干密度降低和最佳含水量增加，最佳含水率的增加导致了最高无侧限抗压强度的降低。

3.1.3.7　稠度和灵敏性

物理化学特性对于理解软黏土在受力情况下表现出来的各种性质非常重要，对于土质中水存在形式和土粒间力的作用尤其重要。Terzaghi（1925 年）指出，土粒表面吸附水呈现固态，并且其密度远远大于寻常水，吸附水密度和黏滞性与土粒和吸附水之间距离成反比。Terzaghi 认为吸附水不受水力梯度影响。对于黏土物理化学特性的研究，化学家、物理学家和土质科学家甚至农业、制陶业方面的土质学家都做了大量的工作（见 Goldschmidt，1926 年；Childs 和 Youngs，1974 年）。

化学家、农业研究者 Albert Atterberg 于 1896 年开始对软黏土的稠度和分类做了研究。他研究了软黏土中稠度随含水率变化这一现象，定义了稠度界限，也就是液限、塑限和缩限。这一成果在 1910 年公布，之后在 Albert Atterberg 的几篇论文中得到了更加详细的阐述。Albert Atterberg 的成果和其稠度界限如今已被全世界所使用。瑞士岩土协会发现，Albert Atterberg 提供得出液限的方法过于主观，提议用"沉锥法"代替。当使用质量为 60g，锥角为 60°的标准锥时，沉锥法所得液限与重塑土含水率有关（SGF laboratory committee，1977 年）。

Casagrande（1932 年）改进了原来由 Atterberg 提出的液限试验方法，从而减少了原试验中主观因素的影响，这种方法就是我们今天所称的"冲击液限法"。

Atterberg 研究工作由他的助手地质学家 Simon Johansson 继续进行；Simon Johansson 在 1914 年写了一篇关于不同含水量下土强度的文章；1924 年，他又写了一篇关于黏土黏滞性和弹性的论文。在同一时代对土研究有兴趣的斯堪的纳维亚人还有 Ekstrom（1927 年），他研究了水在黏土中的作用；另外，Brenner（1946 年）对土物理特性和土抗剪强度做了研究。Brenner 提出在黏土中存在一个临界水力梯度，在临界水力梯度以下，不存在水的流动。

挪威地质学家 Rosenqvist（1946 年）对超灵敏黏土的研究非常出名，在浸析法下超灵敏土变形最早由挪威地质学家 Gunnar Holmsen 在 20 世纪 30 年代提出。早在 1928 年，挪威工程师 Grennes 认识到了盐在黏土稠度中的作用（见 Goldschmidt，1926 年），从那之后，许多科学家对超灵敏的性质做了研究。瑞士化学家 Soderblom（1969 年，1974 年）发现盐的浸析不是造成超灵敏土的唯一途径，各种分散剂也可以起到很大作用，而将黏土暴露在淡水和盐水环境下，都可以加速黏土灵敏性的增加。

3.1.3.8　阿太堡界限

土力学中应用阿太堡界限值首先是由 Terzaghi（1926 年）提出来的，那时他注意到："简化的土工试验（阿太堡界限）的结果取决于同样的物理因素（颗粒形态、有效粒径和均匀度），利用这些因素确定土的阻力和渗透性需要一个非常复杂的方法"。

Casagrande（1932 年）发明了一个确定液限的标准装置。他发现非黏土矿物石英和长石的细颗粒磨得小于 $2\mu m$，也不会产生塑性。Casagrande（1948 年）对阿太堡界限进一步研究后，提出了一个分类系统的关系式，以区别黏性土。这个分类系统经过微小的修改，被采纳

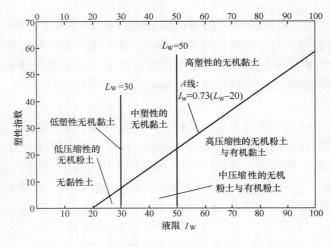

图 1.3-6　塑性图

为统一分类系统的一部分。图 1.3-6 所示的塑性图（塑性指数和液限值的函数关系）是细粒土分类系统的一个主要部分。有机土、无机粉土和无机黏土的特征位置区，以塑性图中 A 线来确定。

虽然液限和塑限值较易确定，它们与土物理性质和成分的定性相关关系也已确立，但是液限、塑性基本物理原理的解释与其值和成分因素的定量关系十分复杂。

在液塑限中，液限比较容易解释，液限试验类似于剪切试验。Casagrande（1932 年）推断，液限含水量与土具有 2.5kPa 抗剪强度时的含水量大致相当；而 Norman（1958 年）报导，液限时的抗剪强度为 2.0kPa；Croney 等给出液限时的孔隙水张力为 0.4kPa。对于与这种负孔隙水压力相对应的有效应力，假设摩擦角为 30°，那么，由内摩擦引起的抗剪强度仅为 0.25kPa。因此，颗粒间的纯吸引力一定占液限时强度的很大比例（Seed、Woodward 和 Lundgren，1964 年）。黏土颗粒之间纯吸引力与各组分的表面活性有关。这一概念可以解释非膨胀性黏土矿物的液限。在膨胀性黏土矿物中，液限含水量中相当大一部分水，被有效地固定在层间，层间水的数量很大程度上取决于层间阳离子的类型。因此，这就部分地解释了膨胀性黏土液限极大地依赖于阳离子类型。

塑限不太容易解释。Terzaghi（1926 年）曾提出，低于塑限的含水量，水的物理性质与自由水不同。Yong 和 Warkentin（1966 年）把塑限含水量解释为颗粒间或颗粒群间的黏性低到足以使颗粒间发生位移，同时高到足以使颗粒保持重塑成新位置的含水量。不论水的结构状态如何，也不论粒间力的性质如何，塑限含水量是产生塑性的最低含水量，在这个范围内的土具有可塑性行为。也就是说，高于塑限含水量时，土在没有体积变化或不产生裂缝的情况下发生变形，而且将保持它们的变形形态。

液塑限和黏土含量的理论上的相互关系建立在下述基础上（Seed、Woodward 和 Lundgren，1964 年）：假如土中黏土-水这部分体积大于所填充的非黏土部分的空洞体积，那么混合物液塑限只由黏土含水量来确定。它的基本假设是土中水完全与黏土相连接。如果黏土含量低于填充满空洞所需的具有相等于液塑限含水量的粒土含

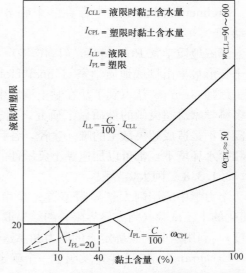

图 1.3-7　无机黏土的液限、塑限和黏土含量之间的假想相互关系

量，则液塑限和黏土含量基本无关。这种相互关系已经用试验方法检验过，如图 1.3-7 所示。用这种相互关系可以表明无机黏土（Seed、Woodward 和 Lundgren，1964 年）必然位于塑性图的一个较小的区域内，而有机黏土则位于较大的但较低的区域内，正如图 3-7 中所示。

不同黏土矿物塑性特征可根据各种黏土矿物的阿太堡界限范围值确定。大多数范围值是根据小于 $2\mu m$ 的细颗粒测定的，并得出以下几点结论：

（1）任何一种黏土矿物液限和塑限值都可能有非常广泛的变化范围，甚至对已知阳离子类型的黏土也是如此。

（2）对任何一种已知黏土矿物来说，液限范围值总是大于塑限范围值。

（3）不同种类黏土矿物液限值的变化比其塑限值的变化要大得多。

（4）吸附阳离子类型对高塑性矿物（如蒙脱石）的影响比对低塑性矿物（如高岭石）要大得多。

（5）增加阳离子的化合价可以减小膨胀性黏土液限值，但是往往增加非膨胀性矿物（高岭石和伊利石）的液限值。

（6）埃洛石具有不常见的低塑性指数。

（7）塑性越大，干燥时收缩性就越大（缩限越低）。

3.1.3.9 活动性

土中黏土类型和数量都影响土性质，阿太堡界限能够反映这两种因素。Skempton（1953 年）提出用塑性指数和黏粒组分（用小于 $2\mu m$ 颗粒的质量百分比）之比来反映黏性土的这种性质，通常称之为活动性。对于许多黏土来说，塑性指数作为黏土含量的函数画在图上是一条通过原点的直线，而每一种黏土的直线的斜率就是这种黏土的活动性。

土的活动性越高，黏粒组分对土性质的影响越重要，它们的值对可交换阳离子类型和孔隙液成分等因素引起的变化越敏感。例如，Belle Fourche 蒙脱黏土的活动性，有锰作为交换阳离子的 1.24 变化到有钠饱和的 7.09。而另一方面，Anna 高岭黏土的活动性经过六种阳离子的交换，就从 0.30 变化到 0.41（White，1955 年）。

对人工制备的砂-黏土混合物的塑性特征的大量研究表明，当塑性指数和黏粒百分数的关系呈线性的时候，往往不是通过原点，而是在黏粒百分数轴上为 10 处与直线相交。因此，活动性的关系式修改为

$$A = \frac{I_p}{C - n} \tag{3.4}$$

式中　I_p——塑性指数；对于天然土，$n = 5$；对于人工制备的混合物，$n = 10$；

　　C——黏粒含量。

Seed、Woodward 和 Lundgren（1964 年）详细研究了控制阿太堡界限的各种因素后指出，塑性指数和黏土含量之间的关系并不是线性的，大体上可以分成两个线段：一段为黏粒含量超过 40% 的部分，它往回延长通过原点；另一段黏粒含量为 10%～40%，它稍微偏离原点向黏粒含量轴上为 10% 处相交。

土中黏土组分之间的相互影响，可由活动性反映出来，试验表明活动性随着膨润土数量的变化而变化。虽然伊利石黏土比高岭石黏土要活泼得多，但是当其与膨润土混合后活动性减小，低于高岭石-膨润土混合物的活动性，这可能是所使用的伊利石中含有过剩的盐分所致的。Lambe 对天然伊利石-蒙脱石进行了研究，也发现有相似影响。黏土的化学胶结和黏

土矿物的夹层作用可能是发生这种行为的原因。

3.1.3.10　收缩和膨胀

虽然与应力变化相对应的体积变化是由环境因素、阳离子类型、电解质种类和浓度所决定的，但收缩和膨胀势是由黏土矿物种类和含量所控制的。从黏土矿物结构和层间连接考虑，可以预料到浸水和干燥对蒙脱石和蛭石的体积变化将比高岭石和水云母大得多，实践也证明了这一点。

由于在分析体变较大土的结构性能时遇到了问题，因此不少人多次探索有效的鉴别方法，其中最成功的方法是以确定那些直接与黏土矿物成分有关的因素（诸如缩限、塑性指数、活动性和小于 $1\mu m$ 颗粒的百分比）为基础的方法（Holtz 和 Gibbs，1956 年）；Seed、Woodward 和 Lundgren，1962 年）。

Seed、Woodward 和 Lundgren（1962 年）用人工制备砂-黏土混合物以各种比例做膨胀试验。样品是在最佳含水量下用标准的 AASHO（击实试验）方法制备的，以侧向受限样品在 7kPa 压力下浸水膨胀量作为比较的标准。试验结果表明，膨胀量和成分因素（黏土类型和黏土含量）之间有非常好的相关关系：

$$S = 3.6 \times 10^{-5} A^{2.44} C^{3.44} \tag{3.5}$$

式中　S——试样的膨胀百分数；

　　　A——活动性百分数。

Seed、Woodward 和 Lundgren 1962 年对天然土的膨胀势和塑性指数做进一步的相关分析，其关系式为

$$S = 2.16 \times 10^{-3} (I_p)^{2.44} \tag{3.6}$$

总膨胀量、膨胀势和塑性指数的近似相关关系列于表 1.3-3 中。

表 1.3-3　　　　　　　　总膨胀量、膨胀势和塑性指数的近似相关关系

塑性指数（%）	膨胀势（%）	总膨胀量（%）	塑性指数（%）	膨胀势（%）	总膨胀量（%）
10	0.4～1.5	4.5～10.0	40	11.8～25.0	28.0～35.0
2Q	2.2～3.8	13.5～18.7	50	20.1～42.6	33.0～40.0
30	5.7～12.2	21.4～27.2			

注　在 7kPa 条件下。

Rangnathan 和 Satyanarayana（1995 年）提出一种稍有不同的关系式能够较好地对某些土的膨胀势进行分类，特别适用于印度的黑棉土，它主要以膨胀活动性来表示与膨胀有关的成分因素：

$$SA = \frac{SI}{C} \tag{3.7}$$

式中　SI——收缩指数，由液限减去缩限表示。

最后导得的关系式为

$$S = 41.13 \times 10^{-5} SI^{2.67} \tag{3.8}$$

3.1.4　土的组构及其测定

虽然土是由分散的土颗粒或微粒群组成的，但为了进行分析和设计，几乎总是把土看作一个连续体。这并不奇怪，因为直接表征土各种性质（如强度、渗透性、压缩性和变形模量）的

适当粒子力学理论尚未建立。不过，在土力学连续理论中所选用的各种性质参数是直接受颗粒特征、颗粒排列和粒间诸力所控制的。因此，要了解土的性质需要考虑这些因素。

在 20 世纪 50 年代以前，人们对土中颗粒排列状况所知无几。在此以后，发展了光学、X-射线衍线和电子扫描技术，才使得直接观察土中颗粒排列成为可能。随后，人们的兴趣主要集中在黏土颗粒排列和其力学性质的相互关系上。在 20 世纪 60 年代末以来，由于改进了样品制备和观察分析技术，特别是扫描电镜技术的发展，使研究工作大大地加速了。

大约自 1970 年开始，人们把注意力集中到无黏性土的颗粒排列上，以前学者及工程师们对此研究得不多。自此以后，人们逐渐认识到，仅仅根据土的密度和相对密度是不能表征砂土和碎石的各种性能的，必须同时考虑土的颗粒排列和应力发展史。

3.1.4.1 组构和组构单元的定义

术语"组构（fabric）"一词表示土中颗粒、颗粒群和孔隙的排列。有人将术语"结构（structure）"一词"组构"互换使用。但是"结构"一词在这里有更广泛的含义，它概括了粒间诸力、成分和组构的综合效应。这里讨论的重点为"微组构"，相当于光学显微镜研究所达到的水平。

宏观组构，即可用肉眼或手持透镜观察到的特征，也具有很重要的意义。有些宏观组构特征（如层理、裂隙、孔隙和宏观不均匀性），对研究土的稳定性、沉陷和渗流特性方面具有决定性作用（Rowe）。对任何项目的工程地质勘察，要求对这些特征的研究受到足够的重视。

由于 20 世纪 70 年代以来人们对土的组构进行了大量研究，观察到组构的多样性和复杂性，因此，描述组构特征的术语迅速增多，许多学者认为根据组构单元的形式和作用来描述组构特征较为合适。

1. 粒土悬液中的颗粒缔合

黏土悬液中颗粒缔合的方式（Van Olphen，1963 年）如图 1.3-8 所示。

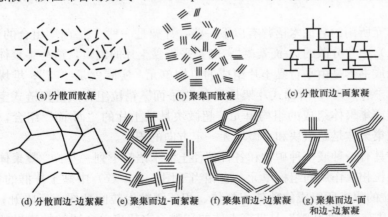

(a) 分散而散凝　　(b) 聚集而散凝　　(c) 分散而边-面絮凝

(d) 分散而边-边絮凝　(e) 聚集而边-面絮凝　(f) 聚集而边-边絮凝　(g) 聚集而边-面和边-边絮凝

图 1.3-8 黏土悬液中颗粒缔合方式

（1）分散型的，单个黏土颗粒面-面无缔合；

（2）聚集型的，几个黏土颗粒面-面缔合；

（3）絮凝型的，集聚体间边-面或边-边缔合；

（4）散凝型的，集聚体间无缔合。

在稀释的并经轻度分散的黏土悬液中，可获得分散的但是边-面絮凝组构形态（Schweitzer 和 Jennings，1971 年）。在挪威灵敏黏土中也观察到类似的组构是比较罕见的，最常见的组构单元形式是几个黏土片结合在一起的积聚体。

2. 各种土中颗粒结合

在沉积土、残积土和致密黏性土中，颗粒以各种各样的形式结合，但其中大部分与图 1.3-9 所示的图形有关，比较图 1.3-8 和图 1.3-9 可以看出，黏土悬液和稍密实土之间，由于含水率的不同而反映出组构特征的差异。土颗粒结合可分为三种类型（Collins 和 MeGown，1974 年）：

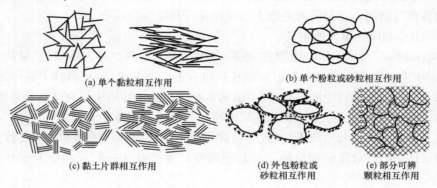

(a) 单个黏粒相互作用　　　　　(b) 单个粉粒或砂粒相互作用

(c) 黏土片群相互作用　　　(d) 外包粉粒或　　(e) 部分可辨
　　　　　　　　　　　　　　　砂粒相互作用　　　颗粒相互作用

图 1.3-9　基本颗粒组合示意图

（1）基本颗粒组合体，是单个黏粒、粉粒或砂粒之间相互作用的简单形式。

（2）颗粒集成体，具有固定物理界限和不同力学功能的颗粒组合单元体，它由一种或多种形式的基本颗粒组合组成，或由较小颗粒集成体组成。

（3）孔隙。

大多数组构单元所用的名词术语曾有以下一些：片架是一种"边-面"组合的开放组构，类似于图 1.3-8（c）中"分散的边-面絮凝"；畸是平行黏土片的集聚，这些集聚体的排列称作絮流组构；堆垛或书本是由平行黏土片组成的组构单元，实际就是"畸"；堆垛或书本的"边-面"连接称为"书本架"；阶梯式片架是具有"面-面"错位组合成的扭链式空间网架结构；集束是颗粒群或集聚体组成的组构单元；超微块是黏土片的"面-面"组合，微块是超微块的集成体；微集聚体是超微块和小微块无一定方向的积聚。

主要用来描述具有一种或多种矿物和各种粒径土的术语有下列一些："凝聚体"是各种粒径的单个黏土颗粒相互作用的组构单元，它相当于图 1.3-8（c）中黏土片群的相互作用；"团粒"由原级颗粒的集束所组成的独特积聚体，相邻团粒由粒间薄弱面所隔开；"团间孔隙"是团粒间的孔隙，"贯通孔隙"是贯穿土体的孔隙，它超出单个团粒的边界却与团粒无特殊关系；"黏土集粒"是表面带有黏土包裹层的砂粒，这些黏土在颗粒表面呈平行密集排列状态；"环墩"是砂粒与砂粒接触处的黏土支托；"颗粒共生畸"是由微粒密切共生相互接触形成的微粒畸。

3.1.4.2　单个颗粒组构

在黏土中，最小的组构单元是黏土片群或"集聚体"，而砂土颗粒是非常大的，所以它们通常表现为独立单元。Deresiewicz（1958 年）、Rowe（1962 年，1973 年）、Horne（1965

年）与 Chang（1980 年）以及作者本人（2001 年）等曾试图用粒子力学理论来描述粒状土的应力-变形行为，有些理论建立在颗粒弹性变形和规则堆积的等球体中颗粒滑动和滚动基础之上。在实际的粒状土中，颗粒形态、粒径分布和排列都是不规则的，因而使得均匀球体的假设无效。然而，这些理论对于洞察粒状土的性状是有帮助的。有关理想土体特点的知识，可用于解释实际土的某些现象。

1. 等体积球体的堆积

对等体积球体规则堆积的分析研究，帮助理解相似的单个颗粒组构的最大与最小密度、孔隙度和孔隙比的性质是有意义的。图 1.3-10 为五种不同的理想堆积：简单立方体、立方-四面体、四方菱形体、锥形体、四面体。可能出现的孔隙度为 25.95%～47.64%，孔隙比为 0.34～0.91。

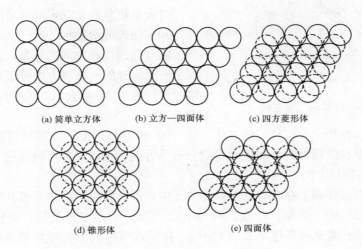

(a) 简单立方体　　(b) 立方—四面体　　(c) 四方菱形体

(d) 锥形体　　(e) 四面体

图 1.3-10　等球体的理想堆积

等体积球体的不规则堆积可看作由简单的堆积的"集束"所形成的组构，每一种堆积都有一定大小的孔隙度，孔隙度 n 的大小与邻接的配位数 N（接触点数）有关，其关系式为

$$N = 26.486 - \frac{10.726}{n} \tag{3.9}$$

自由下落的玻璃球所形成的堆积为各向异性集成体，球体往往成链状排列（Kallstenies 和 Bergau，1961 年），垂直面上接触的单位球体数和水平面上的接触数不同。

2. 粒状土的堆积

土中不是所有颗粒大小都相同的，较小的颗粒可以充填在大颗粒所形成的孔隙中，使得堆积密度高于等球体的密度，而孔隙度和孔隙比则较小。而与此相反，颗粒形态的不规则将导致密度降低、孔隙度和孔隙比增大。因此，最终使单个颗粒组构的天然土，其孔隙度和孔隙比的范围与均匀球体的范围相差无几。所以，对一定的土，其最大与最小之差，一般将小于等体积球体理想堆积所示的范围值。

最近很多研究表明，非黏性土在孔隙比或密度相同时，可以有不同的组构。非黏性土的组构可以根据颗粒形态、颗粒定向度和"粒-粒"接触的方向来表征（Lafeber，1966 年；Oda 1972 年；Mahmood，1973 年）。

土中大部分非黏土矿物，除云母之外都以粗粒形态存在，如粉粒或更大的颗粒。这些颗粒中，大部分颗粒是各向不等尺寸的，或者稍长一点或者稍平一些。例如，Monterey "0" 号砂主要是由石英颗粒组成的，含有一些长石，颗粒呈圆形，为分选良好的海滩砂，其中 50% 以下的颗粒的长宽比（L/W）小于 1.36。

砂土中颗粒定向可以根据颗粒长轴对一组参照轴的倾角来描述。例如，图 1.3-11 中所示的颗粒定向可以根据角 α 和 β 来表示。然而，在大多数的研究中，根据土的薄片分析只能给出近似的长轴定向。在这种情况下，颗粒的定向可以用长轴和单一参照轴的倾角 θ 来表示，薄片本身对于样品和现场土体之间的专门确定的方向，也是描述组构的重要组成部分。

对大量颗粒的长轴定向测量结果，可以用直方图和定向玫瑰图表示。

颗粒间的接触方向的分布，是不能单单以颗粒定向来解释的。接触方向可以根据垂直于通过接触点切面的 N_i 来表示，N_i 的方向可由倾角来确定。

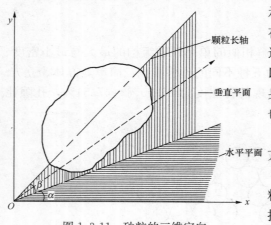

图 1.3-11　砂粒的三维定向

还有一些表示粒状土堆积特征的方法，如 Marsal（1973 年）从颗粒的几何形状、颗粒的集中度、每个颗粒的接触数目和接触力的分布等方面，来研究分析填石的力学性质。

3.1.4.3　多颗粒组构

在 3.1.4.1 中，强调了在含有黏土颗粒的土中，单个颗粒的组构是极其罕见的，这对于粉土的情况也是适用的（颗粒直径为 $2\sim74\mu m$）。例如，对微米粒级的石英颗粒，在水中做沉积试验表明，其孔隙比可高达 2.2，因为这一粒径范围内的石英颗粒稍高呈扁平（Krinsley and Smalley，1973 年），所以它比单个粗颗粒组构的孔隙比上限（约 1.0）高得多。也可能是这一粒径范围内颗粒尺寸非常小，在一定程度上受到表面力的影响，使得其在缓慢的沉积过程中，形成多孔的多颗粒组构。在某些粉土中存在着蜂窝状排列（太沙基，1925 年），就是很好的例子。像这样松散的组构一般是亚稳态的，在快速应力作用下，易于突然崩溃或液化。

多颗粒组构还包含黏土和黏土-非黏土的混合物，它是由以下因素形成的：相对于颗粒的质量，表面力更为重要；非黏土颗粒表面具有吸附黏土的亲和力；黏土颗粒表面的化学活性。另外，在许多土中，黏土片群还保持原沉积母岩的迹象，这些黏土就是从这些沉积岩中衍变过来的。

3.1.4.4　细粒土组构的确定

用来研究土的组构和组构特征的方法很多，有直接的或间接的方法，如利用电磁波谱中的不同部分，作为分析土的成分和组构的方法。

假定所研究的样品是有代表性的，样品制备过程也未破坏原始组构，那么光学显微镜、电子显微镜、X 射线衍射和孔隙大小分布，能优先提供有关组构特征的直接而清晰的资料。然而，这些技术局限于小样品的研究，而所检验的土样在一定程度上要受到破坏。虽然有一些技术在原则上是不破坏的，可用来研究原状土的组构或土样在受剪、受压等处理过程中组构的变化，但对资料的解释很少是肯定的或明确的。在一般情况下，可使用单一方法来确定组构，但在某些研究中使用集中方法确定组构，这不仅可以得到不同程度的详细资料，也可以比较每种资料详细评价的可靠性。

3.1.4.5 土的分类

土的分类见表1.3-4。

表1.3-4　　　　　　　　　　　土的分类代号对照表

主　要　分　类			细　　分	分类代号
粗颗粒土（50%以上颗粒直径大于75μm）	砾石类（50%以上颗粒大于2mm）	纯砾石（极少或没有细粒土）	良好级配砾石、砾砂混合物	GW
			不良级配砾石、砾砂混合物	GP
		含细粒土砾石（含明显量的细粒土）	含淤泥砾石、不良级配含淤泥砂石混合物	GM
			含黏土砂、不良级配含黏土砂石混合物	GC
	砂类土（50%以上颗粒小于2mm）	纯砂（极少或没有细粒土）	良好级配砂土、砾质砂土	SW
			不良级配砂土、砾质砂土	SP
		含细粒土砂土（含明显量的细粒土）	粉砂、不良级配砂-淤泥混合物	SM
			含黏土砂、不良级配砂-淤泥混合物	SC
细粒土（50%以上颗粒直径小于75μm）	液限小于50淤泥以及黏土		无机淤泥、极细砂、轻微塑性粉砂或含黏土砂	ML
			中等塑性无机淤泥、砾质黏土、砂质黏土、粉质黏土	CL
			有机质淤泥、低塑性有机质粉质黏土	OL
	液限大于50淤泥以及黏土		有机质淤泥、含云母细砂或淤泥质土、弹性土	MH
			高塑性有机质黏土	CH
			中等塑性有机质黏土	OH

45

3.2　土的强度和变形性状

所有的稳定性、承载能力和原位应力问题在某种意义上都取决于土的强度。在接近破坏应力状态下，土的应力-应变性状对许多问题都是有意义的。表征土强度特性和应力-变形性质的大部分相关关系都属于经验性的，土性状的描述建立在唯象学基础上。莫尔-库仑强度理论是迄今应用最广泛的理论，它可以表示为

$$\tau_{ff} = c + \sigma_{ff}\tan\varphi \tag{3.10a}$$
$$\tau_{ff} = c' + \sigma'_{ff}\tan\varphi' \tag{3.10b}$$

式中　τ_{ff}——破坏面上破坏时的剪应力；

σ_{ff}——破坏面上的正应力。

这种相互关系认为：土体破坏既不是由剪应力，也不是由正应力单独引起的，而是在剪应力和正应力所组合的临界荷载下产生的破坏。式（3.10a）适用于用σ_{ff}定义的总应力，而c和φ表示总应力参数。式（3.10b）适用于σ'_{ff}定义的有效应力，而事实上，土体的剪切阻力τ取决于许多因素，而完整的方程必须具有下列形式：

$$\tau = F(e, \varphi, C, \sigma', c', H, T, \varepsilon, \dot{\varepsilon}, S) \tag{3.11}$$

式中　e——孔隙比；

C——成分；

H——应力历史；

　　T——温度；

　　ε——应变；

　　$\dot{\varepsilon}$——应变速率；

　　S——土结构。

　　该方程中的全部参数并不完全独立，但它们的定量函数形式并不知道。因此，使用特定的试验方法（如直剪、三轴压缩、三轴拉伸、简单剪切），控制排水条件、加荷速率、侧压力范围和考虑应力历史几个方面来确定 c 和 φ 值，从而定义出各种类型的"摩擦角"和"凝聚力"（包括总应力时、有效应力时、排水条件、不排水条件、峰值强度和残余强度等参数条件）。实际应用时，c 和 φ 取值取决于诸如加荷还是卸荷、短期稳定还是长期稳定以及应力方向这样的问题。

　　本节着重于阐明控制土体强度和应力-变形性状方面的因素，而不是经典土力学所讨论的课题，即强度参数本身。在回顾了土的强度、应力-应变和应力-应变-时间性状的一般特性后，将较为详细地论述：结合（键）有效应力和强度的基本原理，内摩擦、散粒性状、内聚力和时间的依赖关系。

3.2.1　一般特性

　　（1）影响土体强度的基本因素是土微粒接触处的摩擦阻力。对于给定的一种土，该阻力的大小取决于有效应力，而有效应力又由施加的应力、相互作用的物理化学力和土的体积变化倾向所控制。无黏性土的强度受相对密度、有效的小主应力（σ'_3）和试验类型（如平面应变与三轴压缩的关系）的影响最大。饱和黏土的强度受排水条件、扰动（由有效应力的改变和胶结作用的损失来表示）、超固结比和蠕变效应的影响最大。黏土的峰值强度可能比很大应变下或剪切位移后的强度大得多。

　　（2）微粒间缺乏化学性胶结作用时，砂土和正常固结黏土的强度直接取决于有效应力，即

$$\tau_{ff} = \sigma'_{ff} \tan \varphi' \tag{3.12}$$

　　（3）黏土中 φ' 的峰值随塑性指数和活动性的增大而减小。

　　（4）残余的摩擦角随塑性增大而减小。在大位移时，残余强度是沿界限清楚地破坏面上的抗剪强度，与应力历史和原始结构无关。对于给定的一组试验来说，只取决于组成成分和有效应力。

　　（5）达峰值后的剪切位移所引起的残余强度值（摩擦角减小），随土的类型、剪切平面上正应力和试验条件而变化。例如，与光滑钢表面或其他抛光的硬表面接触的糜棱岩，只要1mm 或 2mm 的剪切位移，就足以给出残余强度。但是，对于彼此紧靠的土，可能需要沿剪切平面滑动若干厘米，才能给出残余强度。

　　（6）砂土摩擦角的峰值和残余值的破坏包络线是弯曲的，这种特性由剪胀效应产生的，且在周围压力较大时由颗粒压碎所致。在某些黏土中，也观察到弯曲的破坏包络线。并非所有的黏土都会显示出这种依赖于应力的特性，Bishop 等人（1971 年）发现蓝色伦敦黏土的残余强度与正应力无关。

　　（7）在给定的有效应力时，超固结黏土比正常固结黏土具有更高的强度。在任何有效应力值下的两个强度包络线间的差异，取决于黏土的类型、剪切过程中的排水条件和超固结的程度。

（8）图 1.3-12 所示的超固结黏土的包络线既反映出应力过程的影响，又反映出不同含水率的影响。将含水率相同但有效应力不相同的情况进行比较，如图 1.3-12 中的 A 点和 A' 点，可得到 Hvorslev 强度参数 c_e 和 φ_e。假设参数 φ_e 与含水率和有效正应力无关，而 c_e 仅与含水率有关；则 Hvorslev 称之为"真摩擦角"和"真内聚力"，并被有些人认为是反映微粒间相互作用力（c_e）和摩擦角（φ_e）的抗剪强度的机理。但是，这样解释是有

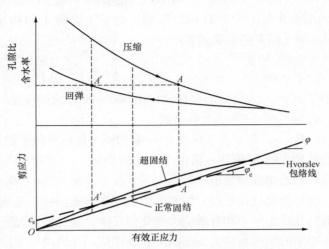

图 1.3-12　超固结对有效应力强度包络线的影响

争议的，因为含水率相同但有效应力不相同的两个试样必须具有不同的结构。这种不同的结构表现为在排水试验中的体积变化的差别；在不排水试验中表现为孔隙水压力的差别。此外，计算 c_e 和 φ_e 的步骤中没有考虑到破坏包络线的曲率。目前的资料表明：当不存在由胶结作用引起的微粒间的化学性结合时，有效应力为零的真内聚力可以忽略不计。

（9）当缺乏化学性胶结作用时，具有相同孔隙比但组构不同的同一种土的两个试样的强度差异，可以用不同的有效应力加以说明。

（10）不排水强度的各向异性可能来自应力的各向异性和组构的各向异性。在黏土中，各向异性随塑性增大而减小。

（11）三轴压缩的不排水强度不同于三轴拉伸的强度，但是，对于有效应力参数 c' 和 φ' 来说，三轴试验的类型影响相当小。

（12）密实砂土和高度超固结的黏土破坏时的体积要比排水剪切开始变形时的体积大，其有效应力要比不排水剪切开始变形时的有效应力大。疏松砂土和正常至中等超固结黏土（OCR 为 4 左右）破坏时比排水剪切开始变形时的体积要小，或比不排水剪切开始变形时的有效应力要低。

（13）在平面应变中测量的有效应力摩擦角，比用三轴压缩试验确定的一般约大 10%。

（14）对饱和土而言，温度变化将引起孔隙比变化或有效应力的变化（或两者的组合）。因此，温度变化可引起强度增大或强度减小，这取决于环境条件。试样在无侧限压缩条件下进行试验，随着温度升高，强度显著减小。

固结温度越高，在任意给定的测试温度时的抗剪强度越大，因为固结温度越高，孔隙比下降得愈大。但是，对于给定的固结温度，强度随测试温度的增大而有规律地减小。已经取得的一些数据表明，在一定的初始条件下，温度从 0° 增至 40° 时，饱和黏土的不排水强度大约降低 10%。

3.2.2　应力—应变性状

（1）应力-应变性状可以由某些过敏性黏土、胶结黏土、高度超固结黏土和密实砂土的脆性变化到非灵敏黏土、重塑黏土和疏松砂土的韧性。

（2）周围压力的增大会引起无黏性土变形模量的增大以及强度的增大。预剪切固结压力 p_a 的增大在黏土中具有相似影响。对于无黏性土的初始切线弹性模量 E_i，可以用 Janbu（1963 年）修正的关系式表示：

$$E_i = K p_a \left(\frac{\sigma_3}{P_a} \right)^n \tag{3.13}$$

式中　K——无量纲的模量数，在 $300 \sim 2000$ 之间变化；

　　　n——$0.3 \sim 0.6$ 的指数；

　　　P_a——等于大气压并与 σ_3 有相同单位的单位常量。

各种土的 K 值和 n 值由 Wong 和 Duncan（1974 年）做了总结。对于饱和黏土，不排水加荷的初始切线模量值一般为不排水抗剪强度的 $50 \sim 1000$ 倍。

（3）当允许排水时，饱和土的剪切变形随同体积变化而发生；当限制排水时，其剪切变形随同孔隙水压力和有效应力变化而发生。在任何情况下，体积变化或孔隙压力变化的大小取决于土的结构与应力状态间的相互作用，还取决于在没有总的体积变化或没有法向应力从结构转移到孔隙水中时，所能发展的剪切变形的难易程度。

（4）土组构的各向异性对不同方向的应力-应变性状的影响，比不同方向的强度的影响更大。

（5）当总的小主应力不变时，不排水加荷时发展的孔隙压力的大小更多地取决于应变，而不是应力。

（6）温度增高引起模量的减少，将使土软化。

3.2.3　应力—应变—时间性状

（1）土体显示出蠕变（恒应力条件下，变形随时间不断发展的现象）和应力松弛（恒变形条件下，应力随时间逐渐减少）现象。这些影响的大小随土的塑性、活动性和含水量的增加而增大，且受排水状态或不排水状态的影响，但是对所有的土来说，该性状的表现形式基本相同。

（2）有些土可以在持续的蠕变应力显著地小于（达 50%）不排水试验中所量测的峰值应力的情况下发生破坏，该试样加荷到破坏只用了几分钟或几小时。这个现象称为"蠕变破裂"。对于应力大于某些极限值时（低于该极限值时不发生破坏），其达到破坏的时间随应力水平的减小按对数关系增加。在不排水条件下的饱和灵敏软黏土和灵敏软黏土、排水条件下的高度超固结黏土，在蠕变过程中的强度损失最为敏感。

（3）持续应力下的变形常常产生加强刚性的作用，这个影响类似于由于二次压缩引起的预固结现象，但是，这种影响在不排水条件和排水条件下都可能发生。

（4）不排水强度随应变速率的增加而增加，该效应增加的大小随塑性指数而增大，一般为应变速率增量的 $5\% \sim 10\%$。

3.2.4　土变形的速率过程理论

土的变形和剪切破坏包含着时间因素决定的土粒物质的重新排列。因此，通过应用绝对反应速率理论（Galasstone、Laidler 和 Eyring，1941 年）来研究作为变形的"速率过程"，可能会增进对这些现象的认识理解。这个理论有助于洞察土体的基本性质和受土的性状某些变化影响下的函数表述关系，绝对反应速率理论是建立在统计力学基础上发展起来的，在 Eyring 和其他人（1941 年）著作中以及在物理化学文献中可以见到。

3.2.4.1　活化理论

速率过程理论的基础是原子、分子和/或参与取决于时间的流动或变形过程的粒子（称它们为"流动单元"）。它们之间的相对运动被能量势垒分隔在邻近平衡位置而受到约束。流动单元位移到新的位置需要足够的越过势垒的活化能 ΔF。这个流动单元的势能可能随着活化过程做相同的变化，可能比它最初的势能高或低，但每种情况的能量势垒必须越过。在大多数土中，这个稳定状态的假设，系指逐次连续的平衡位置间的静止势垒的高度。

活化能量的数值取决于物质和过程的类别。例如，黏性流动水的流动单元 ΔF 值是 3～4 千卡/克分子，化学反应的流动单元 ΔF 值是 10～100 千卡/克分子，固体状态的硅酸盐原子扩散流动单元 ΔF 值是 25～40 千卡/克分子。

能够使流动单元通过势垒的能量可以从热能和施加的各种潜势中得到。从统计力学中得知，每个流动单元的平均热能是 kT，k 是 Boltzmann′s 常数（1.88×10^{-16} 尔格·K^{-1}），T 是绝对温度（K）。然而，即使是静止的物质，仍有热振动发生，其频率由 kT/h 所决定，此处的 h 是 Planck′s 常数（6.624×10^{-27} 尔格·s^{-1}）。结果，实际的热能按照 Boltzmann 分布，分配在流动单元之间。

当物质受到任何一个振荡时，一定的单元被活化，或部分单元被活化；其振动方程可由下式给出：

$$p(\Delta F) = \exp\frac{-\Delta F}{NkT} \tag{3.14}$$

式中　N——Avgadro′s 常数（6.02×10^{23}）；

Nk——Nk 通常的气体常数 R（1.98 卡·K^{-1}·克分子$^{-1}$）。

所以，活化频率 υ 为

$$\upsilon = \frac{kT}{h}\exp\left(\frac{-\Delta F}{NkT}\right) \tag{3.15}$$

在缺乏定向势能的情况下，势垒被来自各个方向相等的频率越过，观察不到周期性活化的结果。但是，若施加一个直接的势能，如剪切应力，则势垒的高点就会发生畸变。假使 f 代表作用在一个流动单元上的力，那么在这个力的方向上的势垒高度就被减少到一个相当于 $(f\lambda/2)$ 的量，在相反的方向上将增加同样的量。这里的 λ 代表连续平衡位置间的距离。在能量曲线的最小值处，从它们原来的位置位移了一段距离 δ，它代表该物质的弹性畸变。减少 f 方向上的势垒高度，却增加了那个方向上的活化频率，该频率为

$$\underset{\rightarrow}{\upsilon} = \frac{kT}{h}\exp\left[-\frac{(\Delta F/N - f\lambda/2)}{kT}\right] \tag{3.16}$$

而在 f 力相反方向上所增加的势垒高度使得活化频率降低：

$$\underset{\leftarrow}{\upsilon} = \frac{kT}{h}\exp\left[-\frac{(\Delta F/N + f\lambda/2)}{kT}\right] \tag{3.17}$$

那么，力的方向上净活化频率变成：

$$\underset{\rightarrow}{\upsilon} - \underset{\leftarrow}{\upsilon} = 2\frac{kT}{h}\exp\left(-\frac{\Delta F}{RT}\right)\sinh\left(\frac{f\lambda}{2kT}\right) \tag{3.18}$$

在任何情况下，在总的被活化的流动单元中，有时会有一些流动单元落回到它们原来的

位置。对于每一个成功地越过势垒的单元将有一段位移 λ'。这个定向的 λ' 分量乘以每个单位时间内成功的跃迁数，就得出单位时间内的运动速率。如果将这个运动速率表示在每个单位长度的基础上，那么就得到了应变速率 $\dot{\varepsilon}$。

令 $x = F$（成功越过势垒和 λ' 的比例），即

$$\dot{\varepsilon} = x(\underset{\rightarrow}{\upsilon} - \underset{\leftarrow}{\upsilon}) \tag{3.19}$$

然后从式（3.18）得到：

$$\dot{\varepsilon} = 2x \frac{kT}{h} \exp\left(-\frac{\Delta F}{RT}\right) \sinh\left(\frac{f\lambda}{2kT}\right) \tag{3.20}$$

式中，x 是可能与时间和结构两者均有关的参数。

若 $(f\lambda/2kT) < 1$，那么 $\sinh\left(\frac{f\lambda}{2kT}\right) \approx f\lambda/2kT$，应变速率和 f 成正比，这是通常牛顿液体流动和扩散的情况，这里：

$$\frac{\mathrm{d}\gamma}{\mathrm{d}t} = \frac{1}{\eta}\tau \tag{3.21}$$

式中　$\dfrac{\mathrm{d}\gamma}{\mathrm{d}t}$——剪切应变速率；

　　　　η——黏度；

　　　　τ——剪切应力。

因为大多数土的变形问题中的 $(f\lambda/2kT) > 1$（Michell 等，1968），所以

$$\sinh\left(\frac{f\lambda}{2kT}\right) \approx \frac{1}{2} \exp\left(\frac{f\lambda}{2kT}\right) \tag{3.22}$$

$$\dot{\varepsilon} = x \frac{kT}{h} \exp\left(-\frac{\Delta F}{RT}\right) \exp\left(\frac{f\lambda}{2kT}\right) \tag{3.23}$$

式（3.23）是有效的，但当应力强度极小时，双曲正弦的指数近似值没有经过证明。式（3.20）和式（3.23）或类似的式子可被用作获取流变模型的阻尼系数；可用于不同因素对土强度和变形速率影响的函数式；还可用于研究土体的变形机理。

式（3.23）可以写成

$$\dot{\varepsilon} = x \frac{kT}{h} \exp\left(-\frac{E}{RT}\right) \tag{3.24}$$

其中：

$$E = \Delta F - \frac{f\lambda N}{2} \tag{3.25}$$

被称为反应活化能。除 T 以外的各种条件都是常数，所以假设 $x\dfrac{kT}{h} \approx$ 常数 A，则可得到应变速率方程：

$$\dot{\varepsilon} = A\exp\left(-\frac{E}{RT}\right) \tag{3.26}$$

式（3.26）和 Arrhenius 大约在 1900 年提出的关于阐述温度依赖于化学反应速率的经验方程完全一样。已证明它适用于如蠕变、应力松弛、二次压缩、触变强度增加、扩散和液体流动等与温度有关系的过程特性。

虽然还没有严格地证明这些详细的统计力学公式的正确性，甚至连最简单的化学反应也未经过验证，然而许多系统的实际性状已经大体上和速率过程理论相一致。现已分别检验了

式 (3.23) 的不同部分，已经发现温度蠕变速率的关系。应力和蠕变速率的关系和反映活化能量 [式 (3.25)] 的关系都和预测相一致。这些结果并没有证明速率过程理论的正确性，然而人们支持关于土的变形是一个热活化过程的概念。

由式 (3.24) 可以得到活化能的确定公式：

$$\frac{\partial \ln(\dot{\varepsilon}/T)}{\partial(1/T)} = -\frac{E}{R} \tag{3.27}$$

提供的应变速率是考虑在土结构不变的条件下，因此，E 值可以根据 $\ln(\dot{\varepsilon}/T)$ 与 $(1/T)$ 关系曲线的斜率来确定。由此，也给出了相同土结构在不同温度下的应变速率的求值程序。

对一些土和物质的蠕变活化能测定表明：其蠕变活化自由能量范围为 20～45 千卡/克分子，并有如下四个重要特征：

(1) 土的活化能是比较高的。例如，它比黏滞流动水的活化能高。

(2) 含水量的变化（包括完全干燥的）、含离子的形式、固结压力、孔隙比和孔隙液对其无明显影响。

(3) 砂土和黏土的能量值大约相同。

(4) 带有不充足的固相物质所形成的连续结构是悬浮黏土随着等于水的活化能而发生变形的。

3.2.4.2　结合键理论

如果作用在某一物质上的剪切应力是 τ，且该力均匀地分布在单位面积上 S 个流动单元中，那么：

$$f = \frac{\tau}{S} \tag{3.28}$$

流动单元的位移需要克服其内在的原子力或分子力才能移动，假定流动单元的数目和结合键的数目相等。

如果 D 代表三轴应力条件下的偏应力，则作用在该平面上的最大剪切应力 f 的值为

$$f = \frac{D}{2S} \tag{3.29}$$

所以，可以把式 (3.23) 变成：

$$\dot{\varepsilon} = x\frac{kT}{h}\exp\left(-\frac{\Delta F}{RT}\right)\exp\left(\frac{D\lambda}{4SkT}\right) \tag{3.30}$$

当应力大到足以证明简单指数的蠕变速率方程为双曲线正弦函数的近似值，或小到足以避免产生三重蠕变时，其应变速率的对数可直接变成偏应力。在这种情况下，式 (3.30) 可以写成：

$$\dot{\varepsilon} = K(t)\exp(\alpha D) \tag{3.31}$$

其中

$$K(t) = x\frac{KT}{h}\exp\left(-\frac{\Delta F}{RT}\right) \tag{3.32}$$

$$\alpha = \frac{\lambda}{4SkT} \tag{3.33}$$

参数 α 对于一定的有效固结压力值是一个常数，可由应变速率的对数和应力间的关系曲线的斜率求得。它还可以在不同应力强度下试验到蠕变开始后的相同时间的应变速率计算。当 α 为已知时，作为测定粒间结合键数目的 λ/s 值即可算出。

S 的特定求值需要理解 λ 参数的含义，即它是粒间接触结构中依次平衡位置间的相隔距离。对于下面所提到的 S 值的计算，假定 λ 值取为 2.8×10^{-10} m（2.8Å），这个距离和硅酸盐矿物表面分隔的原子能谷相同。假使以上假定的 λ 值不准确，只要 λ 值在变相中仍保持常数，则计算出的 S 值仍是正确的相对比例。下面是对不同类型的土所得出的结论。

1. 正常固结黏土

不同固结压力下的不同应力强度的蠕变试验结果能够使测定的 S 值成为固结压力的函数。由于重塑的结果，使得有效固结压力下降，而有效应力的下降伴随着内部粒间结合键数目的减少。

重塑的伊利石类矿物的试验给出了可比的结果。试验显示，土的结合键的数目（超过 40% 的风干的和真空干燥黏土的含水量范围内的）和土的含水量之间具有连续的反比关系。其中含水量为 1%～40%；由于干燥产生特别多的粒间结合键使干黏土具有高强度。

2. 超固结黏土

通过确定超固结比为 1、2、4 和 8 未扰动的 San Francisco Bay 淤泥试样的结合键数目（由蠕变试验导出）可以发现：超固结的作用使得增加的粒间结合键的数目超过了正常固结黏土的数值。固结期间形成的某些结合键在大部分固结压力移去后被保留下来。同时也表明，强度仅依赖于结合键数目，而与黏土是否不扰动、重塑、正常固结或超固结黏土等因素无关。

3. 干砂

烘干砂土进行蠕变试验得出和黏土相同类型的结果，这说明了强度的产生和蠕动控制的机制对于这两种材料都是相似的。

3.2.4.3　活化能和结合键数值的重要性

活化能和粒间的结合键数目对理解变形和强度性状是有很大帮助的。

（1）和其他物质相比，土中活化能的高值（30～45 千卡/克分子），表明土在剪切期间强键也会断裂。

（2）湿黏土和干黏土及干砂的蠕变性状相似，说明变形不受水的黏滞控制。

（3）湿土和干土活化能的可比数值表明了水对结合键无关。

（4）黏土和砂土活化能的可比数值支持了粒间结合键强度对于两种材料是相同的概念，同时也支持所有土的强度和键数目间的唯一关系的观点。因此，从推断来看，活化能和结合的类型并不取决于固结压力、孔隙比和含水量。

（5）对正常固结黏土来说，结合键数目和有效固结压力成正比。

（6）在相同有效固结压力下，超固结会产生比正常固结黏土更多的结合键数目。

（7）土体强度仅取决于结合键的数目。

（8）重塑引起有效固结压力的减小，也意味着结合键数目的减少。

（9）干黏土内具有的结合键数目大约为湿黏土的 100 倍。

可以说明这些结果的方法不止一个，然而比较一致的合理解释为：ΔF 代表 1 个克分子的流动单元的活化能量。这可能包括单个原子键或单个分子间键的断裂或者几个原子键或几个分子键的同时断裂。稀释的蒙脱石-水糊状胶结物的剪切涉及单个结合键的断裂。在水的黏滞流动中，尽管每个水分子可能和邻近的水分子同时形成四个氢键，然而其活化能量与每个流动单元位移的单个氢键破裂能量近似。假如单个结合键的断裂对土说来也是正确的，那么式（3.20）中的一致性要求剪切应力 f 适用于每个结合键的力。在这个基础上，参数 S 表示每个单位面积上单个结合键的数目。若一个流动单位的活化能需要几个结合键同时发生断裂，则 S 代表了这个系统中结合键总数的 $1/n$。

土变形的活化能恰好进入化学反应的范围（10～100 千卡/克分子）。这并不能证明结合键具有主价键破裂也能产生观察到的数值。此外，土的活化能比水的流动能大得多，湿土和干土的活化能又是相同的，以上这些事实都表明结合键是通过固相土粒间接触所形成的。

30～40 千卡/克分子的活化能值和硅酸盐矿物内处于固体状态中氧的扩散能相一致。这一点支持了这样一个概念，即蠕变运动是由接触处及其周围的氧离子的缓慢扩散的结果。砂土和黏土中重要的土矿物都是硅酸盐，且它们的表层都是由硅原子所结合的氧原子组成的。水以某种形式吸附在这些表面上，水的结构由氢和结合在一起的氧组成，它和矿物里的硅酸盐层的结构没有多少差别。所以，在微粒表面和水之间分辨不出明显的界限。在这种情况下，可以检测到或多或少连续的含水分子的固体结构，它们通过粒间接触处尽情扩展，这与纯矿物表面间的直接接触不同。

单个的流动单元可以是一个原子、一群原子或分子，或者是一个颗粒。前面的论点建立在单个的原子就是流动单元的基础上，在不同的土中确定的 S 的相对值和实际值是一致的。Andersland 和 Douglas（1970 年）应用一个速率方程，根据他们的试验资料计算出了流动单位的体积，大约为 $1.73Å^3$。这个数值与单个原子的体积具有相同的数量级。

若假定颗粒为流动单位，则不仅检测它们的热振动有困难，而且 S 要和粒间接触数目相关。这就难以想象经过简单地干燥的黏土，会成百倍地增加粒间接触数目。比较合理的解释是，虽然干燥收缩会引起内部粒间接触数目的增加，但主要是因为有效应力增大，而使粒间接触点上的结合键数目增加。

在任何有效应力值时，砂土和黏土的 S 值都大致相同，然而内部粒间接触数目却有明显不同。对于每个颗粒的接触点数目，每单位体积内的数目与其粒径的立方成反比。因此，平均粒径为 $1\mu m$ 将比平均粒径为 1mm 的砂粒的接触点数目大九个数量级。砂粒间的每个接触点上将包括许多结合键；而黏土中多得多的接触点，将意味着每个接触点只有较少的结合键。

结合键的数目所需要的粒间接触面积是非常小的。例如，对于在 $3kg/cm^2$ 的抗压强度下，每平方厘米的剪切面积上就具有 8×10^{16} 个结合键。硅酸盐矿物表面的氧原子，其直径为 $2.8\times10^{-8}cm$。对于边长为 $3\times10^{-8}cm$ 的每个氧原子结合键的容许面积为 $9\times10^{-16}cm^2$，则给出每平方厘米土的横断面上结合键所需的总接触面积为 $9\times10^{-16}cm\times8\times10^{10}cm=7.2\times10^{-5}cm^2$。

3.2.4.4　结合、有效应力和强度假说

大部分土中只有粒间接触点才能传递有效法向应力和剪切应力。相互作用的长程物理化学力的主要作用是控制土的初始组构和改变在接触点上单独靠施加外力所传递的应力。

粒间接触是固相间的有效接触，好像在接触区域的吸附水和阳离子都参加到结构中去一样。一个粒间接触点能够包含许多的结合键，这些结合键可能是接近主键型的强键，任何接触处的结合键数目取决于传递在接触处的压缩力。

对于正常固结土，其中的结合键数目和有效应力成正比。由于土中颗粒在原始压缩期间要重新排列并形成接触点，因而在给定有效应力下超固结土具有的结合键数比正常固结土具有的结合键数多得多，这说明了较高的峰值强度是超固结的结果。黏土中的这种效应比砂土

中更为显著，因为散状砂粒大，当卸荷时会伸展恢复到它们原来的形状，所以超过需要范围内变化，它主要取决于每个接触处的结合键数目。

对于所有土的强度和结合键数目之间唯一的对应关系反映了这样的事实，即多数土中含有的矿物质是硅酸盐，且它们都具有相似的表面结构。

在缺少化学胶结时，粒间结合键可以由施加应力或相互作用的物理化学力或者两者共同作用所产生粒间的接触力形成。对于未施加有效应力即 $\sigma' = 0$ 时的现存的任何结合键，则是依靠真正的凝聚力来发挥其作用的。根据剪切的过程，摩擦力和凝聚力应该没有多少区别。剪切时，土的完全破坏包括同时发生全部结合键的断裂或者沿着剪切面滑移。

3.2.4.5　表现为速率过程的剪切阻力

若由最大剪切应力 τ 代替偏应力 D，则一般的蠕变速率方程（3.30）变成

$$\dot{\varepsilon} = x\frac{kT}{h}\exp\left(-\frac{\Delta F}{RT}\right)\exp\left(\frac{\tau\lambda}{2SkT}\right) \tag{3.34}$$

将式（3.34）两边取对数得到

$$\ln\dot{\varepsilon} = \ln\left(x\frac{kT}{h}\right) - \frac{\Delta F}{RT} + \frac{\tau\lambda}{2SkT} \tag{3.35}$$

假设，$x \cdot \dfrac{kT}{h}$ 是常数并等于 B（Mitchell，1964 年），则有

$$\tau = \frac{2S}{\lambda N}\Delta F + \frac{2SkT}{\lambda}\ln\left(\frac{\dot{\varepsilon}}{B}\right) \tag{3.36}$$

由前面所讨论的相关关系，建议每个单位面积内的结合键数目和有效应力之间建立如下关系：

$$S = a + b\sigma'_f \tag{3.37}$$

这里，a 和 b 是常数，σ'_f 是作用在剪切平面上的有效应力。因此，式（3.36）变成

$$\tau = \frac{2a\Delta F}{\lambda N} + \frac{2akT}{\lambda}\ln\left(\frac{\dot{\varepsilon}}{B}\right) + \left[\frac{2b}{\lambda N}\Delta F + \frac{2bkT}{\lambda}\ln\left(\frac{\dot{\varepsilon}}{B}\right)\right]\sigma'_f \tag{3.38}$$

式（3.38）具有库仑强度公式的相同形式：

$$\tau = c + \sigma'_f\tan\varphi \tag{3.39}$$

因此，可以类比而推得

$$c = \frac{2a\Delta F}{\lambda N} + \frac{2akT}{\lambda}\ln\left(\frac{\dot{\varepsilon}}{B}\right) \tag{3.40}$$

和

$$\tan\varphi = \frac{2b}{\lambda N}\Delta F + \frac{2bkT}{\lambda}\ln\left(\frac{\dot{\varepsilon}}{B}\right) \tag{3.41}$$

这些关系表明了内聚力和摩擦力都取决于结合键数目的乘积，可由活化能反映出来，在任何情况下，c 和 φ 值都依赖于变形速率和温度。

3.2.4.6　应变速率效应

当其他因素都相同时，剪切阻力将按照应变速率的对数成线性增加。由剪切应力和十字板转速 ω 之间的相关关系分析看出，$\Delta\tau/\Delta\log\omega$ 随着含水量的增加而减小。这可从式（3.38）中直接得到，因为

$$\frac{d\tau}{d\ln(\dot{\varepsilon}/B)} = \frac{2akT}{\lambda} + \frac{2bkT}{\lambda}\sigma'_f = \frac{2kT}{\lambda}(a + b\sigma'_f) \tag{3.42}$$

其中，$\dfrac{d\tau}{d\ln(\dot{\varepsilon}/B)}$ 与结合键数目成正比，即结合键数目随含水量的增加而减少。

3.2.5　关于抗剪强度基本性质的不同观点

这里所叙述的机制和一些学者提出的机理多少有些不同。例如，Bjerrum（1973 年）提出了矿物质与矿物质接触的形式：如果接触应力高，则在大颗粒间的接触力将使矿物颗粒相互接触。对于这样的接触，内部原子结合键数目是有效应力的函数，而有效摩擦角取决于这些较大颗粒间原子结合键的强度。在卸荷时使得弹性变形恢复而结合键断裂。

如果接触应力很小，像黏土微粒之间，则接触处是非矿物质接触，它由吸附水的薄膜溶合在一起。这些接触处的面积与荷载大小成正比。由于这个面积不取决于弹性畸变，因此假定在卸荷后保留畸变，故计算真凝聚力 c 可由下式得到

$$c = kP_e \tag{3.43}$$

有效凝聚力和有效摩擦力分别随应变和极低应变时峰值凝聚力与逐渐移动的摩擦产生。这个逐渐移动的摩擦，Bjerrum 认为是由于没有滑动的早期变形阶段微粒滚动造成的。

虽然这个矿物质与矿物质的摩擦接触和水膜溶合黏聚的概念，好像说明了一些观察结果，然而它和发现的有关于土和湿土的各种大小粒径间固相接触的建议并不一致。Bjerrum 假定，微粒间的蠕变是吸附水原子热振动的结果。每个接触点的破坏发生在一些临界位移后，其切应力转移到更加稳定的摩擦转移、土结构硬化和蠕变破裂这样一种途径来加以解释；但从干湿黏土所有接触的完全相似性和活化能量的可比性来看，是无法解释清楚的。

以下解释也能较好地说明观察结果。受到应力条件变化的土颗粒间接触点上获得法向应力和剪切应力；一旦接触切应力与法向应力之比大于一个最小值（这个值很可能是较小的接触摩擦强度），彼此接触的颗粒间就产生缓慢的蠕变位移，颗粒间的移动连续地进行，直到接触点上的剪切应力由于颗粒唯一而导致转移，成为通过另一个接触点上的法向应力而被解除时为止。蠕变或次压缩将进行到每个颗粒滚动和转移到粒间接触面的法线方向朝剪切方向择优定向，致使接触剪切应力和法向应力之比较低。出于有效应力和结合键数目的考虑，为了使垂直于 σ_1 方向的平面上的结合键数目多于垂直于 σ_3 方向的平面上的结合键的数目，要求有一个宏观的应力状态（$\sigma_1/\sigma_3 > 1$）。结果，当转移过程进行到一定时间后，转移的接触力就不能再调节了，转移到先前比较稳定的接触力使它们破裂，即随之而来的是连续的破裂，直至蠕变破坏发生。

3.2.6　软土的流变特性

流变是指变形与力的响应与时间相关的一种现象。土的流变是十分普遍的现象。在很多情况下，黏土类土特别是软黏土即使在相当小的剪切荷载作用下，其变形也可能长期的发展。因此，尽管不改变荷载，土也可以几乎不断地蠕变。一般来说，这种蠕变的速度很小，每年移动几十厘米，甚至只移动几厘米，但决不能因此而轻视它可能造成的后果。这可从下

55

面列举的一些工程实例得到佐证。苏联一个水电站的主要建筑物遭受着岸坡滑动厚达 60cm 的土体的影响，曾使得建筑物产生极大的变形，以至于不得不采取紧急措施，来防止危险性进一步扩大。值得注意的是，斜坡底面的倾角只有 $8°30'$，而土的最小摩擦角达 $14°$，移动的速度很缓慢，每年不超过 2cm。显然，这是一个典型的蠕变导致建筑物面临危险的例子。苏联的一个码头，由于剪切应力长期作用而缓慢地移动，位移速度大概是每年 1cm，在 70～100 年内位移量达 50～80cm，这样大的位移显然会对结构产生严重的不良影响。在码头各部位的位移不相等的情况下，会给码头造成极为不利的影响。我国某码头修造在软基上，码头自建成后，在长期切应力作用下，产生缓慢的水平位移，这种位移显然会影响码头结构物的使用寿命。

以上列举的例子中，位移都以极缓慢的速度发展，并且持续时间长，有的持续达数十年，位移量随时间而不断增大，这直接影响着结构物的使用寿命。由此看来，研究软土的流变及蠕变特性十分必要。

现代对土流变学的研究大致可分为两类：固结和剪切。从地面、地基沉降问题出发，应主要研究土受压时的流变规律；而对于斜坡及地基的稳定性，即土的强度问题，则主要研究土受剪时的流变规律。

3.2.6.1　软土的流变性质

土的流变规律包括下列几个特性：

(1) 蠕变特性：在恒定的荷载作用下变形随时间发展的特性。

(2) 流动特性（或黏滞特性）：土的变形速率是应力的函数。

(3) 应力松弛特性：在变形恒定的情况下应力随时间减小的特性。

(4) 长期强度特性：在长期受荷之下土的强度随受荷时间的增长而改变的性能。

上述各种特性试验资料可以分别用蠕变曲线、流动曲线(或黏度曲线)、应力松弛曲线以及长期强度曲线表征，并可根据这些曲线找出其计算公式，以作为实际应用的依据。

3.2.6.2　软土的长期强度

地基和土工建筑物都是长时间荷载作用的受力体。从实践经验得知，土在长期荷载作用下与短期荷载作用下，其力学性质是不同的。

近 70 年来，国内外对土的抗剪强度进行了大量的研究，建立了许多试验方法和理论。但是通常在研究土的强度时，没有考虑时间和温度的影响。实际上，许多研究者的试验资料表明，土强度是时间的函数。

在工程实践中，常常遇到许多土工建筑物经历不同时间后发生破坏，因此，关于土的强度与时间的关系，已越来越引起人们的注意。

1. 长期强度的基本概念

当作用于土体的剪切应力小于土的某一临界抗剪强度时，剪切应变的速度越来越小，最后趋于稳定，土样不会破坏。当作用于土的剪切应力大于土的某一临界强度值时，剪切应变呈现非衰减型的蠕动，最后造成破坏。临界抗剪强度值即通常所指的长期强度值。

另外，亦有学者把长期强度的含义定义为在长期剪切过程中，结构凝聚力大部分遭受破坏，剪胀性充分发挥，超孔隙水压力充分消散以后的最大抗剪力，即长期强度应当包括外加应力下的全部摩阻力剩余的可逆的凝聚力（固化凝聚力）和全部的黏滞阻力。

2. 考虑时间因素软土强度参数的测定方法

确定土长期强度的方法很多，但到目前为止还没有一个标准的方法。各学者根据自己的理论要求和条件，各自设计仪器设备，因此，还没有一个成熟的方法可借用。现将这些方法综述如下。

（1）基本方法。这个方法是用一组均匀的试样（10～12 个），取其中之一作为瞬间强度 τ_0，即试样在瞬间破坏的最低限度的强度值，此最低强度不能用常规的试验方法直接测得，而葛尔希腾则建议用外插法求出。取另一个试样进行一般的强度试验，即按照规范规定的方法求得，称为标准强度 τ_s，相应于荷载作用的某一持续时间的强度，称为持久强度或流动强度 τ_t。

将相应的 τ 和 t 的数值绘成如图 1.3-13 所示的持久强度曲线。根据这一曲线的渐近线来确定土的长期强度 τ_∞。

这种方法的最大优点是所求的成果正确，但其缺点是所需的时间长、土样数量多。

（2）改进方法。学者们针对上述方法的缺点，提出了各种各样的改进方法，也就是企图用一个试样来达到求取长期强度的目的。在此介绍上，陈宗基提出的上屈服值 f_s 方法，并用单剪仪测定考虑时间因素的两个强度参数。

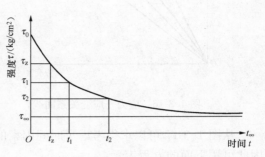

图 1.3-13　持久强度曲线

试验是用一组试样（4～6 个）装入单剪仪，在不同的法向压力下使其完全固结，然后分级加荷，每级荷载历时约 14 天，与此同时测量其在每一荷载下随时间的变形，并绘制应变时间过程线如图 1.3-14 所示。

从图 1.3-14 不难看出，每级荷载在历时 5～7 天以后应变基本上可以看成是恒定的，因此，可以直线延长（图 1.3-14 中的虚线）每级荷载下的应变时间过程线，并应包括包尔茨曼叠加原理进行叠加，叠加后的应变时间过程线如图 1.3-15 所示。

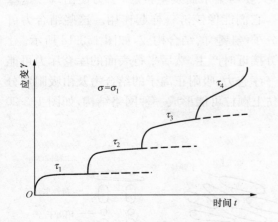

图 1.3-14　应变时间过程线

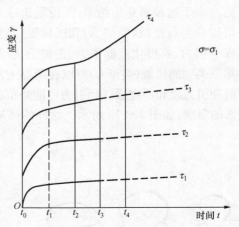

图 1.3-15　叠加后的应变时间过程线

从图 1.3-15 以不同时间为参数，可以得到一簇应力—应变关系曲线，如图 1.3-16 所示。

图 1.3-16 在 MN 处有以明显的折点。这个折点陈宗基称它为第三屈服值 f_s，我们把它

当作长期强度的标准。

　　将各个试样的法向应力 σ 与 $f_s (= \tau_\infty)$ 绘在直角坐标中发现它们之间基本上呈线性关系，如图 1.3-17 所示。

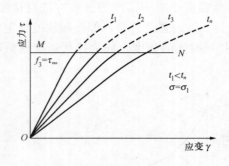

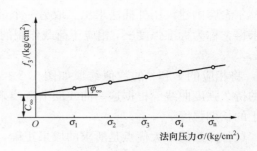

图 1.3-16　应力—应变关系曲线　　　　　图 1.3-17　f_3—σ 关系曲线

　　从图 1.3-17 可以求得考虑了时间因素的两个强度参数 φ_∞ 与 c_∞，曲线为一个线性曲线，因此可用下面的方程表示：

$$f_s = \sigma \tan \varphi_\infty + c_\infty \tag{3.44}$$

3. 对软黏土的强度随受剪历时而降低的理解

　　土的流变性质与土结构是密切相关的，要对土的流变性质有实质性的了解，单纯进行宏观试验，不可能全面了解它的力学特性，因此必须对土的结构进行研究。

　　1957 年，陈宗基提出了土结构的一个假设和在这个基础上利用微观法来探讨土的力学特征，这个结构模型如图 1.3-18 所示。他指出，伊利土微粒被认为具有两重性，即具有两个不同符号的双电层。黏土的扁平面带负电荷，而边缘和角带正电荷，与之相对应的双电层在水中，由于不同和相同符号的双电层的各自相互贯穿而产生了库仑引力和斥力，同时也存在着范德华引力。由于这种贯穿的结果，无论是边缘或角，只要与扁平面发生接触，引力便出现。这些接触可以分为点接触（类型 A）和线接触（类型 B），它们能像铰链一样起作用。这些结合力可以由库仑引力、非极化范德华力、正离子、吸附水分子（氢键）的结合构成，如图 1.3-18 所示。

　　第三类型的接触（类型 C）可以在两黏土片十分接近时产生，然后平行表面的库仑斥力可能被外荷和引力之和所克服。此引力可能是范德华—库仑力，吸附正离子的结合力及由吸附水分子而来的氢键，如图 1.3-19 所示。这样的结果是黏土颗粒可能形成一种网络结构，如图 1.3-20 所示。

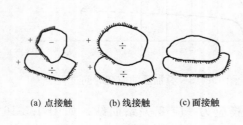

(a) 点接触　　　(b) 线接触　　　(c) 面接触

图 1.3-18　黏土颗粒间结合的类型

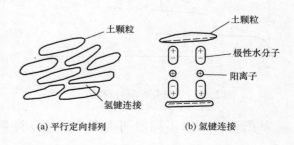

(a) 平行定向排列　　　　(b) 氢键连接

图 1.3-19　平行定向排列的结构单元

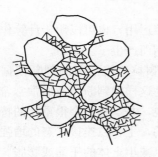

图 1.3-20　黏土网构示意图

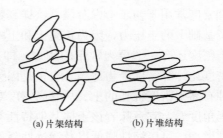

(a) 片架结构　　　(b) 片堆结构

图 1.3-21　黏土结构示意图

这种网络结构已经被 I. T. Rosenquist 利用电子显微镜照相所证明。另外，根据显微镜观测得出，黏土具有两种极限形式的结构，即片架结构与片堆结构，如图 1.3-21 所示。

当土体受恒定的外荷作用时，由于土结构不均匀性在片架结构中引起应力集中现象，使片架结构遭到破坏，而促进了扁平的黏土颗粒沿剪切方向做平行定向排列变化，这种定向排列不断在剪切区内扩展。众所周知，偏平土颗粒表面带有相同的负电荷，它们之间具有相互排斥之势。平行定向排列结构是由氢键连接的，然而氢键连接力较弱，所以，土的强度随剪切历时的增加而逐渐降低。

3.3　土参数的相互关系

岩土工程研究人员与工程师常希望在很少甚至没有可用的相关试验数据时，可以对土行为进行预测，这对初步设计阶段或一些小型工程是适用的。本节的目的是汇集资料，为只有很少或者没有相关试验数据情况下评估土的行为提供实际帮助。

土参数相互关系多样且复杂，因而不得不选择性地采用以提供实际使用。现在原位试验是岩土工程快速发展的一个方面，为岩土工程提供了大量的参考。对此，本节中并未专门论述，但对于合适的部分仍予以给出。

本节在给出不同参数之间相互关系的同时，给出了各种类型土的工程参数的参考数据。在土参数相互关系中，有的土参数很难直接测量，因而要给出不同类别试验参数的相互关系。此外，对于各种工程参数以及其相互关系也给出了评价。当然，这些关系预测并不能代替恰当的试验，但希望本节中所提供的信息可以帮助读者有选择性地使用土参数量值。需要说明的是，本节下述各类关系式将为我们考虑土参数受到何种量的影响提供重要参考，具有很好的实用价值；然而，由于土的时空变异性很强，对于实际问题应根据地区及场地的具体特点加以分析，以较合理地选取各关系式中的系数，甚至寻求更为本质的关系。

3.3.1　密度

3.3.1.1　天然密度

关于土的密度有两种表示方法：一是计入土及孔隙水质量的计算密度；另一个则是忽略土中水影响的干密度，两者之间的相互关系如下：

$$\rho_d = \frac{\rho_b}{1 + w_n} \tag{3.45}$$

式中　ρ_d——干密度；

ρ_b——计算密度；

w_n——含水率。

计算密度常用于初步考虑阶段，这样其数值就可以直接运用，也可以用于计算作用在挡土墙或者基础上的土压力，因为正是土和土中水的联合作用而产生了土压力。

对于密度还有一个更为常用的用途，即用来提供对土颗粒连接情况的判断依据，基于此，干密度比计算密度更为适当。也正是因为密度可以作为这样的判断，我们常常希望能够使用那种有高干密度种类的土。尽管高密度对土体本身来说，并不是一个很重要的特性，但是从工程角度看，它意味着该土体其他特性都是令人满意的，土颗粒连接状态的增强往往伴随着强度增加、可压缩性降低以及渗透性降低，这些都可以减小土体的压缩或膨胀。

对于各种类型土的计算密度，其参考数值可见表 1.3-5。

表 1.3-5　　　　　　　　　　　**土的计算密度参考数值**　　　　　　　　（g/cm³）

材　料		计算密度	干密度	材　料		计算密度	干密度
砂及卵石	非常松散	1.7～1.8	1.3～1.4	级配良好砂土		1.8～2.3	1.4～2.2
	松散	1.8～1.9	1.4～1.5	级配良好砂土与卵石混合物		1.9～2.3	1.5～2.2
	中密	1.9～2.1	1.5～1.8	黏土	未固结泥土	1.6～1.7	0.9～1.1
	密实	2.0～2.2	1.7～2.0		软、敞形结构	1.7～1.9	1.1～1.4
	非常密实	2.2～2.3	2.0～2.2		典型正常固结土	1.8～2.2	1.3～1.9
级配不良砂土		1.7～1.9	1.3～1.5		超固结	2.0～2.4	1.7～2.2

注　假定土体处于饱和或者近似饱和状态。

对于粒状土，其相对密实度 Dr 常常比密度更为重要，对其定义如下：

$$Dr = \frac{e_{\max} - e}{e_{\max} - e_{\min}} = \frac{\rho_{d\max}}{\rho_d} \cdot \frac{\rho_d - \rho_{d\min}}{\rho_{d\max} - \rho_{d\min}} \tag{3.46}$$

式中　　ρ_d、$\rho_{d\max}$、$\rho_{d\min}$——土体天然干密度、最大干密度以及最小干密度；

e、$e_{\max}$、$e_{\min}$——土体相应天然孔隙比、最大孔隙比以及最小孔隙比。

因为测量砂土和卵石的原位密度是很困难的，因此常根据标准贯入试验数据来估计。对于根据相对密实度以及标准贯入试验贯入次数来对土进行分类的方法，虽然许多人表示质疑，但是仍然得到了广泛的应用。

Gibbs 和 Holtz（1957 年）指出，相对密实度和标准贯入试验贯入次数之间的关系，与砂土干燥或饱和以及超载压力有关。从而提出在确定相对密实度以及在地基计算中需要加入修正系数 C_N 以考虑超载压力的影响。

根据一些资料建议对贯入次数 N 修正，如下式所示（见表 1.3-6）：

$$N_1 = C_N N \tag{3.47}$$

表 1.3-6　　　　　　　　　　　**修 正 系 数 C_N 摘 要**

作　者	修正系数 C_N	上覆压力单位 σ_v'
Gibbs 和 Holtz（1957 年）	$C_N = \dfrac{50}{10 + \sigma_v'}$	psi
Peck 和 Bazaraa（1969 年）	$C_N = \begin{cases} \dfrac{4}{1 + 2\sigma_v'} & \bar{\sigma}_v \leqslant 1.5 \\[2mm] \dfrac{4}{3.25 + 0.5\sigma_v'} & \bar{\sigma}_v > 1.5 \end{cases}$	ksf

作 者	修正系数 C_N	上覆压力单位 σ_v'
Peck、Hanson 和 Thornburn（1974 年）	$C_N = 0.77 \lg \dfrac{20}{\sigma_v}$	kg/cm² 或 tsf
Seed（1976 年）	$C_N = 1 - 1.25 \lg \sigma_v'$	kg/cm² 或 tsf
Tokimatsu 和 Yoshimi（1983 年）	$C_N = \dfrac{1.7}{0.7 + \sigma_v'}$	kg/cm² 或 tsf
Liao 和 Whitman（1986 年）	$C_N = \sqrt{\dfrac{1}{\sigma_v}}$	kg/cm² 或 tsf
Skempton（1986 年）	$C_N = \begin{cases} \dfrac{2}{1+\sigma_v'} & \text{中等密实细砂} \\[2mm] \dfrac{3}{2+\sigma_v'} & \text{正常固结密实粗砂} \\[2mm] \dfrac{1.7}{0.7+\sigma_v'} & \text{超固结细砂} \end{cases}$	kg/cm² 或 tsf

尽管 Liao 和 Whitman（1986 年）相当详尽地叙述了标准贯入试验修正系数的问题，但是最终的工作是由 Skempton（1986 年）完成的。Skempton 指出，在标准贯入试验能量传给土体时，尽管对于各种砂土的打击次数是通过施加有效超载压力来获得的，但是其仍在受重锤的释放方式以及钻杆长度影响的变化范围内变化。如果钻杆长度少于 10m，则建议对于采用任何方法而测得的贯入次数，需要采用杆能比（ER_r）来加以修正。对于一定的重锤及其释放方式，杆能比的相应参考值见表 1.3-7。

表 1.3-7 　　　　　　　　　　杆能比的相应参考值

国 家	重 锤	释放方式	ER_r（%）	ER_r（60%）
日 本			78	1.3
			65	1.1
中 国			60	1.0
			55	0.9
美 国			55	0.9
			45	0.75
英 国			60	1.0
			50	0.8

贯入次数通过杆能比 ER_r 的修正公式如下：

$$N_{60} = N \frac{ER_r}{60} A \tag{3.48}$$

式中 　A——另一个修正系数，其值可见表 1.3-8。

Skempton（1986 年）指出，事实表明由 Gibbs 和 Holtz 列举出来的关于各种级别的相对密度的 Terzaghi-Peck 打击次数限值对于正常固结砂土适用性较好，所提供的分别考虑超载压力 N_1 以及杆能比（N_1）$_{60}$ 所得到的打击次数见表 1.3-9。

在评价地下水位以下粉细砂以及细砂（0.25～0.1mm）的相对密实度时常对标准贯入次数进行修正，其修正公式如下：

61

$$N_c = 15 + \frac{1}{2} \times (N - 15) \qquad (3.49)$$

表 1.3-8　贯入次数修正系数 A

钻杆长度：>10m	1.0
6～10m	0.95
4～6m	0.85
3～4m	0.75
钻孔直径：65～115mm	1.0
150mm	1.05
200mm	1.15

当贯入次数小于 15 时不进行修正。这个公式建立在 Terzaghi 所做工作之上，因为这两种土具有的低渗透性，从而在打击过程中孔隙水压力不断增大，进而导致贯入次数的增加。这种方法被 Tomlinson（1980 年）在其关于标准贯入试验贯入次数修正运用的评论中推荐使用。

尽管如此，在对地下水位以下土体进行标准贯入试验时，对于因为某些错的惯例而使得结果有误差来说，该修正方法仍然显得理论化。为获得更为准确的结果，钻孔在地下水位以上部分必须要充满水，这正是常常因为需要大量水补给以及很多人对此缺乏认识被忽略，从而地下水涌入钻孔，导致砂变得松散，最后因为人为原因而使得结果偏小。另外，如果施工时为了防止砂土冲走，若利用打孔时装在钻孔里面的填料而压实下面的砂土，就会导致贯入次数过高而不切实际。

表 1.3-9　Terzaghi-Peck 分类

D_r	分 级	N ($\sigma'_v = 0.75$)	N_1	$(N_1)_{60}$	$(N_1)_{60} / D_r^2$
<0.15	非常松散	<4	<4.4	<3	—
0.15～0.35	松散	4～10	4.4～11	3～8	>65
0.35～0.65	中密	10～30	11～33	8～25	59～65
0.65～0.85	密实	30～50	33～55	25～42	58～59
0.85～1.0	非常密实	50～80	55～77	42～58	58

3.3.1.2　通过相关性确定重度和含水量

由于土层趋向饱和，低承载力、高压缩性土层的重度和含水量通常有非常紧密的联系。因该条件下，土重度通常为 $\gamma_s = 26.5 \, \text{kN/m}^3$，故用 $S_r = 1$ 和 $\gamma_s = 26.5 \, \text{kN/m}^3$ 替换公式中的重度和含水量；同时，取 $\gamma_w = 10 \, \text{kN/m}^3$，因此，可得如下公式：

$$\gamma = nS_r\gamma_w + (1 - n)\gamma_s = 26.5 - 16.5n = \frac{26.5 + 10e}{1 + e} \qquad (3.50)$$

式中　γ——土重度，kN/m³；

　　　n——孔隙率；

　　　S_r——饱和度；

　　　γ_w——水重度，kN/m³；

　　　γ_s——土颗粒重度，kN/m³；

　　　e——孔隙比。

同样可得含水量、饱和重度、干重度的公式：

$$w = \frac{nS_r\gamma_w}{(1 - n)\gamma_s} = \frac{n}{2.65(1 - n)} = \frac{e}{2.65} \qquad (3.51)$$

$$\gamma_{sat} = \frac{(1 + w)\gamma_s}{\frac{\gamma_s}{\gamma_w}w + 1} = \frac{26.5(1 + w)}{2.65w + 1} \qquad (3.52)$$

$$\gamma_{dr} = (1-n)\gamma_s = 26.5(1-n) = \frac{26.5}{1+e} = \frac{26.5}{1+2.65w} \qquad (3.53)$$

式中　γ_{dr}——干重度，kN/m^3。

含有机物黏土的土颗粒重度 γ_s 趋向于（稍微小于）$26.5~kN/m^3$；泥炭更小，γ_s 可能为 $11\sim 25~kN/m^3$。

3.3.1.3　压实密度

1. 击实试验标准

压实密度虽然不是土的基本性质，但是与土在压实时的土行为密切相关。击实试验可以为我们提供一个压实的标准方法以及击实能的标准，以得出压实密度与原始密度数据做比较。

在击实试验中，常常将土放在模具中并通过重锤不断地提升、锤击，来达到击实的目的。常见的击实仪器如图 1.3-22 所示，为了控制击实能即单位体积土所需的能量，模具、重锤的尺寸以及所要击实的土层的数量必须详细列明，每层土需要的击实次数以及重锤的下落高度都必须加以控制。在英国，关于击实能主要有"标准"和"重型"两种标准；在美国，则分为

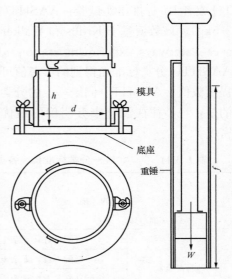

图 1.3-22　击实试验中常见击实模具以及重锤

"标准"和"标准修正"，进而又分别细分为 ASTM-D698/AASHTOT-99 以及 ASTM-D1557/AASHTOT-180。大多数试验采用约 1L 容量的模具，但是对于粗粒土，则采用更大的 CBR（California Bearing Ratio）模具。英国与美国试验标准的差别可见表1.3-10，且该表也给出了各种试验所用模具以及重锤的尺寸。

表 1.3-10　　　　　　　　　　　　试 验 差 别 比 较

标准名称	试验名称	模具容积/L	模具直径/mm	模具高度/mm	重锤质量/kg	重锤下落高度/mm	土的层数	每层土夯击次数
BS1377：1975	Test 12	1.0	105	115.5	2.5	300	3	27
	Test12（标准修正）	2.32	152	127	2.5	300	3	62
	Test 12	1.0	105	115.5	4.5	450	5	27
	Test12（标准修正）	2.32	152	127	4.5	450	5	62
AASHTO	T145	0.94	101.5	116.4	2.50	304.8	3	25
	T180	0.94	101.5	116.4	4.54	457.2	5	25
	T180（标准修正）	2.32	152	127	4.54	457.2	5	56

对于砂土以及卵石，重锤会造成材料的破碎而不是击实，从而导致由击实试验而获得的压实密度相对于原位得到的压实密度来说相差太远。为了避免这种情况的发生，常用振动锤来替代重锤，每层材料一般在 $30\sim40kg$ 的恒定情况下振动 $60s$。

2. 压实密度参考值

一种土所能得到的压实密度，同其所属土的类别、含水率以及击实能有关。表1.3-11给出了各类土的最大干密度以及最优含水率的参考值，该表中采用统一分类标准以及 AASHTO 或者 BS 标准击实试验：AASHTO T99（锤重 5 磅）或者 BS1377：1975 Test 12（锤重 2.5kg）。该数值基于 Krdbs 和 Walker（1971 年）以及美国军工水路试验站（USarmy engineer waterways experiment station）所提供的参考数值加上一些个人经验得出。按照 AASHTO 分类标准而得到的参考值可见表 1.3-12，该表内数据是根据 Gregg（1960 年）所提供数值、AASHTO 同统一土的分类标准之间相互关系以及以上数据而得到的。需要注意的是，纯砂往往没有十分明确的最优含水量，并且往往在砂完全干燥的情况下得到峰值密度。

表 1.3-11　　　　　统一分类标准系统各类土最大干密度以及最优含水率的参考值

土 的 描 述		分 类	标准击实试验最大干密度/（kg/m³）	最优含水率（%）
砂石混合物	级配良好，无杂土	GW	2000～2150	8～11
	级配不良，无杂土	GP	1850～2000	11～14
	级配良好，含少量粉质黏土	GM	1900～2150	8～12
	级配良好，含少量黏土	GC	1850～2000	9～14
砂及砂质土	级配良好，无杂土	SW	1750～2100	9～16
	级配不良，含少量粉质黏土	SP	1600～1900	12～21
	级配良好，含少量粉质黏土	SM	1750～2000	11～16
	级配良好，含少量黏土	SC	1700～2000	11～19
细颗粒的低塑性土	粉质黏土	ML	1500～1900	12～24
	黏土	CL	1500～1900	12～24
	有机质粉黏土	OL	1300～1600	21～33
细颗粒的高塑性土	粉质黏土	MH	1100～1500	24～40
	黏土	CH	1300～1700	19～36
	有机质黏土	OH	1050～1600	21～45

表 1.3-12　　　　AASHTO 分类标准各类土最大干密度以及最优含水率参考值

土 的 描 述	分 类	最大干密度/（kg/m³）	最优含水率（%）
级配良好的砂石混合物	A-1	1850～2150	5～15
含粉细砂或黏土的砂石	A-2	1750～2150	9～18
级配不良砂	A-3	1600～1900	5～12
粉砂以及低塑性砾石	A-4	1500～2000	10～20
弹性的粉黏土、含硅藻土或云母淤泥	A-5	1350～1600	20～35
塑性黏土、砂质黏土	A-6	1500～1900	10～30
高塑性或弹性黏土	A-7	1300～1850	15～35

64

Morin 和 Todor（1977 年）在非洲以及南美洲通过对热带红土的研究得出最优含水率与塑限以及最优含水率与最大干密度之间的关系，如图 1.3-23 所示。同时，Morin 和 Todor 得出了最优含水率同粒径小于 $2\mu m$ 的颗粒含量之间的关系，但因为过干，其关系过于分散不能用于实际，因此在此就不再介绍。

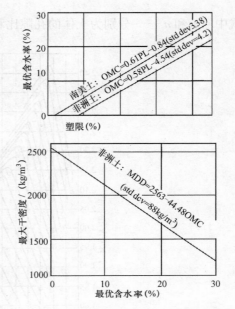

图 1.3-23　热带红土的最优含水率与塑限以及最大干密度关系曲线

3. 含水量—密度参考曲线

对于 Ohio 型土，从 Woods 和 Litehiser（1938 年）做的一些工作我们可以看出：几乎所有的含水量-密度曲线都具有一个相似的形状特征。图 1.3-24 是在 1000 多组试验的基础上而做出的 26 种参考曲线。通过该曲线，我们可以根据曲线上某点估出最大干密度以及最优含水率。需要注意的是，该曲线中与含水量相对应的密度为计算密度，而不是更为常用的干密度。图中的表格给出了每条曲线相对应的最大干密度以及最优含水率。当遇到急于确定含水率的情况时，该曲线可以为我们提供快而相对准确的估计值。实践证明，该曲线可以用于许多方面，尽管需要做一些微小的改动，并且实践也证明了如果试样的含水率接近于最优含水率精确性会更高。需要注意的是，该曲线对于同一级配砂、高硅藻土和云母含量土以及火山土等非常罕见土则不适用。

3.3.2　渗透性

渗透系数可以定义为液体在单位压力梯度下流过单位土截面的量。假设与压力梯度和液体流量 q 呈线性关系，从而可有达西定律：

$$k = \frac{q}{Ai} \tag{3.54}$$

式中　k——渗透系数；

　　　A——流体所流过的面积；

　　　i——水力梯度。

流量 q 除以截面积 A 即可得到水的渗透速度 v，那么式（3.54）可以改为

$$k = \frac{v}{i} \tag{3.55}$$

由此可以看出，渗透系数可以认为是单位压力梯度下水的渗透速度。因为压力梯度常用水头来表示，并且每单位长度都会有水头丧失，所以水力梯度 i 常用"m/m"来表示，因此渗透系数 k 与速度的单位一样，通常都为"m/s"。然而需要注意的是，截面面积 A 为所考虑的整个土体的截面面积，但是其中的一部分是土颗粒，因此水实际流过的面积要小得多，也就是说上述的速度 v 只是一个概念上的数值，只是用于计算流体体积，实际的平均渗透速度 v_t 应该比 v 更大，可以用下式来解出。

$$v_{t} = v \cdot \frac{1+e}{e} = \frac{v}{n} \qquad (3.56)$$

式中　e 和 n ——分别为土体的孔隙比和孔隙率。

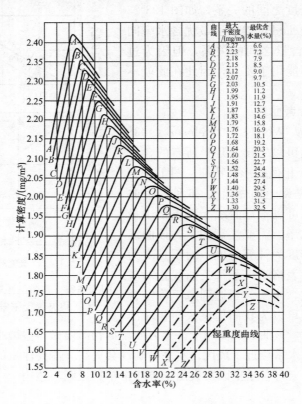

图 1.3-24　含水率—密度参考曲线

　　土的渗透性主要受土体宏观结构的影响：如果黏土有裂隙或含有细砂，都会导致其渗透性增大到黏土本身渗透性的数倍。同时，由于水的渗流会沿着阻力最小的方向，因此成层土的水平向渗透性比其竖向渗透性大得多并且其整体渗透性与其横向渗透性大致相等。因为实验室试样尺寸很小以及试样的获得和制备方法，在大尺寸时的性质并不能体现，并且试验结果并不能完全代表拥有显著宏观结构原位土的性质。另外，实验室试验往往是采用外力强迫水在土样中发生竖向流动，然而在现场最为关心的重要因素为水平向渗透性，因为它在实际中表现得更为显著，原位试验就可以克服这种缺点。但是，因为水在砂井中的流动状态只能是估猜到的，因此对其结果的解释就显得很困难和不确定。

3.3.2.1　参考值

　　表 1.3-13 为在 Casagrande 和 Fadum（1940 年）所做工作的基础上而给出的参考值范围，图表中的范围为按统一分类标准分类压实土的参考值，所给出参考值土体采用重型击实标准击实［ASSHTO T-180（锤重 10 磅）］或者 BS1377［1975，TEST 13（锤重 4.5kg）］由 Krebs 和 Walker（1971 年）提供的路桥材料的渗透系数参考值可见表 1.3-14，对于孔隙比对不同土的影响，可见 Mitchell（1976 年）的有关文献。

表 1.3-13　　　　　　　　　　　　　土 的 渗 透 系 数 参 考 值

渗透系数（log 值）												
	10^{-11}	10^{-10}	10^{-9}	10^{-8}	10^{-7}	10^{-6}	10^{-5}	10^{-4}	10^{-3}	10^{-2}	10^{-1}	1
m/s												
cm/s	10^{-9}	10^{-8}	10^{-7}	10^{-6}	10^{-5}	10^{-4}	10^{-3}	10^{-2}	10^{-1}	1	10	100
ft/s	10^{-10}	10^{-9}	10^{-8}	10^{-7}	10^{-6}	10^{-5}	10^{-4}	10^{-3}	10^{-2}	10^{-1}		
渗透性	不透水			非常低		低			中等		高	
排水条件	不排水				不良			良好				
土类型	均质黏土（风化层以下）		粉质黏土、细砂、粉质砂土、冰碛物、层状黏土			纯砂、砂砾混合物					纯砾砂	
			有裂隙的风化黏土									

表 1.3-14　　　　　　　　　　　　　路桥材料渗透系数参考值

材　料	渗透系数/（m/s）	材　料	渗透系数/（m/s）
同级配粗砂体	$0.4 \sim 4 \times 10^{-3}$	压实淤泥	$7 \times 10^{-8} \sim 7 \times 10^{-10}$
无细砂级配良好砂体	$4 \times 10^{-3} \sim 4 \times 10^{-5}$	压实黏土	少于 10^{-9}
低杂质混凝土用砂	$7 \times 10^{-4} \sim 7 \times 10^{-6}$	沥青混凝土	$4 \times 10^{-5} \sim 4 \times 10^{-8}$
高杂质混凝土用砂	$7 \times 10^{-6} \sim 7 \times 10^{-8}$	波特兰水泥混凝土	少于 10^{-10}
淤泥质和粉土质砂	$10^{-7} \sim 10^{-9}$		

3.3.2.2　渗透性与级配

Taylor（1948 年）提出了关于土的渗透系数与渗透物性质的理论公式，如下所示：

$$k = D_{s}^{2} \frac{\gamma}{\mu} \frac{e^{3}}{1+e} c \tag{3.57}$$

式中　D_{s}——有效颗粒直径；

　　　γ——渗透物的单位重度；

　　　μ——渗透物的黏性；

　　　e——孔隙比；

　　　c——形状系数。

在土中，浸透物常常是水，并且有效颗粒直径常常用占颗粒全重 10% 时的颗粒直径 D_{10} 表示，这就可以得出 Hazen 公式：

$$k = C_{1} D_{10}^{2} \tag{3.58}$$

式中　$\dfrac{\gamma}{\mu} \cdot \dfrac{e^{3}}{1+e} c \equiv C_{1}$。

通过对纯砂的一系列试验，Hazen（1911 年）得出了 C_1 的值为 $0.01 \sim 0.015$，其中 k 的单位为 m/s，D_{10} 的单位为 mm。然而，他却忽略了孔隙比 e 的微小变化都会引起渗透系数 k 数值上的很大变化；我们可以从 Taylor 公式（3.56）看出这点，并且所给出的数值只能作为大致结果。例如，Lambe 和 Whiteman（1979 年）根据 Lane 和 Washiburn（1946 年）做的一些试验得出 C_1 的值为 $0.01 \sim 0.42$，平均值为 0.16；同样，Holtz 和 Kovas（1981 年）提出了 C_1 的值为 $0.004 \sim 0.12$，平均值为 0.01。该式当渗透系数大于 10^{-5} m/s时才有效。

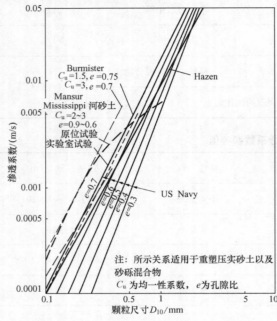

图 1.3-25 渗透系数 k 与 D_{10} 的关系图

根据一些考虑了孔隙比 e 影响的试验结果，图 1.3-25 给出了渗透系数 k 与 D_{10} 的关系图。图中，所有关系只适用于砂土及砾石。粒度范围越接近黏土，受黏土矿物的影响越大，该关系适用性就越小。对于黏土，有关渗透性叙述可见 Tavenas（1983 年）等人的一些工作。

3.3.3 固结与沉降

土在荷载作用下产生的沉降广义上可以分为两种类型：瞬时沉降和随时间发展的沉降。瞬时弹性沉降最容易处理，它是可逆的，可以用线瞬时弹性理论来计算。尽管粒状土的反应时间常常很短，但随时间发展的沉降发生在黏性粒状土中。此外，随时间发展的沉降对荷载的反应是非线性的，并且变形只有部分可逆。目前，有两种随时间发展的沉降：主固结沉降是由于加上使用荷载产生超孔隙水压力使得土中水从土的孔隙中挤出而产生的；次固结沉降基本上是在超孔隙水压力消散以后产生的，也就是说是在主固结沉降完成以后产生的，但是其产生机理现在仍没有完全清楚。对于粒状土的沉降很难精确预测，主要是因为非扰动土难以取得和试验，并且常常用间接方法来估计沉降。可以用现场压板试验来预测，但其结果很难以解释。

3.3.3.1 黏土的可压缩性

黏土的可压缩性常用固结试验或类似方法（可见 Tavenas 和 Leroueil 于 1987 年所做工作）来测量，其结果可以用多种方法来处理，从而得出各种不同的可压缩性参数，但常常会令人感到迷惑，如图 1.3-26 所示。我们可以采用试样厚度 h 或孔隙比 e 和固结压力 p 建立普通坐标，也可以和固结压力的对数来建立半对数坐标。

1. 可压缩性参数

土的压缩过程可以用土的模型来模拟，如图 1.3-27 所示。我们可以看出，土颗粒体积并没有发生变化，而是土中气体积减小从而引起土压缩。土的压缩性常可以用压力增加时单元土体孔隙比变化量和图 1.3-26（a）所示 e—p 曲线斜率——压缩系数 a_v 来表示。根据所示的土样模型，有

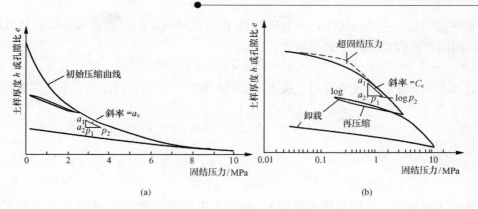

图 1.3-26　固结试验参考曲线

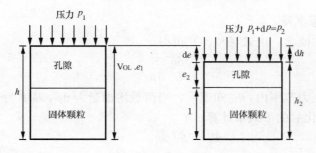

图 1.3-27　土样模型压缩示意图

$$a_v = -\frac{de}{dp} = \frac{e_1 - e_2}{p_2 - p_1} \tag{3.59}$$

从工程角度来看，它与土样高度变化有直接的比例关系。对于一个不变的代表性截面，这与土的体积相对变化成比例关系，从而就有了更为常用的压缩体积系数 m_v 这一概念：

$$m_v = -\frac{dV}{V}\frac{1}{dp} = -\frac{dh}{h}\frac{1}{dp} = \frac{h_1 - h_2}{h_1}\frac{1}{p_2 - p_1} \tag{3.60}$$

对于所示的土试样，m_v 也可用孔隙比来表示：

$$m_v = \frac{dh}{h_1}\frac{1}{dp} = \frac{de}{1+e_1}\frac{1}{dp} = \frac{e_1 - e_2}{1+e_1}\frac{1}{p_2 - p_1} \tag{3.61}$$

也就是图 1.3-26（a）中 $h-p$ 曲线斜率，由式（3.59）和式（3.61）可得两个参数之间的关系：

$$a_v = m_v(1+e) \tag{3.62}$$

可以看出图 1.3-26（a）中曲线斜率并不是常数，也就是说系数 a_v 和 m_v 也是变化的，给出的值只能有其特定的压力范围。然而，对于图 1.3-26（b）中的半对数坐标来说，至少其原始压缩曲线大致上逼近一条直线，这样我们就可以引入两个压缩性指标：原始压缩曲线 $e-\log p$ 或者 $h-\log p$ 的斜率——压缩指数 C_c 以及修正压缩指数或压缩比 C_{ce}：

$$C_c = -\frac{de}{d(\log p)} = \frac{e_1 - e_2}{\log p_2 - \log p_1} = \frac{e_1 - e_2}{\log(p_2/p_1)} \tag{3.63}$$

$$C_{ce} = -\frac{dh}{h}\bigg/d(\log p) = -\frac{de}{1+e_1}\frac{1}{d(\log p)} = \frac{e_1 - e_2}{1+e_1}\frac{1}{\log(p_2/p_1)} \tag{3.64}$$

69

需要注意的是，上述公式中，对数底数取 10。从式（3.63）和式（3.64）可以得出与 a_v 和 m_v 相同关系的 C_c 和 C_{ce} 的关系式：

$$C_c = C_{ce}(1+e_1) \tag{3.65}$$

上述两个参数中，C_c 更为常用。从式（3.61）和式（3.63）可以建立下列关系：

$$\frac{m_v}{C_c} = \frac{e_1-e_2}{1+e_1}\frac{1}{p_2-p_1}\bigg/\frac{e_1-e_2}{\log(p_2/p_1)}$$

进而可以推出：

$$m_v = \frac{C_c}{1+e_1}\frac{\log(p_2/p_1)}{p_2-p_1} \tag{3.66}$$

对于再压缩曲线，常用再压缩指数 C_r 和修正再压缩指数 C_{re}，其定义分别和 C_c 和 C_{ce} 相似。

2. 采用固结理论计算沉降

根据压缩体积参数的概念，由式（3.60）可得

$$m_v = \frac{dh}{h}\frac{1}{dp} \tag{3.67}$$

可以看出，在特定压力范围内，m_v 知道后，当荷载增加量为 dp，厚度为 h 的试样的厚度压缩量 dh 可以由上式转化后的下式来计算：

$$dh = hdpm_v$$

因为 dh 可认为是沉降量 s，因此对于压力增加量 σ 可有

$$s = H\sigma m_v \tag{3.68}$$

其中，对于可压缩土层，用土层厚度 H 来取代原来的试样厚度 h。可压缩土层的平均应力 σ 取决于所施加的荷载，常用弹性理论来计算。尽管在严格意义上说弹性理论对土并不适用，但是它可以为我们提供足够精确的结果。用固结理论计算沉降量可以通过式（3.67）来计算得出。

当 C_c 已知时，就可以根据式（3.66）、固结压力以及孔隙比的大概数值来计算出 m_v，另外，可以联立公式（3.66）及式（3.68），从而可以直接根据该公式来计算沉降量：

$$s = H\sigma m_v = H(p_2-p_1)\frac{C_c}{1+e}\frac{\log(p_2/p_1)}{p_2-p_1} = HC_c\frac{\log(p_2/p_1)}{1+e} \tag{3.69}$$

3. 利用弹性理论计算沉降量

计算沉降的另一种方法就是直接利用弹性理论，它可以将两个不同阶段的沉降量一起计算，并能避免计算土体内产生的平均固结压力。对于应力和沉降量，由 Poulos 和 Davis（1974 年）提出的办法都可以得出结果。

采用弹性理论计算沉降量的问题就是需要确定弹性模量 E 和泊松比 ν，但对于土固结问题，两者都不能测量。鉴于式（3.67）中 $\frac{dh}{h}$ 可以看作应变，则 m_v 可以看作应变与应力之比，其单位为应力单位的倒数，常用为"m^2/kN"，其意义同弹性模量 E 的倒数。E 可以简单地看作是改变物体的尺寸所需要的应力，m_v 则要看作是当土体受到单位荷载时土体缩小的面积。当然，实际上这种简化与实际情况并不吻合，一般情况下，两者的关系不适用于这些极

端。另外，E 和 m_v 的关系并不是简单的倒数关系，因为 E 是在试样无约束而 m_v 则是试样受侧限条件下得到的。E 和 m_v 的关系与泊松比有关，即

$$m_v = \frac{1}{E} \frac{(1+\nu)(1-2\nu)}{1-\nu} \tag{3.70}$$

当用弹性理论来计算沉降量时可以利用这个关系。在此处，E 并不是严格意义上的弹性常数，但是它描述的是土体长时间受集中荷载作用时的响应。为了强调这点，有时会适用"变形模量"这个术语来描述 E。因而我们可以在甚至并不是弹性变形的情况下，用弹性理论来计算固结沉降量。在此最主要的问题是获得能够准确描述土固结行为的泊松比。泊松比并不是用土的标准试验来测定的，甚至并没有能够真正测定出它的方法。尽管如此，Skempton 和 Bjerrum（1957 年）指出，当黏土固结侧向应变很小时泊松比可以近似为零，并且

$$E = \frac{1}{m_v} = E_0 \tag{3.71}$$

式中　E_0——变形模量。

定义泊松比为零的另外一个原因是采用弹性理论计算出来的沉降量与采用固结理论计算出来的沉降量相等。

4. 压缩系数的相互关系以及其参考值

压缩体积系数 m_v 的参考值可见表 1.3-15，表中同时附有不同范围压缩性的描述术语。尽管 m_v 在沉降量直接计算方法的压缩系数中应用最广泛，但是其变化性导致其在描述压缩性或与其他性质的关系时较少使用。也正是因为这个原因，更多地选用压缩指数 C_c，关于压缩指数的参考值可见表 1.3-16。

表 1.3-15　　　　　　　　　　压缩体积系数 m_v 的参考值及描述术语

黏 土 类 型	描述术语	$m_v / (m^2/kN)$
严重超固结砾泥、强风化岩石以及硬质黏土	极低压缩性	<50
砾泥、泥灰土、非常硬的热带红黏土	低压缩性	50～100
结实黏土、冰川沉积黏土、湖泊堆积土、风化泥灰土、坚固砾泥、深层正常固结黏土以及坚固的热带红黏土	中等压缩性	100～300
正常固结冲积黏土、敏感黏土	高压缩性	300～1500
含有丰富有机质冲积黏土和泥炭	极高压缩性	>1500

表 1.3-16　　　　　　　　　　压缩指数参考值

土 的 类 型	压缩指数	土 的 类 型	压缩指数
正常固结中等敏感黏土	0.2～0.5	Canadian Leda 黏土	1～4
Chicago 粉质黏土	0.15～0.3	Mexico City 黏土	7～10
Boston 蓝黏土	0.3～0.5	有机质黏土	⩾4
Vicksburg Buckshot 黏土	0.5～0.6	泥 炭	10～15
Swedish 中等敏感黏土	1～3	有机质粉黏土和黏质粉土	1.5～4.0

Skempton（1944 年）提出下列关于正常固结土压缩指数与液限（W_L）的关系式：

$$C_c = 0.007(W_L - 10) \tag{3.72}$$

Terzaghi 和 Peck（1967 年）通过对低、中等灵敏度黏土研究，提出相似的关系式：

$$C_c = 0.009(W_L - 10) \tag{3.73}$$

这个关系式的可靠性范围为 ±30%，并且适用于灵敏度不大于 4 和液限不大于 100 的无机黏土。根据 Northey（1952 年）和 Roscoe 等人（1958 年）所做的工作，Wroth 和 Wood（1978 年）通过引入土力学临界状态，推出重塑黏土的压缩指数与塑限（PI）之间的关系式：

$$C_c = \frac{1}{2}PI \cdot G_s \tag{3.74}$$

式中　G_s——土颗粒相对密度。

表 1.3-17 列出了一些已发表的关系式的摘要。

表 1.3-17　压缩指数关系式

关系式	适用范围	关系式	适用范围
$C_c = 0.007(W_L - 7)$	重塑黏土	$C_c = 0.30(e_0 - 0.27)$	无机黏土、黏质粉土、黏土
$C_{ce} = 0.208e_0 + 0.0083$	Chicago 黏土	$C_c = 1.15 \times 10^{-2}w_n$	泥炭、有机质粉黏土、黏土
$C_c = 17.66 \times 10^{-5}w_n^2 + 5.93 \times 10^{-3}w_n - 1.35 \times 10^{-1}$	Chicago 黏土	$C_c = 0.75(e_0 - 0.50)$	非常低塑性的土
		$C_{ce} = 0.156e_0 + 0.0107$	所有黏土
$C_c = 1.15(e_0 - 0.35)$	所有黏土	$C_c = 0.01w_n$	Chicago 黏土

注　1. w_n 为含水量。

　　2. 该表来源于 Azzouz、rizek 与 Corotis 的总结工作。

再压缩指数 C_r 与 C_c 的定义相似，不同的是它只应用于固结试验中的卸载阶段。其参考值范围为 0.015～0.35，常常可取 C_c 的 5%～10%。

5. 沉降量修正

如果直接利用固结试验的结果来计算沉降量，则所得到的结果会高于实际沉降量，特别是超固结黏土；当计算灵敏度很高的黏土时会有不同，结果会稍稍小于实际发生的沉降量。造成这种结果的原因是，实验室试样内产生的孔压反应与原位孔压反应不同。Skempton 和 Bjerrum（1957 年）曾经讨论过这个问题，他们指出实际沉降量与计算得到的沉降量的比值与由于加载而引起的孔隙水压力响应和每个问题的几何关系两者有关。孔隙水压力对于加载引起的响应可以通过三轴试验来测得，并可以用 Skempton 孔压参数 A 和 B 来表示，对于饱和黏土，实际沉降量 S_f 可以用下式表示：

$$S_f = \mu S \tag{3.75}$$

式中　S——根据固结试验结果计算出的沉降量；

　　　μ——与孔压参数有关的因数。

每层土的应力分布与基础宽度 b 和土层厚度 H 的比值有关，μ 的大小可以根据由图 1.3-28 得到的 A 值得出，参数 A 一般情况下是不能由常用于基础设计的实验室试验测得的，但是发现其大小于黏土的固结历史有关，特别是与超固结程度

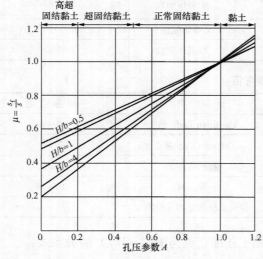

图 1.3-28　μ 与孔压参数 A 关系图

有关。对于大多数实际情况,可根据表 1.3-18 查出 μ 值。

表 1.3-18　　　　　　　不同类型土的固结参数 μ 的参考值

黏土类型	μ			H、b 示 意 图	
	$H/b=0.5$	$H/b=1$	$H/b=4$		
高灵敏度黏土	1.0~1.1	1.0~1.1	1.0~1.1		
正常固结黏土	0.8~1.0	0.7~1.0	0.7~1.0		
超固结黏土	0.6~0.8	0.5~0.7	0.4~0.7		
高超固结黏土	0.5~0.6	0.4~0.5	0.2~0.4		

3.3.3.2　黏土固结度

饱和土沉降速度可以用固结系数 C_v 来表示。从理论上说固结完成时间为无限长,常常需要计算某一时间的固结度 U , 固结度 U 定义为

$$U = \frac{\text{给定时间 } t \text{ 时的固结沉降量}}{\text{最终固结沉降量}} \qquad (3.76)$$

给定固结度时相应时间可以用下式计算:

$$t = \frac{T_v d^2}{C_v} \qquad (3.77)$$

式中　　d——压缩土层最远的排水距离(双面排水时为土层厚度的一半);

　　　　T_v——基本时间因数,不同的固结度其相应值大小见表 1.3-19。

表 1.3-19　　　　　　　　　时间因数 T_v 参考值

U	T_v			排水条件以及应力分布		
	情况1	情况2	情况3	情 况 1	情 况 2	情 况 3
0.1	0.008	0.047	0.003			
0.2	0.031	0.100	0.009			
0.3	0.071	0.158	0.024			
0.4	0.126	0.221	0.048			
0.5	0.197	0.294	0.092	双面排水、任意应力分布	底面排水、应力逐渐减小	顶面排水、应力逐渐增加
0.6	0.287	0.383	0.160			
0.7	0.403	0.500	0.271			
0.8	0.567	0.665	0.440			
0.9	0.848	0.940	0.720			

注　情况 1 可用于只有底面或者顶面排水时均匀应力分布情况。

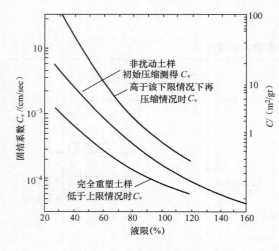

图 1.3-29　固结系数和液限关系曲线

土的沉降速率，也就是固结系数 C_v 的大小受两个因素影响：土中排出水量以及水流出速率。土中排除水量与压缩系数 m_v 有关，排水速率则与渗透系数 k 有关。C_v、m_v 与 k 三者之间关系如下：

$$C_v = \frac{k}{m_v \gamma_w} \tag{3.78}$$

式中　γ_w ——水的重度。

因为土体渗透性变化范围很大，所以固结系数也在很大范围内变动，渗透性低的时候最小可以达到 $1m^2$/年；而砂性黏土、有裂缝的黏土以及风化岩石可以大到 $1000m^2$/年。黏土的部分参考值可见表 1.3-20，以及其与液限的关系可见图 1.3-29。

表 1.3-20　　　　　　固 结 系 数 参 考 值

土的类型	C_v		土的类型	C_v	
	cm²/s×10⁻⁴	m²/年		cm²/s×10⁻⁴	m²/年
Boston 蓝黏土	40±20	12±6	Chicago 粉质黏土	8.5	2.7
有机质淤泥	2~10	0.6~3	Swedish 中等敏感黏土 1. 实验室 数据 2. 原位数据	0.4~0.7 0.7~3.0	0.1~0.2 0.2~1.0
冰川湖泊黏土	6.5~8.7	2.0~2.7			

3.3.3.3　次压缩

次固结沉降是在荷载作用下有效应力恒定的情况下（也就是在超孔隙水压力完全消散后的）体积变化，常认为是土颗粒介质在微观或分子量级或颗粒量级上的压缩而引起的，这对于淤泥与淤泥质有机质土具有特殊的重要意义。次固结系数定义的方式与压缩指数和修正压缩指数的定义方式类似；不同的是，次固结系数与时间有关而不是与压力有关。次固结系数 C_a 计算公式如下：

$$C_a = \frac{de}{d(\log t)} \tag{3.79}$$

式中　de ——时间段内孔隙比的变化量。

可以类比的修正次固结系数 $C_{a\varepsilon}$ 如下：

$$C_{a\varepsilon} = \frac{dh/h}{d(\log t)} = \frac{C_a}{1+e_p} \tag{3.80}$$

式中　e_p —— e—$\log p$ 或 h—$\log p$ 曲线前面的线性部分的孔隙比。

修正次固结系数有时可以看作是次固结速率。

次固结沉降量的计算可以通过修改式（3.80）而得到：用次固结沉降量 S_c 来代替试样压缩量 dh，用土层厚度 H 代替试样高度 h，时间则改为特定的时间段，从 t_1 到 t_2：

$$s_c = C_{a\varepsilon} H \log(t_2/t_1) = \frac{C_a}{1+e} H \log(t_2/t_1) \tag{3.81}$$

对于次固结沉降量的计算，可以假设当主固结沉降充分完成后次固结沉降才开始，因而，如果主固结沉降 12 年内完全完成，则上式中 t_1 的值为 12，t_2 则为该结构的假设适用年限。

根据许多学者研究得出一旦孔隙水排尽，那么主固结沉降则随之结束，此后发生的次固结沉降受系数 C_a 控制，而 C_a 的值可基于当前含水率确定。对于一些土，根据 Anon 编写的手册有：

$$C_a = 0.000\ 2w \tag{3.82}$$

根据国内有关资料介绍，对于一些黏土，采用 $C_a = 0.018w$，这也表明了土体的变异性极大。

对于重塑黏土，C_a 对应的含水率为 20%～50%，在再压缩期间，其含水率实际上大于 50%。Mesri 通过大量的黏土试验，比较压缩系数 C_c 和 C_a，得出结论是，每种黏土的 C_a / C_c 都是不同的。他认为，对于黏土，此比值为 0.025～0.10，其平均值约为 0.05。然而对于高压缩性的 Dutch 黏土，其比值通常为 0.01。

C_a、C_{ae} 的大小可以通过如图 1.3-30 所示的 e—$\log p$ 或 h—$\log p$ 曲线得出，C_a 常和 C_c 一起考虑，无机土 C_a / C_c 的参考范围为 0.006～0.025，有机土参考范围为 0.035～0.085。部分参考值可见表 1.3-21，Mesri 得出了 C_{ae} 和天然含水率之间的关系，如图 1.3-31 所示。

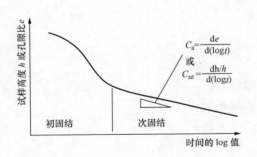

图 1.3-30 再压缩曲线示意图

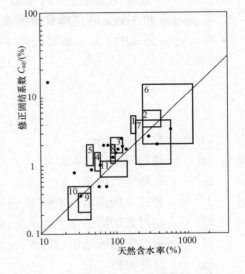

图 1.3-31 修正次固结系数与天然
含水率的相互关系

表 1.3-21	C_a / C_c 参 考 值			
土 的 类 别	C_a / C_c	土 的 类 别	C_a / C_c	
有机质淤泥	0.035～0.06	软蓝黏土	0.026	
无定形泥炭和纤维泥煤	0.035～0.085	有机黏土以及淤泥	0.04～0.06	
Canadian 厚苔沼	0.09～0.10	敏感黏土	0.025～0.055	
Leda 黏土	0.03～0.06			

3.3.3.4 通过相关性确定变形参数

1. 变形参数的相互关系

一般而言，对于实际问题，土体压缩和膨胀分别是加载与卸载的结果。这些过程在参考文献里有着不同的描述。利用各种公式来定义压缩过程,同时也定义了变形参数本身。一般地,压缩或膨胀过程被反映为各自体积的减少或增加和相互固结应力的对比。

可以通过测量以下数据来记录体积变化。

孔隙比:观察土的体积变化来测量其压缩或膨胀;

压缩量:观察土层厚度的变化,记录其垂直应变。

在填充或开挖期间,如果假定不发生侧向变形,当荷载作用在无限大区域,那么,孔隙比变化与沉降量变化成正比例:

$$\frac{\Delta h}{h} = \frac{\Delta e}{1 + e_0} = \frac{|\gamma_{dr} - \gamma_{dr0}|}{\gamma_{dr}} \tag{3.83}$$

式中 Δh ——压缩量或膨胀量,m;

h ——初始厚度,m;

Δe ——孔隙比的变化量,e 表示初始孔隙比;

γ_{dr0} ——初始干重度,kN/m³;

γ_{dr} ——压缩和/或膨胀后的干重度,kN/m³。

2. Koppejan 和 Terzaghi 压缩常数的确定

在 Koppejan 公式中,常用超过先期固结压力的压缩常数 C' 来确定最终沉降:

$$\frac{\Delta h_t}{h} = \frac{1}{C'} \ln \frac{\sigma'_i + \Delta \sigma'}{\sigma'_i} = \frac{2.3}{C'} \log \frac{\sigma'_i + \Delta \sigma'}{\sigma'_i} \tag{3.84}$$

和

$$\frac{1}{C'} = \frac{1}{C'_p} + \frac{1}{C'_s} \log \frac{\Delta t}{\Delta t_d} \tag{3.85}$$

式中 Δh_t ——总沉降,m;

σ'_i ——初始有效应力,kPa;

$\Delta \sigma'$ ——有效应力增量,kPa;

C' ——超过先期固结压力的 Koppejan 压缩常数;

C'_p ——超过先期固结压力的 Koppejan 主固结系数;

C'_s ——超过先期固结压力的 Koppejan 次固结系数;

Δt ——计算时间,d;

Δt_d ——某天时间。

对于透水性较差、可压缩的厚土层,动水压力作用的时间通常持续许多年。实际上,沉降通常需要 15~30 年才能完成。从瞬时沉降或次固结沉降到主固结沉降对沉降的贡献的相互关系取决于土的类型。考虑到 C'_p 和 C'_s 的重要性,对砂性黏土,瞬时沉降约为次固结沉降的 3 倍或以上。

Anglo-American 方法证实了最终沉降,如下所示:

$$\frac{\Delta h_t}{h} = \frac{C_c}{1 + e_0} \log \frac{\sigma'_i + \Delta \sigma'}{\sigma'_i} + C_a \log \frac{\Delta t}{\Delta t_d} \tag{3.86}$$

对于 Δt 的起始点,在国际上一直存在争论。有时,Δt 被认为是从加载那刻开始。然而,其他学者认为次固结压缩只有当水动压力结束时才发生。同样,C_c 和 C_a 的值与各种土的类型有关。在大多数情况下,式(3.86)的第二项可忽略,因此根据 Terzaghi 的理论,最终沉降可按下式计算:

$$\frac{\Delta h}{h} = \frac{C_c}{1+e_0} \log \frac{\sigma'_i + \Delta \sigma'}{\sigma'_i}$$

在类似的情况下，Koppejan 最终沉降可写成下式：

$$\frac{\Delta h_i}{h} = \frac{2.3}{C'} \log \frac{\sigma'_i + \Delta \sigma'}{\sigma'_i} = 2.3 \left(\frac{1}{C_p} + \frac{4}{C_s} \right) \log \frac{\sigma'_i + \Delta \sigma'}{\sigma'_i} \tag{3.87}$$

在荷兰，经过对黏性土进行大量的压缩试验后，发现压缩常数 C' 和饱和土重度 γ_{sat} 存在以下关系：

$$C' = \frac{62.5}{20 - \gamma_{sat}} \tag{3.88}$$

3. 压缩模量的确定

目前，已发表了许多关于通过固结压缩试验和静力触探试验确定压缩模量的关系，一般地，这些相互关系有以下形式：

$$\frac{1}{m_v} = E_{oed} = \alpha q_c \tag{3.89}$$

式中　E_{oed}——固结模量，kPa；

α——系数，见表 1.3-22 和表 1.3-23；

q_c——锥尖阻力。

表 1.3-22　　　　　　　　　　不同类型土的 α 参考值

土 的 类 型	α	土 的 类 型	α
泥炭（腐殖土）	0.75	含黏土砂	3～6
砂	1～2	软黏土	3～8
粉砂	1～2.5		

表 1.3-23　　　　　　　　不同锥尖阻力和土类型的　系数参考值

锥尖阻力 q_c/MPa	含水率（%）	土类型	α系数参考值	锥尖阻力 q_c/MPa	含水率（%）	土类型	α系数参考值
<0.7		低塑性黏土	3～8	<0.7	50～100	泥炭和有机质黏土	1.5～4
0.7～2			2～5		100～200		1～1.5
>2			1～2.5		>200		0.4～1
1.2～2		低塑性粉质黏土	3～6	2～3		砾石	2～4
>2			1～3	>3			1.5～3
<2		黏土和高塑性粉质黏土	2～6	<5		砂	2
<1.2		有机质粉黏土	2～8	>10			1.5

对于正常固结土，α 为 1.0～1.5；低值主要适用于无黏性土和相对坚硬的土，高值则适用于较软和压缩性高的土。前美国海难援救协会为了指导实践，研究了适用于砂的关系式（3.90）以及适用于黏土的相关关系式（3.91）：

$$E_{oed} = 3q_c \tag{3.90}$$

$$E_{oed} = 7q_c \tag{3.91}$$

Meigh 和 Corbrtt 给出了适用于黏土的关系式：

$$E_{oed} = (5 \sim 8)q_c \tag{3.92}$$

3.3.3.5　砂石的沉降计算

1. 触探与标准贯入试验

如前所述，获得和测试粒状土非扰动试样的不可能性也就意味着固结试验是不可能的。因此，就常常用原位试验结果来估计沉降量，尽管近些年静力或动力触探得到了广泛的应用，但其中最为常用的还是标准贯入试验。

根据标准贯入试验结果，用来估计砂土沉降量最为常用的关系是由 Terzaghi 和 Peck（1967年）提出的，如图 1.3-32 所示。Terzaghi 和 Peck 指出这种关系分布分散，只能视为一种大略的指导。考虑到所获得标准贯入试验结果的实用性问题，特别对于位于地下水位以下砂土以及各种处理试验结果关系的争论，许多情况下结果是不确定的。沉降量的预估对于确定粒状土的地基容许承载力至关重要，通常是由沉降量而不是由是否发生承压破坏来确定高的极限承载力的。考虑到以上因素，长时间以来对于粒状土的沉降量计算都采用无法令人满意的方式是不可思议的。

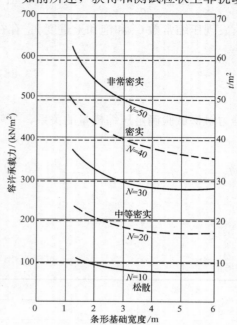

图 1.3-32　沉降量为 25mm 时根据
标准贯入试验结果的砂土
容许承载压力估测图

Meyerhof（1956年、1974年）提出了标准贯入试验结果与沉降量之间的关系并给出了类似图 1.3-32 所示的数据。尽管如此，Meyerhof 和 Terzaghi 与 Peck 给出的数据依然比较保守。根据原位观测以及许多人的想法，Vowles（1982年）认为 Meyerhof 公式需要做出修正，对于 25mm 的沉降量，其允许承载力（q_a）应增加约 50%，可有下式：

$$\left. \begin{array}{ll} q_a \, (\text{kN/ m}^2) = \dfrac{N}{0.05} K_d & \text{当基础宽度 } B \text{ 不大于 } 1.2\text{m 时} \\[3mm] q_a \, (\text{kN/ m}^2) = \dfrac{N}{0.08} \left(\dfrac{B+0.3}{B} \right)^2 K_d & \text{当基础宽度 } B \text{ 大于 } 1.2\text{m 时} \end{array} \right\} \tag{3.93}$$

式中　N——标准贯入次数；

K_d——等于 $1 + 0.33 D/B$，不大于 1.33；

D——基础地面埋深。

当 $D = 0$ 时，上述公式可以表示为图 1.3-33，对于基础地面埋深 $D = B$ 时，可以该图表中查得的数据乘以 K_d。Terzaghi 和 Peck 认为，对于饱和砂土，当基础类型为浅基础时，根据图 1.3-32 所得到的地基容许承载力要减少一半；当基础埋深 D 和基础宽度 B 相近时，则要减少 1/3。Bowles（1982年）虽然没有采用上述折减，但是他在适用上述公式及图 1.3-33 时，仍然十分谨慎。当沉降量不是 25mm 时，可以按比例得出容许承载力。

大家都知道筏形基础沉降要比条形基础沉降要小，Tomlinson（1980年）提出，根据图

1.3-32 所得到的允许沉降量对筏形基础要加倍。另外，Bowles 对 Meyerhof 公式进行了修改，并用于计算筏形基础：

$$q_k = \frac{N}{0.08} K_d \tag{3.94}$$

Menzenbach（1967 年）研究得出了关于变形模量 E_d 和标准贯入次数之间大致的相互关系，如图 1.3-34 所示。该图可以和弹性理论一起用来计算沉降量。例如，对于宽度为 B 的条形基础，当荷载大小为 q 时，其沉降量为

$$s = 2.25 \frac{(1-\nu^2)qB}{E_d} \tag{3.95}$$

其中，泊松比 ν 对于砂土常取 0.15。通过这种方法得到的当沉降量为 25mm 时的容许承载力，与图 1.3-33 得到的数值相符合。

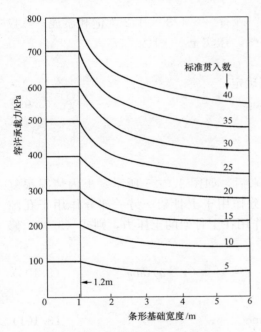

图 1.3-33　沉降量为 25mm 时
地表条形基础容许承载力

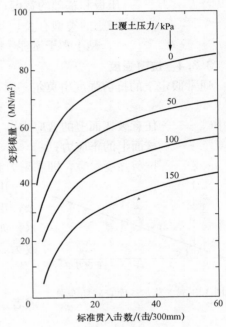

图 1.3-34　粒状土标准贯入击数与
变形模量 E_d 的相互关系

需要注意的是，尽管通过标准贯入试验结果并不能确定沉降速率，但是由于粒状土很高的渗透性，使得荷载作用后土体的响应时间很短，因此沉降时间很短，可以不予以考虑。

2. 压板试验

压板试验为我们提供了另外一种直接测量沉降量的方法，但是由于以下两个缺点，限制了其结果使用范围：

（1）压板所产生的应力的影响深度相对于实际基础产生应力的影响深度来说比较小。

（2）要计算沉降量，需要考虑压板产生的沉降量和实际基础产生的沉降量两者的尺寸效应。

最常用的压板和基础产生的沉降的尺寸效应影响公式是由 Terzaghi 和 Peck（1967 年）提出的，如下所示：

$$S = S_1 \left(\frac{2B}{1+B} \right)^2 \qquad (3.96)$$

式中　S——边长为 B（ft）的方形基础作用产生的沉降；

　　　S_1——边长为 1ft 的方形压板产生的沉降量。

　　如果用米来表示基础尺寸，则上式变为

$$S = S_1 \left(\frac{2B}{0.3+B} \right)^2 \qquad (3.97)$$

　　Menard 和 Rousseau（1962 年）提出了另外一个应用更为普遍的关系式：

$$\frac{S_1}{S_2} = \left(\frac{B_1}{B_2} \right)^\alpha \qquad (3.98)$$

式中　S_1、S_2——压板和基础所产生的沉降；

　　　B_1、B_2——压板和基础的宽度；

　　　　　α——与土的类型有关，其参考值有：砂石——$1/3 \sim 1/2$，饱和淤泥——$1/2$，黏土和干淤泥——$1/2 \sim 2/3$，压实土——1。

3.3.4　抗剪强度

通常假定土的抗剪强度由莫尔—库仑破坏准则确定：

$$\tau = c + \sigma \tan\varphi \qquad (3.99)$$

式中　τ——任意破坏面上的剪应力；

　　　σ——该面上的正应力；

　c、φ——抗剪强度参数，即黏聚力和内摩擦角。

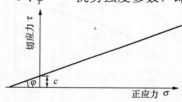

图 1.3-35　莫尔—库仑破坏准则

用图表示出来后，如图 1.3-35 所示。土内情况很复杂，正应力一部分作用于土骨架；另一部分作用于孔隙水。如果只考虑作用在土骨架的土压力，则式（3.99）修改为

$$\tau = c' + (\sigma - u) \tan\varphi' \qquad (3.100)$$

或者

$$\tau = c' + \sigma' \tan\varphi' \qquad (3.101)$$

式中　　　u——孔隙水压力；

　σ'、c'、φ'——与有效应力有关的抗剪强度参数。

　　因此，在考虑土的抗剪强度时，有两个选择：式（3.99）可以计算土和水的综合响应，即总应力；式（3.100）通过分离孔隙水压力而考虑土骨架部分的特定响应，即考虑有效应力。

　　有效应力方法较为真实地表达了荷载作用下土骨架的力学响应。最简单的例子是排水条件下对饱和土加载；如果加载速率足够慢，孔隙水压力就不会增加，则总应力等于有效应力。排水条件下，根据有效应力可以发现土的抗剪强度主要是一种摩擦现象，如图 1.3-36 所示的 $c' = 0$。但这种现象不会出现在有内部预压力的超固结黏土以及土颗粒被表面张力拉在一起，从而有了黏结强度的部分饱和

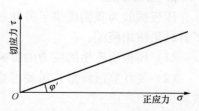

图 1.3-36　用有效应力表示的
正常固结饱和黏土莫尔线

黏土中。

土加载时，压应力增加，迫使土颗粒相互挤密，从而使得孔隙体积减小；但是，在饱和黏土中，这是不可能发生的，除非部分孔隙水能从孔隙中排出。因此，对不排水条件下的饱和黏土来说，压应力的增加并不是由土骨架来承担的，而是导致孔隙水压力等量增加的因素。因为土的抗剪强度取决于土骨架上的有效应力，并由粒间连接来传递，而在不排水条件下，这些是不随侧压力变化而变化的，所以这时其抗剪强度与压应力无关。由于以上原因，饱和黏土试样在不固结不排水三轴试验中所得莫尔圆的直径为常数，其黏聚力大小如图1.3-37 所示，甚至在有效应力情况下土体基本上都与摩擦有关。因而，在某种意义上黏聚力现象只是孔隙水压力对于外加荷载响应的一种假象。为了强调这点，常用"表面黏聚力"来描述。在不排水试验条件下，部分饱和土会表现出介于饱和程度有关的排水条件下与饱和不排水条件下之间状态的行为。

3.3.4.1 总应力和有效应力分析的选择

当土体所受荷载加载很快，孔隙水来不及对此发生移动响应的时候，会造成压应力由土骨架以及孔隙水分担的情况，这是土体自身的特性。事实上，可以根据上节所述的Skempton（1954 年）孔压参数来确定这种瞬时响应。也就是说，加载情况下包括所产生孔压在内的土体总响应可以通过实验室 试验来模拟和测量，而不用分开考虑土骨架以及

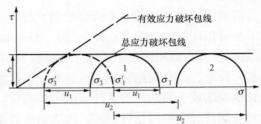

图 1.3-37 有效应力和总应力情况
下饱和黏土莫尔线

孔隙水各自的响应。只有当需要考虑总应力和需要测量相应的总应力强度参数的时候，才进行测试。严格来说，这并不完全正确，因为土的强度往往用三轴试验来测得，但是三轴试验中会产生轴对称应力条件，然而许多土的问题为近乎平面应变情况，因为土的响应差别不大，所以常常在工程问题中忽略了这些误差。

对于最终建立的孔隙水压力平衡条件，并不是如瞬时响应那样反映土体性质，而与环境条件有关。因此，长时间的孔隙水压力在实验室 无法模拟而必须分开考虑。因此，当长期稳定性很重要的时候，必须进行有效应力分析。试验中，可以通过允许试样排水以保持压力不会增大或者测量土内孔隙水压力来测量土骨架的响应。无论哪种方法，试验必须进行地足够慢，以使试样内的超孔隙水压力能够完全消散。

基础会对下卧土同时施加剪应力与压应力，剪应力必须由土骨架完全承担，而压应力开始可以由孔隙水压力的增加来承担绝大部分。这就使得有效应力变化很小，也就意味着基础荷载的施加并没有伴随着抗剪强度的增加。当超孔隙水压力消散、土体发生固结以及有效应力增加时，才会导致抗剪强度的增加。因而对于基础来说，其短期情况也就是土体的瞬时响应才是最紧要的，这就是为什么在进行基础设计中常使用不排水抗剪强度试验以及进行总应力分析的原因。

对于基坑开挖来说，压应力由于土体挖出而减小，但是却由于失去侧向支撑而使基坑侧面承受剪应力。开始时，压应力的减小也表明土体中的孔隙水压力也在减小，而有效应力却变化很小。这就是说，对于基础来说，荷载的施加对于土体抗剪强度的影响很小。最后，水渗入土中形成开挖面，恢复孔隙水压力，有效应力减小，从而引起抗剪强度的减小。因而，

81

对于基坑开挖来说，长期响应才是重要的。由于长期孔压与排水条件有关并且不能够用土试验来模拟，因此必须用有效应力分析，这样才能考虑从土骨架中应力区分出来的孔隙水压力。

在堤坝结构中，增加的材料层对堤坝的位置靠下部分施加压力，就像基础一样，这会造成孔隙水压力的增加以及因为同样的理由，短期情况才是重要考虑对象。这就意味着，要采用总应力分析和不排水快剪试验，并且直到19世纪60年代，在堤坝设计中常用这种方法。然而，压缩过程本身能产生附加应力，并且除此之外，材料也不一定是饱和的，以至于相当比例的附加压力可能被土骨架所承受。这些复杂因素致使通过试验试样来模拟土体的总响应成为不可能，为了克服这一点，现在就要使用有效应力分析。这种方法在堤坝的长期稳定性设计和监控结构的孔隙水压力方面通常是更加经济的。它能在安全限度内，尽可能地降低建筑物的造价。

提高堤坝稳定性的一个典型的例子是快速降低堤坝后的水位。事实上，堤防中的土在自重下是可以固结的（隐含长期条件），但是如果周围的水快速抽干，则会加快固结（隐含短期条件）。这可以用固结不排水三轴试验模拟，在该试验中，试样可以在压力室压力作用下固结和排水。一旦固结完成，试样要在不排水的条件下快速剪切。通过这种方法，可以模拟在长期固结或者短期剪切条件下的土体响应，并允许使用总应力分析。在这种情况下，试验中对长期情况的模拟是可以的，因为储水器里面的水可以保证堤坝临水面的土体是饱和的。尽管如此，用有效应力分析水位的快速下降情况可以更好并且更彻底，所采用的有效应力强度参数必须是通过对堤坝边坡的长期稳定性分析得到的。使用不测定孔压固结不排水试验，显得其历史意义要比实际应用多一些。

对于自然边坡，尽管会发生季节性变化，我们常常考虑长期的平衡条件，用有效应力分析比较适合。

3.3.4.2　黏土的不排水抗剪强度

抗剪强度可以由式（3.100）莫尔-库仑破坏准则来得出。然而，对于大多数饱和黏土来说，在不排水快剪条件下测得的内摩擦角为零，即对于黏土来讲，抗剪强度是一个定值并且等于表面黏聚力。压实黏土的抗剪强度参考值可见表1.3-24，其中所用到压实土的最大干密度通过标准击实试验获得。

表1.3-24　　　　　　　　　　　压实黏土抗剪强度参考值

土体描述	等级	不排水抗剪强度		土体描述	等级	不排水抗剪强度	
		压实土	饱和土			压实土	饱和土
粉砂、砂-淤泥混合物	SM	50	20	低塑性黏土	CL	86	13
含黏土砂、砂-黏土混合物	SC	74	11	黏质粉土、弹性淤泥	MH	72	20
淤泥、黏质粉土	ML	67	9	高塑性黏土	CH	103	11

1. 重塑土抗剪强度

液限和塑限是不排水抗剪强度为特定大小时的含水量。因此，重塑土抗剪强度取决于土的天然含水量、液限值以及塑限值，我们可以用液性指数 L_w 这个概念来表示：

$$L_w = \frac{w_n - P_L}{L_L - P_L} = \frac{w_n - P_L}{PI} \tag{3.102}$$

式中 L_L——液限值;

$\qquad$ P_L——塑限值;

$\qquad$ PI——塑性指数;

$\qquad$ w_n——天然含水量。

图 1.3-38 为不排水重塑土抗剪强度—液性指数曲线（Skempton 和 Northey，1952 年）。

2. 非扰动土抗剪强度

非扰动土的抗剪强度取决于土的固结历史及其结构特性。

大家都知道，原状土抗剪强度与重塑土抗剪强度之比为灵敏度，对于含水量较高的软土、欠固结土，灵敏度作用显得尤为显著。很多研究者发现，土的灵敏度与液性指数有关。对此，Holtz 和 Kovacs（1981 年）给出了结果并进行了讨论。那些数据大多数针对加拿大和纳伯亚等地灵敏度较高的黏土，而对于那些天然含水量低于液限、灵敏度较低的黏土，Skempton 和 Northey（1952 年）进行了研究，其结果如图 1.3-39 所示。

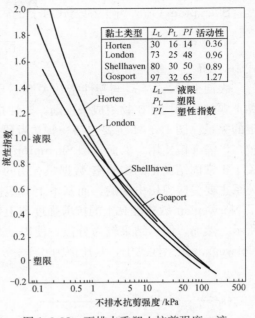

图 1.3-38　不排水重塑土抗剪强度—液性指数曲线

由于重塑土抗剪强度和灵敏度都与液性指数有关，进而我们可以推出非扰动土抗剪强度和液性指数之间所存在的相关性。其相互关系可以根据图 1.3-38 和图 1.3-39 得出，还可如图 1.3-40 所示，该图可以为我们提供一个在估计非扰动土抗剪强度时的有用工具。

对于大多数正常固结黏土而言，不排水抗剪强度与有效超载压力成比例。在以有效应力来表达时，抗剪强度反映了与压应力有关的摩擦现象，并与侧压力有关。若知道抗剪强度和有效上覆压力间的比例常数，就可以由有效上覆压力得到抗剪强度，有许多学者都研究过这个问题，希望能够得到抗剪强度与上覆压力的比和一些土的分类参数、塑性指数参考值之间的关系式。这样的关系式有很大的实用价值，可以通过简单的分类试验估算土的不排水抗剪强度。

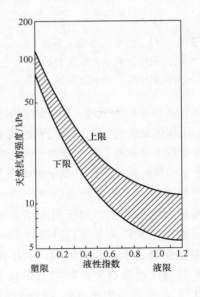

图 1.3-40　非扰动黏土天然抗剪强度同液性指数的相互关系

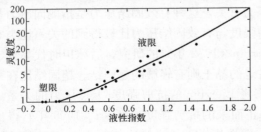

图 1.3-39　灵敏度同液限的相互关系

Skempton（1957 年）的公式对于正常固结黏土比较有效：

$$\sigma'_{\text{v}} = \frac{s_{\text{u}}}{0.11 + 0.0037 PI} \tag{3.103}$$

式中 PI ——塑性指数。

表面上看，$s_{\text{u}}/\sigma'_{\text{v}}$ 与塑性指数关系不是非常明显。但是，φ 值可以期望由外形、尺寸、黏土颗粒的结构和矿物组成来推断，塑性指数也是如此。因此，两种性质以某种方式存在一定的关系。图 1.3-41 主要包括一些学者研究的其他结果。可以看出，他们的研究结果变化较多，需谨慎使用。然而，像 Skempton（1957 年）研究出来的类似成果对初步预估和检查关于正常固结黏土的实验室 数据是有用的。对于超固结黏土，Kenney（1959 年）指出这个关系主要受应力历史影响，而基本上与塑性指数无关。Bjerrum 和 Simons（1960 年）给出了 Norwegian 敏感性黏土的抗剪强度与上覆压力的比和液性指数之间的关系，如图 1.3-42 所示。然而，图示结果较为分散，使得结果解释起来有些问题。唯一可以确定的是，对于 Norwegian 敏感性黏土，其比值为 0.1~0.15。

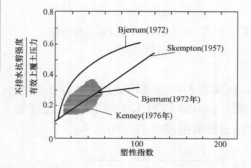

图 1.3-41　正常固结黏土不排
水抗剪强度与有效上覆压力的
比和塑性指数的相互关系

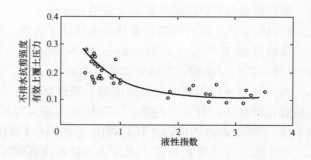

图 1.3-42　Norwegian 敏感性黏土的抗剪强度与
上覆压力的比和液性指数相互关系

对于不排水抗剪强度，除了地质历史的影响外，试验过程的应力历史也会影响结果。这样，由非侧限压缩试验或三轴试验得到的抗剪强度和由十字板剪切试验（Wroth，1984 年）得到的抗剪强度自然不会相同。许多学者已经考察了抗剪强度的相关数值，而且看来"真"不排水抗剪强度与十字板抗剪强度之比（基于对堤坝失效的反分析）与塑性指数有关，如图 1.3-43 所示。

严格来说，不排水抗剪强度与有效固结压力有关，这种有效固结压力是指侧向压力与有效上覆压力的平均值。对于超固结黏土，抗剪强度与有效固结压力比较得到的关系比与有效上覆压力比较所得关系更具准确性。根据 Bjerrum（1972 年）的研究，后冰川时代黏土、新近沉积物都是属于正常固结的，而年代更为古老的黏土则有轻微的超固结。超固结比在某种程度上与塑性指数有关，如图 1.3-44 所示。参考 Bjerrum 的抗剪强度/上覆压力的关系（图 1.3-41），并采用由图 1.3-43 得到的因子 μ 修正而来的抗剪强度，Mesri（1975 年）得出如下结论：原位抗剪强度与有效固结压力之比与塑性指标无关，该比值等于 0.22。此结论是根据一些离散数据得到的，因为数据离散性很大，需小心引用，但是一旦被确证，就有很大的实用价值。

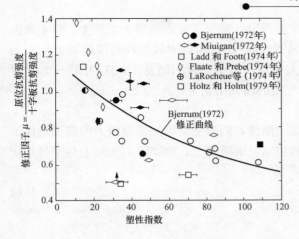

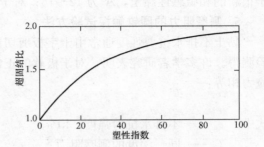

图 1.3-43　通过对堤坝破坏反分析得出的十字板剪切
试验修正因子与塑性指数相互关系

图 1.3-44　后冰川时代黏土超固结比
比塑性指数相互关系

本节及有关资料介绍了很多有关 S_u/σ_v' 和超固结比（Laddetal，1977 年；Wroth，1984年）的讨论；实际上，测量超固结黏土的不排水抗剪强度比从其他参数估测不排水抗剪强度更加简单、直接。

3. 根据标准贯入试验估测方法

利用标准贯入试验所得结果来修正黏土无侧限压缩强度和不排水抗剪强度的尝试，已经取得了不同程度上的成功，图 1.3-45 介绍了一些关系曲线。

4. 基于常规触探试验方法

对于低强度材料（如软黏土），虽然触探锥阻力读数通常相对不很准确，然而在实践中，压缩参数与触探阻力的关系被广泛应用。通常锥阻力可以借助顶角为 60°的 36mm 直径圆锥测得。以塑性理论为基础，使用不同的近似描述，许多研究者已推导出相同的相关性公式：

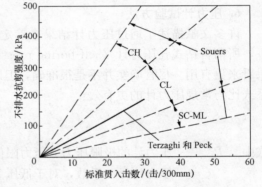

图 1.3-45　黏土不排水抗剪强度与
标准贯入击数相互关系

$$c_u = \frac{q_c}{A} - \frac{\sigma_i'}{B} \text{ 或 } c_u = \frac{q_c - \sigma_i'}{C} \tag{3.104}$$

式中　　c_u——一定深度下不排水抗剪强度，主要由十字板剪切试验确定，kPa；

　　　　q_c——相应深度下的比贯入阻力，MPa；

　　　　σ_i'——相应深度处的初始有效应力；

A、B、C——系数，取决于黏土的类型、超固结比 OCR 和触探设备。

由于上部土层中有效应力相对触探阻力很小而通常可忽略，故公式可简化为：

$$c_u = \frac{q_c}{A'} \tag{3.105}$$

式中　A'——系数，同 A、B、C 一样，取决于各种环境因素。

对于标准的电测式圆锥触探，很多学者试验得出：对于正常固结黏土、砂土、黄土和泥炭，A' 为 12～15；对于很新和敏感性黏土，A' 为 10～13；而对于较硬和超固结黏土，A' 为 15～25。当使用机械式圆锥触探，A' 会稍微大一点：对于正常固结黏土，A' 为 15～20；对于很新的和敏感性黏土，A' 为 12～16；对于坚硬的超固结黏土，A' 为 20～30。

5. 侧摩阻力的圆锥触探试验方法

黏土不排水抗剪强度通常由十字板剪切试验测得，同样能由可测侧摩阻力的圆锥触探试验测得。许多学者研究表明，对于极软的正常固结灵敏重塑土，侧摩阻力实际上与不排水切应力相等：

$$c_u = f_s \tag{3.106}$$

式中　c_u——不排水抗剪强度，kPa；

　　　f_s——同一深度的侧摩阻力。

根据 API 研究所得，此公式适用于不排水抗剪强度小于 24kPa 的黏土。对于强度大于 72kPa 的坚硬无裂缝超固结黏土，则内聚力或侧摩阻力降到不到不排水抗剪强度的 1/2；对于不排水抗剪强度在 24～72kPa 的黏土，则线性内插。

$$c_u = 2f_s \tag{3.107}$$

这种关系趋势得到了其他学者的证实，一些手工操作测侧摩阻力的圆锥触探试验的分类方法，不仅能辨别土的类型，还能测到其不排水抗剪强度。

6. 压力计试验方法

许多文献描述了通过压力计结果来确定不排水抗剪强度的许多半经验方法。一般情况下，所谓自钻式孔压力计（self-boring pressure meters）所测得的结果比传统压力计所得结果看来更有用。尽管确实并不是很准确，但以下不排水抗剪强度与压力计的压力限值 P_l^* 关系式比与常规压力计的更有效：

$$c_u = \frac{P_l^*}{\beta_\rho} \tag{3.108}$$

式中　P_l^*——压力计的极限压力（压力限值），其小于水平土压力，kPa；

　　　β_ρ——压力计经验系数，对于低压力限，大多数研究者取 β_ρ 为 5.5。

尽管文献里提及了各种使用压力计来确定有效内摩擦角的方法，但这些经验性的和伪理论关系式是相当不可靠的，尤其对于黏土来说，因此在此不加以讨论。

7. 利用硬度分类的方法

在许多分类方法中，土的硬度是在现场手工或使用专门工具根据定量的标准如抵抗变形的能力进行分类。硬度或刚度可分为从极软（$c_u < 12.5$kPa）、软（$c_u = 12.5～25$kPa）、较硬（$c_u = 25～50$kPa）、硬（$c_u = 50～75$kPa）、坚硬（$c_u = 75～100$kPa）到极硬（$c_u > 100$kPa）。

由上述可见，在每种硬度级别的分类方法中都提供了土的相应不排水抗剪强度。在德国的 DIN 方法中，硬度与稠度指数 I_c 有关。

用图表综合这些数据和由 Wroth 和 Wood 研究的综合含水量接近液限时的强度为 0.5～2kPa，而当含水量接近塑限时，强度是液限时的 100 倍，这一强度与含水量呈半对数关系。

3.3.4.3　黏土的有效排水抗剪强度

前面已经讨论了根据有效应力来计算稳定性常常是比较重要的，对于滑坡稳定计算尤其如此。这些计算中所用到土的强度参数可由排水剪切三轴试验（给出 c_d 和 ϕ_d）或者从带有孔压测量的固结不排水三轴试验（给出 φ'_{cu} 和 c'_{cu}）中得到。理论上对于饱和黏土，这两种试验得到的参数差别应该很小，尽管实际上有小量的差别。

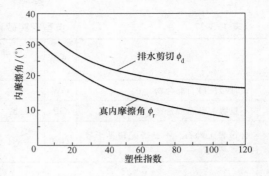

图 1.3-46　内摩擦角与塑性指数相互关系

Gibsom（1953 年）建立了重塑黏土排水抗剪强度和塑性指标之间的关系，如图 1.3-46 所示。图中也给出了残余抗剪强度或者真内摩擦角与塑性指数之间的关系。当黏土矿物含量增加时，所示关系中的反应土体中黏土矿物含量的塑性指数增加而抗剪强度降低，因而所示关系也发生变化。如前所述，在有效应力作用的情况下，土体抗剪强度主要与摩擦有关，即 c' ＝0，这对于饱和重塑黏土也同样适用，但部分饱和的黏土仍有小量黏聚力。

表 1.3-25 给出了密实黏土内摩擦角的参考值 φ'。该值适用于通过标准击实试验（AASHTO T99，5.5 磅重锤；或 BS1377：1975 Test12，2.5kg 重锤）的最大干密度密实土。

表 1.3-25　　　　　　　　　　　　典型密实黏土的内摩擦角

土 类 型	级别	$\varphi'/(°)$	土 类 型	级别	$\varphi'/(°)$
含粉质黏土砂、粉质黏土与砂混合物	SM	34	低塑性黏土	CL	28
含黏土砂、砂与黏土混合物	SC	31	黏性粉质黏土、弹性粉质黏土	MH	25
粉质黏土	ML	32	高塑性黏土	CH	19

3.3.4.4　粒状土的剪切强度

与黏土不同的是粒状土有很高的渗透性，因此受剪切力时孔隙水压力几乎不会增大。因此，受剪切力时总应力与有效应力复杂性可以避免，且不产生表观黏聚力或不排水抗剪强度的现象。所以，粒状土抗剪强度是根据颗粒间的摩擦力定义的，由内摩擦角测出。

砂石的内摩擦角参考值见表 1.3-26。

密实土的参考值见表 1.3-27。该值适用于在最优含水量下最大干密度的密实土，由标准密实试验 AASHTO T99，5.5 磅重锤或 BS1377：1975 Test12，2.5kg 重锤测出。

美国海军（1982 年）得出了关于干密度或相对密实度与内摩擦角之间的关系，如图 1.3-47 所示。材料的类型可以从统一的材料分类图表中查到。Peck 等人（1974 年）修正了常规的渗透试验数值，如图 1.3-48 所示。修正的标准贯入次数和相对密度也在此图中给出，这可与其他试验值相比较。

表 1.3-26　　　　　　　　　　　　典型非黏性土的内摩擦角

材 料	$\varphi'/(°)$		材 料	$\varphi'/(°)$	
	松 散	密 实		松 散	密 实
标准砂、圆颗粒	27	34	粉砂	27～33	30～34
良性级配砂，角颗粒	33	45	无机质粉黏土	27～30	30～35
砂砾	35	50			

表 1.3-27 典型密实砂和颗粒的内摩擦角

类　型	级别	抗剪角 φ'/(°)	类　型	级别	抗剪角 φ'/(°)
良性级配砂石混合物	GW	>38	含黏土砾石、不良级配含黏土砂石混合物	GC	>31
不良级配砂石混合物	GP	>37			
含粉黏土砾石、不良级配粉黏土砂石混合物	GM	>34	良性级配净砂、砾砂	SW	38
			不良级配净砂、砾砂	SP	37

通过对图 1.3-47 以及图 1.3-48 的考察可以知道，两种关系具有合理的一致性。但是，由其他关于砂土内摩擦角和相对密实度的关系图可以知道，在每一种土类型中，仍存在着可观的差别。

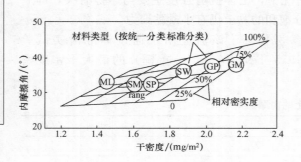

图 1.3-47 非黏性土内摩擦角和
干密度参考值

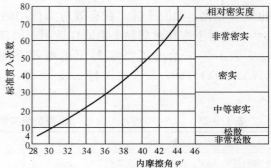

图 1.3-48 粒状土内摩擦角与
标准贯入次数相互关系

3.3.4.5 土体的侧向压力

在设计挡土墙、地下室护壁、桩基础和隧道等时，常常要考虑土体侧向压力作用，特别要确定侧向压力最大和最小值及其作用位置。这就涉及主动土压力系数和被动土压力系数。我们可以利用简化的库仑（1973年）楔体理论或者考虑莫尔（Rankine，1857年）应力圆来近似地求解主动与被动土压力。朗肯理论现在仍适用于黏性土（$c-\varphi$），但是朗肯和库仑理论都过于扩大了被动情况下粒状土的侧向土压力，并且对于碎石土来说，常常用土压力系数来分析假设的破坏曲面（Caquot 和 Kerisel，1966年；Terzaghi 和 Peck，1967年）。主动土压力和被动土压力所描述的都是土体达到破坏状态时的极限侧向压力，这就要求土体发生一定的位移，以达到这些数值。这对于发生足够位移而使土体达到被动状态的刚性支挡结构设计计算时，有重要实际作用。对于这种情况，在估计非扰动地基的水平向压力的大小时是很有用的。因为主动土压力和被动土压力与土体的地质历史有关，因此从理论上考虑极限平衡状态而得到土压力是不可能的，但可以使用与内摩擦角有关的土压力系数 K_0 的近似理论来计算正常固结土，公式如下：

$$K_0 = 1 - \sin\varphi \tag{3.109}$$

该公式适用于正常固结砂土和黏土，如图 1.3-49 和图 1.3-50 所示。此外，Massarsch（1979年）给出了 K_0 和塑性指数之间的关系，如图 1.3-51 所示。上述关系适用于正常固结黏土，对于超固结黏土，K_0 的大小主要与超固结比有关，可以根据图 1.3-52 来估算出，图

88

中表示了对于不同塑性指数的黏土 K_0 与超固结比之间的关系。

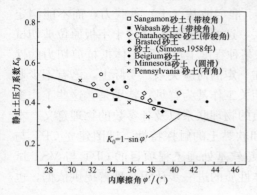

图 1.3-49　正常固结砂土静止土压力
系数与内摩擦角相互关系

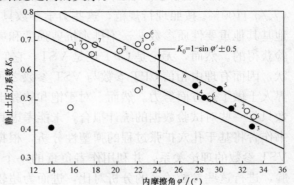

图 1.3-50　静止土压力系数与内摩擦角
相互关系（有效应力条件下）

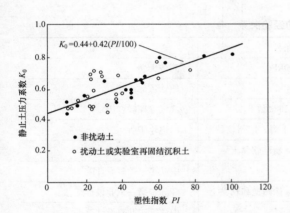

图 1.3-51　静止土压力系数与塑性指数
相互关系（室内试验所得）

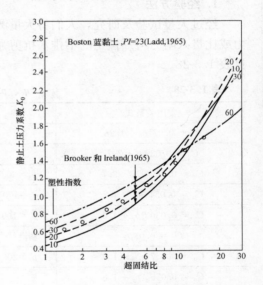

图 1.3-52　不同塑性参数的黏土静止
土压力系数与超固结比相互关系

3.3.5　软黏土体基本力学参数相互关系建立与应用

在实际工程中，软黏土体原位力学参数主要是通过静力触探（cone penetration test，CPT）、十字板剪切试验（in-situ vane shear test，VST）与平板载荷试验（plate loading test，PLT）测定。由于平板载荷试验所测地基深度有限，仅为承压平板下 $2.0 \sim 2.5$ 倍承压板直径大小，故在实际工程中软黏土体原位力学参数主要通过静力触探与十字板剪切试验等测定。

静力触探是将一个金属探头（传感器）用静力贯入土层，根据连续测定的探头的几种阻力（锥尖阻力、侧壁摩阻力或比贯入阻力），判定土的物理力学性质以及进行土层划分的一种原位测试方法。十字板剪切试验用于检测软黏性土及其预压处理地基的不排水抗剪强度和灵敏度。这两种测试方法在地基工程质检以及勘察中广泛使用。

CPT 可用以测定锥尖阻力 q_c、侧壁摩阻力 f_s 与探头比贯入阻力 p_s 以及摩阻比 $R_f = (f_s/q_c)100\%$。按照现行规范，这些力学参数只能用于推定地基（土）承载力，而不能测定地基其他重要性质参数——不排水抗剪强度和灵敏度，这两种参数是通过十字板原位剪切试验获得的。然而，无论是 CPT 还是 VST，它们均在某种程度上反映了土体抵抗剪切力的性状，因而有理由相信 CPT 参数与 VST 参数之间存在一定的对应关系。实际上，已有不少业界人士做了这方面努力。然而，对于饱和软黏土，相关工作甚为鲜见；特别是，这些工作多数只是一些对试验数据的统计拟合，未能考虑其本质的物理联系以及各参数的物理意义。本书作者将基于孔穴扩张过程的弹塑性分析，根据饱和软黏土的触探特性，试图建立 CPT 与 VST 参数的理论关系，并利用作者负责的一个大型超软基处理工程项目的 CPT 与 VST 试验，进行这些参数关系的分析对比，进而为超软土体性质的进一步认识与理解提供依据，也为节省相关试验费用及提高效率提供途径。

3.3.5.1　饱和软黏土参数基本公式建立

1. 经验方法

经过大量试验及研究，人们将大量测试数据经数理统计分析，确定静力触探探头锥尖阻力或比贯入阻力与黏性土的不排水抗剪强度呈某种线性函数关系。其典型的统计拟合关系式见表 1.3-28。

表 1.3-28　　　　　　　　　　　　　　　q_c、p_s 与 C_u 的经验关系

实用关系式	适用条件	来　源
$C_u = 0.071q_c + 1.28$	$q_c < 700\text{kPa}$	同济大学
$C_u = 0.039q_c + 2.7$	$q_c < 800\text{kPa}$	原铁道部
$C_u = 0.0696p_s - 2.7$	$p_s = 300 \sim 1200$ 饱和软黏土	武汉静探联合组
$C_u = 0.0543q_c + 4.8$	$q_c = 100 \sim 800\text{kPa}$ 上海、广州软黏土	四川建研所
$C_u = 0.0308p_s + 4.0$	$p_s = 100 \sim 1500\text{kPa}$ 新港软黏土	一航设计研究院
$C_u = 0.05p_s$	新港软黏土	中铁第三勘察设计院
$C_u = 0.0579p_s - 1.9$	$p_s = 200 \sim 1100\text{kPa}$ 徐州饱和软黏土	江苏省第一工业设计院
$C_u = 0.0564p_s + 1.8$	$p_s < 700\text{kPa}$	中铁第四勘察设计院
$C_u = 0.057p_s$	滇池泥炭、泥炭质土	湖南水电勘察设计院
$C_u = (q_c - \sigma_c)/N_c$ σ_c 为探头处土自重应力；N_c 为承载力经验系数，$N_c = 9 \sim 19$	—	林宗元
$q_c = C_u N_c + \sigma_{v0}$ N_c 为对黏土的无量纲锥头阻力系数，σ_{v0} 为上覆压力	—	P. K. Robertson & R. G. Campanella
$C_u = 0.063q_c - 1.91$ $C_u = 0.042p_s + 3.74$	$100\text{kPa} < q_c < 800\text{kPa}$ $50\text{kPa} < p_s < 600\text{kPa}$	李彰明课题组

表 1.3-28 的经验关系可总结为单一的线性关系通式：$q_c = A_1 C_u + B_1$，$p_s = A_2 C_u + B_2$；其中，统计拟合系数 A_1 与 A_2 为正值常数，拟合系数 B_1 与 B_2 则可正可负，除了 P. K. Robertson 视为与测点的深度有关外，其他关系式均认定为常数。不难看出，这些经

验关系尽管给出了一些场地或区域相关参数的关系，但除了具有相当的场地局限性之外，其系数表达的物理内涵大都缺乏。简而言之，绝大部分经验表达式系数一般仅为一个拟合系数，物理力学内涵不清楚，也无法通过已有力学参数确定，进而基本没有进一步的修正及发展的基础。因此，有必要从更一般的理论基础上发展及建立参数基本关系式。

2. 基于空间轴对称塑性理论的公式建立

根据饱和软黏土的特性与静力触探过程的特点，假设：

（1）静力触探过程可视为孔穴扩张过程的弹塑性问题。

（2）采用库仑强度准则，并假设触探不排水过程中饱和软黏土内摩擦角 $\varphi = 0$。

（3）孔穴扩张中进入塑性区的土体弹性体积变化相对小，可忽略。

上述三个假设下可得到圆柱孔穴扩张后孔穴壁面（即触探探头外侧面）$r = R_u = D/2$ 处的径向扩张压力：

$$p_u = \sigma_r^{R_u} = c(\ln I_r + 1) = c\left[\ln\frac{E}{2(1+\nu)c} + 1\right]$$

式中　　I_r——$I_r = \dfrac{E}{2(1+v)c}$；

　　　　c——黏聚力；

　　　　E——弹性模量；

　　　　v——泊松比。

注意，上述解适合静力问题。当考虑动力作用效应时，可在平衡方程中计入惯性项，亦可按同样方法求出动态的扩张应力等；这可为动力触探参数理论关系式的建立提供基础。此外，当考虑土体内摩擦角效应时，在其他条件相同下，按照同样方法，也可求解出孔穴壁面处的径向扩张压力；但其中必须求出塑性区的体积变化，这就带来了一些不确定性并需迭代计算。在此，仅针对饱和软黏土（$\varphi \approx 0$），暂且不考虑其他土类。

现对触探探头取平衡条件，得

$$\pi\left(\frac{D}{2}\right)^2 q_c + \pi DL_c f_s = \pi\left(\frac{D}{2}\right)^2 \sigma_z，即\ q_c + \frac{4L_c}{D}f_s = \sigma_z$$

式中　　q_c 与 f_s——分别是静力触探的尖锥阻力与侧壁摩阻力；

　　　　L_c——触探探头有效摩擦长度；

　　　　D——探头直径。

于是，侧壁摩阻力 f_s 可从径向扩张压力（乘以摩擦因数）得到

$$f_s = \mu\sigma_r^{R_u} = \mu c\left[\ln\frac{E}{2(1+\nu)c} + 1\right] \tag{3.110}$$

式中　　μ——触探探头与周围土体间的摩擦因数。

触探问题在力学上是一个空间轴对称问题。触探探头侧面与底面（对应柱坐标 $r = R_u$ 与 $z = h$ 面）为主平面，按空间轴对称问题平衡方程，即有：$\dfrac{\mathrm{d}\sigma_z}{\mathrm{d}z} = -\gamma z$，解之并按边界条件定常数得

$$\sigma_z = -\gamma z^2/2 = -\gamma h^2/2$$

进而，由上述探头平衡条件即可得到锥尖阻力 q_c 的计算关系式：

$$q_c = \sigma_Z - \frac{4L_c}{D}f_s = -\frac{\gamma h^2}{2} - \frac{4L_c}{D}\mu c(\ln I_r + 1) \tag{3.111}$$

式中 γ——土体自然重度；

h——触探点探头所处深度。

式（3.111）中右侧符号为负，表明锥尖阻力 q_c 与 σ_z 作用方向相反。

无论是单桥探头还是双桥探头，其静力触探贯入方式相同，故比贯入阻力 p_s 为

$$p_s = q_c + m f_s \qquad (3.112)$$

式中 m——单桥探头与双桥探头侧面有效测触面积（friction sleeve surface area）的比值；对于同种锥底截面规格的单桥探头与双桥探头，m 即为单桥探头与双桥探头侧面有效测触长度比，对于锥底截面积 10（cm^2）标准探头，$m = 57/179 \approx 0.318$。

对于十字板剪切参数，不妨先回顾其基本原理及计算。十字板剪力试验是在钻孔拟测试深度土中插入规定形式和尺寸的十字板头，施加扭转力矩，将土体剪切，测定土体抵抗剪切的最大力矩，通过换算得出土体不排水抗剪强度值（假定 $\varphi = 0$）。旋转十字板头时，在土体内形成一个圆柱形剪切面，假设该圆柱侧表面及上、下面上各点抗剪强度相等，则在极限状态下，土体产生的最大抗剪力矩 M 由圆柱侧表面的抗剪力矩 M_1 和圆柱上、下面的抗剪力矩 M_2 两部分组成，即 $M = M_1 + M_2 = (p_f - f)R$；而剪切力 $c_u = 2M / \left[\pi D^2 \left(\dfrac{D}{3} + H \right) \right]$，进而获得十字板不排水抗剪强度 c_u。

$$c_u = \frac{2R}{\pi D^2 \left(\dfrac{D}{3} + H \right)} (p_f - f) \quad \text{或} \quad c_u = K_c (p_f - f)$$

式中 K_c——十字板系数，一定规格的十字板剪力仪为常数；

p_f——剪损土体的总作用力 kg；

f——轴杆与土体间的摩擦力和仪器机械阻力，kg；

R——施力转盘半径，cm。

对于饱和软黏土，可设内摩擦角 $\varphi = 0$，按库仑强度准则，有 $c_u = \tau = c$，将其代入式（3.110）与式（3.111）。即可求出 f_s 与 q_c。这两个公式建立了饱和软黏土静力触探参数与十字板剪切强度之间的关系。

灵敏度系数 $S_t = c_u / c'_u$，其中 c_u 为原状土的不排水抗剪强度值；c'_u 为扰动土的不排水抗剪强度值。

原状土的灵敏度也可以用双桥静力触探摩阻比 $\left(R_f = \dfrac{f_s}{q_c} \times 100\% \right)$ 来估算。Schmertmann（1978 年）提出 $S_t = N_s / R_f$，于是

$$S_t = N_s / R_f = N_s q_c / f_s \qquad (3.113)$$

N_s 为无量纲系数，Robertson 和 Campanella（1988 年）通过对静力触探解释结果和实验室 结果比较得出，N_s 平均值为 6。Ns Rad 和 Tom Lunne（1986 年）通过研究显示 N_s 值为 5～10，平均值为 7.5。Tom Lunne（1997 年）认为，N_s 值取决于矿物、OCR 和其他函数，对所有的黏土不能给出一个唯一的 N_s 值。

（3.113）式建立了十字板剪切试验灵敏度系数与静力触探参数之间的关系。

对于比贯入阻力 p_s，则可先由十字板抗剪强度 c_u 计算出 q_c 与 f_s，再直接利用式（3.112）计算 p_s。到此为止，可由式（3.110）～式（3.113）分别求解得到侧壁摩阻力 f_s、锥尖阻力 q_c、比贯入阻力 p_s 与灵敏度 S_t 四个重要参数；其中，前三个参数是理论解，最后一个参数 S_t 则计入了一个半经验系数。注意，这些公式就强度参数而言，均是非线性的，而不是一般经验关系式所表达的线性。

由式（3.110）与式（3.111）还可分别由侧壁摩阻力 f_s 与锥尖阻力 q_c 求出弹性模量 E：

$$E = 2(1+\nu)c \cdot e^{\left(\frac{f_s}{\mu}-1\right)}$$

$$E = 2(1+\nu)c \cdot e^{\frac{D}{4\mu L_c}\left(q_c-\frac{\gamma h}{2}-1\right)} \tag{3.114}$$

式（3.114）将有效地解决软基深部地基承载力确定（深部载荷试验）困难的问题。

3.3.5.2　工程应用及比较

1. 应用场地原位工程条件

由作者负责的广州南沙某工程二期某区块淤泥地基处理范围内地质条件很差，如图1.3-53 所示，原为人工围成的大小不等的鱼塘，后吹填处理。土层分布及物理指标见表1.3-29。该场地采用静动力排水固结法处理，处理过程中视该场地各区段条件与要求分三或四遍点夯与一遍普夯。

图 1.3-53　地基处理前场地情况

表 1.3-29　　　　　　　　　　测试场地土层分布及物理指标

土层名称	厚度/m	土 层 描 述
人工吹填土	0.0～5.5	分布很不均匀，以淤泥为主，含水量高
淤泥	3.5～20.5	平均为 12.0m，海陆交互相海冲（淤）积成因，流塑状态，含水量为 45.8%～114%，平均值为 75.0%；孔隙比为 1.517～2.992，均值为 2.087
粉质黏土	0.7～9.5	冲洪积成因，可塑状态，具有一定的地基承载力，地基容许承载力建议值为 160kPa
砂质黏性土	1.0～12.7	残积成因，褐黄色、褐红色为主，硬塑，局部可塑状，为花岗石风化而成
全风化花岗石	2.1～10.5	灰白、褐红色为主，岩心呈坚硬土柱状，遇水易崩解
强风化花岗石	0.7～13.2	紫红、青灰色，岩心呈土夹岩块或碎块状，岩质软

2. 测试方法与设备

试验前根据场地地质条件和工作条件，结合工程对测试深度的要求，选择触探仪器设备；包括根据探头的最大贯入阻力，选择触探机的贯入推力吨位，并准备好保证推力的反力系统。

采用 Yilmaz（1991 年）表 1.3-30 所示建议，按土层条件选择不同能力的探头，见表1.3-31。

93

表 1.3-30　　　　　　　　　不同能力的探头选择

土 层 条 件		q_c/MPa	探头能力/kN
黏性土	极软	5～12.5	10～25
	软—中等	12.5～25.0	25～50
	中等—硬	25.0～50.0	50～100
密砂		>75	≥150

表 1.3-31　　　　　　　　　探 头 尺 寸

锥头截面积 A /cm²	探头直径 D /mm	锥角 α/(°)	单桥探头 有效侧壁长度 L_1/mm	双桥探头	
				摩擦筒侧壁 面积/cm²	摩擦筒长度 L_c /mm
10	35.7	60	57	200	179

监测仪器及精度：

（1）监测点测设仪器：Leica 徕卡 TC307 全站仪，精度小于 1/4 s；

（2）单桥静力触探探头：DQ-10Y，量程 0～30kN，精度 10N；

（3）双桥静力触探探头：SQ-10Y，量程 0～30kN，精度 10N；

（4）DY-2000 型多用数字测试仪：测试精度不大于 ±0.5％±1 个字。

探头均按规程进行标定，以检验并保证探头的质量。各传感器的起始感应量和灵敏度参见表 1.3-32。

表 1.3-32　　　　　　　　传感器起始感应量和灵敏度

起始感应量 /kPa 灵敏度 级数触探参数	Ⅰ级 最大贯入阻力 2.5～5.0MPa	Ⅱ级 最大贯入阻力 7.0～12.0MPa	Ⅲ级 最大贯入阻力 12.0～20.0MPa
p_s, q_c	10～20	30～50	50～100
f_s	0.1～0.2	0.3～0.5	0.5～1.0
u	2	5	10

整个场地内按一定间距大致均匀布置各孔触探点，每孔用单桥或双桥探头分工前（施工开始前）、工中（第一遍点夯完成后）、工后（普夯完成后）三次进行触探试验，触探深度为 8～11m。本试验用全站仪进行监测点设置，确保测试过程中布点的前后一致。

在静力触探点同一平面位置同时进行十字板剪切试验。十字板板头参数：H——100mm，D——50mm，板厚——3mm。十字板剪切探头：SB-1Y，量程 0～30kN，精度 1N·m。每点于地表以下（原始地面）2m 或 4m、6m、8m 深处进行十字板剪切试验。

由于工前场地条件极差，相当部分测点难以实施，故在此主要采用工中第一遍点夯完成后的测试数据。

3. 试验结果及其与计算结果的分析比较

（1）原位试验结果。典型静力触探测试曲线如图 1.3-54 所示，典型的十字板测试曲线如图 1.3-55 所示。

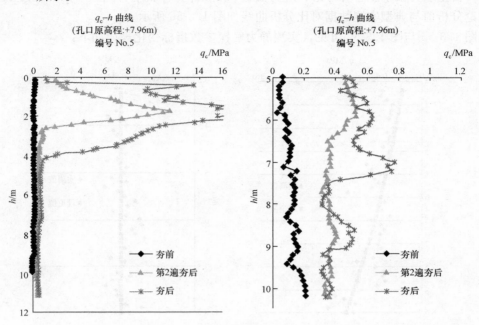

图 1.3-54 典型静力触探测试曲线

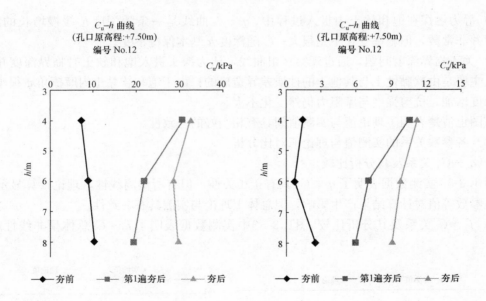

图 1.3-55 典型的十字板测试曲线

图 1.3-54 与 1.3-55 表明了该淤泥地基在加固前、中及后的力学强度的特性及变化，也说明加固效果很明显。

（2）触探参数实测值与理论值对比分析。根据土工试验，相关参数：$c = 8.4$kPa，$E = 1.31$MPa，$v = 0.35$，$\gamma = 18.5$kN/m³，$\mu = 0.085$；测试探头几何参数 $L_c = 179$mm，$D = 35.7$mm；灵敏度计算参数按 Robertson 建议值取 $N_s = 6$；计算深度为 0.5～8m。黏性土透

水性差，自重应力按水土合算考虑，应力按每 0.1m 计算一次 q_c、f_s 值。

理论分析值与典型实测数据对比分析曲线如图 1.3-56 所示。

由图 1.3-56 与图 1.3-57 可见，实测静力触探参数指标变化规律如下：

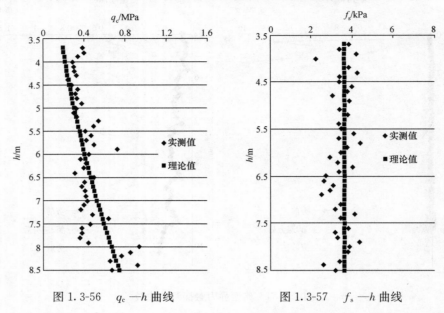

图 1.3-56　q_c—h 曲线　　　　　　图 1.3-57　f_s—h 曲线

1）静力触探在饱和软土中贯入过程中，q_c—h 曲线是一条随深度 h 缓慢增长的曲线，其斜率并非常数，但斜率变化不是很大；f_s 随深度 h 基本保持不变。

2）关于临界深度问题，通过观察多组曲线，认为探头贯入饱和软土时临界深度并不明显。这主要是由软黏性土与其他土的性质差异造成的；由于饱和软黏土内摩擦角 φ 很小，因此随深度增加，抗剪强度与摩阻力仍然变化不大。

该图也清楚表明了理论值与实测值间具有相当好的一致性。

（3）各参数关系的实测值与理论值对比分析。

1）q_c—C_u 关系及其分析比较。

图 1.3-58 实测数据表明了 q_c—C_u 具有正相关性，但有所偏离线性，理论计算显示输入的弹性参数等值对计算结果产生影响，但总体上理论与实测具有一致性。

2）f_s—C_u 关系及其分析比较。图1.3-59中实测数据表明了 f_s—C_u 总体呈非线性趋势，

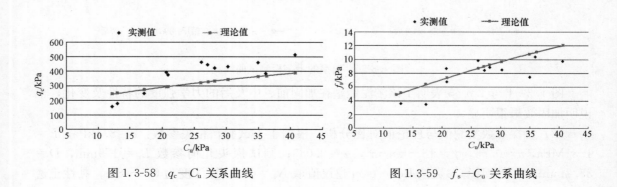

图 1.3-58　q_c—C_u 关系曲线　　　　　　图 1.3-59　f_s—C_u 关系曲线

理论计算在一定范围内（$C_u < 40\text{kPa}$）与实测值具有较好一致性，表明理论公式适用于饱和软黏土。

3）p_s—C_u 关系及其分析比较。图 1.3-60 中实测数据表明了 $p_s \sim C_u$ 曲线特性综合了 $f_s \sim C_u$ 与 $p_s \sim C_u$ 曲线两者的特性，理论值与实测值同样具有较好的一致性。

4）$S_t \sim C_u$ 关系及其分析比较。图 1.3-61 表明，理论上，随着土体抗剪强度的增大，灵敏度会降低；然而，该实测数据表示存在随着土体抗剪强度增大，灵敏度基本保持不变的软土。这表明基于 Schmertmann 等学者经验而建立的十字板灵敏度公式只能表达随着土体抗剪强度增大灵敏度会降低的土性，有关灵敏度的理论关系还有待于进一步建立。

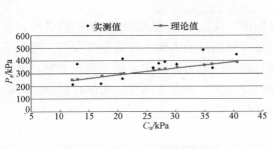

图 1.3-60　p_s—C_u 关系曲线

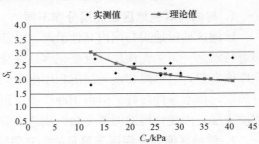

图 1.3-61　S_t—C_u 关系曲线

从上述实测与理论计算结果比较来看，两者对于饱和软黏土具有较好的一致性。存在偏差的原因来自于软黏土复杂的力学特性，包括如下几方面：

①理论前提假设较为简化，诸如将土体假设为简单的弹塑性体。

②未考虑触探过程中复杂的力学现象，诸如产生孔隙水压力（若考虑，则可在触探锥尖阻力中计入孔压加以修正）等。

③工程现场软土本身性质的变异性，诸如软土形成过程存在贝壳等残遗物的影响。

然而，对于土体工程，复杂的自然形成的软黏土地基的实测与理论计算结果一致性已相当好。此外，理论公式建立了重要的原位测试力学量间的关系，可为工程设计应用节省巨额测试费用及大量时间，并为深部软土力学特性测定提供了途径，也为理论进一步发展提供了基础。

3.3.5.3　结论

（1）静力触探与抗剪强度参数间已有经验关系可总结为一种线性关系通式，其中常数项系数可正、可负，其系数物理力学内涵不明确且具有明显的场地局限性。

（2）静力触探是空间轴对称问题，在圆柱孔穴扩张塑性理论下，可建立静力触探参数（锥尖阻力 q_c、侧壁摩阻力 f_s 与比贯入阻力 p_s）、土体弹性参数与黏聚力等力学参数之间的理论关系式，同时可获得这些触探参数与十字板剪切参数之间的关系。

（3）上述所获理论关系式就强度参数而言均是非线性的，而不是一般经验关系式所表达的线性。

（4）这些理论计算结果与珠三角地区实际大型软基工程处理的原位触探与十字板剪切试验数据对比，显示了 $q_c \sim c_u$、$f_s \sim c_u$ 与 $p_s \sim c_u$ 等理论与测试结果之间具有一致性，表明了建立的理论公式是可行而实用的。而基于前人经验而建立的十字板灵敏度半经验公式，只能表达随着土体抗剪强度增大灵敏度会降低的土性，有关灵敏度的理论关系，还有待于进一步完善。

（5）由此导出的理论公式，可通过弹性参数与黏聚力这些常规力学参数或十字板剪切参数直接确定触探参数；反之亦然，包括可由侧壁摩阻力 f_s 或锥尖阻力 q_c 直接求出弹性模量 E。这为节省高额测试费用，特别是因场地等条件限制而难以测试某些力学量的解决提供了有效方法，也为理论的进一步发展提供了新途径。

3.4　珠三角地区软土特性

与国内其他沿海与沿江地区淤泥相比，珠三角地区淤泥具有如下特征：

1. 与国内其他地区淤泥层分布不同

该地区地形地貌与国内其他沿海、沿江地区不同，决定了该地区淤泥地层的特殊性，其显著特点之一是淤泥地层厚度变化多、变化大。如深圳西部的山地、丘陵距海较近，沉积平原厚度有限，使得海相淤泥层沉积厚度有限，而且其下一般为冲洪积土层或残积土层，常夹有砂层，排水条件较好。但由于冲洪积层顶面标高变化大，并在古河道处局部存在海陆相淤泥质土层，因此使得淤泥厚度会出现急剧的局部变化。

2. 该地区海相淤泥属于罕见的超软弱软土

该区淤泥与我国沿海、沿江的其他地区软土的物理力学指标对比（表 1.3-33），具有高含水量、大孔隙比、高压缩性和低强度的特性。

表 1.3-33　　　　国内沿海、沿江的其他地区软土物理力学指标对比表

土层	土层深度 /m	重度 $\gamma/$（kN/m³）	含水率 （%）	孔隙比 e	压缩模量 E_s/MPa	无侧限抗压强度 q_u/kPa	渗透系数 K_v/（cm/s）
天津	7~14	18.2	34	0.97	3.86	3~4	1×10⁻⁷
塘沽	8~17, 0~8, 17~24	17.7	47	1.31	2.38		2×10⁻⁷
上海	6~17, 1.5~6, >20	17.2	50	1.37	1.91	2~4	6×10⁻⁷
杭州	3~9, 9~19	17.3	47	1.34			
宁波	2~12	17.0	50	1.42	2.55	6~48	3×10⁻⁷
温州	12~28, 1~35	16.2	63	1.79	1.45		
福州	3~19, 1~3, 19~35	15.0	68	1.87	1.41	5~18	8×10⁻⁷
广州（含南沙）	0.5~35	16.0	73~100	1.82~2.99	2.39~1.50	3~18	3×10⁻⁷~1×10⁻⁹
深圳	1~17	15.0	83	2.51	1.55	5.2~18	2.4×10⁻⁷

3.4.1　广州地区软土特性

广州地处珠三角地区，软黏土分布十分广泛。老城区软土的主要物理及力学性质指标可参见表 1.3-34~表 1.3-36。

表 1.3-34 广州部分地区主要软土物理性质指标

取样地点	取样深度/m	含水率（%）	孔隙比 e	液限（%）	塑限（%）	液性指数 I_L	塑性指数 I_P
广州老城区	1.8～2.2	103.4	2.76	60.1	35.7	2.77	24.4
	4.2～4.4	72.0	1.96	50.5	28.5	1.98	22.0
	8.0～8.2	71.0	1.85	67.8	34.4	1.11	30.4
	14.8～15.0	56.5	1.63	41.1	23.7	1.89	17.4
广州黄埔	2.5～2.9	60.6	1.61	46.4	26.4	1.71	20.0
	3.5～3.7	93.1	2.52	64.0	42.0	2.35	22.0
	13.0～13.2	66.0	1.81	54	34	1.61	20.0
广珠高速	6.3～6.5	74.6	1.82	49	24		25
	8.25～8.45	66	1.84	56	30.7		25.3

表 1.3-35 广州地区淤泥软土颗粒组成 （%）

取样地点	粒 组 含 量						
	＞2.0	2.0～0.5	0.5～0.25	0.25～0.075	0.075～0.05	0.05～0.005	＜0.005
广州老城区		0.7	1.2	4.8	12.0	40.5	40.8
广州黄埔		1.7	3.7	8.2	18.3	23.1	45.0
		0.8	1.9	2.3	6.2	18.1	70.7
广州西壕	1.0	2.7	2.7	60.7	10.6	10.6	14.3

表 1.3-36 广州地区淤泥软土主要物理力学性质指标关系

土的类型	W（%）	ρ/（g/cm³）	e	I_L	c/kPa	φ/（°）	α/（MPa⁻¹）	N/击
淤泥质土	40～45	1.6～1.65	1.0～1.2	1.1～1.3	11.0～13.0	8.0～11.0	0.55～0.70	1.5～2.0
	46～55	1.55～1.6	1.2～1.4	1.3～1.4	8.0～11.0	6.5～8.0	0.7～1.0	1.5～2.0
淤泥	57～73	1.5～1.55	1.5～2.0	1.5～1.8	5.5～7.8	5.0～6.5	1.1～1.6	1.5～2.0
	74～80	1.45～1.50	2.0～2.2	1.8～2.1	4.0～5.5	4.0～5.0	1.60～1.80	0.8～1.0
	80～100	1.40～1.45	2.2～2.6	2.2～2.5	3.0～4.0	2.0～4.0	1.8～2.50	0.5～0.8
	＞100	1.3～1.4	＞2.8	＞2.5	＜3.0	＜2.0	＞2.5	＜0.5

3.4.2 深圳地区软土特性

深圳地区典型工程中淤泥性质资料汇总见表 1.3-37、表 1.3-38。

表 1.3-37　　　　　　　　　　　　淤泥 X 衍射分析矿物成分结果

工程名称	淤泥位置 /m	矿物成分含量（%）									
		石英	长石	高岭石	蒙脱石	伊利石	黄铁矿	方解石	白云石	绿泥石	有机质
福田保税区	2	66.24	1.62	20.17	0.93	6.8	1.35	—	—	—	2.89
	6	32.88	1.44	41.95	1.0	13.38	2.62				6.73
	8	41.2	2.5	46.25	1.7	9		1.25	1.1	—	
深港西部通道口岸填海区	0.6	35.9	6.8	27.5	12.5	15.3					
	2	20.1	3.0	26.2	12.2	36.5					
	4	14.1	2.1	31.7	20.3	29.8					
	3～13	5.7	2.0	41.8	—	33.3				15.1	
	16	72.3	5.9	3.2	11.8	3.9			0.9		
	0.7	14.2	3.2	23.6	29.6	27.4					
上海地铁	上层 No.1	35	4	19	3	47	—	1.3	3.3	—	—
	下层 No.2	37	6	25	6	36	—	1.3	2.8	—	—

表 1.3-38　　　　　　　　　　　深圳地区淤泥主要物理力学性质指标对比

工程名称	位置	地貌	W (%)	e	c_s /kPa	E_s /MPa	c_v /($10^{-4} cm^2/s$)	H /cm
皇岗口岸	深圳河边	海积平原	52.6	1.45	—	1.7	3.5	0.5～1.34
福田保税区	深圳河注入深圳湾河口北岸	海积平原	61.1	1.67	0.48	1.56	6.2	8～18
滨海大道	深圳湾北岸	低潮干出滩	89	2.44	—	2.57	—	9～12
		水下浅滩	91.5	2.51		1.55	4.2	
		海积平原	58	1.56		2	—	
深圳湾填海区	深圳湾北岸		80	2.17	0.58	—	5.5	3～15
南山商业文化中心	深圳湾南山后海	海积平原	60	1.47	—	2.07	5.2	3～6
		低潮干出滩	82	2.22		1.64	4	
海月花园	深圳湾南山后海	低潮干出滩	84.6	2.39	0.45	—	—	3～19
深港南部通道口岸填海区	深圳湾南山后海	水下浅滩	90.9	2.46	0.76	1.6		
蛇口集装箱码头	深圳湾口	水下浅滩	83	2.25	0.7	—	4.7	12～18
南油 12.9 万平方米填海造地	妈湾	水下浅滩	80	2.06	—	1.8	5.18	7.1～15
南油前海 314 地块填海造地	妈湾	低潮干出滩	80	2.06	—	1.8		9.8

工程名称	位　　置	地　　貌	W (%)	e	c_s /kPa	E_s /MPa	c_v /(10^{-4}cm²/s)	H /cm
妈湾电厂湿灰场灰坝	妈湾	水下浅滩	—	2.1	—	1.6		8～10
宝安中心区	伶仃洋东岸大铲湾	海积平原低潮干出滩	67.7 62.5	2.23 1.73	— 0.526	1.67 2.19	3.75 3.76	0.7～6.7
南昌路	伶仃洋东岸西乡固戎	海积平原	86.5	2.24	0.76	—		7～10
深圳机场	伶仃洋东	海积平原红树林漫滩	82.1 94.9	2.22 2.57	0.58 0.76	—	4.0 4.1	4～9

从有关资料可以看出，深圳地区淤泥的物理力学性质与其所处的位置、地形、地貌及物质来源有关；其中，深圳河边淤泥性质比深圳湾边淤泥性质好，深圳湾边淤泥性质比珠江口伶仃洋东岸淤泥性质好，海积平原淤泥性质比滨岸低潮干出滩淤泥性质好，低潮干出滩淤泥性质比水下浅滩淤泥性质好，沉积物质来自河水的淤泥性质比沉积物质来自伶仃洋潮水的淤泥性质好。

由表 1.3-39 可见，深圳地区海相淤泥前期固结压力随深度的变化存在一个界限深度值；在此深度以上，$P_c/P_0>1$，属于正常—微超固结土；在此深度以下，P_c/P_0 一般 <1，属于欠固结土。对此，康镇江等推断深圳福田保税区海相淤泥分两次形成，$P_c/P_0=1$ 的深度在历史上曾经是淤泥表面，而现在的淤泥面则是在原地面上再次堆积加厚而成的。而白冰等（2002 年）认为，滨海相沉积的软土层，由于受潮汐水流等因素的影响，其上部往往会形成硬壳层。前者的结论较为勉强，后者的观点有一定道理。福田保税区位于深圳河注入深圳湾河口的北岸，受潮汐水流影响大，因此表层硬壳层较厚，而机场试验堤位于伶仃洋东岸红树林漫滩内侧，受潮汐水流影响小，因此表面硬壳层较薄。

深圳地区软基排水固结处理工程最终固结沉降 S_∞ 的统计分析见表 1.3-40，由此可见该区软土性质的基本特点。

表 1.3-39　　　　　　　　　深圳地区海相淤泥前期固结压力 P_c 统计

工程名称	位置	深度/m	P_c平均值/kPa	P_c/P_0	备　注
福田保税区	深圳湾	1.0～1.5	36	>1	
		2～3	46	>1	
		3～3.9	60	>1	
		4.2～4.6	49		
		5～6	33	<1	欠固结
		6～6.5	64	>1	
		7～7.6	34	<1	欠固结
		8～9	54	<1	欠固结
		9～10	47	<1	欠固结
		11～11.9	43	<1	欠固结
		12～12.7	37	<1	欠固结
		13.2～13.5	33	<1	欠固结

工程名称	位置	深度/m	P_c平均值/kPa	P_c/P_0	备　注
深港西部通道口岸填海区	深圳湾	0～6	试验数据误差较大,确定P_c值较困难		中-高等灵敏性软土
		6m 以下	13～52	<1	中等灵敏性软土
深圳机场试验堤	伶仃洋东岸	1～2	17	>1	
		2～3	21	<1	欠固结
		3～4	17	<1	欠固结
		4～5	17	<1	欠固结
		5～6	40	>1	
		6～7	86	>1	
		7～8	87	>1	

表 1.3-40　深圳地区软基排水固结处理工程实测沉降曲线推算 S_∞ 值

序号	观测地点	统计数/个	软弱土层	e	w(%)	ΔP/kPa	软土层厚h/cm	S_∞/cm	S_∞/h(%)
1	皇岗口岸一期	6	淤泥质土	1.45	52.6	104	905	92.3	10.2
2	福田保税区	代表值		1.64					11.75
	1 标区	25	淤泥	1.54	57	92.5	1185	164.7	13.9
	2 标区	10	淤泥	1.57	61	88.8	1360	164.1	12.1
	3 标区	45	淤泥	1.59	60	88.8	1350	150.6	11.2
	4 标区	18	淤泥	1.64	60	83.25	950	108.4	11.4
	5 标区	21	淤泥	1.73	64	—	1050	107.4	10.2
	6 标区	54	淤泥	1.79	63.9	106	1280	150	11.7
3	滨海大道	—	淤泥	2.44	89.1	130	—	—	20
4	深圳湾填海区	代表值		2.17					18.0
	一区	18	淤泥	2.17	80	82	350	552	15.8
	二区	18	淤泥			85.7	500	998.5	20.0
	三区	22	淤泥			87.5	400	590	14.7
	四区	22	淤泥			84.5	575	1229	21.4
5	后海路	16	淤泥	1.82	58.5	110	650	98.6	15.2
6	南山商业文化中心	9	淤泥	1.987	73.5	90	400	45	11.2
7	招商海月	29	淤泥	2.39	84.6	103	650	76.1	11.7
8	蛇口集装箱码头试验区 堆场区	中心点 中心点	淤泥 淤泥	2.16 2.25	79.5 83	151 150	1260	350 335	27.8 22.3
9	南油 12.9 万 m³填海造地	12	淤泥	2.06	80	125	1180	190.7	16.2
10	南油嘉实多项目造地	13	淤泥硬壳 吹填淤泥 原状淤泥	2.2	63.2 104 80	80	30 270 1060	217	17.3
11	妈湾电厂灰坝 东坝 T2 北坝 T29 西坝 T59	1 1 1	淤泥 淤泥 淤泥	2.10		100 120 140	1000 1000 1000	222.9 268.3 337.3	22.3 26.8 33.7

序号	观测地点	统计数/个	软弱土层	e	$w(\%)$	ΔP/kPa	软土层厚h/cm	S_∞/cm	S_∞/h（%）
12	宝安体育中心 Ⅰ区 Ⅱ区	22 19	淤泥 淤泥	1.74 1.74	62.5 62.5	116 80	350 350	48.1 36.0	13.7 10.3
13	南昌路	3	淤泥	2.24	86.5	80	770	145	18.8
14	机场试验堤 A区 B区	5 5	上部淤泥、 下部淤泥 质土淤泥	2.21 2.46	82 91.4	120 120	800 500	146.8 126	18.4 25.2
15	机场停机坪	23	淤泥	2.226	82.1	160	363	82.9	22.8
16	机场停机坪扩建 C区 B、D及其他区	11 19	淤泥 淤泥	2.22 2.22	80 80	122 140	500 500	74.6 76.7	14.9 15.3

3.5 砂土扰动效应的细观机制分析

如前述，在软土中存在各类夹层，影响着整个地基土体的力学响应，其中较为常见的为含砂夹层。砂类松散颗粒介质力学响应十分复杂，在某一状态即使受到一个很小的扰动，其后续的力学响应亦有相当大的不同。这种现象已为许多学者所熟知，然而发生这种现象的原因却少有研究讨论。在实际问题中，各种扰动是不可避免的，探讨这种扰动效应产生的原因有助于工程的优化设计、施工以及灾害的防治。本节此部分研究基于 P. W. Rowe 经典之作（1962 年）的基本部分（应指出的是，其部分结论及导出不免亦存在一些问题）及其他相关研究（Chang，1990 年；李彰明等，2001 年），从介质内部结构着手，在细观（颗粒尺度）上揭示这种现象产生的基本原因，提供一种以定量分析为基础的新解释，并为较为深入地了解其特性提供一个新视角。

3.5.1 理想的单元体系统

在研究介质性质及力学响应时，需确定或选择一个能代表介质内部结构基本形式及介质基本特性的单元体（质点）。对于颗粒结构介质，这种单元体一般是多面体，其中两个典型规则结构二维单元体，如图 1.3-62 所示。

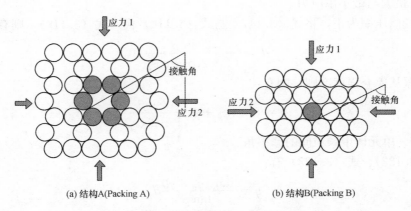

(a) 结构A(Packing A)　　　(b) 结构B(Packing B)

图 1.3-62　两个典型规则结构的介质单元体

3.5.2　应力比-体变关系

在研究砂土类介质性质时，通常讨论到一个重要的关系——应力比与体变关系。由于考虑细观结构，为保证分析的准确性及可靠性，采用自然应变（真应变）ε 定义：

$$\varepsilon = \int_{L_0}^{L} \frac{\mathrm{d}l}{l}$$

式中　L、L_0——变形方向长度的终值与初始值；

l——变形方向长度瞬时值。

于是对结构 A 有：

$$\varepsilon_1 = \ln \frac{1 + 2n\sin\beta}{1 + 2n\sin\beta_0} \tag{3.115}$$

$$\varepsilon_2 = \ln \frac{1 + m + 2m\cos\beta}{1 + m + 2m\cos\beta_0} \tag{3.116}$$

式中　n、m——介质物体在 σ_1、σ_2（应力 1、应力 2）方向的单元体个数；

β 与 β_0——颗粒接触点切线与 σ_1 方向的瞬时夹角与初始夹角，即图 1.3-62 所示的接触角（contacting angle）。

当介质中含有无穷多个单元体或单元体数量足够多时，式（3.115）、式（3.116）为

$$\varepsilon_1 = \ln \frac{\sin\beta}{\sin\beta_0} \tag{3.117}$$

$$\varepsilon_2 = \ln \frac{1 + 2\cos\beta}{1 + 2\cos\beta_0} \tag{3.118}$$

体积应变则为

$$\varepsilon_v = \ln \left[\frac{\sin\beta(1 + 2\cos\beta)}{\sin\beta_0(1 + 2\cos\beta_0)} \right] \tag{3.119}$$

为了便于比较，对于体应变与应力比，采用与 Rowe 相同的定义如下：

$$d = -\frac{\dot{\varepsilon}_2}{\dot{\varepsilon}_1} \tag{3.120}$$

$$\eta = \frac{\sigma_1}{\sigma_2} \tag{3.121}$$

式中　$\dot{\varepsilon}$——应变 ε 的变化率；

σ_1 与 σ_2——最大与最小主应力。

以下应变以压缩为正，将式（3.117）与式（3.118）代入式（3.119），则有：

$$d = \frac{2\sin^2\beta}{(1 + 2\cos\beta)\cos\beta} \tag{3.122}$$

当介质服从库仑强度准则，则有：

$$\eta = \tan(\varphi_\mu + \beta) \frac{2\sin\beta}{1 + 2\cos\beta} \tag{3.123}$$

式中　φ_μ——单元体中颗粒间的摩擦角。

由式（3.122）、式（3.123）有：

$$\eta = \frac{\tan(\varphi_\mu + \beta)}{\tan\beta} d \tag{3.124}$$

式（3.124）即为结构 A 的应力比-体变关系。对于结构 B，亦得到与结构 A 形式相同

的应力比-体变关系，而体变量与应力比分别如下：

$$d = \tan^2 \beta \qquad (3.125)$$

$$\eta = \tan(\varphi_\mu + \beta)\tan\beta \qquad (3.126)$$

在结构形式允许的条件下，对于上述结构 A、B，其 β 与相应的孔隙比之间分别存在以下关系：

$$e_A = \frac{8\sin\beta(1 + 2\cos\beta)}{3\pi} - 1 \qquad (3.127)$$

$$e_B = \frac{8\sin\beta\cos\beta}{\pi} - 1 \qquad (3.128)$$

由式（3.127）与式（3.124）及式（3.122）、式（3.123）组合，对比式（3.128）与式（3.124）及式（3.125）、式（3.126）的组合，不难看出：在一定的外界条件下，即使相同的松散颗粒介质，不同的初始结构及相应不同的孔隙比，对应着不同的力学响应。由方程式（3.122）与式（3.124），式（3.125）与式（3.126），以及 Rowe 方程式（Rowe，1962 年）

$$\eta = \tan^2\left(45 + \frac{1}{2}\varphi_\mu\right)d \quad (3.129)$$

可分别得到相应的应力比与体积应变（由 Rowe 定义的 d）的关系曲线，如图 1.3-63 所示，该图具体说明了：对于同一砂土类材料，不同细观结构对应着不同的响应，反映了 Rowe 由其最小能量原理导出的式（3.129）在描述力学响应时的简单化倾向。

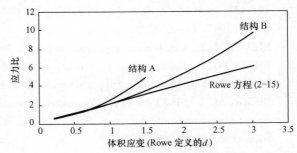

图 1.3-63　不同细观结构下应力比与体积应变关系曲线

3.5.3　小结

基于细观的定量分析，揭示了：砂土类松散颗粒介质力学响应不仅与介质内部颗粒性质及内摩擦角有关，而且与介质细观结构（β 及孔隙比 e）有关；在一定的外界条件下，即使介质内颗粒性质相同，不同的细观结构及相应不同的孔隙比，对应着不同的力学响应。这就定量地解释了易发生细观结构改变的砂土类松散颗粒介质在初始状态即使受到一个很小的扰动，其后续的力学响应亦有相当的不同这一令人困惑的特殊现象。

参考文献

[1] AASHTO. Standard specifications for transportation materials and methods of testing and sampling. American Association of State Highway and Transportation Officials，1982.

[2] ASTM. Standard test method for classification of soils for engineering purposes. American Association for Testing and Materials. ASTM Designation，1970，D：1969-2487.

[3] ABDCIHAMID M S，KRIZEK，R. J. At rest lateral earth pressure of a consolidating clay. Proceedings of ASCE Journal of the Geotechnical Engineering Division，1976，102：721-738.

[4] Agarwal，K. B. and Ghanekar，K D. Prediction of C B R from plasticity characteristics of soils. Proceedings of 2nd South-east Asian Conference on Soil Engineering，Singapore，1970：571-576.

[5] AI-HUSSAINI M M. Contribution to the engineering soil classification of cohesionless soils. Final re-

port，miscellaneous paper S-77-21，U S Army Engineer Waterways Experiment Station，Vicksburg，Mississippi，1977.

[6]　AI-HUSSAINI M M，TOWNSEND，F C. Investigation of Ko testing in cohesionless soils' Technical Report S-75-11，U S Army Engineer Waterways Experimental Station，Vicksburg，Mississippi，1975.

[7]　ALTMEYER W T. Discussion of engineering properties of expansive days. Proceedings ASCE Journal of Soil Mechanics and Foundation Division，1955.

[8]　AZZOUZ，A S，KRIZEK，R and COROTIS，R B. Regression analysis of soil compressibility. Soils and Foundations，1976，16(2)：19-29.

[9]　BESKOW. G. Soil freezing and frost heaving with special application to roads and railways. Swedish Geotcchnical Society，1935，Series C，no. 375.

[10]　BISHOP，A W. Test requirements of measuring the coefficient of earth pressure at rest. Proceedings of Conference on Earth Pressure Problems，1958，1：2-14.

[11]　BLACK，W P M. The calculation of laboratory and in-situ values of California bearing ratio from bearing capacity data. Geotechnique，1961，11：14-21.

[12]　BLACK，W P M. A method of estimating the CBR of cohesive soils from plasticity data. Geotechnique，1962，12：271-272.

[13]　BJERRUM，L. Geotechnical properties of Norwegian marine days. Geotechnique，1954，4：49-69.

[14]　BJERRUM，L. Embankments on soft ground. Proceedings of A S C E Specialty Conference on Performance of Earth and Earth-Supported Structures. Indiana：Purdue University，1972.

[15]　BJERRUM，L，SIMONS，N E. Comparison of shear strength characteristics of normally consolidated clays. Proceedings of the A S C E Research Conference on the Shear Strength of Cohesive Soils. Boulder，1960.

[16]　BOWLES，J E. Foundation analysis and design. McGraw-Hill，Singapore，1982.

[17]　BOZOZOUK，M，LEONARDS，GA. The Gloucester test fill. Proceedings of the Earth and Earth-Supported Structures. Indiana：Purdue University，1972.

[18]　Brooker，E W. and Ireland，H O. Earth pressures at rest related to stress history. Canadian Geotechnical Journal，1965，2：1-15.

[19]　BURLAND，J B. Proceedings of 6th Regional Conference for Africa on Soil Mechanics and Foundation Engineering，1975，1：168-169.

[20]　CAMPANELLA，R G，VAID，Y. P. A simple Ko-triaxial cell. Canadian Geotechnical Journal，1972，9：249-260.

[21]　CAQUOT，A，KERISEL，J. Traitd de Mechanique des Sols. Paris：Gauthier-Villars，1966.

[22]　CARTER，M. Geotechnical Engineering Handbook. London：Pentech Press，1983.

[23]　CASAGRADE，A. Discussion on frost heaving. Proc. Highways Research Board，1932，12：169.

[24]　CASAGRANDE，A. Research on the Atterberg limits of soils. Public Roads，1932，13(8)：121-136.

[25]　CASAGRANDE，A. Classification and identification of soils. Transactions ASCE，1948，113：901-932.

[26]　CASAGRANDE，A，FADUM RE. Notes on soil testing for engineerin9 purposes. Boston：Harvard University Graduate School of Engineering，1940.

[27]　CASTRO，G. Liquefaction of Sands. Boston：Harvard Soil Mechanics Series，1969.

[28]　CHEN，FH. Foundations on Expansive Soils. Development in Geotechnical Engineering，1988，no. 12，Elsevier，Amsterdam，280.

[29]　DE GRAFT-JOHNSON，J W S，BHATIA，HS. The engineering characteristics of the lateritic gravels

of Ghana. Mexico: Proceedings of 7th International Conference on Soil Mechanics and Foundation Engineering, 1969.

[30] DE GRAFT-JOHNSON, J W S, BHATIA, H S and YABOA, S L. Influence of geology and physical properties on strength characteristics of lateritic gravels for road pavements. Highway Research Board Record, 1972, 405: 87-104.

[31] ESOPT. Proceedings of 2nd European Symposium on Penetration Testing. Amsterdam, 1982.

[32] EDEN, W J. Sample trials in overconsolidated sensitive clay. Sampling of Soil and Rock, 1971, A S T M special technical publication no. 483.

[33] FLAATE, K, Preber, T. Stability of road embankments. Canadian Geotechnical Journal, 1974, 11: 72-88.

[34] FREDLUND, D G. Consolidometer test precedural factors affecting swell properties. Texas: Proceedings of 2nd International Conference on Expansive Clay Soils, 1969.

[35] FREDLUND, D G, HASAN JU, FILSON HL. The prediction of total heave. Proceedings of 4th International Conference on Expansive Soils, 1980.

[36] GIBBS, H J. Discussion on expansive soils and moisture movement in partially saturated soils. Mexico City: Proceedings of 7th International conference on Soil Mechanics and Foundation Engineering, 1969.

[37] GIBBS, H J, HOLTZ, W G. Research on determining the density of sand by spoon penetration testing. London: Proceedings of 4th International Conference on Soil Mechanics and Foundation Engineering, 1957.

[38] GIBSON, R E. Experimental determination of the true cohesion and true angle of internal friction in clays. Zurich: Proceedings of 3rd International Conference on Soil Mechanics and Foundation Engineering, 1953.

[39] GLOSZOP, R, Skempton, AW. Particle size in silts and sands. J. Inst. Civil Engineers, 1945, 25: 81-105.

[40] GREGG, L E. Earthworks. K. B. Woods (Editor). Highway Engineering Handbook. McGraw-Hill, 1960.

[41] HARRISON, J A. Using the BS cone penetrometer for the determination of the plastic limit of soils. Geoteehnique, 1988, 38: 433-438.

[42] HARRIS, C. Mechanisms of mass movement in per glacial environments. Stability (Eds. M. G. Anderson and K. S. Richards). NewYork: John Wiley, 1987: 531-560.

[43] HAZAN, A. Discussion of Dams on Snad Foundations. Transactions ASCE, 1911, 73: 199-203.

[44] HILF, J W. Compacted Fill. H. F. Winterkorn and H. Y. Fang (Editors), Foundation Engineering Handbook. Van No strand Reinhold, 1975.

[45] HOLTZ, R D, RROMS, B B. Sweden. Proceding of ASCE Speciality Conference on Performance of Earth and Earth-Supported Structures, Purdue University, 1972: 435-464.

[46] HOLTZ, R D, HOLM, G. Test embankment on an organic silty clay. Proceding of 7th European Conference on Soil Mechanics and Foundation Engineering, Brighton, 1979.

[47] HOLTZ, R D, KOVACS, W D. An Introduction to Geotechnical Engineering. Prentic-Hall, New Jersey, 1981.

[48] HOLTZ, W G, GIBBS, HJ. Engineering properties of expansive clays. Transactions ASCE, 1956, 121: 641-677.

[49] INSITU. Proceedings of ASCE Specialty Conference. Blacksburg: INSITU 86, 1986.

[50] ISOPT. Proceedings of 1st International Symposium on Penetration Testing, Orlando, 1988.

[51] JENNINGS, J E B, KNIGHT, K. The prediction of total heave from the double odometer test. Trans. S. Afr. lnstn. Civ. Engrs, 1957, 7: 285-291.

[52] JOHNSON, L D. Field test sections on expansive soil. Proceedings of 4th International Conference on Expansive Soils, 1980.

[53] JOSLIN, J G. Ohlo's typical moisture- density curves. Symposium on Application of Soil Testing in Highway Design and Construction, ASTM Special Technical Publication, 1959.

[54] KAPLAR, C W. US Army Cold Regions Research Laboratory, CRREL Report, 1974.

[55] KARLSSON, R. Consistency Limits. Swedish Council for Building Research, document D6, 1977.

[56] KENNEY, T C. Discussion of Geotechnical properties of glacial lake clays. Proceedings ASCE Journal of Soil Mechanics and Foundation Division, 1959, 85: 67-79.

[57] KENNEY, T C. Format and geotoehnical characteristics of glacial-lake carved soils. Lautits Bjerrum Memorial Volume - Contributions to Soil Mechanics. Oslo: Norwegian Geotechnical Institute, 1976.

[58] KEZDI, A. Handbook of Soil Mechanics. Elsevier, 1974.

[59] KONRAD, J-M, MORGANSTERN, NR. The segregation potential of a freezing soil. Canadian Geotechnical Journal, 1981, 18: 482-491.

[60] KREBS, R D, Walker, E D. Highway Materials. McGraw-Hill. Publication 272, Department of Civil Engineering, Massachusetts Institute of Technology, 1971.

[61] LADD, C C. Foundation Design of Embankments Constructed on Connecticut Valley Varved Clays. Research Report R75−7, Geotechnical Publication 343, Department of Civil Engineering, Massachusetts Institute of Technology, 1975.

[62] LADD, C C, FOOTE, R. A new design procedure for stability of soft clay. Proceedings ASCE Journal of the Geotechnical Engineering Division, 1974, 100: 763-786.

[63] LADD, C C, FOOTE, R, ISHIHARA, K, etal. Stress-deformation and strength characteristics. Proceedings of 9th International Conference on Soil Mechanics and Foundation Engineering, 1977.

[64] Ladd, C C, Luscher, U. Engineering properties of the soils underlying the M. I. T. campus. Research report R65 − 68, Department of Civil Engineering, Massachusette Institute of Technology, 1965.

[65] Ladd, R S. Un of electrical pressure transducers to measure soil pressure. Research Report R65-48. Soil Publication 180, Department of Civil Engineering, Massachusetts Institute of Technology, 1965.

[66] Lambe, T W, Whitman, R V. Soil Mechanics. New York: John Wiley, 1979: 553.

[67] Lane, K S, Washburn, D E. Capillary tests by capillorimeter and soil filled tubes. Proceedings Highway Research Board, 1946.

[68] La Rochelle, P, Trak, B, Tavenas, F, et al Failure of a test embankment on a sensitive champlain clay deposit. Canadian Geotechnical Journal, 1974, 11: 142-164.

[69] Leonards, G A. Estimating consolidation settlements of shallow foundations on over-consolidated days, Transportation Research Board, special report 163, 1976.

[70] Leonards, G. A. and Giranlt, P. A study of the one-dimensional consolidation test. Proceedings of the 5th International Conference on Soil Mechanics and Foundation Engineer, Pads, 1961.

[71] Liao, S C, Whitman, R V. Overburden correction factors for SPT in sand. Proceedings ASCE Journal of Geotechnical Engineering Division, 1986, 112: 373-380.

[72] Liu, T K. A review of engineering soil classification systems. Highway Research Board Record, 1967, 156: 1-22.

[73] Lowe, J, Zacchea, P F, Feldman, H S. Consolidation testing with back pressure. Proceeding of ASCE Journal of Soil Mechanics and Foundation Division, 1964. 90: 69-86.

[74] Massarsch, K R. Lateral earth pressure in normally consolidated clay. Proceedings of 7th European Conference on Soil Mechanics and Foundation Engineering, Brighton, 1979.

[75] Mesri, G. The coefficient of secondary compression. Proceedings ASCE Journal of Soil Mechan and Foundation Division, 1973. 99: 123-137.

[76] Mesri, G, Godlewski. P M. Time and stress compressibility interrelation- ships. Proceedings ASCE Journal of Geotechnical Engineering Division, 1977, 103: 417-430.

[77] Meyerhof, G G. Penetration tests and bearing capacity of cohesionless soils. Proceedings ASCE Journal of Soil Mechanics and Foundation Division, 1936.

[78] Meyerhof, G G. General Report: outside Europe. Proceedings of European Symposium on Penetration Testing, Stockholm, 1974.

[79] Mielcnz, R. C, King. M E. Physical-chemical properties and engineering performance of clays. Calif. Div. Mines Bull, 1955.

[80] Miller. R D. Freezing and heaving of saturated and unsaturated soils. Highways Research Record, 1972, 393: 1-11.

[81] Milligan, V. Discussion of Embankments on soft ground. Proceedings of ASCE Specialty Conference on Performance of Earth and Earth-Supported Structures. Purdue University, 1972.

[82] Ministry of Transport. Specification for road and bridge works. HMSO, 1969.

[83] Mitchell, J K, Gardner, W S. In-situ measurement of volume change characteristics. Proceedings of the ASCE Specialty Conference on In-situ measurement of Soil Properties. Raleigh, N. Carolina, 1975.

[84] Mitchell, J K. Fundamental of Soil Behavior. John Wiley, 1976.

[85] Morin, W J, Todor, P C. Literates and lateritic soils and other problem soils of the tropics. United States Agency for international Development, 1977.

[86] Peck, R B, Bazaraa, A R S S. Discussion. Proceedings ASCE Journal of Soil Mechanics and Foundation Division, 1969, 95: 305-309.

[87] Peck, R B. Hanson, W E, Thornburn T H. Foundation Engineering. New York: John Wiley, 1974.

[88] Penner, E. Particle size as a basis for predicting frost action in soils. Soils and Foundations, 1968, 8: 21-29.

[89] Poulos, H G and Davis, E H. Elastic Stations for Soil and Rock Mechanics. New York: John Wiley, 1974.

[90] Rama Rag R, Fredlund, D G. Closed-form heave solutions for expansive soils. Proceedings ASCE Journal of Geotechnical Eng neering Division, 1988, 114: 573-588.

[91] Rankine, W J. M. On the stability of loose earth. Philosophical Transactions of the Royal Society, London, 1857: 147.

[92] Reed, M A, Lovel, C W. , Itschaeffi, A G, et al. Frost heaving rate predicted from pore size distribution. Canadian Geotechnical Journal, 1979, 16: 463-472.

[93] Robertson, P K, Companella, R G. Interpretation of cone penetration tests, Part I: Sand. Canadian Geotechnical Journal, 1983, 20: 718-733.

[94] Roscoe, K H, Schofteld, A N, Wroth, C P. On the yielding of soils. Geotechnique, 1958, 8: 2-52.

[95] Seed, H B. Woodward, R J, Lundgran R. Prediction of swelling potential of compacted clays. Proceedings ASCE Journal of So Mechanics and Foundation Division, 1962, 88: 107-131.

[96] Seed, H. B. Evaluation of soil liquefaction effects on level ground during earthquakes. ASCE Specialty

109

Session, Liquefaction Problems in Geotechnical Engineering, Preprint 2752, ASCE National Convention, 1976.

[97]　Simons, N E. Discussion of test requirements for measuring the coefficient of each pressure at rest. Brussels: Proceedings of Conference on Earth pressure Problems, 1958.

[98]　Singh, R, Henkel, D J, Sangrey, D A. Shear and K0 swelling of over consolidated clay. Proceedings of 8th International Conference on Soil Mechanics and Foundation Engineering, 1973.

[99]　Skempton, A W. Notes on the compressibility of clays. Quat. Journ. Geol. Soc, 1944.

[100]　Skempton, A W. The colloidal activity of clays. Zurich: Proceedings of international Conference on Soil Mechanics and Foundation Engineering, 1953.

[101]　Skempton, A W. The pore pressure coefficients A and B. Geotechnique. 1954. 4: 143-147.

[102]　Skcmpton, A W, Northey, R D. The sensitivity of clays. Geotechnique, 1952, 3: 30-53.

[103]　Skcmpton, A W, Bjerrum, L. A contribution to the settlement analysis of foundations on clay. Geotechnique, 1957, 7: 168-178.

[104]　Skcmpton, A W. Standard penetration test procedures and effects in sand of overburden pressure, relative density, particle size, ageing and over consolidation. Geotechnique. 1986, 36: 425-447.

[105]　Snethen, D R. Characterization of expansive soils using soil suction data. Proceedings of 4th International Conference on Expansive Soils, 1980.

[106]　Sowers, G F. Introductory Soil Mechanics and Foundations. Macmillan, 1979.

[107]　Tagaki, S. Segregation freezing as the cause of suction force for ice lens formation. Engineering Geology. 1979, 13: 92-100.

[108]　Tavenas, F, Lebland, P, Jean P, et al The permeability of nature soft clays. Part I: Methods of laboratory measurement. Canadian Geotechnical Journal, 1983, 20: 629-644.

[109]　Tavenas F J, P Leb, Leroueil S. The permeability of natural soft clays. Part II: Permeability characteristics. Canadian Geotechnical Journal, 1983, 20: 645-660.

[110]　Tavenas, F and Leroueil, S. State of the art on laboratory and in-situ stress-strain-time behaviour of clays. Mexico City: Proceedings of International Symposium on Geotechnical Engineering of Soft Soils, 1987.

[111]　Taylor, D W. Fundamentals of Soil Mechanics. New York: John Wiley, 1948.

[112]　Terzaghi, K. and Peck, R. B. Soil Mechanics in Engineering Practice. London: John Wiley, 1967.

[113]　Teng, W C. Foundation Design. Prentice Hall, Englewood Cliffs, N. J, 1962.

[114]　Thorburn, S. Tentative correlation chart for the standard penetration test in non-cohesive soils. Civil Engineering Public Works Review, 1963.

[115]　Tokimatsu, K. and Yoshimi, Y. Empirical correlations of soil liquefaction based on SPT N-values and fines content. Soils and Foundations, 1983, 23: 56-74.

[116]　Tomlinson, M J. Foundation Design and Construction. London: Pitman, 1980.

[117]　Transport and Road Research Laboratory. A guide to the structural design of new pavements. RRL, Road Note 29, HMSO, 1970.

[118]　U S Army. Corps of Engineers. Engineering and design: pavement design for frost conditions. Corps of Engineers EM-110-345-306, 1970.

[119]　U S Army Engineer Waterways Experiment Station. The Unified Soil Classification System, Technical memorandum, 1960.

[120]　U S Bureau of Reclamation. Earth Manual. Denver, 1974.

[121]　U S Federal Aviation Agency. Airport Paving. Advisory Circular 150/5320-6, 1984.

110

[122]　U S Navy. Design Manual: Soil Mechanics, Foundations and Earth Structures, Navy Facilities Engineering Command, Navfac, U S Naval Publications and Forms Center, 1982.

[123]　Van der Merwe, D. H. Prediction of heave from the plasticity index and percentage clay fraction of soils. Civil Engineer in South Africa, 1964, 6: 103-107.

[124]　Vijayvergiya, V N and Ghazzaley, O I. Prediction of swelling potential for natural clays. Proceedings of 3rd International Conference on Expansive Soils, Haiti, 1973.

[125]　Wallace, G B and Otto, W C. Differential settlement at Selfridges Air Force Base. Proceedings of ASCE Journal of Soil Mechanics and Foundation Division, 1964, 90: 197-20.

[126]　Weston, D J. Expansive roadbed treatment for Southern Africa. Proceedings of 4th International Conference on Expansive Soils, 1980.

[127]　Williams, A A. B. Discussion. Trans. S. Afr. lnstn. Civ. Engrs, 1957.

[128]　Woods, K. B and Litehiser, R. R. Soil mechanics applied to highway engineering in Ohio. Ohio State University Engineering Expert mental Station, 1938.

[129]　Wroth, C. P. General Theories of earth pressures and deformation. Proceedings of 5th European Conference on Soil Mechanics and Foundation Engineering, Madrid, 1972.

[130]　Wroth, C. P and Wood, D. M. The correlation of index properties with some basic engineering properties of soils. Canadian Geotechnical Journal, 1978, 5: 137-145.

[131]　Wroth, C. P. The interpretation of in situ soil tests. Geo-technique. 1984, 34: 449-489.

[132]　Robertson, P. K and Campanella, R. G. Interpretation of cone penetration tests, Part 2: Clay Can, Geotechnical Journal, 1983. 20: 718-733.

[133]　Ruiter, J. de. The static cone penetration test: state of the art report, Proc. Sec. Europ. Symp. Pen. Testing, Amsterdam, 1982.

[134]　Schertmann, J. H. Measurement of in situ shear strength, ASCE Spec. Conf, Raleigh, 1975.

[135]　Schofield, A. N and C. P. Wroth. Critical state soil mechanics. London: Mcgraw Hill, 1968.

[136]　李彰明. 变形局部化的工程现象、理论与试验方法. 全国岩土测试技术新进展会议大会报告（海口），2003，11.

[137]　李彰明，赏锦国，胡新丽. 不均匀厚填土地基动力固结法处理工程实践. 建筑技术开发，2003，30（1）：48-49 .

[138]　李彰明，李相崧，黄锦安. 砂土扰动效应的细观探讨. 力学与实践，2001，23(5)：26-28.

[139]　李彰明. 有限特征比理论及其数值方法. 第五届全国岩土力学数值分析与解析方法讨论会论文集. 武汉：武汉测绘大学出版社，1994 .

[140]　李彰明. 岩土介质有限特征比理论及其物理基础. 岩石力学与工程学报，2000，19(3)：329-329 .

[141]　李彰明，冯遗兴. 动力排水固结法参数设计研究. 武汉化工学院学报，1997，19(2)：41-44.

[142]　李彰明，冯遗兴. 软基处理中孔隙水压力变化规律与分析. 岩土工程学报，1997，19(6)：97-102.

[143]　李彰明，冯遗兴. 动力排水固结法处理软弱地基. 施工技术，1998，27(4)：30，38.

[144]　丁雷，江永建，陈多才，张光宇. 广州软土的力学特性及相关性分析铁道建筑，2011 年第 10 期，75-77.

[145]　冯强. 深圳地区软土排水固结处理方法研究. 硕士学位论文，2002.

[146]　孙更生，郑大同. 软土地基与地下工程. 北京：中国建筑工业出版社，1987.

[147]　侯学渊，钱达仁，等. 软土工程施工新技术. 合肥：安徽科学技术出版社，1999.

[148]　唐业清. 简明地基基础设计施工手册. 北京：中国建筑工业出版社，2004.

[149]　李彰明，王武林，冯遗兴. 广义内时本构方程及凝灰岩粘塑性模型. 岩石力学与工程学报，1986，5（1）：15-24 .

[150] 李彰明，王武林. 内时理论简介与内时本构关系研究展望（讲座）. 岩土力学，1986，7（1）：101-106.

[151] 李彰明. 厚填土地基强夯法处理参数设计探讨. 施工技术（北京），2000，29（9）：24-26.

[152] 李彰明，黄炳坚. 砂土剪胀有限特征比模型及参数确定. 岩石力学与工程学报，2001，20：1766-1768.

[153] 李彰明，赏锦国，胡新丽. 不均匀厚填土强夯加固方法及工程实践. 建筑技术开发. 2003. 30（1）：48-49.

[154] 李彰明. 动力排水固结法处理软弱地基. 施工技术，1998，27（4）：30.

[155] 李彰明，杨文龙. 土工试验数字控制及数据采集系统研制与应用. 建筑技术开发，2002，29（1）：21-22.

[156] LI ZHANGMING, et al. Dynamic response of mud in the field soil improvement with dynamic drainage consolidation. Earthquake Engineering and Soil Dynamics . 2001，no. 1，10：1-8).

[157] 李彰明，杨良坤，王靖涛. 岩土介质强度应变率阈值效应与局部二次破坏模拟探讨. 岩石力学与工程学报，2004，23（2）：307-309.

[158] 李彰明，全国权，刘丹. 土质边坡建筑桩基水平荷载试验研究. 岩石力学与工程学报，2004，23（6）：930-935 .

[159] LI ZHANGMING WANG JINGTAO . Fuzzy Evaluation On The Stability Of Rock High Slope：Theory. Int. J. Advances in Systems Science and Applications，2003，3（4）：577-585 .

[160] LI ZHANGMING. Fuzzy Evaluation On The Stability Of Rock High Slope：Application. Int. J. Advances in Systems Science and Applications，2004，4（1）：90-94 .

[161] 李彰明，杨良坤，刘添俊. 半刚性桩复合地基沉降分析方法及应用. 建筑科学，2005，21（4）：46-50 .

[162] 李彰明. 软基处理中孔压变化规律与分析. 岩土工程学报，1997（19）：97-102.

[163] 张光永，吴玉山，李彰明. 超载预压法阈值问题的室内研究. 岩土力学，1999，20（1）：79-83 .

[164] 张珊菊，等 . 建筑土质高边坡扶壁式支挡分析设计与工程应用. 土工基础，2004，18（2）：1-5.

[165] 王安明，李彰明. 秦沈客运专线 A15 标段冬季施工技术. 铁道建筑，2004，（4）：18-20.

[166] 赖碧涛，李彰明. 地基处理管理信息系统的开发和应用. 岩土力学，2004，25（12）：2041-2044.

[167] 刘锦伟，李彰明 . 不同冲击频率与中主应力下细砂力学响应研究 . 长江科学院院报，2012.29（8）：89-92，99.

[168] LI ZHANGMING. A new approach to rock failure：criterion of failure in plastical strain space. Engineering Fracture Mechanics，1990，35（4/5）：739-742.

[169] 河海大学. 交通土建软土地基工程手册. 北京：人民交通出版社，2001.

[170] 李彰明，林军华. 广州南沙泰山石化仓储区-期软基处理工程监测技术总报告，2005.9.

[171] EDWARD W B，ROLF P B. Soft Clay Engineering. New York：Elserier Scientific Publishing Company，1981.

[172] Wolf J. P. Dynamic Soil-Structure Interaction. New Jersey：Electrowatt Engineering Services Lt，1985.

[173] WILLIAM POWRIE W. Soil mechanics（Second Edition）. Londen and New York：Spon Press，2004.

[174] BOLTON M. A guide to soil mechanics. Hong Kong：Chung Hwa Book Company，1991.

[175] 广东省建设厅：DBJ 15-60—2008 建筑地基基础检测规范. 北京：中国建筑工业出版社，2008.

[176] ROBERTSON P. K. , CABAL K. L. Guide to cone penetration testing. California：Gregg Drilling & Testing, Inc. 2012.

[177]　李彰明. 软土地基加固与质量监控. 北京：中国建筑工业出版社，2011.

[178]　ROBERTSON P K，CAMPANELLA R G Guidelines for geotechnical design using CPT and CPTU [M]. Vancouver：University of British Columbia，1988.

[179]　林宗元. 岩土工程试验监测手册. 沈阳：辽宁科学技术出版社，1994.

[180]　崔新壮，丁桦. 静力触探锥头阻力的近似理论与试验研究进展. 力学进展，2004，34(2)：251-262.

[181]　龚晓南. 土塑性力学. 2 版. 杭州：浙江大学出版社，1999.

[182]　LI ZHANGMING. Relationship between CPT parameters and properties of saturated ultra-soft clays in the Pearl River delta. Proceedings of 3rd International Symposium on Cone Penetration Testing，Las Vegas，Nevada，USA，2014.

第 4 章

软土工程原理与设计准则

4.1 概述

4.1.1 软土工程基本原理

构成软土工程基本理论体系的为物理（本构）模型理论、强度理论以及判别在一定时期内工程结构安全稳定性的系列理论方法。这些理论方法是软土工程分析与设计的基础。

物理或本构模型理论确定在一定外部条件下介质内应力与变形及其变化速率的响应规律。其中，关于多相介质、初始塑性与渐进破坏的理论构成了软土本构模型发展的重要特点。正在发展的缺陷体与局部变形理论也受到越来越多的重视。对于土体，这些问题应用中最为著名的是饱和土和非饱土的固结理论。

强度理论是解决介质在何种条件下破坏的理论。对于土体，目前使用较为广泛的是莫尔-库仑等模型理论。关于荷载增加情况下土体破坏过程的渐进破坏理论，则正在努力发展中；这对软土工程具有重要意义。对于砂性土体，液化破坏理论的发展也十分重要，它反映由于孔隙压力升高而导致土体破坏的规律。

在上述理论的基础上，对于软土工程，还需在一定时期内工程结构安全或稳定性判别理论及其方法。其中，最为常用的是留有足够安全储备容许应力法和极限状态法。需要指出的是，有关变形控制（以变形量为基本参量）的理论方法能更直接有效地判别工程结构的安全稳定性。由于软土工程中存在较多的非确定性或随机问题，概率统计、模糊方法、可靠度分析、遗传算法与神经网络法等将受到更多的重视。

4.1.2 软土工程设计的特点

1. 对自然条件的依赖性

软土工程与自然界的关系极为密切，设计时必须全面考虑气象、水文、地质条件及其动态变化，包括可能发生的自然灾害以及由于兴建工程改变自然环境引起的灾害，必须特别重视调查研究，做好勘察工作。在设计计算中，要尽可能客观地确定边界条件与初始条件。软土工程迄今还是一门不严谨、不完善、不十分成熟的科学技术，存在相当大的风险性。

2. 软土性质的不确定性

软土参数是随机变量，变异性大，而且不同的测试方法会得到不同的测试值，差异往往相当大，相互间关系往往具有模糊性、区域甚至局部的有效性，有时甚至无法分析比较，故在进行软土工程设计时，不仅要掌握参数及其概率分布，还要了解测试的方法及其与工程原型之间的差别。

3. 注重经验，特别是地方经验

近代土力学的建立及发展，为软土工程的计算和分析提供了一定的理论基础。但由于软土性质与埋藏条件复杂多变、具有明显的时空变异性，以及土体与结构相互作用的复杂性，不得不简化，以致预测和实际之间有时相差甚远。鉴于软土工程计算的不完善，工程经验，特别是地方经验，在软土工程设计中应予高度重视。

4. 原位测试、实体试验、原型观测的特殊地位

取样进行室内试验仍是岩土测试的重要手段，但由于小块试样的代表性不足，取样、运输、保存、试验过程中的扰动，某些土体无法或难以取样等问题而显示出它的局限性，故原位测试在软土工程勘察中被广泛应用。但是，原位测试一般应力-应变条件复杂，影响因素多，对环境条件的控制与预测较难，而且费用高，测试量较少，很多情况下难以完全依赖而进行理论分析。有些原位测试项目并不直接得出设计参数，有时这些原位测试项目与设计参数之间甚至没有物理概念上的联系，成果的应用带有很强的经验性和地区性。

为了避免尺寸效应的影响，有时某些工程要做实体试验，如足尺的平板载荷试验、载荷试验、锚杆抗拔试验等。只要这些试验有足够的代表性，可以作为软土工程可靠的最终设计依据。

由于设计参数和计算方法的不精确性，原型观测对于检验岩土工程设计的合理性和监测施工的质量和安全，有特殊的重要意义。

5. 含水量高、孔隙比大

沿海、沿江与沿湖地区地表一定深度内软土层分布十分广泛。诸如，我国的珠江三角洲地区广泛分布淤泥土层，具有三高、一强、三低的显著特点（天然含水量高，可高达 150%以上；孔隙比高，可高达 3.0 以上；压缩性高，压缩系数可高达 0.01kPa^{-1} 以上；结构性强、易受扰动；渗透性低，低至 $10^{-9}\text{-}10^{-8}\text{cm/s}$；抗剪强度低，黏聚力可低至接近于 0，内摩擦角也可低至接近于 0°；变形模量低，可低于 0.1），且软土厚度大并变化剧烈。不了解高含水量软土的特性，难以做到科学、合理的设计。

4.1.3　基本技术要求和设计原则

1. 基本技术要求

软土工程设计应以最少的投资、最短的工期，达到设计基准期内安全运行，并满足所有的预定功能要求，即包括如下三个方面：

（1）预定功能要求。

（2）安全性和耐久性要求。

（3）投资和工期的经济性要求。

2. 设计时应考虑的因素

（1）设计基准期内预定功能。

（2）场地条件、土性质及其变化。

（3）工程结构特点。

（4）施工环境，相邻工程的影响。

（5）施工技术条件，设计实施的可行性。

（6）地方材料及设备资源。

（7）投资和工期。

（8）对环境与社会的影响。

3. 注意场地条件、防治灾害

应充分搜集场地的地形、地质、水文、水文地质等资料，作为设计的依据。例如，场地可能的自然灾害，如暴雨、洪水、地震、滑坡、泥石流等；由于工程建设引起的灾害，如采空塌陷、抽水塌陷、边坡失稳、管涌、突水等，均应在勘察、预测和评价的基础上，采取有效防治措施。

4. 合理选用岩土参数

选用岩土参数时，应注意其非均质性与参数测定方法、测定条件与工程原型之间的差异、参数随时间和环境的改变，以及由于工程建设而可能产生的变化等。

由于土体参数是随机变量与模糊量，故在划分工程地质单元的基础上，应进行统计分析，算出各项参数的平均值、标准差、变异系数；确定其特征值和设计值。在选定测试方法时，应注意其适用性。

5. 定性分析与定量分析结合

定性分析是岩土工程分析的首要步骤和定量分析的基础。对于下列问题，一般只做定性分析：

（1）工程选址和场地适宜性评价。

（2）场地地质背景和地质稳定性评价。

（3）土体性质的直观鉴定。

定量分析可采用解析法、图解法或数值法，都应有足够的安全储备，以保证工程的可靠性。考虑安全储备时，可用定值法或概率法。

定性分析和定量分析，都应在详细占有资料的基础上，运用较为成熟的理论和类似工程的经验进行论证，并宜提出多个方案进行比较。

6. 注意与结构设计的配合

在软土工程设计中，岩土工程师与上部结构工程师应密切配合，使岩土工程设计与上部结构工程设计协调一致。

4.1.4 设计基础资料

软土工程的设计基础资料，随具体工程的需要而异，一般情况下主要基础资料如下：

1. 地形、水文、气象资料

（1）地形图及平面、高程控制。

（2）水位、流量、洪峰、淹没、冲淤等。

（3）气温、脚水、暴雨、风暴湖、冻结深度等。

2. 岩土勘察资料

（1）岩土的类型、年代、成因、产状、性质、分布等。

（2）岩土的工程性质指标及其变异性。

（3）构造断裂的展布、活动性、对工程的影响。

（4）不良地质现象，包括岩溶、土洞、滑坡、崩塌、泥石流、活动沙丘等的类型、特征、动态、对工程的影响。

（5）人为地质现象，包括采空、水库坍岸、抽水引起的地面沉降、塌陷、裂缝等的类型、特征、动态、对工程影响。

（6）地震设防烈度、场地土类别、场地类别、地震动参数、液化。

（7）地下水类型、水位、动态、地层渗透性、补给排泄条件。

（8）土与水对建筑材料的腐蚀性。

（9）特殊性岩土的测试与评价。

3. 建筑结构资料

（1）工程安全等级、建筑面积、层数、高度、开挖深度、可能采用的基础形式等。

（2）结构类型、刚度、荷载及分布，加荷速率、对沉降及差异沉降的要求等。

（3）可能采用的挡土结构类型。

（4）和岩土工程有关的排水、抽水、排污等资料。

4. 其他资料

（1）邻近工程设施及其与拟建工程关系。

（2）施工排水、排污条件，对振动、噪声等的限制。

（3）岩土工程勘察、设计、施工的地方经验，当地的地方建筑法规、标准、规范、定额等资料。

（4）地下管线埋藏分布情况。

（5）工程建设的计划进度，有关单位的分工和配合。

（6）当地的施工能力、材料及劳务价格。

4.2　极限状态与可靠度

4.2.1　基本概念

软土工程设计有容许应力法和极限状态法。无论采用哪种方法，都应有足够的安全储备，都应满足下列功能：

（1）能承受正常施工和正常使用期间可能出现的各种作用。

（2）在正常使用期间，工程各部分具有良好的工作性能。

（3）在正常维护下具有足够的耐久性。

（4）在发生偶然事件或局部失效时，仍保持必需的整体稳定性。

软土工程的传统设计方法，是建立在经验基础上的容许应力法，随着设计理论和设计方法的进步，有转向以概率为基础的极限状态法的趋势，但目前处在探索研究阶段，还不够成熟。下面是若干基本概念的解释。

1. 工程安全等级

根据工程破坏可能产生的后果（危及人员生命、经济损失、社会影响等）的严重性划分的等级。分为如下三级：

一级：破坏后果很严重。

二级：破坏后果严重。

三级：破坏后果不严重。

2. 设计基准期

工程设计所依据的时间参数。

3. 容许应力法

在正常使用条件下，比较荷载作用和岩土抗力，要求强度有一定储备，变形满足正常使用要求，荷载、抗力和安全度的取值都建立在经验的基础上（注意：该法存在概念上的问题）。

4. 极限状态法

将岩土及有关结构置于极限状态进行分析，找到达到某种极限状态（承载能力、变形等）时岩土的抗力。

5. 定值法

将设计变量作为非随机变量，一般用安全系数表达，即在强度上根据经验打一折扣，作为安全储备。

$$K = \frac{R}{S} \geqslant [K] \tag{4.1}$$

式中　R、S、K、$[K]$——抗力、作用、安全系数、目标安全系数，都是根据经验得来的。

6. 概率法

将设计变量作为随机变量，对作用、抗力、安全度进行概率分析，按失效概率量度设计的可靠性，将安全储备建立在概率分析的基础上。按水准的不同，分为半概率法、近似概率法、全概率法，介绍如下。

（1）半概率法。

$$\overline{K} = \frac{\mu_R}{\mu_S} = \frac{\overline{R}}{\overline{S}} \tag{4.2}$$

式中　$\overline{S}$、$\overline{R}$——抗力和作用的平均值，为中心安全系。

这是最简单的"一阶矩"法，进一步发展为"标准安全系数法"，即

$$K_b = \frac{R_b}{S_b} \tag{4.3}$$

式中　R_b、S_b——由 $\overline{R}$、$\overline{S}$ 加（减）若干倍的均方差得到，在一定程度上考虑了变异性。

（2）近似概率法：用可靠指标 β 量度设计的安全度，我国《工程结构可靠度设计统一标准》采用此法。

（3）全概率法：对各种基本变量，如荷载、岩土参数、几何尺寸等，分别视为随机变量或用随机过程描述，用失败概率 P_f 直接量度安全性。

$$P_f = P\ (R \leqslant S) \leqslant [P_f] \tag{4.4}$$

式中　$[P_f]$——目标失效概率。

7. 可靠度

工程在规定时间内和规定条件下，具有预定功能的概率。可靠度设计是以概率理论为基础的极限状态设计方法。

8. 可靠指标

可靠度的量度指标。可靠指标 β 与失效概率 P_f 的关系如下：

$$P_{\mathrm{f}} = \Phi(-\beta) \tag{4.5}$$

式中　$\Phi(\ )$——标准正态分布函数。

4.2.2　极限状态准则

极限状态分为两类：承载能力极限状态与正常使用极限状态。

1. 承载能力极限状态

承载能力极限状态或称破坏极限状态。岩土工程出现下列情况之一时，即认为已超过了承载能力极限状态。

(1) 整个工程或工程的一部分作为刚体失去平衡。

(2) 岩土或结构材料超过了强度极限，或因过量变形而不能继续承受荷载。

(3) 工程变成机动体系。

(4) 岩土或结构构件失去稳定，如构件压屈。

《欧洲地基基础规范》把破坏极限状态又分为如下两类：

A 类：在岩土中形成破坏机制。

B 类：由于岩土体的过大位移或变形，导致结构物发生结构性的严重损坏。

属于 A 类的例子如下：

(1) 地基发生整体性滑动。

(2) 边坡失稳。

(3) 挡土结构倾覆。

(4) 隧洞顶板垮落或边墙倾覆。

(5) 流沙、管涌、潜蚀、塌陷、液化等。

属于 B 类的例子如下：

(1) 由于土的湿陷、融陷、震陷或其他大量变形，造成工程的结构性破坏。

(2) 由于岩土的过量水平位移，导致桩的倾斜、管道破裂、邻近工程的结构性破坏。

(3) 由于地下水的浮托力、静水压力或动水压力造成的工程结构性破坏。

2. 正常使用极限状态

正常使用极限状态或称功能极限状态。这种极限状态对应于工程达到正常作用或耐久性能的某种规定限值。出现下列情况之一时，可认为超过了正常作用极限状态。

(1) 影响正常使用的外观变形。

(2) 影响正常使用或耐久性的局部破坏，如裂缝。

(3) 影响正常使用的振动。

(4) 影响正常使用的其他特定状态。

属于超过正常使用极限状态的例子如下：

(1) 由于岩土变形而使工程发生超限的倾斜。

(2) 由于岩土变形而使工程发生表面裂隙或装修损坏。

(3) 由于岩土刚度不足而影响工程正常使用的振动。

(4) 因地下水渗漏而影响工程的正常使用。

按极限状态设计时，应根据具体情况采用相应的计算模式和不同的可靠度。当考虑偶然事件时，可仅按承载能力极限状态使主要承重部分不因偶然事件而丧失承载能力，或虽有局部破坏而仍能在一段时期内不发生连续倒塌。

极限状态方程的一般式如下：

$$Z = g(x_1, x_2, \cdots, x_i, \cdots, x_n) \qquad (4.6)$$

式中　　$Z = g(\quad)$——功能函数；

　　　　　x_i——基本变量，包括各种作用、岩土和材料性能、几何参数等。

当只有作用 S 和抗力 R 两个综合参量时：

$$Z = g(S, R) = R - S = 0 \qquad (4.7)$$

当 $Z > 0$ 时，处于可靠状态；当 $Z < 0$ 时，处于失效状态；当 $Z = 0$ 时，处于极限状态。

4.2.3　作用和岩土性能

软土工程上的作用力，有静态的和动态的，也有固定的和自由的。其作用按时间分为如下几种。

1. 永久作用

永久作用在规定的设计状况下一定出现，其量值随时间的变化可以忽略。它包括岩土压力、水位不变的静水压力、结构自重等。永久作用一般以标准值作为它的代表值。

2. 可变作用

可变作用在规定的设计状况下一定出现，其量值随时间的变化不可忽略。它包括各种使用荷载、安装荷载、车辆荷载、风载、雪载、水位变化的水压力、波浪力、温度变化等。可变作用一般取常遇值或准永久值作为它的代表值。

3. 偶然作用

偶然作用在设计考虑的时间内不一定出现，但一旦出现，其量值很大且持续时间很短。它包括强烈地震、爆炸、龙卷风、撞击等，偶然作用的代表值由有关规范规定，或参照有关资料和工程经验综合分析确定。

岩土的各种物理力学性能指标，通过室内或原位测试确定。

在结构设计时，几何参数一般用随机变量概率模型描述，只是在岩土工程设计中，由于它的变异性对计算结果的影响一般相对很小，因此可作为非随机变量处理。但有时不宜忽略，如钻孔灌注桩的直径，必要时可做随机变量处理。

4.2.4　可靠度

1. 软土工程可靠度问题的特点

（1）岩土性质极为复杂多变，即使同一地层，也随位置而变；即使同一试样，也随方向而变。可靠度分析的精度在很大程度上依赖于参数统计的精度。

（2）对于上部结构工程，失效验算是对构件截面进行的，计算模型比较简单，计算条件比较明确。但对于岩土工程，则是整体验算。"构件可靠度"和"体系可靠度"的概念模糊，涉及的是"广义可靠度"分析问题，困难较大。

（3）对于上部结构工程，截面和试样尺寸相差不大；但对于岩土工程，两者之间的尺寸差别非常大。要考虑的不是某一点的岩土特性，而是一定空间范围内的平均特性。除了管涌等少数岩土工程问题外，一般软土工程的可靠性是由岩土特别是软土的空间平均性状控制的。

（4）即使相当均质的岩土，各点的性质也不相同。据此，Vanmarche 发展了随机场理论。该理论假定，同一地层两点之间性质的差别随距离的增加而增大，把各点岩土的性质看成随位置而变化的随机变量，即空间分布随机场。岩土性质的相关性随距离增加而减弱，大于某一距离时就不相关了，这个距离称为相关距离。相关距离对于同一地层为定值，不随不同的指标而变。对一般沉积土层，垂直相关距离为 0.2～2.0m，水平相关距离为 20～50m。由于考虑了空间平均特性和相关距离，对岩土性质测定值的变异性应予折减，即乘以方差折减系数，所考虑的空间范围越大，折减也越多。经折减后，岩土的变异性减小，从而算出的可靠度增大，与不考虑岩土空间平均特性计算结果比较，较为接近实际。

（5）软土工程的可靠度，仍可用一次二阶矩法计算。但由于功能函数中各随机变量有时并非相互独立，需考虑相关性，即互相关联性，在计算时要做适当处理。

考虑上述特点后，在其他方面，软土工程可靠度分析与其他岩土工程、上部结构工程大体雷同；但总的来说，尚不成熟，还处于研究的探索阶段。

2. 可靠度分析的基本方法

如只存在作用 S 和抗力 R 两个变量，且均为正态分布，则失效概率 P_f 为

$$P_f = P\left[\frac{Z - \mu_z}{\sigma_z} < \frac{-\mu_z}{\sigma_z}\right] = \Phi\left(-\frac{\mu_z}{\sigma_z}\right) \tag{4.8}$$

式中　μ_z、σ_z——Z 的平均值和标准差。

可靠指标 β 为

$$\beta = \frac{\mu_z}{\sigma_z} = \frac{\mu_R - \mu_S}{\sqrt{\sigma_R^2 - \sigma_S^2}} \tag{4.9}$$

式中　μ_R、μ_S，σ_R，σ_z——作用 S 及抗力 R 的平均值和标准值。

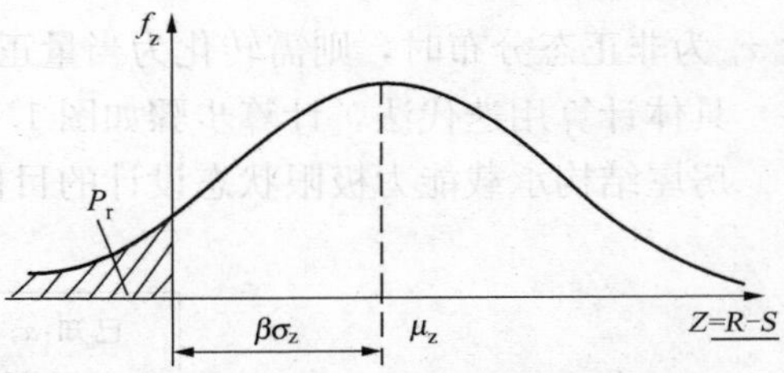

图 1.4-1　失效概率与可靠指标关系

根据式（4.5），P_f 与 β 有一一对应关系，如图 1.4-1 及表 1.4-1 所示。

表 1.4-1　　　　　　　　　　可靠指标与失效概率对应关系

β	1.0	1.5	2.0	2.5
P_f	1.59×10^{-1}	6.68×10^{-2}	2.28×10^{-2}	6.21×10^{-3}
β	3.0	3.5	4.0	4.5
P_f	1.36×10^{-3}	2.33×10^{-4}	3.17×10^{-5}	3.40×10^{-6}

可靠度计算有多种方法，这里只介绍最基本的一次二阶矩法。极限方程为线性时，先对 R 和 S 做标准正态变换，令：

$$\left.\begin{array}{r} \hat{S} = \dfrac{S - \mu_S}{\sigma_S} \\[2ex] \hat{R} = \dfrac{R - \mu_R}{\sigma_R} \end{array}\right\} \tag{4.10}$$

则极限方程变为

$$L = \hat{R}\sigma_R + \mu_R - (\hat{S}\sigma_S + \mu_S) = 0 \tag{4.11}$$

经变换后得：

$$\hat{S}\cos\theta_S + \hat{R}\cos\theta_R - \beta = 0 \tag{4.12}$$

式中

$$\cos\theta_S = \sigma_S/\sqrt{\sigma_R^2 - \sigma_S^2}$$

$$\cos\theta_R = -\sigma_R/\sqrt{\sigma_R^2 - \sigma_S^2} \tag{4.13}$$

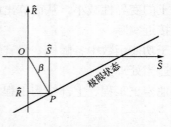

图 1.4-2　验算点法的几何意义

在 $\hat{S}\hat{O}\hat{R}$ 坐标系中（见图 1.4-2），$\cos\theta_S$ 及 $\cos\theta_S$ 是极限状态法线对各坐标向量的方向余弦。β 的几何意义：标准正态坐标系中原点到极限状方程的最短距离。而原点到极限方程的法线的垂足 P^*，则称为"设计验算点"。

$$\left.\begin{array}{l} S^* = \beta\cos\theta_S = \mu_S + \sigma_S\beta\cos\theta_S \\ R^* = \beta\cos\theta_R = \mu_R + \sigma_R\beta\cos\theta_R \end{array}\right\} \tag{4.14}$$

因 P^* 在极限方程直线上，故 S^* 及 R^* 必然满足式（4.7）。对于非线性方程，上述几何关系同样适用。当功能函数与多个正态基本变量有关时，β 是标准正态坐标系中原点到极限状态曲面的最短距离，法线的垂足亦称验算点 P^*，表达式可参阅有关参考资料。当基本变量 x_i 为非正态分布时，则需转化为当量正态随机变量 x_i'。

具体计算用迭代法，计算步骤如图 1.4-3 所示。

房屋结构承载能力极限状态设计的目标可靠指标和失效概率见表 1.4-2。

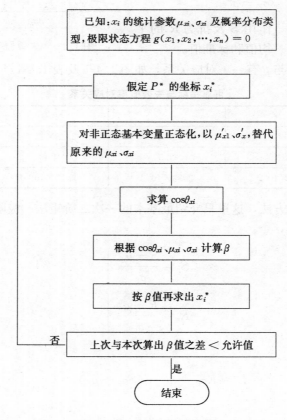

图 1.4-3　β 计算过程框图

122

表 1.4-2 　　　　　　　　　　不同安全等级工程的 P_f 和 β

破坏类型		一　级	二　级	三　级	破坏类型		一　级	二　级	三　级
延性	β	3.7	3.2	2.7	脆性	β	4.2	3.7	3.2
	P_f	1.0×10^{-4}	6.8×10^{-4}	3.4×10^{-3}		P_f	0.13×10^{-4}	1.0×10^{-4}	0.8×10^{-4}

脆性破坏是指破坏前无明显变形或其他预兆，延性破坏与此相反。

岩土工程的目标可靠指数，目前我国尚无系统资料，有待在对我国现有工程的可靠度进行校准的基础上研究确定。

4.3　岩土参数的分析与选定

4.3.1　岩土参数的可靠性和适用性

岩土参数是岩土工程设计的基础，可靠性和适用性是对岩土参数的基本要求。所谓可靠，是指参数能正确反映岩土体在规定条件下的性状，能比较有把握地估计参数真值所在的区间；所谓适用，是指参数能满足岩土工程设计计算假定条件和计算精度的要求。

岩土参数的可靠性和适用性，首先取决于岩土的结构受扰动的程度，不同取样方法对土的扰动程度是不同的，表 1.4-3 是几种取样方法对比试验的结果。由表 1.4-3 可见，厚壁取土器，锤击，对土样结构的扰动较大，使无侧限抗压强度 q_u 明显降低，变异系数 δ 显著增大。其次，试验方法和取值标准对岩土参数也有很大影响。对于同一地层的同一指标，用不同试验标准所得的结果会有很大差异。如土的排水抗剪强度，可用下列方法测定，而其结果各不相同。

（1）室内 UU 试验。

（2）室内无侧限抗压强度试验。

（3）原位十字板试验。

因此，进行岩土工程设计时，岩土工程师不仅要掌握岩土参数的数据，还要了解测试的方法和试验标准，对岩土参数的可靠性和适用性进行评价。

表 1.4-3 　　　　　　　　　　几种取样方法对比试验结果

土　类	薄壁取土器，压入			厚壁取土器，锤击			厚壁比薄壁	
	n	$\bar{q}_u$ /kPa	δ	n	$\bar{q}_u$ /kPa	δ	$\bar{q}_u$ 降低	δ 增大
淤泥质黏土	41	59	0.136	21	37	0.195	37%	43%
淤泥质粉质黏土	59	68	0.195	33	57	0.229	24%	17%

4.3.2　岩土的参数统计分析

岩土参数应按工程地质单元、区段、层位，统计平均值（ f_m ）、标准差（ σ_f ）和变异系数（ δ ）。其公式如下：

$$f_m = \sum_{i=1}^{n} f_i / n \tag{4.15}$$

$$\sigma_f = \sqrt{\frac{1}{n-1}\left[\sum_{i=1}^{n} f_i^2 - \frac{\left(\sum_{i=1}^{n} f_i\right)^2}{n}\right]} \tag{4.16}$$

$$\delta = \frac{\sigma_f}{f_m} \tag{4.17}$$

式中 f_i ——岩土参数；

n ——参加统计的数据个数。

按表 1.4-4 评价岩土参数的变异性。

表 1.4-4 评价岩土参数的变异性

变异系数	$\delta < 0.1$	$0.1 \leqslant \delta < 0.2$	$0.2 \leqslant \delta < 0.3$	$0.3 \leqslant \delta \leqslant 0.4$	$\delta > 0.4$
变异性	很 低	低	等	高	很 高

计算出平均值和标准差后，应剔除粗差数据。剔除粗差有不同方法，常用的有正负三倍标准差法、Chauvenet 法、Crubbs 法。

当离差满足式（4.18）时，其数据应剔除。

$$|D| > g\sigma \tag{4.18}$$

式中 $D = f_i - f_m$；

σ ——标准差；

g ——系数，当用三倍标准差时取 3；用其他方法时，由表 1.4-5 查得。

表 1.4-5 Chauvenet 法及 Crubbs 法的 g 值

n	Chauvenet 法	Crubbs 法		n	Chauvenet 法	Crubbs 法	
		$a = 0.05$	$a = 0.01$			$a = 0.05$	$a = 0.01$
5	1.68	1.67	1.75	16	2.16	2.44	2.76
6	1.73	1.82	1.94	18	2.20	2.50	2.82
7	1.79	1.94	2.10	20	2.24	2.56	2.88
8	1.86	2.03	2.22	22	2.28	2.60	2.94
9	1.92	2.11	2.32	24	2.31	2.64	2.99
10	1.96	2.18	2.41	30	2.39	2.75	3.10
11	2.03	2.29	2.55	40	2.50	2.87	3.24
12	2.10	2.37	2.66	50	2.58	2.96	3.34

岩土参数沿深度方向变化，有相关型和非相关型两种。对相关型参数，按下式确定变异系数：

$$\delta = \frac{\sigma_r}{f_m} \tag{4.19}$$

$$\sigma_r = \sigma_f \sqrt{1 - r^2} \tag{4.20}$$

式中 σ_r ——剩余标准差；

r ——相关系数，对非相关型 $r = 0$。

表 1.4-6～表 1.4-8 是一些变异系数的研究成果。

表 1.4-6　　　　　　　　　　　　　　Ingles 建议的变异系数

岩土参数	报道范围	建议值	岩土参数	报道范围	建议值
砂土内摩擦角	0.05～0.15	0.01	塑　限	0.09～0.29	0.10
黏性土内摩擦角	0.12～0.56		标准贯入	0.27～0.85	0.30
黏聚性（不排水）	0.20～0.50	0.03	无侧限强度	0.08～1.00	0.40
压缩性	0.18～0.73	0.03	孔隙比	0.13～0.42	0.25
固结系数	0.25～1.00	0.05	密　度	0.01～0.10	0.03
弹性模量	0.02～0.42	0.30	黏粒含量	0.09～0.70	0.25
液　限	0.02～0.48	0.10			

表 1.4-7　　　　　　　　　　　　　我国某些地方的变异系数

地　区	土　类	密　度	压缩模量	内摩擦角	黏聚力
上　海	淤泥质黏土	0.017～0.020	0.044～0.213	0.206～0.308	0.049～0.080
	淤泥质粉质黏土	0.019～0.023	0.166～0.178	0.197～0.424	0.162～0.245
	暗绿色粉质黏土	0.015～0.031		0.097～0.268	0.333～0.646
江　苏	黏　土	0.005～0.033	0.177～0.257	0.164～0.370	0.156～0.290
	粉质黏土	0.014～0.030	0.122～0.300	0.100～0.360	0.160～0.550
安　徽	黏　土	0.020～0.034	0.170～0.500	0.140～0.168	0.280～0.300
河　南	粉质黏土	0.015～0.018	0.166～0.469		
	黏　土	0.017～0.044	0.209～0.417		

表 1.4-8　　　　　　　　　　　变异性等级（根据 Meyerhof 得参数）

变异性等级	变异系数	荷　载	岩土参数
很　低	<0.1	死荷载 静水压力	密　度
低	0.1～0.2	孔隙水压力	砂土的指示指标 内摩擦角
中　等	0.2～0.3	活荷载 环境荷载	黏土的指示指标 黏聚力
高	0.3～0.4		压缩性 固结系数
很　高	>0.4		渗透性

4.3.3　岩土参数的特征值和设计值

岩土参数的特征值（f_k）是岩土工程设计的最基本量值。岩土参数的可靠性估值，可按式（4.21）求得：

$$P(\mu < f_k) = a \tag{4.21}$$

式中　a——一个可接受的小概率，称为风险率。

a 符合式（4.21），是单侧置信下限，采用此下限时意味着仅有一个小的风险率小于此值。

按区间估值理论估计总体平均值的单侧置信界限值，由下式算得：

$$f_k = f_m \left(1 \pm \frac{t_n}{\sqrt{n}} \frac{\sigma}{f_m}\right) = f_m \left(1 \pm \frac{t_n}{\sqrt{n}} \delta\right) \tag{4.22}$$

式中　t_n——学生氏函数，按风险率 a 和样本容量 n，从有关表中查出。

当采用风险率 a 为 0.05 时，简化为

$$f_k = \gamma_n f_m \qquad (4.23)$$

$$\gamma_n = 1 \pm \left(\frac{1.704}{\sqrt{n}} + \frac{4.678}{n^2}\right)\delta \qquad (4.24)$$

式中　γ_n——统计修正系数。

式中的正负号取用，按不利组合考虑，如 c、φ 取负号，E_s、a 取正号（有些规范规定，对正常使用极限状态，计算参数取平均值）。

岩土参数的设计值 f_d 可由下式获得：

$$f_d = \gamma f_k \qquad (4.25)$$

式中　γ——岩土参数的分项系数，按有关规范的规定采用。

4.4　实体试验和反分析

4.4.1　实体试验

直接或间接地以工程实体或工程原型监测为设计依据，是岩土工程设计的一个重要特点。单纯依靠理论计算的设计，通常认为是不可靠的。既无现成经验，又无实体试验为依据而设计的工程，总带有一定的试验性质，这是因为：

(1) 岩土工程的影响因素复杂，数学公式或数学模型经过较大简化。

(2) 地质条件难以完全摸清，岩土参数不易准确量测，边界与初始条件不确定，测试条件和工程原型之间的差别往往很大。

(3) 模型试验是一种重要的试验手段，但由于模型材料和尺寸效应问题，一般不宜作为直接设计的依据，而只作为研究某些规律的手段。岩土工程设计以实体试验和原型监测为依据，有以下三种方式如图 1.4-4 所示。

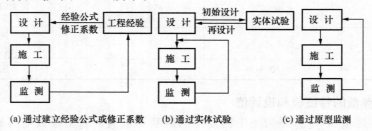

图 1.4-4　根据实体试验和原型监测设计

1. 建立经验公式或用经验系数修正理论公式

(1) 根据原型桩的静载荷试验与土性资料分析对比，建立桩的端承力和摩阻力的经验值。

(2) 根据土的静载荷试验与土性资料分析对比，建立地基承载力的经验值，静载荷试验虽非实体试验，但较接近工程原型且偏于安全。

(3) 根据建筑物沉降观测数据进行反分析，与室内压缩试验资料对比，修正沉降计算公式。

2. 在现场进行实体试验，作为岩土工程设计的依据

（1）足尺基础静力载荷试验。

（2）桩和墩的现场实体试验。

（3）现场堆载试验。

（4）现场试开挖。

（5）抽水试验，现场疏干排水试验。

（6）静力触探试验。

（7）原位十字板剪切试验。

（8）锚杆抗拔试验。

3. 动态设计

通过工程原型监测，逐步调整设计，也称动态设计或信息化设计。

（1）软土地基上的堤坝、油罐等工程，在加载过程中监测地基土的位移和孔隙水压力，根据观测数据调整加荷速率。

（2）在高边坡或大型露天矿的开挖过程中，监测岩土的应力和位移，根据监测数据调整施工程序。

（3）在高层建筑与裙房之间设置后浇带，根据沉降观测数据，确定浇筑时间。

（4）在基坑开挖或地下开挖过程中，监测岩土和结构的应力、变形和地下水情况，以便必要时采取补强或其他应急措施。

4.4.2　反分析的基本规则

1. 目的和意义

反分析是以工程原型为基础，以对工程原型的观测为手段，反求岩土体参数的一种技术方法。其目的和意义如下：

（1）和室内试验、原位测试一起，构成求取岩土参数的三种主要手段。

（2）通过反分析，查验设计的合理性。

（3）通过反分析，查明工程事故的技术原因。

（4）结合室内试验的原位测试，对岩土力学问题进行科学研究。

2. 分析步骤

（1）检查和编整观测数据。

（2）建立数学模型，进行计算分析。

（3）将计算结果和设计时采用的参数进行比较，分析两者之间的差异及其原因。

3. 注意事项

（1）反分析必须具备详细的勘察资料，包括地层和地下水的埋藏条件，岩土原位应力、位移与性质指标及其在施工过程中的变化。

（2）反分析应尽量具备岩土初始状态和应力历史的数据。

（3）施工和使用过程中的观测数据，是反分析的依据，应系统、全面、可靠，精度符合要求。

（4）合理确定边界条件和排水条件，合理选择计算模型。

（5）在进行量纲分析、理论解析、统计分析时，应注意反分析工程与设计工程之间尺寸上的差异。

127

（6）一般来说，只有当原型观测的数据直接反映了岩土体某一点的状态（应力、应变、孔压）时，其结果才能与室内试验或原位测试数据直接比较，而那些对整体反应的观测数据（沉降、基坑回弹等），只有经过分析后，才能与其他方法测试的结果进行比较。

（7）在反分析中需进行数据统计时，一般只能在内插范围内选取参数，只有在确有把握的情况下，才采用外延方法。

（8）反分析是一种带有研究性的工作，除了以实际观测资料为依据外，还有一定的假设条件。因此，反分析虽是一种技术论证的手段，但一般不应作为涉及责任问题的查证。

4.4.3　反分析的应用

非破坏性反分析及破坏性反分析的应用，见表1.4-9及表1.4-10。

表1.4-9　　　　　　　　　　　　非破坏性反分析的应用

工 程 类 型	实 测 参 数	反 演 参 数
建筑工程	位移及沉降观测，基坑回弹观测	岩土变形参数
动力机器基础	稳态或非稳态动力反应，包括位移、速度、加速度	岩土动刚度、动阻尼
挡土结构	水平及垂直位移，岩土压力、结构应力	岩土抗剪强度
公　路	路基及路面变形	路基路堤土的变形模量，加州承载比
降水工程生产井	涌水量及水位降深	渗透系数

表1.4-10　　　　　　　　　　　　破坏性反分析的应用

场 地 类 型	实 测 参 数	反 演 参 数
各类场地	地基失稳滑移后的几何参数	岩土强度
滑　坡	滑坡体的几何参数，滑动前后观测数据	滑床岩土强度
液　化	地震前后土的密度、强度、水位、上覆压力、标高变化等	液化临界值
膨胀性土、湿陷性土	土的含水量和变形，建筑物变形的动态观测数据	膨胀压力、活动带范围、湿陷性指标

4.5　技术文件

4.5.1　岩土工程勘察报告

1. 原始资料

岩土工程勘察过程中形成的原始资料包括各种原始记录、图表、磁带、录像带、电子文档等，均应进行检查、核对和初步分析；同时，对各种样品、标本应进行整理，有些送实验室分析，原始资料必须真实、系统、完整，编整工作应及时进行；还应具有可追溯性。

2. 图表

岩土工程勘察报告中应附有图表，应根据每项工程的具体情况确定，常用的图表如下：

（1）勘探点平面布置图（附地形）。

（2）综合工程地质图或工程地质分区图。

（3）各种等高线图、等深线图、等厚线图、等值线图。

（4）工程地质剖面图。

（5）钻孔柱状图或探井、探槽展视图。

（6）综合柱状图。

（7）各种原位测试成果图。

（8）岩土试验成果图表。

（9）水质分析成果表。

各种图表的内容、规格和要求，可参阅有关标准、规范或规程，图件幅面应按中华人民共和国标准执行。

3. 勘察成果文字报告

岩土工程的勘察成果报告的内容，应视具体情况而定，一般应包括下列内容：

（1）委托单位、场地位置、工程简介，以往的勘察工作及已有资料情况。

（2）勘察方法及勘察工作布置，包括各项勘察工作的数量、布置及依据，工程地质测绘，钻探、原位测试、室内试验、物探等方法的必要说明。

（3）场地的地形和地貌特征，不良地质现象的类型、特征、发展预测及对工程的影响，与场地有关的断裂构造的性质、展布、活动性及对工程的影响。

（4）场地地层结构、成因年代、埋藏条件、分布规律及其变化规律。

（5）与岩土工程有关的气象和水文条件，地下水类型、埋深、补给、径流和排泄条件，地层的渗透性，水位的动态变化，环境水对建筑材料的腐蚀性。

（6）各项岩土性质指标的测试成果及其可靠性和适宜性，并评价其变异性，提出标准值。

（7）根据地质和岩土条件，工程结构特点及场地环境情况提出地基基础方案，不良地质现象整治方案、开挖和边坡加固方案或其他岩土工程方案的建议，并进行技术经济论证。

（8）对建筑结构设计的建议，对监测工作的建议，工程施工和使用期间应注意的问题，对下一步岩土工程勘察工作的建议等。

4.5.2　岩土的工程设计文件

1. 一般说明

除大型特殊工程外，一般岩土工程设计可分为方案设计和施工图设计两个阶段。在方案设计阶段，设计文件以文字表达为主，进行可行性论证，辅以必要的方案和计算表；在施工图阶段，以图为主，辅以简要的文字说明。有时，也可合在一个阶段进行。

设计图样包括平面图、剖面图、结构详图以及工程项目一览表、材料统计表、概算表等表格。设计说明书一般应阐述下列内容：

（1）任务来源；

（2）设计依据；

（3）设计的基础资料和基本数据；

（4）技术方案；

（5）计算；

（6）技术要求；

（7）施工注意事项；

（8）检验与监测；

（9）概算。

计算书一般作为存档备查技术文件，不对外提交，内容应包括计算参数、计算公式（或数学模型）及计算结果。

2. 各类岩土工程设计文件

各类岩土工程设计文件的要点见表 1.4-11。

表 1.4-11　　　　　　　　　　　　各类岩土工程设计文件要点

工程类型	图　表	说　明　书	计　算　书
天然地基	基础平面图 基础剖面图 材料统计表	地基承载力设计值 基础沉降估算值 基坑检验和处理要求 沉降观测要求	基础沉降计算 差异沉降分析
预制桩	基础平面图 基础剖面图 桩身配筋图 材料统计表	端承力和侧阻力设计值 施工控制要求（如贯入度） 桩基质量检验 沉降观测要求	桩的承载力计算 承台计算
灌注桩和墩	基础平面图 基础剖面图 桩（墩）身配筋图 承台构造图 材料统计表	端承力和侧阻力设计值 成孔及其质量控制要求 钢筋笼及混凝土质量控制要求 桩（墩）的质量检验沉降观测要求	桩（墩）承载力计算 承台计算
降水疏干工程	降水工程平面图 降水工程剖面图 降水井结构图 设备、型号、规格一览表 材料统计表	工程总体布置及抽水程序 降水井施工及安装工艺 排水措施 质量标准及验收要求 流量、降深及持续时间	单井降深及涌水量计算 群井降深及涌水量计算
开挖与支护平面图	开挖与支护剖面图 挡土桩墙结构图 支撑结构图（如锚） 材料统计表	施工程序及方法 现场试验要求 检验和监测要求 相邻工程防护措施 冬季、雨季防护措施	稳定计算分析 土压力计算 挡土及支撑结构计算 基坑隆起分析 相邻工程影响分析
地下开挖工程	工程平面图 工程纵横剖面图 支护结构图 加固部分详图 材料统计	岩土参数设计值 施工程序及不稳定地段加固 排土（石）方式 安全措施 检验和监测要求	围岩压力及稳定分析 地基基础计算 支护结构计算 井筒及洞口计算
边坡工程	工程平面图 工程剖面图 加固部分详图 材料统计表	岩土参数设计值 施工方法及程序 不稳定地段的整治及加固 检验与监测要求	稳定分析计算 支护结构计算
强夯或振冲	强夯或振冲平面图 机械及材料表	填土（砂、碎石）要求 强夯或振冲程序及参数 施工要求检验和监测要求	强夯或振冲计算

续表

工程类型	图 表	说 明 书	计 算 书
排水固结处理	工程平面图 工程剖面图 真空预压装置图 材料统计表	排水井结构及施工方法 真空预压设备或堆载程序、预期沉降量 固结时间及效果检验和监测要求	沉降计算 固结时间计算 井距计算
静动力排水固结处理	水平与竖向排水体布置图、夯点布置图、软土地层分布图、监测点布置图 工程平面图 工程剖面图 机械及材料表	填土（砂、碎石）等材料要求 排水体施工程序及方法 夯击施工程序及参数 预期沉降量 固结时间及效果检验和监测要求	沉降计算 固结时间计算 夯击计算 排水体计算
填海工程	填海工程平面图 填海工程剖面图 围堰剖面图 土石方计算表 设备材料统计表	清淤要求 围堰填筑程序及质量要求 吹填材料规格及施工要求 土石方粒度控制要求 回填程序、压实方法及质量 控制检验和监测要求	围堰稳定计算 沉降计算 固结时间计算 土石方计算

4.5.3 专门性岩土工程技术文件

单项专门性岩土工程技术文件的内容和格式，视具体情况而定，常用的如下：

(1) 静力触探试验报告（单项测试报告）；

(2) 动力触探试验报告（单项测试报告）；

(3) 十字板剪切试验报告（单项测试报告）；

(4) 荷载板试验报告（单项测试报告）；

(5) 旁压试验报告（单项测试报告）；

(6) 压实度检验报告（单项检验报告）；

(7) 验槽报告（单项检验报告）；

(8) 桩基检验报告（单项检验报告）；

(9) 沉降观测报告（单项监测报告）；

(10) 地基处理监测报告（单项监测报告）；

(11) 建筑物基础偏斜调查报告（单项技术事故调查报告）；

(12) 深基开挖支护设计（单项岩土工程设计）；

(13) 工程降水设计（单项岩土工程设计）；

(14) 场地地震反应分析（单项专门岩土工程问题咨询）；

(15) 滑坡稳定分析（单项专门岩土工程问题咨询）；

(16) 断裂活动性评价（单项专门岩土工程问题咨询）。

参考文献

[1] 李彰明. 变形局部化的工程现象、理论与试验方法. 全国岩土测试技术新进展会议大会报告（海口），2003(11).

[2] 李彰明. 岩土工程结构. 土木工程专业讲义，武汉：1997.

[3] 李彰明，赏锦国，胡新丽. 不均匀厚填土地基动力固结法处理工程实践. 建筑技术开发，2003，30（1）：48-49.

[4] 李彰明，李相崧，黄锦安. 砂土扰动效应的细观探讨. 力学与实践，2001，23(5)：26-28.

[5] 李彰明. 有限特征比理论及其数值方法. 第五届全国岩土力学数值分析与解析方法讨论会论文集. 武汉：武汉测绘大学出版社，1994.

[6] 李彰明. 岩土介质有限特征比理论及其物理基础. 岩石力学与工程学报，2000，19(3)：326-329.

[7] 李彰明，冯遗兴. 动力排水固结法参数设计研究. 武汉化工学院学报，1997，19(2)：41-44.

[8] 李彰明，冯遗兴. 软基处理中孔隙水压力变化规律与分析. 岩土工程学报，1997，19(6)：97-102.

[9] 李彰明，冯遗兴. 动力排水固结法处理软弱地基. 施工技术，1998，27(4)：30，38.

[10] 李彰明，王武林，冯遗兴. 广义内时本构方程及凝灰岩粘塑性模型. 岩石力学与工程学报，1986，5（1）：15-24.

[11] 李彰明，王武林. 内时理论简介与内时本构关系研究展望（讲座）. 岩土力学，1986，7(1)：101-106.

[12] 李彰明. 厚填土地基强夯法处理参数设计探讨. 北京：施工技术，2000，29(9)：24-26.

[13] 李彰明，黄炳坚. 砂土剪胀有限特征比模型及参数确定. 岩石力学与工程学报，2001，20：1766-1768.

[14] 李彰明，赏锦国，胡新丽. 不均匀厚填土强夯加固方法及工程实践. 建筑技术开发，2003，30(1)：48-49.

[15] 李彰明. 动力排水固结法处理软弱地基. 施工技术，1998，27(4)：30.

[16] 李彰明，杨文龙. 土工试验数字控制及数据采集系统研制与应用. 建筑技术开发，2002，29(1)：21-22.

[17] LI ZHANGMING, et al. Dynamic response of mud in the field soil improvement with dynamic drainage consolidation. Earthquake Engineering and Soil Dynamics. 2001, No. 1, 10：1-8.

[18] 李彰明，杨良坤，王靖涛. 岩土介质强度应变率阈值效应与局部二次破坏模拟探讨. 岩石力学与工程学报，2004，23(2)：307-309.

[19] 李彰明，全国权，刘丹. 土质边坡建筑桩基水平荷载试验研究. 岩石力学与工程学报，2004，23(6)：930-935.

[20] LI ZHANGMING, Wang Jingtao. Fuzzy Evaluation On The Stability Of Rock High Slope：Theory. Int. J. Advances in Systems Science and Applications，2003，3(4)：577-585.

[21] LI ZHANGMING. Fuzzy Evaluation On The Stability Of Rock High Slope：Application. Int. J. Advances in Systems Science and Applications，2004，4(1)：90-94.

[22] 李彰明，杨良坤，刘添俊. 半刚性桩复合地基沉降分析方法及应用. 建筑科学，2005，21(4)：46-50.

[23] 李彰明. 软基处理中孔压变化规律与分析. 岩土工程学报，1997(19)：97-102.

[24] 张光永，吴玉山，李彰明. 超载预压法阈值问题的室内研究. 岩土力学，1999，20(1)：79-83.

[25] 张珊菊，李彰明. 建筑土质高边坡扶壁式支挡分析设计与工程应用. 土工基础，2004，(4)18：1-5.

[26] 王安明，李彰明. 秦沈客运专线 A15 标段冬期施工技术. 铁道建筑，2004(4)：18-20.

[27] 赖碧涛，李彰明. 地基处理管理信息系统的开发和应用. 岩土力学，2004，25(12)：2041-2044.

[28] 刘添俊，李彰明. 土质边坡原位剪切试验研究. 岩土工程界，2004.

[29] LI ZHANGMING. A new approach to rock failure：criterion of failure in plastical strain space. Engineering Fracture Mechianics，1990，35(4/5)：739-742.

[30] 岩土工程手册编写委员会. 岩土工程手册. 北京：中国建筑出版社，1994.

[31] POWERIE W. Soil mechanics. Znd Edition). Londen and New York：Spon Press，2004.

132

第 5 章

土体工程基本理论及本构关系

5.1 土体工程基本理论及方法

工程是将自然科学的理论应用到具体工农业生产部门中形成的各学科的总称。土体工程是以土体（包括一些构筑于土体的人工材料及构件）为基本对象，以力学为基本原理，以工程勘察、设计、施工、监测及检测为基本内容的综合性技术学科，是土木工程的一个组成部分。

土体工程和地基处理工程基本理论包括一般工程原理、物理学及力学（含固体力学及土力学、流体力学及渗流理论）与工程地质学等理论。土体工程方法一般是指为达到土体工程目的而采取的手段与行为方式，包括勘察、设计、施工、监测及检测等。土体工程的突出特点是各学科间的渗透与综合。

土体工程和地基处理工程基本理论及其发展也采用了自然科学技术范畴内的一般方法。

（1）逻辑、经验以及演绎和归纳方法（科学方法论）。

1）规律（认识）、假设、推理、理论及模型、试验及参数确定、计算方法及技术、应用及验证、修正假设与理论等；通常，更多地借助于上述多种方法综合分析比较。

2）测试：包括试验（大量样本）、总结规律及归纳为经验关系式、在一定条件下推演为更为一般的关系式。

（2）试图建立普遍适用的法典，致力于分类和量化。

在基本理论建立及描述分析中，采用了一般工程学科的基本假定及方法。

1）土体工程问题一般为均匀流逝时间下的欧几里得空间问题，即认定牛顿定律及力学具有普遍适用性。

2）唯象法，主要描述与分析土体宏观行为及结果，即在解释物理与工程现象时，不追究微观原因，而是由经验总结和概括试验事实得到自然界的基本规律做出演绎的推论。这是一种简单巨系统最常用的建模方法。其根据系统的宏观性质，不考虑系统的内部机制，直接利用系统宏观层次上功能的特点建立演化方程。因此，用这种方法建立演化方程不必研究子系统之间的相互作用。唯象方法是经典物理学与力学运用的主要方法。

3）隔离体法与整体法综合应用。实际问题中，绝大多数物体都是相互关联、相互作用的，因而问题显得较为复杂。为使复杂问题简单化以及凸显关注对象，在解决力学问题时，常将研究对象与其他物体隔离出来，用力学条件模拟或替代其他物体及条件的作用，单独对隔离出来的物体进行受力分析，应用相应的定律来分析求解得到隔离体的力学响应。当需要以整体为研究对象时（此时要求整体内部有相同的加速度），又可对整体进行研究。隔离体法与整体法在解决土体工程力学问题时往往交替使用。

4）因素分析法，即利用体系分析现象总变动中各个因素影响程度的分析方法。使用这种方法能够将一组反映事物性质、状态、特点等的变量，简化为少数几个能够反映事物内在联系、固有、决定事物本质特征的因素。其最大功用就是运用数学方法对可观测的物体或事物在发展中所表现出的外部特征和联系，进行由表及里、由此及彼、去粗取精、去伪存真的处理，从而得出对客观事物普遍本质的概括；其次，也可以使复杂问题大为简化，并保持其基本的信息量。这一方法对于复杂的土体工程问题十分有用。

土体工程及地基处理工程发展的基本特点如下：

1）土体工程所涉及的领域由传统的水利工程（堤坝）、建筑工程（基础、基坑）和公路铁路工程（路基、边坡、桥梁基础、隧道）扩大至地震工程、海洋工程、环境保护、地热开发、地下蓄能、地下空间开发利用等领域。

2）土工合成材料、其他新材料以及传统钢材、水泥等在土体工程中应用，改变了土体工程问题中介质的单一性；除了为土体工程疑难问题的解决提供了新的技术和方法外，土体与人工设置体的相互作用成为越来越需要面临的问题。

3）现代计算机和数值计算技术的发展，离心模型试验机及大型、高压真三轴仪，过程可控、环境可控的闭环控制仪器和现代测试设备仪器的不断开发问世，为土体工程及地基处理工程复杂问题的研究、计算与验证，提供了先进的手段，推动了信息化施工方法的形成，促进了土体工程基本理论的不断发展。

上述特点对土体工程理论及方法提出了更高的要求。作者以为，为更好地奠定土体工程理论基础，尚需：

1）更多地重视土体基本性质与基本行为研究，尤其是其工程性质的研究。就目前而言，土性质研究大部分来自室内小试样的简单荷载及边界、初始条件试验。简单来看，目前土力学的基本理论大致上属于小土样力学理论，与实际工程相差较大。

2）需更多的发展试验与监测、检测技术，尤其重视足尺测试技术，以能够模拟并较客观地反映实际土体工程行为。

3）发展更利于一般工程技术人员应用、功能强大的数学模拟分析技术。目前，各种数值模拟技术，对于一线工程技术人员而言，还是不太容易掌握使用的；同时，这种分析技术目前主要是诸如有限元等数值分析技术，而其核心问题依然是变形介质（土体）本构方程问题。

总的来看，在目前理论发展阶段，土体工程及地基处理工程问题的计算分析基础理论主还是变形体力学，其最简单而典型的代表为弹性力学（其巧妙地运用了上述方法，并在数学上得到了适定性证明），其发展涵盖了上述问题。然而，从数学上讲，变形体力学问题由平衡方程、几何方程或相容方程、物理方程（力学上多称其为本构方程）与边界条件或/及初始条件构成了求解基本方程（通常假定为适定性问题控制方程）及条件。一般而言，平衡方程、几何方程在假定条件下适合任何性状的介质，而本构方程本身则是关于介质性状的；土行为的本构模型在预言及描述土体行为中是最为关键的。因而，在尽可能地了解与掌握土体工程性状及力学响应规律的基础上，建立较为客观且方便使用的本构方程成为众多学者坚持不懈和苦苦追求的目标。本章后续内容便对于一些较为有代表性的本构关系理论及方程进行了阐述及讨论。

5.2　广义塑性本构理论

从 1773 年库仑在法国巴黎发表 "Essay on the application of the rules of the maxima and minima to certain statics problems relavant to architecture" 至今，土力学的发展已有 200 多年了。然而，目前土力学理论与软土工程实际之间仍存在较大距离。造成这种差异的基本原因之一是人们对软土体性质认识的欠缺、描述基础的不合适或不可靠。就我们所知，目前工程应用的土力学理论基础是建立在唯象理论基础之上的。土力学及软土工程学科目前主要研究领域为：物理力学量的确定性关系（包括动力学关系、运动学关系、介质性质及物性关系），适定性条件，求解理论方法及技术，试验模拟与测试理论技术，非确定性问题，各种工法及其技术，而学术界目前最为关注且关键的问题是介质性质及物性关系。这是因为在时间均匀流逝的欧几里得空间牛顿力学适用的条件下，对于一般固体材料，其动力学关系、运动学关系都是相同的。当寻求或建立了合适的物性关系时，结合普适的动力学关系、运动学关系以及边界与初始条件（适定性条件），从理论上讲即可求解任何定解问题。因此，不计其数的学者一直在探索，试图在物性关系特别是非线性物性关系问题的研究方面取得不断进展。

物体或材料的物性关系在力学领域内，通常称为本构关系。土体本构关系理论是关于给定温度、外力条件下土体内部应力及其速率、应变及其速率与其变形历史之间（热）力学行为规律的假说。通常，用以描述这种规律的数学表达式，被称为本构模型或本构方程。粗略来说，本构理论模型可以划为两个主要类别：基于颗粒或粒子行为的细观或微观模型，宏观或唯象模型。目前，大部分应用模型是上述第二类，而在工程实际上应用的几乎都是第二类。

所有材料或多或少地依赖于时间。例如，受到恒竖向应力软黏土试件表现为随时间而单调增加的竖向变形。然而，在正常工程条件下，大部分岩土材料力学性质表现为更依赖于应力水平、孔隙压力、过去历史、加载增量方向以及材料结构。事实上，除了淤泥与淤泥质土等极软软土外，大部分土体时间依赖性的主要表现一般是与孔隙水流动相关联的。

对于这些问题，各类理论均有所描述，而塑性理论提供了一个描述框架。在此框架下，岩土力学行为可以得到较好的理解与描述。需要指出的是，塑性理论本身仍在发展之中。

在岩土力学界，一般认为塑性理论始创于 1773 年库仑在土力学方面的工作。该理论后来被 Poncelet 和 Rankine 应用于土力学实际问题。

直到大约一个世纪以后，1864 年 Tresca 基于在冲击和推力试验中的试验结果，提出了依赖于最大剪切应力的屈服条件。此后，St. Venant 在 1870 年引进了各向同性流动准则的概念，该概念被 Levy 推广到三维条件下，其中应力主轴和应变增量（主轴）被假定是相同的。

此后的明显进步一直到新世纪的开始，Von Mises 与 Huber 分别提出了一个新屈服准则，并用由 Levy 提出的流动方程，得到了著名的 Levy-Von Mises 方程。此方程隐含着总的、弹性与塑性的应变增量部分之间没有区别。

1924 年，Prandtl 提出了在平面应变条件下将弹性和塑性部分加以分解；1930 年 Reuss 把其推广到一般应力条件下，Reuss 提出了关于塑性分量的流动规则。Von Mises 在 1928 年所做工作中提出了塑性势概念。在此工作中，屈服面正交概念被加以利用，以提供塑性流动方向。强化塑性理论是由 Melan 开始研究的，他于 1938 年将原来的塑性概念一般化，以考虑这一效应。

然而，今天所知的经典塑性理论框架是由 Drucker 于 1949 年所建立的。他引进了许多现代塑性力学的概念，诸如加载面、加载和卸载、中性加载、一致性和唯一性。

从那以后有了许多进展，这些进展是由于高速计算机与边界值问题数值方法的发展所导致的。

目前，已有大量各式模型，它们几乎可以描述刻画材料的所有力学行为。本章将循着这个路线加以阐述讨论。首先，阐述一般框架理论（但由于传统塑性理论框架在任何一本塑性力学教科书都可找到，故不再介绍），再重点讨论传统塑性理论模型；然后，介绍可以刻划液化现象的模型及其他较新发展的模型；最后，介绍其他各类本构模型，其中包括作者本人提出与发展的有限特征比本构理论及模型。

需要指出的是，在目前情况下，土体本构理论仍属于传统连续介质力学理论范畴，一般要求介质是连续、均质的，在绝大部分问题中还给出等温、初始各向同性、小变形与自然状态等假定。正是在此基础上，建立了各种各样的理论分支。

5.2.1　宏观方面

材料单轴力学行为显示不可逆的应变发展依赖于材料类型。对于金属材料（如低碳钢），拉伸中观察到的力学行为如图 1.5-1 所示。由图可见，在点 A 之前，材料响应是弹性和线性的，从该点后再卸载，则显示塑性或不可逆应变。若试件应变增加，而直到点 E 之前，应力却未发生变化。沿着应力路径平台 $ABDE$，则材料行为被称为理想塑性。如果试件卸载，加载与卸载路径相同，则不产生不可逆变形；此情况下，塑性应变未显示变化，材料也未强化。

一旦达到某个应变水平 E，应力又开始增加，如果我们在某个点 F 卸载又加载，则材料可以达到一个更高荷载水平，新的塑性应变发生，材料表现为强化；最终，一个最大荷载达到后，应力减少，直到材料破坏。

对于诸如饱和黏土的软土，应力-应变曲线是不同的，因为试验一开始便已经呈现塑性应变，如图 1.5-2 所示。

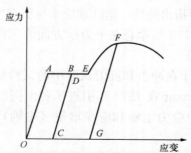

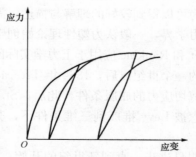

图 1.5-1　低碳钢的应力-应变关系　　图 1.5-2　软黏土的应力-应变关系

最后，一些诸如混凝土、岩石等摩擦性的材料呈现出一种由于缺陷而产生并发展的弱化，这是在加载过程中由于材料内部结构所产生的。若要完全理解这种行为，需要考虑弱化过程和诸如损伤力学等相关理论。然而，传统塑性模型可以在一个可接受的准确范围内重现观察到的行为，如图 1.5-3 所示。

5.2.2　广义塑性理论

在数值计算中，可以方便地用矢量矩阵描述张量的数量值（模），四阶张量相应于一个矩阵，二阶张量相应于（多个）矢量。下面，黑体字用于表示张量，大写字母表示四阶张量，小写字母表示二阶张量。传统的积和它的矩阵等价为

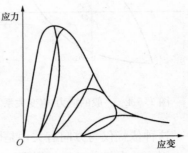

图 1.5-3　缺陷材料的应力-应变关系

（1）"：" 表示为最后两个下标的缩并。

$$A : B \equiv A_{ijkl}B_{klmn} \equiv\gg AB \equiv A_{ij}B_{jk}$$
$$A : b \equiv A_{ijkl}b_{kl} \equiv\gg Ab \equiv A_{ij}b_j$$
$$a : b \equiv a_{ij}b_{ji} \equiv\gg a^{t}b \equiv a_i b_i \tag{5.1}$$

（2）张量积表达为

$$a \otimes b \equiv a_{ij}b_{kl} \equiv\gg a^T b = a_i b_j \tag{5.2}$$

5.2.2.1　基本理论

若材料响应在应力变化时与速度无关，那么应力和应变增量之间关系一般可写为

$$d\varepsilon = \Phi(d\sigma) \tag{5.3}$$

式中　Φ——应力张量，$d\sigma$ 的增量函数与材料的状态或与材料的状态及其历史相关。

这是几乎所有的与温度无关、率无关、非线性本构定律的一般关系式。而当其中的变量（应力与应变）广义地被理解为包含其变化率时，上式为与温度无关、率相关、非线性本构定律的一般关系式。

等价地，由应变来表达的形式为

$$d\sigma = \Psi(d\varepsilon) \tag{5.4}$$

在此，仅考虑率无关的情况。由于材料响应与时间无关

$$\lambda d\varepsilon = \Phi(\lambda d\sigma)$$

式中　$\lambda \in \mathcal{R}_+$——正值度量因子（Darve，1990 年）。

进而，Φ 是自由度为 1 的齐次函数，可表达为

$$\Phi = -\frac{\partial \Phi}{\partial(d\sigma)} : d\sigma \tag{5.5}$$

由此，应力和应变增量的关系为

$$d\varepsilon = C : d\sigma$$
$$d\sigma = D : d\varepsilon \tag{5.6}$$

式中

$$C = \frac{\partial \Phi}{\partial(d\sigma)} \tag{5.7}$$

是 $d\sigma$ 中的自由度为 0 时的四阶张量。下面先描述 C 的基本性质，我们将考虑单轴加载—卸

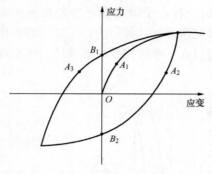

图 1.5-4　一般的应力-应变关系

载—再加载试验，该试验可见图 1.5-4 中的描述。本构张量 C 是一种度量，在图中是所考察点的曲线斜率的倒数。

可以看到的是，斜率取决于应力水平，应力水平越高，其值越小。比较点 A_1、A_2 和 A_3 之间的斜率，它们是不相同的；C 与过去历史（应力、应变、材料微观结构的变化等）相关。

更仔细地考察点 C 可以看到，对于给定点在加载与卸载中具有不同的斜率，这隐含着对于应力增量方向的依赖性。

这种依赖仅与方向有关，是因为 C 是 $\mathrm{d}\boldsymbol{\sigma}$ 上自由度为 0 的齐次函数。

因而，在简单一维情况下，对于加载可写为

$$\mathrm{d}\boldsymbol{\varepsilon}_\mathrm{L} = \boldsymbol{C}_\mathrm{L} : \mathrm{d}\boldsymbol{\sigma} \tag{5.8}$$

对于卸载可写为

$$\mathrm{d}\boldsymbol{\varepsilon}_\mathrm{U} = \boldsymbol{C}_\mathrm{U} : \mathrm{d}\boldsymbol{\sigma}$$

我们观察到，如果我们考虑一个关于 $\mathrm{d}\boldsymbol{\sigma}$ 的无限小循环，整个应变变化不是 0，而为

$$\mathrm{d}\boldsymbol{\varepsilon} = \mathrm{d}\boldsymbol{\varepsilon}_\mathrm{L} + \mathrm{d}\boldsymbol{\varepsilon}_\mathrm{U} = (\boldsymbol{C}_\mathrm{L} - \boldsymbol{C}_\mathrm{U}) : \mathrm{d}\boldsymbol{\sigma} \neq 0 \tag{5.9}$$

这种类型的本构定律由 Darve 1990 年定义为增量非线性类型。

有多种方法可引进对应力增量方向的依赖性。这些方法当中，值得提起的是 Darve 和他的合作者（1982 年）的多线性理论或 Dafalias（1986 年）、Kolymbas（1991 年）的次（亚）塑性理论。然而，在应力空间最简单的方法是，对于一个与任何给定应力 $\boldsymbol{\sigma}$ 有关的正交方向 $\boldsymbol{n}$，将所有可能应力增量分解为两种类型——加载与卸载。

$$\mathrm{d}\boldsymbol{\varepsilon}_\mathrm{L} = \boldsymbol{C}_\mathrm{L} : \mathrm{d}\boldsymbol{\sigma} \quad 对于\ \boldsymbol{n} : \mathrm{d}\boldsymbol{\sigma} > 0 \quad （加载）$$

$$\mathrm{d}\boldsymbol{\varepsilon}_\mathrm{U} = \boldsymbol{C}_\mathrm{U} : \mathrm{d}\boldsymbol{\sigma} \quad 对于\ \boldsymbol{n} : \mathrm{d}\boldsymbol{\sigma} < 0 \quad （卸载） \tag{5.10}$$

中性加载对应于极限情况，即

$$\boldsymbol{n} : \mathrm{d}\boldsymbol{\sigma} = 0 \tag{5.11}$$

这是广义塑性理论的起始点，是由 Zienkiewicz 和 Mroz（1985 年）引进的，后来由 Pastor 和 Zienkiewicz 等人加以扩展（1985 年，1990 年）。

此方向的引进消除了加载和卸载系列面定义的差别，而这些面与经典塑性理论相同。然而，这些面从不需要显示定义。

加载与卸载状态的连续性要求对于加卸载本构张量应具有如下形式

$$\boldsymbol{C}_\mathrm{L} = \boldsymbol{C}^\mathrm{e} + \frac{1}{H_\mathrm{L}} \boldsymbol{n}_\mathrm{gL} \otimes \boldsymbol{n} \tag{5.12}$$

并且

$$\boldsymbol{C}_\mathrm{U} = \boldsymbol{C}^\mathrm{e} + \frac{1}{H_\mathrm{U}} \boldsymbol{n}_\mathrm{gU} \otimes \boldsymbol{n}$$

式中　$\boldsymbol{n}_\mathrm{gL}$、$\boldsymbol{n}_\mathrm{gU}$ ——任意单位正交张量；

　　　H_L、H_U ——标量函数，定义为加载和卸载塑性模量，可以非常容易地确定。

上述两个关系式在中性加载情况下，预测着同样的应变增量。这两个表达使得非唯一性被避免。对于这样的加载，利用加卸载表达式表述的应变增量为

$$d\boldsymbol{\varepsilon}_L = \boldsymbol{C}_L : d\boldsymbol{\sigma} = \boldsymbol{C}^e : d\boldsymbol{\sigma} \tag{5.13}$$

和

$$d\boldsymbol{\varepsilon}_U = \boldsymbol{C}_U : d\boldsymbol{\sigma} = \boldsymbol{C}^e : d\boldsymbol{\sigma}$$

于是，在中性加载条件下材料行为是可逆的，因而被认为是弹性的。确实，张量 $\boldsymbol{C}^e$ 描述了弹性材料行为的特征，而且可以非常容易地验证。对于无限小应力循环（$d\boldsymbol{\sigma}$，$-d\boldsymbol{\sigma}$），$d\boldsymbol{\sigma}$ 对应于中性加载条件，累加应变为 0。

由上可见，应变增量可以分解为两部分

$$d\boldsymbol{\varepsilon} = d\boldsymbol{\varepsilon}^e + d\boldsymbol{\varepsilon}^p \tag{5.14}$$

式中

$$d\boldsymbol{\varepsilon}^e = \boldsymbol{C}^e : d\boldsymbol{\sigma} \tag{5.15}$$

并且

$$d\boldsymbol{\varepsilon}^p = \frac{1}{H_{L/U}}(\boldsymbol{n}_{gL/U} \otimes \boldsymbol{n}) : d\boldsymbol{\sigma} \tag{5.16}$$

需要指出的是，不可逆塑性变形被引进而不需要特别的任何屈服面或塑性势面，也不需要硬化规则，所必要的是描述两个标量函数 H_L、H_U 与三个方向。为了考虑材料的软化行为，即当 H_L 是负值时，加载和卸载的定义不得不修正如下

$$d\boldsymbol{\varepsilon}_L = \boldsymbol{C}_L : d\boldsymbol{\sigma} \quad 对于 \ \boldsymbol{n} : d\boldsymbol{\sigma}^e > 0 \quad （加载）$$
$$d\boldsymbol{\varepsilon}_U = \boldsymbol{C}_U : d\boldsymbol{\sigma} \quad 对于 \ \boldsymbol{n} : d\boldsymbol{\sigma}^e < 0 \quad （卸载） \tag{5.17}$$

$d\boldsymbol{\sigma}^e$ 给定为

$$d\boldsymbol{\sigma}^e = \boldsymbol{C}^{e-1} : d\boldsymbol{\varepsilon} \tag{5.18}$$

我们在此及下述的某些章节中，按矩阵的方法将积的形式简写为 $d\boldsymbol{\varepsilon}_L = \boldsymbol{C}_L \cdot d\boldsymbol{\sigma}$，$\boldsymbol{n}^T : d\boldsymbol{\sigma}^e > 0$ 等。

5.2.2.2　本构张量的逆

将本构模型编入有限元程序时，在许多情况下要求得到本构张量的逆，以表达应力张量作为应变增量的函数。这个逆仅仅在塑性模量不为 0 时才可自动得到。如果不是这种情况，逆就不得不按照以下的程序进行运算而得到（Zienkiewicz 和 Mroz，1985 年）。

首先，引进一个标量 λ

$$d\lambda = \frac{1}{H_{L/U}} \boldsymbol{n} : d\boldsymbol{\sigma} \tag{5.19}$$

应变的增量写为

$$d\boldsymbol{\varepsilon} = \boldsymbol{C}^e : d\boldsymbol{\sigma} + d\lambda \boldsymbol{n}_{gL/U} \tag{5.20}$$

上面方程的两边同时乘以 $\boldsymbol{n} : \boldsymbol{D}^e$

$$\boldsymbol{n} : \boldsymbol{D}^e : d\boldsymbol{\varepsilon} = (\boldsymbol{n} : \boldsymbol{D}^e) : (\boldsymbol{C}^e : d\boldsymbol{\sigma}) + (\boldsymbol{n} : \boldsymbol{D}^e) : d\lambda \boldsymbol{n}_{gL/U} \tag{5.21}$$

由此，我们获得

$$\boldsymbol{n} : \boldsymbol{D}^e : d\boldsymbol{\varepsilon} = \boldsymbol{n} : d\boldsymbol{\sigma} + d\lambda \ (\boldsymbol{n} : \boldsymbol{D}^e : \boldsymbol{n}_{gL/U}) \tag{5.22}$$

式中，我们考虑积 $\boldsymbol{D}^e : \boldsymbol{C}^e$ 是一个四阶的识别张量。替代以后为

$$\boldsymbol{n} : d\boldsymbol{\sigma} = d\lambda H_{L/U} \tag{5.23}$$

我们得到

$$n : D^e : d\varepsilon = (H_{L/U} + n : D^e : n_{gL/U}) d\lambda \qquad (5.24)$$

与

$$d\lambda = \frac{n : D^e : d\varepsilon}{H_{L/U} + n : D^e : n_{gL/U}} \qquad (5.25)$$

如果我们用 D^e 乘以方程的两边

$$d\varepsilon = C^e : d\sigma + d\lambda n_{gL/U} \qquad (5.26)$$

即有

$$d\sigma = D^e : d\varepsilon - d\lambda D^e : n_{gL/U} \qquad (5.27)$$

$d\lambda$ 值替代后给出

$$d\sigma = D^e : d\varepsilon - \frac{(D^e : n_{gL/U})(n : D^e : d\varepsilon)}{H_{L/U} + n : D^e : n_{gL/U}} \qquad (5.28)$$

可以被写为

$$d\sigma = D^{ep} : d\varepsilon \qquad (5.29)$$

$$D^{ep} = D^e - \frac{D^e : n_{gL/U} \otimes n : D^e}{H_{L/U} + n : D^e : n_{gL/U}}$$

如果我们利用矢量公式来代表张量，那么以上的表达式可以写为

$$D^{ep} = D^e - \frac{D^e \cdot n_{gL/U} \cdot n^T \cdot D^e}{H_{L/U} + n^T \cdot D^e \cdot n_{gL/U}} \qquad (5.30)$$

5.3 临界状态与典型的土体塑性模型

5.3.1 引言

土行为的本构模型在预言岩土行为中是最关键的，本构方程若不合适，则有限元将得不到有用的结果，而有可能误导使用者。

目前，有大量各种各样的模型可以描述简单应力路径、循环加载、应力轴的旋转以及各向异性。在世界范围内实验室做的大量工作，为上述描述提供了可能。近 10 多年来，由于不同研究者的共同努力，可以在一些参考文献中找到关于本构关系的重要结果和基准的试验。在此，将诸如在 Grenoble 的 3S，巴黎的 CERMES 以及美国的 Case 西部大学的试验结果加以表述。

大部分提到的基准性试验涉及颗粒与黏性土行为：

（1）各向同性固结，加载—卸载—再加载，记忆效应。

（2）轴对称三轴试验的剪切行为：排水与不排水试验，侧向压力与密度效应，松散砂的液化，记忆效应（即超固结）。

（3）卸载，再加载，循环加载：密实；孔隙水压力的形成，液化和循环运动。

（4）三维效应。

（5）各向异性：材料各向异性，由于加载引起的各向异性。

这些更为精致的试验促进了复杂本构模型的发展。然而，它也带来了最近发展的本构模型和当今工程实践中应用模型的差别，并由此带来下列问题：商业化的有限元程序没有包含适用于真实岩土分析的本构模型；为了更好地发展和应用更先进的本构模型，工程师必须要

熟悉它们；通常要求进行特别试验以获得材料参数，而它们不能直接从原始数据中得到。

上节讲述了广义塑性框架下的弹塑性本构模型的基本假设与构成，它显示了经典塑性模型作为广义理论的一个特别情况。Tresca 和 Von Mises 的最简单模型对于应用施加了一系列的限制。Drucker 和 Prager 在 1952 年提出一个相关联流动弹塑性本构模型，该模型可以运用于极限分析问题。然而，该模型不能够描述屈服面锥内的塑性变形，而这种情况在通常的工程中均会发生；此外，关联行为是不可用的，因为在破坏时它会预测很大的剪胀。

此后，在 1957 年，Drucker、Gibson 与 Henkel 引进了一个弹塑性模型，该模型由两个基本模型组成，由一个锥和一个帽子组成了封闭的屈服面，而硬化定理依赖于密度。这就开辟了向现代塑性理论进军的道路。

同时，剑桥大学大量研究关注于三轴条件下土的基本性质（Henkel，1956 年；Henkel、Parry，1960 年），并且这些研究被进一步深入，使得不但可以描述体积硬化，而且可以在 (e, p', q) 空间以临界限概念描述残余应力状态。此线被称作为临界状态线，是由剑桥研究组（Roscoe、Schofield、Thurairajah，1963 年；Roscoe, Schofield、Wroth，1958 年；Schofield、Wroth，1958 年；Roscoe、Burland，1968 年）提出的临界状态理论基本组成部分。

本节的目的是描述土的经典弹塑性模型以及它们的局限性，由此便可引进新的概念。

5.3.2　正常固结黏土的临界状态模型

5.3.2.1　静水压—各向同性压缩试验

土行为基本特征之一是其密度对行为影响的重要性，黏性土和粒状土都表现了密度的变化，这些变化由一些因素引起：有效侧限压力 p' 的变化，由于材料剪切引起结构内颗粒重新排列的变化。这些问题最简单的例子是土试件受到静水压力情况，它反映了土变形最基本的力学机理。在此问题中，侧限压力是变化的，这个过程进行得足够缓慢，以防止内部孔隙压力的发展（考虑排水条件）。

如果应力的初始状态是

$$\boldsymbol{\sigma}_0'^{\mathrm{T}} = - p(1,1,1,0,0,0) = p'\boldsymbol{m} \tag{5.31}$$

并且试件按照下式加载

$$\Delta\boldsymbol{\sigma}_0'^{\mathrm{T}} = -\Delta p(1,1,1,0,0,0) = \Delta p'\boldsymbol{m} \tag{5.32}$$

如果我们应用 (p', q) 平面（图 1.5-5），此应力路径将是静水轴 $\sigma_1' = \sigma_2' = \sigma_3'$ 或者轴 $q = 0$ 直线段。以上，我们将压缩视为负值。

体积变化可以用体积应变来表述

$$\varepsilon_{\mathrm{v}} = - tr(\boldsymbol{\varepsilon}) = -\boldsymbol{m}^{\mathrm{T}} \cdot \boldsymbol{\varepsilon} \tag{5.33}$$

我们利用负的符号来表述 p'；也可用孔隙比 e 来表述

$$\mathrm{d}e = -\mathrm{d}\varepsilon_{\mathrm{v}} \cdot (1+e) \tag{5.34}$$

我们现在来考虑加载—卸载—再加载过程 1—2—3—4—5—6—7—8，如图 1.5-6 所示。在此过程中，静水压力 p' 从 p_1' 到 p_2'，此后试件卸载到 p_3'，再加载到 p_4'。这个循环之后，再加载 4—5，最后的压力值是 p_5'，如图 1.5-6（a）所示。

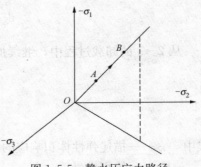

图 1.5-5　静水压应力路径

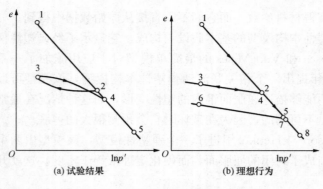

(a) 试验结果　　　　(b) 理想行为

图 1.5-6　正常固结黏土静水压力试验

可以看到，卸载和再加载是不同的，尽管在 2—3—4 的体积应变发展过程中可被考虑为可逆的。然而，不可逆的塑性变形发生在从 1—2 与 4—5，这是一个软黏土的典型行为，在图 1.5-6（b）中得以描述。

如果时间效应被忽略，软黏土的响应可以在 $\ln(p')-e$ 空间理想化为斜率为 λ 的一条直线（点 1—2—5—8）。

$$de = -\lambda \frac{dp'}{p'} \tag{5.35}$$

或

$$d\varepsilon_v = \frac{\lambda}{1+e} \frac{dp'}{p'} \tag{5.36}$$

此线通常被称为正常固结线，是现代塑性土力学模型中的基本组成部分。参数 λ 依赖于土的类型，与塑性指数 PI 的关系由如下经验关系式给出

$$\lambda = PI/171$$

要着重指出的是，如果利用莫尔—库仑或 Drucker—Prager 屈服面，在某种静水压力条件下，塑性变形可能不会产生；而这对于所有的有限元程序来说，是一个很严厉的限制。此条件下，屈服准则在静水压力轴是开口的。若塑性变形需要被描述，就必须用封闭的屈服准则来替代，图 1.5-7 说明了这样一个事实。若应力屈服面 f_1 的状态从点 1 增加到 2，两个状态均在屈服面内，因而在此过程中没有塑性应变产生，该解是利用屈服面与静水压力轴 $q=0$ 相交而获得的。从 1 到 2 的加载膨胀了屈服面，它可以假定为土密实化导致的硬化。

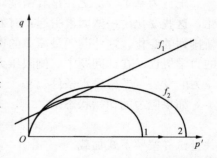

图 1.5-7　开口型与闭合型屈服面

观察到的体积应变可分解为弹性和塑性两部分，如下式

$$d\varepsilon_v = d\varepsilon_v^e + d\varepsilon_v^p = \frac{\lambda}{1+e} \frac{dp'}{p'} \tag{5.37}$$

从 2—3 的卸载过程中，继续加载到 4 的行为是纯弹性的

$$d\varepsilon_v = d\varepsilon_v^e = \frac{\kappa}{1+e} \frac{dp'}{p'} \tag{5.38}$$

$$K_v = \frac{1+e}{\kappa} p' \tag{5.39}$$

式中　κ——描述弹性体积响应的一个常数；

K_v——体积模量。

一旦应力点重新达到屈服面，塑性应变发生，屈服面膨胀，土体继续硬化。关于屈服面大小（用 p_c 表示）的简单定理如下（下式中，塑性体积应变为 ε_v^p）

$$\mathrm{d}\varepsilon_v^p = \mathrm{d}\varepsilon_v - \mathrm{d}\varepsilon_v^e = \frac{(\lambda - \kappa)}{1+e} \frac{\mathrm{d}p_c'}{p_c'} \tag{5.40}$$

$$\frac{\mathrm{d}p_c'}{\mathrm{d}\varepsilon_v^p} = \left(\frac{1+e}{\lambda - \kappa}\right) p_c' \tag{5.41}$$

下标 "c" 代表固结，过程 1—2—5 代表各向同性固结。

若一土试件在历史上受到某一固结压力，则在相对较低压力 p_c'（$p_c' = p_2'$）作用下可以观察到 $e - \ln p'$ 曲线斜率变化，正如图 1.5-6 (a) 中描述的 3—4—5，这种土则被称为超固结土。在正常固结线处的土，称为正常固结土。这两个概念都容易在塑性理论框架中获得理解。这是由于超固结土是由初始状态下屈服面内的应力状态所刻画。

超固结比 OCR 是一个用来度量超固结程度的参数

$$OCR = \frac{p_{c,\max}'}{p_c'} \tag{5.42}$$

自然地，这些定义不但可以运用于简单静水荷载条件，而且可以一般化为更为复杂的情况，在这些情况下，OCR 将是两个应力状态度量的比率。

5.3.2.2　三轴试验

到目前为止，除非土是各向异性的，我们仅考虑了不产生剪切应变的应力路径。可以看到，各向同性压缩导致了土的密实和强化。值得指出的是，引起密实的另外一个机制是剪切。在此，我们着重考虑服从对称或轴对称的三轴应力条件下正常固结黏土的剪切行为

$$\sigma = (\sigma_{11}, \ \sigma_{22} = \sigma_{33}, \ \sigma_{33})^T \tag{5.43}$$

上式被称为三轴条件。

三轴压力室中的应力条件如图 1.5-8 所示，压力室中的压力 σ_3 通过流体施加的，通常是用水；而竖向附加荷载（$\sigma_1 - \sigma_3$）是指由竖向压力头（轴向）施加的偏量。

在室内试验中，三轴试验通常用来确定土的性质，它较为准确地再现了理想的应力路径。试验中通常存在一些问题，诸如：乳胶套防渗透问题，剪切带也就是应变局部化发展引起的各向异性问题，土样与上下脆性垫块的摩擦问题等。除了这些以外，值得指出的是，存在的问题还涉及竖向荷载准确度量、试件横截面变化、试件中孔隙水压力的各向同性分布以及轴向应变、径向应变和体积应变测量等。

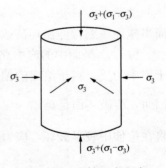

图 1.5-8　三轴压力室中的应力条件

现在考虑两个主要类型的试验：固结排水，固结不排水。在第一种情况下，某一饱和土试件，受到初始静水压力

$$\sigma' = (\sigma_0', \ \sigma_0', \ \sigma_0')^T = -p' \ (1, \ 1, \ 1) \tag{5.44}$$

其中，孔隙压力为 0。

缓慢地施加荷载，以避免孔隙压力增加，并且一旦设定的初始条件达到，就通过压力头施加竖向荷载，这一应力路径如图 1.5-9 所示。由于孔隙水压力为 0（有排水条件），总应力和有效应力相同。

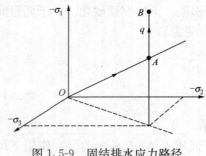

图 1.5-9　固结排水应力路径

在此图中，可以看到静水压力 p' 和偏量应力都在增加。应力路径可以在主应力空间以下两种方式之一进行研究。其一是利用 (I', J_2, θ) 坐标系；其二是利用 (p', q, θ) 坐标系。后一种方法非常方便，其中的不变量定为

$$p' = -\frac{1}{3}(\sigma'_{11} + \sigma'_{22} + \sigma'_{33}) = -\frac{1}{3}(\sigma'_{11} + 2\sigma'_{33}) \tag{5.45}$$

和

$$q = \sqrt{3J_2} \tag{5.46}$$

其中

$$J_2 = \frac{1}{6}\left[(\sigma'_{11} - \sigma'_{33})^2 + (\sigma'_{11} - \sigma'_{33})^2 + 0^2\right]$$

$$= \frac{1}{3}(\sigma'_{11} - \sigma'_{33})^2 \tag{5.47}$$

由上可得

$$q = -(\sigma'_{11} - \sigma'_{33}) \tag{5.48}$$

以上应力是通过压力头施加竖向荷载引起应力的准确描述。上述公式中，应力均是负值，我们已经假定 σ'_1 的绝对值大于 σ'_3 的绝对值。应变度量与 p' 和 q 相关联，则

$$\varepsilon_v = -(\varepsilon_1 + 2\varepsilon_3) \tag{5.49}$$

$$\varepsilon_s = -\frac{2}{3}(\varepsilon_1 - \varepsilon_3) \tag{5.50}$$

试验中，只要 $\sigma'_1 - \sigma'_3$ 不变化符号，Lode 角便是一个常数。而当施加压缩拉伸循环荷载时，该符号会发生变化。

(p', q) 平面中的应力路径显示在图 1.5-10 中。可以看到由于斜率为正，对于给定的偏量 q 绝对值，$\angle AOB$ 小于 $\angle AOB'$；因而，若破坏面是莫尔—库仑类型，$M_c \geqslant M_e$（注：$M = \dfrac{q}{p}$），土

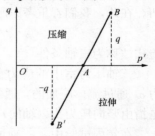

图 1.5-10　p'—q 平面内固结排水应力路径

将在拉伸中较早破坏，应力路径的斜率可以容易地获得为

$$\Delta p' = -\frac{1}{3}(\Delta \sigma'_{11} + 2\Delta \sigma'_{33}) \tag{5.51}$$

$$\Delta q = -(\Delta \sigma'_{11} - \Delta \sigma'_{33}) \tag{5.52}$$

再考虑到 σ'_3 是一个常数，则

$$\frac{\Delta q}{\Delta p'} = 3 \tag{5.53}$$

正常固结黏土的压缩试验中所获得的结果，类似于图 1.5-11 中所描述的情况。主要结果如下：

（1）随着试验进行，土有被压缩的倾向，这是因为 p' 的增加以及土颗粒的重新排列引起的。

（2）在不同侧向压力下所进行的试验中，破坏在达到某一应力比值 $\eta = M$ 时发生。

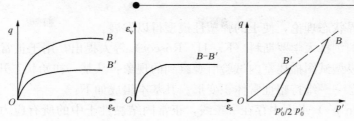

图 1.5-11　正常固结黏土典型的 CD 试验结果

（3）土强度和压缩性依赖于侧限压力，并随其增加而增加。

第二种三轴试验是固结不排水试验。该试验中土样固结后，排水阀门被关上，以防止孔隙压力的消散。这种试验必须非常缓慢地进行，以使得整个土样的孔隙水压力是均匀分布的。试验中，孔隙压力、轴向应变、竖向应力以及压力室压力必须进行测量并加以控制，以适合设定的应力路径。图 1.5-12 显示了不排水固结下黏性土的典型结果。

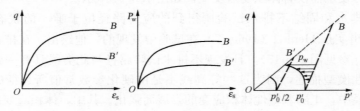

图 1.5-12　正常固结黏土固结不排水试验

可以看到，由于土体被压缩导致了孔压增加，此后有效应力路径才逐渐趋向初始状态。在短期稳定性分析中，该试验结果代表了"快速"荷载下土的典型特征，在此期间，孔隙压力没有时间消散。这是一种简单化的考虑，应该由一个复杂的耦合性关系来替代。

必须要指出的是，不排水条件下土的强度低于排水条件下土的强度，这是由孔隙压力所致。

使用莫尔—库仑准则作为屈服面存在缺点。正常固结黏土不排水试验对此提供了的一个有趣说明。图 1.5-13 将此模型预测的行为与室内试验的结果进行了比较，可以看到模型过高地估计了土的强度，因为它不能预测试验过程中由塑性体积应变诱发的孔隙压力。在莫尔—库仑模型中，在屈服达到前，没有塑性应变产生；此外，如果流动是相关联的，在破坏时将产生膨胀和负的孔隙水压力，且应力路径将沿着屈服面（$B_1 - C$）回到右边。此过程是没完没了的，且偏应力将不断连续增长，而实际情况是该过程将因为孔隙流体的空穴作用被终止。

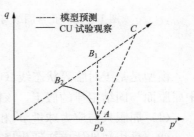

图 1.5-13　莫尔—库仑模型预测与固结不排水试验观察的行为

5.3.2.3　临界状态模型

可以这样说，在传统塑性本构理论的框架下，土的现代塑性模型基于以下两方面先驱性的工作：一个是 Drucker、Gibson 和 Henkel 开创性的工作，他们首次引进了体积硬化和封闭屈服面的概念；另一个是剑桥大学研究者们的理论与试验工作，他们提出了剑桥模型，开创了土力学的临界状态理论，使土的弹塑性模型得以发展。

该模型是英国剑桥大学罗斯科（K. H. Roscoe）等人提出，用于正常固结或弱超固结黏土的模型。该模型试图描述室内试验所观察到的现象：从某一初始状态开始加载的土最终达到一个临界状态——维持塑性常体积变形。其基本组成如下：

（1）在（e，$\ln p'$）平面中存在一条线，正常固结黏性土中的所有应力遵循此路径，这被称为正常固结线（NCL）。该线即为图 1.5-6（b）中描述的（1—2—5—8）。令人感兴趣的是该线提供了体积硬化规则，它可以被一般化为广义应力条件（Roscoe、Schofield、Thurairajah，1963 年）。

（2）在（e，$\ln p'$，q）空间中存在一条线，被称为临界状态线（CSL）；所有的残余状态都遵循此路径，而与试验类别和初始条件无关，这条线与（e，$\ln p'$）平面中的正常固结线平行，并且将初始状态分为"湿"和"干"两类，这取决于它们是否落在这两条线之间，在此线上剪切变形发生而没有体积变形发生，如图 1.5-14 所示。

（3）从固结排水和固结不排水试验所得到的应力路径位于唯一的状态面，其被称为 Roscoe 面。这个事实是 Henkel（1960 年）在试验中发现的，他绘出了在排水试验中获得的含水量的等高线（参见图 1.5-15），且发现不排水试验路径与此类线有一致性。此事实不能直接运用弹塑性模型描述，因为这些等高线不是由硬化参数常值所表征的屈服面。事实上，在不排水路径中，土随着塑性体积应变的发展而强化。其中，体积应变的弹性和塑性应变增量之和保持为常数。然而，其价值在于给出了屈服面类型的一个选择依据。

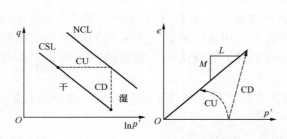

图 1.5-14　正常固结与临界状态线

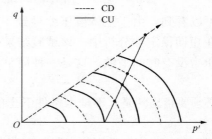

图 1.5-15　由 CD 与 CU 试验中所获定常含水量线

模型是基于对临界状态线（临界状态通常对应的应变为 10% 或更大）、相关联塑性理论中屈服面与固结定律的假定。该模型假定：

（1）屈服只与应力球量 p' 和应力偏量 q 两个应力分量有关，与第三应力不变量无关。

（2）采用塑性体应变硬化规律，以 ε_v^p 为硬化参数。

（3）假定塑性变形符合相关联流动法则，即 $g(\sigma) = f(\sigma)$。

（4）假定变形消耗的功，即塑性功为

$$dW^p = Mp'd\varepsilon_s^p \tag{5.54}$$

$$M = \frac{q}{p'}$$

式中　　$d\varepsilon_s^p$——塑性偏应变增量。

后来，又提出了修正的假定式（5.55）来代替式（5.54），即

$$dW^{\mathrm{p}} = p'\sqrt{(d\varepsilon_{\mathrm{v}}^{\mathrm{p}})^2 + (Md\varepsilon_{\mathrm{s}}^{\mathrm{p}})^2} \tag{5.55}$$

在此假定的基础上，由式（5.54）得到的屈服函数可以表示为

$$\frac{q}{Mp'} + \ln p' = \ln p_{\mathrm{c}} \tag{5.56}$$

由修正的假定式（5.55）得到的最终屈服函数的表达式为

$$\left(1 + \frac{q^2}{M^2(p')^2}\right)p' = p_{\mathrm{a}}e^{\left(\frac{1+e_{\mathrm{a}}}{\lambda-\kappa}\varepsilon_{\mathrm{v}}^{\mathrm{p}}\right)} \tag{5.57}$$

式中，下标"a"表示初始状态。

由此，可以推导简单的弹塑性模型。首先，如上面所述，假定硬化规则

$$\frac{\mathrm{d}p_{\mathrm{c}}}{\mathrm{d}\varepsilon_{\mathrm{v}}^{\mathrm{p}}} = \left(\frac{1+e}{\lambda-\kappa}\right)p_{\mathrm{c}} \tag{5.58}$$

式中　p_{c}——刻画屈服面大小的参数，为屈服轨迹与静水压力轴的交点值。

其次，确定屈服面。Roscoe、Schofield 与 Thurairajah 于 1963 年假定增量塑性功为

$$\delta W^{\mathrm{p}} = \boldsymbol{\sigma}' : \mathrm{d}\boldsymbol{\varepsilon}^{\mathrm{p}} = p' \cdot \mathrm{d}\varepsilon_{\mathrm{v}}^{\mathrm{p}} + q \cdot \mathrm{d}\varepsilon_{\mathrm{s}}^{\mathrm{p}} \tag{5.59}$$

给定为

$$\delta W^{\mathrm{p}} = Mp'\,\mathrm{d}\varepsilon_{\mathrm{s}}^{\mathrm{p}} \tag{5.60}$$

由此

$$Mp'\,\mathrm{d}\varepsilon_{\mathrm{s}}^{\mathrm{p}} = p' \cdot \mathrm{d}\varepsilon_{\mathrm{v}}^{\mathrm{p}} + q \cdot \mathrm{d}\varepsilon_{\mathrm{s}}^{\mathrm{p}} \tag{5.61}$$

利用以上的表达式，剪胀 $d_{\mathrm{g}} = \mathrm{d}\varepsilon_{\mathrm{v}}^{\mathrm{p}} / \mathrm{d}\varepsilon_{\mathrm{s}}^{\mathrm{p}}$ 如下

$$d_{\mathrm{g}} = M - \frac{q}{p'} \tag{5.62}$$

有趣的是，可以注意到在临界状态线上剪胀为 0。

塑性势面正交量正比于

$$(\mathrm{d}\varepsilon_{\mathrm{v}}^{\mathrm{p}}, \mathrm{d}\varepsilon_{\mathrm{s}}^{\mathrm{p}})^{\mathrm{T}} \tag{5.63}$$

与

$$\left(\frac{\partial g}{\partial p'}, \frac{\partial g}{\partial q}\right)^{\mathrm{T}} \tag{5.64}$$

因而，剪胀为

$$d_{\mathrm{g}} = \frac{\dfrac{\partial g}{\partial p'}}{\dfrac{\partial g}{\partial q}} = M - \frac{q}{p'} \tag{5.65}$$

如果我们考虑沿着屈服面

$$d_{\mathrm{g}} = \frac{\partial g}{\partial p'}\mathrm{d}p' + \frac{\partial g}{\partial q}\mathrm{d}q = 0 \tag{5.66}$$

$$\frac{\dfrac{\partial g}{\partial p'}}{\dfrac{\partial g}{\partial q}} = -\frac{\mathrm{d}q}{\mathrm{d}p'} \tag{5.67}$$

可获得

$$M - \frac{q}{p'} = -\frac{\mathrm{d}q}{\mathrm{d}p'} \tag{5.68}$$

该式可被积分而获得塑性势

$$g \equiv q + Mp'\ln\left(\frac{p'}{p_c}\right) = 0 \tag{5.69}$$

式中　p_c——横坐标,在其上与势面相交于静水压力轴 $q=0$。

图 1.5-16 描述了这一势面,可以看到在 $p'=p_c$ 处的势面的法向方向与静水压力轴指向不同。因而,该法向将不是唯一地由三维应力条件所确定的;尽管可以近似假定该势面为圆弧,从而使得该法向平行于静水压力横坐标轴。

若假定流动规则是关联的,则屈服面与塑性势 g 一致。

该模型由 Burland（1965 年）进一步考察研究,他建议采用椭圆作为屈服面,耗散功定为

$$\delta W^{p2} = (p'\,\mathrm{d}\varepsilon_v^p)^2 + (q\,\mathrm{d}\varepsilon_s^p)^2 \tag{5.70}$$

由此可获得剪胀为

$$d_g = \frac{(M^2 - \eta^2)}{2\eta} \tag{5.71}$$

式中

$$\eta = \frac{q}{p'} \tag{5.72}$$

通过将上述方程积分可以容易获得屈服面,给定如下

$$f \equiv q^2 + M^2 p'\,(p' - p_c) = 0 \tag{5.73}$$

图 1.5-17 中描述了上述表达式。

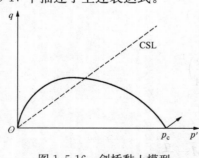

图 1.5-16　剑桥黏土模型
屈服与塑性势面

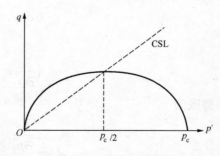

图 1.5-17　修正的剑桥
黏土模型屈服面

5.3.3　关于砂的描述

到目前为止,上述模型能够合理准确地预测正常固结黏土的行为。而它们在下述问题中与实际情况不一致:①当应用于超固结黏土,它不可能重现屈服面内非弹性应变的发展;②在应用于砂时。颗粒土的行为主要依赖于土的密度,可以区分两种极端行为类别。

非常密实状态砂可以在实验室通过振动而不是压密（黏性土如此）而获得。三轴条件下受到剪切时,其行为类似于图 1.5-18 的描述。在试验的第一阶段,砂压缩到一个最小孔隙

比 e 的状态，此后开始膨胀。偏量应力在到达峰值前一直在增加，此后软化。最后，它在某一残余条件下稳定，此时伴随塑性流动发生，而体积为常值。因而，就砂而言，存在一个临界状态，此事实于 1962 年首次由 Rowe 确定，其结果描述在引用了泰勒（1948 年）

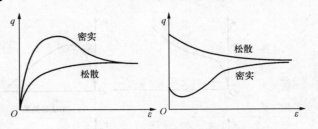

图 1.5-18　密实与松散砂三轴试验

思想的图中。泰勒建议，在应力比（图中以偏应力表示）达到残余条件时的值后，运动就会发生，体积应变将达到峰值。根据弹塑性理论观点，在 $\eta = M_g$ 线上包括达到临界状态之前或在此线的点上，可以假定剪胀总是 0。事实上，一些研究人员对该线提出了其他一些看法，将此线称为"特征状态线"（Habib、Luong，1978 年）或称为"相变线"（Ishihara、Tatsuoka、Yasuda，1975 年）。

所遇到的关键困难是，残余条件达到前试件已不再是各向同性的，应变集中在剪切带上，因而，所观察到的软化是一种结构响应而不是材料的性质。如果用一个基本临界状态模型，诸如上节所描述的来模拟这种行为，则最好的选择是假定砂是超固结的，如图 1.5-19 所示。

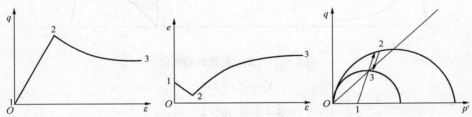

图 1.5-19　临界状态模型预测的密砂行为

图中，1—2 的行为是弹性的，在点 2 处达到屈服面。由于土膨胀、软化，则应力路径为 2—3，达到 3 时，在临界状态条件下稳定。

不排水条件下，此结果显示了更大偏差。沿着一种弹性材料的不排水应力路径，密砂在试验初始分离，这对应着图 1.5-20（a）所示（ p', q ）平面内的竖向段。

如果此过程用临界状态模型来描述，其结果类似于图 1.5-20（b）。从观察到的行为可见，差异是明显的，而且强度被低估了。对于密度分布的另一极端（即非常松散砂）而言，在不排水条件下产生液化；土的抵抗力突然降低，其行为就像流体一样，如图 1.5-21 所示。

需要强调指出的是，应力比值增加对应于图中曲线下降的行为；因而，这不一定是假定的那种软化。从竖向应力路径分离出来的行为，显示了从试验初始就具有塑性。

这样的行为，特别是抵抗力急剧损失的情况，不能够由以上所提供的模型来描述。若材料假定为正常固结，其结果将类似于图 1.5-12 所示的。

所有这些局限性促进了进一步的研究以扩展临界状态模型应用范围。所做的工作分为三方面：依赖于偏量和体积塑性应变的强化定理；非关联塑性流动准则；考虑整个变形过程都存在塑性变形情况。

首先，要求越过线 $\eta = M_g$，否则在该线上因塑性模量是 0 而无法考虑。偏量硬化由 Nova（1977 年）和 Wilde（1977 年）引入，他们假定硬化参数具有如下形式

149

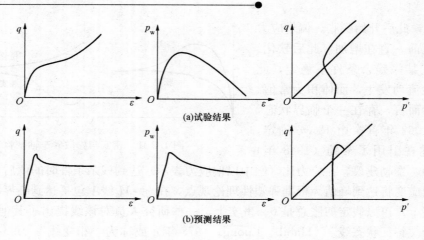

(a)试验结果

(b)预测结果

图 1.5-20　CU 三轴试验中密砂不排水行为

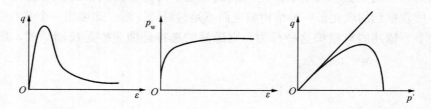

图 1.5-21　非常松散砂的液化

$$Y = \varepsilon_v^p + D\xi \tag{5.74}$$

$$\xi = \int \| d\varepsilon_s^p \| \tag{5.75}$$

式中　ξ——累积的偏量剪切应变。

屈服面的大小依赖于硬化参数 Y；在三维条件下，塑性模量被发现为正比于

$$\frac{\partial g}{\partial p'} + D \frac{\partial g}{\partial q} \tag{5.76}$$

因而，在此临界状态线

$$\frac{\partial g}{\partial p'} = 0 \tag{5.77}$$

可以被越过而塑性模量不为 0，满足以下条件时破坏发生

$$\frac{\partial g}{\partial p'} + D \frac{\partial g}{\partial q} = 0 \tag{5.78}$$

即当应力比大于 M_g 时破坏发生。在此情况下，若 D 保持为常数，则路径将不再返回到临界状态线 CSL，破坏将伴随剪胀而发生。Nova（1982 年）提出了另外一种可能性，即使 D 为 0，这样就导致了斜率的不连续性，但是可得到回到临界状态条件下的理想结果。可假定饱和状态下 D 的硬化定理为

$$D = \beta_0 \exp (-\beta_1 \xi) \tag{5.79}$$

此定理由 Wilde（1977 年）提出，并且由 Postor、Zienkiewicz 与 Leung（1985 年）运用

于边界面模型。

如果假定 D 为负值，那么在应力比低于临界状态时，塑性模量为 0，而液化行为可以在软化区域内加以模拟。正如以上所讨论的，假定此过程为硬化类型，也就是说，应力比是连续增长的，这种说法也许更有道理。

第二方面的工作是关于非关联流动准则的，这个准则是由 Poorooshasb、Holubec 与 Sherbourne（1966 年和 1967 年），Nave 和 Wood（1979 年），Nave（1982 年），Zienkiewicz、Humpheson 和 Lewis（1975 年），Postor、Zienkiewicz 与 Leung（1985 年）所建议的。

可以通过试验来确定塑性势和流动规则，这方面可参考 Nova 和 Wood（1978 年）的工作。这些工作中，包含适用于不同应力比的各种分析表达式，从而可定义不同的曲面。

Postor、Zienkiewicz 与 Leung（1985 年）利用由 Nova 和 Wood（1979 年）提出的简化塑性势，假定对于整个应力比范围，以下表达是有效的

$$g \equiv q - M_g p' \cdot \left(1 + \frac{1}{\alpha}\right)\left[1 - \left(\frac{p'}{p'_g}\right)^\alpha\right] \tag{5.80}$$

式中　　p'_g——横坐标，它与 p' 坐标正交；

　　　　α——正值的材料系数。

该曲面可以通过剪胀规则获得

$$d_g = (1 + \alpha) \cdot (M_g - \eta) \tag{5.81}$$

对于屈服面，他们认为具有同样的函数形式

$$f \equiv q - M_f \cdot p'\left(1 + \frac{1}{\alpha}\right)\left[1 - \left(\frac{p'}{p'_c}\right)^\alpha\right] \tag{5.82}$$

式中，一般 $M_f \neq M_g$。他们报告的一个有趣的事实是，$\dfrac{M_f}{M_g}$ 依赖于相对密度并且确定它可以假定为 D_r。

图 1.5-22 显示了相应于非常松散砂和密砂的塑性势和屈服面。

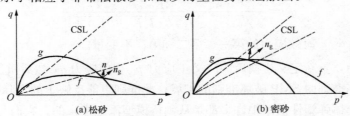

图 1.5-22　塑性势与屈服面

5.3.4　剑桥模型特点及评价

剑桥模型（早期的临界状态模型）特点如下：

（1）剑桥模型是应用应变硬化塑性理论于正常固结黏土而建立的较早、较完善、当前在土力学领域内应用最广的模型之一，已经积累了较多的应用经验。其基本假设有一定的试验依据，基本概念明确，如临界状态线、状态边界面、弹性墙等都有明确的几何与物理意义。这一模型的提出是岩土本构理论发展的一个标志。

151

（2）这一模型能够较好地适用于正常固结黏土和弱超固结黏土。

（3）模型系数少、易于测定，在岩土工程实际工作中便于推广。

其局限性如下：

（1）受制于经典塑性理论，采用 Drucker 公设和相关联流动法则，在很多情况下与岩土工程实际状态不符。

（2）因为屈服面只是塑性体积应变的等值面，只采用塑性体积应变作硬化参量，因而没有充分考虑剪切变形。

（3）只能反映土体剪缩，不能反映土体剪胀，因此不适用于强超固结黏土和密实砂，在工程应用范围上受限制，并且对于水平位移无法得出符合实际的结果。

（4）没有考虑土的压硬性。

（5）没有考虑土的结构性这一根本内在因素的影响。

有学者进一步指出了剑桥模型的不足之处：

（1）不能合适地模拟结构与应力诱导的各向异性。

（2）不能用于描述循环剪切荷载条件，在此条件下观察到应力-应变具有高度的非线性，迴滞圈斜率依赖于加卸载条件。

（3）未能反映剪胀对于有效应力比的依赖性，这一现象在绝大部分无黏性土中均可见到。

（4）未能考虑黏性土由黏性引起的与时间相关的应力-应变关系。

Matsuoka 等对剑桥模型进行了扩展，提出了三维空间破坏准则——SMP（空间滑动面）准则，其修正的方法是引入变换应力

$$\bar{\sigma}_{ij} = p'\delta_{ij} + \frac{q_c}{q}(\sigma_{ij} - p'\boldsymbol{\delta}_{ij}) \tag{5.83}$$

式中　p'、q——广义正应力和广义剪应力；

　　　$\boldsymbol{\delta}_{ij}$——Kronecker 符号张量

　　　q_c——假定为常规三轴压缩条件下的偏应力，是应力不变量的函数。

$$q_c = \frac{2I_1}{3\sqrt{(I_1I_2 - I_3)/(I_1I_2 - 9I_3)} - 1} \tag{5.84}$$

式中　I_1、I_2、I_3——有效应力的第一、第二和第三不变量。

根据变换应力，重新定义变换后的广义正应力 $\tilde{p}'$ 和剪应力 $\tilde{q}$，然后重新代入剑桥模型，实现从 Mises 破坏准则向 SMP 破坏准则的扩展，此准则更能反映土的实际破坏情况。

以后提出的土体弹塑性模型中许多都是从剑桥模型派生出来的，它们与剑桥模型的缺陷一样，都是从重塑土的概念出发建立的，没有考虑天然黏土的结构性。

5.3.5　拉德-邓肯模型

拉德（P. V. Lade）和邓肯（J. M. Duncan）根据砂土立方体试样的真三轴压缩试验结果建立了一个适用于无黏性土的经典弹塑性本构模型。该模型包括一个特殊的破坏与屈服准则以及不相关联流动法则和无黏性土的加工硬化定律。它可以用于普遍的三向应力情况，直接出现的五个弹塑性参数完全可以从三轴试验的结果推算出来。拉德和邓肯（1975 年）提出的破坏准则为 $\frac{I_1^3}{I_3} = k_f$，并进一步假定屈服面与破坏面相似，将屈服函数与破坏函数写成相

同的形式，即 $f = \dfrac{I_1^3}{I_3} = k$，其中 I_1、I_3 分别为有效应力的第一、第三不变量；k 为随塑性功变化的屈服参数，模型假定流动法则为不相关联的，塑性势函数为 $Q = I_1^3 - k_2 I_3$，其中 k_2 为塑性势参数。该模型可以较好地反映材料的剪胀性和压硬性以及三轴压缩与拉伸强度不同的特性，也考虑了中主应力对屈服与破坏的影响，屈服面光滑，模型中的计算参数均可由常规试验测得。试验证明，在大多数荷载情况下，它能较好地模拟无黏性土的应力-应变性状。

但该模型由于屈服面和塑性势面都是直线锥形面，其塑性体积应变不能反映剪缩，只能反映膨胀的体积应变，且计算参数总共有九个，计算的体变往往偏差较大。为了反映比例加载时所产生的屈服现象，并克服上述直线锥形屈服面产生的过大的剪胀，拉德采用双屈服面模型，一是用曲线锥形屈服面描述剪切屈服；二是用一球形帽盖屈服面描述体积屈服。即在开口曲边锥面上加一个球形的"帽子"屈服面。"帽子"屈服面的方程为：

$$f_c = I_1^2 + 2I_2 = p_a^2 \left(\dfrac{W_c^p}{cp_a}\right)^{\frac{1}{p}} \tag{5.85}$$

式中，p_a——大气压力；

　　c、p——试验材料参数；

　　W_c^p——一种塑性功。

此屈服面为球面，且假定相应的变形符合相关联流动法则。

修改后的拉德模型较好地考虑了岩土材料的静水压力屈服特性、剪胀性及剪缩性；考虑了屈服曲线与静水压力曲线相关的特性；考虑了中主应力以及应力拉德角 θ_σ 对屈服和破坏的影响。因此它在功能上是比较全面的。但该模型所含参数为 14 个，数量较多，确定起来比较麻烦，而且形成刚度矩阵不对称，计算也麻烦，因此影响了它在实际工程中的应用。此外，各屈服面是对应应力量的等值面的条件也未得到满足。

5.4　高级塑性模型（描述超固结与循环荷载行为的模型）

5.4.1　引言

到目前为止，我们已经在前述内容中讨论了一些经典塑性模型，用于描述土的性质。这些模型已经证明了在单调加载情况下能够足够准确描述土的性质。它们将塑性势和屈服面等价起来，允许材料在硬化或软化阶段中膨胀或收缩。然而，在屈服面内，材料保持弹性而没有塑性应变发生，其直接的结果是这些模型不能够重现超固结土行为或者是循环荷载中发生的现象，诸如在密实化或快速过程中孔隙压力的产生。上述两种现象是相关的，后者是土体被压缩的一个直接的结果。事实上，孔隙压力变化和密实在不排水条件下是相关的，可以由下式表述

$$dp_w = -\dfrac{1}{\dfrac{n}{K_f} + \dfrac{1}{K_T}} d\varepsilon_v^0 \tag{5.86}$$

式中　n——孔隙率；

　　K_f——孔隙流体的体积模量；

　　K_T——土骨架的体积模量。

由于由液化或循环运动现象（Martin 等，1975 年）产生土破坏的描述与上述两个关键问题有关，因而促进了研究的大力发展，这种发展是沿着两个方向进行的。

153

第一个方向是发展新的模型，而将经典塑性理论作为它的一个特例。

第二个方向是基于引进一个体积变形，该体积变形是由土循环剪切所产生的，被称为"自生体积应变"，由此，得出合适的密实定理。在此可以提到 Bazant 与 Krizek（1976 年）以及 Cuellar 等人的工作，他们在内时理论的框架下发展了密实化定理，还有 Zienkiewicz 和他在 Swansea 大学的合作者发展了一个简单的密实化模型，并且运用于数值模型中（Zienkiewicz 等，1978 年，1982 年）。

5.4.2　密实模型

诸如液化现象产生的原因可以认为是：①与循环次数有关的孔隙水压力累积；②在单调加载中最后一次循环发生的液化。这种解释激励了密实模型的发展；该模型中，土的简单弹塑性行为与孔隙水压力累积考虑为两种不同的机制，本构方程写为

$$d\boldsymbol{\sigma}' = \boldsymbol{D}_{ep}(d\boldsymbol{\varepsilon} - d\boldsymbol{\varepsilon}_0) \tag{5.87}$$

其中，$\boldsymbol{D}_{ep}$ 用于考虑弹塑性行为，而 $d\boldsymbol{\varepsilon}_0$ 考虑由于循环加载引起的密实化。一般地，一个具有体积剪胀为 0 的非关联莫尔-库仑模型在此假定为反映弹塑性行为。

在 Zienkiewicz 等提出的模型中，累积偏量应变可以由一个变量 ξ 定量地定义为

$$d\xi = (de_{ij}de_{ij})^{1/2} \tag{5.88}$$

式中　e_{ij}——偏量应变。

上述密实可以由一个定理来描述

$$d\varepsilon_v^0 = -\frac{A}{1+B\kappa}d\kappa \tag{5.89}$$

$$d\kappa = \exp(\gamma\theta)d\xi \tag{5.90}$$

$$\theta = \frac{|\bar{\sigma}|}{\sigma_{mo}} \tag{5.91}$$

式中　A、B——常数；

　　　γ——模型的第三个参数；

　　　$|\bar{\sigma}|$——应力（偏量）循环的模（幅值）；

　　　σ_{mo}——循环荷载过程中初始状态下平均有效应力的初始值。

此处介绍的密实模型与其他弹塑性模型的区别在于，它相当好地分离了各效应。需要说明的是，它可以准确地模拟地震中所遇到的液化现象，并因它的简单性而获得广泛应用。

5.4.3　运动强化模型

第二个方向的努力是使得塑性理论突破它在经典关系中的局限性。其中第一个成功的理论是多重屈服面运动强化模型，这是 Mroz 在 1967 年提出来的。该模型假定在一个外部的"边界"面内有一系列的强化面，在此基础上，后来有了进一步发展和改进（Mroz、Norris 和 Zienkiewicz，1978 年；Prevost，1977 年；Hirai，1987 年）。强化面的数量允许我们追踪加载过程，诸如最大应力水平达到或在某处应力卸退，大量较高荷载效应抹去较低荷载效应。也可以假定一个弹性区域，（从三维来看）该区域相应于由内面包裹的体积。从最初状态起，应力增加，应力面通过应力路径转换到新的加载面。此运动必须服从一个规则，以确保这些强化面总不相互交叉。

这种多重屈服模型的一个改进是由 Mroz、Norris 和 Zienkiewicz（1981 年）提出的。他们引进了一个无限数量的巢形加载面，使得硬化模量依赖于运动加载与外加载面或固结面的

大小。以这种方式，塑性模量场使得在外加载面包围下的整个区域具有连续性，对加载事件的记忆通过这些位置和加载面大小而始终保持。在这些加载面上，应力回退发生，弹性区域则假定收缩到一个点。

可以看到，"多重面"与"无限数量面"能够再现循环加载中大多数土的基本性质，诸如对历史的记忆与卸载过程中的塑性变化。

Mroz 和 Norris（1982 年）介绍了这种模型对于正常固结土和超固结黏性土循环行为的描述，并发现此模型能够预言处于"平衡线"上的最终状态，该状态由 Sangrey、Henkel 和 Esrig（1969 年）观察到。

其他弹塑性运动或各向异性模型已经显示了能够很好地模拟液化和其他循环加载现象（Mroz、Norris，1982 年）。

然而，复杂模型在数值计算中所付出的费用高且耗时，有时需要寻找较为简单的计算程序。

5.4.4　边界面模型和一般塑性理论

如果前述面数减少到两个，即一个是外部的，一个是内部的或屈服的，强化模型场依然可以由对两个面之间变化的描述得到。这种模型由 Krieg（1975 年）、Dafalias 和 Popov（1975 年）分别独立提出，后来被称之为边界面理论（Dafalias 和 Herrmann，1982 年；Kaliakin 和 Dafalias，1989 年；Bardet，1989 年）。

作为一个简单的逼近，次加载面模型由 Hashiguchi 和 Ueno（1977 年）提出。在边界面，塑性应变按照经典塑性关系发展，边界面上的方向由边界和塑性势面正交的方向 n 和 n_g 给出，并通过应用描述材料硬化或软化的连续性条件获得塑性模量。加载过程中，在边界面初始情况下，其结果与经典塑性理论一致；然而在其内，对于加载过程，如循环加载中可能发生的，则存在差别，差别是边界面模型能够引入塑性变形。这是通过利用相应的应力点 P（图 1.5-23 中 C 点）的某种规则去模拟 BS 上的 P_{BS}（图 1.5-23 中 B 点）映射，一个简单的插值规则由 Dafalias 和 Herrmann（1982 年）提出。在此，为了获得映射点 P_{BS}，通过原点和点 P 画一条线，它与边界面的交点视作映射点。在 P 中的方向 n 和 n_g 被假定为在 P 处的方向，而塑性模量按照简单的定律引进，如下

$$H_L = H_L^{BS} \left(\frac{\delta_O}{\delta} \right)^\gamma \tag{5.92}$$

式中　δ——从原点到应力点 P 的距离；

　　δ_O——原点到映射点 P_{BS} 的距离；

　　γ——一个模型参数（图 1.5-23）。

早期 BS 模型的主要缺点是，在卸载过程中它们不能够重现塑性变形，而在更一般的塑性理论框架下，该缺点被克服了（Pastor、Zienkiewicz 与 Leung，1985 年），其模型是加载过程中的边界面类型。然而，在广义塑性理论框架下卸载过程中的塑性变形也被考虑了。这些更进一步的发展是由 Pastor、Zienkiewicz 和 Chan 做出的，他们引进了一个完全广义化的塑性模型（Pastor、Zienkiewicz 1986 年；Pastor、Zienkiewicz 与 Chen，1990 年）。这些模型由作者应用于重现单调与循环加载过程中黏性和摩擦性土的行为。

5.4.5　次塑性和增量非线性模型

次塑性的基本特征之一是弹塑性张量 D_{ep} 和 C_{ep} 依赖于加载方向 $n = d\sigma / \| d\sigma \|$，这是

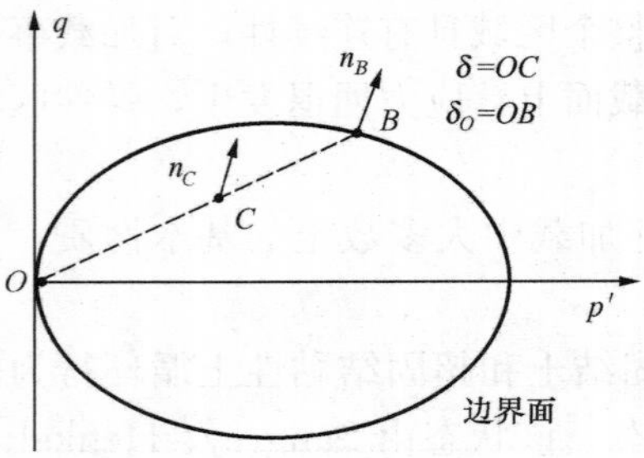

图 1.5-23　边界面插值法

用一种简单的方式通过引进方向 $\boldsymbol{n}$ 以考虑各种变形机制的。

换而言之，诸如依赖于沿着加载增量方向的单位张量 $\boldsymbol{u}$，以得到满足所有必要要求的本构张量的一般表达式。在此意义上，次塑性是最有希望的一种框架理论。在所有这种类型的本构模型当中，值得提起的模型是由 Darve 和 Labanieh（1982 年），Dafalias（1986 年），Kolymnbas（1991 年）提出的。

第一类型模型之一是由 Darve 和 Labanieh（1982 年）引进的。这些理论经历早期发展阶段后，由 Desrues 和 Chambon（1993 年）做了很大的改进。他们将此称为增量非线性模型。该模型基于这样一个假定：一旦材料行为沿着不同应力路径，则在本构张量中增量非线性可以近似地由一个相适应的关系式来逼近。

Darve 和 Labanieh（1982 年）建议这些路径对应于沿着主应力轴 1-2-3 的正的和负的方向。从而，要求张量 $\boldsymbol{C}$ 的六个值沿着特别方向加以修改。本构张量假定给出为

$$\boldsymbol{C} = \boldsymbol{C}^{\mathrm{I}} + \boldsymbol{C}^{\mathrm{II}} \cdot \boldsymbol{u} \tag{5.93}$$

式中　$\boldsymbol{u}$——沿着加载增量方向的单位张量。

若本构张量沿着主方向的正的和负的方向是 $\boldsymbol{N}^+$ 和 $\boldsymbol{N}^-$，一个简单增量非线性定理可以给出，即

$$\mathrm{d}\boldsymbol{\varepsilon} = \left\{ \frac{\boldsymbol{N}^+ \boldsymbol{N}^-}{2} \right\} \mathrm{d}\boldsymbol{\sigma} + \left\{ \frac{\boldsymbol{N}^+ + \boldsymbol{N}^-}{2 \parallel \mathrm{d}\boldsymbol{\sigma} \parallel} \right\} \mathrm{d}\boldsymbol{\sigma}^2 \tag{5.94}$$

其中

$$\mathrm{d}\boldsymbol{\sigma} = (\mathrm{d}\sigma_1, \mathrm{d}\sigma_2, \mathrm{d}\sigma_3)^{\mathrm{T}}$$
$$\mathrm{d}\boldsymbol{\varepsilon} = (\mathrm{d}\varepsilon_1, \mathrm{d}\varepsilon_2, \mathrm{d}\varepsilon_3)^{\mathrm{T}} \tag{5.95}$$

该模型被证明为可以很好地再现单调和循环加载条件下土的行为（Darve、Flavigny 和 Rojas，1985 年）。

Dafalias 及其合作者提出了一个在次塑性理论框架下扩展的边界面模型（Dafalias，1986 年；Wang、Dafalias 和 Chen，1990 年）。Kolymbas 和他的合作者也在次塑性模型基础上，提出了本构的一般表达式。

对于非黏结性粒状材料，当忽略颗粒的磨损和变形，仅定义其为颗粒骨架变形时，这种材料的变形机制可以用次塑性框架来描述。其中，比较成功的是由 Gudehus（1996 年）和 Bauer（1996 年）提出的次塑性模型，他们把柯西应力张量 $\boldsymbol{\sigma}$ 和孔隙比 e 作为变化量，表达式如下：

$$\mathring{\boldsymbol{\sigma}} = f_{\mathrm{s}}(p, e) \left[\hat{a}^2 \dot{\boldsymbol{\varepsilon}} + (\hat{\boldsymbol{\sigma}} : \dot{\boldsymbol{\varepsilon}}) \hat{\boldsymbol{\sigma}} + f_{\mathrm{d}}(p, e) \hat{a}(\hat{\boldsymbol{\sigma}} + \hat{\boldsymbol{\sigma}}^{\mathrm{d}}) \parallel \dot{\boldsymbol{\varepsilon}} \parallel \right] \tag{5.96}$$

其中，$\hat{\boldsymbol{\sigma}} = \boldsymbol{\sigma} / tr\boldsymbol{\sigma}$ 是标准应力张量，$\hat{\boldsymbol{\sigma}}^{\mathrm{d}} = \hat{\boldsymbol{\sigma}} - 3\boldsymbol{I}$ 是其偏量；$p = -tr\boldsymbol{\sigma}/3$ 表示平均压力，$\parallel \dot{\boldsymbol{\varepsilon}} \parallel = \sqrt{\dot{\boldsymbol{\varepsilon}} : \dot{\boldsymbol{\varepsilon}}}$ 表示应变率。在此模型中，通过密度系数 f_{d} 和刚度系数 f_{s} 考虑孔隙比 e 和平均应力 p 的影响

$$f_{\mathrm{d}} = \left(\frac{e - e_{\mathrm{d}}}{e_{\mathrm{c}} - e_{\mathrm{d}}} \right)^{\alpha} \tag{5.97}$$

156

式中　e_d——最小孔隙比；

　　　e_c——临界孔隙比；

　　　α——材料常数。

通过调整 α 来满足三轴压缩的峰值。

$$f_s = \frac{1}{\hat{\boldsymbol{\sigma}} : \hat{\boldsymbol{\sigma}}} \left(\frac{e_i}{e}\right)^{\beta} f_b \tag{5.98}$$

$$f_b = \frac{h_s}{n} \frac{1+e_i}{e_i} \left(\frac{3p}{h_s}\right)^{1-n} \left[3\,\hat{a}_i^2 + 1 - \sqrt{3}\,\hat{a}_i \left(\frac{e_i-e_d}{e_c-e_d}\right)^{\alpha}\right]^{-1}$$

式中　$\hat{a}$——模型中临界状态时与极限压力相关的系数；

　　　$\hat{a}_i$——$\hat{a}$ 各向同性时的值，在此模型中通过主应力区中的 $\hat{a}$ 值可以反映不同的极限条件。

Huang（2002 年）等在 Gudehus（1996 年）的基础上，假定材料性质依赖 $(\boldsymbol{\sigma}, u, e)$ 的变化而变化，孔隙比变化依然随颗粒骨架中孔隙体积的变化而变化，相应的应力和结合力公式为：

$$\overset{\circ}{\boldsymbol{\sigma}} = f_s \left[\hat{a}^2\,\overset{\bullet}{\boldsymbol{\varepsilon}}^c + (P_0+P_1)\hat{\boldsymbol{\sigma}} + f_d\,(\hat{\boldsymbol{\sigma}}+\hat{\boldsymbol{\sigma}}^d) \times \sqrt{\hat{a}^2 R_0^2 + \hat{a}_m^2 R_1^2}\right] \tag{5.99}$$

$$\overset{\circ}{\mu} = d_{50} f_s \left[\hat{a}_m^2\,\overset{\bullet}{k}^* + (P_0+P_1+2f_d\sqrt{\hat{a}^2 R_0^2 + \hat{a}_m^2 R_1^2})\hat{\mu}\right] \tag{5.100}$$

式中　d_{50}——平均颗粒直径；

　　　$\hat{\mu}$——$\hat{\mu} = \mu/(d_{50}tr\boldsymbol{\sigma})$；

　　　$\overset{\bullet}{k}^*$——$\overset{\bullet}{k}^* = d_{50}k$，$k$ 表示曲线的斜率。

次塑性模型可以通过有限单元网格的单元尺寸来预测剪切带的厚度，但是参数 a_m 是和极限应力及极限结合力相关的，在复杂的条件下无法解释其物理意义，并且静止状态的孔隙比也不是唯一的，而在剪切区孔隙比和剪应力的变化有很大的浮动，这与实际不符。

5.4.6　黏性土的广义塑性模型

5.4.6.1　正常固结黏土

首先考虑初始加载下正常固结黏土最简单的情况。先假定残余的临界状态存在于空间 $e-p'-q$ 中，其中 e 为孔隙比，p'、q 分别是有效侧限应力和偏应力度量。

为获得流动规则，可以利用实验室内测试获得剪胀值

$$d_g = \frac{d\varepsilon_v^p}{d\varepsilon_s^p} \frac{d\varepsilon_v}{d\varepsilon_s} \tag{5.101}$$

式中　ε_v、$d\varepsilon_s$——对应于 p'、q 的应变度量。

$$\delta W = \sigma' : d\varepsilon = (p'q) \cdot \begin{Bmatrix} d\varepsilon_v \\ d\varepsilon_s \end{Bmatrix} \tag{5.102}$$

定义为

$$d\varepsilon_v = -tr(d\varepsilon)$$

$$d\varepsilon_s = \frac{2}{\sqrt{3}}\left(\frac{1}{2}de : de\right)^{\frac{1}{2}}$$

$$de = de\,v(d\varepsilon) = d\varepsilon - \frac{1}{3}d\varepsilon_v \tag{5.103}$$

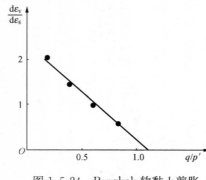

图 1.5-24　Bangkok 软黏土剪胀

如果塑性体积增量和偏量应变的比值是相同的，那么总的（弹性＋塑性）增量比值在室内试验中可以观察到，即可获得 n_g。

到此，由 Balasubramanian 和 Chaudhry（1978 年）进行的试验利用常数 p'/q 应力路径得到如下结果，剪胀可由 $p'—q$ 平面中的一条直线来近似，如图 1.5-24 所示。

因而剪胀可以表达为

$$d_g = \frac{\mathrm{d}\varepsilon_v^p}{\mathrm{d}\varepsilon_s^p} = (1+\alpha)(M_g - \eta) \tag{5.104}$$

式中　M_g——$p'—q$ 平面内临界状态线的斜率；

　　　α——材料常数；

　　　η——应力比。

$$\eta = \frac{q}{p'} \tag{5.105}$$

方向 n_g 给定如下

$$\boldsymbol{n}_g^{\mathrm{T}} = (\boldsymbol{n}_{gv}, \boldsymbol{n}_{gs}) \tag{5.106}$$

式中

$$\boldsymbol{n}_{gv} = \frac{d_g}{\sqrt{1+d_g^2}} \tag{5.107}$$

$$\boldsymbol{n}_{gs} = \frac{1}{\sqrt{1+d_g^2}} \tag{5.108}$$

此定律也可用来描述颗粒材料的剪胀，这是基于 Fossard（1983 年）所做试验的结果，由 Zienkiewicz 与 Leung 在 1985 年提出的。

现在来考虑方向 $\boldsymbol{n}$，我们假定流动规则是关联的。按照 Atkinson 和 Richardson 三种黏性土的试验结果，这三种塑性势和屈服面几乎没有差别。

因而，我们有

$$\boldsymbol{n}^{\mathrm{T}} = (\boldsymbol{n}_v, \boldsymbol{n}_s) \tag{5.109}$$

式中

$$\boldsymbol{n}_v = \frac{d}{\sqrt{1+d^2}} \tag{5.110}$$

$$\boldsymbol{n}_s = \frac{1}{\sqrt{1+d^2}} \tag{5.111}$$

和

$$d = d_g \tag{5.112}$$

下面我们将下标"g"表达为与屈服面一致时的塑性势面。

为了获得初始加载时的塑性模量，我们考虑一个正常固结试件各向同性固结情况。对此，体积弹性应变和总应变给定如下

$$\mathrm{d}\varepsilon_v^e = \frac{\kappa}{1+e} \frac{\mathrm{d}p'}{p'} \tag{5.113}$$

和

$$d\varepsilon_v = \frac{\lambda}{1+e}\frac{dp'}{p'} \tag{5.114}$$

由此，塑性体积应变增量为

$$d\varepsilon_v^p = \frac{(\lambda-\kappa)}{1+e}\frac{dp'}{p'} \tag{5.115}$$

现将上述方程与塑性应变增量的一般表达式加以比较

$$d\varepsilon^p = \frac{1}{H_L}\boldsymbol{n}(\boldsymbol{n}:d\boldsymbol{\sigma}') \tag{5.116}$$

特别地

$$d\varepsilon_v^p = \frac{1}{H_L}dp' \tag{5.117}$$

在此考虑应力路径，于是可以得到塑性模量 H_L

$$H_L = p'\frac{1+e}{(\lambda-\kappa)} = H_0 p' \tag{5.118}$$

式中　参数 λ 和 κ ——正常固结和（e，$\ln p'$）平面的弹性卸载线斜率；

H_0 ——材料常数。

为了将塑性模量表达式一般化地运用到其他条件而不仅是各向同性压缩路径，我们假定塑性模量依赖于变化的应力比，在达到临界线（$\eta = q/p' = M$）的 0 值前，随着后者增加而递减。

因而

$$H_L = H_0 p' f(\eta) \tag{5.119}$$

式中，$f(\eta)$ 为

$$\begin{aligned} f(\eta) &= 1 \quad (\eta=0)\\ f(\eta) &= 0 \quad (\eta=M) \end{aligned} \tag{5.120}$$

而 Pastor、Zienkiewicz 与 Chen（1990 年）提出了一个合适的形式

$$f(\eta) = \left(1-\frac{\eta}{M}\right)^\mu \frac{(1+d_0^2)}{(1+d^2)}sign\left[1-\frac{\eta}{M}\right] \tag{5.121}$$

式中，$d_0 = (1+\alpha)M$，而 μ 对于大部分黏土可以取为 2。

到目前为止，我们仅分析了三轴平面条件下的行为，当采用一个合适的定律并假定 M 依赖于 Lode 角 θ 时，即可将其推广为三维条件情况。下面我们定义一个在实践中广泛应用的莫尔准则的一个圆滑类型（Zienkiewicz 和 Pande 1977）。

$$M = \frac{18M_c}{18+3(1-\sin 3\theta)} \tag{5.122}$$

式中　M_c ——临界状态线的斜率。

M_c 可以在标准三轴压缩试验中获得，而 Lode 角为

$$-\frac{\pi}{6} < \theta = \frac{1}{3}\sin^{-1}\left[\frac{3\sqrt{3}}{2}\frac{J_3'}{J_2'^{3/2}}\right] < \frac{\pi}{6} \tag{5.123}$$

按照下述公式弹性常数假定依赖于 p'

$$d\varepsilon_s^e = \frac{1}{G_0}\frac{p'_0}{p'}dp' \tag{5.124}$$

并且

$$d\varepsilon_v^e = \frac{\kappa}{1+e}\frac{1}{p'}dp'$$

$$d\varepsilon_v^e = \frac{\kappa}{1+e}\frac{1}{p'_0}\frac{p'_0}{p'}dp' = \frac{1}{K_{ev0}}\frac{p'_0}{p'}dp' \tag{5.125}$$

$$K_{ev0} = \frac{1+e}{\kappa}p'_0$$

到此为止，提出的模型主要用于初始荷载下的正常固结黏性土的描述，为了评估模型性质，可将它们预测的行为与一系列试验比较，这些试验是由 Balasubramanian 与 Chaudhry 针对 Bangkok 软黏性土进行的。

提出的模型有五个参数，即两个弹性常数、临界状态线斜率 M、描述剪胀的常数 α 与塑性模量 H_0，可按下列方式确定这些常数：

（1）弹性常数可以容易地从加载、卸载试验中获得，在此它们是从常压力 p' 试验中获得。

（2）在（p'-q）中的临界状态线斜率 M 是从排水和不排水或常压力 p' 的试验中获得的。

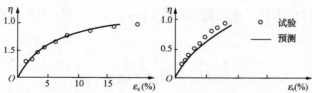

图 1.5-25　Bangkok 黏土定常 p' 试验

（3）控制剪胀的参数 α 可以从剪胀曲线中获得，它给定为

$$\alpha = \frac{d}{M-\eta} - 1 \tag{5.126}$$

（4）常数 H_0 被发现为上述描述的 λ、κ 和 e 的函数。

提出模型的理论结果显示在图 1.5-25～图 1.5-27。图 1.5-25 显示了常压力试验下理论和试验的结果比较；模型应用于模拟 Bangkok 黏土的固结排水的行为见图 1.5-26 所示；图 1.5-27 则给出了固结不排水试验的结果。

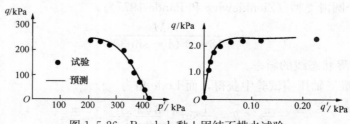

图 1.5-26　Bangkok 黏土固结不排水试验

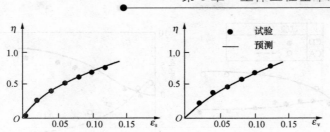

图 1.5-27　Bangkok 黏土固结排水试验

5.4.6.2　超固结黏土

前述模型可以扩展应用于超固结土。为此，我们将引进一个考虑过去历史记忆的函数，它储存过去最大压力强度的信息。Postor、Zienkiewicz 与 Chun（1990 年）提出了移动的应力函数如下

$$\zeta = p' \cdot \left\{ 1 - \left(\frac{1+\alpha}{\alpha} \right) \frac{\eta}{M} \right\}^{1/\alpha} \tag{5.127}$$

它将应用在塑性模量的确定中

$$H_{\mathrm{L}} = H_0 p' \left\{ f(\eta) + g(\xi) \right\} \left(\frac{\zeta_{\max}}{\zeta} \right)^{\gamma} \tag{5.128}$$

式中　　$f(\eta)$——在预先的 5.4.5.1 节里已经给出；

$\zeta_{\max}$——移动应力函数所达到的先期最大值。

以上，我们已经引进了偏量应变硬化函数 $g(\xi)$（Wilde，1977 年）：

$$g(\xi) = \beta \exp(-\beta\xi) \tag{5.129}$$

式中

$$\xi = \int \mathrm{d}\xi \tag{5.130}$$

而且

$$\mathrm{d}\xi = (\mathrm{d}e^{\mathrm{p}} : \mathrm{d}e^{\mathrm{p}})^{1/2} \tag{5.131}$$

$$\beta = \beta_0 \left(1 - \frac{\zeta}{\zeta_{\max}} \right) \tag{5.132}$$

因而需要用两个附加参数 γ 和 β_0 来扩展模型的应用范围来描述超固结黏性土。

应指出的是，相应于黏性土的初始荷载，以上表达简化为正常固结黏性土前述关系式。

图 1.5-28 和图 1.5-29 显示了正常和超固结黏性土（由 Henkel 报告的）的理论与试验结果。值得注意的是，在超固结黏性土中应力比的峰值可以高于 M，当减少到 M 时，已经

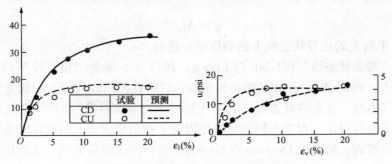

图 1.5-28　Weald 黏土正常固结行为

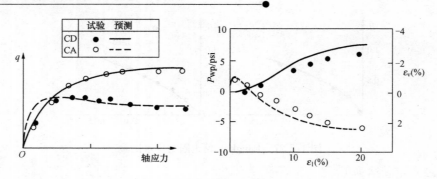

图 1.5-29　超固结 Weald 黏土行为

是处于残余状态。对于循环加载，利用简单的弹性卸载，可能相当好地描述黏性土的性质，这样就可避免引进附加的参数。图 1.5-30 中显示了上述关于常应力循环试验假定条件下 Taylor 和 Bacchus（1969 年）的试验结果。表 1.5-1 则给出了上述模拟中所用到的参数。

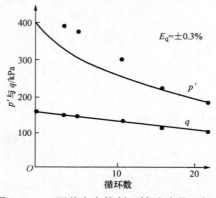

图 1.5-30　两种应变控制三轴试验黏土行为

表 1.5-1　　模　拟　参　数

	Bangkok clay	Weald clay	Tayor and Bacchus
$G_0/(\text{kg/cm}^2)$	124.2	766.0	440.0
$K_{ev0}/(\text{kg/cm}^2)$	150.0	800.0	640.0
M	1.10	0.90	1.50
H_0	6.60	165.0	25.0
μ	2.0	3.0	2.5
β	—	0.10	0.17
γ	—	0.40	8.0

5.4.7　砂的广义塑性模型

5.4.7.1　单调加载

由 Frossard 报告的排水三轴试验结果表明，剪胀可以用一个应力比 η 的线性函数来逼近，这与前面章节中关于正常固结黏性土性质是类似的。

$$d_g = (1+\alpha)(M_g - \eta) \tag{5.133}$$

用 M_g 代替 M，这是因为假定采用了非关联的流动准则。在下述公式描述的直线上，剪胀为 0。

$$\eta = M_g$$

这与 p'-q 平面上的临界状态线上的响应是一致的。

此线称为"特征状态线"（Habib 与 Luong，1978 年）或者"相变线"（Ishihara、Tatsuoka 与 Yasuda，1975 年）。正如后面将显示的，它将在模拟砂的行为中起重要作用。必须指出的是，此线不是一条临界状态线（其将达到一个残余条件）。临界状态线是否存在，在过去已经进行了一些讨论，存在不同意见的原因在于剪切带形成之后破坏时非常困难获得各向同性的试样。然而，后来由 Desrues 在 Grenlble 进行的试验后显示，在剪切带内存在一个临界孔隙比。

试验中，应力路径初始横穿此（相变）线，但试件远未达到残余状态；如果剪切继续发生，应力路径将最终趋进于临界状态线。因而，$\eta = M_g$ 曲线代表了剪胀为 0 的两种不同状态，即特征状态与临界状态。

塑性流动 $\boldsymbol{n}_{\mathrm{gL}}$ 方向可以在三维中确定，确定方法与黏性土的方法是类似的，给定如下：

$$\boldsymbol{n}_{\mathrm{g}}^{\mathrm{T}} = (n_{\mathrm{gv}}, n_{\mathrm{gs}}) \tag{5.134}$$

$$n_{\mathrm{gv}} = \frac{d_{\mathrm{g}}}{\sqrt{1+d_{\mathrm{g}}^2}} \tag{5.135}$$

$$n_{\mathrm{gs}} = \frac{1}{\sqrt{1+d_{\mathrm{g}}^2}} \tag{5.136}$$

到目前为止，颗粒土和黏性土的行为是一致的。

然而，必须用非关联的流动准则来描述硬化区域内的不稳定行为，此时，方向 $\boldsymbol{n}$ 标记为 $\boldsymbol{n}_{\mathrm{gL}}$，以示区别。

记

$$\boldsymbol{n}^{\mathrm{T}} = (n_{\mathrm{v}}, \; n_{\mathrm{s}}) \tag{5.137}$$

并且

$$n_{\mathrm{v}} = \frac{d_{\mathrm{f}}}{\sqrt{1+d_{\mathrm{f}}^2}} \tag{5.138}$$

$$n_{\mathrm{s}} = \frac{1}{\sqrt{1+d_{\mathrm{f}}^2}} \tag{5.139}$$

式中

$$d_{\mathrm{f}} = (1+\alpha)(M_{\mathrm{f}} - \eta) \tag{5.140}$$

由 Zienkiewicz 与 Panda（1977 年）建议的 M_{f} 和 M_{g} 也依赖于 Lode 角。不得不指出的是，上述定义的这两个方向与屈服或塑性势面无关，尽管它们可以建立某种联系。

事实上，可以通过对上述方向的积分而获得塑性势面与屈服面

$$f = \left\{ q - M_{\mathrm{f}} p'(1+\frac{1}{\alpha}) \left[1 - \left(\frac{p'}{p_{\mathrm{c}}'}\right)^\alpha \right] \right\} \tag{5.141}$$

$$g = \left\{ q - M_{\mathrm{g}} p'(1+\frac{1}{\alpha}) \left[1 - \left(\frac{p'}{p_{\mathrm{g}}'}\right)^\alpha \right] \right\} \tag{5.142}$$

其中，积分常数 p_{c}' 和 p_{g}' 用于刻划这两个面。

图 1.5-31（a）和图 1.5-31（b）中，描绘了两个用于刻划中松散砂的曲面，图中也给出了由声发射得到的试验资料（Tanimoto 和 Tanaka，1986 年）。类似的屈服面由 Nova（1982 年）提出。

为了导出合适的用于描述塑性模量 H_{L} 的表达式，必须考虑以下可靠的试验结果：

（1）在临界状态线上发生残余条件，即

$$\left(\frac{q}{p'}\right)_{\mathrm{res}} = M_{\mathrm{g}} \tag{5.143}$$

（2）当该线首次穿过时，破坏不一定发生。

（3）材料摩擦性质的响应要求建立一个边界以将不可能状态与允许的状态划分开来。

Zienkiewicz 于 1986 年提出了一个简便的关系式：

$$H_{\mathrm{L}} = H_0 p' H_{\mathrm{f}}(H_{\mathrm{v}} + H_{\mathrm{s}}) \tag{5.144}$$

式中

$$H_f = \left(1 - \frac{\eta}{\eta_f}\right)^4 \tag{5.145}$$

并且

$$\eta_f = \left(1 + \frac{1}{\alpha}\right)M_f \tag{5.146}$$

限制了可能的状态，而

$$H_v = \left(1 - \frac{\eta}{M_f}\right) \tag{5.147}$$

$$H_s = \beta_0 \beta_1 \exp(-\beta_0 \xi) \tag{5.148}$$

具有与黏性土表达式类似的形式。

为了说明上述模型的预测能力，我们将考虑一系列的试验结果。这些试验是在 Castro（1969 年），Taylor（1948 年），Saada 和 Bianchini（1989 年）的文献中报告的，覆盖了单调荷载下颗粒土的基本行为。

1）不排水条件下非常松散的砂呈现液化特性，这与前面讨论的一致。考虑显示在此的定量结果，重要的是记住：整个过程中材料在不断密实，这可从孔隙水压力连续地增加看出，这也表明了土在硬化。

这似乎与下列事实相矛盾：存在峰值状态，材料就能够被认为会发生软化。然而，在摩擦材料中，强度不得不根据移动应力比而不是偏量应力来分析。在此参数中，没有峰值被提出。这种行为可以考虑为 Drucker（1956 年，1959 年）意义下的不稳定

$$d\boldsymbol{\sigma}^T d\boldsymbol{\varepsilon}^P < 0 \tag{5.149}$$

于是

$$d\boldsymbol{\sigma}^T \left(\frac{1}{H}\boldsymbol{n}_g \cdot \boldsymbol{n}^T\right)d\boldsymbol{\sigma} < 0 \tag{5.150}$$

若此性质用一个正塑性模量来模拟，则不得不放弃相关联塑性理论，而选择

$$\boldsymbol{n}_g \neq \boldsymbol{n} \tag{5.151}$$

图 1.5-31（a）、（b）与（c）分别显示了应力路径、偏量应力与轴向应变和孔压隙水的关系，这些关系是由 Castro 获得的，与模型理论预测的具有很好的一致性。

2）在密实范围的另一极端，在非常密实砂中的排水剪切过程中，偏量应力的峰值存在，这是随着密度的增加而逐渐发展的。

在给出塑性模量表达中引进因子 H_s 以考虑：

1）穿过特征状态线（$\eta = M_g$）而不会立即产生破坏。

2）重现软化。

3）残余条件发生在临界状态线上。

为了说明从软化到硬化过程中塑性模量的作用，让我们来考虑一个排水三轴试验如图 1.5-32 所示。在路径的第一部分 H_v 和 H_s 都是正的，并且以单调的形式减少。在 $\eta = M_g$ 线上即当横穿特征状态线，H_v 为 0，而 H_s 仍然为正。若该过程继续发生，即会达到 η_p 有

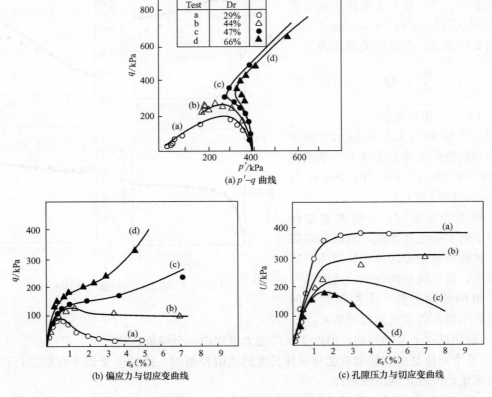

(a) $p'-q$ 曲线

(b) 偏应力与切应变曲线　　　　(c) 孔隙压力与切应变曲线

图 1.5-31　松散砂的不排水行为

$$H_v + H_s = 0 \tag{5.152}$$

并且

$$\eta_p > M_g \tag{5.153}$$

若试验是以位移控制的，则对于无限小的应变变化，偏量应力不发生变化

$$\mathrm{d}p' = \mathrm{d}q = 0 \tag{5.154}$$

$$\mathrm{d}\varepsilon_s \neq 0$$

$$\mathrm{d}\varepsilon_v \neq 0$$

期间，H_s 减少；继而，塑性模量成为负值。于是，土进入软化区域，并从此刻开始，偏量应力将出现下降的趋势。偏量应变硬化的函数 H_s 将随着变形过程而减小，最终在 $\eta = M_g$ 线上逐渐趋向于 0 值；此时，处于临界状态。

在软化过程中

$$\mathrm{d}\boldsymbol{\sigma}^{\mathrm{T}} \mathrm{d}\boldsymbol{\varepsilon}^{\mathrm{P}} < 0 \tag{5.155}$$

并且

$$\mathrm{d}\boldsymbol{\sigma}^{\mathrm{T}} \left(\frac{1}{H} \boldsymbol{n}_g \cdot \boldsymbol{n}^{\mathrm{T}} \right) \mathrm{d}\boldsymbol{\sigma} < 0 \tag{5.156}$$

由此看出，由于 H 是负值，此情况下没有必要用非关联理论来确保峰值的存在；事实上，非常密实砂可能呈现出在一定条件下的相关联行为，此时

$$M_f = M_g$$

比率 M_f / M_g 看上去依赖于相对密度，依照 Zienkiewicz 与 Leung（1985年）的工作看来，合适的关系式为

$$\frac{M_f}{M_g} = D_r \qquad (5.157)$$

式中　D_r——相对密度。

图 1.5-32 和图 1.5-33 显示了对于密实砂和松散砂在排水条件下力学响应的预测（Taylor，1948 年；Saada 与 Bianchini，1989 年）。

分析试验结果时，一般要非常仔细，对于密实砂尤其如此，其破坏局限在一个被称为剪切带的狭窄区域内。试件受压后，就不再是均匀的，此时是一个边界值问题而不是一个均匀物体问题。我们不得不着重强调如下事实：

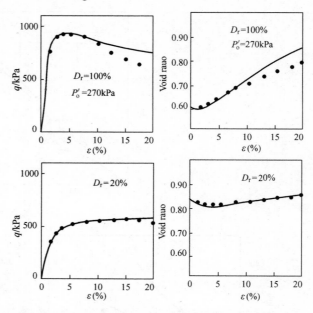

图 1.5-32　密实砂与松散砂的排水行为

1）即使试件不是均匀的，但由于试件受力呈现出一个峰值，软化也一定存在。

2）整个响应是由剪切带宽度和试件长度的比值控制的，此效应类似于在数值计算中观察到的现象，也就是网格依赖性。

3）试验的结果似乎表明了残余临界状态的存在；为了获得此结果，简单的方法是采用松散砂而不是非常密实的砂样。

4）中等松散到密实砂的不排水剪切试验表明了中间的一些特征，我们下面将讨论。一旦特征状态线达到，会产生土从剪缩到剪胀的这样一种变化，即应力路径转向。若材料是各向同性的，临界状态线的位置可以容易确定，即利用 $p'-q$ 空间中在不排水应力路径中所具

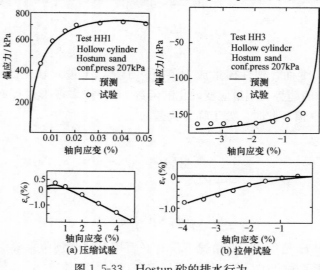

图 1.5-33　Hostun 砂的排水行为

有竖向正切值的一个点，于是

$$d\varepsilon_v^p = 0$$

而且

$$d\varepsilon_v^e = 0$$
$$dp' = 0$$

图 1.5-31 显示了利用提出的上述模型预测相对密实是怎样影响了砂的不排水行为。

此时，建立的模型具有一些特征：能反应单调剪切下砂的大部分重要特性；非常简单，没有必要完全遵循一致性条件，并且不涉及屈服面；在有限元计算中有效，应力点不会不得不重新回到屈服面上，并且容易得到正切模量。

5.4.7.2　三维行为

目前，我们已经考虑了三维土的压缩和拉伸响应，然而，提出的本构关系不仅依赖于 I_1' 和 J_2（或者 p' 和 q），还依赖于第三不变量或者 Lode 角 θ。

土的响应一般可归结为三轴问题的一个特例。我们用 $\boldsymbol{\sigma}^*$ 来表示三轴应力参数 p'、q：

$$\boldsymbol{\sigma}^* = \begin{pmatrix} p' \\ q \\ \theta \end{pmatrix} \tag{5.158}$$

而 Cartesian（卡氏）应力张量用 $\boldsymbol{\sigma}$ 表示，缩并不变量 $\boldsymbol{\sigma}:\boldsymbol{n}$ 导致了（Chan、Zienkiewicz 与 Pastor，1988 年）

$$d\boldsymbol{\sigma}:\boldsymbol{n} = d\boldsymbol{\sigma}^*:\boldsymbol{n}^* \tag{5.159}$$

变换上式

$$d\boldsymbol{\sigma}^* = \frac{\partial \boldsymbol{\sigma}^*}{\partial \boldsymbol{\sigma}}:d\boldsymbol{\sigma} \tag{5.160}$$

结果有

$$\boldsymbol{n} = \boldsymbol{n}^* \frac{\partial \boldsymbol{\sigma}^*}{\partial \boldsymbol{\sigma}} \tag{5.161}$$

类似地

$$\boldsymbol{n}_g = \boldsymbol{n}_g^* \frac{\partial \boldsymbol{\sigma}^*}{\partial \boldsymbol{\sigma}} \tag{5.162}$$

最终，塑性应变增量给定为

$$d\boldsymbol{\varepsilon}^p = \frac{1}{H}(\boldsymbol{n}_g \otimes \boldsymbol{n}):d\boldsymbol{\sigma} \tag{5.163}$$

而在卡氏坐标系统中的本构张量 C^{ep} 可以写为

$$C_{ijkl}^{ep} = \frac{\partial \sigma_m}{\partial \sigma_{ij}} C_{mn}^{ep} \frac{\partial \sigma_n}{\partial \sigma_{kl}} \tag{5.164}$$

自然地，该关系允许描述任何特别的应力和应变路径，正如下面例子所说明的。

图 1.5-34 中显示对于 p' 和 θ 为常数的预测行为与中空圆筒装置的试验结果（Chan、

Zienkiewicz 和 Pastor，1989 年），而该模型仅基于传统三轴压缩试验和拉伸试验。

中空圆筒装置可以进行主应力轴旋转试验，这是通过一个变化的应力剪切量 τ 结合轴向和径向应力来进行的。

若三轴状态（σ_1，$\sigma_2 = \sigma_3$，$\tau = 0$）中试件自由排水条件下剪切应力增加，q 也增加，而 p' 保持常数，则主应力轴将发生变化。

图 1.5-35（Chan、Zienkiewicz 和 Pastor，1989 年）显示了提出的模型怎样描述了特别的路径，此情况下，增加的 q 的效应大于主应力轴旋转的效应。

然而，一个主应力方向的纯旋转将不会引起材料的响应，这是因为模型是由应力和应变不变量定义的。

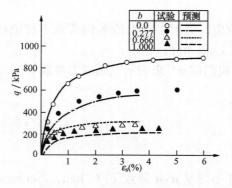

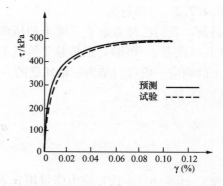

图 1.5-34　Reid 砂的定值 b 试验　　　　图 1.5-35　砂随着主应力轴旋转剪切

纯旋转路径试验显示了在排水条件下塑性体积应变和不排水条件下孔隙压力的产生。

上述问题可用提出的模型的广义化来描述，即通过考虑 Chan、Zienkiewicz 和 Pastor（1990 年）所提出的一些机制来实现。利用这些模型，可以引进应变与荷载诱发的各向异性（Pastor，1991 年）。

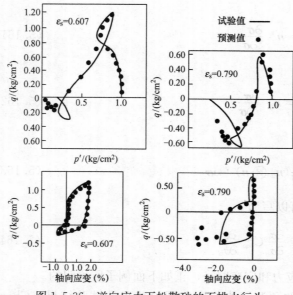

图 1.5-36　逆向应力下松散砂的不排水行为

5.4.7.3　卸载和循环加载

描述砂应力循环行为的第一步是理解在加载和卸载过程中会出现什么情况。在卸载的考虑中，经典塑性模型是由各向同性和弹性来描述的，这不总是准确的。事实上，从试验中观察到，存在比弹性卸载显示的要高的孔隙压力水平。图 1.5-36 预测了在应力回退过程中，松砂不排水剪切下的试验结果。Ishihara 与 Okada（1982 年）关于各向同性弹性卸载是由体积塑性应变为 0 来描述的。由于在不排水条件下该体积是常数，因而弹性的体积应变也应该是 0，所以 p' 应该是不变化的（p' 的变化引起了弹性体积变化）。应变路径不是沿着竖向线卸载的，而是趋向于初始值，这显示了更高的孔隙压力，而不是各向同性弹性。此现象随着应力比 η_u 的增加而更为显著。

对此，有两个可能的解释：

（1）材料结构在通过特征状态线后发生变化，即颗粒重新接触分布使得试件各向异性化（Bahda，1997 年）。

（2）在卸载过程中，塑性变形发展。

若假定塑性应变显示在卸载过程中，它们具有收缩特性；塑性模量的一个简单表达是由 Chan、Zienkiewicz 和 Pastor 1990 年提出的。该模量考虑了上述相关要求

$$H_u = H_{uo} \left(\frac{M_g}{\eta_g} \right)^{\gamma_u} \qquad \left(对于 \quad \left| \frac{M_g}{\eta_u} \right| > 1 \right)$$

$$H_u = H_{uo} \qquad \left(对于 \quad \left| \frac{M_g}{\eta_u} \right| \leqslant 1 \right) \tag{5.165}$$

并且扩展了模型应用范围。

为了确定卸载过程中塑性流动方向，我们设定不可逆应变具有收缩特性（密实化）。

该方向 $\boldsymbol{n}_{gu}$ 由下式提供

$$\boldsymbol{n}_{gu} = (n_{guv}, n_{gus})^{\mathrm{T}}$$

式中

$$n_{guv} = - \mathrm{abs}(n_{gv}) \tag{5.166}$$

并且

$$n_{gus} = + n_{gs} \tag{5.167}$$

现在考虑加载情况，在前面我们已经考虑了黏性土的情况，有必要考虑过去发生事件的影响。在此，可将塑性模量修改为一个"离散记忆因子" H_{DM}，如

$$H_{DM} = \left(\frac{\zeta_{max}}{\zeta} \right)^{\gamma} \tag{5.168}$$

ζ 定义为

$$\zeta = p' \cdot \left\{ 1 - \left(\frac{1+\alpha}{\alpha} \right) \frac{\eta}{M} \right\}^{1/\alpha} \tag{5.169}$$

式中　γ——一个新的材料常数。

最终，塑性模量给定为

$$H_L = H_0 \cdot p' \cdot H_f (H_v + H_s) H_{DM} \tag{5.170}$$

图 1.5-36 显示了该模型对于 Ishihara 与 Okada 所做更为一般试验结果的预测。

现在可模拟液化和循环位移等循环现象，这些现象显示在松砂或中密砂的循环加载中，并且当结构受到地震作用时，这些现象会导致灾难性的破坏。

上述两种现象是在排水循环剪切条件下由中密和松散砂的密实过程中引起的，如果荷载施加的足够快，或者渗透相对慢，这个机制将引起孔隙压力的累积而导致破坏。

对于非常松散砂，在一系列循环（此过程应力路径移动趋向于较低的侧限压力）后液化将发生，图 1.5-37 显示了 Castro（1969 年）开创性工作中所获得的结果。

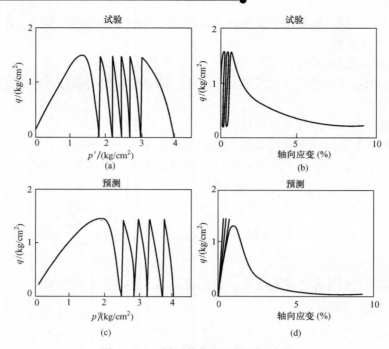

图 1.5-37　循环荷载下松散砂的液化

较密砂不会产生液化，但会产生"循环位移"，此情况下，破坏是渐进的，这是因为孔压的逐渐累积导致了应力路径趋向于特征状态线。卸载时，变形引起应力路径返回到原点，而在下一次加载过程中，产生的应变具有更大幅值。

图 1.5-38 显示了由 Tatsuoka 用 Fuji 河砂所做的试验结果。

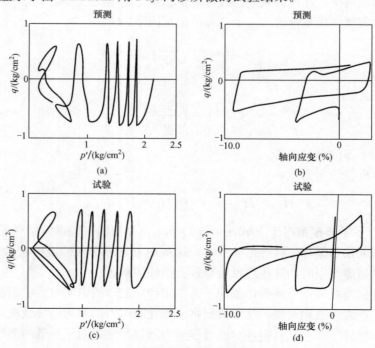

图 1.5-38　松散 Niigata 砂的循环运动

表 1.5-2 给出了在预测模拟过程中的模型参数。

表 1.5-2　　　　　　　　　　　模拟中所用模型参数

	Fig. 4.31 (a)	Fig. 4.31 (b)	Fig. 4.31 (c)	Fig. 4.31 (d)	Fig. 4.32（密实）
K_{eu0}	35000	35000	35000	35000	30000
G_0	52500	52500	52500	52500	50000
M_f	0.4	0.545	0.570	0.72	0.72
M_g	1.5	1.32	1.12	1.03	1.28
H_0	350	350	350	350	16000
β_0	4.2	4.2	4.2	4.2	2.25
β_1	0.2	0.2	0.2	0.2	0.2
γ	—	—	—	—	—
H_{u0}	—	—	—	—	—
γ_u	—	—	—	—	—

	Fig. 4.32（松散）	Fig. 4.33	Fig. 4.36	Fig. 4.37	Fig. 4.38	Fig. 4.34 与 4.35
K_{eu0}	30000	43000	35000	35000	65000	105000
G_0	50000	37000	65000	52500	30000	200000
M_f	0.50	1.2	0.80	0.40	0.71	1.17
M_g	1.33	1.26	1.30	1.50	1.5	0.90
H_0	4000	1000	1600	350	800	1750
β_0	2.25	2.0	1.5	4.2	3.8	1.2
β_1	0.2	0.13	0.10	0.2	0.16	0.14
γ	—	—	1.0	4	1	4
H_{u0}	—	—	200	600	250	
γ_u	—	—	2	2	5	—

该模型由 Zienkiewicz、Pastor 和 Chan（1990 年），Zienkiewicz、Pastor、Xu 和 Peraire（1993 年）做了进一步研究。他们通过考虑过去的历史而改进了模型，考虑了两个基本因素：

（1）定义了一个曲面以表达所达到的最大应力水平。

（2）在曲面上的点将发生回退。

方向 n 和 n_g 和塑性模量 H_L 依赖于应力 C 的相对位置，C 代表了荷载回退的点 B，而映射点 D 定义在同样移动应力面上。

为了获得 n、n_g 和 H_L 的值，采用一个较为合适的插值规则。特别地，n 应满足如下要求，即从 $-n$ 到 $+n$ 满足线性关系。通过在 C 处定义一个适量的剪胀 d_{cg}（由初始的 d_{gO} 值修改而来）而重新获得塑性流动

$$d_{gD} = (1+\alpha)(M_g - \eta_D) \tag{5.171}$$

在可逆点 d_{gO} 处的剪胀初始值给定为

$$d_{gO} = (1+\alpha)(M_g - C_g \eta_B) \qquad (5.172)$$

常数 C_g（$0 < C_g < 1$）随着密度变化，它对于中密到松散砂接近于 0 值。

塑性模量在一初始的 H_{U0} 与其在移动应力表面 H_D 映射点处的最终值之间变化。该初始值可以假定为在非常低的压力循环中通过一个可能塑性应变累积的减少而变为无穷小。

$$H = H_{U0} + f \cdot (H_D - H_{U0}) \qquad (5.173)$$

其中，f 是一个依赖于点 B、C 与 D 相对位置的修正函数，而当 C 与 D 相等时，其值为 1。现在来讨论映射应力点 D 的规则，它存在一些不同的可能性，例如，它可以通过直线的交点获得，交点交于移动应力面的应力点和回退应力点上，如图 1.5-39 所示。

此插值规则提供了卸载到再加载过程中的圆滑过渡。事实上，卸载可以看作一个新的加载过程，重要的是塑性流动方向和单位矢量 $\boldsymbol{n}$ 不仅是应力状态的函数，也是过去历史的函数。

最终，砂在循环加载过程中的密实影响可以通过引进塑性模量因子 H_d 来考虑

$$H_d = \exp(-\gamma_d \varepsilon_v^p) \qquad (5.174)$$

图 1.5-40 显示了循环加载过程中松散砂密实过程。可以观察到，所产生的体积和偏量塑性应变随着循环次数的增加而减少。

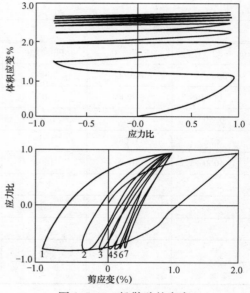

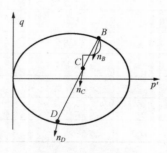

图 1.5-39 插值规则

图 1.5-40 松散砂的密实

应该提醒的是，由于上述简单模型的提出，一系列改进及修正已经引入了。特别是 CERMES（Paris）的研究（Saitta，1994 年）已经成功完成，其中包括状态参数的描述以及相应的不同侧限压力与不同相对密度下砂的行为的描述（Bahda，1997 年；Bahda、Pastor 和 Saitta，1997 年）。

5.5 其他几种代表性的本构关系理论

5.5.1 土的非线性弹性模型理论

非线性弹性模型是弹性理论中广义虎克定律的推广，按推广中采用的基本假设的不同，又可分为变弹性模型、次弹性模型和超弹性模型三类。

5.5.1.1 变弹性模型

变弹性模型直接把胡克定律写成增量型，认为弹性系数及弹性模量是变量，假定它们只

是应力状态的函数，与应力路径无关，即

$$\{d\epsilon\} = [C]\{d\sigma\} \tag{5.175}$$

$[C]$ 为土的柔度矩阵，假定是应力状态的函数。对各向同性材料，矩阵 $[C]$ 中包含两个独立参数：弹性模量与泊松比或体积模量与剪切模量。变弹性模型以邓肯-张（Duncan-Chang）的双曲线模型为代表，可由常规三轴试验曲线来确定切线的弹性常数。邓肯-张模型反映了土体变形的主要规律，如土的非线性、应力路径对变形的影响，通过回弹模量 E_{ur} 与加荷模量 E_1 的差别部分体现加荷历史对变形的影响，但其不足之处是，它没有反映固结压力增加与降低的差别，没有反映加荷、卸荷对 υ 的变化，不能反映土体的剪胀性，也不能反映中主应力的对变形的影响，为了在变弹性范围内考虑土的剪胀—剪缩特性，沈珠江建议了三参数的模型，即把式（5.175）改为

$$\{d\epsilon\} = [C]\{d\sigma\} + [C_d]\{d\sigma\} \tag{5.176}$$

矩阵 $[C_d]$ 中包含一个剪胀系数。如果假定上述参数随应力路径而变化，那么此类模型也可在一定程度上考虑应力路径的影响。

5.5.1.2　次弹性模型

次弹性模型是变弹性模型的推广，即把矩阵 $[C]$ 写成应力状态的多项式函数，如

$$[C] = [C_0]\{\delta\}\{\sigma\} + [C_1]\{\delta\}\{\sigma\} + [C_2]\{\delta\}\{\sigma\} + \cdots\cdots \tag{5.177}$$

式中　　$[C_0]$，$[C_1]$，$[C_2]$……——常量。

次弹性模型最突出的优点在于它能较好地描述土体应力路径相关特性，也能较好地模拟土体的非线性，但它一般不能反映土体的剪胀性及压缩与剪切的交叉影响。同时，由于次弹性模型只考虑硬化，也不能反映土体软化特性。在实际应用中，由于次弹性模型中材料参数能够用明确规定的方法从实验室常规试验中测定，所以此类本构模型较实用。

5.5.1.3　超弹性模型

超弹性模型是弹性理论中应变总量与应力总量之间存在唯一性假设的推广，并由此推导出增量型应力应变关系，即

$$\{\epsilon\} = f(\{\sigma\}) \tag{5.178}$$

从而有

$$\{d\epsilon\} = \frac{\partial f}{\partial \{\sigma\}}\{d\sigma\} \tag{5.179}$$

另一类超弹性模型则从弹性理论中应变能与应力总量之间存在唯一性假设出发，推导增量型应力-应变关系，即

$$W = f(\{\sigma\}) \tag{5.180}$$

$$\{\epsilon\} = \frac{\partial W}{\partial \{\sigma\}} \tag{5.181}$$

$$\{d\epsilon\} = \frac{\partial^2 W}{\partial \{\sigma\} \partial \{\sigma\}}\{d\sigma\} \tag{5.182}$$

前一类模型称为 Cauchy 型超弹性模型，这种模型在理论上和数学上都比较简单，且材料系数比较容易确定，特别是它可用于模拟土体在应力峰值后的应变软化现象，这是许多模型难以做到的，但对循环加载的情况不适用；后一类模型称为 Green 型超弹性模型，这种模型在理论上能模拟土体的非线性、剪胀性、应力引起的各向异性、流体静水压力效应及由剪切引起的体积变化等特性。但由于超弹性模型在本质上是加工硬化型的，随着应力的增加，

应变总是增加的，所以它不能恰当地模拟土体在应力峰值后的应变软化特性，且由于这两类模型在建模时都不考虑应力路径、应变历史的影响，所以只能描述土体与路径无关的性质，即仅适用于单调或比例加载的情况。

5.5.2 考虑土微、细观结构的模型

现有唯象本构模型实际上基本不考虑土体结构性的影响。谢定义、饶为国等基于经典塑性理论，在本构模型中直接引入"综合结构势"指标 m_p，定义为 $m_p = S_s S_r / S_0^2$，其中 S_0、S_s、S_r 分别为原状样、饱和样、重塑样在某一压力下的变形量（或应变量）。该模型通过在某一压力下对不同物理及结构状态下宏观变形响应的不同来刻画微观结构的影响。然而，可以看出，该结构性模型所反映结构性影响不是通过土体内部可测量的固有特征量来反映的，而通过宏观响应行为的差异来做间接的反映；此外，从技术角度讲，S_r 等的确定有较大的不确定性，因而这种模型在应用中将面临许多问题。

Muneo Hori 提出的一种新的考虑粒状材料结构及宏观变形的微结构模型，由成堆的颗粒和孔隙自由组合形成粒柱，其独特的分析是认为微观的应力和应变由粒柱中的颗粒和孔隙分别承担，假定粒状材料的反应主要是由承担较大力的颗粒及其周围的孔隙产生的，与其他颗粒和孔隙的分布无关，因此，一般的形成柱状结构的颗粒和孔隙承担了较多的应力和应变。

在微观结构机制中，定义宏观应力和应变可以通过微观应力和应变来进行计算，假定在准静态和小变形条件下，微观应力和应变的体积积分可以由下式得到

$$\int_D \sigma \mathrm{d}V = \int_{\partial D} t \otimes x \mathrm{d}S$$

$$\int_D \varepsilon \mathrm{d}V = \int_D \mathrm{sym}\{n \otimes u\}\mathrm{d}S$$

式中　t、u——与其体积相应的任一积分区域 D 表面的牵引力、位移；

　　　　n——单位法向量；

　　sym——对称部分。

假定颗粒是刚性体，忽略其变形且承担其内部力，孔隙的变化决定其变形，若颗粒的平均应力是 $\bar{\sigma}$，孔隙的平均应变是 $\bar{\varepsilon}$，宏观的应力和应变分别是 Σ 和 E，则可以得到下式：

$$\Sigma = (1-f)\bar{\sigma}$$

$$E = f\bar{\varepsilon}$$

式中　f——颗粒的体积比；

$(1-f)$——孔隙比。

上述模型可以较好地解释土的应变软化现象，但是该模型仅适用于相对较小的变形，且不能反映应力历史的影响。

Chang 从微观颗粒上进行计算分析，从颗粒间的运动理论分析和数值计算出发，对土体材料的变形性质和本构理论进行了系统的研究。Herle 与 Dudehus 则构造了微颗粒岩土材料的亚塑性本构模型以用于微颗粒构造材料的数值分析，Jensen 等利用离散单元技术对颗粒状材料界面特性与颗粒尺寸对材料性能的影响进行了研究，表明颗粒微界面特性研究对宏观材料特性研究的重要影响。张洪武等在细观力学模型的分析方面，考虑颗粒体的本身的弹性变形行为以及颗粒体之间的黏着—脱离—滑动等的相互作用关系，这种黏着效应考虑了颗粒体之间的原始黏着强度，进而试图反映体现岩土材料的内聚力在细观分析方面的影响。

以上模型对于探索微细观机制与宏观变形的联系方面有着积极意义，但在考虑颗粒本身的变形、颗粒接触以及颗粒组合形式方面均存在着程度不同的局限性及问题。

5.5.3　变形局部化理论与渐进变形

变形局部化指在一定外界条件下介质内形成一个薄层的强烈变形区，或称为剪切带的一种力学现象。其与应变局部化概念的区别在于前者更强调变形的不连续性。经典连续统力学以连续位移场为基础，不可逆变形、位错和缺陷、剪胀以及软化等的产生和积聚，一般表明连续位移场光滑度降低。由非局部连续方法恰好能度规这种涉及材料微观、细观，甚至宏观效应的状态量。现在普遍认识到：在结构破坏或接近破坏时，变形局部化将控制或直接影响结构的响应（Lai，2002 年），而为了准确描述结构的力学响应，分析计算的物理力学模型必须计入变形局部化影响。

局部化变形被认为属于材料不稳定性问题范畴，此观点已被广泛接受。Rudnicki 与 Rice 开创性的工作表明了控制性方程椭圆性的损失是局部化变形的开始，该工作给出了经典连续介质理论预言局部化发生时刻或相应应力状态的假定条件。

局部化变形区包含一个不连续面或边界，此处均匀的变形区域由一个不均匀变形区域分隔，该不均匀变形区的速度梯度场（spatial gradient of the velocity field）是不连续，通常称为弱不连续。近来，称为强不连续的位移场（displacement field）的不连续性问题开始得到模拟。对于岩土介质而言，剪切带厚度 $t=0$ 为强不连续，而弱不连续的厚度为有限值。

5.5.3.1　强度、软化与变形局部化的关系

有一种看法认为岩土结构强度的损失是材料的软化，即岩土材料在均匀荷载下达到某一强度性质衰退（degrade）的应力状态，从而导致了结构响应的整体软化。传统率无关的软化塑性模型基于材料软化并被用于模拟岩土结构强度的损失，而有学者认为软化不总是材料的一种响应而可能是不均匀变形的效应。现在一般认为，岩土结构中软化的主要原因是变形局部化。有学者将与砂土状态相关本构模型置于耦合的有限元程序中，分析了平面应变条件下饱和砂土中剪切带形成全过程及其变化规律，表明了紧密砂土的应变软化特性是导致变形局部化的根本原因。也有学者利用同样方法分析了平面应变条件下饱和砂土在排水剪切过程中变形局部化问题，其数值结果表明，砂土中变形局部化取决于土样的（密实）状态，有效平均应力越小，土样密度越大，变形局部化程度就越高，剪切带与大主应力面的夹角就越大。

5.5.3.2　传统率无关塑性模型有关问题

在描述变形局部化问题中，率无关的塑性模型不包含可描述局部化区域或剪切带厚度的内部特征尺度。由于这一特点，此类模型的描述依赖于其他的人为因素，如有限单元大小的划分。另一问题在于耗散能的计算。在破坏状态下能量耗散被不正确地预测为零，而之所以得到此类不正确的有限元解是因为网格划分。此外，剪切带的方向也过于依赖于网格划分。总之，由于解依赖于网格划分，有限元的解是病态的。解决上述问题的方法之一是利用率（应变率）有关的本构模型；然而，控制方程中椭圆性的保持使得检测不到局部化的启动。因而，就需要一些不理想的手段以检测局部化，诸如裂隙应变与裂隙应变率加入的考虑等。

5.5.3.3　局部化变形描述理论

为了解决率无关模型的上述问题，研究人员在标准的连续介质力学方程中引进了附加项，这样可防止系统中偏微分方程的双曲线形式。利用所谓的非局部连续介质模型是一种方

法，以处理标准的率无关模型的不足。这是基于这样一种理论：在连续状态下应变软化不会局部存在，因而应变软化不是一种材料性质。另外一种方法是利用 Cosserat 连续介质理论，该理论引进了诸如曲率与力矩/动量（curvatures and moments）等量。梯度类型的模型也可通过利用塑性应变梯度来增强连续介质模型，从而描述上述局部化问题（请见以下介绍）；然而，网格划分问题依然存在。除了以上改进连续介质的控制方程外，改进有限元的算法也是研究人员的努力方向之一。例如，将弱连续性引入单元；在局部分叉分析后引入不连续。类似的工作是将材料"长度度量（length scale）"引入到有限元中。此外，还有离散元法（Cundall，1989 年）与单元阻断法（Wan et. al，1990 年）等。

5.5.3.4　渐进变形问题

土体应力峰值附近变形问题研究一直受到学术界的关注。峰值后应变软化材料逐渐破坏问题的研究，亦已有 30 多年的历史，但是进展不大。早期的研究集中在减压软化问题，如超固结土坡的长期稳定性。但是，这类问题的"逐渐"主要指逐渐吸水而引起的有效应力降低，用刚塑性模型也能分析，因此不是严格意义上的逐渐破坏问题；撇开这一点，可以说到目前为止有关逐渐破坏的主要研究内容限于剪胀软化引起的剪切带形成问题。但是有学者认为，结构性黏土的损伤软化在理论上更典型，实际工程中也最常遇到，因而更具重要意义。对于通常问题，静力条件下的变形方程属椭圆型，其系数矩阵是正定的，可用有限元法求解，而破坏区的控制方程则属双曲型，宜用特征线法求解。在逐渐破坏过程中，破坏区的峰面逐渐向前推进，但分界线的位置事先是不知道的。对于混合型微分方程，在求解上遇到了巨大的困难。目前只有简单的一维问题已求得相应的理论解，有关二维问题的数值求解，已经尝试过许多途径。这些方法中很多都用了复杂的技巧，如必须采用多节点的三角形单元，单元的一边还要与可能的剪切面平行等。尽管如此，计算结果还往往不稳定，如剪切带厚度和承载力曲线与单元划分的粗细有关（单元敏感性）。对于这一问题，计算技巧需要研究，但更重要的是建立符合实际软化渐进机理的本构模型。近年来应用梯度塑性理论求解这一问题方面取得了一定进展，但仍属于初步的探索。

5.5.3.5　塑性应变梯度理论

试验表明，介质的非均匀塑性变形特征长度在某个量级时，介质具有很强的尺度效应。在传统的塑性理论中本构模型不包含任何尺度，所以它不能预测介质在相应尺度下发生的这种尺度效应。然而，在目前工程实践中迫切需要处理此量级的问题。此外，促使建立在某一量级尺寸下的连续介质理论的目的是在介质宏观力学行为和微细观行为之间建立联系。

塑性应变梯度理论的基本思想是屈服函数中包含关于塑性应变合适度量的高阶量（通常是二阶塑性应变累积量）。在此基础上，可处理许多类型的应变局部化问题，也形成了各种原理以解决连续介质力学的边界值问题。

塑性应变梯度理论的结构特征简述如下：在传统弹塑性理论的框架下，增加考虑位移二阶导数项（应变梯度项）的影响（可以不变量形式出现在本构关系中），而这些应变梯度不变量与传统应变不变量之间在长度量纲上存在差异，为此，在本构关系中引入了若干个长度参量对两者进行量纲匹配，而由这些长度参量刻划介质在各个几何量级上所表现的尺度效应。在传统弹塑性理论可适用的范围，应变梯度项的影响可忽略不计。为了保持理论的完整性，也相应地定义了与应变梯度共轭的应力梯度量，并发展了适合应变梯度情况的数值方法。有实例表明，通过将塑性应变梯度理论应用于刻划介质的尺度效应，可有效地刻划金属介质在微米层次以及岩石介质在细观层次所表现出的尺度效应，初步表现了该理论成功的一面。对于岩石达到峰值强度后进入应变软化的塑性变形的描述，潘一山等人引入了应变梯度（根据各向同性假设，只能是偶次阶应变梯度），取简单的二阶梯度屈服函数

$$f = \sigma - \bar{\sigma}\left(\varepsilon^p, l^2\frac{\mathrm{d}^2\varepsilon^p}{\mathrm{d}y^2}\right) = 0 \tag{5.183}$$

式中　$\bar{\sigma}$——流动应力；

　　　ε^p——塑性应变。

假设岩石超过峰值强度后按线性规律软化，斜率的绝对值为某种降模量，材料内部参数为 λ，流动应力与二阶应变梯度成线性，则

$$\bar{\sigma} = \sigma_c - \frac{E\lambda}{E+\lambda}\varepsilon - cl^2\frac{\mathrm{d}^2\varepsilon^p}{\mathrm{d}y^2} \tag{5.184}$$

式中　σ_c——峰值应力；

　　　c——常数。

等号右边第三项为应变梯度项，对上述方程求解得

$$\varepsilon^p = A\cos\left(\frac{y}{l}\right) + (\bar{\sigma} - \sigma_c)\frac{E+\lambda}{E\lambda} \tag{5.185}$$

式中　A——积分常数。

假设超过峰值强度后，岩石变形局部化，局部化的塑性软化区宽度为 w，则在岩石试件弹性区与塑性区交界处有

$$\varepsilon^p\Big|_{y=\pm\frac{w}{2}} = 0 \tag{5.186}$$

联立上述屈服函数方程可得

$$\varepsilon^p = \frac{\sigma_c - \sigma}{E\lambda}(E+\lambda)\left[1 - \frac{\cos\left(\frac{y}{l}\right)}{\cos\left(\frac{w}{2l}\right)}\right] \tag{5.187}$$

由此式可看出 w 改变，则 ε^p 也随之改变，并且有一个最大值，这个最大值即局部化区域宽度，故取 $\frac{\mathrm{d}\varepsilon^p}{\mathrm{d}w} = 0$，可得

$$w = 2\pi l \tag{5.188}$$

代回到 ε^p 表达式，则有

$$\varepsilon^p = \frac{\sigma_c - \sigma}{E\lambda}(E+\lambda)\left(1 + \cos\frac{y}{l}\right) \tag{5.189}$$

式（5.189）即为该法的塑性应变做的表达式，表达了材料内部参数 λ 对塑性变形的影响。

该法未对材料内部参数 λ 做出明确的量化，并采用了经典的塑性（屈服）理论，未反映颗粒材料宏细观关联的变形机制，也未考虑不同程度不连续性对变形的影响。

5.5.4　基于公理性原理的理论

该种理论起源于理性力学方法，即基于一些公理性条件，以此作为限制条件，并通过附加尽量少的假定，建立本构方程，进而得到求解的控制方程。其采用的主要公理如下：

（1）确定性原理。认为物体中粒子在 t 时刻的热力学状态函数（如应力、自由能等）是

由物体中所有粒子的运动历史与温度历史（而不仅仅是初始状态）所确定的。

（2）局部作用原理。认为某粒子的行为只由该粒子附近很小的邻域中粒子的运动历史与温度历史确定。

（3）短期记忆原理（减退记忆原理）。认为介质对于较远久的历史易于遗忘。

（4）坐标不变性原理。认为本构关系与坐标的选择无关。该点在采用张量表述时便自动满足。

（5）等存性原理。所有响应函数应具有相同的本构变量，直到与有关规律发生矛盾为止。换言之，在建模时，对所有本构变量要一视同仁，这是因为在通常的物理过程中，质量、动量和能量是同时存在且相互牵连与耦合的。因此，按等存性原理要求，出现在一个本构函数中的变量也必须出现在其他的本构函数中。

（6）许可性原理（相容性原理）。认为本构关系必须与质量、动量、能量基本定律相容，与熵不等式相容，不能矛盾。利用熵不等式可以排除本构函数对某些本构变量的依赖关系，从而简化本构方程。

（7）客观性原理（参考标架无关原理）。认为本构关系必须与持有不同时钟和进行不同运动的观察者无关；或者说，本构关系对于相互做刚性运动的观察者都一样。也就是说，所有观察者所观察到的介质响应应当相同，因为材料的反应是介质内部存在的客观过程，理应与在其外的观察无关。

从不可逆过程热力学吸收的本构原理有两个：

（1）Onsager 原理。这是线性不可逆过程热力学的一个基本原理，有人称之为热力学第四定律。该原理认为：不同类量之间的交叉影响系数相等。应用这一原理可以减少本构方程中系数的个数。具体地说，设在一个体系里同时存在 n 个流动，其通量分别为 J_1，J_2，…，J_n，而引起通量的热力学力为 Y_1，Y_2，…，Y_n，则 $J_\alpha = L_{\alpha\beta}Y_\beta$（$\alpha$，$\beta = 1$，$2$，…，$n$）中的唯象系数 $L_{\alpha\beta} = L_{\beta\alpha}$。

（2）Curie 对称原理。该原理认为，一般而言，耦合过程中各热力学力与各通量是阶次不同的张量。该原理指出：在各向同性体系中，仅当热力学力与通量是同阶张量或阶差为偶数量，组合关系才有可能。该原理可使本构关系进一步简化。

利用上述公理性原理，再根据介质特征响应做出一些假定，如在土力学领域中的有效应力原理、剪胀性等假定，从而构造本构方程。该方法理论性较强，是本构理论发展方向之一。其问题在于，给出的公理性限制条件较待确定的变量要少，必须给出其他的假定条件，这也将引起误差。此外，由于统一处理一系列方程组，在数学上也显得较为复杂。

5.6　有限特征比理论

5.6.1　引论

该理论是作者创立与发展起来的。如前述，目前连续介质力学理论广泛应用于各种实际非连续性介质的力学分析，包括对于内部存在宏、细观缺陷的岩土介质的应用。传统连续介质理论假定物体内充满着代表材料平均性质、连续分布、无穷小的体积元或材料点。现代连续介质热动力学在讨论多组分介质的统观性质时，假定这个体积元一方面要足够小，另一方面又要足够大，使其既能区别多组分性质，又能代表多组分介质的统观性质，但在实际描述中仍然未给予体积元的几何考虑。此外，传统连续介质力学理论未计入任何特征尺寸。这种忽略体积元（即质点）以及介质内部特征尺度几何效应的理想化在描述与介质颗粒尺度相关的力学行为，特别是宏观、细观（颗粒尺度）不连续的岩土类介质时遇到了严峻的挑战，其中有些困难甚至是不可克服的：新近的试验表明，当非均匀塑性变形特征长度在微米量级时，金属材料具有很强的尺度效应；而就宏观不连续的岩体而言，从大量的工程应用来看，若不计入与被切割岩块的平均大小、与此相当的不连续面及其和所考虑岩体整体范围的相对尺度比值，则其连续介质力学描述便无意义。关于土的变形性状研究指出：粒径可能是最突出的影响因素，它既影响着任何压力下的孔隙比，又影响物理-化学和力学因素在固结过程中的作用。力学试验表明，材料变形与强度特征与其内部颗粒大小有重要关系，即使对于同一种材料，如大理石、砂，其内部颗粒大小（相应代表材料平均性质的质点尺寸）的不同也决定了材料力学响应的不同。一般而言，对于宏观连续完整的岩土介质，介质变形特征在很大程度上依赖于其中的矿物成分及直接反映矿物成分的颗粒大小与形状。同时，影响这类介质力学行为的缺陷尺度（往往是细观上的）也是由颗粒大小来控制的，介质因颗粒大小的不同而具有不同的力学响应。这表明，应该在理论上计入其质点大小的效应。同时，一般而言，与工程结构尺寸相比，材料质点尺寸并未小到可以不加考虑。与室内土工试验的试件相比，土样（如砂样）矿物颗粒尺寸也未小到可以不加考虑。事实上，对于这些实际的工程材料，在一定的外部条件下，质点尺寸及其与材料外部结构尺寸的比值控制了其整体的力学响应。此外，正如前面所述，学术界已认识到，这种忽略介质特征尺寸的结果导致了在描述变形及应变局部化问题时出现如下问题：在有限元分析中，控制方程的非椭圆化以及计算结果对于网格及单元划分的依赖性。

因此，在应用连续介质力学方法对岩土类宏细观结构介质进行分析时，计入表征物体内部结构特征的质点尺寸以及其与整体外部长度的比值效应是十分必要的。作者用表征物体整体统计平均性质的有限（几何物理）质点及该质点（内部特征）尺度与物体外部特征尺度间的特征比值作为讨论问题的出发点，进而重新建立符合内部存在宏细观缺陷的岩土类介质特点的本构描述及控制方程，为包括软土地基处理在内的岩土工程问题进行更为客观的力学分析奠定基础，为需考虑颗粒尺度效应的土体力学响应的合理描述提供了一种新途径。自然，对该方法的物理基础、基本特点、理论意义与应用前景等也将进行必要讨论，以奠定该理论方法的研究基础，并推进发展。

5.6.2　基本假定

我们现在仍将要讨论的整个物体或介质视为由一定数量、连续分布的材料质点（体积元）组成的。为了能代表物体的平均物理力学性质，该质点假定具有有限尺寸，这种尺寸与物体外部尺寸相比，一般是不可忽略的。自然，该质点应包含物体内颗粒或某种程度连续固体部分（如土中的矿物颗粒——受力的与"空载"的颗粒，岩体中的岩块）、缺陷及各种内部结构。考虑到物体中缺陷与其中连续固体部分相比往往处于同一量级，因而可推断此点大小至少为这些连续固体部分（即矿物颗粒或岩块等）尺寸的 1 倍以上。关于质点尺寸的大小与介质成分构成及内部结构以及所讨论的介质外部条件等均有关，进一步的讨论见后述。我们在此用 l_p 表示物体或材料的质点尺寸的大小。

从大量各类力学试验与工程实践可知，一定的外部条件（力、温度等）的作用将导致物体内部结构的发展与变化，从而代表着物体整体平均特性的质点尺寸亦必然变化。因此，有理由认为，某一时刻质点尺寸可以形象地反映此时刻材料不可逆变形及能量耗散情况，它一

179

般是应力或应变、温度以及反映物体内部结构变化量（通常表为内变量）的函数。应该指出的是：这里所谓的不可逆变形不仅包括原子列间位错的微观机制的变形，还包括材料颗粒及更大尺度上连续固体集合体（如土中颗粒集成体、岩体中的岩块）的相对错动，压密甚至压碎这类细观与宏观机制的变形。在多数情况下，岩土介质中这类细观、宏观机制的变形往往占主导地位。此外，连续介质理论基本要求在于表征整体平均性质的质点数量要足够多，数量愈多，连续介质方法描述就愈精确。为表征质点几何上的力学效应及物体或材料整体中质点数量所具有的影响，用一个特征长度比 L 作为讨论的基本量是合适的，因而定义

$$L = l_p / l_s \tag{5.190}$$

其中，l_s 为物体或工程结构特征长度，即其外部特征度量，与物体或工程结构初始特征相关，一般亦与某时刻的外部条件有关。对于具体问题，在给定的外部条件下，其可视为一个常值。通常情况下，它可取物体或工程结构某一方向的最小尺寸或不同方向上的平均尺寸或其他某种度量。l_p 为某时刻物体内质点的尺寸，即其内部特征度量，如前所述，是一个变量。与 l_p 相同，L 是应力 σ_{ij} 或应变 ε_{ij}、温度 T 与内变量 q 的函数，即

$$L = f(\sigma_{ij}, T, q; \varepsilon_{ij}, T, q) \tag{5.191}$$

以上表述了有限特征比理论最基本的思想，为明确起见，现作为基本假定归纳如下：

（1）能代表岩土类介质（当为非均匀介质时，则为某一均匀区域的）平均力学性质的质点（体积元），是有限的几何物理点（元）而不是传统连续介质理论意义下的数学点。

（2）有限特征比 L［介质内部特征尺度（质点尺度）与介质整体外部特征尺度之比］是一个基本变量，某一时刻该 L 及质点尺度唯象地反映了此时刻介质的热力学系统状态。

（3）L 一般是介质内应力或应变、温度与内变量（及其变化率）的函数。

应该指出的是，l_p 是一个有明确意义的量。它可通过目前常规的物理力学试验方法加以确定。例如，对于土体，可以通过对土样颗粒尺度的显微镜观察来确定，其值应是颗粒结构集合体的尺度；对于岩体，可用波速法测定，其值即为保持与岩体及工程结构同样波速的最小岩体集成体的尺寸。它反映了物体内部结构变化及内耗散情况，一般为一个非负值；当物体从未经历过不可逆变形时，l_p 才为常值；对于岩土介质，在多数条件下由于它们往往经历过相当水平的应力作用，因此常常表现为较大的正值。显然，总有 $l_p \geqslant 0$，$l_s \geqslant 0$，l_p 与 l_s 之间的量值关系则要视所讨论介质的具体情况确定；仅当 $l_s \geqslant l_p \geqslant 0$ 时，连续介质方法才可能有意义（目前通常认为 l_s 为 l_p 的 100 倍以上时，进行连续介质描述则有足够的精度，而目前有关土工规范允许该比值最低为 20 倍）。当满足这一条件时，总有 $1 > L \geqslant 0$。在初始状态，L 值定义为 $L_0 = f(0)$，是一个非负的常数。根据 L 的基本意义，下面将构造新的本构关系。

5.6.3　基本理论体系

通常假设在外部条件作用下物体内自由能可分为与可逆变形、不可逆变形对应的两部分：

$$G = G^r + G^i \tag{5.192}$$

G 为 Gibbs 自由能，上标 r 与 i 分别表示可逆与不可逆（即耗散）部分，其中 G^r 为通常理解的弹性能，一般与应力、温度以及缺陷 D 有关，若将 D 计入，则考虑了材料缺陷对弹性性质的影响。G^i 对应着耗散能，它不仅由微观结构的改变提供，还由细观（某种颗粒量级）乃至宏观结构的改变所提供。如前述假定，可由物体特征长度比 L 的改变唯象地表征

了这些不同尺度上物体内部结构的改变，于是有

$$G^i = G^i(L) \qquad (5.193)$$

在 L 等于其初值 L_0 处将 G^i 展开为泰勒级数：

$$G^i(L) = G^i(L_0) + G^{i\prime}(L_0)(L-L_0) + (1/2)G^{i\prime\prime}(L_0)(L-L_0)^2 + (L \text{ 的高阶量}) \qquad (5.194)$$

一般而言，由于 L 为小量，可忽略二阶以上的小量，则有

$$G^i(L) = G^i(L_0) + G^{i\prime}(L_0)(L-L_0) + (1/2)G^{i\prime\prime}(L_0)(L-L_0)^2 \qquad (5.195)$$

初始项 $G^i(L_0)$ 表示某一外部条件作用之前物体所经历不可逆变形过程所对应的耗散能，当不考虑以前应力历史时，$G^i = (L_0) = 0$。对于土与岩石类材料，由于 L 足够小，可忽略二阶量，故有

$$G^i(L) = G^i(L_0) + G^{i\prime}(L_0)(L-L_0) \qquad (5.196)$$

根据不可逆热力学可得

$$\varepsilon_{ij} = -\frac{\partial G}{\partial \sigma_{ij}} \qquad (5.197)$$

在小应变条件下，可有

$$\varepsilon_{ij} = \varepsilon_{ij}^r + \varepsilon_{ij}^i \qquad (5.198)$$

式中　ε_{ij}^r ——可逆应变；

　　　ε_{ij}^i ——不可逆应变。

联立式 (5.196)、式 (5.197)、式 (5.198)，则得

$$\varepsilon_{ij}^r = -\frac{\partial G^r}{\partial \sigma_{ij}} \qquad (5.199)$$

$$\varepsilon_{ij}^i = -\frac{\partial G^i}{\partial \sigma_{ij}} \qquad (5.200)$$

G^i 的具体形式由式 (5.193)、式 (5.195)、式 (5.196) 之一提供，于是式 (5.197)、式 (5.198)、式 (5.199) 与式 (5.194) 或式 (5.195) 或式 (5.196) 构成了有限特征比理论的本构关系。

下面讨论演化规律。

由热力学第二定律及式 (5.191) 有

$$-\frac{\partial G^i}{\partial L}\frac{\partial L}{\partial q}\frac{\mathrm{d}q}{\mathrm{d}t} \geqslant 0 \qquad (5.201)$$

t 为由时钟规定的真实时间，引入一种广义时间或称内部时间 z，$\mathrm{d}z \geqslant 0$，z 一般为与某种不可逆变形累积相关的函数，则由式 (5.201) 可知，$\frac{\mathrm{d}q}{\mathrm{d}z}$ 与 $\frac{\partial G^i \partial L}{\partial L \partial q}$ 之间一定相关，否则，它们彼此各自独立变化，不能保证上述不等式成立，于是 $\frac{\mathrm{d}q}{\mathrm{d}z} = F\left(-\frac{\partial G^i \partial L}{\partial L \partial q}\right)$，等温条件下有

$$\frac{\mathrm{d}q}{\mathrm{d}z} = F(\sigma_{ij}) \qquad (5.202)$$

式 (5.202) 即为演化方程。

5.6.4　土体响应的有限特征比分析模型

土的物理力学及工程性质表现很复杂。正如本书在前面已提及的，大量资料表明：①任何土的工程性质取决于（土的）结构；②土的初始结构由土成分因素与环境因素决定；③一种土在不同的密度下可被看作不同的材料（值得强调的是，这与大多数其他工程材料不同，这些材料加卸载后密度改变是微乎其微的）；④土粒径是矿物成分的直接体现。上述情况表明了计入土的质点几何效应的实际物理基础。国内目前实行的有关规范在对土进行工程分类时，土的粒径亦作为基本依据之一。不难看出，考虑介质质点的几何（含粒径与形状及内结构）效应，借以从平均统计的观点反映土的成分因素的关键影响，不但有着其真实的物理背景，而且将为土体介质的物理描述与力学描述的一致性及统一性提供基础。土的性状由其成分因素与环境因素（力、温度与液体状况）及物理——化学过程（沉淀、胶结、成分转化、固结及其他力、温度和时间的作用与效应等）决定。有了对土几何效应及成分因素的计入，在考虑热力学演化中再计入环境因素与物理过程的影响，这样的热力学描述就比较客观完备了，这也是作者关于土体有限特征比理论的一个基本思考。

5.6.4.1　本构模型

对于岩土体介质，由式（5.196）可知，$G^i(L)$ 为 L 的线性函数，而 L 一般与应力偏量、球量及内变量有关。为描述土体的塑性剪缩、剪胀与强（软）化等特性，在与 L 基本意义相容的条件下，不计温度变化，可构造

$$L = -L_0(a_1 I_1^2 + a_2 J_2 - a_3 S_{ij} q_{ij} - a_4 q_{ij} q_{ij} - 1) \tag{5.203}$$

式中　I_1——应力第一不变量；

$\quad\quad J_2$——应力偏量第二不变量；

$\quad\quad S_{ij}$——应力偏量；

$\quad\quad q$——二阶张量型的内变量；

$\quad\quad a_1$——静水压下材料响应有关的参数，为非负值；

$\quad\quad a_2$——材料形状改变相关的系数，为非负值；

$\quad a_3，a_4$——材料内部结构改变相关的系数，为非负值；

$\quad\quad L_0$—— L 的初值。

式（5.210）的形式保证了初始状态下有 $L=L_0$，与前述条件相容。

联立式（5.196）、式（5.200）与式（5.203），有

$$\varepsilon_{ij}^i = L_{G1}(2a_1\sigma_{kk}\delta_{ij} + a_2 S_{ij} - a_3 q_{ij}) \tag{5.204a}$$

$L_{G1} = G^{i\prime}(L_0)L_0$ 为 L_0 倍值的非负材料常数，$\sigma_{kk} = I_1$，δ 为 Kroneckerδ。将式（5.202）代入式（5.204a）有

$$d\varepsilon_{ij}^i = L_{G1}[2a_1 d\sigma_{kk}\delta_{ij} + a_2 dS_{ij} - a_3 F(\sigma_{ij})dz] \tag{5.204b}$$

$$F(\sigma_{ij}) = F_1(S_{ij}) + F_2(\sigma_{kk}) \tag{5.204c}$$

式中　$F(\sigma_{ij})$——张量函数，一般与应力偏、球量均相关。

不妨先考虑偏、球量非耦合关系，于是不可逆的体积变形表示为

$$d\varepsilon_{kk}^i = L_{G1}[2a_1 d\sigma_{kk} - a_3 F(\sigma_{kk})dz]$$

或者

$$d\varepsilon_{kk}^i = L_{G1}(2a_1 d\sigma_{kk} - a_3 dq_{kk}) \tag{5.205a}$$

其全量的形式可写为

$$\varepsilon_{kk}^i = L_{G1}(2a_1\sigma_{kk} - a_3 q_{kk}) \tag{5.205b}$$

当内变量按通常仅表为不可逆的体积积累时，应变的畸变部分表为

$$d e_{ij}^i = L_{G1} a_2 d S_{ij} \tag{5.206a}$$

或者

$$e_{ij}^i = L_{G1} a_2 S_{ij} \tag{5.206b}$$

压应力状态下，总可有 $F(\sigma_{kk}) < 0$，而 $dz \geqslant 0$，于是 $-a_3 F(\sigma_{kk}) dz \geqslant 0$；而 $d\sigma_{kk} < 0$，故当 $2a_1|d\sigma_{kk}| > a_3|F(\sigma_{kk})|dz$ 时，有 $d\varepsilon_{kk}^i < 0$。这样，塑性剪缩得以描述。随着压应力增大，则有 $d\varepsilon_{kk}^i > 0$，这预示着剪胀发生在应力水平较高的情况下，与一般试验结果一致。

拉应力状态下，$d\sigma_{kk} > 0$，$F(\sigma_{kk}) > 0$，而 $dz \geqslant 0$，由于拉应力处于很低应力水平时材料就会破坏，$F(\sigma_{kk})$ 值只能保持在相应较低水平，因而有 $2a_1 d\sigma_{kk} > a_3 F(\sigma_{kk}) dz$，于是 $d\varepsilon_{kk}^i > 0$，这表明在拉应力状态下，材料会发生塑性体积增大，这与力学试验结果也是一致的。

从式（5.204a）与式（5.204b）可见，L_{G1} 反映了初始状态下特征长度比值对材料及工程结构力学响应的影响；可以看到，在具体问题下材料及工程结构尺度一定时，材料质点愈大，L_{G1} 值相应也愈大，不可逆应变值也就愈大，这便合理地刻划了目前其他本构模型理论难以解释的试验现象。

从上述可见，有限特征比的本构方程已显示出它在描述土体力学特性方面的更有说服力的客观性。岩石、混凝土介质也具有上述所描述的现象，从而不难看出，有限特征比方法也是适用于描述这些介质的。

式（5.204a）或式（5.204b）与通常的弹性本构方程［其一般的形式即为式（5.199）］结合便构成了完整形式的本构模型，对于土体介质，即为

$$d\sigma_{ij} = G_1 d\varepsilon_{ij} + \frac{1}{3}(K_1 - G_1) d\varepsilon_{kk}\delta_{ij} + a_3[G_1 F_1(S_{ij}) + \frac{1}{3}K_1 F_2(\sigma_{kk})]dz \tag{5.207}$$

$$G_1 = 2G/(1 + 2GL_{G1}a_2), \quad K_1 = 3K/(1 + 6KL_{G1}a_1) \tag{5.207a}$$

式中　G、K——弹性的剪切模量、体变模量，其他参数如前述。

在此，不再需要塑性理论所必需的屈服面，而且通过 z 值的变化与否设置加卸载准则，即 $dz > 0$ 时，按式（5.207）计算，而 $dz = 0$ 时方程则自动按弹性关系式求解。

5.6.4.2　砂土有限特征比本构模型参数确定方法及讨论

为了阐述与讨论上述模型中各参数的物理意义，不妨在与土三轴不排水剪切试验相同的条件下表述以上本构模型方程式。同时，按岩土力学的习惯表达，以下规定各量以压为正，并按土力学的习惯符号表述相关量。

在应力轴对称条件下，由式（5.205）、式（5.206），通过简单数学运算，得到

$$\frac{dq_{kk}}{dqD} = \frac{2a_2}{3a_3} - \frac{6a_1}{a_3 MD} \tag{5.208}$$

$$D = d\varepsilon_{kk}^i / d\varepsilon_q^i \tag{5.208a}$$

$$\varepsilon_q = 2(\varepsilon_{11} - \varepsilon_{33})/3 \tag{5.208b}$$

$$M = q/p \tag{5.208c}$$

$$q = \sigma_{11} - \sigma_{33}, \quad p = \sigma_{kk}/3 \tag{5.208d}$$

符号的意义如前述（注意：dq_{kk} 如前述是内变量的增量，而此处采用土力学的习惯用法，即定义 dq 为应力差 q 的增量）。

下面可根据土的剪胀硬化特征来确定模型参数。饱和中密砂与密砂变形表明：不排水条件下，处于剪胀硬化的临界状态时，各有关量关系如下：

$$\left.\begin{array}{l} q - Mp = 0 \\ \mathrm{d}\varepsilon_{kk} = 0 \\ \mathrm{d}p > 0 \end{array}\right\} \tag{5.209}$$

弹性本构关系

$$\left.\begin{array}{l} \mathrm{d}\varepsilon_{kk}^r = \mathrm{d}p/K \\ \mathrm{d}\varepsilon_q^r = \mathrm{d}q/(3G) \end{array}\right\} \tag{5.210}$$

式中 K、G——弹性的体变模量、剪切模量。

一般有

$$\left.\begin{array}{l} \mathrm{d}\varepsilon_{kk} = \mathrm{d}\varepsilon_{kk}^r + \mathrm{d}\varepsilon_{kk}^i \\ \mathrm{d}\varepsilon_q = \mathrm{d}\varepsilon_q^r + \mathrm{d}\varepsilon_q^i \end{array}\right\} \tag{5.211}$$

联立式（5.209）、式（5.210）与式（5.211），得到

$$\frac{\mathrm{d}\varepsilon_q}{\mathrm{d}q} = \frac{1}{3G} - \frac{1}{KMD} \tag{5.212}$$

比较式（5.208）与式（5.212）式，有

$$K = a_3/(6a_1), G = a_3/(2a_2), \mathrm{d}\varepsilon_q = \mathrm{d}q_{kk}/D \tag{5.213}$$

由（5.203）可知：a_1 是与静水压下材料响应有关的参数，a_2 是与材料形状改变相关的系数，a_3 是与材料内部结构改变相关的系数。

在式（5.205）、式（5.206）以及式（5.213）中前两式共四个方程中，由单调加载三轴试验很易得到 S_{ij}，通过循环加载试验亦不难得到 ε_{kk}^i 与 e_{ij}^i，而 q_{kk} 可由式（5.213）中最后一式或演化条件式（5.202）确定，弹性体变模量 K 与剪切模量 G 可由常规方法确定。这样，这四个独立方程中只剩四个待定常数 a_1、a_2、a_3 及 L_{G1}，因而可以完全解出。于是，前述反映剪胀硬化的有限特征比本构模型参数就完全确定了。

从模型参数确定的过程不难看出，该模型参数物理意义明确，其值的确定基本避免了任意性。

此外，值得提出的是，当 L 的二次项保留时（这对应着介质固体颗粒较大而试样尺寸保持不变的情况），同理可得相应的不可逆应变 ε_{ij}^{il}，可以仅保留到 L 一次项的不可逆应变 ε_{ij}^i 表达，即有

$$\varepsilon_{ij}^{il} = [1 + (L_{G1}/L_{G2})(L - L_0)]\varepsilon_{ij}^i \tag{5.214}$$

式中 L_{G2}——L_0 的倍值材料常数，为非负值，$L_{G2} = G''(L_0)L_0$。

在一定的应力状态下，总有 $L > L_0$，则 $[1 + (L_{G1}/L_{G2})(L - L_0)] > 1$，因而 $\varepsilon_{ij}^{il} > \varepsilon_{ij}^i$。

式（5.214）表明，在相同的应力条件下，同类砂土颗粒较粗大者的不可逆变形大于颗粒较细小者相应的变形值，合理地预示了介质内部结构的影响。

还需指出的是，对于岩体等宏观不连续介质，L 的二次项本质上不再是一个可以忽略的值，类似地，可得岩体的不可逆应变 ε_{ij}^{im}，可以岩石不可逆应变 ε_{ij}^i 表达，即 $\varepsilon_{ij}^{im} = [1 + (L_{G1}/L_{G2})(L - L_0)]\varepsilon_{ij}^i$。同理，该式表明，在相同的应力条件下，岩体不可逆变形大于岩石相应的变形值，从而合理地预示了岩体变形特征及其与岩石变形之间的关系。这种理论上

的自然预期也是有限特征比理论特别有意义的特点之一。

5.6.5 有限特征比模型的数值方法

对于前述得到的有限特征比分析模型式（5.207）

$$\mathrm{d}\sigma_{ij} = G_1 \mathrm{d}\varepsilon_{ij} + \frac{(k_1 - G_1)}{3} \mathrm{d}\varepsilon_{kk}\delta_{ij} + a_3\left[G_1 F_1(S_{ij}) + \frac{K_1 F_2(\sigma_{kk})}{3}\right]\mathrm{d}z$$

$$G_1 = 2G/(1 + 2GL_{\mathrm{G1}}a_2)$$

$$K_1 = 3K/(1 + 6KL_{\mathrm{G1}}a_1)$$

按有限元的通常方法，可表示为矩阵形式

$$\{\mathrm{d}\sigma\} = [\boldsymbol{D}^{\mathrm{F}}]\{\mathrm{d}\varepsilon\} + \{F\mathrm{d}z\} \tag{5.215}$$

对于平面应变问题

$$[\boldsymbol{D}^{\mathrm{F}}] = \begin{bmatrix} C_1 & C_2 & 0 \\ C_2 & C_1 & 0 \\ 0 & 0 & C_3 \end{bmatrix} \tag{5.215a}$$

$$C_1 = \frac{K_1}{3} + \frac{2}{3}G_1, C_2 = \frac{(K_1 - G_1)}{3}, C_3 = G_1 \tag{5.215b}$$

$$\{F\mathrm{d}z\} = \begin{bmatrix} F(\sigma_{11})\mathrm{d}z \\ F(\sigma_{22})\mathrm{d}z \\ F(\sigma_{33})\mathrm{d}z \end{bmatrix} \tag{5.215c}$$

$F(\sigma_{ij})$ 由式（5.204c）给出。

由式（5.215）与虚功原理，可得有限特征比理论的有限元初应力法单元控制方程

$$[\boldsymbol{K}^{\mathrm{F}}]^{\mathrm{e}}\{\Delta\delta\}^{\mathrm{e}} = \{\Delta R\}^{\mathrm{e}} + \{\Delta R\}_0^{\mathrm{e}} \tag{5.216}$$

$$[\boldsymbol{K}^{\mathrm{F}}]^{\mathrm{e}} = \int_{\mathrm{v}} [\boldsymbol{B}]^{\mathrm{T}}[\boldsymbol{D}^{\mathrm{F}}][B]\mathrm{d}V \tag{5.216a}$$

$$\{\Delta R\}_0^{\mathrm{e}} = -\int_{\mathrm{v}} [\boldsymbol{B}]^{\mathrm{T}}\{F\mathrm{d}z\}^{\mathrm{e}}\mathrm{d}V \tag{5.216b}$$

按单元叠加后得

$$[\boldsymbol{K}^{\mathrm{F}}]\{\Delta\delta\} = \{\Delta R\} + \{\Delta R\}_0 \tag{5.217}$$

式（5.216）与式（5.217）中，上标 e 为单元记号，$\int_{\mathrm{v}}$ 表示对单元的体积分，$[\boldsymbol{K}^{\mathrm{F}}]$ 为总体刚度矩阵，$[\boldsymbol{B}]$ 为通常的应变矩阵，$\{\Delta\boldsymbol{\delta}\}$ 与 $\{\Delta R\}$ 分别表示节点位移增量与荷载增量矩阵，$\{\Delta R\}_0$ 为不可逆变形产生的附加等效荷载增量。

根据上述控制方程，设已形成第 j（$j = 1, 2, \cdots, n$）个荷载增量 $\{\Delta R^j\}$，即亦可得到 $\{\sigma^{j-1}\}$，则可按下述步骤进行分析计算：

$$\{\Delta R_i^j\}_0 = -\int_{\mathrm{v}} [\boldsymbol{B}]^{\mathrm{T}}\{F(\sigma^{j-1})\mathrm{d}z\}\mathrm{d}V \tag{5.218}$$

$$[\boldsymbol{K}^{\mathrm{F}}]\{\Delta\delta_{i+1}^j\} = \{\Delta R^j\} + \{\Delta R_i^j\}_0 \quad (i = 1, 2, 3, \cdots) \tag{5.219}$$

$$\{\Delta\varepsilon_{i+1}^j\} = [\boldsymbol{B}]\{\Delta\delta_{i+1}^j\} \tag{5.220}$$

$$\{\Delta\sigma_{i+1}^j\}_1 = [\boldsymbol{D}^{\mathrm{F}}]\{\Delta\varepsilon_{i+1}^j\} + \{F(\sigma^{j-1})\mathrm{d}z\} \tag{5.221}$$

$$\begin{cases} \{\sigma_{i+1}^j\}_k = \{\sigma^{j-1}\} + \{\Delta\sigma_{i+1}^j\}_k \\ \{\Delta\sigma_{i+1}^j\}_{k+1} = [\boldsymbol{D}^{\mathrm{F}}]\{\Delta\varepsilon_{i+1}^j\} + \{F(\sigma_{i+1}^j)\mathrm{d}z\}_k \end{cases} \quad (k = 1, 2, 3, \cdots) \tag{5.222}$$

185

由（5.222）式迭代解出 $\{\Delta\sigma_{i+1}^j\}_{k+1}$，当 $\{\Delta\sigma_{i+1}^j\}_{k+1}$ 与 $\{\Delta\sigma_{i+1}^j\}_k$ 的差值在允许的限量内时，即取

$$\{\Delta\sigma_{i+1}^j\} = \{\Delta\sigma_{i+1}^j\}_{k+1}, \quad \{\sigma_{i+1}^j\} = \{\sigma_{i+1}^j\}_k \tag{5.223}$$

进而计算

$$\{\Delta R_{i+1}^j\}_0 = -\int_V [\boldsymbol{B}]^T \{F(\sigma_{i+1}^j)\mathrm{d}z\}\mathrm{d}V \tag{5.224}$$

将式（5.224）代回式（5.219），如此迭代计算，直至 $\{\Delta\delta_{i+1}^j\}$ 与 $\{\Delta\delta_i^j\}$ 差值小于某一限定小量，便取 $\{\Delta\delta^j\} = \{\Delta\delta_{i+1}^j\}$，即得到第 j 个荷载增量时的节点位移增量，于是可求下一个荷载增量下的节点位移增量。

需加说明的是，①首次施加荷载增量 $\{\Delta R^1\}$、$j = 1$ 时，$\{\sigma^{j-1}\}$ 及 $\{F(\sigma^{j-1})\mathrm{d}z\}$ 两矩阵各元素均为零；②这里的位移增量与应力增量均需迭代求出，而对于每一个 i 值，需取若干个 k 值，以求出相应于某个 $\{\Delta\delta_{i+1}^j\}$ 的应力增量 $\{\Delta\sigma_{i+1}^j\}$ 及应力 $\{\sigma_{i+1}^j\}$。

于是，即可得到节点位移与应变：

$$\{\delta^n\} = \{\delta^{n-1}\} + \{\Delta\delta^n\} \tag{5.225}$$

$$\{\varepsilon^n\} = \{\varepsilon^{n-1}\} + [\boldsymbol{B}]\{\Delta\delta^n\} \tag{5.226}$$

而应力已由 $j = n$ 时的式（5.222）给出。

5.6.6 砂土试验及其对比研究

上述有限特征比理论及模型表明，介质的内外部特征尺度对介质力学响应有着重要影响。现对这种影响进行试验对比，即研究在荷载等因素相同条件下，同一产地、同种类型，而不同大小颗粒粒径砂（粗砂、中砂）的应力应变响应及其相对关系。

5.6.6.1 试验方案

为了进一步了解材料变形及强度特征与其内部颗粒大小的关系，从而更好地建立考虑材料内部特征的合理的本构关系，现结合全自动常规三轴压缩试验的实测结果，对砂土体内应力分布与变化、孔隙水压力的变化、体积的变化及施加不同压力时砂土体内应力与变形等问题进行初步研究。采用工地上的建筑用砂，通过筛分法将砂分为粗砂（1～2mm）、中砂（0.25～0.5mm）、细砂（0.1～0.25mm）分别进行试验，其常规物理性质及试验的初始参数，见表1.5-3。

表 1.5-3　　　　粗砂、中砂和细砂常规固结排水试验的试验条件

砂的类别	干密度/(g/cm³)	试样编号	含水率(%)	初始孔隙比	初始有效围压/kPa	反压/kPa	饱和度(%)
粗砂	1.435	040816cs3 chgui-cd-y	41.6	0.598	200	280	99
		040819cs5 chgui-cd-y	40.9	0.587	200	280	99
中砂	1.434	040802zs1 chgui-cd-y	43.2	0.620	200	200	99
		040803zs2 chgui-cd-y	41.7	0.599	200	240	99
细砂	1.325	041124xs2 chgui-cd-y	51.6	0.685	200	260	99
		041129xs3 chgui-cd-y	48.5	0.642	200	200	99

5.6.6.2　三轴压缩试验

（1）主要试验仪器：采用 2004 年 2 月出厂的北京华勘公司 KTG 全自动三轴压缩仪进行试验。该三轴仪在设定初始条件后，由计算机全自动控制试验及数据记录过程。图 1.5-41 为该试验系统及采集控制器的外观图。

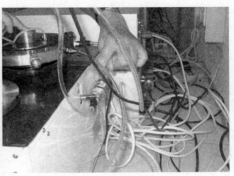

图 1.5-41　全自动三轴压缩仪正面图及背面外观图

（2）砂试样制备：在压力室底座依次放上透水板、橡皮膜和对开圆膜。根据试验要求称取所需的砂样，分三等分，在水中煮沸，冷却后待用。在膜内注入纯水至试样高度的 1/3，将煮沸冷却后的一份砂样填入橡皮膜内，填至该层要求高度。然后继续注入纯水至试样高度的 2/3，再装第二份砂样。如此继续装样直至膜内装满为止。如果砂样的干密度较大，在填砂过程中，轻轻敲打对开圆膜，使所称的砂样填满规定的体积。整平砂面，放上透水板、试样帽、扎紧橡皮膜。对试样内部施加 5kPa 负压力，使试样能站立，拆除对开圆膜。

（3）砂样饱和：由于砂在试验前已经煮沸且在水中浸泡，所以其起始的饱和度比较高，故试验过程中可直接采用反压饱和。其原理是人为地在试样内增加孔隙水压力，使试样内孔隙气体在压力作用下完全溶解于水中，在增大孔隙水压力的同时等量地对试样增加周围压力，以保证作用于试样的有效压力或试样的内外应力差不变。分级施加反压力及周围压力，以尽量减少对试样的扰动。在施加反压力过程中，周围压力宜略高于反压力，以防止试样可能因膨胀而破坏结构，该差值在施加反压力的整个过程中应保持为常数。当试样在某级压力下孔隙压力增量 Δu 与周围压力增量 $\Delta \sigma$ 相比 $B = \Delta u / \Delta \sigma = 1$ 时，保持反压力不变；若试样内增加的孔隙压力等于周围压力的增量，则表明试样完全饱和。一般当饱和度 B 达到 0.97 时就认为试样已经饱和，试验时设定饱和度 B 为 0.99，由于采用全自动控制的三轴压缩仪，饱和度计算可以通过计算机程序自动完成。

（4）固结：试样饱和后进行等向固结，固结时间受试样渗透性影响，对于砂的固结所需时间很短，固结后，试样体积发生改变，相应的孔隙比也发生改变，其计算公式可采用：

$$\varepsilon_v = \frac{e_{0(b)} - e_{0(a)}}{1 + e_{0(b)}} \tag{5.227}$$

$$e_{0(a)} = e_{0(b)} - \varepsilon_v(1 + e_{0(b)}) \tag{5.228}$$

式中　$e_{0(b)}$——固结前孔隙比；

　　　$e_{0(a)}$——固结后孔隙比；

　　　ε_v——体应变。

（5）压缩：采用的全自动控制三轴压缩仪为应变控制式三轴仪，不固结不排水试验、固结不排水试验和固结排水试验均可通过程序进行选择，剪切应变速率可以根据试验类型的不同进行调节，试验结束后数据文件的结果保存在硬盘上。

5.6.6.3　基本量的确定

面积修正

$$A_1 = A_0 \frac{1 + \Delta V/V_0}{1 - \varepsilon_a} \tag{5.229}$$

$$\varepsilon_a = -\Delta L/L_0$$

式中　　　A_1——试验后面积；

A_0——初始面积；

ΔL、ΔV——高度、体积的变化量；

V_0——初始体积；

L_0——初使高度。

对于固结不排水试验 $\Delta V = 0$，所以有

$$A_1 = A_0 \frac{1}{1 - \varepsilon_a} \tag{5.230}$$

根据莫尔-库仑理论可知摩擦角

$$\sin\varphi' = \frac{\sigma_1' - \sigma_3'}{\sigma_1' + \sigma_3'} \tag{5.231}$$

所以有效摩擦角 φ' 为

$$\varphi' = \arcsin\left(\frac{\sigma_1' - \sigma_3'}{\sigma_1' + \sigma_3'}\right) \tag{5.232}$$

典型的试验结果如图 1.5-42 和图 1.5-43 所示。

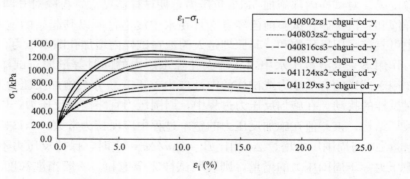

图 1.5-42　粗砂、中砂和细砂试验的 ε_1-σ_1 关系曲线

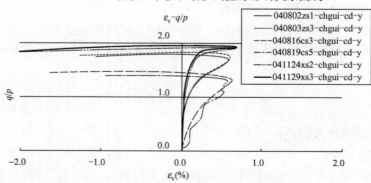

图 1.5-43　粗砂、中砂和细砂试验的 ε_v-q/p 关系曲线

5.6.6.4　模型与试验比较

将关系式（5.213）与弹性力学书中的弹性常数关系式结合，有

$$K = \frac{E}{3(1-2v)} = \frac{a_3}{6a_1} \tag{5.233}$$

$$G = \frac{E}{2(1+v)} = \frac{a_3}{2a_2} \tag{5.234}$$

轴对称条件下，当 $i=1,j=1$，式（5.206a）成为

$$d\varepsilon_q = \frac{2}{3}L_{G1}a_2 dq \tag{5.235}$$

式中　$d\varepsilon_q$、dq——按土力学习惯定义的偏应变增量、偏应力增量；

　　L_{G1}——与内部颗粒尺度有关的量，也与介质外部特征尺度有关，是二者相对比的相关量。

根据 L_{G1} 的基本意义，可取

$$L_{G1} = L_{G1}(d_{50},\Phi) = b_1 \frac{d_{50}^{\frac{1}{4}}}{\Phi} \tag{5.236}$$

式中　b_1——与特征比相关量的材料系数；

　　d_{50}——颗粒平均粒径；

　　Φ——外部特征尺寸，在此取为试样的直径。

常规三轴条件下（$\sigma_{22}=\sigma_{33}=$const，σ_{11} 变化），得到模型描述结果，如图 1.5-44 所示。

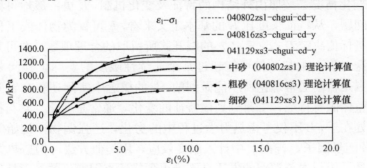

图 1.5-44　粗砂、中砂和细砂理论模型与试验的 ε_1—σ_1 对比关系曲线

图 1.5-44 显示了理论模型计算结果与试验结果的比较，从图中可以看出以下几个特点：

（1）理论模型计算结果与三种不同颗粒尺寸试样的试验结果及曲线具有一致性，这说明此模型合理地描述了不同颗粒的砂样的不同变形特征，而这种变形响应的差异在较大程度上是由介质内外特征比的不同贡献的，体现了本理论模型的独特点。

（2）从上述计算过程中可见，计算中不需采用人为想象所谓的"屈服"等传统概念，同时也便于考虑及描述土体类介质从一开始就会发生不可逆的变形特点。

（3）对于砂土，模型参数的确定方法较为简单方便，物理概念明确，除了对演化规律采用了通常所用的模拟外，其他参数的确定是一定的，避免了参数确定的任意性。

5.6.7　讨论

5.6.7.1　基本量——内外特征度量及其效应

有限特征比及介质内部特征长度（质点尺度）作为一个基本变量，在某方面与熵及熵密

度具有十分类似的性质，如它们均可代表状态的无序性、表征系统（介质）的统计性质。因为要求质点代表介质的平均性质，在不同的外部条件下，一般组成质点的物质组分状态及无序性程度会发生变化，质点尺度亦将变化，以适应这种平均统计性质的变化。然而，现在定义的质点尺度很可能还不可以视为熵或熵密度本身，可能的原因在于熵或熵密度被认为是不可直接测量而是通过其他试验数据间接计算的，而质点尺度应该可直接测得，这也是我们试图要确定的。

介质质点能代表介质的平均或统计性质，这一要求意味着质点包含介质的所有主要组分及基本的内结构形式。对于土体及岩石，如矿物颗粒（受力的和"空载"的颗粒，其大小与形状）、内结构及孔隙、裂隙等，通过这些物质形式反映着介质的成分因素；对于岩体，将更大尺度的断层等单独处理外，介质质点应包含如岩块（大小与形状）以及相应适度的结构面、孔隙等。若从目前已有的试验结果并结合统计学的观点大胆地推测质点尺寸，在通常情况下：对于多数黏土（尽管黏土粒径在微米或微米以下）来讲应在"mm"或稍下一点的量级，而对大部分岩块（不包括岩体，岩体可大到"m"的量级甚至更大）则是"cm"量级，对于一般金属则在微、细观量级内。当试验对象包含足够多的质点时，其结果才有理论上的意义。从试验可以想到，一般在不同的外部条件（如应力水平）下，质点尺寸是不同的。这也就是为什么岩土试件在高应力水平下渐进破坏状态时传统理论通常不再适合的原因，此状态下有意义的质点相应的尺寸已大到试件已不再包含足够多的质点了。

需要指出的是，特征长度比 L 是一个非负标量值函数，表征外部条件作用下物体内外结构尺度比值及变化情况，按照内外结构的特征及变化机制，L 更一般地可做相应的分解及划分。对于实际问题，从特征长度比 L 的基本定义来看，L 可视为物体或工程结构内部相对连续性指标，该指标值决定着式（5.12）的展开式所留取的合理项数，并可判断其他各项舍弃带来的误差，这对于 L 的初始值可能超过某个连续性限度的实际工程问题，具有特别的实际意义，这一点是目前通常理论所不能做到的。L 的概念中实际还蕴含着两层含义，一是反映介质响应的整体固有特征，二是刻划该特征的变化，通常是弱化。它与损伤力学中的损伤因子的不同之处在于，L 不仅考虑热力学过程中的劣化，还强调物体初始整体特征。实际上，L 可视为某种能量因子，若在 L 中计入温度效应，用类似方法可构造热力耦合的本构关系。顺便指出的是，用与本节类似的方法，不难得到描述有限变形的有限特征比本构关系。

5.6.7.2　不可逆热力学基础与内变量

基于前述的基本假定，在不可逆热力学（thermodynamics）框架体系下，利用内变量的概念，建立有限特征比本构方程，并利用作者早期定义的广义内部时间的概念及演化方程，进而联立均匀流逝时间下普遍适用的平衡方程与一般变形体适用的几何方程，便得到有限特征比理论求解方程，可用以求解传统的实际问题；也为将连续介质理论合理地推广应用到细观与宏观不连续体以及判断这种运用的可靠性奠定了基础。

直接采用不可逆热力学框架下的内变量理论，目前不参考以 Onsager 与 Colemen 各自为代表的关于熵与温度是否作为非平衡热力学的原始量的论争，也暂不对内变量的现时可测性与否展开讨论（尽管作者更倾向于内变量是现时可测的量），因为这些论争对内变量理论架构无实质影响，而作者的工作基于这些理论架构而不是更具体的结果上，况且，内变量理论是已得到广泛认可的理论。从严格的理论上来讲，内变量理论的基本困惑在于在统计或近似的意义上反映介质内结构具体信息方面尚未得到很好的体现，从而在选择内变量的类型与个数上显得具有一定的任意性。就此，可以认为，既然内变量反映介质内结构变化，我们就有理由按介质内结构变化机制与效果（至少可从如微观性、细观性与宏观性等出发）来划分与确定内变量的类型与个数，通过这种反应特性的划分或确定来完善内变量理论。当然，这种内变量的划分是针对一般介质而言的，对于某一个具体介质，为反映问题的主要方面，采用的内变量甚至可以是单一的，如岩体中内变量中应包含反映其内部结构面等宏观尺度变化的一类量，而关于黏土的内变量中通常不需反映宏观尺度变化的量。需要指出的是，考虑岩土介质质点几何效应的有限特征比理论的不断发展，将克服前述内变量理论的主要困难，因为要进行质点几何效应的考虑就必须弄清介质内部结构及其变化，于是便得到介质内结构具体信息，现代试验技术的发展亦为我们提供了必要的手段。

5.6.7.3　与传统理论的关系

岩土力学界中几乎所有流行的本构模型都属于：①以屈服面存在为基础的弹（黏）塑性及次塑性本构方程——关联或非关联的理论；②变模量或超弹、次弹性本构方程；③内时本构方程等。这些本构方程均建立在连续介质理论的质点为数学点的假定上，从一般意义上看，是当质点几何效应忽略下的特殊关系，实质上可以看作有限特征比理论的一些特例。对于金属或其他非岩土介质，当其质点（体积元）满足"宏观无限小，微观足够大"的要求时，实际就对应着一定大小的几何质点。由于变形机制的不同，不同类型材料参与响应的质点大小不同，这种忽略几何效应的方法对于大多数金属来讲，从宏观响应上看无多大影响（即使在破坏状态，金属试件亦包含足够多的质点），而对岩土介质来讲，这种忽略则导致了关键因素的忽视，所以目前理论常常预见性很差。

更为具体地来看，应用有限特征比理论，在一定条件下，如在演化定律中适当地选择广义内部时间度量 z，完全可导出满足拟热力学条件下"Ильюшин（依留生）应变循环所做功为非负"为基础（Drucker 公设讨论的为非热力学循环，必要时加入一定条件亦可，暂且不论）的经典塑性理论中的任何一种本构方程。

5.6.7.4　有限特征比理论发展与应用前景

在理论及试验方面，该理论将在以下几个基本方面推动学科的发展：

（1）介质质点的新定义，考虑了以前理论未考虑的、但对岩土介质实际起重要作用的质点几何效应，亦为土体介质的物理描述与力学描述的一致性及统一性奠定了基础。

（2）有限特征比概念的建立，计入介质内、外部特征的相对关系所具有的力学效应，为描述岩土介质力学响应的初始固有特征及自然计入介质内部结构不连续性开辟了新途径。

（3）以有限特征比作为基本变量，为建立可考虑宏观与细观问题的本构理论及二者描述的自然联系奠定了基础，这也是通常理论难以做到的。

（4）介质质点几何效应的计入及测定，将有助于内变量理论中关于内变量类型及个数的确定，从而推动该理论的进一步完善；此外，进一步考虑计入构成有限内部特征点（质点）的颗粒形状效应将可更深入地描述土体介质的变形机制。

在工程应用前景方面，由于该理论假定更符合岩土介质实际、理论基础牢靠，相信在岩土工程中有广泛的应用空间，可以覆盖目前岩土力学应用的各个主要方面，可以解释与预测以前理论所无法解释与预测的一些重要现象。其中，目前较为关注的有：

（1）强力荷载下相互作用问题中结构失稳启动预测问题（基于该理论提供的宏、细观力学描述及二者的内在关联）。

（2）土体工程中位移及沉降计算（从土体质点尺寸几何效应着手）；关于土的物理描述与力学描述的统一性及土体划分问题等。

（3）强度准则（特征比反映土体内部结构特征及其变化，因此可建立应变空间破坏准则），关于土的物理描述与力学描述的统一性问题等。

最后，任何一种理论的发展都要经历一个过程，从这个角度来讲前述的工作还是初步的，在更大程度上是注重理论框架的建立，但已做得较为具体的工作表明了这一新途径的可行性与有效性。自然，充实完善及进一步论证这一理论或方法还有很多的工作要做，这是我们正在从事的和将要从事的。

参考文献

[1] 李彰明. 变形局部化的工程现象、理论与试验方法. 全国岩土测试技术新进展会议大会报告(海口), 2003(11): 1-6.

[2] 李彰明. 岩土工程结构. 土木工程专业讲义, 1997.

[3] 李彰明, 赏锦国, 胡新丽. 不均匀厚填土强夯加固方法及工程实例. 建筑技术开发, 2003, 30(1): 48-49.

[4] 李彰明, 李相崧, 黄锦安. 砂土扰动效应的细观探讨. 力学与实践, 2001, 23(5): 26-28.

[5] 李彰明. 有限特征比理论及其数值方法. 武汉: 武汉测绘科技大学出版社, 1994.

[6] 李彰明. 岩土介质有限特征比理论及其物理基础. 岩石力学与工程学报, 2000, 19(3): 326-329.

[7] 李彰明, 冯遗兴. 动力排水固结法参数设计研究. 武汉化工学院学报, 1997, 19(2): 41-44.

[8] 李彰明, 冯遗兴, 冯强. 软基处理中孔隙水压力变化规律与分析. 岩土工程学报, 1997. 19(6): 97-102.

[9] 李彰明, 冯遗兴. 动力排水固结法处理软弱地基. 施工技术, 1998, 27(4): 30-38.

[10] ZIENKIEWICZ O C CHAN A H C, PASTOR M, et al. Computational Geomechanics with special Reference to Earthquake Engineering. New York: John Wiley & Sons, 1999.

[11] BIOT M A. Theory of elasticity and consolidation for a porous anisotropic solid. J. Appl. Phys, 1955. 126(2): 182-184.

[12] DEB R, SCHIFFMAN R L, GIBSON R E. The origins of the theory of consolidation: the Terzaghi-Filllunger dispute. Geothchnique, 1996, (2): 175-186.

[13] BOWEN RM. Incompressible porous media models by use of the theory of mixtures. Int. J. Eng. Sci. 1980.

[14] GHABOUSSI J WILSON EL. Variational formulation of dynamics of fluid saturated porous elastic solids. ASCE EM. 98. 1972, No. EM4. 947-963.

[15] ROUTH E J. Stability of a given state of motion-the advanced part of a treatise on the dynamics of a system of rigid bodies. New York: Diver, 1955.

[16] POOROOSHASB, H B, HOLUBEC, I, SHERBOURNE A N. Yielding and flow of sand in triaxial compression. Can. Geotech, 1966, 4: 376-397.

[17] SANGREY D A., HENKEL D J, ESRIG M I. The effective stress response of a saturated clay soil to repeated loding. Can. Geotech, 1969, 6,: 241-252.

[18] TERZAGHI K. Theoretical Soil Mechanics. New York: John Wiley and Sons, Inc, 1943.

[19] ZIENKIEWICZ O C, HUMPHESON C, LEWIS R W. Associated and non-associated viscoplasticity and plasticity in soil mechanics. Geothchnique, 1975, 25: 671-689.

[20] ZIENKIEWICZ O C, HUANG M, PASTOR M. Numerical prediction for model No. 11. In Verifi-

cation of Numerical Procedures for the Analysis of Soil Liquefaction Problems. Arykababdan K. and Scott R. F., UC Davis, 1993.

[21] YOSHIMI, Y. Influence of confining pressure. Liquefaction of Sand. Tokyo: Gihodo publisher, 1991.

[22] SMITH W D. A non-reflecting boundary for wave propagation problems. J. Comput. Phys., 1973, 15: 492-503.

[23] TAYLOR D W. Fundamentals of soil mechanics. New York: John Wiley and Sons. Inc., 1948.

[24] BOLTON M A guide to soil mechanics. Hong Kong: Chung Hwa Book Company, 1991.

[25] YEHUDA K. Fundamentals of continuum mechanics of soils. London: Springer-Verlag, 1991.

[26] JAMES K M. Fundamentals of soil behavior. New York: John Wiley and Sons, Inc., 1976, 176-194. 295-356(高国瑞，韩选江，张新华译. 岩土工程土性分析原理. 南京：南京工学院出版社，1988).

[27] 黄文熙. 土的工程性质. 北京：水利电力出版社，1981.

[28] 张学言. 土塑性力学的建立与发展. 力学进展，1989，19(4)：485-495.

[29] 饶为国，赵成刚，王哲等. 一个可考虑结构性影响的土体本构模型. 固体力学学报，2002，23(1)：34-39.

[30] MATSUOKA H, YAO Y P, SUN D A. The cam-clay models revised by the SMP criterion. Soils and Foundations，1999，39(1)：81-95.

[31] 钱家欢，殷宗泽. 土工原理与计算. 2版. 北京：中国水利电力出版社，1996.

[32] 郑颖人，沈珠江. 岩土塑性力学原理. 重庆：中国人民解放军后勤工程学院，1998.

[33] 虞吉林，魏志刚，李剑荣. 细观结构和应力状态对钨合金绝热剪切局部化的影响. 宁波大学学报，2000，13(sup)：87-94.

[34] 潘一山，魏建明. 岩石材料应变软化尺寸效应的试验和理论研究. 岩石力学与工程学报. 2002，21(2)：215-218.

[35] ORTIZ M, PANDOLFI A. Avariational cam-clay theory of plasticity. Computer methods in applied mechanics and engineering，2004，193：2645-2666.

[36] Schofield A N，Wroth C P. Critical state soil mechanics. Londen：McGraw-Hill，1968.

[37] Timothy Y L. Multi-scale finite element modeling of strain localization in geomaterials with strong discontinuity stanford: Stanford University, 2002.

[38] Read H，Hegemier G. Strain softening of rock, soil and concrete - a review article. Mechanics of materials，1984，3：271-294.

[39] 蔡正银，李相崧. 无黏性土中剪切带的形成过程. 岩土工程学报，2003，25(2)：129-134.

[40] 蔡正银，李相崧. 取决于材料状态的变形局部化现象. 岩石力学与工程学报，2004，23(4)：533-538.

[41] Rudnicki J，Rice J. Conditions for the localization of deformation in pressure-sensitive dilatant materials. Journal of the Mechanics and Physics of Solids，1975，23：371-394.

[42] Bazant Z，Pijaudier-Cabot G. Nonlocal continuum damage localization instability and convergence. Journal of Applied Mechanics，1988，55：287-293.

[43] Bazant Z，Lin L. Non-local yield limit degradation. International Journal for Numerical Methods in Engineering，1988，26：1805-1823.

[44] 沈珠江. 现代土力学的基本问题. 力学与实践，1998，20(6)：1-6.

[45] 郑颖人. 岩土塑性力学的新进展——广义塑性力学. 岩土工程学报，2003，25(1)：1-10.

[46] 朱兆祥. 材料本构关系理论. 中国科技大学近代力学系研究生讲义，1982.

[47]　CHANG C S, CHANG Y, KABIR M G. Micromechanical modeling for stress-strain of granular soils, I: Theory. ASCE J. Geotech. Engng. , 1992, 118: 1959-1974.

[48]　CHANG C S. Numerical and analytical modeling for granulates. Proc. The 9th Int. conf. on computer Methods and Advances in Geomechanics. Balkema, Rotterdam. Netherland, 1997, 105-114. :

[49]　HERLE I AND DUDEHUS G. Determination of parameters of a hypoplastic constitutive model from properties of grain assemble. Mech. Cohes-frict. Mater, 1999, 4: 461-486.

[50]　JENSEN R P, BOSSCHER P J, PLESHA M E, et al. DEM simulation of granular media-structure interface: effects of surface roughness and particle shape. Int. J Numer Anal Geomechanics, 1999, 23: 531-547.

[51]　张洪武. 微观接触颗粒岩土非线性力学分析模型. 岩土工程学报，2002, 24(1): 12-15.

[52]　CASTRENZE P, Guido B A thermodynamics-based formulation of gradient- dependent plasticity. Eur. I. Mech. , 1998.

[53]　ROWE P W. The stress-dilatancy relation for static equilibrium of an assembly of particles in contact. Proc. Royal Society of London A, 1962, 269: 500-527.

[54]　HORNE M R. The behavior of an assembly of rotund, rigid, cohesionless particles (I and II). Proc. Royal Society of London A, 1965, 286: 63-97.

[55]　CHANG C S. Strain tensor and deformation for granular material. J. of Engineering Mechanics, 1990, 116(4): 790-804.

[56]　ZIENKIEWICZ O C, Chan A H C, Pastor M, et al. Computational geomechanics with special reference to earthquake engineering. Chichester: John Wiley and Sons, 1998: 120-129.

[57]　MROZ Z. On the description of anisotropic work-hardening. J. Mech. Phys. Solids, 1967, 15: 163-175.

[58]　MROZ Z, Norris V A, Zienkiewicz O C. An anisotropic hardening model for soils and its application to cyclic loading. Int. J. Anal. Meth. Geomech. , 1978, 2: 203-221.

[59]　PREVOST J H. Mathematical modeling of monotonic and cyclic undrained clay behaviour. Int. J. Anal. Meth. Geomech. , 1977, 1: 195-216.

[60]　HIRAI H. A elastoplastic constitutive model for cyclic behaviour of sands. Int. J. Num. Anal. Meth. Geomech. , 1987, 11: 503-520.

[61]　MROZ Z, Norris V A, Zienkiewicz O C. An anisotropic critical state model for soils subjected to cyclic loads, Geotechnique, 1981, 31: 451-469.

[62]　MROZ Z, Norris V A. Elastoplastic and viscoplastic constitutive models for soils with applications to cyclic loading, in Soil Mechanics -Transient and Cyclic loads, G. N. Pande and O. C. Zienkiewicz Eds. Wiley: John Wiley and Sons, 1982, 173-271.

[63]　SANGREY D A, Henkel D J, Erig M I. The effective stress response of a saturated clay soil to repeated loading, Can. Geotech. J. , 1969, 6: 241-252.

[64]　KRIEG R D. A practical two-surface plasticity theory. J. Appl. Mech. Trans. ASCE, 1975, 42: 641-646.

[65]　DAFALIAS Y F, Popov E P. A model of non-linearly hardening materials for complex loadings. Acta Mech, 1975, 21: 173-192.

[66]　DAFALIAS Y F, Herrmann L R. Bounding surface formulation of soil plasticity, in Soil Mechanics -Transient and Cyclic loads, G. . N. Pande and O. C. Zienkiewicz Eds. Wiley: John Wiley and Sons, 1982, 253-282.

[67]　KALIAKIN V N. and Dafalias Y. F. Simplifacations to the bounding surface model for cohensive

194

soils. Int. J. Num. Anal. Meth. Geomech. , 1989, 13: 91-100.

[68] BARDET J P. Prediction of deformations of hostun and reid bedford sands with a simple bounding surface plasticity model, in Constitutive Equations for Granular Non-cohesive Soils, A. Saada and G. Biaaanchini Eds. Balkema, 1989: 131-148.

[69] HASHIGUCHI K. Elastoplastic constitutive laws of granular materials. Constitutive equationf of soils. 9th. Int. Congr. Soil Mech. Found. Engng. , S. Murayama and A. N. Schofield Eds. Jssmfe, 1977: 73-82.

[70] PASTOR M, Zienkiewicz O C and Leung K H. Simple model for transient soil loading in earthquake analysis. II Non-associateive model for sands, Int. J. Num. Anal Mech. Geomech. , 1985, 9: 477-498.

[71] PASTOR M, Zienkiewicz O C. A generalized plasticity hierarchical model for sand under monotonic and cyclic loading. Proc. 2nd. Int. Conf. Numerical Modles in Geomechanics, Pande, G. N. and Van Impe, W. F. Eds. Ghent: M Jackson and Son Publ. , 1986: 131-150.

[72] PASTOR M, Zienkiewicz O C and Chan A. H. C. Generalized plasticity and the modeling of soil behaviour. Int. J. Num. Anal Mech. Geomech. , 1985, 9: 477-498.

[73] DARVE F and Labanieh S. Incremental constitutive law for sangs and clays: simulation of monotonic and cyclic tests. Int. J. Num. Anal Mech. Geomech. , 1985, 6: 243-275.

[74] DAFALIAS Y F. Bounding surface plasticity. I: Mathematical foundation and hypoplasticity, J. Eng. Mech. ASCE, 1986, 112: 966-987.

[75] KOLYMBAS D. An outline of hypoplasticity. Archive of Applied Mechanics, 1991, 61: 143-151.

[76] DESRUES J and CHAMBON R. A new rate type constitutive model for geomaterials: CloE. In: D. Kolymbas Ed. Elsevier: Modern Approaches to Plasticity, 1993, 309-324.

[77] WANG Z L, DAFALIAS Y F and SHEN C K. Bounding surface hypoplasticity model for sand. Eng. Mech. ASCE, 1990, 116: 983-1001.

[78] HUNTER S C. Mechanics of continuous media. 2nd. Ellis Horwood Ltd, 1983: 1-26.

[79] GERMAIN P, NGUYENQ S and SUQUET P. 连续介质热动力学. 郭仲衡, 译. 北京: 科学出版社, 1987: 1-32.

[80] JAMES K Mitchell. Fundamentals of soil behavior. New York: John Wiley & Sons, Inc. , 1976.

[81] JOANNE T Fredrich. Brian Evans and Teng-Fong Wong. Effect of Grain size on brittle and semibrittle strength: implications for micromechanical modelling of failure in compression. of Geophsical Research, 1990, V. 95: 10907-10920.

[82] LI Zhangming, et al. Generalized endochronic constitutive equation and viscoplastic model for rocks, In: Chien Wei-zang. Proc. Of the Int. Conf. On Nonlinear Mechanics. Int. Conf. Beijing: Science Press, 1985: 574-577.

[83] 李松年, 黄执中. 非线性连续统力学. 北京: 北京航空学院出版社, 1987: 317-318.

[84] 国家自然科学基金委. 力学——自然科学学科发展战略调研报告(节录). 力学与实践, 1998, 20 (1): 59-74.

[85] WEMPNER G and ABERSON J A formulation of inelasticity from thermal and mechanical concepts, Int. J. Solids Structures, 1976, 12: 705-721.

[86] 黄克智, 邱信明, 姜汉卿. 应变梯度理论的新进展(一)——偶应力理论和 SG 理论, 机械强度, 1999, 21(2): 81-87.

[87] ZHANG H W, Schrefler B A. Particular aspects of internal length scales in localization analysis of multiphase porous materials. Computer Methods in Applied Mechanics and Engineering, 2004, 193:

2867-2884.

[88]　KONRAD N，WENXIONG H．A study of localized deformation pattern in granular media．Computer Methods in Applied Mechanics and Engineering，2004，193：2719-2743.

[89]　LI X S．Modelling of dilative shear failure．Geotechnical Engineering，1997，123(7)：609-616.

[90]　COLEMAN B D，Gurtin M E．Thermodynamics with internal state variables．Chem．Phys，1967，47：597-613.

[91]　弗雷德伦德，拉哈尔左．非饱和土力学．北京：中国建筑工业出版社，1997.

[92]　沈珠江　考虑剪胀性的土和石料的非线性应力应变模式．水利水运科学研究，1986(4)：1-14.

[93]　PASTER M，ZIENKIEWICZ O C．A generalized plasticity，hierarchical model for sand under monotonic and cyclic loading．2nd．Symp．Numerical Models in Geomechanics，1986.

[94]　钱家欢．土工原理与计算．2 版．北京：水利水电出版社，1994，59-60.

[95]　龚晓南．工程材料本构方程．北京：中国建筑工业出版社，1995，61-62.

[96]　MATSUOKA H Yao Y P and．Sun The cam-clay models revised by the SMP criterion．Soils and Foundations，1999，39(1)：81-95.

[97]　施斌．黏性土微观结构研究回顾与展望．工程地质学报，1996，4(1)：39-43.

[98]　施斌，王宝军，宁文务、各向异性黏性土蠕变的微观力学模型．岩土工程学报，1997，19(3)：7-13.

[99]　钟晓雄，袁建新．散粒体的微观组构与本构关系．岩土工程学报，1992，V14(s1)：39-48.

[100]　朱百里，沈珠江．计算土力学．上海：上海科学技术出版社，1990.

[101]　沈珠江．结构性黏土的弹塑性损伤模型．岩土工程学报，1993：21-28.

[102]　沈珠江．结构性黏土的堆砌体模型．岩土力学，2000，21(1)．1-4.

[103]　赵锡宏，张启辉．土的剪切带试验与数值分析．北京：机械工业出版社，2003.

[104]　WEMPNER G and Aberson J A formulation of inelasticity from thermal and Mechanical Concepts．Int．J．Solids Structures，1976，12：705-721.

[105]　MUNEO Hori．Micromechanical Analysis on Granular Column Formation and Macroscopic Deformation Soil and Foundations 1996，36(4)：71-80.

[106]　GUDEHUS G．Shear localization in simple grain skeleton with polar effect．In：Adachi，T．，Oka，F．，Yashima A．（Eds．），Proc．4th Int．Workshop on Localization and Bifurcation Theory for Soils and Rocks．A．A．Balkema，1998.

[107]　HERLE I，Gudehus G．Determination of parameters of a hypoplastic constitutive model from properties of grain assemblies．Mech．of Cohesive-Fric．Mater，1999，4：461-486.

[108]　GUDEHUS G．A comprehensive constitutive equation for granular materials．Soils and Foundations，1996，36(1)：1-12.

[109]　BAUER E．Calibration of a comprehensive hypoplastic model for granular materials．Soils and Foundations，1996，36(1)：13-26.

[110]　BAUERK E．Conditions for embedding casagrande's critical states into hypoplasticity．Mech．Cohesive-Frict．Mater．，2000，5(2)：125-148.

[111]　李彰明，王武林，冯遗兴．广义内时本构方程及凝灰岩粘塑性模型．岩石力学与工程学报，1986，V5(1)：15-24.

[112]　李彰明，王武林．内时理论简介与内时本构关系研究展望．岩土力学，1986.7(1)：101-106.

[113]　李彰明．厚填土地基强夯法处理参数设计探讨．施工技术(北京)，2000，29(9)：24-26.

[114]　李彰明，黄炳坚．砂土剪胀有限特征比模型及参数确定．岩石力学与工程学报，2001，20：1766-1768.

196

[115] 李彰明,赏锦国,胡新丽. 不均匀厚填土强夯加固方法及工程实践. 建筑技术开发,2003,30(1): 48-49.

[116] 李彰明,杨文龙. 土工试验数字控制及数据采集系统研制与应用. 建筑技术开发. 2002. V29(1): 21-22.

[117] LI Zhangming, etl. Dynamic response of mud in the field soil improvement with dynamic drainage consolidation. Earthquake Engineering and Soil Dynamics. 2001. Proc. Of the Conf. no. 1, 10: 1-8.

[118] 李彰明,杨良坤,王靖涛. 岩土介质强度应变率阈值效应与局部二次破坏模拟探讨. 岩石力学与工程学报,2004,23(2): 307-309.

[119] 李彰明,全国权,刘丹. 土质边坡建筑桩基水平荷载试验研究. 岩石力学与工程学报,2004,23 (6): 930-935.

[120] 李彰明,杨良坤,刘添俊. 半刚性桩复合地基沉降分析方法及应用. 建筑科学,2005,21(4),46-50.

[121] 张光永,吴玉山,李彰明. 超载预压法阈值问题的室内研究. 岩土力学,1999,20(1): 79-83.

[122] Li Zhangming. A new approach to rock failure: criterion of failure in plastical strain space. Engineering Fracture Mechanics,1990,35(4/5): 739-742.

[123] Edward William Brand, Rolf P Brenner. Soft Clay Engineering. New York: Elserier Scientific Publishing Company, 1981.

[124] WOFF J. P Dynamic Soil-Structure Interaction. New Jersey: Electrowatt Engineering Services Lt, 1985.

[125] Powrie W Soil mechanics (Second Edition). Londen and New York: Spon Press, 2004.

第 6 章

地基处理原理及方法

6.1 静力荷载下软土的渗透与固结

一般固体材料应变与应力是同时发生的，然而软土有很大的不同，应力作用时会发生一定的变形，而大部分变形是随时间慢慢发展的，很长时间以后才达到稳定。在实际工程中除了要知道稳定后的变形外，还需要知道荷载作用下某些特定时刻的变形。例如，对于软基上高速公路的路堤，工程师们通常并不很关心它的总沉降量是多少，而是关心路面浇筑后的工后沉降有多大。若总沉降量为 100cm，但 90％在 6 个月施工过程中已经完成，工后只有 10cm 的沉降，这对浇筑好的混凝土路面不会造成路面的不平整影响到汽车的高速行驶。问题是在 6 个月的施工期究竟会发生多大沉降，如果只发生了 60cm 的沉降，那么是否要延长工期，即等待路堤填筑后等一段时间再铺筑路面，或者采取某种加固措施来满足设计对工后沉降的要求。要回答这些问题必须较精确地估计土的变形与时间之间的关系。

软土变形随时间的发展包括两种不同的过程，即固结和流变。固结就是在荷载作用下，水从土孔隙中被挤出，土体收缩的过程；流变是在土骨架应力不变情况下土体所发生的随时间而增长的变形，这是一个漫长的过程。

饱和土由土颗粒和水组成，土颗粒之间有些存在胶结物，有些没有黏结，但它们都能传递荷载，从而形成传力的骨架，即土骨架。外荷载作用于土体，一部分由孔隙中的水承担，叫孔隙水压力；另一部分由土骨架承担，称骨架应力或粒间应力，又叫有效应力（尽管实际上它们可能有所不同）。所谓有效，是指对引起压缩和产生强度有效。有效应力并不是颗粒之间接触点处的实际应力。土粒大小不一，形状各异，各接触点传递力的大小和接触面积大小也都不同，无法求得各颗粒接触点处的应力，其实也没有必要去求这样的应力，因为还未见其实用意义。工程中感兴趣的是平均意义上的粒间传递应力。这里所指的平均，不是对粒间接触面积的平均，而是对包括孔隙在内的土体总截面积的平均。有效应力是指粒间传递的总荷载与土体总截面积之比。孔隙水压力可分为两部分：一是静水压力，在建筑物荷载施加前就存在于地基中；二是超静孔隙水压力，是外荷载引起的孔隙水压力的增量。若没有特别指明，一般情况下所讲的孔隙水压力就是指超静孔隙水压力。

为了进一步说明土体中的有效应力与孔隙压力，在土中某一方向截取一剖面 a—a，令其通过颗粒接触点以便分析粒间力。该剖面宏观上是一平面，而在微观上却坑坑洼洼、凹凸不平，如图 1.6-1 所示。把土和水的共同体作为分析对象，其上作用的法向应力称为总应力，以 σ 来表示。它是由孔隙水和土骨架来共同承担的。设该平面面积为 A，其中水所占面积为 A_w，土粒间接触点的接触面在该剖面上的投影为 A_s，显然有

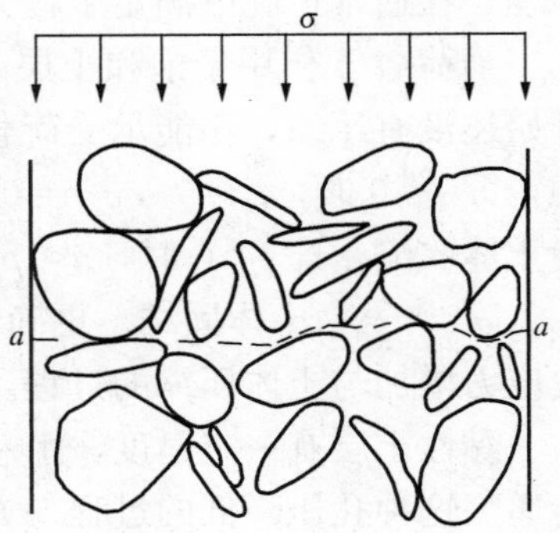

$$A = A_s + A_w \tag{6.1}$$

又设作用于孔隙水单位面积上的压力为 u，而该面内各土粒接触点处的接触力在该面法线方向的投影总和为 F，则由力的平衡关系可得

$$\sigma A = F + u A_w \tag{6.2}$$

$$\sigma = \frac{F}{A} + \frac{A_w}{A} u \tag{6.3}$$

图 1.6-1　有效应力原理

由于粒间接触面积实际上很小，与 A_w 相比，A_s 可略去不计，故可认为 $\dfrac{A_w}{A} \approx 1$。由前面有效应力的概念可知，$\dfrac{F}{A}$ 就是有效应力，常以 σ' 表示，则式（6.3）成为

$$\sigma = \sigma' + u \tag{6.4}$$

即总应力等于有效应力与孔隙水压力之和，这是太沙基提出的著名的有效应力原理。

有效应力原理讨论：对于饱和土有效应力原理的有效性，目前有不同看法，甚至可以说是争议较大。有的意见认为，大多数情况下，有效应力原理是足够准确的；在高压下，有效应力原理需要修正；对于液性指数接近或小于 0 的黏性土，有效应力原理的适用性尚难下结论。还有一种意见认为，饱和无粘性土是符合有效应力原理的；饱和粘性土有效应力原理的符合程度需要根据土体实际情况作具体的分析。

对于有效应力原理，作者以为还存在如下质疑有待探讨：

（1）在应力面积（存在多种类型面积，对于淤泥土等是笔糊涂账：如原理关系式导出的平衡分析中隔离体面积的截取具有明显的任意性）、作用力及应力（与质量、重力不同）还不清楚情况下，用导出量-应力去建立基本量-力平衡式，其方法本身存在问题。

（2）没有考虑高含水量饱和土体的类流体的工程性质。当含水量达到一定比例时，控制土体的行为很可能就是类流体行为（土体中固体部分总体上不承担或基本不承担抗剪作用）；在工程中可以观测到大量相关现象，诸如：冲击荷载下淤泥土体负孔压现象；足够远处堆载，开挖临空面支挡结构背后淤泥涌出；大型公共管沟开挖时，拉森钢板桩侧道路下淤泥不断挤出等等。

（3）从数学上讲，若总压力（对于平衡隔离单元体，总压力也可以是整体介质内力）确定，至少还有两个变量，若此两变量是独立的，则一个关系式是不能确定其关系；若不独立（实际上有效应力原理是如此认为的），则要求两者之间关系是确定的，即总压力须是确定的；但淤泥地基处理工程实测表明并非总如此。

总的看来，更一般来讲，有效应力原理关系式与介质性质及荷载作用方式有关，该原理并不是一个完全独立的原理，而与介质本构特性有关。尽管如此，在静态荷载作用下，一般土体的有效应力原理应用中还未见有明显的缺陷；该原理依然是土力学中很重要及很实用的

199

原理，在通常情况下满足工程分析的精度要求，且其应用非常广泛。

当荷载 p 作用于饱和土层时，首先承担荷载的是孔隙水，孔隙水压力升高，土骨架一开始还没有压缩，不能承受荷载，因孔隙中的水不能马上排出，不能为土骨架提供压缩的空间，即 $t=0$ 时，$u=p$，$\sigma'=0$。随着水向外挤出，孔隙水压力降低，土骨架上的荷载增加使土体收缩，即 $t>0$ 时，$u<p$，$\sigma'>0$，但总会保持 $\sigma'+u=\sigma=p$。直到最后 $t=\infty$，$u=0$，$\sigma'=p$，土体固结。更确切地说，这是一个土体在荷载作用下，孔隙承压力降低、有效应力增加与土体压缩的过程。土体的压缩试验也因此叫做固结试验。

黏性土层有一定厚度，水总是在土层透水面先排出，使孔隙压力降低，然后向土层内部传递。这种孔压降低的过程一方面决定于土的渗透性，另一方面也决定于在土层中所处的位置。软黏土的渗透系数很低，因此固结过程很长。

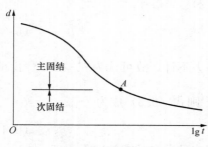

图 1.6-2　压缩过程曲线

软黏土的压缩试验结果表明，在（超静水）孔压完全消散后，压缩还会持续很长时间。图 1.6-2 是典型的压缩过程曲线，纵坐标为压缩仪上的测微表变形读数 d，即土样的压缩量；横坐标为时间，取的是对数坐标。在曲线上的点 A 处（对应时间为 t_A），孔隙水压力已经测不出来，即孔压 $u=0$，此时有效应力 σ' 已与所加荷载 p 相等。按照前面所讲的固结概念，当 $t>t_A$ 时，σ' 不再变化，压缩就应该停止，但实际上在试验曲线 A 点以后的过程中还有压缩。这种压缩就不能归结为固结压缩了，因此提出一个新的概念，称其为次固结，或次压缩。与其相对，在 A 点以前的压缩，叫主固结，或主压缩。次固结就是在孔隙压力完全消散后，有效应力随时间不再增加的情况下，随时间发展的压缩。若用力学中更一般化的概念来表述，就是土体的流变。

6.1.1　固结变形机理

天然土体一般是由矿物颗粒构成骨架体，再由孔隙水和气填充骨架体孔隙而组成的三相体系。在一般工程条件下，土颗粒压缩性很小，一般认为其不可压缩。因此，土体的变形是孔隙流体的流失及气体体积减小、颗粒重新排列、粒间距离缩短、骨架体发生错动的结果。

对于饱和的两相土，孔隙水压缩量很小，孔隙水体积发生变化主要是因为孔隙水的渗出。对于非饱和的三相土，除孔隙水渗出外，土体固结变形还与饱和度变化有很大关系。孔隙气的渗出、压缩及溶解度的改变等都会引起饱和度的变化。与孔隙水不同，孔隙气的压缩性不容忽视。

孔隙体积变化和颗粒重新排列需要有一个时间过程，土体固结变形与时间有关。土体所受荷载（总应力）在作用瞬时，主要由孔隙流体承担。随后，由于孔隙流体逐渐渗出，孔隙压力逐渐消散，有效应力逐渐增加。在有效应力（骨架应力）作用下，骨架体产生的变形可分为瞬时变形和黏性流变变形，其中后者由于颗粒重新排列和骨架体错动及其变形的黏性效应而与时间有关。瞬时变形又可分为弹性变形与塑性变形。将有效应力卸去后，若变形可恢复，则称为弹性变形；若变形不可恢复，则称为塑性变形。因此，骨架体变形可细分为瞬时弹性变形、瞬时塑性变形、黏弹性变形和黏塑性变形，骨架体总变形可以是其中一类或几类变形的组合。

以上几种因素的不同作用使不同土的固结变形具有不同的特点。在分析具体工程固结问题或建立土的固结理论时，必须首先了解上述固结变形的特点和机理，然后通过适当的假设条件，抓住主要因素，略去次要因素，从而达到解决问题和简化计算等目的。

土体固结的过程，就是孔隙压力消散的过程。为了定量地分析固结过程，就需要对孔压随时间和空间的变化提出计算理论。1925 年 Terzaghi 首先提出了一维固结理论。

6.1.2　一维固结微分方程及其解

尽管三维理论确实比一维理论更为合理，但是由于一维理论在指标测定和求解方面都要简单得多，故至今在某些特定条件下和近似计算中仍被广泛应用。多年来，学者们还不断对 Terzaghi 理论中的基本假设进行修正，故一维固结理论也获得很大改进。

有许多普遍观察到的试验事实与 Terzaghi 一维固结理论不一致。它们表明，Terzaghi 基本模型在许多情况下过分简化了。以下为两个最重要的偏差。

1）以流行的曲线拟合法从压缩时间曲线确定固结系数 C_v 并用于预测孔隙压力消散速率时，其结果往往比实测的消散速率小。

2）当孔隙压力消散到零时，沉降并不终止，随之而来的一般是在常有效应力下的次压缩或蠕动变形。

可以认为，引起以上偏差的原因还可能是由 Terzaghi 理论中的下述简化假设所造成：

（1）土层只有竖向压缩变形，而无侧向膨胀，渗流也只有竖向，这样就简化成为一维问题。

（2）土体是饱和的，只有土骨架和水二相。

（3）土体是均匀的，在荷载作用下土体的压缩仅仅是孔隙体积的减小，土粒本身及水体的压缩量可以忽略不计，且假定压缩系数 a 为常量。

（4）孔隙水的渗透流动符合达西定律，渗透系数 k 为常量。

（5）土体的应力与应变之间的关系是线性的。

（6）外荷载为均布连续荷载，且一次施加于土层。

6.1.2.1　微分方程的建立

图 1.6-3 所示为一饱和黏土层，底部不透水，顶面可排水，地面作用有均布荷载 p，分布很广，附加应力沿深度不变，其值为 $\sigma = p$。考虑方程的建立，将坐标 z 的原点 O 放在黏土层透水面上，方向由透水面指向不透水面，即图中的向下方向。

现考察黏土层层面以下 z 深度处厚度为 dz、面积为 1×1 单元体的水量变化和孔隙体积压缩的情况。在地面加荷之前，单元体顶面和底面的水位与地下水位齐平。而在加荷瞬间，即 $t = 0$ 时，水位都将升高 p/r_w。在固结过程中某一时刻 t，单元体顶面水位高出地下水位 $h = u/r_w$，而底面水位又比顶面水位高出 $dh = \dfrac{\partial h}{\partial z}dz = \dfrac{1}{r_w}\dfrac{\partial u}{\partial z}dz$，如图 1.6-3 所示。由于单元体顶面与底面存在着水头差 dh，因此，单元体中将发生渗

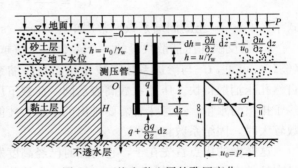

图 1.6-3　饱和黏土层的孔压变化

流并引起水量变化和孔隙体积的改变。

设在固结过程中某一时刻 t，从单元体顶面流出的流量为 q，从底面流入的流量为 $q+\dfrac{\partial q}{\partial z}dz$。于是，在时间增量 dt 内，单元体中的水量变化应等于流入与流出该单元体中的水量之差，即

$$dQ = \left(q+\frac{\partial q}{\partial z}dz\right)dt - qdt = \frac{\partial q}{\partial z}dzdt \tag{6.5}$$

设在时间增量 dt 内单元体上的有效应力增加为 $d\sigma'$，则单元体中孔隙体积减小为

$$dV = -m_v d\sigma' dz \tag{6.6}$$

式中　m_v——体积压缩系数，$m_v = \dfrac{a}{1+e_1}$，其中 e_1、a 分别为黏土层的初始孔隙比、平均压缩系数。

由于在固结过程中外荷载保持不变，因而在 z 深度处的附加应力 p 也为常量，则有效应力的增加量将等于孔隙水应力的减少量，即

$$d\sigma' = d(p-u) = -du = -\frac{\partial u}{\partial t}dt \tag{6.7}$$

将式（6.7）代入式（6.6）得

$$dV = m_v \frac{\partial u}{\partial t}dzdt \tag{6.8}$$

对于饱和土体而言，由于孔隙中被水所充满，因此，在 dt 时间内单元体中孔隙体积的减小量应等于水量的变化量，即

$$dV = dQ$$

将式（6.5）和式（6.8）代入上式可得

$$\frac{\partial q}{\partial z} = m_v \frac{\partial u}{\partial t} \tag{6.9}$$

根据达西定律，在 t 时刻通过单元体的流量可表示为

$$q = ki = k\frac{dh}{dz} = \frac{k}{r_w}\frac{\partial u}{\partial z} \tag{6.10}$$

将式（6.10）代入式（6.9）左端，即可得到单向固结微分方程式为

$$\frac{\partial u}{\partial t} = C_v \frac{\partial^2 u}{\partial z^2} \tag{6.11}$$

$$C_v = \frac{k}{m_v r_w} = \frac{k(1+e_1)}{ar_w} \tag{6.12}$$

式中　C_v——土的固结系数，常用单位为 cm^2/s。

C_v 是反映孔压消散快慢的一个参数，C_v 值越高，单位时间内孔压的改变量越大。由式（6.12）可见，C_v 与渗透系数 k 成正比而与压缩系数 a 成反比。土的渗透系数高，排水快，自然孔压消散得快。压缩系数高表示同一荷载下压缩的体积大，而这些被压缩的土体体积就等于排出的水量，这意味着需要排出的水量大才能达到相同的孔压消散效果，因此当压缩系数较大时，固结系数将较小。

这样做的优点首先在于，它与当时已经高度发展的热传导理论相似，从而可以利用后者已有的整套方法和大量的标准解。但是，在热传导理论中，介质大多是均匀的线性系统，而

在土工问题中则通常涉及不均匀的并且可能是非线性的材料。因此，对于上述这些线性化假设历来是有争议的。例如，渗透系数和压缩系数在同一级荷重下是逐渐变化的，而不是常数，特别是高压缩性软黏土在大的荷重增量下时。如果考虑渗透系数和压缩系数的变化，则定义固结过程的微分方程将变成非线性的而难以求解。但是，这样做对于解释室内试验十分重要。

6.1.2.2　固结方程的解

按式（6.11）在一定的初始条件和边界条件下，可以解得任一深度 z 在任一时刻 t 时的孔隙水应力 u 的表达式。对于图 1.6-3 所示的土层，假定附加应力随深度 z 而变化，其初始条件和边界条件为

$$
\begin{cases}
u\big|_{t=0} = \sigma_z \\
u\big|_{z=0} = 0 \\
\dfrac{\partial u}{\partial z}\bigg|_{z=H} = 0 \\
u\big|_{t=\infty} = 0
\end{cases}
$$

用分离变量法可解式（6.11）得

$$
\left.
\begin{aligned}
u &= \sum_{n=1}^{\infty}\left[\frac{1}{H}\int_0^H u_0\,(z)\sin\left(\frac{n\pi z}{2H}\right)\mathrm{d}z\right]\sin\left(\frac{n\pi z}{2H}\right)\exp\left(-\frac{n^2\pi^2 T_{\mathrm v}}{4}\right) \\
T_{\mathrm v} &= \frac{C_{\mathrm v}t}{H^2}
\end{aligned}
\right\}
\tag{6.13}
$$

式中　$T_{\mathrm v}$——时间因数，无因次；

H——最大排水距离，在单向排水的条件下为土层厚度，在双面排水条件下为土层厚度的一半。

若附加应力沿深度不变，初始孔隙水压力 $u_0 = p$，为常量，则式（6.13）成为

$$
u = \sum_{n=1}^{\infty}\frac{2u_0}{n\pi}\,(1-\cos n\pi)\sin\left(\frac{n\pi z}{2H}\right)\exp\left(-\frac{n^2\pi^2 T_{\mathrm v}}{4}\right)
\tag{6.14}
$$

若 n 为偶数，$1-\cos n\pi=0$；若 n 为奇数，$1-\cos n\pi=2$，故只有当 n 为奇数时级数中的项才不为 0，式（6.14）可写为

$$
u = \frac{4}{\pi}p\sum_{n=1}^{\infty}\frac{1}{m}\sin\left(\frac{m\pi z}{2H}\right)\exp\left(-\frac{n^2\pi^2 T_{\mathrm v}}{4}\right)
\tag{6.15}
$$

式中　$m=1$，3，5，$\cdots$（为正奇数）。

6.1.3　固结度

为了定量地说明固结的程度，或孔压消散的程度，提出了固结度的概念。任一时刻处于任一深度的固结度可定义为当前有效应力与总应力之比（需注意的是，固结度更为基本的定义为某时刻沉降与总沉降量之比，这种基本定义在处理复杂的实际问题时不会出错且更有效）：

$$U_{\mathrm{x}} = \frac{\sigma'}{\sigma} = \frac{\sigma - u}{\sigma} = 1 - \frac{u}{\sigma}$$

其实工程上对某一点的固结度并不关心，所感兴趣的是整个土层的平均固结度。其定义为当前土层深度内平均的有效应力与平均的总应力之比：

$$U = \frac{\int_0^H \sigma' \mathrm{d}z}{\int_0^H \sigma \mathrm{d}z} = 1 - \frac{\int_0^H u \mathrm{d}z}{\int_0^H \sigma \mathrm{d}z} \tag{6.16}$$

固结度常用百分数表示，对于附加应力沿深度均匀分布的情况，$\sigma = p$，将式（6.15）代入式（6.16）得

$$U = 1 - \frac{8}{\pi^2} \left(\mathrm{e}^{-\frac{\pi^2}{4}T_{\mathrm{v}}} + \frac{1}{9} \mathrm{e}^{-\frac{9\pi^2}{4}T_{\mathrm{v}}} + \cdots \right) \tag{6.17}$$

可见 U 是时间因数 T_{v} 的单值函数，由于级数收敛得很快，取前两项已足够精确，式（6.17）还可以用以下近似公式代替：

$$\left. \begin{array}{l} U = \sqrt{\dfrac{4T_{\mathrm{v}}}{\pi}} \qquad\qquad (U \leqslant 0.53) \\[3mm] U = 1 - 0.811 \times 10^{-1.072T_{\mathrm{v}}} \; (U > 0.53) \end{array} \right\} \tag{6.18}$$

如果附加应力沿深度是变化的，总应力 $\sigma(z)$ 不是常量，用式（6.13）解得 u，代入式（6.16）仍可得出相应的平均固结度公式。通常把附加应力沿深度的分布简化为某种直线形式，则所得平均固结度 U 与时间因数 T_{v} 的关系曲线如图 1.6-4 所示。图中 α 以下式计算：

$$\alpha = \frac{\sigma_z'}{\sigma_z''}$$

式中　σ_z'——土层透水面处的附加应力；

　　　σ_z''——土层不透水面处的附加应力。

上述固结度的计算是土层单面排水的情况，若土层上下都是透水面，用上述方法同样可推出孔压分布及平均固结度的公式。结果发现，只要附加应力呈直线变化，不管是三角形分布还是梯形分布，其平均固结度公式都与单面排水情况中的矩形附加应力分布情况一

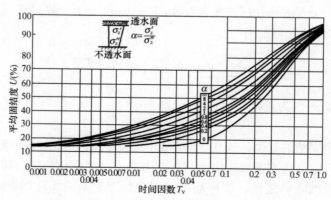

图 1.6-4　平均固结度 U 与时间因数 T_{v} 的关系曲线

致，其差别仅仅是计算 T_v，所用的 H 为土层厚度的一半，而不是土层厚，习惯上将 H 定义为最大排水距离，则两者便统一起来。这样定义只适用于附加应力沿深度呈矩形分布的情况，对于附加应力呈梯形分布的情况，孔压分布是不对称的，渗流的分水岭并不在土层中央，最大排水距离并不等于土层厚度的一半，比较准确的定义是 H 为土层厚与该土层排水面数之比。

6.1.4　外荷载随时间变化的固结

前述固结理论都是在外荷载一次瞬时施加的假定基础上得出的，而建（构）筑物的建设总有一个时间过程（几个月乃至几年）。以软基上高速公路的路堤为例，一般填筑时间为半年左右，高路堤则施工时间更长，这样长的施工期，孔压产生和消散显然与荷载一次施加是有区别的。这就有必要考虑荷载缓慢施加过程的固结。

当荷载缓慢施加时，附加应力不仅随深度变化，而且随时间变化。仍可按上述方法建立固结微分方程。将式（6.7）改为

$$d\sigma' = d\sigma - du = \frac{\partial\sigma}{\partial t}dt - \frac{\partial u}{\partial t}dt \tag{6.19}$$

代入式（6.6），再用式（6.9）～式（6.11）的方法可得固结微分方程为

$$\frac{\partial u}{\partial t} = C_v\frac{\partial^2 u}{\partial z^2} + \frac{\partial\sigma}{\partial t} \tag{6.20}$$

对于图 1.6-3 所示的土层情况，仍然有前面所述的孔压初始条件和孔压边界条件，但尚须增加总应力 σ' 的边界条件。假定荷载在施工期呈直线上升，完工后便不变，如图 1.6-5 所示，其数学表达式如下：

（1）当 $0 < t \leqslant t_0$ 时：

$$\sigma = \frac{p_0}{t_0}t$$

式中　p_0——完工时的荷载；

　　　t_0——施工期。

则

$$\frac{\partial\sigma}{\partial t} = \frac{p_0}{t_0}$$

（2）当 $t > t_0$ 时：　　　　　　$\sigma = p_0$

则

$$\frac{\partial\sigma}{\partial t} = 0$$

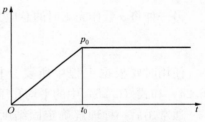

图 1.6-5　外荷随时间变化的情况

利用 u 和 σ 的上述条件，由式（6.20）可得：

（1）当 $0 < t \leqslant t_0$ 时：

$$u = \frac{16p_0}{\pi^3 T_{v0}}\sum_{m=1,3,5}^{\infty}\frac{1}{m^3}\sin\left(\frac{m\pi z}{2H}\right)\left[1 - \exp\left(-\frac{\pi^2 m^2}{4}T_v\right)\right] \tag{6.21}$$

（2）当 $t > t_0$ 时：

$$u = \frac{16p_0}{\pi^3 T_{v0}}\sum_{m=1,3,5}^{\infty}\frac{1}{m^3}\sin\left(\frac{m\pi z}{2H}\right)\left[1 - \exp\left(-\frac{\pi^2 m^2}{4}T_{v0}\right)\right]\exp\left[-\frac{\pi^2 m^2}{4}\left(T_v - T_{v0}\right)\right]$$

$$\tag{6.22}$$

205

$$T_{v0} = \frac{C_v t_0}{H^2} \ , \ T_v = \frac{C_v t}{H^2}$$

不难看出，当 $t_0 = 0$ 时，式（6.22）与式（6.15）是一致的。

由式（6.21）和式（6.22）可推得土层深度内的平均孔隙水压力：

$$\bar{u} = \int_0^H u \, \mathrm{d}z \tag{6.23}$$

（1）当 $0 < t \leqslant t_0$ 时：

$$\bar{u} = \frac{32 p_0}{\pi^4 T_{v0}} \sum_{m=1,3,5}^{\infty} \frac{1}{m^4} \left[1 - \exp\left(-\frac{\pi^2 m^2}{4} T_v\right) \right] \tag{6.24}$$

（2）当 $t > t_0$ 时：

$$\bar{u} = \frac{32 p_0}{\pi^4 T_{v0}} \sum_{m=1,3,5}^{\infty} \frac{1}{m^4} \left[1 - \exp\left(-\frac{\pi^2 m^2}{4} T_v\right) \right] \exp\left[-\frac{\pi^2 m^2}{4} (T_v - T_{v0}) \right] \tag{6.25}$$

利用式（6.16）可求固结度，不过这时的固结度可以有两种理解：一种是把式中的总应力 σ 看作当前时刻的总应力，则当 $t < t_0$ 时：

$$\sigma = \frac{p_0 t}{t_0} \tag{6.26}$$

另一种将 σ 看作完工时的总应力，则

$$\sigma = p_0 \tag{6.27}$$

使用时要根据工程中所要分析的问题来决定选用何种意义的固结度。不过有了式（6.24）和式（6.25）中的平均孔压，固结度就很容易求得。

通常用后一种理解确定固结度（即 σ 取完工时的总应力），则固结度与两种时间因数（T_{v0} 和 T_v）的关系曲线如图 1.6-6 所示，图中横坐标 T_v 取的是对数坐标。固结度随时间的发展示意图如图 1.6-7 所示。为了便于比较，将一次加荷的曲线也画在图中，如虚线所示。

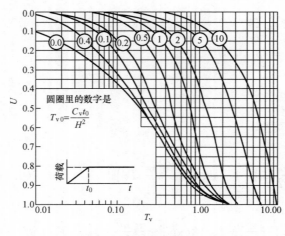

图 1.6-6　固结度 U 与时间因数的关系曲线

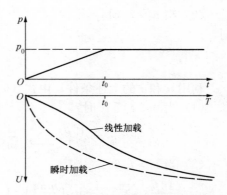

图 1.6-7　固结度随时间的发展示意图

6.1.5　固结系数的确定

前面讲到，固结系数是反映固结快慢的重要指标，为了计算孔压消散过程或固结度的变化，必须要给出固结系数。式（6.12）给出了固结系数的一种确定方法，即由压缩系数和渗透系数来计算，也可以根据压缩试验结果直接确定。在进行压缩试验时，记下每级荷载施加后反映土样压缩量的测微表读数 d 随时间 t 的变化，然后由 d—t 曲线推求固结系数。常用的方法有以下几种。

1. 时间对数法

由式（6.17）可见固结度 U 与时间因数 T_v 之间的关系是单值的，而确定时间因数 T_v 的式（6.13）中含有 C_v 和 t，那么利用试验结果得出某一时刻的固结度，即可推出固结系数 C_v。

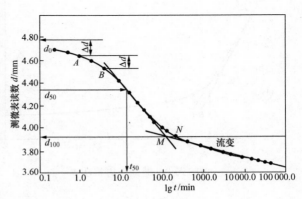

在点绘 d 与 t 关系时，对时间 t 取对数坐标，则试验所得 d—$\lg t$ 关系曲线如图 1.6-8 所示，呈反 S 形。根据经验，在第二个反弯点附近孔隙水压力已完全消散。分别对曲线的中段及下段作切线相交于点 M，则 M 点的纵坐标被认为是主固结完成时的测微表读数 d_{100}，即相应的固结度为 100%。它在试验曲线上对应点 N，N 点以下的曲线段便是次固结阶段。

图 1.6-8　时间对数法

再设法确定固结度为 0 时的纵坐标 d_0，它应该是 $t=0$ 时的测微表读数，但试验时 $t=0$ 实际上无法测读，荷载刚施加，测微表指针一直在走动，需要经过一定时间才能使同时测读的时间和指针读数比较准确。土工试验方法标准规定第一个读数的时间为 6s，故 d_0 要设法从试验曲线上推得。在曲线初始段任选一点 A，所对应的纵横坐标分别为 d_A 和 t_A。再在曲线上找另一点 B，使 $t_B=4t_A$，相应纵坐标为 d_B。令 $\Delta d=d_B-d_A$，$d_0=d_A-\Delta d$，则 $d_B-d_0=2(d_A-d_0)$，d_0 被认为是固结度为 0 的点。

这里需要进一步解释为什么这样确定的 d_0 就是固结度为 0 的点：设 d_t 为 t 时刻测微表读数，则 d_t-d_0 为 t 时刻试样压缩量，相应的应变为

$$\varepsilon_t = \frac{d_t - d_0}{2H} \tag{6.28}$$

式中　H——试样厚度的一半（试样为双面排水）。

因为

$$\varepsilon_t = \frac{\sigma'_t}{E_s} \tag{6.29}$$

式中　σ'_t——t 时刻试样平均有效应力。

由式（6.16），得

$$\sigma'_t = U_t \sigma \tag{6.30}$$

式中　U_t——时刻试样平均固结度；

207

σ——常量，试样所受的总应力。假定压缩模量 E_s 在试验过程中不变（即压缩系数 0 为常量），则由式（6.28）～式（6.30）可知，$d_t - d_0$ 与 σ_t 成正比。

由固结度的近似关系式（6.18）知，当 U 较低时，U 与 $\sqrt{T_v}$ 成正比，今取 $t_B = 4t_A$，则相应的固结度应为 $U_B = 2U_A$，即 $d_B - d_0 = 2(d_A - d_0)$，由此可以确定 d_0。

有了 d_{100} 和 d_0，即可求得 $d_{50} = 1/2(d_{100} + d_0)$，从试验曲线上找到对应的 t_{50}。而由式（6.18）第一式得，当 $U = 50\%$ 时，$T_v = 0.196$，这样由式（6.13）中 T_v 关系式可得

$$C_v = \frac{0.196 H^2}{t_{50}} \tag{6.31}$$

2. 时间平方根法

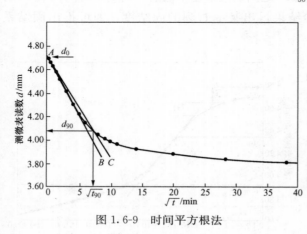

点绘 $d\text{-}\sqrt{t}$ 关系曲线，如图 1.6-9 所示，可见曲线的初始段接近一条直线。根据式（6.18）第一式，当 $U < 0.53$ 时，U 与 $\sqrt{T_v}$ 成正比，也可推得 $d\text{-}\sqrt{t}$ 是一条直线。用初始段的试验点作拟合直线，使其与纵轴相交，交点为 A，交点的纵坐标就是 d_0，即固结度为 0 的初读数。

图 1.6-9　时间平方根法

如果将该直线 AB 向下延伸，即当 $U > 0.53$ 时，仍用式（6.18）第一式计算 T_v，则当 $U = 90\%$ 时，$T'_v = 0.636\,2$，$\sqrt{T'_v} = 0.798$；而实际上应该用式（6.18）第二式计算，可得 $T_v = 0.848$，$\sqrt{T_v} = 0.921$，$\sqrt{T_v}/\sqrt{T'_v} = 1.15$。可见，当 $U = 90\%$ 时，用初始段直线向下延伸所得的横坐标若乘以修正系数 1.15，就能得符合固结理论的正确的横坐标值。为此，将 AB 线的横坐标乘以 1.15，得另一直线 AC，AC 线与试验曲线的交点就是 $U = 90\%$ 的点，相应纵坐标为 d_{90}，横坐标为 $\sqrt{t_{90}}$，由此可得 t_{90}。将 $U = 90\%$ 的 T_v 值 0.848 代入式（6.14），可得固结系数为

$$C_v = \frac{0.848 H^2}{t_{90}} \tag{6.32}$$

3. 试算法

对于一般土而言，上述两方法各有优点。时间对数法适宜于求 R_0，时间平方根法适宜于求 R_{100}。这里讲的试算法就是用这两种方法分别求出 R_0 和 R_{100} 作为首次假定值，然后根据试验曲线 $U = 60\% \sim 80\%$ 的主固结段求出 R_0 和 R_{100} 的误差。这样反复试算，直至误差小于容许值为止。若首次假定值较好，一般试算一次就够精确了。此方法所用计算时间较多，但结果精度较高。

4. 反弯点法

将式（6.33）绘成 $U\text{-}\lg T_v$ 曲线，它必有一个反弯点，其切线斜率绝对值最大。经推导知，反弯点处 $U = 70\%$，$T_v = 0.405$。可求得图 1.6-10 的反弯点如图 1.6-11 所示，反弯点 $t_{70} = 20\text{min}$。渗径长度 H 仍为 1.51cm，因此

$$C_v = \frac{(T_v)_{70} \cdot H^2}{t_{70}} = \frac{0.405 \times 1.51^2}{20 \times 60} \approx 7.7 \times 10^{-4} \ (\text{cm}^2/\text{s})$$

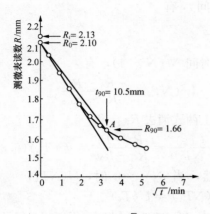

图 1.6-10　R-$\sqrt{t}$ 曲线

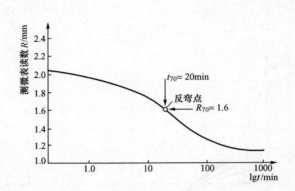

图 1.6-11　R-$\lg t$ 曲线反弯点

5. 三点计算法

三点计算法因为由某一压力下一次固结试验所得的三个读数，即可计算固结系数，故称三点计算法。

式（6.18）可近似写成

$$\left. \begin{aligned} T_v &= 0.25\pi U^2 & (U < 0.53) \\ T_v &= -0.085 - 0.09332\lg(1-U) & (U > 0.53) \end{aligned} \right\} \qquad (6.33)$$

将上述两式合并，可得

$$T_v = \frac{\pi U^2}{4\,(1 - U^{0.56})^{0.357}} \qquad (6.34)$$

用式（6.34）代替式（6.33），一般误差极小，只有在 $U = 90\% \sim 100\%$ 范围内，才有不超过 3% 的误差。

在固结初期 t_1 和 t_2 时刻分别读得 R_1 和 R_2，代入式（6.33）得

$$T_{v1} = C_v t_1/H^2 = \frac{\pi}{4}\left[(R_1 - R_0)/(R_{100} - R_0)\right]^2$$

$$T_{v2} = C_v t_2/H^2 = \frac{\pi}{4}\left[(R_2 - R_0)/(R_{100} - R_0)\right]^2$$

在固结后期 t_3 读得 R_3（t_3 最好估计在 $U < 90\%$ 时），代入式（6.34）得

$$T_{v3} = C_v t_3/H^2 = \frac{\pi}{4}\frac{\left[(R_3 - R_0)/(R_{100} - R_0)\right]^2}{\{1 - \left[(R_3 - R_0)/(R_{100} - R_0)\right]^{5.6}\}^{0.357}}$$

由以上三式解得：

$$\left. \begin{aligned} R_0 &= (R_1 - R_2\sqrt{t_1/t_2})/(1 - \sqrt{t_1/t_2}) \\ R_{100} &= R_0 - \frac{R_0 - R_3}{\{1 - \left[(R_3 - R_0)(\sqrt{t_2} - \sqrt{t_1})/(R_1 - R_2)\sqrt{t_3}\right]^{5.6}\}^{0.179}} \\ C_v &= \frac{\pi}{4}\left[\frac{R_1 - R_2}{R_0 - R_{100}} \cdot \frac{H}{\sqrt{t_2} - \sqrt{t_1}}\right]^2 \end{aligned} \right\} \qquad (6.35)$$

6. 司各脱法

这一方法可用于一维或多维固结情况，而且能利用已制成的图表迅速计算。

下面以一维固结为例，由于 C_v 和 H 为常量，在时间 t，有

$$U(T_v) = \frac{R_0 - R_t}{R_0 - R_{100}}$$

对于时间 $Nt(N > 1)$，有

$$U(NT_v) = \frac{R_0 - R_{Nt}}{R_0 - R_{100}}$$

由以上两式消去 R_{100}，得

$$\frac{U(T_v)}{U(NT_v)} = \frac{R_0 - R_t}{R_0 - R_{Nt}} = f(T_v) \quad (6.36)$$

显然，当 $N = \infty$ 时，$U(NT_v) = 1$，$U(T_v)/U(NT_v) = U(T_v)$。

利用式（6.36），可将 $U(T_v)/U(NT_v)$ —T_v 制成图 1.6-12 所示的曲线族。这样，由 R_0、R_t 和 R_{Nt} 求出 $U(T_v)/U(NT_v)$ 后，查图 1.6-12 可得到 T_v，从而求出 C_v。

由图 1.6-10 可知：$t = 4$min，$R_t = 1.815$mm，

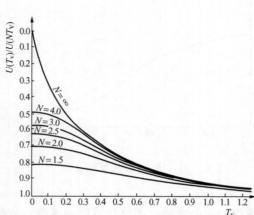

图 1.6-12　$U(T_v)/U(NT_v)$—T_v 曲线

$N = 2.25$，$Nt = 9$min，$R_{Nt} = 1.700$mm

又在三点计算法中已求得 $R_0 = 2.097$mm，因此

$$\frac{U(T_v)}{U(NT_v)} = \frac{2.097 - 1.815}{2.097 - 1.700} \approx 0.710$$

从图 1.6-12 中查得 $T_v = 0.26$，仍取 $H = 1.51$cm，则

$$C_v = \frac{T_v H^2}{t} = \frac{0.26 \times 1.51^2}{4 \times 60} \approx 24.7 \times 10^{-4} \, (\text{cm}^2/\text{s})$$

该方法也适用于多维固结情况。以三轴仪中圆柱体土样辐射向排水为例，根据不同时间从土样中排出的水量 V 可确定土样水平向固结系数 C_{vr}。

圆柱体土样辐射向排水固结的基本微分方程为

$$\frac{\partial u}{\partial t} = C_{vr}\left(\frac{\partial^2 u}{\partial r^2} + \frac{1}{r}\frac{\partial u}{\partial r}\right) \quad (6.37)$$

设圆柱体土样半径为 a，四周施加的液体压力为 Δp，则边界条件和初始条件分别为

$$u(r = a, t > 0) = 0, \quad u(r < a, t < 0) = Vp$$

求解式（6.36），得

$$U(T_r) = 1 - 4\sum_{n=1}^{\infty}\frac{1}{\beta_n^2}e^{-\beta_n^2 T_r} \quad (6.38)$$

式中　T_r——辐射向固结时间因素，$T_r = \dfrac{C_{vr}t}{a^2}$；

β——方程 $J_0(\beta) = 0$ 的根，$J_0(\beta)$ 为零阶贝塞尔函数。

因 $V_0 = 0$，类似于一维问题，可得

$$U(T_r)/U(NT_r) = V_t/V_{Nt} \tag{6.39}$$

因 V_t 和 V_{Nt} 分别为 t 和 Nt 时刻从土样中排出的水量，是已知的，由式（6.38）和式（6.39）可求得 T_r，并进一步求得 C_{vr}。如能像一维问题那样制成类似于图 1.6-12 的曲线族，则更可提高计算的效率。

7. 各种测定方法的比较和讨论

任何固结试验得到的不同时刻测微表读数，不可能从头到尾都与理论值吻合。前述几种方法各利用曲线的不同部分，所得 C_v 当然也有差别。时间对数法取自固结度 $U=50\%$，时间平方根法取自 $U=90\%$，反弯点法取自 $U=70\%$，试算法采用 $U=60\%\sim80\%$ 段，但最后主要取决于 $U=80\%$。至于三点法，前两点取自固结前期，第三点取自固结后期（最好在 $U=90\%$ 之前）。同一种土的四个土样按不同方法求得的结果列于表 1.6-1。

表 1.6-1　　　　　　　　　　　不同固结系数测定方法的比较

土样编号	固结系数 C_v /（$10^{-4}\,cm^2/s$）				
	时间对数法	时间平方根法	反弯点法	三点法	司各脱法
1	23	26	28	24.7	24.7
2	27	21	36		
3	5.4	6.1	5.5		
4	23	26	25		

时间对数法和时间平方根法是最常用的两种方法。时间对数法必须读满 24h 以上，使包括次固结的这部分曲线能全部绘出。对于次固结较显著的土，试验曲线的下半段同时包括主固结和次固结，所以难以正确决定 R_{100}。时间平方根法至少要估计到 $U>90\%$ 以后，该方法的最困难之处是初读数难以正确得到，因为表针转动较快，当然自动化记录可改进这些不足之处；另一缺点是中部直线有时难以辨认。试算法精度虽高，但计算稍麻烦。反弯点法和三点法避免了求 R_0 和 R_{100} 的不准确性，只利用往往比较可靠的试验曲线中部，计算也较简单；但反弯点法中反弯点目测难以准确，这也影响到结果的精度。司各脱法不但计算简便，而且适用于一维和多维固结情况下固结系数的测定。该方法可视试验曲线情况，任意选取 t 和 Nt 两点读数，因此准确性高。司各脱法和三点法还可在一条试验曲线的不同时刻得到许多 C_v 值（一般随时间增长而略有减小），然后取平均值作为采用的指标。

根据近代的研究结果，固结试验所得土的应力—应变—应变速率有唯一的关系。室内测定固结系数时，一般每级加荷为 1min，土的应变速率可达到 $1\%/min$，而平均速率为 $(20\sim30)\%/h$。高应变速率引起极高的孔隙压力梯度，使接近排水面表层土体的结构破坏。而工程地基的压缩速率一般为 $0.5\%/$年（高大建筑）$\sim1\%/$年（填土），与室内固结试验的压缩速率相差甚远，这当然会影响固结系数值的准确性。

今后可从以下两方面加以改进。

1）固结试验要控制孔隙压力梯度，从而得到土的应力—应变—应变速率的关系，据此推测相应于现场应变速率的 C_v 值。

2）在现场量测孔隙压力来推求 C_v 值，这样推求的 C_v 值既符合现场的应变速率，又符合原位的二维或三维固结条件。

6.1.6　多维固结方程及其差分求解

6.1.6.1　多维固结方程

用类似于一维固结问题中的推导方法，可导出多维固结的基本微分方程。例如，二向渗流和三向渗流时，类似式（6.11），分别有

$$\frac{\partial \varepsilon_v}{\partial t} = \frac{\partial q_x}{\partial x} + \frac{\partial q_z}{\partial z} \tag{6.40}$$

$$\frac{\partial \varepsilon_v}{\partial t} = \frac{\partial q_x}{\partial x} + \frac{\partial q_y}{\partial y} + \frac{\partial q_z}{\partial z}$$

将达西定律［参见式（6.10）］代入后分别有

$$\frac{\partial \varepsilon_v}{\partial t} = \left[\frac{K_x}{\gamma_w} \frac{\partial^2 u}{\partial x^2} + \frac{K_z}{\gamma_w} \frac{\partial^2 u}{\partial z^2} \right] \tag{6.41}$$

$$\frac{\partial \varepsilon_v}{\partial t} = \left[\frac{K_x}{\gamma_w} \frac{\partial^2 u}{\partial x^2} + \frac{K_y}{\gamma_w} \frac{\partial^2 u}{\partial y^2} + \frac{K_z}{\gamma_w} \frac{\partial^2 u}{\partial z^2} \right] \tag{6.42}$$

式中　　K_x、K_y、K_z —— x、y、z 方向渗透系数。

伦杜立克设只在竖向发生压缩变形，因此由式（6.41）～式（6.40）得二维固结和三维固结的太沙基-伦杜立克基本方程分别为

$$\frac{\partial u}{\partial t} = \frac{1}{\gamma_w m_v} \left(K_x \frac{\partial^2 u}{\partial x^2} + K_z \frac{\partial^2 u}{\partial z^2} \right) \tag{6.43}$$

$$\frac{\partial u}{\partial t} = \frac{1}{\gamma_w m_v} \left(K_x \frac{\partial^2 u}{\partial x^2} + K_y \frac{\partial^2 u}{\partial y^2} + K_z \frac{\partial^2 u}{\partial z^2} \right) \tag{6.44}$$

实际上，在多维固结问题中，不仅渗流是多向的，变形也往往是多向的。对于二维平面应变固结和三维固结，式（6.40）应分别改成

$$\frac{\partial \varepsilon_v}{\partial t} = \frac{\partial (\varepsilon_x + \varepsilon_z)}{\partial t} = -\frac{(1-2\nu)(1+\nu)}{E} \frac{\partial u}{\partial t} \tag{6.45}$$

$$\frac{\partial \varepsilon_v}{\partial t} = \frac{\partial (\varepsilon_x + \varepsilon_y + \varepsilon_z)}{\partial t} = -\frac{3(1-2\nu)}{E} \frac{\partial u}{\partial t} \tag{6.46}$$

式中　　ν ——泊松比；

E ——弹性模量，$E = \dfrac{(1-2\nu)(1+\nu)}{(1-\nu)m_v}$。

将式（6.45）代入式（6.41）、式（6.46）代入式（6.42），分别得二维平面应变固结和三维固结基本微分方程的合理形式为

$$\frac{\partial u}{\partial t} = \frac{1}{2(1-\nu)\gamma_w m_v} \left(K_x \frac{\partial^2 u}{\partial x^2} + K_z \frac{\partial^2 u}{\partial z^2} \right) \tag{6.47}$$

$$\frac{\partial u}{\partial t} = \frac{1}{3(1-\nu)\gamma_w m_v} \left(K_x \frac{\partial^2 u}{\partial x^2} + K_y \frac{\partial^2 u}{\partial y^2} + K_z \frac{\partial^2 u}{\partial z^2} \right) \tag{6.48}$$

式（6.43）与式（6.44）～式（6.46）具有相同的形式，即无论是单向变形还是多向变形，二维固结基本微分方程均可写成

$$\frac{\partial u}{\partial t} = C_{vx}\frac{\partial^2 u}{\partial x^2} + C_{vz}\frac{\partial^2 u}{\partial z^2} \tag{6.49}$$

三维固结基本微分方程均可写成

$$\frac{\partial u}{\partial t} = C_{vx}\frac{\partial^2 u}{\partial x^2} + C_{vy}\frac{\partial^2 u}{\partial y^2} + C_{vz}\frac{\partial^2 u}{\partial z^2} \tag{6.50}$$

然而，单向压缩时的固结系数与多向压缩时的固结系数不同。例如，三向压缩时的固结系数与单向压缩时的固结系数之比为 $\dfrac{1+\nu}{3(1-\nu)}$，固结计算中 ν、E 和 m_v 均为有效应力指标，$0 < \nu < 0.5$，故这一比值总小于 1。这表明，在多向压缩固结分析中，采用单向压缩时的固结系数是不恰当的，将导致计算固结速率快于实测值。

6.1.6.2　二维固结方程的差分求解

若边界条件较复杂，则很难得到多维固结方程的解析解，因此常用差分法等数值求解。

例如，图 1.6-13 所示水力冲填坝坝心的固结为二维平面应变固结问题，现用差分法数值求解。对于图 1.6-14 中的结点 0，在瞬时 t，有如下导数的差商表示：

$$\left(\frac{\partial^2 u}{\partial x^2}\right)_t = \left(\frac{u_2 + u_4 - 2u_0}{l_x^2}\right)_t \tag{6.51}$$

$$\left(\frac{\partial^2 u}{\partial z^2}\right)_t = \left(\frac{u_1 + u_3 - 2u_0}{l_x^2}\right)_t \tag{6.52}$$

$$\left(\frac{\partial u}{\partial t}\right)_t = \frac{(u_0)_{t+\Delta t} - (u_0)_t}{\Delta t} \tag{6.53}$$

式中　　l_x ——水平向差分网格长度；

$\qquad\quad l_z$ ——垂直方向差分网格长度；

$\qquad\quad \Delta t$ ——时间步长。

设 $C_{vx} = C_{vz} = C_v$，以上三式代入式（6.43），得差分方程：

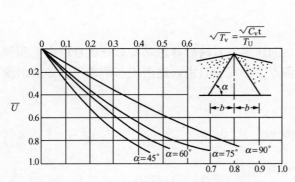

图 1.6-13　水力冲填坝坝心固结度时线图

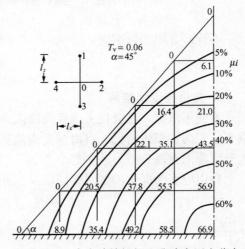

图 1.6-14　水力冲填坝坝心孔隙水压力分布

213

$$(u_0)_{t+Vt} = (u_0)t + C_vVt\left(\frac{u_2+u_4-2u_0}{l_x^2} + \frac{u_1+u_3-2u_0}{l_2^2}\right)_l \tag{6.54}$$

可见，已知 t 时刻各点孔隙压力，即可求得 $t+\Delta t$ 时刻各点孔隙承水压力。处理边界条件时，对于坝心两透水斜面结点，$U=0$；对于坝心不透水底面上结点 0，令其孔隙压力 u_0 等于边界内一排相应结点 1 的孔隙压力 u_1。各结点的初始孔隙压力可按式（6.54）计算。

对于不同坝心底角口，差分求得的坝心内总平均固结度 U 随时间变化如图 1.6-13 所示。坝心底角 $\alpha=45°$ 和时间因素 $T_v = C_{vt}/b^2 = 0.06$（$2b$ 为坝心底宽）时，差分网格划分及求得的坝心内孔隙压力分布如图 1.6-14 所示。

采用差分法数值解决固结问题时，固结系数 C_v 等可随不同土质、坐标 x、z 时间 t 等变化。

6.1.6.3　轴对称固结巴隆解析解

1948 年，巴隆（Barron）在太沙基单向固结理论基础上，建立了轴对称固结基本微分方程并导出其解析解，并在砂井地基设计中得到广泛应用。

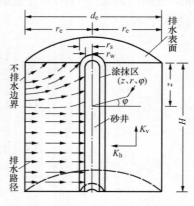

图 1.6-15　轴对称固结问题

1. 涂抹区的特性

在砂井打设过程中，井周黏土薄层被扰动，渗透性减小，从而形成所谓的"涂抹区"，如图 1.6-15 所示。涂抹区的存在延滞了径向渗流和固结过程，且涂抹区紧靠砂井，其周结变形很快即可完成。因此，巴隆不考虑涂抹区固结变形，将涂抹区扰动土视为不可压缩材料。涂抹区孔隙压力 u_s 应满足：

$$\frac{\partial^2 u_s}{\partial r^2} + \frac{1}{r}\frac{\partial u_s}{\partial r} = 0 \tag{6.55}$$

积分后得

$$r\frac{\partial^2 u_s}{\partial r^2} = \frac{u_s|_{r=r_s} - u_w}{\ln s}$$

式中　r_s——涂抹区半径；

　　　　s——涂抹区半径 r_s 与砂井半径 r_w 应比，$s=r_s/r_w$；

　　　　u_w——砂井内孔隙压力。

不计砂井阻力影响时，$u_w=0$，式（6.55）简化为

$$r\frac{\partial u_s}{\partial r} = \frac{u_s|_{r=r_s}}{\ln s} \tag{6.56}$$

2. 自由应变固结解

为便于求解，巴隆仅考虑径向渗流和竖直向压缩，且将砂井地基变形分成自由应变和等垂直应变两种理想情况。自由应变指地基内各点变形完全自由，地面均布荷载不因地面出现差异沉降而重新分布。

自由应变情况下的轴对称固结基本方程为

$$\frac{\partial u_r}{\partial t} = C_{vr}\left(\frac{\partial^2 u_r}{\partial r^2} + \frac{1}{r}\frac{\partial u_r}{\partial r}\right) \tag{6.57}$$

式中　u_r——原状黏土区（$r_s \leqslant r \leqslant r_e$）中孔隙压力；

　　　　C_{vr}——原状黏土区中径向固结系数，$C_{vr} = K_r/\gamma_w m_v$；

r_e——单井有效排水区半径；

K_r——原状黏土区中径向渗透系数。

在单井有效排水区的边界 $r = r_e$ 上，$\dfrac{\partial u_r}{\partial_r} = 0$，又设初始孔隙压力 u_0 均匀分布，分离变量法解零阶贝塞尔方程式（6.57），得

$$u_{r(r,t)} = u_0 \sum_{i=1}^{\infty} \frac{-\dfrac{2}{a_i s} V_1(a_i s) V_0\left(a_i \dfrac{r}{r_w}\right)}{\dfrac{n^2}{s^2} V_0^2(a_i n) - V_0^2(a_i s) - V_1^2(a_i s)} e^{-a_i^2 \frac{C_{vr} t}{r_w^2}} \qquad (6.58)$$

其中

$$V_1(as) = J_{1(as)} - \frac{J_1(an)}{N_1(an)} N_1(as)$$

$$V_0\left(a\frac{r}{r_w}\right) = J_0\left(a\frac{r}{r_w}\right) - \frac{J_1(an)}{N_1(an)} N_0\left(a\frac{r}{r_w}\right)$$

式中　n——井径比，$n = r_e / r_w$；

J_0——零阶贝塞尔函数；

J_1——一阶贝塞尔函数；

N_0——零阶诺埃曼函数；

N_1——一阶诺埃曼函数；

a——特征值。

在 $r = r_s$ 处，$u = u_s$，$K_r \dfrac{\partial u_r}{\partial r} = K_s \dfrac{\partial u_s}{\partial r}$。不计砂井阻力影响，由式（6.58）得

$$r_s \frac{\partial u_r}{\partial r}\bigg|_{r=r_s} = \frac{K_s}{K_r} \frac{u_{r|r=r_s}}{\ln s}$$

将式（6.52）代入上式，得求解特征值 a 的特征值方程为

$$as K_r (\ln s) V_1(as) + K_s V_0(as) = 0$$

若不计涂抹作用，$s = 1$，上式简化为 $V_0(a) = 0$。

从 r_s 到 r_e 之间可压缩原状土中的平均孔隙压力 $\overline{u_r}$ 为

$$\overline{u_r}(t) = u_0 \sum_{i=1}^{\infty} \frac{4V_1^2(a_i s)}{a_i (n^2 - s^2)\left[\dfrac{n^2}{s^2} V_0^2(a_i n) - V_0^2(a_i s) - V_1^2(a_i s)\right]} e^{a_i^2 \frac{C_{vr} t}{r_w^2}} \qquad (6.59)$$

3. 等应变固结解

等垂直应变指地面不出现差异沉降，但地面荷载可能不是均匀分布的。考虑井阻影响，$\overline{u_r}$ 和 u_w 均为待求未知函数，等应变条件下固结基本微分方程组为

$$\left.\begin{array}{l} \dfrac{\partial u_r}{\partial t} = \dfrac{2C_{vr}}{r_e^2 \mu} (u_w - \overline{u}_r) \\[3mm] \dfrac{\partial^2 u_w}{\partial z^2} = \beta^2 (u_w - \overline{u}_r) \end{array}\right\} \qquad (6.60)$$

$$\mu = \frac{n^2}{n^2 - s^2} \ln \frac{n}{s} - \frac{3n^2 - s^2}{4n^2} + \frac{K_r}{K_s} \frac{n^2 - s^2}{n^2} \ln s$$

$$\beta^2 = \frac{2(n^2 - s^2)K_r}{\mu r_e^2 K_w}$$

式中　K_w ——砂井内渗透系数。

初始条件和边界条件为

$$\left.\begin{array}{l} \overline{u}_r \big|_{r=0} = u_0 \\[2mm] \overline{u}_r \big|_{z=0} = 0, \ \dfrac{\partial \overline{u}_r}{\partial x} \Big|_{z=H} = 0 \\[3mm] \overline{u}_w \big|_{z=0} = 0, \ \dfrac{\partial \overline{u}_w}{\partial z} \Big|_{z=H} = 0 \end{array}\right\} \tag{6.61}$$

巴隆在求解时，令

$$\overline{u}_r = u_0 \mathrm{e}^{\frac{2C_{vr}f(z)}{r_e^2 \mu}} \tag{6.62}$$

式中　$f(z)$ ——待定坐标 z 的函数。

将式（6.62）代入式（6.60）的第一式，得

$$u_w = u_0 \big[1 - f(z)\big] \mathrm{e}^{\frac{2C_{vr}f(z)}{r_e^2 \mu}t} \tag{6.63}$$

当 $t=0$ 时，由以上两式分别有 $\overline{u}_r = u_0$，$u_w = u_0[1-f(z)]$，代入式（6.60）的第二式得

$$\frac{\partial^2 f(z)}{\partial z^2} = \beta^2 f(z) \tag{6.64}$$

其边界条件为 $f(z)\big|_{z=0}=1$，$\dfrac{\mathrm{d}f(z)}{\mathrm{d}z}\Big|_{z=H}=0$，求解后得

$$f(z) = \frac{\mathrm{e}^{\beta(H-z)} + \mathrm{e}^{-\beta(H-z)}}{\mathrm{e}^{\beta H} + \mathrm{e}^{-\beta H}}$$

巴隆考虑井阻等应变的固结解式（6.62）不满足基本方程组（6.60），因此只是近似解。其原因是假设的解式（6.62）并非式（6.60）的解，且利用 $t=0$ 时才可导出的式（6.64）来求解 $f(z)$ 也是不恰当的。

用分离变量法解基本方程组（6.60），得精确解：

$$\left.\begin{array}{l} \overline{u}_r = u_0 \displaystyle\sum_{m=1}^{\infty} \frac{2}{M} \sin \frac{Mz}{H} \mathrm{e}^{-K_{ml}} \\[4mm] u_w = u_0 \displaystyle\sum_{m=1}^{\infty} \frac{2}{M} \frac{(n^2-s^2)G}{(n^2-s^2)G + M^2 n^2 \mu} \sin \frac{Mz}{H} \mathrm{e}^{-K_{ml}} \end{array}\right\} \tag{6.65}$$

式中　G ——井阻因子，$G = \dfrac{2K_r H^2}{K_w r_w^2}$。

$$K_{ml} = \frac{M^2 n^2 \mu}{(n^2-s^2)G + M^2 n^2 \mu} \frac{2C_{vr}}{r_e^2 \mu}$$

$$M = \frac{(2m-1)\pi}{2}$$

不计井阻影响时，$K_w = \infty$，$G = 0$，$u_w = 0$，$K_{ml} = \dfrac{2C_{vr}}{r_e^2 \mu}$，式（6.65）与式（6.62）相同。

砂井地基地面平均沉降为

$$S(t) = m_v u_0 H \left(1 - \sum_{m=1}^{\infty} \frac{2}{M^2} e^{-K_{ml}} \right) \tag{6.66}$$

计算表明，自由应变固结解和等应变固结解计算的结果差别不大，但前者的计算工作量远大于后者，故实际工程中只需采用等应变固结解。涂抹作用可用折减井径法考虑。巴隆假定只产生竖向压缩变形是值得讨论的，砂井地基原状土实际上还发生径向位移，应取 $C_{vr} = \dfrac{(1+v)K_r}{3(1-v)\gamma_w m_v}$，这样可使计算固结速率更接近实测值。

4. 卡里罗定理

卡里罗（Carrillo）从数学上证明，多向渗流时，孔隙压力比等于各单向渗流时孔隙压力比的乘积。应用这一定理，可简化多维固结计算。但应注意，卡里罗定理不适用于非一次瞬时加载或非齐次边界条件多维固结问题。

例如，在轴对称固结问题中，某一深度 z，只有径向渗流时，平均孔隙压力比为 $\dfrac{\overline{u_r}}{u_0}$；只有竖向渗流时，平均孔隙压力比为 $\dfrac{\overline{u_z}}{u_0}$，则按卡里罗定理，双向渗流时的平均孔隙压力比为 $\dfrac{\overline{u_r}}{u_0} = \left(\dfrac{\overline{u_r}}{u_0} \right)\left(\dfrac{\overline{u_z}}{u_0} \right)$。因此，由式（6.59）和式（6.13），得不计井阻影响的双向渗流自由应变轴对称固结的太沙基-巴隆解为

$$\overline{u}_{rz}(z,t) = u_0 \sum_{m=1}^{\infty} \frac{2}{M} \sin \frac{Mz}{H} \sum_{i=1}^{\infty} \frac{4V_1^2(a_i s)}{a_i^2(n^2 - s^2)\left[\frac{n^2}{s^2}V_0^2(a_i n) - V_0^2(a_i s) - V_1^2(a_i s) \right]}$$

$$e^{-\left(\frac{M^2 C_{vt}}{H^2} + \frac{a_i^2 C_{vr}}{r_w^2} \right)t} \tag{6.67}$$

由式（6.65）和式（6.67），得双向渗流等应变轴对称固结解为

$$\left. \begin{aligned} \overline{u}_{rz}(z,t) &= u_0 \sum_{m=1}^{\infty} \frac{2}{M}\left(\sin \frac{Mz}{H} \right)e^{-K_{ml}t} \\ u_w(z,t) &= u_0 \sum_{i=1}^{\infty} \frac{2}{M}\frac{(n^2 - s^2)G}{(n^2 - s^2)G + M^2 n^2 \mu}\sin \frac{Mz}{H}e^{-K_{ml}t} \end{aligned} \right\} \tag{6.68}$$

其中

$$K_{ml} = \frac{M^2 C_{vz}}{H^2} + \frac{M^2 n^2 \mu}{M^2 n^2 \mu + (n^2 - s^2)G}\frac{2C_{vr}}{r_e^2 \mu}$$

相应的砂井地基地面平均沉降为

$$S(t) = m_v u_0 H \left[1 - \sum_{m=1}^{\infty} \frac{2}{M^2} e^{-K_{ml}t} \right] \tag{6.69}$$

217

式中 K_{ml}——同式（6.68）。

6.1.6.4 比奥固结理论

软黏土地基上的现场观察资料表明，实际的沉降速率通常比用一维固结理论计算的快得多。显然，许多实际工程都是在三维条件或二维条件下发生固结和变形的。一维固结理论中没有考虑的水平向的孔隙压力消散必然会加速其沉降速率。比奥从比较完整的固结理论出发，推导了正确反映孔隙压力消散与土骨架变形之间关系的三维固结方程，一般称之为"真三维固结理论"。该理论区分了总应力和孔隙水压力的作用，建立了两个以有效应力（$\sigma-u$）和孔隙水压力（u）表达的本构方程，将应力和应变联系起来。

比奥固结方程的基本假定如下：

①土骨架为弹性变形；

②变形小，属于小变形结构；

③水的渗流满足达西定律；

④孔隙水不可压缩，土体饱和，渗流速度很小，不考虑动水压力。

1. 固结方程

在土体中取一微分体，若体积力只考虑重力，z 坐标向上为正，应力以压为正，则三维平衡微分方程为

$$\left.\begin{aligned}
\frac{\partial \sigma_x}{\partial x}+\frac{\partial \tau_{xy}}{\partial y}+\frac{\partial \tau_{xz}}{\partial z}=0 \\[2mm]
\frac{\partial \tau_{xy}}{\partial x}+\frac{\partial \sigma_y}{\partial y}+\frac{\partial \tau_{yz}}{\partial z}=0 \\[2mm]
\frac{\partial \tau_{zx}}{\partial x}+\frac{\partial \tau_{yz}}{\partial y}+\frac{\partial \sigma_z}{\partial z}=-\gamma
\end{aligned}\right\}$$

式中 γ——土的重度。

根据有效应力原理，总应力为有效应力与孔隙压力 u 之和，且孔隙水不承受切应力，上式可写为

$$\left.\begin{aligned}
\frac{\partial \sigma'_x}{\partial x}+\frac{\partial \tau_{xy}}{\partial y}+\frac{\partial \tau_{xz}}{\partial z}+\frac{\partial u}{\partial x}=0 \\[2mm]
\frac{\partial \tau_{xy}}{\partial x}+\frac{\partial \sigma'_y}{\partial y}+\frac{\partial \tau_{yz}}{\partial z}+\frac{\partial u}{\partial y}=0 \\[2mm]
\frac{\partial \tau_{zx}}{\partial x}+\frac{\partial \tau_{yz}}{\partial y}+\frac{\partial \sigma'_z}{\partial z}+\frac{\partial u}{\partial z}=-\gamma
\end{aligned}\right\} \tag{6.70}$$

式中 $\dfrac{\partial u}{\partial x}$、$\dfrac{\partial u}{\partial y}$、$\dfrac{\partial u}{\partial z}$——各方向的单位渗透力。

式（6.70）是以土骨架为脱离体建立的平衡微分方程，利用物理方程即 $\{\sigma\}=[D]\{\varepsilon\}$，可将式中的应力用应变来表示。比奥假定土骨架是线弹性体，服从广义胡克定律，则 $[D]$ 为弹性矩阵。上式可写成

$$\left.\begin{aligned}
\sigma'_x &= 2G\left(\frac{\upsilon}{1-2\nu}\varepsilon_{\text{v}}+\varepsilon_x\right)\\
\sigma'_y &= 2G\left(\frac{\upsilon}{1-2\nu}\varepsilon_{\text{v}}+\varepsilon_y\right)\\
\sigma'_z &= 2G\left(\frac{\upsilon}{1-2\nu}\varepsilon_{\text{v}}+\varepsilon_z\right)\\
\tau_{yz} &= G\gamma_{yz},\tau_{xy}=G\gamma_{xy},\tau_{zx}=G\gamma_{zx}
\end{aligned}\right\} \tag{6.71}$$

式中　　　　G——剪切模量；

$\qquad\quad\nu$——泊松比；

$\quad\varepsilon_x$、ε_y、ε_z——x、y、z 方向应变；

γ_{xy}、γ_{yz}、γ_{zx}——各个方向上的切应变。

　　其实，物理方程并不一定要限于弹性，也可推广到弹塑性体，这时 $[D]$ 为弹塑性矩阵。

　　再利用几何方程将应变表示成位移。在小变形假定下，几何方程为

$$\left.\begin{aligned}
\varepsilon_x &=-\frac{\partial w_x}{\partial x} & \gamma_{xy} &=-\left(\frac{\partial w_x}{\partial y}+\frac{\partial w_y}{\partial x}\right)\\
\varepsilon_y &=-\frac{\partial w_y}{\partial y} & \gamma_{yz} &=-\left(\frac{\partial w_z}{\partial y}+\frac{\partial w_y}{\partial z}\right)\\
\varepsilon_z &=-\frac{\partial w_z}{\partial z} & \gamma_{zx} &=-\left(\frac{\partial w_x}{\partial z}+\frac{\partial w_z}{\partial x}\right)
\end{aligned}\right\} \tag{6.72}$$

式中　w——位移。

　　应力应变符号在土力学中习惯以压为正，以拉为负，故式（6.72）与一般弹性力学中几何方程的符号相反。

　　将式（6.72）代入式（6.71），再代入式（6.70），即可得出以位移和孔隙压力表示的平衡微分方程。对于弹塑性问题，方程的形式是复杂的，这里只给出弹性问题的方程，即

$$\left.\begin{aligned}
-G\nabla^2 w_x-\frac{G}{1-2\nu}\frac{\partial}{\partial x}\left(\frac{\partial w_x}{\partial x}+\frac{\partial w_y}{\partial y}+\frac{\partial w_z}{\partial z}\right)+\frac{\partial u}{\partial x}&=0\\
-G\nabla^2 w_y-\frac{G}{1-2\nu}\frac{\partial}{\partial y}\left(\frac{\partial w_x}{\partial x}+\frac{\partial w_y}{\partial y}+\frac{\partial w_z}{\partial z}\right)+\frac{\partial u}{\partial y}&=0\\
-G\nabla^2 w_z-\frac{G}{1-2\nu}\frac{\partial}{\partial z}\left(\frac{\partial w_x}{\partial x}+\frac{\partial w_y}{\partial y}+\frac{\partial w_z}{\partial z}\right)+\frac{\partial u}{\partial z}&=-\rho g
\end{aligned}\right\} \tag{6.73}$$

其中，$\nabla^2=\dfrac{\partial^2}{\partial x^2}+\dfrac{\partial^2}{\partial y^2}+\dfrac{\partial^2}{\partial z^2}$ 为拉普拉斯算子。此外，由达西定律知，通过微小土体 x、y、z 面上的单位流量分别为

$$\left.\begin{aligned}
q_x &=-\frac{K_x}{\gamma_{\text{w}}}\frac{\partial u}{\partial x}\\
q_y &=-\frac{K_y}{\gamma_{\text{w}}}\frac{\partial u}{\partial y}\\
q_z &=-\frac{K_z}{\gamma_{\text{w}}}\frac{\partial u}{\partial z}
\end{aligned}\right\} \tag{6.74}$$

式中　K_x、K_y、K_z——x、y、z 方向的渗透系数；

$\qquad\quad\gamma_{\text{w}}$——水的重度。

219

根据饱和土的连续性，单位时间内单元土体的压缩量应等于流过单元体表面的流量变化之和，即

$$\frac{\partial \varepsilon_v}{\partial t} = \frac{\partial q_x}{\partial x} + \frac{\partial q_y}{\partial y} + \frac{\partial q_z}{\partial z}$$

将式（5.74）代入得

$$\frac{\partial \varepsilon_v}{\partial t} = -\frac{1}{\gamma_w}\left(K_x \frac{\partial^2 u}{\partial x^2} + K_y \frac{\partial^2 u}{\partial y^2} + K_z \frac{\partial^2 u}{\partial z^2}\right) \tag{6.75}$$

若土的渗透性各向相同，即 $K_x = K_y = K_z = K$，并将 ε_v 用位移表示出来，上式可写为

$$-\frac{\partial}{\partial t}\left(\frac{\partial w_x}{\partial x} + \frac{\partial w_y}{\partial y} + \frac{\partial w_z}{\partial z}\right) + \frac{K}{\gamma_w}\nabla^2 u = 0 \tag{6.76}$$

这就是以位移和孔隙压力表示的连续性方程。饱和土体中任一点的孔隙压力和位移随时间的变化须同时满足平衡方程式（6.73）和连续性方程式（6.76），将两式联立起来，便是比奥固结方程。它是包含四个偏微分方程的微分方程组，也包含四个未知函数 u、w_x、w_y、w_z，它们都是坐标 x、y、z 和时间 t 的函数。在一定的初始条件和边界条件下，可解出这四个函数。

对于平面变形问题，比奥固结方程可写为

$$\left.\begin{array}{c} -G\nabla^2 w_x + \dfrac{G}{1-2\nu}\cdot\dfrac{\partial}{\partial x}\varepsilon_v + \dfrac{\partial u}{\partial x} = 0 \\[3mm] -G\nabla^2 w_z + \dfrac{G}{1-2\nu}\cdot\dfrac{\partial}{\partial z}\varepsilon_v + \dfrac{\partial u}{\partial z} = -\gamma \\[3mm] \dfrac{K}{\gamma_w}\nabla^2 u + \dfrac{\partial \varepsilon_v}{\partial t} = 0 \end{array}\right\} \tag{6.77}$$

其中，$\varepsilon_v = -\left(\dfrac{\partial w_x}{\partial x} + \dfrac{\partial w_z}{\partial z}\right)$ 为体应变，$\nabla^2 = \dfrac{\partial^2}{\partial x^2} + \dfrac{\partial^2}{\partial z^2}$ 为拉普拉斯算子。

要求解上述偏微分方程组，在数学上是困难的。对于轴对称和平面应变中的某些简单情况，已有人推导出了解析解答，并应用于分析固结过程中的一些现象。但是对于一般的土层情况，边界条件稍微复杂一些，便无法求得解析解。因此，从 1941 年建立以来，比奥方程一直没有在工程中广泛应用。随着计算技术的发展，特别是有限单元法的发展，该理论才重现生命力，并开始用于工程实践。

2. 比奥理论与太沙基理论的比较

下面从几个方面对比一下两种理论，以便更清楚地了解其区别和联系。

（1）建立方程所依据的假定。两种理论的假定是基本一致的，即骨架线性弹性、变形微小、渗流符合达西定律等。但是，两种理论有一个原则区别，即太沙基理论增加了一个假定——在固结过程中法向总应力和

$$\Theta' = \sigma_x + \sigma_y + \sigma_z$$

不随时间而变。比奥方程推导的方式与太沙基方程稍有不同，但若增加此假定，将会得出与太沙基方程完全一致的形式。下面的推导可以清楚地说明这一点。

由胡克定律把体积应变用有效应力表示出来，并将一维问题（$\varepsilon_x = \varepsilon_y = 0$）、二维平面

问题（$\varepsilon_y = 0$）和三维空间问题用通式表达：

$$\varepsilon_v = \frac{(1-2\nu)(1+\nu)}{1+\nu(n-2)} \cdot \frac{\Theta'}{E} \tag{6.78}$$

式中　n——所研究问题的维数；

　　　E——弹性模量；

　　　Θ'——法向有效应力的和，对于一维问题 $\Theta' = \sigma_z'$，对于二维平面问题 $\Theta' = \sigma_x' + \sigma_z'$，
对于三维空间问题 $\Theta' = \sigma_x' + \sigma_y' + \sigma_z'$。

根据有效应力原理：

$$\Theta' = \Theta - nu \tag{6.79}$$

式中　Θ——法向总应力和。

将式（6.79）代入式（6.78），再代入式（6.76），得

$$\frac{\partial u}{\partial t} - \frac{1}{n} \cdot \frac{\partial \Theta}{\partial t} = C_v \nabla^2 u \tag{6.80}$$

$$C_v = \frac{KE[1+(N-2)\nu]}{n\gamma_w(1-2\nu)(1+\nu)} \tag{6.81}$$

这就是通常所说的固结系数。所研究的维数不一样，固结系数是不一样的。从式
（6.80）可见，若令 $\frac{\partial \Theta}{\partial t} = 0$，则式（6.80）变为

$$\frac{\partial u}{\partial t} = C_v \nabla^2 u \tag{6.82}$$

这就是太沙基方程。因此，可以说太沙基方程是比奥方程在法向总应力和 Θ 不随时间
而变化的假定下的一种简化。

那么实际上法向总应力和 Θ 是否变化呢？

先看一个简单的例子。对于固结仪中的饱和试样，当施加垂直压力 p 后应力的变化为：
当 $t=0$ 时，有效应力 $\sigma_x' = \sigma_y' = \sigma_z' = 0$，孔隙压力 $u = p$；当 $t = \infty$ 时，$\sigma_z' = p$，当 $\sigma_x' = \sigma_y' = K_0 p$（此处 K_0 为静止侧压力系数），$u = 0$。这是一个典型的一维问题。作为一维问题，$\Theta = \sigma_z$，在固结过程中是不变的；但我们也可将其看作三维问题的一种特殊情况 $\Theta = \sigma_x + \sigma_y + \sigma_z$，则当 $t = 0$ 时，$\Theta = 3u = 3p$；而当 $t = \infty$ 时，$\Theta = (1+2K_0)p$；当 t 从 0 变化到 ∞ 时，Θ 是不断变化的。可见，即使对这样一个简单情况，Θ 也不是常量。

我们再用理论推导来说明 Θ 的变化。由弹性力学三维问题相容方程，考虑到渗透体积力分量为 $-\frac{\partial u}{\partial x}$、$-\frac{\partial u}{\partial y}$、$-\frac{\partial u}{\partial z}$，不难推得

$$\nabla^2 \Theta = -\frac{1+\nu}{1-\nu} \nabla^2 u$$

在式（6.79）中取 $n = 3$，代入上式，并利式（6.75），可得

$$\nabla^2 \Theta = \frac{2(1-2\nu)}{1-\nu} \nabla^2 u = -\frac{2(1-2\nu)\gamma_w}{(1-\nu)K} \cdot \frac{\partial \varepsilon_v}{\partial t} \tag{6.83}$$

221

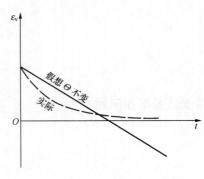

图 1.6-16　总应力和不变所对应
的 ε_v—t 关系

由式（6.83）可见，只有当 $\frac{\partial \varepsilon_v}{\partial t}$ 不随时间变化，即体积应变 ε_v 是时间 t 的线性函数时，$\nabla^2 \Theta$ 才不随时间而变。ε_v 如不可能随 t 增大（压缩越来越快），也不可能随时间不变，而只能随 t 减小。如果 ε_v 的减小是线性的，则某一时刻会达到 $\varepsilon_v = 0$，此后为负，如图 1.6-16 所示。这意味着固结后期发生体积膨胀，而且时间越长膨胀得越大，显然这是不可能的。实际上 ε_v 的变化总是初期剧烈，后期越来越缓，并逐步接近于零，如图 1.6-16 中虚线所示。可见 Θ 并不可能为常量，$\nabla^2 \Theta$ 不可能不随时间而变，即 Θ 本身必随时间而变。太沙基理论假定 Θ 不随时间而变是不能满足相容方程的。太沙基固结方程在二维、三维问题中是不严格的。而对一维问题，$\Theta = \sigma_z$。外荷不变，则 σ_z 不变，Θ 不随时间而变，由式（6.80）可推得式（6.82），这种情况下太沙基方程是严格的。

（2）孔隙压力与位移的联系。由于两种理论在假定上有差别，导致建立的方程形式不同。太沙基方程只含孔隙压力一个未知变量，与位移无关；比奥方程则包含孔隙压力和位移的联立方程组。太沙基方程在推导过程中应用了有效应力原理、连续性方程式（6.76），对物理方程只用了与体积变形有关的式（6.78），在做了总应力和不变的假定后就把应力或应变从方程中消去，孔隙压力的消散仅仅决定于孔隙压力的初始条件和边界条件，与固结过程中位移的变化无关。而比奥固结理论没有做总应力和为常量的假定，在方程中不能将应力或应变消去，故需完整地引入物理方程，进而引入几何方程，最后把孔隙压力与位移联系起来。这就可以反映固结过程中位移与孔隙压力的相互影响，或者说反映二者的耦合。

在实际土体的固结过程中，孔隙压力的变化总是与土的位移分不开的。在有些问题中，孤立地分析孔隙压力的变化，不与位移相联系，仅仅带来一定的误差；但有些问题不将两者结合起来就很难给出恰当的分析。例如，对于加筋土堤地基的固结问题，在土堤底部设置的拉筋没有改变地基上所受的荷重，也没改变地基的排水条件，按太沙基理论分析，加筋与不加筋孔隙压力消散是一样的。而事实上，拉筋与土体之间的摩阻力阻碍了地基土的侧向位移，减小了土的侧膨胀，对孔隙压力消散是有影响的；反过来，孔隙压力的消散使变形发展，又使拉筋与土体之间的摩擦力随时间变化。孔隙压力与位移是紧密相连的，只有用比奥理论才能进行合理计算，才能反映拉筋的作用。再如，在黏土心墙坝的固结问题中，太沙基理论是把黏土心墙孤立起来计算孔隙压力的，没有考虑两侧的砂石坝壳对它的影响，坝壳材料紧密或者疏松，计算结果都一样。实际上心墙的固结受到坝壳的牵制，坝壳弹模不同，心墙黏土孔隙压力消散情况也是不同的。另一方面，心墙的固结也影响了砂壳的变形。砂壳的变形虽然是瞬时完成的，但它也随心墙的变形而变形，坝壳的位移也随时间而发展。只有用比奥理论才能清楚地反映这种变化过程。

比奥理论在解孔隙压力的同时也解出位移的变化，这种位移求解要比太沙基方法间接估算固结沉降更符合实际。建筑物地基的沉降包括初始沉降、固结沉降和次固结沉降。对于饱和土来说，初始沉降是由形状变形引起的。太沙基理论只能用来近似计算固结沉降，即由孔隙压力变化推求各时刻固结度，进而求沉降。而比奥方程却同时解出了初始沉降和固结沉降两部分，当然未包含次固结沉降。此外，比奥方程不仅解出了沉降，还解出了水平位移，这是太沙基理论所无法解决的。这就进一步显示了比奥方程的优越性。

（3）孔隙压力随时间的变化。假定不同、方程不同，两种理论解得的孔隙压力结果也就不同。

薛夫曼（Schiffman）等人曾对地基为均质半无限平面，表面自由排水，其上作用匀布局部荷载的情况，用上述两理论做过比较。图 1.6-17 表示在中心线（$x=0$）上，深度为 $z=a/2$（a 为荷载半宽）处的 M 点的孔隙压力和时间的关系。为了便于比较，纵横坐标都化成无因次的量，纵坐

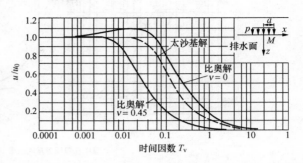

图 1.6-17　太沙基理论和比奥理论的比较

标为超静孔隙压力与初始孔隙压力之比，横坐标为时间因数 $T_v=Ct/a^2$，其中 $C=2GK/\gamma_w$。由图 1.6-17 可见，太沙基理论曲线与泊松比 ν 无关；而比奥曲线受 ν 的影响很明显，若 ν 小则固结慢，反之，ν 大则固结快。此外，固结的初期阶段对于比奥曲线，孔隙压力会有所上升，超过初始孔隙压力，在 ν 较小时尤为显著，而太沙基曲线则无此现象。

上面的例子表明，假定总应力是否随时间变化，对孔隙压力消散的影响是明显的，无疑也影响到有效应力的增长，影响到固结度。

3. 曼德尔效应

用比奥理论分析饱和土的固结，在某些情况下会出现一种奇怪的现象，即初期孔隙压力不是消散，而是上升，并超过应有的初始孔隙压力。这一现象最初为曼德尔（Mandel）于 1953 年分析柱形土体受均布压力沿柱面向外排水时发现，后来克莱耶（Cryer）于 1963 年研究土球受均布压力径向向外排水时，也发现此现象，故称作曼德尔-克莱耶效应，或简称曼德尔效应。一般土层的固结在一定条件下（不是所有情况）也有此效应，而在同样的边界条件下，用太沙基理论分析时却没有这种现象。这又是两种理论的不同结果之一，有必要进一步加以说明。

实际上会不会出现这种孔隙压力的初期升高呢？Gibson、Knight 和 Taylor 用土球做试验，在径向均布荷载作用下，测出土球中心处的孔隙压力在固结初期确有上升现象。图 1.6-18（a）表示黏土固结和卸荷过程中土球中心点处所测得的孔隙压力变化，其纵坐标为相对孔隙压力，即中心点孔隙压力 u 与外荷载 p 之比，横坐标为以对数表示的加荷后的时间 t（min）；图中数字 1、2 为加荷情况，3 为卸荷，4 为再加荷，5 为再退荷，其过程示于图 1.6-18（b）。从图中可见，对于再加荷的情况 4，初期孔隙压力升高最明显，最大达 16%；在卸荷条件下，孔隙压力出现初期减小，降为负值的情况，这也是曼德尔效应，只是其作用相反。这似乎是一个奇怪现象，土孔隙中充满水，压力在水中传递，其大小最多只能达到外压力，现在中心部位孔隙压力反而高于外压力了，是什么力量引起这种升高？不妨做如下解释。

图 1.6-18（b）所示的土球受均布压力 p 作用，径向向外排水固结。图 1.6-18（b）绘出沿半径的孔隙压力分布 $t=0,u_0=p$，如图中 ML 线所示。在初期某一时间 t_1 以后，由于边界排水，使靠近周边处的孔隙压力开始下降，设这种下降只波及半径 r_B 以外。r_B 以内的水

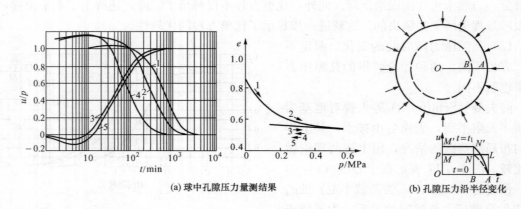

(a) 球中孔隙压力量测结果　　　　(b) 孔隙压力沿半径变化

图 1.6-18　孔隙压力

尚未排出。这时孔隙压力分布理应为图 1.6-18（b）中 MNA 线，但由于球的外壳排水后，效应力增高，将产生收缩，即外壳力图减小其半径；而 r_B 以内的球没有变形，外壳的收缩必然对内部产生一种收缩应力，因此引起内部总应力随时间增大。此时半径为 r_B 的土球内没有排水，骨架不能变形（对于饱和土而言），不能承担增加的应力，这种总应力的增大自然只能增加到水体上，这就表现为内部孔隙压力的增高。如图 1.6-18（b）所示，OB 段的实际孔隙压力将不是 MA 而是 $M'A$；其实，在 BA 段的壳体上，内外各处水力坡降不等，外部坡降大，排水快，体积收缩大；内部排水慢收缩小，也会因收缩不均使孔隙压力增大。因此 BA 段的实际孔隙压力也将比 NA 虚线所示的要大，从 B 到 A 逐渐变化而为 $N'A$ 所示。$N'A$ 是因排水而产生的孔隙压力下降与收缩不均引起的孔隙压力升高两种作用的综合结果。随着时间增长，B 点向球心移动，MN 不断缩短又不断升高。当 B 点达到球心时，收缩作用达到顶峰。此后将是排水消散占主导地位，整个土球孔隙压力不断消散、下降。固结初期，孔隙压力上升，这个"初期"实际上就是渗透排水从边界波及中心所需的时间。它随土的渗透系数的增大而减小，随排水距离的增加而增加。

　　前面提到，这种效应与土骨架的泊松比 ν 有关。当 ν 较小时，初期孔隙压力上升显著，如图 1.6-18 所示，随着 ν 增大效应将减弱，当 $\nu=0.5$ 时就不存在曼德尔效应了。这是因为当 $\nu=0.5$ 时，骨架没有体积变形，也就没有收缩可言。反之，ν 越小，体积变形越大，这种收缩引起的效应越显著。

　　从上面的分析可以看出，即使在像土球这样十分简单的边界条件下，仍然存在着总应力随时间的变化。太沙基理论不考虑这种总应力的变化，自然不能反映此效应。用太沙基理论分析，对于 $t=t_1$ 时刻，只能解出图 1.6-19（b）中 MNA 线的分布，不能获得 $M'N'A$ 曲线的分布。比奥理论把孔隙压力与土体变形联系起来分析，才揭示了此效应，清楚地解释了此效应。

　　为了说明曼德尔效应，对于假想半径 $R=15m$ 的土柱在周边受径向均布压力 $P=10kPa$ 作用的情况下，径向向外排水的固结问题，我们用比奥方程的有限单元法进行了计算。土体的弹性模量取 $E=10MPa$，泊松比取 $\nu=0.3$，渗透系数为 $K=1.16\times10^{-6}cm/s$（即 $0.001m/d$）。计算结果孔隙压力沿半径分布随时间变化的曲线如图 1.6-19（a）所示，圆心处孔隙压力随时间变化的曲线如图 1.6-19（b）所示。图中清楚地显示了这种孔隙压力在初期呈升高趋势。计算还表明，中心部位的有效应力在孔隙压力上升阶段没有什么变化，总应力的变化完全表现在孔隙压力的上升阶段中。周边部分孔隙压力消散的同时，产生压缩应变，并增加有效应力。

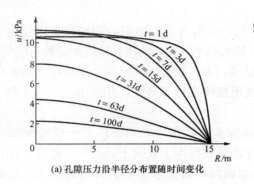 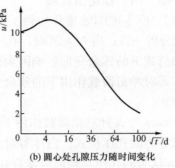

(a) 孔隙压力沿半径分布置随时间变化　　　(b) 圆心处孔隙压力随时间变化

图 1.6-19　土柱孔隙压力的变化

　　计算结果使我们对曼德尔效应的机理有了一个更清楚的认识。这充分表明，中心部位孔隙压力的升高是周围体积收缩的结果。

　　曼德尔效应是二维、三维固结中的一种现象。对于一维固结，由于是单向变形，不产生这种环向的收缩压力，自然不产生孔隙压力的升高，这与一维固结没有总应力变化也是一致的。

　　另外需要指出的是，对于某些情况下的二维、三维问题，按太沙基理论计算也会出现局部地方孔隙压力初期升高现象。这与曼德尔效

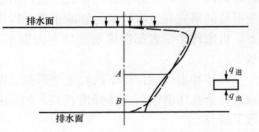

图 1.6-20　局部区域孔隙压力的升高

应是有原则区别的。如图 1.6-20 所示，土层上下两面排水，地面作用有局部荷载，初始孔隙压力分布为上部大、下部小，如图中的实线所示。用太沙基方程计算会发现中间某一区域，初期孔隙压力也略有升高，如图中 AB 段所示。这是因为初始孔隙压力 u_0 的分布曲线在这一段的坡度随深度变得平缓，即水力坡降由大变小。如果从中取出一单元体来看，上面水力坡降大，流入的水量多，下面水力坡降小，流出的流量少，孔隙中水发生拥挤，则孔隙压力升高，有效应力降低，土体膨胀。如果下部边界不透水，此现象就更加明显。这种孔隙压力的初期升高是以体积膨胀、有效应力降低来换取的。它不是前面所讲的是由总应力变化所引起的，因此不是曼德尔效应。

6.2　动力荷载下软土渗透与固结

6.2.1　冲击荷载作用下的饱和软黏土性状

有关此方面的室内研究有以下初步结果：

（1）软黏土在不排水条件下施加超载产生孔压，然后卸除超载让试件排水固结，土体再固结，其抗剪强度会大大提高，即试样先进行低切应力水平的不排水周期剪切作用，其试样强度显著提高。

　　（2）同一周围压力作用下，随冲击次数增加，轴向变形和孔隙压力均有上升的趋势，且较大的冲击能对应较大的孔隙压力，大小不同冲击能对孔隙压力影响：在一定冲击能下，如 N（某一室内试验条件下的冲击次数）<8 时，孔隙压力较为显著；当 $N>8$ 时，孔隙压力增长趋于平缓并向一稳定值发展。

　　白冰博士对不同的冲击能作用做了试验，表明当 $N \leqslant 20$ 时，应变和孔压变化规律与上述同一冲击能分析一致；当 $N>20$ 时，孔压增长很小，孔压的增长以较大的轴向应变为代价。

　　（3）动荷载下的残余变形影响因素很多，大多数是不确定的，如切应力水平、次数、时间等，白冰等对冲击荷载作用下的残余变形规律进行了研究，并提出了 $N \leqslant 8$ 和 $N>8$ 时的具体计算模式。

　　（4）O-hara 等人针对动荷载作用下孔隙水压提出了单切条件下土样每次循环中产生孔压增量与切应力的孔压模式。白冰等对冲击荷载作用下软黏土的孔压变化规律进行研究并根据 Yasuhara 认为的孔压与轴向应变存在双曲线函数关系推出了另一表达式。侯荣增等通过试验表明，饱和软黏土在振动荷载作用下，动孔压与残余应变存在单一关系，不同频率动孔压与振动历时呈单一关系。

　　（5）饱和软黏土的再固结理论。由于软黏土渗透性差，动荷载作用下的孔隙压力难以在短时间内消散，在静载作用下孔压得以消散，土体再固结，强度得到显著提高。然而再固结变形量的研究并没有得到足够的重视，以往大多数的文献都集中在软土的动强度和剪切变形下，后来许多学者都在排水固结方面做了大量的研究，如动力与静动力排水固结法处理地基等。

　　（6）冲击荷载作用下的软土变形和强度计算理论主要包括两方面：不排水条件下强度衰减、残余孔压消散后土体强度提高。Matsui、Anderson、Drammen 等对动荷载后强度衰减做了研究。

　　（7）正常固结软土在冲击荷载作用后表现为一种似超固结性状，似超固结土形成历史不同对其应力应变和强度特性有一定的影响，马时冬深入研究了由于次固结即时效固化效应引起的似超固结土的性状，指出存在一种"超越现象"，Murakami Y 也提到了类似的现象。

　　（8）动静荷载耦合作用下的渗透固结一般是将不排水条件下动荷载作用的孔压发展模式与太沙基固结理论或者比奥固结理论加以耦合来定量求解孔隙水压力的演化过程。Christian 及 Seed 等对于各自的孔压发展模式对地震荷载作用下的孔压增长各消散过程给出了各自的解答，为动力荷载作用下的固结问题提供理论依据。

　　（9）饱和软黏土在冲击荷载作用后的次固结变形问题自 Terzaghi 渗透固结理论发表以来一直受到人们的关注，Buisman、Bjerrum、Aboshi 等学者进行了深入的研究，李作勤等对次固结时间的无限延续性提出了质疑，目前次固结变形的机理用计算一直没有得到圆满的解答。白冰通过大量室内试验指出，饱和软黏土经多遍冲击再固结后抗剪强度可大大改善，次固结变形也将显著减小，并为此提出动静结合排水固结法处理软基的基本思想。

　　（10）饱和软黏土在轴向冲击荷载作用下会产生较大的动球应力，表现为动孔隙水压的增加，随着冲击次数的增加，轴向变形和孔压上升趋缓。如果由于冲击作用使土结构发生破坏，扰乱了排水的通道，则软黏土的渗透性将变差，强度降低。如果继续增加冲击次数就会发生剪切流动，即出现"橡皮土"现象。孙红等研究表明软土结构性损伤常规方法低估了瞬时沉降而夸大了固结沉降。

6.2.2　动力荷载下的软土渗透与固结理论

在这里要介绍的是弹性有限元固结方程法，其基本假定如下：

（1）土体完全饱和，且土颗粒、孔隙水不可压缩。

（2）土体是横观各向同性体。

（3）孔隙水相对于土骨架为渗流，服从达西定律。

（4）土是均质的连续介质，变形是微小的，不考虑温度影响。

下面列出所涉及的基本方程。

（1）平衡方程：

$$\left.\begin{aligned}
\frac{\partial \sigma'_x}{\partial x} + \frac{\partial \tau_{xy}}{\partial y} + \frac{\partial \tau_{zx}}{\partial z} + \frac{\partial u}{\partial x} &= -\rho \ddot{u}_x \\[2mm]
\frac{\partial \tau_{xy}}{\partial x} + \frac{\partial \sigma'_y}{\partial y} + \frac{\partial \tau_{yz}}{\partial z} + \frac{\partial u}{\partial y} &= -\rho \ddot{u}_y \\[2mm]
\frac{\partial \tau_{zx}}{\partial x} + \frac{\partial \tau_{yz}}{\partial y} + \frac{\partial \sigma'_z}{\partial z} + \frac{\partial u}{\partial z} &= -\rho g - \rho \ddot{u}_z
\end{aligned}\right\}$$

(6.84)

（2）对于横观各向同性体的本构方程：

$$\left.\begin{aligned}
\varepsilon_x &= \frac{\sigma'_x}{E_h} - \nu_{hh}\frac{\sigma'_y}{E_h} - \nu_{vh}\frac{\sigma'_z}{E_v} \\[2mm]
\varepsilon_y &= \frac{\sigma'_y}{E_h} - \nu_{hh}\frac{\sigma'_x}{E_h} - \nu_{vh}\frac{\sigma'_z}{E_v} \\[2mm]
\varepsilon_z &= \frac{\sigma'_z}{E_v} - \nu_{hv}\frac{\sigma'_y}{E_h} - \nu_{hv}\frac{\sigma'_x}{E_h} \\[2mm]
\gamma_{xy} &= \frac{\tau_{xy}}{G_h}, \gamma_{yz} = \frac{\tau_{yz}}{G_v}, \gamma_{zx} = \frac{\tau_{zx}}{G_v}
\end{aligned}\right\}$$

(6.85)

式中　　E_h、E_v——横向与竖向的弹性模量；

　　　　G_h、G_v——横向与竖向的剪切模量；

　　　　ν_{hh}——横向上一个方向引起的另一个方向变形的泊松比；

　　　　ν_{hv}——横向在竖向引起变形的泊松比。

$$G_h = \frac{E_h}{2(1+\nu_{hh})}\ ,\quad \nu_{hv} = \frac{E_h}{E_v}\nu_{vh}$$

(6.86)

（3）有效应力原理：

$$\left.\begin{aligned}
\sigma_x &= \sigma'_x + u \\
\sigma_y &= \sigma'_y + u \\
\sigma_z &= \sigma'_z + u
\end{aligned}\right\}$$

(6.87)

（4）渗流区孔隙流体平衡方程：该方程有以下假定。

1）整个渗流场都是流体。

2）土骨架对渗流有阻力。

从而建立该方程为

$$\left.\begin{array}{l}\dfrac{\partial u}{\partial x}+\rho_{\mathrm{w}}g\dfrac{q_x}{k_{\mathrm{h}}}+\rho_{\mathrm{w}}\ddot{u}_x=0\\[3mm]\dfrac{\partial u}{\partial y}+\rho_{\mathrm{w}}g\dfrac{q_y}{k_{h}}+\rho_{\mathrm{w}}\ddot{u}_y=0\\[3mm]\dfrac{\partial u}{\partial z}+\rho_{\mathrm{w}}g\dfrac{q_z}{k_{\mathrm{v}}}+\rho_{\mathrm{w}}\ddot{u}_z-\rho_{\mathrm{w}}g=0\end{array}\right\}\tag{6.88}$$

（5）由饱和土连续性可知

$$\frac{\partial q_x}{\partial x}+\frac{\partial q_y}{\partial y}+\frac{\partial q_z}{\partial z}=\frac{\partial\epsilon_v}{\partial t}=\frac{\partial}{\partial t}\left(\frac{\partial u_x}{\partial x}+\frac{\partial u_y}{\partial y}+\frac{\partial u_z}{\partial z}\right)\tag{6.89}$$

根据式（6.88）和式（6.89）可以得出渗流连续性方程：

$$\frac{\partial}{\partial x}\left(k_{\mathrm{h}}\frac{\partial u}{\partial x}\right)+\frac{\partial}{\partial y}\left(k_{\mathrm{h}}\frac{\partial u}{\partial y}\right)+\frac{\partial}{\partial z}\left(k_{\mathrm{v}}\frac{\partial u}{\partial z}-\rho_{\mathrm{w}}g\right)-\rho_{\mathrm{w}}g\frac{\partial}{\partial t}\left(\frac{\partial u_x}{\partial x}+\frac{\partial u_y}{\partial y}+\frac{\partial u_z}{\partial z}\right)$$
$$+\rho_{\mathrm{w}}\left[\frac{\partial}{\partial x}(k_{\mathrm{h}}\ddot{u}_x)+\frac{\partial}{\partial y}(k_{\mathrm{h}}\ddot{u}_y)+\frac{\partial}{\partial z}(k_{\mathrm{v}}\ddot{u}_z)\right]=0\tag{6.90}$$

由以上基本方程可以得出横观各向同性体在计入体惯性力情况下的弹性固结方程：

$$\left.\begin{array}{l}d_{11}\dfrac{\partial^2 u_x}{\partial x^2}+d_{44}\dfrac{\partial^2 u_x}{\partial y^2}+d_{55}\dfrac{\partial^2 u_x}{\partial z^2}+(d_{12}+d_{44})\dfrac{\partial^2 u_y}{\partial x\partial y}+(d_{13}+d_{55})\dfrac{\partial^2 u_z}{\partial x\partial z}-\dfrac{\partial u}{\partial x}=\rho\ddot{u}_x\\[4mm]d_{44}\dfrac{\partial^2 u_y}{\partial x^2}+d_{11}\dfrac{\partial^2 u_y}{\partial y^2}+d_{55}\dfrac{\partial^2 u_y}{\partial z^2}+(d_{12}+d_{44})\dfrac{\partial^2 u_x}{\partial z\partial y}+(d_{13}+d_{55})\dfrac{\partial^2 u_z}{\partial y\partial z}-\dfrac{\partial u}{\partial y}=\rho\ddot{u}_y\\[4mm]d_{55}\dfrac{\partial^2 u_z}{\partial x^2}+d_{55}\dfrac{\partial^2 u_z}{\partial y^2}+d_{55}\dfrac{\partial^2 u_z}{\partial z^2}+(d_{13}+d_{55})\dfrac{\partial^2 u_x}{\partial x\partial z}+(d_{13}+d_{55})\dfrac{\partial^2 u_y}{\partial u\partial z}-\dfrac{\partial u}{\partial z}+\rho g=\rho\ddot{u}_x\end{array}\right\}$$
$$\tag{6.91}$$

其中，$d_{12}=\dfrac{n\nu_{\mathrm{hh}}+\nu_{\mathrm{hv}}^2}{(1-\nu_{\mathrm{hh}})^2}E_{\mathrm{sa}}$；$d_{13}=\dfrac{\nu_{\mathrm{hv}}}{1-\nu_{\mathrm{hh}}}E_{\mathrm{sa}}$；$d_{33}=E_{\mathrm{sa}}=\dfrac{E_{\mathrm{v}}(1-\nu_{\mathrm{hh}})}{1-\nu_{\mathrm{hh}}-2n\nu_{\mathrm{vh}}^2}$；$d_{44}=\dfrac{d_{11}-d_{12}}{2}=$
G_{h}；$d_{55}=G_{\mathrm{v}}$。可以看出，当 $E_{\mathrm{v}}=E_{\mathrm{h}}=E, \nu_{\mathrm{hv}}=\nu_{\mathrm{hh}}=\nu_{\mathrm{vh}}=\nu, G_{\mathrm{h}}=G_{\mathrm{v}}=G, k_{\mathrm{h}}=k_{\mathrm{v}}=k$ 时，式（6.91）就变为各向同性体的动力固结方程。对于固结问题而言，有关动荷载的速度，除了从土体整体出发考虑外，还应从孔隙水与土骨架的相对运动考察。动荷载作用的速度可以分为三类：缓慢、中速、快速。对于缓慢荷载而言，惯性力可以忽略；对于中速荷载而言，总的惯性项不可忽略，但水对土骨架相对运动的惯性项 $\dfrac{\partial q_x}{\partial x}+\dfrac{\partial q_y}{\partial y}+\dfrac{\partial q_z}{\partial z}$ 可以忽略，而对于爆炸或者冲击等快速荷载，两项都不可忽略。

6.3　静、动荷载复合作用下软土渗透与固结

动静荷载耦合的固结计算是一个十分复杂而又有意义的课题，一般是将不排水条件下动荷载作用的孔压发展模式与太沙基固结理论或者比奥固结理论加以耦合来定量求解孔压的演化过程。然而，动荷载作用下的孔压发展过程本身要受到静孔压发展的影响，而且动孔压和静孔压的消散是两个不同的固结过程。Chrisdan 及 Seed 等基于各自的孔压发展模式对地震荷载作用下的孔压增长和消散过程给出了各自的解答。这类研究一般均是在静孔压为零的条

件下进行的，或者不加区别地将静孔压和动孔压合为一体。本节讨论动静荷载耦合作用下的渗透固结理论，为动力荷载作用下的固结计算问题提供理论依据。

6.3.1　动静荷载耦合的孔隙水压力

不排水条件下动荷载作用引起的孔隙水压力发展模式可一般地表达如下：

$$u_d = F(M, t) \tag{6.92}$$

式中　u_d——动荷载引起的孔隙水压力；

$\quad\quad M$——表征土体物理力学性质的参量；

$\quad\quad t$——时间。

$\dfrac{\partial \varepsilon_v}{\partial t} = \dfrac{\partial q_z}{\partial z}$ 是在静孔压为零的条件下得出的，考虑动静荷载的耦合作用则相应有不同的

孔压发展模式。于是，$\dfrac{\partial \varepsilon_v}{\partial t} = \dfrac{\partial q_z}{\partial z}$ 可表达为另一种形式：

$$u_d = u_f\left(1 - e^{-\beta \frac{t}{t_f}}\right) = u_f F\left(\frac{t}{t_f}\right) \tag{6.93}$$

式中　u_f——孔压可能发展的最大值；

$\quad\quad \beta$——与土体物理力学性质有关的参量；

$\quad\quad t_f$——相应于 u_f 的时间。

静荷载变化（$\Delta \sigma_1$，$\Delta \sigma_2$，$\Delta \sigma_3$）或（Δp，Δq）引起的孔隙水压力 Δu_s 可由下式计算：

$$\Delta u_s = \frac{1}{3}(\Delta \sigma_1 + \Delta \sigma_2 + \Delta \sigma_3) + a\left[(\Delta \sigma_1 - \Delta \sigma_2)^2\right.$$
$$\left. + (\Delta \sigma_2 - \Delta \sigma_3)^2 + (\Delta \sigma_3 - \Delta \sigma_1)^2\right]^{\frac{1}{2}} = \Delta p + \sqrt{2}a\Delta q \tag{6.94}$$

式中　a——复杂应力状态下的孔隙水压力系数。

当 $\Delta \sigma_2 = \Delta \sigma_3$ 时则为轴对称条件下的情形，它与 Skempton 孔压系数 A 有如下关系：

$$A = \sqrt{2}a + \frac{1}{3} \tag{6.95}$$

将式（6.93）和式（6.94）相结合，则可得考虑静孔压对动孔压影响的孔压计算模式：

$$u_d = (u_f - \Delta u_s)F\left(\frac{t}{t_f}\right) \tag{6.96}$$

显然，当 $\Delta u_s = 0$ 时，$u_d = u_f F\left(\dfrac{t}{t_f}\right)$，此即无静孔压存在时的动孔压发展模式。而当 $\Delta u_s = u_f$ 时，$u_d = 0$，无动孔压产生。

6.3.2　动静荷载耦合的固结计算

6.3.2.1　动静荷载耦合作用下的基本固结微分方程式

假设土中孔隙水的流动符合 Darcy 定理，则根据水流连续条件有

$$\frac{\partial}{\partial x}\left(\frac{k_x}{\gamma_w}\frac{\partial u}{\partial x}\right) + \frac{\partial}{\partial y}\left(\frac{k_y}{\gamma_w}\frac{\partial u}{\partial y}\right) + \frac{\partial}{\partial z}\left(\frac{k_z}{\gamma_w}\frac{\partial u}{\partial z}\right) = \frac{\partial \varepsilon_v}{\partial t} \tag{6.97}$$

在时间间隔 dt 内，单元体内孔隙水压力变化量为 du，同时土样承受动荷载作用，由此而引起的附加孔压增量为 $\dfrac{u_d}{t}dt$。这里，u_d 为动荷载引起的孔隙水压力。于是，时间间隔 dt 内土体体积的变化为

$$d\varepsilon_v = m_r \left(du - \frac{\partial u_d}{\partial t} dt \right) \tag{6.98}$$

$$\frac{\partial \varepsilon_v}{\partial t} = m_r \left(\frac{\partial u}{\partial t} - \frac{\partial u_d}{\partial t} \right) \tag{6.99}$$

式中　m_r ——动荷载作用下的体积压缩系数。

将式（6.99）代入式（6.97），则有

$$\frac{\partial}{\partial x} \left(\frac{k_x}{\gamma_w} \frac{\partial u}{\partial x} \right) + \frac{\partial}{\partial y} \left(\frac{k_y}{\gamma_w} \frac{\partial u}{\partial y} \right) + \frac{\partial}{\partial z} \left(\frac{k_z}{\gamma_w} \frac{\partial u}{\partial z} \right) = m_r \left(\frac{\partial u}{\partial t} - \frac{\partial u_d}{\partial t} \right) \tag{6.100}$$

假定渗透系数 k_x、k_y、k_z 为常量，则式（6.100）变为

$$\frac{k_x}{\gamma_w m_r} \frac{\partial^2 u}{\partial x^2} + \frac{k_y}{\gamma_w m_r} \frac{\partial^2 u}{\partial y^2} + \frac{k_z}{\gamma_w m_r} \frac{\partial^2 u}{\partial z^2} = \frac{\partial u}{\partial t} - \frac{\partial u_d}{\partial t} \tag{6.101}$$

实用上，u_d 常表示为动荷载作用次数 N 的函数关系，即

$$u_d = g(N) \tag{6.102}$$

此时，$\frac{\partial u_d}{\partial t}$ 可进一步写成

$$\frac{\partial u_d}{\partial t} \quad \frac{\partial u_d}{\partial N} \cdot \frac{\partial N}{\partial t} \tag{6.103}$$

式（6.101）可写成更简单的形式

$$C_{vx} \frac{\partial^2 u}{\partial x^2} + C_{vy} \frac{\partial^2 u}{\partial y^2} + C_{vz} \frac{\partial^2 u}{\partial z^2} = \frac{\partial u}{\partial t} - \frac{\partial u_d}{\partial t} \tag{6.104}$$

其中，$C_{vx} = \dfrac{k_x}{\gamma_w m_r}$，$C_{vy} = \dfrac{k_y}{\gamma_w m_r}$，$C_{vz} = \dfrac{k_z}{\gamma_w m_r}$ 分别为 x、y、z 三个方向的固结系数。应该注意，研究动荷载作用下孔压消散的再固结过程时，C_{vx}、C_{vy}、C_{vz} 应相应取再固结系数 C'_v。

对于二维和一维的情况，式（6.104）可进一步简化为

$$C_{vx} \frac{\partial^2 u}{\partial x^2} + C_{vz} \frac{\partial^2 u}{\partial z^2} = \frac{\partial u}{\partial t} - \frac{\partial u_d}{\partial t} \tag{6.105}$$

和

$$C_{vx} \frac{\partial^2 u}{\partial x^2} = \frac{\partial u}{\partial t} - \frac{\partial u_d}{\partial t} \tag{6.106}$$

由式（6.92）可知

$$\frac{\partial u_d}{\partial t} = \frac{\partial F(M,t)}{\partial t} = f(M,t) \tag{6.107}$$

将式（6.107）代入式（6.106），则有（一维情形）

$$C_{vx} \frac{\partial^2 u}{\partial x^2} = \frac{\partial u}{\partial t} - f(M,t) \tag{6.108}$$

式（6.108）表明，已知动荷载作用下的孔压发展模式即可得出相应的固结微分方程式。

6.3.2.2　动荷载作用下固结微分方程式的一般解析解

对于一维情形，单向排水，土层厚度为 H，考虑部分排水条件下饱和土层内有一定起始孔压场（动孔压场）的情形可给出式（6.76）的定解条件。

$$\left. \begin{aligned} u\big|_{t=0} &= \varphi(z) \\ u\big|_{t\to\infty} &= 0 \\ u\big|_{z=0} &= 0 \\ \frac{\partial u}{\partial z}\bigg|_{z=H} &= 0 \end{aligned} \right\} \tag{6.109}$$

二维和三维的情况类似地由式（6.110）和式（6.111）给出：

$$\left. \begin{aligned} u\big|_{t=0} &= \varphi(z,x) \\ u\big|_{t\to\infty} &= 0 \\ u\big|_{z=0} &= 0 \\ \frac{\partial u}{\partial z}\bigg|_{z=H} &= 0 \\ \frac{\partial u}{\partial x}\bigg|_{z=0} &= 0 \\ \frac{\partial u}{\partial z}\bigg|_{z=R_1} &= 0 \end{aligned} \right\} \tag{6.110}$$

$$\left. \begin{aligned} u\big|_{t=0} &= \varphi(z,x,y) \\ u\big|_{t\to\infty} &= 0 \\ u\big|_{z=0} &= 0 \\ \frac{\partial u}{\partial z}\bigg|_{z=H} &= 0 \\ \frac{\partial u}{\partial x}\bigg|_{x=0} &= \frac{\partial u}{\partial x}\bigg|_{x=R_1} = 0 \\ \frac{\partial u}{\partial y}\bigg|_{y=0} &= \frac{\partial u}{\partial y}\bigg|_{y=R_2} = 0 \end{aligned} \right\} \tag{6.111}$$

在式（6.110）和式（6.111）中，认为距所讨论土层区域较远处（二维和三维条件下分别用 R_1 和 $R_1\times R_2$ 取较大值来反映）孔隙水压力仅沿垂直方向扩散。

对于由式（6.108）和式（6.109）构成的一维非齐次扩散方程的混合边值问题，利用叠加原理、分离变量法和齐次化原理容易求得其一般的解析解为

$$u(z,t) = \sum_{n=1}^{\infty} A_n \mathrm{e}^{-\left[\frac{(2n-1)\pi}{2H}\right]^2 C_v t} \sin\left[\frac{(2n-1)\pi z}{2H}\right]$$
$$+ \sum \int_0^t A_n'(\tau) \mathrm{e}^{-\left[\frac{(2n-1)\pi}{2H}\right]^2 C_v(t-\tau)} \mathrm{d}\tau \sin\left[\frac{(2n-1)\pi z}{2H}\right] \tag{6.112}$$

其中

$$\left. \begin{aligned} A_n &= \frac{1}{H}\int_0^{2H} \varphi(z) \sin\left[\frac{(2n-1)\pi z}{2H}\right]\mathrm{d}z \\ A_n'(\tau) &= \frac{1}{H}\int_0^{2H} f(M,\tau) \sin\left[\frac{(2n-1)\pi z}{2H}\right]\mathrm{d}z \end{aligned} \right\} \tag{6.113}$$

对于由式（6.105）和式（6.110）以及由式（6.104）和式（6.111）组成的二维及三维

非齐次扩散方程的混合边值问题，可类似地求得其一般的解析解。

二维情况：

$$u(z,x,t) = \sum_{m=0}^{\infty} \sum_{n=0}^{\infty} E_{m,n} \mathrm{e}^{-\left[\left(\frac{m\pi}{R_1}\right)^2 C_{vx} + \left(\frac{(2n+1)\pi}{2H}\right)^2 C_{vx}\right]t}$$

$$+ \sum_{m=0}^{\infty} \sum_{n=0}^{\infty} \left(\int_0^t E_{m,n}^*(\tau) \mathrm{e}^{-\left[\left(\frac{m\pi}{R_1}\right)^2 C_{vx} + \left(\frac{(2n+1)\pi}{2H}\right)^2 C_{vx}\right](t-\tau)} \mathrm{d}\tau\right)$$

$$\times \sin\left[\frac{(2n+1)\pi}{2H}\right]z \cos\left(\frac{m\pi}{R_1}\right)x \tag{6.114}$$

$$\left.\begin{aligned}
E_{m,n} &= \frac{2}{HR_1} \iint_{\Omega} \varphi(z,x) \sin\left[\frac{(2n+1)\pi}{2H}\right]z \cos\left(\frac{m\pi}{R_1}\right)x \mathrm{d}z\mathrm{d}x \\[2mm]
E_{m,n}^*(\tau) &= \frac{2}{HR_1} \iint_{\Omega} f(M,\tau) \sin\left[\frac{(2n+1)\pi}{2H}\right]z \cos\left(\frac{m\pi}{R_1}\right)x \mathrm{d}z\mathrm{d}x \\[2mm]
\Omega &: \{0 \leqslant z \leqslant H, x \geqslant 0\}
\end{aligned}\right\} \tag{6.115}$$

三维情况：

$$u(z,x,y,t) = \sum_{m=0}^{\infty} \sum_{n=0}^{\infty} \sum_{k=0}^{\infty} E_{m,n,k} \mathrm{e}^{-\lambda_{m,n,k}t} \sin\left[\frac{(2n+1)\pi}{2H}\right]z \cos\left(\frac{m\pi}{R_1}\right)x \cos\left(\frac{m\pi}{R_2}\right)y$$

$$+ \sum_{m=0}^{\infty} \sum_{n=0}^{\infty} \sum_{k=0}^{\infty} \left[\int_0^{\tau} E_{m,n,k}^*(\tau) \mathrm{e}^{-\lambda_{m,n,k}(t-\tau)} \mathrm{d}\tau\right]$$

$$\times \sin\left[\frac{(2n+1)\pi}{2H}\right]z \cos\left(\frac{m\pi}{R_1}\right)x \cos\left(\frac{m\pi}{R_2}\right)y \tag{6.116}$$

$$\left.\begin{aligned}
\lambda_{m,n,k} &= \left[\frac{(2n+1)\pi}{2H}\right]^2 C_{vz} + \left(\frac{m\pi}{R_1}\right)^2 C_{vx} + \left(\frac{m\pi}{R_2}\right)C_{vy} \\[2mm]
E_{m,n,k} &= \frac{4}{HR_1R_2} \iiint_{\Omega} \varphi(z,x,y) \sin\left[\frac{(2n+1)\pi}{2H}\right]z \cos\left(\frac{m\pi}{R_1}\right)x \cos\left(\frac{k\pi}{R_2}\right)y \mathrm{d}x\mathrm{d}y\mathrm{d}z \\[2mm]
E_{m,n,k}^*(\tau) &= \frac{4}{HR_1R_2} \iiint_{\Omega} f(M,\tau) \sin\left[\frac{(2n+1)\pi}{2H}\right]z \cos\left(\frac{m\pi}{R_1}\right)x \cos\left(\frac{k\pi}{R_2}\right)y \mathrm{d}x\mathrm{d}y\mathrm{d}z
\end{aligned}\right\}$$

$$\tag{6.117}$$

6.3.3　固结微分方程式解析解的进一步讨论

下面主要以一维情形为例对上述解析解做进一步分析。

（1）动静荷载耦合的孔压消散过程。考虑静应力场对动孔压发展的影响，则式（6.112）和式（6.113）中的 $f(M,\tau)$ 应由式（6.96）中 u_d 对 t 的导数，即 $(u_f - \Delta u_s)F\left(\dfrac{t}{t_f}\right)$ 来取代。

（2）初始孔压场为零的情况。对于 $\varphi(z) = 0$ 的情况，由式（6.112）和式（6.113）可知 $A_n = 0$，故 $u(z,t)$ 只有第二项。由此，只要已知 $f(M,\tau)$ 具体表达式即可求得 $u(z,t)$。

（3）若以动荷载结束时刻作为初始时刻（$t=0$），则基本固结微分方程式（6.108）退化为太沙基单向渗透固结微分方程式：

$$\frac{\partial u}{\partial t} = C_v \frac{\partial^2 u}{\partial z^2} \tag{6.118}$$

此时，动荷载作用下的初始孔压场 $\varphi(z) = 0$，即动孔压消散过程可由式（6.118）求解。再次强调，其中的 C_v 应由再固结系数 C'_v 代替。

采用动静结合法处理软基时，冲击荷载作用时间比再固结过程要短得多，因此，可先估算冲击荷载作用引起地层内孔隙水压力场分布，然后按式（6.118）计算孔压的消散过程。

（4）由式（6.112）和式（6.113）可知，即使对于一维情形也只有在 $\varphi(z)$ 和 $f(M, \tau)$ 非常简单时才可以求出孔隙水压力分布 $u(z, t)$ 的具体表达式，否则只能用数值法求解。

Booker 为分析排水对砂土液化的影响给出了一个基于差分运算的有限元模式，其基本方程式如下：

$$\langle \nabla^T \rangle \{k\} \{\nabla u / \gamma_w\} = m_r \left(\frac{\partial u}{\partial t} - \frac{\partial u_d}{\partial t} \right) \tag{6.119}$$

式中　k——渗透系数；

　　　∇——差分运算；

　　　m_r——再固结压缩系数。

Hyodo 利用此对部分排水条件循环荷载作用下黏土的孔压和变形进行了计算，给出了较好的结果。

6.3.4　土体中的残余应力

1. 残余应力原始概念

构件在制造过程中受到来自各种工艺等因素的作用与影响，当这些因素消失之后，若构件所受到的上述作用与影响不能随之而完全消失，仍有部分作用与影响残留在构件内，则这种残留的作用与影响称为残余应力或残留应力。

残余应力是当物体没有外部因素作用时，在物体内部保持平衡而存在的应力。

凡是没有外部作用，物体内部保持自相平衡的应力称为物体的固有应力，或称为初应力，亦称为内应力。残余应力是一种固有应力。

2. 土体中的残余应力概念

土体中的残余应力是物体内部中保持自相平衡的应力（内力），与目前的外在条件（荷载或温度）无关，大致可分为以下两种：一种是与过程或时间有关的，随着时间发展将逐渐减小，包括外力卸除后，由于黏性效应，（有效）应力随时间逐渐变化（一般为衰减）的过程中显现出来的作用于物体固体部分内部（有效）作用力，如黏性流动等；另一种与时间无关，（在相对非常长的时间内）始终保持一定量，它是物体内部结构改变造成的结构力，如超固结土的高出正常固结的那部分力、地层中扣除自重应力后的力。

3. 残余应力测定

残余应力 = 所测状态下应力 - 目前自然外在条件下应力（如自重应力）

即　　　　　　　　　　　$\sigma_r = \sigma_t - \sigma_z$

从一定条件下的软土工程处理与室内模型试验来看，土体中残余应力是存在并有工程效用的。然而，有关土体中残余应力的存在、产生原因、作用、特性及科学测定依然是一个需要进一步研究及验证的问题。

6.4　地基处理的基本方法与检测

第 1 章对常用地基处理方法进行了简要回顾，而从地基本身状况而言，软土地基加固可分为以下几类方法：改善土体自身性质，设置人工增强体，改变地基土体边界条件（以位移边界条件为主的改变）及荷载分布，以及上述的综合方法。

6.4.1　改善土体自身性质

这种方法以不添置人工增强体而以土体自身性质改善来达到要求为目标。一般而言，这种方法即指需预先完成在大小相当于或超过使用荷载下地基土的固结或超固结。一般测试及分析表明，土压缩量由以下四个因素组成：固体颗粒的压缩、土中水的压缩、空气的排出与水的排出，其中前两个因素压缩量之和小于总压缩量的 1/400，可忽略不计。因而，对于饱和土体，关键问题就是土体本身的排水，水排出后即可极大减少处理后的压缩变形及沉降。该类方法多属于力学方式加固方法，如静动力排水固结法等。土体变形随时间的发展包括两种不同的过程，即固结与流变。固结又可分为主固结与次固结。主固结就是在荷载作用下，水从土孔隙中被挤出，土体收缩的过程。流变是指（对于土体而言，是指其土骨架的）力与变形和时间有关的现象；其中蠕变是流变的一种基本现象，对于土体而言，是指在土骨架应力不变情况下土体所发生的随时间而增长的变形，这是一个漫长的过程。次固结（或称次压缩）就是在孔隙压力完全消散后，有效应力随时间不再增加的情况下，随时间发展的压缩。若用力学中一般性概念来表述，次固结即为土体的流变；也就是说，次固结被认为是一种流变。对于实际工程问题，改善土体自身性质的地基加固处理实质上是预先完成在大小相当于使用荷载下地基土的主固结或超（主）固结。饱和土体加固基本符合传统意义下的饱和土体固结机理。

6.4.2　设置人工增强体

在地基中设置人工增强体有很多种方法，应用较多的有搅拌桩法、散体桩（碎石桩、砂石桩）法、水泥粉煤灰碎石桩（CFG 桩）法、加筋地基法与灌浆法等，以及在此基础上派生的各类多向增强体及长短桩复合地基等。为更好地理解相关原理及系统性，下面简要介绍主要常用的方法。

1. 搅拌桩法

该法是用于加固饱和黏性土地基的一种方法。这种方法利用水泥（或石灰）等材料作为固化剂，通过特制的搅拌机械，在地基深处就地将软土和固化剂（浆液或粉体）强制搅拌，由固化剂和软土间产生一系列物理化学反应，使软土硬结成具有整体性、水稳定性和一定强度的水泥加固土，从而提高地基强度和增大变形模量。根据施工方法的不同，水泥（石灰）土搅拌桩法分为水泥浆搅拌和粉体喷射搅拌两种。前者是用水泥浆和地基土搅拌，后者是用水泥粉（或石灰粉）和地基土搅拌。

2. 散体桩法

散体桩是指无黏结强度的桩，由碎石桩或砂石桩等散体桩和桩间土组成的复合地基也可称为散体桩复合地基。目前在国内外广泛应用的碎石桩、砂桩、渣土桩等复合地基都是散体桩复合地基。碎石桩是散体桩的一种，按其制桩工艺可分为振冲（湿法）碎石桩和干法碎石桩两大类。采用振动加水冲的制桩工艺制成的碎石桩称为振冲碎石桩或湿法碎石桩；采用各种无水冲工艺（如干振、振挤、锤击等）制成的碎石桩统称为干法碎石桩。以砾砂、粗砂、中砂、圆砾、角砾、卵石、碎石等为填充料制成的桩为砂石桩。砂石桩法是指利用振动或冲击方式，在软弱地基中成孔后，填入砂、砾石、卵石、碎石等材料并将其挤压入土中，形成较大直径的密实砂石桩的地基处理方法。主要包括砂桩（置换）法、挤密砂桩法和沉管碎石桩法等。

3. 水泥粉煤灰碎石桩法

在碎石桩体中，掺加适量石屑、粉煤灰和水泥加水拌和，制成一种黏结强度较高的桩，所形成的桩的刚度远大于碎石桩的刚度，但和刚性桩相比刚度相差较大，它是一种具有高黏结强度的柔性桩（有的学者又称其为半刚性桩）。水泥粉煤灰碎石桩、桩间土和褥垫层一起构成柔性桩复合地基。

4. 加筋地基法

加筋地基法是将基础下一定范围内的软弱土层挖去，然后逐层铺设土工合成材料与砂石等组成的加筋垫层来做地基持力层的一种地基加固法。

5. 灌浆法

灌浆法是指利用液压、气压或电化学原理，通过注浆管把浆液均匀地注入地层中，浆液以填充、渗透和挤密等方式排走土颗粒间或岩石裂隙中的水分和空气后占据其位置，经人工控制一定时间后，浆液将原来松散的土粒或裂隙胶结成一个整体，形成一个结构新、强度大、防水性能好和化学稳定性良好的"结石体"。

多向增强体复合地基目前主要包括竖向增强体（桩）、水平向增强体（加筋体）、人工增强体之间土体三部分，三者相互作用，协同工作，共同承担荷载。目前工程中应用较多的双向增强体复合地基有桩承式水平加筋路堤、桩-网复合地基、土工格室＋碎石桩复合地基、粉喷桩＋土工格栅复合地基等。

各种人工增强体本身物理力学性质均远好于软土地基性质，它们与地基土作为复合地基共同作用，大大提高复合承载力与抵抗变形的能力。人工竖向增强体若采用散体材料则挤密软土地基并置换了部分软土，缩短了土体内排水距离，改善了地基软土的排水条件，加速土体固结；其缺陷在于形成预定的桩体存在一定的制约，因而单桩承载力的提高受限。人工竖向增强体若采用非散体材料复合地基则由于增强体不能成为排水通道，在地基固结方面起不了散体材料复合地基的作用，但较易形成预定的桩体，因而单桩承载力可十分明显提高。采用人工水平增强体（如加筋垫层）形成具有相对大的抗弯刚度的柔性板式基础，使上部荷载在地基表面均匀分布，避免了局部塑性区的形成和开展，从而提高了地基承载力并减少了地基沉降。竖向增强体（桩）、水平向增强体（加筋体及砂石料）、人工增强体之间土体三部分相互作用，协同工作，共同承担荷载，促进了地基物理力学性质及承载条件的改善。其作用包括如下几方面。

（1）人工水平增强体（如加筋垫层）增强作用。水平向筋体和具有良好级配的砂石垫层形成一个有一定抗弯强度、抗剪强度和抗压强度的柔性板式基础，将上部荷载较均匀地分布到下部软土层顶面。同时，水平向加筋体的存在使软土的抗剪切能力增强，其破坏形式有别于未经处理的地基，提高了地基的承载能力，减小了地基的沉降。此外，也可改变地基可能的破坏形式：荷载作用下的单一软基由于软土层抗剪强度低，易直接刺入破坏，并且引起附近软土的隆起；存在水平加筋体垫层的时候，由于垫层的存在，地基土破裂面不能直接穿过垫层，只能通过垫层的作用挤压垫层下深层的软土而导致下卧软土发生具有更大抵抗力的整体剪切破坏。

（2）复合地基挤密置换及增强作用。在软土中设置人工竖向增强材料（包括散体，如碎石与非散体如水泥），大大改善了地基的物理力学性能，并与土体构成具有良好承载能力的

235

复合地基；竖向增强体将上部荷载通过桩体向地基深处传递，并挤密置换了部分软土，使桩周土体够提供更大的侧向约束力，增强了复合地基的内摩擦角。尽管散体桩在形成预定桩体时存在一定的制约，使单桩承载力提高受限，但人工散体可明显改善软土排水条件，为深层软土提供排水通道，在荷载不断增加的过程中改善了土体本身的性能，加速软土排水固结，明显改善了软土的物理力学特性，提高了地基稳定性、承载力和抗变形能力。需要注意的是，非散体材料桩复合地基由于桩体不能成为排水通道，不具备相应的功能，但其可提供更高的单桩承载力。

（3）水平增强体（如散体垫层）排水功能结合竖向增强体（如碎石桩、砂石桩等）排水功能改善了地基排水条件。竖向增强体若为散体材料桩复合地基，则与水平散体垫层共同构成性能良好的排水体系。固结理论表明，达到相同的固结度所需的时间与渗流路径的平方成正比。在软基中设散体材料桩改善了软土层的排水条件，缩短了渗流路径，在荷载作用下，孔隙水逐渐排出地基并通过水平散体垫层排出。

（4）人工竖向增强体、水平向增强体及土体组成约束调节与承载体系。两个方向的增强体与地基土在荷载作用下相互作用，共同工作，形成一个多因素复合地基承载体系。例如，散体材料桩复合地基在荷载的作用下，桩间土和桩体分别按一定的比例承担荷载作用：当桩间土体软弱时，散体材料桩在荷载作用下，很容易发生过量的鼓胀变形，导致桩破坏。水平加筋体垫层可以有效调节桩土应力比，约束可能的桩顶鼓胀变形，从而充分发挥桩间土体承载能力。在荷载的作用下，由于桩体刚度大于土体，在桩顶处受较大的荷载作用发生沉降变形，变形达到一定程度后，桩间土开始承受荷载和桩体共同沉降及桩体和桩间土的相互影响，并最终达到按一个稳定比例分担的荷载。

6.4.3　改变地基土体边界条件及荷载分布

6.4.3.1　改变地基土体边界条件——侧向约束法

在使用地基两侧打入刚性桩体（如钢板桩、搅拌桩、木桩、钢筋混凝土桩等），或设置各类（如水泥、砖石、钢筋混凝土）墙体等，可限制软土的横向变形及挤动，当分布荷载不大于受影响的地基土强度时，该方法可以保证地基稳定。该方法主要用于含水量较大的软土地基，特别适用于当该类软基为一夹层或下卧层、上部荷载传递至该层时产生的附加应力已可被其所承受，而地基总体变形需要得到控制的情况。

该方法基本原理可以理解如下：地基的基本作用在于具有一定的强度，即具有要求的承载力，同时要具有一定抵抗变形的能力，当地基强度满足要求时，由于地基侧限条件作用而可满足变形要求从而达到使用要求。

6.4.3.2　改变荷载分布

常见的地基失效原因之一是局部应力集中，从设计的角度考虑，可以调整荷载分布使得地基土恰当地发挥其作用。尽管这一思想非常简单且不属于地基加固本身问题，但如本书前言所叙，我们将地基的使用目的作为地基加固与否及如何加固的基本考虑出发点，而不是仅仅为加固而加固。当审慎细密地考虑使用地基及荷载特点时，可带来出乎意料的益处。

6.4.4　综合方法

地基处理加固的综合方法即为以上各类改善土体自身性质方法、各类设置人工增强体方法与各种改变地基土体边界条件及荷载分布方法的某种组合。合理的组合并不是多种方法的简单相加拼凑，而是各自机理及作用的科学、巧妙的结合，如土体自身性质改善与设置人工增强体相结合，土体自身性质改善与改变边界条件相结合等。近些年来，地基处理方法的改进在很大程度上是朝着这一方向而发展的，并将产生更强大的生产力及效益。

6.4.5　方案选择依据及技术经济比较

地基处理加固的效果能否达到预期的目的，首先取决于地基处理方案选择得是否得当及针对性强，各种加固参数设计是否合理。地基处理方法虽多，但任何一种方法都不是万能的，都有各自的适用范围和优缺点。由于具体工程条件各不相同，施工机械设备、所需材料也会因为提供部门的不同而产生相当的差异，方案的实施、施工管理、施工方的技术素质状况、施工技术条件和经济指标比较状况都会对地基处理的最终结果产生很大的影响。一般来说，在选择地基处理方案以前应综合考虑以下各方面因素的影响。

（1）工程地质与水文地质条件及土体性质：地形、地质构造、成因、成层条件、软土及各土层的分布和赋存情况、各种土的指标（物理、力学与化学指标）、地下水及补给条件等。对于江、河、湖、海附近及江河下游三角洲地区，弄清这些条件及性质尤其重要。

（2）荷载及结构（构筑）物条件及特点：结构（构筑）物形式、受力特点及对地基的变形要求、规模、使用年限，要求的安全度，重要性。

（3）工程费用：经济技术指标的高低是衡量地基处理方案选择是否合理的关键指标。在地基处理中，一定要综合比较能满足加固要求的各种地基处理方案，选择技术先进、质量保证、经济合理的方案。一般而言，一旦加固处理方案确定了，工程总费用就大致确定了，在本作者经历的许多工程中，方案之间带来的各种不同的方案之间工程总费用差别往往可达百分之几十，有时甚至数倍；因此，方案的选择非常关键。此外，选择方案后，通常可根据处理加固场地特点，通过优化设计，进一步节省投资，由于多数地基处理工程费用基数大，节省的投资额通常是很可观的。

（4）工期要求：一般而言，一旦加固处理方案选择了，工期也基本确定了。一方面，应保证地基加固工期不会拖延整个工程的进度；另一方面，可以利用方案特点优势，缩短工期，并利用这段时间使地基加固后的强度得到自然提高。

（5）环境条件：

1）气象条件。

2）噪声、振动情况：振动、噪声可能对周围居民或设施的影响。

3）邻近构筑物情况：邻近的建筑物、桥台、桥墩、地下结构物等情况，加固过程中是否有影响，以及相应的对策。

4）地下埋设物：应查明上下水道、煤气、电讯电缆管线的位置，以便采取相应的对策。

5）机械作业、材料堆放的条件：在加固过程中，涉及施工机械作业和大量建筑材料进场堆放，为此要解决道路和临时场地等问题。

（6）电力和供水与排水条件：供电、供水等通常在所谓的"几通一平"中解决。地基处理中大量的排水（特别是自然排水）问题在早期阶段被忽视而造成工期严重拖延及成本大量增加的工程实例为数实在不少，因此需要特别重视这一点。

（7）材料的供给情况：应尽可能利用当地的材料，减少运输费用，并尽量做到本工程场地的土石方用量平衡。

（8）机械施工设备和机械条件：有无施工所需设备和施工设备的运营情况、机械操作熟练程度等，也是确定采用何种措施所要考虑的基本问题。

　　由于各地基处理问题具有各自独特情况，因此在选择和设计地基处理方案时不能简单依靠以往的经验，也不能依靠复杂的理论计算；应结合工程实际，通过现场试验、检测并分析反馈，不断地修正设计参数。尤其对于较为重要或缺乏经验的工程，在尚未施工前，有条件时，应尽量先利用试验参数特别是原位试验参数按一定方法设计计算，然后利用施工第一阶段的观测结果反分析基本参数，采用修正后的参数进行下阶段的设计，再利用下阶段施工观测结果的反馈参数进行再下阶段的设计；以此类推，使设计的取值比较符合现场实际情况。当时间不允许时，则需采用信息化施工方法进行设计与施工，进行质量的过程控制。地基处理方案的选择和设计流程大致如图 1.6-21 所示。

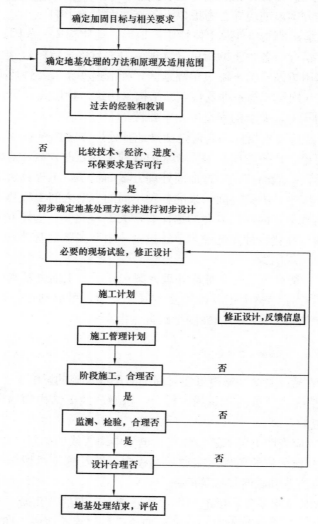

图 1.6-21　地基处理方案的选择和设计

　　在确定地基处理方案时，应根据工程的具体情况对若干种地基处理方法进行技术、经济及施工进度等方面的比较。在此基础上，选择经济合理、技术可靠、施工进度较快的地基处理方案。在选择地基处理方案时，可采用一种方法，也可以有机综合采用几种处理方法，以取得叠加的处理效果。选择较新方案时应确保加固机理在工程试验时的可检验性与可对比性。

6.4.6 地基处理质量检测方法及适用性

6.4.6.1 检测的基本原则及要求

地基检测用以对地基承载力、变形参数及岩土性状进行评价。检测方法可选择平板载荷试验、静力触探试验、十字板剪切试验、土工试验、深层平板载荷试验、标准贯入试验、圆锥动力触探试验、钻芯法（多针对复合地基中人工增强体）及低应变法等。

按相关规范要求，天然土地基、处理土地基和复合地基应合理选择两种或两种以上的检测方法进行地基检测，并应符合先简后繁、先粗后细、先面后点的原则。处理土地基和复合地基检测宜在合理间歇时间后进行。

地基检测抽检位置应按下列情况综合确定：

（1）施工出现异常情况的部位。

（2）设计认为重要的部位。

（3）局部岩土特性复杂可能影响施工质量的部位。

（4）当采取两种或两种以上检测方法时，应根据前一种方法的检测结果确定后一种方法的抽检位置。

（5）同类地基的抽检位置宜均匀分布。

天然土地基、处理土地基在进行平板载荷试验前，应根据地基类型选择标准贯入试验、圆锥动力触探试验、静力触探试验、十字板剪切试验等一种或一种以上的方法对地基处理质量或天然地基土性状进行普查。检测深度应满足设计要求。当无工程实践经验时，检测可按下列规定进行：

（1）天然地基基槽（坑）开挖后，可采用标准贯入试验、圆锥动力触探试验、静力触探试验或其他方法对基槽（坑）进行检测。

（2）换填地基（含灰土地基、砂和砂石地基、土工合成材料地基、粉煤灰地基）可采用圆锥动力触探试验或标准贯入试验进行检测。

换填地基必须分层进行压实系数检测，压实系数可采用《土工试验方法标准》（GB/T 50123）中的环刀法、灌砂法、灌水法或其他方法进行检测。

（3）预压地基可采用十字板剪切试验和室内土工试验进行检测。

（4）强夯处理地基可采用原位测试和室内土工试验进行检测。

（5）不加填料振冲加密处理地基可采用动力触探、标准贯入试验或其他方法进行检测。

（6）注浆地基可采用标准贯入试验、钻芯法进行检测。

复合地基及强夯置换墩应进行复合地基平板载荷试验。同一单位工程复合地基平板载荷试验形式可选择多桩复合地基平板载荷试验或单桩（墩）复合地基平板载荷试验，也可一部分试验点选择多桩复合地基平板载荷试验而另一部分试验点选择单桩复合地基平板载荷试验。

复合地基及强夯置换墩在进行平板载荷试验前，应采用合适的检测方法对复合地基的桩体施工质量进行检测，检测方法应符合下列规定：

（1）水泥土搅拌桩和竖向承载旋喷桩应进行单桩竖向抗压载荷试验。

（2）水泥土搅拌桩和高压喷射注浆加固体的施工质量应采用钻芯法进行检测。

（3）水泥粉煤灰碎石桩应采用低应变法或钻芯法进行桩身完整性检测。

（4）振冲桩桩体质量应采用圆锥动力触探试验或单桩载荷试验等方法进行检测。碎石桩桩体质量应采用重型动力触探试验。

（5）砂石桩桩体质量应采用圆锥动力触探试验等方法进行检测。砂石桩宜进行单桩载荷试验。

（6）强夯置换地基应采用圆锥动力触探等方法进行检测。

此外，当设计有要求时，应对复合地基桩间土和强夯置换墩墩间土进行抽检。

6.4.6.2　检测方法的适用性

（1）标准贯入试验可用于以下地基检测：

1）推定砂土、粉土、黏性土、花岗岩残积土等天然地基的地基承载力，鉴别其岩土性状。

2）推定非碎石土换填地基、强夯地基、预压地基、不加填料振冲加密处理地基、注浆处理地基等处理土地基的地基承载力，评价其地基处理效果。

3）评价复合地基增强体的施工质量。

（2）圆锥动力触探试验可用于推定天然地基的地基承载力，鉴别其岩土性状；推定处理土地基的地基承载力，评价其地基处理效果；检验复合地基增强体的桩体成桩质量；评价强夯置换墩着底情况；鉴别混凝土灌注桩桩端持力层岩土性状。圆锥动力触探试验类型有轻型、重型和超重型三种，应根据地质条件合理选择圆锥动力触探试验类型。

（3）静力触探试验可用于推定软土、一般黏性土、粉土、砂土和含少量碎石及其经过强夯处理、预压处理等地基（土）承载力。

（4）十字板剪切试验可用于检测软黏性土地基的不排水抗剪强度和灵敏度。

（5）平板载荷试验适用于检测浅部天然地基、处理土地基和复合地基的承载力。平板载荷试验可确定承压板下应力主要影响范围内天然地基、处理土地基和复合地基的承载力特征值和变形参数。

（6）沉降观测可用于地基及场地的沉降（包括隆起）测量，能测定地基的沉降量，计算沉降差、沉降速度、可反映地基实际变形。

6.5　不同典型荷载下土体加固微观机理研究

6.5.1　研究背景及目的

近些年来，核磁共振（Nuclear Magnetic Resonance，NMR）作为一个跨学科的测试技术方法用于研究不同砂岩岩石、催化剂、胶体和生物组织，并且越来越多地应用于包括岩土介质在内的各种材料物理及几何特征测试及估算，如用于水泥在水渐进析出变化状态下各类凝胶孔隙水特征；岩体含水层范围测试及其岩石孔隙度、渗透率、导水系数估算，以及在石油及其开采领域所涉及介质的分析应用等。此外，近来该项技术也在骨皮质成像及评价、分子间双量子相干性、量子态及尺度上超级芝诺效应（super-Zeno effect）与液态同核两个量子比特的相关量子动力学问题等微观与细观量级尺度上问题获得进一步应用。由此，有理由相信该技术方法也可推广应用于主要由细观矿物及含水孔隙构成的软土的相关分析研究。在大规模建设中，越来越多的淤泥与淤泥质土等超软土地基需要处理，处理的一个重要目的是尽可能排出超软土体中的水而使土体固结，以改善其物理力学性能。然而，在通常的工程静态荷载下，所排出的水只是土体中的自由水或其中的一部分，而无法排出其结合水。在一定覆盖静压力下，通过作用冲击荷载、设置多向人工排水体系的静动力排水固结法试图解决这一问题。该加固法试图利用高能量冲击而将部分结合水转换为自由水，进而实现排出更多水。从理论上来讲，采用静动力排水固结法加固软基时，纵波在不同介质中的振动传播的频率、速度、能量是不同的，有着不同的动力效应，当颗粒固体与水两者之间的动力差大于颗粒对水的吸附能力时，自由水、毛细水、弱结合水，甚至部分强结合水（部分结合水成为自由水）将从颗粒间隙析出，然后通过排水而固结。然而，在实际问题中，造成水相变化的这种水平的动力及差异究竟应是多少还未能揭示，对于淤泥这种超软土尤其如此。

　　本节介绍的内容是作者负责的课题组在取之于实际工程的淤泥土的不同类型荷载水平及速率试验基础上，进行核磁共振水相测试，以探索何种荷载水平及速率下饱和超软土（淤泥）中结合水（主要为弱结合水）可转化为自由水及与转化量的可能对应关系，从而为地基工程设计提供基础。

6.5.2　试验部分

1. 样品信息

　　淤泥土样取自广州南沙某地基处理工地，蜡封后放置实验室，试验前测试得到平均含水率为63.6%，孔隙比为1.87，重度为17.6kN/m³，液限和塑限分别是47.1%和28.3%。取样及蜡封均按土工试验要求在原位进行，此后在室内进行相关力学试验。淤泥土样共15个，所受荷载水平及速率见表1.6-2。

表 1.6-2　　　　　　　　　　　　　　　　样 品 荷 载 信 息

试验方法及土样类别	土样编号	荷载水平及速率条件
试验前试样	SQ1、SQ2、SQ3	取样后的原始状态下（未施加荷载），即荷载水平为0kPa，加载速率为0.0MPa/s
真三轴[①]试样 1	Z1-1、Z1-2	试样饱和度为0.93，围压为100kPa，竖向冲击荷载水平为100kPa，加载速率为0.8 MPa/s（冲击 3 次，间隔时间为10min）
真三轴试样 2	Z2-1、Z2-2	试样饱和度为0.93，围压为100kPa，竖向冲击荷载水平为100kPa，加载速率为1.6 MPa/s（冲击 3 次，间隔时间为10min）
高速冲击[②]试样 1	C1-1、C1-2	无刚性侧限，围压为0kPa；每击[③]竖向荷载水平为3787kPa，加载速率为631.2 MPa/s（竖向冲击 1 遍，3击/遍）
高速冲击试样 2	C2-1、C2-2	无刚性侧限，围压为0kPa；每击竖向荷载水平为3787kPa，加载速率为631.2 MPa/s（冲击 3 遍，遍间隔24h，3击/遍）
高速冲击试样 3	C3-1、C3-2	无刚性侧限，围压为0kPa；每击竖向荷载水平为3787kPa，加载速率为631.2 MPa/s（冲击 5 遍，遍间隔24h，3击/遍）
高速冲击试样 4	C4-1、C4-2	置于刚性容器（φ17cm×H8cm）内，有刚性侧限；每击竖向荷载水平为3787kPa，加载速率为631.2 MPa/s（冲击 1 遍，3击/遍）

①　美国 GCTS 生产的 SPAX-2000（改进型）静动真三轴试验系统。

②　作者自研发的多向高能高速电磁力冲击智能控制试验系统。

③　竖向冲击接触面为圆形，直径为8.2cm。

241

2. 试验仪器

采用上海纽迈电子科技有限公司生产的 MiniMR60，共振频率为 23.309MHz，磁体强度为 0.55T，线圈直径为 60mm，磁体温度为 32℃。

3. 样品制备

称取不同质量的氯化锰水溶液；准备待测样品称取质量并记录后，直接测试。

4. 试验参数

P90（μs）＝19，P180（μs）＝34.00，TD＝266 424，SW（kHz）＝200，D3（μs）＝80，TR（ms）＝1000，RG1＝20，RG2＝3，NS＝4，EchoTime（μs）＝260，EchoCount＝4000。

上述各参数的物理意义：P90（μs）——90°脉宽，P180（μs）——180°脉宽，TD——采样点数，SW（kHz）——采样频率，D3（μs）——射频延时，TR（ms）——重复采样等待时间，RG1——模拟增益，RG2——数字增益，NS——重复采样次数，EchoTime（μs）——回波时间，EchoCount——回波个数。

5. 试验方法

运用核磁共振测量分析软件及 CPMG 序列采集样品 T2 衰减曲线，并以 .pea 格式保存，运用反演软件反演该文件。

6.5.3　结果与讨论

6.5.3.1　样品含水率测试结果与分析

在自然界中，水为氢质子最多的一种物质，又由于核磁共振的信号来源主要为氢质子，氢质子越多，说明含水率越多，反之则越低。因此通过信号量定标的方法，核磁共振技术可以被用来测量物质中水的质量。磁共振技术通过测定水的质量，可计算出待测淤泥样品中水的含量，从而得到其含水率。

测定 5 个标准样品，可得到表 1.6-3 中的水信号幅度与水质量的关系曲线（图中横坐标为水的质量，纵坐标为信号幅度）。

表 1.6-3　　　　　　　　　　　　　　　　标准样品测量结果

标准样品	质量/g	幅度	水信号幅度与水质量的关系曲线
0	0	84.270 1	
1	1.924 3	2262.532	
2	3.861 9	4332.292	
3	5.554 1	6324.392	

含水率测试标准曲线

测试各样品水峰面积，同时利用水峰面积与水质量的线性关系得到样品中的含水量，进而得到各样品的含水率，见表1.6-4。土样实际情况及对比核磁法结果表明，核磁法测试的含水率为25%~35%，而该土样用常规方法测会大于50%。因此，这种核磁法可能没有测到全部的水分。此外，可以观察到，试验前的土样3个平行样含水率相差较大，分析原因可能是均一性不是很好；同时真三轴试样2的两个平行样测得的含水率相差也较大。

表1.6-4　　　　　　　　　　　　各样品测量含水率的结果

试验方法及土样	样品编号	幅度	样品质量(g)	含水量(g)	含水率(%)	平均含水率(%)
试验前	SQ1	12 845.42	33.51	11.38	33.97	28.12
	SQ2	10 462.42	39.31	9.26	23.55	
	SQ3	4709.05	15.40	4.13	26.83	
真三轴试样1	Z1-1	5102.58	15.89	4.48	28.20	29.23
	Z1-2	10 335.30	30.23	9.14	30.25	
真三轴试样2	Z2-1	10 607.55	36.84	9.39	25.48	29.21
	Z2-2	4 721.05	12.58	4.14	32.93	
高速冲击试样1	C1-1	10 583.48	34.91	9.37	26.83	26.85
	C1-2	12 290.45	40.53	10.89	26.86	
高速冲击试样2	C2-1	10 590.91	38.68	9.37	24.23	22.18
	C2-2	8 532.52	37.47	7.54	20.12	
高速冲击试样3	C3-1	11 785.94	39.33	10.44	26.54	26.10
	C3-2	3 866.41	13.17	3.38	25.66	
高速冲击试样4	C4-1	11 451.41	37.25	10.14	27.22	26.91
	C4-2	10 739.87	35.75	9.51	26.59	

那么核磁共振测得的水是哪种水呢？我们对SQ2号样品进行了加水测试。测试结果发现，如图1.6-22所示，滴入水后核磁共振测试到的两类水均有变化（信号幅度增加，即水量增加），这也说明这种核磁共振方法测试到的水中肯定有自由水，目前淤泥这种高含水量超软土中弱结合水是否能全部测试到还有待研究。未能测试到的可能原因有两种：一

是淤泥土样本身细微结构中所含颗粒及水质成分复杂（如可能含有一定金属），影响核磁共振对含水量测试；二是测试脉宽偏大而造成未能采集到短弛豫氢。改进的方法诸如采用短脉宽的变温核磁共振仪进行测试，通过采集短弛豫的氢，因而可能采集到诸如强结合水的信号。

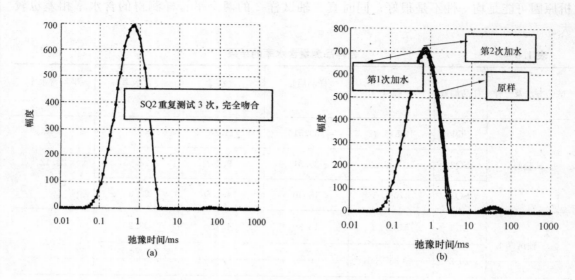

图 1.6-22　SQ2 样品加水测试的幅度信号

（a）SQ2 重复测试三次，完成吻合；（b）SQ2 原样，第一、二次加水测试谱图

6.5.3.2　T_2 谱图/水分分布情况

1. 不同试验条件下各样品 T_2 图谱

使用迭代寻优的方法将采集到的 T_2 衰减曲线代入弛豫模型中，拟合并反演可以得到样品的 T_2 弛豫信息，包括弛豫时间及其对应的弛豫信号幅度分量，如图 1.6-23（b）图中所示横坐标为范围为 $10^{-2} \sim 10^4\,\mathrm{ms}$ 对数分布的 100 个横向弛豫时间分量 T_2，纵坐标为各弛豫时间对应的信号幅度分量 A_i（为便于定量分析，该信号分量经质量及累加次数的归一化处

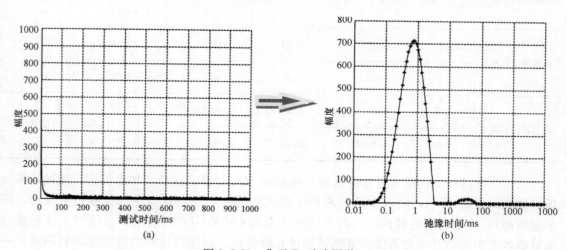

图 1.6-23　典型 T_2 弛豫图谱

理），已知信号幅度与其组分含量成正比关系，积分面积 A 即为样品的信号幅度，且该淤泥样品水分分为两种状态的水分，即 T_{21} 状态下的水分及 T_{22} 状态下的水分。

T_2 弛豫时间反映了样品内部氢质子所处的化学环境，与氢质子所受的束缚力及其自由度（水分状态）有关，而氢质子的束缚程度又与样品的内部结构有密不可分的关系。在多孔介质中，孔径越大，存在于孔中的水弛豫时间越长；孔径越小，存在于孔中的水受到的束缚程度越大，弛豫时间越短。

图 1.6-24 所示为 15 个淤泥土样品的 T_2 弛豫谱图。

2. 不同试验条件水分状态变化规律

各样品的 T_2 谱图具体信息见表 1.6-5。分别对比不同工艺，观察发现，第一种状态的水分还是有一定的规律存在，而第二种状态的水分没有规律性变化。由图 1.6-25 可清楚观察到，相对于测试前，真三轴（围压为 100kPa，竖向冲击荷载水平为 100kPa，加载速率为 1.6 MPa/s 及以下）不同频率试验样品的第一个峰值基本无变化，表明该种荷载频率及水平下非自由水基本不会转化为自由水；相对于测试前，高速冲击荷载下非自由水可转化为自由水，而且冲击总能量越大，就越易析出自由水。此外，由图 1.6-25（c）可见，样品所受到侧限约束刚度对非自由水转化为自由水的影响可忽略。

表 1.6-5 不同试验条件水分状态变化对比

试验方法及土样	样品编号	A_{21} （第一个峰幅度）	A_{22} （第二个峰幅度）	A_{21} （第一个峰平均幅度）	A_{22} （第一个峰平均幅度）
试验前	SQ1	383.14	0.21	318.04	0.40
	SQ2	265.36	0.78		
	SQ3	305.63	0.22		
真三轴试样 1	Z1-1	320.48	0.48	330.95	0.46
	Z1-2	341.41	0.43		
真三轴试样 2	Z2-1	287.87	0.04	331.68	0.02
	Z2-1	375.49	0.00		
高速冲击试样 1	C1-1	301.83	0.81	302.10	0.85
	C1-2	302.37	0.88		
高速冲击试样 2	C2-1	272.73	1.06	250.05	0.71
	C2-2	227.37	0.35		
高速冲击试样 3	C3-1	313.90	0.68	206.77	0.50
	C3-2	99.63	0.32		
高速冲击试样 4	C4-1	307.00	0.43	303.49	0.44
	C4-2	299.98	0.45		

6.5.4　结论

1）对应于通常工程荷载的较低能量真三轴试验荷载速率与水平（1.6 MPa/s 与 100kPa）及以下，淤泥类超软土中非自由水不能转化为自由水。

2）对应于静动力排水固结法工况的高速冲击荷载下（每击荷载水平为 3787kPa，速率为 631.2 MPa/s），非自由水可转化为自由水；而且冲击总能量越大（遍数及击数越多），越

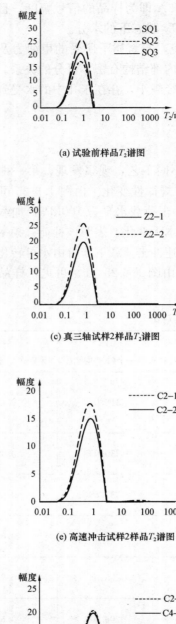

(a) 试验前样品 T_2 谱图

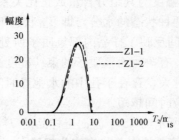

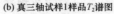

(b) 真三轴试样1样品 T_2 谱图

(c) 真三轴试样2样品 T_2 谱图

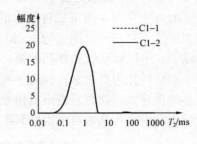

(d) 高速冲击试样1样品 T_2 谱图

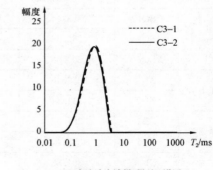

(e) 高速冲击试样2样品 T_2 谱图

(f) 高速冲击试样3样品 T_2 谱图

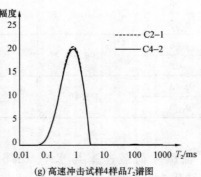

(g) 高速冲击试样4样品 T_2 谱图

图 1.6-24　淤泥土样品 T_2 弛豫谱图

246

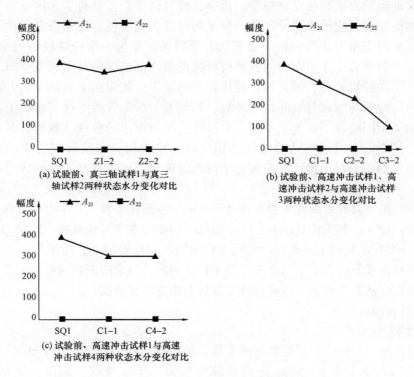

(a) 试验前、真三轴试样1与真三
轴试样2两种状态水分变化对比

(b) 试验前、高速冲击试样1、高
速冲击试样2与高速冲击试样
3两种状态水分变化对比

(c) 试验前、高速冲击试样1与高速
冲击试样4两种状态水分变化对比

图 1.6-25　不同荷载水平及速率下两种状态水分变化对比

易析出自由水。

　　3）约束样品的侧限刚度对非自由水转化为自由水的效应可忽略。

　　4）常规较大脉宽核磁共振方法用于测试淤泥类超软土中的非自由水还存在一定困难,有待改进。例如,可采用短脉宽的变温核磁共振仪进行测试,通过采集短弛豫的氢,进而采集强结合水的信号。

　　上述前两点为科学地进行地基处理工程设计提供了依据。

6.6　典型工况荷载下淤泥孔径分布特征核磁共振试验研究

6.6.1　研究背景及意义

　　土及各类软土的组成成分是决定其物理力学特性的基本因素,而反映该成分特点的是:①矿物种类;②各种矿物含量;③吸附阳离子种类;④孔隙水成分;⑤颗粒及孔隙的形状和尺寸分布。其中①~④的成分特点与化学性质相关,而第⑤个成分特点则与化学性质无直接关系并相对较为直观;尤其在软土地基的力学方法加固中,第⑤个成分特点的变化基本反映了其加固效果,如相对大尺度的孔隙减少。因此,对于反映土的颗粒与微细观孔隙结构特征特点,第⑤个成分特点的确定就显得十分重要。就目前而言,土样的微细观孔隙结构特征观察主要有压汞试验法(MIP)、吸附法、X 射线衍射法、光学显微镜法、扫描电子显微镜法(SEM)、CT 扫描法、等温吸附法以核磁共振法等,其中扫描电子显微镜法还应用于淤泥质土(注意:不是淤泥)动力排水固结前后软土微观结构分析。近些年来,核磁共振法逐步得到越来越广泛的应用。该方法是测定原子的核磁矩与研究物质微结构的直接而又准确的方法，已在物理学、化学、材料科学、生命科学和医学等领域中得到广泛应用，如前述的骨皮质成像及评价、分子间双量子相干性、量子态及尺度上超级芝诺效应、液态同核两个量子比特的相关量子动力学问题；作为一个跨学科的测试技术方法，也逐渐地应用于包括岩土介质在内的各种材料物理及内部结构特征测试及估算，如用于研究一般黏土、不同砂岩岩石、催化剂、胶体和生物组织；还应用于石油及其开采领域所涉及介质的分析等微观与细观量级问题等领域。特别是，6.5 节淤泥这类超软土水相变化的试验研究揭示了不同荷载下该类土中结合水可转化为自由水的条件及规律，具有重要的工程实用价值。然而，有关淤泥这种超软土相应的孔隙结构分布及如何变化的文献并不多见，而此类问题的研究对于揭示其宏观力学行为的机理与评价软基工程加固效果十分必要且有重要意义。

鉴于核磁共振法具有对试样本身非扰动与空间三维测试等特点，本书作者负责的课题组借助这一方法，在 6.5 节工作基础上，一是增加不同应力水平与加载速率的动力真三轴（以下简称"动三轴"）试验以更好地对应实际工程问题，二是着重从孔隙结构分布及如何变化来考虑经受典型荷载及应力水平与速率下淤泥特性响应，寻求淤泥在这些对应条件下的内部结构及分布规律，从而为软基工程设计理论发展提供进一步依据。

6.6.2　试验部分

1. 试验土样

淤泥土样均来自广州南沙某地基处理工地，第一批土样（除动三轴试样 3、4 外的所有其他土样）平均含水率为 63.6%，平均孔隙比约为 1.87，液限和塑限分别是 47.1% 和 28.3%；第二批补充试验土样（动三轴试样 3、4）平均含水率为 54.4%，平均孔隙比为 1.73，液限和塑限分别是 46.2% 和 27.8%。各批次取样及蜡封均按土工试验要求在原位且同条件同时进行。此后在室内进行相关力学试验。淤泥土样共 23 个，各土样受到与典型工况对应的荷载水平及速率，其中第一批土样所受荷载情况见本书 6.5 节，第二批土样所受荷载见表 1.6-6。

表 1.6-6　　　　　　　　　　　第二批土样所受荷载信息表[①]

试验方法及土样类别	土样编号	荷载水平及速率条件
动三轴试样 3	Z3-1、Z3-2、Z3-3、Z3-4	试样饱和度为 0.93，围压为 600kPa，竖向冲击荷载水平为 680kPa，加载速率为 0.001MPa/s
动三轴试样 4	Z4-1、Z4-2、Z4-3、Z4-4	试样饱和度为 0.93，围压为 600kPa，竖向冲击荷载水平为 680kPa，加载速率为 0.68MPa/s

① 第一批土样的荷载水平及速率条件详见 6.5 节。

2. 核磁共振测试土样制备

（1）标样制备：称取不同质量的氯化锰水溶液。

（2）准备表 1.6-5 中待测淤泥土样称取质量并记录后，直接进行核磁共振测试。

在标样制备中，需注意磁性物质的影响。当质子系统中存在磁性物质（如顺磁性金属离子，如锰等）时，质子的弛豫将发生变化。这是因为当有磁性物质存在时，自旋-自旋相互

248

作用除了在质子间发生以外，还同时可以在质子偶极和电子偶极间发生，而这一相互作用极大地加快质子系统自旋-自旋弛豫（T_2 弛豫）。除此之外在自旋质子体系中的顺磁性物质会产生一定的磁场，氢质子与顺磁性离子距离不同而使磁矩对各质子的作用不同，即质子所处的磁场强度会因质子与离子距离的不同而各不相同，这将导致质子间的拉莫尔进动（Larmor precession）频率出现差异。因此当射频脉冲关闭后，原本在相同相位上的横向分磁矩会以更快的速度频散，在宏观上表现为质子的横向弛豫时间减小。质子 T_2 时间与顺磁性物质浓度符合下式：

$$\frac{1}{T_2} = \frac{1}{T_{20}} + CR$$

式中　T_{20}——纯水的质子横向弛豫时间；

T_2——加入弛豫剂后质子的弛豫时间；

C——弛豫剂的浓度；

R——弛豫剂的弛豫率，$s^{-1}mol^{-1}L$，其物理意义为单位浓度的弛豫剂增加的质子 T_2 弛豫速率。

弛豫率一定，溶液的 T_2 值与加入弛豫剂浓度成反比。由所用氯化锰溶液的浓度依据上式即可确定弛豫时间 T_2。

3. 试验方法

核磁共振是指具有磁矩的原子核在恒定的磁场中由电磁波引起的共振跃迁现象。水分子中的氢原子可以产生核磁共振现象，核磁共振就是利用氢核在磁场中对电磁波的共振吸收来检测样品中氢核的丰度。其基本原理如下：氢原子核（液体中的氢原子核）在无外磁场作用时，氢原子核自旋的方向是杂乱无章的，自旋系统的宏观磁矩为零。当外加静磁场后，核自旋空间取向从无序向有序过渡，自旋系统的磁化矢量从零逐渐增长，当系统到达热平衡状态时，磁化强度达到稳定值 M_0，该磁化强度与静磁场方向相同。此时，再给核自旋系统一个射频磁场作用，磁化矢量就会偏离平衡位置，这时 $M \neq M_0$，当射频磁场作用停止后，自旋系统这种不平衡状态不能维持下去，而是自动地向平衡状态恢复，这种恢复过程也需要一定时间。我们将自旋系统从不平衡状态向平衡状态恢复的过程称为弛豫过程。核磁共振仪器提供一个静磁场，同时也会提供一个射频磁场，采集样品的弛豫过程信号衰减曲线（CPMG采样曲线），得到样品的弛豫谱图，如图 1.6-32 所示。

采集 CPMG 采样衰减信号，并按公式 $y(t) = fe^{-t/T_2}$ 对 CPMG 数据进行一个多指数计算，得到 T_2 谱图；而孔隙中所含氢原子的流体弛豫时间 T_2 与孔隙大小之间存在一定关系，由此便可由核磁共振测出孔隙分布，进一步分析见 6.6.3 节。

两批土样测试采用相同的试验仪器及参数如 6.5 节所述。

6.6.3　试验结果与分析

6.6.3.1　各样品孔径分布

对于孔隙材料，孔隙中流体弛豫时间 T_2 与孔隙大小的关系可近似表示为

$$1/T_2 = \rho \, (V/S) \tag{6.120}$$

式中　V——孔隙体积；

S——孔隙表面积；

ρ——表面弛豫率，其值因样品不同而不同。

淤泥的 ρ 未见公开报道，故只能参考近似土类取值。根据 Matteson A 等学者的研究，高岭石、蒙脱石、伊利石与海绿石四种黏性矿物在压实过程中，高岭石的 ρ 最低，为 $1.8\mu m/s$，海绿石最高（$3.3\mu m/s$）蒙脱石、伊利石与海绿石接近。鉴于淤泥矿物成分，与上述矿物对比，取淤泥 $\rho=3\mu m/s$。此外，假设淤泥样品孔隙为理想柱体，圆形截面半径为 r，则 $V/S=2/r$，于是

$$1/T_2=2\rho/r \tag{6.121}$$

即样品的 T_2 弛豫时间分布可以转化为孔径分布，再将孔径大小绘制成分布图，就可以直观地看到各样品的孔径分布。典型的不同试验样品孔径分布及对比如图 1.6-26 所示，图中横坐标为孔隙半径 r，单位为 μm；纵坐标为该类孔径所占总体孔径的比例。

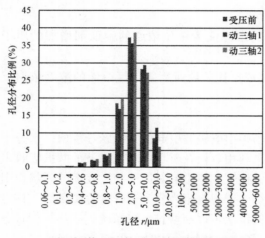
(a) 受压前、动三轴1和动三轴2样品孔径分布对比

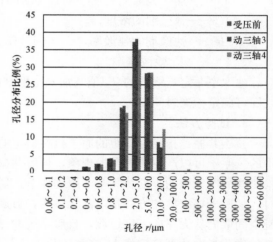
(b) 受压前、动三轴3和动三轴4样品孔径分布对比

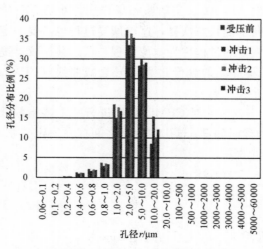
(c) 受压前、冲击1、冲击2和冲击3样品孔径分布对比

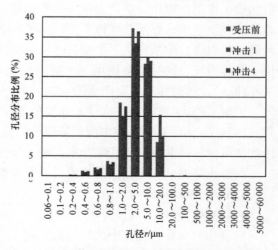
(d) 受压前、冲击试样1和冲击试样4样品孔径分布对比

图 1.6-26　各试样孔径分布及对比

　　为便于阐述比较，不妨将此种淤泥中孔隙分为四类（这不是严格物理意义上的划分，是依据试验结果并考虑比较做的，见表 1.6-7）：半径为 $1\mu m$ 以下称为小孔隙，半径为 $1\sim 20\mu m$ 的为中孔隙，半径大于 $20\sim 1000\mu m$ 的称为大孔隙，而半径大于 $1000\mu m$ 的为最大孔隙。

表 1.6-7　　　　　　　　按四类孔径划分的淤泥孔隙分布

孔隙半径 $r/\mu m$	未受压试样	各平行试样中各类孔径占总体孔径的平均比例（%）							
		动三轴试样 1	动三轴试样 2	动三轴试样 3	动三轴试样 4	冲击试样 1	冲击试样 2	冲击试样 3	冲击试样 4
$r<1$	7.250 1	6.435 4	8.004 2	7.404 8	6.534 6	5.618 9	6.885 3	6.443 4	6.751 9
		平均 7.094 8				平均 6.424 9			
$1\leqslant r\leqslant 20$	92.610 2	93.411 7	91.988 1	92.577 4	92.813 2	93.932 7	92.838 5	93.288 5	93.102 8
$20<r\leqslant 1000$	0.099 1	0.114 6	0.000 0	0.000 0	0.650 5	0.448 4	0.272 2	0.268 8	0.144 0
$1000<r\leqslant 60\,000$	0.040 6	0.038 3	0.007 7	0.017 8	0.001 7	0.000 0	0.004 0	0.000 0	0.001 3
		平均 0.016 4				平均 0.001 3			
$0.06<r\leqslant 60\,000$	100	100	100	100	100	100	100	100	100

251

　　从表 1.6-7 与图 1.6-26 可见该淤泥试样测试结果存在以下规律：

　　（1）所有淤泥试样的孔隙半径均集中分布在 $1\sim 20\mu m$ 之间，占总孔隙比例均超过 91%，最大达到 93.93%。

　　（2）对于半径 r 大于 $1000\mu m$ 的最大孔隙所占比例，未受压试样明显大于受压试样，应力水平相对低的动三轴的明显大于应力水平高的高速冲击的；对于半径 r 小于 $1\mu m$ 的小孔隙所占比例，应力水平高的高速冲击的相对明显减少。这些表明，在一定压力作用下，淤泥中最大孔隙将会减少，而且应力水平越高，减少量越大；同时，在应力水平达到本文冲击荷载水平时，淤泥中最大与最小孔隙所占比例均会减小，孔隙大小更趋向均一。

　　（3）受压前试样与动三轴试样 1、2、3 及 4 的比较。动三轴试样 2 的最大孔隙比例明显比动三轴试样 1 的最大孔隙所占比例小，也比受压前试样的最大孔隙所占比例小，但动三轴试样 1 却较受压前试样的最大孔隙所占比例大。这表明在较低荷载水平（围压为 100kPa，竖向冲击荷载水平为 100kPa）下，当施加较低荷载速率（0.8MPa/s）时，相对最大孔隙所占比例不会减少反而可能增多；而当荷载速率达到一定值（1.6MPa/s）时，淤泥中的相对最大孔隙部分则较易消失，效果明显。从上述五种试样比较还可看出，即使荷载达到较高水平（围压为 600kPa，破坏时轴向应力为 680kPa）后，在某一加载速率（0.68MPa/s）下，相对最大孔隙所占比例也不会减少反而可能增多。这表明，在一定的荷载水平（680kPa）以下，加载速率是决定相对最大孔隙比所占比例的关键因素：速率较小会使该比例增大，速率较大会使该比例减小，其界限值在 >0.8 MPa/s 与 $\leqslant 1.6$ MPa/s 之间。该结论对于在淤泥地基处理如何设计及实施冲击荷载具有非常重要的意义。

（4）比较无刚性侧限约束的高速冲击试样 1、2 与 3，在一定的冲击荷载与速率水平下（围压为 0 kPa，每击竖向荷载水平为 3787kPa，加载速率为 631.2 MPa/s），随着作用次数即总能量的提高，淤泥中的相对大孔隙与最大孔隙部分（$r > 20\mu m$）明显减少（试样 1 与 2 比较）；而当作用次数再提高（每遍间隔时间为 24h 条件下）时，这种效应就会降低（试样 2 与 3 比较）。这表明对于有效减小较大孔隙而言，淤泥受冲击的次数存在某个合适的量值。

（5）比较有刚性侧限约束与无刚性侧限约束的高速冲击试样，就大孔隙与最大孔隙部分（所有 $r > 20\mu m$）而言，有刚性侧限约束的试样 4 相对明显减少。这表明刚性侧限约束会增加淤泥土的总的受力水平。

（6）由表 6-7 与图 1.6-26 可见，总体来看，在 $1\mu m \leqslant r \leqslant 20\mu m$ 区间中，孔隙在各种荷载条件下较未受压条件稍有增加，但不明显，且看不出与荷载水平及速率有什么关系。这表明在不同荷载下，淤泥的基本结构将大致保持不变。

6.6.3.2　试验误差分析

1. 表面弛豫率 ρ 取值的影响

如前述，根据 Matteson A 等学者对黏土矿物的弛豫率研究，可推定上述有关淤泥试样弛豫率 ρ 取值的合理性及其与核磁共振试验所得结果的客观性。此外，由式（6.121）可见，孔隙半径 r 与表面弛豫率 ρ 是一种线性关系，即无论 ρ 如何取值，即使会影响孔隙半径的绝对值，也不改变上述试样几类不同孔隙分布的相对关系，只是将图 1.6-26 中的横坐标平移了。为此，也做了测试对比分析，即分别取两个方向可能的极端值 $\rho = 0.3\mu m/s$ 及 $\rho = 30\mu m/s$ 进行测试分析，图 1.6-26（c）对应的典型情况如图 1.6-27 和图 1.6-28 所示。这些测试对比分析结果也证实了几类不同孔隙分布的相互关系均未发生改变。

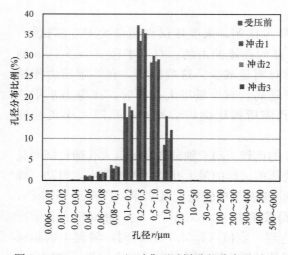

图 1.6-27　$\rho = 0.3\mu m/s$ 时典型试样孔径分布及对比

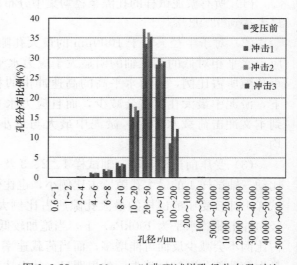

图 1.6-28　$\rho = 30\mu m/s$ 时典型试样孔径分布及对比

2. 其他误差分析

根据本试验的方法与条件，除了如常规试验那样不可避免地存在仪器与人为操作误差外，相关可能的主要误差来自以下几方面。

（1）原始土样的非均质与各向异性及两批土样含水量等物理参数差别（需要注意的是，

取自与前批同一地点的第二批土样物理参数差别源于土的时间变异性，主要是其放置了相当一段时间后才进行表 1.6-6 所示的土力学试验；尽管对土样进行了蜡密，但不可避免存在水分损失）；由于土体的空间变异性，尽管取之同一场地相近标高处，依然不可避免存在各土样性状的（测试前的）初始差异。

（2）在进行核磁共振试验前，各土样已受到几种给定的不同荷载水平及速率作用，而给定的同一荷载水平及速率作用的精度也有可能使土样性状产生差异。

然而，尽管误差不可避免，本文进行分析的孔隙比分布数据相对误差还是很小，足够满足土力学及工程实践分析的精度要求。

6.6.4　结论

（1）核磁共振是研究物质微结构的直接而又较准确的方法，可以用于淤泥等高含水量土的孔隙结构测试。

（2）取自广州地区的淤泥孔隙大小分布较为集中，孔隙半径集中分布在 $1 \sim 20 \mu m$ 之间。

（3）在一定压力作用下，淤泥中最大孔隙将会减少，而且应力水平越高，减少量越大；同时，在冲击荷载达到本文所述水平时，淤泥中最大孔隙与最小孔隙所占比例均会有一定程度减小，孔隙大小更趋向均一。

（4）在一定的荷载水平（680kPa）以下，加载速率是决定相对最大孔隙比所占比例的关键因素：速率较小会使该比例增大，速率较大则使该比例减小，其界限值在 >0.8MPa/s 与 $\leqslant 1.6$MPa/s 之间。

（5）在一定的冲击荷载与速率水平下，随着其作用次数即能量的提高，淤泥中的相对大孔隙与最大孔隙部分会明显减少；而当间隔时间较短的作用次数再提高时，这种效应就会降低；对于有效减小较大孔隙而言，淤泥受冲击的次数存在某个合适的量值。

（6）刚性的侧限约束将增加淤泥土的总的受力水平，进而较易减小大孔隙所占比例。

上述（3）～（6）从微细观结构反映了不同荷载效应，与李彰明、曾文秀、高美连（2014）年的研究中淤泥的水相变化的荷载效应具有一致性，但更为本质地揭示了各种静动力排水固结法处理淤泥类软基的微细观行为，为寻求该类超软土体宏观力学响应机理与评价软基工程加固效果提供了理论基础，也为淤泥地基的力学加固设计及施工优化提出方向。

参考文献

[1]　骆文海. 土中应力波及其量测. 北京：中国铁道出版社，1985.
[2]　吴世明. 土介质中的波. 北京：科学出版社，1997.
[3]　王杰贤. 动力地基与基础. 北京：科学出版社，2001.
[4]　杨桂通. 土动力学. 北京：中国建材工业出版社，2000.
[5]　沈珠江. 理论土力学. 北京：中国水利水电出版社，2000.
[6]　朱梅生. 软土地基. 北京：中国铁道出版社，1989.
[7]　魏汝龙. 软黏土的强度和变形. 北京：人民交通出版社，1987.
[8]　华南理工大学，东南大学，等. 地基及基础. 3 版. 北京：中国建筑工业出版社，1998.
[9]　钱家欢，殷宗泽. 土工原理与计算. 2 版. 北京：中国水利水电出版社，1996.
[10]　白冰，肖宏彬. 软土工程若干理论与应用. 北京：中国水利水电出版社，2002.
[11]　江苏宁沪高速公路股份有限公司，河海大学. 交通土建软土地基工程手册. 北京：人民交通出版社，

2001.

[12] 李彰明. 变形局部化的工程现象、理论与试验方法. 全国岩土测试技术新进展会议大会报告(海口)，2003，(11).

[13] 李彰明. 岩土工程结构. 土木工程专业讲义. 武汉：1997.

[14] 李彰明，赏锦国，胡新丽. 不均匀厚填土地基动力固结法处理工程实践. 建筑技术开发，2003，30(1)：48-49.

[15] 李彰明，李相崧，黄锦安. 砂土扰动效应的细观探讨. 力学与实践，2001，23(5)：26-28.

[16] 李彰明. 有限特征比理论及其数值方法. 第五届全国岩土力学数值分析与解析方法讨论会论文集. 武汉：武汉测绘科技大学出版社，1994.

[17] 李彰明. 岩土介质有限特征比理论及其物理基础. 岩石力学与工程学报，2000，19(3)：326-329.

[18] 李彰明，冯遗兴. 动力排水固结法参数设计研究. 武汉化工学院学报，1997，19(2)：41-44.

[19] 李彰明，冯遗兴，冯强. 软基处理中孔隙水压力变化规律与分析. 岩土工程学报，1997，19(6)：97-102.

[20] 李彰明，冯遗兴，冯强. 动力排水固结处理法软弱地基. 施工技术，1998，27(4)：30.

[21] 李彰明，王武林，冯遗兴. 广义内时本构方程及凝灰岩粘塑性模型. 岩石力学与工程学报，1986，5(1)：15-24.

[22] 李彰明，王武林. 内时理论简介与岩土内时本构关系研究展望. 岩土力学，1986，7(1)：101-106.

[23] 李彰明. 厚填土地基强夯法处理参数设计探讨. 施工技术(北京)，2000，29(9)：24-26.

[24] 李彰明，黄炳坚. 砂土剪胀有限特征比模型及参数确定. 岩石力学与工程学报，2001，20：1766-1768.

[25] 李彰明，赏锦国，胡新丽. 不均匀厚填土强夯加固方法及工程实例. 建筑技术开发，2003，30(1)：48-49.

[26] 李彰明，杨文龙. 土工试验数字控制及数据采集系统研制与应用. 建筑技术开发，2002，29(1)：21-22.

[27] LI Zhangming, et al. Dynamic response of mud in the field soil improvement with dynamic drainage consolidation. Earthquake Engineering and Soil Dynamics (March. 2001. USA, Ref, published in the Proc. Of the Conf. (CD-ROM). ISBN-1-887009-05-1(Paper No. 1. 10：1-8)

[28] 李彰明，杨良坤，王靖涛. 岩土介质强度应变率阈值效应与局部二次破坏模拟探讨. 岩石力学与工程学报，2004，23(2)：307-309.

[29] 李彰明，全国权，刘丹等，土质边坡建筑桩基水平荷载试验研究. 岩石力学与工程学报，2004，23(6)：930-935.

[30] LI Zhangming, WANG Jingtao. Fuzzy Evaluation On The Stability Of Rock High Slope：Theory. Int. J. Advances in Systems Science and Applications，2003，3(4)：577-585.

[31] LI Zhangming. Fuzzy Evaluation On The Stability Of Rock High Slope：Application. Int. J. Advances in Systems Science and Applications，2004，4(1)：90-94.

[32] 李彰明，杨良坤，刘添俊. 半刚性桩复合地基沉降分析方法及应用. 建筑科学，2005，21(4)：46-50.

[33] 李彰明. 软基处理中孔压变化规律与分析. 岩土工程学报，1997，(19)：97-102.

[34] 张光永，吴玉山，李彰明. 超载预压法阈值问题的室内研究. 岩土力学，1999，20(1)：79-83.

[35] 张珊菊，李彰明，等. 建筑土质高边坡扶壁式支挡分析设计与工程应用. 土工基础，2004，(2)：1-5.

[36] 王安明，李彰明，等. 秦沈客运专线 A15 标段冬期施工技术. 铁道建筑，2004，(4)：18-20.

[37] 赖碧涛，李彰明. 地基处理管理信息系统的开发和应用. 岩土力学，2004，25(12)：2041-2044.

[38] LI Zhangming．A new approach to rock failure：criterion of failure in plastical strain space．Engineering Fracture Mechanics．1990，35(4/5)：739-742.

[39] Edward William Brand，Rolf Peter Brenner．Soft Clay Engineering．New York：Elserier Scientific Publishing Company，1981.

[40] William Powrie．Soil mechanics (Second Edition)．Londen and New York：Spon Press，2004.

[41] Malcolm Bolton．A guide to soil mechanics．Hong Kong：Chung Hwa Book Company，1991.

[42] 介玉新，温庆博，李广信，许延春．有效应力原理几个问题探讨[J]．煤炭学报，2005，30(2)：202-205.

[43] 李大鹏，李永涛．基于理想饱和土体的有效应力几点辨思[J]．岩土工程界，2008，11(12)：23-26.

[44] 李彰明．软土地基加固的理论、设计与施工．北京：中国电力出版社，2006.

[45] 李彰明，等．软土地基的分析和处理方法．广州市地下空间开发的岩土工程技术指南，2010.

[46] 朱梅生．软土地基．北京：中国铁道出版社，1989.

[47] 魏汝龙．软黏土的强度和变形．北京：人民交通出版社，1987.

[48] 张华丰．水泥搅拌桩有效桩长分析．广州：广东工业大学，2006.

[49] 赖碧涛，李彰明．地基处理管理信息系统的开发和应用．岩土力学，2004，25(12)：2041-2044.

[50] 刘添俊，李彰明．公路路堤荷载下水泥搅拌桩复合地基的沉降计算分析．广东土木与建筑，2005，(1)：18-20.

[51] 林军华，李彰明．软基处理的静动力排水固结法．土工基础，2006，20(2)：10-13、22.

[52] LI Zhangming，LIU Tianjun Prediction for the loading settlement relation of composite ground upon improved BP artificial neural network．Advances in Systems Science and Applications，An official journal of the International Institute for General Systems Studies，2006，6(4)，552-557.

[53] 胡业游，李彰明．强夯碎石墩法在软土地基处理中的应用．土工基础，2009，23(2)：38-41.

[54] 郭青，李彰明．静动力排水固结法地基处理数值模拟．广东土木与建筑，2010，17(1)：25-27.

[55] 李彰明，林军华．静动力排水固结法淤泥软基处理振动试验研究．岩土力学，2008，P29(9)：2378-2382.

[56] 李彰明．土的固结理论(高等土力学讲义)．广州：广东工业大学岩土工程研究生讲义，2010.

[57] 广东省标准．建筑地基基础检测规范 DBJ 15-60-2008[S]．北京：中国建筑工业出版社，2008.

[58] 李彰明．软土地基加固与质量监控．北京：中国建筑工业出版社，2011.

[59] 李彰明．一种电磁式动力平板载荷试验检测设备及方法：中国，201310173232.2，2013.

[60] Editorial The Third International Meeting on MR Applications to Porous Media 1996 Magn．Res．Ima．**14** 697.

[61] MCDONALD PJ，RODIN V，VALORI A．Cement．and Concrete．Re．earch，2010，(12)：1656-1663.

[62] 张昌达，潘玉玲．关于地面核磁共振方法资料岩石物理学解释的一些解．工程地球物理学报，2006，3(1)：1-8.

[63] 邓克俊．核磁共振测井理论及应用．东营：中国石油大学出版社，2010.

[64] 包尚联，杜江，高嵩．核磁共振骨皮质成像关键技术研究进展．物理学报，2013，62(08)：088 701-1～8.

[65] Shen G P，Cai C B，Cai S H，Chen Z 2011 Chin．Phys．B **20** 103301.

[66] Ren T T，Luo J，Sun X P，Zhan M S 2009 Chin．Phys．B **18** 4711.

[67] Xu J W，Chen Q H 2012 Chin．Phys．B **21** 40302.

[68] 李彰明，杨文龙．多向高能高速电磁力冲击智能控制试验装置及方法．201310173243.2013.

[69] MITCHELL J K，SOGA K．Fundamentals of soil behavior Ed．New Jersey：John Wiley，2005.

[70] ROMERO E，SIMMS PH．Microstructure Investigation in unsaturated soils：A review with special at-

255

tention to contribution of mercury intrusion porosimetry and environmental scanning electron microscopy. Geotech Geol Eng，2008，26(6)：705-727.

[71] Cheng X H，HANS J，et al. 2004 Appl. Clay Sci. 25 179.

[72] 孟庆山，杨超，许孝祖等．动力排水固结前后软土微观结构分析．岩土力学，2008，(7).

[73] Editorial 1996 Magn. Res. Imag. 14 697.

[74] MATTESON A，TOMANIC J P，HERRON M M，et al. 2000 SPE Res. Eva. Eng. 3 408.

[75] 邓克俊．核磁共振测井理论及应用．东营：中国石油大学出版社，2010.

[76] 李彰明，曾文秀，高美连．不同载荷水平及速度下超软土水相核磁共振试验研究．物理学报，2014，63(1).

第 2 篇

典型工法及实例

第 7 章

静 力 排 水 固 结 法

7.1 排水固结法概述

我国沿海和内陆广泛分布着海相、湖相及河相沉积的软弱黏性土层。这种土的特点是含水量大、压缩性高、强度低、透水性差且多数情况下埋藏深厚。由于其压缩性高、透水性差，在建筑物荷载作用下会产生相当大的沉降和沉降差，而且沉降的延续时间很长，有可能影响建筑物的正常使用。另外，由于其强度低，地基承载力和稳定性往往不能满足工程要求。因此，这种地基通常需要采取处理措施，静力排水固结法就是处理软黏土地基的有效方法之一。该法是对天然地基，或先在地基中设置砂井等竖向排水体，然后利用建筑物本身重量分级逐渐加载，或在建筑物建造以前，在场地先行加载预压，使土体中的孔隙水排出，逐渐固结，地基发生沉降，同时强度逐步提高的方法。

按照使用目的，排水固结法可以解决以下两个问题。

(1) 沉降问题：使地基的沉降在加载预压期间大部分或基本完成，使建筑物在使用期间不产生不利的沉降和沉降差。

(2) 稳定问题：加速地基土的抗剪强度的增长，从而提高地基的承载力和稳定性。

对沉降要求较高的建筑物（如冷藏库、机场跑道等）常采用预压法处理地基，待预压期间的沉降达到设计要求后，再移去预压荷载建造建筑物。对于主要应用排水固结法来加速地基土抗剪强度增长、缩短工期的工程（如路堤、土坝等），则可利用其本身的重量分级逐渐施加，使地基土强度的提高适应上部荷载的增加，最后达到设计荷载。

排水固结法由排水系统和加压系统两部分组成，如图 2.7-1 所示。设置排水系统的主要目的在于改变地基原有的排水边界条件，增加孔隙水排出的途径，缩短排水距离。排水系统由水平排水垫层和竖向排水体构成。当软土层较薄或土的渗透性较好而施工期较长时，可仅在地面铺设一定厚度的砂垫层，然后加载，土层中的水竖向流入砂垫层而排出。当工程上遇到深厚的透水性很差的软黏土层时，可在地基中设置砂井等竖向排水体，与地面水平排水垫层相连，构成排水系统。加压系统是起固结作用的荷载，其目的是使地基土的固结压力增加而产生固结。

排水系统是一种手段，如没有加压系统，孔隙中的水没有压力差，水不会自然排出，地基也就得不到加固。如果只增加固结压力，不缩短土层的排水距离，则不能在预压期间尽快地完成设计所要求的沉降量，强度不能及时提高，加载也就不能顺利进行，因此，设计时两个系统需要联系起来同时考虑。

在地基中设置竖向排水体，早期常用的是砂井，它是先在地基中成孔，然后灌以砂使之密实而形成的。近年来，袋装砂井在我国得到较广泛应用，它具有用砂料省、连续性好，不致因地基变形而折断、施工简便等优点。由塑料芯板和滤膜外套组成的塑料排水板在工程上的应用也在日

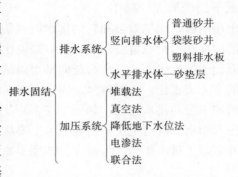

图 2.7-1　排水固结法的组成与分类

益增加，有取代砂井的趋势。塑料排水板可在工厂制作，运输方便，在没有砂料的地区尤为适用。工程上广泛使用的、行之有效的增加固结压力的传统方法是堆载法，此外还有真空法、降低地下水位法、电渗法和联合法等。采用后面这些方法不会像堆载法一样可能引起地基土的剪切破坏，所以比较安全，但操作技术比较复杂。近些年由李彰明等发展起来的静动力排水固结法（复合力排水固结法）由于其技术经济及工期的明显综合优势也在推广应用。

7.2　排水固结法原理

饱和软黏土地基在荷载作用下，通过一定的排水通道，孔隙中的水被慢慢地减少，地基发生固结变形；同时，随着超静水压力逐渐消散，有效应力逐渐提高，地基土的强度逐渐增长。下面以图 2.7-2 为例进行说明。当土样的天然固结压力为 σ'_0 时，其孔隙比为 e_0，在 $e-\sigma'_c$ 坐标上其相应的点为 a 点，当压力增加 $\Delta\sigma'$，固结终了时，变为 c 点，孔隙比减小 Δe。曲线 abc 称为压缩曲线。与此同时，抗剪强度与固结压力成比例地由 a 点提高到 c 点。所以，土体在受压固结时，一方面孔隙比减小产生压缩，一方面抗剪强度也得到提高。如从 c 点卸除压力 $\Delta\sigma'$，则土样发生膨胀，cef 为卸荷膨胀曲线，如从 f 点再加压 $\Delta\sigma'$，土样发生再压缩，沿虚线变化到 c'，其相应的强度曲线如图 2.7-2（b）所示。从再压曲线 fgc' 可清楚地看出，固结压力同样从 σ'_0 增加 $\Delta\sigma'$，而孔隙比减小值为 $\Delta e'$，$\Delta e'$ 比 e' 小得多。这说明，如果在建筑场地先加一个和上部建筑物相同的压力进行预压，使土层固结（相当于压缩曲线上从 a 点变化到 c 点），然后卸除荷载（相当于在膨胀曲线上由 f 点变化到 c' 点）再建造建筑物（相当于再

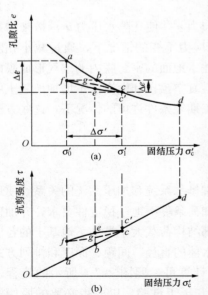

图 2.7-2　排水固结法增大地基土密度原理

压曲线上从 f 点变化到 c' 点），这样，建筑物所引起的沉降即可大大减小。如果预压荷载大于建筑物荷载，即超载预压，则效果更好。因为经过超载预压，当土层的固结压力大于使用荷载下的固结压力时，原来的正常固结黏土层将处于超固结状态，而使土层在使

用荷载下的变形大为减小。

土层的排水固结效果和它的排水边界条件有关。如图 2.7-3（a）所示的排水边界条件，即土层厚度相对荷载宽度（或直径）来说比较小，这时土层中的孔隙水向上、下两透水层面排出而使土层发生固结，称为竖向排水固结。根据固结理论，黏性土固结所需的时间和排水距离的平方成正比，土层越厚，固结延续的时间越长。为了加速土层的固结，最有效的方法就是增加土层的排水途径，如图 2.7-3（b）所示设置砂井、塑料排水板等竖向排水体等以缩短排水距离。这时土层中的孔隙水主要从水平向通过砂井排出，部分从竖向排出。通过设置砂井缩短了排水距离，因而大大加速了地基的固结速率或沉降速率。

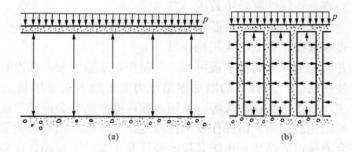

图 2.7-3　排水固结法的原理

在荷载作用下，土层的排水固结过程实质上就是孔隙水压力消散和有效应力增加的过程。若地基内某点的总应力为 σ，有效应力为 σ'，孔隙水压力为 u，则三者之间有如下关系：

$$\sigma' = \sigma - u \tag{7.1}$$

用填土等外加荷载对地基进行预压，是通过增加总应力 σ 并使孔隙水压力 u 消散来增加有效应力 σ' 的方法。降低地下水位和电渗排水则是在总应力不变的情况下，通过减小孔隙水压力来增加有效应力的方法。真空预压是通过抽出覆盖于地面的密封膜内的空气形成膜内外气压差，使黏土层产生固结压力。由于降低地下水位、真空预压和电渗法不增加地基土中的切应力，因此地基一般不会产生剪切破坏。所以，在工期等条件许可的情况下，这些方法适用于很软弱的黏土地基。

7.3　排水固结法的设计与计算

排水固结法的设计与计算，实质上在于合理协调安排排水系统和加压系统的关系，使地基在受压过程中排水固结，增加一部分强度以满足逐渐加荷条件下地基稳定性要求，并加速地基的固结沉降，缩短预压的时间。设计时主要根据上部结构荷载大小类别、地基土的各层性质及分布、工期要求与设备、环境条件，确定竖向排水体的直径、间距、深度和排列方式及预压荷载的大小和预压时间等。排水固结法的设计与计算可参照图 2.7-4 所示的流程进行。排水固结法在设计与计算之前，应进行详细的勘探和土工试验，以取得必要的原始资料，主要包括下列各项资料：

（1）土层条件：通过适量的钻孔绘制出土层的剖面图，采取足够数量的试验以确定土的种类、厚度，土的成层程度，透水层的位置，地下水位的深度。

（2）固结试验：固结压力与孔隙比的关系、固结系数。

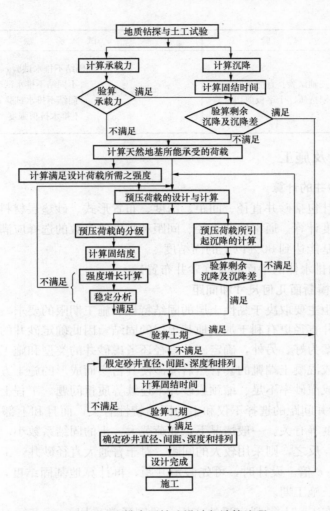

图 2.7-4　排水固结法设计与计算流程

（3）软黏土层的抗剪强度及沿深度的变化。

（4）砂井及砂垫层所用砂料的粒度分布、含泥量等。

（5）塑料排水带或砂袋在不同侧压力和弯曲条件下的通水量。

对于软黏土，常规的土工试验项目见表 2.7-1。

表 2.7-1　　　　　　　　　　　软黏土常规土工试验项目

试验目的	试　验	试　验　项　目
土体基本性质的掌握	物理性试验	含水量（w）、密度（ρ）、孔隙比（e）、塑限（w_p）、液限（w_l）、塑性指数（I_p）、液性指数（I_l）、饱和度（S_r）、土颗粒相对密度（d_s）
固结沉降量固结速率的推定	固结试验	先期固结压力（σ'_p）、压缩指数（c_c）、固结系数（C_v，C_h）、e-σ'_c 或 e-$\log\sigma'_c$ 曲线、渗透系数（k）

试 验 目 的	试　　　验	试　验　项　目
地基承载力 及稳定性分析	三轴试验、直剪试验 无侧限抗压、十字板剪切试验	三轴固结不排水试验 c'、φ' 三轴或直剪试验 $\left\{\begin{array}{l}\text{不固结不排水试验 } c_u \text{、} \varphi'\\ \text{固结不排水试验 } c_{cu} \text{、} \varphi_{cu} \text{和 } c \text{、} \varphi_c \end{array}\right.$ 不排水抗剪强度

7.4　排水体设计及施工

7.4.1　有关砂井的计算

砂井排水法设计包括砂井直径、间距、深度、布置形式、砂垫层材料和厚度的合理选择及砂井地基的固结度计算。通常砂井直径、间距和长度等参数的选择应满足在预压过程中不太长的时间内，地基能达到80%以上的固结度。

7.4.1.1　竖向排水体的平面布置（砂井布置）

1. 竖向排水体横断面几何尺寸和间距

砂井直径和间距主要取决于黏性土层的固结特性和施工期限的要求。研究表明，缩小砂井井距要比增大砂井直径更有利于加速地基土层的固结，因此确定砂井的直径和间距原则上以采用细而密的方案为好。另外，确定砂井直径还考虑砂井的类型和施工方法。例如，采用打入带有活瓣管尖或混凝土端靴的套管然后灌砂使其密实而成形的施工方法，砂井直径不宜过小，否则容易造成灌砂率不足、缩颈或砂井不连续等质量问题。工程上常用的普通砂井直径为20～50cm。砂井间距的选择不仅和土的固结特性有关，而且和上部荷载的大小、施工期限及黏土的灵敏度等有关。一般情况下，如荷载大、土的固结系数小、施工期限短时，可取较小的砂井间距，反之，则采用较大的间距。对于普通大直径砂井，工程上常用的间距一般为砂井直径的6～8倍。设计时，可先假定井距，再计算地基固结度，若不能满足要求，则可缩小井距或延长施工期。

目前袋装砂井在工程上得到广泛的应用，我国通常采用7cm直径，井距一般为1.0～2.0m，相当于井径比15～30。

塑料排水板的作用原理、设计与计算方法和砂井排水法相同，设计时把塑料板换算成相当直径的砂井，换算等效砂井直径 D_p 可按式（7.2）计算：

$$D_p = \alpha \frac{2(b+\delta)}{\pi} \tag{7.2}$$

式中　b——塑料排水板宽度，mm；

　　　δ——塑料排水板厚度，mm；

　　　α——换算系数，通过试验求得。根据大量试验资料，施工长度为10m左右，挠度为10%以下的排水板，适当的 α 值为0.6～0.9，对于标准型即宽 $b=100\text{mm}$ 左右，厚度 $\delta=3\sim4\text{mm}$ 的塑料板，取 $\alpha=0.75$，求得 $D_p=50\text{mm}$，即这种塑料板可按直径50mm的砂井进行计算。井径比可参照袋装砂井，采用15～30。

2. 竖向排水体深度

砂井、袋装砂井与塑料排水板排水体深度的选择和土层分布、地基中附加应力的大小、施工期限等因素有关。当软黏土层较薄时，竖向排水体应贯穿黏土层；当黏土层较厚但其间有砂层或透镜体时，一般情况下竖向排水体应尽可能打至砂层或砂透镜体（但要注意与预防在处理区与不处理区交界处须防止横向补给水的补给作用）；当黏土层很厚又无砂透水层时，可按地基的稳定性及建筑物沉降所要求处理的深度来决定。对于以沉降为控制的工程，当受压层厚度不很大（如小于 12m 时），可打穿受压层以减少预压荷载或预压时间；当受压层厚度很大时，因到深度较大处，附加应力与土自重应力相比已很小，砂井的排水固结作用已不大，砂井不一定打穿整个受压层。一般可先选定某砂井深度，砂井直径和间距通过沉降和固结度计算，预计经过一段时间预压后可能剩留沉降量，如这一沉降量不能满足建筑物的要求，则需重新选择砂井尺寸进行计算，直至满足要求为止。对于以地基的稳定性为控制条件的工程如路堤、土坝等，目前以滑弧稳定分析来确定砂井深度，砂井深度以超过最危险滑弧深度为好。

3. 竖向排水体排列

砂井、袋装砂井、塑料排水带的平面布置多采用正方形或梅花形，如图 2.7-5 所示。以正方形排列时，每根砂井、袋装砂井、塑料排水带的影响范围为正方形面积的 l^2。以梅花形排列时，每根砂井、袋装砂井、塑料排水带的影响范围为正六边形面积的 $0.866l^2$。为简化起见，每根砂井、袋装砂井、塑料排水带的影响范围折合为一个等面积的圆，则有效影响范围的直径 d_e 分别如下：以正方形排列时，由 $\pi(d_e/2)^2 = l^2$ 得 $d_e = 1.128l$；以梅花形排列时，由 $\pi(d_e/2)^2 = \frac{\sqrt{3}}{2}l^2$ 得 $d_e = 1.050l$。

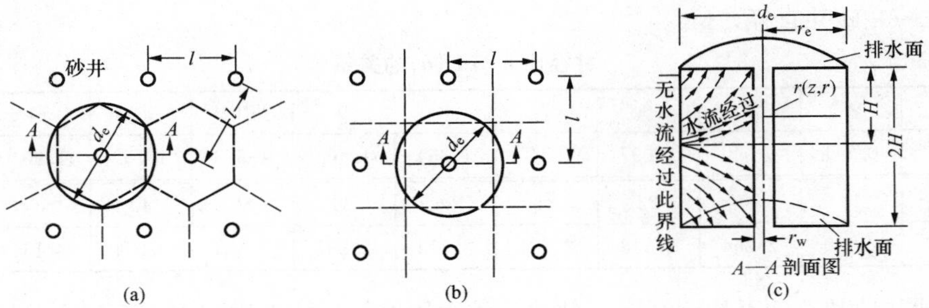

图 2.7-5　砂井平面布置及影响范围土柱体剖面

砂井、袋装砂井、塑料排水带的布置范围一般以比建筑物基础范围稍大为好，这是因为在基础以外的一定范围内，地基中仍然产生由于建筑物荷载而引起的压应力和切应力。基础外的地基土如能加速其固结对提高地基的稳定性和减少侧向变形及由此引起的沉降是有好处的。

4. 水平排水体——透水垫层

在砂井、袋装砂井或塑料排水带顶面应铺设排水砂垫层，以连通砂井、袋装砂井、塑料排水带，引出从土层排入竖向排水体的渗流水。砂垫层的厚度一般为 0.3~0.8m（较厚的淤泥顶面，水下砂垫层厚度可为 1.0m，甚至更大）。当缺乏砂料时，可用连通砂井的纵横砂沟代替整片砂垫层，也可用透水性更好但造价更高的瓜米石垫层。

7.4.1.2　砂井固结度的计算

固结度的计算是砂井地基设计中一个很重要的内容。因为知道各级荷载下不同时间的固结度，就可推算地基强度的增长，从而可进行各级荷载下地基的稳定分析，并确定相应的加荷计划。已知固结度，就可推算出加荷期间地基的沉降量，以便确定预压荷载的期限。

砂井地基的固结理论都是假设荷载是瞬时施加的，所以首先介绍瞬时加荷条件下固结度的计算，然后根据实际加荷过程进行修正计算。

1. 瞬时加荷条件下砂井地基固结度的计算

砂井地基固结度由竖向固结度和径向固结度构成，据此可求出在竖向和径向排水联合作用时整个砂井影响范围内土柱体的平均总固结度。

（1）竖向固结度：当 $U_z > 30\%$ 时，某一时间竖向固结度的计算按单向固结公式计算。

（2）径向固结度：某一时间径向固结度的计算公式为

$$U_r = 1 - e^{\frac{-8T_h}{F(n)}} \tag{7.3}$$

式中　U_r——径向固结度，%；

T_h——径向固结时间因数（无因次），$T_h = \dfrac{C_h l}{d_e^2}$；

C_h——径向固结系数，$C_h = \dfrac{K_h(1+e)}{\alpha r_w}$；

n——井径比，$n = \dfrac{d_e}{d_w}$；

$F(n)$——井径比 n 的函数，$F(n) = \dfrac{n^2}{n^2-1}\ln(n) - \dfrac{3n^2-l}{4n^2}$，井径比 n 与 $F(n)$ 的关系见表 2.7-2；

d_w——砂井直径，m。

表 2.7-2　　　　　　　　　井径比 n 与 $F(n)$ 的关系

n	4	5	6	7	8	9	10	12	14	16
$F(n)$	0.741	0.940	1.097	1.240	1.364	1.468	1.572	1.752	1.904	2.034
n	18	20	22	24	26	28	30	40	50	
$F(n)$	2.150	2.254	2.348	2.434	2.513	2.587	2.655	2.941	3.164	

（3）砂井地基总的平均固结度。砂井等排水体地基总的平均固结度 U_{rz} 是由竖向排水和径向排水所引起的，可按式 7.4 计算：

$$U_{rz} = 1 - (1 - U_z)(1 - U_r) \tag{7.4}$$

对于未打穿整个受压层的砂井，地基总的平均固结度 U 为

$$U = \rho U_{rz} + (1 - \rho)U' \tag{7.5}$$

式中　U'——砂井等排水体以下部分土层的固结度，按竖向固结理论计算，计算时可将砂井底部平面作为排水面；

ρ——砂井打入深度与整个压缩层厚度之比：

$$\rho = \frac{H_1}{H_1 + H_2}$$

式中　H_1——砂井长度，m；

H_2——砂井下压缩层范围内土层的厚度，m。

在实际工程中，一般软黏土层厚度比砂井的间距要大得多，故经常忽略竖向固结，利用式（7.3）便可确定砂井的间距，也可从图 2.7-6 查得。

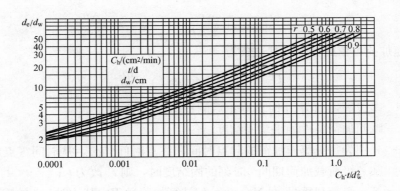

图 2.7-6　排水砂井设计计算曲线

2. 逐渐加荷条件下地基固结度的计算

　　以上计算固结度的理论公式是假定荷载一次瞬间加足的，而实际工程中，荷载总是分级逐渐施加的。因此，根据理论方法求得的固结时间关系或沉降时间关系必须加以修正，下面介绍改进的太沙基修正方法。

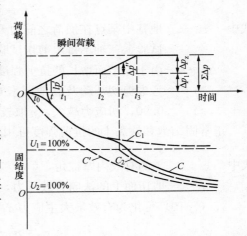

　　该修正方法的基本假定是，每一级荷载增量所引起的固结过程是单独进行的，和上一级或下一级荷载增量所引起的固结无关；每级荷载是在加荷起迄时间的中点一次瞬时加足的；在每级荷载 Δp_n 加荷起迄时间 T_{n-1} 和 T_n 以内任意时间 t 时的固结状态与 t 时相应的荷载增量（如图 2.7-7 中的 $\Delta p''$）瞬间作用下经过时间 $\frac{t-t_{n-1}}{2}$ 的固结状态相同，时间 t 大于 t_n 时的固结状态与荷载 Δp_n 在加荷期间（$t-t_{n-1}$）的中点瞬间施加的情况一样；某一时间 t 时总平均固结度等于该时各级荷载作用下固结度的叠加。

图 2.7-7　两级等速加荷固结度修正法示意图

　　对于两级等速加荷的情况，如图 2.7-7 所示，每级荷载单独作用所产生的固结度与时间的关系曲线为 C_1、C_2，根据上述假定按式（7.6）可计算出修正后的总固结度与时间的关系曲线 C。

　　当 $t_0 < t < t_1$ 时：

$$U'_t = U_{rz\left(t-\frac{t-t_0}{2}\right)} \frac{\Delta p'}{\Sigma \Delta p'}$$

　　当 $t_1 < t < t_2$ 时

$$U'_t = U_{rz\left(t-\frac{t+t_0}{2}\right)} \frac{\Delta p_1}{\Sigma \Delta p} \tag{7.6}$$

　　当 $t_2 < t < t_3$ 时：

$$U'_t = U_{rz\left(t-\frac{t_1+t_0}{2}\right)} \frac{\Delta p_1}{\Sigma \Delta p} + U_{rz\left(t-\frac{t+t_2}{2}\right)} \frac{\Delta p''}{\Sigma \Delta p}$$

　　当 $t > t_3$ 时：

$$U'_t = U_{rz\left(t-\frac{t_1+t_0}{2}\right)} \frac{\Delta p_1}{\sum \Delta p} + U_{rz\left(t-\frac{t_2+t_3}{2}\right)} \frac{\Delta p_2}{\sum \Delta p} \qquad (7.7)$$

多级等速加荷可依此类推，其通式为

$$U'_t = \sum_1^n U_{rz\left(t-\frac{t_n-t_{n-1}}{2}\right)} \frac{\Delta p_n}{\sum \Delta p} \qquad (7.8)$$

式中　　U'_t——多级等速加荷，t 时刻修正后的平均固结度，%；

　　　　U_{rz}——瞬间加荷条件的平均固结度，%；

　　t_{n-1}、t_n——分别为每级等速加荷的起点时间和终点时间（d），从时间零点起算，当计算某一级荷载加荷期间 t 时刻的固结度时，则 t_n 改为 t；

　　　　Δp_n——第 n 级荷载重量（kN/m²），如计算加荷过程中某一时刻 t 的固结度时，则用该时刻相对应的荷载增量。

7.4.2 地基抗剪强度增长的预计

当天然地基的抗剪强度不能满足加载稳定性要求时，利用地基因固结而增长的抗剪强度是解决问题的途径之一，即利用先期荷载使地基排水固结，从而使地基土抗剪强度提高以适应下一级加载。地基中某点在某一时间的抗剪强度 τ_f 可采用有效应力法进行计算：

$$\tau_f = \eta\,(\tau_{fo} + \Delta\tau_{fc}) \qquad (7.9)$$

式中　　τ_{fo}——地基中某点在加荷之前的天然抗剪强度（kPa），用十字板或无侧限抗压强度试验、三轴不排水剪切试验测定；

　　　$\Delta\tau_{fc}$——由于固结而增长的抗剪强度增量，kPa；

　　　　η——考虑剪切蠕动及其他因素对强度影响的折减系数，设计中一般采用 $0.75 \sim 0.90$，切应力越大，η 取较低值，反之取较高值。

正常固结饱和软黏土的抗剪强度可用式（7.10）表示：

$$\tau_f = \sigma' \tan\varphi' \qquad (7.10)$$

式中　　φ'——土的有效内摩擦角，（°）；

　　　　σ'——剪切面上的法向有效压力，kPa。

式（7.10）可化为有效最大主应力 σ'_1 的关系式如下：

$$\tau_f = \sigma'_1 \frac{\sin\varphi'\cos\varphi'}{1+\sin\varphi'} = k\sigma'_1 \qquad (7.11)$$

因此，由于地基固结而增长的强度为

$$\Delta\tau_{fc} = k\Delta\sigma'_1 = k(\Delta\sigma_1 - \Delta u)k\Delta\sigma_1\left(1 - \frac{\Delta u}{\Delta\sigma_1}\right)kU\Delta\sigma_1 \qquad (7.12)$$

由此可得

$$\tau_f = \eta\left[\tau_{fo} + k\,(\Delta\sigma_1 - \Delta u)\right] \qquad (7.13a)$$

或

$$\tau_f = \eta\,(\tau_{fo} + kU\Delta\sigma_1) \qquad (7.13b)$$

式中　　k——有效内摩擦角的函数，$k = \dfrac{\sin\varphi'\cos\varphi'}{1+\sin\varphi'}$；

　　　　Δu——荷载所引起的地基中某一点的孔隙水压力增量（kPa），由现场测定；

　　　　U——地基中某点的固结度，可用平均固结度代替；

　　　$\Delta\sigma_1$——荷载所引起的地基中某一点的最大主应力增量（kPa），按弹性理论公式计算。

也可以利用天然地基的十字板强度推算法。十字板测定地基的天然强度 τ_0 与深度 z 的

关系如图 2.7-8 所示，其表达式为

$$\tau_0 = c_0 + \lambda z \tag{7.14}$$

式中　c_0——地基强度增长线在 $z = 0$ 处的截距；

　　　λ——地基强度增长线的斜率，$\lambda = \tan\alpha$；

　　　z——地面以下深度。

软土地基在附加荷载作用下，随时间 t 与深度 z 变化的地基预测强度可用下式计算：

$$\tau_f = c_0 + \lambda z + \sigma_z U_t \left(\frac{c_0}{\sigma_z U_t + \gamma z} + \frac{\lambda}{\gamma} \right) \tag{7.15}$$

式中　σ_z——地基中某点深度 z 处的竖向附加应力；

　　　U_t——t 时刻地基平均固结度；

　　　γ——地基土的重力密度，地下水位以下为有效重力密度。

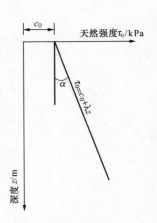

图 2.7-8　天然强度与深度的关系

7.4.3　稳定性分析

稳定性分析是路堤、土坝及岸坡等以稳定为控制的工程设计中的一项重要内容，其目的在于校核所拟定的加荷计划下地基的稳定性，如果验算的结果不符合要求（或地基不稳定或安全系数过大），则应另行拟定加荷计划，甚至改变地基处理方案，以保证工程的安全稳定性和经济合理性。通过稳定性分析可解决如下问题：地基在其天然抗剪强度条件下的最大堆载、预压过程中各级荷载下地基的稳定性、最大许可预压荷载、理想的堆载计划。

在软黏土地基上筑堤、坝或进行堆载预压，其破坏往往是由于地基的稳定性不足而引起的，当软土层较厚时，滑裂面近似为一圆筒面，而且切入地面以下一定深度。对于砂井地基或含有较多薄粉砂夹层的黏土地基，由于其具有良好的排水条件，在进行稳定分析时应考虑地基在填土等荷载作用下会产生固结而使土的强度提高。下面介绍地基强度沿深度增加时的稳定性分析方法。

正常固结的海相沉积的饱和软黏土地基的不排水抗剪强度常随深度成比例增加，地面下 z 深度处土的不排水抗剪强度可表示为

$$\tau_f = \tau_0 + \lambda z \tag{7.16}$$

式中　τ_0——强度随深度增长线在地面的截距，kPa；

　　　λ——强度沿深度的增长率。

由于填土的压力，地基产生固结而使其强度提高，某一时刻地基中任意点的抗剪强度可按式（7.13b）计算，然后把强度沿深度的变化整理出来，它具有与式（7.16）相同的形式，只是 τ_0 和 λ 值不同。

图 2.7-9 所示为软黏土地基上建造的一个堤坝的断面，滑弧 ABD 同时切过坝体和地基。抗滑稳定安全系数 K_h 定义为

$$K_h = \frac{M_\text{抗}}{M_\text{滑}} \tag{7.17}$$

式中　$M_\text{抗}$——滑弧面上剪阻力对圆心的力矩，kN·m；

　　　$M_\text{滑}$——滑动体重量对圆心的力矩，kN·m。

滑动力矩 $M_\text{滑}$ 根据堤坝断面分块或分条计算：

267

$$M_{滑} = \sum_{1}^{n} w_i d_i \tag{7.18}$$

式中　w_i——分块（条）的重量，kN；

　　　d_i——分块（条）的重心至滑弧圆心的距离，m；

　　　n——块（条）数。

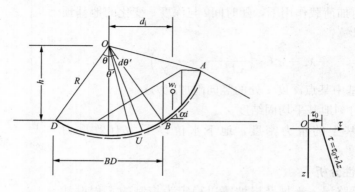

图 2.7-9　强度随深度增加时稳定分析

地基部分的滑动力矩由于圆心垂线两侧对称，其土重作用线通过圆心，不必计算。

抗滑力矩是由滑弧面上的剪阻力产生的，它包括地基部分 $\overset{\frown}{BD}$ 段剪阻力的抗滑力矩和堤（坝）部分 $\overset{\frown}{AB}$ 段的抗滑力矩，分别按下式计算：

$$M_{抗\overset{\frown}{BD}} = R^2 \left[(\tau_0 - \lambda h)\theta + \lambda \overset{\frown}{BD} \right] \tag{7.19}$$

$$M_{抗\overset{\frown}{AB}} = \eta_m R \sum_{A}^{B} \left[C_u l_i + \eta W_i \cos\alpha_i \tan\varphi_u \right] \tag{7.20}$$

式中　θ——$\overset{\frown}{BD}$ 的圆心度（弧度）；

　　　η_m——坝体抗滑力矩折减系数，可采用 0.6～0.8；

　　　η——强度指标折减系数，可采用 0.5；

C_u、φ_u——坝体土抗剪强度指标，由固结不排水剪试验测定。

由此可得地基的抗滑稳定安全系数 K_h 为

$$K_h = \frac{M_{抗\overset{\frown}{AB}} + M_{抗\overset{\frown}{BD}}}{M_{滑}} = \frac{\eta_m R \sum_{A}^{B} \left[C_u l_i + \eta_{W_i} \cos\alpha_i \tan\varphi_u \right] + R^2 \left[(\tau_0 - \lambda h)\theta + \lambda \overset{\frown}{BD} \right]}{\sum_{1}^{n} w_i d_i}$$

$$\tag{7.21}$$

选用不同的圆心，不同半径的圆心弧，按式（7.21）重复计算，直至找到最小安全系数的圆心弧。稳定计算很费时间，可借助计算机计算，最小安全系数要求达到 1.2～1.5。

另外，由于堤坝荷载作用下，地基各部分的附加应力和固结度不同，因此增长后的地基强度并不相同（坝身下地基的固结度相差不大，计算时可用同一值），为了比较合理地考虑各部位的地基强度，提高计算精度，稳定分析时有必要将地基按抗剪强度不同进行分区，一般可分为砂井区、堤坝两侧的非砂井区及砂井以下的未处理区。如果堤坝断面底宽较大，可把砂井区再分为中区和边区。

7.4.4　沉降计算

对于以沉降为控制条件需进行预压处理的工程，沉降计算的目的在于估算堆载预压期间沉降的发展情况、预压时间、超载大小及卸载后所剩的沉降量，以便调整排水系统和加压系统的设计。对于以稳定为控制的工程，通过沉降计算，可以估计施工期间因地基沉降而增加的土石方量，估计工程完工后尚未完成的沉降量，以便确定预留高度。

根据国内外建筑物实测沉降资料的分析结果，在不考虑次固结沉降的条件下，最终沉降量 S_∞ 可按式（7.22）计算：

$$S_\infty = mS_c \tag{7.22}$$

式中　S_c ——固结沉降量，mm；

　　　m ——考虑地基剪切变形及其他影响因素的综合性经验系数，它与地基土的变形特性、荷载条件、加荷速率等因素有关，对正常固结或稍超固结土，m 通常取 1.1～1.4。

固结沉降 S_c 目前工程上通常采用单向压缩分层总和法计算，即

$$S_c = \sum_{i=1}^n \Delta si = \sum_{i=1}^n \frac{e_{oi} - e_{li}}{1 + e_{oi}} \Delta hi \tag{7.23}$$

式中　e_{oi} ——第 i 层中点的土自重应力所对应的孔隙比；

　　　e_{li} ——第 i 层中点的土自重应力和附加应力之和相对应的孔隙比；

　　　Δh_i ——第 i 层厚度，mm。

e_{oi} 和 e_{li} 可从室内固结试验所得的 e-σ'_c 曲线上查得（σ'_c 为有效固结压力）。

对于一次瞬间加荷或一次等速加荷结束后任何时间的地基沉降量，可按式（7.24）计算：

$$S_t = (m - 1 + U_t)S_c \tag{7.24}$$

对于多级等速加荷情况，可按式（7.25）计算：

$$S_t = \left[(m - 1) \frac{p_t}{\Sigma \Delta p} + U_t \right] S_t \tag{7.25}$$

式中　U_t ——t 时间地基的平均固结度，%；

　　　p_t ——t 时间的累计荷载，kN/m。

7.4.5　其他竖向排水体设计中需要注意的问题

工程上所应用的排水竖井有塑料排水带、袋装砂井和普通砂井，而塑料排水带应用最为广泛。

7.4.5.1　塑料排水带

目前在工程上常用的塑料排水带大多为复合结构型排水带，它由带沟槽的芯带和包在芯带外面的滤膜套组成。塑料排水带的性能指标是工程上所关心的问题，其性能指标包括纵向通水量、滤膜的特性和渗透性及材料强度、柔性和耐火性等。

1. 塑料排水带的当量换算直径

塑料排水带的纵向通水量与其截面尺寸，即当量换算直径有关。塑料排水带的当量换算直径 d_w 最早是由 Hansbo（1979 年）根据周长相等的假定得到：

$$d_w = \frac{2(b + t)}{\pi} \tag{7.26}$$

式中　b 和 t ——分别为塑料排水带的宽度和厚度。

其后的研究表明，由于存在角效应，当量直径小于式（7.26）的计算结果，Rixner 等（1986 年）根据有限元的分析结果，建议按式（7.27）计算：

$$d_w = \frac{b+t}{2} \qquad\qquad (7.27)$$

他还给出了其他几个计算公式，其中有

$$d_w = \left[\frac{4\,(bt)}{\pi}\right]^{\frac{1}{2}} \qquad\qquad (7.28)$$

LongRichard 等（1994 年）用电模拟的方法得到式（7.29）：

$$d_w = 0.5b + 0.7t \qquad\qquad (7.29)$$

根据对多种类型的塑料排水带计算结果的比较，式（7.27）、式（7.29）的计算结果很接近，式（7.26）的计算结果偏大，所以有的研究者对式（7.26）乘以 0.75 左右的换算系数。式（7.28）的计算结果偏小。式（7.29）与 Suits 等（1986 年）的试验结果接近。

由于研究结果的不确定性和竖井地基设计参数的不可靠性，实际上很难确定用哪一个公式计算比较准确。

2. 塑料排水带的纵向通水量

对于复合型塑料排水带，根据试验结果，水流在芯带沟槽中的流动并不符合达西定律（T. B. S. Pradhan 等，1991 年），作者建议采用纵向通水量来评定塑料排水带的排水功能而不是应用渗透系数。

纵向通水量是竖井排水设计中的一个重要指标。一般情况下，纵向通水量越大，竖井的井阻越小。影响塑料排水带纵向通水量的主要因素有以下几个方面。

（1）芯带的过水断面。

（2）侧向土压力对通水量的影响。从室内试验结果可看出，随着侧压力增大，通水量减小，侧压力一定时，通水量随时间而减小。其原因是侧向压力作用使滤膜嵌进芯带槽中及滤膜蠕变而使过水断面减小。

（3）施工或地基变形引起塑料排水带的弯曲、扭、折曲等的影响。排水带弯曲、扭、折曲使通道的水流阻力增大，从而使其通水量减小。减小的程度与排水带本身的质量、变形的性质和大小有关。有的室内试验结果表明，排水带弯曲，在 $15\% \sim 20\%$ 竖向应变范围以内对通水量没有太大影响。然而，排水带在实际堆载作用下的变形情况并不清楚。Hisao 和 Abosi 等（2001 年）认为，塑料排水带随着周围黏土层的固结沉降几乎不能在竖向缩短它的长度，在水平向受压时难以确保竖向的透水性。他在论文中介绍了由 S. L. Lee 教授和他的同事所发明的一种由天然纤维材料制成的纤维排水带（FD），这种排水带在竖向应变达到 24% 时尚能保持竖向透水性，而塑料排水带（PD）在竖向应变达到 19% 以前即已丧失透水性。比较从固结试验结束后取出的排水带形状，纤维排水带材料产生了缩短，几乎没有观察到侧向变形，它的厚度大约从 9mm 增加到了 $10\sim12$mm，孔隙水压力完全消散，而塑料排水带材料却发生三四处的折曲而非正弦状弯曲，这些折曲使排水带在固结试验结束时保留一定的残余孔隙水压力，并使其丧失透水性。与通常的经验不同，在天然黏土层中，即使在很软弱的黏土层中，当土层发生固结变形时，塑料排水带不会在深部弯曲。根据理论分析，普通应用的由塑料制成的 PVD 的正弦状弯曲曲线半波长仅为 $2\sim3$cm 程度，在地基发生较大竖向变形时，塑料排水带实际发生的是呈 Z 形的折曲变形，这将使纵向通水量显著降低。

270

普通砂井在地基发生固结变形时，由于能发生侧向变形，甚至在较大竖向应变条件下仍能发挥排水井的功能。纤维排水带的性质介于普通砂井与塑料排水带之间，它不会发生折曲状变形，其竖向应变至少在 24% 以内仍能发挥其排水功能。

塑料排水带随着地基固结沉降它实际的变形形状，其纵向通水量与竖向应变的关系等都有待进一步探讨。由于塑料排水带在预压荷载下位置不同，其变形性质也会有所不同，有意识地选择一些不同部位的排水带来测预压过程中单井的出水量是一种可行的方法。

（4）滤膜蠕变影响。室内长期（持续 5 个月）试验结果表明，由于滤膜的蠕变变形，纵向通水量随时间明显减小。

（5）细颗粒可能堵塞部分排水通道。Jun chunchai 等（1999 年）对黏土试样中的塑料排水带进行了通水量试验，试验结束后从排水通道中收集到的细颗粒由电子显微镜证实其颗粒大小为细的黏土颗粒。观测发现，在槽口处的滤膜与黏土接触面的颗粒比与芯带接触处的要粗，这直接说明了细颗粒通过滤膜进入芯带通道。

（6）水力梯度影响。排水井中水力梯度大小对通水量也有一定影响。水力梯度 i 越高，气泡在通道中受到的阻碍就越小，细颗粒附着在通道壁的可能性也越小。

3. 塑料排水带的选择

在实际工程中，为了保证塑料排水带的排水功能，又尽可能地降低造价，塑料排水带的选择就成为设计人员的一项重要工作。根据竖井地基径向排水平均固结度理论公式（《建筑地基处理技术规范》2002 年），如以竖井地基径向固结度达到 $\overline{U}_r = 0.9$ 为标准，则可求得不同竖井深度 L，不同井径比 n 和不同 q_w / k_h（q_w 为通水量，k_h 为未扰动土水平向渗透系数）比值时，考虑井阻影响（不考虑涂抹作用）和理想井条件（不考虑井阻和涂抹作用）无固结时间因子 $T_{h90(r)}$ 和 $T_{h(90)i}$。对于不同深度的竖井地基，如以 $T_{h90(r)} / T_{h(90)i} \leqslant 1.1$ 作为可不考虑井阻影响的标准，则可得到相应的 q_w / k_h 值，因而可得到竖井所需的通水量 q_w 理论值，即竖井在实际工作状态下应具有的纵向通水量值。对于塑料排水带来说，它不同于实验室按一定标准测定的通水量值，同样是实验室测定，试验条件不同，结果也会有差别，例如，排水带外包乳胶膜测定的通水量和排水带在土样中测定的结果就不相同，根据 Jun chunchai 等（1999 年）的试验结果，黏土样中的排水带一星期（短期）的纵向通水量仅为外包乳胶膜排水带通水量的 20% 左右。按工程上常用的外包乳胶膜测定的产品通水量应比排水带在实际工作状态下的通水量要高得多。如何选用产品的通水量是一个很复杂的问题，排水带室内试验条件与现场条件的差别（如水力梯度不同等）、排水带的深度、施工对土体的扰动影响、塑料排水带的变形及工期要求等因素都会影响到对产品通水量的选择。此外，在预压过程中土层的固结速率也是不同的，预压初期固结较快，需要通过塑料排水带排出的水量较大。Pradhan 等（1991 年）提出了一个简便方法来估算塑料排水带用于实际工程时所需纵向通水量 Q_{req} 的方法，其中做了如下规定：①选用固结度达到 10% 所需的时间来估算通水量（$U_{10} = 0.1$）；②竖井范围土层的最终固结沉降量为土层厚度的 25%（$\varepsilon_f = 0.25$）；③应用 Barron 理论解；④考虑排水带本身长期作用变质和细颗粒的堵塞作用，安全系数 F_s 取 2。考虑直径为 d_z、深度为 z 的圆柱体的径向排水固结，可得到塑料排水带纵向通水量 Q_{req} 的表达式为

$$Q_{req} = \varepsilon_f U_{10} F_s z \pi C_h / (4 T_h 864\,00) \tag{7.30}$$

其中

$$T_h = -F_{(n)} \ln (1 - U_{10}) / 8$$

$$F_n = \frac{n^2 \ln (n)}{(n^2 - 1)} - \frac{3n^2 - 1}{4n^2}$$

$$n = d_e / d_w$$

式中　d_e——排水带有效排水圆柱体直径；

　　　C_h——水平向固结系数，cm^2/d。

按照式（7.30）计算的 Q_{req} 是偏安全的，因为它没有考虑涂抹等影响。

丁. Akagi（1994 年）提出实际通水量：

$$q'_w = \frac{1}{F_s} q_w$$

式中　q_w——排水带产品通水量；

　　　F_s——折减系数。

考虑各种影响因素，F_s 值为 1.5～9。Mesri 等（1993 年）通过四座堤坝的反分析，塑料排水带在原位条件的通水量为初始值的 1/10～1/3。中国土工合成材料工程协会的塑料排水板设计规程中建议采用 $F_s = 4 \sim 6$。

7.4.5.2　固结系数

固结系数是计算土层固结速率的最基本的参数。工程上所关心的是 C_v、C_h 值及它们的比值大小。由于 C_h 与垂直压缩性和水平渗透性有关，而且控制着进入排水井的径向水流，因此这一参数的准确测定有其很重要的意义。C_h 值通常为 $2C_v \sim 10C_v$ 范围。室内用固结仪来测定 C_h 值，固结仪内黏土试样的中心设有排水砂井，与常规试验一样施加垂直荷载并量测固结速率。M. S. S. Almeida 等（2000 年）应用普通的固结试验装置，在土样中设置排水砂井，使土样仅产生径向排水；土样直径为 100.8mm，高度为 30mm，土样中分别设置 7、19 和 37 根直径分别为 6.3mm 和 4.1mm 的砂井，因此排水井的井径比为 11.46、7.22、5.73、3.61、3.82 和 2.41。这一特殊的固结试验可能产生的问题是，砂井和黏土之间的相对刚度会影响竖向压缩且在土和钢环接触面存在渗水影响，这些因素将造成 C_h 结果的不真实，因此，他提出了真实的 C_h（真）计算式为

$$C_h \text{（真）} = \frac{C_h \text{（计算）}}{I_r \times I_h} \tag{7.31}$$

式中　I_r 和 I_h——分别为砂井与黏土相对刚度及土与钢环接触面排水的影响系数。

一旦砂井的面积置换率 R_a 确定，则对于一定的砂井直径，影响系数 I_r 和 I_h 随 R_a 的变化就能表示出来。

为了反映土的成层性影响，Rowe（1968 年）提倡应用大的试样进行固结试验，试样直径达 254mm，厚 63mm。

C_v、C_h 值与固结压力大小有关，设计时常取相应预压荷载压力范围的 C_v、C_h 和 C_h 平均值来计算土层的固结速率，这将会低估预压初期的土层的固结速率。Hansbo（1997 年）指出，土体的应力历史是一个很重要的因素，因为低于先期固结压力的固结系数比高于先期固结压力的固结系数要高得多，正确地确定先期固结压力随深度的变化是相当重要的，固结过程的分析必须分别低于和高于先期固结压力两部分。Nash 等（1992 年）针对所试验的黏土，测得在原位压力水平下，C_v 值约为 $10\ m^2/a$，但是在压力超过先期固结压力，比原位压力高 4 倍的压力条件下，C_v 减小到 $1.0\ m^2/a$。

渗透试验是另一种测量水平向渗透系数与竖向渗透系数比值大小的方法。这种方法比之由 C_h / C_v 得到的值更为可靠，因为它不受两个土样压缩性差别的影响。Rowe（1972 年）和 Rowe 与 Shields（1965 年）指出了试样大小对测量值 C_h 的影响。因为大于 4in 直径的土样很难取得，尺寸效应通常采用原位渗透试验的方法来研究，孔压计周围的水流有效半径达 4ft，所以它反映了很大试样的渗透试验结果。对于成层土来说，粉土含量对渗透系数 K_v 影响并不显著，而对 K_h 值影响很大，因此，可假定 K_v 等于实验室测定的值，然后应用该值通过原位渗透试验结果来计算 K_h 值。Hansbo（1997 年）建议对于土体含有高渗透性水平夹层的情况，通常都尝试采用能测孔压的触探法来预计固结系数。

利用可测孔隙水压力的触探头通过孔隙水压力消散来确定 C_h 值，当贯入孔压触探头时引起土体超固结，因此，由这些试验所得到的固结系数是由超固结条件得到的。为了得到正常固结条件的固结系数，Baligh 和 Levadoux（1986 年）建议采用比值 $C_s / C_c = 0.10$（C_s 为膨胀指数，C_c 为压缩指数）进行计算。

原位测定 C_h 是从渗透仪估算得到的，而不是从应力增加时垂直发生的压缩变形速率估算而来的，这是这种试验的不足之处。

由于天然土层具有一定的层理性，由室内小试样固结试验测得的固结系数比原位土层固结系数要小得多。对于实际预压工程，往往通过试验段实测的沉降或孔隙水压力时间关系曲线来推算土层的固结系数并以此来计算其后工程地基的固结速率。Almeida 等（2000 年）介绍了经 Magnan 和 Deroy（1980 年）修正的 Asaoka（1978 年）方法来推算 C_h，其表达式如下：

$$C_h = -\frac{\dfrac{\ln(\beta_1)}{\Delta t}}{\dfrac{8}{d_e^2 F_s(n)} + \dfrac{\pi^2}{4H_d^2 r}} \tag{7.32}$$

其中

$$r = C_h / C_v$$

式中　β_1 ——Asaoka 图中直线的坡度；

　　　H_d ——竖向排水距离。

当忽略井阻只考虑涂抹影响时，根据 Hansbo（1981 年）：

$$F_s(n) = \ln\left(\frac{n}{s}\right) - 0.75 + \left(\frac{K_h}{K_s}\right)\ln s \tag{7.33}$$

其中

$$s = d_s / d_w$$

式中　d_s ——涂抹区直径。

由 Asaoka 法确定的固结系数会随固结度增加而减小，此外，C_h 值对时间间隔 Δt 的取值及对直线部分的选取都较敏感。

Asaoka 法的一个重要特点是，它可分别确定固结系数及最终沉降量。在常规方法中，固结系数和最终沉降量都必须配合理论曲线和实测曲线而进行估计，而且如果没有固结开始的沉降记录，就不能准确地确定最终沉降量。对于绝大多数沉降观测资料，急剧拐弯点发生在 90% 主固结附近，而当采用 Tergaghi 解时，除非观测时间足够长，否则就得不到关于 C_v 的结论。而采用 Asaoka 法时只要固结度达到 60% 以后，就往往能得到较好的预计结果

（Magnan 和 Deroy，1980 年）。

指数曲线配合法是工程上常用的推算预压荷载下地基最终沉降量和固结参数的方法（《地基处理手册》，2000 年）。各种排水条件下土层平均固结度的理论解可以归纳为下面一个普遍的表达式（曾国熙，1959 年）：

$$\overline{U} = 1 - \alpha e^{-\beta t} \tag{7.34}$$

式中　α、β——与排水条件有关的参数，作为实测的沉降—时间曲线配合，α 取理论值而 β 则为待定的参数。

由该法推算得到的 β 值直接反映了地基固结的快慢，因为从 β 的物理意义可知，它综合反映了固结系数、排水距离、井阻和涂抹等影响。各地区的 β 值积累多了，它本身就是一个具有实用意义的经验指标。以式（7.34）为理论依据而建立推算最终沉降的方法的优越性之一就在于它和固结理论解可以密切联系起来，β 值具有明确的物理意义。

7.4.5.3　井阻和涂抹影响

1. 井阻影响

竖井的井阻大小取决于竖井的长度及比值 $\dfrac{q_w}{K_h}$ 的大小。竖井长度一旦确定，土的水平向渗透系数一定，则井阻大小就取决于竖井本身的纵向通水量 q_w 大小。凡英佩（1992 年）认为排水流量每年超过 150m³，排水井本身的阻力对固结速率的影响很小。Holts 等对大尺寸可压缩黏土圆柱体中排水井的实验室试验表明，竖向变形达到 15%～35%，排水速率明显减小。他认为，只要通水量大于 100～150m³/a，排水带设置对井流量减小没有明显影响，除了极端情况（非常长的竖井；砂质粉土），几百 m³/a 的通水量对所有排水带都是足够的。Kramer 等（1983 年）对各种类型排水带的研究指出，黏土中排水井的通水量 q_w 在侧压力 $J_h = 0$ 时不应小于 780m³/a 及在 $J_h = 15$kPa 时不应小于 160m³/a。Koda 等观测到，当 q_w 接近 100m³/a 时对固结速率有明显影响，因此，他认为排水井通水量不降低到 100m³/a 以下，实际应用是可以接受的。Hansbo（1997 年）认为市场上大部分塑料排水带具有足够高的通水量，井阻可以忽略。以上列举了排水井本身通水量大小对井阻的影响。因为井阻大小除与排水井本身通水量大小有关外，还与土层的水平向渗透系数、排水井长度等有关。在一般情况下，如竖井深度在 20m 以内，土层水平向渗透系数小于 2×10^{-7}cm/s，则在排水井通水量不小于 150m³/a 的情况下，井阻对固结速率的影响不大。

2. 涂抹影响

当采用端部封闭的套管以挤土方式设置竖井时，井周土受到扰动形成涂抹区。土的扰动程度取决于套管大小和形状、土的微观结构及施工程序等。Bergo 等（1991 年）从现场试验堤变形观测得到，小直径套管施工区沉降速率比大直径套管区大，说明小直径套管施工涂抹影响较小。

（1）涂抹区土渗透性降低对固结的影响。涂抹影响取决于涂抹区直径与竖井直径之比 s 及未扰动土水平向渗透系数 K_h 与涂抹区土水平向渗透系数 K_s 之比 K_h/K_s 的大小。s 和 K_h/K_s 越大，土层固结速率越缓慢。B. Indraratna 等（1998 年）应用大尺寸三轴固结仪，土样尺寸为，直径 450mm，高度 950mm，土样中心砂井直径为 50mm，通过在砂井周围取样测定渗透系数变化以确定涂抹区大小和性质。试验结果表明，靠近砂井水平向渗透系数明显减小，而竖向渗透系数几乎没有什么变化。涂抹区半径预计为砂井制作套管半径的 4～5

倍。Hansbo（1987 年）根据 Holtz 和 Holm（1973 年）的研究，建议取 $s = 2$，他于 1997 年的报告中取 1.5～3.0。Akagi（1976 年）提出涂抹区直径为 2 倍套管当量直径。Jami-olkowski 等（1981 年）提出涂抹区直径 $d_s = (2.5～3.0) d_w$（d_w 为套管当量直径）。

另一影响固结速率的参数为比值 K_h / K_s，不少学者对该比值提出了研究结果。Jami-olkowski 等（1985 年）根据某试验堤沉降资料，提出 K_h / K_s 比值范围为 1.5～2.0。Berga do 等（1991 年）根据试验研究提出 K_h / K_s 比值为 1.5～2.0，取平均值 1.7。Hansbo（1997 年）对瑞典 Ska-Eda 堤取 $s = 2$，$K_h / K_s = 4$；对意大利 Porto Tolle 场地取 $s = 2$，$K_h / K_s = 2$。Indraratna 和 Redana（1997 年）报告 K_h / K_s 比值高达 2～3 个数量级。

从以上研究结果来看，涂抹区大小和渗透系数的确定是很困难的，因为土的扰动程度取决于多种因素，如土的初始状态、黏性土的灵敏度、地下水压力、施工所用套管形状、大小和设置方式等，而且涂抹区内土的扰动程度也不同，Onoue 等（1991 年）根据测量的孔隙比资料建议分两个扰动区（区Ⅱ和区Ⅲ），其中区Ⅱ为部分重塑区，竖井设置引起该区孔隙比减小因而导致渗透性降低；区Ⅲ为完全重塑区。BoMyintWin 等（1998 年）在现场进行了竖井套管贯入前后不同标高土的渗透试验（渗透仪直径为 30mm，长度为 40mm），结果表明，在距贯入点 300mm 处，渗透系数减小显著，距贯入点 500mm 处稍有减小，而在 1000mm 处没有减小，由此得到 $s = 2.5～4.2$。在贯入点处的黏土的渗透系数减小到接近于重塑土的渗透系数。根据该场地取土在室内做固结试验得到的渗透系数比（K_h / K_s）达 9.0。根据作者应用平均 C_v 值 1m²/a 和 C_h 值 2m²/a，涂抹区比 s 为 2.5 及渗透系数比（K_h / K_s）为 4.0，所预计的固结度—时间曲线与现场实测曲线拟合得较好。

涂抹作用对竖井地基固结速率影响比较大，从现场距套管贯入点不同距离的原位渗透性试验和取土做室内渗透试验是研究该问题的基本方法，此外，尚可根据现场固结度—时间曲线进行反分析取得涂抹区参数。

（2）涂抹区土压缩性增大对固结的影响。涂抹区土压缩性增大对土层固结速率的影响由参数 $\alpha_E = \dfrac{n^2 - s^2}{n^2 - 1} + \dfrac{s^2 - 1}{n^2 - 1} \dfrac{E'_s}{E_s}$ 表征（谢梁和，1993 年），其结果是使竖井地基固结速率变为原来的 α_E 倍。一般 $E'_s < E_s$。α_E 的变化范围为 $\dfrac{n^2 - s^2}{n^2 - 1} < \alpha_E < 1$。若按袋装砂井或塑料排水带地基的一般情况（$n \approx 15$，$s \approx 3$）计算，则 $0.96 < \alpha_E < 1$，故涂抹区压缩性增大至多使竖井地基固结速率降为原来的 96%。这与涂抹区土渗透性降低对固结速率的影响相比，可以略去不计。

7.4.6　施工工艺

从施工角度分析，要保证排水固结法的加固效果，主要取决于铺设水平排水垫层、设置竖向排水体和施加固结压力三个环节，每个环节的工艺都有其特殊要求，它关系到用该法加固软土地基的成败。

7.4.6.1　水平排水垫层的施工工艺

排水垫层的作用是使预压过程中从土体进入垫层的渗流水迅速地排出，使土层的固结能正常进行。排水垫层的质量直接关系加固效果和预压时间的长短。

1. 排水垫层材料的选择

排水垫层材料一般采用透水性好的砂料，其渗透系数一般不低于 10^{-3} cm/s，同时能起到一定的反滤作用，避免土颗粒渗入垫层孔隙中阻塞排水通道，减小渗透性。为保证垫层的渗透性，一般采用级配合适的中粗砂，其粒度分布范围如图 2.7-10 所示，并要求含泥量不超过 3%，无杂物和有机质混入。粉土、细砂一般不宜采用。若理想的砂料来源困难，也可因地制宜地选用符合要求的其他材料（如瓜米石）等，或采用连通砂井的砂沟来代替整片砂垫层。其构造形式如图 2.7-11 所示。

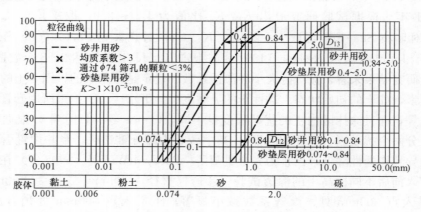

图 2.7-10　排水砂井及砂垫层所用砂的粒度分布图

2. 排水垫层的厚度

排水垫层的厚度首先要满足从土层渗入垫层的渗流水能及时地排出去，另一方面能起到持力层的作用，其厚度一般为 30～60cm。对于高含水量淤泥地基土，厚度可达 100cm。至于采用那一种垫层，要根据被加固地基表层土的性质及砂井施工机械的性能具体确定。当表层有一定厚度的硬壳层，能承受施工机械的重量时，可按标准排水砂垫层的要求铺设。对于新吹填或最新沉积的超软土地基，应采用刚度较大的荆笆或竹笆与砂垫层或砂垫层、山皮土复合垫层。

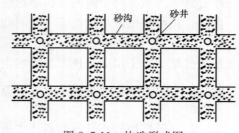

图 2.7-11　构造形式图

3. 排水垫层的施工

排水砂垫层目前有四种施工方法。

（1）当地基表层具有一定厚度的硬壳层，其承载力较好，能上一般运输机械时，一般采用机械分堆摊铺法，即先堆成若干砂堆，然后用机械或人工摊平。

（2）当硬壳层承载力不足时，一般采用顺序推进摊铺法。

（3）当软土地基表面很软，首先要改善地基表面的持力条件，以便能承受施工人员和轻型运输工具。

（4）尽管对超软地基表面采取了加强措施，但持力条件仍然很差，一般轻型机械还上不去，这种情况下通常采用人工或轻便机械顺序推进铺设。

7.4.6.2　竖向排水体的施工

1. 排水类型的选择

对一项目在选择排水类型时要考虑的主要因素是等效直径、排水能力、过滤装置的特性和渗透性以及材料强度、弹性和耐久性。

对于通常的预制排水，d_w 的范围为 50～70mm，用小于 50mm 的等效直径通常是不合适的，所选的排水在给定最大有效水平压力时其竖向排水能力不小于 100m³/年。

在小颗粒不进入过滤器的前提下，过滤器越大越好，最基本的要求是过滤装置必须具有比相邻的土较大的渗透性（Holtz，1987 年），其适合的应用条件为

$$k_{\text{geotextile}} \geqslant 10 k_{\text{soil}} \tag{7.35}$$

不适用的条件是

$$k_{\text{geotextile}} = k_{\text{soil}} \tag{7.36}$$

过滤装置大部分具有足够的渗透能力。过滤器的抵抗力是由土颗粒的大小及过滤器孔压的分布决定的。过滤机理分为三类：蛋糕式排水、模块式排水、深度排水（Vreekenetal，1983 年）。当土颗粒比过滤器孔大时，排水是蛋糕式排水；当土颗粒等于过滤器孔时，排水是模块式排水；当土颗粒比过滤器孔小并且土颗粒会黏在过滤器壁上时，排水是深度排水。因为当水流入过滤器时，土颗粒可能被带入或留在过滤器壁外，过滤器的抵抗力受土的最小颗粒的影响很大。小的土颗粒应该自由地通过过滤器，但是不能太多，因为这样会减少竖向排水能力。

竖向排水体在工程上应用的主要有三种：30～50cm 直径的普通砂井、7～12cm 直径的袋装砂井、塑料排水板。

2. 排水体的施工

（1）砂井的施工工艺。我国砂井施工常采用以下几种方法。

1）沉管法。该法是将带有活瓣管尖或套有混凝土端靴的套管沉到预定深度，然后在管内灌砂，拔出套管形成砂井。根据沉管工艺的不同，沉管法又可分静压沉管法、锤击沉管法、振动沉管法等。

2）水冲成孔法。该法是通过专用喷头，在水压力作用下冲孔，成孔后经清孔，再向孔内灌砂成形。该法适用于土质较好且均匀的黏性土地基，对于土质很软的淤泥，因其在成孔和灌砂过程中容易缩孔，很难保证砂井的直径和连续性。

3）螺施钻机成孔法。该法以动力螺施钻钻孔，属干钻法施工，提钻后向孔内灌砂成形。该法适用于陆上工程、砂井长度在 10m 以内，土质较好，不会出现缩颈和塌孔现象的软弱地基。

（2）袋装砂井的施工。袋装砂井是在探讨、改进砂井存在的问题过程中而发展起来的，工程实践经验表明，大直径砂井的施工存在以下普遍性的问题：①砂井不连续或缩颈现象很难完全避免；②所用设备相对比较笨重，不便于在很软弱的地基上进行大面积施工；③从排水要求分析，不需要普通砂井这样大的断面，这完全是砂井施工的需要，因此，这种砂井材料消耗大；④造价相对比较高。

袋装砂井在工程中的应用，基本上解决了大直径砂井所存在的问题，使砂井的设计和施工更加科学化。它保证了砂井的连续性；打设设备实现了轻型化，比较适于在软弱地基上施工；砂用量大大减少；施工速度加快、工程造价降低，更重要的是排水距离缩短，具有优越的排水固结条件，是一种比较理想的竖向排水体。我国于 1977 年首先由交通部第二航务工程局科研所引进这项技术，并结合 711 工程进行了试验研究，取得了成功的经验，以后在天津新港地区、台州电厂煤场等工程都采用了袋装砂井处理软黏土地基，取得良好效果。

1）袋装砂井直径。袋装砂井直径是根据所承担的排水量和施工工艺要求决定的，一般

277

采用 7～12cm 的直径。

2) 袋子材料的选择。根据排水要求，袋装砂井的编织袋应具有良好的透水性，袋内砂不易漏失，袋子材料应有足够的抗拉强度，使其能承受袋内砂自重及弯曲所产生的拉力，要有一定的抗老化性能和耐环境水腐蚀的性能，同时又要便于加工制作、价格低廉。目前国内普遍采用的袋子材料是聚丙烯编织布。该材料的特点是，具有足够抗拉强度，耐腐蚀，便于制作，对人员无害，价格低廉，但其抗老化性能较差，只能袋装后即时使用，避免紫外线直接照射，它仍是一种比较理想的袋子材料。

3) 袋装砂井施工方法。由于袋装砂井断面小、重量轻，减轻了施工设备重量，简化了施工，提高了打设效率。现存国内外均有专用的施工设备，一般为导管式的震动打设机械，只是在行进方式上有差异。我国较普遍采用的打设机械有轨道门架式、履带臂架式、步履臂架式、吊机导架式等。

袋装砂井的施工程序包括定位、整理桩尖（有的是与导管相连的活瓣桩尖，有的是分离式的混凝土预制桩尖）、沉入导管、将砂袋放入导管、往管内灌水（减少砂袋与管壁的摩擦力）、拔管等。为确保质量，在袋装砂井施工中，应注意以下几个问题。

①定位要准确，砂井垂直度要好，这样就可以确保实际排水距离和理论计算一致。

②砂料含泥量要小，这对于小断面的砂井尤为重要，因为直径小，长细比大的砂井，其井阻效应较为显著，一般含泥量要求小于 3%。

③袋中砂宜用风干砂，不宜采用潮湿砂，以免袋内砂干燥后，体积减小，严重者断层，造成袋装砂井缩短与排水垫层不搭接或缩颈、断颈等质量事故。

④聚丙烯编织袋在施工时应避免太阳光长时间直接照射。

⑤砂袋入口处的导管口应装设滚轮，避免砂袋被挂破漏砂。

⑥施工中要经常检查桩尖与导管口的密封情况，避免导管内进泥过多，将袋装砂井上带，影响加固深度。

⑦确定袋装砂井施工长度时，应考虑袋内砂体积减小，袋装砂井在孔内的弯曲、超深及伸入水平排水垫层内的长度等因素，避免砂井全部深入孔内，造成与砂垫层不连接。

（3）塑料板排水法的施工。塑料排水板由芯板和滤膜组成，其中芯板是由聚丙烯塑料加工而成的两面具有间隔沟槽的板体，滤膜材料一般采用耐腐蚀的涤纶衬布制作。塑料排水板的特点是，单孔过水断面大，排水畅通，质量轻，强度高，耐久性好，是一种较理想的竖向排水体。

塑料板排水法的施工机械基本上可与袋装砂井打设机械共用，只是将圆形导管改为矩形导管。其施工顺序为，定位，将塑料板通过导管从管靴穿出，将塑料板与桩尖连接贴紧管靴并对准桩位，插入塑料板，拔管剪断塑料板等。

7.5　堆载预压法

软土地基预压法处理的目的是利用预压荷载达到：第一，消除或部分消除建筑物或构筑物可能产生的沉降，如高速公路、机场跑道、车间地坪等；第二，提高软土地基的强度，满足建筑物或构筑物的承载力稳定性，如料场、油罐、土坝等。

堆载预压法是工程上广泛应用、行之有效的方法。堆载一般采用填土、砂石等散粒材料。油罐通常用充水对地基进行预压。对于堤坝等以稳定为控制的工程，则以其本身的重量有控制地分级逐渐加载，直至设计标高。

7.5.1　预压处理的概念

根据预压荷载的大小，预压法分为两种：等效预压和超载预压，如图 2.7-12 所示。

1. 等效预压

等效预压是指预压荷载与建筑物或构筑物的使用荷载相等。在这种荷载作用下，地基不能达到最终沉降量，所以这种方法只能消除今天建筑物的沉降 s_∞，还必然存在着工后沉降的大小与预压时间有关，预压时间越长，工后沉降就越小。所以在等效预压的设计中，要根据建筑物和构筑物的特征，确定一个合理的允许工后沉降值，按工后沉降值来指导荷载的预压时间。

2. 超载预压

超载预压是指预压荷载大于拟建建筑物

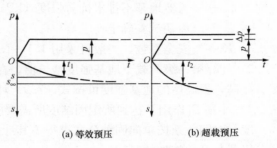

(a) 等效预压　　　(b) 超载预压

图 2.7-12　堆载预压

或构筑物的荷载。理论上，超载预压可以完全消除工后沉降，但由于卸载后土层会产生回弹，所以适当延长预压时间是必要的。超载量越大，预压时间就越短，但这也会使预压的成本增大。

7.5.2　地基条件

软土地基预压处理的效果完全取决于在预压荷载作用下超孔隙水应力的消散和土层的固结。当预压荷载确定以后，预压时间完全取决于软土层的厚度和排水条件。

（1）通常，当软土层厚度小于 4.0m 时，可采用天然地基堆载预压法处理；当软土层厚度超过 4m 时，预压时间可能会很长，为加速预压过程，应采用塑料排水带、砂井等改善土层的排水条件，或增设降水措施，提高孔隙水的流动速度。

（2）当软土层中央有薄层粉细砂，具有良好的水平向渗透性时，可以不设置砂井等排水措施，也能取得较好的预压效果。

（3）对于超固结土，预压荷载的大小还应考虑前期固结压力的影响，只有当土层的有效上覆压力与预压荷载所产生的应力水平明显大于土的前期固结压力时，才会产生压缩。

（4）对于泥炭土、有机质土和其他次固结变形占很大比例的土，设置砂井等排水措施，效果较差。

（5）对于采用降水或真空预压时，应查明处理范围内有无透水层（或透气层）及水源的补给情况，否则会影响预压的效果。

7.5.3　堆载预压的设计和计算

采用堆载预压法处理地基设计包括下列内容。

（1）根据地基软土的厚度及排水条件，确定采用天然地基或是砂井、塑料排水带处理。如果选择后者，应确定其断面尺寸、间距、排列方式及地基处理的深度。

（2）确定预压区的范围、预压荷载大小、荷载分级、加载速率和预压时间。

（3）计算地基土的固结度、强度增长、抗滑稳定性、土层的变形等。

在此介绍加载大小的设计，其他部分可参见前述相关计算。由于软黏土地基抗剪强度较低，无论直接建造建筑物还是进行堆载预压往往都不可能快速加载，而必须分级逐渐加荷，待前期荷载下地基强度增加到足以加下一级荷载时方可加下一级荷载，具体计算步骤和内容如下。

1）利用地基的天然抗剪强度计算第一级容许施加的荷载 P_1。对于长条梯形填土，可根据 Fellenius 公式计算：

$$P_1 = 5.52 C_u / K \tag{7.37}$$

式中　C_u——天然地基不排水抗剪强度（kPa），可由无侧限、三轴不排水剪试验或原位土剪切试验确定；

K——安全系数，一般可采用 1.1～1.5。

2）计算第一级荷载下地基强度增长值。在 P_1 荷载作用下，经过一段时间预压后地基强度会提高，提高后的地基强度可按式（7.9）计算。

3）计算 P_1 作用下达到所定固结度所需要的时间。达到某一固结度所需要的时间可根据固结度与时间关系按单向固结公式求得。其计算目的在于确定第一级荷载停歇的时间，亦即第二级荷载开始施加的时间。

4）根据第二步所得的地基强度 C_{u1} 计算第二级所能施加的荷载 P_2。P_2 近似地按式（7.38）估算：

$$P_2 = 5.52 C_{u1} / K \tag{7.38}$$

同样求出在 P_2 作用下地基固结度达到某一假定值时的土的强度及所需的时间，然后再计算第三级所能施加的荷载，依次可计算出以后各级荷载和停歇时间，这样即可初步确定加荷计划。

5）对按以上步骤确定的外荷计划进行每一级荷载下地基的稳定性验算，如稳定性不满足要求，则应调整加荷计划。

6）计算预压荷载下地基的最终沉降量和预压期间的沉降量，其计算目的在于确定预压荷载卸除的时间，这时地基在预压荷载下所完成的沉降量已达设计要求，所剩留的沉降是建筑物所允许的沉降。

7.5.4　堆载预压设计中的若干问题

堆载预压期间所能完成的沉降大小和预压荷载的宽度（或面积）、预压荷载的大小及预压时间等有关。

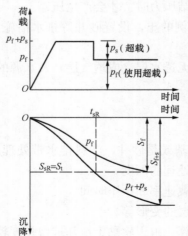

预压荷载的顶宽或顶面积应大于建筑物的宽度或面积。预压荷载的大小取决于设计要求。如果允许建筑物在使用期间有部分沉降发生，则预压荷载可等于或小于建筑物使用荷载。如果建筑物对沉降要求很严格，使用期间不允许再产生主固结沉降甚至需减小一部分次固结沉降，则预压荷载应大于建筑物使用荷载，即超载预压。增大预压荷载实质上是增加总的固结沉降量。当地基达到的固结度一定时，则预压荷载越大，完成的主固结沉降量也越大，因此，超载预压可加速固结沉降的过程，此外超载预压尚可减小次固结沉降量并使次固结沉降发生的时间推迟。

1. 超载预压消除使用荷载下的主固结沉降

图 2.7-13　超载预压消除主固结沉降　　图 2.7-13 为一单向压缩土层的预压荷载-沉降-时间曲

线。图中 p_f 为使用荷载，p_s 为超载。使用荷载下地基的沉降—时间曲线如图上面一条曲线所示。下一条曲线为 $p_f + p_s$ 荷载下的沉降—时间曲线。S_{f+s} 为使用荷载共同作用下的最终主固结沉降。为了消除使用荷载下的最终主固结沉降，只要将超载保留到时间 t_{sR}，此时 t_{sR} $= S_f$，而 $t_{sR} = \overline{U}_{sR} S_{f+s}$，则可求得超载预压需达到的平均固结度为

$$S_f = \frac{H}{1+e_0} c_c \log \left(\frac{\sigma_0' + p_f}{\sigma_0'} \right) \tag{7.39}$$

$$S_{f+s} = \frac{H}{1+e_0} c_c \log \left(\frac{\sigma_0' + p_f + p_s}{\sigma_0'} \right) \tag{7.40}$$

$$\overline{U}_{sR} = \frac{\log \left(1 + \frac{p_f}{\sigma_0'} \right)}{\log \left[1 + \left(\frac{p_f}{\sigma_0'} \right) \left(1 + \frac{p_s}{p_f} \right) \right]} \tag{7.41}$$

式中　H——压缩土层厚度；

　　　σ_0'——初始垂直有效应力；

　　　e_0——土的初始孔隙比；

　　　c_c——压缩指数。

超载卸除的时间 t_{sR} 可由 $\overline{U}_{sR}$ 求得。必须强调的是，只有当总压力超过土的先期固结压力 σ_p'，即 $(p_f + p_s + \sigma_0') > \sigma_p'$ 时，式（7.41）才适用，也只有在这种情况下预压才有效。

对于竖井打穿受压土层的情况，即可用式（7.41）来计算超载预压需达到的固结度，并求得超载卸除的时间。

对于竖井未打穿受压土层的情况，竖井以下受压土层的排水井底面为一排水面，若受压土层底面也为排水面，如图 2.7-14 所示，（1）表示与 $\overline{U}_{sR}$ 相应的 t_{sR} 时的孔隙水压力分布；（2）表示在 p_s 卸除后为防止进一步沉降所需的孔隙水压力分布；（3）表示 p_s 卸除后超固结；（4）表示 p_s 卸除后欠固结，图中所示双面排水的单向压缩土层，在 $p_f + p_s$ 作用下，虽然土层的平均固结度达到 $\overline{U}_{sR}$，即

$$\overline{U}_{sR} = \frac{\text{有效应力面积}}{\text{总应力面积}} = \frac{p_f}{p_f + p_s} \tag{7.42}$$

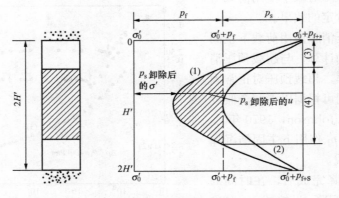

图 2.7-14　在时间 t_{sR} 卸除超载后的孔隙水压力分布

281

由图中孔压分布曲线（1）可看出，土层中间部位一定厚度土层的超静水压力在预压期间还没有足够消散，超载卸除后，在使用荷载下，这部分土层将继续发生主固结沉降。为了消除主固结沉降，超载应维持到土层中间点的固结度 $(u_s)_{f+s}$ 达到式（7.43）要求：

$$(u_s)_{f+s} = \frac{p_f}{p_f + p_s} \tag{7.43}$$

如图中曲线（2）所示，它要求在超载预压期间，土层中所有点的有效应力大于等于使用荷载下的总应力，超载卸除后的土层绝大部分均处于超固结状态，土体发生膨胀。以上所预估的 p_s 值或超载时间均大于实际所需的值，这可能是一个偏保守的方法。实际上，超载卸除时土层中产生相应的负孔压增量，因此在使用荷载下，实际孔压没有图中表示的那么大。

综上所述，为了在超载预压期间完全消除使用荷载下的主固结沉降，应满足以下两个条件。

（1）预压荷载所引起的压缩层深度应等于或大于使用荷载下的压缩层深度。

（2）预压荷载下压缩层深度范围内各点的有效应力应等于或大于使用荷载下的总应力。

2. 超载预压消除使用荷载下的主固结沉降和次固结沉降

（1）超载对次固结的影响。图 2.7-15 为某机场地基土三个饱和软黏土试样的固结试验结果。由图可见，卸载时间相同，卸除超载将使土的次固结系数 C_a 减小，且卸载越大，C_a 减小越大，发生次固结的时间越推迟。图 2.7-16 表示超载大小相同，卸载时间不同的试验结果。结果表明，超载作用时间越长，卸载后 C_a 减小越大，发生次固结的时间越推迟。

以上试验结果实质上反映了卸载前土样中有效应力大小对卸载后土样次固结变形的影响，卸载后如果土样的超固结比越大，则 C_a 越小。同

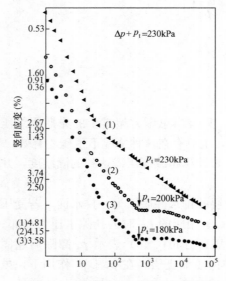

图 2.7-15　卸载大小不同的试验结果

时也说明了超载预压对减小使用荷载下的次固结沉降有肯定的效果。

（2）超载预压消除使用荷载下主固结和次固结沉降的计算。与超载预压消除主固结沉降一样，超载预压对正常固结土的次固结作用可根据以下两个假设近似地进行计算（Johnson，1970 年）。

1）使用荷载 p_f 作用下主固结沉降 s_t 在时间 t_p 内完成。

2）主固结沉降完成后，在时间 t_a 内产生的次固结沉降 S_a 按式（7.44）计算：

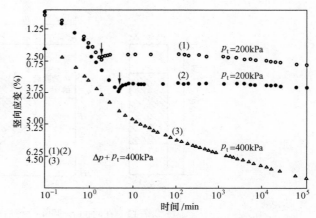

图 2.7-16　卸载大小不同的试验结果

$$S_a = C_a H_p \log \frac{t_s}{t_p} \qquad (7.44)$$

式中　H_p——时间 t_p 时的受压土层厚度；

　　　C_a——次固结系数，C_a 典型的参考值参见表 2.7-3（Leeetc，1983 年）。参照图 2.7-17，为了消除使用荷载 p_t 下土层的主固结沉降和次固结沉降，必须将荷载 $p_t + p_s$ 保持到时间 t_{sR}，这时沉降 S_{sR} 为

$$S_{sR} = S_t + S_s \qquad (7.45)$$

其中

$$S_t = \frac{H}{1+e_0} C_c \log\left(\frac{\sigma'_0 + p_f}{\sigma'_0}\right) \qquad (7.45a)$$

$$S_s = (H - S_t) C_a \log \frac{t_s}{t_p} \qquad (7.45b)$$

另有关系：

$$S_{sR} = U_{t+s} S_{f+s} \qquad (7.46)$$

式中　S_{f+s}——荷载 $p_t + p_s$ 作用下土层的最终主固结沉降，由式（7.30）计算。

因此超载卸除时土层要求达到的固结度 U_{f+s} 由式（7.47）计算：

$$U_{t+s} = \frac{(1-C_a)\log\frac{t_s}{t_p}\log\left(1+\frac{p_t}{\sigma_0}\right) + \frac{C_a}{C_c}(1+e_0)\log\frac{t_s}{t_p}}{\log\left[1+\left(\frac{p_t}{\sigma_0}\right)\left(1+\frac{p_s}{p_t}\right)\right]} \qquad (7.47)$$

由该固结度即可求出超载作用的时间 t_{sR}。次固结时间 t_s 的选择可由建筑物的使用年限决定或给定一个预定的次固结沉降所需要的时间来决定。

表 2.7-3　　　　　　　　　　　　　　　C_a　典型的参考值

土　类	C_a	土　类	C_a
正常固结黏土	0.005～0.02	1%有机质含量	0.003
0%有机含量	0.004	5%有机质含量	0.001
9%有机含量	0.008	超固结黏土（OCR＞2）	＜0.001
17%有机含量	0.02	泥　炭	0.02～0.10

注　固结压力为 800kPa 和 1600kPa。

满足式（7.47）要求并不能保证建筑物使用期间不会再发生次固结沉降，因为超载预压所计划消除的次固结沉降量实际上是增加超载所完成的主固结沉降量，超载预压虽然能使次固结沉降减小，但超载卸除后是否还会继续发生次固结沉降是难以确定的。

朱向荣对超载卸除后地基的残余变形进行了研究，结果表明，超载卸除后土层的残余应变与卸载时上层的平均固结度及超载量有关，如图 2.7-18 所示。当固结度相同时，土层的残余应变随卸载量的增大而减小；当卸载量一定时，土层的残余应变随平均固结度的提高而

283

图 2.7-17 消除使用荷载下主、次固结沉降
所需预压时间的确定方法

减小。图 2.7-19 为使用年限 20 年时土层的残余应变与有效应力面积比 R 的关系。有效应力面积比定义为使用荷载下受压土层的总应力面积与卸载时受压土层的有效应力面积之比，它综合反映了固结度和超载量对残余应变的影响。由图可见。当 R 约小于 0.75 时，土层主要是回胀变形。用有效应力面积比来进行超载设计和卸载控制概念比较清楚，在实际工程中可以积累这方面的资料。

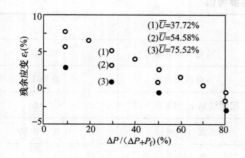

图 2.7-18 土层残余应变与（平均）固结度、
超载量的关系

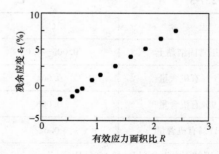

图 2.7-19 ε_r-R 关系

3. 预压荷载的加载与卸载

预压荷载的加载和卸载是预压设计的重要环节。

预压荷载的加载分级和加载速率应严格按照软土的天然强度和强度增长的规律进行。应该确保在任何一级荷载条件下地基是稳定的，不能出现滑动等现象。特别是油罐地基的充水

预压，除了保证有足够的稳定安全系数外，还要控制结构物的倾斜和差异沉降。当预压区周边环境复杂时，加载等级及加载速率还应考虑对附近建筑物等的影响。

预压荷载的卸荷条件主要是根据工后沉降的要求来确定的，但对于竖向排水砂井未穿透受压土层的情况，还应考虑砂井区以下土层的长期沉降的影响。如果下部土层厚度较大，则预压期所完成的压缩量较小，难于满足设计要求，为提高预压效果，应尽可能加深竖井的深度，减少砂井底面以下受压土层的厚度。

4. 现场监测与判断

为了准确判断软土层预压处理的效果，较齐全的测试内容应包括以下几方面。

（1）沉降观测。沉降观测是估算地基固结度的最基本方法，通过 s—t 曲线可以推算出最终沉降量 s_∞。除了设置地表沉降观测点外，还应设置分层沉降测试点，以便掌握预压的影响深度。

（2）孔隙水压力观测。孔隙水压力监测是非常重要的，通过孔隙水应力的变化除了可估算固结度外，还可以用来反算土层的固结参数，同时根据有效应力原理计算土的强度增长。

（3）土的物理力学性能指标的变化。土的物理化学性能指标包括土的含水量、孔隙比及强度的变化，可以根据这些指标预压前后的差异来判断预压的效果。

沉降观测和孔隙水应力观测点的布置，无论在数量上还是范围上都不可能很多，而土的物理力学性指标的采样比较灵活，根据需要而定，有助于判断预压效果均匀性。用沉降法来判断土层的固结度与用孔隙水应力来判断固结度，常会出现矛盾，这是因为利用沉降法得到的是整个土层的平均值，而孔隙水应力只反映某一点的固结，如果有足够数量的观测点，取得整个土层孔隙水应力的分布资料，就可以计算出土层的平均固结度。

7.6　真空预压

7.6.1　基本概念

真空预压法，通常是在需要加固的软土层内，设置砂井或塑料排水带等竖向排水系统，然后在地面铺设砂垫层横向排水层，再在砂垫层顶部覆盖一层不透气的密封薄膜，使之与大气隔绝，通过埋设于砂垫层中的吸水管道，用真空装置进行抽气，将膜内空气排出，因而在膜的内外，产生一个气压差 $-\mu_s$，这部分气压差即成为作用于地基上的荷载，软土层随着等向应力（$-\mu_s$）的增加而固结。由于这一应力的性质，不会产生切应力，故地基不会发生破坏，对加固软土有利。

真空预压与井点降水预压在概念上有所不同，通过理论研究认为，在密闭井管中抽真空和在敞口井管中降水，所得加固的有效应力并不相同。降水预压是靠地下水位降低，使土的表观密度增加，从而使土中的有效应力增加，其值主要取决于地下水位降低的深度和土有效表观密度值改变的大小。如图 2.7-20 所示，若土层是均匀的，原地下水位在地表处，降水后水位下降了深度 z，则增加的有效应力为图中阴影部分面积，最大值为 $\gamma_w z$。

在密闭的井管中抽真空，主要在土中形成一个

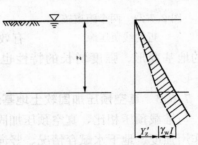

图 2.7-20　降水后增加的有效应力

负压源，在负压源作用下形成一个有效应力场，并与负压源为中心向外逐渐减弱，其值主要取决于负压的大小和负压源的几何尺寸。图 2.7-21 表示地表无密封层时，抽真空后应力分布情况。图 2.7-21（a）是在深度 z 处形成一个负压面的一维情况；图 2.7-21（b）的阴影部分为增加的有效应力分布，其最大值等于施加的负压力差 $\Delta p = p_a - p_n$，自上向下逐渐减小。图 2.7-22（a）表示地表有封闭薄膜覆盖，地基中有砂井时抽真空的情况。图 2.7-22（b）所表示的为由负压力差 $\Delta p = p_a - p_n$（p_a 为大气压，p_n 为真空压）引起的有效应力增量。很显然，如果假定负压通过砂井没有损失，则在砂井深度范围内负压都起作用，几乎成矩形分布，而堆载预压，地面荷载随深度减小。所以闭气效果好，真空度高，固结效果好。

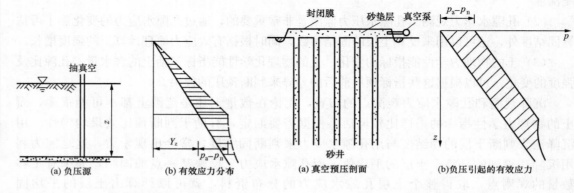

图 2.7-21 表面敞开抽真空后应力分布   图 2.7-22 真空预压的原理

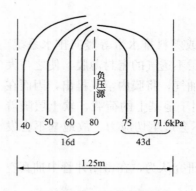

图 2.7-23 两个距离较
近的线负压源

图 2.7-23 表示负压源间距缩小为 1.25m 时的情况，负压的影响范围大有改善。图 2.7-23 中虚线表示负压源的位置；图 2.7-23 的左半部分表示当负压源运转 16d 时，增加的有效应力等值线分布；右半部分表示负压源运转 43d 时，增加的有效应力等值线分布。从图 2.7-23 中可以看出，负压源运转 16d，两负源中间处的最小有效应力已大于 40kPa，而当维持 43d 时，已大于 71.6kPa，即固结度已达到 90% 以上，说明减小负压源间距，效果明显。

7.6.2 真空预压与堆载预压的比较

真空预压和堆载预压虽然都是通过孔隙水压力减小而使有效应力增加，但它们的加固机理并不完全相同，由此而引起的地基变形、强度增长的特性也不尽相同，现列表对它们的主要不同点做一比较（表 2.7-4）。

7.6.3 真空预压加固软土地基最终效果影响因素

与堆载预压相比，真空预压加固软土地基最终效果主要影响因素有场地地质条件、抽真空作用强度、地下水赋存情况、竖向排水体的作用等。

表 2.7-4　　　　　　　　　　　　**堆载预压和真空预压的比较**

堆 载 预 压	真 空 预 压
1. 根据有效应力原理，增加总应力，孔隙水压力消散而使有效应力增加（注：1—原地基总应力线；2—地下水压力线；3—附加应力线） 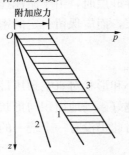	1. 根据有效应力原理，总应力不变，孔隙水压力减小而使有效应力增加（注：1—原地基应力线；2—原水压力线；3—降低后的水压力线） 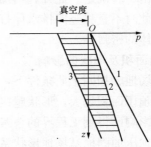
2. 在加载预压过程中一方面土体强度在提高，另一方面切应力也在增大。当切应力达到土的抗剪强度时，土体发生破坏如图中的 a 点 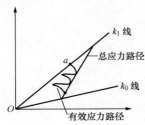	2. 在预压过程中，有效应力增量是各向相等的。切应力不增加，不会引起土体的剪切破坏。在 $p'-q$ 平面上，有效应力路径从 k_0 线上的 b 点出发，平行于 p' 轴向右移动 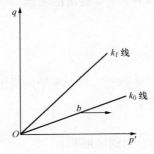
3. 由于第 2 点原因，堆载过程中需控制加载速率	3. 不必控制加载速率，可连续抽真空至最大真空度，因而可缩短预压时间
4. 在预压过程中，预压区周围土产生向外的侧向变形	4. 在预压过程中，预压区周围产生指向预压区的侧向变形
5. 非等向应力增量下固结而获得强度增长	5. 等向应力增量下固结而使土的强度增长
6. 有效影响深度较大	6. 真空度往下递传递有一定衰减（实测真空度沿深度的衰减每延米 $0.8 \sim 2.0 \mathrm{kPa}$）

7.6.3.1　场地地质条件的影响

1. 地质条件的影响

真空预压一般用来加固软土地基，软土的渗透系数较低，在不设置竖向排水体的情况下，加固的效果很差。实际上，如果地基土的渗透系数很高，真空预压同样起不到应有的加固效果。根据真空预压加固地基机理，在加固区地基土渗透系数较大，而加固区周围土体渗透系数较小的情况下，真空预压加固地基才能取得较好效果，天然地基一般不存在这样的情况，往往需要人为的干预，干预的原则就是在加固区内设置良好的排水排气通道，在加固区周围要形成较好的密封。

真空预压加固软土地基一般需在地基中设置竖向排水体，而当加固区存在贯通砂层或

"千层糕"状的土层分布时，除在加固区内设置竖向排水体外，还需在加固区周围打设密封帷幕。密封帷幕一般采用水泥搅拌桩或淤泥搅拌桩，前者属于刚性密封帷幕，造价较高，与地基土变形协调性差；后者属于柔性密封帷幕，造价低，与地基土变形协调。早期工程有的采用水泥搅拌桩作为密封帷幕，现在一般均采用淤泥搅拌桩，搅拌桩淤泥掺合比应根据现场地基土性状由试验确定。此外，当加固区深处有水平向贯穿砂层时，由于淤泥搅拌桩的施工深度有限，此时不宜将竖向排水体打透地基深处的贯穿砂层，而应保留一定的密封间距，以保持加固土体的密封性。

2. 场地面积及形状的影响

在同一场地、相同土质条件下，真空预压场地面积大小和形状对真空预压最终效果产生影响。真空预压面积越大，形状越接近正方形，预压效果越好。场地面积与形状对真空预压加固效果的影响已得到工程界的普遍认同，但到目前为止对此仍没有一个统一的表征，以下是几种真空预压加固地基场地形状系数的定义。

上海市《地基基础设计规范》提出的场地形状系数：

$$\alpha = \frac{F}{S} \tag{7.48}$$

娄炎（1990 年）提出的场地形状系数：

$$\beta = \frac{F}{n} \tag{7.49}$$

其中

$$n = a/b(长 / 宽)$$

岑仰润、温晓贵（2003 年）提出的场地形状系数：

$$\gamma = \frac{4\sqrt{F}}{S} \times \frac{F}{10\ 000} \tag{7.50}$$

式中　F——加固区面积；

　　　S——加固区周长；

　　　n——加固区长宽比；10 000 为 10 000m² 加固区面积。

场地形状系数综合表征真空预压面积大小及其形状与正方形的近似程度，其与真空预压加固地基效果的关系值是定性的。

7.6.3.2　抽真空作用强度对加固效果的影响

同自然界其他过程一样，在真空预压过程中，必然遵循能量守恒定理，从能量的角度来研究真空预压，对加深真空预压机理认识、提高真空预压设计水平会有一定的启示意义。

1. 表征参数

抽真空作用强度是一个比较抽象的概念，需要用具体的参数来表征，如膜下真空度、单台射流泵（7.5kW）加固面积等。膜下真空度具有明确的物理意义，即为抽真空形成的负压渗流场的恒定负压边界，其值容易测试。真空预压加固软土地基开泵量通常根据加固区面积确定，一般 800～1500m² 设置一台。

2. 对真空预压加固地基设计的启示

研究分析抽真空作用强度对真空预压加固效果影响，对真空预压加固地基设计有以下启示意义：

（1）按加固土体体积来确定射流泵数量。在真空预压加固软土地基设计中，一般按加固区面积来确定射流泵的数量，从能量角度看，射流泵的配置应该由加固地基土的体积来确定。

$$n = \frac{V}{\mu} \tag{7.51}$$

其中

$$V = F \times H$$

式中　V——加固土体体积；

　　　H——竖向排水体打设深度；

　　　n——射流泵台数；

　　　μ——单台射流泵加固土体体积，可根据工程实践逐渐总结。

（2）根据工程需要动态设计开泵量。在真空预压加固软土地基过程中，开泵量对加固效果具有实质性影响，因此可以根据工程需要在预压的不同阶段设计不同开泵量，以此来优化射流泵的使用。举例来说，在软土地基上修筑路堤，往往采用真空联合堆载方法进行地基处理，其中抽真空作用可以一次性施加，而堆载则利用路堤自重。在地基处理过程中，要求抽真空作用施加后，能尽快填筑路堤，以尽早利用路堤荷载的预压作用，并节约工期。对此可以通过调节开泵量的方法来优化设计，具体思路如下：路堤可以填筑，必须使地基强度达到稳定要求，假设常规的开泵量达到路堤填筑要求所需要的时间为 T_1，如果一开始采用较多的开泵量，这样达到路堤填筑要求的时间就可以缩短到 T_2，实现尽可能早地开始堆载。在堆载完成后，可在保持膜下真空度的情况下，根据监测情况，酌情减少射流泵数量，协调预压的工程效果和经济性。由上所述，在预压过程中根据需要使用不同的开泵量，可以最大限度地利用抽真空作用可一次性施加的优点。

当然，增加开泵量虽然能够增加加固效果，但是随着射流泵的增加，其有效利用率是逐渐递减的，并且会较大幅度地增加工程造价。最优的开泵量设计应该是通过合理地使用抽真空能量，在满足工程质量要求的前提下，达到最优的综合效益。

（3）停泵标准的改进。真空预压加固软土地基，是否可以停泵一般由以下三个标准控制：固结度、总沉降量和沉降速率。一些工程实践表明，真空预压到一定时候，按计算得到的总沉降量和按沉降定义的固结度达到以后，沉降速率却仍然较大，难以达到停泵的设计要求。这是由真空预压加固软土地基总沉降计算不准确等因素引起的。此时为早日停泵，施工单位往往会通过减少开泵量的方式使地基沉降速率满足停泵要求，这将影响真空预压加固软土地基效果，增加工后沉降量。因此，在真空预压加固软土地基施工停泵控制标准中，沉降速率标准应是在确定开泵量下的地基沉降速率，以避免预压后期人为减泵对地基加固效果的影响。

7.6.3.3　地下水赋存情况对加固效果的影响

在真空预压加固软土地基过程中，持续的抽气抽水作用将导致场地地下水位下降，地下水位下降本身会导致相关土层的固结，提高真空预压的加固效果。对于地下水位下降会对软土地基起到加固作用这一点，理论界和工程界都已取得共识，但对真空预压过程中地下水位下降机理、地下水位下降极限深度和地下水位下降大小的估计等方面开展的研究很少，并有一些分歧。

1. 真空预压降低地下水位机理分析

真空预压降低地下水位机理与真空井点法类似。两者的区别在于：井点管是刚性的，而袋装砂井或塑料排水板则是柔性的；井点管的滤管只是下端的一段，而竖向排水体全长都是透水的。抽真空形成的水头差及重力作用导致了地下水的流动和吸出，使地下水位下降，这是两者导致地下水位下降的共同机理。

2. 地下水位面与零压面的关系

在一般情况下，地下水表面与大气接触，因此自由液面就是零压面，即大气压面。在负压状态下，地下水表面是一定的真空状态，因此自由液面边界就不再是零压面，而是负压面。在真空预压加固软土地基过程中，大气边界和负压边界同时存在，地下水自由液面比较复杂，在加固区外，地下水自由液面即零压面，而在加固区内，由于负压边界的存在，地下水自由液面不是零压面，而是负的，且其值难以确定。

3. 真空预压降低地下水位的极限深度

采用真空井点法降低地下水位，由其机理可知，其极限提水高度约为 10m，即一个大气压的极限提水高度。由于实际使用效率要低一些，一般单级真空井点降水的深度在 6m 以内。真空预压法降低地下水位的机理与真空井点法降低地下水位机理基本相同，因此其理论极限提水高度也是 10m 左右，而实际极限提水高度也应该在 6m 左右。另外，提水高度与地下水位下降深度在概念上并不一致，提水高度是指抽真空面与最终下降后地下水位的间距，地下水位下降深度是指最终下降后地下水位与原有地下水位的间距；在原有地下水位与抽真空作用面齐平时，两者是一样的。一般情况下，原有地下水位线略低于抽真空作用面，因此实际地下水位下降极限深度不会超过实际极限提水高度，即 6m 左右。

4. 真空预压加固软土地基出水量分析

真空预压加固软土地基出水量包括两个部分：一是单纯由抽真空作用而被抽出的水，由周围地下水补充；二是由于固结变形而排出的孔隙水。分析真空预压加固软土地基过程中的出水量，对有效分配抽真空设备的使用有一定的参考意义。

$$Q = Q_s + Q_c \tag{7.52}$$

式中　Q——真空预压加固地基总出水量；

Q_s——由地下水补充的出水量；

Q_c——由固结变形排出的孔隙水量。

Q 可以采用以下近似方法计算：若真空预压加固区形状长宽比接近于 1，可将打设了竖向排水体的地基视为一单井，按照单井的理论来求解地下水位的变化。若真空预压加固区形状长宽比较大，可将打设了竖向排水体的地基近似为一长度无限长的沟，按平面问题求解。

Q 可通过以下思路求解：通过真空联合堆载地基中的孔压解答得到考虑井阻和涂抹的单井固结出水量的计算公式，进而得到整个地基由于真空固结变形而排出的水量。或者通过地基竖向变形量估计 Q：假设整个地基的竖向变形体积即为地基固结排水量，则可以通过地基固结沉降量解答和地基平均固结度解答估计 Q。

7.6.3.4　竖向排水体对加固效果的影响

堆载预压加固软土地基，竖向排水体的作用是加快固结速度，与加固的最终效果无关。真空预压加固软土地基，竖向排水体不仅起加快固结作用，而且直接影响真空预压负压渗流场的分布，与加固的最终效果密切相关。竖向排水体与表面砂垫层和抽真空系统一起形成一个抽气抽水的通道系统，竖向排水体通气通水的有效性直接影响真空预压加固软土地基的效果，在真空预压加固软土地基时，抽真空作用使竖向排水体中的孔压迅速降低，与周围土体中的孔压形成差值，地基土中孔隙水排出，产生固结。抽真空作用在竖向排水体中形成的负压分布直接决定了相应深度土体的固结效果。竖向排水体中负压分布情况受以下诸多方面的影响：竖向排水体的间距、深度、打设工艺、排水体的质量、地基沉降时竖向排水体的弯折情况等。

7.6.4　真空预压法的设计

采用真空预压法处理地基时，必须设置排水竖井。设计内容包括：

（1）膜内真空度。真空预压效果与密封膜内所能达到的真空度大小关系极大，真空度越大，预压效果越好。如果真空度不高，加上砂井井阻影响，真空度传递受到阻碍，加固效果将受到较大影响。根据国内一些工程的经验，当采用合理的施工工艺和设备，膜内真空度应稳定地保持在 86.7kPa（650mmHg）以上，且应均匀分布；竖井范围内土层平均固结度应大于 90%。

（2）加固区要求达到的平均固结度，一般可采用 80% 的固结度。如工期许可，也可采用更大一些的固结度作为设计要求达到的固结度。

（3）对于竖井断面尺寸、间距、排列方式及竖井长度等，竖井的设计原则与砂井地基相同；砂井的砂料应选用中粗砂，其渗透系数应大于 1×10^{-2}cm/s。根据实测证明，当袋装砂井的长度为 10m 时，真空度将会降低 10%，为了减少真空度的损失，当砂井长度超过 10m 时，对砂料的选择要求应更高。

（4）沉降计算。先计算加固前建筑物荷载下天然地基的沉降量，然后计算真空预压期间所能完成的沉降量，两者之差即为预压后在建筑物使用荷载下可能发生的沉降。预压期间的固结沉降可根据设计所要求达到的固结度推算加固区所增加的平均有效应力，可由相应的孔隙比进行计算。和堆载预压不同，由于真空预压周围土产生指向预压区的侧向变形，因此，按单向压缩分层总和法计算所得的固结沉降应乘上一个小于 1 的经验系数方可得到实际的沉降值。经验系数的取值目前还缺少资料，有待在实际工程中积累。

（5）强度增长。真空预压加固地基，土体在等向应力增量下固结，强度提高，土体中不会产生因预压荷载而引起的切应力增量，根据现有的实测资料（薛红波，1988 年），地基中某一点某一时间的实测十字板抗剪强度 τ_{ft} 与天然强度 τ_{fo} 及固结强度增量 $\Delta \tau_{\mathrm{fc}}$ 之和的比值 $\tau_{\mathrm{ft}}/(\tau_{\mathrm{fo}} + \Delta \tau_{\mathrm{fc}}) > 1$，其中 $\Delta \tau_{\mathrm{fc}}$ 按有效应力法或有效固结压力法计算。

（6）预压区面积和分块大小。

（7）真空预压工艺。

（8）要求达到的真空度和土层的固结度。

（9）真空预压联合堆载预压。工程上真空预压尚可和其他加固方法联合使用，真空预压联合堆载预压就是其中的一种。目前我国工程上真空预压可达到 80kPa 左右的真空压力，对于一般工程已能满足设计要求，但对于荷载较大、对承载力和沉降要求较高的建筑物，则可采用真空联合堆载预压加固软黏土地基。两种预压效果是可以叠加的。

在真空预压区边缘，由于真空度会向外部消散，其加固效果不如中部真空预压区的边缘应大于建筑物基础的轮廓线，每边增加量不得小于 3.0m，每块预压面积宜尽可能大且呈方形。真空预压效果与预压区面积大小及长宽比有关。在同一真空度作用下，面积越大，中心区的沉降量越大，预压区面积大，影响区的深度越深。

7.6.5　真空预压法的施工

真空预压的抽气设备宜采用射流真空泵，空抽时必须达到 95kPa 以上的真空吸力。真空泵的设置应根据预压面积大小和形状、真空泵效率和工程经验确定；通常以一套设备可抽真空的面积为 $800\sim1500m^2$ 确定，但每块预压区至少应设置两台真空泵，因为万一真空泵发生故障，膜内真空度将全部消失，直接影响预压效果并延长预压时间。所以除真空管路的连接严格密封外，应在真空管路中设置回阀和截门，当预计停泵时间超过 24h 时，则应关闭截门，避免膜内真空度迅速降低。

水平向分布的滤水管可采用条状、梳齿状及羽毛状等形式，滤水管布置宜形成回路，滤水管应埋置在砂垫层中，其上覆盖厚度为 $100\sim200mm$。滤水管可采用钢管或塑料管，外包尼龙纱或土工织物等滤水材料。

密封膜应采用抗老化性能好、韧性好、抗穿刺性能强的不透气材料。密封膜热合时宜采用双热合缝的平搭接，搭接宽度应大于 15mm。密封膜宜铺设三层，膜周边可采用挖沟埋膜、平铺并用黏土覆盖压边、围埝沟内及膜上覆水等方法进行密封。

采用真空-堆载联合预压时，先进行抽真空，当真空压力达到设计要求并稳定后，再进行堆载，并继续抽气。堆载时需在膜上铺设土工编织布等保护材料，避免损坏真空隔离膜。

7.6.6　质量检验

施工过程质量检验和监测应包括以下内容：

（1）对于不同来源的砂井和垫层的砂料，必须取样进行颗粒分析和渗透性试验。

（2）采用塑料排水带时，必须在现场随机抽样，送往试验室进行性能指标的测试，性能指标包括纵向通水量、复合体抗拉强度、滤膜的抗拉强度、滤膜的渗透系数和等效孔径等。

（3）对于以抗滑稳定控制的重要工程，应在预压区内选择具有代表性的部位预留孔位，在加载不同阶段进行原位十字板剪切试验和取土进行室内试验，检验加固效果。

（4）对于预压工程，应进行地基竖向变形、侧向位移和孔隙水压力等项目监测。真空预压现场监测作为施工过程的控制，可以根据监测的数据了解工程的进展和加固过程中出现的问题，并可以判断加固工程是否达到了预期的目的，从而决定加固工程的中止及后续工程开始的时间。通过原位测试和室内试验等手段对加固后地基土进行检验，与加固前进行比较，可以真实、直观和定量地反映加固的效果。内容包括：

1）表面沉降观测。通过在预压区及周围放置沉降标，掌握施工、预压和回弹期间的地表面沉降情况，绘制整个预压区域及其影响区域的等沉线图，为计算沉降的研究及设计提供验证的资料。

2）分层沉降观测。通过在预压区钻孔埋设分层沉降标，然后用沉降仪来量测土层深部沉降。地基分层沉降观测作为地表面沉降观测的补充，可得到不同深度的土层在加固过程中的沉降过程曲线，可从中了解到各土层的压缩情况，判断加固达到的有效深度及各个深度土层的固结程度，并可为计算沉降的研究及设计提供验证的资料。

3）水平位移观测。通过钻孔埋设测斜管，监测土层深部水平位移。表层水平位移监测也可采用设置位移边桩的方法。水平位移观测可以了解预压期间土体侧向移动量的大小，判断侧向位移对土体垂直变形的影响，同时监测真空联合堆载预压的影响范围，并可为数值分析研究和设计提供验证的资料。

4）真空度观测。通过在膜下、竖向排水体及地基土中设置真空度测头，了解预压期间各个阶段真空度的分布、大小及随时间变化情况。

5）孔隙水压力观测。通过钻孔埋设孔隙水压力计，了解土体中孔隙水压力发展变化过程，并可为施工、数值分析研究和设计提供必要的资料。

6）地下水位观测。通过在预压区及周围埋设地下水位观测孔，得到预压期间不同时刻的地下水位，了解抽真空情况下地下水位变化过程，并为数值分析和设计提供资料。

7）加固效果的检验。

①钻孔取土的室内试验分析。在加固区的同一地点，于加固前后分别钻孔取土，在室内对土样进行试验分析，测定土性的变化，从而进行比较分析。测定的项目主要有含水量、密度、孔隙比、压缩性指标、强度指标等。通过对以上项目的试验分析，可以了解土体加固前后物理力学性的变化大小，可以间接知道土体强度与压缩性的改善程度。

②现场十字板剪切试验。测试时沿深度每米做一个测点，可以得到加固前后自地面向下沿深度的十字板强度变化曲线。它能比较准确直观地反映土体强度的变化，从而检验加固效果。

③静力触探试验。在加固区的同一区域，于加固前后分别进行静力触探试验，检验加固效果。

④静载荷试验。在加固区的同一区域，于加固前后分别进行载荷板试验，检验加固效果。

真空预压加固软土地基工程监测有两个方面的内容：一方面要提高现有监测水平，得到更准确可靠的监测资料；另一方面大量真空预压加固软土地基工程积累了一大批实测资料，需要对这些资料的分析整理，总结各主要参数变化规律，提高设计和施工水平。

7.6.7　竣工验收检验规定

竣工验收检验应符合下列规定。

（1）对于排水竖井处理深度范围内和竖井底面以下受压土层，经预压所完成的竖向变形和平均固结度应满足设计要求。

（2）应对预压的地基土进行原位十字板剪切试验和室内土工试验，检验地基土的强度变化；必要时，尚应进行现场载荷试验，试验数量不应少于三点。

7.7　真空—堆载联合预压法

7.7.1　真空—堆载联合预压法原理

本法由真空预压和堆载预压两种方法组合而成，如图 2.7-24 所示。其具体做法为先按真空预压的工艺要求，铺膜、埋管、挖沟，然后进行抽气。当膜下真空度稳定后，即可按堆载预压的工艺要求，在薄膜上堆载。为了防止薄膜损坏，需在薄膜上采取有效的防护措施。

真空—堆载联合预压法的实质为在同一时间内，土体在

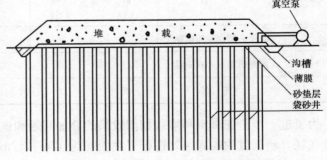

图 2.7-24　真空—堆载联合预压法示意图

293

薄膜下的真空与薄膜上的堆载联合作用下，将其中的水分排出，促使土体固结，强度增长。设土体原来承受一个大气压 p_a，真空预压时，通过抽气，膜下形成真空，该真空度换算成等效压力为 $-p_0$，使砂垫层和砂井中的压力减小至 p_v（$p_v = p_a - p_0$），在压差 $p_a - p_v$ 作用下，土体中的水流向砂井。堆载预压时，通过压载，土体中的压力增高至 p_p，在压差作用下，土体中的水流向砂井，故在真空—堆载联合作用时，二者的压差为 $p_p - p_v$。由于压差增大，加速了土体中水的排出，增大了土体的压密率，使土体的强度进一步提高，沉降进一步消除。

7.7.2　真空—堆载联合预压效果的叠加问题

真空是负压，堆载是正压，二者的效果是否能叠加，这是人们关心的问题。土体在正负压作用下只是初始条件和边界条件不同，应力转换过程完全相同，都是通过将土体中的孔隙水排出，使土体固结，强度增长，沉降消除，故二者的效果是可以叠加的。另外，很多工程实测也说明了这个问题。从表2.7-5～表2.7-7所列的沉降量、承载力、变形模量、十字板强度的变化可以看出，二者的效果是可以叠加的。

表2.7-5　　　　　　　　　　　　　　真空-堆载联合预压时的沉降量

序　号	真空度 /mmHg	堆载 /kPa	真空—堆载的总沉降量 /cm	真空的沉降量 /cm	堆载的沉降量/cm
1	610	53.9	131.2	77.7	53.5
2	610	40	65	45.5	19.5
3	540	49	98.8	51.7	47.1

表2.7-6　　　　　　　　　　　　　加固前后的承载力和变形模量

板类型	0.5m²			6.76m²		
项　目	加固前	真空后	联合后	加固前	真空后	联合后
允许承载力 $[R]$ /kPa	74	—	250	60	168	200
变形模量 E/kPa	2890		10000	2340	6540	8070

注　$[R]$——沉降相应于荷载板0.02倍边长时对应的荷载。

表2.7-7　　　　　　　　　　　　　加固前后十字板强度的变化

深度/m	土名	加固前 /kPa (1)	真空后 /kPa (2)	联合后 /kPa (3)	增率 $\frac{(2)-(1)}{(1)}$%	增率 $\frac{(3)-(1)}{(1)}$%
0.2～5.8	淤泥夹淤泥质粉质黏土	12	28	40	133	233
5.8～10.0	淤泥质黏土夹粉质黏土	15	27	36	80	140
10.0～15.0	淤泥	23	28	33	22	43

为了进一步验证真空和堆载加固效果的叠加问题和该法与单一堆载下加固效果的等同问题，在联合预压过的加固区，进行了底面积为47m×47m、顶面积为30.9m×30.9m、堆高为8.05m的大型堆载检验。实测资料如图2.7-25所示。从图2.7-25可知，当荷载小于或等

于132.3kPa 时，K 值相似，为直线变化，坡度很平；当荷载大于 132.3kPa 时，K 值迅速增大，此时土中出现塑性变形区，故定该级为等效荷载，其值等于真空预压 78.4kPa 和堆载 53.9kPa 之和，证实二者的加固效果是可以叠加的。

7.7.3　真空—堆载联合预压设计计算方法特点

（1）联合预压法所加荷载系由抽真空产生的等效荷载加上堆载增加的荷载二者组成，其值等于工程上要求的预压荷载。堆载材料可为砂、石、土或水。

（2）联合预压法排水系统的设计、固结度的计算和稳定计算方法与真空预压法相同。

（3）联合预压法地基强度增量的确定、地基沉降的计算与真空预压法相同，其中预压荷载为抽真空产生的等效荷载和堆载增加的荷载之和。

设计实例1：静力排水固结法（插塑料排水板＋堆载预压）

以下为针对广州某项目一期某道路软基处理工程所进行设计的部分内容，以供参考。

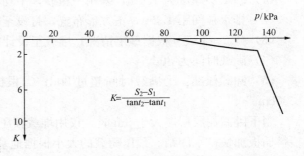

图 2.7-25　沉降速率 K 与荷载 p 的关系曲线

1. 场地条件

该项目处理场地的地层特征如表 2.7-8 所示。

表 2.7-8　　　　　　　　　　　　某项目一期地层特征表

岩层编号	岩土名称	厚度 范围值/m	厚度 平均值/m	描述	建议地基容许承载力值 f/kPa
①	冲填土	0～3.80	1.40	灰黑色，松软，地表分布有大、小泥潭，面积超过 4 万 m²	50
②₁	淤泥	3.50～18.70	9.84	灰黑色，饱和，呈流塑状态，黏性较强，污手，含少量生物贝壳。本层遍布整个场地。液性指数 I_L = 24.40～61.40，平均 44.87；孔隙比 e_0 = 1.17～2.60，平均 2.05；w_0=37.50%～101.40%，平均 75.02%；a_{1-2}=0.51～3.36MPa⁻¹，平均 1.40MPa⁻¹	45
②₂	粉质黏土	0.70～9.50	4.30	黄褐色为主，可塑。液性指数 I_L=0.17～1.25，平均 0.75；孔隙比 e_0=0.68～1.15，平均 0.91；w_0=21.50%～41.60%，平均 32.28%；a_{1-2}=0.27～0.70MPa⁻¹，平均 0.45MPa⁻¹，为中压缩性土	120
②₄	粉砂	1.00～18.10	7.55	呈灰黑色，灰白色，饱和，松散、局部稍密。N=2.0～20.0击，平均 N_m=8.9击，标准差 σ_f=5.170，变异系数 δ=0.577，统计修正击数标准值 N_k=7.6击	140

2. 软基处理要求

（1）按工后变形要求进行控制，所有处理后地基变形要求：使用期内，最大工后沉降≤300mm，差异沉降≤3‰。

（2）处理后地基承载力满足以下要求：$f_{ak} \geq 120kPa$；

（3）造价要求：在合理工期内，满足处理后场地变形要求条件下，达到最优性价比。

3. 工艺要求

（1）砂垫层厚度为 1.0m，采用中粗砂，平均含泥量<5%，最大含泥量<8%。

（2）排水板间距 1.2m，正方形布置，打设至软土下卧层 0.5m。

（3）分 2～3 级（根据稳定情况）堆载至设计标高。

（4）满载时间为 80d。

（5）卸载标准：①满载时间超过 80d；②根据沉降分析的固结度>80%；③工后沉降<30cm。

当下卧淤泥层层厚大于 3m 时，仅用堆载预压处理，固结时间非常长，该条件下需采用塑料插板加快排水固结。预压荷载的大小根据地基土的固结特性和预定时间内所要求达到的固结度确定，并使预压荷载下受压土层各点的有效竖向压力大于或等于使用荷载所引起的相应点附加应力。

4. 施工工艺与技术要求

（1）水平排水体系：

本区段处理的是部分道路，其宽度较小，不需设置盲沟；直接采用砂垫层与集降水井排水，利用砂垫层将水汇集至集降水井再抽排水，此外该种水井起到一定的降水作用。

1）砂垫层：厚度 1.0m，采用中粗砂或瓜米石，平均含泥量<5%，最大含泥量<8%。

2）集降水井沿道路内侧（库区一期侧）纵向每隔设定距离设置 1 口集降水井，在施工及交工前期间，使用自动控制式潜水泵抽排井内地下水；施工期间须对集降水井加以维护及保护。有关要求：

①砂垫层底面需形成一定坡度以利汇集水流至集水井，集水井须与砂垫层盲沟连通良好，平面位置误差≤5cm。

②水井的孔口须超出孔口位置最高填土面的高度 40～60cm，周边用碎石等滤水材料围裹。

③平面位置误差≤5cm。

④井底标高误差≤20cm。

⑤整个施工及交工前期间及时抽水，集降水井水深不宜超过 100cm；记录抽水时间和井水变化。

（2）竖向排水体系：

插设塑料排水板，排水板间距 1.2m，正方形布置，插设至软土下卧层不少于 0.5m，平均约为 12.0m；塑料板上端高出砂垫层 20cm（在填土前，高出部分需沿水平向摆放埋入砂垫层中）。

塑料排水板应有足够的抗拉强度，沟槽表面平滑，尺寸准确，能保持一定的过水面积，抗老化能力在 2 年以上，并且有足够的耐酸碱性、耐蚀性。塑料排水板质量、品格要求应依据有关规范标准，依据插板深度不同选用，其性能应不低于表 2.7-9 中所列。

表 2.7-9　　　　　　　　　　　塑料排水板质量、品格要求的选用

项 目	打入深度 L/m	10	15	20	25	备　注
材 质	芯 带	聚乙烯、聚氯乙烯、聚丙烯				
	滤 膜	涤纶、丙纶等无纺织物				
断面尺寸	宽度/mm	≥100				
	厚度/mm	≥4.0				
复合体抗拉强度/（kN/10cm）		≥1.3				延伸率为 10% 的强度
通水能力 q_w/（cm³/s）		≥30				
滤膜抗拉强度/（kN/m）	干	1.5	1.5	2.5	2.5	延伸率为 10% 的强度
	湿	1.0	1.0	2.0	2.0	延伸率为 15% 的强度
滤膜渗透性	渗透系数/（cm/s）	≥5×10⁻³				
反滤特性	等效孔径	<0.08				
抗压屈服强度/kPa	带长小于 5m	250				
	带长大于 5m	350				

插板施工技术要求：

1）排水板插设布点须按行、按排编号进行插入记录；布点偏差小于 50mm。

2）插板垂直偏差不超过插板长度的 1.5%。

3）入孔插板必须完整无损。

4）插板不能有回带现象，若有回带，则在附近 150mm 内补插。

5）插板施工时，插板机应配有长度记录装置，记录每根插板的长度、孔深等。

（3）土层填筑与卸载：

1）采用砾质黏性土或土夹石（山皮土）或吹砂或其他满足路基填筑要求的填料，填土底面要向集降水井与邻近排水沟形成一定的倾斜的坡度（1%~3%）。

2）预压土设计：预压土边坡为 1∶2，预压土可采用土、砂等材料，可不碾压，但必须有必要的防护措施，避免水土流失。

3）路基填筑时应根据填土土料及地层等情况分多级填筑（2~3 级），并控制填筑速率，竖向沉降增长率<15mm/d，稳定标准为连续 10d 沉降量小于 0.5mm/d；满载后恒载天数不少于 80d。

4）卸载：根据检测与监测资料分析地基处理效果，作为卸载依据。卸载时超载的预压土可作为填筑材料填入相邻地段，就地平衡。

5）道路区处理区交工面以下土层压实度不小于 90%。

5. 工艺流程

实例 1 流程图见图 2.7-26。

工程实例 1：真空联合堆载预压设计深圳机场软基处理中的应用

1. 地质条件由上而下

①人工填土层（塘埂）：褐灰色黏土，软塑—硬塑状；表层见植物根系；厚度为 2~5m。

施工测量放线,埋设传感器

中粗砂垫层施工,开始监测与自检

排水板施工

布设集水井

分级堆载至设计高度

恒载80d

卸载并碾压整平

竣工验收

图 2.7-26 静力排水固结施工流程图

（1）淤泥层：深灰、灰黑色，饱和，呈流塑—软塑状，厚度为 1.6～5.9m，大部分为 4.5～5.0m，平均含水量为 80%；固结系数为 $1.87 \times 10^{-4} \sim 10.1 \times 10^{-4} \mathrm{cm^2/s}$，其下局部有透镜状淤泥夹中砂层分布，厚度为 0.5～2.8m。

（2）第四系冲洪积粉质黏土层（局部）：厚度为 0.6～3.3m，呈可塑状。

（3）残积土层：紫红、褐黄色，自上而下分别呈软塑—可塑—硬塑—坚硬状态。其成分以黏粒为主，含 20%～30% 石英砂，该层基本上保持原岩结构，由混合花岗石、花岗片麻岩风化残积而成，其厚度变化大，为 3.2～37.3m。

在以上地质条件下建机场，会出现总沉降量与差异沉降量大且沉降持续时间过长的问题。为此，设计中对堆载预压法、真空预压法及真空联合堆载预压法进行了方案比较。从工期、投资、加载料的来源等方面比较后，以真空联合堆载预压法为推荐方案。

2. 真空联合堆载预压设计

（1）技术要求软基经处理后，在使用荷载下剩余沉降小于 5cm；差异沉降小于 5cm。

（2）真空联合堆载预压总荷载。

1）软基顶面在最不利使用条件下所受的实际荷载 $P_{实}$（图 2.7-27）为 $P_{实} = P_1 + P_2 + P_3$。其中，P_1 为淤泥层顶面至混凝土道面下半刚性结构层底面之间道基填筑层荷载，P_1 值为 60～77kPa；P_2 为混凝土道面及半刚性结构层荷载，P_2 值为 19.6kPa；P_3 按 Boing-400 机型 3900kN，两块混凝土道面板范围扩散到淤泥顶面应力为 35kPa。由此可以算得 $P_{实} = 114.4 \sim 131.4$kPa。

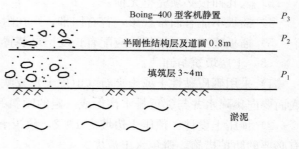

图 2.7-27 软基顶面荷载示意图

2）真空联合堆载预压荷载值 P。为有效地减少剩余沉降，施加一定的荷载对淤泥预压固结，使淤泥预压沉降后达到相当于使用荷载下 100% 的固结度，地基的剩余沉降大大减少。通过计算，P 取 140kN。

3. 沉降量与固结度计算

（1）设计时沉降量（S）按规范法计算。

（2）固结度计算（打插板或砂井状态下）。计算竖向固结度时，按双面排水考虑。计算竖向固结度时，按 1.0m 间距、梅花形布置计算。预压沉降为软基在预压荷载 P 作用下的沉降值，见表 2.7-10；使用沉降为在未经处理的软基使用荷载作用下的沉降值；剩余沉降为预压荷载卸载后，软基在使用荷载作用下，考虑回弹和次固结的沉降值（见图

2.7-28)。

表 2.7-10　　　　　　　　　　　　　预压荷载与沉降关系表

钻孔标号	使用荷载 /kPa	固结度	填土厚度 /cm	淤泥厚度 /cm	预压沉降 /cm	使用沉降 /cm	剩余沉降 /cm	时间 /d
390	117.2	0.922	311	442	82.35	64.70	3.04	96
391	122.4	0.931	337	490	90.70	74.90	3.37	100
392	125.8	0.923	354	500	92.50	73.60	3.44	96
393	124.0	0.944	345	500	92.50	77.50	3.44	105
394	116.0	0.956	305	484	89.70	70.20	3.33	80
395	137.4	0.999	412	310	59.25	53.20	2.13	115
396	136.2	0.941	506	500	92.50	85.12	3.63	105
397	132.4	0.927	388	998	109.00	99.00	4.28	100
398	125.0	0.931	450	450	83.75	70.30	3.29	100
399	132.8	0.857	459	365	68.80	60.59	2.70	75
400	137.6	0.940	413	340	64.50	50.48	2.53	105

（3）在设计中插板采用 SPB-1B 型，其纵向通水量不小于 $20 \times 10^{-6}\,\mathrm{m^3/s}$。由于上部的沉降资料是按砂井排水系统计算的，故应算成塑料板。

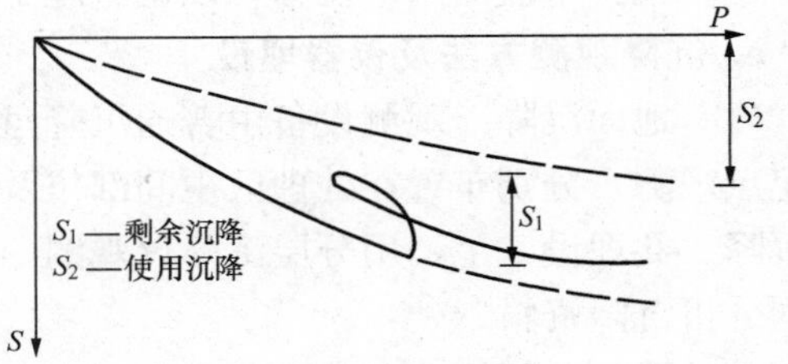

图 2.7-28　回弹和次固结沉降计算示意图

4. 真空部分的工艺

（1）将鱼塘区放水晾干，塘埂除去表层根植土及腐殖土，大致整平。

（2）用砂垫层调整厚度及标高，最小厚度不得小于 50cm，表面平整度误差应控制在 ±5cm 之内。砂子为中粗砂，含泥量不得大于 3%。

（3）打插板。插板深度按距淤泥层底部 0.5~1.0m 止板。因为打入下部的粉质黏土层或残积土层将会影响密封的效果，所以不得打穿淤泥层。

（4）铺设抽气真空管道。管子采用 PVC 管，按鱼骨形布置。主管直径为 80mm，支管直径为 70mm。支管为管壁开花管，开孔率不得小于 20%，表面用 $200\mathrm{g/m^2}$ 无纺布包扎。主管排距为 16m，支管排距为 8m，管沟在砂垫层上挖 150mm 深。

（5）铺设密封膜。采用二膜一布的方法（膜为 0.12mm 厚 PE 膜，布为 $200\mathrm{g/m^2}$ 无纺布）。膜和布都要挖沟埋入处理区周边淤泥至少 1.5m 深处。膜（布）与膜（布）重叠部分不得少于 10cm。

（6）射流泵安装。射流泵通过出膜器与膜内主管相连。设计射流泵每台处理面积为 $1162\mathrm{m^2}$。

（7）堆载。在膜上填筑的石碴料既可作为堆载荷重，又可作为永久性道基填筑层。石碴厚度为 2.9m，要求级配良好，$D_{\max} \leqslant 30\mathrm{cm}$。碾压后 $\gamma_\mathrm{d} \geqslant 2.10\mathrm{t/m^3}$。

（8）抽气预压。待射流泵安装好后开始抽气，并检查其密封效果。抽气过程中应设置自动开启装置，当膜下负压低于 0.8MPa 时，自动开启装置开始抽气，结构如图 2.7-29 所示。

5. 堆载过程中的边坡（地基）稳定计算

（1）淤泥天然强度，取 $c = 7\mathrm{kPa}$，$\varPhi = 0°$。堆载时考虑已铺设了砂垫层，打插板过程中

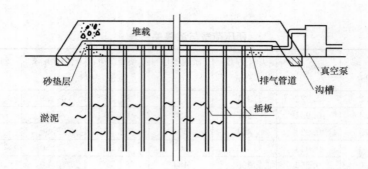

图 2.7-29　真空联合堆载结构

淤泥强度已有所固结，计算时淤泥强度可采用 $c=10kPa$，$\Phi=0°$。在堆载过程中，每层间歇时间内淤泥强度不断提高，堆载料取 $c=0$，$\Phi=25°$。

（2）采用简化毕肖普条分法计算。

（3）按设计图中边坡，分两次填筑，两次间隔时间为 30d，要求安全系数 $k\geqslant1.2$。

（4）施工中监测水平位移，以调整施工填土速率。

6. 沉降观测方法及仪器埋设

（1）地面沉降。观测设备由普通沉降盘、沉降插杆组成，放置在真空膜上，用水准仪定期定点观测，分别布置在处理区中间部位及边缘部位，共埋设 8 个，观测地基总的沉降。分层沉降。共埋设 2 个，用分层沉降仪观测，用以观察各土层沉降情况，并与沉降板观测结果共同分析沉降资料。

（2）孔隙水压力。根据测点孔隙水压力——时间变化曲线，可反算土的固结系数，推算该点不同时间的固结度，从而推算强度的增长，并确定下一级施加荷载的大小，根据孔隙水压力与荷载关系曲线，可判断该点是否达到屈服状态，并用来控制加荷速率。埋设孔隙水压力探头 14 个，为保证地基在加荷过程中不失稳，将孔隙水压力与荷载之比控制在0.5 以内。

（3）水平位移观测。水平位移分坡脚水平位移及沿深度水平位移两种。表面水平位移以观测其不超过一定的位移速率来限制加荷速率，监视地基的稳定性。如从开始加荷，随着荷载增加，侧向位移也缓慢增加，但每天的位移速率不大，当荷载接近地基的极限承载力时，坡脚位移迅速增大。堆载外的地面发生隆起，这预示地基将发生破坏，此时应立即采取措施停止加荷，甚至卸除部分荷载待地基固结，待各项指标恢复正常后再加载。也就是说，坡脚水平位移控制指标与地基土的强度、地基处理方法和加荷速率有关。沿深度水平位移观测与坡脚水平位移观测同等重要，可以预测整个地基软土在加荷过程中某个地基断面发生的水平位移，更有效地防止由于加荷过速而引起地基破坏。表面水平观测设置表面标 54 个，用经纬仪观测。沿深度水平位移观测按 2 个断面埋测斜管 6 根，用美国 Sinco 公司生产的测斜仪观测。水平位移速率应控制在小于 4mm/d 之内。

7. 地基处理效果评价及建议

（1）该软基处理区经采用真空联合堆载预压后，实测平均沉降量为 666mm，固结度达90.6%，预计在道面填筑后，在使用荷载作用下的剩余沉降为 1cm，满足设计要求，达到了预期的效果。

（2）真空联合堆载预压大大减少了堆载和卸载的工程量，不仅节省了开支，还解决了料源的不足和卸载料的堆放问题。

（3）由于不需卸载，可在卸除真空压力后立即进入下道工序的施工。

（4）在抽真空过程中，土体除产生竖向的压缩变形外，还产生侧向收缩，使整个土体压缩，地基处在稳定状态。在施工过程中，未出现地基失稳的情况。

（5）在真空作用下，孔隙水压力不断降低，降低幅度约为 50kPa，这就增加了土体有效应力，加快了压缩过程。同时，堆载所产生的孔隙水压力消散较快。

（6）为达到真空预压的效果，必须具备高效的抽气排水设备、有效的密封措施。同时要加强施工管理，精心施工，避免密封膜被刺破和抽气排水管破坏的现象发生。

7.8　需要注意的问题

对于排水固结法，无论是在静力作用下还是在静、动力共同作用下，工程界通常关心排水体系在施工过程中的有效期限问题。此类问题总体可分为两个方面的三个问题：一是由于地基土变形及沉降，产生①竖向排水体弯曲及折断问题、②水平排水体流径截断问题；二是黏土涂抹滤水土工布造成③排水体渗透性降低问题。对于第①个问题，应根据预计的沉降，选择好竖向排水体。一般而言，塑料排水板的柔性及各项力学强度指标远高于砂袋、更高于砂井。对于第②个问题，可通过在一定深度下设置一定厚度的水平排水体来解决。对于第③个问题，注意开发并采用厚度较大的排水体，另有待进一步研究这种涂抹、渗流排水与压力等关系。

7.8.1　真空预压法需注意的问题

在该方法技术中，理论上真空度最大为 1 个大气压力；而在良好的条件下，实施时保持稳定的压力仅为 85kPa 左右，有以下问题：

（1）对于地基承载力要求为 90～100kPa 以上场地，荷载量不够，达不到承载力等要求。

（2）荷载（真空预压）施加时间较长，对于处理深度达 12 m 以上及满足一定地基处理技术要求的工程，包括人工排水体设置、预压安设与恒压维持、场地四周隔密封离墙打设等工期**实际**上不少于 6 个月，工期长。

（3）若场地地表人工填土层较厚，则会为该法的实施带来困难，其效果也会大打折扣。

（4）排水固结的提水深度（通常认可的为 6m 左右）受到限制，影响加固深度。

（5）通常条件下的造价不便宜（如 700～1000m² 需一台真空泵，连续 3～5 个月以上，每天连续 24h 用电；此外，需额外沿场地四周设置密封隔离墙以保证真空度等）。

7.8.2　真空—堆载联合预压法需注意的问题

该法基本可以克服 7.8.1 中第①个问题，但依然存在以下问题：

（1）工期长，对于处理深度达 12 m 以上及满足一定地基处理技术要求的工程，包括人工排水体设置、预压安设与恒压维持、场地四周隔密封离墙打设等及加堆与卸去土压或水压的时间，实际总工期长。

（2）若场地地表人工填土层较厚，也会为该法的实施带来困难；若对该表土层开挖并来回转运，必将还要增加工期。

（3）排水固结的提水深度依然受到限制真空度有限的一定影响。

（4）造价高（包括水平与竖向排水体、周边密封隔离墙、真空装置铺设、抽真空及抽排水，堆载与卸载、排水通道及监测等）。

此外，以下重要问题还需进一步探讨研究：

（1）单位大气压为 101.3kPa，考虑真空压力传递消耗与不同类别荷载如何相互及共同作用时，真空—堆载联合预压的有效加固深度究竟为多少，还需要在不同条件下进行研究及验证。

（2）真空压力与堆载荷载是两类不同性质的荷载，计算地基土沉降时如何考虑二者的效应组合也需在不同条件下加以对比研究。

（3）抽真空后堆载时机、堆载结束后停抽真空时机应如何选择才能更好地满足对沉降及工后沉降的要求及经济合理性。

参考文献

[1]　Brand E W, Brenner R P. 软黏土工程学. 叶书鳞，宰令金，等译. 北京：中国铁道出版社，1991.

[2]　中国建筑科学研究院. JGJ 79—2002　中国标准书号. 北京：中国建筑工业出版社，2002.

[3]　[比利时]凡英佩 WF. 地基土的加固技术及其新进展. 徐攸在，刘晓奇，译. 北京：中国建筑工业出版社，1992.

[4]　地基处理手册编写委员会. 地基处理手册. 第 2 版. 北京：中国建筑工业出版社，2000.

[5]　蔡霞. 真空联合堆载预压法在汕头地区的应用. 广东土木与建筑，2000，(5)：73-75.

[6]　蔡由申. 真空预压加固软土地基. 铁道建筑技术，1993，(4)：1-5.

[7]　曹宁，等. 真空—堆载联合预压法加固高速公路路基：表面沉降测试和数值分析. 华东船舶工业学院学报（自然科学版），2001，15 (2)：81-85.

[8]　曹雪山，蔡亮. 塑料插板排水井软基加固机理研究. 工程勘察，2000，(5)：14-15，48.

[9]　曹永琅，丛建，等. 真空预压加固高速公路高填方路基. 水利水运工程学报，2002，(2)：52-56.

[10]　曹永琅，丛建，吴晓峰. 真空联合堆载预压加固软基的研究. 公路，2002，(4)：13-18.

[11]　曹永琅，蔡金荣，丛建，等. 高速公路宕碴路堤超深软基的真空联合堆载预压加固. 长安大学学报（自然科学版），2002，22 (4)：23-27.

[12]　岑仰润. 真空预压加固地基的试验及理论研究 [D]. 杭州：浙江大学，2003.

[13]　岑仰润，龚晓南，温晓贵. 真空排水预压工程中孔压实测资料的分析与应用. 浙江大学报（工学版），2003，37 (1)：16-18.

[14]　岑仰润，温晓贵. 真空预压场地形状系数的定义. 地基处理，2003，14 (4)：66.

[15]　岑仰润，俞建霖，龚晓南. 真空排水预压工程中真空度的现场测试与分析. 岩土力学，2003，24 (4)：603-605.

[16]　陈环. 真空预压法机理研究十年. 港口工程，1991，(4)：17-26.

[17]　陈环，鲍秀清. 负压条件下土的固结有效应力. 岩土工程学报，1984，6 (5)：39-47.

[18]　陈锦庆. 真空预压联合砂井桩加固软基技术的应用. 水利水电快报，2001，22 (22)：16-18.

[19]　陈伟忠. 真空—堆载联合预压法在新台高速公路牛湾立交的应用. 公路，2002，(2)：20-22.

[20]　陈析，周卫，洪宝宁. 真空—堆载联合预压加固软基过程的数值分析. 南京理工大学学报，2000，24 (5)：457-461.

[21]　陈远洪，洪宝宁，龚道勇. 真空预压法对周围环境影响的数值分析. 岩土力学，2002，23 (3)：382-386.

[22]　程琪. 真空预压法加固连云港庙岭三期软基可行性试验. 中国港湾建设，2002，(3)：48-51.

[23] 程欣，艾英钵．真空—堆载联合预压法处理高速公路软基．广东公路交通，2000，(3)：17-18.

[24] 程欣，曹亮宏，洪宝宁．真空预压加固高速公路软基的现场试验研究．广东公路交通，2001，(3)：15-17.

[25] 从瑞江．真空预压加固超大面积软土地基．地基处理，1996，7 (2)：30-37.

[26] 定培中，曹星．真空预压在水下填筑路堤应用及效果分析．人民长江，2000，31 (8)：40-41.

[27] 丁利．软土结构性与砂墙地基固结理论及应用．浙江大学，2003.

[28] 丁绿芳，郭志平，赵维炳．真空预压加固软基时土体的损伤．河海大学学报（自然科学版），2002，30 (4)：57-60.

[29] 董国安．真空预压技术几个问题的实践与探索．港工技术，1999，(4)：39-42.

[30] 董志良．堆载及真空预压—塑料板排水加固地基渗流量的分析与计算 [C] //刘家豪．第二届塑料板排水法加固软基技术研讨会论文集．南京：河海大学出版社，1993.

[31] 董志良．真空预压法理论与应用研究的新进展与新问题．岩土工程师，1999，(3)：19-20.

[32] 董志良．堆载及真空预压法加固地基地下水位及测管水位高度的分析与计算．水运工程，2001，(8)：15-19.

[33] 范志强，刘小峰，马建宏．真空联合堆载预压处理深圳机场软土地基．人民长江，2001，32 (4)：22-24.

[34] 范须顺．关于确定真空预压施工中滤水管间距及布排形式的探讨．港口工程，1993，(2)：36-39.

[35] 范须顺．真空预压法软基加固施工中若干问题的概述．港口工程，1995，(4)：17-20.

[36] 冯汉英．真空预压软基加固技术在天津港区的应用与发展．中国港湾建设，1998，(4)：26-30.

[37] 冯仁祥，黄达余，等．真空预压法处理变电所场地软基．浙江建筑，2002，(2)：24-25.

[38] 冯仁祥，杨帆．嘉兴 220KV 秀水变电所软基上覆水真空预压加固．水利水电科技进展，2003，23 (1)：55-57，65.

[39] 付光奇，艾英钵，李震．真空—堆载联合预压加固高速公路软基的实用设计．重庆交通学院学报，2002，21 (1)：41-44.

[40] 付瑞清，郭述军，朱胜利，等．真空预压施工技术的改进及地基加固效果分析．港口工程，1997，(6)：40-44.

[41] 富中海．浅谈真空预压在公路上的运用．浙江交通科技，2000，(3). 12-15.

[42] 高大钊．岩土工程标准规范实施手册．北京：中国建筑工业出版社，1997.

[43] 高大钊．岩土工程的回顾与前瞻．北京：人民交通出版社，2001.

[44] 高志义．真空预压法的机理分析．岩土工程学报，1989，11 (4)：45-56.

[45] 高志义，苗中海．南宁机场软土地基真空预压施工．港口工程，1992，(1)：18-22.

[46] 高志义，张美燕，等．真空预压加固的离心模型试验研究．港口工程，1988，(1)：18-24.

[47] 高志义，张美燕，等．真空预压联合电渗法室内模型试验研究．中国港湾建设，2000,(5):58-61.

[48] 龚晓南，岑仰润．真空预压加固软土地基机理探讨．哈尔滨建筑大学学报，2002,35(2)：7-10.

[49] 龚晓南，岑仰润，李昌宁．真空排水预压加固软土地基的研究现状及展望．第七届全国地基处理学术讨论会论文集．兰州：2002.

[50] 顾培，赵亚南．真空预压加固潮间带软土地基的施工技术．人民长江，2001，32(6)：23-25.

[51] 郭志平，陈举来．不同预压方法对软基变形的对比研究．水运工程，1994，(1)：1-5.

[52] 郝宏．大使用荷载条件下真空联合堆载预压技术的研究与应用．中国港湾建设，2000,(3):38-41.

[53] 侯红英，王清．真空预压法在大型刚性基础软基处理中的应用效果分析，河北地质矿产信息，2001，(2)：11-16.

[54] 侯建飞．防渗帷幕在码头后方地基处理工程中的应用．中国港湾建设，1999，(4)：37-39.

[55] 侯延样．真空预压关键工序的质量控制与管理．水运工程，2002，(7)：110-112.

[56] 胡利文，谢仁红．真空预压土工膜光氧老化分析．水利水电科技进展，2002，22(5)：47-49.

[57] 黄腾，张迎春，等．真空联合堆载加固软基的抗滑稳定性模型与应用．水运工程，2001，325(2)：11-15.

[58] 黄廷学．广东省珠海发电厂软基真空预压联合堆载加固施工．中国港湾建设，1999，(1)：13-17.

[59] 黄文熙．土的工程性质．北京：水利电力出版社，1983.

[60] 孔德金，苗中海．软基加固检测孔隙水压力分析．港工技术，2000，(3)：43-46.

[61] 李豪，高玉峰，等．真空—堆载联合预压加固软基简化计算方法．岩土工程学报，2003，25(1)：58-62.

[62] 李就好．真空—堆载联合预压法在软基加固中的应用．岩土力学，1999，20(4)：58-62.

[63] 李丽慧，王清等．真空排水预压下土体变形的应力路径分析．工程地质学报，2001，9(2)，170-173.

[64] 李玲玲．砂井地基平面问题的变形计算和有限元分析．杭州：浙江大学，2002.

[65] 李善祥．真空联合堆载预压在杭宁高速公路软基处理中的应用．铁道建筑技术，2002(1)：38-43.

[66] 李小和，王祥．真空预压及堆载预压处理涵洞软基的试验研究．岩土工程技术，2002(4)：209-213.

[67] 李耀刚，刘德林．真空预压法在软基处理中的应用研究．工程勘察，2001，(2)：36-38.

[68] 练达仁，曹大正．低位真空预压软土加固技术研究．海河水利，2000，(4)：12-13.

[69] 梁志荣，曹名葆，叶柏荣．真空排水预压的固结特性分析．地基处理，1993．4(2)：1-6.

[70] 林丰，陈环．真空和堆载作用下砂井地基固结的边界元分析．岩土工程学报，1987．9(4)：13-21.

[71] 林鹏，许镇鸿，苏锦文．真空降水联合加载预压法在软土地基处理中的应用研究．建筑科学，2002，18(1)：53-55.

[72] 刘汉龙，李豪，等．真空—堆载联合预压加固软基室内试验研究．岩土工程学报，2004，26(1)：145-149.

[73] 刘吉福，庞奇偲．某集装箱厂软基处理工程真空预压设计．水运工程，2002，(6)：8-11.

[74] 刘守金，高伟．真空预压技术在清淤码头工程中的应用与分析．海河水利，2002，(1)：48-50.

[75] 刘珍娜．真空排水预压法加固软土地基的沉降计算．福建建设科技，1996，(2)：9-10.

[76] 刘治宝．真空预压法加固软土地基在杭州绕城公路上的应用．路基工程，1997，(5)：40-44.

[77] 龙正兴，彭杰．真空—堆载联合预压法的原理及应用．市政技术，2002，(4)：22-28.

[78] 娄炎．真空排水预压法的加固机理及其特征的应力路径分析．水利水运科学研究，1990，(1)：99-106.

[79] 娄炎．负压条件下软土地基的孔隙水压力．水利学报，1988，(9)：48-52.

[80] 娄炎．真空排水预压法加固软土技术．北京：人民交通出版社，2002.

[81] 栾新顺，刘书星．落马洲水闸地基堆载真空预压加固效果分析．人民珠江，2001，(6)：41-42.

[82] 麦远俭．真空预压加固中软粘土不排水剪切强度的增长．水运工程，1998，(12)：53-57.

[83] 麦远俭，刘成云．软基预压加固中的体积应变、侧向位移与沉降修正．水运工程，2001．331(8)：7-11.

[84] 聂跃高，赵维炳，等．高速公路软基膜下真空度的影响因素及对策．西部探矿工程，2002，(6)：143-144.

[85] 潘昌生，吴跃东．真空—堆载联合预压法在软基加固中的应用．东北水利水电，2002，20(8)：12-14.

[86] 彭劼，刘汉龙，等．真空—堆载联合预压法软基加固对周围环境的影响．岩土工程学报，2002，24(5)：656-659.

[87] 钱家欢，赵维炳．真空预压砂井地基固结分析的半解析方法．中国科学(A辑　数学　物理学　天文学　技术科学)，1988，(4)：439-448.

[88] 秦玉生，李智毅，曹大正，等．低位真空预压法加固软土地基技术研究．现代地质，1999，13(4)：471-476.

[89] 邱长林，阎澍旺．低位抽真空加固软基的有限元分析．岩土工程师，1997，9(4)：1-6.

[90] 璩继立，李国华．塑料排水板真空预压法在顺德市德胜大道路基处理中的应用．桂林工学院学报，

1998，18(3)：266-270.

[91] 上海市工程建设规范．地基基础设计规范(08—11—1999)，上海，1999.

[92] 沈珠江，陆舜英．软土地基真空排水预压的固结变形分析．岩土工程学报，1986，8(3)：7-15.

[93] 陶金卫，曾耀华．真空加堆载预压加固软土地基在龙湾港区配套工程中应用实例．浙江建筑，1993，
      (5)：37-40.

[94] 童中，汪建斌．软土路基真空联合堆载预压位移监测与分析．岩土力学，2002，23(5)：661-666.

[95] 土工合成材料工程应用手册编写委员会．土工合成材料工程应用手册．2 版．北京：中国建筑工业出
      版社，2000.

[96] 涂平晖，杜文山，张弥．深厚层软土路堤涵基真空联合堆载预压试验研究．中国公路学报，2000，
      13(4)：29-32.

[97] 王铁昆．真空预压固结排水法的应用研究．丹东纺专学报，2001，8(4)：14-15.

[98] 王永强．真空预压荷载下地基土的静载试验分析．中国港湾建设．1999，(2)：27-28.

[99] 魏元友，张旋明．堤坝边坡区真空排水预压加固效果分析．第五届全国地基处理学术讨论会论文集.
      1997.51-62.

[100] 吴跃东，钟德文，李建．排水固结法在高速公路软基加固中的应用．华东公路，2002，(1)：
      12-14.

[101] 吴占刚．真空预压加固油罐地基．水运工程，2000，(S1)：112-114.

[102] 夏振军，尹敬泽，等．真空堆载联合预压法加固高速公路软土地基施工技术．广东公路交通，1999，
      (S1)：33-35.

[103] 夏振军，邓小华，等．真空联合堆载加固软土地基．地基处理理论与实践——第七届全国地基处理
      学术讨论会论文集，2002，32-37.

[104] 谢弘帅，宰金璋，等．真空井点降水堆载联合加固软土路基机理．岩土工程学报，2003，25(1)：
      119-121.

[105] 谢康和，周健．岩土工程有限元分析理论与应用．北京：科学出版社，2002.

[106] 熊华武，顾培．真空预压软土地基处理技术在深圳河治理一期工程的应用．人民珠江，1998，(4)：
      26-30.

[107] 徐泽中，刘世同，柴玉卿．真空堆载联合预压法的渗流分析．河海大学学报(自然科学版)，2002，
      30(3)：85-88.

[108] 薛红波，娄炎．砂井真空排水法加固饱和软土地基的强度特征．水利学报，1990，(6)：61-68.

[109] 颜安平．污水处理厂软基的真空预压法处理．浙江建筑．2002(4)：19-21.

[110] 颜安平．真空预压法在污水处理厂软基处理中的应用．中国市政工程，2002，(2)：65-67.

[111] 阎澍旺，陈环．用真空加固软土地基的机制与计算方法．岩土工程学报，1986，8(2)：35-44.

[112] 严炳熙．堆载预压法和真空预压法加固试验．水运工程，1995，(5)：42-45.

[113] 严驰．真空预压机理和砂井阻力研究．地基基础工程．1992(1)：59-62.

[114] 严蕴，房震，花剑岚．真空堆载预压处理软基效果的室内试验研究．河海大学学报(自然科学版)，
      2002，30(5)：118-121.

[115] 杨必宽，周定一．用真空预压法处理深厚淤泥地基．特种结构，1995，12(4)：49-54.

[116] 杨国强．真空预压法机理探讨．水运工程，1991，(6)：34-38.

[117] 杨克龙．真空预压法加固软土地基施工技术的探讨．安徽建筑，1999，(2)：89-91.

[118] 杨联正，祝业浩，等．真空预压法在复杂地区软基加固中的应用．中国港湾建设．1991，(3)：
      13-17.

[119] 杨顺安，吴建中．真空联合堆载预压法作用机理及其应用．地质科技情报，2000，19(3)：77-80.

[120] 叶柏荣．关于吹填浮泥造陆的技术问题．港工技术，1994，(1)：41-45.

[121]　叶柏荣．真空预压加固法的发展及工程实录．地基处理，1995，6(3)：1-10.

[122]　叶国良．用真空预压法加固碱渣软土地基效果评价．建筑科学，1998，14(1)：46-50.

[123]　余湘娟，吴跃东，等．真空预压法对加固区边界影响的研究．水利学报，2002，(9)：123-128.

[124]　于志强，李卫，等．滑坡区真空联合堆载预压法软基加固施工．水运工程，2001，333(10)：60-64.

[125]　于志强，郭述军，张学范．汕头港深水港区多用途件杂泊位后方集装箱堆场软基加固施工．中国港湾建设，1997，(3)：12-19.

[126]　于志强，朱耀庭．真空联合堆载预压法在汕头港 1—2～♯泊位后堆场工程中的应用．港口工程，1996，(6)：35-40.

[127]　于志强，朱耀庭，喻志发．真空预压法加固软土地基的影响区分析．中国港湾建设，2001，(1)：26-30.

[128]　张诚厚，陈绪照．真空降水加固吹填土的研究．水运工程，1992，(1)：37-42.

[129]　张诚厚，王伯衍，曹永琅．真空作用面位置及排水管间距对预压效果的影响．岩土工程学报，1990，12(1)：45-52.

[130]　张聪．黄骅港一期堆场真空预压加固地基的质量控制．港工技术，2001，(3)：42-43.

[131]　张明，黄燕和．真空联合堆载预压在软土地基处理中的运用．西部探矿工程，2002，(5)：78-80.

[132]　张力霆，卢勇正等．改善真空预压加固效果的试验研究．河北工程技术高等专科学校学报，1999，(1)：12-18.

[133]　张延军，张延诘．国内真空预压法加固软土地基的现状与趋势．世界地质，2000，19(4)：375-378.

[134]　张泽鹏，李约俊，等．塑料排水板在真空预压加固软基中的作用．广州大学学报(自然科学版)，2002，1(2)：68-71.

[135]　赵建社．真空—堆载联合预压加固软基的原理及特点．广西交通科技，2002，27(3)：43-46.

[136]　赵勤勇．真空预压技术在软土地基路堤施工中的应用．施工技术，2001，30(9)：22-23.

[137]　赵维炳，钱家欢．真空预压砂井地基的设计．水运工程，1990，(9)：5-9.

[138]　赵亚南．真空预压技术在治理深圳河一期工程中的应用．人民长江，1997，28(6)：29-31.

[139]　赵忠良，康尚炜．真空预压法在机场地基处理中的应用．地基处理，1997，8(4)：42-46.

[140]　郑颖人，沈珠江，等．广义塑造力学——岩土塑性力学原理．北京：中国建筑工业出版社，2002.

[141]　宗国庆，蒋慧．真空(堆载)预压法在高速公路软土地基处理中的应用．水利水电科技进展，2002，22(6)：41-43.

[142]　刘家豪．塑料板排水法加固软基工程实例集．北京：人民交通出版社，1999.

[143]　中华人民共和国行业标准．港口工程地基规范(JTJ 250—1998)．北京：人民交通出版社，1998.

[144]　中交第一航务工程勘察设计院天津海陆岩土工程有限公司．台州市路桥污水处理厂软基处理工程真空预压区监测与效果检验报告．2000.

[145]　中交第一航务工程勘察设计院天津海陆岩土工程有限公司．黄岩污水处理厂真空预压地基处理监测及效果检验报告，2000.

[146]　中交第一航务工程勘察设计院天津海陆岩土工程有限公司．椒江污水处理厂真空预压地基处理监测及效果检验报告，2001.

[147]　周春儿，黄腾．广东省西部沿海高速公路三标软基真空预压试验．广东公路交通，2000，(1)：38-43.

[148]　周雷靖．真空联合堆载预压法处理吹填淤泥地基的设计与施工．人民长江，2001，(5)：32-37.

[149]　周顺华，王炳龙，等．真空排水固结法处理地基的沉降计算．铁道学报，2001，23(2)：58-60.

[150]　朱建中．水平排水板在真空预压施工中的应用．勘察科学技术，1993，(1)：20-23.

306

[151] 李彰明. 变形局部化的工程现象、理论与试验方法. 全国岩土测试技术新进展会议大会报告(海口). 2003. 11.

[152] 李彰明. 岩土工程结构. 土木工程专业讲义. 武汉. 1997.

[153] 李彰明,李相崧,黄锦安. 砂土扰动效应的细观探讨. 力学与实践,2001,23(5).

[154] 李彰明. 有限特征比理论及其数值方法. 第五届全国岩土力学数值分析与解析方法讨论会论文集. 武汉:武汉测绘科技大学出版社,1994.

[155] 李彰明. 岩土介质有限特征比理论及其物理基础. 岩石力学与工程学报,2000,19(3):326-329.

[156] 李彰明,冯遗兴. 动力排水固结法参数设计研究. 武汉化工学院学报,1997,19(2):41-44.

[157] 李彰明,冯遗兴,冯强. 软基处理中孔隙水压力变化规律与分析. 岩土工程学报,1997,19(6):97-102

[158] 李彰明,冯遗兴. 动力排水固结法处理软弱地基. 施工技术,1998,27(4).

[159] 龚晓南. 地基处理技术发展与展望. 北京:中国水利水电出版社,2004.

[160] 李彰明,王武林,冯遗兴. 广义内时本构方程及凝灰岩粘塑性模型. 岩石力学与工程学报,1986,(1):15-24.

[161] 李彰明,王武林. 内时理论简介与岩土内时本构关系研究展望. 岩土力学,1986,(1):101-106.

[162] 李彰明,冯强. 厚填土地基强夯法处理参数设计探讨. 施工技术,2000,29(9):24-26.

[163] 李彰明,黄炳坚. 砂土剪胀有限特征比模型及参数确定. 岩石力学与工程学报,2001,20(S1):1766-1768.

[164] 李彰明,赏锦国,胡新丽. 不均匀厚填土强夯加固方法及工程实例. 建筑技术开发,2003,30(1):48-49.

[165] 李彰明. 动力排水固结法处理软弱地基. 施工技术,1998,27(4):30,38.

[166] 李彰明,杨文龙. 土工试验数字控制及数据采集系统研制与应用. 建筑技术开发,2002,29(1):21-22.

[167] LI Zhangming et al. Dynamic response of mud in the field soil improvement with dynamic drainage consolidation. Earthquake Engineering and Soil Dynamics. March. 2001. USA:Ref,Proc. of the Conf. (CD-ROM). ISBN-1-887009-05-1(Paper No. 1. 10:1-8).

[168] 李彰明,杨良坤,王靖涛. 岩石强度应变率阈值效应与局部二次破坏模拟探讨. 岩石力学与工程学报,2004,23(2):307-309.

[169] 李彰明,全国权,刘丹,等. 土质边坡建筑桩基水平荷载试验研究. 岩石力学与工程学报,2004,23(6):930-935.

[170] LI Zhangming,WANG Jingtao. Fuzzy evaluation on the stability or rock high slope:Theory. Int. J. Advances in Systems Science and Applications,2003,3(4):577-585.

[171] LI Zhangming. Fuzzy evaluation on the stability of rock high slope:Application. Int. J. Advances in Systems Science and Applications,2004,4(1):90-94.

[172] 李彰明,杨良坤,刘添俊. 半刚性桩复合地基沉降分析方法及应用. 建筑科学,2005,21(4):46-50.

[173] 李彰明,冯遗乡,冯强. 软基处理中孔隙水压力变化规律与分析. 岩土工程学报,1997,19(6):97-102.

[174] 张光永,吴玉山,李彰明. 超载预压法阈值问题的室内试验研究. 岩土力学,1999,20(1):79-83.

[175] 张珊菊,李彰明,等. 建筑土质高边坡扶壁式支挡分析设计与工程应用. 土工基础,2004,18(2):1-5.

[176] 王安明,李彰明. 秦沈客运专线 A15 标段冬季施工技术. 铁道建筑,2004,(4):18-20.

[177] 赖碧涛,李彰明. 地基处理管理信息系统的开发和应用. 岩土力学,2004,25(12):2041-2044.

307

［178］　刘添俊，李彰明. 土质边坡原位剪切试验研究. 岩土工程界. 2004.

［179］　INDRARATNA B et al. Laboratory determination of smear zone due to vertical drain lnstallation. Journal of Geotechnical and Geoenvironmental Engineering，1998.

［180］　ALONSO E E et al. Precompression Design for Secondary Settlement Reduction Geotechnique. DEC，2000.

［181］　HANSBO. S. Consolidation of fine-grained soils by prefabricated drains. proc. 10th International Conference. Soil Mechanics and Foundation Engineering，1981.

［182］　HANSBO. S. fact and fiction in the field of vertical drainage. In Prediction and Performance in Geotechnical Engineering，1987.

［183］　HANSBO S：Aspects of vertical drain design：darcian or non-darcian flow. Geotechnique，1997.

［184］　ABOSHI H，et al. Kinking Deformation Of PVD under Consolidation Settlement of Surrounding clay. 地盘工学会论文报告集，2001.

［185］　JAMIOLKOWSKI M，et al. Consolidation by vertical drains uncertainties involved in prediction of Settlement Rates，Panel Discussion，proc 10th ICSMFE. Stockholm，1981，(4)：593-595.

［186］　JOHNSON，S J. Precompression for improving foundation soils. J Soil Mec L and Found Div. ASCE，(96)，SMI，111-144.

［187］　CHAI JC et al. Investigation of factors affecting vertical drain behavior. Journal of Geotechnical and Geoenvironmental Engineering，1999，125(3)：216-226.

［188］　LONG R P，et al. Equivalent diameter of vertical drains with an oblong cross section，ASCE，1994，120(9).

［190］　AL MEIDA M S S，et al. Consolidation of a very soft clay with vertical drains. Geotechnique，2000，50(6)

［191］　ONOUE A，et al. Permeability of disturbed zone around vertical drains. Geotechnical Engineering. Congress，Boulder，colorado，1991.(2).

［192］　PRADHAN B S，et al. A design method for the evaluation of discharge capacity of prefabricated Band-shaped drains. proc，9ARC on SMFE，1991.

［193］　BARRON R A Consolidation of fine grained soils by drain wells. Trans. ASCE，1948，113：718-742.

［194］　HALTON G R，LOUGHNER R W，Winter E. Vacuum stabilization of subsoil beneath runway extension at Philadelphia international airport halton. Proc. of IV. ICSMFE. 1965，61-65.

［195］　CHU J YAN S W，YANG H. Soil improvement by the vacuum preloading method for an oil storage station. Ceotechnique，2000，50(6)：625-632.

［196］　QIAN J H，et al. The theory and practice of vacuum preloading. Computers and Geotechnics，1992，13(2)：103-118.

［197］　SHANG J Q，TANG M，MIAO Z. Vacuum preloading consolidation of reclaimed land：a case study. Canadian Geotechnical Journal，1998，35(7)，740-749.

［198］　LEONG E C，et al. Soil improvement by surcharge and vacuum preloading. Gotechnique，2000，50(5)：601-605.

［199］　MOHANMEDELHASSAN E，Shang J Q. Vacuum and surcharge combined one-dimensional consolidation of clay soils. Canadian Geotechnical Journal，2002，39(5)：1126-1138.

［200］　TANG M SHANG J Q. Vacuum preloading consolidation of yaoqtang airport runway. Geotechnique，2000，50(6)：613-623.

［201］　VAN W. Forced pre-consolidation of cohesive soils. Hangzhou：International Lecture Series On Geotechnical Engineering for 21th Century，1999.

［202］　李彰明. 深圳宝安中心区软基处理试验小区测试与监控技术研究报告，1995(10).

[203]　李彰明. 深圳宝安中心区兴华西路软基处理技术报告，1995.

[204]　李彰明，冯遗兴. 海南大学图书馆软基处理技术报告，1995.

[205]　李彰明，冯遗兴. 三亚海警基地软弱地基处理监测技术报告，1996.

[206]　李彰明，冯遗兴. 深圳市春风路高架桥软基处理技术报告，1993.

[207]　徐至钧. 软土地基和预压法地基处理. 北京：机械工业出版社，2005.

[208]　兰南. 工程硕士学位论文. 同济大学，2003.

[209]　BRAND E W，BRENNER R F. Soft clay engineering. New York：Elserier Scientific Publishing Company，1981.

第 8 章

动 力 固 结 法

动力固结法早期的概念对应于我国的强夯法，其后在工程实践中得到扩展。更一般而言，动力固结法就是采用动荷载对地基进行加固处理的方法。这种方法一般比静载预压法经济、省时。该方法一般包括强夯法、强夯置换法、浅层振动法等。研究表明，一个单位的重量，设法变成动荷载后，可以产生上千倍的当量静载效应，因此采用动荷载加固软土地基已成为当今世界上软基加固技术发展中的重要方向。

动力固结法加固地基的机理基本是利用各种动荷载或反复振动荷载使土体原有结构破坏，土粒重新排列，最后达到一个较为密实、稳定的新结构。例如，采用强夯法，巨大的能量瞬间释放产生的压缩波使土体孔隙水压力急剧增大，其强度则锐减，随之在剪切波作用下使土的原有结构解体。待这些波消逝后，土粒落到一个新的较稳定的位置，同时有相当一部分水被排走，从而使土体获得加密。重锤夯实法、振动挤密法和机械压实法也基本相同，只是它们所产生的动荷载比强夯法小而已。但机械压实法作用时间比较长，视机械类型不同，其有效加固深度最多只有 2.0m，不像强夯法或爆破法那样加固深度可达 10m 乃至 20m。

对于非饱和土（包括各种垃圾土、废弃物等），动荷载施加后可将这些材料的原有结构解体，孔隙中的气体逸出，从而达到加固目的。对于颗粒较粗的地基，加固效果尤为显著，只要控制好最佳含水量与相适应的能量，一般均会获得成功。

8.1 动力密实法

动力密实法包括重锤夯实法、振动挤密法和机械振动压实法。

8.1.1 重锤夯实法

重锤夯实法就是利用起重机械将重锤（＞2t）吊至一定的高度（＞4m），使其自由下落，利用重锤下落的冲击能来夯实地基浅层土体。经过重锤的反复夯击，地表面形成一层较为均匀的硬壳层，从而达到提高地基表层土体强度，减少地基沉降的目的。

1. 重锤夯实法的加固原理与适用范围

重锤夯实法一般适用于处理地下水位低于地表 0.8m 以上的稍湿的一般性黏性土、砂土、湿陷性黄土、杂填土和分层填筑的素填土；但在其影响深度范围内，不宜存在饱和软土层，否则可能因软土排水不畅而出现"橡皮土"现象，达不到处理的目的。

重锤夯实法一般认为可有效夯实 1 倍锤底直径左右深度的土层；有效消除 1.0～1.5m 范围内湿陷性黄土的湿陷性；有效减少杂填土的不均匀性；经夯实处理后的稍湿的杂填土，其地基承载力可达 100～150kPa。

2. 施工设备和施工要点

重锤夯实法的主要机械设备为起重机械和夯锤。起重机械可采用履带式起重机、打桩机、龙门架或桅杆式起重机等。当采用钢丝绳悬吊锤时，起重机的起重能力一般应大于锤重的 3 倍；当采用脱钩夯锤时，起重机的起重能力应大于夯锤重的 1.5 倍。重锤夯实法所用的夯锤通常是由钢底板和底部充填废钢铁的 C20 以上混凝土浇铸的圆台构成的，如图 2.8-1 所示；夯锤一般重 2～3t。根据工

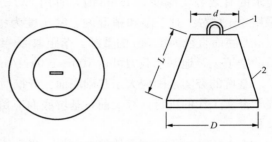

图 2.8-1 夯锤
1—吊环；2—钢板

程实践，当锤重 Q（kN）与锤底面积 A（m²）或锤底直径 D（m）满足下列条件时，才能获得较好的夯实效果。

$$Q/A \geqslant 16 \tag{8.1a}$$

或

$$Q/D \geqslant 18 \tag{8.1b}$$

在起吊能力许可的情况下，宜尽量增大锤的重量，在相同的落距和锤底静压力作用下，夯锤重量越大，锤底面积越大，相应的夯实影响深度也就越大，加固效果越好。而片面通过加大夯锤的落距及夯击遍数，事实证明，往往并不能取得较好的效果。

重锤夯实的效果除与锤重、锤底面积、夯锤的落距和夯击次数有关外，另一个重要的因素是土的含水量。夯击时，只有当土的含水量在最优含水量范围时，才能取得最有效的夯实效果，获得较大的加固深度和密实度，否则可能出现"橡皮土"等不良现象。土的最优含水量是随压实能量的大小而变化的，它可通过试验确定，也可按当地经验或按 $0.6w_L$（w_L 为液限）选用。当夯实土的含水量发生变化时，应调节夯击能量的大小，使这一夯击功适应实际土的含水量，以达到最佳夯击效果。

一般来说，增大夯击能（如提高落距）可以提高土的夯实密度，但当土的密实度增加到某一数值后，即使夯击能再增大，也不能使土的密实度增大，甚至反而可能使土的密实度降低。同样，夯击遍数增加也可使土的密实度增大，但当夯击到一定程度后，继续夯击效果就不太大了。因此，施工时应尽可能采用恰当的夯击遍数，以取得最好的击实效果。夯击遍数一般应通过现场试验确定。试夯前，应在夯坑旁挖探井沿深度每隔一定深度（如 0.25m）取原状土样。在试夯中，应观测夯坑底的夯沉情况及变化。当连续两击的平均夯沉量不超过下列数值时：黏性土、湿陷性黄土为 10～20mm，砂土为 5～10mm，即可停止夯击（须注意的是，原则上要保证在该土质状态下土体能继续密实而不超过此条件下的密实极限状态），并确定出夯击遍数。工程实践表明，一般试夯 3～10 遍，施工时应适当增加 1～2 遍。试夯后，应在夯后场地开挖探井，同样沿深度方向采取土样，对比夯前夯后土样的密度、含水量

和湿陷性的变化及在相应的重锤夯实条件下的有效处理深度。在土的试夯结果达不到设计的密实度和夯实深度要求时，应适当提高落距（此时应相应增加夯点间距），增加夯击遍数。必要时，可增加锤重，再行试夯。以下实践经验可供参考：在湿陷性黄土地区，当设计要求的有效夯实深度为 1.0m 时，宜用重为 1.8~2.5t、底面直径为 1.1~1.3m 的重锤。当设计要求的有效夯实深度为 1.5m 时，宜用 2.5~3.2t、底面直径为 1.2~1.4m 的重锤。落距均采用 4m 左右。对于湿和稍湿的、密实度为稍密—中密状态的建筑垃圾，夯实时可采用重 1.5t、底面直径为 1.5m 的重锤，落距取 2~4m，其夯实影响深度为 1.1~1.2m。经过处理后的杂填土，地基承载力可达 $100~150kN/m^2$。

基坑的夯实范围应大于基础底面。开挖时，坑每边比设计宽度加宽不宜小于 0.3m，以便于夯实工作的进行。夯实前，基坑底面应留出比设计标高高于试夯总沉降量 5~10cm 的高程。

夯击施工时应控制土体的含水量，当土体含水量较低时，应提前一天向土中洒水；当土体含水量过大时，可在其表面铺撒吸水性材料，或换去表层软土。

重锤夯实时，应一夯挨一夯顺序进行；在独立桩基基坑内，宜按先外后里的顺序夯击；在同一基坑内，底面标高不同时，应按先深后浅的顺序逐层夯击。

重锤夯实的质量除了应满足最后二击的夯击沉降量满足试夯时的要求外，还应满足总夯沉量不小于试夯总夯沉量的 90%，否则，应进行补夯，直至满足要求。

3. 重锤夯实法应用的新形式——重锤冲填法

重锤冲填法就是利用起重机械将重锤（>2t）提升到一定的高度后，使之自由下落，在地基上冲击成一孔径略大于锤底直径的孔洞。然后向孔洞中填加强度较大的粗颗粒材料，再分层夯实，直至填满孔洞为止，使这些加固体与原地基土一起构成复合地基，共同承担上部荷载。

重锤冲填法是基于重锤夯实法只能处理地下水位距地表 0.8m 以下的稍湿的人工填土、杂填土、黏性土及湿陷性黄土而发展起来的处理地表高含水量及饱和软土地基的地基处理方法。由于在夯击填料形成桩体的同时，夯锤的夯击不断将填料挤向周围软土，在夯坑周围软土中形成一个挤密影响区（图 2.8-2），从而使该部分土体强度得到提高，并增强了对孔体内其他颗粒的侧向约束，从而减少了地基的沉降，增强了复合土体的强度。同时，由于粗颗粒加固体形成的竖向排水通道作用，也大大缩短了软土的排水距离，使夯击过程中软土孔隙中形成的超孔隙水压力得以迅速消散，从而加速了土体的固结，提高了土体的强度，又使得土体对加固体的约束得到进一步增强，使整个复合地基承载力得到提高。

重锤冲填法可用于高含水量或饱和黏性土、饱和粉土、饱和砂土的浅层地基的处理，特别适合于低层建筑的软土地基的处理。

（1）重锤冲填法的施工设备。重锤冲填法的起重机械可采用重锤夯实法的起重机械；关于起重机的起重能力，当直接用钢索悬吊夯锤时，应大于夯锤重量的 3

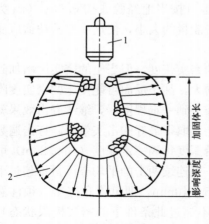

图 2.8-2　重锤冲填加固示意

1—重锤；2—夯击影响范围

倍；当采用能脱落夯锤的吊钩时，应大于夯锤重量的 1.5 倍。

夯锤一般可采用底板为钢板的 C20 以上的钢筋混凝土锤，重量不小于 2t。夯锤的重量与底面直径应按要求加固的软土厚度确定，一般锤重与底面积的关系应满足大于锤重在底面的单位静压力不小于 20kPa 的要求。

（2）重锤冲填法的施工要点。重锤冲填法的夯填料宜选择未经风化的、粒径在 2～6cm 范围的高强度和具有良好耐久性的材料，如碎石、卵石、矿渣等。

重锤冲填的夯坑宜布置成梅花形或等边三角形，坑与坑之间的净距一般在 0.5～1.0m 之间，处理地基的宽度至少应比基础外缘宽 50cm。

在软土地基中施工时，应按照图 2.8-3 的施工顺序进行施工，以减少夯击时对原土体的扰动。施工时，宜先用高落距多次夯击地基，以形成 1.5～2.0m 的孔洞；填料后，再以 2m 左右的低落距夯击填料，使填料夯实并挤向周围软土中，形成一挤密圈；然后，再次填料，以低落距夯实填料，以高落距使填料再次挤密软土；反复数次，直至填料达到设计基底标高，最后以 4m 左右的落距将填料夯实。夯击的次数以使孔内填料能托住重锤为宜，每次填料的厚度可控制在 0.3～0.5m。在夯填过程中，夯填体的参数应视夯击的情况，适时做出适当的变更，以达到挤密地基并以不产生隆起为度。

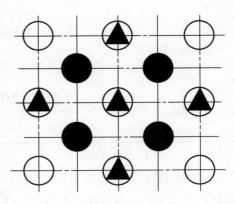

图 2.8-3 重锤冲击夯击施工顺序

○—1 序夯坑；

◭—2 序夯坑；● —3 序夯坑

在按一定的顺序完成了各加固体的夯填后，应对地基以低落锤进行普夯，同样要求最后两击平均每击的沉降值一般不超过以下数值：细颗粒土为 10～20mm，砂土为 5～10mm。

采用重锤冲填法施工前，一般应在建筑场地附近开辟场地进行试验，以确定锤重、落距、锤击次数、锤击夯坑的布置形式及间距等施工参数；并根据对建筑场地的要求，配以静力触探、十字板剪切试验、标准贯入试验及静载荷试验等测试手段，以比较加固前后的场地土的状况，最后确定重锤冲填法的施工参数。

8.1.2 机械压实法

机械碾压法是一种采用平碾、羊足碾、压路机、推土机或其他压实机械压实松散土的方法，这是一种介于静态与动态的一种方法。该法常用于大面积填土的压实和杂填土地基的处理。

碾压黏性土，通常用 8～10t 的平碾或 12t 的羊足碾，每层铺土厚度为 20～30cm，碾压 8～12 遍。

碾压杂填土，应先将建筑范围内一定深度的杂填土挖除，开挖的范围一般是从基础纵向放出 3m 左右，横向放出 1.5m 左右；开挖深度视设计要求而定；然后用 8～12t 压路机或其他压实机械将槽底碾压几遍，再将原土分层回填碾压。每层土的虚铺厚度约为 30cm。有时还可在原土中掺入部分碎石、碎砖、白灰等，以提高地基强度。

由于杂填土的性质比较复杂，碾压后的地基承载力相差较大。根据一些地区的经验，用 8～12t 压路机碾压后的杂填土地基，其承载力为 80～120kN/m^2。

碾压的质量标准以分层检验压实土的干重度和含水量来控制。如控制干重度为 γ_d，最大干重度为 γ_{max}（由试验确定），则 γ_d 与 γ_{max} 的比值 D_y 称为压实系数，压实系数和现场含水率的控制值应符合表 2.8-1 的规定。

表 2.8-1　　　　　　　　　　填土地基压实系数和现场含水率控制值

结构类型	填土部位	压实系数 D_y	控制含水率（%）
砖石承重结构和框架结构	在地基主要受力层范围内	＞0.96	$w_y \pm 2$
	在地基主要受力层范围以下	0.93～0.96	
简支结构和排架结构	在地基主要受力层范围内	0.94～0.97	$w_y \pm 2$
	在地基主要受力层范围以下	0.91～0.93	

注　w_y——填土的最优含水量。

用分层辗压法处理杂填土地基时，应先将建筑物范围一定深度内的杂填土挖出，挖的深度和宽度应视设计的具体要求而定。开挖后，先在基坑底部辗压，再将原土分层回填辗压，有时还可以在原土中掺入部分砂或碎石等粗细粒料。

辗压效果主要取决于压实机械的压实能量和被压实土的含水量。压实机械的压实能量越大，最佳含水量也随之增大，而且压实影响深度也增大。因此，在实际工程中，若要求获得较好的压实效果，应根据具体辗压机械的压实能量，控制辗压土的含水量，选择适当的每层铺土厚度和辗压遍数，或根据具体的含水量，选择辗压机械、铺土厚度和辗压遍数。利用黏土作为地基时，不得使用淤泥、耕土、冻土、膨胀土及有机物含量大于 8% 的土作为填料，当填料含有碎石土时，其粒径一般不大于 20cm。若填料主要成分为易风化的碎石土时，应加强地面排水和表面覆盖等措施。

位于斜坡上或软弱土层上的填土，必须验算其稳定性。当天然地面坡度大于 20% 时，应采取有效措施，防止填土沿坡面滑动。填土地基应采取地面排水措施。当填土堵塞原地表水流或地下槽水时，应根据地形和汇水量，做好排水工程。位于填土区的上下水道，应采取防渗、防漏措施。

在工程实践中，对填土地基的辗压质量的检验，要求获得填土的最大干容重。当填土为黏性土或砂土时，其最大干容重宜采用击实试验确定。击实采用击实仪，其锤重 25kg，锤底直径为 5cm，落距为 46cm，击实筒内径为 9.215cm，容积为 1000cm³，土料粒径小于 5mm，分三层击实，每层击数：砂土和轻粉质黏土为 20 击，粉质黏土和黏土为 30 击。在标准的击实方法条件下，对于不同含水量的土样，可得到不同的干容重，从而绘制出容重 γ_d 和制备含水量 w 的关系曲线。该曲线上 γ_d 的峰值即为最大干容重 γ_{dmax}，与之相应的制备含水量为最佳含水量 w_{op}。填土地基的质量检验，必须随施工进度分层进行。根据工程需要在每 100～500m² 内有一个检验点，检验其干容重和含水量。但现场条件终究与室内试验条件不同，因而对现场应以压实系数 D_y（为土的挖干容重 γ_d 与最大干容重 γ_{dmax} 的比值）与控制含水量来检验，如表 2.8-2 所示。

表 2.8-2 填土地基容许承载力和边坡容许坡度值

填土类型	压密系数 D_y	容许承载力 $[R]$ /kPa	边坡容许坡度值（高宽比）	
			坡高在 8m 内	坡高 8～15m
碎石、卵石	0.04～0.97	200～300	1：1.50～1：1.25	1：1.75～1：1.50
砂夹石（其中碎石、卵石占 30%～50%）		200～250	1：1.50～1：1.25	1：1.75～1：1.50
土夹石（其中碎石、卵石占 30%～50%）		150～200	1：1.50～1：1.25	1：2.00～1：1.50
黏性土（8<I_p<14）		130～180	1：1.75～1：1.50	1：2.25～1：1.75

当无击实试验资料时，其最大干容重 γ_{dmax} 可按下式计算：

$$\gamma_{dmax} = \eta \frac{\gamma_w G}{1 + 0.01 w_{op} G} \tag{8.2}$$

式中 η——经验系数，黏土取 0.95，粉质黏土取 0.96，轻粉质黏土取 0.97；

γ_w——水的容重；

G——土粒密度；

w_{op}——最佳含水量，可按当地经验或取 $w_{op} \pm 2$。

当填土为碎石或卵石时，最大容重可取 2000～2200kg/m³。

碾压后的地基土承载力取决于土的性质、施工机具和施工质量。其容许承载力应根据试验定，当无试验数据时，可按表 2.8-2 选用。

由于杂填土的土性差别较大，很难提出统一的承载力数值，因此在有条件的情况下，宜用静荷载试验来确定承载力。根据一些地区的经验，用 80～120kN 压路机辗压后的杂填土地基承载力特征值可采用 80～120kPa，而砂性土地基承载力特征值可达 200kPa。值得注意的是，在城市杂填土下往往埋藏有软弱下卧层，因此必须验算其下卧层的强度。

8.1.3 振动挤密法

振动挤密法是用振动机振动松散地基，使土颗粒受振移动至稳固位置，减少土的孔隙而压密的地基处理方法。该法用于处理无黏性土地基或黏性土含量较少的地基、透水性较好的松散杂填土地基。实践证明，用振动机处理由炉灰、炉碴、碎石砖和瓦块等组成的杂填土地基，一般效果较好。振动压实用的机械有专用的振动压实机，也有在振动沉桩机的底部装一钢板作为振动压实机使用的。目前我国研制和采用的振动压实机已有多种，一般其工作原理是由电动机带动两个偏心块转动，两个偏心块以相同速度反向转动而产生很大的垂直振动力。这种振动机的频率为 1160～1180r/min，振幅为 3.5mm，自重 2000kg，振动力可达 50～100kN，并能通过操纵机构控制使它前后移动或转动。

振动压实的效果与填土成分、振动时间等因素有关。一般说来，振动时间越长，效果越好。但振动时间超过某一数值后，振动引起的下沉基本稳定，再继续施振就不能起到进一步压实的作用。所以需在施工前进行试验，得出稳定下沉量和振动时间的关系。对于主要由炉渣、碎砖、瓦块组成的建筑垃圾，振实时间约在 1min 以上；对于含炉灰等细颗粒的填土，振实时间为 3~5min，有效振实深度为 1.2~1.5m。

振实范围应从基础边缘放出 0.6m 左右，先振基槽两边，再振中间。振实标准是以振动机原地振实不再继续下沉为合格。一般杂填土地基经过振实处理后，地基承载力可达 100~200kPa。

地下水位过高会影响振实效果，当地下水位距振实面小于 60cm 时，应降低地下水位。另外，振前应对邻近建筑物进行调查，如有危房应事先加固。一般情况下，振源与建筑物距离应大于 3m。

工程实例 1：重锤夯实法处理软弱杂填土地基

1. 工程概况

拟建某二层钢筋混凝土框架结构，高 9m，位于厦门港码头距岸边 20m 处，场地坐落在堆积一年多 6m 左右的建筑杂填土上，该土层松软且具有湿陷性，地基承载力不到 40kPa，不能作为天然地基。

拟建的建筑物基础为钢筋混凝土条形基础，设计要求地基承载力不低于 80kPa，地基变形模量不小于 3.5MPa，加固深度不小于 3m。

2. 处理方案的讨论

根据当地地基处理经验，先后提出了三种处理方案：①大开挖，回填换土；②重锤夯实；③强夯处理。

由于大开挖处理需要大量的回填材料，且开挖、回填、运输的土方量十分巨大，运输也十分困难，而且回填分层碾压所需的台班费比较高，施工周期长，经济效益比较低，因此决定舍弃第一种方案。

对于强夯加固，虽然有许多成功的范例，加固效果比较好，但由于强夯施工中会产生很强的冲击振动波，可能会危害离工地 20m 处的混凝土空心方块直立式码头，因此决定放弃第三种方案。

最后，经多方论证，认为重锤夯实法有许多成功处理杂填土的经验，曾有过不少使地基承载力提高到 150kPa 的报道。只要能合理选择好施工参数，完全能使处理后的地基达到 80kPa 的设计值。因此，确定用重锤夯实法加固地基。

3. 施工机械和施工参数的设计

本工程采用的是国产 Q2-8 型汽车式起重机，起重能力为 8t，臂长 6.95m。夯锤为圆台形，锤的材料是钢筋混凝土，底部填充钢块以加大重量和降低重心，并设置钢底板，重 2t，下底直径为 1.5m，上底直径为 0.7m。采用自动脱钩装置脱钩。

为证明重锤夯实法在本工程施工中的可行性并确定重锤夯实法的有关技术参数，选择经预先挖坑鉴定土质最差、结构最松散的两条基槽进行试夯。设计考虑夯后土层可能局部密度仍较差，会产生差异沉降。因此，先挖基槽到基础底标高下 0.6m 处，以便夯实后，再分层铺设 60cm 的砂垫层，以调整不均匀沉降。试夯的初步落距为 3.5m。重锤夯实两遍，在一遍中同一夯位连续夯击两下。

当最后一遍夯击下沉量为 2.0cm 时，停止夯击，计算夯击遍数。这时，总夯沉量为 56cm。

为进一步验证采用上述技术参数的夯实效果，对这两条基槽采用重型（Ⅱ）$N_{63.5}$ 动力

316

触探进行了检测。每条基槽检测 3 点，共 6 点，检测深度至夯实基槽底下 5.1m。检测结果表明，在表层 2.1m 深度内，夯实效果很好，动力触探击数为 15～20 击，地基承载力标准值可达 120～140kPa。从 2.1m 至 5.1m 段，$N_{63.5} \geqslant 9$ 击，地基承载力标准值 $f_k > 80$kPa，证明重锤夯实法在本工程中是可行的。

4. 地基的处理

（1）夯实加固对象是横轴地基的基槽，采用铲土机铲挖土方。槽底面应高出设计标高预留土层，厚度为试夯总沉量减去 60cm 的砂垫层厚再加上 5～10cm。槽的夯实范围应大于基底面积，也应便于起重机夯实工作。

（2）夯击遍数应按试夯确定的最少遍数增加一遍。在基槽内夯击时，宜一夯挨一夯顺序进行。在一次循环中同一夯位连续夯击两下，下一循环的夯位应与前一循环错开半个锤底，如此反复进行。夯完后，分层铺设砂石垫层至基底设计标高，并碾压密实。然后对夯实地基进行质量验收。重锤夯实地基的质量除应符合试夯最后下沉量外，同时要求基槽表面的总下沉量不小于试夯总下沉量的 90% 方认为合格。

5. 处理效果

（1）试验结果表明，该场地垃圾杂填土经锤夯加固后，表面 2.1m 范围内地基承载力由不足 40kPa 提高到 120～140kPa，深度 2.1～5.1m 范围内地基承载力提高到 80kPa 以上。

（2）本工程从主体开始至竣工，共进行 4 次沉降观测（布置 12 个观测点），最大沉降量为 12mm，最小沉降量为 8mm，表明沉降均匀。施工后近一年的定期观测表明，沉降基本稳定，未发现因不均匀沉降而产生的斜裂缝和"八字"裂纹。

工程实例 2：重锤碎石冲填法处理软弱杂填土地基

1. 工程地质概况

秦皇岛港务局所属煤场的 2 栋 5 层的砖混结构住宅楼，每栋建筑面积各 3721m²。地质勘探表明，该建筑场地内场地土自上而下为松软的炉灰等垃圾所组成的杂填土，其厚度为 0.2～1.4m，深浅不一；其下为第四纪海相沉积地层，分别为粉细砂，地基承载力标准值 f_k 为 157kPa；中～粗砂地基承载力标准值为 117kPa；粉土地基承载力设计值达 196kPa；黏土地基承载力标准值达 245kPa。建筑场地内第 2、第 5、第 8 勘探孔所揭示的场地土组成如图 2.8-4 所示，勘探表明，在第二栋住宅楼下方，杂填土厚

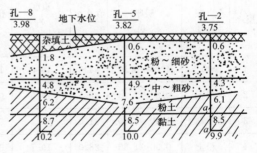

图 2.8-4　住宅楼场地地质剖面

度基本为 0.2m；在第一栋楼下方，有自北向南横贯整个建筑物基础，厚度为 0.2～0.4m，继续延伸的杂填土坡如图 2.8-4 所示。在第一栋楼的基础下，还有原建筑在此的钢筋混凝土条形基础和 5m×4m 的混凝土人防工事。

2. 地基处理方案的选择和处理

根据上部结构的设计要求，场地土的持力层地基承载力标准值必须不小于 147kPa，而场地内粉～细砂地基承载力标准值为 157kPa，完全可以满足设计要求，所以第二栋建筑物完全可以利用天然地基方案。但第一栋楼由于其下有较厚的杂填土，且又有许多废弃的建筑遗留物，地下水位又较高，如图 2.8-4 所示。如果采用大开挖的方法，周围砂类土中丰富的

补给水源会给降水带来很大的困难；此外，如果将松软的杂填土和废弃的建筑遗留物全部挖除，不但工期长、投资大，而且由于场地狭窄，解决不了污水的排放，挖出的杂填土和其他废弃物的堆运也存在很大的困难。同样，采用重锤夯实法也存在降水困难的问题，而且高含水量的土体也很难以夯实。鉴于以上的分析，决定采用换土回填法挖去第二栋楼以下 0.2m 厚的炉灰土，换以级配的砂石垫层；在第一栋楼以下采用重锤挤密法进行加固。在布置碎石坑时，如遇到防空地道、原有混凝土条形基础及人防地下室钢筋混凝底板等废弃物时，先用重锤将其砸碎，然后分层夯填卵石，形成碎石桩。

根据地质状况，坑深控制在 0.4m 左右，坑与坑净距离为 0.5m 左右，处理宽度为超出建筑物基础边缘 0.5m 左右。重锤在每个填满碎石的坑上夯击 3~5 次，按顺序将全部碎石坑夯完后，再用碎石将坑填平，再进行第二遍普夯，直到最后二击平均每击碎石面沉降值低于 1.0~2.0cm，即可停夯。经处理后的杂填土，成为均匀的强度足以满足设计要求的持力层。

该建筑物自 1986 年完成主体工程，1987 年投入使用以来，沉降平稳，未发现因地基不均匀沉降而导致的问题。

工程实例 3：重锤垃圾冲填法处理松软杂填土地基

1. 工程地质概况

沧州市房地产开发经营公司开发的 3~7 层的多层建筑楼群——文庙街小区是集商业、办公、住宅为一体的综合开发小区。经勘探表明，该场地除地表为较深厚松软的杂填土外，以下均为承载力较高、压缩性较小的第四纪沉积层。该场地自上而下各层土的主要物理力学性能指标见表 2.8-3。由于杂填土层承载力较低，压缩性较大，不能直接作为地基持力层，因此，必须进行加固处理。

表 2.8-3　　　　　　　　　　　场地典型土层主要物理力学性能指标

层序	土层名称	层厚 /m	含水率 w（%）	重度 γ /（kN/m²）	孔隙比 e	塑性指数 I_p（%）	压缩系数 α_{1-2} /MPa⁻¹	内摩擦角 φ /（°）	黏聚力 C /kPa	压缩模量 E_s /MPa	地基承载力标准值 f_k /kPa
1	杂填土	4.60~8.10	34.5	16.6	1.190	12.8	0.75				50
2	粉土	0.80~2.40	28.5	18.5	0.841	8.3	0.13	36.4	10.0	14.4	130
3	粉质黏土	1.00~3.60	31.0	18.7	0.854	14.3	0.31	10.2	55.0	5.8	140
4	粉土	0.90~1.80	28.0	19.1	0.776	7.5	0.14	33.6	15.0	13.2	160
5	粉质黏土	9.60	30.0	18.4	0.892	13.4	0.32	28.0	26.0	6.1	160

2. 地基处理方案的选择

从地质勘探结果来看，除杂填土层以外，其他各层土的承载力都较高，压缩性也较低，虽然可作为持力层，但由于杂填土层较为深厚，采用大开挖方案显然很不经济。此外，杂填土的含水量较高，如采用重锤夯实法处理，由于土中超孔隙水压力得不到消散，杂填土可能会成为"橡皮土"，而达不到加固的效果；另外，利用重锤夯实法处理，即使在稍湿的地基土中，也通常只有一倍锤底直径的深度，对于这样深厚的松软填土效果如何，很难把握。采用碎石桩加固方案，确实有大量成功的经验，处理效果比较肯定，但沧州地区无石料资源，碎石需通过外埠调运，费用十分高昂，而且会影响工期，因此也不经济。

由于重锤冲填法能利用夯填入的排水性能良好的粗颗粒材料有效消散重锤夯时软土中的超孔隙水压力，加速土体的固结；同时置换部分软土，提高复合地基的承载性能；而且在华北地区也有许多成功的经验，因此，经技术论证及经济比较后，决定将杂填土开挖至槽底后，采用重锤冲填法进行加固处理。

由于城区改造，拆除大量的建筑物，碎砖、混凝土碎块堆积如山。而砖、混凝土均具有足够的强度和耐久性，置入地基中，不受外界影响，不会产生风化而变为酥松体，能够长久地起骨料的作用。碎砖、混凝土块价格低廉（只需付少许的加工费和运输费），尤其在拆迁地，可就地取材，因此决定采用粉碎成 4～6cm 的碎砖、混凝土块作为夯填材料。

3. 施工工艺

该工程使用的重锤净重 20kN，锤底直径为 800mm。经试验决定夯坑布置呈梅花形，如图 2.8-3 所示，其施工工艺如下。

1 序夯坑：落距 10m，3 击成短孔，孔深控制在 1.5～2.0m。填料适量，落距 2m，1 击密实，2 击挤密。填料适量，落距 2m，1 击密实，落距 8m，1 击挤密。填料至槽底，落距 4m，1 击密实。

2 序夯坑：落距 10m，2 击成 1.2～1.5m 深的短孔，填料适量，落距 2m，1 击密实，落距 8m，2 击挤密。填料适量，落距 2m，1 击密实，落距 6m，1 击挤密。填料至地面，落距 4m，1 击密实。

3 序夯坑：落距 6m，1 击；落距 8m，1 击，成深 1.0m 的短孔。填料适量，落距 2m，1 击密实。落距 6m，1 击挤密，填料适量，落距 2m，1 击密实，落距 4m，1 击挤密。

在锤击过程中，顺号严格按设计进行，不得颠倒。各种锤击体参数可视锤击情况适当变更，以挤密且地面不隆起为度。按一定的顺序完成各夯填坑后，场地便形成由若干锤击体组成的复合地基。一般为使上部荷载能均匀传递到处理后的地基上，发挥夯填体与土的共同作用，常用低落距普夯场地，同时做 300cm 厚的 3∶7 灰土层。

4. 加固效果检验

为检验加固处理效果，工程完工后 5～7d 进行了平板静载荷、标准贯入、重型（Ⅱ）动力触探、室内土工试验及上部结构施工期的沉降观测。

（1）平板静载荷试验结果。平板采用圆形钢制承压板，承压板面积为 5000cm²。试验共进行两组：一组是夯填体及体间土，试验深度低于槽底标高 30cm。一组是在 3∶7 灰土层上，试验深度即在槽底标高处，其试验成果见表 2.8-4。

表 2.8-4　　　　　　　　　　　平板静载荷试验成果

试验情况	试验地点	承载力标准值 f_k/kPa		
		夯填体	夯填体间土	复合地基
夯填体与体间土	某 7 层楼场地	160	130	134.4
3∶7 灰土层	某 6 层楼场地			140.0
平　均				137.2

319

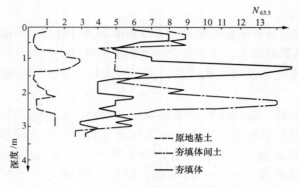

图 2.8-5　动力触探曲线

--- 原地基土
--- 夯填体间土
—— 夯填体

（2）标准贯入试验结果。在场地内，共做锤击体间土的标贯试验 6 组。由此确定加固土层的地基承载力标准值为 102～145kPa，平均值为 129.2kPa，较加固前提高了 79.2kPa。

（3）重型（Ⅱ）动力触探结果。图 2.8-5 为典型的动力触探曲线。从图中不难看出：①加固后夯填体间土的动力触探击数比加固前有显著提高；②纵向挤密效果较横向显著。

（4）沉降观测结果。从基础完工到主体工程完工为止的沉降观测结果表明，某 7 层楼的最大沉降为 77.4mm，最大差异沉降为 30.6mm，某 6 层楼的最大沉降为 55.5mm，最大差异沉降为 35.5mm，均符合我国建筑地基设计规范的有关要求。

8.2　强夯置换法

8.2.1　强夯置换法概述

工程实践证明，用强夯法加密软土地基的效果不明显，甚至越夯越差，且施工很困难，夯击 2～3 锤夯坑就达 1～2m，夯锤往往拔不出来，有时甚至找不到。强夯置换法不是利用强夯来加密软土而是利用强夯作为置换软土的手段，即利用强夯排开软土，夯入块石、碎石、砂或其他粗颗粒材料，最终形成块（碎）石墩，块（碎）石墩与周围混有砂石的夯间土形成复合地基。对于软土厚度不是很大（一般小于 6m）的地基，经强夯置换法处理，既提高了地基强度，又改善了排水条件，有利于软土的固结。我国、新加坡、南非和中东等地曾利用该法处理泥炭、有机质、粉土和粉质黏土等地基，均取得良好效果。

在我国，太原工业大学曾于 1984 年采用在夯坑中填砂石的办法处理新近堆积软土。该场地原为稻田，土质为软—流塑的粉质黏土，承载力为 60～70kPa。采用 1610kN·m 的强夯，边夯边填，夯后形成深度为 4m 的砂石墩复合地基承载力 200kPa。1987 年山西机械施工公司等在武汉钢铁公司的龙角湖沼泽地试验强夯置换加固取得成功。1991 年深圳市建筑科学中心等将强夯置换碎石桩和强夯置换挤淤沉堤两种方法分别用于建筑物地基处理和飞机场跑道，该工程为围海造地发展海滩地建设提供了一个可供选择方法的实例。

8.2.2　强夯置换法机理

利用强夯的冲击力，强行将砂、碎石、石块等填到饱和软土层中，置换原饱和软土，形成桩柱或密实砂、石层；与此同时，该密实砂、石层还可作为下卧软弱土的良好排水通道，加速下卧层土的排水固结，从而使地基承载力提高，沉降减小。目前在强夯置换中常见以下三种情况。

（1）当地基表层为具有适当厚度的砂垫层、下卧层为高压缩性的淤泥质软土时，采用低能夯，通过强夯将表层砂挤入软土层中，形成一根根置换砂桩，这种砂桩的承载力很高，同时下卧的软土也可通过置换砂桩加速固结，强度得以提高。

（2）同上，软土地基的表面也常堆填一层一定厚度的碎石料，利用夯锤冲击成孔，再次回填碎石料，夯实成碎石桩，如图 2.8-6 所示。

（3）在厚 3～5m 的淤泥质软土层上面抛填石块，利用抛石自重和夯锤冲击力使石块座到硬土层上，淤泥大部分被挤走，少量留在石缝中，形成强夯置换的块石层。利用石块之间相互接触，提高地基承载力。亦类似于垫层中的"抛石挤淤"法，同时下卧层的软土也得以快速固结，提高了下卧层的强度。

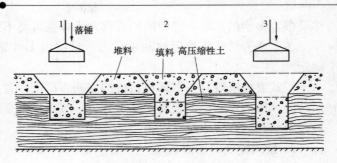

图 2.8-6 动力置换碎石桩

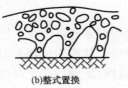

(a)桩式置换　　　(b)整式置换

图 2.8-7 动力置换类型

强夯置换法是从强夯加固法逐渐发展起来的一种较新的地基处理方法，强夯置换是利用强夯能量将碎石、矿渣等物理力学性能较好的粗粒强制挤入地基，主要通过置换作用达到加固地基的目的。它主要用于处理饱和黏性土。按强夯置换方式的不同，强夯置换法又可分为桩式置换和整式置换两种不同的形式，如图 2.8-7 所示。

1. 桩式置换的加固机理

桩式置换是利用强夯过程中夯成的夯坑作为桩孔，向坑中不断按需要充填各种散体材料并夯实，使夯填料形成一个直径约 2m、深度达 3～6m 的散体材料桩，与周围土体共同组成复合地基。在置换过程中，土体结构破坏，地基土体中产生超孔隙水压力，随着时间发展土体强度恢复，同时由于碎石墩具有较好的透水性，利用超孔隙水压力消散产生固结。这样，通过置换挤密及排水固结作用，碎石墩和墩间土形成碎石墩复合地基，提高地基承载力和减小沉降。由此可知，强夯桩式置换后，被夯击置换地基自上而下出现三个区域，如图 2.8-8 所示。第一区域为桩式置换区，这个区域由散体材料桩与土体共同组成复合地基，由于散体材料桩的直径一般比较大，置换率较高，因此它能大幅度提高地基承载力，这是桩式置换的主要加固区域。第二区域为强夯压密区，由于强夯作用，上部土体被挤压入该区域，形成一冠形挤压区，如图中虚线范围。该区域内土体孔隙显著压缩，密度大为提高，成为置换体的坚实持力层。这一区域内的土体主要是压密，与普通强夯相似，部分散体材料的挤入和散体材料形成的排水通道加速了土体的排水固结。其加固效果比普通强夯效果好，这一区域的加固深度可用一般强夯加固深度理论来估算。第三区域为强夯压密区下的强夯加固影响区，这一区域内的土

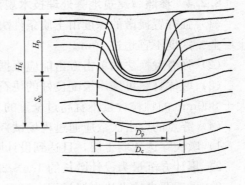

图 2.8-8 桩式置换地层示意

H_p—桩式置换的深度；S_c—挤密区深度；
H_c—有效加固的深度；D_p—桩式置换的直径；
D_c—有效加固的直径

321

体受强夯振密的影响，随时间的推移，土体强度将不断增长。

关于强夯桩式置换后地基承载力，目前尚无可靠的计算方法，必须通过现场荷载试验确定。

桩式置换法既具备散体材料桩的加筋、挤密、置换、排水特性，又具有强夯加固动力固结效应，因而可大幅度提高地基承载力，减小地基变形，与强夯相比，能更广泛地适用于塑性指数较高的高含水量软黏土。

2. 整式置换的加固机理

整式置换法是一种可用于深度在 4～10m 之间的淤泥或淤泥质土上条带状路堤、堤坝、防波堤等的地基处理方法，又称为强夯置换挤淤沉堤。它以密集的点置换形成线置换或面置换，通过强夯的冲击能将含水量高、抗剪强度低、具有触变性的淤泥挤开，置换以最大粒径不超过 1m、抗剪强度高、级配良好的块石或石碴，形成密实度高、压缩性低、应力扩散性能良好、承载力较高的垫层。

整式置换机理是置换率要求较大时，以密集的群点进行置换，使被置换的土体整体间两侧或四周排出，置换体连成统一整体，构成置换层，其作用机理类似于换土垫层。整式置换后的双层状地基的变形和强度性状既取决于置换材料的性质，又取决于置换层的厚度和下卧层的性质。

8.2.3　强夯置换法设计

（1）强夯夯击能量的选择与土质及挤淤深度有关，在无经验地区应根据试验确定。

（2）夯点间距不宜过大，应根据加固后复合地基承载力大小，按置换率来确定。若承载力要求高则间距小，反之则大。但强夯置换后地面会抬高，这在设计中应预先估计到。

（3）夯点的布置：对于中小型单独基础，在基础下设一块（碎）石墩即可，对于较重型单独基础，可采用密集的几个块（碎）石墩。

（4）强夯置换是利用土的强度瞬时降低以排开软土，因而两遍夯击之间不必留出孔压消散时间，这样就可加快施工进度。

（5）强夯置换所夯填的材料可就地取材，块石、碎石、矿渣、砂或煤矸石等质地坚硬、性能稳定和无侵蚀性的粗颗粒材料均可采用。

8.2.4　参照《建筑地基处理技术规范》强夯置换法的设计要点

（1）强夯置换墩的深度由土质条件决定，除厚层饱和粉土外，应穿透软土层，到达较硬土层上。深度不宜超过 10m。

（2）强夯置换法的单击夯击能应根据现场试验确定。

（3）墩体材料可采用级配良好的块石、碎石、矿渣、建筑垃圾等坚硬粗颗粒材料，粒径大于 300mm 的颗粒含量不宜超过全重的 30%。

（4）夯点的夯击次数应通过现场试夯确定，且应同时满足下列条件：

1）墩底穿透软弱土层，且达到设计墩长。

2）累计夯沉量为设计墩长的 1.5～2.0 倍。

3）最后两击的平均夯沉量不大于规范规定值。

（5）墩位布置宜采用等边三角形或正方形，对独立基础或条形可根据基础形状与宽度相应布置。

（6）墩间距应根据荷载大小和原土的承载力选定，当满堂布置时可取夯锤直径的 2～3

倍；独立基础或条形基础可取夯锤直径的 1.5～2.0 倍。墩的计算直径可取夯锤直径的 1.1～1.2倍。

（7）当墩间净距较大时，应适当提高上部结构和基础的刚度。

（8）强夯置换处理范围应按规范执行。

（9）墩顶应铺设一层厚度不小于 500mm 的压实垫层，垫层材料可与墩体相同，粒径不宜大于 100mm。

（10）强夯置换设计时，应预估地面抬高值，并在试夯时校正。

（11）强夯置换法试验方案的确定应符合本规范规定。检测项目除进行现场载荷试验检测承载力和变形模量外，尚应采用超重型动力触探等方法，检查置换墩着底情况及承载力与密度随深度的变化。

（12）确定软黏性土中强夯置换墩地基承载力特征值时，可只考虑墩体，不考虑墩间土的作用，其承载力应通过现场单墩载荷试验确定，饱和粉土地基可按复合地基考虑，其承载力可通过现场单墩复合地基载荷试验确定。

（13）强夯置换地基的变形计算应符合规范的规定。

（14）提请注意旧规范本条规定置换深度不宜超过 7m，是根据国内常用夯击能常在 5000kN·m 以下提出的，国外置换深度有达 12m、锤的质量超过 40t 者。

对于淤泥、泥炭等黏性软弱土层，置换墩应穿透软土层，着底在较好土层上，因墩底竖向应力比墩间土高。如果墩底仍在软弱土中，恐承受不了墩底较高竖向应力而产生较大下沉。

对于深厚饱和粉土、粉砂，墩身可不穿透该层，因为墩下土在施工中密度变大，强度提高有保证，故可允许不穿透该层。

强夯置换的加固原理相当于下列三者之和：

$$强夯置换 = 强夯（加密） + 碎石墩 + 特大直径排水井$$

因此，墩间和墩下的粉土或黏性土通过排水与加密，其密度及状态可以改善。由此可知，强夯置换加固深度由两部分组成，即置换深度和墩下加密范围，因资料有限目前尚难确定，应通过现场试验逐步积累资料。

（15）单击夯击能应根据现场试验决定，但在可行性研究或初步设计时可按以下公式估计。

较适宜的夯击能：

$$\overline{E} = 940\,(H_1 - 2.1) \tag{8.3}$$

夯击能最低值：

$$E_w = 940\,(H_1 - 3.3) \tag{8.4}$$

式中　H_1——置换墩深度，m。

初选夯击能宜在 $\overline{E}$ 与 E_w 之间选取，高于 $\overline{E}$ 则可能浪费，低于 E_w 则可能达不到所需的置换深度。

强夯置换宜选取同一夯击能中锤底静压力较高的锤来施工。在同一夯击能下，置换深度却有不同，这点可能多少反映了锤底静压力的影响。

（16）墩体材料级配不良或块石过多过大，均易在墩中留下大孔，在后续墩施工或建筑物使用过程中使墩间土挤入孔隙，下沉增加，因此规范强调了级配和大于300mm的块石总量不超出填料总重的30%。

（17）累计夯沉量指单个夯点的每一击下夯沉量的总和，累计夯沉量为设计墩长的1.5～2倍以上，主要是保证夯墩的密实度与着底，实际是充盈系数的概念，此处以长度比代替体积比。

（18）规范意在保证基础的刚度与墩间距相匹配，基础或路面的刚度应使基底标高处的置换墩与墩间土下沉一致，即基础为刚性体。若基础很柔，则墩与墩间土可能产生下沉不均或路面与基础开裂。

（19）强夯置换时地面不可避免要抬高，特别在饱和黏性土中，根据有限资料，隆起的体积可达填入体积的大半，这主要是因为黏性土在强夯置换中密度改变比粉土少，虽有部分软土挤入置换墩孔隙中，或因填料吸水而降低一些含水量，但隆起的体积还是可观的，应在试夯时仔细记录，做出合理的估计。

（20）规范规定强夯置换后的地基承载力对粉土中置换地基按复合地基考虑，对淤泥或流塑的黏性土中的置换墩则不考虑墩间土的承载力，按单墩载荷试验的承载力除以单墩加固面积取为加固后的地基承载力，主要考虑：

1）关于淤泥或流塑软土中强夯置换，国内有个别不成功的先例，为安全起见，须等有足够工程经验后再行修正，以利于此法的推广应用。

2）某些国内工程因单墩承载力已够，而不再考虑墩间土的承载力。

3）强夯置换法在国外亦称为动力置换与混合法（Dynamic Replacement and Mixing Method），因为当墩体填料为碎石或砂砾时，置换墩形成过程中大量填料与墩间土混合，越浅处混合得越多，因而墩间土已非原来的土而是一种混合土，含水量与密实度改善很多，可与墩体共同组成复合地基，但目前由于对填料要求与施工操作尚未规范化，填料中块石过多，混合作用不强，墩间的淤泥等软土性质改善不够，因此目前暂不考虑墩间土的承载力较为稳妥。

（21）强夯置换法在设计前必须通过现场试验确定其适用性和处理效果。强夯置换施工前，应在施工现场有代表性的场地上选取一个或几个试验区，进行试夯或试验性施工。试验区数量应根据建筑场地的复杂程度、建筑规模及建筑类型确定。

强夯置换法采用在夯坑内回填块石、碎石等粗颗粒材料，用夯锤夯击形成连续的强夯置换墩。强夯置换法是20世纪80年代后期开发的方法，适用于高饱和度的粉土与软塑—流塑的黏性土等地基上对变形控制要求不严的工程。强夯置换法具有加固效果显著、施工期短、施工费用低等优点，目前已用于堆场、公路、机场、房屋建筑、油罐等工程，一般效果良好。个别工程因设计、施工不当，加固后出现下沉较大或墩体与墩间土下沉不等的情况。因此，规范特别强调采用强夯置换法前，必须通过现场试验确定其适用性和处理效果，否则不得采用。

8.2.5　强夯置换法施工

8.2.5.1　桩式置换

1. 桩式置换的施工工艺

桩式置换夯孔的施打，宜采用隔孔分序跳打方式，以广东番禺花莲山某工程为例，如图2.8-9所示，先以圆柱形夯锤按夯点的布置和夯击顺序夯出夯坑，夯坑深度控制在1.5～2.0m，第一遍夯至控制深度后，在夯坑内充填石碴，石碴最大粒径小于30cm；将夯坑填满后再进行第二次夯击，在夯坑深度为1.5～2.0m时，再充填石碴至地面，进行第三次夯击，将夯坑夯击1m左右深度后，再用石碴充填平地面后用振动辗辗压三遍。夯击时，第一、二遍每夯点夯击6击左右，第三遍夯击3击，并以最后一击夯沉量不超过5cm为控制值。

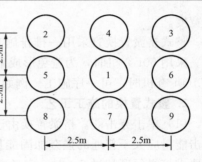

图2.8-9 桩式置换夯孔

2. 桩式置换的施工参数

在桩式置换中，置换深度的大小与强夯置换的夯击能量和夯锤的底面积密切相关。单击夯击能量越大，强夯产生的有效影响加固深度也越深，强夯挤密区域也越大，夯坑深度相应也较深。同时，在一定范围内，提高单点夯击能，也能大大改善置换加固的效果。模型试验表明，夯击能越大，置换深度越深；在单击夯击能与置换次数相同的情况下，强夯置换深度与第一次置换夯坑的深度成正比，即要获取较深的置换深度，应加大第一遍夯击的总夯击能，以获得较深的夯坑深度。

模型试验还表明，随着置换次数的增加，散体材料桩的桩径和置换深度及强夯挤密区都增大，但置换深度和强夯挤密区的增大比桩径的变化更显著。增加置换次数，可有效改善地基承载性状，减小沉降变形。工程中一般可采用3～5遍的置换次数，承载力要求高，置换深度要求较深时，应采取较大的置换遍数。

在夯击能量和地质条件一定的情况下，夯坑夯击深度同单位底面积的夯击能量与单位面积锤底静压力密切相关，也即与夯锤底面积有关。夯锤底面积越小，对地基的楔入效果和贯入力就越大，夯击后获得的置换深度就越深。因此，强夯置换与普通强夯相比，宜采用锤底面积较小的夯锤，一般夯锤底面直径宜控制在2m以内。

桩式置换的夯点可布置成三角形、长方形等，夯点的间距应视被置换土体的性质和上部结构的形式而定，一般取1.5～2.0倍的夯锤底面直径。土质较差、要求置换深度较深及承载力要求较深时，夯点间距宜适当加密。对于办公楼、住宅楼等，可根据承重墙位置布置较密的置换点，一般可采用等腰三角形布点，这样可保证承重墙及纵、横墙交接处墙基下有夯击点，对于一般堆场，水池、仓库、储罐等地基，夯点间距可适当加大些。

为防止夯击时吸锤现象、强夯时击穿事故，防止夯坑内涌进淤泥或水，强夯置换前，宜在软土表面铺设一定厚度（如1m以上）的碎石垫层，同时也利于强夯机械在软土表面上行走。

3. 桩式置换的材料要求

桩式置换形成的桩体，主要依靠自身骨料的内摩擦角和桩间土的侧限来维持桩身的平衡。桩体材料必须选择具有较高抗剪性能、级配良好的石碴等粗颗粒骨料。为保证桩体的整体性、密实性和透水性，充填材料最大粒径不宜大于1/5的夯锤底面直径，含泥量不得超过10%。

8.2.5.2 整式置换

1. 整式置换的施工工艺

强夯挤淤置换前宜先挖除阻碍沉堤的塘堤、路堤及淤泥表面的硬壳，再进行抛石压载挤淤，抛填体厚度以3～6m为宜。为防止抛填时形成抛填体中间厚、两边薄的现象，而引起边孔易产生击穿现象，宜沿抛填体边挖去部分淤泥，以减小淤泥的侧压力，增大抛填体底部的宽度。

整式挤淤置换宜采用一排排施打方式,每排夯击顺序必须由抛填体中心向两侧逐点夯击。采用50t夯机时,为避免形成扇形布点,可二序施工,先夯击一侧,再夯击另一侧。采用100t夯机时,可一序施工。例如,两边孔夯击一遍有残存淤泥,需进行第二遍夯填。

2. 整式置换的施工工艺

(1) 单击夯击能。挤淤置换由于需将淤泥挤向四周而将填筑材料夯至淤泥底层,因而其单击能量应大于普通的强夯加固能量。单击夯击能可采用 Menard 公式估算。杨光煦建议,当要求挤淤深度超过6m时,应考虑0.3的深度折减系数;当要求挤淤深度小于5m时,应考虑0.4的深度折减系数。

(2) 单位面积的单击能。强夯时,强夯动应力的扩散随夯锤底面积的变化而变化。夯锤底面积小时,动应力扩散小,应力等值线呈柱状分布,有利于挤淤;夯锤底面积大时,应力等值线呈灯泡状分布,有利于压实而不利于挤淤。杨光煦等通过现场原位对比试验也揭示出,单位面积单击夯击能越大,挤淤效果越显著;单位面积单击夯击能或锤底静压力过小,挤淤效果就较差。因此,强夯挤淤应提高夯锤锤底单位面积的静压力和单位面积的单击夯击能。杨光熙认为强夯整式挤淤置换锤底单位面积静压力不得小于 $100kN/m^2$,单位面积单击夯击能不宜小于 $1500kN \cdot m/m^2$。

(3) 夯击次数。强夯挤淤与强夯加固的目的不同,因此,夯击时宜利用淤泥的触变性连续夯击挤淤,不宜间歇,一般宜一遍接底。夯击次数宜控制在最后一击下沉量不超过5cm。夯坑深度超过2.5m后,挂钩会有困难,因此,当夯坑深度超过2.5m时,如仍未接底,可推平后再进行夯击。

(4) 夯点间距。整体挤淤置换的间距可根据强夯抛填体实测应力扩散角,按式(8.5)计算,并参照强夯试验结果,要求夯坑顶部连成一片,且夯坑间夹壁应比周围未强夯部位低0.5m以上。

$$S = D + 2H\tan\alpha \tag{8.5}$$

式中　S——夯点间距;

　　　D——夯锤直径;

　　　H——抛填体厚度;

　　　α——应力扩散角,块石可取 $8° \sim 11°$。

(5) 加固宽度。整式挤淤置换除了要满足建筑物基础应力扩散要求和建筑施工期间车辆往来的宽度要求外,还要满足整式挤淤沉堤的整体稳定性和局部稳定性要求。整式挤淤沉堤的宽度应满足式(8.6)和式(8.7)的要求。

$$L \geqslant 2\gamma H\tan(45° - \varphi/2)/C_u + 2H\tan(45° - \phi/2) \tag{8.6}$$

式中　L——整式置换的宽度;

　　γ、φ——沉堤填料的重度及内摩擦角;

　　　H——施工期间沉堤厚度;

　　　C_u——淤泥的不排水抗剪强度。

式中第一项为整体稳定的宽度要求,第二项为局部稳定的安全储备。

$$B' > B + 2Z\tan\alpha \tag{8.7}$$

式中　B'——接底宽度；

　　　B——基础底面宽度；

　　　Z——强夯置换地基深度。

3. 整式置换的材料要求

整式置换宜选用最大粒径不超过 1m、级配良好、结构密实、抗剪强度高的块石或石碴作为填筑材料。

8.2.6　强夯置换法效果检验

1. 检验时间

强夯施工结束后应间隔一定时间方能对地基质量进行检验。对于碎石土和砂土地基，其间隔时间可取 1~2 周。对于低饱和度的粉土和黏性土地基，其间隔时间应取 2~4 周。

2. 质量检验的方法

宜根据土性选用原位测试和室内土工试验。对于一般工程，应采用两种或两种以上的方法进行检验；对于重要工程应增加检验项目，有条件时应做现场大压板载荷试验，并以其作为检验的最终标准。

（1）现场试验。

1）触探法：包括静力触探和动力触探。

①静力触探：有单桥探头和双桥探头之分，用以查明加固后土在水平方向和垂直方向的变化，确定加固后地基土承载力和变形模量。该法适用于黏性土及软黏土。

②动力触探：常用的有四种类型，其适用范围如下。

a. 轻型动力触探：用于贯入深度小于 4m 的一般黏性土和黏性素填土。

b. 重型动力触探：用于砂土和碎石土。

c. 超重型动力触探：用于加固后密实的碎石或埋深较大、厚度较大的碎石土。

d. 标准贯入试验：用于砂土和黏性土，并用以检验加固后液化消除情况。

2）载荷试验：适用于重要建筑。

复合地基载荷试验：用于强夯置换后块（碎）石墩和夯间土形成的复合地基，这种载荷试验面积大，耗资多。

3）旁压试验：有预钻式旁压试验和自钻式旁压试验。预钻式旁压试验适用于可塑以下的黏性土、粉土、中密以上的砂土、碎石土。自钻式旁压试验适用于黏性土、粉土、砂土和饱和软土。

4）十字板剪切试验：对于不易取得原状土样的饱和黏性土可用十字板剪切试验以求得试验深度处的不排水抗剪强度。

5）波速法试验：主要用于测定加固后土的动力参数，以及通过加固前后波速对比看加固效果。

（2）室内试验。

1）黏性土：天然重度、天然含水量、相对密度、液塑限、压缩试验和抗剪强度试验。对于黄土，应做湿陷性试验，检验加固后湿陷性消除情况。

2）砂土：颗粒分析、天然重度、天然含水量及相对密度试验。

3）碎石土：在现场进行大体积的容重试验、颗粒分析，对于含黏性土较多的碎石土，可测定黏性土的天然含水量，进行可塑性试验。

327

3. 质量检验的数量

质量检验的数量应根据场地复杂程度和建筑物的重要性确定。对于简单场地上的一般建筑物，每个建筑物地基的检验点不应少于 3 处。对于复杂场地或重要建筑物地基，应增加检验点数。检验深度应不小于设计处理的深度。

上述各种室内外试验方法应根据工程地质条件、设计和施工的要求及实际的可能选择进行。需要注意的是，在检验结果的采用上，应优先采用荷载板试验结果，其次为十字板剪切试验与静力触探试验结果，其他试验可作参考及比对分析。

8.3 强夯法

强夯法又称动力固结法或动力压密法。该法起源于法国，1969 年首先用于法国戛纳附近芒德利厄海边 20 多幢八层楼居住建筑的地基加固工程。现场的地质条件是，表层 4~8m 为采石场废石弃土填海造地，以下 15~20m 为夹泥灰岩。原拟采用桩基础，不仅桩长达 30~35m，而且负担摩擦所产生的荷载将占整个桩基础承载力的 60%~70%，很不经济。后改用堆土（高 5m，100kPa）预压加固，历时 3 个月，沉降仅 20cm。最后，采用强力夯实，只一遍（锤重 80kN，落距 10m，夯击能为 1200kN·m）就沉降了 50cm。房屋竣工后，基础底面压力为 300kPa，绝对沉降仅 1cm，而差异沉降可忽略不计，随即引起了人们的注意。这种方法是将很重的夯锤（一般为 50~400kN，目前国外最重的为 2000kN）起吊到高处（一般为 6~30m）自由落下，对土进行强力夯实，以提高其强度、降低其压缩性的一种地基加固方法。该法在开始时仅用于加固砂土和碎石土地基。经过二十多年来的应用与发展，它已适用于加固从砾石到黏性土的各类地基土，这主要是由于施工方法的改进和排水条件的改善。强夯法由于具有效果显著、设备简单、施工方便、适用范围广、经济易行、工期短和节省材料等优点，很快就传播到世界各地。到 1973 年末，已在 12 个国家 150 多项工程中获得了应用，加固面积达 140 万 m²；到 1975 年末，计有 200 多项工程近 300 万 m² 地基采用了这种方法进行加固；到 1978 年，已发展到 20 多个国家有 300 多项工程使用了这种方法；1979 年末日刊《建设工业新闻》报导，用这种方法加固的地基面积已多达 600 万 m²。该法在我国的推广应用十分迅猛，近十几年来，在珠三角地区、海南、上海周边地区等广泛应用。英国一家杂志将其誉为当前最好的几项新技术之一，有的文章称之为"一种经济而简便的地基加固方法"。在我国，强夯法常用来加固碎石土、砂土、黏性土、杂填土、湿陷性黄土等各类地基。它不仅能提高地基的强度并降低其压缩性，而且还能改善其抵抗振动液化的能力并消除土的湿陷性。目前，应用强夯法处理的工程范围是很广的，有工业与民用建筑、仓库、油罐、储仓、公路和铁路路基、飞机场跑道及码头等。

8.3.1 国内外进展情况

1. 国外进展情况

由于强夯法简单、经济、施工快，所以在国外应用十分普遍。1974 年英国工程师协会专门召开了深基础会议，并出了专册。在该会议上，Menard 本人对强夯法做了详细介绍，并对会上提出的问题进行了解答。他从那以后，在历届国际土力学和基础工程会议上及世界各地区域性的会议上，都发表了不少论文，内容包括工程实践、室内研究，以及理论分析等各方面。

Gambin 于 1984 年在第八届非洲地区土力学和基础工程会议上，曾发表了《十年来的强夯法》的论文。文中扼要地论述了强夯法的适用范围、原理、参数选取及强夯对环境的影响等，并列举了两个实例。该文被认为是继 Menard 本人发表的论文以后，带有概括性的一篇论文。他指出：

Menard 所阐述的加固影响深度可按下式计算：

$$h = \alpha\sqrt{MH}$$

式中　α——修正系数；

　　　M——锤重，t；

　　　H——落距，m。

Leonards 等总结美国印第安纳州用强夯法加固砂土地基的实践经验，建议对砂土地基采用 $\alpha=0.5$，作为初步估算有效影响深度的公式。

Fang 和 Ellis（1980 年）认为 α 是饱和度、夯坑深度和夯坑半径的函数，即

$$\alpha = \Phi(S_r, \delta, r) \tag{8.8}$$

式中　S_r——土的饱和度；

　　　δ——夯坑深度；

　　　r——夯坑半径。

关于强夯法的适用范围有比较一致的看法。Smoltcyk 在第八届欧洲土力学及基础工程学术会议上的深层加固总报告中指出，强夯法只适用于塑性指数 $I_p \leqslant 10$ 的土。Gambin 也承认在软黏土上直接强夯的效果是值得商榷的。

2. 国内进展情况

我国于 1978 年 11 月至 1979 年初首次由交通部一航局科研所及其协作单位在天津新港三号公路进行了强夯法试验研究。在初步掌握这种方法的基础上，于 1979 年 8 月至 9 月又在秦皇岛码头堆煤场细砂地基进行了试验，其效果显著。因此，该码头堆煤场的地基就正式采用了强夯法加固，共节省了 150 余万元。中国建筑科学研究院及其协作单位于 1979 年 4 月在河北廊坊该院机械化研究所宿舍工程中进行强夯法处理可液化砂土和轻亚黏土地基的野外试验研究，取得了较好的加固效果，并于同年 6 月正式用于工程施工。通过上述试验研究及实际工程的应用，总结出一套适合我国一些地区的强夯工艺。

关于强夯法加固地基的机理，目前国内外的看法还不一致。Mitchell 指出，当强夯法应用于非饱和土时，压密过程基本上同实验室中的击实法（普氏击实法）相同，在饱和无黏性土的情况下，可能会产生液化，压密过程同爆破和振动压密的过程相似。他认为，强夯对饱和细颗粒土的效果尚不明确，成功和失败的例子均有报道。对于这类饱和细颗粒土，需要破坏土的结构，产生超孔隙水压力及通过裂隙形成排水通道，孔隙水压力消散，土体才会被压密。

颗粒较细的土达不到颗粒较粗的土那样的加固程度。软黏土层和泥炭土由于其柔性阻止了邻近的无黏性土的充分压密。关于强夯机理，首先应该分为宏观机理与微观机理。其次对饱和土与非饱和土应该加以区分，而在饱和土中，黏性土与无黏性土还应该加以区别。另外对于特殊土，如湿陷性黄土等，应该考虑它的特征。再次在研究强夯机理时应该首先确定夯击总能量中真正用于加固地基的那一部分，而后再分析这部分能量对地基土的加固作用。范维垣等曾提出用"爆炸对比法"来确定用于加固地基的能量。关于影响强夯法加固机理的因素，Leonards 曾指出，当地基中有黏性土层存在时，将减小有效击实深度，它既依赖于每

锤的夯击能量，也依赖于各夯点的夯击顺序及每一夯点的锤击数，而两者的效应用每单位加固面积上的夯击能量来衡量是合理的。强夯的效果是与每锤的夯击能量（即夯锤质量与夯锤下落高度之积）及每单位加固面积上承受的夯击能量紧密相连的，Leonards 认为，似乎有一个夯击加固的上限值，其数值相当于静力触探比贯入阻力 P_s ＝15MPa，或标贯值 $N_{63.5}$ ＝30～40。Leonards 认为，考虑到强夯法加固地基的方式，则加固作用应与土层在被处理过程中三种明显不同的机理有关：

（1）加密作用：指空气或气体的排出。

（2）固结作用：指水或流体的排出。

（3）预加变形作用：指各种颗粒成分在结构上的重新排列，还包括颗粒组构或形态的改变。

基于以上观点，Leonards 认为强夯法应该叫做动力预压处理法，这样才能把上述三种机理都包括进去。显然，因为这种方法处理的对象（即地基）是非常复杂的，所以他认为不可能建立对各类地基具有普遍意义的理论。但对于地基处理中经常遇到的几种类型的土，还是有些规律的。强夯法是在极短的时间内对地基土体施加一个巨大的冲击能量，加荷历时一般只有几十毫秒，对于含水量较大的土层，可达 100ms 左右。根据对山西潞城湿陷性黄土用高能量强夯加固地基时土体动应力的实测结果，锤底动应力最大值与土的坚硬程度有关，实测值为 2～9MPa。夯击能的效率系数一般为 0.5～0.9。这种突然释放的巨大能量将转化为各种波传到土体内。首先到达某指定范围的波是压缩波，它使土体受压或受拉，能引起瞬时的孔隙水汇集，因而使地基土的抗剪强度大为降低。根据计算，压缩波的振动能量以 7％传播出去。紧随压缩波之后的是剪切波，振动能量以 26％传播出去，它会导致土体结构的破坏。另外还有瑞利波（面波），振动能量以 67％传播出去，并能在夯击点附近造成地面隆起。以上这些波通过之后，土颗粒将趋于新的而且最终是更加稳定的状态。Gambin 认为，对于饱和土而言，剪切波是使土体加密的波。现在，一般的看法是，地基经强夯后，其强度提高过程可分为：夯击能量转化，同时伴随强制压缩或振密（包括气体排出、孔隙水压力上升）；土体液化或土体结构破坏（表现为土体强度降低或抗剪强度丧失）；排水固结压密（表现为渗透性能改变，土体裂隙发展，土体强度提高）；触变恢复并伴随固结压密（包括部分自由水又变成薄膜水，土的强度继续提高）。其中第一阶段是瞬时发生的，第四阶段是在强夯终止后很长时间才能达到的（可长达几个月以上），中间两个阶段则介于前述二者之间。

8.3.2　强夯法的适用范围

强夯法加固技术有一定的适用范围和特殊要求，从国内外加固工程实例看，能否采用强夯法加固的关键性因素就是，土颗粒大小及其含水量多少，以及所需夯击能量大小。

1. 从加固的工程类型看

强夯技术开始基本上应用于港口码头堆场和仓库地基加固，如上海地区采用强夯法加固的有集装箱堆场、杂货堆场和矿石堆场等，有大型仓库，也有小型车间，加固效果很好，后来在房屋地基上也开始采用，这不仅可以减少挖方，而且提高了地基承载力，特别是表层形成超压密土，大大减少了使用期的沉降。所以强夯法是一举两得的好办法。1969 年法国某海边有 20 座 8 层大楼地基用强夯法加固，建成后沉降量仅为 1cm，差异沉降几乎没有。对于不少多层的居民楼地基，我们也采用强夯法加固，至今未发现异常情况。最近几年强夯法又用于挡土墙地基和某厂水库地基，都得到满意的加固效果。

强夯法加固的地基,设计荷载开始用 $80\sim120$kPa,后来用 $150\sim200$kPa,实践证明使用情况良好。当地基复杂、土层变化较大或工程结构对沉降要求很高时,采用强夯法加固更为优越,它一方面在施工期产生较大的压缩变形;另一方面会使地基沉降均匀,减少后期差异沉降。

20 世纪 70 年代初国外已开始水下强夯,并积累了一定的经验,如 1972—1973 年法国在布勒斯特军港 10 号船坞地基(原设计为桩基)中,第一次用强夯法加固,效果很好,沉降减少 90%,造价大大降低,1973 年建成后测得沉降小于 1.5cm。在青岛某港池基床整平中也采用强夯法进行水下夯击,基础抛石体加固效果令人满意。

2. 从加固的土质类型看

强夯法开始仅用在加固砂性土地基,工程实例也很多,并认为加固效果是可靠的;后来在湿陷性黄土地基中,其在抛填地基上的应用也收到良好的效果;20 世纪 70 年代末 80 年代初,又开始在软黏土地基中应用,尽管阻力较大,看法不统一,但进展很快,实践证明效果也较好。例如,法国勒阿费尔仓库,跨度为 75m,高 25m,基础下面有 $4\sim5$m 淤泥质黏土,采用强夯法加固,投产后沉降大大减小。国内在黏性土地基上加固进展也很快,上海地区基础下面有十几米淤泥质黏土,加固后,地基承载力提高 $1\sim3$ 倍,大大减少了后期沉降量。天津地区在黏性地基中加固,其强度提高 $70\%\sim100\%$。近几年来又发展采用强夯法挤淤,如东海某港扩建中采用强夯抛石挤淤,收到良好效果,地基承载力提高到 150kPa 以上。

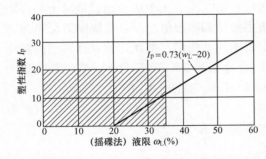

图 2.8-10 Casagrande 塑性图表示的强夯适用范围

虽然对于强夯的适用范围,学术界和工程界的认识并不完全一致,但普遍都认为随着土体渗透性的减小,强夯效果将减弱。在软弱的淤积土中,使用强夯很难取得加固效果。Smoltczy 认为强夯法只适用于塑性指数 $\leqslant10$ 的土体。VAN IMP 给出了以 Casagrande 塑性图表示的强夯适用范围(图 2.8-10),同时也承认当加固土层中有较多 $CaCO_3$ 时,强夯的效果更好,而土中某些黏土矿物(如蒙脱石)的含量越大,则对强夯会产生越不利的影响。

我国《建筑地基处理技术规范》(JGJ 79—2012)认为,强夯法适用于碎石土、砂土、低饱和度的粉土与黏性土,湿陷性黄土、杂填土和素填土等地基。对于高饱和度的粉土与黏性土地基,当采用在夯坑内回填块石、碎石或其他粗颗粒材料进行置换时,应通过现场试验确定其适用性。直接采用强夯法加固高饱和度的黏性土,一般来说处理效果不显著,尤其是淤泥和淤泥质土地基,处理效果更差,应慎用。

用强夯法加固后地基的压缩性可降低到原来的 $1/10\sim1/2$,而强度可提高 $200\%\sim500\%$(有的文献介绍,黏土可提高 $100\%\sim300\%$,粉质砂土可提高 400%,砂和泥炭土可提高 $200\%\sim400\%$)。用强夯法处理垃圾土,可使有害气体迅速排除,有利于环境保护。强夯法与以往的机械夯实、爆炸夯实等比较还有以下特点:①平均每一次的夯击能比普通夯击能大得多;②以往的夯实方法,能量不大,仅使地表夯实紧密,但能量不能向深处传递,其结果仅限于表层加固,而强夯法能按照我们的预计效果进行控制施工,可根据地基的加固要求来确定夯击点间距及夯击方式,依次按需要加固的深度进行改良,使地基深层得到加固;③在施工中，必要时可以分几遍进行夯击；④地基经过强夯加固后，能消除不均匀沉降现象，这是任何天然地基所不能达到的。

强夯法最适宜的施工条件：

（1）处理深度最好不超过 15m（特殊情况除外）。

（2）对于饱和软土，地表面应铺一层较厚的砾石、砂土等优质填料。

（3）地下水位离地表面下以 2~3m 为宜。

（4）夯击对象最好由粗颗粒土组成。

（5）施工现场离既有建筑物有足够的安全距离（一般大于 10m），否则不宜施工。

8.3.3 强夯的宏观机理

1. 非饱和土的加固机理

先对非饱和土的加固机理做出解释，是因为它的许多解释适用于饱和土，具有共同的解释，起提纲挈领的作用。在下面引用的一些资料中，有一些是对饱和土中做出的研究，但它也适用于非饱和土，故也加以引用。

强夯在土中形成很大的冲击波（主要是纵波和横波），土体因而受到很大的冲击力，此冲击力远远超过了土的强度。在此冲击力的作用下，土体被破坏，土颗粒相互靠拢，排出孔隙中的气体，颗粒重新排列，土在动荷载作用下被挤密压实，强度提高，压缩性降低。

日本的坂口旭曾对夯实土做出一地基固结模式图，认为地基土夯实后，地基上可分为四层：第一层，在夯坑底以上，是受扰动的松弛隆胀区；第二层，土中应力超过地基土的极限强度，固结程度最高；第三层，土中应力在土的极限强度和屈服值之间，是固结效果迅速下降的区域；第四层，土中应力在土的屈服界线内，基本没有固结。据此，建立计算加固深度的方法，首先根据锤击能原理，计算锤底压力，即设锤重为 M，落距为 h，单击夯沉量为 Δh，效率系数为 η（振动、回弹等损耗），η 可取 0.5~1.0，则冲击能 E_0 为

$$E_0 = \eta M h \tag{8.9}$$

设锤底动压力为 p_d，锤底面积为 A，则地基吸收能量 E 为

$$E = \frac{1}{2} p_d A \Delta h \tag{8.10}$$

设 $E = E_0$，则

$$p_d = 2\eta M h / \Delta h A \tag{8.11}$$

其次，将求得的 p_d 作为静荷载，利用半无限弹性地基公式计算土中动应力 σ_d 分布，与旁压试验测得的屈服强度 p_d 比较，土中动应力与屈服强度线交点的深度即为计算加固深度。该法虽与地基土变形在夯击时已处于弹塑性状态不符，也与动应力与静荷应力的传播不符，但可作为一个近似估计加固深度的方法，对压实区是土破坏区的解释则从宏观上解释了夯击能的加固作用。

H. Brandl 和 W. Sadgorski 根据在奥地

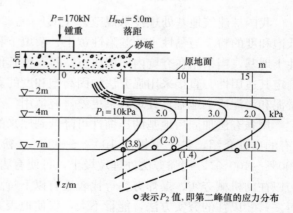

图 2.8-11 在垂直投影面上第一应力峰值 P_1 的土中动应力 σ_d 分布和等压线

利连接东西欧的一条公路路基强夯试验得出如图2.8-11所示的土中动应力σ_d分布图。

非饱和土的加固机理也可用强夯加固地基模式图加以解释，如图2.8-12所示。强夯法产生的巨大冲击力使土体产生较大的瞬时沉降，锤底土形成土塞向下运动，因锤底下的土中压力超过土的强度，土结构被破坏，使土软化，侧压力系数增大，土不仅被竖向压密，且侧向也被压密。此主压力区为图8-12中的A区，即上的破坏压实区。此区域的土中应力σ（动应力＋自重应力）超过土的极限强度σ_f，土被破坏后压实。由于土被破坏，侧挤作用增大，因此水平方向加固宽度增大，故加固区不同于静载土中心力为椭圆形分布而变为水平宽度大的苹果形。

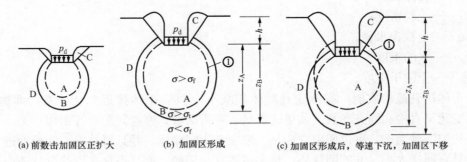

图 2.8-12　强夯加固地基模式图

A—主压实区 $\sigma > \sigma_f$；B—次压实区 $\sigma < \sigma_f$，$\sigma > \sigma_1$；C—压密，挤密，松动区；D—振动影响区
σ—土中应力；σ_f—土的极限强度；Z_A—主压实区深范围；Z_B—主压实区深范围；p_0—锤底动应力
①—加固区形成时主加固区位置

A区外为次压实区，即图8-12中的B区，B区中土的应力小于土的极限强度σ_f，而大于土的弹性极限σ_1，该区可能被破坏，但未被充分压实，或已被破坏而未被压实，与夯前比较，干密度有微小增加或不增加，其他力学性质指标的原位测试数据可表现为波动不稳，故又被称为破坏削弱区。由于夯击时土中动应力远大于原来土的强度，坑底土向侧向挤出时，坑侧土在侧向分力作用下将隆起，形成被动破坏区，即图8-12中的C区，夯坑越深，土固化内聚力越大，则被动土压力越大，土不易被破坏隆起，反之亦然。

采用强夯法加固多孔隙、粗颗粒、非饱和土是基于动力压密的概念的，即用冲击型动力荷载使土体中的孔隙体积减小，土体变得密实，从而提高强度。非饱和土的固相是由大小不等的颗粒组成，按其粒径大小可分为砂粒、粉粒和黏粒。砂粒（粒径为 0.074～2mm）的形状可能是圆的（河砂），也可能是棱角状的（山砂）；粉粒（粒径为 0.005～0.074mm）则大部分由石英和结晶硅酸盐细屑组成，它们的形状也接近球形；非饱和土类中的黏粒（粒径小于 0.005mm）含量不大于 20%。在土体形成的漫长历史年代中，由于各种非常复杂的风化过程，各种土颗粒的表面通常包裹着一层矿物和有机物的多种新化合物或胶体物质的凝胶，使土颗粒形成一定大小的团粒，这种团粒具有相对的水稳定性和一定的强度。而土颗粒周围的孔隙被空气和液体（如水）所充满，即土体由固相、液相和气相三部分组成。

在压缩波能的作用下，土颗粒互相靠拢，因为气相的压缩性比固相和液相的压缩性大得多，所以气体部分首先被排出，颗粒进行重新排列，由天然的紊乱状态进入稳定状态，孔隙大大减小。就是这种体积变化和塑性变化使土体在外荷作用下达到新的稳定状态。当然，在波动能量作用下，土颗粒和其间的液体也受力而可能变形，但这些变形相对土颗粒间的移动、孔隙减少来说是较小的。这样我们可以认为，非饱和土的夯实变形主要是由于土颗粒的相对位移而引起。因此也可以说，非饱和土的夯实过程就是土中的气相（空气）被挤出的过程。单位体积土中的气体体积 V_a 可按下式确定：

$$V_a = \left(\frac{e}{G} - \frac{w}{\gamma_w}\right)\gamma_d \qquad (8.12)$$

式中　e——孔隙比；

　　　G——土粒密度；

　　　w——土粒含水量；

　　　γ_w——水的重度；

　　　γ_d——土的干重度。

当土体达到最密实时，据测定孔隙体积减小 60%，土体接近二相状态，即饱和状态。而这些变化又直接和强夯参数（如单击能量、夯击次数、夯点间距）等密切相关。

以均匀河砂为例，可以假定它们是一堆完全的圆球体，并且可将它们的模型进一步简化为一堆具有同样大小尺寸的圆球体。每个球体互相接触，而且不存在因缺少球体而造成的大孔隙。也就是说，这堆球体在统计上可以看作均质的，一堆相同圆球体所形成的立方体式堆积（砂土在自然沉降条件下有可能形成这样的堆积）。每个圆球均与六个相邻的圆球相接触，这是相同圆球体中最松散的排列方式。此时的孔隙比可以通过分析一个立方体单元而得到：立方体的体积是 $8r^3$，而内切球的体积是 $4/3\pi r^3$，因此孔隙比为

$$e_1 = \frac{8r^3 - 4/3\pi r^3}{4/3\pi r^3} \approx 0.91 \qquad (8.13)$$

这样一种排列的球体单元受到强夯冲击后，由于压缩波的传播速度最大，所以到达该处的时间最早，其摇动土粒骨架（球体）使得土颗粒在垂直方向相互靠拢；随后到达的剪切波则以很大的能量使各球体左右摇动，而达到紧密状态。例如，使第二层的每一个球体移动到底层四个球之间所形成的下凹处，同样也使第三层的每个球体移动到第二层每四个球体之间，其余亦然，结果就变成金字塔形堆积。这种堆积的孔隙比可以这样计算：切取一个立方体单元，其边长为 $4r/\sqrt{2}$，则其体积为 $32r^3/\sqrt{2}$，在这个立方体单元中有 6 个半球和 8 个 1/8 球体，每个球体的体积为 $4/3\pi r^3$，所以孔隙比为

$$e_2 = \frac{32r^3/\sqrt{2} - 4\times(4/3\pi r^3)}{4\times(4/3\pi r^3)} \approx 0.35$$

土颗粒两种不同排列方式所产生的单位厚度沉降量为

$$\Delta = \frac{e_1 - e_2}{1 + e_1} = \frac{0.91 - 0.35}{1 + 0.91} \approx 0.293$$

即厚度可能减少 29.3%。

这个例子说明，由于夯击振动使土颗粒重新排列，就可能使孔隙比发生很大的变化，产生显著的沉降。当然实际地基要比以上假定的理想球体土体及排列方式复杂得多，强夯之后

一般也不能有如此大的沉降，但从理论上可以看到强夯法加固非饱和土的效果是明显的。

从作者的工程实践与其他的实际强夯工程可以观测到：

（1）在冲击动能的作用下，地面会立即产生沉降。非饱和土一般经夯击一遍后，其夯坑深度可达 0.6～1.5m（其中高值通常对应于新填土情况），夯坑底部形成一层超压密硬壳层，厚度可达夯坑直径的 1.0～1.5 倍，承载力可比夯前提高 2～3 倍。

（2）非饱和土在中等夯能量 1000～2000kN·m 的作用下，主要产生冲切变形，在加固深度范围内气相体积大大减少，最大可减少 60%，加固土体的范围呈长梨状。

2. 饱和土加固机理

饱和土是二相土，土由固体颗粒与液体（通常为水）组成。传统的饱和土固结理论为太沙基固结理论。这一理论假定水和土粒本身是不可压缩的，因为水的压缩系数极小，为 $5 \times 10^{-4} \mathrm{MPa}^{-1}$，土颗粒本身的压缩系数更小，约为 $6 \times 10^{-5} \mathrm{MPa}^{-1}$，而土体的压缩系数通常为 1～0.05MPa^{-1}，各相差 100～1000 倍。当压力为 100～600kPa 时，土颗粒体积变化不足土体体积变化的 1/400，故忽略土粒与水的压缩，认为固结就是孔隙体积缩小及孔隙水排除。饱和土在冲击荷载作用下，水不能及时排除，故土体积不变而只能发生侧向变形，因此夯击时饱和土造成侧面隆起，超夯时形成"橡皮土"。强夯理论则不同，Menard 根据强夯的实践认为，饱和二相土实际并非二相土，二相土的液体中存在一些封闭气泡，占土体总体积的 1%～3%，在夯击时，这部分气体可压缩，因而土体积也可压缩。气体体积缩小的压力应符合波义尔—马略特定律，这一压力增量与孔隙水压力增量一致，因此冲击使土结构破坏，土体积缩小，液体中气泡被压缩，孔隙水压力增加。孔隙水渗流排除，水压减小，气泡膨胀，土体又可以二次夯击压缩。夯击使土结构破坏，孔压增加，这时土产生液化及触变，孔压消散，土触变恢复，强度增长。若一遍夯击，则土结构破坏丧失的强度大，触变恢复增加的强度小，则夯后的承载力很可能反而减小；但若三遍夯击，土进一步压密，则触变恢复增长的强度大，依次增加遍数可以获得预想的加固效果，这就是饱和土加固的宏观机理。此机理由梅纳（Menard）提出，如图 2.8-13 和图 2.8-14 所示。

梅纳动力固结模型的特点：

（1）有摩擦的活塞：夯击土被压缩后含有空气的孔隙水具有滞后现象，夯坑较深的压密土被外围土约束而不能膨胀，这一特征用有摩擦的活塞表示。而重锤夯击时加密土很浅，侧向不能约束加固土，土发生侧向隆胀，气相立即恢复，不能形成孔压，土不能压密。

（2）液体可压缩：由于土体中有机物的分解及土毛细管弯曲影响，土中总有微小气泡，其体积约为土体总体积的 1%～3%，这是强夯时土体产生瞬间压密变形的条件。

（3）不定比弹簧：夯击时的土体结构被破坏，土粒周围的弱结合水由于振动和温度影响，定向排列被打乱及束缚作用降低，弱结合水变为自由水。山西化肥厂黄土中测得的孔压可表明这一现象，随孔隙水压力降低，结构恢复，强度增加，因此弹簧刚度是可变的。

4）变孔径排水活塞：夯击能以波的形式传播，同时压缩锤下土体，产生对周围土体的压缩作用，使土体中应力场重新分布；土中拉应力大于土的抗拉强度时，出现裂纹，形成树枝状排水网络。

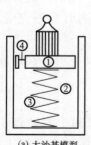 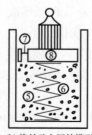

(a) 太沙基模型　　　(b) 梅纳动力固结模型

图 2.8-13　太沙基模型与动力
固结模型对比图

①—无摩擦活塞；②—不可压缩的液体；
③—定比弹簧；④—液体排出的孔径不变；
⑤—含有少量气泡，液体可压缩；⑥—不
定比弹簧；⑦—变孔径；⑧—有摩擦活塞；

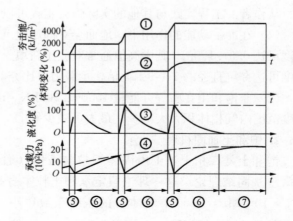

图 2.8-14　强夯阶段土的强度变化图

①—夯击能与时间的关系；②—体积变化与时间的关系；
③—孔隙水压力与完全液化压力之比随时间的变化；
④—极限应力与时间的关系；⑤—液化及强度丧失过程；
⑥—孔压消散及强度增长过程；⑦—触变的恢复过程

3. 黏性土

黏性土的特征是颗粒细，渗透系数小，并且有内聚力，特别是湿陷性黄土，它在天然含水量时具有很高的内聚力，因而强度很高。非饱和黏性土加固时，由于其内聚力高，侧向地面不易隆起，夯坑可以较深。其加固范围仅限于图 2.8-12 的 A 区、B 区，D 区常无影响。其 A 区的加固深度也较小，这是由于动应力难以破坏强度高的土结构。对于填土，由于固化内聚力小，A 区加固深度常较大。当土的含水量增高时，特别是饱和的粉土，土的固化内聚力小，加固深度也较大。但此时应注意分遍夯，每遍单位面积夯击能不能过大，限于加固区水中气泡被全部压缩，每遍过大的夯击能只能使侧面土隆起。对于饱和度大的非饱和土，应注意加固后会转变为饱和土，如需继续加固，也应分遍夯。

对于高饱和的深厚黏性土地基，当渗透系数很小（小于 10^{-5} cm/s）时，由于渗透路径长，排水困难，应用强夯加固需慎重。当采取夯坑加填粗粒料、增设砂井等缩短排水路径措施时，也须经过试验。

强夯法虽然在工程实践中已被证实是一种很有效的方法，但目前还没有一套成熟的理论和设计计算方法，所以还需要不断地在实践中总结与提高。

8.3.4　微观机理

微观机理的研究是根据土的颗粒形状、大小、排列、矿构成分、土粒连接、孔隙等的特征，研究它们与土体强度、变形、渗透性的关系，以使得对宏观现象的认识更为本质和深刻。在这方面的研究中，对天然夯前土的研究较多，对夯后土的研究较少。下面介绍陈东佐对潞城山西化肥厂经 6250kJ 能级强夯后土的微结构研究成果。用探井取样经 X 光衍射和扫描电子显微镜试验，可将夯后土体分为六段，第一段为夯坑底以上未取土样，表 2.8-5 为扫描电镜照片计算的孔隙变化情况。

表 2.8-5 　　　　　　　　　　强夯前后潞城黄土中各类孔隙的相对数量

地层	分段	深度/m	特大孔隙>500μm				大孔隙500~50μm				小孔隙50~5μm				细孔隙<5μm			
			水平		垂直		水平		垂直		水平		垂直		水平		垂直	
			夯前	夯后	夯前	夯后	夯前	夯后	夯前	夯后	夯前	夯后	夯前	夯后	夯前	夯后	夯前	夯后
Q_4^2	一	1																未取样
		2	3		6		80		90		625		800		1300		3300	
		3		0		0		0				100		50	11000			10000
		4	3		3		75	60			475		470		2600		2100	
Q_4^1	二	5			0	0	10		10		300		200		8000		9000	
		6	2		1		40	30			450		400		7000		5000	
		7		0			15	15		13		300		250	10000			8000
	三	8	2		0		50	25			350		300		5500		6000	
		9						25		13		300		300		6000		5000
Q_3	四	10	1		2		40	35			300		300		8000		5000	
		11		3		5		60		80		350		400		4500		6500
		12	2		1		45	35			300		300		6500		6000	
Q_2	五	13					40		45		450		500		4700		6300	
		14	2		0		25	20			350		250			3300		
		15		1	2	0		20		12		400		250	3000	5000		3000
	六	16	2				20				200				3500			

1. 第一段土体 (≤3m)

这一段内的土样未能取得，故未做分析。

2. 第二段土体 (3~7m)

此段土体包括新近堆积黄土和全新世早期黄土两个地层。通过观察分析，可以看出夯后此段土体的微结构有以下六个特点。

（1）夯后土体的密实度有了很大提高，提高的幅度随深度的增加而递减。

（2）夯击破坏了土体原来的疏松结构，改变了骨架颗粒间的连接方式，使土颗粒重新排列成致密结构，强夯后土颗粒间绝大部分是边接触和面接触，楔入镶嵌式的边、面接触特别突出。

（3）无论是在水平剖面上，还是在垂直剖面上，土颗粒已由夯前的任意排列变成了明显的定向排列，如图2.8-15和图2.8-17所示；并且垂直剖面上土颗粒排列的定向性似乎更强些，形成片麻状构造。这反映了垂直向的压缩变形大于水平向的挤压变形这一宏观现象的实质；进一步观察，可以看到垂直剖面上的一些粉粒和砂粒等较大的颗粒由于其刚性大，在强大夯击能的作用下，切入周围刚性较小的细小颗粒中，使得这些细小颗粒在侧围土体的挤压下，沿着这些大颗粒成环向排列，从而形成一个个漩涡状结构。这种漩涡状结构也同样存于水平剖面上。几个漩涡状结构通过外层土粒连接起来，形成了马鞍形状的图形，如图2.8-16所示。

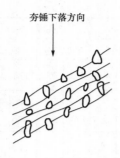

夯锤下落方向

图 2.8-15 夯后垂直剖
面上的颗粒成麻片
状平行排列

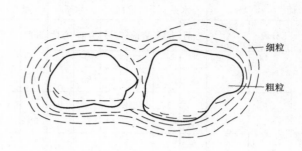

细粒

粗粒

图 2.8-16 两个漩涡状结构组成的马鞍形

（4）夯后的胶结物的部分仍然黏附在粉砂粒等大颗粒上，一部分已填充到孔隙内，还有的滑落到颗粒连接处，呈条带状延伸在大颗粒间。随着土体触变性能的恢复，这些胶结物至少已发挥了部分胶结作用。

图 2.8-17 夯坑竖直面上土层的
水平片麻状构造

（5）从表 2.8-5 可以看出，经过夯击，此段土体中的特大孔隙完全消除了，大孔隙和小孔隙或者消除，或者减少，而微孔隙却比夯前增多了。这显然是夯击使土颗粒调整排列成密实结构的缘故。孔隙的形状由于颗粒定向排列大都是细长缝隙状。

从以上五点可以得出，强夯所产生的冲击能破坏了土颗粒间的原有连接，从而破坏了原来的土体结构，改变了土体中各类孔隙的分布状态及它们之间的相对含量，使土颗粒重新排列成更密实的漩涡状结构。随着土的触变性能的恢复，处于更密实状态中的黏、胶粒和结晶盐等胶结物由于粒间距离的缩小，更好地发挥了它们的胶结作用，其结果是提高了土体的抗变形能力和抗剪强度。这或许就是强夯机理在其微观方面的解释。

（6）在夯后深度 5m 和 7m 处土样的水平剖面上，观察到少量的骨架颗粒间孔隙直径为 $40 \sim 50 \mu m$ 的胶结疏松结构。这种架空结构的胶结程度很强，其孔壁就像一个整体式的刚性框架。这种整体刚架式结构无疑是夯前所固有的，它的存在不会造成湿陷。试验表明，存在这种结构的土体夯后完全消除了湿陷性。

3. 第三段土体（8～9m）

此段土体属于 Q_4^1 黄土层。对比一下低倍数的强夯前后的显微图像，在垂直剖面上仍然能看得出夯后的土体比夯前密实，但在水平剖面上，夯后比夯前显得多少有点松散。与上一段相比，这一段土体的微结构最显著的特点，一是已几乎看不出颗粒排列的定向性，图 2.8-18（b）所示的强夯前后 $k_0 s^2$ 的变化在此段已很微弱地证实了这一点；二是漩涡状微结构在此段已不再出现。这或许就是加固效果迅速下降的结构表现。粒间接触方式占优势的仍然是边接触和面接触，但点接触比上段有明显的增加。在原来的胶结疏松结构中，集粒之间的胶结联系已有部分受到破坏，这些集粒又重新排列成比较致密的结构。从孔隙来看，特大孔隙经夯击后已消除了，大孔隙比夯前减少了许多，小孔隙比夯前略有减少，微孔隙强夯前后没有变化。

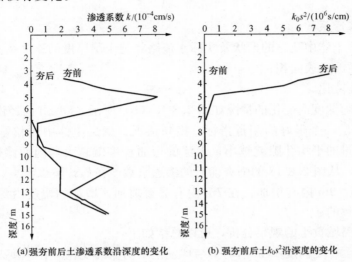

(a)强夯前后土渗透系数沿深度的变化   (b)强夯前后土k_0s^2沿深度的变化

图 2.8-18　强夯前后土渗透特征

4. 第四段土体（10～13m）

此段土体在地层上属于晚更新世的黄土。从强夯前后的低倍数照片可以看出，不论是水平剖面还是垂直剖面，夯后土体比夯前土体较松散。部分土颗粒松散堆积，以点边接触方式相连接，形成接触类型的疏松结构。从表 2.8-5 可知，夯后此段土体中的特大孔隙和大孔隙都比夯前增加了，强夯前后的小孔隙变化不大，夯后的微孔隙比夯前减少了。将夯后此段土体中的孔隙与夯后上两段土二体中的孔隙比较一下不难看出，特大孔隙的出现是夯后此段土体的微结构上区别于夯后上两段土体的明显标志。

5. 第五段土体（13～15m）

此段土体跨越晚更新世黄土 Q_3 和中更新世黄土 Q_2 两个地层。夯后的 Q_3 土体似乎比夯前松散，但骨架颗粒间的胶结连接仍然完好如初。结构类型与夯前相比没有变化。夯后的 Q_2 土体在互相垂直的两个方向上与夯前比较均无变化。整段土体中的孔隙强夯前后也没有大的变化。

6. 第六段土体（　16m）

夯击时此段土体没有受到丝毫影响。

上述微观对比观测为了解强夯的微观机制提供了一个很好的例证。但由于土性的复杂性及时空变异性，以及地层分布及施工条件的不同，要更好地了解与掌握强夯加固微观机制，还需要大量的试验研究积累。

Olseh 的研究表明土体渗透性的变化可以反映土体结构的变化。根据Kozeny-Carman方程：

$$k = \frac{1}{k_0 s^2} \cdot \frac{e^3}{1+e} \qquad\qquad (8.14)$$

可以得出

$$k_0 s^2 = \frac{1}{k} \cdot \frac{e^3}{1+e} \qquad\qquad (8.15)$$

式中 k——绝对渗透系数；

k_0——取决于土体中孔隙的形状及实际水流路径与土层厚度的比值系数；

s——土颗粒的比表面积；

e——天然孔隙比。

强夯前后 $k_0 s^2$ 随深度而变化的情况如图 2.8-18（b）所示。Olseh 已经说明了 $k_0 s^2$ 这一项对于土颗粒排列是一个很好的测量指标。换句话说，就是土体中颗粒排列越接近于平行，可用于水流通过的平均孔隙就越小，水流的弯曲程度就越大，因而渗透系数就越小，$k_0 s^2$ 就越大。据此，从图 2.8-18 的强夯前后的渗透系数 k 和 $k_0 s^2$ 可以看出，夯击后土颗粒排列的平行度在深度 9m 内有增加，在 7m 内有显著增加，增加的幅度沿深度递减，这同上述试验结果是一致的。

概括土对夯后潞城黄土的观察分析，可以总结如下：

（1）强夯使得至少是深度 11m 内的土结构发生了明显的变化。在深度 9m 以内，夯后的土颗粒重新排列成比分夯前更为密实的状态；土粒排列的平行度有了不同程度的增强；离地表越近，增强的程度越高（对照图 2.8-12 的主压实区 A）。在深度 10～13m，夯后的土体结构比夯前的显得松散（对照图 2.8-12 的次压实区 B）。

（2）以上这些颗粒排列的情况与强夯前后的渗透系数和 $k_0 s^2$ 的变化吻合得相当好。这说明了渗透系数和 $k_0 s^2$ 是衡量强夯前后黄土中颗粒排列平行程度和密实度的一个很好的指标。

（3）在加固效果最好的夯后第二段土体中出现了由较小的土颗粒沿大颗粒环向平行排列而形成的漩涡状结构。这种漩涡状结构是夯后其他各段土体中所没有的，说明夯后土体的工程力学性质得到显著改善的根本原因就在于这种微结构的存在。

（4）强夯前后土体中各类孔隙相对数量的变化说明，强夯后得到加固的土体，其原来的特大孔隙经夯击后消除了，大孔隙和小孔隙经夯击后减少了。而对于夯后工程力学性质变得差一点的那段土体，其孔径大于 $50\mu m$ 的特大孔隙和大孔隙在夯后增加了。潞城黄土中的孔隙特别是孔径大于 $5\mu m$ 的前三类孔隙与土体的物理力学性质之间的关系是非常密切，这反映了土中孔隙是影响黄土工程力学性质的主要因素之一，是检验强夯加固效果的一个重要指标。

8.3.5 波动机理及振动影响

强夯法处理地基是利用起重设备将夯锤（一般为 8～25t）提升到很大的高度（一般为 10～40m），然后使夯锤自由下落，以很大的冲击能量（2000～8000kN·m）作用在地基上，在土中产生极大的冲击波，以克服土颗粒间的各种阻力，使地基压密，从而提高强度，减少沉降，或消除湿陷性、膨胀性，或提高抗液化能力。因此冲击波（能量）在土中的传播过程是这种地基处理方法的基础。

1. 弹性半空间中的波体系

由冲击引起的振动,在土中是以振动波的形式向地下传播的。这种振动波可分为体波和面波两大类。体波包括压缩波和剪切波,可在土体内部传播;而面波如瑞利波、乐甫波,只能在地表土层中传播。

如果将地基视为弹性半空间体,则夯锤自由下落的过程,就是势能转换成动能的过程,即随着夯锤下落,势能越来越小,动能越来越大,在落到地面以前的瞬间,势能的极大部分转换成动能。夯锤夯击地面时,这部分动能除一部分以声波形式向四周传播,一部分由于夯锤和土体摩擦而变成热能外,其余的大部分冲击动能则使土体产生自由振动,并以压缩波(也称纵波、P 波)、剪切波(横波、S 波)和瑞利波(表面波、R 波)的波体系联合

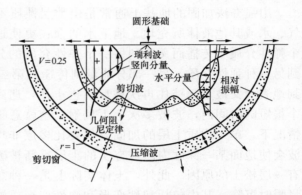

图 2.8-19　重锤夯击在弹性半空间地基中产生的波场

在地基内传播,在地基中产生一个波场。离开振源(夯锤)一定距离处的波场如图 2.8-19 所示。这三种冲击波的简单性质见表 2.8-6。

表 2.8-6　　　　　　　　　　　　　　　冲击波的性质

波的类型	占总能量的百分比	波的性质	波的传播特点	波在土中的传播速度 /(m/s)		
				砂类土	黏性土	岩石
压缩波	7	系由振源向外传播的纵向波,质点振动方向和波的前进方向一致,属于一种推拉运动。振动的破坏力较小	振动周期短,振幅小,能在固体与液体中传播,速度快	300~700	800~1500	1100~6000
剪切波	26	系由振源向外传播的横向波,质点运动方向和前进方向垂直,做横向位移。振动的破坏力较大	波动周期较长,振幅较大,只能在固体中传播,波速仅为压缩波的1/2~1/3	150~260	110~250	500~2500
瑞利波	67	系限于在空间边界附近一个区域内运动的波。它向外传播时,质点在波的前进方向和地表法向组成的平面内做椭圆运动,转动方向与波的前进方向相反,在地面上呈滚动形式,速度随深度的增加而减小	周期长,振幅大,波速比压缩波小,与剪切波相近,只能在固体中传播,不能在液体中传播	5~300		

由波的传播特性可见,瑞利波携带了约 2/3 的能量,以夯坑为中心沿地表向四周传播,使周围物体产生振动,对地基压密没有效果;而余下的能量则由剪切波和压缩波携带,向地

下传播，当这部分能量释放在需加固的土层时，土体就得到压密加固。也就是说，压缩波大部分通过液相运动，逐渐使孔压增加，使土体骨架解体，而随后到达的剪切波使解体的土颗粒处于更密实的状态（图 2.8-20）。

2. 波的传播

用强夯法加固的地基土通常是由数层性质不同的土层组成的，土层中的孔隙又为空气、水或其他液体所充填。地下水的存在更使地基土具有成层性。当波在成层地基的一个弹性介质中传播而又遇到另一个弹性介质的分界面时，入射波的一部分能量将反射回到另一种弹性介质，另一部分能量则传递到第二种介质，如图 2.8-21 所示。当反射波回到地表面又被重锤挡住再次被反射进土体，遇到分层面时又一次反射回地面，因此在一个很短的时间内，波被多次上下反射，这就意味着夯击能的损失，因此在相同夯击能的情况下，单一均质土层的加固效果要比多层非均质土层的加固效果好。另外，多次反射波会使地面某一深度内已被夯实的土层重新被破坏而变松，这就是在强夯过程中地表会有一层松土的原因。此外，土体实际上是一种黏弹塑性体，在重锤夯击下，地面发生大量瞬时沉降，其中包括塑性变形和弹性变形。塑性变形是一种永久变形，不可恢复；而弹性变形在冲击能量消散或重锤提起后使地面发生回弹。如此反复不断地夯实——回弹也会使地表形成一层松动层。

342

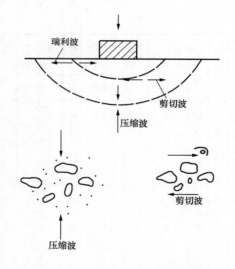

图 2.8-20 振动波对土的加固效果

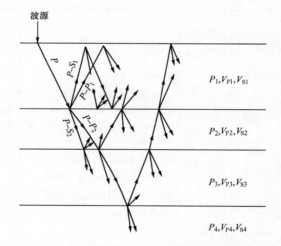

图 2.8-21 成层土中冲击波的反射和折射

还有一个有关强夯失效的问题。例如，当我们用强夯来处理超固结的黏性土时，因强夯明显地使土颗粒进入悬浮状态，会使超固结土的原始有效应力消失，对该土层的变形指标不利。应用强夯时，当然要小心不使邻近的建筑物损坏。如同在地震时一样，建筑物受损的危险取决于强夯所产生的振动波的频率、振幅和波速。

强夯时的振动频率大多低于 12Hz，一般在 5Hz 左右，通常对邻近的建筑物没有危险。但必须注意振幅的大小，特别是在应用大型重锤的时候，因为大型重锤会使振幅大大地增加。

在上述三个因素中，特别对邻近建筑物的振动波速度做了限制。根据经验，对于一般建筑物，此速度必须限制在 50mm/s 之内。但对于很敏感的建筑物（如机器基础、核电站等），限制速度的条件还要严格得多。例如，在填石层上，以夯点网格为 4m×4m（以后为 2m×2m），用每击的夯能 E＝600kN·m 进行强夯，这种情况下所测得的速度表明（图 2.8-22），约在离夯点 50m 处，已测不到明显的振动速度。

处理强夯振动问题一般可从两方面着手，一是隔振，通常开挖隔振沟，将强夯施工场地与建筑物分隔开；二是减振，可从夯击机具的改进入手。例如，作者发明的获国家专利授权的组合型高效能减振锤就是一个很好的例子。在实际工程中，与其他几种常用夯锤在同等条件下比较测试表明，该专利锤夯击效果提高 20%～60%，而振动幅值则明显降低。

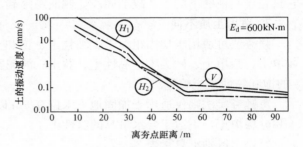

图 2.8-22　强夯时实测的振动速度结果
（Bj lgerud，1983 年）

8.3.6　与重锤夯实法的区别

强夯法不同于重锤夯实法，不是在重锤夯实基础上简单地加大锤重与落距，两者有显著的区别。

1. 加固原理的不同

利用强夯法加固土层时，由于单击冲击能很大，一般大于 500kJ，在此冲击力作用下，冲切形成较深的夯坑，产生较大的瞬间沉降，常常第一击即可形成几十厘米深的夯坑，因此锤底土的结构被破坏，被向下压密及向侧面挤密。在向侧面挤出时，侧面土的浅层向上隆起，形成隆胀区。此区具有夯击时的压密、挤密、隆胀的综合作用，结果是变密实还是变松与距表面（地表及夯坑侧表面）的距离有关（图 2.8-19），与打桩时桩底土被压密、桩侧土被挤密、地表处松动相似。因此强夯时，如图 2.8-12 所示，土体中产生的应力 σ（动应力加自重应力）超过土的极限强度 σ_f 的 A 区为主压实区；应力 σ 超过土的弹性极限 σ_1 的区域 B 为次压实区，该区土可能被破坏但未充分压实；C 区则为开始压密、挤密，后又隆胀的综合影响区域，坑边土甚至可能塌陷；在 B 区、C 区以外的一定范围为 D 区，它由于振动产生的振动波（压缩波、剪切波、瑞利波）的作用，土可能振密（松散砂土），也可能振松（浅层密实砂土）或不受影响（黏性土）。

在饱和土中，由于孔隙水中存在一定的封闭气泡，因此在强夯引起的土中竖向、侧向压力作用下，土体积可被压缩（实为气泡的压缩）；这时土结构被破坏、挤密，土孔隙水压力升高。振动、挤压使土破坏，产生裂隙形成排水通道，孔隙水渗出，孔压降低，气泡重新膨胀，土体可进行二次压实，如此经多遍夯击使土密实。因此，利用强夯法加固饱和土时，不要求土在最优含水量下夯实；只是在最优含水量下夯实效率高，易压实。

重锤夯实法因其夯击能量小，夯坑深度小，主要依靠锤底的压密作用，主压实区在锤底，因夯坑浅，锤底土所受侧向压力小，故饱和土夯击易侧向挤出、隆起。不能因压缩而产生孔隙水压力，使水排走，形成"橡皮土"，因而不能加固饱和土。

343

2. 加固工艺的不同

强夯法由于土中的动应力大、压实深度大，并侧向挤出，故侧面有一定加固范围。其直径为夯锤直径的 2.5～4 倍，为了使坑侧土少扰动、少隆起形成侧向挤压应力，使土体积压缩，饱和土形成孔压，并在此压力下排走，然后多次夯实，故从工艺上要求分遍夯，每遍需间隔一定时间，夯点间要求有一定间隔距离。此外，单击夯击能要大，使冲剪形成一定深度的夯坑（锤重大于 80kN，落距大于 6m）。夯点布置应按先重后轻、先深后浅的次序进行，即先用高能量加固深层，这时夯点间距应大，后用低能量加固浅层，以加固前述未加固或隆起松动的夯点间土，最后以低能量满片夯实表层（满夯，或称普夯）。

重锤夯实法则不同，它采用的是一夯挨一夯或一夯压半夯的方法，每遍间无时间间隔。它只是压实锤底下的土，故加固浅，侧面易隆起。

3. 适用土质不同

强夯法可适用于加固粗粒土、细粒土、饱和土、非饱和土，甚至港口、河道水下土层，如填土、杂填土、砂类土、黏性土、黄土、淤泥类土，但对厚层的、渗透系数小于 10^{-5} cm/s 的饱和黏性土应慎重。

重锤夯实法则仅适用于加固地下水位 0.8m 以上的稍湿的黏性土、砂类土、黄土、杂填土和分层填土，不适于含水量高的黏性土。

将以上区别汇总于表 2.8-7。

表 2.8-7　　　　　　　　　　　强夯法与重锤夯实法的区别

项　目	强　夯　法	重　锤　夯　实　法
加固原理	(1) 冲剪一对锤底土压密，侧向土挤密 (2) 孔隙水可排除，饱和土可压密 (3) 主压实区——土结构破坏后充分压实区 　　次压实区——土结构破坏但未充分压实区 (4) 对于无黏性土，存在振密	(1) 对锤底土压密 (2) 孔隙水不排除，饱和土不能压密 (3) 压实锤底土结构破坏区 (4) 振密作用不明显
工　艺	(1) 夯点间隔一定距离 (2) 加固顺序为先重后轻、先深后浅，最后满夯 (3) 夯点分遍夯击，每遍间隔一定时间，使孔压消散 (4) 锤重大于 80kN，落距大于 6m	(1) 夯点连续相叠 (2) 加固顺序无先后之分 (3) 对每遍间时间间隔无 (4) 锤重小、落距小
适用土质	各种饱和的、非饱和的粗粒、细粒土，对厚层的、渗透系数小于 10^{-5} cm/s 的饱和黏性土应慎重	地下水位 0.8m 以上的稍湿的土层，不适于含水量高的黏性土

由以上可见，强夯法与重锤夯实法的区别不仅只是锤重和落距，也不仅因机理不同而可以加固饱和土。对于非饱和土，也因冲击能大，可以因侧向压密、挤密加固范围大而应将夯点拉开距离，遵循先重后轻、先深后浅的顺序分批夯实。对于含水量高的非饱和土，因夯实后孔隙比减小可变为饱和土，产生孔隙水压力，也需分遍并间隔一定时间夯击，以使孔隙水压消散，参看图 2.8-23 和图 2.8-24。

8.3.7　强夯法设计

实践证明，用强夯法加固软土地基，一定要根据现场的地质条件和工程的使用要求，正确地选定各强夯参数，才能达到有效而经济的目的。强夯法的参数包括锤重和落距、最佳夯击能及收锤标准、夯击遍数、两次夯击遍数的间歇时间、加固范围、夯点间距和夯点布置等。

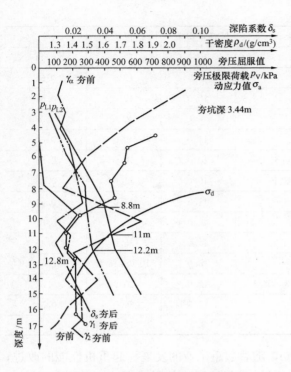

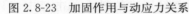

图 2.8-23　加固作用与动应力关系

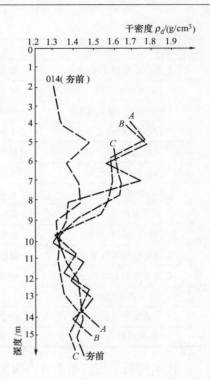

图 2.8-24　锤底单位面积夯击能对比

8.3.7.1　单击夯击能

单击夯击能是表征每击能量大小的参数，其值等于锤重和落距的乘积。单击夯击能一般应根据加固要求、加固土层的厚度、地基状况和土质成分等由式（8.16）和式（8.17）综合确定：

$$E = Mh \tag{8.16}$$

$$E = \left(\frac{H^2}{\alpha}\right)g \tag{8.17}$$

式中　E——单击夯击能，$kN \cdot m$；

M——锤重，kN；

g——重力加速度，$g = 9.8 m/s^2$；

h——落距，m；

H——加固深度，m；

α——小于 1 的修正系数，其变化范围一般为 $0.35 \sim 0.75$（一般黏性土、粉土可取 0.5，砂土可取 0.7；黄土可取 $0.35 \sim 0.50$），或参考表 2.8-8。

表 2.8-8　　　　　　　　　　　　　修正系数 α 值统计表

采　用　单　位	土　　　层	锤重 Q/t	落距 h/m	α
秦皇岛某船厂	砂性土	10.0	13.0	0.65
上海某水厂	砂性土	10.0	10.0	$0.7 \sim 0.8$
北京化纤厂	粉土、灰粉质黏土	11.0	9.0	0.55
天津塘沽新港	淤泥质黏土、灰粉砂镜体	10.0	13.0	0.44

续表

采　用　单　位	土　　层	锤重 Q/t	落距 h/m	α
秦皇岛煤码头堆场	细砂	10.0	13.0	0.44
北京某工程	填土地基	8.5	12.0	0.61
北京 321 线寨口车站	弃渣填土	10.0	12.0	0.61
山西太岚线古交车站	土灰石填土	8.0	8.0	0.88
廊坊机械化所	粉质黏土与粉土	11.0	9.3	0.60
西安三民村仓库	Ⅱ级非自重湿陷性黄土	10.0	10.0	0.55
咸阳渭河电厂凉水塔	Ⅱ级非自重湿陷性黄土	10.0	11.0	0.48
太原面粉二厂工程	湿陷性黄土	11.5	14.0	0.50
瑞典乌德瓦拉造船厂	海中填破碎花岗石	40.0	40.0	0.67
美国洛杉矶某海洋工程	粉砂层	40.0	35.0	0.45
联合王国阿尔雷丘公路	城市垃圾	15.0	10.0～15.0	0.40～0.49
日本某油罐地基	上为石块填土，下为冲填土	12.0	20.0	0.52
新加坡某仓库	砂黏质泥炭	15.5	30.5	0.54
山西纺织设计院	软土及液化地基	8.9	12.0	0.78

　　我国初期采用的单击夯击能为 1000kN·m，随着起重工业的发展、起重机性能的改进，目前采用的最大单击夯击能为 8000kN·m，国际上曾经用过的最大单击夯击能为 50 000 kN·m，加固深度达 40m。

　　单击夯击能（即夯锤重和落距的乘积）一般根据工程要求的加固深度来确定（但有时也受制于现有起重机的起重能力和臂杆的长度）。按式（8.18）确定：

$$H = \alpha \cdot \sqrt{\frac{M\,h}{10}} \tag{8.18}$$

式中　　H——加固深度，m；

　　　　M——锤重，kN；

　　　　h——落距，m；

　　　　α——小于 1 的修正系数，其变动范围为 0.35～0.80，一般对黏性土可取 0.5，对砂性土可取 0.7，对黄土可取 0.35～0.5。

　　然后根据选用吊机大小可选择锤重和落距。法国第一个强夯工程所用锤重为 80kN，落距为 10m；后来改用锤重为 150kN，落距为 25m。目前，世界上最大锤重为 2000kN，落距为 25m，其加固深度可达 40m。我国所用的锤重为 80～250kN，个别可达 400kN，落距为 8～25m。

　　对于相同的夯击能，常选用大落距方案，这样能获得较大的接地速度，将大部分能量有效地传到地下深处，增加深层夯实效果，减少消耗在地表土层塑性变形的能量。

　　对于加固场地而言，作用于该场地的总夯击能量为锤重×落距×总夯击数。该总夯击能除以加固的面积称为单位夯击能。单位夯击能应根据加固要达到的技术要求、土层分布及土性等来确定；一般情况下，可取 1000～4000kN·m /m²。

　　夯锤的平面一般有圆形和方形等，又有气孔式和封闭式两种。实践证明，圆形并带有气孔的锤较好，它可克服方形锤由于两次夯击落地不完全重合而造成的损失。封闭式夯锥现已不采用。

单击夯击能太小，就无法使水与土颗粒产生相对流动，水就不能排出，在这种情况下仅靠增加夯击数不能产生加固效果，甚至可使地基形成"橡皮土"，因此单击夯击能不宜太小，一般应满足在单击下设计加固范围内的土层得到改良的要求。

8.3.7.2 最佳夯击能

最佳夯击能又称最大夯击能，指在某一夯击能作用下地基中出现的孔隙水压力达到土的上覆土压力（即土体自重）的夯击能。达到最佳夯击能的夯击次数即夯点每遍的夯击次数。

国内确定每夯点夯击数的方法有所不同：有的以前后两击所产生的沉降差小于某一数值为标准，有的以最后一或两击的沉降量达某一数值为限值，也有的以孔隙水压力达到某一数值为依据。

夯点的夯击次数可按现场试夯得到的夯击次数和夯沉量关系曲线确定，应同时满足下列条件：

（1）夯坑周围地面不应发生过大隆起。

（2）不因夯坑过深而发生起锤困难。

（3）每击夯沉量不能过小，过小无加固作用。

（4）要使得被夯击土体能继续密实。

同时应参照夯坑周围土体隆起情况予以确定，也就是当夯坑的竖向压缩最大，而周围土体的隆起最小时的夯击数为该遍夯击次数。对于饱和细粒土，击数可根据孔隙水压力的增长和消散来决定，当被加固的土层即将发生液化时，此时的击数即该遍击数，以后各遍击数也可按此确定。

国内外一般每夯点夯击 2~20 击，一般为 3~8 击，应根据土层厚度、表层、土性等情况及使用要求的不同确定。当松散土层厚度大、表层土较硬或使用荷载较大时，可用大值。

1. 黏性土最佳夯击能的确定方法

在黏性土中，由于孔压消散慢，当夯击能逐渐增大时，孔隙水压力亦相应叠加，并趋于稳定值，因而在黏性土中，可根据孔隙水压力的叠加值来确定最佳夯击能。必须指出，孔隙水压力沿深度的分布规律是上大下小，而土的自重应力则是上小下大，因此，强夯的最佳夯击能应根据所需要的有效加固深度由 Menard 的经验估算或由现场试验确定。

一般认为当孔隙水压力满足式（8.19）或孔隙水压力的变化趋于稳定时，就能产生径向裂隙和初始液化。

$$\Delta u_{max} \geqslant K_0 \sigma'_s \tag{8.19}$$

式中　Δu_{max}——要求达到的加固深度处的孔隙水压力；

　　　K_0——土的侧压力系数；

　　　σ'_s——上覆土压力。

对于黏性土，还可采用限制地面最大隆起高度 h_{max} 的方法来确定最佳夯击能，一般要求夯击时不得使地面的最大隆起高度 h_{max} 大于 10cm，如地面隆起高度为 10cm，则可将此时的夯击次数确定为夯点每遍的夯击次数。

此外，黏性土的最佳夯击能还可根据有效夯击系数 β 来控制：

$$\beta = (V - V')/V = V_0/V \tag{8.20}$$

式中　V——夯坑体积；

　　　V'——土体隆起的体积；

　　　V_0——土体压缩的体积。

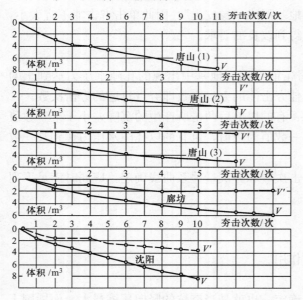

图 2.8-25　夯击次数与压缩量、隆起量的关系

有效夯击系数表示地基土在某种夯击能作用下的夯击效率，一般随着击数的增加而增加。但在饱和黏土中，当夯击次数超过某一个值后，有效夯击系数渐趋为一常数，继续夯击只能使土体发生重塑作用，这时的夯击数即可定为每遍的夯击数。

有效夯实系数表示地基土在某种夯击能作用下的夯实效率。有效夯实系数高，说明夯实效果好；反之，有效夯实系数低，说明夯实效果差。如图 2.8-25 所示为唐山、廊坊和沈阳等地砂土、粉土和黏土地基上的夯击次数与压缩量、隆起量的关系。由图 2.8-25 可见，随着夯击次数的增加，夯坑体积 V 也随之增加，而隆起体积 V' 则随土性而异。唐山砂土地基随着夯击次数的增加，隆起体积 V' 值很小，而且保持不变；廊坊粉土地基的隆起体积 V' 值开始时有所增加，随后保持不变；而沈阳黏土地基的隆起体积 V' 值随着夯击次数的增加而增大。由此也可以看出，砂土和粉土地基的夯实效果要比黏土地基为好。

图 2.8-26 为上述各工程的有效夯实系数与夯击次数的关系，由图 2.8-26 可见，唐山砂土的有效夯实系数很高，而且随着夯击次数的增加，不仅没有降低，反而略有提高，因此对于这种地基，可以采用增加夯击次数的方法来提高夯击效率，但沈阳黏土的有效夯实系数并不高，而且当夯击次数超过 7 次后，有效夯实系数基本保持不变，此时如继续增加夯击次数，夯实效果就不再增加。

目前，在工程实践中，除了按现场试夯得到的夯击次数和夯沉量关系曲线确定夯击次数外，同时要满足最后两击的平均夯沉量不大于 50mm，当夯击能量较大时不大于 100mm 的规定。需要指出的是，对于软黏土，在初始 1～2 遍夯击时，该标准应适当放宽。除此之外，还要考虑施工方便，不能因夯坑过深而发生起锤困难的情况。

2. 砂性土最佳夯击能的确定方法

在砂性土中，由于孔隙水压力增长及消散过程仅为几分钟时间，因此孔隙水压力不能随夯击能的增加而增加，为此，可通过试

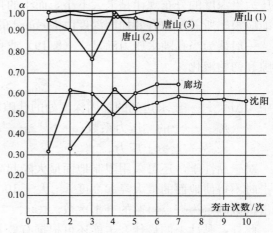

图 2.8-26　有效夯实系数与夯击次数的关系

验绘制最大孔隙水压力增量与夯击次数（夯击能）的关系曲线来确定最佳夯击能。当孔隙水压力增量随着夯击次数（夯击能）的增加而逐渐趋于恒定时，可认为该种砂土所能接受的能量已达到饱和状态，再增加夯击能只能使场地隆起，而无加固效果，此时的能量即最佳夯击能。

对于砂性土地基，工程中通常采用控制夯坑夯沉深度的方法来确定最佳夯击能。一般地，当单击夯击能不大时，最后二击平均夯沉量不大于 50mm；当单击夯击能较大时，最后二击平均夯沉量不大于 100mm；这时的累计夯击能即为最佳夯击能。

为此，可用最大孔隙水压力增量与夯击次数的关系曲线或有效压缩率（可用有效夯实系数表达）与夯击能的关系曲线来确定最佳夯击能，如图 2.8-27 和图 2.8-28 所示。

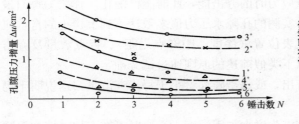

图 2.8-27　砂性土的孔隙水压力增量 Δu 与
　　　　　　夯击次数的关系曲线

图 2.8-28　有效压缩率与夯击能的关系曲线

在图 2.8-28 中，曲线 1、2、3、4 分别为不同锤重和落距组合时所测得的有效压缩率与夯击能关系曲线。显然，曲线 1 最好，曲线最低处的有效压缩率最高，此时的夯击能即最佳夯击能，超过最低点，曲线回升，说明地基土侧向变形增大，土体开始被破坏。最佳夯击能和单击夯击能的比值即可作为控制夯击次数。

8.3.7.3　单位面积夯击能

单位面积夯击能也称平均夯击能，如前所述，其等于加固面积范围内单位面积上所施加的总夯击能（单击夯击能乘以总夯击次数）。单位面积夯击能的大小与地基土的类别有关。在相同条件下，细颗粒土的单位面积夯击能比粗颗粒土适当大些。此外，结构类型、荷载大小和要求处理的深度也是确定单位面积夯击能的重要因素。单位面积夯击能过小，难以达到预期的加固效果，而单位面积夯击能过大，不仅浪费能源，而且对于饱和黏性土来说，强度反而会降低。平均夯击能即单位面积夯击能，又分总单位面积夯击能和每遍单位面积夯击能。

如上所述，总单位面积夯击能与诸多因素有关。日本土谷尚根据日本现有的工程实例，提出了单位面积夯击能，参考值见表 2.8-9，我国目前在工程实践中所采用的单位面积夯击能见表 2.8-9。

表 2.8-9　　　　　　　　　　　　　单位面积夯击能参考值　　　　　　　　　　　　（kN·m/m²）

日　　　　本				
碎石、砾砂	砂质土	黏性土	泥　炭	垃圾土
2000～4000	1000～3000	5000 左右	3000～5000	2000～4000
中　　　　国				
粗 颗 粒 土		细 颗 粒 土		
1000～3000		1500～4000		

强夯加固地基似乎存在一个加固深度和密度的极限值，Leonards 认为其值相当于静力触探比贯入阻力 $p_s=15MPa$ 或标贯值 $N_{63.5}=30\sim40$ 击。达到这一极限再增多夯击能只能使场地隆起，而无加固效果。对于细颗粒土，这一极限可定为加固至土壤含强结合水（或稍高）时土的饱和含水量及其相应的密实度。因为此时孔隙水已不能排除，无法再加密。在黄土中，其值约为干密度为 $18kN/m^3$ 或者孔隙比为 0.5，对于粗颗粒土，可认为此极限是相对密实度达到 $0.8\sim0.9$。

每遍单位面积夯击能：对于饱和土来说，需要分遍夯击，这样对每一遍夯击也存在一极限夯击能。根据 Menard 饱和土夯击时土液化、孔隙水压力升高的观点，从理论上讲，每遍极限夯击能为地基中孔隙水压力达到土自重应力时的夯击能，此时土已液化，称之为每遍最佳夯击能或饱和夯击能。但在实际工程中，实测的孔隙水压力值多数达不到上覆土的自重应力。其最大值与被测土的类型、孔压测量仪表位置（深度、距夯点之距）、夯点数量及夯击顺序等有关，因此在工程实践中，应根据以下类似前述的原则通过试夯确定。

（1）坑底土不隆起，包括不向夯坑内挤出，或每击隆起量小于每击夯沉量，这说明土仍可被挤密。

（2）夯坑不得过深，以免造成提锤困难。为增大加固深度，必要时可在夯坑内填加粗颗粒料，形成土塞，以增加锤击数。

（3）每击夯沉量不宜过小，过小无加固作用。

（4）要使得被夯击土体能继续密实。

8.3.7.4 夯击遍数

强夯加固的效果一般随夯击遍数的增加而提高，但实际工程中考虑到经济效益，在满足加固效果的情况下，应尽可能采用较少的夯击遍数。

强夯法通常先采用高能量、大间距加固深层地基土，此时应根据需要对同一批夯点分遍夯击，然后逐批夯击另一批夯点。若对所有的夯点都先夯一遍，这将造成浅层先加固，降低以后深层加固效果。因此，夯击遍数是指在整个强夯场地中，将同一批编号的夯击点夯完后算作一遍。

夯击遍数是根据压缩层的厚度、土质条件和工程容许沉降而定的。一般对于透水性弱的细颗粒土层，特别是淤泥质土及加固要求高的工程，则夯击遍数要求多些；对于粗颗粒土，夯击遍数可少些。各批夯点的遍数累计加上满夯组成总的夯击遍数。

当土体压缩层越厚、渗透系数越小，同时含水量较高时，则需要夯击遍数越多。对于碎石、砂砾、砂质土和垃圾土，夯击总遍数为 $2\sim3$ 遍，粉性土为 $3\sim8$ 遍，泥炭为 $3\sim5$ 遍。最后对全部场地进行轻量级普夯一遍（也称满夯），即"锤印"彼此搭接，其目的是将松动的表层土夯实，即加固单夯点间未压密土、深层加固时的坑侧松动土及整平夯坑填土，需加固深度可达 $3\sim5m$ 或更大，故满夯单击能可选用 $500\sim1000kN\cdot m$ 或更大，布点选用一夯挨一夯交错相切或一夯压半夯等。

可用下面方法控制夯沉量。

（1）按最终总沉降来控制：

$$\sum_1^i S_i=(0.6\sim0.95)S_\infty \tag{8.21}$$

式中 S_∞——总沉降量值；

$\sum\limits_{1}^{i} S_i$ ——各遍夯击沉降和。

（2）根据设计要求夯到标高为止。夯点需要有一定的间距，使夯击时夯坑产生冲剪，在夯坑底形成一挤压加固区，为使所产生的挤压力受周围土约束，侧面应不隆起，因此，侧面应有一定间距的不扰动土。不能像重锤夯实一样，一夯挨一夯，夯击时侧面为扰动土，易隆起，减小锤底土的挤密作用。由于夯点间距大，夯点间需增设夯点以加固未挤密土，故需增加夯击遍数，这种分遍夯击实际上就是夯点分批夯击。对于饱和细粒土，由于存在单遍饱和夯击能，每遍夯击后需孔压消散，气泡回弹，方可二次压密、挤密，因此，对夯点也需分遍夯击。对于饱和粗粒土，当需要夯坑深度大，或积水或涌土需填粒料时，为便于操作也采用分遍夯击。

当需要逐遍加密饱和土和高含水量土以加大土的密实度，或夯坑要求较深起锤困难需加填料时，对每一夯点需分遍夯击，以使孔隙水压力消散，各批夯点的遍数累计加上满夯组成总的夯击遍数。一般情况下，在日本，对碎石、砂砾、砂质土或垃圾土的夯击遍数为 2～3 遍；黏性土为 3～8 遍，泥炭为 3～5 遍；在我国，大多数工程为 2～5 遍，对于压缩层厚度大、土颗粒细、含水量高的土，用上限，反之用下限。常用夯击期间的沉降量达到计算最终沉降量的 60%～90% 来选择夯击遍数，或根据设计要求以夯到预定标高来控制夯击遍数。

根据有关试验资料，第二、三批夯点，特别是梅花点的夯击遍数可比第一批夯点的遍数少，这时可增大或不增大其每遍的击数。对于软弱土，每批夯点需分遍时的第一遍击数，常以控制场地隆起，起锤困难设定击数，一般选用 2～8 击，无需控制夯沉量。对于每一批夯点的最后一遍，为使场地均匀有效加密，可以用控制最后二击的平均贯入度来确定夯击次数。其控制贯入度值可经试夯根据检验的加固效果，确定适当值，以控制大面积施工。

最后以低能量满夯一遍。满夯的作用是加固表层土，即加固单夯点间未压密土，加固深层加固时的坑侧松动土及整平夯坑填土。故满夯单击能可选用 500～1000kN·m 或更大，布点选用一夯挨一夯交错相切或一夯压半夯。

8.3.7.5 相邻夯击两遍之间的间歇时间

间歇时间是指相邻夯击两遍之间的间歇时间。两遍夯击之间应有一定的时间间隔，以利于土中超静孔隙水压力的消散。Menard 指出，一旦夯击后的孔隙水压力消散，即可进行新的夯击作业。所以间隔时间取决于超静孔隙水压力的消散时间。土中超静孔隙水压力的消散速率与土的类别、夯点的间距等因素有关。

对于砂性土，由于孔压的峰值出现在夯完后的较短时间（一般在数分钟）内，消散时间只有 3～4min，因此，对于渗透系数较大的砂性土，可连续夯击作业。

对于细颗粒土，如软黏土，孔隙水压力的峰值出现在夯完后的瞬间，每遍的总夯击能越大，则孔隙水压力消散时间越长。当缺少实测资料时，可根据地基排水条件确定，排水条件差的饱和粉土和黏性土地基的间隔时间一般不小于 2～4 周。目前国内有的工程在软弱黏性土地基的现场埋设袋装砂井或塑料排水板，以便加速孔隙压力的消散，缩短间歇时间，达到连续夯击的目的。

夯点的间距对孔压消散速率也有很大的影响，夯点间距小，孔压消散慢；反之，夯点间距大，孔压消散快。太原理工大学曾在同一场地上对单点夯和群夯（5 点夯）分别进行孔隙水压力的实测，其实测结果分别如图 2.8-29 和图 2.8-30 所示。从图 2.8-29 可见，单点夯，夯

351

后14h孔压就消散完；而在图2.8-30中，群夯夯后8d孔压尚未消散完。所以进行实测时，必须考虑夯点布置情况。另外，孔压的消散还与周围排水条件有关，单点夯和群夯情况如上所述。如在夯坑中填砂，在夯点间加打砂井、加排水纸板可缩短排水时间。钱征在塘沽新港淤泥的黏性土中试验，不加排水通道，孔压间歇4周只能消散80%；加排水纸板，一周消散95%以上。当缺少实测孔压资料时，可根据地基土的渗透性确定间歇时间，渗透性较差的黏性土地基的间隔时间一般不少于3~4周，一般渗透性较好的黏性土地基的间隔时间为1~2周，对渗透性好的地基可连续夯击。

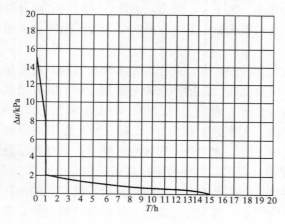

图2.8-29　单点夯孔压消散与时间关系

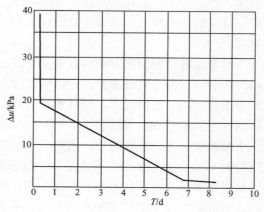

图2.8-30　群夯孔压消散与时间关系

8.3.7.6　加固范围

由于基础的应力扩散作用，强夯处理范围应大于基础范围，其具体放大范围可根据构筑物类型和重要性等因素来决定。例如，边坡稳定应考虑加固的最危险的滑弧范围处。

当现场四周为外部没有夯击过和内部夯击过的边缘时，为了避免在夯击后的土中出现不均匀的"边界"现象，从而引起建筑物的差异沉降，必须规定对夯击面积增加一个附加值，即强夯处理范围应大于建筑物基础范围，每边超出基础外缘的宽度宜为基底下处理深度 H 的1/2~2/3，并不宜小于3m。

一般而言，较为安全的加固范围应比加固地基的长度 L 和宽度 B 各大出加固厚度 H，即 $(L+H) \times (B+H)$。

对于低层或轻型建筑，也可只在基础下进行加固。

8.3.7.7　夯点间距

强夯时各夯点需有一定的间距，使冲击时夯坑产生冲剪，在夯坑底形成一挤压加固区。夯击点间距可根据所要求加固的地基土的性质和要求处理的深度而确定。

当土质差、软土层厚时，应适当增加夯点间距；当软土层较薄而又有砂类土夹层或土夹石填土等时，可适当减少夯距。夯距太小，相邻夯点加固效应在浅处叠加而形成硬层，影响夯击能向深部传递。此外，夯距太小，在夯击时上部土体易向侧向已夯成夯坑中挤出，从而造成坑壁坍塌、夯锤歪斜或倾斜。

当地基土为黏性土时，若夯距太小，会使已产生的裂隙重新闭合，亦不利于孔隙水压力的消散；对于细颗粒土来说，为便于超静孔隙水压力的消散，夯击点间距不宜过小。

　　根据国内及我们的工程实践经验，有以下确定方法可供选择。第一遍夯击点间距宜选 5～9m；对土层较薄的砂土或回填土，第一遍夯击点间距最大，以后各遍夯击点间距可与第一遍相同，也可适当减小。对于加固深度要求大的工程或单点夯击能较大的工程，第一遍夯击点的间距还应适当增大。另外也可用下列方法进行确定：主压实区是夯坑底下 $1.5～2.5D$（D 为锤底直径），侧面自坑心计起 $1.3～1.7D$，考虑加固区的搭接，夯点间距一般取 $1.7～2.5D$，密度要求高时，取小值，反之取大值。

　　为了使深层土得以加固，第一遍夯击点的间距要大，这样才能使夯击能量传递到深处。第二遍夯点应尽可能布置在第一遍夯点的中间。

　　为使所产生的挤压力受周围土约束，侧面应不隆起，因此侧面应有一定间距的不扰动土。

　　夯点间距一般根据压缩层厚度和土质条件确定，压缩层厚度大，土质差，夯点间距加大，可采用 6～12m 甚至更大，以免形成弹簧土，影响加固效果。天津软土地基的夯点间距采用 7m 左右，上海一般用 5～7m，珠三角地区一般用 5～8m。其控制方法如下。

　　大面积地基加固：

$$\sum u_{\max} \leqslant (0.3～0.5)(h-1.0)\gamma \tag{8.22}$$

　　局部或条形地基：

$$\sum u_{\max} \leqslant (0.2～0.4)(h-1.0)\gamma \tag{8.23}$$

式中　$\sum u_{\max}$——最大孔隙水压力（地下水位以下 2～4m 处）；

　　　　γ——天然土体重度；

　　　　h——压缩土体埋深；

　　　　γh——上覆荷载。

8.3.7.8　夯点布置

　　为了使地基比较均匀，对于较大面积的强夯处理，夯击点一般可按等边三角形（工程上通常称为梅花点）或正方形布置，这样的布置比较规整，也便于强夯施工。

　　为有效加固深层地基土，加大土的密实度，强夯常需分遍夯击。为了便于说明，将不同时夯击的夯点称为批，将同一批夯点间隔一定时间夯击称为遍。常用的夯点布置如图 2.8-31 所示。其中，图 2.8-31（a）为一批布置，适于地下水位深、含水量低，以及场地下易隆起的土；图 2.8-31（b）、（c）为二批布置，适于加固一般的饱和土，以及夯击时场地较易隆起及夯坑易涌土时；图 2.8-31（b）为梅花点布置，多用于要求加固土干密度大的地基土，如消除液化；图 2.8-31（d）为三批布置，适于软弱的淤泥、泥炭土、场地易隆起的地基土。

　　夯击点的布置是否合理与夯实效果和施工费用有直接关系。夯击点的位置可以根据建筑结构类型进行布置，一般采用等边三角形、等腰三角形或正方形布点。对于某些基础面积较大的建筑物或构筑物（如油罐、筒仓等），为便于施工，可按等边三角形或正方形布置夯点。对于办公楼和住宅建筑，如单层厂房和多层建筑，可沿柱列线布置，每个柱基础或纵横墙交叉点至少布置一个夯点，并应对称，故常采用等边三角形、等腰三角形布置。如图 2.8-32 所示的某住宅工程的夯点布置采用了等腰三角形布点，这样保证了横向承重墙及纵墙和横墙交接处墙基下均有夯击点。对于单层工业厂房，可按柱网来设置夯击点，这样既保证了重点，又可减少夯击面积。因此，夯击点的布置应视建筑结构类型、荷载大小、地基条件等具

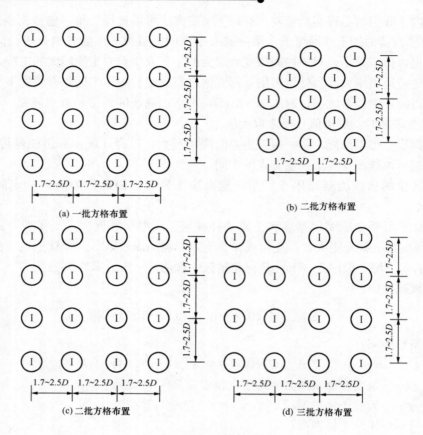

图 2.8-31　夯点布置

体情况区别对待。

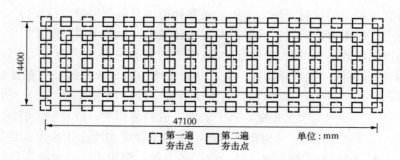

图 2.8-32　某住宅工程夯点布置

　　图 2.8-33 为强夯区夯点布置图。这种布置最大特点是给吊机留有通道，当全部夯点夯完后，夯坑可一次填平。

　　夯击点间距一般根据地基土性质和要求加固的深度而定。有些工程采用连夯方法，即一个夯坑紧接另一个夯坑的夯击方法，已被实践所证实，其夯击效果较差。当然，夯点间距过大，也会影响夯实效果。根据经验，第一遍夯击点间距一般为 5～8m，以后各遍夯击点间距可与第一遍相同，也可以适当减小。对于要求加固深度较深，或单击夯击能较大的工程，第一遍夯击点间距宜适当增大。

（1）对大面积基础宜采用正方形（或梅花形）插档法布置，这样可使孔水压力的消散有充足的时间，不易形成弹簧土，如广州南国奥林匹克花园、上海港十一区、长桥水厂、天津新港均采用这种布置法，效果良好。

（2）对条形基础可采用点线插档法布置，采用这种方法的施工速度快、造价低。不少单位基础就采用这种方法施工。

以上两种方法中最后一遍夯完后，要用普（或排）夯法加固前面最后一遍两夯点间的松土，其能量可为前几遍的 1/3～1/4。

（3）对柱基可采用点夯法夯击。采用这种方法的施工速度快、效果好、造价低。

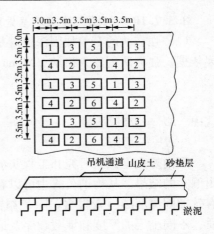

图 2.8-33 强夯区夯点布置图

（4）对砂性土、含水量较低的回填土，或抛石挤淤加强夯，可以采用普夯（排夯或搭接夯）法加固（锤印彼此搭接一般不小于 200mm，也不超过 1/4 锤径）。例如，我国东部沿海某工程用该法夯击挤淤，承载力提高到 150kPa 以上。

（5）对一些加固深度较大，由于已有的设备能量大小受到限制或者由于垫层厚度很大，能量在该层中消耗较多，可能达不到要求的地基，这时可以采用二次夯击，即先在某一较低的标高上夯完后，再回填到设计标高，进行第二次夯击，一般会得到较好的效果。例如，上海某集装箱堆场，采用二次夯击，实测结果分二次夯击比一次夯击效果好，见表 2.8-10。

表 2.8-10　　　上海集装箱码头堆场一次夯击与二次夯击对比

位　　　置	B 区（一次夯）		A 区（二次夯）	
标高/m	+5.80	+3.00	+5.80	+3.00
沉降/mm	640	250	1148	758
载荷试验地基承载力 /kPa	205～215		442～453	
有效加固深度/m	10～12		14～16	

从表 2.8-10 中可以看出，同一个地点 B 区和 A 区土质条件相同，A 区分两次夯比 B 区一次夯加固效果好得多，原状土沉降量由 B 区 25cm 增加到 A 区 75.8cm，约 3 倍。B 区总沉降量为 64cm，填土部分压缩量为 39cm，占 61%，填土以下沉降量为 114.8cm，填土部分占 34%，填土以下部分占 66%，显然，二次夯比一次夯效果好。

8.3.7.9 起夯面

起夯面可高于或低于基底。高于基底是预留压实高度，使夯实后表面与基底为同一标高；而低于基底是当要求加固深度加大，能量级达不到所需加固的深度时，降低起夯面，在满夯时再回填至基底以上，使满夯后与基底标高一致，这时满夯的加固深度加大，需增大满夯的单击夯击能。

8.3.7.10　参照《建筑地基处理技术规范》（JGJ 79—2012）的设计注意要点

（1）强夯法的有效加固深度既是反映处理效果的重要参数，又是选择地基处理方案的重要依据。强夯法创始人梅纳（Menard）曾提出式（8.24）估算影响深度：

$$h \approx \sqrt{MH} \tag{8.24}$$

式中　M——夯锤质量，t；

　　　H——落距，m。

国内外大量试验研究和工程实测资料表明，采用上述梅纳公式估算有效加固深度将会得出偏大的结果。从梅纳公式中可以看出，其影响深度仅与夯锤重和落距有关。而实际上影响有效加固深度的因素很多，除了夯锤重和落距以外，夯击次数、锤底单位压力、地基土性质、不同土层的厚度和埋藏顺序及地下水位等都与加固深度有着密切的关系。鉴于有效加固深度问题的复杂性，以及目前尚无适用的计算式，所以规范规定有效加固深度应根据现场试夯或当地经验确定。

考虑到设计人员选择地基处理方法的需要，有必要提出有效加固深度的预估方法。由于梅纳公式估算值比实测值大，国内外相继发表了一些文章，建议对梅纳公式进行修正，修正系数范围值为 0.34～0.80，根据不同土类选用不同修正系数。虽然经过修正的梅纳公式与未修正的梅纳公式相比较有了改进，但是大量工程实践表明，对于同一类土，采用不同能量夯击时，其修正系数并不相同。单击夯击能越大，修正系数越小。对于同一类土，采用一个修正系数，并不能得到满意的结果。因此，规范不采用修正后的梅纳公式，而采用表 2.8-11 的形式。表中将土类分成碎石土、砂土等粗颗粒土和粉土、黏性土、湿陷性黄土等细颗粒土两类，便于使用。表中的数值是根据大量工程实测资料的归纳和工程经验的总结而制定的，并经广泛征求意见后，做了必要的调整。

表 2.8-11　　　　　　　　　强夯法的有效加固深度　　　　　　　　　　（m）

单击夯击能 /（kN·m）	碎石土、砂土等粗颗粒土	粉土、黏性土、湿陷性黄土等细颗粒土	单击夯击能 /（kN·m）	碎石土、砂土等粗颗粒土	粉土、黏性土、湿陷性黄土等细颗粒土
1000	4.0～5.0	3.0～4.0	8000	9.0～9.5	8.0～9.0
2000	5.0～6.0	4.0～5.0	10000	10.0～11.0	9.5～10.5
3000	6.0～7.0	5.0～6.0	12000	11.5～12.5	11.0～12.0
4000	7.0～8.0	6.0～7.0	15000	13.5～14.0	13.0～13.5
5000	8.0～8.5	7.0～7.5	16000	14.0～14.5	13.5～14.0
6000	8.5～9.0	7.5～8.0			

注　强夯法的有效加固深度应从最初起夯面算起。

（2）夯击次数是强夯设计中的一个重要参数，不同地基土的夯击次数也不同。夯击次数应通过现场试夯确定，常以夯坑的压缩量最大、夯坑周围隆起量最小为确定的原则；可从现场试夯得到的夯击次数和夯沉量关系曲线确定，但要满足最后两击的平均夯沉量不大于规范的有关规定，同时夯坑周围地面不发生过大的隆起。因为隆起量太大，说明夯击效率降低，则夯击次数适当减少。此外，还要考虑施工方便，不能因夯坑过深而发生起锤困难的情况。

（3）夯击遍数应根据地基土的性质确定。一般可采用点夯 2～4 遍，低能是满夯 1～2 遍。一般来说，对于由粗颗粒土组成的渗透性强的地基，夯击遍数可少些。反之，对于由细颗粒土组成的渗透性弱的地基，夯击遍数要求多些。根据我国工程实践，大多数工程的夯击遍数为两遍，最后以低能量满夯两遍，一般均能取得较好的夯击效果。对于渗透性弱的细颗粒土地基，必要时可适当增加夯击遍数。

必须指出，由于表层土是基础的主要持力层，如处理不好，将会增加建筑物的沉降和不均匀沉降。因此，必须重视满夯的夯实效果，除了采用两遍满夯外，还可采用轻锤或低落距锤多次夯击、锤印搭接等措施。

（4）两遍夯击之间应有一定的时间间隔，以便利于土中超静孔隙水压力的消散。所以间隔时间取决于超静孔隙水压力的消散时间，但土中超静孔隙水压力的消散速率与土的类别、夯点间距等因素有关。有条件时最好能在试夯前埋设孔隙水压力传感器，通过试夯确定超静孔隙水压力的消散时间，从而决定两遍夯击之间的间隔时间。当缺少实测资料时，间隔时间可根据地基土的渗透性按规范规定采用，一般对于渗透性较差黏性土地基，间隔时间不应少于 3～4 周，对渗透性好的中粗砂地基可连续夯击。

（5）夯击点布置是否合理与夯实效果有直接的关系。夯击点位置可根据基底平面形状进行布置。对于某些基础面积较大的建筑物或构筑物，为便于施工，可按等边三角形或正方形布置夯点，对于办公楼、住宅建筑等，可根据承重墙位置布置夯点，一般采用等腰三角形布点，这样保证了横向承重墙及纵墙和横墙交接处墙基下均有夯点；对于工业厂房，也可按柱网来布置夯击点。

夯击点间距一般根据地基土的性质和要求处理的深度而定。一般第一遍点夯间距取夯锤直径的 2.5～3.5 倍。对于细颗粒土，为便于超静孔隙水压力的消散，夯点间距不宜过小。当要求处理深度较大时，第一遍的夯点间距更不宜过小，以免夯击时在浅层形成密实层而影响夯击能往深层传递。此外，若各夯点之间的距离太小，在夯击时上部土体易向侧向已夯成的夯坑中挤出，从而造成坑壁坍塌、夯锤歪斜或倾倒，而影响夯实效果。

（6）由于基础的应力扩散作用，强夯处理范围应大于建筑物基础范围，具体放大范围可根据建筑结构类型和重要性等因素确定。对于一般建筑物，每边超出基础外缘的宽度宜为基底下设计处理深度的 1/2～2/3，并不宜小于 3m。对于可液化地基，扩大范围不应小于可液化土层厚度的 1/2，并不应小于 5m。

（7）根据上述各条初步确定的强夯参数，提出强夯试验方案，进行现场试夯，并通过测试，与夯前测试数据进行对比，检验强夯效果，并确定工程采用的各项强夯参数，若不符合使用要求，则应改变设计参数，在进行试夯时也要将采用不同设计参数的方案进行比较，择优选用。

（8）强夯法的有效加固深度应根据现场试夯或当地经验确定。在缺少试验资料或经验时可按表 8-11 预估。

（9）夯点夯击次数应按现场试夯得到的夯击次数和夯沉量关系曲线确定，并应同时满足下列条件。

1）最后两击的平均夯沉量不宜大于下列数值：当单击夯击能小于 3000kN·m 时为 50mm；当单击夯击能为不小于 3000kN·m、不足 6000kN·m 为 100mm；当夯击能不小于

6000kN・m，不足 10000kN・m 为 200mm；当夯击能不小于 10000kN・m，不足 15000kN・m 为 250mm；当夯击能不小于 15000kN・m 为 300mm。

2）夯坑周围地面不应发生过大的隆起。

3）不因夯坑过深而发生提锤困难。

（10）根据试夯夯沉量确定起夯面标高和夯坑回填方式。

（11）强夯地基承载力特征值应通过现场载荷试验确定，初步设计时也可根据夯后原位测试和土工试验指标按现行国家标准《建筑地基基础设计规范》（GB 50007—2011）有关规定确定。

（12）强夯地基变形计算应符合现行国家标准《建筑地基基础设计规范》（GB 50007—2011）有关规定。夯后有效加固深度内土层的压缩模量应通过原位测试或土工试验确定。

8.3.8　强夯法施工

随着强夯技术的不断发展，起重机械也由初期的小型履带式起重机，逐步发展到大能量的专用设备。例如，法国已开发出用液压驱动的专用三脚架，能将 40t 重夯锤提升到 40m 的高度。又如，法国尼斯机场扩建跑道，要求加固深度达 40m，为此特制了一台起重量为 200t，提升高度为 25m，具有 186 个轮胎的超级起重台车，这是迄今为止世界上最大的强夯起重设备。

我国在 20 世纪 70 年代末引进强夯技术的初期，普遍采用起重量为 15t 左右的履带式起重机作为强夯起重机械。在装备动滑轮组和脱钩装置，并配有推土机等辅助设备以防止机架倾覆的前提下，最大起重量为 10t，最高落距为 10m，最大单击夯击能为 1000kN・m。之后，随着起重机械的发展，有些施工企业配备了 50t 履带式起重机作为强夯机械，在不需推土机等辅助设备的情况下可进行单击夯击能为 3000kN・m 的强夯施工。至 20 世纪 80 年代中，山西省机械施工公司进行了重要的技术革新，在起重机臂杆端部增设辅助门架，使履带式起重机的起重能力有了大幅度的提高，一般可以进行单击夯击能为 4000～6000 kN・m 的强夯施工，从而使我国强夯施工由过去只能从事低能量夯击提高到能进行中等能量级夯击的水平。

如何选择强夯起重机械是强夯施工的首要问题，一般遵循的原则是既要满足工程要求，又要降低工程费用。首先从满足工程要求来分析，即根据设计要求达到的地基处理深度来确定单击夯击能，并选择相应的起重机械。根据表 8-11 的规定，对于碎石土、砂土等地基，单击夯击能从 1000kN・m 到 6000kN・m，增加了 5 倍，而相应的有效加固深度从 5.5 到 9.75m，仅增加了 77%，因此，要增加有效加固深度必须大幅度提高单击夯击能。其次，从降低工程费用来分析，强夯法处理地基的施工费用随单击夯击能大小而定。据某施工企业的报价，单击夯击能为 2000kN・m、3000kN・m、4000kN・m、5000kN・m 的施工单价（元/m²）分别为 1000kN・m 的施工单价的 1.33、1.66、2.92 和 3.75 倍。由此说明当单击夯击能超过 3000kN・m 时，施工费用大幅度上升。由于强夯法处理地基一般不消耗材料，使用劳动力也较少，施工费用主要用于机械台班费，所以选择台班费较低的起重机械是降低施工费用的主要环节。由上述两方面分析结果，可以认为从目前我国强夯施工现状出发，选用单击夯击能不超过 3000kN・m 将是最经济的。此外，从强夯法的工程实践来看，除了某些对加固深度要求较深的工程外，对于大多数工程来说，采用 3000kN・m 的单击夯击能一般均能满足工程要求。因此，从目前我国大多数施工企业现状出发，并考虑"一机多用"的原则，选择履带式起重机作为强夯起重机械将是适宜的。

8.3.8.1 机具与设备

采用强夯加固地基，一定要根据现场的地质条件和工程的要求及建（构）筑物的特性选择正确的强夯施工设备、工具的配备，才能达到有效加固地基而又经济的目的。

根据我国目前大都使用小吨位起重机械的现状，强夯设备和机具主要由起重机械、夯锤、脱钩装置和牵引约束机械等组成。

1. 起重机械

西欧一些国家所用的起重设备大多为履带式起重机。国外除使用现成的履带吊之外，还制作了常用的三足架和轮胎式强夯机，用于吊 40t 夯锤，落距可达 40m。

目前我国在强夯法试验与施工中，尚无专用起重机械，一般多以 50t、40t、30t、25t 履带起重机代用。在选用起重机时，根据国内外经验，起重能力应比锤重大 2～3 倍。起重大吨位夯锤的起重机，应在扒杆端部加设龙门架或三脚架。近年来各施工单位普遍采用在起重机臂杆端部设置辅助门架的措施，不仅可防止落锤时机架倾斜，而且能提高起重能力，参见图 2.8-34。

国内早期常用于强夯加固的主要起重机见表 2.8-12 和表 2.8-13。需要注意的是，目前国内一般不采用轮胎起重机用于强夯，因为其稳定性差、不安全，在施工场地行走困难，起吊能力较低；而国产 30t 以下的履带式起重机也因类似原因现一般不用于点夯（可用于普夯）。

图 2.8-34 门架强夯施工全貌

表 2.8-12　　　　　W1-100（原 W1001）型履带式起重机技术性能

名　　称	性　能　参　数									
最大起重量/t	15									
起重臂长度/m	13					23				
幅度（回转半径）/m	4.5	6	7.5	10	12.5	6.5	9.5	12.5	15	17
起重量/t	15	10	7.2	4.8	3.5	8	4.6	3	2.2	1.7
起重最大高度/m	11	11	10.6	8.8	5.8	19	19	18	17	16
提升重物速度/（m/s）	0.795									
工作时机重/t	39.79					40.74				
对地面平均压力/kPa	8.7					8.9				

表 2.8-13　　　　　　　　　　　**QL3-16 型轮胎起重机技术性能**

最大起重量/t		16	回转速度（空载时）/（r/min）	3
起重臂长/m		20	型号功率/马力	4135C-180
最大起重量时	臂长/m	10	外型尺寸（不包括臂长） 长×宽×高/mm	5386×3176 ×3458
	幅度/m	4		
	吊钩离地面高度/m	8.3		
最大行驶速度/（km/h）		30	总重（包括 10m 起重臂）/t	22

注　1 马力≈735.5W。

（1）吊机的选择。

1）根据工程设计加固深度选择履带吊机。用修正的梅纳经验式估算加固深度：

$$h=\alpha\sqrt{QH} \tag{8.25}$$

式中　h——加固深度；

　　　H——有效落距；

　　　Q——锤重；

　　　α——修正系数，可取 0.5~0.8。

2）根据设计沉降量，确定夯击能量，反求吊机起重量，如参照一些工程经验：

$$E=\beta S \tag{8.26}$$

式中　E——夯击能量；

　　　S——沉降量；

　　　β——经验系数。

一般夯一遍时，要求 $S\geqslant25$cm，用式（6.26）求 E，进而确定吊机。

3）根据国内外资料，采用自动脱钩装置时，起重力不小于 2~3 倍夯锤重量；起重钢丝绳随锤上下起落时，要求起重力为 3~5 倍夯锤重量。

4）吊机起吊速度为 1 次/（0.5~2min），这样才能保证施工进度。

5）吊机接地压力要求小于表土的承载力（安全系数为 1）。

（2）最佳落距的选择。最佳落距的选择，从梅纳公司的经验看，加大落距同样可以获得较高的夯击能量，并且加大落距后可以利用提高重锤着地速度得到更好的加固效果。但经验证明，加大落距，吊机的稳定性就变差，很难满足要求；如果用小落距，加大锤重容易办到。所以获得相同的夯击能量，加大锤重比加大落距好些。

2. 夯锤选用

选锤的原则有以下几点。

（1）夯锤质量。夯锤质量与需加固土层的厚度、土质条件及落距等因素有关，根据自由落体冲量公式：

$$E=m\sqrt{2gh} \tag{8.27}$$

式中　E——夯锤着地的冲量，t·m/s；

m——夯锤质量，t；

g——重力加速度，m/s^2；

h——落距，m。

在冲量一定的条件下，由于冲量与锤重的一次方及落距的 1/2 次方成正比。从形式上看，增加锤质量比增大落距好。另外，增加落距 h 可增大夯锤着地时的速度，减小能量损耗，更有效地将夯击能传到土层的深部，使加固效果更好，因此，应综合考虑这两方面因素。国内常用的锤质量有 10t、12t、15t、16t、18t、20t、25t、30t、40t 等多档，国外大多应用大吨位起重机，夯锤质量一般大于 15t，最大的达到 200t。

（2）根据吊车大小选锤。锤的选择还要视吊车大小而定。国外认为起吊力为 3～5 倍锤重，吊绳可随锤上下起落。一般地，吊机起吊能力大则比较安全，工作效率也高。

对于一般民用建筑的层数，可按表 2.8-14 所列的锤重进行参考选用。

表 2.8-14　　　　　　　　　　　　锤重与夯击能参考表

建筑物层数	≤2	3～4	5～6	6～8
最小锤重 M/kN	80	100	120	120～150
夯击能 W/（kN·m）	≤1000	≥1000	≥1200	≥1800

（3）夯锤材料。夯锤材料可用铸钢（铁），也可用钢板壳内填筑混凝土，二者的加固效果没有大的差别，混凝土锤重心高，冲击后晃动大，夯坑易塌土，夯坑开口较大，易起锤，易损坏；混凝土锤的优点是可就地制作，成本较低。而铸钢（铁）锤则相反，它的稳定性好，且可按需要拼装成不同质量的夯锤，故它的作用效果优于混凝土锤；但在夯坑较深时，塌土覆盖锤顶，易造成起锤困难。可将锤底制成稍带凸弧，增加侧挤作用使坑壁稳定，减小起锤力和坑壁塌土。

野外和室内试验研究表明，同样重量的钢锤比混凝土锤加固效果要好。其原理如下：假定混凝土锤和钢锤重量相等（$Q_1 = Q_2$），底面积相同（$A_1 = A_2$），高度 $h_1 > h_2$，变形模量 $E_2 \approx 10E_1$，根据胡克定理，其压缩变形分别如下。

混凝土锤压缩变形：

$$\Delta L_1 = Q_1 h_1 (E_1 A_1) \tag{8.28}$$

钢锤压缩变形：

$$\Delta L_2 = Q_2 h_2 (E_2 A_2) \tag{8.29}$$

所以：

$$\Delta L_1 > 10 \Delta L_2 \tag{8.30}$$

根据上述分析，可知混凝土锤夯击时瞬间本身产生的压缩量大于钢锤的压缩变形，约为10 倍，即混凝土锤夯击时能量损失等于 10 倍钢锤的能量损失，因此加固地基时，混凝土锤的加固效果比钢锤差些。

（4）夯锤形状。从国内外现有资料看，各国开始采用强夯法加固软土地基时，一般都把锤做成方形，但由于方形锤受到工艺上的限制，使两次夯击时着地不完全重合，造成棱角落地能量损失或锤着地不平影响加固效果的缺点。所以后来做成圆形锤，或其他形状的锤。目前据不完全统计，有几十种夯锤形状，如方形、圆形、鸭蛋形和船形等，其中有透孔式和封闭式，装配式和整体式锤。

夯锤做成圆形、方形。方锤落地方位改变，与夯坑形状不一致，影响夯击效果，而圆锤无此缺点，因此现在工程中多用圆锤。常见夯锤形状如图 2.8-35 所示，锤形一般应根据夯实要求选择，加固深层土体可采用锥底锤、球底锤，能较好地发挥夯击能的作用，加大地基变形，提高能量的有效利用率。加固浅层和表层土体时，多采用平底锤，以求充分夯实且不破坏地基表层。南方地区常见夯锤形状见表 2.8-15。

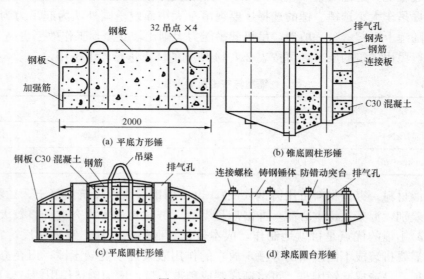

图 2.8-35 夯锤形状

表 2.8-15 南方地区常见夯锤形状

序号	锤重/t	底面积/m²	单位压力/kPa	形 状	材 料	常用落距/m	使用情况
1	10	4	25	方形	钢板包混凝土	10	良好
2	16	3.5	45.7	圆台形，有气孔，两节装	铸钢	15～16	良好
3	12～14	4.5		圆台形，有气孔	钢板包混凝土	14～16	好
4	10	2	50	圆锥体无气孔	钢锭、型钢包混凝土	10	供夯钢渣碎石
5	10	4.5	22.2	圆台形，有气孔	钢板包混凝土	10	适用于黏性土
6	12～14	4.0	22.2～31.1	圆台形，有气孔	钢板包混凝土	14～16	好
7	12	4.5	26.7	圆台形，有气孔	钢板包混凝土	12	好
8	16	3.5	45.7	圆台形，有气孔	铸钢		好
9	16	3.8	42.0	圆台形，有气孔	铸钢		良好
10	15	4.0		圆柱形，有气孔		15	好
11	16	4.0		圆柱形，有气孔		15	良好

（5）锤底面积。锤底面积一般由锤重和土质决定，锤重为 $100\sim250kN$ 时，可取锤底静压力 $25\sim40kPa$。对于砂质和碎石土、黄土，单击能高时，锤底面积宜取大值，一般为 $2\sim4m^2$，黏性土一般为 $3\sim4m^2$，淤泥质土为 $4\sim6m^2$。对于饱和细颗粒土，单击能低，宜取静压力的下限。以上适用于单击夯击能小于 $8000kJ$ 时，若夯击能加大，锤重加大，静压力值宜相应增大。

锤底面积对加固深度有一定影响，当加固土层小于 $5m$ 时，锤底面积为 $2\sim5m^2$；当加固土层厚度大于 $5m$ 时，锤底面积要求在 $4.5m^2$ 以上。

对于大锤，尽量加大锤着地面积，可以提高加固深度。

1）压缩层厚度不同，选用的锤底面积不同。加固土层厚度小于 $5m$ 时，锤着地面积为 $2\sim5m^2$。加固土层厚度大于 $5m$ 时，锤着地面积一般要求为 $4.5m^2$ 以上。根据理论分析，土体压缩沉降，底面积大小影响比外力强度大小影响更敏感，所以在同样条件下，加大基底面积比加大锤重效果更明显。

2）土质不同，选用的锤底面积也不同。对于颗粒较细的黏性土，锤底面积要加大，一般取锤底面积大于 $4m^2$；对于砂性土、含水量较低的回填土，取锤底面积小于或等于 $4m^2$。国外锤底面积一般选 $3\sim6m^2$（或锤重/接地面积＝3/1），对砂性土取下限，对黏性土取上限；国内南方一般取 $3.5\sim5.0m^2$。

（6）夯锤气孔。强夯作业时，由于夯坑对夯锤有气垫作用，消耗的功约为夯击能的 30%，并对夯锤有拔起吸着作用（起拔阻力常大于夯锤自重，而发生起锤困难），因此，夯锤上需设排气孔，排气孔数量为 $4\sim6$ 个，对称均匀分布，中心线与锤的轴线平行，直径为 $250\sim300mm$，过小易堵孔，不起作用。

为了减少夯锤底面的真空吸附力，锤中留有孔道，作为上下面的通气孔。有的单位为了解决污泥质土的夯击中的四溅问题，把夯锤改成羊角锤。

1）产生负压、吸力和气垫作用最小，这样可以减少起吊力和夯击能量损失。一般锤底设有孔洞或带齿脚，可以克服提升时土和锤之间的吸力，并能排出夯击时锤底与土之间的空气，保证有效夯击能量。根据相关资料和工程实践积累的经验，认为吸力在饱和软黏土中是相当大的，某工程测得最大吸力为 0.5 倍锤重，因此加大了吊机的负荷。国外一般把吊机力增大到 $3\sim5$ 倍锤重来克服上述缺点。

2）锤稳性好，重心低。国外为使锤着地稳性好，有的将锤做成倒圆锥体，上海、广东多做成圆台形锤。

（7）夯锤结构。夯锤结构一般视其夯击对象和运输条件而定，参看图 8-36。目前国内使用的夯锤大体有以下几种。

1）填入式：即在钢板围体中填入砂、砾石。其填量可根据所需夯击能的大小决定，随夯随填，便于运输；但刚性差，如遇漂石地面，底板易砸凹陷。

2）组合拼装式：即在钢板围体中，根据需要重量组合拼装高强混凝土预制块。这种夯锤运输方便，刚性比填入式好。

3）制作装配式：随着夯锤的不断加大，为了运输方便或对不同土质采用不同锤重，有的施工单位做成大吨位的装配式组合锤，这样可以一锤多用，减少投资。

4）现浇整体式：即在钢板围体中灌注混凝土，并根据结构和起重要求布置三层钢筋网和起重钢筋，这种夯锤刚性好，耐冲击。还有一种全铸钢的夯锤。在这几种夯锤中，前两种

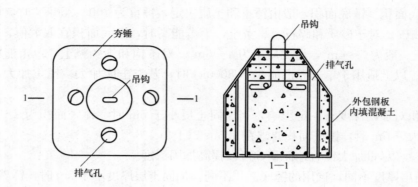

图 8-36　夯锤详图

仅在运输方便、纯填土且加固深度要求不大的情况下采用。后一种使用最为普遍，但夯锤较重，搬运困难。

值得提出的是，本书作者作为第一设计人设计的、获国家专利授权的组合式高效夯击减振锤在工程实践中已应用，效果很好。通过在工程现场夯击瞬间周边场地的振动水平和竖向加速度测试，并与其他夯锤（各种夯锤主要指标见表 2.8-16）进行同等条件下的比较表明：

①组合式高效夯击减震锤（A型锤）施工可明显减小对周边环境的振动影响，起到有效减振作用，振动幅值降低 30%~70%。

②采用组合式高效减振锤（A型锤），施工快，效率高（同等条件下，提高加固效果 20%~50%），节省能量和造价。

③不同锤型的夯锤，其产生的效果也各异。通过改进夯锤的形状提高夯击进的地基密实波能及减小面波能和振动是可行的。

表 2.8-16　　　　　　　　　广州两个工程现场几种实用夯锤型的参数表

锤型	锤重	部分外观尺寸	气孔情况	备注
A	15t	ϕ2.40m，H1.10m，组合式高效夯击减振锤	4ϕ340mm	A锤为本书作者专利锤 表中所列锤均为钢包混凝土锤
B	13t	ϕ2.00m，H1.20m	4ϕ310mm	
C	16t	圆台上底 ϕ2.1m，下底 ϕ2.5m，H1.10m	4ϕ250mm	
D	15t	ϕ2.40m，H1.00m	4ϕ250mm	

3. 脱钩装置

当锤重超出吊机卷扬机的能力时，就不能使用单缆锤施工工艺，此时只有利用滑轮组并借助脱钩装置来起落夯锤。

自动脱钩装置是一种行之有效的落锤装置，其设计制作考虑到我国缺少大吨位的起重机，另外也考虑大吨位的起重机用于强夯施工，会大大增加施工台班费用。因此常采用通过动滑轮组用于脱钩装置来起落夯锤，这样就可用小吨位吊车吊重锤。

自动脱钩原理是：将脱钩钢丝绳一端拴在开钩锁柄上，另一端通过固定在吊钩上的滑轮拴在吊杆底支座附近。当吊钩套入夯锤环，并将夯锤提升到预定高度时，脱钩钢丝绳绷紧带动开钩锁柄，夯锤在重力作用下脱钩自由下落，夯击地基。我国已进行的强夯工程除个别采用单缆起吊外，绝大多数都是采用脱钩装置，其结构如图2.8-37和图2.8-38所示。

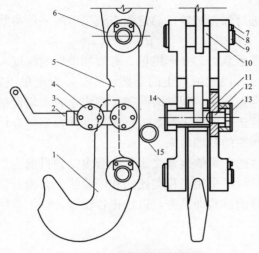

图 2.8-37 脱钩装置结构图

1—吊钩；2—锁柄；3—锁环；4—压盖；5—吊钩夹板；6—脱钩环；
7—螺栓（共6个）；8—垫圈（共4个）；9—止动板；10—销轴；
11—销轴套；12—锁环轴钩；13—轴承（307共4套）；14—螺栓
（M8×15，共16个）；15—脱钩后挡钩

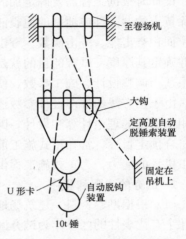

图 2.8-38 定高度索脱钩原理图

施工时将夯锤挂在脱钩装置上，为便于夯锤脱钩，将系在脱钩装置手柄上的钢丝绳的另一端直接固定在起重机臂杆根部的横轴上，当夯锤起吊至预定高度时，钢丝绳随即拉紧而使脱钩装置开启。这样既保证了每次夯击的落距相同，又做到自动脱钩，提高了工效。目前国外强夯施工机械也有配置液压挂钩和自动脱钩装置的，这样，施工人员在施工过程中不需进入夯占区，既提高了施工效率，又保证了人身安全。

4. 牵引约束机械

为防止吊臂在较大仰角下突然释重，产生后倾，一般采用推土机牵引钢丝绳约束吊杆，以确保在使用中安全可靠。强夯施工中所用设备和工具见表2.8-17。

表 2.8-17 强夯施工所用设备和工具表

序号	名称	规格	单位	数量	说明
1	履带式起重机械	起重机起重能力为夯锤2倍以上，一般不小于25t	台	1	根据各单位具体情况选用
2	脱钩装置	见图8-36	套	1	各单位可自制
3	夯锤	见图8-35	个	1	重量根据施夯的具体情况确定
4	推土机	T-54以上	台	1	
5	钢丝绳	$\phi19.5$ $\phi13$	mm mm	50～80 30～40	牵引钢丝绳约束吊杆用，脱钩拉绳用
6	卡具及麻绳等				

5. 辅助机械

根据需要配置推土机或碾压机等辅助机械。

8.3.8.2 试夯

在建筑场地上首先选择一块典型地区进行强夯试验，确定强夯施工时的一些参数。

1. 试夯的目标

设计时根据工程需要确定加固后的地基承载力、变形模量、有效加固影响深度，特别是消除黄土的湿陷性或地基的地震液化的深度，以此根据土的类型、特征，选定单点夯击能、单位面积夯击能、夯击次数、夯击遍数、夯点间距、间歇时间等，确定是否需加设垫层及填料并确定其厚度。试夯的目的就是根据这些选定的施工参数进行试夯，并根据试夯后的检测结果适当调整设计、施工参数，使其达到预想的处理效果。

由于强夯法的许多设计参数还是经验性的，影响因素又很复杂繁多，到目前为止，还不能用于精确的理论计算和设计。因此，设计时常采用工程类比法和经验法。为验证设计参数并符合预定目标，常在正式施工前进行强夯的试验即试夯，以校正各设计、施工参数，考核施工机具的能力，为正式施工提供依据。

2. 试夯的步骤和程序

(1) 根据勘察资料、建筑场地的复杂程度、建筑规模和建筑类型，在拟建场地选取一个或几个有代表性的区段作为试夯区。试夯区面积应足够大以使得试夯结果有代表性。

(2) 在试夯区内进行详细原位测试，也可采用原状土样进行室内试验；有条件时，可做动力固结试验及分析，测定土的动力性能指标。

(3) 试夯最好有单点与分区试区，必要时应有不同单击夯击能的对比，以提供合理地选择。单点夯应布置测试地表位移（包括竖直、水平位移），记录每击夯沉量，测定夯坑深度及口径、体积，测定孔压增长消散值与时间的关系、振动影响值及范围、夯坑填料厚度。分区试夯面积应根据布点要求确定包括各批各遍夯击的作用，以使试夯区内部的检验有代表性。测试内容除单点夯内容外，应记录计算各遍的填料量及各遍的场地下沉量，以便正式施工时预留下沉量及校核加固效果。测试应包括夯点及夯间，最好能每遍夯后均进行，以便调整夯击遍数。

(4) 夯击结束一至数周后（即孔隙水压力消散后），对试夯场地进行测试，测试项目与夯前应相同，如取土试验（抗剪强度指标 c、ϕ，压缩模量 E_s，密度 γ，含水量 w，孔隙比 e，渗透系数 k 等）、十字板剪切试验、动力触探、标准贯入试验、静力触探试验、旁压试验、波速试验、载荷试验等。试验孔布置应包括坑心、坑侧，坑侧一般应在距坑心 $2.5\sim3D$ 内布 $3\sim4$ 个点，以测定加固范围，确定合理的夯点间距。

(5) 根据夯前、夯中与夯后的测试资料，经对比分析，若试夯效果符合要求，则可确定强夯施工参数，否则应修改试验方案进行补夯或调整夯击参数后重新试验。

(6) 根据试夯结果及试夯中出现的问题，在初步施工方案的基础上，编制正式施工方案，并以此指导施工。

目的是：

1) 求出每夯一遍基坑的下沉量。

2) 求出将土壤夯实到最后总沉落量时所需的夯去遍数。

3) 实测夯击点及周围土体的变形情况。

4）测试土中孔压的消散速度，以便确定两遍夯击之间的间歇时间。

试夯点的数量可根据现场土质条件决定，一般场地土质构成比较均匀，则试夯点可选择1～2处。当场地土质条件变化较大时，则试夯点可在土质变化的地段分别进行，试夯点数量因地定量，由设计事先确定。

试夯区的范围不宜太小，一定要有代表性，一般各试夯区面积不宜小于 400m^2。在试夯区内要进行必要的测试工作，并绘制出下列测试成果图：①夯击数与坑底标高下沉量图；②孔压增量时间过程线；③夯击次数与夯坑隆起体积关系曲线图；④单位面积夯击能与地面平均沉降量图；⑤夯前、夯中与夯后触探或标准贯入击数随深度分布规律图或静力触探试验成果图；⑥最大干密度和最优含水量的试验关系线图。

8.3.8.3　强夯现场施工要点

为使强夯加固地基得到预想的加固效果，正确适宜地组织施工，加强施工管理非常重要。同时，强夯施工应按正式的施工方案及试夯确定的技术参数进行。下面就强夯的施工要点做简要说明。

1. 施工前的准备

（1）强夯加固地基开工前，应根据现场原始的地形铲除表层的草皮或土层，并挖除地表局部的淤泥和排除积水。在强夯区四周设置好排水沟，便于排泄大气降水。若地形起伏，则需要进行必要的场地平整工作，一般整平后的场地最好高出设计标高，高出量与预计的夯沉量相同或接近。

（2）对于地下水位在－2m以下的砂砾石地基，强夯时夯坑表面可以不铺设垫层，直接在夯坑位置施行强夯；对于地下水位较高的饱和黏性土和易于流动的饱和砂质土，夯击前需先铺一层中粗砂或砂砾石或碎石垫层，其垫层厚度根据机械行走要求及地表具体情况确定，一般可铺0.3～1.0m，或随铺随夯。这样做的目的是在地表形成硬层，可以用以支承起重设备，确保机械通行和施工，又可加大地下水和地表面的距离，防止夯击时夯坑积水或夯击效率降低。

（3）做好强夯区的施工组织设计，内容应包括机具选择、人员组织强夯时起重机行走路线及强夯方法和施工总平面布置、计划进度等。

（4）按建筑设计平面图进行夯点的测量放线，使每个夯击点都按夯锤底面尺寸标出白灰轮廓线，然后在每个夯击点测出标高，并做好记录。

（5）劳动定员。搞强夯施工需要专门组织人员，并建立各工种的岗位责任制。使各项工作都在每个岗位上落实，以提高工效，保证强夯加固地基的质量和安全。一套强夯机具相应的强夯施工所需要人数见表2.8-18。

表 2.8-18　　　　　　　　一套强夯机具相应的强夯施工劳动定员

序　号	工　种	定员/人	工　作　内　容
1	项目经理	1	负责强夯施工指挥
2	工长	1	
3	起重工（挂工）	2～3	负责挂锤指挥强夯
4	吊车司机	2	负责开吊车

367

序 号	工 种	定员/人	工 作 内 容
5	推土机司机	1	开推土机
6	测量工	2～3	负责测量标高、记录、检查
7	普工	2	拉缆绳、垫道渣等
8	安全员	1	负责施工现场安全

2. 施工步骤

（1）在已平整好的场地上标出第一遍夯点位置并测量场地高程。

（2）起重机就位，使夯锤对中夯点位置。

（3）测量夯前锤顶高程。

（4）将夯锤起吊到预定的高度，待夯锤脱钩自由下落后，放下吊钩，测量锤顶高程。

（5）重复步骤（4），按设计和试夯的夯击次数及控制标准完成1个点的夯击。

（6）重复步骤（2）～（5），完成第一遍全部夯点的夯击。

（7）用推土机将夯坑填平（合理布置时，可不必每遍都要推平夯坑），并测量场地高程，停歇规定的间歇时间，待土中超静孔隙水压力的消散。

（8）按上述步骤逐遍完成全部夯击遍数，再用低能量"满夯"，将场地表层松土夯实并测量夯后场地高程。

3. 强夯过程的记录及数据整理

（1）记录夯锤质量、主要外形尺寸。

（2）记录夯点的每击夯沉量、夯坑深度、填料量。

（3）记录场地隆起、下沉，特别是邻近有建、构筑物时。

（4）记录每遍夯击后场地的夯沉量、填料量。

（5）监测附近建筑物的变形。

（6）监测孔压增长、消散情况，检测每遍或每批夯点的加固效果，以避免时效影响，最有效的是检验干密度，其次为静力触探，以及时了解加固深度。

（7）满夯前应根据设计基底标高，考虑夯沉预留量并整平场地，使满夯后接近设计标高。

（8）记录最后二击的沉降量，看是否满足设计或试夯要求值。

（9）记录任何异常情况，包括出水、夯锤回弹、发现有机质填料等。

4. 强夯施工的注意事项

（1）强夯的施工顺序是先深后浅，即先加固深层土，再加固中层土，最后加固浅层土。由于夯坑底面以上的填土（经推土机推平夯坑）比较疏松，加上强夯产生的强大振动，亦会使周围已夯实的表层土有一定的振松。如前所述，一定要在最后一遍点夯完之后，再以低能量满夯一遍。但在检验夯后工程质量时，有时会发现厚度1m左右的表层土的密实程度要比下层土差，说明满夯没有达到预期的效果，这是因为目前大部分工程的低能满夯是采用和强夯施工同一夯锤低落距夯击，由于夯锤较重，而表层土因无上覆压力且侧向约束小，所以夯击时土体侧向变形大。对于粗颗粒的碎石、砂砾石等松散料来说，侧向变形更大，更不易夯密。由于表层土是基础的主要持力层，如处理不好，将会增加建筑物的沉降和不均匀沉降。因此，必须高度重视表层土的夯实问题。有条件的满夯时宜采用扁平夯锤夯击，并适当增加满夯的夯击次数，以提高表层土的夯实效果。

（2）在饱和软黏土场地上施工，为保证吊车的稳定，有一定厚度的砂砾石、碎石、矿渣等粗颗粒垫层是非常必要的。这应根据需要设置，垫层料的粒径不应大于 10cm，也不宜用粉细砂。在液化砂基中强夯，为防止夯坑涌砂流土，宜用碎石、卵石、矿渣等，而不宜用砂。

（3）注意吊车、夯锤附近的人员安全。吊车要按其性能要求工作，不得超负荷工作，一段时间后应进行保养，驾驶室的挡风玻璃及回转大齿轮前应增设防护网（罩），施工中应经常对夯锤、脱钩装置、吊车臂杆及索具进行检查，以便及时发现问题后解决问题。现场操作人员必须戴安全帽，夯锤起吊后，操作人员应迅速撤至安全距离以外（一般为 15m），以防夯击时飞石伤人。非强夯施工人员不得进入夯点 30m 范围内。六级以上大风、雪天或视线不清时，不准进行强夯施工。

5. 强夯施工要点

为使强夯加固地基得到预想的加固效果，正确适宜地组织施工，加强施工管理非常重要。由于地质多变及强夯设计参数的经验性，甚至气象条件也可影响施工，需要调整施工工艺。以下扼要介绍施工要点。

（1）编制施工组织与管理计划。为此应熟悉工程概况：了解设计意图、目标、建设单位的工期要求；调查场地的工程地质条件、施工环境；了解砂石料来源、价格等。然后编制施工方案、施工进度计划、概预算及施工中应采取的措施。

（2）夯击过程中的监测与记录：

1）记录夯锤主要外形尺寸、重量与吊高。

2）记录夯点的每击夯沉量、夯坑深度、填料量，并记录每遍夯后场地的夯沉量、填料量。

3）监测附近建筑物的变形、场地的隆起与下沉。

4）监测孔隙水压力的增长与消散，检测每遍或每批夯点的加固效果。

5）满夯前根据设计基底标高，考虑夯沉预留量并整平场地，使满夯后接近设计标高。

（3）对每个夯点的最后一遍夯击及满夯，应控制最后二击的贯入度符合设计或试验要求值：

1）强夯场地应保持平整，或向非施工区形成一定坡度，不使雨水汇入施工区低凹处，否则，将使表层或局部地区含水量过大，引起翻浆难以处理，造成强夯施工困难，这时需挖除或填料。

2）在饱和软弱土地基上施工，为保证吊车的稳定，有一定厚度的中粗砂或砂砾石、矿渣等粗粒料垫层是必要的。

3）注意吊车、夯锤附近人员的安全，防止飞石伤人，吊车驾驶室应设防护网，起锤后，人员应在 15m 以外并佩戴安全帽。

4）采用信息化施工手段，以及时监控施工质量。

369

6. 施工监测

强夯施工除了严格遵照施工步骤进行外，还应有专人负责施工过程中的监测工作。

（1）开夯前应检查夯锤重和落距，以确保单击夯击能量符合设计要求。因为若夯锤使用过久往往因底面磨损而使重量减轻。落距未达设计要求的情况在施工中也常发生。这些都将影响单击夯击能。

（2）强夯施工中夯点放线错误情况常有发生，因此，在每遍夯击前，应对夯点放线进行复核，夯完后检查夯坑位置，发现偏差或漏夯应及时纠正。

（3）施工过程中应按设计要求检查每个夯点的夯击次数和每击的夯沉量。

（4）由于强夯施工的特殊性，施工中所采用的各项参数和施工步骤是否符合设计要求，在施工结束后往往很难进行检查，所以要求在施工过程中对各项参数和施工情况进行详细记录。

7. 信息化施工管理

由于强夯法的设计理论尚不成熟，夯击时地基土的动力性质又不十分明确，以及地基土性状变化多端等原因，因此在采用强夯法时必须进行现场试夯或试验性施工。为提高强夯法施工的质量，并保证处理后地基的均匀性，应采用信息化施工方法。该方法是在现场施工过程中进行实时观察和进行一系列测试和检验，将观测结果进行及时处理，对地基处理效果做出定量或半定量评价，然后及时反馈回来修正原设计，再按新方案进行施工。如此进行，直至达到预定目标。该方法可弥补由于设计阶段情况不明，或设计人员将地基理想化、简单化后所带来与实际情况不符的缺点，保证整个场地的施工质量及均匀性。本书作者根据二十余年的地基处理实践经验总结强调，地基处理（包括强夯）中要进行过程与点的控制与调整。"过程"即地基处理前、中与后（验收前）的施工准备、实施至完工的整个阶段；"点"即施工场地的每个具体位置。例如，施工现场地基不均匀，但事前并未查明，以致按同一夯击次数进行夯击。当第一遍夯完后，测量各夯坑体积，并对现场进行触探等试验与测试，经信息处理后，立即显示场地各部位地基处理效果。据此修改原设计，提出第二遍夯击时各部位的夯击次数。再按新设计进行夯击，这样就能保证夯击质量及工

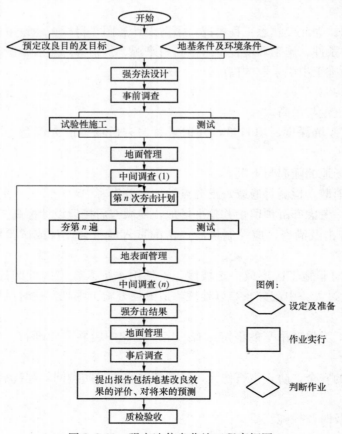

图 2.8-39　强夯法信息化施工程序框图

后地基更均匀。强夯法信息化施工程序框图可参考图 2.8-39。

信息化施工使工程的安全性、经济性及高效率融为一体，也被称为 RCC（realtime construction control）。目前信息化施工尚不够完善，为了更迅速地并尽可能多地得到地基处理效果的信息，正在改进检测手段及信息处理装置。

信息化施工是一项先进的施工管理方法，如能结合我国国情，在强夯法施工中逐步推广应用，将能进一步提高强夯处理的工程质量和降低工程造价。

8.3.8.4 现场监测控制

近十几年来，尽管方法较为简单（这就需要有正确的理论指导与实际经验的积累），我们一直采用信息化施工方法，负责或指导的几十个地基处理工程均获得成功。随着测试技术与信号及数据处理技术的发展，这种信息化施工的效果越来越明显，作用越来越大。

在强夯施工时，应配合进行系统的现场观测工作，其目的是：①了解强夯施工中地基土的加固效果，确定和调整强夯施工参数，当发现不正常现象时，能及时分析原因，采取措施保证强夯的质量，防止发生工程事故；②为强夯加固地基积累资料，总结经验，进一步为设计、施工及科学研究提供数据。目前现场测试的项目有以下几种。

1. 夯击点及其夯坑周围土体变形观测

图 2.8-40 为新港软土夯坑四周隆起的实测资料。图 2.8-41 为整个试验场区的平均地面沉降与四周隆起的实测资料，从而可以求得单位面积夯击能与平均地面沉降量的关系曲线，如图 2.8-42 所示。

图 2.8-43 为夯击次数（夯击能）与夯坑体积和隆起体积关系曲线。图

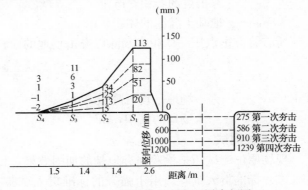

图 2.8-40　新港软土夯坑四周隆起图

中的阴影部分为有效压实体积。这部分的面积越大，说明夯实效果越好。上述两项为必须的观测项目，有条件时可辅以下列各项的观测，以便积累资料进一步研究强夯机理。

每夯击一次，都应及时用水准仪，测量出夯击坑的沉降量和夯击坑四周土不同点的相对沉降量，从而了解周围土体的隆起量和挤出量，再通过等沉降曲线的分析，能及时掌握各处土的加固情况。

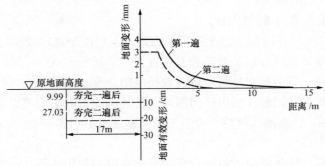

图 2.8-41　夯区的有效变形与地面变形

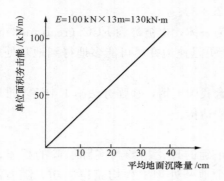

图 2.8-42　夯区的单位夯击能
与平均地面沉降关系曲线

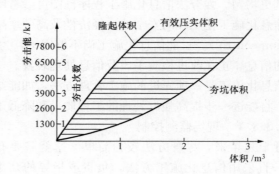

图 2.8-43　夯击次数（夯击能）与夯坑
体积和隆起体积关系曲线

　　夯击坑的容积减去土体隆起量，即得土体夯击后的压缩体积，其计算公式如式（8.31）：

$$V_{压} = V_{容} - V_{隆}$$ （8.31）

式中　　$V_{压}$——土体夯击后的压缩体积，m^3；

　　　　$V_{容}$——夯击坑的容积，m^3；

　　　　$V_{隆}$——地基土隆起的体积，m^3。

　　所有各夯击点压缩体积之和除以夯击场地的面积，即得场地的平均沉降量：

$$h_{平均} = \frac{\sum V_{压}}{F}$$ （8.32）

式中　　$h_{平均}$——夯击场地平均沉降量，m；

　　　　F——夯击场地的面积，m^2。

2. 原位测试

　　现场原位测试用来检验强夯地基的加固效果，目前国内常用的方法有以下几种。

　　（1）标准贯入试验。用于强夯的标准贯入试验有中型、重型两种，一般采用中型的较好，它的主要设备由触探头、触探杆和穿心锤三部分组成。触探杆一般采用直径为 33.5mm 的钻杆，穿心锤重 28kg，其落距为 80cm，将触探头打入地下，记下每打入 10cm 深度的锤击数 N：

$$N = \frac{K}{S} \times 10$$ （8.33）

式中　　K——任意贯入量的锤击数；

　　　　S——对应锤击数 K 下的贯入量。

　　当钻杆长度大于 1m 时，应按《岩土工程勘察规范》（JB 50021—2001）（2009 年版）有关规定进行校正，这项试验应分别于夯前和夯后进行。

　　（2）静力触探试验。静力触探是将单桥或双桥电阻应变式圆锥探头，以静力贯入测试土层中，用电阻应变仪或自动记录仪测出任何深度土层处的比贯入阻力等，并以此来确定夯前和夯后土的承载力变化。详细操作可按《岩土工程勘察规范》（JB 50021—2001）（2009 年版）规范的有关规定进行。

　　（3）地基载荷试验。地基载荷试验是检验地基土强度的常用手段。通过静载荷试验得到压力与沉降的关系曲线，从而确定地基的强夯前、后承载力和沉降量，为基础设计提供数据。要求采用的荷载板的面积要足够大；建议在强夯地基上，承压板至少采用 100cm×100cm 的较好。

（4）旁压试验。试验仪器由一可膨胀的圆筒旁压器构成，将圆筒或旁压器置于试验孔内，随着作用在土体上的水平压力的变化，量测其膨胀量，它可以直接测定土的变形模量及承载力，使用比较方便。

（5）轻便动力触探。这是一种简便易行且经济的方法，可实施范围广，也易于推广。该法通过每单位深度（最好为 10cm）记录一次贯入度来评价地基情况。本书作者在工程实践中大力推广此法并积累了丰富经验，获得了很好的效果。

除了上述常用测试手段以外，十字板剪力试验用于测定软土的抗剪强度，也是比较好的原位测试方法。

3. 孔隙水压力的测定

测定孔隙水压力的主要目的是：

（1）研究夯击的影响深度及范围。

（2）确定饱和夯击能、每一夯点的击数及夯击点的间距。

（3）测量孔隙水压力的消散速度，以便确定两遍夯击的间歇时间。

（4）通过测定夯击时土中全应力和孔隙压力，进一步研究强夯的机理。

孔隙水压力的测定方法是将探头埋设在加固土层的不同深度内，探头采用应变式或变频式等孔隙水压力仪，或用渗压计，通过动态应变仪及示波器或计算机记录储存。

4. 振动影响的测定

强夯时对邻近已有建筑物危害程度如何是通过测量振动波传播速度和加速度来确定的，测试方法是将拾振器安放在距夯击坑中心不同距离的地面上，通过测振仪转换放大，用示波器或计算机记录。强夯引起的振动作用时间很短（1～2s 内即完成振动全过程），当没有测振条件时，可控制安全距离为 5～8m。

强夯施工中，夯锤冲击地基时所产生的冲击波会对周围环境造成振动及破坏。因此，在强夯施工前，必须对周围环境的振动容许程度进行调查，并根据环境要求控制单击夯击能。

Mitchell 根据大量实测数据，提出了不同土质条件下地面波速与单击能量因素的关系曲线，如图 2.8-44 所示。由图 2.8-44 即可推算出建筑物在地基土质点振动速度不大于 5cm/s 处距振源的距离或单击夯击能。大多数学者认为，对于单击夯击能不大于 2000kN·m 的情况，夯点距一般建筑物距离不宜小于 15m。对于高层建筑、振动敏感的建筑和精密设备，若为黏性土，夯点与建筑物距离不宜小于 25m；若非黏性土，该距离不宜小于

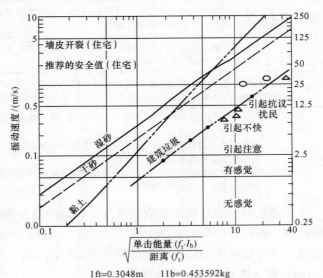

1ft=0.3048m 11b=0.453592kg

图 2.8-44 地面质点波速与单击能量因素的关系

30m。但对于采取减振措施（如采用减振锤与隔振沟）来讲，上述距离可以较大地减小。

文载奎根据大量实测结果回归导得地基土的振动速度与振源至建筑物距离的关系式：

单击夯击能为 80kN·m：

$$V = 226 \ (1/S) \ 1.40$$

单击夯击能为 100kN·m：

$$V = 150 \ (1/S) \ 1.50 \tag{8.34}$$

式中　S——夯点中心到测点的距离。

Menard 也曾在 300kN·m 的夯击能作用下，通过实测数据回归得到地基土振动速度与振源距离的关系：

$$V = 340 \ (1/S) \ 1.10 \tag{8.35}$$

Svinkin 提出以下估算关系式：

$$V = k \ (S/W)^{-n} \tag{8.36}$$

式中　k——离振源单位距离处的速度值；

　　　n——双对数曲线斜率介于 1～2 之间；

文载奎建议在施工前应参照表 2.8-19 的允许振动速度，根据不同的单击能量计算式计算夯点与被保护建筑物的安全距离。

表 2.8-19　建筑物所允许的土壤振动速度

序号	建筑物的用途和状态	允许的地基土振动速度/（cm/s）		
		II	III	IV
1	钢筋混凝土和吊板，轻填料金属骨架抗振的工业与民用建筑物，建筑质量较好，构件和结构无残余变形	5		10
2	钢筋混凝土或金属骨架无抗振的建筑物和构筑物，构件中没有残余变形	2	5	7
3	砖或块石做填料，填料中有裂缝的骨架建筑物，不抗振的块石或砖式新老建筑物，建筑质量较好，没有残余变形	1.5	3	5
4	骨架中有裂缝，填料严重破坏的骨架建筑物，砖或大块石砌筑的支承墙或间壁中有个别不大的裂缝的新老建筑物	1	2	3
5	骨架中有裂缝，各构件间联系破坏的新老骨架建筑物，支承墙为斜缝、对角缝等裂缝所严重破坏的砖式块石建筑物	0.5	1.0	2.0
6	填料中有大裂缝，钢架生锈，钢筋混凝土骨架破坏的建筑物，支承墙有大量的裂缝，内外墙联系破坏的建筑物及其他未加强的大型砌体建筑物	0.3	0.5	1.0

注　II：特别重要的工业建筑物：管道、大型车间厂房、井架、水塔（服务期 20～30 年）。聚人较多的民用建筑物：住房、电影院、文化宫等。

　　III：面积不太大而且高度不大于 3 层的工业和服务事业构筑物：机械厂、气压机房，生活点等。聚人不太多的民用建筑物：住房、商店、办公室等。

　　IV：无贵重机器和仪表的工业和民用建筑物，且它们的破坏大致威胁人们的生活和健康，如仓库、运输补给站、自冷却和气压装置的厂房等。

在建筑物与强夯场地较近的条件下，采用隔振沟也可有效地防止强夯对建筑物的破坏。隔振沟一般宜开挖至地表以下 2.0m 左右，或开挖至建筑物基础最大埋置深度。可环绕强夯场地，也可在被保护建筑临振源侧开挖隔振沟。

5. 建（构）筑物的沉降观测

沉降观测的主要目的是掌握建、构筑物各个部位的沉降情况，以便检验强夯加固地基的效果。

观测结果应包括沉降量、平均沉降、相对弯曲、相对倾斜等。从开工到竣工，每项建、构筑物的观测次数不得少于5次。

由于各单位测试条件不同，上述几项现场测试和效果检验的项目只能因地制宜选择使用，但第1项、第2项的（1）及第5项必须坚持进行。

8.3.8.5 安全施工和注意事项

强夯施工时由于夯锤起落频繁，现场工作量较大，为了保证搞好安全施工，应做好以下几方面的工作。

（1）强夯区在施工前应设置围屏，如钢丝网、竹篱笆或警戒线，严禁非操作人员进入。

（2）起重机操作室挡风玻璃前应设防护网遮挡，并设一个30cm×30cm的钢丝网观察孔，以便司机操作。

（3）强夯前，应对邻近夯击区已有工程（如电杆、地下电缆和管线等）进行调查，严防情况不明、盲目施工，造成强夯时破坏地下电缆和管线等。

（4）为防止起重机吊臂在强夯时突然释重，产生后倾，对于一般的国产调机，可采用推土机或地锚牵引钢丝绳约束吊杆，以确保使用中安全可靠。

（5）夯锤起吊后严禁操作人员从夯锤下方通过。当夯锤上升接近脱钩高度时，起重车司机要注意观察，夯锤脱钩起重车要停止卷扬；夯锤脱钩如发生故障，起重指挥人员必须立即发出信号，并将夯锤降落，判明原因后再进行处理。

（6）挂工距夯击点要保持在15m以外，拉锤时禁止将拉绳绕在手臂上，以防万一锤摆动时脱手不及造成危险。

（7）强夯一段时间后（一般在1000次夯击左右），起重机应进行保养，要检查机械设备、动力线路、钢丝绳磨损等情况，并着重检查调整回转台平衡钩轮与导轨的间隙，避免加大平衡钩轮的冲击负荷；此外，在连续作业的情况下，每天均应进行检查或保养。

（8）为保证施工安全，现场应有专人统一指挥，并设安全员负责现场的安全工作，坚持班前会进行安全教育。

8.3.8.6 参照《建筑地基处理技术规范》（JGJ 79—2012）的强夯施工注意要点

（1）施工。根据要求处理的深度和起重机的起重能力选择强夯锤质量。我国至今采用的最大夯锤质量为60t，常用的夯锤质量为10～25t。夯锤底面形式是否合理在一定程度上也会影响夯击效果。正方形锤具有制作简单的优点，但在使用时也存在一些缺点，主要是起吊时由于夯锤旋转，不能保证前后几次夯击的夯坑重合，故常出现锤角与夯坑侧壁相接触的现象，因而使一部分夯击能消耗在坑壁上，影响了夯击效果。根据工程实践，圆形锤或多边形锤不存在此缺点，效果较好。锤底面积可按土的性质确定，锤底静接地压力值可取25～80kPa，对于饱和细颗粒土，宜取较小值。强夯置换锤底静接地压力值宜大于100kPa。为了提高夯击效果，锤底应对称设置若干个与其顶面贯通的排气孔，以利于夯锤着地时坑底空气迅速排出和起锤时减小坑底的吸力。排气孔的孔径一般为250～400mm。

强夯锤质量可取10～60t，其底面形式宜采用圆形或多边形，锤底面积宜按土的性质确定，锤底静接地压力值可取25～80kPa，对于细颗粒土，宜取较小值。锤的底面宜对称设置若干个与其顶面贯通的排气孔，孔径可取300～400mm。

（2）施工机械宜采用带有自动脱钩装置的履带式起重机或其他专用设备。采用履带式起重机时，可在臂杆端部设置辅助门架，或采取其他安全措施，防止落锤时机架倾覆。

（3）当场地表土软弱或地下水位较高，夯坑底积水影响施工时，宜采用人工降低地下水位或铺填一定厚度的松散性材料，使地下水位低于坑底面以下 2m，坑内或场地积水应及时排除。这样做的目的是在地表形成硬层，可以用以支承起重设备，确保机械设备通行和施工，又可以加大地下水和地表面的距离，防止夯击时夯坑积水。

（4）施工前应查明场地范围内地下的构筑物和各种地下管线的位置及标高等，并采取必要的措施，以免因施工而造成损坏。

（5）当强夯施工所产生的振动对邻近建筑物或设备会产生有害的影响时，应设置监测点，并采取挖隔振沟等隔振或防振措施。对于对振动有特殊要求的建筑物或精密仪器设备等，当强夯振动有可能对其产生有害影响时，应采取隔振或防振措施。

（6）强夯施工可按下列步骤进行：

1）清理并平整施工场地。

2）标出第一遍夯点位置，并测量场地高程。

3）起重机就位，夯锤置于夯点位置。

4）测量夯前锤顶高程。

5）将夯锤起吊到预定高度，开启脱钩装置，待夯锤脱钩自由下落后，放下吊钩，测量锤顶高程。若发现因坑底倾斜而造成夯锤歪斜，应及时将坑底整平。

6）重复步骤5），按设计规定的夯击次数及控制标准，完成一个夯点的夯击。

7）换夯点，重复步骤3）～6），完成第一遍全部夯点的夯击。

8）用推土机将夯坑填平，并测量场地高程。

9）在规定的间隔时间后，按上述步骤逐次完成全部夯击遍数，最后用低能量满夯，将场地表层松土夯实，并测量夯后场地高程。

（7）施工过程中应有专人负责下列监测工作：

施工过程中应有专人负责监测工作。首先，应检查夯锤质量和落距，因为若夯锤使用过久，往往因底面磨损而使质量减少，落距未达设计要求，也将影响单击夯击能；其次，夯点放线错误情况常有发生，因此，在每一遍夯击前，均应对夯点放线进行认真复核；此外，在施工过程中还必须认真检查每个夯点的夯击次数和量测每击的夯沉量。对强夯置换尚应检查置换深度。

1）开夯前应检查夯锤质量和落距，以确保单击夯击能量符合设计要求。

2）在每一遍夯击前，应对夯点放线进行复核，夯完后检查夯坑位置，发现偏差或漏夯应及时纠正。

3）按设计要求检查每个夯点的夯击次数和每击的夯沉量，对强夯置换尚应检查置换深度。

（8）施工过程中应对各项参数及情况进行详细记录。

由于强夯施工的特殊性，施工中所采用的各项参数和施工步骤是否符合设计要求，在施工结束后往往很难进行检查，因此要求在施工过程中对各项参数和施工情况进行详细记录。

8.3.9 验收注意事项

为了对强夯处理过的场地做出加固效果评价，检验其是否满足设计的预期目标，强夯后的检验是必须要进行的项目。

目前，一般工程多数均同时进行原位测试和室内试验分析，在逐渐积累经验以后，宜根据工程的重要程度，适当简化。对于一般性建筑物，地基属于一般黏性土时，可选用静力触探作为主要检验手段；对于砂土地基，用标贯作为主要检验手段；对于饱和砂土地基，用标贯和做砂的相对密度试验；对于湿陷性黄土，可挖探坑取原状土做湿陷性系数的分析检验；对于较重要建筑物的地基，强夯应采用几种检验手段，其中大型荷载试验应为检验结论的主要依据。对于特殊地基条件、特殊性土地基及专门工程，还宜选用针对性检验手段。

夯后检验的时间必须根据土性确定。对于饱和土，甚至含水量较大的土，由于夯击振动引起土的触变现象，因而不能在夯击完毕时立即进行检验，否则检验结果不能真正代表强夯后的效果。对于饱和软土，土层较厚的要在夯后两个月才能进行检验，如发现异常现象，应再延期进行检验。对于非饱和土，则在夯击完后一个星期即可进行检验工作。检验工作中应注意触变未恢复时的地基土对振动是十分敏感的，所以在埋设检验仪器，尤其是钻机取土和做标贯时更应谨慎操作，否则也不能真实测出强夯后的加固程度。

1. 强夯质量检验方法

强夯地基的质量检验宜根据土性选用原位测试和室内土工试验方法。对于重要工程应增加检验项目，也可进行现场大型荷载试验并作为主要依据。在强夯场地地表夯击过程中，标高变化较大，勘察检验时需认真测定孔口标高，换算为统一高程，以便于对比夯前夯后测试成果。对于一般工程，应采用两种或两种以上方法综合检验；对于重要工程，应增加检验项目并须做现场大型载荷试验；对于液化场地，应做标贯试验。检验深度应超过设计处理深度。

（1）原位测试

常用的原位测试方法有现场十字板、动力触探、静力触探、标准贯入、旁压、波速试验等，可选择两种或两种以上测试方法综合确定。对于重要工程应增加检验项目，应做现场大压板载荷试验并作为检验结论的主要依据。

1）标准贯入试验：适用于砂土、粉土及黏性土。

2）静力触探试验：适用于黏性土、粉土及砂土。

3）轻型动力触探：适用于黏性土和黏性土与粉土组成的素填土（当深度超过4m时，须做相应修正）。

4）重型动力触探：适用砂土和碎石土。

5）超重型动力触探：适用于粒径较大或密实的碎石土。

6）载荷试验：适用于以上所有类别土，包括碎石土、砂土、粉土、黏性土和人工填土。当用于检验强夯置换法处理地基时，宜采用压板面积较大的复合地基载荷试验。

7）旁压试验：分预钻式旁压试验和自钻式旁压试验。预钻式旁压试验适用于坚硬、硬塑和可塑黏性土、粉土、密度和中密砂土、碎石土；自钻式旁压试验适用于黏性土、粉土、砂土和饱和软黏土。

8）十字板剪切试验：适用于饱和软黏土。

9）波速测试：适用于各类土。

（2）室内试验

1）砂土：颗粒级配、相对密度、天然含水量、重力密度、最大和最小密度。

2）粉土：颗粒级配、液限、塑限、相对密度、天然含水量、重力密度、压缩—固结试验和抗剪强度试验。

3）黏性土：液限、塑限、相对密度、天然含水量、重力密度、压缩—固结试验和抗剪强度试验。对于湿陷性黄土，尚应做湿陷性试验。

（3）检验数量

强夯地基质量检验的数量主要根据场地复杂程度和建筑物的重要性确定。考虑到场地土的不均匀和测试方法可能出现的误差，对于简单场地上的一般建筑物，每个建筑物地基的检验点不应少于 3 处；对于复杂场地，应根据场地变化类型，每个类型不少于 3 处。强夯面积超出 1000m² 以内应增加 1 处。检验深度不小于设计加固深度。

（4）检验的时间

经强夯处理的地基，其强度是随着时间增长而逐步恢复和提高的。因此，在强夯施工结束后，应间隔一定时间方能对地基质量进行检验。其间隔时间根据土质的不同而异，时间越长，强度增长越高。一般对于碎石和砂土地基，其间隔时间可取 1～2 周；对于低饱和度的粉土和黏性土地基，可取 2～4 周。对于其他高饱和度的土，测试间隔时间还应适当延长。

（5）工程验收

强夯加固地基在施工期间，应按各部分工程施工的先后依次进行验收。这项工程验收工作可由工地检验、施工监理、质检部门、技术安全部门、设计、施工单位、工程直接领导部门派人员组成验收小组进行。重点检验：每个夯击坑、各击夯沉量的相互关系及最后两次夯击的下沉量是否符合设计规定的控制标准；夯锤吊高、夯击数和遍数是否符合试夯后提出的要求；以及强夯前后的测试对比数据等。另外，还要检查沉降观测的水准点和基准点是否完满无缺，沉降观测数据是否齐全。

一般在工程验收时，须提交以下文件：①试夯的成果报告及现场夯点布置图；②地基强夯的全部施工记录；③实验室提交有关地基强夯前后，土的含水量、干重力密度及承压板荷载试验数据（包括夯击遍数与含水量、干重力密度的关系线图）；④提交施工阶段建构筑物系统的沉降观测资料；⑤其他有关强夯施工的文件，包括现场所发生的问题处理记录、设计洽商通知书等。上列文件须经技术负责人、监理工程师、工长、队长负责签字，作为全部工程竣工验收时的重要依据。

2. 复合地基载荷试验要点

（1）本试验要点适用于单坑复合地基载荷试验和多坑复合地基载荷试验。

（2）复合地基载荷试验用于测定承压板下应力，主要影响一定范围内复合土层的承载力和变形参数。复合地基载荷试验承压板应具有足够刚度。单坑复合地基载荷试验的承压板可用圆形或方形，面积为一个夯击坑承担的处理面积；多坑复合地基载荷试验的承压板可用方形或矩形，其尺寸按实际夯坑数所承担的处理面积确定。夯坑的中心（或形心）应与承压板中心保持一致，并与荷载作用点相重合。

（3）承压板底面标高应与夯坑顶设计标高相适应。承压板底面下宜铺设粗砂或中砂垫层，垫层厚度取 50～150mm，夯坑强度高时宜取大值。试验标高处的试坑长度和宽度应不小于承压板尺寸的 3 倍。基准梁的支点应设在试坑之外。

（4）试验前应采取措施，防止试验场地地基含水量变化或地基土扰动，以免影响试验结果。

（5）加载等级可分为 8～12 级。最大加载压力不应小于设计要求承载力特征值的 2 倍。

（6）每加一级荷载前后的前后应各读记承压板沉降量一次，以后每 0.5h 读记一次，当 1h 内沉降量小于 0.1mm 时，即可加下一级荷载。

（7）当出现下列现象之一时终止试验：

1）沉降急剧增大，土被挤出或承压板周围出现明显的隆起。

2）承压板的累计沉降量已大于其宽度或直径的 6%。

3）达不到极限荷载，而最大加载压力已大于设计要求承载力特征值的 2 倍。

（8）卸载级数可为加载级数的一半，等量进行，每卸一级，间隔 0.5h 时读记回弹量，待卸完全部荷载后间隔 3h 读记总回弹量。

（9）复合地基承载力特征值的确定：

1）当压力-沉降曲线上极限荷载能确定，而其值不小于对应比例界限的 2 倍时，可取比例界限；当其值小于对应比例界限的 2 倍时，可取极限荷载的一半。

2）当压力-沉降曲线是平缓的光滑曲线时，按相对变形值确定。

3）对于有经验的地区，也可按当地经验确定相对变形值。

按相对变形值确定的承载力特征值不应大于最大加载压力的一半。

（10）试验点的数量不应少于 3 点，当满足其极差不超过平均值的 30% 时，可取其平均值为复合地基承载力特征值。

3. 《建筑地基处理技术规范》（JGJ 79—2012）中规定的质量检验

（1）检查施工过程中的各项测试数据和施工记录，不符合设计要求时应补夯或采取其他有效措施。强夯置换施工中可采用超重型或重型圆锥动力触探检查置换墩着底情况。强夯地基的质量检验包括施工过程中的质量监测及夯后地基的质量检验，其中前者尤为重要。所以必须认真检查施工过程中的各种测试数据和施工记录，若不符合设计要求，应补夯或采取其他有效措施。

（2）经强夯处理的地基，其强度是随着时间增长而逐步恢复和提高的，因此，竣工验收质量检验应在施工结束间隔一定时间后方能进行。其间隔时间可根据土的性质而定：对于碎石土和砂土地基，其间隔时间可取 7~14d；对于粉土和黏性土地基，可取 14~28d；对于强夯置换地基，可取 28d。

（3）强夯处理后的地基竣工验收时，承载力检验应采用静载试验、原位测试和室内土工试验。强夯置换后的地基竣工验收时，承载力检验除应采用单墩载荷试验检验外，尚应采用动力触探等有效手段查明置换墩着底情况及承载力与密度随深度的变化。对于饱和粉土地基，可采用单墩复合地基载荷试验代替单墩载荷试验。

（4）竣工验收承载力检验的数量应根据场地复杂程度和建筑物的重要性确定。对于简单场地上的一般建筑物，每个建筑地基的载荷试验检验点不应少于 3 点；对于复杂场地或重要建筑地基，应增加检验点数。强夯置换地基载荷试验检验和置换墩着底情况检验数量均不应少于墩点数的 1%，且不应少于 3 点。其他检测工作量可根据工程实际确定。

8.3.10　不均匀厚填土地基强夯法研究与工程实例

随着我国基本建设的不断发展，越来越多的建筑物及构筑物建造在原始地形起伏较大的场地。若不进行科学的处理，新近平整的场地由于填土厚度的不同易造成地基的不均匀沉降从而危及上部建筑的安全使用。如何处理好这一问题，是建设投资方及设计、施工方十分关切的。强夯法（动力固结法）为处理新近回填土松软地基提供了一种有效途径，在大大超过使用荷载的动力荷载作用下，地基土可迅速完成自重固结甚至达到超固结状态，满足了地基承载力及变形要求并大大缩短施工工期，在此方面已有不少成功的工程经验。然而，对于不均匀的新近厚填土地基处理的工程实践，相关的理论探讨及工程经验却鲜有见到。我们依据新填土及原始土的变形特征，

379

对不均匀新近厚填土动力固结法处理设计原则进行探讨，并给出相关的工程实例。

1. 填土的变形特征与强夯法加固基本原理

典型填土的变形大致可分为三个阶段：

（1）非线性的初始变形。此阶段中土的初始变形模量最小，施加相对较小的荷载，地基土发生较大变形，并主要表现为荷载方向的单向压缩变形，变形模量逐步增大。

（2）近线性变形。此阶段中土的变形模量近似地保持为一常量，施加一定的荷载，地基土发生对应常量的变形。由于该阶段土体中孔隙基本压密，变形趋向于朝侧向发展，被压缩土柱逐步增大对周围土的挤压。

（3）非线性的后续变形及失稳。在室内试验中，某些土样不会明显显现其中的第（1）阶段，但在工程上，大部分新近填土却十分明显地存在着这一初始非线性段，它反映了新填土初始的疏松性。

1）通过超固结动压将土体中由空气充填的孔隙迅速压密。

2）动载产生的剪切波主要在土颗粒间传播，使土颗粒重新排列而趋向更紧密并将土颗粒周围的部分弱结合水转化为自由水；在动载反复作用下，土体中储存的能量达到一定程度时，增加的孔压及产生的裂纹排水系统则提供了土体中水流动排出的条件。

3）在土体整体稳定性的条件得到保证的情况下，体积压缩及剪切排列作用均使得土颗粒排列加密，孔隙体积减小，从而快速实现地基固结变形及强度提高。

经科学合理的强夯处理，可节省工程造价，大大提高地基承载力及满足建筑及构筑物的承载力与变形要求，可有效防止地基工后沉降及不均匀沉降造成的各种危害并充分发挥地基土自身的作用。例如，①消除及减少不均匀沉降造成的结构附加应力及可能产生的裂纹；②防止地坪、道路开裂及局部下陷；③保证地下埋设管线的正常与安全使用；④使地基土与建筑物底板始终保持接触，实际增大建筑物的承载面积，分担相当部分的荷载；⑤消除松软地基对桩的负摩擦效应，特别是对于填土厚度变化较大的情况，还应消除建筑物使用前期(2~3年)因填土固结产生大小不一的附加压桩效应，将不均匀沉降减少到最低水平。

从工程实践上看，该法应用成功与否关键在于夯击能、收锤标准等技术参数的控制。为此，我们从理论及方法方面进行了探讨，并成功应用于工程实践。

2. 强夯参数设计

在此仅就几项不易掌握的参数做一讨论。

（1）单击夯击能。合理的夯击能与地基土的类别、性质、建筑荷载及要求处理的深度有关。为保证达到要求的处理深度，一般根据要求的处理深度确定最大单击夯击能。应注意的是，土体的承载力的提高依赖于孔隙水的排出与土颗粒的重新排列组合，需要一段时间过程，短时间内过大的夯击能极易使土体整体丧失抵抗力。为防止上述情况发生，要采用逐渐提高单击夯能的办法，使末遍点夯的单击夯击能影响深度达到要求，而每遍单击夯击能的确定原则上由横向应变及夯点周围土的隆起量控制。需要特别指出的是，本书作者所提出的确定单击夯击能的控制性量是横向应变而不是横向位移或水平位移。这是因为这种位移指土体质点在工程意义上的绝对变位，其量值不仅与夯击能、土的性质等有关，而且与夯点邻近土体所受到的约束条件相关；应变值则表示土体质点之间的相对变位，在土的性质一定的情况下可客观地反映土体被挤压的程度。

（2）夯击次数。夯击次数即工程上的收锤标准。一般而言，合理的夯击次数与单击夯击能、土质条件等因素有关。在单击夯击能确定的条件下，应根据土质情况来掌握夯击次数。国家规范规定，要满足最后两击的平均夯沉量不大于 50~100mm，且夯坑周围地面不发生过大隆起。这一规定最初起源于对北方地区含水量小的地基土的处理，对于含水量小的新填土一般可以适用；但原则上要掌握，无论哪一击的夯沉量是多少，一定要使地基土在夯击能作用下能继续密实，否则不可再击。在工程上则可按如下方法之一掌握：

1) 记某遍第 n、$n+1$、$n+2$ 次夯击的夯沉量分别为 ΔS_n、ΔS_{n+1}、ΔS_{n+2}，当满足 $\Delta S_n < \Delta S_{n+1} < \Delta S_{n+2}$ 条件时，该遍夯击次数取 n。

2) 当第 n 次夯击时，孔压增量 Δu_n 突然减小或趋近于零，则夯击次数可取 n。

3) 第 n 次夯击时，夯点周围的水平方向（径向）应变累计值 ε_n 达到一定的量而该次径向应变增量 $\Delta \varepsilon_n$ 趋于零，则夯击次数为 n。

(3) 夯击间隔时间。夯击间隔时间的控制指标是孔压，当孔压消散接近于夯前水平或更低时，便可进行下一遍的夯击。若由于条件限制而未能进行孔压测试，则可视土质的情况，参考有关规范、手册并结合类似的工程经验而确定，在工程上要特别防止为赶工期而减少间隔时间的倾向。

工程实例 1

1. 场地工程地质条件

拟建场地为会所及建筑小区规划路与主入口道路，所处地貌单元为珠三角的丘陵区，原始场地地形高低起伏，高差变化大，分布有沟壑等。强夯施工时，该场地由新填土覆盖。加固处理场地内土层自上而下依次如下。

(1) 第一层：人工填土，厚 1.5~8.5m，施工前 2~7 天内堆填而成，平均厚度超过 6m，主要为黏土、粉质黏土，并含有粉细砂，结构松散，未完成自重固结。

(2) 第二层：粉质黏土，厚 0.8~5.0m，平均为 2.21m，标贯均值 $N_{63.5}=3.7$ 击，$f_k=119kPa$。

(3) 第三层：坡积砂（砾）质黏土，厚 0.6~11.5m，$N_{63.5}=8.3$ 击，$f_k=166kPa$，属于中低压缩性土。

(4) 第四层：残积砂（砾）质黏土，厚 0.5~20.0m，平均为 6.79m，$N_{63.5}=15.8$ 击，$f_k=254kPa$，属于稳定地层。

显然，对于该拟建道路场地，地基处理的关键是不均匀的新近厚填土层。

2. 参数设计与工艺流程

(1) 单击夯击能：一遍点夯 1800~2500kN·m，实际根据被加固土层性质及填土厚度变化做相应调整，填土厚度小于 4m 取其下限，大于 6m 取上限。

(2) 单点击数及点夯收锤标准：5~8 击；一般情况下要满足最后两击的平均夯沉量不大于 10cm，但原则上要使地基土在夯击能作用下能继续密实，不致整体被破坏而在夯坑附近隆起，在施工现场可按前述最后 3 击夯沉量的比较来控制。

(3) 夯点间距及布置：夯锤底面直径为 2.4m，以 5.78m×5.00m 梅花形布点，夯出建筑及路基外缘 3m。

(4) 普夯：采用 600~800kN·m 夯击能，均以 0.75 倍锤径的点距相互搭接夯点。

(5) 夯击遍数：一般二遍点夯加一遍普夯，部分点区视情况可加一遍点夯或普夯。

(6) 夯击间隔时间：超静孔隙水压力消散后，便可进行下一遍夯击。视地基土情况，将间隔

381

时间控制在 4～6 天以上。降雨后，晾干或晒干后才进行夯击。

该工程的主要工艺流程为：施工准备→施工范围测量→试验区试夯→场地平整→第一、二遍点夯→推平、检测→（第三遍点夯→夯后推平）测量标高→满夯、推平场地、工后自检→竣工验收。采用连续施工方案施工，从起点到终点第一遍点夯结束后就进行第二遍点夯，施工顺序与第一遍相同，以在保证有足够的夯击间隔时间的同时加快工程进度。施工过程中，进行详细的施工记录，避免漏夯、定点偏差过大与夯击间隔时间过短的事情发生。进行夯中、夯后检测，发现问题，及时处理，直至达到要求为止。

3. 效果检验

为评价与检验强夯处理效果，除在施工过程中进行轻便动力触探外，还由质检部门专门进行了荷载试验。从检验结果可知：

（1）根据施工前后相同位置处触探检测比较，夯后各测点的 N_{10} 趋向接近，地基土均匀性大大提高，其平均值提高 2 倍以上。在荷载板现场试验中，各试验点在 320kPa（建筑区）、260kPa（道路区）压力下，地基沉降分别为 18mm、16mm 左右，压力—沉降（P—S）曲线呈线性，地基承载力特征值分别超过 160kPa 和 130kPa，使用荷载下水平方向每 10m 沉降差不大于 0.5cm，施工后不均匀沉降将大为降低，完全满足并超过该区建筑及道路等对地基的承载力与变形的设计要求。

（2）从动力触探及触探结果来看，地表 3m 范围内加固效果最好，6m 范围内加固效果亦相当明显，以下逐渐有所减弱，但加固有效深度仍有 8.5m 左右，满足并超过设计要求。

工程实例 2

1. 场地工程地质条件

拟建场原始地貌为山间冲沟，洪积平原，后期改造为鱼塘，施工前已人工填平，地下水赋存深度为 4m。强夯处理范围内土层自上而下依次如下。

（1）第一层：人工填土，厚 5.6～9.2m（其中表面 5m 为施工前不久回填），平均厚度 8m 左右，主要为黏土和粉质黏土，局部为粉细砂，含碎石与植物根系，结构松散，极不均匀。

（2）第二层：中细砂，厚 1.0～3.0m，以石英中砂为主，标贯均值 $N_{63.5}=15.8$ 击，$f_k=150$kPa。

（3）第三层：黏土，厚 0.4～4.2m，$N_{63.5}=8$ 击，$f_k=180$kPa，属于中低压缩性土。

（4）第四层：中粗砂，$N_{63.5}=15.8$ 击，$f_k=200$kPa；以下为冲洪积或坡残积土，属于稳定地层。

由此可见，地基处理的重点是厚填土层。

2. 地基处理设计

（1）技术要求。拟建建筑占地面积 8000m²，为 5 层框架结构，基础采用柱下独立基础，基础埋深 2.1m。对地基处理的基本要求为：①处理后地基承载力标准值 $f_k \geq 200$kPa，$E_0 \geq 10$MPa；②任何两柱基间沉降差≤0.002L（L 为两柱间间距）。

（2）强夯参数设计。根据场地条件及上部结构要求，按前述强夯原理及参数确定方法，主要参数设计如下。

1）单击夯击能：填土厚度大于 6m 处为 3000kN·m，填土厚度小于 6m 处不大于 2500kN·m。

2）点夯收锤标准及单点击数：按最后两击平均夯沉量小于 7cm、夯坑周围地面隆起量不大于 0.25 倍的夯沉体积控制；每点击数可控制在 6 击左右，而遇到特殊情况则适当增减单点击数。

3）夯点布置：点距为 4m×4m，梅花形布点，即行距 3.464m，点距 4m。

4）满夯：采用 1000～1500kN·m 夯击能，以 0.8 倍锤径的点距相互搭接夯点。

5）夯击间隔时间：超静孔隙水压力消散后，便可进行下一遍夯击。在不进行孔压监测的情况下，视地基土情况，则将间隔时间控制在 7 天左右。

3. 工艺流程与施工

该工程的主要工艺流程为：施工准备→施工范围测量→试验区试夯→场地平整→第一遍点夯→夯中推平、检测→第二遍点夯→夯后推平、测量标高→满夯、推平场地、工后自检→竣工验收。采用连续施工方案施工，从起点到终点第一遍点夯结束后就进行第二遍点夯，施工顺序与第一遍相同，以在保证有足够的夯击间隔时间的同时加快工程进度。施工过程中，进行详细的施工记录，避免漏夯、定点偏差过大与夯击间隔时间过短的事情发生。进行夯中、夯后检测，发现问题，及时处理，直至达到要求为止。

4. 效果检验

为评价与检验强夯处理效果，除在施工过程中进行轻便动力触探外，还专门进行了重型动力触探、标贯试验与荷载试验。荷载试验中典型的压力 Q 与沉降 S 曲线如图 2.8-45 所示。

从检验结果可见：

（1）强夯处理后地基承载力和变形模量均有很大提高，测点在加载至 400kPa 时，Q—S 曲线仍近似处于直线变形阶段，达到并超过 $f_k = 200kPa$，$E_0 = 10MPa$ 的设计要求。

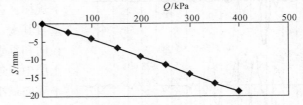

图 2.8-45 荷载试验中典型的压力 Q
与沉降 S 曲线（测点 3 号）

（2）从动力触探及触探结果来看，地表 2m 范围内加固效果最好，5m 范围内加固效果亦相当明显，以下逐渐有所减弱，但加固有效深度仍有 10m 左右，满足设计要求。

8.3.11 强夯对环境影响

强夯时，夯击波对振源（即夯点）附近的人和建筑物都会有害影响，能引起房屋的裂缝，影响到使用安全。强夯引起的噪声也会影响人的身心健康。所以当选用强夯加固地基时，应考虑施工现场的条件以及上述振害因素，必要时采取防振措施。

强夯产生的振动能使邻近的建筑物受到振害，但强夯产生的振波衰减很快，一般距离 20m 外的地点已衰减到对建筑物不产生有害影响。这从四个强夯工程实测的地表面振动参数可以看出，水平向加速度 20m 处的最大值为 0.07g，速度最大值为 1.74cm/min。可是振动波通过土质不同的地层，其特性是不同的，一般硬土层的振动周期短，软土层的振动周期长。而建筑物本身的动力特性也各有不同，同一振源下，建筑物反应往往不一样。如果此时两者的振动周期很接近，就会产生共振现象，若都是长的振动周期，则对建筑物不利。

因此设计方案时必须对地基土的动力特性和周围建筑物做认真的调查，最好在初夯时实测一下有关振动参数，在可能出现振害的情况下，采用隔振沟等措施，另外对强夯造成的噪声也应加以重视。

强夯施工过程中，在夯锤落地的瞬间，一部分动能转换为冲击波，从夯点以波的形式向外传播，并引起地表振动。当夯点周围一定范围内的地表振动强度达到一定数值时，会引起地表和建筑物、构筑物不同程度的损伤和破坏，并产生振动和噪声等公害。随着强夯加固技术的推广和应用，上述影响已日益引起人们的关注，从而有必要对强夯引起的地面运动变化规律及其振动强度对建筑物、构筑物、设施、设备和环境的影响进行研究。

（1）强夯引起振动规律。太原理工大学根据十几项工程的测振资料，得出如下规律。

1）振动周期。强夯引起地面运动的周期随土质不同，其变化范围为 $0.04 \sim 0.20$s，其中常见的周期为 $0.08 \sim 0.12$s，土质松软的周期较长，而较好的土则周期较短，同一场地且土质较均匀则随着距振源的距离加大而周期加长，其规律和爆破振动距离 λ 与周期 T 的公式 $T = A\log\lambda$ 基本一致。由实测得出的关系公式为

$$T = 0.1\log\lambda \qquad (8.37)$$

2）振动时间。强夯引起的振动的时间很短，离夯击中心较近处只有 $0.2 \sim 0.4$s，随距离增加振动时间增长，可达 $1 \sim 2$s。该规律也说明振源近处主要是体波而较远处则为面波。

3）振动速度。测试不同距离处垂直向、水平向（分径向和环向）的振动速度或加速度可得出如下规律：在松软土层中，近处水平径向速度最大，垂直其次，水平环向最小；随着距离的增加，水平径向和垂直向渐趋接近，环向仍为最小。在较硬的土层中，近处垂直向速度最大，水平径向其次，水平环向最小；随距离的增加，水平径向和垂直向渐趋接近，环向仍为最小，如图 2.8-46 和图 2.8-47 所示。强夯引起的振动，并不完全取决于夯击能的大小。它与土的类别关系很大，如土质松软则因每锤夯击下沉量大，夯击能消耗于变形能就

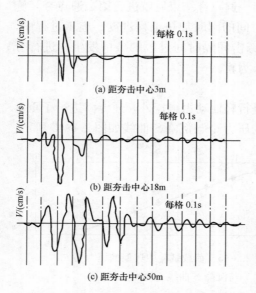

图 2.8-46 振动速度随时间衰减曲线

多，引起的振动就小，如潞城化肥厂强夯能量很大，但其振动速度却不太大。

在同一场地，随着夯击次数和遍数的增加，振动的影响也增大。图 2.8-48 是太原建材公司强夯测振的结果。

4）振动随距离的衰减。为研究强夯引起振动的衰减规律，曾将工程实测结果与下列几个公式进行了比较。

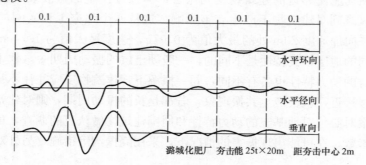

图 2.8-47 强夯时垂直水平向振动曲线

1)《动力机器基础设计规范》中的地面振动衰减公式：

$$A_{ij} = A_0\beta_0\frac{\gamma_d}{\gamma_j}\sqrt{\left[1-\xi_d\left(1-\frac{\gamma_d}{\gamma_j}\right)\right]}$$
$$\times e^{-f_0 a_0 (\gamma_j - \gamma_d)} \tag{8.38}$$

$$\gamma_d = \mu\frac{F}{\pi} \tag{8.39}$$

式中　A_{ij}——距振动基础中心 γ_j 处地面上的振幅；

A_0——振动基础的振幅；

f_0——基础上机器的扰力频率，对于冲击机器基础可采用基础的自振频率；

γ_d——圆形基础半径，矩形及正方形基础 γ_d 可取当量半径，m。

μ——动力影响系数；

β_0——荷载影响系数；

ξ_d——无量纲系数；

a_0——地基土能量吸收系数。

2）苏联 1970 年规范公式：

$$A_{ij} = A_0\left[\sqrt{\frac{\gamma_d}{\gamma_j}} - 0.4\left(\frac{\gamma_d}{\gamma_j} - \frac{\gamma_d^2}{\gamma_j^4}\right)\right] \tag{8.40}$$

3）高里茨公式：

$$A_{ij} = A_0\sqrt{\frac{\gamma_d}{\gamma_j}e^{-k(\gamma_j - \gamma_d)}} \tag{8.41}$$

式中　K——衰减系数，其他符号同式（8.38），V/m。

4）《振动计算与隔振设计》公式：

当 $\gamma_j \leqslant \gamma_R$ 时：

$$A_{ij} = A_0\frac{\gamma_d^2}{\gamma_j^2}e^{-f_0 k(\gamma_j - \gamma_d)} \tag{8.42}$$

当 $\gamma_j > \gamma_R$ 时：

$$A_{ij} = A_0\frac{\gamma_R}{\gamma}e^{-f_0 k(\gamma_j - \gamma_d)} \tag{8.43}$$

式中　γ_R——瑞雷波占主要成分处距振源的距离，且

$$\gamma_R = \gamma_0 + (2h \sim 3h) \tag{8.44}$$

h——基础埋深。

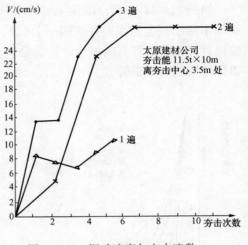

图 2.8-48　振动速度与夯击遍数、夯击次数关系

385

如图 2.8-49 所示，按式（8.38）、式（8.40）～式（8.42）计算的实测值（分别对应图 8-49 中的①～④曲线）在该四个公式的比较结果为：在软土地基上强夯振动衰减的规律比较接近《振动计算与隔振设计》的公式（8.42），而在含水量较低的黄土上其振动衰减的规律比较接近高里茨公式。

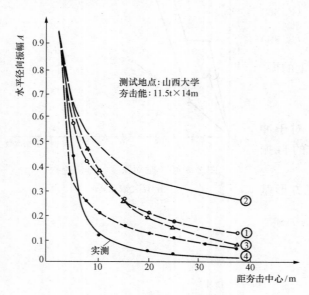

图 2.8-49　振动随距离衰减曲线

强夯引起振动随距离而衰减的规律仅和上述两个公式比较接近，但实测值均比此两个公式值低。

总之，从实测曲线来看，近处衰减快，远处衰减较慢，因为振源附近主要为纵波、横波、它们以 γ^{-2} 的形式传播，而较远处瑞雷波以 $\gamma^{-\frac{1}{2}}$ 的形式传播。

（2）强夯时振动影响范围。从建筑施工工程的观点出发，人们关心的环境问题是在强夯点附近的地面振动是否会对现有结构物产生影响。这也是强夯施工需讨论的环境影响。

根据我国的经验和我国的机器基础设计规范，锤击的最大加速度限值如下。

松砂地基：$a_{max} \leqslant 0.1g$；

黏性土地基：$a_{max} \leqslant 0.2g$。

根据图 8-50 中沿夯点的加速度的衰减曲线，我们可以确定距强夯点的最小水平距离不小于 15m。

另一方面，通过检验粒子振动的最大位移，我们得出与图 2.8-51 类似的标准，参考理查德等的著作，所以距夯点最小的距离如下。

黏性土：$X_s \geqslant 2.5m$（$A \approx 0.05mm$）；

非黏性土：$X_s \geqslant 30m$（$A \approx 0.07mm$）。

国外报道夯坑离建筑物的最小距离为 15～20m。作者在多个工地试验，分别邻近柱子与临时建筑物 2m 与 3m 左右进行 1200kN·m 能量夯击，其结构均无损。天津新港软土地基及秦皇岛回填细砂地基曾用弱振仪在距夯击点 10～120m 之间的地面上安放拾振头进行量测，结果表明，软黏土距夯击点 18m；砂性土距夯击点 14m，与地震裂度 7 度相当，但它的危害性较小，因强夯引起的振动作用的时间短，1s 完成全过程，而地震 6 级以上的平均振动时间为 30s。通过振动测

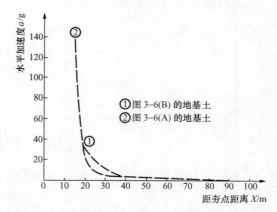

图 2.8-50　水平加速度随其距夯点距离的衰减规律

量，新港软土的振动波传播速度为 200m/s，周期 $T=0.3s$。表 8-20～表 2.8-22 为强夯振动对建筑物、地下管道的影响及对室外噪声的测试数据。

表 2.8-20 强夯振动对地下管道及建筑物的影响

工 程 名 称	单锤夯击能/(kN·m)	距离/m	被影响建筑物名称	夯后情况
太原面粉二厂工地	115×14	6	运粮槽	没有问题
山西大同市	100×10	10	城市供水主管道	没有问题（设隔振沟）
山西化轻公司供应站	115×13.5	2.5～3.5	煤气管道	埋于地下 2m 处，没有发现问题

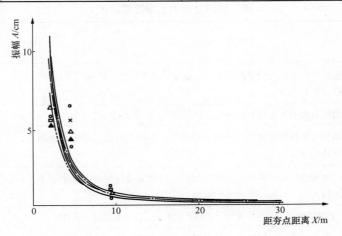

图 2.8-51 最大振动幅位移值与距夯点的水平距离的关系

表 2.8-21 强夯夯击时室外噪声

工 程 项 目	距离/m	击数/次									
		1	2	3	4	5	6	7	8	9	10
山西化轻公司供应站噪声/dB	62	83	84	82							
山西化轻公司供应站噪声/dB	25	85	85	85	87	87	88	88	88	89	89
山西省档案馆噪声/dB	10	90	92	90	92	89	85	86	80	86	85

表 2.8-22 强夯振动对建筑物影响的监测结果

工 程 名 称	单锤夯击能/(kN·m)	建筑物附近地面速度 V_{max}/(cm/s)	距离/m	被影响建筑物观察结果
山西省档案馆工地	115×15	0.95	8	建筑物没有问题，6 层顶部掉下灰皮一块
太原电解钢厂影剧院	115×5	7.74	2.5	3 层建筑物原来因湿陷有不少裂缝，夯后未发现新裂缝
太原电解钢厂影剧院	115×5	12.34	1.8	建筑物发现有新裂缝，位置在纵横墙连接的横墙上
太原建材公司住宅楼	115×10	6.53	7.8	4 层建筑物没有发现问题
铁三局宿舍工地	100×9.5	2.87	7.0	一层建筑物没有发现问题
太原面粉二厂	115×14	4.0	9.0	简易小房没有发现问题
太原面粉二厂	115×14	1.0	15	小麦砖筒仓没有发现问题
山西化轻公司供应站	115×13.5	0.43	25	5 层宿舍没有发现问题
山西化轻公司供应站	115×13.5	2.32	13.5	平房没有发现问题

（3）强夯引起振动对建筑物的影响。从城市建设的观点出发，人们关心的环境问题是在强夯点附近的地面振动是否会对现有的建筑产生影响。

关于强夯振动对建筑物的影响，由上述强夯引起的振动规律可知，强夯引起的振动与地震显然不同，因此危害也不同。一般认为强夯振动对建筑物的危害与爆破相当，危害判别标准现在很不统一，有的以爆破地震烈度表控制，有的以地表振动速度控制，有的建议以加速度控制，控制值也相差很大。表 2.8-23 为中国科学院力学所爆破组对爆破时建筑物所允许土的振动速度的建议值。表 2.8-24 为山西化肥厂黄土场地各能级强夯的振动速度与夯点距离关系。

表 2.8-23　　　　　　　　　建筑物所允许的土壤振动速度　　　　　　　　　(cm/s)

序号	建筑物的现状	烈度工程标准		
		II	III	IV
1	钢筋混凝土或金属骨架吊板，轻填料抗振的工业与民用建筑物（建筑质量较好，构件和结构无残余变形）	5	7	10
2	钢筋混凝土或金属骨架的不抗振的建筑物和构筑物（构件无残余变形）	2	5	7
3	砖或块石作为填料（填料中有裂缝）的骨架建筑物，不抗振的砖石建筑物（建筑质量较好，没有残余变形）	1.5	3	5
4	骨架中有裂缝，填充墙严重破坏的骨架建筑物；在承重墙或间壁墙中有个别不大的裂缝的砖石结构	1	2	3
5	骨架中有裂缝，各联系构件有损坏的骨架建筑物；承重墙已有斜裂缝的砖石建筑	0.5	1	2
6	填充墙有裂缝，钢架生锈，钢筋混凝土骨架开裂的骨架建筑物；承重墙有大量裂缝，由外墙联系破坏的砖石结构及其他未经加固的大型砌体建筑物	0.3	0.5	1

表 2.8-24　　　　　　　　山西化肥厂黄土场地振动速度与夯点距离关系

每击夯击能/ (kN·m) ＼ 距离/m	振动速度/(cm/s)				
	0.5	1	2	3	5
6250	50	33	22	18	15
5000	45	30	20	17	14
4000	39	27	18	16	13
3000	33	23	16	15	12
2000	27	19	14	12	10
1000	20	15	12	10	8

美国的杜瓦尔和福格尔森研究爆破振动引起住宅结构破坏的判据时认为，地面速度与破坏程度关系最为密切，而且在地面速度峰值为 5.4in/s（13.72cm/s）时，总的说来只能观察到轻微破坏，主要破坏发生在 7.6in/s（19.3cm/s）。他们考虑到数据的离散，认为，速度峰值超过 2in/s（5.08cm/s）使结构产生破坏的几率相当大，而小于 2in/s 则引起结构破坏的几率则很小。所以建议采用 2in/s 作为破坏界限。

法国梅纳公司认为，当强夯引起的地面速度小于 2in/s 时，建筑物就不会损坏。

太原理工大学将十几项工程的强夯振动测试结果（夯击能由 680kN·m 至 6250kN·m）汇总于表 2.8-25，对十几项工程的监测结果如表 2.8-22 所示。参照上述标准，得出距夯击

点的最小安全距离 X_s 为15m。

表 2.8-25　　　　　　　　　　　不同距离的振动速度范围

距离/m	3.5～5	7.5～10	15	17.5～20	25～30	50	100
地面速度/(cm/s)	3.15～32.1	0.704～11	0.48～4.5	0.2～1.14	0.06～1.5	0.06～0.5	0.03～0.32

（4）强夯时的场地变形及振动影响。强夯的巨大冲击能可使夯击区附近的场地下沉和隆起，并以冲击波向外传播，使邻近的场地振动，从而使建筑物振动，危害建筑物及人们的身心健康，因此强夯对建筑物的影响可以分为场地变形及振动两方面。

强夯引起的场地变形可以分为沉陷、隆起及振陷。

1）强夯时，夯坑附近的地表变形（沉陷、隆起）随土质、土的含水量差异而不同。在饱和软土中，夯坑附近将隆起。在黄土中，则与含水量有关，含水量大时的开始几击夯坑浅时地表有几毫米的隆起及外移，随后转为下沉及向坑心位移。对于砂土、灰渣等松散土，则主要引起沉降。表 2.8-26 和表 2.8-27 为强夯对建筑物影响的监测结果。

表 2.8-26　　　　　　　　　　　强夯对建筑物影响的监测

工程名称	土质	单锤夯击能 kN·m	建筑物附近地表速度 v_{max}/(cm/s)	基坑边至建筑物距离/m	被影响建筑物情况
山西档案馆	黄土	115×15	0.95	8	建筑物没有问题，6层顶掉下灰皮一块
太原电解铜厂影剧院	黄土	115×5	7.74	2.5	3层办公楼，建筑物原来因湿陷有不少裂缝，夯后未发现新裂缝，原有裂缝未增大，该处沉降测点下沉 22.mm
太原电解铜厂影剧院	灰渣	115×5	12.34	1.8	2层化验楼，建筑物发现有新的裂缝，位置在距夯点最近纵横墙连接的横墙。该处附近沉降测点下沉 11mm，远处 2.9mm
太原建材公司住宅楼	灰渣	115×10	6.53	7.8	4层建筑物下沉 0.6～13mm，没有发现问题
太原建材公司住宅楼	灰渣	115×10		2.5	距强夯基坑边 4m 出现环形地表裂缝，相距 2.5m 磅房开裂，下沉 12～17cm
太原建材公司住宅楼	跃渣	115×10		7.0	单层简易库房，下沉 2.3～26mm，房屋未开裂
铁三局宿舍工地	液化砂土	115×9.5	2.87	7.0	1层建筑物没有发现问题

在软土中的晋西机厂宿舍强夯，距夯坑边 1m 的围墙被挤动倾斜，相距 3m 的汽车库散水裂缝。在黄土中的太原电解铜厂强夯起夯面在地表下 1.5m。2层化验楼建筑物的基础埋深 1m，与夯点相距仅 1.8m 的最近的纵横墙连接处，在横墙上出现裂缝，该处夯点沉降 11mm，较远处沉降 2.9mm 即无裂缝；其办公楼原已多处湿陷裂缝，相距夯坑最近的西北端距夯坑边仅 2.5m，夯后该处沉降 2.9mm，未出现新裂缝，该楼原有裂缝在夯击时张开，

夯后闭合未增宽。在液化砂基上强夯的中国铁路第三局宿舍，相距 7m 的 1 层建筑无影响。该场地距基坑边 4m 处地表出现环形裂缝；距基坑边 2.5m 的磅房沉降 12～17cm，属于压实，挤密区出现裂缝；其 4 层已建住宅最近相距 7.8m，但在夯坑挤动区外，虽振动使建筑下沉 4～12mm，但无裂缝；距基坑边 7m 外的库房沉降最大（2～2.5mm），无裂缝；该场地要压实，压实区深度从地表计约 7m，故地面由于压实，挤动影响的范围约为由地表计起加固深度的 2/3。这一强夯压实引起地表沉降挤动的位移影响区是造成建筑物受损害的主要影响区。

表 2.8-27　　　　　　　　　　　　　**强夯对建筑物影响的监测**

工程名称	土质	单锤夯击能/ (kN·m)	建筑物附近 地表速度/ v_{max}/(cm/s)	基坑边至建 筑物距离/m	被影响建筑物情况
太原面粉 二厂储仓	黄土填土	115×14	4.0	9.0	简易小房，没有发现问题
太原面粉 二厂储仓	黄土填土	115×14	1.0	15	小麦砖筒仓，没有发现问题
晋西机器 厂宿舍	软土	10×10		1～3	相距 3m 汽车库建筑物完好，但散水裂缝，相距 1m 的围墙倾斜
山西大同雁北 地区新闻楼	黄土			6	原印刷厂厂房有大量裂缝，夯后裂缝没有增加和加宽
山西省化轻 公司供应站	饱和粉土	115×13.5	0.43	25	5 层宿舍，没有发现问题
山西省化轻 公司供应站	饱和粉土	115×13.5	2.32	13.5	平房，没有发现问题

2）关于强夯振陷对建筑的影响，在黏性土中，特别是黄土中，距夯坑 5m 外的场地位移变形不大，建筑物不受振动影响，不产生振陷。而在灰渣地基中，距 50m 处也有 4mm 沉降，即振动引起的振陷比较均匀，这在强夯方案选择时应予考虑。

（5）强夯振动、噪声对人的影响。强夯时产生的振动与噪声对人的生理心理均将产生影响，表 2.8-28 为太原建材公司强夯对其 4 层住宅的影响，垂直振动、水平振动均随楼层增高而增大，故高层的住户感觉振动大。表 2.8-29 为强夯时室外的噪声实测值。

表 2.8-28　　　　　　**太原市建材公司强夯时 4 层住宅振动速度 v 的最大值**　　　　　（cm/s）

距建筑物内 测点距离/m	单夯能/(kN) 锤重(kN)×落距(m)	1 层地面			2 层地面			4 层地面		
		垂直	径向	环向	垂直	径向	环向	垂直	径向	环向
20	115×10	0.315	0.068	0.036	0.233	0.078	0.063	0.40	0.109	0.050
		(0.414)	(0.10)	(0.038)	(0.27)	(0.130)	(0.075)	(0.615)	(0.109)	(0.053)

注　括号内为最大值。

表 2.8-29		强夯夯击时室外噪声测定值		
工程项目	单击能/（kN·m） 锤重（kN）×落距（m）	土 质	距 离/m	声级/dB
山西省化轻公司供应站	115×13.5	饱和	62	82～84
山西省化轻公司供应站	115×13.5	粉土	25	87～89
山西省档案馆	115×15	黄土	10	90～92

注 由表可知，60m 外，噪声仍超出国家规定。

（6）隔振沟的作用。隔振沟有两类：主动隔振（在振源处隔离）采用靠近或围绕振源的沟，以减少从振源向外辐射的能量；被动隔振是靠近要减振的对象旁边挖沟。

图 2.8-52 所示是在振源附近挖了一条深约 2m。宽不足 1m 的沟进行实地测试的结果，从图中可看出沟两边的反应不同，其效果是距离近明显，随着距夯击点的距离越大而显著下降。

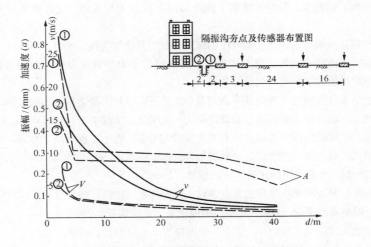

图 2.8-52　隔振沟两侧地表土的振动差异
a—加速度；A—振幅；v—速度

8.3.12　强夯的成本

强夯法在我国还处于试验和应用阶段，由于条件不同，情况各异，成本的计算方法也不尽一致，因此所计成本往往不一样。从国内一些资料看，成本低的为 12 元/m² 左右，成本高的为 30 元/m²，甚至还高，相差幅度颇大；各省之间也有差别，如在北京为 15～30 元/m²，山西为 15 元/m² 左右，面积越大成本相对减低。

强夯成本的高低主要取决于科学合理的设计、选择能力相当的机械利用率、天气及环境影响、一次性可供施工的面积及合理的组织管理等。如果施工面积较大，机械停班间歇时间少，成本会显著降低。从一个工程来说，合理的施工工艺也和成本密切相关，要综合考虑。总之，强夯法施工本身成本低，关键问题是要降低强夯失败造成的可能损失。当前情况下，最好是成立专门强夯施工队伍，加强企业管理，这样不仅技术熟练，施工质量容易保证，而且设备利用率高，对降低成本和强夯技术的进一步研究提高和发展都是有益的。

参考文献

[1]　徐至钧，张亦农. 强夯和强夯置换法加固地基. 北京：机械工业出版社，2004.

[2]　高宏兴. 软土地基加固. 上海：上海科学技术出版社，1990.

[3]　刘景政. 地基处理与实例分析. 北京：中国建筑工业出版社，1998.

[4]　卢肇钧. 地基处理新技术. 北京：中国建筑工业出版社，1989.

[5]　王星华. 地基处理与加固. 长沙：中南大学出版社，2002.

[6]　阎明礼. 地基处理技术. 北京：中国环境科学出版社，1996.

[7]　中国建筑科学研究院. 建筑地基处理技术规范. 北京：中国建筑工业出版社，2002.

[8]　中国建筑科学研究院. 建筑地基基础设计规范. 北京：中国建筑工业出版社，2002.

[9]　李彰明. 变形局部化的工程现象、理论与试验方法. 全国岩土测试技术新进展会议大会报告（海口）. 2003. 11.

[10]　李彰明. 岩土工程结构. 土木工程专业讲义. 武汉：1997.

[11]　李彰明，赏锦国，胡新丽. 不均匀厚填土强夯加固方法及工程实例. 建筑技术开发，2003，30(1)：48-49.

[12]　李彰明，李相崧，黄锦安. 砂土扰动效应的细观探讨. 力学与实践，2001，23(5)：26-28.

[13]　李彰明. 有限特征比理论及其数值方法//第五届全国岩土力学数值分析与解析方法讨论会论文集. 武汉：武汉测绘科技大学科技出版社，1994.

[14]　李彰明. 岩土介质有限特征比理论及其物理基础. 岩石力学与工程学报，2000，19(3)：326-329.

[15]　李彰明，冯遗兴. 动力排水固结法参数设计研究. 武汉化工学院学报，1997，19(2)：41-44.

[16]　李彰明，冯遗兴. 软基处理中孔隙水压力变化规律与分析. 岩土工程学报，1997，19(6)：97-102.

[17]　李彰明，冯遗兴. 动力排水固结法处理软弱地基. 施工技术，1998，27(4). 30，38.

[18]　叶书麟. 地基处理. 北京：中国建筑工业出版社，1988.

[19]　张永钧. 强夯法的发展和推广应用的几点建议. 施工技术，1993，(9)：1-3.

[20]　张永钧，等. 地基处理手册. 2版. 北京：中国建筑工业出版社，2000.

[21]　龚晓南. 复合地基理论及工程应用. 北京：中国建筑工业出版社，2002.

[22]　常璐，等. 强夯法处理在深圳地区的应用与发展//中国土木工程学会土力学及基础工程学会地基处理学术委员会第四届地基处理学术讨论会论文集，1995.

[23]　龚晓南. 地基处理技术发展与展望. 北京：中国水利水电出版社，2004.

[24]　李彰明，王武林，冯遗兴. 广义内时本构方程及凝灰岩粘塑性模型. 岩石力学与工程学报，1986，(1)：15-24.

[25]　李彰明，王武林. 内时理论简介与岩土内时本构关系研究展望. 岩土力学，1986，(1)：101-106.

[26]　李彰明，冯强. 厚填土地基强夯法处理参数设计探讨. 施工技术，2000，29(9)：24-26.

[27]　李彰明，黄炳坚. 砂土剪胀有限特征比模型及参数确定. 岩石力学与工程学报，2001，20(51)：1766-1768.

[28]　李彰明. 动力排水固结法处理软弱地基. 施工技术，1998，27(4)：30，38.

[29]　李彰明，杨文龙. 土工试验数字控制及数据采集系统研制与应用. 建筑技术开发，2002，29(1)：21-22.

[30]　LI Zhangming（李彰明）et al. Dynamic response of mud in the field soil improvement with dynamic drainage consolidation. Earthquake Engineering and Soil Dynamics. March. 2001. USA，Proc. of the Conf.（CD－ROM）. ISBN-1-887009-05-1(Paper No. 1. 10：1～8).

[31]　李彰明，杨良坤，王靖涛. 岩石强度应变率阈值效应与局部二次破坏模拟探讨. 岩石力学与工程学

报，2004，23(2)：307-309.

[32] 李彰明，全国权，刘丹，等. 土质边坡建筑桩基水平荷载试验研究. 岩石力学与工程学报，2004，23(6)：930-935.

[33] LI Zhangming，WANG Jingtao. Fuzzy evaluation on the stability of fock high slope：theory. Int. J. Advances in Systems Science and Applications，2003，3(4)：577～585.

[34] LI Zhangming. Fuzzy evaluation on the stability of rock high slope：application. Int. J. Advances in Systems Science and Applications，2004，4(1)：90～94.

[35] 李彰明，杨良坤，刘添俊. 半刚性桩复合地基沉降分析方法及应用. 建筑科学，2005，21(4)：46-50.

[36] 李彰明. 软基处理中孔隙水压力变化规律与分析. 岩土工程学报，1997，19(19)：97-102.

[37] 张光永，吴玉山，李彰明. 超载预压法阈值问题的室内试验研究. 岩土力学，1999，20(1)：79-83.

[38] 张珊菊，李彰明，等. 建筑土质高边坡扶壁式支挡分析设计与工程应用，土工基础，2004，(2)18：1-5.

[39] 王安明，李彰明. 秦沈客运专线 A15 标段冬季施工技术. 铁道建筑，2004，(4)：18-20.

[40] 赖碧涛，李彰明. 地基处理管理信息系统的开发和应用. 岩土力学，2004，25(12)：2041-2044.

[41] 刘添俊，李彰明. 土质边坡原位剪切试验研究. 岩土工程界，2004 年增刊.

[42] 李彰明. 广州花都碧桂园厚填土地基强夯处理设计，2005，(10).

[43] 李彰明. 南国奥林匹克花园地基强夯加固工程设计与施工报告，2000，(10).

[44] 李彰明. 深圳宝安中心区软基处理试验小区测试与监控技术研究报告，1995，(10).

[45] 李彰明. 深圳宝安中心区兴华西路软基处理技术报告，1995.

[46] 李彰明，冯遗兴. 海南大学图书馆软基处理技术报告，1995.

[47] 李彰明，冯遗兴. 三亚海警基地软弱地基处理监测技术报告，1996.

[48] 李彰明，冯遗兴. 深圳市春风路高架桥软基处理技术报告，1993.

[49] 李彰明. 广东惠阳雅达山庄强夯工程技术报告，1992.

[50] ［比利时］凡英佩 WF. 地基土的加固技术及其新进展. 徐攸在，刘晓奇，译. 北京：中国建筑工业出版社，1992.

[51] 牛玉荣，李宏等. 复合地基处理及其工程实例. 北京：中国建材工业出版社，2000.

第 9 章

静动力排水固结法

9.1 静动力排水固结法的发展

9.1.1 前言

静动力排水固结法是近年来发展起来的一种软土地基处理新技术，具有处理质量好，投资低、工期短的显著特点，对于淤泥与淤泥质土的处理，优势尤其显著。它是在传统的强夯（动力固结）法和堆载预压及排水固结法基础上发展起来的，它利用强夯法（动力固结法）的夯击机具与排水固结法中排水体系进行软黏土地基处理。该法已有十几年的工程实践，作者与冯遗兴等人最早在深圳、珠海、惠州、海南等地针对不同的建构筑物的软土地基进行了大量的工程实践及监测测试，取得了成功，积累了丰富的经验。此后，该法获得逐步推广应用，包括上海某空军机场大面积淤泥质软土地基的处理、广州南沙泰山石化仓储区大面积（约 67.2 万 m²）厚淤泥（淤泥层平均厚度超过 10m）软基处理等；技术及施工机具也获得改进，例如组合式高效减震锤的发明。该法的称谓历经动力固结法、动力排水固结法等，反映了该法特点的逐渐形成过程。作者近十年来提倡采用"静动力排水固结法"或"复合力排水固结法"的称谓，以考虑对于淤泥与淤泥质软土处理中两个通常不被重视但实际起重要作用的基本因素：静力与冲击荷载的后效力。但就目前学术与工程界的认识来讲，为便于工程界接受与正确运用这一仍在发展完善的地基（包括软土在内）处理方法，作者建议目前可采用"静动力排水固结法"称谓；但当对上述后效力的作用更为清楚时，"复合力排水固结法"可能是更为科学的称谓。

本书著者在多个实际软基处理工程设计文件中强调指出：在"静动力排水固结法"称谓中，"排水"是为表明相应的夯击方法与传统的"动力固结法"（即强夯法）的区别，而"静"（静力）则反映了该法中表面静力（静覆盖力）对于软土处理不可缺少的基本组成。该法将静（覆盖）力、动力荷载及其后效力与快速排水体系进行有机结合（不是简单的"插板＋强夯"，否则就不是真正的静动力排水固结法）对软土地基进行加固；同时强调通过信息化施工，进行施工质量的过程控制、处理平面或空间内的点控制（便于减小差异沉降），以确保达到或超过技术、经济与工期等要求。

为了解静动力排水固结法的加固机理，首先简要介绍软黏土的性质以及强夯法与堆载预压法的加固机理与应用范围（详见第 7 章和第 8 章）。

软黏土是软弱黏性土的简称，土的类别多为淤泥、淤泥质黏性土、淤泥质粉土。软黏土的基本特点可以归结为：①天然软土一般具有天然含水量高，一般为 40%～120%；②压缩系数 a_{1-2} 为 0.5～5.0MPa^{-1}，属于高压缩性土；③孔隙比大而渗透性小，孔隙比一般为 1.0～3.0，渗透系数大部分为 10^{-9}～10^{-7}cm/s，在荷载作用下固结很慢，强度不易提高；④抗剪强度低；⑤天然软土具有显著的结构性等特点。

1. 动力固结法

过去的研究表明，动力固结法（强夯法）比较适合于加固碎石土、砂土、黏性土、杂填土、湿陷性黄土等各类地基，并成功地用来消除黄土的湿陷性和饱和砂土的液化性。但对于软黏土，由于其承载力低，夯击瞬间冲击荷载一般是夯锤质量的十几倍至几百倍，过大的夯击能极易使土体丧失抵抗力并出现埋锤或周围隆起现象。而且软黏土渗透系数很小，在快速强大的冲击力作用下，孔隙水来不及排出，土体中能量很快饱和，体积不可压缩，成为工程上所谓的"橡皮土"，极易造成工程失败。

动力固结法（强夯法）加固软黏土地基成功和失败的例子均有报道，因此对于含水量很高的饱和软黏土能否使用动力固结法在国内外有很大争议。Moltczy 认为动力固结法只适合于塑性指数 $I_p \leqslant 10$ 的土。Gambin 也给出了类似的结论，同济大学叶书麟等主编的《地基处理》一书中也明确说明对于强夯法加固淤泥和淤泥质土地基的处理效果差，使用时应该慎重对待。

2. 静力排水固结法

由于软黏土的上述特点，以及它广泛分布在我国沿海及内地河流两岸和湖泊地区，长期以来，深厚软黏土地基处理使用最多的方法是静力排水固结法，又称预压法，是通过预压使软黏土地基中孔隙水排出，土体发生固结，土中孔隙水减小的一种地基处理的方法。它能使饱和软土强度提高，达到减少地基土工后沉降和提高地基承载力的目的。

当黏性土透水性差，土层比较厚时，排水固结需要很长时间。根据 Terzaghi 一维固结理论，软土地基竖向平均固结度可按式（9.1）计算：

$$U_x = 1 - (8/\pi^2)\exp[-(\pi/4)T_v]$$ 　　　　　　　　（9.1）

式中　时间因子 $T_v = C_v \dfrac{t}{H^2}$；

　　　　固结系数 $C_v = \dfrac{k(1+e_1)}{a\gamma_w}$。

可见，软黏土固结系数和土层综合渗透系数（这里说的综合渗透系数是指区别于单纯靠软黏土孔隙排水时的软黏土渗透系数）与排水距离 H 有关。为了节省排水时间，加快软土固结，各种用以缩短排水距离和加大综合渗透系数 k 的方法逐渐发展起来。后来，人们相继发明了砂井堆载预压法、塑料排水板排水固结法、真空堆载预压法，这些方法都大大改善了排水条件，加快了排水速度。

众所周知，静力排水固结法的两大特点：一是施工工期较长，二是必须有经济方便的加压材料（对于真空预压则需要复杂的真空系统）。此外，采用降低水位法促使淤泥层加速固结的设备及人力费用有时也是比较高的，并且时间较长，效果难以令人满意。

3. 静动力排水固结法

目前动力固结法及静力排水固结法均已成为比较成熟的地基加固技术，但由上述知仍各有许多不足之处，如单纯的强夯法（动力固结法）加固软黏土地基引起孔隙水压力的增长不能及时消散，很容易形成橡皮土；而静力排水固结法要使用繁杂的加压系统，而且排水固结法在很大程度上会影响工期，对经济飞速发展的今天来说，这是一个明显的弱点。

近年来，人们结合软土的工程特性，在保留动力固结法经济、快捷等特点的同时，着手于改进传统的强夯法（动力固结法）和静力排水固结法。它利用强夯法（动力固结法）的夯击机具与排水固结法中排水体系，科学安排软土覆盖层静力、冲击动力与排水体系三者关系，以进行快速软土地基处理，该法就称为静动力排水固结法。

静动力排水固结法通过设置水平排水体系（挖设盲沟，在盲沟交汇处设集水井；地表铺设一定厚度的砂垫层），并设置竖向排水体系（插设塑料排水板），土层在适量的静（覆盖）力、变化的动力荷载及其持续的后效力（动力残余力，即动力作用后，在软弱土层上的土体静态覆盖力下仍保持的残余力，该残余力对促进软弱土体的排水固结作用必不可少且十分重要）的超载作用下，多次发生孔隙压力的升降，快速排水体系将孔隙水不断排出，土的抗剪强度就不断提高，孔隙比也逐步减小，工后沉降大大降低，地基土成为超固结土，从而达到了软基加固的目的。

静动力排水固结法工期短、造价低，既弥补了传统单纯的强夯法不适合加固饱和软黏土地基的不足，克服了其不能有效排除软土中高压孔隙水的缺点，加速了孔隙水的消散，改变了软黏土的渗透性；同时与静力排水固结法相比又简化了排水固结法中繁杂的加压系统，并在施工时间内大部分或基本完成主固结沉降，大大减小了次固结沉降，缩短了工期，有效提高了地基承载力，节省了工程投资。

对于软土地基的处理，实践证明静动力排水固结法是一种有效的加固方法。该法强调通过信息化施工，进行施工质量的过程控制、处理平面内的点控制（便于减小差异沉降）。资料表明：这种方法已经在 50 多个工程中得到成功的应用。

9.1.2　研究现状

静动力排水固结法自产生之后便具有了强大的生命力和广泛的适用性，使其地基处理的范围进一步扩大。这一方法目前在国内外已得到了学者们和工程界人士的认可并得以广泛应用。为了进一步摸清该法机理和便于大规模的推广应用，近年来，许多专家学者对该法的加固机理、加固效果、计算理论、数值模拟、现场试验及室内模型试验等方面进行了较多的研究，并取得了一些有实际意义的成果。

下文仅就其有关理论研究成果和实际应用状况作综述。

9.1.2.1　室内试验方面

钱家欢等早在 1980 年年初就利用自行设计的动力固结仪（一维变形）对软黏土动力固结的机理进行了室内试验研究，对塘沽黏土进行了冲击荷载试验，同样得出了与钱学德相似的结论，测得动应力与应变之间基本成双线性关系，在某一静力作用下，土体加荷弹模随夯击次数递增，而卸荷模量和永久变形则递减，并提出了以增加夯击次数提高加固效果是有限的。该试验条件与实际情况有很大不同。

白冰、刘祖德利用自行设计改造的允许试样有侧向变形的动力排水固结装置，对不同围压、不同冲击能作用下饱和黏土的变形、孔隙水压力的增长和消散、再固结体应变的发生和强度增长等有关问题进行了大量室内试验。将动荷载和静荷载加以耦合并阐述了动力排水固结法处理饱和软土的机理。但三轴仪本身具有的局限性并不能反映土体真实性状。

李彰明课题组利用静动真三轴仪、高能冲击智能控制系统等对淤泥土进行了大量的土样与模型箱试验，对软土固结机理相关规律进行了深入探讨及总结。

1. 冲击荷载作用下孔隙水压力增长机理

饱和软黏土在轴向冲击荷载作用下会产生较大的动球应力，主要表现为动孔隙水压力增加。动球应力达到峰值后随之下降，动孔隙水压力也达到峰值，并随土体的卸荷膨胀而下降到某一稳定值，即在土体内产生一残余孔隙水压力 U_{res}。由于试样处于不排水状态，孔隙水压力不会立即消散。在后续的冲击荷载作用下孔压不断积累，当 U_{res} 累积达到一定位时，在排水条件下孔压消散，试样排水固结。

2. 轴向应变和孔隙水压力发展规律

通过分别在不同冲击荷载作用下和不同围压下土样轴向应变和孔隙水压力的试验成果，得出在同一围压下，随冲击次数 N 的增加，轴向应变和孔隙水压力均有上升趋势，且较大的冲击能对应较大的轴向应变和较大的孔隙水压力。在不排水条件下较大的轴向应变有较大的剪切变形。另外，冲击能大小对孔隙水压力的影响在某一值（如 $N<8$）时较为显著，当 $N>8$ 时，孔压增长趋势平缓并向某一极限值发展，而对同一冲击能，较大的围压对应较小的轴向应变和较大的归一化孔隙水压力。其研究成果见 9.8 节。

3. 孔压升高与再固结体应变间的唯一性关系

大量试验表明，无论土体在多大的冲击能下作用和经过多少次冲击，其孔压升高值与再固结体应变之间有较好的相关性，并可由 ε_v-U/σ_{3c} 关系来归一。这一规律为软土地基经多遍冲击后的再固结计算提供了可能和方便，可根据实测的孔压上升值预测地基的附加沉降量，从而可避开复杂的动力荷载作用本构模型，便于信息化施工。

冯光愈等用离心模型试验研究了软土地基的应力相应变，如通过试验可得到极限填土高度准确值，并得出与土层透水性及加荷速率有关的参数 β 值，进而据此 β 值可得出软土的固结沉降规律。另外，在离心模型试验中，可用微型十字板剪力仪测量强度随固结度的增长值，该测量值比一般计算值较为可靠。

曾庆军等利用圆形钢桶（直径为 260mm，高 340mm）的模型试验，研究了冲击荷载在不同击数、落高下饱和软黏土孔压增长和消散规律的一维模型试验，并对夯击振动进行分析，发现了孔压消散过程中其值略有升高的现象，但由于采集间隔时间过长并没有记录到孔压峰值。

孟庆山在应变式三轴剪力仪加入了冲击装置、量测系统和采集系统，研究了不同冲击能、击数、遍数、能量施加顺序、围压、偏压固结，以及是否设砂井、是否重塑土下饱和软黏土的性状。通过模拟夯击的应力波形，得到了瞬间的动孔压波形，但与施工现场采集到的波形很不同。作者利用动态有限元分析，由于假定第一排节点处孔压为零，并采用等价砂墙法，只能定性给出夯击过程中固液耦合分析的孔压变化趋势。

王安明在李彰明的指导下按动力排水固结法的一般施工工艺进行了模型箱（680mm×680mm×400mm）试验，得出该条件下淤泥的不同深度、距离的孔隙水压力、土压力的变化规律，但模型箱给定条件与实际情况还有较大差距。

9.1.2.2 分析求解方面

静动力排水固结法数值模拟分析大致可以分为以下三大类：一是拟静力法，该法将高能量冲击荷载视为一大数量级的静荷载，然后按静载下的固结问题求解，显然，这只是一种粗略的计算法；二是波动计算法，该法根据波动规律建立控制方程，但由于夯击中产生的波的成分复杂性，故此法往往只用于计算某一个特征量，并不能全面模拟夯击过程；三是动力计算法，该法基本思想是对夯击土体和夯锤进行动力分析，并建立动力平衡方程，此方程具有一般振动的特征，并没有考虑土体中的孔隙水的动力变化特性，因此，这一方法也不能准确地计算。

钱家欢等用集中质量法、差分法、边界元法等数值解法求解夯击后地基中的应力、孔隙水压力和变形，用经典的结构动力学理论研究夯锤的运动，提出了加卸载双线性强夯本构模型，采用边界元对低能量夯击问题进行了分析，得出锤底应力变化规律；但该法没有考虑锤自重，主要适用于均质地基。

Chow、Thilakasiki 等先后通过引进和修正打桩动力分析的一维波动方程模型求得了地基土的应力与位移，但地基土受到夯锤的冲击问题完全可以作为轴对称的三维动力问题求解，应用一维波动方程求解不考虑侧向力和变形，与实际情况仍有较大出入。

冯光愈等利用修正的剑桥模型与比奥固结理论相耦合的方法，用等效系数方法将三维排水问题简化为二维问题，对插板排水地基进行了有限元分析计算。

赵维炳等从巴隆理论出发，既考虑涂抹作用又考虑地基的侧向变形和竖向渗流的影响，得到砂井地基平面应变问题和轴对称问题的等效方法。据称通过适当地调整渗透系数即可对砂井地基进行平面应变有限元计算。

丁振洲、郑颖人利用以比奥固结理论为基础的动力固结模型模拟强夯法加固饱和软黏土地基的过程。模拟过程中考虑孔隙水紊流特性及土体非线性，可以在某种程度上反映土体固结过程及动态变化规律。

9.1.2.3　现场试验及工程应用概况

徐金明等结合上海某软土地基加固场地，选取两个试验区，对夯击效果进行了对比试验研究，从孔隙水压力的消散、土体位移、静力触探、标准贯入试验、荷载试验及室内土工试验等方面对静动力排水固结法加固软基的效果进行了现场对比试验，试验表明：静动力排水固结法可以较好地改善地基土的工程性质。提出夯点间距不宜过大或过小，过小时使点夯首先在表层形成硬壳层，以后点夯时表层逐渐变化为"橡皮土"，夯击能难以传递，从而影响强夯效果，过大则不利于形成硬壳层。

叶为民等结合上海某工程，对饱和软黏土地基在不同排水条件下的强夯加固效果进行了对比，结果表明，静动力排水固结法对于改善软黏土地基的加固效果是非常明显的。

章仕军、郝小红等对比是否插设排水板，不同遍数以及不同的夯点距离试验，发现插设排水板以及少击多遍的加固效果是很明显的，通过孔隙水监测确定间隔时间。试验达到了软基处理预先消除沉降量，提高地基承载力的目的。

雷学文等对比了不同布点方式、遍数的试验，发现在第二遍、第三遍时孔隙水压负增长的现象，能量高激发孔压高消散慢，由于形成硬壳层后一遍比前一遍孔压增幅大，浅层激发的孔压比深层大，夯点过密土体微结构易破坏。

李彰明等在深圳市淤泥软基处理试验区段，以及广州市淤泥软基处理多个静动力排水固结法施工中，进行了位移、孔隙水压力的全面监测及十字板、静力触探试验，获得了一系列宝贵的第一手资料；得到淤泥中孔隙水压力变化的基本规律，其中有：

（1）地基土不同深度处孔隙水压力随施工的进行而趋于一致。

（2）夯击能大小与孔隙水压力消散时间有一定关系。

（3）夯击动荷载作用后一定时间，孔隙水压力值会低于夯前填土压力下的孔隙水压力。并发现了两个重要现象：①软土地基夯击时土体中孔隙水压力增长量与地表夯坑的每次夯沉量有一定的对应关系；②在淤泥地基动力固结法中，夯击瞬间从仪器观察到孔压负增长现象。

李彰明在近二十余年以来的实际软基处理工程中，始终提出并要求努力遵循如下原则：

（1）信息化施工。根据施工（插板深度、插入反力及导管带土情况、每击夯沉量、各击夯沉量相对大小、每遍工序下高程测量等）记录及观察、动力触探自检、各种监测或检测反馈的信息，结合地段工程地质条件、控制工艺参数，必要时经认可后调整工艺参数。

（2）少击多遍、循序渐进、逐步提高软土承载力（需摒弃传统强夯的加固思想）。这使其负责或指导的二十余个软基处理工程项目全部获得成功。

有关原则及依据的进一步阐述与研究见 9.7、9.8 节。静动力排水固结法的工程实践表明，静动力排水固结法自产生之后便具有了强大生命力和广泛适用性。科学地运用这一方法，可在较短时间内从根本上改善地基土的物理力学特性。然而由于软黏土工程特性的特殊性和复杂性，加之这项技术应用时间并不长，对于一般工程技术人员而言，其设计及施工工艺目前还不很成熟。国内外围绕静动力排水固结法加固机理和加固效应这一课题，已经在室内试验、现场试验和数值分析诸方面开展了广泛研究，然而其加固机理及计算理论还不成熟。

总之，随着理论研究的不断完善和工程实践经验的不断积累，在造价、施工、工期诸方面具有明显优势的静动力排水固结法必将在软基处理工程中取得更好的效果。

9.2　静动力排水固结法原理

9.2.1　静动力排水固结法的基本思想与特点

静动力排水固结法的基本思想如下。

通过设置水平排水体系（挖设盲沟，在盲沟交汇处设集水井；地表铺设一定厚度的砂垫层），并设置竖向排水体系（插设塑料排水板），改善地基土的排水条件；土层在适量的静（覆盖）力、变化的动力荷载及其持续的后效力（动力残余力，即动力作用后，在软弱土层上的土体静态覆盖力下仍保持的残余力，该残余力对促进软弱土体的排水固结作用必不可少且十分重要）的超载作用下，形成孔隙水高压力梯度，在人工排水体系及动载下产生的裂纹排水系统下，多次发生孔隙压力的升降，孔隙水不断排出，孔隙体积减小、有效应力增加，土的抗剪强度就不断提高，孔隙比也逐步减小，工后沉降大大降低，地基土成为超固结土，从而达到了软基加固的目的。

静动力排水固结法的特点如下。

（1）夯击前，保证地基软土顶面有一定厚度的预压层（作为静力荷载及施压垫层），处理的土层利用适量的静力荷载、冲击荷载及其持续的后效力作为加载系统。

（2）设置与加载系统相适应的排水系统，保证软土层在复合力作用下产生的孔隙水压力能迅速消散，土体固结。这是软土强度得以提高的另一基本条件。

（3）保证冲击荷载的作用不对软黏土微结构破坏。软土结构遭受破坏后大幅度降低软土层渗透性，超孔隙水在停夯后难以排出，极有可能夯成"橡皮土"导致工程失败。

（4）该法强调通过信息化施工，进行施工质量的过程控制、处理平面或空间内的点控制（便于减小差异沉降）。

需要指出的是，在有些人看来，静动力排水固结法似乎是强夯法与静力排水固结法的结合。但无论从加固原理还是工艺流程来讲都有很大的不同。故作者在负责或指导静动力排水固结法工程设计与施工中，坚决反对使用"强夯"的说法，而采用"夯击"这样一个单纯行为词来替代，以免产生不良后果。这一新方法既弥补了传统单纯的强夯法不适合加固饱和软黏土地基的不足，克服了其不能有效排除软土中高压孔隙水的缺点，加速了孔隙水的消散，改变了软黏土的渗透性；同时与静力排水固结法相比又简化了排水固结法中繁杂的加压系统，并在施工时间内大部分或基本完成主固结沉降，大大减小了次固结沉降，缩短了工期，有效提高了地基承载力。

该法处理后的地基是一均匀地基，地基承载力可大大提高以满足包括道路在内的建筑物、构筑物的承载力与变形要求，有效防止地基工后沉降及不均匀沉降造成的各种危害并充分发挥地基土自身的作用。例如：①消除及减少不均匀沉降造成的附加应力及可能产生的裂纹；②使处理后的地基直接成为持力层，地基土与基础结构层始终保持接触，可直接承受地面荷载，并实际增大建筑物的结构承载面积，分担可观结构荷载；③保证地下埋设管线的正常与安全使用；④防止建筑物附近地坪、道路开裂及局部下陷；⑤消除松软地基对各类桩的负摩擦效应，特别是对于填土厚度、淤泥厚度变化较大的情况，更还可消除建（构）筑物使用前期（2～3 年）因固结产生大小不一的下沉效应，将不均匀沉降减少到最低水平。

从以往的多项工程实践对比分析来看，静动力排水固结法可以充分利用和发挥岩土材料本身的作用，无环境污染，在一定条件下比其他地基处理方法（如水泥粉喷桩、静力超载预压）工程造价更为低廉，且具有施工时间短、工后沉降和不均匀沉降小、施工方便等优点。因而这一方法自产生之后便具有了强大的生命力和广泛的适用性。

9.2.2　加固机理

静动力排水固结法（图 2.9-1）虽然在实践中得到了广泛应用，但其机理研究尚不成熟，目前还没有形成一致的认识，下面从四个方面对静动力排水固结法机理问题进行讨论。

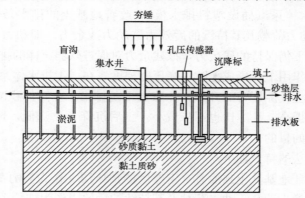

图 2.9-1　静动力排水固结法示意图

1. 能量转换

夯锤冲击瞬间，冲击荷载一般是夯锤质量的十几倍至几百倍，夯击能量一部分消耗在地表面（扰动只涉及一定深度，见图 2.9-2 中的剪胀区）向四周辐射传播；另一部分消耗在夯锤气垫作用和土体摩擦过程中；余下部分以瞬间冲击力形式从夯坑底面往深部传播。冲击完成后，冲击能量以动力残余力（即在软弱土层上的土体静态覆盖力下仍保持的残余力）的形式储存于土层中。特别需要指出的是，由于水的（近似）不可压缩性，冲击力通过排水体周围的水柱传递至软土深部，从而形成了有利的排水压力。

动力残余力：由于夯击产生的巨大冲击能远远大于表层土的极限强度，使地表土体产生冲击破坏，并产生较大的瞬时沉降，由此引起锤底土形成土塞向下运动（见图 2.9-2），并使锤底以下形成一定范围的压缩区，在土塞和周围土体抵抗力的作用下，压缩区由于土体的结构性、各向异性、流变性及变形平衡过程等因素而产生的高水平附加力的残余力。

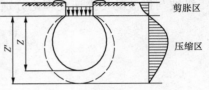

图 2.9-2　夯击作用模式图

2. 部分水性发生变化

强大瞬间冲击力的剪切波作用使土体弱结合水甚至部分强结合水变成自由水，并激发超孔隙水压力；夯击完成后，在软弱土层上保持残余应力。随击数增加，残余应力不断增大，影响深度与范围增加，土骨架受压缩，由于软黏土低渗透性，孔隙水无法短时间内排出。

3. 土体排水固结

静动力排水固结法形成了有利的排水压力条件与边界条件，主要表现如下。

（1）静力荷载、冲击荷载及其持续的后效力（残余应力）产生的高应力水平造成土体中孔隙水压力梯度大，形成了有利的压力条件。

（2）土体在强大的夯击能作用下，土中出现很大的应力和冲击波，致使地表面形成竖向裂隙（分布在夯击点的周围），并在地基内部出现定向裂纹，形成树枝状排水网络，土的渗透系数增加，大大改善了土体排水边界条件。

（3）通过设置人工材料组成的有利的快速排水体系（水平和竖向排水体系）排水。

在多遍的夯击过程中，软土在有利的排水压力条件与边界条件下，多次发生孔隙压力的升降，孔隙水不断快速排出，孔隙体积减小，加快地基土排水固结。

4. 固化

当孔隙水压力消散后，达到小于颗粒之间的横向压力时，地基内部裂隙闭合，土体的有效应力增加，土的抗剪强度不断提高，工后沉降大大降低，地基土成为超固结土，从而达到了软基加固的目的。

9.2.3　振动波机理及其解释（传播规律与划定影响区）

夯击时利用起重设备将夯锤提升到一定的高度，然后使夯锤自由下落，强大的冲击能量使地基中产生强烈的振动，并以波的形式向四周传播。在巨大的冲击能作用下，质点在连续介质内振动，其振动的能量传递给周围的介质，引起周围介质的振动。振动在介质内的传递过程形成波，根据波的作用性质和特点的不同，可分为体波和面波。

1. 体波

体波又分为纵波（亦称压缩波、P 波）和横波（亦称剪切波、S 波）。

纵波是由震源向外传递的压缩波，质点的振动方向与波的前进方向一致，同时伴随着产生体积变化，一般表现为周期短，振幅小。横波是质点的振动方向与波的前进方向相垂直，并产生剪切变形，一般表现为周期长，振幅较大。横波只能在固体中传播，而纵波在固体、液体中都能传播。

纵波与横波的传播速度理论分别按下列公式计算：

$$V_\text{P} = \sqrt{\frac{E(1-\nu)}{\rho(1+\nu)(1-2\nu)}} \tag{9.2}$$

$$V_\text{S} = \sqrt{\frac{E}{2\rho(1+\nu)}} = \sqrt{\frac{G}{\rho}} \tag{9.3}$$

式中　V_P —— 纵波速度，m/s；

V_S —— 横波速度，m/s；

E —— 介质杨氏弹性模量，kPa；

G —— 剪切模量，kPa；

ρ —— 介质密度，kg/m³；

ν —— 介质泊松比。

当 $\nu = 0.22$ 时（相当于砂土），$V_\text{P} \approx 1.67 V_\text{S}$。表 2.9-1 列出了不同种类和状态下的土的泊松比 μ。

可见，纵波的传播速度比横波快，实测记录也显示纵波要先于横波到达。因此，通常也把纵波叫初波，把横波叫次波。表 2.9-2 列出了横波在一些介质中的传播速度。

表 2.9-1　　　　土的泊松比 μ

土的种类和状态		土的泊松比 μ
碎石		0.15～0.20
砂土		0.22～0.25
轻亚黏土		0.25
亚黏土	亚黏土：坚硬状态	0.25
	可塑状态	0.30
	软塑状态或流动状态	0.35
黏土	坚硬状态	0.25
	可塑状态	0.35
	软塑状态或流动状态	0.42

表 2.9-2　　　横波的传播速度　　　（m/s）

土的种类	波　　速
砂	60
人工填土	100
砂质黏土	100～200
黏土	250
含砂黏土	300～400
饱和砂土	340

从上述波速表达式可知，波速和介质密度、弹性模量及泊松比有关，波在不同的介质中具有不同的传播速度，在传播中遇到不同的介质时将发生折射或反射。若波的射线由震源出发与垂直方向的夹角为 θ_1，波速为 V_1，折射后夹角为 θ_2，波速为 V_2，则有如下关系：

$$\frac{V_1}{\sin\theta_1} = \frac{V_2}{\sin\theta_2} \tag{9.4}$$

当 P 波入射到一个界面时，不但发生折射和反射的纵波，而且还发生折射和反射的横波，当纵波入射到一个界面时与此类似。

2. 面波

面波只限于地基表面传播，包括瑞利波（R波）和乐甫波（L波）两种。

瑞利波传播时，介质在波的传播方向与自由面（地面）的法线组成的平面内作椭圆运动，而与该平面的垂直方向上没有振动。地面的质点呈滚动形式运动。

乐甫波只是在与传播方向相垂直的水平方向运动，即地面水平运动。

面波的另一解释，当横波和纵波传播至地表附近时发生干涉，产生一种新的波型——瑞利波。在均匀介质条件下，瑞利波的波速 V_R 与振动频率无关，即瑞利波在均匀介质中无频散性；但在层状介质中传播时，瑞利波具有频散特性，土体介质各层的密度、剪切波速、压缩波速以及层厚度决定着频散曲线的特征。瑞利波是具有扭转特性的表面波，在地表附近其质点运动的轨迹为逆转椭圆，水平投影表现为往复摆动。因而引起松土作用，由夯击时夯坑周围的隆起可以证实。随着深度的增加，其质点运动的轨迹由垂直向振动变顺转椭圆，振幅也迅速减小，水平分量的振幅于地表浅处即衰减为零，并随深度的增加受力变为负值；竖向分量随着深度的增加，由于其与纵波、横波的能量衰减特性不同，在距离振动源较远之处将起主导作用。因此，瑞利波的波长和振幅可制约着夯击加固影响深度。

3. 波与孔隙水压力

对饱和软黏土而言，由于土的渗透性较差，故而在纵波传递的压缩过程中会产生较大的孔隙水压力，之后拉力作用导致孔压下降到某一残余孔压，从而表现出明显的脉动特性。这里应注意，残余孔压的产生是由于土体的塑性变形所致。谢定义研究了周期荷载下饱和砂土瞬态孔隙水压力的变化机理后指出，孔隙水压力可以分为三种基本类型，即应力孔压（Δu_σ）、结构孔压（Δu_C）和传递孔压（Δu_T），且有 $\Delta u = \Delta u_\sigma + \Delta u_C + \Delta u_T$。按照这一观点，纵波在压缩过程中表现为应力孔压，而之后的残余孔压则为结构孔压。如果地基土排水条件较好（特别是砂性土），则这一推拉过程中还表现为较强的传递孔压，它使土体在夯击瞬间有较多的孔隙水排出，从而较好地解释了砂性土能在冲击瞬间产生较大沉降的现象，而对渗透性差的饱和软黏土，这一过程中传递孔压则占较小份额。

横波不能在水中传播，但它的作用可使土颗粒之间得以调整和重新排列，产生一定剪切变形，同样产生孔隙水压力，此为结构孔压。Miller和Pursey曾研究了均质和各向同性的弹性半空间表面上作用有垂直振荡的图形能源情形，三种弹性波的比例分配为：瑞利波占67%，横波占26%，纵波占7%。可见，横波是纵波能量的数倍，横波对孔隙水压力的贡献也应值得重视。

以上分析表明，不排水条件下，无论是纵波还是横波，它对残余孔压的贡献均表现为土体结构的变化，即表现为结构孔压的形式。需要强调的是，对饱和土体，无论是何种形式的荷载作用，只要能引起土体结构的变化或土颗粒之间剪切位移的产生即可能产生一定的结构孔压。

4. 波与排水

一般而言，淤泥或淤泥质土的渗透系数为 $10^{-9} \sim 10^{-7} \, \mathrm{cm/s}$。通过设置人工材料排水体，使排水路径大为缩短。

对于饱和软黏土，水位以下的介质中主要是传播纵波（压缩波），相对而言在液相介质中能量损失较少，是比较有利的。压缩波大部分通过液相运动，逐渐使孔隙水压力增加。在不同的介质中，振动传播的频率、速度、能量是不同的，就有不同的动力效应，而且两者之间动力差大于颗粒对水的吸附能力时，自由水、毛细水、弱结合水甚至部分强结合水将从颗粒间隙析出，然后通过排水固结。

压缩波传到地表临空面时，则反射成为拉伸波再传入土中，从而产生拉伸微定向裂纹，大大改善了土体内部的渗透性。在很高的孔隙水压力梯度作用下，软土的拉伸微裂纹贯通成排水通道，与排水板构成横竖交叉的网状排水系统，使软土中高压孔隙水压经网络排水系统很快排到地表。软土越软则抗拉强度越低，振动波引起的微裂纹越多，排水固结效果越佳，综合效果是地基均匀性明显趋好。

从静动力排水固结排水机理的分析来看，微孔隙排水和微裂隙排水起着非常重要的作用，这种排水是以软黏土本身的微结构不被破坏为前提的，反过来看，一旦软黏土本身受到过分扰动，微结构被破坏，那么其本身正常的排水通道将被破坏，这对于含水量和孔隙比都很大的软土来说，其中希望排出的大量自由水和弱结合水将滞留其中，因而形成"橡皮土"现象造成软基处理失败。

实践中，用手连续击饱和软黏土，就会产生水析出现象，由于水土相混合的介质振动效应不同，存在动力差，产生间隙水的聚结，形成动力水的聚结面，造成网状排水通道，在动力应力作用下，自由水向低压区排泄，经过一段时间触变恢复，土的抗剪强度和变形模量都大幅度提高。同理，取饱和黏土用透水布包扎好，施加强烈振动，水分会析出，而且停放一段时间土体就会固结。这说明在动力作用下，土体排水固结效应远远大于静态排水固结效应。这也是该法区别于静力排水固结法的主要特点之一。

由于上述荷载特征与排水条件改善，地基土瞬时固结与主固结沉降量大，土的密实性好，次固结沉降大大减小。

5. 波与土体加固

在夯击初期土体抗剪强度有减小的趋势，之后，随孔隙水压力的消散，土颗粒之间的相互作用力增强，抗剪强度进而提高。

在进行夯击时，随着土体密实度的增加，压缩模量和剪切模量增大，波的传播速度相对加快，这时横波增加，纵波削弱，并且波的折射要消耗能量，故对夯实效果不利，如果增加夯击能（夯次）其效果不会明显。

一般认为，纵波是由震源向外传递的压缩波，质点的振动方向与波的前进方向一致，它表现为一系列的推—拉位移，导致土粒趋于密实，使地基压密，从而提高强度，减少沉降；而横波是由震源向外传递的剪切波，质点的振动方向与波的前进方向相垂直，它只能在固体里传播，它的作用也是使土颗粒重新排列成更加密实的状态。

瑞利波的能量以夯坑为中心沿地表向四周传播，使周围物体产生振动，对地基压密没有效果；而余下的能量则由剪切波和压缩波携带向地下传播，当这部分能量释放在需加固的土层时，土体就得到压密加固。也就是说压缩波大部分通过液相运动，逐渐使孔隙水压力增加，使土体骨架解体，而随后到达的剪切波使解体的土颗粒处于更密实的状态。

9.2.4 夯锤与地表接触动应力的特点

夯锤与土作用的边界接触动应力是动力固结数值分析的主要边界条件，也是衡量夯后土体应力历史与应力路径的直接判据。冲击力的大小直接影响到夯击加固的效果，特别是夯击能向深层的传播比例及影响深度。目前，关于冲击荷载作用下土层表面的接触动应力的实测资料还是十分有限，Scott C. R. 和 Pearce R. W. 最早对这一问题进行了研究，他们采用一种简化的夯锤等效集总模型预估地基土在强冲击下的反应,给出运动方程的同时给出了夯锤与土体接触面的平均应力解。Mayne 等根据动量原理得出确定最大接触动应力的经验公式,日本也有学者利用功能原理得出夯击冲击力一般为 $100\sim1000t/m^2$,但未能给出更具体的数值,也未能给出冲击力随时间的变化关系。图 2.9-3 (a) 是裴以惠等在山西潞城湿陷性黄土含水量较大土层中测得锤底动应力,并指出锤底动应力与土的坚硬程度有关,其中实测值为 $2\sim9MPa$,接触时间为 $0.04\sim0.9s$;图 2.9-3 (b) 给出了 Thilakasiri 等根据室内模拟试验测得的表面接触动应力;图 2.9-3 (c) 给出了钱家欢教授等利用自行设计的动力固结仪测定的动应力-时间曲线。

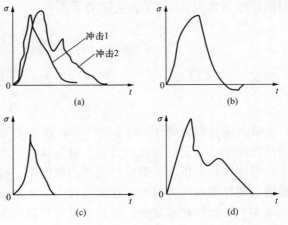

图 2.9-3　夯锤与地表的边界接触动应力

结合一些学者的模拟结果〔图 2.9-3 (d)〕可以看出,尽管在冲击荷载作用期间表面接触动应力会出现一定的波动和起伏,但总的变化趋势表现出脉冲荷载的形式,即大致可分为加荷和卸荷两个阶段。关于脉冲荷载的作用时间,一般认为与夯击能量的大小、土性等因素有关,大致在 $0.05\sim0.1s$ 范围内。

郭见扬通过砝码冲击土样的室内试验研究了表面接触动应力问题,同时还给出了按照冲击力实际作用时间和冲量定理得出的冲击力计算结果。试验结果显示:在冲击能和重量均相同的条件下,对砂土的冲击力均大于黏性土的冲击力。而白冰的试验结果显示在其他条件相同的情况下,对黏土的冲击力却大于对砂土的冲击力。其结果却恰恰相反,看起来似乎没有统一的规律。

夯击作用时,随夯击遍数增加,表层填土渐趋密实,冲击力随之增大,传到下卧层的夯能将增大,对软土加固作用也逐渐增强。另外,尚世佐用能量守恒定律和动量定理得出了应力峰值的理论公式。孔令伟用积分变换和传递矩阵,蒋鹏用离散元法,分别对接触应力进行了分析。应该说这些公式都是相当近似的,需要更多的实测资料来验证。

9.2.5　夯击下孔压增长与消散规律

9.2.5.1　土中气体的释放

由于饱和土中仍含有 $1\%\sim4\%$ 的封闭气体和溶解在液相中的气体,当落锤反复夯击土层表面时,在地基中产生极大的冲击能,形成很大的动应力,同时在重锤下落过程中会和夯坑土壁发生摩擦,土颗粒在移动过程中也会摩擦生热,即部分冲击能转化成热能,这些热量传入饱和土中后,就会使封闭气泡移动,而且加速可溶性气体从水中释放出来。由于饱和土体中的气相体积增加,并吸收夯击动能后具有较大的活性,这些气体就能从土面逸出,使土体积进一步减少,并且又可减少孔隙水移动时的阻力,增大了土体的渗透性能,加速土体固结。

9.2.5.2　饱和土的可压缩性

对于理论上的二相饱和土,由于水的压缩系数 $\beta = 5\times10^{-4}MPa^{-1}$,土颗粒本身的压缩系数更小，约为 $6 \times 10^{-5} \mathrm{MPa}^{-1}$。因此当土中水未排出时，可以认为饱和土是不可压缩的。但对于含有微量气体的水则不然，如无气水的压缩系数为 β_0，水在压力 p 时的含气量为 χ，此时的压缩系数为 β，则二者之间的关系为

$$\chi = \frac{\beta - \beta_0}{1/p - \beta_0} \qquad (9.5)$$

假定：$p=1$ 以及 $\chi = 1\%$（即含气量为 1%），则此含气水的压缩系数：

$$\beta = (1/p - \beta_0)\chi + \beta_0 = 0.010\,049\,5$$

也就是说含气量为 1% 的水的压缩系数比无气水的压缩系数要增大 200 倍左右，即水的压缩性要增大 200 倍。因此，含有少量气体的饱和土具有一定的可压缩性。在夯击能量的作用下，气体体积先压缩，部分封闭气泡被排出，孔隙水压力增大，随后气体有所膨胀，孔隙水排出，超孔隙水压力减小。在此过程中，土中的固相体积是不变的，这样每夯一遍液相体积就减少，气相体积也减少。也就是说在重锤的夯击作用下，会瞬时发生有效的压缩沉降，按其含气量的多寡，这种瞬时下沉可达 30~50cm。

另外当夯锤反复夯击土层表面时，在地基中会产生极大的冲击能，使土颗粒或土团粒互相移动、靠拢。土颗粒互相靠拢时，首先是紧紧包裹在它们表面的薄膜水（强结合水）相互接触，随着冲击能量的不断增加，薄膜水受到很大的挤压应力，就向挤压力小的地方移动，并发生变形，即其厚度发生变化。当夯击能量足够大时，薄膜水能减薄到这样一个厚度，即薄膜水仍可由物理-化学吸附作用使土颗粒相互联系，而由此产生多余的水则变成自由水流向颗粒中间，最后从上面或四周逸出。由于薄膜水的减薄，土颗粒就发生相对位移，得以进一步靠拢，由紊乱状态进入稳定状态，孔隙大小也达到比较均匀的状态，超孔隙水压力消散，土体从而达到新的稳定状态。

9.2.5.3　饱和软土的局部液化

在夯锤反复作用下，饱和土中将引起很大的超孔隙水压力，随着夯击次数的增加，超孔隙水压力也不断提高，致使土中有效应力减少。当土中某点的超孔隙水压力等于上覆的土压力（对于饱和粉细砂土）或等于上覆土压力加上土的黏聚力（对于粉土和粉质黏土）时，土中的有效应力完全消失，土的抗剪强度降为零，土颗粒将处于悬浮状态——达到局部液化。此时由于土体骨架连接完全被破坏，土体强度降到最低，使饱和土体中水流阻力也大大降低，即土体的渗透系数大大增加。而处于很大的水力梯度作用下的孔隙水，就能沿着土中已经由夯击而产生的裂缝面或者击穿土体中的薄弱面迅速排出，超孔隙水压力比较快地消散，加速了饱和土体的固结，遂使土体的抗剪强度和变形模量均有明显的增加。

而对于饱和软黏土（如淤泥、淤泥质土），在强大的夯击能作用下，土中出现很大的应力和冲击波，致使地表面形成竖向裂隙（分布在夯击点的周围），并在地基内部出现定向裂纹，形成树枝状排水网络，土的渗透系数陡增，大大改善了土体排水边界条件。从静动力排水固结排水机理的分析来看，饱和软黏土的微孔隙排水和微裂隙排水起着非常重要的作用，这种排水是以软黏土本身的微结构不被破坏为前提的，反过来看，一旦软黏土本身受到过分扰动，微结构被破坏，那么其本身正常的排水通道将被破坏，这对于含水量和孔隙比都很大的软土来说，其中希望排出的大量自由水和弱结合水将滞留其中，因而形成"橡皮土"现象，造成软基处理失败。因而对于饱和软黏土不存在提高夯击能

或击数使土体液化并利用液化作用提高渗透系数和排水作用，而是以保证软黏土本身的微结构不被破坏为前提的。

9.2.5.4 复合力加速排水及渗透系数随时间变化

夯击能以波的形式传播，同时夯锤下土体压缩，产生对外围土的挤压作用，使土中应力场重新分布，土中某点拉应力大于土的抗拉强度时，出现裂缝，形成树枝状排水网络。夯击时夯坑及邻近夯坑的涌水冒砂观象可表明这一现象，这是变排水孔径的理论基础。

Menard 饱和土的动力固结机理虽与太沙基传统固结机理不同，但它仍需使超静孔隙水压力消散，孔隙水排除，饱和土夯击过程中土中应力的变化及土体渗透系数的变化可用上述观点及 Godecke 的试验结果证实，Godecke 在室内模拟饱和砂土的夯击试验，所用锤为直径为 15cm、高 20cm 的钢筋，冲击试样的中心，并测定冲击过程中每一击的垂直、水平方向土的总应力 σ，孔隙水应力 u 如图 2.9-4 所示。

图 2.9-4 (a) 表示压力传感器测得的总应力 σ 的变化。由于锤击力不变，竖向应力 σ_z 的实测值是不变的，而水平应力 σ_h 不断增大，使土体中增大一水平拉应力，此拉应力在试验中夯 20 次时最大，表明土结构破坏，水平侧压力加大即侧压力系数增大，最终增为 1。图 2.9-4 (b) 表示孔隙水应力 u，它是不断增大的圆。图 2.9-4 (c) 表示有效应力 σ'，其值为

$$\sigma' = \sigma - (u + \Delta u) \tag{9.6}$$

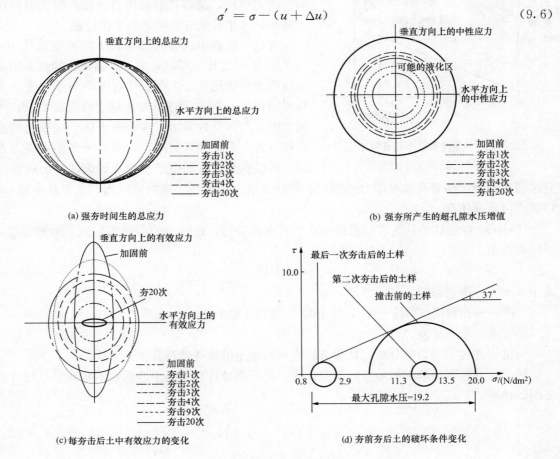

(a) 强夯时间生的总应力

(b) 强夯所产生的超孔隙水压增值

(c) 每夯击后土中有效应力的变化

(d) 夯前夯后土的破坏条件变化

图 2.9-4 动力固结的室内试验

由图 2.9-4（c）可见，夯击时的有效应力变化十分显著，竖直总应力 σ_z 不变。由于孔隙水平应力增大，有效应力 σ_z' 减小，水平总应力 σ_h 不断增大，孔隙水应力也增大，故水平有效应力 σ_h' 先增大后减小，夯 20 次后，水平有效应力 σ_h' 大于竖直有效应力 σ_z'，大小主应力 σ' 转了 90°。为了研究破坏条件，应用摩尔应力圆如图 2.9-4（d）所示，不同固结土样的三轴试验测得摩尔包线的 ϕ' 为 37°。同一种土在冲击试验的前后有效应力变化为

夯击前：

$$\sigma_{z前}' = \gamma' h = 20\text{N/dm}^2$$

$$\sigma_{h后}' = 24\% \sigma_z' = 4.8\text{N/dm}^2$$

夯击后：

$$\sigma_{z后}' = \sigma_{z前}' - u = 20 - 19.2 = 0.8(\text{N/dm}^2)$$

$$\sigma_{h后}' = 2.9\text{N/dm}^2$$

它表明，随着冲击荷载增加，有效竖向应力从初始值 20N/dm² 下降到 0.8N/dm²，是初始值的 4%，而对应的有效水平应力仅下降到 2.9N/dm²，是起始值的 60.4%，夯击后的有效应力摩尔破裂圆的大小主应力转了 90°。

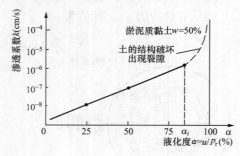

图 2.9-5　土中渗透参数随超孔隙水压力与全应力之比而变化的情况

上述试验表明，竖直方向总应力不变，水平方向总应力增加，超静孔隙水压力增加，竖直有效压力减小，水平有效应力增加的变化过程。

在这一过程中，如渗透系数 k 随孔隙水压力 u 与全应力 p_r 之比（即液化度 α）而变化的情况用关系曲线表示如图 2.9-5 所示。它表明当液化度小于临界液化度 α_i 时，渗透系数比例于液化度增长，当超出时，渗透系数骤增。这表明土体产生很大的水平拉应力，出现大量裂隙，它垂直于最小主应力方向，所以在夯击点周围产生垂直破裂面，出现冒气冒水涌砂现象。随着孔隙水压力消散，土重新固结，孔压低于侧向总应力，水平拉力减小，微裂缝可重新闭合。

Godecke 经过试验认为夯后黏性土产生贯穿性裂缝，这时土的渗透非层流，渗透速度 v 呈抛物线形。

$$v = k_i^m \tag{9.7}$$

式中　k——渗透系数；

　　　m——指数值：黏性土取 4，粉土取 2，细砂土取 1；

　　　i——水力梯度。

尚世佐通过实测数据分析，认为夯后饱和软黏土的渗透性符合上述公式。

钱学德通过秦皇岛细砂地基的研究认为，孔压消散计算中的渗透系数不是常量，对秦皇岛细砂地基：

$$k = \left(2 - \sqrt[3]{\frac{t}{60} + 1}\right) k_1 \tag{9.8}$$

式中　k_1——孔压刚开始消散时的渗透系数；

t ——时间，s。

要说明的是，我们在此所说的孔隙水压力与地震时砂土液化产生的孔隙水压力不尽相同。实践中测定夯击时饱和土的超静孔隙水压力多达不到上覆土的自重压力，而且此孔隙水压力产生的机理与地震时土液化产生孔隙水压力的机理不同。地震时松砂受剪切应力波，颗粒落入新的平衡位置，在瞬间脱离接触，粒间应力减小，粒间应力转化为孔隙水压力，谓之液化。此时土体体积并未减小，需孔隙水排除，体积方减小。而夯击时，锤底下一定范围的土受到挤压，土体积减小，土被挤密重新排列，粗粒土嵌入细粒土并产生定向排列。此过程土粒并不脱离接触，甚至更靠近，仍可具有粒间应力。孔隙水压力的产生是土体积被压缩，压缩的极限主压实区土体液体中被压缩的空气体积，它应与一遍夯击挤入主压实区的土体体积减去此土体积中气体体积后的体积相等。若夯击期间主压实区土渗透性大，则压缩体积应加上夯击时排出水的体积，即

$$\Delta v_a + \Delta v_w = \Delta v_1 - \Delta v_{1a} \tag{9.9}$$

式中　Δv_a ——主压实区液体中被压缩气体体积，也即两遍间歇期应排走液体体积；

　　　Δv_w ——主压实区在夯击期间排走的液体体积；

　　　Δv_1 ——一遍夯击挤入主压实区的土体体积；

　　　Δv_{1a} ——一遍夯击挤入主压实区土体中的气体体积。

所以夯击时产生的孔隙水压力为土体积缩小时通过液体传递的挤压力。此时粒间应力并不一定消失，只有松砂受夯击振动产生振密时，可产生类似地震的液化现象，并产生孔压。因此一般情况下把夯击时产生的孔隙水压称为夯击压密孔隙水压更为确切，与地震液化不同，它并不反映液化度。

9.2.6　静动力排水固结法对土微结构及次固结的影响

按太沙基经典渗透固结理论，饱和黏性土在受压瞬间，压力完全由孔隙水承担，随孔隙水排出，孔隙水压力转化为骨架间的有效应力，完成主固结。之后，发生土骨架的蠕变而引起次固结变形。然而有的软黏土次固结变形仍占较大比例。例如珠江三角洲一带的软黏土，在 8～15m 厚的淤泥土上填筑 4～5m 填土，常需 3～5 年才能稳定；深圳机场、珠江电厂采用砂井、塑料排水板法堆载预压结束后，测得土的含水量还基本保持不变（60%以上）。

研究表明，次固结变形的大小直接与软土的结构性有关。白冰根据对珠江三角洲软土微结构的扫描电镜（SEM）分析可知，大多呈孔隙比大、含水量高、结构性强的片架结构。图 2.9-6 为两个典型工程淤泥 SEM 照片。图 2.9-7 为文献室内试验制备扰动样后所得的 SEM 照片，SEM 的型号为日本产（HITACH1）S-570SEM。图 2.9-6 所示淤泥含水量高达70%以上，而图 2.9-7 所示试样含水量为 37.4%。由两者的比较可知，现场高含水量软土的结构性更为显著，因此其稳定问题和次固结变形问题也将更为突出。

可以看出，这类软土的特点是结构刚度大，但灵敏度也高，故不宜扰动。处理该类地基的优选方案是那些对地基土扰动小的方案。静动结合法由于表层有一定厚度的填土层或硬壳层，夯击荷载的作用并不对软土层加以彻底扰动揉搓，从而可保持软土内某些可靠的微结构。夯击波的作用则能对软土内的微结构进行调整，随后孔隙水消散，土结构趋于更为稳定的状态，在此基础上进行下一遍夯击作用，如此重复，形成一种良性循环的状态。反复作用

(a) 深汕高速公路（海丰段）　　　　　　　(b) 广珠东线高速公路（灵山段）

图 2.9-6　典型工程淤泥 SEM 照片

(a)　　　　　　　　　　　　　　(b)

图 2.9-7　室内试验扰动试样 SEM 照片

的最后结果是使土体形成一种超稳定的状态，效果相当于较大的超载预压，从而抵抗由土颗粒的蠕变而导致次固结变形的能力将显著提高。这一过程也是一个土体结构的渐变过程，故而不会导致土体的剪切破坏。

9.2.7　饱和软土的触变恢复

饱和细粒软土在夯击冲击波作用下，土中原来处于静平衡状态的颗粒、阳离子、定向水分子受到破坏，水分子的定向排列被打乱，颗粒结构从原先的絮凝结构变成某种程度的分散结构，粒间联系削弱，因此强度降低。但在夯后经过一定时间的休置后，由于组成土骨架中最小的颗粒——胶体颗粒（粒径约为 0.0001mm）的分子水膜重新逐渐连接，恢复其原有的稠度和结构，和自由水又黏结在一起形成一种新的空间结构，于是土体又恢复并达到更高的强度，这就是饱和软土的触变特性。

显然，由不同尺寸（粒级）的细颗粒所组成的土中，只要含有少量的胶体颗粒，就能使这种土具有触变性。例如，粉土主要由粒径为 0.01mm 的土颗粒组成，这种土不具有触变性。因为土颗粒太大，发生液化时在水中不能处于悬浮状态，也就不能产生所谓的"布朗运动"（布朗运动是由于液体分子受热后，作快速而紊乱的热运动，从而使悬浮在液体中的微小粒子从分子方面不断受到无数冲击，使微粒子在溶液中作不规则的移动，1827 年由布朗所发现）。假定这些粉土颗粒的总重量为 Q，而每一个粉土颗粒的重量是 q，因此粉土颗粒的总数为 Q/q。如果在粉土颗粒的总数中，按照其重量增加 1% 的直径为 0.0001mm 的胶体颗粒，并使其仔细地与粉土相掺合，则这时胶体颗粒的总量为 $Q/100$，因胶体颗粒的直径为粉土颗粒自径的 1/100，则其重量等于 $q/100^3$，所以胶体颗粒的数量就等于 $(Q/100)/(q/100^3) = 10000\,Q/q$，即每一个粉土颗粒相当 10000 个胶体颗粒。发生液化时，土的结构发生破坏，全部土颗粒处于悬浮状态，而粉土颗粒开始从水面下沉，其沉降速度极慢（按斯托克斯公式计算，粉土颗粒在水中下沉 1m 需历时 3.1h），胶体颗粒浮在水上产生布朗运动而彼此相撞，由于分子水膜的引力重新构成空间网状结构，于是重新将粉土颗粒黏聚成原有性质的结构，使土的强度得以恢复。但是从上述示意性的计算中可以看出，在土中大于 0.01mm 的砂土颗粒所占的比例不能太大，否则砂土颗粒下沉较快，以致土结构扰动后就不能恢复到原有结构状态。所以饱和土经夯击后的强度增长能延续几个月的时间。据实测，饱和细粒土夯后六个月的平均抗剪强度能增加 20%～30%，变形模量可提高 30%～60%。但需要注意的是，细粒饱和土处于触变恢复期中对振动极敏感，稍加振动则易使刚逐步恢复连接的土颗粒重新分散，导致强度又大幅度降低。因此进行夯击施工后，立即进行加固效果检验时，必须采用振动力很小的检验手段，切忌采用具有很大冲击振动的检验方法，以免得出不符合实际加固效果的数据。

　　从微观方面来看，Hansbo（1973 年）提出：在他所做的黏土试验研究中发现孔隙水中存在着可活动粒子。Pusch（1970 年）从黏土结构的微观分析中，发现了这种可活动粒子的存在，从而支持了 Hansbo 的上述假说。

　　另外，土体中的孔隙，根据 Yong 和 Shee-ran 分析，可分为两类，即宏观孔隙和微观孔隙。而根据 Smar 和 Dickson（1978 年），正常固结高岭土在排水三轴剪切试验下的孔隙比全部量值中，宏观孔隙比和微观孔隙比各自占有部分随轴向应变而改变的情况示于图 2.9-8。

　　总孔隙比由比重测定分析中得出，畴域与畴域间的孔隙比部分由超薄土样截面得出；畴域内的孔隙比部分由以上两者之差得出。Osipov 做了一系列试验来观察高岭土、蒙脱土试样微观结构的变化规律。试验内容有：在不同应力条件下的

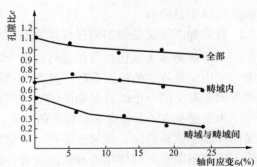

图 2.9-8　正常固结 SPS 高岭土在排水三轴剪切试验下的孔隙比

压缩所引起的各向异性，其中有直剪试验。在此试验中发现：要使微观组构（Fabric）充分发挥作用，就需要另外附加能量；也有触变试验，在此试验中发现：触变后强度恢复过程中伴随着微观结构的重新再组合，而这需要向热力学平衡发展来实现。此外还有其他试验等。

　　图 2.9-9 的曲线亦阐明了饱和黏性土在夯击作用下的触变现象以及触变恢复的微观机理。

其中　OA——静荷下不扰动土样的抗剪强度；

　　　　AB——土体在结构破坏时的抗剪强度（即残余强度）；

　　　　CD——在土体结构破坏情况下，土体受有附加振动荷载时的抗剪强度；

411

EF'——触变恢复后土体结构的抗剪强度（在振动停止后）；

BC——振动时抗剪强度急剧下降（触变）；

DE——振动停止后抗剪强度恢复（触变恢复）。

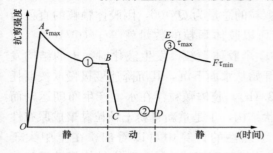

图 2.9-9　土在承受静荷载条件下以及承受动荷载
条件下抗剪强度与时间的对应关系图

土中①、②、③各点为土的微观结构研究过程中选取的
土样点

9.2.8　加固过程的影响深度及加固深度

影响深度和有效加固深度一直是静动力排水固结法施工、设计和检测关注的热点。静动力排水固结法的加固深度目前不够明确。

静动力排水固结法处理软基时常须保证软土层顶有一定厚度的静力（覆盖）层，其起到施压垫层作用，然后施以动荷作用。在此过程中夯能由浅向深传播和扩散。由于阻尼的原因，夯能的影响作用只局限于土层一定的深度范围，夯后地表下土体物理力学性质发生变化并变化到某一深度，这一范围即为影响深度。由于软土含水量高，易流动，一般是先作用以较小能量，其影响深度也较浅，之后，在静荷载及冲击残余力作用下，孔压消散，土层固结。然后，随土体强度增加而加大夯击能量，由于浅层软土趋于密实，故而能量必然向深层传播，促使深层淤泥排水固结。这表明夯击过程中，随着夯击遍数和夯击能量的增加，其影响深度也在不断扩大。因此，对饱和软黏土应以孔压产生与否作为影响深度的确定标准。此外，如前所叙，由于竖向排水体周围的水柱作用，瞬时冲击力可将压力传递至软土深部，使得加固深度可以明显提高。

有效加固深度是与加固目标值紧密相连的，指地基土经加固后能够满足特定工程要求的深度。目前诸多文献仍均沿用强夯法的 Menard 及其修正化公式 $Z = \alpha\sqrt{WH/10}$ 估算加固深度，式中 α 是待定的修正系数，其变化范围很大，为 $0.4 \sim 0.8$，是与地基土的特性及地下水等因素有关的一个综合复杂的函数，因而其仍很难合理地确定有效加固深度。

为了避免 Menard 修正系数法的不足，一些学者从不同角度提出了能量守恒原理来探讨加固深度的估算方法。钱家欢等利用集中质量法、差分法及有限元法进行了动力计算分析，给定了关系曲线，但使用各种数值计算方法都比较复杂，不利于工程实用。王成华根据土体塑性变形对加固有效的事实，按塑性能量守恒提出了等效拟静力法来计算不同土层地基有效加固深度，该方法认为总能量使土体产生不可恢复的塑性变形，当然也存在很大的误差。李福民根据加固深度问题的复杂和计算理论不完善性，提出了有效影响深度必须由现场试验来验证，根据夯后软土中孔隙水压力增长规律检验，计算孔隙水压力增量接近土的自重应力所对应的深度，确定为其有效加固深度。汤磊、陈正汉基于人工神经网络的夯击有效加固深度理论，采用有指导训练的 BP 网络模型。它刚刚提出还没有实用阶段，但它开辟了一个新途径。张平仓根据量纲统一原则建立了有效加固深度的模型：$(1 - \omega)^{-\beta}(Mh/A\gamma_d)^{1/2}$。该方法考虑了单击能和夯锤底面积以及土体的特性等因素，可反映软土地基内因和外因的相互作用关系。

9.2.9　静动力排水固结法减震试验研究

逐步发展起来的静动力排水固结法，由于显现出施工简单，效果、经济、工期上的综合优势等，得到了广泛应用。然而，成功推广应用还面临很大困难，夯击时在土体中产生的强大应力波必然会引起周围土体的振动，会对周边建（构）筑物及环境产生一定影响，这种影响达到一定程度该法实际上就因环境安全原因而不能实施。有效降低夯击时对周边场地的振动作用是影响强夯和静动力排水固结法推广的主要因素。

　　我们通过静动力排水固结法软基加固工程实例，采用移动夯点（震源）和测点的方法对夯击瞬间周边场地的振动加速度进行测试，得到不同距离下不同形状夯锤夯击时对地表产生的水平和竖向振动加速度。找出了在上述工程背景的条件下，水平加速度和垂直加速度与夯点（震源）间距离的关系，并得出（在不开挖隔振沟的情况下）夯击的最小安全距离。提出通过采用组合式高效夯击减震锤施工可提高夯击效率并减小对周边的震动影响。

　　测试设备为由江苏联能电子技术有限公司生产的 CA-YD-117 加速度传感器（已标定）、YE5861 程控电荷放大器、YE6600 多功能测试仪、YE6230T 动态数据采集器和普通计算机。使用四种不同的夯锤（A、B、C、D，如图 2.9-10 所示，其详细参数见表 2.9-3）进行试验。

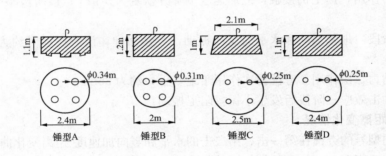

图 2.9-10　各种锤型尺寸示意图

表 2.9-3　　　　　　　　　　　　　各种锤型的详细参数

锤型	锤重 /t	外 观 尺 寸	气孔情况	吊高/m	单击能 /（kN·m）	击数
A	15	ϕ2.40m，H1.10m，组合式高效夯击减震锤	4ϕ340mm	7.5	1125	2
B	13	ϕ2.00m，H1.20m	4ϕ310mm	7.5	975	3
C	16	圆台上底 ϕ2.1m，下底 ϕ2.5m，H1.10m	4ϕ250mm	6.5	1040	3
D	15	ϕ2.40m，H1.00m	4ϕ250mm	6.5	975	3

　　其中 A 型锤（新型锤，为作者发明的组合型高效能夯击减震锤，已获国家专利）的构成为提把和锤体，在锤体上开有透气孔，锤体底面中央有一外凸圆柱，在该圆柱周围还均匀分布有外凸高度介于该圆柱和锤体底面之间的外凸圆柱；在锤体顶面安装有螺母和螺杆。

9.2.9.1　试验成果及分析

1. 加速度-时间曲线

　　典型的竖向和水平向加速度与时间关系如图 2.9-11 与图 2.9-12 所示，由图可见，夯击瞬间冲击与反弹再作用总时间约为 130ms，其中可分为三个阶段：

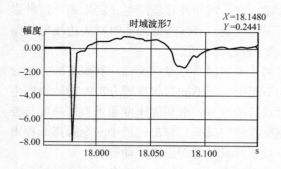 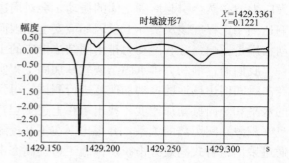

图 2.9-11 竖向加速度-时间曲线（第一遍点夯）　图 2.9-12 水平向加速度-时间曲线（第一遍点夯）

（1）锤土首次接触阶段。夯锤初次触地，强大瞬时冲击力作用，竖向与水平向加速时间分别约为 3ms 与 10ms，加速度急剧增大并达到峰值，其竖向值约为水平向值的 2.67 倍；此后受土的阻力作用，锤土仍接触，但加速度下降并恢复为初值 0；该阶段整个过程历时约 15ms。

（2）回弹阶段。地基竖向和水平向反向振动，夯锤回弹，该阶段耗时约为 80ms，加速度变化较小。

（3）夯锤动力二次作用。夯锤再次作用于地基土，约为 35ms。

经历上述冲击效应三阶段后发生小振幅阻尼振动。

2. 加速度-距离变化情况

由上述不同型号的夯锤在第一击、第二击的水平和竖向加速度-距离变化曲线可见：

（1）竖向加速度在 0～10m 距离内急剧降低，10～30m 距离内加速度平缓降低；而水平加速度在 0～5m 距离内急剧降低，5～30m 距离内加速度平缓降低。

（2）根据《建筑抗震设计规范》（GB 50011—2010）中对地震烈度的定义，地震烈度与相应的水平和垂直加速度的关系参见表 2.9-4。

表 2.9-4　　　　　　　　抗震设防烈度和设计基本地震加速度值对应关系

抗震设防烈度	6	7	8	9
设计基本地震加速度值	$0.05g$	$0.10 (0.15) g$	$0.20 (0.30) g$	$0.40g$

注：g 为加速度

安全距离的确定应根据被保护物要求进行确定，根据文献对一般的工业与民用建筑需抗 7 度地震，因此与其相配套的市政工程的各种地下构筑物应具有相应的抗震能力，所以夯击的安全边界确定标准为：水平加速度小于 $0.1g$，垂直加速度小于 $0.2g$。

由表 2.9-5 可见在四种锤型中，A 型锤的减震效果最好。其单击能最大，但在同等距离下引起的水平和竖向振动加速度却最小。A 型锤水平和竖向振动加速度分别在 20m 和 15m 的范例内大幅度减小至满足安全边界要求。而 D 型锤减震效果最差，仅 975kN·m 的单击能，但其引起的水平和竖向振动加速度随距离衰减却较小，分别在 30m 和 25m 距离外才满足安全边界要求。B 型锤和 C 型锤的效果居中，水平和竖向振动加速度分别在 25m 和 20m 的范例内大幅度减小至满足安全边界要求。

表 2.9-5　　　　　　　　各夯锤满足规范（7 级）要求时与夯点间的距离

锤型	锤重/t	吊高	单击能/(kN·m)	水平加速度<0.1g 时与夯点的距离/m	竖向加速度<0.2g 时与夯点的距离/m	综合安全边界距离/m
A	15	7.5	1125	20	15	20
B	13	7.5	975	25	20	25
C	16	6.5	1040	25	20	25
D	15	6.5	975	30	25	30

3. 夯击效果情况

根据现场实测单击夯沉量及总夯沉量见表 2.9-6。

从击数来看，B 型锤、C 型锤和 D 型锤需要三击才能达到一定的夯沉量和效果（地基土在夯击能作用下能继续密实，不致整体破坏而在夯坑附近明显隆起），而 A 型（著者的专利锤）锤只需要两击就可以达到夯沉量和效果，从而节省了能量，降低造价。

表 2.9-6　　　　　　　　　　　　夯沉量统计表

锤型	锤重/t	吊高	单击能/(kN·m)	击数	平均夯沉量			总夯沉量
					第一击	第二击	第三击	
A	15	7.5	1125	2	34	13		47
B	13	7.5	975	3	17	12	11	40
C	16	6.5	1040	3	18	13	10	41
D	15	6.5	975	3	20	14	10	44

4. 综合评价

（1）根据图 2.9-13～图 2.9-20 可见，A 型锤水平和竖向加速度的衰退比其他三种夯锤

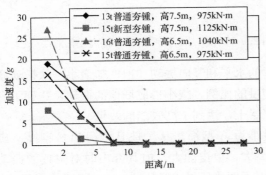

图 2.9-13　第一击竖向加速度-距离变化曲线

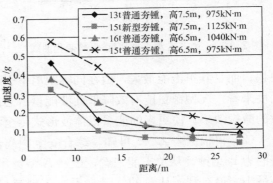

图 2.9-14　第一击竖向加速度-距离变化曲线（放大）

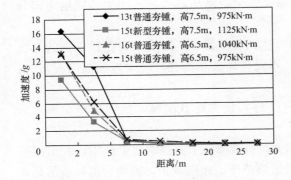

图 2.9-15　第二击竖向加速度-距离变化曲线

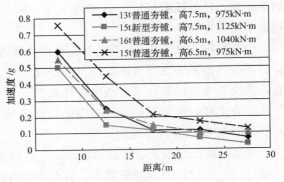

图 2.9-16　第二击竖向加速度-距离变化曲线（放大）

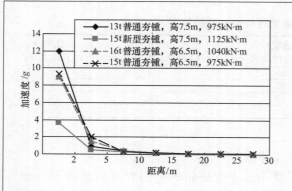

图 2.9-17　第一击水平加速度-距离变化曲线

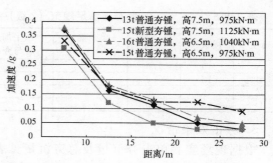

图 2.9-18　第一击水平加速度-距离变化曲线（放大）

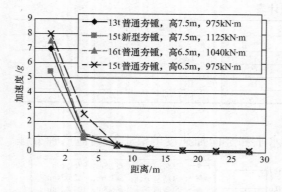

图 2.9-19　第二击水平加速度-距离变化曲线

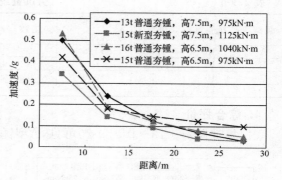

图 2.9-20　第二击水平加速度-距离变化曲线（放大）

更快；而且其单击能最大，但在同等距离下引起的水平和竖向振动加速度却最小。从振动波角度来看，A 型锤更能有效降低面波能量占总能量的比例，减小造成场地的振动，达到了有效的减振效果；使更多的能量以体波形式传至深层土，达到了高效能的效果。

（2）再根据表 2.9-5 可知，综合安全距离最小为 A 型锤，其次是 B 型锤和 C 型锤，最差的为 D 型锤。从单击能来看，虽然 A 型锤吊高大，单击能大，但其夯击时对附近的振动却最小、最有利。从总的能量来看，A 型锤只用了两击，共 2250kN·m，所用能量最小；其次是 B 型锤 2925kN·m，效果稍差；而 C 型锤 3120kN·m，所用能量最大，却与 B 型锤效果相近，D 型锤能量虽与 B 型锤一样，但其综合安全距离却最大，其产生的能量大部分耗散于地表振动。

（3）根据表 2.9-6，A 型锤只需要两击就可以达到 B 型锤、C 型锤和 D 型锤三击的夯沉量和效果（地基土在夯击能作用下能继续密实，不致整体破坏而在夯坑附近明显隆起），具有施工快、节省能量、节省造价等优点。

综合上述，A 型锤的加固效果明显比其他三个好，其次是 B 型锤，然后是 C 型锤，最差的是 D 型锤。分析其原因：

B 型锤高径比较大，锤底面积小，气孔面积大，有效降低了夯锤的气垫作用，夯击能可有效地传至深层；但夯锤质量小，其夯击的有效影响范围也相应减小，须增加击数或吊高才能满足夯沉量和效果。对于静动力排水固结法软基（淤泥或淤泥质土）加固来说，该类夯锤

416

能量难以控制，容易出现埋锤现象。

　　A 型锤底面制作成与加固地面呈多段毫秒级延迟接触的形状，使得夯锤下部的不同部分先后按恰当的延迟时间作用于土体，在总能量不变的情况下，震动明显减少，耗散能量的夯击气垫效应明显减少，冲击噪声小，并将占总能量更大百分比的能量传至深层，明显提高夯击加固效果。而且 A 型锤重心低，锤体底面的多个凸圆柱具与土有较强的咬合力，提高了夯击时的稳定性，减小夯击瞬间出现夯锤倾斜冲击地面的现象的可能性（倾斜冲击将降低体波的能量）。

　　C 型锤制作成圆台型，降低了夯锤的重心，提高了夯击时的稳定性，减小夯击瞬间出现夯锤倾斜冲击地面的现象的可能性。但由于夯锤质量大，底面积大，气孔过小，吊高过小时单击夯沉量很小，需要增加击数才能满足夯沉量，而且夯击能量难以传至地基深层；吊高过大时，夯击时原地表产生强烈的振动，严重扰动土体结构，对于静动力排水固结法软基（淤泥或淤泥质土）加固来说是很不利的。因而 C 型锤更适合应用于高能量夯击或满夯的施工。

　　D 型锤呈扁形，高径比较小，锤底面积大，气孔过小。夯击时气垫作用使在周边地表产生的强烈振动，而且出现强大的冲击噪声，对周围环境不利。但由于能量耗散于表层土的振动中，单击夯沉量较小，须增加击数或能量才能达到一定的夯沉量和效果。该类型夯锤的重心（相对锤高 H）较高，夯击时的稳定性低，夯击瞬间易出现夯锤倾斜冲击地面的现象。

9.2.9.2　结论与建议

　　通过上述夯击瞬间周边场地的振动水平和竖向加速度研究可以得出：

　　（1）组合式高效夯击减震锤（A 型锤）施工可减小对周边环境的振动影响，起到有效减振作用，质点振动速度降低 20%～60%。对于附近周围环境受影响的场地来说，采用锤 A，如再采用减振沟，可降低对周边建（构）筑物及环境产生的影响，使动力固结（强夯）法及静动力排水固结法的应用更得到进一步的推广。

　　（2）采用组合式高效减震锤（A 型锤），施工快，效率高，节省能量和造价。实践证明，采用 A 型锤施工，能使具有造价低、效果好、工期短优势的静动力排水固结法更有效地运用于淤泥、淤泥质土等软基处理中。

　　（3）不同锤型的夯锤，其产生的效果也各异。通过改进夯锤的形状提高夯击进的地基密实波能以及减小面波能及振动是可行的。

9.2.10　静动力排水固结法与动力固结法及静力排水固结法对比

　　静动力排水固结法是近年来在传统的动力固结（强夯）法和堆载预压及排水固结法基础上发展起来的，它利用动力固结（强夯）法的夯击机具与静力排水固结法中排水体系进行软黏土地基处理。然而其与动力固结（强夯）法及静力排水固结法又在根本上不同，以下作对比。

9.2.10.1　与动力固结法对比

1. 应用范围不同

　　动力固结（强夯）法比较适合于加固碎石土、砂土、黏性土、杂填土、湿陷性黄土等各类地基，并成功地用来消除黄土的湿陷性和饱和砂土的液化性。强夯法本身不适用于软土地基，因软土的渗透系数很小（10^{-9}～10^{-6} cm/s），在快速强力作用下，孔隙水来不及排出，土体中能量很快饱和，体积不可压缩，成为工程上所谓的"橡皮土"。如前述，Moltczy 认为动力固结法只适合于塑性指数 $I_p \leqslant 10$ 的土。Gambin 也给出了类似的结论，同济大学叶书麟等主编的《地基处理》一书中也明确说明对于强夯法加固淤泥和淤泥质土地基，处理效果差，使用时应

417

该慎重对待。动力固结（强夯）法加固软黏土地基成功和失败的例子均有报道。

静动力排水固结法适用于黏性土、杂填土等软土地基，特别是淤泥和淤泥质土地基。本书著者与冯遗兴最早在深圳、珠海、惠州、海南等地针对不同的建构筑物的软土地基进行了大量的工程实践及监测测试，取得了成功，积累了丰富的经验。此后，该法获得逐步推广应用，包括在深圳宝安兴华西路淤泥软基处理、海南大学图书馆淤泥软基处理、上海某空军机场大面积淤泥质软土地基处理、广州南沙泰山石化仓储区一期、化工品库区、成品油库区大面积厚淤泥软基处理等。资料表明：这种方法已经在 50 多个工程中得到成功的应用。

2. 排水体系不同

动力固结（强夯）法软基加固不设置排水体系。

静动排水固结法的关键在于改善地基土的排水条件，即设置与加载系统相适应的垂直向和水平向排水体系；前者如砂井、袋装砂井、塑料排水板等，后者为通常由砂垫层、盲沟和集水井组成，作用是将饱和软土层排出的孔隙水引出场地外，促进软土的固结。

3. 加载系统不同

动力固结（强夯）法则利用夯击瞬间的强大冲击力作为加载系统，而施加的冲击力是先大后小。

静动力排水固结法则是夯击前，保证地基软土顶面有一定厚度的预压层（作为静力荷载及施压垫层），土层利用适量的静力荷载、冲击荷载及其持续的后效力（动力残余力，即动力作用后，在软弱土层上的土体静态覆盖力下仍保持的残余力，该残余力对促进软弱土体的排水固结作用必不可少且十分重要）作为加载系统。此外，施加的冲击力是由小至大。

4. 加固机理不同

动力固结（强夯）法对于非饱和土（包括各种杂填土、垃圾土、废弃物等），在土中形成很大的冲击波，土体因而受到很大的冲击力，此冲击力远远超过了土的强度。在此冲击力的作用下，土体被破坏，土颗粒相互靠拢，排出孔隙中的气体，颗粒重新排列，土在动荷载作用下最后达到一个较为密实、稳定的新结构，强度提高，压缩性降低，从而达到加固目的。对颗粒较粗的地基加固效果尤为显著，一般均会获得成功。但对于饱和黏土，由于来不及排水，土中超孔隙水压力很易达到上覆的土压力因而无法继续密实地基。

静动力排水固结法除了具有动力固结法的作用外，还通过设置水平排水体系与竖向排水体系，地基土层在适量的静（覆盖）力、反复作用的动力荷载及其持续的后效力的超载作用下，并通过水柱效应将高压力传递并较为均匀分布至地基深部，使不同深度地基土均能多次发生孔隙压力的明显升降，快速排水体系将不同深度孔隙水不断排出，土颗粒不断相互靠拢，孔隙比也逐步减小，土的抗剪强度就不断提高，工后沉降大大降低，地基土成为超固结土，从而达到了软基加固的目的。

动力固结（强夯）法中强调应彻底破坏土的结构，使土产生液化，然后再排水固结，触变恢复，这种思路不适宜于细粒饱和软黏土的加固，与静动力排水固结法思想完全不同。因为软土灵敏度高，软土结构遭受破坏后大幅度降低软土层渗透性，土体结构及强度需很长时间才能恢复，不利于排水固结。

静动力排水固结法中设置与夯击能量相适应的排水体系是非常重要的。此外，静动力排水固结法从排水机理的分析来看，微孔隙排水和微裂隙排水也起着非常重要的作用，这种排水是以软土本身的微结构不被破坏为前提的。反过来看，一旦软土本身受到过分扰动，微结构被破坏，那么其本身正常的排水通道将被破坏，大幅度降低软土层渗透性。这对于含水量和孔隙比都很大的软土来说，其中希望排出的大量自由水和弱结合水将滞留其中，因而形成"橡皮土"现象造成软基处理失败。

动力固结（强夯）法通常先加固深层土再加固浅层上，最后用低能量满夯加固表层土。其单击夯击能范围是 $1000\sim6000$kN·m，遍数少，击数大。相邻夯击两遍之间的间歇时间，对于砂性土，由于孔隙水压力的峰值出现在夯完后的瞬间，消散时间只有 $3\sim4$min，因此，对于渗透系数较大的砂性土，可连续夯击作业。

静动力排水固结法，按先轻后重、逐级加能、轻重适度和少击多遍原则施工，逐步提高软土承载力。先以小的能量加固浅层土并形成施压层，并使残余应力得以保持和累积；土体排水固结后抵抗能力提高，因此可以逐渐加大能量提高加固深度。两遍夯击的间隔时间以超静孔压完全或基本消散为控制标准，当孔压消散，一般消散至接近夯击前水平或更低，便可进行下一遍的夯击。现场施工一般按超静孔压消散 85% 的时间，一般为 $9\sim12$d。

9.2.10.2 与静力排水固结法中的堆载预压法的对比

静动力排水固结法与静力排水固结法的对比研究是我们对静动力排水固结机理分析的一个很重要的方面。我们以静力排水固结法中的堆载预压法为例加以叙述。

1. 加载系统不同

静力排水固结法利用填土重力或其他方式对软土施加等于或大于建筑荷载的静力荷载。加载按分级加载，原则是在满足软土地基稳定前提条件下尽快将回填土填至设计标高，以使软土满荷载预压时间尽可能长。

静动力排水固结法则是保证地基软土顶面有一定厚度的预压层（作为静力荷载及施压垫层），土层利用适量的静力荷载、冲击荷载及其持续的后效力作为加载系统，利用强夯法的机具分遍夯击施工。其复合荷载是建筑荷载的几倍甚至是几十倍。

2. 微观排水机理不同

静力排水固结法通过预压荷载产生，然后依靠水平和竖向排水体系，将软土中的自由水排出。

静动力排水固结法软基加固时，纵波（压缩波）在不同的介质中，振动传播的频率、速度、能量是不同的，就有不同的动力效应，因而当两者之间动力差大于颗粒对水的吸附能力时，自由水、毛细水、弱结合水甚至部分强结合水将从颗粒间隙析出，然后通过排水固结。同时，压缩波传到地表临空面时，反射则成为拉伸波再传入土中，从而产生拉伸微定向裂纹，大大改善了土体内部的渗透性。加之水柱效应，在很高的孔隙水压力梯度作用下，软土的拉伸微裂纹贯通成排水通道，与排水板构成横竖交叉的网状排水系统，使软土中高压孔隙水压经网络排水系统很快排到地表。

3. 工期及效果不同

静力排水固结法提供的压力一般不超过 100kPa，达不到理想的超载水平，更无法使弱结合水转化为自由水。当堆载未超出交工面将产生较大的工后沉降，当堆载量达到使用荷载量，由于超载部分的堆填与卸除，有较大的额外负担；因压力小，即使有人工排水体系，交工前沉降量小；且若设置不当，在使用荷载下形成的压力通过排水体系的作用将产生（较未设置排水体系）更大的沉降；工期长，一般需要半年时间。

静动力排水固结法利用远远高出使用荷载的动力荷载，使地基土在较短时间内完成固结沉降，成为超固结土及均匀地基，大大降低工后沉降及差值，并将承载力提高 2～5 倍，抗剪强度指标可提高 3～10 倍；可满足包括道路在内的建（构）筑物的承载力与变形要求、有效防止地基工后沉降及不均匀沉降造成的各种危害并充分发挥地基土自身的作用，并可以实现对地基预震作用，有效地消除液化性。该法较单一的静力排水固结法或预压法施工工期大大缩短（为 1/5～1/3）、工程造价更低。

9.3　静动力排水固结法设计

静动力排水固结法已有十几年的工程实践，显现出效果、经济、工期上的综合优势；例如，本书著者与冯遗兴、郑颖人等最早在处理深圳宝安兴华西路、罗田路淤泥地基，海南大学图书馆淤泥地基，上海崇明空军机场淤泥质软土地基等获得很大成功，积累了丰富的经验。

此后，该法获得更大的推广应用，包括广州市南沙泰山石化仓储区一期、化工品库区、成品油库区大面积厚淤泥地基的处理等；技术及施工机具也获得改进，如本书著者发明的组合式高效减震锤的发明，可降低对周边建（构）筑物及环境产生的影响，使静动力排水固结法的应用更得到进一步的推广。

用静动力排水固结法软弱地基处理的施工设计，目前尚未形成一套系统和完整的方法，本书根据作者在工程经验的基础上介绍一些工艺参数设计。

9.3.1　对工程地质勘察的要求

静动力排水固结法软基处理施工前，进行场地勘察的目的是详细查明和正确评价拟采用静动力排水固结法的建筑物地基的工程条件，为该法加固地基设计和施工提供所需的工程地质资料。其原则如下。

（1）查明建筑场地影响深度范围内土层的组成、分布、强度、压缩性、含水量、透水性等物理力学性质和地下水条件；场地的稳定性、地基的均匀性和容许承载力等。

（2）对于软弱土层，应查明成因类型、成层条件、分布规律、层理特征、水平向和垂直向的均匀性；查明其固结历史、应力水平和结构破坏对强度和变形的影响。

（3）查明地表硬壳层的分布与厚度、下伏硬土层或基岩的埋深和起伏。

（4）微地貌形态和暗埋的塘、浜、沟、坑、穴的分布、埋深及其填土的情况。

（5）查明施工场地和周围受影响范围内的地下管线和构筑物的位置、标高；查明有无对振动敏感的设施，是否需在夯击施工期间进行监测。

施工前岩土工程勘察属于工程地质勘察的详细勘察阶段，其主要内容取决于加固场地的复杂程度、上部建筑物的特点及重要性等。勘察主要采用钻探、原位测试（标贯试验、十字板剪切试验、静力触探试验）、现场抽水试验、室内试验等综合勘察手段。各种勘察方法或手段互相印证，综合分析后提供勘察成果。

1. 钻孔勘探

（1）勘探点的布置。在初步勘探的基础上，软基处理场地的勘探点宜按建筑物的主要柱列、墙线布置，其他建筑物勘探点宜按建筑物周边线和建筑群布置，重大设备基础的勘探点应单独布置。在地貌单元界或地层急剧变化处应有勘探点控制。在复杂场地上，对面积上但荷载大或重心高的单独构筑物（如烟囱、水塔等），勘探点一般不应少于 3 个。技术孔（控制孔）不少于勘探总数的 1/3，鉴别孔约占勘察孔总数的 2/3。

（2）勘探点的间距。勘探点间距一般情况下，依建筑物的重要性可控制在 10～30m。在勘探深度内遇到基岩且基岩起伏较大，在建筑物范围内有的软弱土层且相邻两孔中其厚度相差较大，在建筑物范围内有暗沟或暗塘分布情况下应选用较小的勘探点间距。

（3）勘探孔的深度。勘探孔深度除应满足规范要求深度外，当预定深度内有软弱土层时，勘探孔深度应适当增加，勘探孔应穿透软弱土层或达到预计控制深度。具体控制深度应根据不同荷载要求和不同基础形式（如不同桩型）确定，对重型工业建筑应根据结构特点和荷载条件适当增加勘探孔深度。

（4）取样间距。每个钻孔中取土样竖向间距，要按设计要求、地基土的均匀程度和代表性确定。一般可按 1～2m 采取一件土样。为保证代表性，在同一场地或试验统计单元内每一主要土层试样不得少于 3 个。对于厚度小于 1m 的夹层应采取试样。软土取样应采用薄壁取土器，要尽量采到原状土试样。

2. 原位测试

（1）标准贯入试验。所有钻孔均进行标准贯入试验。标准贯入试验按《岩土工程勘察规范》规定进行。此外，本技术要求规定标准贯入试验提供下列资料：实测击数、试验孔号、试验深度、试验的岩土层，并进行统计。

（2）静力触探试验。选择部分钻孔进行静力触探试验，按《岩土工程勘察规范》的规定进行。

（3）十字板剪切试验。选择部分钻孔进行十字板剪切试验，按《岩土工程勘察规范》的规定进行。测试淤泥、软塑粉质黏土及黏土的不排水抗剪强度及灵敏度。每隔 1.0～2.0m 进行测试。

3. 抽水试验

选择代表性钻孔进行抽水试验：

（1）查明勘察范围内的水文地质条件，补给水的水源情况，补给水的性质及渗流路径，要求进行抽水试验。

（2）抽水试验外业和内业工作应严格执行国家和行业有关规范和规程、规定等，提供时间-流量-水位关系等曲线，提供各层渗透系数（K）和钻孔涌水量值（q）。要求抽水试验结果能反映勘察范围的水文地质特征。

4. 室内试验

提供如下土工试验指标：相对密度、天然含水量、天然密度、天然孔隙比、饱和度，液限、塑限、液性指数，压缩系数、压缩模量、固结系数、各级压力下的孔隙比，直接剪切试验（包括快剪、固结快剪）、渗透系数，三轴剪切试验，包括不固结不排水剪（UU）（C、ϕ 值）、固结不排水剪（CU）（C、ϕ 值）。

9.3.2 排水体系设计

传统强夯法用于饱和软黏土失败的主要表现为出现"橡皮土"，其中一个重要原因是排水问题没有解决好。饱和软黏土特别是淤泥质土与淤泥土渗透系数很小（10^{-9}～10^{-7} cm/s），在夯击作用下，孔隙水来不及排出，土体中能量很快达到饱和，饱和土体体积不可压缩，在反复挤压扰动后成为工程上所谓的"橡皮土"。以往国内许多工程没有采用人工排水体，主要认为排水系统在强夯中被破坏，强夯后排水体系作用将大大降低（请注意，静动力排水固结法不能采用强夯的思想来冲击软土地基），因而并无多大效果。

静动力排水固结法能加固软土地基，其中重要的原因之一是设置了良好的排水体系。工程实践表明，在饱和软黏土中插设塑料排水板辅助排水对减小和消散孔隙水压力是非常有利的。

1. 竖向排水体设计

竖向排水体系可采用袋装砂井或塑料排水板，如图 2.9-21 所示。垂直排水体可用袋装砂井。对于静动力排水固结法，更好的办法是插入塑料排水板，一是其抗弯折能力强；二是施工快速，短时间内能完成大面积软基处理任务，加上静力插设可减小对淤泥的扰动，增强排水效果。塑料排水板适应地基变形能力较强，当在其上施加动载时，不会发生折断或破裂而丧失透水性能的事故。

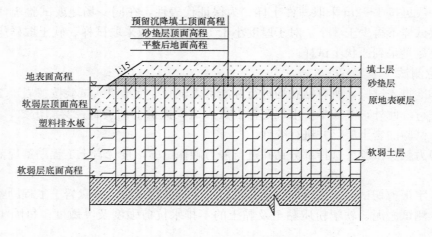

图 2.9-21 竖向排水体系示意图

（1）袋装砂井。为了缩短排水距离，节约砂料并保证排水的连续性，将普通砂井改变成袋装砂井，在圆筒状编织袋里先装满砂，然后放入成孔中。它与普通砂井比较有以下优点。

1）砂袋是事先灌好的，所以能保证砂井的密实性和连续性。由于砂袋是柔性的，当地基产生变形时，仍能保持其连续性。

2）施工机具简单，施工速度快，砂井质量易保证。

3）因砂井直径小，成孔时对土层扰动小。

4）节省砂料，成本低：砂料为普能砂井的 1/4，费用为普通砂井的 40%～50%。

袋装砂井的直径一般为 7cm，井距为 1～1.4m，深度与普通砂井相同。砂袋材料一般采用合成纤维、黄麻、塑料等材料编织物，目前我国多采用聚丙烯编织物。

（2）塑料排水板。如上所述，竖向排水体目前使用最多的为塑料排水板，塑料排水板的设计计算方法与砂井排水法相同，设计时可把塑料排水板换算成相当直径的砂井，按砂井理论进行计算，其当量换算直径 D_p 由式（9.10）计算。

$$D_p = \alpha \times \frac{2(b+\delta)}{\pi} \qquad (9.10)$$

式中　D_p——塑料排水板当量直径，mm；

　　　b——塑料排水板宽度，mm；

　　　δ——塑料排水板厚度，mm；

α——换算系数，无试验资料时可取 $\alpha=0.75\sim1.00$。

塑料排水板的当量直径 D_p 计算式中的 α 值，应通过试验求得，施工长度在 10m 左右，挠度在 10% 左右以下的排水带，$\alpha=0.6\sim0.9$，对标准型（宽度 $b=100$mm，厚度 $\delta=3\sim4$mm）的排水带，取 $\alpha=0.75$。

一般认为，塑料排水板便于机械化施工，能在较短时间内完成大面积的施插任务。施工过程对软土的扰动较小，而且由于塑料排水板适应地基变形能力强，在后续较大的动荷载作用下能保证通畅的排水通道。

塑料排水板应有足够的抗拉强度，沟槽表面平滑，尺寸准确，能保持一定的过水面积，抗老化能力在两年以上，并且耐酸碱性、抗腐蚀性强。塑料排水板质量、品格要求应依据有关规范标准，依据插板深度不同选用。

（3）布置方式。塑料排水板的布设有正三角形和正方形两种方式，如图 2.9-22 所示。假设较大面积荷载作用下每根排水板均为一独立排水系统，为简化计算，每一根排水板影响范围均化作一个等面积（等效）圆看待。则等效圆直径 d_e 与排水板打设间距 l 关系为

正三角形布设：

$$d_e=\sqrt{\frac{2\sqrt{3}}{\pi}}l=1.05l \tag{9.11}$$

正方形布设：

$$d_e=\sqrt{\frac{4}{\pi}}l=1.13l \tag{9.12}$$

由上述两式可知，正三角形布置在同等条件下比正方形布置好；但为了施工方便，实际工程中通常采用正方形布置。

（4）布置间距。对于静动力排水固结法中排水板间距的确定当前主要还是依据经验来确定。另外，因有较厚填土覆盖层，夯击不易将排水板挤断。塑料排水板的布设可参照静荷载作用下的设计方法来进行计算；根据对比试验及我们的经验，在获得同样加固效果的条件下，该法下的间距可比静力排水固结法的要大。根据现场施工经验，一般为 $1.0\sim1.4$m。对于水平方向排水性能相对较好的粉质黏土，间距可适当加宽，如取 $1.6\sim1.8$m。

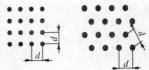

图 2.9-22 正三角形和正方形布置图

（5）插设深度。而插设深度应以穿透软土层为准，如果软土较为深厚设备能力有限时，可选用不同深度设计值进行固结度计算，根据固结度-时间关系和施工实际确定最经济合理的打设深度。塑料排水板的深度应以穿透软土层为准，如果压缩层较为深厚则也可由计算确定。

2. 水平排水体设计

水平排水体通常由砂垫层、盲沟和集水井组成，作用是将饱和软土层排出的孔隙水引出场地外，促进软土的固结。

（1）砂垫层。砂垫层一般要求选用含泥量小的砂土或瓜米石等透水性好散粒材料。若为细砂，其中还可设软式透水管或横向塑料排水板。若为粗砂，含泥量较少时，一般可不设置人工材料。而砂体厚度的确定则主要考虑两方面因素：一是渗流排水性；二是对施工机械的承力作用。在冲击压力作用下，土体中水在瞬时会向上喷出。但在绝大部分时间内会沿着厚

度小于 10cm 的砂层渗流外排。考虑到施工夯击对地面沉降的影响，砂垫层厚度应大于或等于 50cm。含水量大，层厚又处于地表的软弱层，鉴于插设塑料排水板有利于施工机械行走的要求，亦需适当加厚砂垫层，一般选为 80～100cm。

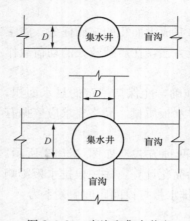

图 2.9-23　盲沟和集水井交汇处示意图

（2）集水井和盲沟。为及时有效排水，常在全场地布设纵横交汇的排水盲沟，如图 2.9-23 所示。盲沟宽 40～60cm，其底面最浅处需在砂垫层之下（比砂垫层底面低 25～40cm），盲沟底面以 1‰～2‰ 的排水坡度往集水井方向加深。盲沟间距一般为 20～30m。在纵横盲沟交汇处设置直径约为 50cm 的集水井。集水井的作用是汇集盲沟排水并用水泵及时将水排到场区外，保证排水通畅，切实保证加固期间加固区域内地下水位不上升，并使地下水位在砂垫层底面以下。集水井可用钢骨架，外包铁目网或土工膜作透水层和反滤层，如图 2.9-24 所示。施工期间需对集水井加以维护及保护，保证集水井与盲沟连通良好；整个施工及交工前期间及时抽水，用口径为 50.8mm 或更大口径的自动式潜水泵将集水井中的水抽至工程试验区以外由引水沟引走，夯击完后一般至少再抽水 28d。

集水井各井位滤水钢筋笼长度根据预计填土厚度（需比最高填土顶面高出 40～60cm）与盲沟深度确定，集水井底面需比周围盲沟深 60～100cm。

集水井和盲沟的施工顺序可依据场地条件而定。如果原地表有一定厚度的硬壳层保证可

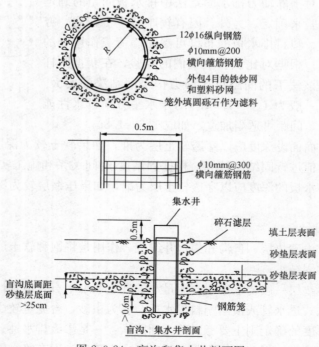

图 2.9-24　盲沟和集水井剖面图

以行走人并进行盲沟集水井安全开挖施工时，可先进行盲沟和集水井施工，后进行砂垫层铺设施工。

如果原地表直接为软黏土，机械无法行走或无法进行盲沟集水井施工时，可先进行砂垫层铺设施工，并在砂垫层施工完毕后开挖铺设盲沟和设置集水井。盲沟横截面图如图2.9-25所示。

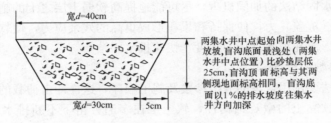

两集水井中点起始向两集水井放坡，盲沟底面最浅处（两集水井中点位置）比砂垫层低25cm，盲沟顶面标高与其两侧现地面标高相同，盲沟底面以1%的排水坡度往集水井方向加深

图 2.9-25　盲沟横截面图

9.3.3　填土垫层

静动力排水固结法处理软土地基时在软黏土顶面必须有一定厚度的表层硬壳层或者填筑一定厚度的填土作为施压垫层。夯击瞬间冲击荷载一般是夯锤质量的十几倍至几百倍，强大的夯击能极易使土体丧失抵抗力并出现埋锤或周围隆起现象。施压垫层的作用是避免夯锤与软土直接接触，避免软土层产生较大的剪切变形，另外施压垫层的存在还有助于静动力排水固结的实现，它起着预压荷载、冲击垫层、应力扩散及维持残余力等有益作用。其厚度可根据现场实际情况而定，如原地表标高、交工标高、预计沉降量和地质条件。

对于需要填筑较高厚度的填土工程（珠江三角洲地区围海造地或池塘、江河滩地改造，或路堤工程中），通常要求在软土面上回填2.0m厚以上的填土作为静（覆盖）力。填土可在砂垫层及塑料排水板施工完毕后堆填，在满足软土地基稳定前提下尽快将土填至设计标高，以使软土在静力荷载作用下排水固结。若填土厚度大时，在后续的夯击施工过程中适当地加大夯击能量。

分级堆载时，软土稳定可按式（9.13）控制：

$$\frac{\Delta u}{\Delta P} \leqslant 0.65 \tag{9.13}$$

式中　Δu——填土所产生的超静孔压增量；

　　　ΔP——填土堆载增量。

或根据费兰纽斯公式：

$$P_1 = \frac{5.52C_{u0}}{K} \tag{9.14}$$

$$\Delta P_n = \frac{5.52\Delta C_u}{K} \tag{9.15}$$

式中　P_1——第一级加载；

　　　C_{u0}——软土的原始抗剪强度；

　　　ΔC_u——某级填土后，软土排水固结后抗剪强度增量；

　　　ΔP_n——第 n 级加载。

对于原场地有一定厚度的硬壳层（软弱土层之上）的地基，其与砂垫层的厚度之和达到

2.0～3.0m，则可以在其上进行直接夯击施工。

对于原场地表直接为软黏土的地基，则在砂垫层、盲沟和集水井施工完毕后，需要填筑一定厚度的山土或杂土作为施压垫层后方可进行夯击施工。

一般情况下，根据交工标高、预估算地基沉降量和砂垫层厚度来确定填土厚度。也可略高于基底。高于基底是为了预留表面压实高度，使夯实后表面与基底为同一标高。

根据静动力排水固结法的加固机理，尽可能地提高软弱土层之上的施压层厚度，使利于提高软土之上的静（覆盖）力，使保持和累积形成更高的残余应力，使软黏土在更高应力水平的超载作用下，形成孔隙水高压力梯度，快速排水固结。

9.3.4　夯击参数的设计

静动排水固结法要选用合理的夯击参数及施工顺序，这样冲击荷载的作用不对软黏土过分扰动，尽量保持软黏土的微观结构性，软土层在多遍夯击下不断排水固结，强度不断提高。对软黏土来说，静荷载下的排水固结份额是基本的，动荷载作用下的固结量是附加的，其作用不是两者的简单叠加，而是相辅相成、相互促进的关系。

1. 单击能的确定

合理的夯击能与地基土类别、性质、建筑荷载及要求处理的深度有关。为保证达到要求的处理深度，一般根据要求的处理深度确定最大单击夯击能。饱和软土，因含水量大，抵抗剪切及完全破坏的能力很低，过大的夯击能极易使土体丧失抵抗力。这种情况一旦发生则需很长时间恢复抗力，延误工期。特别当排水不畅时，土体横向挤压力大，易造成"橡皮土"。为防止上述情况发生，要采用多遍夯击，逐步提高单击夯击能的办法，使末遍点夯的单击夯击能影响深度达到要求，而每遍单击夯击能的确定原则上由横向应变及夯点周围上的隆起量控制。

需要特别指出的是，所提出确定单击夯击能的控制性量是横向应变而不是横向位移或水平位移，这是因为这种位移即指土体质点在工程意义上的绝对变位，其量值不仅与夯击能、土的性质等有关，还与夯点邻近上体所受到的约束条件相关；应变值则表示土体质点之间的相对变位，在土的性质一定的情况下可客观地反映土体被挤压的程度，例如，在邻近施工区边界夯击时，由于邻近土体侧向挤压力小，土体质点的水平位移量可以很大而应变量较小，土受到水平挤压力较小，因而不会产生土体隆起现象。还需加以指出的是，夯击点附近土体的隆起实质上是土体的横向应变值过大、土体失去抵抗力所致。这与我们在实验室观察到的土样单轴或三轴压缩试验时中间逐渐鼓起的现象是一致的。

显然，如前述，夯击中允许横向应变的极限值与土的性质相关，不同的土体有不同的极限值。一旦土的力学性质确定，可视为空间轴对称弹塑性问题来求解。工程上，多依据现场试验与经验，将夯击能分为不同等级，逐遍地增加单击夯击能，从而间接地控制每遍的横向应变值。

夯击能的选择要考虑两个方面的因素：①应给软土施加充分的动载，使土中动孔隙水压力 u_d 大幅度增长；②要避免过高夯击能使软土大量隆起或水平挤出，即避免过分扰动，破坏土的结构。

以前认为强夯应彻底破坏土的结构，使土产生液化，然后再排水固结，触变恢复。这种思路完全不适宜于细粒饱和软黏土的加固。因为软土灵敏度高，软土结构遭受破坏后大幅度降低软土层渗透性，土体结构及强度需很长时间才能恢复，不利于排水固结。

因此夯击能的选择应从较低能量开始，使浅层软土率先排水固结，强度增长，在表层形成硬壳层，此后再逐渐加大能量，软土排水固结后强度逐渐得到提高，其抵抗动荷载的能力增强，夯击能量逐层向深部传递。此思想即为"夯击能由低至高，加固由浅入深"，由成功的实例可知，夯击能的选择的几个规律：夯击能的选择受填土厚度的影响较大，对于夯前软黏土顶面的静（覆盖）力层较薄时，夯击能一般可遵循由低到高，逐级加能的原则，第一遍夯击能可采用 $800\sim1500\mathrm{kN \cdot m}$，以免严重扰动软土，以后各遍夯击能可逐渐加大到 $1200\sim3000\mathrm{kN \cdot m}$。对于夯前软黏土顶面的静（覆盖）力层较厚（深厚填土或硬壳层）时，也可试用变化不大的夯击能多遍夯击（如 $1200\sim3000\mathrm{kN \cdot m}$）。满夯的作用是加固表层土，即加固单夯点间未压密土，深层加固时的坑侧松动土及整平夯坑填土；故满夯单击能可选用 $400\sim1000\mathrm{kN \cdot m}$，但如果夯击能过大，反而会造成新的凹凸不平现象。

2. 夯点的间距及夯点布置

静动力排水固结法夯击点间距的确定，一般根据地基土的性质和要求加固的深度而定。对于细颗粒土，为便于超静孔隙水压力的消散，夯点间距不宜过小。若各夯点之间的距离太小，在夯击时上部土体易向侧向已夯成的夯坑中挤出，从而造成坑壁坍塌，夯锤歪斜或倾倒，而影响夯实效果。

对于黏性土地基，若夯距太小，会使已产生的裂隙重新闭合，不利于孔隙水压力的消散；夯击间距也是影响加固效果的一个很重要的参数，夯击间距太小因夯击应力叠加，局部孔压过高破坏软土结构，夯击间距过大夯实效果差，孔压不易积累。

根据我们的工程实践经验第一遍夯击点间距一般为 $5.0\sim8.0\mathrm{m}$，以后各遍夯击点间距可与第一遍相同，也可适当减小。当土质差、软土层厚时应适当增加夯点间距。

从理论上讲，合理的夯点间距可使同一深度处夯点下和夯间土的应力值均匀，加固后的地基成为一个均匀的整体。从能量原理来分析，假设夯间土的能流只考虑相邻两夯点的叠加。

在深度 z，$\varphi=0$ 处：

$$E_0 = \frac{Wh}{2\pi z^2} = \frac{Wh}{2\pi r^2 \cos^2\varphi} \tag{9.16}$$

两夯点间深度 z 处应力叠加：

$$E_r = 2\frac{Wh \cos^2\varphi}{2\pi r^2} = \cos\varphi \quad （取 E_r \geqslant E_0） \tag{9.17}$$

在深度 z 以下，两夯点间的竖向应力将大于或等于夯点下的应力，满足地基均匀的要求；而在其上的阴影部分的应力水平将小于其他部分，即加固效果差，这部分土体以及夯坑回填土体的加固要靠满夯来解决。

为了使地基比较均匀，点夯一般以 $5.0\sim7.0\mathrm{m}$ 间距按等边三角形或正方形布置，进行这样布置比较规整，也便于夯击施工。点夯一般按跳夯方式进行，如第一遍和第二遍采用跳夯形式，第三遍和第四遍采用跳夯布置。满夯一般以 0.75 倍夯锤直径点距和行距搭夯或选用一夯挨一夯交错相切或一夯压半夯。

常用的夯点布置如图 2.9-26 所示。

图（a）为一批布置，适于地下水位深、含水量低、场地下易隆起的土。

图（b）为二批布置，适于加固一般的饱和土，夯击时场地较易隆起及夯坑易涌土时。

图（c）为梅花点布置，多用于要求加固土干密度大的地基土，如消除液化。

图（d）为三批布置，适于软弱的淤泥、泥炭土、场地易隆起的地基土。

夯击点布置是否合理与夯实效果和施工费用有直接关系。

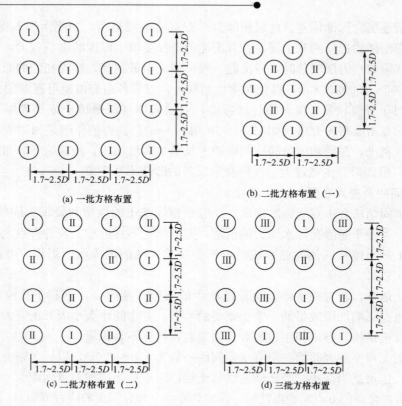

图 2.9-26　常用夯点布置

对于某些基础面积较大的建筑物或构筑物（如油罐、筒仓等）为便于施工，可按等边三角形或正方形布置夯点；对于办公楼和住宅建筑来说，对单层厂房和多层建筑，可沿柱列线布置，每个柱基础或纵横墙交叉点至少布置一个夯点，并应对称，常采用等边三角形、等腰三角形布置。

3. 单点夯击数

单点夯击数即工程上所谓的收锤标准。夯击作用时，单点击数是一个重要指标。总的原则是，要以较少的冲击次数产生较大的孔隙水压力和较小的剪切变形。当冲击次数大于某一值时，孔压增长速率比较缓慢而残余变形却有继续增长的趋势。这是由于孔压升高，有效应力降低，土体强度有一定的衰减的缘故。现场施工经验也表明，当夯击击数超过一定值时，土体不但不能压密，反而产生过大的侧向挤出，同时孔隙水压力增量变小并趋向于 0。

国家有关强夯规范规定：要满足最后两击的平均夯沉量不大于 50～300mm，且夯坑周围地面不发生过大隆起。实践证明动力固结（强夯）法这一规定完全不适用于含水量大的软土地基的静动力排水固结法的处理；按此标准可能导致单点击数很大甚至无法收锤，而且极有可能夯成"橡皮土"导致工程失败。静动力排水固结法要求软土中的动应力小于其动强度，处理过程中软土不发生破坏性的大变形；单点击数可依据实测沉降、位移观测值和孔压增量来控制。

一般而言，合理的夯击次数与单击夯击能、土质条件等因素有关。在单击夯击能确定的条件下，应根据土质情况来掌握夯击次数。对于含水量大的地基土，原则上要多遍少击，使地基土在夯击能作用下能继续密实。工程上可按如下方法掌握。

（1）夯沉量控制：记第 n、$n+1$、$n+2$ 遍的夯沉量分别为 ΔS_n、ΔS_{n+1}、ΔS_{n+2}，当满足 $\Delta S_n < \Delta S_{n+1} < \Delta S_{n+2}$ 条件，则每通夯击次数取 n，如图 2.9-27 所示。

（2）孔压控制：当第 n 次夯击时，孔隙水压力增量 ΔS_n 突然减小或趋近于零，则夯击次数可取 n；因为夯沉量没有减少反而加大的原因是土体水平挤出变大。而且可能垂直压缩量小于水平挤出时，反映软土的扰动已十分严重，应立即停夯。因为动孔压不再上升时，再夯也是无益的。

（3）变形控制：第 n 次夯击时夯点周围的水平方向（径向）应变累计值 ε^n 达到一定的量而该次径向应变增量 $\Delta\varepsilon^n$ 趋于零，则夯击次数为 n。

（4）地表控制：当夯点周围土体明显隆起或夯坑附近地面产生明显振动且振动持续时间较长时，应停止夯击。

显然，以上几种方法具有一定的相关性。其中任何一种方法描述的现象都可解释为某一种形式能量的饱和以及土介质整体抵抗力的即将丧失。需要说明的是，第（1）种方法容易掌握，但需要进行试验；第（2）种方法不需试验，但需在夯点附近不同深度上埋设孔隙水压力传感器；第（3）种方法不需试验亦不需埋设孔压传感器，然而积累的工程经验并不多。在实践中，仍需进行大量的对比试验及监测，找出相互关系以确定出更加简单且便于现场人员掌握的方法。

以上几条满足任何一条即停止夯击，以便确定该点停夯标准。单点击数虽受到限制，而夯击遍数则可增加，用反复多遍的方法来保证软土的充分排水固结。如果多遍夯击后仍达不到预期效果，宜考虑加密排水板距离，加强降排水等措施来改善排水固结的效果，这可减小夯击遍数，加快施工进度。以上各项初选的参数均应根据监测结果及时进行调整，以确保加固效果。

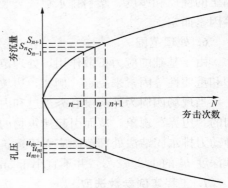

图 2.9-27 单点夯击次数控制示意图

4. 夯击遍数

为实现软土层的静动力排水固结过程，对单击夯击能和单点夯击数均有严格的限制，由此决定了新工艺不可能像传统强夯工艺那样一次到位，而是需多遍夯击从上至下对软土进行加固。"多遍"的意义就是通过分遍逐级加能来完成加固过程，以弥补夯击能、击数限定与加固深度不足之间的矛盾。

夯击遍数过少，为了达到所需加固深度，就要增大每遍施加的夯击能和击数。由上述可知，夯击能和击数过大都易破坏地表土和软土的结构，降低软土的渗透性，影响静动力排水固结法的加固效果。而由十字板原位测试可知，饱和软黏土的灵敏性一般很高，夯击遍数过大，单遍夯击能和击数减小，无法形成高水平的残余应力和孔隙水压力；同时会反复扰动土体，扰动程度过大时破坏土的结构而形成重塑土，同样不利于地基加固，也无法提高加固深度，同时也会延误工期。

静动力排水固结法按少击多遍施工，对于含水量高的淤泥土，可高达十余遍。第一遍是低能加固表层回填土以形成施压层，接着是逐级加能提高加固深度；最后满夯的作用是加固表层土，即加固单夯点间未压密土、深层加固时的坑侧松动土及整平夯坑填土，使地基均匀。

5. 夯击间隔时间

两遍夯击的间歇时间的控制指标是孔隙水压力，当孔压消散接近夯击前水平或更低，便可进行下一遍夯击。可以指出，用静动力排水固结法施工，在过一定消散时间后，地基土中会出现负的超静水压力，这从侧面反映出该法的良好效果。另外，需提醒注意，由于静动力排水固结法的良好排水性，国家或地方的某些相关规范关于夯击间隔时间规定往往并不适用于静动力排水固结法。

现场施工一般取超孔压消散 80% 的时间，采用静动力排水固结法施工，超孔压一般可达 30～60kPa，一般 5～15d 左右动孔压可消散 80% 以上，此可作为遍与遍间间歇期参考值。如果经多遍夯击后未达到预期效果，宜考虑加密排水板距离，加强降排水措施，以改善排水条件，促进软土的排水固结。

实际工程间歇时间即超孔压的消散 80% 以上的时间要根据场地的地质条件，特别是软黏土的性质和厚度、塑料排水板或袋装砂井的插设间距及外界条件（如集水井排水及天气）等因素而定。

6. 处理范围

由于基础的应力扩散作用，处理范围应大于基础范围，其具体放大范围可根据构筑物类型和重要性等因素来决定。例如，边坡稳定应考虑加固的最危险的滑弧范围处。

当现场四周为外部没有夯击过和内部夯击过的边缘，为了避免在夯击后的土中出现不均匀的"边界"现象，从而引起建筑物的差异沉降，必须规定对夯击面积增加一个附加值，即静动力排水固结法处理范围应大于建筑物基础范围，每边超出基础外缘的宽度宜为基底下处理深度 H 的 1/2～2/3，并不宜小于 3m。

7. 工程实例参数选取

工程实例参数选取见表 2.9-7。

表 2. 9-7　　　工 程 实 例 参 数 选 取

工程名称	原场地情况	土层情况/m	排水板间距及长度/m	砂垫层/cm	回填土厚/m	遍	击数	间隔/d	夯点间距/m	单击击能/（kN·m）	加固深度/m
珠海红旗小区	海湾滩涂	耕土：1.0 淤泥：15.0～27.0	1.2×1.2 长 20	50	填土：4.0～5.0	1 2 3 4	1～2 3～4 5～6 6～7	21 16 17	4.0×7.0 3.5×4.0 4.0×7.0 3.5×4.0	1820 2400 2880 3000	8.0～9.0
深圳兴华西路、罗田路	鱼塘	淤泥：4.4～7.6 冲洪积黏土：>5	1.0×1.0	100	两次填土：1.5～1.8 0.4～1.2	1 2 3 4 满		3～5	8 8 8 10 10	4.5 点距梅花	1200 1200 2250 2250 360 （2 遍满）	>8.6

续表

工程名称	原场地情况	土层情况/m	排水板间距及长度/m	砂垫层/cm	回填土厚/m	遍	击数	间隔/d	夯点间距/m	单击击能/(kN·m)	加固深度/m
上海软土地基加固	耕土	填土:2.2~3.9 粉质黏土:0.8~2.1 淤泥质粉黏土:2.5~6 淤泥质黏土:9.9~11.7	长12	80	填土:2.2~3.9	1 2 3 满	4 5 3 2	8	4.0	600 750 900 1500(满)	7.5
珠海电厂软基加固	填海	填土:9.0 淤泥:11.0 砂质粉黏土:6.0	1.0×1.0	无	填土:9.0	1 2 满	15 15	7~10	4.0 正方形跳夯	3000 3000 1000(满)	>9.0
深圳皇岗商业服务区	鱼塘	填土:2.4~3.8 淤泥:0.3~6.3 淤泥质中砂:0.4~4.2	1.5×1.5	50	填土:2.4~3.8 平均3.1	1 2 3 满	2 2 2 1	9	4.5 梅花布点	600 1000 1500 600(满)	不详
海南大学图书馆	湖畔	吹填细砂:3.0 淤泥混中砂:4.0~5.0 细砂混淤泥:3.0~4.0 淤泥:3.0~4.0	1.0×1.0 设计15 长 实7.5~8.5	60	吹填细砂:3.0	1 2 3 4	3~5	8	5.0×4.33 梅花布点	2250 2550 750(满) 360(满)	>9.0
海南三亚某办公楼	海滩边上	人工填石:2.5~4.8 淤泥质黏土:2.0~20.0 细砂含泥:2.7~3.7 粗砂含砾:0.60~4.2	1.0×1.0 长23	无	人工填石:2.5~4.8	1 2 3 4 满 满	1 2 2 2 1 1	8	梅3.5×3.0 梅4.0×3.5 梅5.0×4.33 梅4.5×3.9 最后两遍搭夯 2.0×2.0	1200 2100 2400 2700 900 450	不详
广州南沙某软基处理工程	鱼塘	淤泥冲填土:0~5.0 淤泥:3.5~18.7 粉质黏土:0.4~15.1	1.4×1.4 平均长 13.0	1.0	中粗砂或山土:0.8~1.2	1 2 3 4 满	2~3 2~3 2~4 2~4 1	10	1~2遍和 3~4遍 5.5×5.5正方形跳夯 满夯0.75倍夯锤直径	900 1200 1500 1800 800	>9.0

431

9.4　静动力排水固结法试夯

9.4.1　试夯目的

静动力排水固结法加固软基,由于地基土层的复杂性,动力固结理论发展尚不完善,影响因素又很复杂繁多,特别是加固含水量高压缩性大的淤泥质土或淤泥时,不能作精确的理论计算和设计,因此,设计时常采用工程类比法和经验法。

为验证设计参数并符合预定目标,在正式大面积施工时一般先进行试夯,对不同方案的地基处理现象和效果作出定量评价,然后反馈回来修改原设计,以校正各设计、施工参数

（夯击能、夯击次数、遍数、夯点间距、间隔时间等），考核施工机具的能力，为正式施工提供依据，直至达到预定目标。同时，由于软土多变，其工程特性难掌握，在精心设计、精心施工的前提下，实施以现场为主、室内试验为辅的监控是必要的。静动力排水固结法加固时，无须专门划分试验区，无须完成整个加固过程来确定夯击参数。

9.4.2　试夯的步骤和程序

静动力排水固结法一般根据不同的地质条件划分不同的区域，进行初步设计，在每遍夯击施工前，选定典型的小范围，要进行试夯来确定最佳施工参数，在试夯过程中，其确定原则如下。

1. 夯沉量控制

夯沉量控制即以击与击之间夯沉量的发展速率来控制。当 $(s_{n+1} - s_n)/(s_n - s_{n-1}) > R$，即当夯沉量的发展速率比大于某一值时，即停夯。如果取 $R=1$，则表明第 $n+1$ 遍的夯击增量大于第 n 遍的夯击增量，可取 n 为夯击次数。一般地，根据实际情况，当 R 较大时（如 $R=0.9$）即可停夯。另外，软黏土之上的静力（覆盖）层厚度 H 较小时，一般控制每遍的夯坑总夯沉量在 $\left(\dfrac{0.5}{10} \sim \dfrac{3}{10}\right) H$。该值随遍数的增加而有所增大。

2. 孔隙水压力控制

以前后两击孔压增量幅值大小作为控制标准。即当 $u_{n+1} - u_n > \Delta u$ 时（Δu 为规定的孔压增量幅值，可根据实际情况确定）即可停夯。

以上两种控制方法事实上是统一的，但夯沉量控制比较直观简便，而孔压控制则较为准确、合理。

不同冲击遍数间歇时间应以孔压消散程度来确定，一般认为，待孔压消散 80% 以后再进行下一遍夯击。

3. 水平位移控制

在现场周边常设置位移桩来观测土体的侧向位移情况，以此判断夯击过程中的剪切变形和地基的稳定情况。

4. 地表隆起控制

夯击过程中地表不能出现明显的隆起、开裂现象，保证要使地基土在夯击能作用下能继续密实，不致地基整体破坏。

9.5　静动力排水固结法施工要点

9.5.1　机具与设备

静动力排水固结法一般采用强夯法的施工设备和机具，但与强夯法又有区别。主要由履带式起重机械、扁圆型透气夯锤、自动脱钩装置和插板机四部分组成。

9.5.1.1　夯锤选用

选锤的原则有以下几点。

1. 夯锤质量

静动力排水固结法，加固的为饱和软土地基时，夯锤质量一般为 12～18t。

2. 夯锤材料

夯锤的材料一般用铸钢（铁），不锈钢板壳内加焊钢铁及部分灌填混凝土；完全混凝土锤重心高，冲击后晃动大，着地不平影响加固效果的缺点，夯坑开口较大，易起锤，易损坏；不利于静动力排水固结法加固饱和软土。

3. 夯锤形状

静动力排水固结法施工，夯锤一般采用圆形扁锤而不采用方锤。因为方锤受到工艺上的限制，落地方位易改变，使锤底着地时与夯坑形状不一致，使两次夯击时着地不完全重合，造成棱角落地能量损失或锤着地不平影响加固效果的缺点。一般不用锥底锤，因为锥底锤容易穿透表层硬壳层或砂垫层，加大地基变形不利于冲击后形成有效残余应力，不符合"循序渐进，逐步加深"的工艺要求。圆锤无此缺点，工程中多用圆锤。

建议采用本书著者发明的组合式高效夯击减震锤（获国家专利），该夯锤减振效果好、夯击能利用率高，且重心低，夯锤着地稳定性好，锤体底面的多个凸圆柱具与土有较强的咬合力，提高了夯击时的稳定性，减小夯击瞬间出现夯锤倾斜冲击地面的现象的可能性（倾斜冲击将降低体波的能量）；另可调节重量，方便各种条件下施工。有兴趣读者可与本著者直接联系。

4. 锤底面积

锤底面积即锤着地面积，尽量加大锤着地面积，以防出现埋锤现象，锤重为 $120 \sim 180$kN 时，直径为 $2.0 \sim 2.8$m，可取锤底静压力 $25 \sim 50$kPa，锤底面积宜取为 $4 \sim 6$m^2。

5. 夯锤气孔

夯击作业时，由于夯坑对夯锤有产生负压、吸力和气垫作用，消耗的功约为夯击能的 30%，并对夯锤有拔起吸着作用（起拔阻力常大于夯锤自重，而发生起锤困难），因此，夯锤上须设排气孔，作为上下面的通气孔，排气孔数量为 $4 \sim 6$ 个，对称均匀分布，中心线与锤的轴线平行，直径为 $250 \sim 350$mm，过小易堵孔，不起作用。这样可以减少起吊力和夯击能量损失。透气孔截面面积与锤底面积之比一般不小于 $8\% \sim 10\%$，若有条件尽量采用高效能减振锤。

9.5.1.2 起重机械

起重机采用履带式起重机，以保证工程质量及稳定性。根据资料介绍和工程实践积累的经验，认为在饱和软黏土中吸力是相当大的，有工程测得最大吸力为超过锤重，因此加大了吊机的负荷。国外一般把吊机起重能力增大到 $3 \sim 5$ 倍锤重来克服上述缺点。

采用自动脱钩，起吊力大于 2 倍锤重方可施工，最好 3 倍以上。

9.5.1.3 插板机

插板机一般有液压式和振动式两种，若软黏土层顶静力（覆盖）层较薄，地基土较软且软黏土层厚度较小，建议采用液压式插板机、扁菱形导管，以减小施工时对周围淤泥的扰动影响并减小涂抹效应。

若软黏土层顶静力（覆盖）层较厚，地基土较硬且软黏土层厚度较大（超过 $20 \sim 25$m），一般采用振动式插板机、圆形导管，且必须在插板后即时向导孔内回填砂。

9.5.1.4 辅助机械

根据需要配置推土机或碾压机等辅助机械。

9.5.2 静动力排水固结系统的施工工艺流程

静动力排水固结系统的施工工艺流程如图 2.9-28 所示。

433

434

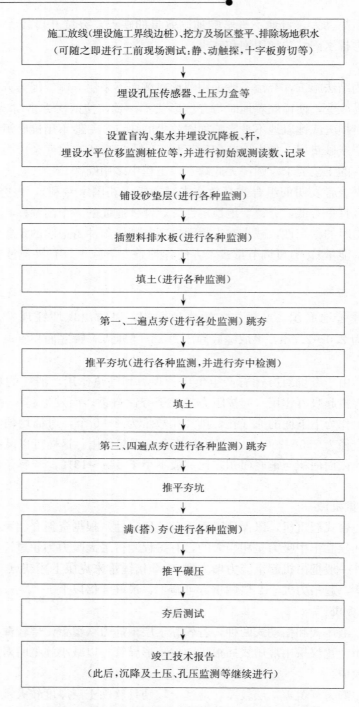

施工放线(埋设施工界线边桩)、挖方及场区整平、排除场地积水
(可随之即进行工前现场测试:静、动触探,十字板剪切等)

↓

埋设孔压传感器、土压力盒等

↓

设置盲沟、集水井埋设沉降板、杆,
埋设水平位移监测桩位等,并进行初始观测读数、记录

↓

铺设砂垫层(进行各种监测)

↓

插塑料排水板(进行各种监测)

↓

填土(进行各种监测)

↓

第一、二遍点夯(进行各处监测)跳夯

↓

推平夯坑(进行各种监测,并进行夯中检测)

↓

填土

↓

第三、四遍点夯(进行各种监测)跳夯

↓

推平夯坑

↓

满(搭)夯(进行各种监测)

↓

推平碾压

↓

夯后测试

↓

竣工技术报告
(此后,沉降及土压、孔压监测等继续进行)

图 2.9-28　静动力排水固结系统的施工工艺流程

9.5.3　静动力排水固结法信息化施工

由于地基土性及分布的复杂性与变异性、固结与设计理论的不完善、设计原始参数的不确定性,为提高静动力排水固结法施工的质量,并保证处理后地基的质量与均匀性,应采用

信息化施工方法。该方法是在现场施工过程中进行实时观察和进行一系列测试和检验，对观测结果进行及时信息处理，对地基处理效果作出定量或半定量评价，然后及时反馈回来修正原设计，再按新方案进行施工。如此进行，直至达到预定目标。作者根据二十几年的地基处理实践经验总结强调为以下两个层面：①信息化施工的控制，即进行过程（时间上）与点（空间上）的控制与调整，及时发现问题、堵住漏洞，保证每一工艺过程、每一处理点均符合质量要求，以确保工程交工质量；"过程"即为地基处理前、中与后（验收前）的施工准备、实施至完工的整个阶段，"点"即指施工场地的每个具体位置。②信息化施工方法，即在过程与点的控制中，根据施工（包括插板深度、插入反力及导管带土情况、每击夯沉量、各击夯沉量相对大小及每遍工序下高程测量等）记录及观察、动力触探自检、监测及检测反馈的信息，结合地段工程地质条件、控制工艺参数进行实时分析，得出结论建议，完善或改进施工技术，必要时经认可后及时调整工艺顺序或工艺参数，确保工程质量。

　　在静动力排水固结法施工过程中，由于地基土层的复杂性和动力固结理论发展尚不完善，在正式大面积施工时一般先进行试插板（袋）与试夯，以确定或调整施工参数甚至工艺顺序。同时，由于软土性质的复杂性及变异性，其工程特性难掌握，而且试验结果仅代表试验区的特性，为了提高静动力排水固结法的施工质量，并保证处理后地基土的均匀性，须进行相应的监测工作（诸如分层沉降观测、孔隙水压力监测、土压力监测、静力触探试验、十字板剪切试验、动力触探试验的某些组合），进行施工质量的过程控制、处理区域内的点控制，并作为参数确定、设计调整依据。例如，可根据孔压的消散确定两遍夯击之间的间歇时间；可根据动力触探试验或静力触探试验、十字板剪切试验和分层沉降观测等结果检验施工过程中的加固效果，并做适当的参数调整。

　　在精心设计、精心施工的前提下，实施以现场为主、室内试验为辅的监控方法对工程质量的保证提供有力的保障。现场监控有以下几种内容。

1. 孔隙水压力及土压力观测

　　通过观测加固层不同深度处孔压增长和消散过程及土压变化，可以评价处理及夯击影响深度和影响范围及其效果，确定夯击能量、夯击次数、夯击遍数及遍与遍之间的间歇时间等参数。保证以较小的能量产生较大的孔压，因为动孔压的大小及消散程度大致说明了饱和软黏土层强度改善的程度。也可建立对于软土比较合理的力学模型，计算软土的固结度并预测固结变形量。

2. 垂直沉降与水平位移观测

　　通过设置地表和软土表面沉降观测点、分层沉降仪来进行观测。现场常用沉降板、分层沉降环和测斜管确定地表位移和深层位移。它直观地表明夯坑周围土体的沉降或隆起，可掌握软土沉降和变形规律，分析不同土层的沉降变形状况，计算软土平均固结度，判断加固效果的好坏。另外，在现场周边常设置位移桩来观测土体的侧向位移情况，以此判断夯击过程中的剪切变形和地基的稳定情况。由地表沉降变形值和侧向位移情况还可确定夯击参数。

3. 原位测试与土工试验

　　在加固前、中、后进行现场十字板剪切、静力触探、标准贯入或动力触探测试，以便了解加固效果，及时调整施工参数，此外，在整个加固过程中随时取样了解软土的含水量和孔隙比的变化，也是必要的监控手段。

　　通过现场监控和室内试验，可有效地了解加固效果，便于调整施工参数，控制施工进程，以实现按最佳施工方案进行施工。

9.5.4 夯击现场施工要点

1. 场地平整

为有利于排水，在堆填砂垫层前平整场地时，整个区域以 0.8%~1.5% 向邻近的引水沟和排水沟倾斜；盲沟周边以 0.8%~1.5% 向邻近的盲沟放坡。

2. 盲沟集水井

盲沟沟宽 30~50cm，其底面最浅处需比砂垫层底面低 20~40cm，盲沟底面以 0.5%~1.5% 的排水坡度往集水井方向加深，盲沟顶面高于原地表 5~15cm（高出部分直接与砂垫层接触）。

集水井由纵向钢筋及横向加强箍形成的钢筋滤水笼，外包 4 目的铁纱网和塑料纱网，滤水笼外填碎石作为滤料。各井位滤水笼长度根据预计填土厚度定（需比填土顶面高 50cm），集水井底面需比周围盲沟深 1m 以上。

施工期间需连续抽水，保证水深不超过 60cm；及时记录抽水时间和井水变化并反馈信息。夯击完后至少再抽水 28d。

3. 引水沟、排水沟

引水沟、排水沟建议不做砌筑，以利于沟周围渗透水排出，要加强维护，保证沟的排水良好。

4. 塑料排水板

塑料排水板应有足够的抗拉强度，沟槽表面平滑，尺寸准确，能保持一定的过水面积，抗老化能力在两年以上，并且耐酸碱性、抗腐蚀性强。塑料排水板质量、品格要求应依据有关规范标准，依据插板深度不同选用，其性能应不低于下列要求。

（1）插板施工技术要求。

1）排水板插设布点需按行、按排编号进行插入记录，布点偏差小于 50mm。

2）插板垂直偏差不超过插板长度的 1.5%。

3）入孔插板必须完整无损。

4）插板不能有回带现象，若有回带，则在附近 150mm 内补插。

5）插板施工时，插板机应配有长度记录装置，记录每根插板的长度、孔深等。

6）如果出现插板插不进去的现象一定要在附近 300mm 或更大距离重插，如果再无法插入时须报告并探明原因，以便作出设计调整。

（2）插设深度。平均插设深度只是根据少量的钻孔地质图统计的，针对静动力排水固结法处理软土地基特别是淤泥或淤泥质土，插板深度不能事先具体量化，排水板深度原则由至淤泥层底面以下至少 30cm，有时现场根据插板机插不下去为止；但插设深度不宜过大，如果发现与统计的平均插设深度相差大于 1.5m，在附近补插，如果补插两次均相差大于 1.5m，则按实际情况插设。

（3）塑料排水板加密区。在每条管线两侧处各加密一行，处理区侧边加密一行。

5. 填土（静力层）

土料宜采用砾质黏土或山皮土、砂、碎石、石粉或吹砂等，易于形成表层硬壳层。

根据静动力排水固结法的特点，淤泥顶上的硬土层一般须满足 2.0~2.5m 以上，保证足够静力荷载，利于在冲击荷载、静力荷载及残余应力下加速排水固结。

若为吹填砂，可以在施工 1 个月前直接往原地基吹填，夯击施工过程中不能吹填，如需吹填，应在附近场地吹填，然后由推土机推至软基处理场地。

6. 雨期施工

场地要有一定的坡度以便排水，任何积水都要及时引出、抽出或舀出场地外排走。降雨前，要设法推平夯坑，必须防止夯坑积水浸泡。暴雨或大雨期间不能施工。

7. 过程控制

在施工过程中通常可进行经济易行的轻便动力触探自检，以对施工质量进行控制。触探布点要求为：工前密度不小于 1 点 /（600～1200）m²，工中、工后（交工前）可保持一致，或视实际情况逐步加大布点密度；工前、工中与工后的触探布点位置应一致以便比较；另外，利用现场测试与监测、及时对地基土及处理效果进行分析评估，进一步指导工程试验的实施。

8. 顺序连续施工

采用顺序连续施工方式，从施工起点到终点，前一遍点夯结束后就进行下一遍点夯，施工顺序与前一遍相同，以在保证有足够的夯击间隔时间的同时加快工程进度。平行作业，严格按静动力排水固结法工艺要求施工。

9. 局部补夯

工法中一般按设计确定静动力排水固结法的夯击遍数。但在地质条件分布不均匀的情况下，通过加固过程中的自检（十字板、静力触探、动力触探试验）的结果确定是否完成最后一遍夯击后地基承载力达到要求，如果不能达到要求，则须进行局部补夯。

10. 施工便道

根据实际场地，如果原场地没有硬壳层，机械无法在其上行走，可以先铺 0.5～1.0m 厚中粗砂，后铺设 0.3～0.6m 厚的石粉、粉煤灰等；形成硬壳层便于形成施工便道。

不可在软弱的原场地直接铺设石粉等透水性较差的材料，以免重型车反复辗压，以至于其下的软土（淤泥、淤泥质土）受严重扰动形成橡皮土，严重影响加固效果。

11. 泥潭区处理

在周围由外向里填中粗砂或透水性较好的材料，施工过程中尽量采取措施避免或减小挤淤的可能性。遇到软土隆起或挤出时，采用机械将其清除至原地表以下 0.8～1.5m 后再回填中粗砂或透水性较好的材料，加密排水板插设间距，并在淤泥潭区域增加 1～2 遍夯击，具体遍数通过自检再行确定。

9.5.5　安全施工和注意事项

（1）机械设备要求勤检修、勤保养，严格遵守操作规程。

（2）工作人员要求遵纪守法，严禁疲劳作业、酒后开车。

（3）夯击现场操作人员必须戴安全帽，夯锤起吊后地面人员应迅速撤至安全距离以外，以防夯击时飞石伤人；非施工人员未经允许不得进入夯击点附近 30m 以内的施工区。

（4）起吊机应支垫平稳，夯锤提升前必须卡牢回转刹车，以防起吊后吊机转动失稳而发生事故。

（5）六级以上大风及雨天不准夯击施工；夜间施工照明一定要好，视线不清时，严禁施工。

（6）设立专职安全员，并要定期检查安全落实情况。

437

9.6　静动力排水固结法检验

为了对静动力排水固结法处理过的场地作出加固效果评价，检验其是否满足设计的预期目标，夯后的检验是必须进行的项目。

9.6.1　检验的数量

静动力排水固结法地基检验的数量应根据场地的复杂程度和建筑物的重要性来决定。对于简单场地上的一般建筑物，每个建筑物地基的检验点不少于 3 处。对于复杂场地，应根据场地变化类型，每个类型不少于 3 处。面积超出 1000m² 以内应增加 1 处。检验深度不小于设计加固深度。

9.6.2　检验的时间

经处理的地基，其强度是随着时间增长而逐步恢复和提高的。因此，在施工结束后，应间隔一定时间方能对地基质量进行检验。其间隔时间应根据土质的不同而各异，时间越长，强度增长越高。

按规范有关要求，载荷试验一般在竣工 3～4 周后进行；荷载板可为圆形或正方形，面积不小于 1m²。

9.6.3　检验的方法

场地地表夯击过程中标高变化较大，勘察检验时需认真测定孔口标高，换算为统一高程，以便于夯前夯后测试成果对比。

对于一般工程，应采用两种或两种以上方法综合检验；对重要工程，应增加检验项目并须做现场大型载荷试验；检验深度应超过设计处理深度。

常用的原位测试方法有现场十字板、动力触探、静力触探、标准贯入、旁压、波速试验等，可选择两种或两种以上测试方法综合确定，进行现场荷载板载荷试验以确定处理后地基承载力及变形情况；当室内试验与现场检测结果不一致时，验收以现场检测结果为准；现场检测各方法间不一致时，以荷载板载荷试验为标准。

另外由于孔压消散后，土体积变化不大，取土检验孔隙比及干密度比较准确。土触变尚未完全恢复易重受扰动，故动力触探振动易引起对探杆的握裹力，常使测值偏大，一般说明静力触探效果较好，可作为主要的使用方法。

场地地表夯击过程中标高变化较大，勘察检验时需认真测定孔口标高，换算为统一高程，以便于夯前夯后测试结果对比。

为了便于读者掌握该软基处理方法，以下给出 4 个工程实例；李彰明为实例 1、3、4 工程设计及施工负责人，冯遗兴与李彰明为实例 2 工程设计及施工负责人。

工程实例 1：广州某道路软基处理工程

1. 工程概况

广州市国际会展中心位于海珠区琶洲岛内的国际博览城 B02 地块，西临规划体育健身公园和华南快速路（已建成），东至科韵路（规划城市主干道）和琶洲公园，南临新港东路（规划城市快速路）和万亩生态果园，北至规划滨江东路临近珠江河。目前本设计是针对其周边道路二期第七标段进行设计，道路为会展中心服务。

地形地貌：工前为市农科院的蔬菜试验地、水塘等，地表积水面积大、时间较长。钻孔孔口地面高程为 4.62～6.01m，稳定水位埋深介于 0.45～0.60m，并受补给水源影响。土层由上往下依次为（图 2.9-29）：

（1）耕植土（少数区域分布为填土，钻孔揭露厚度为 0.5～1.6m，平均约 0.86m）。

（2）淤泥或淤泥质土（钻孔揭露厚度为 1.3～4.3m，平均约 3m，含粉砂量为 5%，流塑，$f_0 \leq 40～80$kPa）。

（3）含淤泥粉砂（含淤泥量为 5%～20%，厚度为 4.9～10.05m，平均为 6.71m，$f_k \leq 80$kPa）。

（4）全风化或强风化泥岩。

根据钻探揭露，本场地内土层覆盖厚度为 7.8～12.4m，淤泥（或淤泥质土）和松散的粉土（细砂）均有分布。在地面以下 15m 范围内，按照《建筑抗震设计规范》（GB 50011—2010）判断场地土的类型为软弱土。

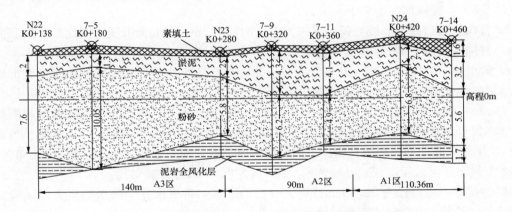

图 2.9-29 国际会展中心周边道路工程七标段钻孔地质图

根据钻探揭露，本场地内软弱土层均有分布，土层由上往下依次为耕植土、淤泥或淤泥质土、含淤泥粉砂，均不适宜做路基天然地基持力层，需对路基进行软土地基加固处理。

技术要求：①道路地基剩余沉降不大于 15cm，100m 差异沉降不大于 10cm；②交工面承载力不小于 120kPa；③工期三个月左右，不能超过五个月，尽量缩短工期。

2. 地基加固

本道路工程用静动力排水固结法处理软土地基，需设：①水平排水体：砂垫层、盲沟、集水井；②竖向排水体：塑料排水板；然后分两层填土到预定高程，并在每次填土后进行夯击，在动静荷载及残余应力作用下，使淤泥层加速排水固结，从淤泥中排出的孔隙水经塑料排水板往上排到砂垫层，再经盲沟汇集到集水井，用水泵将集水井中的水抽排到处理区域以外。淤泥与淤泥质土层在持续及变化的动态及残余压力的超载作用下，多次发生孔隙压力的升降，孔隙水不断排出，土的抗剪强度就不断提高，孔隙比也逐步减小，地基土成为超固结土。

工程试验施工前，须要三通一平（场区清理）：工程试验场地通电、通水、通路；拆除施工场地内各种暖棚与临时建筑，破碎混凝土路面及引水沟（注意水沟中水须外排或抽干），并清除破碎的混凝土块以利于插板施工，处理区放线定位。

本工程试验施工工艺如下。

（1）挖方及场区准备。

挖去耕植土约30cm（当淤泥顶面埋深仅50cm左右时，要控制挖深，以挖去表面植物层为原则），运至施工场地外，清除表层草根、菜根、杂物，平整场区（处理区道路横断面中高边低，T1、T2、T3区按0.5%放坡，T4区按2.0%放坡）。

（2）排水体系设置：

试验区共分4个小区，每小区面积基本相同，由东往西分区及排水体系设置如下。

1）T1区（双塔路A线：K0+410.000～K0+491.360，规划3路：K0+380.000～K0+418.780）。

①水平排水体系设置。

a. 砂垫层，由粗砂铺设而成，铺设厚度为0.8m，砂垫层质量符合有关规范要求，含泥量不大于3%，特殊情况不大于6%。

b. 盲沟：沿道路中心线处设一纵向盲沟，沟宽0.4m，其底面最浅处需比砂垫层底面低25cm，盲沟底面以1%的排水坡度往集水井方向加深；盲沟由土工布包碎石而成。

c. 集水井：沿盲沟每40m左右设一集水井，双塔路A线与规划3路纵向盲沟交汇处亦为集水井。集水井由12根ϕ16mm纵向钢筋及每间隔200mm设一ϕ14mm（或间隔150mm设一ϕ8mm）横向加强箍形成外径为ϕ490mm的钢筋滤（水笼，外包4目的铁纱网和塑料砂网，滤水笼外填碎石作为滤料。各井位滤水笼长度根据预计填土厚度确定（需比填土顶面高50cm），集水井底面需比周围盲沟深，因而滤水笼一般长为4.8m左右，井底用土工布包封；其中2个集水井可采用深埋式（较常规的深1m左右），以做试验对比。

d. 抽排水：用口径为50.8mm或更大口径的潜水泵将集水井中的水抽至工程试验区以外由引水沟引走，夯击完后至少再抽水30d。

②竖向排水体设置与要求。

a. 插板机：用液压式插板机，扁菱形导管，以减小施工时对周围淤泥的扰动影响并减小涂抹效应；若采用振动式插板机、圆形导管，则必须在插板后即时向导孔内回填砂。

b. 塑料排水板：必须用各项物理力学指标合格的排水板。

c. 插设深度：须插设到淤泥层底面下至少30cm，平均插设7.5m深。出现跟带现象，则必须在原位旁15cm内重插一根。

d. 插板间距：以1.0m间距按梅花形布点；在每条管线两侧处各加密一行；处理区侧边加密一行。

2）T2区（双塔路A线：K0+330.000～K0+410.000；双塔路C线：K0+000.000～K0+040.000）。

插板间距：以1.2m间距按梅花形布点。

插板深度：至淤泥层底面下至少200cm，平均插设8.5m深。

砂垫层厚0.7m。

其他各项要求及设计参数同T1区。

3）T3区（双塔路A线：K0+240.000～K0+330.000）。

插板间距：以1.4m间距按梅花形布点。

插板深度：至淤泥层底面下至少200cm，平均插设8.5m深。

集水井设置密度同T1区（每40m一个）。

砂垫层厚 0.6m。

其他各项要求及设计参数同 T1 区。

4）T4 区（双塔路 A 线：K0+150.000~K0+240.000，规划 2 路：K0+430.000~K0+464.000）。

插板间距：以 1.4m 间距按梅花形布点。

插板深度：至淤泥层底面下至少 200cm，平均插设 7.0m 深。

不设盲沟及集水井。

道路横断面中间高两侧低，横断面按 2‰坡度放坡，再通过道路两侧排、引水沟将水外排。

砂垫层厚 0.5m。

其他各项要求及设计参数同 T1 区。

（3）夯击工艺参数确定。

原则如下。

1）信息化施工，根据现场监测及地段工程地质条件调整工艺参数。

2）少击多遍，循序渐进，逐步提高软土承载力（须摒弃传统强夯的加固思想）。

①最大单点夯击能：锤重 $W=120~150$kN，落距 $H=10~15$m，$WH_{max}=1200~2000$kN·m。

②夯击影响深度：不低于 8m。

③夯点布置与夯击遍数。

A. T1、T2 区。

a. 第一遍与第二遍，以 4.0m 点距、3.5m 行距，梅花形布点，跳夯，夯击能量 600~900kN·m，2~5 击。

b. 第三遍与第四遍，以 4.0m 点距，3.5m 行距，梅花形布点，跳夯，夯击能量 1200~2000kN·m，3~6 击。

c. 第五遍，以 0.7 倍夯锤点距和行距搭夯，夯击能量 300~500kN·m。

B. T3、T4 区。

a. 第一遍与第二遍，以 3.0m 点距，2.6m 行距，梅花形布点，跳夯，能量 600~900kN·m，2~5 击。

b. 第三遍与第四遍（可根据第二遍与第三遍效果来决定第三遍与第四遍的夯点布置及第四遍点夯是否实施），以 4.5m 点距，3.9m 行距，梅花形布点，跳夯，能量 1200~2000kN·m，2~6 击。

c. 第四遍与第五遍，以 0.7 倍夯锤直径的点距和行距搭夯，夯击能量 300~500kN·m。

（4）夯击间隔时间。

以超静孔压完全或基本消散为控制标准，超静孔压基本消散时间预计为 9d 左右。

特别注意：

1）点夯击数（收锤标准）：由现场土体变形情况与孔压决定；一般情况下要满足最后两击平均夯沉量不大于 10cm，而在初始两遍时该平均夯沉量应允许更大；总原则是要使地基土在夯击能作用下能继续密实，不致整体破坏而在夯坑附近隆起。

2）根据不同试验区选取不同参数，原则上排水速度越快，施加能量可越大，施加间隔时间越短。

3. 施工工艺流程

施工工艺流程如图 2.9-30 所示。

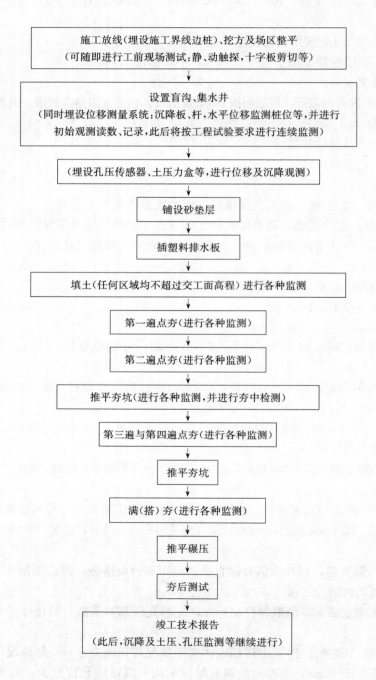

图 2.9-30 施工工艺流程

施工放线(埋设施工界线边桩)、挖方及场区整平
(可随即进行工前现场测试:静、动触探,十字板剪切等)

设置盲沟、集水井
(同时埋设位移测量系统:沉降板、杆,水平位移监测桩位等,并进行
初始观测读数、记录,此后将按工程试验要求进行连续监测)

(埋设孔压传感器、土压力盒等,进行位移及沉降观测)

铺设砂垫层

插塑料排水板

填土(任何区域均不超过交工面高程)进行各种监测

第一遍点夯(进行各种监测)

第二遍点夯(进行各种监测)

推平夯坑(进行各种监测,并进行夯中检测)

第三遍与第四遍点夯(进行各种监测)

推平夯坑

满(搭)夯(进行各种监测)

推平碾压

夯后测试

竣工技术报告
(此后,沉降及土压、孔压监测等继续进行)

需要说明的是：

（1）采用连续施工方案施工，从起点到终点前一遍点夯结束后就进行下一遍点夯，施工顺序与前一遍相同，以在保证有足够夯击间隔时间的同时加快工程进度。

（2）施工、现场监测与检测必须按科研及试验的要求进行，监测是连续的。

工程实例 2：海南省某图书馆工程软基处理

1. 工程概况

海南某图书馆为 6 层框架结构，位于海口市滨海边区湖畔，建筑面积 11000m²，建筑占地面积 4000m²，地基处理面积 6880m²，设计地震设防烈度为 8 度。建筑物场区覆盖层达 300m 左右，上部主要土层为：

（1）人工填土，为吹填细砂，层厚 3m，夹有淤泥包，湖边局部为新填土，结构松散，平均承载力为 100kPa。

（2）淤泥质土或淤泥混中砂，层厚 4～5m，平均承载力为 90kPa。

（3）细砂混淤泥，层厚 3～4m，平均承载力为 140kPa。

（4）淤泥，层厚 3～4m，平均承载力为 55kPa。

（5）冲积土层。地下水位稳定在 1.1m 左右，上部 15m 内为强烈液化土层和震陷层。

软土地基若不用科学方法处理，则在建筑物荷载及土的自重荷载作用下，上部 15m 内土层在长时期内会不断发生固结沉降，桩基也会受到很大的负摩擦影响，使建筑物产生明显的后续沉降及相对变形。由于本工程结构复杂，各部位从 1～6 层变化，对差异沉降敏感，用传统的桩基础则建筑结构处理困难，造价高，工期长。经过仔细的地基处理方案优选，决定采用静动力排水固结法加固该软土地基，采用独立柱基础。

2. 地基加固

（1）湖边补填土后，场地整平，铺设 600mm 砂垫层。

（2）设置纵横向各两条盲沟和四个集水井。

（3）以 1.0m 间距梅花形布点插设塑料排水板，原设计插设深度为 15m 左右，但实际插设至 7.5～8.5m 时遇一薄层砾砂，无法穿透。

（4）以 150kN 夯锤，落距分别为 15m 和 17m，5m×4.33m 梅花形布点进行两遍点夯。

（5）分别以 750kN·m 和 360kN·m 夯击能进行两遍满夯。

（6）夯前、夯中、夯后加强检测工作及信息反馈，真正做到信息化施工。

到 1995 年 2 月底完成全部夯击工作。在施工期间集水井日夜抽水，每次夯击后集水井水位比附近湖水面高 1m 多。夯完后又抽水 20d，最后降至湖水面以下 1m 左右，抽水期约 2 个月。场区地表面在处理过程中平均沉降达 750～800mm。

3. 地基加固效果

（1）在夯击完成后一周，每 20m 设一个 8m 深的动力触探孔，自检得到该地基承载力标准值 f_k＝310～450kPa。变形模量 E_0＝14～22MPa。

（2）海南省工程质量监督站第二检测室于夯后 20d 左右做了三个平板静荷载试验，确定出地基承载力特征值为 370kPa，原设计要求为 250kPa。

（3）由原承担该场地勘察的单位勘察；海南分院于夯后半个月进行钻探取样，所得结果与原勘察结果对比见表 2.9-8。

443

表 2.9-8 夯前夯后结果对比

土层		含水量 W（%）	容重 /（kN/m³）	孔隙比 e	压缩模量 E_s/MPa	标贯击数 N	静力触探 P_s/MPa
填土	夯前	无法取得原状土样		2.0			
	夯后	21.4	20.4	0.595	7.34	8.4	9.4
淤泥质土	夯前	43.5	18.0	1.303	2.43	2.5	1.15
	夯后	21.7	20.4	0.593	7.80	8.6	5.3
细砂混淤泥	夯前	无法取得原状土样				4.7	1.5
	夯后	39.9	20.6	1.112	4.48	8.5	6.5
淤泥	夯前	56.0		1.617	1.94	3.3	0.7
	夯后	54.1	17.1	1.467	2.06	2.8	0.37
黏土	夯前	52.4		1.495	5.33	12.6	
	夯后	51.6	17.1	1.439	4.41	10.7	

从表 2.9-8 中看出，8m 以上的二层土已是超固结超压密的地基层；而地表 11m 以下淤泥层及 14m 以下的黏土层，其物理指标已有增长，但标贯及静力触探指标反而降低。这是由于竖向排水体只设到地下 8m 左右，11m 以下淤泥层的孔隙水难以迅速排出，而且夯后不到 20d，土中孔隙水压力未完全消散；实际上随着孔隙水压力进一步消融，物理指标和力学指标还会更大增长（特别是标贯击数）。

（4）根据夯后实测标贯击数，按照式（9.18）判定经软基加固后饱和砂层是否已消除了液化。

$$N < N_{cr} = N_0 (0.9 + 0.1 \times D_s - D_m) \times \sqrt{3/P_c} \qquad (9.18)$$

式中　　N_0——海口市 8 度震区 N_0＝12；

　　　　D_s——饱和砂土标准贯入点深度，m；

　　　　D_m——地下水位埋深及不液化土层厚度之和；

　　　　P_c——标贯点处黏粒含量百分比，对中砂混淤泥和细砂混淤泥 P_c＞10。

（5）该图书馆土建工程于 1995 年 4 月底开工。基坑开挖深度为 1.4m，比临近的湖水面低 30cm 左右，但基底土都是干的，不用采取降水措施。

根据实施检测结果，设计院实际选用地基使用荷载为 280kPa，独立柱基础面积比原设计缩小 11%。

到 1995 年 8 月底建筑封顶时，测得的绝对沉陷量很小，一般为 20～30mm。由于本工程柱距为 7.3m，实测最大相对变形小于 0.001，完全满足规范要求的相对变形＜0.002 的要求。本工程尽管结构很复杂，由于预计绝对沉降及相对变形很小，因而可以不另设沉降缝，这对结构处理带来很大方便。

4. 结论与讨论

该图书馆工程用静动力排水固结法加固软土地基完全达到了预期的工程要求：

（1）地基承载力标准值 $f_k > 250kPa$。

（2）地基变形模量 $E_0 > 12MPa$。

（3）整个地基成为固结稳定的地基，消除地震时液化隐患。

该工程为软土地区或强震区的多层建筑地基加固提供了优秀范例。实际上本软基加固工程除工程效果比传统软基加固效果明显好得多以外，工期也缩短不少，工程造价要比桩基省很多（仅为桩基造价的 60%，节省 65 万元），上部结构设计也简单得多。

土的排水固结计算往往作了很多的简化，其结果与实际出入很大。动力排水固结的计算理论则更不成熟，实际上紊流的流动法则变量很多，土中孔隙水不是理想流体，而是黏滞流体，黏滞系数又非常量，理论计算将较复杂和困难。工程中通过实测孔隙水压力则使问题趋于简单。今后通过大量的实测工作，再进行统计，可得出比较符合实际的计算办法。

工程设计实例 3：虎门连升路某软基处理工程

1. 工程概况

虎门连升路 K8+952.072～K9+120 路段拟建为城市主干道，位于东莞虎门镇。路段长 167.928m，软基处理宽度 68.5m，总面积 11503.068m²。路段原表层为耕植土，0.8～1.6m，平均厚度 1.2m；下卧淤泥土层，2.7～7.1m，平均深度 5.3m；其下为淤泥质粉细砂或粉质黏土层。该路段于 2005 年 7 月 2 日已完成袋装砂井施工，7 月 15 日进行路基填土；预压土填高至约 2m 后数天便发生淤泥质土侧向挤出，并在施工区表面（位于前进方向左侧部分辅道和人行道）上出现开裂。该路段处于 220kV 走廊下，据现场观察，高压线与现地面最短距离约 8m。

场地地貌单元属三角洲冲积平原，土层从上至下为：

（1）耕植土，湿、软塑，层厚 0.70～2.30m，平均 1.57m。

（2）海冲积土，包括淤泥质土，饱和、软塑，局部流塑，层厚 0.80～7.10m，平均 4.30m，含水量 $w = 80.9\% \sim 83.2\%$，平均 82.0%，孔隙比 $e = 2.188 \sim 2.338$，平均 2.275，标贯击数 $N = 0.9 \sim 1.7$ 击，平均 1.0 击；淤泥质粉细砂：含大量淤泥，局部含大量贝壳，饱和、松散，层厚 1.90～7.10m，平均 5.03m；粉质黏土：局部含较多石英砾，局部土体细腻，湿、软塑，层厚 2.10～4.90m，平均 3.03m，标贯击数 $N = 7.9 \sim 8.9$ 击，平均 8.5 击；中砂：一般含大量粉黏粒，局部黏性土薄层，饱和、松散，平均 0.90m。

（3）残积土，粉质黏土：含较多砂砾，湿、硬塑，层厚 1.70～8.35m，平均 4.55m，标贯击数 $N = 25.4 \sim 28.1$ 击。白垩系沉积岩，岩性为砾岩，强风化岩带：局部夹弱风化岩块，层厚 2.30～5.30m，平均 3.56m，标贯击数 $N = 51.2 \sim 113.5$ 击，平均击数 73.8 击。

地下水静止水位埋深为 0.80～3.20m，地下水类型主要为第四系孔隙水，基岩裂隙水。

软基处理技术要求：①使用期内，最大工后沉降≤300mm，差异沉降≤ 1‰；②交工面地基承载力特征值 $f_{ak} \geqslant 120kPa$；③交工面下 800mm 内密实度不小于 95%，其他各碾压土层密实度不小于 90%；④道路等级：城市Ⅰ级主干道。

2. 地基加固

鉴于由于该施工现场条件的限制等实际情况，经分析比较，采用静动力排水固结法，动力荷载为振动碾压机振动。主要工艺如下。

（1）清除淤泥土层以上土体（耕植土清除20cm后推平，其他符合质量要求的土将可用于回填），边清边填中粗砂，平均厚度约1.0m（局部位置可视条件变化作适当调整）。

（2）设置盲沟、集水井；在整个路基施工过程中及时排水，使淤泥软土加快固结，并从根本上消除软土整体破坏造成侧向挤压的可能性。

（3）将铺设的中粗砂按要求振动压实（采用垂直振动碾压机，砂垫层上部50cm密实度要求达到90%），部分砂体将沉入淤泥土中，加上抽、排水作用，使得上部淤泥土体性质得到直接改善（约2～3m）；间隔10～15d再进入下一道工序。

（4）分层填土，并在整个填筑土厚度中间位置铺设一层石粉（约50cm厚）；各土层铺设厚度不超过30cm，分层重力碾压（碾压机不小于16t）至交工面高程。

3. 施工监测

（1）目的：①直接指导软基处理信息化施工，并作为设计及施工调整依据，确保工程质量，创优质工程；②评价软基处理加固效果，为工程质量控制提供科学依据。

（2）主要内容与要求。

1）横向位移测试。

2）沉降观测：它是了解固结过程、判定加固效果的最直接方法之一；共设置3个断面，施工期间每天进行监测，平均每天1次（施工至附近时，应多次），施工后一个月内每星期监测一次；沉降观测数据要求不低于二等水准观测精度。

3）动力触探：工前、工中、工后每600m² 一点，进行比较，及时了解施工效果，保证工程质量。

4）为了更好地对工程进行信息化施工，要求施工方及时把当天的监测数据以E-mail形式传到设计方，出现重大情况应立即向业主和设计方报告。

工程实例4： 广州南沙泰山石化仓储区软基处理工程

1. 工程概况

拟建仓储区位于广州经济技术开发区南沙小虎岛，与南沙地区综合服务中心组团相邻，距万顷沙临港工业组团直线距离25km，距龙穴岛物流产业综合组团陆路距离30km，水路25km，区内地理环境优越，交通便利。该仓储区主要用于储存和经营油品及液体化工品。库区总面积约为67.2万m²。库区一期总占地面积约18.6万 m²。本次设计考虑的范围为库区一期工程区域，软基处理面积为14.9005万 m²。

（1）地基加固的必要性。本工程区域场地内下卧深厚软基，若不进行加固处理，则使用期的沉降将严重影响使用功能，因此，必须进行加固处理。

（2）软基处理技术要求。

1）按变形要求进行控制，所有处理后地基变形要求：使用期内，最大工后沉降≤300mm，差异沉降≤0.3%。

2）软基处理后交工面地基承载力满足以下要求：道路、停车场、消防训练场 f_{ak} ≥120kPa，油灌区 f_{ak} ≥80kPa。

3）预压堆载须分级进行（填土或吹砂），确保每级荷载下地基稳定后，才能进行下一级堆载。

4）软基处理交工面高程为＋7.00m。

（3）工程地质与水文地质条件。该工程软基处理范围内地质条件很差，原为人工围成大小不等的鱼塘，塘底标高＋2.00m 左右，后经冲填土处理，但冲填土厚度分布很不均匀，其厚度为 0.0～5.0m，且含泥量大。场地均分布有海陆交互灰黑淤泥层，呈流塑状态，厚度为 3.5～18.7m，平均为 9.84m；含水量为 45.8％～114％，平均值为 75.0％；孔隙比为 1.517～2.992，平均值为 2.087。施工过程中不断发现大小不等泥潭区且分布面积广泛，造成施工困难。软基处理在雨期施工，难度大。

1）软土地层分布见表 2.9-9。

表 2.9-9　　　　　　　一期工程油罐区软土地层特征表

岩层编号	岩土名称	厚度	
		范围值/m	平均值/m
①	冲填土	0.00～3.80	1.40
②₁	淤泥	3.50～18.70	11.50
②₂	粉质黏土	0.70～9.50	4.30

2）地下水：据勘察资料，场地地下水主要赋存于砂层和强风化岩之中，属孔隙水，因此，该场地地下水为潜水。地下水较丰富。地下水的补给主要来源于大气降水及侧向径流补给。水位埋深 0.40～2.20m。地下水和土对混凝土结构有弱腐蚀；地下水对钢筋混凝土结构中的钢筋有强腐蚀性，对钢结构有中腐蚀性。

（4）软基处理总体设计考虑。根据该仓储区情况及特点，油罐、建筑物区域拟采用桩基础。鉴于该区荷载、原地层及软土分布、吹砂填土、各期工程工期安排等条件特点，从质量、经济与工期等综合考虑，除绿化带、采用桩作为基础的建（构）筑物外，该区内均作软基处理，软基处理总体上采用静动力排水固结法，各区段面积及方案工法见下。油罐区处理目的是减小过大工后沉降以避免对于桩过大负摩擦而造成基础不均匀沉降、防止地表过大的沉降及沉降差；邻近二期工程的南北向道路场地则采用静力排水固结法（插塑料排水板＋水平排水体系＋堆载预压），其超载土方将方便直接推至库区二期工程。

工期：静动力排水固结法总工期 90d。

地基处理主要技术要求：①交工面道路区 $f_{ak}\geqslant120$kPa，油灌区 $f_{ak}\geqslant80$kPa；②使用期内，最大工后沉降≤300mm，差异沉降≤0.3％。

2. 参数设计

软基处理工程方法很多，根据本工程条件及要求特点，对该软基处理工程采用"静动力排水固结法"。

（1）水平排水体系。

1）砂垫层：厚度 1.0m，采用中粗砂或瓜米石，平均含泥量＜5％，最大含泥量＜8％。

2）盲沟。

①盲沟沟宽 0.4m，其底面最浅处须比砂垫层底面低 25cm，盲沟底面以 1％的排水坡度往集水井方向加深。

②盲沟渗滤材料采用粒径 3～5cm，级配均匀的碎石，含泥量不超过 3％。

③误差要求：平面设置≤10cm，沟底标高≤5cm，盲沟高度≤5cm，盲沟宽度≤5cm。

④ 盲沟的渗滤材料用无纺透水性土工布完全包裹，沿沟的长度方向土工布的接头搭接长度不短于 80cm，在盲沟交叉处不短于 120cm；沿沟的横向方向包裹搭接长度不小于 30cm。

⑤ 土工布可选用 200g/m² 针刺无纺土工布，其技术要求应满足：断裂延伸率≥25%，抗拉强度≥6.5kN/m，CBR 顶破强度≥0.9kN，渗透系数≥2×10⁻²cm/s。

3）集水井。

盲沟纵向每隔设定距离设置 1 口集水井，施工期间须对集水井加以维护及保护。集水井由 12 根 ϕ16mm 纵向钢筋及每间隔 300mm 设一 ϕ10mm 横向加强箍形成外径为 ϕ490mm 的钢筋滤水笼，外包 4 目的铁纱网和塑料砂网，滤水笼外填碎石作为滤料。各井位滤水钢筋笼长度根据预计填土厚度（需比最高填土顶面高出 40～60cm）与盲沟深度确定，集水井底面需比周围盲沟深。

有关要求：

①平面位置误差≤5cm。

②井底标高误差≤20cm。

③集水井孔口需超出孔口位置最高填土面的高度 40～60cm，周边用碎石等滤水材料围裹，井底用土工布包封。

④集水井须与盲沟连通良好。

⑤抽排水：整个施工及交工前期间及时抽水，用口径为 50.8mm 或更大口径的潜水泵将集水井中的水抽至工程试验区以外由引水沟引走，夯击完后至少再抽水 28d。

⑥ 集水井的水深不宜超过 60cm；及时记录抽水时间和井水变化并反馈信息。

（2）竖向排水体系。

插设塑料排水板，排水板间距 1.4m，正方形布置，插设至软土下卧层不少于 0.5m，插设深度（从砂垫层顶面计起）h=8.7～18.5m，平均为 14.0m；塑料板上端高出砂垫层 20cm（在填土前，高出部分需沿水平向摆放埋入砂垫层中）。

塑料排水板应有足够的抗拉强度，沟槽表面平滑，尺寸准确，能保持一定的过水面积，抗老化能力在两年以上，并且耐酸碱性、抗腐蚀性强。塑料排水板质量、品格要求应依据有关规范标准，依据插板深度不同选用，其性能应不低于下列要求。

插板施工技术要求：

1）排水板插设布点需按行、按排编号进行插入记录；布点偏差小于 50mm。

2）插板垂直偏差不超过插板长度的 1.5%。

3）入孔插板必须完整无损。

4）插板不能有回带现象，若有回带，则在附近 150mm 内补插。

5）插板施工时，插板机应配有长度记录装置，记录每根插板的长度、孔深等。

（3）填土。

在砂垫层之上铺设的填土应满足下列要求：

1）土料选择，宜采用砾质黏土或山皮土；当采用吹砂时，要求吹砂含泥量不大于 18%。

2）填土的密实度必须满足要求，道路区处理区的压实度不小于 90%，油罐处理区道路区处理区的压实度不小于85％。

3）填土及碾压过程中，注意保护现场布设的各种监测、检测及抽排水设施，不得损坏。

（4）夯击工艺参数确定。

原则：

1）信息化施工，根据施工（插板深度及插入反力、每击夯沉量、各击夯沉量相对大小及每遍工序下高程测量等）记录及观察、动力触探自检、监测反馈的信息，结合地段工程地质条件，控制工艺参数，必要时经认可后调整工艺参数。

2）少击多遍、循序渐进、逐步提高软土承载力（需摒弃传统强夯的加固思想）。

①最大单点夯击能：锤重 $W = 120\sim150kN$，落距 $H = 10\sim15m$，$WH_{max} = 1200\sim2250kN \cdot m$。

②夯点布置与夯击遍数。

工法Ⅰ区段：

a. 第一遍与第二遍为点夯，以5.5m间距正方形布置，两遍间夯点错开分布使得夯能均匀分布，夯击能量600～1200kN·m，2～6击，试夯确定。

b. 第三遍与第四遍为点夯，以4.5m间距正方形布置，两遍间夯点错开分布使得夯能均匀分布，夯击能量1200～2000kN·m，3～8击，试夯确定。

c. 第五遍为普夯，以0.75倍夯锤直径点距和行距搭夯，夯击能量450～900kN·m。

工法Ⅱ区段：

a. 第一遍与第二遍为点夯，以5.5m间距正方形布置，两遍间夯点错开分布使得夯能均匀分布，夯击能量600～1200kN·m，2～6击，试夯确定。

b. 第三遍为普夯，以0.75倍夯锤直径点距和行距搭夯，夯击能量300～800kN·m。

③夯击间隔时间：以超静孔压完全或基本消散为控制标准，超静孔压基本消散时间预计为10d左右。

④点夯击数（收锤标准）：点夯击数由现场土体变形情况与孔压决定；一般情况下要满足最后两击平均夯沉量不大于10cm，而在初始两遍时该平均夯沉量应允许更大；总原则是要使地基土在夯击能作用下能继续密实，不致整体破坏而在夯坑附近隆起。

⑤夯击面坡度：各处理小区填土或吹砂表面要形成0.8％～1.5％的坡度，向邻近的引水沟和排水沟倾斜；降雨时及降雨后，要及时将雨水排、引出处理场地。

特别注意：

a. 根据条件变化，对不同施工区段可适当调整参数，原则上排水速度越快，施加能量可越大，施加间隔时间越短。

b. 采用连续施工方案施工，从施工起点到终点，前一遍点夯结束后就进行下一遍点夯，施工顺序与前一遍相同，以在保证有足够的夯击间隔时间的同时加快工程进度。

3. 工艺流程

工艺流程如图2.9-31所示。

449

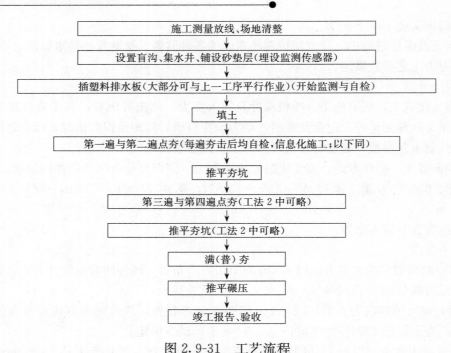

图 2.9-31　工艺流程

4. 特殊设备要求

（1）插板机：可用液压式插板机，扁菱形导管，以减小施工时对周围淤泥的扰动影响并减小涂抹效应；若采用振动式插板机、圆形导管，则必须在插板后及时向导孔内回填砂。

（2）夯锤：重 $W=120\sim180\mathrm{kN}$，直径 $2.2\sim2.8\mathrm{m}$，须采用圆形扁锤，高径比小于 0.5，带多个均匀分布的透气孔，透气孔截面面积与锤底面积之比一般应不小于 2.5%，若有条件则尽量采用高效能减振锤。

（3）履带式起重机：起重机的起重量一般为锤重 2.5 倍以上；一般要求 200TM～300TM 及以上的夯击机具。

（4）推土机：120 马力（1 马力＝735W）以上。

5. 施工监测

为了保证南沙泰山石化仓储项目燃料油库区软基处理工程的质量及工程进度，软基处理施工应与现场监测相结合，根据现场监测所得的信息进行分析，直接指导软基处理信息化施工，并作为参数确定、设计调整依据，进行施工质量的过程控制与处理场地的点控制。

（1）目的。

1）直接指导软基处理信息化施工，并作为参数确定、设计调整依据，确保工程质量，创优质工程。

2）评价软基处理加固效果，为工程质量控制提供科学依据。

（2）主要内容与要求。

1）孔隙水压力测试：它是静动力固结法施工中最重要的监测手段之一，是用以控制施工进度、了解加固效果及加固深度的有效方法；共布置 15 组测点，施工期间每天进行监测，施工后 20d 内每 2d 进行 1 次监测。

2）分层（施工表面、淤泥顶面、淤泥底面）沉降：它是了解固结过程、判定加固效果的最直接方法之一；同样共布置15组，施工期间每天进行监测，平均每天1次（施工至附近时，应多次），施工后20d内每2d进行1次监测；沉降观测数据要求不低于二等水准观测精度。

3）土压力测试：同样共布置15组，施工期间每2d进行一次监测，施工后20d内每4d进行1次监测。

4）十字板剪切测试：它是了解淤泥剪切强度特性的重要原位检测手段，通过施工前、夯中、夯后的比较，了解淤泥层加固效果；共布置33组，每组于淤泥层上、中、下各做3次。

5）静力触探：它是目前了解淤泥承载力特性最为可靠的原位检测手段，布置量与十字板剪切测试相同，共布置33组，触探穿过淤泥层。

特别说明：

①以上5种测试与监测点需布置在同一位置，以沉降点为中心，各点位置相距不超过1m。

②测点附近在填土与每次夯击时须现场监测，如在点夯时需5min、10min、15min、30min、1h、2h、8h、24h多次观测，以后每天观测一次。

③本监测中，动力作用下孔隙水压力传感器必须用电阻应变片式孔压传感器。

④测试工作必须严格按国家规范进行。

6）振动测试：有条件时，可作夯击振动测试。

7）水平位移：鉴于道路较窄，其边侧也在处理施工，故一般情况下不进行表面水平向位移监测。

6. 地基加固效果

（1）孔压。该工程虽然塑料排水板间距比较大（1.4m，正方形布置），但根据孔压-时间变化曲线来看（图2.9-32为孔压-时间变化曲线），该方法能有效快速使孔隙水压力消散，确保不出现"橡皮土"，达到了预期效果。

（2）沉降。根据沉降观测结果，在工程施工期间原地表的沉降量达629～1138mm；沉降量-时间关系曲线均已趋平缓（图2.9-33为沉降量-时间变化曲线），表明沉降在工后已经趋稳定，工后沉降很小。对道路区域的工后沉降表明，工后三个月沉降为0.3～36.0mm，平均仅为15mm。

（3）静力触探试验。根据静力触探试验工前、工中（两遍点夯后）和工后结果比较（图2.9-34、图2.9-35为静力探触端阻力-深度变化曲线），淤泥层端阻力增长2～10倍，平均为4.5倍，而且地表以下淤泥层均得到了加固，加固深度大于9.0m。

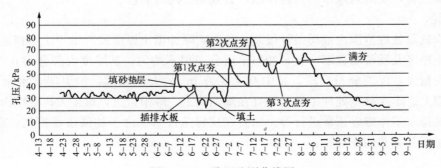

图2.9-32 孔压监测曲线图

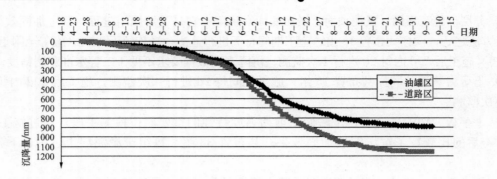

图 2.9-33　沉降量-时间变化监测曲线图

（4）十字板剪切试验。根据十字板剪切试验工前、工中和工后的结果（见图 2.9-36、图 2.9-37），淤泥层的抗剪强度增长 2～12 倍，平均为 5.0 倍；淤泥层的灵敏度明显降低。

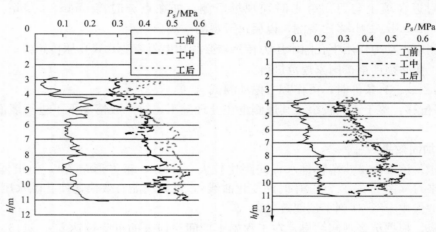

图 2.9-34　道路区淤泥层静力触
探 P_s-h 关系曲线

图 2.9-35　油罐区淤泥层静力触
探 P_s-h 关系曲线

（5）地基土载荷试验。根据质检部门的地基土载荷试验检测结果（图 2.9-38、图 2.9-39）表明，油罐区地基承载力特征值均大于 120kPa，道路区地基承载力特征值均大于 180kPa，地基承载力特征值均超过设计要求。地基土中密实度大为增加，地基承载的均匀性得到明显改善，实现对地基的预震作用，有效地提高抗震性。

7. 结论

该工程软基处理范围内地质条件很差，场地实际冲填土厚度及质量与原工程地质资料反映的冲填土厚度及质量明显不一致，冲填土层分布很不均匀，其厚度大部分为 0.0～2.0m，含水、含泥量大。泥潭分布广泛，其中有 1.5 万 m^2 的大泥潭区，淤泥层含水量大、厚度大、性质很差。本次软基处理工期紧，且在雨期施工，降雨量大，难度大；后期因桩基施工原因，使抽排水工作难以正常进行等。即使在这样条件下，由于加强质量控制，克服困难，还是获得了十分满意的成果。

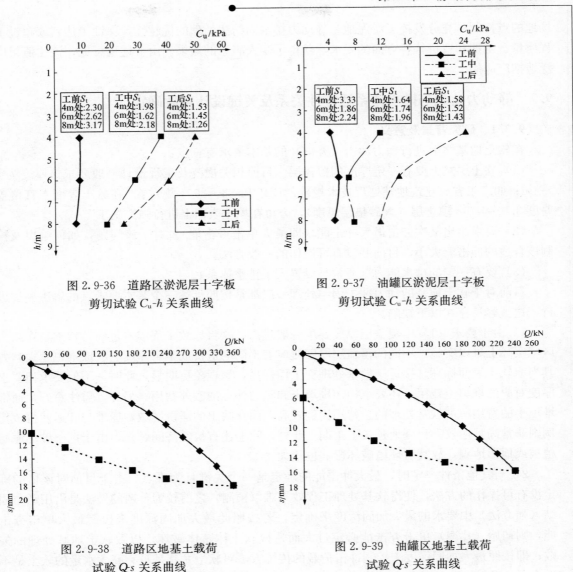

图 2.9-36　道路区淤泥层十字板
剪切试验 C_u-h 关系曲线

图 2.9-37　油罐区淤泥层十字板
剪切试验 C_u-h 关系曲线

453

图 2.9-38　道路区地基土载荷
试验 Q-s 关系曲线

图 2.9-39　油罐区地基土载荷
试验 Q-s 关系曲线

　　从工前、工中和工后的静力触探、十字板剪切试验结果和地基土载荷试验检测结果来看，采用静动力排水固结法的整体加固效果很好，完全达到并超过预期各项指标，地基承载的均匀性也得到显著改善。需要指出的是，软基的变形与强度特性指标在工后的数月内还会有较大的提高。

　　一期淤泥地基处理施工造价低，工期短，此外，根据实测数据，采用新型高效能减震锤夯击，其夯击效率大大提高，而震动明显减小。另值得指出的是，本次施工是在雨期进行的，该事实表明，在正确掌握及运用静动力排水固结法的基础上，对于淤泥土层，即使在雨期施工也可以获得令人满意的效果。

　　总之，虽然该工程软基处理范围内地质条件比原工程地质资料反映的差，而且施工是在雨期进行，但软基处理施工与现场监测相结合，根据现场监测所得的信息进行分析，直接指导软基处理信息化施工，并作为参数确定、设计调整依据，进行施工质量的过程控制与处理场地的点控制；充分发挥了淤泥地基静动力排水固结法处理的优越性，保证了达到或超过工程质量、工期和造价等各方面的要求，获得了令人满意的效果。由上述也可见，该法值得广泛地推广应用。

9.7　静动力荷载与排水体系适应性关系及关键设计参数确定

9.7.1　研究背景及意义

在软土地基之上进行动力冲击（夯击）的基本要求有三点：

（1）软土层之上要有一定厚度的覆盖层。目前相关规范及工程设计一般要求该厚度为 3～4m；如广东省《建筑地基处理技术规范》DBJ 15-38—2005 规定："在软土表面上宜覆盖厚度 3.0～4.0m 填土层（含砂垫层厚度），方可在填土表面上进行强夯施工"。

（2）要求给出某次夯击最大冲击能（即最大单击夯击能）。对于该问题，如何给出及控制该合适的冲击能大小，目前并没有可操作的一般方法。

（3）要有一定的排水能力（通常是设置人工排水体系）。

目前对于软土地基的动力冲击固结处理一般都是按照上述三个基本要求点的解决办法进行，这就容易存在以下缺陷。

1）由于要求（1）中覆盖层厚度要求一般过高，这将导致工程成本过高，特别是在缺土区域实际上难以实施。不同的覆盖层厚度对应着不同的造价成本，厚度越大成本也越大，尤其当原软土表面标高越接近于地基处理交工面标高，该现象更明显，此时，不但要承担要求厚度对应的堆填土费用，还要承担超堆填土卸除与外运的额外费用。另外，需注意到，通常堆填土的费用所占软基处理的总费用比例较高，而在缺土的建设区域，运堆与卸运使得该比例则非常高且还较大程度地延长了工期。此外，除上述直接经济问题外，由于挖土破坏原始植被或地形地貌，故其对环境破坏影响也较大。

2）当其他条件一定时，最大冲击能的确定是一个关键且为难点。由于目前对该值的确定没有可操作的方法，使得软基处理工程效果难以预测。之前较为普遍的做法是沿用动力固结（强夯法）中要求的最大加固深度来确定，若按照此最大加固深度来控制最大单击夯击能，则初始（几遍）单击夯击能必定过大而造成软土体整体破坏，以致软土地基处理的失败；即按照最大加固深度来控制冲击荷载的传统方法对软土尤其是具有高含水量的软土是不适合的。若其太大，软土将整体破坏，其触变恢复时间很长，工程一般不允许，造价成本也太高；若其太小，则加固效果达不到预期目标。动力排水固结法与进一步发展的静动力排水固结法中尽管采取"少击多遍、逐遍加能"的加固思想，却对各遍如何合理确定冲击能也无定量的控制方法。因此，合理及可定量地确定各遍冲击能是实际工程亟待解决的问题。作者20 多年来一直致力于软土地基力学方式加固理论研究及工程推广应用，发展了静动力排水固结法，并提出了该工法的基本思想与原则方法，可简要总结如下。

① 总体控制：静力、动力（冲击力）荷载与排水能力及其体系相适应，与地基土体的阶段特性相适应。

② 作用原理：静力（包括软土之上覆盖层）为基础，动力为重点，静动结合产生附加压力及持续（一段时间）的残余力作用，通过相适应的排水体系进行排水固结。

③ 动力施加：各遍荷载施加以不产生荷载影响地基的整体破坏为原则，少击多遍，逐遍加能，先轻后重，逐渐加固。

为使该法更易推广应用，需定量确定软土之上覆盖层（包括原覆盖层及人工填土层）并反映静动力排水固结法中静力、动力荷载和排水体系的相互适应关系，本书从软土层地基承载特征考虑，以建立冲击荷载下软土地基上覆土层合理厚度 h_{fs} 的及静动力与排水体系相适应关系式，为一般工程人员设计应用提供便利。

9.7.2 上覆土层合理厚度分析与模型建立

9.7.2.1 夯锤冲击软土覆盖层的触碰分析

软土覆盖层在静动力排水固结法处理软基所起的重要作用包括：预压荷载、缓冲垫层、应力扩散、维持残余力、水平排水体系及调节地基不均匀沉降。不同的覆盖层厚度对应着不同的造价成本，厚度越大成本也越大；厚度过小，软土覆盖层起不到应有的作用，尤其当原软土表面标高越接近于地基处理交工面标高，该现象更明显。

根据碰撞理论，夯锤与土体发生碰撞的过程中，质量为 m_h 的夯锤与质量为 m_s 的软土覆盖层土体发生碰撞，m_h 的能量一部分使 m_s 致密，另一部分则使 m_s 继续向下移动做功，静动力排水固结法的夯击过程中软土没有形成向下移动的土柱，产生向下移动的主要是淤泥层的上覆土体，而淤泥层上覆土体通常主要以砂性土及山土为主，如图 2.9-40 所示。

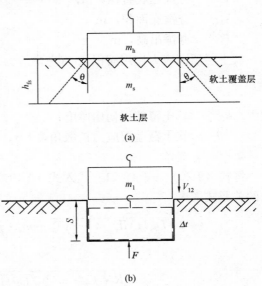

图 2.9-40 夯锤冲击软土覆盖层示意图

9.7.2.2 软土覆盖层合理厚度模型建立

理论上，夯锤冲击软土覆盖层瞬间，软土覆盖层顶面承受的夯锤接触动应力扩散到下卧软土层。静动力排水固结法处理地基的基本原则之一是：在不致使地基土整体破坏的条件下，施加适当的冲击荷载，逐次提高地基土的承载能力及抵抗变形的能力。冲击荷载小于地基承载力特征值时，一是可保证土体不被破坏而满足上述原则；二是地基土抵抗变形能力提高。故当软土层承受的夯锤接触动应力值在 f_{ak} 附近时，其加固效果最好，地基土抵抗变形能力提高最大。而实际工程中，为使软土层产生微裂隙排水，提高加固效果，软土层顶面承受最大压力可较其承载力特征值稍大，故定义最大容许应力比值 R 为软土层顶面承受的最大压力 P_{max} 与其承载力特征值 f_{ak} 的比值

$$R = \frac{P_{max} \cdot A_1 + m_s \cdot g}{f_{ak} \cdot A_2} \tag{9-19}$$

式中 R——最大容许应力比，表征软土层顶面承载力与其软土层地基承载力特征值之比值的相对容许度；

P_{max}——夯击产生的瞬态荷载，kPa；

m_s——软土覆盖层土体质量，kg；

f_{ak}——软土层承载力特征值，kPa；

455

A_1、A_2——夯锤面积和冲击荷载传至软土层顶面应力作用面积。

根据通常软基场地与工艺实际情况，夯锤与地基土的撞击可定义为非完全弹性碰撞，且夯击产生的瞬态荷载 P_{max} 应选用合适的公式。Scott（1975 年）、钱家欢、Chow（1992 年）、郭见杨（1996 年）等曾给出过夯锤地面接触应力计算公式。结合软基工程实际，采用瞬态荷载 P_{max} 算公式：

$$P_{max} = 2\sqrt{DgHME_1/(1-\nu^2)}/A_1 \qquad (9\text{-}20)$$

式中　M——夯锤重量，t；

　　　E_1——软土覆盖层变形模量；

　　　ν——泊松比；

　　　D——夯锤锤底直径，m；

　　　A_1——夯锤底面积，m^2；

　　　H——夯锤吊高，m。

软土层顶面应力作用面积 A_2（考虑应力扩散，相关计算参数见表 9-10）计算公式为

$$A_2 = \pi \cdot \left(\frac{D}{2} + h_{fs}\tan\theta\right)^2 \qquad (9\text{-}21)$$

式中　h_{fs}——软土覆盖层初始厚度；

　　　θ——软土覆盖层应力扩散角，（°），即夯击时夯锤中心延长线与夯击影响边界线之夹角。

将式（9-20）、式（9-21）代入式（9-19），导出了冲击荷载下淤泥地基覆盖层合理厚度 h_{fs} 的关系式：

$$2\sqrt{DgHME_1/(1-\nu^2)} + m_s \cdot g = R \cdot f_{ak} \cdot \pi \cdot \left(\frac{D}{2} + h_{fs}\tan\theta\right)^2 \qquad (9\text{-}22)$$

即

$$h_{fs} = \frac{\sqrt{R \cdot f_{ak} \cdot \pi \left(2\sqrt{DgHME_1/1-\nu^2} + m_s g\right)}}{R \cdot f_{ak} \cdot \pi \cdot \tan\theta} - \frac{D}{2\tan\theta} \qquad (9\text{-}23)$$

由式（9-23）可知，软土覆盖层厚度 h_{fs} 与夯击参数（夯击遍数、夯锤重量 M、夯锤直径 D、夯击高度 H）、软土覆盖层参数（软土覆盖层厚度 h_{fs}、上覆土体质量 m_s、应力扩散角 θ、上覆土体变形模量 E_1 和泊松比 ν）及软土层参数（软土层承载力特征值 f_{ak}）等有关。软土覆盖层参数为静力荷载的主要参数，夯击参数主要反映动力荷载，排水体系的不同决定着软土层孔隙水压力的消散情况，进而影响软土层承载力特征值，故式（9-23）在某种程度上也反映了静力、动力荷载和排水体系的相互适应关系。当夯击参数、m_s、E_1、ν、θ、f_{ak} 及 R 确定时，即可求得软土覆盖层厚度 h_{fs}；而当 m_s、E_1、ν、θ、f_{ak}、R 与 h_{fs} 确定时，则可求得相应的夯击参数及夯击能。这就大大方便了一般工程技术人员的掌握运用，为软土地基处理工程设计与施工提供了定量依据及指导。

9.7.3　工程应用

9.7.3.1　工程基本条件

以作者负责的南沙泰山石化仓储区一期软基处理工程中二、四区油罐区、三四五区靠福达侧道路分区软基处理为例加以工程应用说明。根据建设单位提供的岩土工程勘察报告，这几个分区的覆盖土层从上至下依次主要有：人工堆（冲）填的冲填土（淤泥），海陆交互相

海冲（淤）积成因的淤泥，冲洪积成因的粉质黏土、淤泥质土、粉细砂和中粗砂，残积成因的砂质黏性土，下伏基岩为燕山期的花岗岩。该工程软基处理范围内地质条件很差、整个处理场地地表以下均分布有淤泥层，是地基处理的重难点。几个分区的淤泥软土层厚度为3.5～16.7m，平均厚度大于11m；含水量平均值为75.0%，最大值为114%；孔隙比平均值为2.087，最大达2.992。由于某种原因，原淤泥层顶面冲填了河涌淤泥，其厚度大部分为0.0～2.0m。现场实测表明，实际条件普遍较以上描述的情况更差。

软基处理工程方法很多，根据该工程条件及要求特点，经多方案比较，软基处理采用静动力排水固结法。该场地淤泥层之上软土覆盖层（图2.9-40）包括砂垫层和人工填土层，各有关参数见表2.9-10。

表2.9-10　　　　　　　　　　监测区软土覆盖层厚度 h_{fs}　　　　　　　　　（m）

分区		二区油罐区			四区油罐区			三、四、五区靠福达侧道路		
厚度 \ 遍数		①	②	③	①	②	③	①	②	③
软土覆盖	填砂厚度	1.0	1.0	1.0	1.0	1.0	1.0	1.0	1.0	1.0
	填土厚度	0.58	0.58	0.58	0.50	0.50	0.50	1.13	1.13	1.13
夯前厚度 h_{fs1}		1.58	1.58	1.58	1.50	1.50	1.50	2.13	2.13	2.13
夯后厚度 h_{fs2}		1.22	0.81	0.43	1.15	0.86	0.41	1.75	1.40	1.18

该工程软基土 $\mu=0.3$，所用夯锤锤底直径 $D=2.4$m，夯锤面积 $A_1=4.52$m^2，由式（9-20）及该工程采用的各相关量，可得各监测区瞬态荷载参数值，见表2.9-11。

表2.9-11　　　　　　　　监测区瞬态荷载 P_{max} 及其他参数表

分区	二区油罐区			四区油罐区			三、四、五区靠福达侧道路		
参数 \ 遍数	①	②	③	①	②	③	①	②	③
变形模量/MPa	4.4	11.9	14.3	5.7	13.7	15.8	4.5	10.7	12.7
瞬态荷载 /kPa	1017	1719	2032	1235	1913	2207	1172	1691	1899

9.7.3.2　主要参数讨论

由于静动力排水固结法为"少击多遍、逐遍加能"冲击荷载施加方式，以及地基本身条件也在不断改变，故当夯击能施加方式和大小改变时，软土覆盖层厚度 h_{fs}、平均密度 $\bar{\rho}$、变形模量 E_1 也发生改变，进而影响其应力扩散角 θ；同时软土层承载力特征值 f_{ak} 也随之发生变化；由式（9.22）得到的最大容许应力比值 R 也随之改变。由于关系式中的夯击参数、m_s、E_1 和 μ 可由现场试验得到，故以下重点讨论参数 θ、f_{ak} 和 R。

1. 应力扩散角 θ

根据《建筑地基基础设计规范》（GB 50007—2011），通过查表或试验测量分别可以得到软土覆盖层变形模量 E_1 及软土层的变形模量 E_2，按规范表5.2.7一般地基压力扩散角 θ 取值范围为23°～30°，但从工程经济与软土特性角度考虑，该值过于保守。在作者负责的深圳市宝安中心区软基处理等工程中，根据进行的原位监测，作者已发现不同夯击能作用下，夯击作用力的应力扩散角视软土性质，一般在42°～60°；通过分析作者负责的南沙软基

457

处理监测资料，也可得到类似结论，典型的分析如下。

该工程同一夯击点、深度 $h=5.6\mathrm{m}$ 处，在不同水平距离下设置 6～7 个监测点进行孔压检测，得到孔压增量与测点水平距离关系曲线如图 2.9-41 所示。

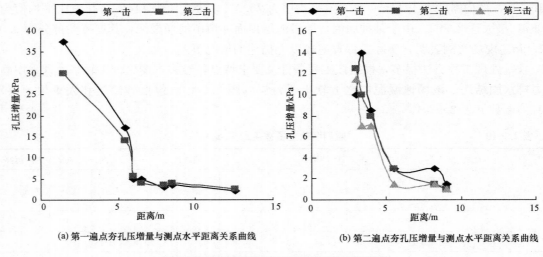

(a) 第一遍点夯孔压增量与测点水平距离关系曲线   (b) 第二遍点夯孔压增量与测点水平距离关系曲线

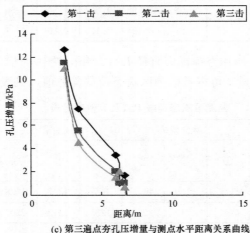

(c) 第三遍点夯孔压增量与测点水平距离关系曲线

图 2.9-41 各击各遍下孔压增量与测点水平距离关系曲线

由图 9-41 可知，孔压增量峰值随夯击点与监测点间水平距离变化的陡降段的分界分别为 6m、5.5m、6.3m，即夯击点距监测点 6m、5.5m、6.3m 位置时，夯击能便对监测点处的孔隙水压力开始产生一定影响，根据传感器埋设的深度 $h=5.6\mathrm{m}$ 便可推知，应力扩散角 $\tan\theta > 1$，故应力扩散角 θ 至少为 45°，本案例取 $\theta = 45°$。

2. 软土承载力特征值 f_{ak}

软土层顶面承载力特征值可根据荷载试验或其他原位测试、公式计算，并结合工程实践经验综合确定；也可参考经验关系诸如《铁路工程地质原位测试规程》（TB 10018—2003）所提供的经验关系取值，本书采用后者，不妨近似取：

$$f_{\mathrm{a}} = 0.196P_{\mathrm{s}} + 15$$

式中 P_{s}——软土层顶面比贯入阻力，kPa。

由此，可得该工程测试资料，求出相应值见表 2.9-12。

表 2.9-12　　　　　　　　　软土承载力特征值参数表

分区	二区油罐区			四区油罐区			三四五区靠福达侧道路		
参数 ＼ 遍数	①	②	③	①	②	③	①	②	③
比贯入阻力 P_s/kPa	133.7	449.3	579.5	231.7	435.5	627.7	169.3	362	475.7
承载力特征值 f_{ak}/kPa	41.2	103.1	128.6	60.4	100.4	138.0	48.2	86.0	108.2

3. 冲击荷载最大允许应力比 R

从 R 值的定义知 R＞1，微观上，夯锤冲击瞬间，动能转化为动应力，该动应力使坑壁发生冲剪破坏，坑周围垂直状裂隙、微孔隙发展，进而形成微裂隙、微孔隙排水体系，增加了排水通道；同时，下部土体压缩，孔隙水压力迅速提高，当孔隙水压力达到最高点时，土体内原有自由水以及由弱结合水转化的自由水与上部气体由微裂隙、微孔隙排水体和人工排水体排出，土体固结沉降。

由 R 值的定义可知，R 值直观和定量地反映了施加冲击荷载大小与软土层排水体系布置方式、软土覆盖层厚度的相互适应关系；若已知 R，便可方便求得软土层顶面接触应力安全值，进而控制冲击荷载大小。此外，从机理分析可知，一定限制下 R 越大，新增加的微裂隙、微孔隙排水体系越多，越有利于排水固结；但注意 R 不能过大，否则过大的夯击能使土体结构产生严重塑性破坏，从而容易形成工程忌讳的"橡皮土"。

以该工程为例，按原位实测结果，软土覆盖层的应力扩散角 $\theta=45°$，根据式（9.23）及监测数据表 2.9-10～表 2.9-12，得最大容许应力比值 R，见表 2.9-13。

表 2.9-13　　　　　　　　　最大容许应力比值 R

分区	二区油罐区			四区油罐区			三、四、五区靠福达侧道路		
遍数	①	②	③	①	②	③	①	②	③
最大容许应力比值 R	5.2	5.1	4.7	6.1	5.9	5.1	4.4	4.1	3.7

通过对比分析不同处理区域变化的 R 可知，R 逐渐减小，在软土层顶面接触动应力大小不变的情况下，软土层承载力特征值不断增大，土体固结，表明 R 也可作为评判软土地基加固效果的参数。此外，变化的 R 在定量上初步描述及反映了前述静动力排水固结法的基本思想与原则。

9.7.4　静动荷载及排水体系定量优化设计方法及步骤

根据上述建立的静动荷载和与排水体系适应关系式，可进行定量优化设计。对于先设置固定间距的排水体系情况，静动荷载及排水体系定量优化设计可按如下步骤进行。

（1）各加固阶段基本物理力学参数确定：合理确定欲加固地基中下卧软土承载力特征值；同时由相关勘察资料及原位试验数据确定软土之上覆盖层参数变形模量 E_1、泊松比 μ、密度 $\bar{\rho}$ 等。

（2）在欲加固地基内选取具有代表性区块，设置某一固定间距的塑料排水板。

（3）根据原地表标高、交工面标高预计沉降量和地质条件确定软土覆盖层厚度 h_{fs}（为缩短工期、降低造价，h_{fs} 可尽量小）；确定应力扩散角，对于淤泥或淤泥质土地基可取应力

扩散角 $\theta = 45°$。

（4）以软土层非整体破坏为原则确定夯击能参数夯锤重量 M、夯锤直径 D 与夯击高度 H，根据式（9.19）与式（9.20）得到冲击荷载允许应力比 R 计算公式：

$$R = \frac{2\sqrt{DgHME_1/(1-\mu^2)} + m_s g}{f_{ak}A_2} \tag{9.24}$$

根据上述公式计算该区域土体冲击荷载允许应力比 R。

（5）将已求得的 R 代入式（9.19）求得软土层顶面接触应力合理控制值：

$$P_{maxf} = \frac{Rf_{ak}A_2 - m_s g}{A_1} \tag{9.25}$$

根据不同区域不同的 f_{ak} 选择不同的夯击能，由此确定了夯击能参数夯锤重量 M、夯锤直径 D、夯击高度 H。

（6）可根据 P_{maxf} 调整排水体系间距的布置，以保证在该夯击能下软土地基不发生整体破坏，软土层孔隙水能自由且快速排出。

（7）重复步骤（1）～（6）进行下一遍夯击，确定三者间的最优设计参数。

由上述可知，当确定好某一软土覆盖层厚度，可通过不同的竖向排水体间距确定冲击荷载允许应力比 R，进而确定每遍夯击参数。

根据原地表标高、交工面标高预计沉降量和地质条件确定软土覆盖层厚度 h_{fs} 后，若设置竖向排水体系间距过密，一来增加造价和工期，二来土体可能发生井阻及涂抹，也不利于超孔隙水顺利排出，地基达不到有效固结，反之亦然。此外，软土覆盖层厚度、竖向排水体系间距也影响夯击能大小、夯击遍数及每遍夯击的间隔时间，故三者是相互影响、相互制约并需相互适应的关系。

9.8 高能量冲击作用下淤泥孔压特征规律试验研究

9.8.1 研究背景及意义

近些年来，国内外一些学者一直努力研究动力排水固结法或进一步发展的静动力排水固结法中软土在冲击荷载作用下的响应规律及加固机理，包括实际工程中的监测及分析，数值模拟与室内模型试验。李彰明等在淤泥软基处理原位监测中得到在不同夯击能作用下孔压变化的一些基本规律，并观察发现了淤泥软基原位夯击瞬间先出现孔压负增长现象。孟庆山等利用改装的三轴剪力仪进行淤泥质原状土样（含水量 46.57%，直径 6.18cm，高约 12cm）冲击试验（最大冲击能 5×36N·cm），得到孔压和冲击击数之间呈双曲线关系、高围压下冲击荷载激发的孔压随击数增长速率快等规律。白冰利用由常规三轴仪改造的试验装置，对人工制备土样（含水量为 37.1%，直径 3.91cm，高 8cm）进行冲击试验（冲击力大小不详），考虑不同围压、不同固结状态下土体的动力响应特征，得到了有关不同冲击次数 N 作用下孔压变化规律及结论。曾庆军等利用圆形钢桶（直径 26cm，高 34cm）进行一维固结模型试验，观察到质量 5kg 夯锤由 0.5m 高度自由下落连续夯击重塑饱和黏土（平均液限为 44.2%，平均塑限为 24.7%）超过 5 次，由 0.6m 高度自由下落连续夯击超过 6 次后均出现孔压变化成明显的双峰型现象。李彰明课题组通过设计模型箱（68cm×96cm×40cm），夯锤由最大高度为 60cm 处自由下落夯击淤泥土，得到及验证了原位监测所得夯击时孔压变化规律。王珊珊利用大尺寸（96cm×96cm×120cm）固结模型试验装置，120N 夯锤从落距为

1.2m 高度自由下落夯击软土（含水率 50.7%，液限 44.7%），得到夯击瞬间孔压出现负增长，后上升到峰值，最后逐渐消散为一定值，孔压消散为单峰型的结论。

然而，上述室内试验，由于土样小尺寸或一维固结条件或冲击能量小，与模拟的工程条件相差大；尤其是冲击能量过小而难以保证能够激发软土在工程条件下的力学响应，有相当的局限性。因此，须寻求一种新试验方法，使得能在实验室条件下进行较大尺寸土样的高能量夯击试验。

作者及其课题组利用自研发的多向高能高速电磁力冲击智能控制试验装置，针对珠江三角洲地区广泛存在的淤泥这类超软土进行静动力排水固结室内模型试验，寻求高能量冲击作用下淤泥孔压变化特征等规律，期望能够对静动力排水固结法的加固机理有更深入了解和认识，以为该法的优化设计及施工提供指导及依据。

9.8.2　模型试验设计

9.8.2.1　试验装置及方法

采用自研发的多向高能高速电磁力冲击智能控制试验装置，通过设置多级可控电磁力激发使得冲击杆在短行程中加速（最大加速度 10^4 g）达到很高速度并撞击初始自平衡夯锤，受撞击夯锤则以对应设置的高能量夯击土体，进而激发土体近似于工程状态的力学响应，即是利用电磁力作用下小质量试验锤施加的冲击能量可达工程中大质量工程锤所提供能量的功能特点，模拟工程量级的冲击荷载；同时通

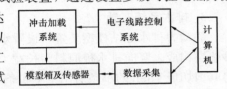

图 2.9-42　试验装置示意图

过基于 LabVIEW 平台的二次开发数据采集系统及埋设的传感器自动记录夯击过程中的孔压、土压的动态变化值，存储并显示在计算机上。试验装置如图 2.9-42 所示。通过该冲击试验系统、原状土样模型箱及各传感器模拟并监测静动力排水固结法处理淤泥地基过程中孔压与土压等力学响应。

9.8.2.2　模型箱设计

1. 模型箱土层铺设

以作者负责的广州南沙泰山石化仓储区某工区淤泥软基静动力排水固结法处理工程为模拟对象。采用的模型箱为直径 360mm、高 440mm 的圆桶，冲击荷载作用于土体中心区域，以作为轴对称问题考虑。该模型边界效应主要来自桶壁径向约束和桶底部的轴向约束，为降低边界效应，土样放置前使桶壁四周光滑，减少模型土体与桶壁的摩擦力。模型试验土样取自广州南沙现场地下深度为 3m 处原状淤泥土，模型试验前测试土样物理指标参数，各参数值见表 2.9-14。模型箱土层依照现场实际上部地层情况按相似比进行设计，各层土与原土层土质保持一致。按照相似理论（几何相似比为 1：30）各土层填筑厚度自上而下依次为：填土 2cm，填砂 3cm，淤泥 39cm。为尽量排除人为扰动影响而保持淤泥土的原状特性，在室内静置 3 个月，密封完好。

表 2.9-14　　　　　　　　　　　　　　　　土样物理指标参数值

土样类别	含水量 ω（%）	重度 γ /（kN/m³）	孔隙比 e	液限 W_L（%）	塑限 W_P（%）
淤泥	69	17.9	1.92	47.1	28.3

461

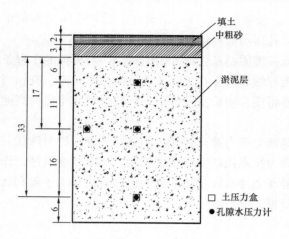

填土
中粗砂
淤泥层
□ 土压力盒
● 孔隙水压力计

图 2.9-43　模型土层及传感器埋设位置图

2. 传感器埋设

试验采用微型 BWMK 系列的孔隙水压力传感器和 SJ-BW 系列的土压力传感器，其外形尺寸分别为：BWMK 系列 φ13mm，h12mm；SJ-BW 系列 φ12mm；h5mm；传感器系数通过流体压力标定。试验共埋设 7 个传感器，其中 4 个孔压传感器分别标识为孔上，孔中，孔下与孔中侧；3 个土压传感器分别标识为土上、土中与土下。各传感器埋设于土样内设定的位置并静置至孔压完全稳定后进行下一步测试，其中孔压计在埋设前抽气并用土工布袋包裹好。模型土层及传感器埋设位置如图 2.9-43 所示。

3. 排水系统布置

静动力排水固结模型装置中设置水平和竖向排水体系。其中，水平排水系统由标准中粗砂垫层构成。竖向排水板原料为长宽 4mm×100mm 的 SPB-A 型塑料排水板；在制作过程中将其剪切成 4mm 的小条后用土工布条（见图 9-44）包裹并严格缝合。依据设计，将排水板插至淤泥层底部，正方形布置，间距为 50mm；塑料排水板平面布置如图 2.9-45 所示。塑料排水板插入过程中尽量避免对淤泥土的扰动，保证排水板插入过程中不扭曲，排水板间距、质量符合要求。插板时软土中孔压会升高，此后静置一段时间，并观察孔压的数据变化。此后开始填入 30mm 厚砂层与 20mm 厚土层作为横向排水体与静荷载覆盖层，铺完砂土后使其表面平整。

图 2.9-44　土工布条和土工布袋

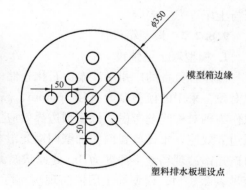

模型箱边缘
塑料排水板埋设点

图 2.9-45　塑料排水板布置图

4. 冲击加载

待插板引起的孔压消散后进行冲击试验。通过前述冲击加载系统使夯锤（钢制夯锤质量 19.5N，直径 80mm）以高能量（可控的单击荷载最大可达夯锤自重 1000 倍以上）夯击超软土。每次夯击能不变，夯击点为土样中心。每遍夯击完成后，刮平表层土面；每遍夯击间隔时间以超静孔隙水压力消散达到 80% 及以上为准。具体夯击参数如下。

第一遍与第二遍夯击：击数为 4 击，夯点为土样中心，以土层沉降变化很小为准（通过传感器反馈数据来确定)。

第三遍夯击：击数为 1 击，夯点为土样中心，以土层沉降变化很小为准（通过传感器反馈数据来确定)。在本试验过程中因第二遍冲击后出现较明显的趋向能量饱和现象，故第三遍夯击实际击数只有 1 击。

施加的冲击力大小：每遍第一击 1.8T，第二击及之后为 2.2T。

5. 数据采集

由传感器、BZ2210 动态电阻应变仪（最大采集频率为 20kHz)、数据采集卡和计算机采集控制软件构成数据采集系统。数据采集软件为基于 LabVIEW 平台的自研发软件，采样频率最高可达 500kHz，设置 16 个采样通道。采集数据能够实时显示在计算机显示器上，操作简单，直观性强，能够完全满足试验的需求。本试验主要对孔压和土压的动态变化进行实时采集。采集时间从埋入传感器，历经插板，填砂土，夯击开始持续到夯击结束后一段时间，直达孔压消散。夯沉量通过定位参考点结合游标卡尺测量土体的表面位移量来确定。

9.8.3　试验结果及分析

9.8.3.1　插板时孔压变化

由图 2.9-46 可见，处于土样上、中、下三个位置测点的孔隙水压力在插板瞬间均急剧增大，插设完成时孔隙水压力达到最大值，之后开始逐渐消散；表明在插板过程中出现了明显的挤土扰动效应，进而出现孔隙水压力的升高。上部孔隙水压力变化量明显大于中部和中侧部，插板时上部孔隙水压力增加的最快，最大孔压也最大，之后也消散得最快，消散后值也最小。这表明此种扰动效应随软土埋深而减少，埋深越大，扰动越小。

由图 2.9-46 还可对比中部孔压计和中部一侧孔压计测量结果，中部孔压变化幅度明显小于中侧部。可能的原因其一是插板对土体的扰动后，中侧部土体受到模型箱侧壁的挤压，孔隙水压力比中部要大；其二是中部排水条件比中侧部要好，导致最终中部的孔隙水压力要比中侧部小。

9.8.3.2　填砂土阶段孔压变化

由图 2.9-47 知各测点孔压具有相同的变化趋势，即在填砂土（包括所填砂层与填土层）完成时孔压达到最大值，之后开始消散，初始消散速率较大，后来逐渐消散至一定值。从各测点孔压消散情况看，在峰值后 3h 内，孔压消散比较明显，3h 后孔压消散速率变得非常小，较快接近某一定值，该值略小于初始值。

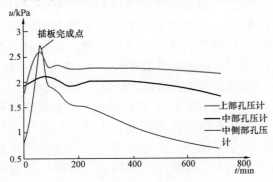

图 2.9-46　插板期间各测点孔压时程图

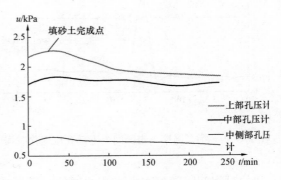

图 2.9-47　填砂土阶段不同深度孔压时程图

9.8.3.3　夯击阶段孔压变化规律

1. 夯击瞬间孔压变化

因静动力排水固结法采用的是多遍夯击，不失一般性，在此主要讨论典型的第二遍夯击瞬间孔压变化值。

由图 2.9-48 知，夯击瞬间孔压急剧增长到最大值时间非常短，而且达到峰值后迅速下降，现象非常独特。由于我们在以前的工程监测与用其他试验系统的模拟试验中没有见到，初始还不太相信，因为通常这种在淤泥中孔压的长消是需要较长时间的；后来多次试验均出现这种现象，如图 2.9-49 所示。鉴于此次试验较高精度（采样频率高）及可控性，我们初步认为这一是监测仪器较好的捕捉性能所致，二是传感器所处位置有关。有关问题还有待于进一步研究。注意到：各次冲击时夯锤首次压缩土体作用时间 8～13ms，冲击振动全过程时间为 800～1400ms。

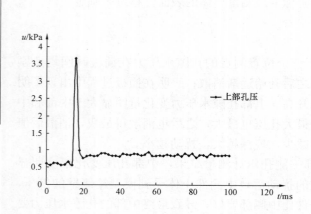

图 2.9-48　第二遍第一击瞬间上部孔压变化时程图

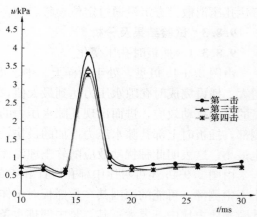

图 2.9-49　第二遍各击瞬间上部孔压变化时程图

由图 2.9-50 知，夯击瞬间上部孔压增加显著，但是下部孔压增加相对明显减小，说明夯击瞬间能量向下传递随深度增加具有衰减性。

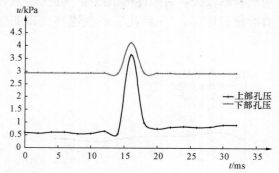

图 2.9-50　第二遍第一击瞬间上下部孔压变化时程图

2. 夯击全过程孔压与土压变化

由图 2.9-51 可见，每遍夯击瞬间，中部孔压都出现瞬间急剧增长，夯击完后孔隙水压力达到最大值，而且各夯击瞬间的孔压增长量依次呈递减趋势。在每遍夯击完后孔压的最终消散值都小于初始的孔压，说明排水条件良好，加速了孔压的消散。

如图 2.9-51（b）所示，试验还观察到一种现象：初始两遍夯击结束后孔压变化均呈双峰型；即孔隙水压力的变化规律是先增大，后减小，再增大，再减小。双峰之间的时间间隔随着夯击遍数的增加而逐渐变大，第一遍双峰间隔时间为 44.66h，第二遍双峰间隔时间为 60.03h，第三遍未出现双峰现象。第二个低峰值出现可能的原因是软土的结构性：冲击荷载作用后，动荷载卸载，孔隙水压力由于卸载及排水的原因，迅速减小，此时土体会产生压缩体变和剪切变形；卸载刚开始时，压缩体变很小，当土中残余应力积累到一定量之后，压缩体变突然增加，土体压缩，孔压出现增长，形成第二个峰值，此后孔压再消散。或许更可能的原因是横向变形的约束反力效应：在高能量冲击荷载作用下，软土的横向变形大而受到模型侧壁约束反作用力而产生第二个孔压峰值，而当土性改善而横向变形小后，这种约束效应就逐渐减小直至消失。期望今后多次试验对此现象做进一步研究及验证。

由图 2.9-51 还可见，与孔压变化类似的是，每遍夯击瞬时土压都出现急剧增长，增长幅度随夯击遍数增加呈减小趋势。然而，每遍夯完后土压最终值都大于夯前值，这却与孔压在夯前后的大小变化规律相反。另注意到第一遍夯击完后土压先出现下降，后再上升现象。

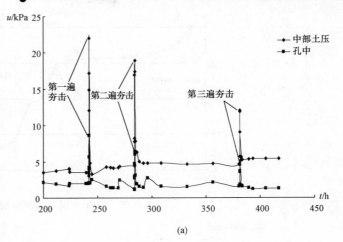

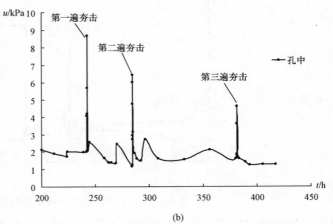

图 2.9-51　试验夯击全过程中部孔压和土压时程图

9.8.3.4　淤泥土层顶板沉降分析

淤泥土层顶板沉降主要来源于夯击产生的孔压长消引起的固结沉降，图 2.9-52 给出了从填砂到夯击结束后超软土顶板沉降曲线，插板填砂阶段开始，淤泥即开始沉降，插板填砂后 1d 沉降变化较大，之后较快达到稳定，最后趋于不变。第一遍夯击后 1d 淤泥沉降量大于插板填砂后 9d 沉降量，第二遍夯击后沉降，说明在冲击荷载作用后随着孔压的消散，淤泥固结速率增大，沉降量也增加。第三遍夯击完成后淤泥沉降不明显，说明淤泥在经过多次夯击之后随着孔隙水的排出，土体更加密实，强度越来越大，变形越来越小。

9.8.3.5　孔压与沉降关系

由图 2.9-53 知，每遍夯击时孔压变化值大，沉降量也发生陡变，但该量与两遍夯击间的总沉降量相比只占小部分（一般不到 1/3）；夯击完后孔压迅速消散，之后数天沉降一直明显发展，其总量大大超过夯击期间沉降量，表明夯击后续作用十分重要。由此再次说明，这种夯击后续残应力作用机制的存在以及进一步研究是十分必要的。从图中还可看出，插板与填砂土（相当施加静力荷载）时也有瞬间孔压及沉降的陡变，但其量值相对夯击小，其后

465

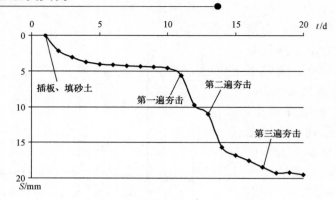

图 2.9-52　淤泥土层顶板沉降时程曲线

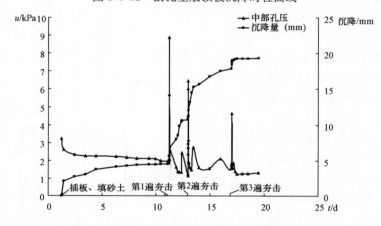

图 2.9-53　中部孔压与沉降量随时间变化曲线图

更是较快地趋于稳定。这也表明相对于静力，冲击力具有明显的残余力效应。

9.8.3.6　误差分析

（1）由于试验比较复杂，试验周期较长，传感器埋在高含水量的淤泥土中且受冲击作用，其防水与防腐蚀性及耐久性要求高，而部分这种小型传感器还难以达到要求，导致试验过程中特别是后期传感器出现故障，失去部分可资比较数据。

（2）因本模型截面几何形状为圆形，冲击荷载作用于土体中心，可作为轴对称问题考虑。但受径向尺寸（直径36cm）限制，不排除其边界效应对试验现象及数据的精确性仍有一定的影响，如夯击后孔压双峰现象的出现是由径向边界约束引起还是其他原因导致的还需进一步探讨。在此提请注意的是，如前述，曾庆军（2002）所述的此类现象是在利用更小直径26cm圆桶一维固结模型试验中出现的。

（3）如前述，模型箱土层依照现场实际上部地层情况按相似比进行设计，没有模拟淤泥层下部土层，这会对排水的双向性模拟产生影响。

然而，就上述（1）、（2）而言，在目前的试验技术水平下，由于试验装置与数据采集系统本身可靠性强，通过剔除传感器损坏相关数据，再由夯锤上安装的动态压力传感器所测冲击力的对比核准，数据保持了足够的可靠性与必要的精度。此外，尽管试验还存在模型尺寸效应问题，但本试验依然较目前不少前沿性试验研究进了一步。就上述（3）而言，对试验条件下的本身结果没有影响。

9.8.4　结论

（1）通过高频率数据采集获得，夯击瞬间上部孔压急剧增长到最大值时间非常短，而且达到峰值后迅速下降至某一值；其重复性好，规律性强，现象独特。

（2）初始两遍夯击结束后中部孔隙水压力变化呈双峰型，双峰间的时间间隔随着夯击遍数增加而逐渐变大，最后双峰不复存在。这种现象是否由于软土的结构性还是横向变形的约束反力效应或其他原因引起还需要进一步研究。

（3）与孔压相类似，每遍夯击瞬时中部土压均出现急剧增长与快速减小，增长幅度随夯击遍数增加呈减小趋势。但每遍夯完后数天内土压值都大于夯前值，与孔压在夯击前后的大小变化规律相反。

（4）第一遍和第二遍夯击后沉降量较大，第三遍夯击后沉降量较小。在每遍夯击完后孔压的最终消散值都小于初始的孔压，说明在一定的排水条件下，淤泥这类超软土地基确实是可以夯击的。

（5）夯击后残应力作用机制存在，且其对沉降起主要作用；而一定静力荷载的这种机制不明显，静荷载作用下在相对很短的时间内完成孔压消散及沉降。

（6）插设排水板的扰动效应不可忽视，但该扰动效应随软土埋深而减少，埋深越大，扰动越小。

上述结论（1）、（2）是模拟试验所得的独特现象，我们仅进行了初步讨论，其真正原因还有待进一步比较研究及验证。结论（4）、（5）均与作者以往大量工程实践及原位监测一致。上述结论为静动力排水固结法的加固机理更深入的认识与掌握提供了基础，为该法的优化设计及施工提供了参考借鉴，也为模型试验进一步研究探索指明了方向。

9.9　加固机理与加固深度问题——工程及监测实例

若对于静动力排水固结法内涵及其特点了解不够，就有可能以为该法仅有动力排水固结的作用机理，甚至可能错误而简单地将其仅仅理解为"排水板（排水体系）"＋"动力固结（强夯）"；而未认识及理解到由于其"静力覆盖层的荷载分担尤其是应力保持作用"与"适时恰当的冲击荷载"、"瞬时不可压缩的传力水柱"、"高含水量黏土动力结构性效应"及"短距离排水路径"等关键因素共同作用，使得静动力排水固结法在加固机理、加固深度与加固效果等方面根本不同于一般的动力排水固结以及所谓的"排水板（排水体系）"＋"动力固结（强夯）"。尽管就静动力排水固结法机理还有大量问题有待于进一步验证或研究，但深入的理论分析及思考与实践已表明那种认识错误一定会导致工程的失败或大大降低工程效果。

为了进一步阐明观点，下面谨以作者指导的工程试验（同时负责孔压监测等）中加固深度评估为例加以说明。

9.9.1　工程概况及条件

某工程一期拟建场地处于湛江，其地质条件非常复杂，拟建厂房及道路场地下面存在大面积的深厚软弱土层——海积平原。其中，玄武岩台地以北Ⅱ区为大面积连通淤泥部分，约 1.8km²，为Ⅱ-A 淤泥区；玄武岩台地（Ⅴ区）以西，与挖方山丘相连部分，约 0.7km²，为Ⅱ-B 淤泥区。

典型的具体地质描述见表 2.9-15。

467

表 2.9-15　　　　　　　　　　　拟建场地具体地质描述

地层编号	地基土名称	层厚/m			状态	地层描述
		孔号 66 孔口标高 1.42m	孔号 J12 孔口标高 1.70m	孔号 J13 孔口标高 1.91m		
①₂	素填土	0.7	1.2	0.5	松散	褐黄色,主要由黏性土、砂、玄武岩碎石等组成,呈湿、松散状态
⑤₁	淤泥	16.7	9.50	8.3	流塑	灰色～黑灰色,含腐植物、有臭味,局部混中砂,呈饱和、流塑状态
⑩₁₋₂	含黏性土中粗砂	3.6	4.7	缺失	稍密	褐黄色～灰色,主要矿物成分为石英、长石,黏性土含量 10%～15%,呈饱和、稍密状态,局部中密状态
⑩₁₋₁	黏土	7.0	6.7	3.8	可塑	褐黄色、灰色、蓝灰色,含少量腐植物,夹薄层粉细砂,层理清晰,呈千层饼状,呈饱和、可塑状态
⑩₂₋₁	黏土	17.0	—	未穿透	可塑～硬塑	褐黄色、灰色、褐灰色,含少量腐植物及炭化木屑,夹薄层粉细砂,层理清晰,呈千层饼状,局部夹薄层钙质结核,呈饱和、可塑～硬塑状态
⑩₂₋₂	含黏性土中粗砂	7.7	—	未穿透	中密	灰～褐灰色,主要矿物成分为石英、长石,黏性土含量 10%～15%,含炭化木屑,局部夹薄层铁质胶结层,呈饱和、中密状态,局部密实状态
⑩₃₋₂	含黏性土中粗砂	8.75	—	未穿透	密实	灰～褐灰色,主要矿物成分为石英、长石,黏性土含量 10%～15%,含炭化木屑,局部夹薄层铁质胶结层,呈饱和、密实状态

A 淤泥区:采用静动力排水固结法,处理淤泥层(淤泥层厚度 10～16m),其中试验段主要设置在拟建道路上(属淤泥区,长 1222m,宽 88m)。A 淤泥区试验段又分为 A1 和 A2 两个试验小区,两个试验小区的试验面积相等,中间设置 15m 隔离区,回填材料和高度一样。两个试验小区只是淤泥土层中的排水通道采用方式不同,A1 区采用塑料排水板,A2 区采用袋装砂井。采用静动力排水固结法,要求处理后能达到 100kN/m²,工后沉降小于 300mm 的地基承载能力,满足厂房室内沉降要求不高的承重地坪基础,满足一些厂内小房不打桩的要求。

9.9.2　软基处理工艺流程及工序时间

该工程试验区软基处理工艺流程如图 2.9-54 所示(注:实际进行了四遍点夯夯击)。该工程试验区软基处理各工序施工时间见表 2.9-16。

469

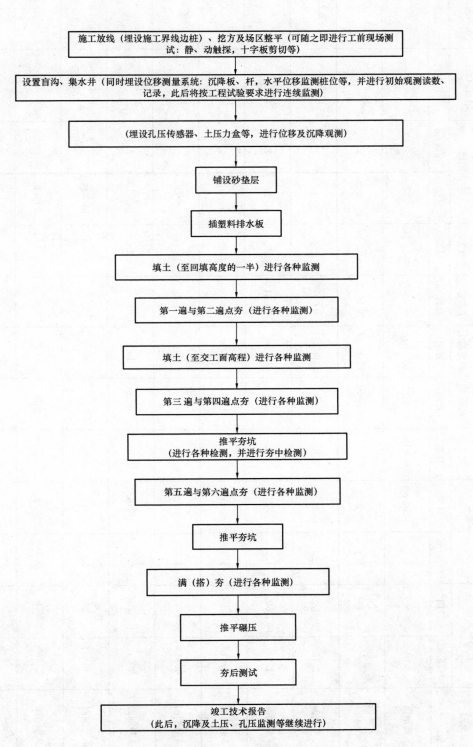

图 2.9-54 软基处理工艺流程

表2.9-16

软基处理各工序施工时间

名称	传感器安装 标高/m	传感器安装 日期	砂垫层施工 厚度/m	砂垫层施工 日期	排水板施工 日期	2.5m标高填土 日期	4.0m标高填土 日期	第一遍点夯 标高/m	第二遍点夯 日期	7.5(6.7)m标高回填 日期	7.5(6.7)m标高回填 标高/m	第三遍点夯 日期	第四遍点夯 日期
1号剖面	3.04	09-9-7	2.7	09-9-8	09-9-15	09-11-1	09-11-18	09-12-7	09-12-14	09-12-26	7.5	10-1-16～10-1-22	10-2-28～10-3-2
2号剖面	2.2	09-8-3	1.4	09-8-26	09-9-12	09-10-31	09-11-17	09-11-21	09-12-16	09-12-26	7.5	10-1-16～10-1-22	10-2-28～10-3-4
3号剖面	2.15	09-7-28	1.3	09-8-24	9-10	10-27	11-6	11-28	12-9	12-19	7.5	10-1-16～10-1-22	10-2-28～10-3-2
4号剖面	1.94	7-30	1.1	8-23	9-6	9-28	10-30	11-24	12-9	10-2-5	7.5	10-2-20～10-2-24	10-3-1～10-3-3
5号剖面	2.01	8-1	1.4	8-24	9-4	10-9	10-28	11-18	11-29	10-2-10	7.5	10-2-20～10-2-25	10-3-1～10-3-3
6号剖面	1.81	8-5	1.1	8-20	8-28	9-7	10-10	10-28	11-11	10-3-8	7.5	10-4-10～10-4-12	10-5-4～10-5-7
7号剖面	2.03	7-29	0.9	8-18	8-26	9-7	10-8	10-31	11-6	10-3-15	7.5	10-4-10～10-4-15	10-5-4～10-5-10
8号剖面	0.0	7-25	0.9	8-12	8-20	8-29	10-11	10-28	11-18	10-3-25	6.7	10-4-10～10-4-15	10-5-4～10-5-10
9号剖面	2.37	7-21	0.7	7-23	8-2	8-31	11-2	—	—	10-3-8	6.7		
10号剖面	3.98	7-17	1.4	7-31	7-18	8-4	8-7	—	—	11-20	6.7		

9.9.3 典型孔压测试结果及分析

孔隙水压力监测点布点原则是要能反映试验场地各代表区段孔压响应特征并满足试验结果数据统计的基本要求，遵循此原则加以测点布置。典型的测试结果如图2.9-55所示。

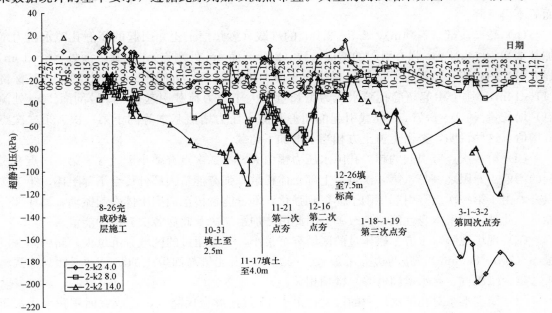

图2.9-55 2号剖面中部（2-k2）不同埋深（4.0m、8.0m、14.0m）超静孔压-时间曲线图

相关分析如下。

（1）超静孔压变化范围较大，夯击时大部分曲线出现波峰，随后孔压逐渐消散，甚至出现产生相对于初始值的负数变化，表明了超固结的效果。

以2号剖面，2-k2测点为例，超静孔压变化情况见表2.9-17。

表2.9-17   2号剖面2-k2测点超静孔压变化情况

项　　目	第一次点夯	七天后	第二次点夯	三天后	第三次点夯	四天后	第四次点夯	六天后
2-k2 4.0超静孔压/kPa	26	1	31	27	47	10	50	−17
2-k2 8.0超静孔压/kPa	−1	−26	4	9	17	−30	−12	6
2-k2 14.0超静孔压/kPa	71	56	86	67	111	99	125	114

根据超静孔压每次强夯前后的变化幅值，静动力排水固结法对深层淤泥有效应力的增长、沉降作用是明显的。

（2）淤泥土中超静孔隙水压力变化对外部条件的变化反应非常敏感，堆砂、填土、强夯甚至周围地表水位的高低都会引起孔隙水压力的变化，表明了应变式孔压探头的动力响应与灵敏性优点。而且，浅部孔压计和深部孔压计均反应灵敏。这说明，在堆载静力、冲击力与排水体传力水柱共同作用下，上部压力会传到淤泥深部。

（3）堆土后，超静孔隙水压力消散时间较长，其消散时间基本在40～50d。夯击引起的超静孔隙水压力消散明显要比静载快，从典型的2#剖面分析，一遍点夯消散期在10～15d，

471

以后超静孔隙水压力不再下降。

(4) 软基浅部（2~4m）超静孔隙水压力消散幅度大，可消散至 0；中间（8~10m）超静孔隙水压力下降 60%~80%；深部（14m）超静孔隙水压力消散较小，下降 30% 左右，而后不再下降。

(5) 软基浅部（2~4m），2.5~3.0m 的堆载（砂垫层＋土）引起的超静孔隙水压力增加基本与 1000kN·m 强夯引起的增值一致（2 号剖面 4m 处测点）；地基较深处（8~10m）强夯引起的超静孔隙水压力增长量要略大于静力堆载量（2 号剖面 8m 处测点）；地基深部（11~14m），强夯引起超静孔隙水压力增长量要大于静力荷载引起的（2 号剖面 14m 处测点）增长量。4.0~6.7m 的堆载引起的超静孔隙水压力增值基本等同于第一次、第二次点夯增值。这些说明，夯击上覆土方相当于增加了超载。

(6) 第一次点夯引起的超静孔隙水压力幅值大，第二次点夯要小于或等于第一次点夯引起的增值。原因之一是：第一次点夯上部土体松散，强夯能量大部分传至下部土体；第二次点夯，由于第一次点夯引起周围土体得到强化，部分能量传至周围土体引起振动，消耗部分能量；此外，软土本身性能得到改善。因此可增加第二次及此后各次夯击的能量。

(7) 现场观测，土方车碾压过的区域夯沉量小，未碾压过的区域夯沉量大；路中间夯沉量小（700~800mm），路两边夯沉量大。因此，夯击能量与回填土的状况（土性、密实与否、是否碾压过、含水量高低等）密切相关。

(8) 周围水系对孔隙水压力的影响：由于 10 月连续台风降水，造成大面积积水，甚至引起浅部孔压计数值的提高。在降水后，孔压迅速下降。如：2 号剖面超静孔压 10 月消散较慢；11 月 2 日开始抽水至 11 月底，水位降至砂垫层底部，并结合集水井抽水后，再夯击加堆土，地基浅部（2~4m）的孔压降至 0，中、深部的孔隙水压力消散也非常快，说明周围水系对淤泥改善的影响较大。

这些监测结果表明，施工期间超静孔压变化范围较大，夯击时孔压曲线出现波峰，随后孔压逐渐消散，并产生相对于初始值的零值与负值变化，表明了静动力排水固结法超固结的效果，作用明显，效果好。特别需留意的是，该法施工对深部淤泥的超静孔压影响十分明显，再次验证了静动力排水固结法的加固深度远超出人们想象的加固深度；实际上，根据本作者工程经验，科学运用该法，随着夯击遍数增加，加固深度完全可以达到通常工程所期望的值，超过 30 余米的加固深度是可以实现的。

参考文献

[1]　王安明. 动力排水固结法机理研究与模型试验. 广东工业大学硕士学位论文. 2004(6).

[2]　白冰，等. 软土工程若干理论与应用. 北京：中国水利水电出版社，2002.

[3]　韩自力. 浅谈强夯设计参数的选取. 路基工程，1996，(6)：32-36.

[4]　左名麒. 震动波与强夯法机理. 岩土工程学报，1986，8(2)：55-62.

[5]　王发国，等. 动力排水固结法浅析. 土工基础，1997，(1)：21-28.

[6]　李福民，孙勇. 强夯加固地基振动影响的试验研究. 东南大学学报，2002，32(5)：809~812.

[7]　中国建筑科学研究院. 建筑抗震设计规范(GBJ 11－89). 北京：中国建筑工业出版社，1997. 256-270.

[8]　杨人光，史家埻. 建筑物爆破拆除. 北京：中国建筑工业出版社，1985.

[9]　雷学文．动力排水固结法的研究及应用概况．土工基础，1999，(4)：9-12

[10]　徐至钧，等．强夯和强夯置换法加固地基．北京：机械工业出版社，2004．

[11]　郭见扬．夯能的传播和夯实柱体的形成．土工基础，1996，10(14)：21-28

[12]　郭见扬．强夯夯锤的冲击力问题(强夯加固机理探讨之一)．土工基础，1996，10(2)：35-40

[13]　孔令伟，袁建新．强夯时地基土的应力场分布特征及应用．岩土力学，1999，20(3)：13-19

[14]　冯遗兴，郭始光，冯康曾．动力排水固结法加固某工程软土地基．工程力学，1996，(S1)：456-459

[15]　郑颖人，陆新，李学志，等．强夯加固软粘土地基的理论与工艺研究．岩土工程学报，2000，22(1)：18-22

[16]　蒋鹏，李荣强，孔德坊．强夯大变形冲击碰撞数值分析．岩土工程学报，2000，22(2)：222-226

[17]　孔令伟，袁建新．强夯的边界接触应力与沉降特性研究．岩土工程学报，1998，20(2)：86-92

[18]　叶书麟，叶观宝．地基处理2版．北京：中国建筑工业出版社，2000．

[19]　冯遗兴，等．动力固结法加固软土地基．11第五届全国岩土力学数值分析与解析方法讨论会论文集．武汉：武汉测绘科技大学出版社，1994．

[20]　吴世明，周健．岩土工程新技术．北京：中国建筑工业出版社，2001．

[21]　钱家欢，钱学德，赵维炳，等．动力固结的理论和实践．岩土工程学报，1986，8(6)：

[22]　[日]伯野元彦．土木工程振动手册．李明照等译．北京：中国铁道出版社，1992．

[23]　尚世佐．强夯加固饱和软粘土的几个问题探讨．建筑结构学报，1983，(2)：55-69

[24]　雷学文，王吉利，白世伟，等．动力排水固结中孔隙水压力增长和消散规律．岩石力学与工程学报，2001，20(1)：79-82

[25]　雷学文，白世伟．动力排水固结法的研究及应用概况．土工基础，1999，13(4)：9-12

[26]　左名麒．震动波与强夯法机理．岩土工程学报，1986，8(3)：55-62

[27]　李彰明．变形局部化的工程现象、理论与试验方法．全国岩土测试技术新进展会议大会报告(海口)．2003(11)：

[28]　李彰明．岩土工程结构．土木工程专业讲义．武汉：1997．

[29]　李彰明，李相菘，黄锦安．砂土扰动效应的细观探讨．力学与实践，2001，23(5)：26-28

[30]　李彰明．有限特征比理论及其数值方法．第五届全国岩土力学数值分析与解析方法讨论会论文集．武汉：武汉测绘科技大学出版社，1994．

[31]　李彰明．岩土介质有限特征比理论及其物理基础．岩石力学与工程学报，2000，19(3)：326-329

[32]　李彰明，冯遗兴．动力排水固结法参数设计研究．武汉化工学院学报，1997，19(2)：41-44

[33]　李彰明，冯遗兴，冯强．软基处理中孔隙水压力变化规律与分析．岩土工程学报，1997，19(6)：

[34]　李彰明，冯遗兴．动力排水固结法处理软弱地基．施工技术，1998，27(4)：97.102

[35]　GUNARATNE, RANGANATH m. THILAKASIRI s, et al, Study of pore pressures induced laboratory dynamic consolidation computer and geotechnics 18(2), 1996. 127-143.

[36]　地基处理手册编写委员会．地基处理手册．北京：中国建筑工业出版社，1988．

[37]　张永钧，丁玉琴．强夯法信息化施工．施工技术，1994，(9)：5-6．

[38]　李彰明，王武林，冯遗兴．广义内时本构方程及凝灰岩粘塑性模型．岩石力学与工程学报，1986，5(1)：15～24．

[39]　李彰明，王武林．内时理论简介与岩土内时本构关系研究展望．岩土力学，1986，7(1)：101～106．

[40]　李彰明，冯强．厚填土地基强夯法处理参数设计探讨．施工技术，2000，29(9)：24～26．

[41]　李彰明，黄炳坚．砂土剪胀有限特征比模型及参数确定．岩石力学与工程学报，2001，20(S1)：1766～1768．

[42]　李彰明．赏锦国，胡新丽．不均匀厚填土强夯加固方法及工程实例．建筑技术开发，2003，30(1)：

473

48~49.

[43] 李彰明. 动力排水固结法处理软弱地基. 施工技术，1998，27(4)：30-38.

[44] 李彰明，杨文龙. 土工试验数字控制及数据采集系统研制与应用. 建筑技术开发，2002，29(1)：21-22.

[45] LI Zhangming et al. Dynamic response of mud in the field soil improvement with dynamic drainage consolidation. Earthquake Engineering and Soil Dynamics (March. 2001. USA, Ref, published in the Proc. Of the Conf. (CD-ROM). ISBN-1-887009-05-1(Paper No. 1. 10；1~8).

[46] 李彰明，杨良坤，王靖涛. 岩石强度应变率阈值效应与局部二次破坏模拟探讨. 岩石力学与工程学报，2004，23(2)：307~309.

[47] 李彰明，全国权，刘丹，等. 土质边坡建筑桩基水平荷载试验研究. 岩石力学与工程学报，2004，23(6)：930~935.

[48] LI Zhangming，WANG Jingtao. Fuzzy evaluation, on the stability of rock high slope：heory. Int. J. Advances in Systems Science and Applications，2003，3(4)：577~585.

[49] LI Zhangming. Fuzzy evaluation on the stability of rock high slope：Application. Int. J. Advances in Systems Science and Applications，2004，4(1)：90~94.

[50] 李彰明，杨良坤，刘添俊. 半刚性桩复合地基沉降分析方法及应用. 建筑科学，2005，21(4)：46~50.

[51] 李彰明，冯遗兴，冯强. 软基处理中孔隙水压力变化规律与分析. 岩土工程学报，1997，19(6)：97~102.

[52] 张光永，吴玉山，李彰明. 超载预压法阈值问题的室内试验研究. 岩土力学，1999，20(1)：79~83.

[53] 张珊菊，李彰明，等. 建筑土质高边坡扶壁式支挡分析设计与工程应用. 土工基础，2004.18(2)：1~5.

[54] 王安明，李彰明. 秦沈客运专线A15标段冬季施工技术. 铁道建筑，2004，(4)：18~20.

[55] 赖碧涛，李彰明. 地基处理管理信息系统的开发和应用. 岩土力学，2004，25(12)：2041~2044.

[56] 刘添俊，李彰明. 土质边坡原位剪切试验研究. 岩土工程界，2004年增刊.

[57] 李彰明，赏锦国，胡新丽. 广州国际会展中心周边道路动力排水固结软基处理工程试验施工组织设计(试行).2002，(4)：

[58] 李彰明. 广州南沙泰山石化仓储区-期软基处理工程施工图设计，2005(1)

[59] 李彰明. 广州南沙泰山石化仓储区公共区软基处理工程施工图设计，2005(5)

[60] 李彰明，林军华. 广州南沙泰山石化仓储区一期软基处理工程监测技术总报告，2005(9)

[61] 李彰明. 广州南沙泰山石化仓储区成品油库区淤泥软基处理工程施工图设计，2005(11)

[62] 李彰明. 广州南沙泰山石化仓储区化工品库区淤泥软基处理工程施工图设计，2005(12)

[63] 李彰明. 广州花都碧桂园厚填土地基强夯处理设计，2005(12)

[64] 李彰明. 南国奥林匹克花园地基强夯加固工程设计与施工报告，2000(10)

[65] 李彰明. 深圳宝安中心区软基处理试验小区测试与监控技术研究报告，1995(10)

[66] 李彰明. 深圳宝安中心区兴华西路软基处理技术报告，1995

[67] 李彰明，冯遗兴. 海南大学图书馆软基处理技术报告，1995

[68] 李彰明，冯遗兴. 三亚海警基地软弱地基处理监测技术报告，1996

[69] 李彰明，冯遗兴. 深圳市春风路高架桥软基处理技术报告，1993

[70] 李彰明. 广东惠阳雅达山庄强夯工程技术报告，1992

[71] MAYNEP，JONES J. Impact stress during dynamic compaction. Journal of Geotechnical Engineering. 1983，

109(10)：1342-1346.

[72] Qian J. H, Zhao W. B and Qian Z, Dynamic Consolidation for a Clay Foundation With Sand Package, 5th International Conference on Numerical Methods in Geomechanics，1985

[73] 李彰明．软土地基加固的理论、设计与施工．北京：中国电力出版社，2006.

[74] 李彰明．软土地基加固与质量控制．北京：中国建筑工业出版社，2011.

[75] 刘勇健，李彰明，张丽娟．动力排水固结法在大面积深厚淤泥软基加固处理中的应用．岩石力学与工程学报，2010，52(29)：4000-4007.

[76] 李彰明，林军华．静动力排水固结法处理淤泥软基振动试验研究．岩土力学，2008，29(9)：2378-2382.

[77] 李彰明，万灵．用于软土地基处理的冲击荷载与软土覆盖层厚度厚度控制方法：中国 200910192526.2010.

[78] 龚晓南地基处理手册．3版．北京：中国建筑工业出版社，2008：87-90.

[79] 孟庆山．淤泥质粘土在冲击荷载下固结机理研究及应用．岩石力学与工程学报，2003，22(10)：1-62.

[80] 广东市建筑科学研究院等．DBJ 15-38-2005．北京：中国建筑工业出版社，2005.

[81] 中国建筑科学研究院等．GB 50007—2011．北京：中国建筑工业出版社，2012.

[82] 铁道第四勘察设计院．TB 10018—2003．北京：中国铁道出版社，2003.

[83] LI Zhangming, QIAN Xiaomin, ZENGWenxiu, et al. Control on reasonable impact loading in static-dynamic drainage consolidation method [J]. Applied Mechanics and Materials, 2013, V (353-356)：961-964.

[84] 李彰明．广州南沙泰山石化成品油库区淤泥软基处理施工图设计[R]．广州：广东工业大学建筑设计研究院．2006

[85] 李彰明，冯遗兴，冯强．软基处理中孔隙水压力变化规律与分析．岩土工程学报，1997，19(6)：97-102

[86] 孟庆山，汪稔，陈震．淤泥质软土在冲击荷载作用下孔压增长模式．岩土力学，2004，25(7)：1017-1022

[87] 林军华，李彰明．软基处理的静动力排水固结法．土工基础，2006，20(2)：10-13，22.

[88] 白冰，刘祖德．冲击荷载作用下饱和软黏土孔压增长与消散规律．岩土力学，1998，19(2)：33-38.

[89] 曾庆军，周波，龚晓南．冲击荷载下饱和软黏土孔压增长与消散规律的一维模型试验．试验力学，2002，17(2)：212-219.

[90] 王安明，李小根，李彰明，等．软土动力排水固结的室内模型试验研究．岩土力学，2009，30(6)：1644-1648.

[91] 王珊珊，李丽慧，胡瑞林，等．动力排水固结法加固吹填黏性土的模型试验研究．工程地质学报，2010，18(6)：906-912.

[92] 李彰明，杨文龙．多向高能高速电磁力冲击智能控制试验装置及方法：中国，201310173243.2013.

[93] 李彰明，刘俊雄．高能量冲击作用下淤泥孔压特征规律试验研究．岩土力学，2014，35(3)：339-345.

[94] 李彰明，冯强．用于软基快速固结处理的沉降速率控制方法．中国，200910193198.9[P]．2009.

[95] 李彰明．一种轻便电磁式高能量强夯设备、方法及应用[P].CN103243701A，2013.

第 10 章

水泥搅拌桩与注浆法

10.1　水泥土搅拌法

10.1.1　概述

水泥土搅拌法是用于加固饱和黏性土地基的一种较新方法。它是利用水泥（或水泥石灰拌合物）等材料作为固化剂，通过特制的搅拌机械，在地基深处就地将软土和固化剂（浆液或粉体）强制搅拌，由固化剂和软土间所产生的一系列物理-化学反应，使软土硬结成具有整体性、水稳定性和一定强度的水泥加固土，从而提高地基强度和增大变形模量。根据施工方法的不同，水泥土搅拌法分为水泥浆搅拌和粉体喷射搅拌两种。前者是用水泥浆和地基土搅拌，后者是用水泥粉或石灰粉和地基土搅拌。

水泥土搅拌法分为深层搅拌法（以下简称湿法）和粉体喷搅法（以下简称干法）。水泥土搅拌法适用于处理正常固结的淤泥与淤泥质土、粉土、饱和黄土、素填土、黏性土以及无流动地下水的饱和松散砂土等地基。当地基土的天然含水量小于 30%（黄土含水量小于25%）、大于 70% 或地下水的 pH<4 时不宜采用干法。冬期施工时，应注意负温对处理效果的影响。湿法的加固深度不宜大于 20m；干法不宜大于 15m。水泥土搅拌桩的桩径不应小于 500mm。

水泥加固土的室内试验表明，有些软土的加固效果较好，而有的不够理想。一般认为含有高岭石、多水高岭石、蒙脱石等黏土矿物的软土加固效果较好，而含有伊利石、氯化物和水铝英石等矿物的黏性土以及有机质含量高、酸碱度（pH）较低的黏性土的加固效果较差。

10.1.2　加固机理

水泥加固土的物理化学反应过程与混凝土的硬化机理不同，混凝土的硬化主要是在粗填充料（比表面不大、活性很弱的介质）中进行水解和水化作用，所以凝结速度较快。而在水泥加固土中，由于水泥掺量很小，水泥的水解和水化反应完全是在具有一定活性的介质——土的围绕下进行，所以水泥加固土的强度增长过程比混凝土缓慢。

1. 水泥的水解和水化反应

普通硅酸盐水泥主要由氧化钙、二氧化硅、三氧化二铝、三氧化二铁及三氧化硫等组成，由这些不同的氧化物分别组成了不同的水泥矿物：硅酸三钙、硅酸二钙、铝酸三钙、铁铝酸四钙、硫酸钙等。用水泥加固软土时，水泥颗粒表面的矿物很快与软土中的水发生水解和水化反应，生成氢氧化钙、含水硅酸钙、含水铝酸钙及含水铁酸钙等化合物。

所生成的氢氧化钙、含水硅酸钙能迅速溶于水中，使水泥颗粒表面重新暴露出来，再与水发生反应，这样周围的水溶液就逐渐达到饱和。当溶液达到饱和后，水分子虽继续深入颗粒内部，但新生成物已不能再溶解，只能以细分散状态的胶体析出，悬浮于溶液中，形成胶体。

2. 土颗粒与水泥水化物的作用

当水泥的各种水化物生成后，有的自身继续硬化，形成水泥石骨架；有的则与其周围具有一定活性的黏土颗粒发生反应。

（1）离子交换和团粒化作用。黏土和水结合时就表现出一种胶体特征，如土中含量最多的二氧化硅遇水后，形成硅酸胶体微粒，其表面带有阴离子 Na^+ 或钾离子 K^+，它们能和水泥水化生成的氢氧化钙中钙离子进行当量吸附交换，使较小的土颗粒形成较大的土团粒，从而使土体强度提高。

水泥水化生成的凝胶粒子的比表面积约比原水泥颗粒大 1000 倍，因而产生很大的表面能，有强烈的吸附活性，能使较大的土团粒进一步结合起来，形成水泥土的团粒结构，并封闭各土团的空隙，形成坚固的连接，从宏观上看也就使水泥土的强度大大提高。

（2）硬凝反应。随着水泥水化反应的深入，溶液中析出大量的钙离子，当其数量超过离子交换的需要量后，在碱性环境中，能使组成黏土矿物的二氧化硅及三氧化二铝的一部分或大部分与钙离子进行化学反应，逐渐生成不溶于水的稳定结晶化合物，增大了水泥土的强度，从扫描电子显微镜观察中可见，拌入水泥 7d 时，土颗粒周围充满了水泥凝胶体，并有少量水泥水化物结晶的萌芽。一个月后水泥土中生成大量纤维状结晶，并不断延伸充填到颗粒间的孔隙中，形成网状构造。到五个月时，纤维状结晶辐射向外伸展，产生分叉，并相互连接形成空间网状结构，水泥的形状和土颗粒的形状已不能分辨出来。

3. 碳酸化作用

水泥水化物中游离的氢氧化钙能吸收水中和空气中的二氧化碳，发生碳酸化反应，生成不溶于水的碳酸钙，这种反应也能使水泥土增加强度，但增长的速度较慢，幅度也较小。

从水泥土的加固机理分析，由于搅拌机械的切削搅拌作用，实际上不可避免地会留下一些未被粉碎的大小土团。在拌入水泥后将出现水泥浆包裹土团的现象，而土团间的大孔隙基本上已被水泥颗粒填满。所以，加固后的水泥土中形成一些水泥较多的微区，而在大小土团内部则没有水泥。只有经过较长的时间，土团内的土颗粒在水泥水解产物渗透作用下，才逐渐改变其性质。因此在水泥土中不可避免地会产生强度较大和水稳性较好的水泥石区和强度较低的土块区。两者在空间相互交替，从而形成一种独特的水泥土结构。可见，搅拌越充分，土块被粉碎得越小，水泥分布到土中越均匀，则水泥土结构强度的离散性越小，其宏观的总体强度也越高。

477

10.1.3　水泥加固土工程性能

1. 水泥土的物理性质

（1）含水量。水泥土在硬凝过程中，由于水泥水化等反应，使部分自由水以结晶水的形式固定下来，故水泥土的含水量略低于原土样的含水量，水泥土含水量比原土样含水量减少0.5%～7.0%，且随着水泥掺入比的增加而减小。

（2）重力密度。由于拌入软土中的水泥浆的重力密度与软土的重力密度相近，所以水泥土的重力密度与天然软土的重力密度相差不大，水泥土的重力密度仅比天然软土重力密度增加0.5%～3.0%，所以采用水泥土搅拌法加固厚层软土地基时，其加固部分对于下部未加固部分不致产生过大的附加荷重，也不会产生较大的附加沉降。

（3）相对密度。由于水泥的相对密度为3.1，比一般软土的相对密度2.65～2.75大，故水泥土的相对密度比天然软土的相对密度稍大。水泥土相对密度比天然软土的相对密度增加0.7%～2.5%。

（4）渗透系数。水泥土的渗透系数随水泥掺入比的增大和养护龄期的增长而减小，一般可达10^{-5}～10^{-8}cm/s数量级。对于上海地区的淤泥质黏土，垂直向渗透系数也能达到10^{-8}cm/s数量级，但这层土常局部夹有薄层粉砂，水平向渗透系数往往高于垂直向渗透系数，一般为10^{-4}cm/s数量级。因此，水泥加固淤泥质黏土能减少原天然土层的水平向渗透系数，而对垂直向渗透性的改善，效果不显著。水泥土减小了天然软土的水平向渗透性，这对深基坑施工是有利的，可利用它作为防渗帷幕。

2. 水泥土的力学性质

（1）无侧限抗压强度及其影响因素。水泥土的无侧限抗压强度一般为300～4000kPa，即比天然软土大几十倍至数百倍。其变形特征随强度不同而介于脆性体与弹塑体之间。

影响水泥土的无侧限抗压强度的因素有水泥掺入比、水泥强度等级、龄期、含水量、有机质含量、外掺剂、养护条件及土性等。下面根据试验结果来分析影响水泥土抗压强度的一些主要因素。

1）水泥掺入比a_w对强度的影响。水泥掺入比$a_w = \dfrac{掺加的水泥重量}{被加固土的湿重量} \times 100\%$。水泥土的强度随着水泥掺入比的增加而增大，当$a_w < 5\%$时，由于水泥与土的反应过弱，水泥土固化程度低，强度离散性也较大，故在水泥土搅拌法的实际施工中，选用的水泥掺入比必须大于7%。

根据试验结果分析，发现当其他条件相同时，某水泥掺入比a_w的强度f_{cuc}与水泥掺入比$a_w = 12\%$的强度f_{cu12}的比值f_{cuc}/f_{cu12}与水泥掺入比a_w的关系有较好的归一化性质。由回归分析得到：f_{cuc}/f_{cu12}与a_w呈幂函数关系，其关系式如下：

$$f_{cuc}/f_{cu12} = 41.582a_w^{1.7695} \tag{10.1}$$

上式适用的条件是：$a_w = 5\%$～16%。

在其他条件相同的前提下两个不同水泥掺入比的水泥土的无侧限抗压强度之比值随水泥掺入比之比的增大而增大。经回归分析得到两者呈幂函数关系，其经验方程式为：

$$f_{cu1}/f_{cu2} = (a_{w1}/a_{w2})^{1.7736} \tag{10.2}$$

式中　　f_{cu1}——水泥掺入比为a_{w1}的无侧限抗压强度；

f_{cu2}——水泥掺入比为 a_{w2} 的无侧限抗压强度。

上式适用的条件是：$a_w = 5\% \sim 20\%$；$a_{w1}/a_{w2} = 0.33 \sim 3.00$。

2）龄期对强度的影响。水泥土的强度随着龄期的增长而提高，一般在龄期超过 28d 后仍有明显增长，根据试验结果的回归分析，得到在其他条件相同时，不同龄期的水泥土无侧限抗压强度间关系大致呈线性关系，这些关系式如下：

$$f_{cu7} = (0.47 \sim 0.63) f_{cu28} \qquad f_{cu14} = (0.62 \sim 0.80) f_{cu28}$$

$$f_{cu60} = (1.15 \sim 1.46) f_{cu28} \qquad f_{cu90} = (1.43 \sim 1.80) f_{cu28}$$

式中，f_{cu7}、f_{cu14}、f_{cu28}、f_{cu60}、f_{cu90} 分别为 7d、14d、28d、60d 和 90d 龄期的水泥土无侧限抗压强度。

当龄期超过 3 个月后，水泥土的强度增长才减缓。同样，据电子显微镜观察，水泥和土的硬凝反应约需 3 个月才能充分完成。因此水泥土选用 3 个月龄期强度作为水泥土的标准强度较为适宜。一般情况下，龄期少于 3d 的水泥土强度与标准强度间关系其线性较差，离散性较大。

回归分析还发现在其他条件相同时，某个龄期（T）的无侧限抗压强度 f_{cuT} 与 28d 龄期的无侧限抗压强度 f_{cu28} 的比值 f_{cuT}/f_{cu28} 与龄期 T 的关系具有较好的归一化性质，且大致呈幂函数关系。其关系式如下：

$$f_{cuT}/f_{cu28} = 0.241\,4\,T^{0.419\,7} \tag{10.3}$$

式中，龄期的适用范围是 7～90d。

在其他条件相同的前提下，两个不同龄期的水泥土的无侧限抗压强度之比随龄期之比的增大而增大。经回归分析得到两者呈幂函数关系，其经验方程式为：

$$f_{cu1}/f_{cu2} = (T_1/T_2)^{0.418\,2} \tag{10.4}$$

式中 f_{cu1}——龄期为 T_1 的无侧限抗压强度；

f_{cu2}——龄期为 T_2 的无侧限抗压强度。

式（10.4）适用的条件是：$T = 7 \sim 90d$；$T_1/T_2 = 0.08 \sim 0.67$ 和 $T_1/T_2 = 1.50 \sim 12.85$。

综合考虑水泥掺入比与龄期的影响，经回归分析，得到如下经验关系式：

$$f_{cu1}/f_{cu2} = (a_{w1}/a_{w2})^{1.809\,5} \cdot (T_1/T_2)^{0.411\,9} \tag{10.5}$$

式中 f_{cu1}——水泥掺入比为 a_{w1}、龄期为 T_1 的无侧限抗压强度；

f_{cu2}——水泥掺入比为 a_{w2}、龄期为 T_2 的无侧限抗压强度。

式（10.5）成立的条件是：$a_w = (5 \sim 20)\%$，$a_{w1}/a_{w2} = 0.33 \sim 3.00$；$T = (7 \sim 90)$ d。

3）水泥强度等级对强度的影响。水泥土的强度随水泥强度等级的提高而增加。水泥强度等级提高 100 号，在同一掺入比时，水泥土的强度 f_{cu} 约增大 20%～30%。如要求达到相同强度，水泥强度等级提高 100 号，可降低水泥掺入比 2%～3%。

4）土样含水量对强度的影响。水泥土的无侧限抗压强度 f_{cu} 随着土样含水量的降低而增大，当土的含水量从 157% 降低至 47% 时，无侧限抗压强度则从 260kPa 增加到 2320kPa。一般情况下，土样含水量每降低 10%，则强度可增加 10%～50%。

5）土样中有机质含量对强度的影响。有机质含量低的水泥土强度比有机质含量高的水泥土强度大得多。由于有机质使土体具有较大的水溶性和塑性、较大的膨胀性和低渗透性，并使土具有酸性，这些因素都阻碍水泥水化反应的进行。因此，有机质含量高的软土，单纯用水泥加固的效果较差。

6）外掺剂对强度的影响。不同的外掺剂对水泥土强度有着不同的影响。例如，木质素磺酸钙对水泥土强度的增长影响不大，主要起减水作用。石膏、三乙醇胺对水泥土强度有增强作用，而其增强效果对不同土样和不同水泥掺入比又有所不同，所以选择合适的外掺剂可提高水泥土强度和节约水泥用量。

一般早强剂可选用三乙醇胺、氯化钙、碳酸钠或水玻璃等材料，其掺入量宜分别取水泥重量的 0.05%、2%、0.5% 和 2%；减水剂可选用木质素磺酸钙，其掺入量宜取水泥重量的 0.2%；石膏兼有缓凝和早强的双重作用，其掺入量宜取水泥重量的 2%。

掺加粉煤灰的水泥土，其强度一般都比不掺粉煤灰的有所增长。不同水泥掺入比的水泥土，当掺入与水泥等量的粉煤灰后，强度均比不掺粉煤灰的提高 10%，故在加固软土时掺入粉煤灰，不仅可消耗工业废料，还可稍微提高水泥土的强度。

7）养护方法。养护方法对水泥土的强度影响主要表现在养护环境的湿度和温度。

国内外试验资料都说明，养护方法对短龄期水泥土强度的影响很大，随着时间的增长，不同养护方法下的水泥土无侧限抗压强度趋于一致，说明养护方法对水泥土后期强度的影响较小。

（2）抗拉强度。水泥土的抗拉强度 σ_t 随无侧限抗压强度 f_{cu} 的增长而提高。当水泥土的抗压强度 $f_{cu} = 0.500 \sim 4.00\text{MPa}$ 时，其抗拉强度 $\sigma_t = 0.05 \sim 0.70\text{MPa}$，即 $\sigma_t = (0.06 \sim 0.30) f_{cu}$。

抗压与抗拉这两类强度有密切关系，根据试验结果的回归分析，得到水泥土抗拉强度 σ_t 与其无侧限抗压强度 f_{cu} 有幂函数关系：

$$\sigma_t = 0.078\,7 f_{cu}^{0.811\,1} \tag{10.6}$$

式（10.6）成立的条件是：$f_{cu} = 0.5 \sim 3.5\text{MPa}$。

（3）抗剪强度。水泥土的抗剪强度随抗压强度的增加而提高。当 $f_{cu} = 0.30 \sim 4.0\text{MPa}$ 时，其黏聚力 $c = 0.10 \sim 1.0\text{MPa}$，一般约为 f_{cu} 的 20%~30%，其内摩擦角在 20°~30° 变化。

水泥土在三轴剪切试验中受剪破坏时，试件有清楚而平整的剪切面，剪切面与最大主应力面夹角约 60°。

根据试验结果的回归分析，得到水泥土的内聚力 c 与其无侧限抗压强度 f_{cu} 大致呈幂函数关系，其关系式如下：

$$c = 0.281\,3 f_{cu}^{0.707\,8} \tag{10.7}$$

式（10.7）成立的条件是：$f_{cu} = 0.3 \sim 1.3\text{MPa}$。

（4）变形模量。当垂直应力达 50% 无侧限抗压强度时，水泥土的应力与应变的比值，称之为水泥土的变形模量 E_{50}。当 $f_{cu} = 0.1 \sim 3.5\text{MPa}$ 时，其变形模量 $E_{50} = 10 \sim 550\text{MPa}$，即 $E_{50} = (80 \sim 150) f_{cu}$。

根据试验结果的线性回归分析，得到 E_{50} 与 f_{cu} 大致呈正比关系，它们的关系式为：

$$E_{50} = 126 f_{cu} \tag{10.8}$$

（5）压缩系数和压缩模量。水泥土的压缩系数为 $(2.0 \sim 3.5) \times 10^{-5}$ $(\text{kPa})^{-1}$，其相

应的压缩模量 $E_s = 60 \sim 100 \text{MPa}$。

3. 水泥土抗冻性能

水泥土试件在自然负温下进行抗冻试验表明，其外观无显著变化，仅少数试块表面出现裂缝，并有局部微膨胀或出现片状剥落及边角脱落，但深度及面积均不大，可见自然冰冻不会造成水泥土深部的结构破坏。

10.1.4　设计计算

10.1.4.1　单桩竖向承载力的设计计算

单桩竖向承载力特征值应通过现场载荷试验确定。初步设计时也可按式（10.9）估算，并应同时满足式（10.10）的要求，应使由桩身材料强度确定的单桩承载力大于（或等于）由桩周土和桩端土的抗力所提供的单桩承载力。

$$R_a = u_p \sum_{i=1}^{n} q_{si} l_i + \alpha q_p A_p \tag{10.9}$$

$$R_a = \eta f_{cu} A_p \tag{10.10}$$

式中　f_{cu}——与搅拌桩桩身水泥土配比相同的室内加固土试块（边长为 70.7mm 的立方体，也可采用边长为 50mm 的立方体）在标准养护条件下 90d 龄期的立方体抗压强度平均值，kPa；

　　　　η——桩身强度折减系数，干法可取 0.20~0.30，湿法可取 0.25~0.33；

　　　　u_p——桩的周长，m；

　　　　n——桩长范围内所划分的土层数；

　　　　q_{si}——桩周第 i 层土的侧阻力特征值，对淤泥可取 4~7kPa，对淤泥质土可取 6~12kPa，对软塑状态的黏性土可取 10~15kPa，对可塑状态的黏性土可以取 12~18kPa；

　　　　l_i——桩长范围内第 i 层土的厚度，m；

　　　　q_p——桩端地基土未经修正的承载力特征值（kPa），可按现行国家标准《建筑地基基础设计规范》（GB 50007—2011）的有关规定确定；

　　　　α——桩端天然地基土的承载力折减系数，可取 0.4~0.6，承载力高时取低值。

采用式（10.9）时，桩长超过有效桩长时，Σl_i 应取有效桩长部分。对端阻力应折减或不计。否则由式（10.9）确定的承载力是偏高的、不安全的。

10.1.4.2　复合地基的设计计算

加固后搅拌桩复合地基承载力特征值应通过现场复合地基载荷试验确定，也可按式（10.11）计算。

$$f_{spk} = m \cdot \frac{R_a}{A_p} + \beta (1 - m) f_{sk} \tag{10.11}$$

式中　f_{spk}——复合地基承载力特征值，kPa；

　　　　m——面积置换率；

　　　　A_p——桩的截面积，m^2；

　　　　f_{sk}——桩间天然地基土承载力特征值（kPa），可取天然地基承载力特征值；

　　　　β——桩间土承载力折减系数，当桩端土未经修正的承载力特征值大于桩周土的承载力特征值的平均值时，可取 0.1～0.4，差值大时取低值；当桩端土未经修正的承载力特征值小于或等于桩周土的承载力特征值的平均值时，可取 0.5～0.9，差值大时或设置褥垫层时均取高值；

R_a——单桩竖向承载力特征值，kN。

根据设计要求的单桩竖向承载力特征值 R_a 和复合地基承载力特征值 f_{spk} 计算搅拌桩的置换率 m 和总桩数 n'：

$$m = \frac{f_{spk} - \beta \cdot f_{sk}}{\dfrac{R_a}{A_p} - \beta \cdot f_{sk}} \tag{10.12}$$

$$n' = \frac{m \cdot A}{A_p} \tag{10.13}$$

式中　A——地基加固的面积，m²。

竖向承载搅拌桩复合地基应在基础和桩之间设置褥垫层。褥垫层厚度可取 200～300mm。其材料可选用中砂、粗砂、级配砂石等，最大粒径不宜大于 20mm。

当搅拌桩处理范围以下存在软弱下卧层时，应按现行国家标准《建筑地基基础设计规范》（GB 50007—2011）的有关规定进行下卧层承载力验算。

10.1.4.3　水泥土搅拌桩沉降验算

竖向承载搅拌桩复合地基的变形包括搅拌桩复合土层（加固区）的平均压缩变形 S_1 与桩端下未加固土层的压缩变形 S_2。

搅拌桩复合土层的压缩变形 S_1 可按下面几种方法计算。

（1）按复合模量计算变形：将复合地基加固区中增强体和土体视为一个统一的整体，采用复合模量来评价其压缩性；用分层总和法计算其压缩量。

复合模量表征土体抵抗变形的能力，数值上等于某一应力水平时复合地基应力与复合地基相对变形之比。通常复合模量可用桩抵抗变形能力与桩间土抵抗变形能力的某种叠加来表示。计算式为

$$E_{sp} = mE_p + (1-m)E_s \tag{10.14}$$

式中　E_p——桩体压缩模量；

E_s——桩间土压缩模量；

E_{sp}——复合模量。

需要指出的是，式（10.14）是在某些特定的理想条件下导出的，其条件如下。

1）复合地基上的基础半无限大，且基础绝对刚性。

2）桩端落在坚硬的土层上，桩没有向下的刺入变形。

3）桩长是有限的。

（2）按桩间土应力计算变形：该方法是考虑复合地基一般置换率较低，近似地忽略桩的存在，而根据桩间土实际分担的荷载，求出附加应力，按照桩间土的压缩模量来计算复合土层压缩变形。在置换率较高的情况下该法忽略桩的存在往往使计算值大于实际压缩量。

（3）按桩身压缩量计算变形：设桩刺入垫层的深度为 Δl_1，刺入下卧层的深度为 Δl_2，桩身的压缩量为 S_p，则加固区变形量 $S_1 = \Delta l_1 + \Delta l_2 + S_p$。该法 S_p 的计算需知道桩侧摩擦阻力的变化然后沿桩长积分，但实际上很难确切地知道桩侧摩擦阻力的分布情况。Δl_1、

Δl_2 也很难计算，有资料运用"压力＝刚度系数×变形"的方法来考虑。

（4）国家行业标准《建筑地基处理技术规范》（JGJ 79—2012）的有关规定计算：

$$S_1 = \frac{(p_z + p_{zl})l}{2E_{sp}} \tag{10.15}$$

式中　p_z——搅拌桩复合土层顶面的附加压力值，kPa；

　　　p_{zl}——搅拌桩复合土层底面的附加压力值，kPa。

总的来说，加固区压缩量不是很大，特别在深厚软土中其占复合地基总沉降的比例较少。

桩端以下未加固土层的压缩变形 S_2 可按现行国家标准《建筑地基基础设计规范》（GB 50007—2011）的有关规定进行计算。下卧层上的附加应力计算方法有压力扩散法、等效实体法、改进的 Geddes 法等。

10.1.5　施工工艺

水泥土搅拌法施工现场事先应予以平整，必须清除地上和地下的障碍物。遇有明浜、池塘及洼地时应抽水和清淤，回填黏性土料并予以压实，不得回填杂填土或生活垃圾。

水泥土搅拌桩施工前应根据设计进行工艺性试桩，数量不得少于 2 根。当桩周为成层土时，应对相对软弱土层增加搅拌次数或增加水泥掺量。

搅拌头翼片的枚数、宽度与搅拌轴的垂直夹角、搅拌头的回转数、提升速度应相互匹配，以确保加固深度范围内土体的任何一点均经过 20 次以上的搅拌。

竖向承载搅拌桩施工时，停浆（灰）面应高于桩顶设计标高 300～500mm。在开挖基坑时，应将搅拌桩顶端施工质量较差的桩段用人工挖除。

施工中应保持搅拌桩机底盘的水平和导向架的竖直，搅拌桩的垂直偏差不得超过 1%；桩位的偏差不得大于 50mm；成桩直径和桩长不得小于设计值。

水泥土搅拌法施工步骤由于湿法和干法的施工设备不同而略有差异。其主要步骤如下。

（1）搅拌机械就位、调平。

（2）预搅下沉至设计加固深度。

（3）边喷浆（粉）、边搅拌提升直至预定的停浆（灰）面。

（4）重复搅拌下沉至设计加固深度。

（5）根据设计要求，喷浆（粉）或仅搅拌提升直至预定的停浆（灰）面。

（6）关闭搅拌机械。在预（复）搅下沉时，也可采用喷浆（粉）的施工工艺，但必须确保全桩长上下至少再重复搅拌一次。

下面分别介绍"干法"和"湿法"施工中的注意事项。

1. 水泥浆搅拌法

（1）现场场地应予平整，必须清除地上和地下一切障碍物。明浜、暗塘及场地低洼时应抽水和清淤，分层夯实回填黏性土料，不得回填杂填土或生活垃圾。开机前必须调试，检查桩机运转和输浆管畅通情况。

（2）根据实际施工经验，水泥土搅拌法在施工到顶端 0.3～0.5m 时，因上覆压力较小，搅拌质量较差。因此，其场地整平标高应比设计确定的基底标高再高出 0.3～0.5m，桩制作时仍施工到地面，待开挖基坑时，再将上部 0.3～0.5m 的桩身质量较差的桩段挖去。而对于基础埋深较大时，取下限；反之，则取上限。

(3) 搅拌桩垂直度偏差不得超过 1%，桩位布置偏差不得大于 50mm，桩径偏差不得大于 4%。

(4) 施工前应确定搅拌机械的灰浆泵输浆量、灰浆经输浆管到达搅拌机喷浆口的时间和起吊设备提升速度等施工参数；并根据设计要求通过成桩试验，确定搅拌桩的配比等各项参数和施工工艺。宜用流量泵控制输浆速度，使注浆泵出口压力保持在 0.4~0.6MPa，并应使搅拌提升速度与输浆速度同步。

(5) 制备好的浆液不得离析，泵送必须连续。拌制浆液的罐数、固化剂和外掺剂的用量以及泵送浆液的时间等应有专人记录。

(6) 为保证桩端施工质量，当浆液达到出浆口后，应喷浆座底 30s，使浆液完全到达桩端。特别是设计中考虑桩端承载力时，该点尤为重要。

(7) 预搅下沉时不宜冲水，当遇到较硬土层下沉太慢时，方可适量冲水，但应考虑冲水成桩对桩身强度的影响。

(8) 可通过复喷的方法达到桩身强度为变参数的目的。搅拌次数以 1 次喷浆 2 次搅拌或 2 次喷浆 3 次搅拌为宜，且最后 1 次提升搅拌宜采用慢速提升。当喷浆口到达桩顶标高时，宜停止提升，搅拌数秒，以保证桩头的均匀密实。

(9) 施工时因故停浆，宜将搅拌机下沉至停浆点以下 0.5m，待恢复供浆时再喷浆提升。若停机超过 3h，为防止浆液硬结堵管，宜先拆卸输浆管路，妥为清洗。

(10) 壁状加固时，桩与桩的搭接时间不应大于 24h，如因特殊原因超过上述时间，应对最后一根桩先进行空钻留出榫头以待下一批桩搭接，如间歇时间太长（如停电等），与第二根无法搭接；应在设计和建设单位认可后，采取局部补桩或注浆措施。

(11) 搅拌机凝浆提升的速度和次数必须符合施工工艺的要求，应有专人记录搅拌机每米下沉和提升的时间。深度记录误差不得大于 100mm，时间记录误差不得大于 5s。

(12) 根据现场实践表明，当水泥土搅拌桩作为承重桩进行基坑开挖时，桩顶和桩身已有一定的强度，若用机械开挖基坑，往往容易碰撞损坏桩顶，因此基底标高以上 0.3m 宜采用人工开挖，以保护桩头质量。这点对保证处理效果尤为重要，应引起足够的重视。

2. 粉体喷射搅拌法

(1) 喷粉施工前应仔细检查搅拌机械、供粉泵、送气（粉）管路、接头和阀门的密封性、可靠性。送气（粉）管路的长度不宜大于 60m。

(2) 喷粉施工机械必须配置经国家计量部门确认的具有能瞬时检测并记录出粉量的粉体计量装置及搅拌深度自动记录仪。

(3) 搅拌头每旋转一周，其提升高度不得超过 16mm。

(4) 施工机械、电气设备、仪表仪器及机具等，在确认完好后方准使用。

(5) 在建筑物旧址或回填地区施工时，应预先进行桩位探测，并清除已探明的障碍物。

(6) 桩体施工中，若发现钻机不正常振动、晃动、倾斜、移位等现象，应立即停钻检查。必要时应提钻重打。

(7) 施工中应随时注意喷粉机、空压机的运转情况，压力表的显示变化，以及送灰情况。当送灰过程中出现压力连续上升，发送器负载过大，送灰管或阀门在轴具提升中途堵塞等异常情况，应立即判明原因，停止提升，原地搅拌。为保证成桩质量，必要时应予复打。堵管的原因除漏气外，主要是水泥结块。施工时不允许用已结块的水泥，并要求管道系统保持干燥状态。

（8）在送灰过程中如发现压力突然下降、灰罐加不上压力等异常情况，应停止提升，原地搅拌，及时查明原因。若由灰罐内水泥粉体已喷完或容器、管道漏气所致，应将钻具下沉到一定深度后，重新加灰复打，以保证成桩质量。有经验的施工监理人员往往从高压送粉胶管的颤动情况来判明送粉的正常与否。检查故障时，应尽可能不停止送风。

（9）设计上要求搭接的桩体须连续施工，一般相邻桩的施工间隔时间不超过 8h。若因停电、机械故障而超过允许时间，应征得设计部门同意，采取适宜的补救措施。

（10）在 SP-1 型粉体发送器中有一个气水分离器，用于收集因压缩空气膨胀而降温所产生的凝结水。施工时应经常排除气水分离器中的积水，防范因水分进入钻杆而堵塞送粉通道。

（11）喷粉时灰罐内的气压比管道内的气压高 0.02～0.05MPa 以确保正常送粉。

（12）对地下水位较深、基底标高较高的场地，或喷灰量较大、停灰面较高的场地，施工时应加水或施工区及时地面加水，以使桩头部分水泥充分水解水化反应，以防桩头呈疏松状态。

10.1.6 质量检验

水泥土搅拌桩的质量控制应贯穿施工的全过程，并应坚持全程的施工监理。施工过程中必须随时检查施工记录和计量记录，并对照规定的施工工艺对每根桩进行质量评定。检查重点是水泥用量、桩长、搅拌头转数和提升速度、复搅次数和复搅深度、停浆处理方法等。

水泥土搅拌桩的施工质量检验可采用以下方法。

（1）成桩 7d 后，采用浅部开挖桩头［深度宜超过停浆（灰）面下 0.5m］，目测检查搅拌的均匀性，测量成桩直径。检查量为总桩数的 5%。

（2）成桩后 3d 内，可用轻型动力触探检查每米桩身的均匀性。检验数量为施工总桩数的 1%，且不少于 3 根。

竖向承载水泥土搅拌桩地基竣工验收时，承载力检验应采用复合地基载荷试验和单桩载荷试验。

载荷试验必须在桩身强度满足试验荷载条件时，并宜在成桩 28d 后进行。检验数量为桩总数的 0.5%～1%，且每项单体工程不应少于 3 点。

经触探和载荷试验检验后对桩身质量有怀疑时，应在成桩 28d 后，用双管单动取样器钻取芯样作抗压强度检验，检验数量为施工总桩数的 0.5%，且不少于 3 根。

对相邻桩搭接要求严格的工程，应在成桩 15d 后，选取数根桩进行开挖，检查搭接情况。

基槽开挖后，应检验桩位、桩数与桩顶质量，如不符合设计要求，应采取有效补强措施。

工程实例 1：水泥搅拌桩在实际中的应用

某 6 层住宅楼，地质情况如下。

1 层素填土，杂色，松散，厚度 1.0～1.5m。

2 层淤泥质粉质黏土，灰色，软塑-流塑状态，层厚 5.5～6.5m，$f_k=80$kPa，$E_s=3.0$MPa。

3 层粉质黏土，灰黄色，软塑-可塑状态，$f_k=80$kPa，$E_s=10.0$MPa。

　　根据地质报告，综合分析地质情况，采用水泥喷粉搅拌桩加固处理软弱土地基比较经济合理。由于淤泥质土层厚度不深，决定搅拌桩桩端伸入坚硬土层，所以采用柱状加固形式。

　　水泥喷粉搅拌桩复合地基承载力暂定175kPa，桩直径取500mm，u_p 周长 $=0.5\times3.14=1.57$，A_p 面积 $=3.14\times0.25^2\approx0.196\mathrm{m}^2$，计算单桩竖向承载力标准值，按式（10.9）、式（10.10）计算，取其中较小值。

　　由式（10.9）$R_a=10\times1.57\times8+0.4\times0.196\times180\approx140$（kN）。

　　由水泥土试验取 $f_{cu}=2244\mathrm{kPa}$，则由式（10.10）$R_a=0.30\times2244\times0.196\approx132$（kN）。

　　由公式（10.12）面积置换率 $m=23.2\%$，可取 $m=24\%$。

　　所以，由公式（10.11）可得 $f_{spk}=179.9\mathrm{kPa}$。

　　因此，根据公式 $n=m\times A/A_p$ 可计算平面布桩数。

　　由于桩端进入坚硬土层，所以不必进行下卧层地基验算。此水泥喷粉搅拌桩，采用32.5级普通硅酸盐水泥，水泥掺入比为15%，采用二次复搅，经施工后，由有关部门检测，复合地基承载力达到190kPa，满足设计要求。

10.2　注浆法

10.2.1　概述

　　注浆法是指利用液压、气压或电化学原理，通过注浆管把浆液均匀地注入地层中，浆液以填充、渗透和挤密等方式，赶走土颗粒间或岩石裂隙中的水分和空气后占据其位置，经人工控制一定时间后，浆液将原来松散的土粒或裂隙胶结成一个整体，形成一个结构新、强度大、防水性能好和化学稳定性良好的"结石体"。

　　注浆法在我国煤炭、冶金、水电、建筑、交通和铁道等部门都进行了广泛使用，并取得了良好的效果。其加固目前有以下几个方面。

　　（1）增加地基土的不透水性。防止流砂、钢板桩渗水、坝基漏水和隧道开挖时涌水，以及改善地下工程的开挖条件。

　　（2）防止桥墩和边坡护岸的冲刷。

　　（3）整治坍方滑坡，处理路基病害。

　　（4）提高地基土的承载力，减少地基的沉降和不均匀沉降。

　　（5）进行托换技术，对古建筑的地基加固。

　　目前，国内外地基注浆技术的突出特点，主要表现在以下几个方面。

　　（1）不仅水电建设中几乎每个坝址都要进行大规模防渗和加固注浆，在其他土木工程（如铁道、矿井、市政和地下工程等）建设中，注浆法也占有十分重要的地位，它不仅在新建工程，而且在改建和扩建工程中都有广泛的应用领域。实践证明，注浆法确实是一门重要且颇有发展潜力的地基加固技术。

　　（2）可用的浆材品种越来越多，尤其在我国对浆材性能和其他问题较系统和深入地研究，有些浆材通过改性使其缺点消除，正向理想浆材的方向演变。

　　（3）为解决特殊工程问题，化学浆材的发展提供了更加有效的手段，使注浆法的总体水平得到提高。然而因为造价、毒性和环境等，国内外各类注浆工程中仍是水泥系和水玻璃系浆材占主导地位；高价的有机化学浆材一般仅在特别重要的工程中，以及上述两类浆材不能可靠地解决问题的特殊条件时才使用。

（4）劈裂注浆在国外已有 30 多年的历史，我国自 20 世纪 70 年代末在乌江波坝基采用这类注浆工艺建成有效的防渗帷幕后，也已取得明显的发展，尤其在软弱地基中，劈裂注浆技术越来越多地用作提高地基承载力和消除（或减少）沉降的手段。

（5）在一些比较发达的国家中，已较普遍地在注浆施工中设立电子计算机监测系统，用来专门收集和处理诸如注浆压力、浆液稠度和进浆量等重要数据，这不仅可使工作效率大大提高，还能更好地控制运注浆工序和了解注浆过程本身。在勘探和注浆施工中广泛地应用电子技术，正使注浆法从一门"艺术"转变为一门科学。

（6）由于注浆施工属隐蔽性作业，复杂的地层构造和裂隙系统难以模拟，故开展理论研究实为不易。与浆材品种的研究相比，国内外在注浆理论方面仍属于比较薄弱的环节。

10.2.2　化学浆材

注浆工程所用的浆液是由主剂（原材料）、溶剂（水或其他溶剂）及各种外加剂混合而成。通常所提的注浆材料是指浆液中所用的主剂，外加剂可根据在浆液中所起的作用，分为固化剂、催化剂、速凝剂、缓凝剂和悬浮剂等。注浆材料常分为悬浮液的粒状浆材和真溶液的化学浆材。粒状浆材又可分为不稳定粒状浆材（如水泥浆、水泥砂浆等）和稳定粒状浆材（如黏土浆、水泥黏土浆等）。化学浆材也可分为有机浆材（如环氧树脂类、丙烯酰胺类、不饱和酯类、聚氨酯类等）和无机浆材（如水玻璃类）。

下面简单介绍工程中常用的几种注浆材料。

1. 水泥浆材

常用的水泥浆材包括纯水泥浆、超细水泥浆材、黏土水泥浆材等，这些浆材容易取得，成本低廉，固结后的结石体强度高，无毒性，不污染环境，因此，是应用最广泛、用量最大的注浆材料。

（1）纯水泥浆。注浆工程中最常用的是普通硅酸盐水泥，有时也采用矿渣硅酸盐水泥和火山灰质硅酸盐水泥。纯水泥浆是由水和水泥按一定比例混合而成。常用的水灰比为 0.5：1～5：1。高浓度水泥浆的强度和密度都很大，但流动性小，为改善流性，可加小量的减水剂、分散剂、减阻剂等化学药剂。提高水泥浆的水灰比有利于提高浆液的可灌性。纯水泥浆适用于一般基岩和周围非常坚固的岩体裂隙的注浆，如大坝基岩的注浆，也被用于大直径混凝土桩因水泥流失造成缺陷的补强注浆，其主要控制指标是注浆压力和灌入量。普通水泥浆液因其颗粒较粗，最大粒径为 $20\mu m$，其渗入能力受到限制，该水泥浆只限于灌注粗砂体或者宽度大于 $0.2\sim0.3mm$ 的裂缝。

（2）超细水泥浆材。超细水泥因其颗粒细，d_{50} 为 $3\sim4\mu m$，可灌入 $0.15mm$ 的压密砂土中，如我国水科院的 SK 型超细水泥，浙江大学研制的 CX 型超细水泥和长江科学院开发的湿磨超细水泥等。超细水泥浆具有良好的稳定性、流动性和可灌性。可用于大坝坝基等复杂地基处理及坝体和其他建筑物的防渗堵漏。但超细水泥生产方法比较复杂、造价高。

（3）黏土水泥浆材。黏土主要是含水的铝硅酸盐。在水泥浆中加黏土或者在黏土浆中加水泥配成的黏土水泥浆兼有黏土浆与水泥浆的优点：成本低，流动性好，稳定性高，抗渗压和冲刷能力强，是目前大坝砂砾石基础防渗帷幕与充填注浆的常用材料。黏土水泥浆液的性能取决于浆液中的水泥、黏土和水的用量，一般有以下规律。

1）浆液黏度随水灰比增大而降低，相同水灰比的浆液，黏土用量越多黏度越大，凝结

487

时间越长，结石率越高，而强度降低。

2）浆液中干料（水泥＋黏土）越多，或者在不改变水与干料配比的情况下，增加黏土用量可提高浆液的稳定性。

3）在黏土浆液中加入水泥，其比例一般为 $1:4\sim1:1$（临时防渗工程还可适当增加黏土量），水与干料的比例一般为 $1:1\sim1:5$。当黏土作为附加剂时，在水泥浆液中加入黏土，一般只占水泥用量的 $5\%\sim15\%$。

2. 水玻璃类浆材

水玻璃是硅酸钠的水溶液，当往硅酸钠水溶液中加入酸等固化剂时，反应生成硅酸凝胶体。固化剂的品种很多。水玻璃浆材是一类重要的注浆材料，具有可灌性好、价格低廉、货源充足、无毒和凝固时间可调节（几秒到几十分钟甚至几小时）等优点，应用十分广泛。在各类注浆材料的应用中，它的用量占全部浆材总用量的 90% 以上。往水玻璃中加入不同的固化剂会表现出不同的特性：

（1）水玻璃浆液和无机物反应速度快，在实际注浆施工中，这类瞬时凝固的浆液应用最广泛，其用量也最大。

（2）水玻璃与有机物反应较慢，且需在酸性环境中进行，可在特殊地质条件下使用。

（3）有机高分子与水玻璃浆材组成的复合浆材，具有两种浆材的特性，固化时间易调节且价格便宜。

3. 丙烯酰胺类浆材

丙烯酰胺类浆材是以丙烯酰胺为主剂，配以其他药剂而制成的防渗堵水注浆材料。由于该类材料是低黏度的水溶液，且性能活泼，反应容易控制，施工操作简便，含量为 4% 以上的水溶液，能形成具有弹性且不溶于水的凝胶体，堵水效果好。但该浆液具有一定毒性，操作时应严格跟踪它对生活用水的影响。

4. 聚氨酯浆材

聚氨酯浆材是以多异氰酸酯和聚醚树脂等为主剂，再掺入各种外加剂配制而成。该浆材可在任何条件下与水发生反应而固化，浆液不会因遇水稀释而流失，所以可用于动水条件下堵漏。另外，其固结体具有多种形态，可以是硬性的塑胶体，也可以是延伸性好的橡胶体，或者是可硬可软的泡沫体，因此，它既可作为补强加固的注浆材料，又可作为防渗堵水的注浆材料，还可适应伸缩变化的嵌缝材料。

10.2.3　注浆工艺

在地基处理中，注浆工艺所依据的理论主要可归纳为如下四类。

1. 渗入性注浆

在注浆压力作用下，浆液克服各种阻力渗入孔隙和裂隙，压力越大，吸浆量及浆液扩散距离就大。它在理论上是假定在注浆过程中地层结构不受干扰和破坏，即浆液渗入土孔隙，排除土中的自由水与空气，而不破坏其原有结构，所以使用的注浆压力相对较小。渗入性注浆代表理论有球形扩散理论、柱形扩散理论和袖套管法理论。

2. 劈裂注浆

劈裂注浆亦称割裂注浆，它是一种先破坏土体结构然后固化的注浆方法。在注浆压力作用下，浆液克服地层的初始应力和抗拉强度，引起岩石和土体结构的破坏和扰动，使地层中原有的孔隙或裂隙张开，形成新的或更大的裂缝或孔隙，从而使低透水性地层的可灌性和浆液扩散距离增大而达到加固的目的。由于注浆后浆液固结体在土体中呈脉络状，因此亦称脉状注浆。这种注浆法所用的注浆压力相对较高。

3. 压密注浆

通过钻孔向土层中压入浓浆，随着土体的压密和浆液的挤入，将在压浆点周围形成灯泡形空间，并因浆液的挤压作用而产生辐射状上抬力，从而引起地层局部隆起，许多工程利用这一原理纠正了地面建筑物的不均匀沉降。

4. 电动化学注浆

当在黏性土中插入金属电极并通以直流电后，就在土中引起电渗、电泳和离子交换等作用，促使在通电区域中的含水量显著降低，从而在土内形成渗浆"通道"。若在通电的同时向土中灌注硅酸盐浆液，就能在"通道"上形成硅胶，并与土粒胶结成具有一定力学强度的加固体。

以上几种注浆机理在实际施工中有可能单独发生，或两种、两种以上的作用同时发生。严格地说，纯粹的渗透注浆仅发生在极特殊的情况下，而实际施工中往往会伴随壁裂、压密扰动等作用。

10.2.4 注浆设计

10.2.4.1 设计程序

地基注浆设计一般遵循以下几个程序。

（1）地质调查：探明地基的工程地质特性和水文地质条件。

（2）方案选择：根据工程性质、注浆目的及地质条件，初步选定注浆方案。

（3）注浆试验：除进行室内注浆试验外，对较重要工程，还应选择有代表性的地段进行现场注浆试验，以便为确定注浆技术参数及注浆施工方法提供依据。

（4）设计和计算：用图表及数值方法，确定各项注浆参数和技术措施。

（5）补充和修改设计：在施工期间和竣工后的运用过程中，根据观测所得的异常情况，对原设计进行必要的调整。

10.2.4.2 设计内容

地基注浆设计的主要内容包括以下几个方面。

（1）注浆标准：通过注浆要求达到的效果和质量指标。

（2）施工范围：包括注浆深度、长度和宽度。

（3）注浆材料：包括浆材种类和浆液配方。

（4）浆液影响半径：指浆液在设计压力下所能达到的有效扩散距离。

（5）钻孔布置：根据浆液影响半径和注浆体设计厚度，确定合理的孔距、排距、孔数和排数。

（6）注浆压力：规定不同地区和不同深度的允许最大注浆压力。

（7）注浆效果评估：用各种方法和手段检测注浆效果。

10.2.4.3 方案选择

注浆方案选择的具体内容并无严格规定，一般只把注浆方法和注浆材料的选择放在首位。注浆方法和注浆材料的选择主要与下列因素有关。

（1）注浆目的：是为了加固地基还是为了防渗堵漏，加固的目的是为了提高地基承载能力、抗滑稳定性还是为了降低地基变形量。

（2）地质条件：包括地层构造、土的类型和性质、地下水位、水的化学成分、注浆施工期间的地下水流速及地震级别等。

（3）工程性质：是永久性工程还是临时工程，是重要建筑物还是一般建筑物，是否振动基础，以及地基将要承受多大的附加荷载等。掌握了上述情况，就能对注浆方案作出初步的抉择。根据工程实际经验，方案的选择一般遵循下述原则。

1）为了提高地基的力学强度和抗变形能力，一般要选用以水泥为基本材料的高强度混合物如纯水泥浆、水泥砂浆和水泥水玻璃浆等，或采用高强度化学浆材，如环氧树脂、聚氨酯以及以有机物为固化剂的硅酸盐浆材等。

2）注浆目的为防渗堵漏时，可采用黏土水泥浆、黏土水玻璃浆、水泥粉煤灰混合物以及无机试剂为固化剂的硅酸盐浆液等。

3）在裂隙岩层中注浆一般采用纯水泥浆或在水泥浆中掺入少量膨润土，在砂砾石层中或在喀斯特溶洞中多采用黏土水泥浆，在砂层中一般只能采用化学浆液，在黄土中可采用水玻璃单液硅化法或碱液法。

4）对孔隙较大的砂砾石层和裂隙岩层一般采用渗入性注浆法，在砂层中灌注粒状浆材宜采用水力劈裂法，在黏性土层中可采用水力劈裂法或电动硅化法，为了矫正建筑物的不均匀沉陷则能采用压密注浆法。

在选择注浆方案时，必须把技术上的可行性和经济上的合理性综合起来考虑。前者还包括浆材对人体的伤害和对环境的污染；后者则包括浆材是否容易取得和工期能否得到保证等。

10.2.4.4　注浆标准

注浆标准是指设计者要求地基注浆后应达到的质量指标。所用注浆标准的高低，直接关系到工程量、进度、造价和建筑物的安全。注浆标准应根据具体的工程性质、地基条件以及注浆的目的和要求具体确定。

1. 防渗标准

防渗标准是指地基土处理后的渗透性大小。防渗标准越高，表明注浆后地基的渗透性越低，注浆质量也就越好。但防渗标准越高，注浆技术的难度就越大，注浆工程量及造价也就越高。因此，防渗标准应根据工程具体特点和要求，通过技术经济比较后确定一个相对合理的标准。原则上，对比较重要的建筑，对渗透破坏比较敏感的地基，以及地基渗漏量必须严格控制的工程，都应采用较高的标准，反之可采用较低的标准。在砂或砂砾石层中，防渗标准多用渗透系数表示。对比较重要的防渗工程，多要求把地基的渗透系数降低至 $10^{-4} \sim 10^{-5}$ cm/s 以下。对临时性工程或允许出现较大渗漏量而又不致发生渗透破坏的地层，也可采用 10^{-3} cm/s。

2. 强度和变形问题

由于注浆目的、要求和各个工程的具体条件千差万别，不同的工程只能根据自身的特点和要求规定出自己的强度和变形要求。不同的注浆工程应采取不同的技术措施来提高地基强度和减少地基变形。例如：为了增加摩擦桩的承载力，主要应沿桩的周边注浆，以提高界面间的黏聚力；端承桩则应在桩底注浆以提高土的抗压强度和变形模量；为了减少拱坝基础的不均匀变形，仅需在坝下游基础受压部位进行固结注浆，以提高基础的变形模量，而无须在整个坝基注浆；为了减小挡土墙的土压力，则应在墙背后至滑动面附近的土体中注浆，以提高土的密度和滑面的黏结强度。

3. 施工控制

注浆后的质量指标只能在施工结束后通过现场检测来确定，有些注浆工程甚至不能进行这种检测，因而必须制定一个能够保证获得最佳注浆效果的施工控制标准。

（1）在正常情况下理论注入耗浆量可按式（10.16）计算：

$$Q = v \times m \times n \tag{10.16}$$

式中　v——设计注浆体积，m^3；

　　　m——无效注浆量；

　　　n——土的孔隙比。

（2）按耗灰量降低率进行控制。由于注浆是按逐渐加密的原则进行，孔段耗灰量应随加密次序的增加而逐渐减少。若起始孔距布置正确，则第二次序孔的耗灰量将比第一次序孔大大减少，这是注浆取得成功的标志。

10.2.4.5　浆液设计原则

（1）对渗入性注浆工艺，浆液必须能渗入土的孔隙，具有良好的可灌性。但对劈裂注浆工艺，由于浆液不是向孔隙渗入，因此，对可灌性要求不如渗入性注浆严格。

（2）浆液的析水性要小，稳定性要高，以防在注浆过程或注浆结束后发生颗粒沉淀和分离，并导致浆液的可泵性、可灌性和注浆体的均匀性大大降低。

（3）对防渗注浆而言，要求浆液结石具有较高的不透水性和抗渗稳定性，若注浆目的是加固地基，则结石应具有较高的力学强度和较小的变形性。与永久性注浆工程相比，临时性工程对所述要求较低。

（4）制备浆液所用原料及凝固体都不应具有毒性，或者毒性尽可能小，以免伤害皮肤、刺激神经和污染环境。

（5）有时浆液尚应具有某些特殊性质，如微膨胀性、高亲水性、高抗冻性和低温固化等，以适应特殊环境和专门工程的需要。

（6）浆液凝固时间，应根据注浆土层的体积、渗透性、孔隙尺寸和孔隙率、浆液的流变性和地下水流速等实际情况确定。一般化学浆液的凝结时间可在几秒钟到几小时之间调整，水泥浆一般为 3~4h，黏土水泥浆则更慢。

（7）浆液扩散半径 r 是一个重要参数，它对注浆工程量及造价具有重要的影响，如果选用的 r 值不符合实际情况，还将降低注浆效果甚至导致注浆失败。r 值可通过有关理论公式估算。当地基条件较复杂或计算参数不易确定时，应通过现场注浆试验来确定。

1）球形扩散理论公式：

$$r = \sqrt[3]{\frac{3kh_l r_0 t}{\beta} n} \tag{10.17}$$

式中　k——砂土的渗透系数，cm/s；

　　　h_l——注浆压力，cm 水头；

　　　r_0——注浆管半径，cm；

　　　β——浆液黏度与水的黏度比；

　　　n——砂土的孔隙比。

2）现场注浆试验。现场注浆试验时，常采用三角形和矩形布孔方法。注浆试验结束后，

491

可通过下述方法对浆液扩散半径进行评价。

① 钻孔压水或注水，求出注浆体的渗透性。

② 钻孔取样品，检查孔隙充浆情况。

③ 用口径钻井或人工开挖竖井，用肉眼检查地层浆情况，并采取注浆样品供室内进行试验。

由于地基土构造和渗透性多数是不均匀的，尤其在深度方向上更是如此，因而不论是理论计算还是现场注浆或试验，求出一个适用于整个地层的具有代表性的 r 值都比较困难。因此，设计时应注意以下几点。

（1）在进行现场注浆试验时，要选择不同特点的地基，以求得不同条件下浆液的 r 值。

（2）所谓扩散半径，并非最远距离，而是能符合设计要求的扩散距离。

（3）在确定设计扩散半径时，要择取多数条件下可以达到的数值，而不取平均值。

（4）当有些地层因渗透性较小而不能达到设计 r 值时，可提高注浆压力或浆液的流动性，必要时还可在局部地区增加钻孔以缩小孔距。

10.2.4.6　孔位布置

1. 单排孔的布置

假定浆液扩散半径 r 为已知，浆液呈圆球状扩散，则两圆必须相交才能形成一定的厚度 b，b 可按式（10.18）计算：

$$b = 2\sqrt{\frac{r^2 - l^2}{4}} \tag{10.18}$$

式中，l 为灌注孔距。当 r 一定时，l 值越小，b 值就越大，而当 $l=0$ 时，$b=2r$，这是 b 的最大值，但 $l=0$ 的情况没有实际意义；反之 l 值越大，b 值越小，当 $l=2r$ 时，两圆相切，b 值为零。因此，孔距 l 必须在 r 与 $2r$ 之间选择。

设注浆体的设计厚度为 T，则注浆孔距为

$$l = 2\sqrt{\frac{r^2 - T^2}{4}} \tag{10.19}$$

按式（10.19）进行孔距设计时，可能出现下述几种情况。

（1）当 l 值接近零，b 值仍不能满足设计厚度（即 $b < T$ 时，应考虑采用多排注浆孔）。

（2）虽然单排孔能满足设计要求，但若孔距太小，钻孔数太多，就进行两排孔的方案比较。如施工场地允许钻两排孔，且钻孔数反而比单排少，则采用两排孔较为有利。

（3）当 l 值较大而设计 T 值较小时，对减少钻孔数是有利的，但因 l 值越大，可能造成的浆液浪费也越大，故设计时应对钻孔费和浆液费用进行比较，以使总处理费用最低。

2. 多排孔的布置

当单排孔不能满足设计厚度的要求时，就要采用两排以上的多排孔。

多排孔设计的基本原则，是要充分发挥注浆孔的潜力，以获得最大的注浆体厚度，然而采用不同的设计方法，将得出不同的结果。最优排距 R_m 和最大注浆有效厚度 B_m 的计算式如下。

（1）当为奇数排孔时：

$$B_m = (n-1)\left(r + \frac{n+1}{n-1}\sqrt{\frac{r^2 - l^2}{4}}\right) \tag{10.20}$$

$$R_{\mathrm{m}} = r + \sqrt{\frac{r^2 - l^2}{4}} \qquad (10.21)$$

（2）当为偶数排孔时：

$$B_{\mathrm{m}} = n\left(r + \sqrt{\frac{r^2 - l^2}{4}}\right) \qquad (10.22)$$

$$R_{\mathrm{m}} = r + \sqrt{\frac{r^2 - l^2}{4}} \qquad (10.23)$$

10.2.4.7　容许注浆压力的确定

由于浆液的扩散能力与注浆压力的大小密切相关，采用较高的注浆压力，在保证注浆质量的前提下，可使钻孔数减少，高注浆压力还能使一些微细孔隙张开，有助于提高可灌性，当孔隙中被某种软弱材料充填时，高注浆压力能在充填物中造成劈裂灌注，使软弱材料的密度、强度和不透水性等得到改善。此外，高注浆压力还有助于挤出浆液中的多余水分，使浆液结石的强度提高。但是，当注浆压力超过地层的压重和强度时，将有可能导致地基及其上部结构的破坏。因此，一般都以不使地层结构破坏或仅发生局部的和少量的破坏，作为确定地基允许注浆压力的基本原则。容许注浆压力值与一系列因素有关，如地层土的密度、强度和初始应力，钻孔深度、位置，以及注浆次序等，而这些因素又难以准确地预知，因而宜通过现场注浆试验来确定。

进行注浆试验时，一般是用逐步提高压力的办法，求得注浆压力与注浆量关系曲线，当压力升至某一数值，注浆压力与注浆量关系曲线的注浆量突然增大时，表明地层结构发生破坏或孔隙尺寸已被扩大，因而可把此时的压力值作为确定容许注浆压力的依据。当缺乏试验资料，或在进行现场注浆试验前需预定一个试验压力时，可用理论公式或经验数值确定容许压力，然后在注浆过程中根据具体情况再作适当的调整。

10.2.5　注浆法施工工艺

10.2.5.1　注浆机具

注浆法主要机具包括钻机、注浆泵、搅拌机、混合器、止浆塞等。

1. 钻机

钻机的种类很多，注浆施工通常采用工程钻机、井下风钻，有旋转式、冲击式和冲击加回转式钻机。选用钻机型号、大小应结合工程地质条件、最大注浆深度、现场环境与施工方法等予以选择。目前可供选用的钻机有 TXU、KD-100、XU-100、XJ-100-1、SGZ-Ⅰ、SGZ-Ⅱ、YQ-100 等型号及潜孔钻机等。

2. 注浆泵

注浆泵有手摇式、风动式、电动式和全自动式。其泵型有：灌注水泥浆或水玻璃-水泥浆的 KBY 型全液压注浆泵，ZJGZ-50/120 双液调速高压注浆泵，BW250/50 型、HFV 型和 YZB 型注浆泵。此外还有 QZB50/60 气泵，HGB、HG20-20 化学注浆泵和 C232100/15 砂浆泵等。

3. 搅拌机

注浆所用的搅拌机主要有水泥搅拌机、风动水泥搅拌机、旋流式造浆机、水力喷射式水泥搅拌机及高速搅拌机。需要注意的是，高速搅拌浆液使内聚力降低，流动性增加，主要用于超细水泥注浆和膏状水泥注浆。

4. 混合器

混合器是使两种浆液充分混合的器具，分孔口混合和管内混合两种，主要是根据浆液的固化时间和混合难易而定。例如水溶性浆液和水玻璃-水泥浆，一般采用 T 型管和 Y 型管混合器混合，只需适当控制混合段长度。但如环氧树脂类黏稠性较大的浆液，则必须使用双液混合器，让双组分浆液通过管内一根螺旋状的毛刷，使之呈紊流而充分混合。

5. 止浆塞

止浆塞是对注浆孔实施分段注浆，合理使用注浆压力和有效控制浆液分布范围，保证注浆质量的重要设备，其种类有气体止浆塞、水力止浆塞、机械式止浆塞和卡瓦式止浆塞等。

10.2.5.2　注浆工艺

1. 裂隙岩石注浆工艺

一般分为四个步骤：①钻孔；②清洗钻屑及钻孔壁上的松软料；③进行压水试验以获得岩石渗透性资料；④注浆。有下列三种方法。

（1）自上而下孔口封闭分段注浆法。该法的优点：全部孔段均能自行复灌，利于加固上部比较软弱的岩层，而且免去了起下栓塞的工序，节省时间。缺点是多次重复钻孔，使孔内废浆较多。

（2）自下而上栓塞分段注浆法。该法虽然工序简单，工效较高，但若注浆前的压水资料不精确，在裂隙发育和较软弱的岩层中容易造成串浆、冒浆和岩石上抬等事故，因而此法仅适用于裂隙不很发育和比较坚硬的岩层中。

（3）自上而下栓塞分段注浆法。该法多在地质条件较差的岩层中采用，栓塞易于堵塞严密，压水资料比较准确，并能自上而下逐段加固岩石和减少浆液串冒和岩石上抬事故等。

2. 砂砾层注浆工艺

（1）打花管注浆法。首先在地层中打入一下部带头的花管，然后冲洗进入管中的砂土，最后自下而上分段拔管注浆。此法虽然简单，但遇卵石及块石时打管很困难，故只适用于较浅的砂土层，而且该法在注浆时容易沿管壁冒浆。

（2）套管护壁法。该法为边钻孔边打入护壁套管，直至预定的注浆深度，接着下入注浆管，然后拔套管灌注第一注浆段；再用相同的方法灌注第二段及其余各段，直至孔顶。该法的缺点是打管较困难，为使套管达到预定的注浆深度，常需在同一钻孔中采用几种不同直径的套管。

（3）边钻边灌法。该法仅在地表埋设护壁管，而无须在孔中打入套管，自上而下钻完一段灌注一段，直至预定深度为止。钻孔时需用泥浆固壁或较稀的浆液固壁。如砂砾层表面有黏性土覆盖，护壁管可埋设在土层中，如无黏土层则埋设在砂砾层中。该法的主要优点是无须在砂砾中打管，缺点也是容易冒浆，注浆压力难以按深度提高，注浆质量难以保证。

（4）袖阀管法。此法为法国 Soletanche 公司所首创，故又称 Soletanche 方法。施工顺序如下：

1）钻孔：通常都用优质泥浆（如膨润土浆）进行固壁。

2）插入袖阀管：为使套壳料的厚度均匀，应该使袖阀管位于钻孔的中心。

3）浇注套壳料：用套壳料置换孔内泥浆，浇注时应避免套壳料进入袖阀管内，并严防孔内泥浆混入套壳料中。

4）注浆。待套壳料具有一定强度后，在袖阀管内放入带双塞的注浆管进行注浆。该法的主要优点：

① 可根据需要灌注任何一个注浆段，还可以进行重复注浆。

② 可使用较高的注浆压力，注浆时冒浆和串浆的可能性小。

③ 钻孔和注浆作业可分开，使钻孔设备的利用率提高。

该法主要缺点：

① 由于袖阀管被具有一定强度的套壳料胶结，难以拔出重复使用，耗费管材较多。

② 每个注浆段长度固定为 33～50cm，不能根据地层的实际情况调整注浆段长度。

10.2.6　注浆检验

注浆效果与注浆质量的概念不完全相同。注浆质量一般是指注浆施工是否严格按设计及施工规范进行，如注浆材料的品种规格、浆液的性能、钻孔角度、注浆压力等，都要求符合规范的要求，不然则应根据具体情况采取适当的补充措施；注浆效果则指注浆后能将地基土的物理力学性质提高的程度。注浆质量高不等于注浆效果好。因此，设计和施工中，除应明确规定某些质量指标外，还应规定所要达到的注浆效果及检查方法。

注浆效果的检验，通常在注浆结束后 28d 才可进行，检验方法如下。

（1）统计计算注浆量。可利用注浆过程中的流量和压力自动曲线进行分析，从而判断注浆效果。

（2）利用静力触探测试加固前后土体力学指标的变化，用以了解加固效果。

（3）在现场进行抽水试验，测定加固土体的渗透系数。

（4）采用现场静载荷试验，测定加固土体的承载力和变形模量。

（5）采用钻孔弹性技术试验测定加固土体的动弹性模量和切变模量。

（6）采用标准贯入试验或轻便触探等动力触探方法测定加固土体的力学性能，此法可直接得到注浆前后原位土的强度，进行对比。

（7）进行室内试验。通过室内加固前后土体的物理力学性能指标的对比试验，判定加固效果。

（8）采用 γ 射线密度计法。它属于物理探测的一种，在现场可测定土的密度，用以说明注浆效果。

（9）使用电阻率法。将注浆前后对土所测定的电阻率进行比较，根据电阻率差说明土体孔隙中浆液的存在情况。

在以上方法中，动力触探试验和静力触探试验最为简便实用。检验点一般为注浆孔数的 2%～5%，如检验点的不合格率大于或等于 20%，或虽小于 20% 但检验点的平均值达不到设计要求，在确认设计原则正确后应对不合格的注浆区实施重复注浆。

工程实例 2：注浆法在实际中的应用

该工程为用注浆法处理 107 国道沉陷区。

1. 沉陷区的基本情况

沉陷区位于 107 国道 K610+250 处，总沉陷面积约 300m²，路基填土高度 1.5m，水泥混凝土路面结构。下沉量平均为 8cm，最大达 15cm。由于路基下沉，造成混凝土面板悬空、断裂破坏。地质钻探资料表明：此地区为黄河冲积平原，钻探揭露深度范围内为新近沉积土层，沉陷段原为一人工回填的挖砂坑，面积约 200m²，该处回填土的承载力明显低于周围原状土的承载力。在填筑路基之前未进行特殊处理，路基沉陷是由于地基不均匀下沉所致。

2. 技术方案选定

处治地基沉陷，首要问题是要加固土体、控制沉降。处治方法较多，但各有利弊。如采用换土法或加入土工格栅，需要破坏沉陷段土基上的路基、路面，不但工期长，中断交通，且造成不良的社会影响，不可行。如采用碎石桩、灰砂桩等桩基加固法，虽然技术上可行，但仍需中断交通，且处治效果得不到保证。采用高压注浆的方法，是利用机械施加高压，把水泥乳浆压入土体孔隙，水泥凝固后，把压力区范围内的土体固结，使松散的土颗粒形成整体，提高土体的承载能力，达到控制沉降的目的，并最大限度地减少中断交通的时间。从加固机理方面进行分析，这种方法是可行的。但是这种方法在实际施工中可灌性如何，取决于沉陷区域的土壤粒径及孔隙率，在此基础上才能确定压浆层位、压力及孔距、孔深、浆液水灰比等。为此，我们在沉陷区域进行了地质钻探并通过理论分析，表明采用压浆法在施工中也是可行的。故最终选用压浆法进行处治。

3. 施工程序

(1) 确定压浆深度。通过勘察资料分析，最大压浆深度应在路基顶面以下 3.0～4.0m。

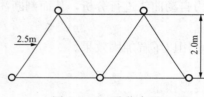

图 2.10-1 孔位布置

(2) 在沉陷区布置孔位并钻孔。从理论上推断，压浆后土体应为一球状，且每个球状体应相互交连，但地层的孔隙、土质不可能是各向均匀、同性的浆液可能沿土层界面渗透，故在布置孔距时，要综合考虑土质、孔隙、压力等因素。根据实际情况，我们在平面上按梅花状布置了 39 个压浆孔，最大孔距为 2.0m×2.5m（图 2.10-1），实际布孔时，在最大沉陷部位适当加密点位。

钻孔采用 DPP-100 型液压钻机，孔径 ϕ=280mm，孔深 3.0m，压浆多管 ϕ=140mm，长度 3m，并在顶端焊接与压浆设备匹配的接头。压浆钢管外围自下而上使用 32.5 级早强水泥，按水泥：石子：砂=1：2：3 的比例进行固结。确保压浆时不致使钢管拔出（图 2.10-2），管口低于路面 2cm，不影响汽车通行。

(3) 确定压力。压浆压力与钻孔深度、地层密度、土体程度等因素有关。特别是密度与压力有密切关系。如压力过高，可能破坏地层结构、甚至压穿，如压力过低，乳浆扩散范围小，起不到处理作用。所以确定压力值至关重要。要确定这个值，可以采用两种方法，一是理论公式估算，二是现场试验。现场试验较为可靠，即现场采取压水试验，由压力与排量的关系表明：允许压力值在 15.0～16.0kg/cm²，压水试验关系变化如图 2.10-3 所示。由于水泥浆相对密度较之水高，故实际选用 17.0～21.0kg/cm²。

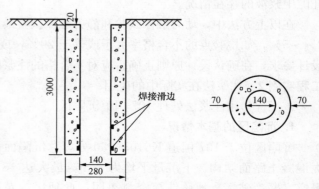

图 2.10-2 钻孔剖面图

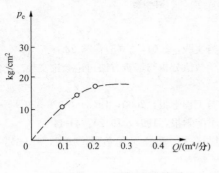

图 2.10-3　压水试验关系　　　　　　图 2.10-4　压浆工作流程图

（4）施灌。压浆工作流程如图 2.10-4 所示。常用的乳浆种类有：化学乳浆（chemi cal grouts）、沥青乳浆（bituminousgrouts）、黏土乳浆（clay grouts）、水泥乳浆（cement grouts）及黏土水泥乳浆（clay cement grouts）。本工程采用 32.5 级普通硅酸盐水泥乳浆（cement grouts），相对密度控制在 $1.65\sim1.75\mathrm{kg/cm^3}$。压浆设备为 ACF-700 型压浆车一台，压力控制在 $17\sim21\mathrm{kg/cm^2}$。并控制单孔压浆量（压浆量可以根据面积、深度、孔隙率及土质情况估算），对个别压穿的孔位及时用 32.5 级早强水泥进行补灌。为防止压穿，可以按孔位相间的方法进行压灌。单孔压浆完毕后，及时封闭管口，转入下一井孔。

（5）检验处治效果。为了检验处治效果如何，我们进行了钻探检验。共取检验孔 3 个，取原状土样四组，扰动土样 10 个，标准贯入试验 4 次，得出经处理后，含水量减少 28%～35.7%、孔隙比减少 13%～16.9%、压缩模量增加 36.5%～260.5%。标准贯入试验击数提高 66.7%～100%、承载力提高 95%～113%。另外从验孔提示有两层，裂缝层状充，充填层为纯水泥浆充填，充填厚度为 20～60cm。验孔时，水泥浆龄期只有 10d，随着龄期增长，各项指标仍会提高。

参考文献

[1]　中国建筑科学研究院. 建筑地基处理技术规范(JGJ79－2002). 北京：中国建筑工业出版社，2002.

[2]　龚晓南. 复合地基. 杭州：浙江大学出版社，1992.

[3]　叶观宝，叶书麟. 地基处理. 北京：中国建筑工业出版社，1997.

[4]　葛全杰，魏佩顺，汪新梅. 压浆法处治既有路基下软弱地基实践. 河南交通科技，1996，76(6)：21-26.

[5]　MINDLIN R D. Force at a Point in the interior of a semi-infinite solid. Physics，1936，7(5)：195-202.

[6]　GEDDES J D. Stresses in foundation soils due to vertical subsurface load. Géotechnique，1966，16(3).

[7]　李增选，张莹，刘利民. 柔性桩复合地基沉降的计算. 复合地基理论与实践，1996.

[8]　刘利民，张建新. 用位移协调法计算柔性桩的沉降. 工业建筑，1997，27(3)：1-6.

[9]　段继伟，龚晓南，曾国熙. 水泥搅拌桩的荷载传递规律. 岩土工程学报，1994，16(4)：1-7.

[10]　董必昌，郑俊杰. CFG 桩复合地基沉降计算方法研究. 岩石力学与工程学报，2002，(7)：1084-1086.

[11]　陈晓颖，邵全运. 浅谈水泥喷粉搅拌桩复合地基. 安徽建筑，1999，(3)：68-69.

[12]　李彰明. 变形局部化的工程现象、理论与试验方法. 全国岩土测试技术新进展会议大会报告(海口)，

2003(11).

[13]　李彰明. 岩土工程结构. 土木工程专业讲义. 武汉：1997.

[14]　李彰明，李相崧，黄锦安. 砂土扰动效应的细观探讨. 力学与实践，2001，23(5)：26-28.

[15]　李彰明. 有限特征比理论及其数值方法. 第五届全国岩土力学数值分析与解析方法讨论会论文集. 武汉：武汉测绘科技大学出版社，1994.

[16]　李彰明. 岩土介质有限特征比理论及其物理基础. 岩石力学与工程学报，2000，19(3)：326-329

[17]　李彰明，冯遗兴. 动力排水固结法参数设计研究. 武汉化工学院学报，1997，19(2)：41-44.

[18]　李彰明，冯遗兴，冯强. 软基处理中孔隙水压力变化规律与分析. 岩土工程学报，1997，19(6)：98-102

[19]　李彰明，冯遗兴. 动力排水固结法处理软弱地基. 施工技术，1998，27(4)：30-38.

[20]　张景秀. 坝基防渗与注浆技术. 北京：水利电力出版社，1992.

[21]　葛家良. 注浆技术的现状与发展趋向综述. 矿业世界，1995，(1)：1-7.

[22]　葛家良. 注浆模拟试验及其应用的研究. 岩土工程学报，1997，19，(3)：28-33

[23]　刘嘉材. 化学注浆. 北京：水利电力出版社，1987.

[24]　邝键政，葛家良. 岩土注浆理论与工程实例. 北京：科学出版社，2001.

[25]　龚晓南. 地基处理技术发展与展望. 北京：中国水利水电出版社，2004.

[26]　李彰明，王武林，冯遗兴. 广义内时本构方程及凝灰岩粘塑性模型. 岩石力学与工程学报，1986，(1)：15-24.

[27]　李彰明，王武林. 内时理论简介与岩土内时本构关系研究展望. 岩土力学，1986，(1)：101-106。

[28]　李彰明，冯强. 厚填土地基强夯法处理参数设计探讨. 施工技术，2000，29(9)：24-26.

[29]　李彰明，黄炳坚. 砂土剪胀有限特征比模型及参数确定. 岩石力学与工程学报，2001，20(S1)：1766-1768.

[30]　李彰明，赏锦国，胡新丽. 不均匀厚填土强夯加固方法及工程实例. 建筑技术开发，2003，30(1)：48-49.

[31]　李彰明，杨文龙. 土工试验数字控制及数据采集系统研制与应用. 建筑技术开发，2002，29(1)：21-22.

[32]　LI Zhangming, et al. Dynamic response of mud in the field soil improvement with dynamic drainage consolidation. Earthquake Engineering and Soil Dynamics March. 2001. USA, Proc. Of the Conf. (CD-ROM). ISBN-1-887009-05-1(Paper No. 1. 10：1-8).

[33]　李彰明，杨良坤，王靖涛. 岩石强度应变率阈值效应与局部二次破坏模拟探讨. 岩石力学与工程学报，2004，23(2)：307-309.

[34]　李彰明，全国权，刘丹，等. 土质边坡建筑桩基水平荷载试验研究. 岩石力学与工程学报，2004，23(6)：930-935.

[35]　LI Zhangming, WANG Jingtao. Fuzzy evaluation on the stability of rock high slope：Theory. Int. J. Advances in Systems Science and Applications，2003，3(4)：577-585.

[36]　LI Zhangming. Fuzzy evaluation on the stability of rock high slope：Application. Int. J. Advances in Systems Science and Applications，2004，4(1)：90-94.

[37]　李彰明，杨良坤，刘添俊. 半刚性桩复合地基沉降分析方法及应用. 建筑科学，2005，21(4)：46-50.

[38]　李彰明，冯遗乡，冯强. 软基处理中孔隙水压力变化规律与分析. 岩土工程学报，1997，19(6)：97-102.

[39]　张光永，吴玉山，李彰明. 超载预压法阈值问题的室内试验研究. 岩土力学，1999，20(1)：79-83.

[40]　张珊菊，李彰明，等. 建筑土质高边坡扶壁式支挡分析设计与工程应用. 土工基础，2004，18(2)：

498

1-5.

[41]　王安明，李彰明. 秦沈客运专线 A15 标段冬季施工技术. 铁道建筑，2004，(4)：18-20.

[42]　赖碧涛，李彰明. 地基处理管理信息系统的开发和应用. 岩土力学，2004，25(12)：2041-2044.

[43]　刘添俊，李彰明. 土质边坡原位剪切试验研究. 岩土工程界，2004 年增刊.

[44]　刘添俊. 路堤式道路水泥搅拌桩复合地基沉降分析. 广州：广东工业大学工学，2005.

[45]　李彰明. 深圳宝安中心区软基处理试验小区测试与监控技术研究报告，1995.

[46]　李彰明，冯遗兴. 海南大学图书馆软基处理技术报告，1995.

[47]　李彰明，冯遗兴. 三亚海警基地软弱地基处理监测技术报告，1996.

[48]　李彰明，冯遗兴. 深圳市春风路高架桥软基处理技术报告，1993.

[49]　李彰明. 广州大学城中环一标地基处理监测报告，2004.

第 11 章

水泥粉煤灰碎石桩(CFG 桩)

11.1 概述

水泥粉煤灰碎石桩(CFG 桩)、桩间土和褥垫层一起形成复合地基,属地基范畴。桩基是桩基础的简称,是一种深基础。尽管有时水泥粉煤灰碎石桩体强度等级与桩基中桩的强度等级相同,但由于在水泥粉煤灰碎石桩和基础之间设置了褥垫层,在垂直荷载作用下,桩基中的桩、土受力和水泥粉煤灰碎石桩复合地基中的桩、土受力有着明显的不同。

水泥粉煤灰碎石桩复合地基试验研究是原建设部"七五"计划课题,于 1988 年立题进行试验研究,并应用于工程实践。水泥粉煤灰碎石桩复合地基试验研究成果于 1992 年通过建设部组织的鉴定。该法于 1997 年被列为国家级工法,并制定了中国建筑科学研究院企业标准,现已列入国家行业标准《建筑地基处理技术规范》(JGJ 79—2012)。

和桩基相比,由于 CFG 桩桩体材料可以掺入工业废料粉煤灰、不配筋以及充分发挥桩间土的承载能力,工程造价一般为桩基的 1/3~1/2,经济效益和社会效益显著。并且水泥粉煤灰碎石桩复合地基技术具有施工速度快、工期短、质量容易控制、工程造价较为低廉的特点。

CFG 桩是针对碎石桩承载特性的一些不足,加以改进而发展起来的。与一般的碎石桩相比,碎石桩系散体材料桩,桩本身没有黏结强度,主要靠周围土的约束形成桩体强度,并和桩间土组成复合地基共同承担上部建筑的垂直荷载。土越软对桩的约束作用越差;桩体强度越小,桩传递垂直荷载的能力就越差。碎石桩与 CFG 桩加固效果比较见表 2.11-1。

表 2.11-1   碎石桩与 CFG 桩加固效果对比表

桩 型 对比值	碎 石 桩	CFG 桩
单桩承载力	桩的承载力主要靠桩顶以下有限长度范围内桩周土的侧向约束。当桩长大于有效桩长时,增加桩长对承载力的提高作用不大。以置换率 10% 计,桩承担荷载占总荷载的百分比为 15%~30%	桩的承载力主要来自全桩长的摩擦阻力及桩端承载力,桩越长则承载力越高。以置换率 10% 计,桩承担的荷载占总荷载百分比为 40%~75%

续表

对比值＼桩型	碎 石 桩	CFG 桩
复合地基承载力	加固黏性土复合地基承载力的提高幅度较小，一般为 0.5～1 倍	承载力提高幅度有较大的可调性，可提高 4 倍或更高
变 形	减小地基变形的幅度较小，总的变形量较大	增加桩长可有效地减小变形，总的变形量小
三轴应力变曲线	应力-应变曲线不呈直线关系，增加围压，破坏主应力差增大	应力-应变曲线为直线关系，围压对应力-应变曲线没有多大影响
适用范围	多层建筑地基	多层和高层建筑地基

通常在碎石桩桩顶 2～3 倍桩直径范围为高应力区，4 倍桩直径为碎石桩的临界桩长。当桩长超过其临界桩长，大于 6～10 倍桩直径后，轴向力的传递收敛很快；当桩长大于 2.5 倍基础宽度后，即使桩端落在较好的土层上，桩的端阻力也很小。

刚性桩与散体材料桩不同，一般情况下，不仅可全桩长发挥桩的侧摩擦阻力，桩端落在好的土层上也可较好地发挥端阻作用。若将碎石桩加以改进，使其具有刚性桩的某些性状，则桩的作用大大增强，复合地基承载力会大大增加。为此，就在碎石桩体中掺加适量石屑、粉煤灰和水泥加水拌合，制成一种黏结强度较高的桩，所形成的桩的刚度远大于碎石桩的刚度，但和刚性桩

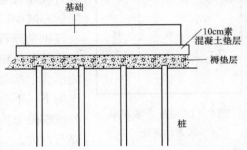

图 2.11-1　CFG 桩复合地基示意图

501

相比刚度相差较大，它是一种具有高黏结强度的柔性桩。CFG 桩、桩间土和褥垫层一起构成柔性桩复合地基。如图 2.11-1 所示，CFG 桩与素混凝土桩的区别仅在于桩体材料的构成不同，而在其变形和受力特性方面没有太大的区别。

11.2　CFG 桩的适用性

CFG 桩复合地基既适用于条形基础、独立基础，也适用于筏基和箱形基础。就土性而言，适用于处理黏性土、粉土、砂土和正常固结的素填土等地基。对淤泥质土应按地区经验或通过现场试验确定其适用性。CFG 桩既可用于挤密效果好的土，又可用于挤密效果差的土。当用于挤密效果好的土时，承载力的提高既有挤密作用，又有置换作用；当用于挤密效果差的土时，承载力的提高只与置换作用有关。CFG 桩和其他复合地基的桩型相比，它的置换作用很突出，这是 CFG 桩的一个重要特征。对一般黏性土、粉土或砂土，桩端具有好的持力层，经 CFG 桩处理后可作为高层或超高层建筑地基。

当天然地基土是具有良好挤密效果的砂土、粉土时，成桩过程的振动可使地基土大大挤（振）密，有时承载力可提高 2 倍以上；对塑性指数高的饱和软黏土，成桩时土的挤密作用微乎其微，几乎等于零，承载力的提高唯一取决于桩的置换作用。由于桩间土承载力小，土的荷载分担比低，会严重影响加固效果，所以对于强度很低的饱和软黏土，要慎重对待。最好

在使用前，现场做试桩试验，以确定其适用性。

CFG 桩不仅用于承载力较低的土，对承载力较高（如 $f_{ak}=200\text{kPa}$）但变形不能满足要求的地基，也可采用 CFG 桩来减少地基变形。

11.3　CFG 桩的作用机理

同其他复合地基形式一样，CFG 桩也有多种作用机理，诸如桩体作用、垫层作用、排水加速固结作用、振动挤密作用等。

1. 桩体作用

与碎石桩一样，因为材料本身的强度与软土地层强度不同，在荷载作用下，CFG 桩的

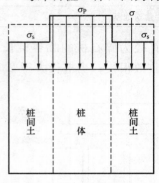

图 2.11-2　复合地基承
载力示意图

压缩性明显比桩间土小，因此基础传给复合地基的附加应力，随地层的变形逐渐集中到桩体上，出现了应力集中现象。大部分荷载将由桩体承受，桩间土应力相应减小，于是复合地基承载力较原有地基承载力有所提高，即图 2.11-2 中的 $\sigma > \sigma_s$；沉降量亦减小，随着桩体刚度增加，桩体作用发挥更加明显。这一点正是碎石桩与 CFG 桩受力情况不同的根本点。因为碎石桩桩体材料是松散碎石，自身无黏结强度，依靠周围土体约束才能承受上部荷载。而 CFG 桩桩身具有一定的黏结强度，在荷载作用下，不会出现压胀变形，桩承受的荷载通过桩周摩擦阻力和桩端阻力传至深层地基中，其复合地基承载力提高幅度也比碎石桩大。

有资料表明，碎石桩复合地基桩、土应力比一般为 $n=2.2 \sim 4.1$，承载力提高幅度为 $50\% \sim 100\%$，而且其面积置换率 m 较大，一般为 $0.2 \sim 0.4$；而 CFG 桩的 $n \geqslant 30$ 倍，复合地基承载力提高幅度最大达 300%，且其面积置换率一般为 $10\% \sim 20\%$，正是在此意义上 CFG 桩较碎石桩更有优越性和先进性，更有推广应用的价值。

2. 垫层作用

与其他复合地基一样，CFG 桩亦备有垫层。这里所说的垫层不是一般的桩基础下设的 $10 \sim 30\text{cm}$ 厚混凝土垫层，而是由颗粒材料组成的散体垫层，如图 2.11-3 所示。

复合地基和桩基虽然都是以桩的形式处理地基，但桩基中基础与桩、桩间土直接接触，在给定荷载作用下，桩承受较多的荷载，随着时间延长，桩发生一定沉降，荷载向土体转移，土承载随时间增加逐渐增加，桩承载则逐渐减少。而复合地基因为桩和基础不是直接接触，其间有一层碎石褥垫层（一般厚度为 30cm 左右），为桩向上刺入提供了条件，并通过垫层材料的流

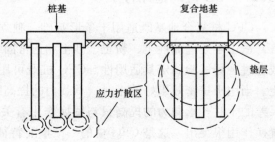

图 2.11-3　复合地基垫层作用示意图

动补偿，使桩间土与基础始终保持接触，在桩、土共同作用下，地基土的强度得到一定程度的发挥，相应地减少了对桩的承载力的要求。

3. 排水加速固结作用

与一般碎石桩复合地基一样，采用沉管灌注施工 CFG 桩，在施工和成桩后的一段时期内，都会在不同程度上降低地层中地下水的含量，最终达到改善地基土物理、力学性质的目的。

在饱和的粉土和砂土中施工时，由于沉管和拔管的振动，会使土体产生超孔隙压力。在上层有相对隔水层时，施工完毕最初 CFG 桩因其本身材料的性质决定了它将是一个良好的排水通道，如图 2.11-4 所示，孔隙水将沿着桩体向上排出，直到 CFG 桩体硬结为止。这样的排水过程还包括 CFG 桩体坍落度小，含水量很小的混凝土类材料水解吸水的过程。有资料表明，这一系列排水作用对减少孔压引起地面隆起（黏性土层）和沉陷（砂性土层），对增加桩间土的密实度和提高复合地基承载力有利。

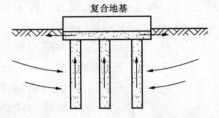

图 2.11-4 复合地基排水加速固结示意图

4. 振动挤密作用

CFG 桩采用振动沉管法施工时，由于振动和挤压作用使桩间土得到挤密，特别是在砂层中这一作用更为显著。砂土在强烈的高频振动下，产生液化并重新排列致密，而且在桩体粗骨料（碎石）填入后挤入土中，使砂土的相对密实度增加，孔隙率降低，干密度和内摩擦角增大，改善土的物理力学性能，抗液化能力也有所提高。

11.4 CFG 桩设计计算

11.4.1 《建筑地基处理技术规范》(JGJ 79—2012)的一般规定

CFG 桩桩径：长螺旋钻中心压灌、干成孔和振动沉管桩宜取 350～600mm，泥浆护壁钻孔灌注素混凝土成桩宜取 600～800mm，钢筋混凝土预制桩宜取 300～600mm。桩径过小，施工质量不容易控制；桩径过大，需加大褥垫层厚度才能保证桩土共同承担上部结构传来的荷载。

CFG 桩可只布置在基础范围内，对可液化地基，基础内可采用振动沉管 CFG 桩、振动沉管碎石桩间作的加固方案，但基础外一定范围内须打设一定数量的碎石桩。

桩距应根据设计要求的复合地基承载力、建筑物控制沉降量、土性、施工工艺等综合考虑确定箱基、筏基和独立基础，宜取 3～5 倍桩径；墙下条基单排布桩宜取 3～6 倍桩径。

桩顶和基础之间应设置褥垫层，其厚度宜取 0.4～0.6 倍桩径。

施工工艺可分为两大类：①对桩间土产生扰动或挤密的施工工艺，如振动沉管打桩机成孔制桩，属挤土成桩工艺；②对桩间土不产生扰动或挤密的施工工艺，如长螺旋钻灌注成桩，属非挤土（或部分挤土）成桩工艺。

11.4.2 复合地基承载力设计

复合地基承载力是由桩间土和桩共同承担荷载。CFG 桩复合地基承载力取决于桩距、桩径、桩长、上部土层和桩尖下卧层土体的物理力学指标，以及桩间土内外面积的比值等因素。CFG 桩复合地基的承载力取值应以能够较充分地发挥桩和桩间土的承载力为原则，按此原则可取比例界限荷载值为复合地基承载力特征值。

503

《建筑地基处理技术规范》（JGJ 79—2012）规定，水泥粉煤灰碎石桩复合地基承载力特征值，应通过现场复合地基载荷试验确定。初步设计时也可按式（11.1）估算：

$$f_{spk} = \lambda m \frac{R_a}{A_p} + \beta(1-m)f_{sk} \tag{11.1}$$

式中　f_{spk}——复合地基承载力特征值，kPa；

　　　λ——单桩承载力发挥系数，宜按当地经验取值，无经验时可取 0.7～0.9；

　　　m——面积置换率；

　　　R_a——单桩竖向承载力特征值，kN；

　　　A_p——桩的截面积，m^2；

　　　β——桩间土承载力折减系数，宜按地区经验取值，如无经验时可取 0.9～1.0，天然地基承载力较高时取大值；

　　　f_{sk}——处理后桩间土承载力特征值，kPa，宜按当地经验取值，如无经验时，可取天然地基承载力特征值。当采用非挤土成桩工艺时，f_{sk} 可取天然地基承载力特征值。

当采用挤土成桩工艺时，对结构性土，如淤泥质土等，施工时因受扰动强度降低，施工完后随着恢复期的增加，土体强度会有所恢复，土性不同，强度恢复的程度和所需的时间也不同。

考虑到地基处理后，上部结构施工有一个过程，应考虑荷载增长和土体强度恢复的快慢来确定 f_{sk}。

对可挤密的一般黏性土，f_{sk} 可取 1.1～1.2 倍天然地基承载力特征值，即 $f_{sk} = (1.1\sim1.2)f_{ak}$，塑性指数小，孔隙比大时取高值。

对不可挤密土，若施工速度慢，可取 $f_{sk} = f_{ak}$；对不可挤密土，若施工速度快，宜通过现场试验确定 f_{sk}；对挤密效果好的土，由于承载力提高幅值的挤密分量较大，宜通过现场试验确定 f_{sk}。

需要特别指出的是，复合地基承载力不是天然地基承载力和单桩承载力的简单叠加，需要对下列的一些因素予以考虑。

（1）施工时是否对桩间土产生扰动或挤密，桩间土的承载力在加固后与加固前比较是否有降低或提高。

（2）桩对桩间土有约束作用，使土的变形减小，在垂直方向上荷载水平不太大时，对土起阻碍变形的作用，使土沉降减小，荷载水平高时起增大变形作用。

（3）复合地基中的桩 P_P-S 曲线呈加工硬化型，比自由单桩的承载力要高。

（4）桩和桩间土承载力的发挥都与变形有关，变形小，桩和桩间土承载力的发挥都不充分。

（5）复合地基桩间土承载能力的发挥与褥垫层厚度有关。

综合考虑以上因素，结合工程实践经验的总结，CFG 桩复合地基承载力可用下面的公式进行估算：

$$f_{spk} = m\frac{R_a}{A_p} + \alpha\beta(1-m)f_{ak} = m\frac{R_a}{A_p} + \alpha\beta(1-m)f_{sk} \tag{11.2}$$

或　　　　　$$f_{spk} = [1+m(n-1)]\alpha\beta f_{ak} = [1+m(n-1)]\beta f_{sk} \tag{11.3}$$

式中 f_{ak}——天然地基承载力特征值，kPa；

α——桩间土的强度提高系数，可根据经验预估或实测给定，没有经验并无实测资料时，对一般黏性土取 $\alpha=1.0$，对灵敏度较高的土和结构性土采用对桩间土产生扰动的施工工艺且施工进度很快时，α 宜取小于 1 的数值，$\alpha=\dfrac{f_{sk}}{f_{ak}}$；

其他符号意义同前。

单桩竖向承载力特征值 R_a 的取值，应符合下列规定。

(1) 当采用单桩载荷试验时，应将单桩竖向极限承载力除以安全系数 2。

(2) 当无单桩载荷试验资料时，可按式（11.4）估算：

$$R_a = u_p \sum_{i=1}^{n} q_{si} L_i + q_p A_p \tag{11.4}$$

式中 u_p——桩的周长，m；

n——桩长范围内所划分的土层数；

q_{si}、q_p——桩周第 i 层土的侧阻力、桩端端阻力特征值，kPa，可按现行国家标准《建筑地基基础设计规范》（GB 50007—2011）有关规定确定；

L_i——第 i 层土的厚度，m。

(3) R_a 可按下式计算，并取小者。

$$R_a = \eta f_{cu} A_p \tag{11.5}$$

$$R_a = \left[u_p \sum_{i=1}^{n} q_{si} h_i + q_p A_p \right]/k \tag{11.6}$$

式中 η——取 0.30～0.33；

f_{cu}——桩体 28d 立方体试块强度 （15cm×15cm×15cm），为桩体混合料试块标准养护条件下的抗压强度平均值，f_{cu} 应满足 $\geqslant 3\dfrac{R_a}{A_p}$ (kPa)；

u_p——桩的周长，m；

q_{si}——第 i 层土与土性和施工工艺相关的极限侧摩擦阻力，按《建筑桩基技术规范》（JGJ 94—2008）的有关规定确定；

h_i——第 i 层土的厚度，m；

q_p——与土性和施工工艺相关的极限端承力，按《建筑桩基技术规范》（JGJ 94—2008）的有关规定确定；

k——安全系数，$k=1.50～1.75$。

对重要工程和基础下桩数较少时，k 取高值；一般工程和基础下桩数较多时，k 取低值。k 取值比《建筑地基处理技术规范》（JGJ 79—2012）中规定 $k=2$ 降低了 12.5%～25%，这是根据工程反算并综合考虑复合地基中桩承载力与单桩承载力差异、桩的负摩擦作用、桩间土受力后桩承载力会提高等一系列因素而确定的。

(4) 当用单桩静载荷试验求得单桩极限承载力 R_u 后，R_a 可按式（11.7）计算：

$$R_a = R_u/k \tag{11.7}$$

505

11.4.3　CFG 桩身材料及配合比设计

CFG 桩是将水泥、粉煤灰、石子、石屑加水拌合形成的混合料灌注而成，其各自含量的多少对混合料的强度、和易性都有很大的影响。CFG 桩中的骨干材料为碎石，系粗骨料；石屑为中等粒径骨料，在水泥掺量不高的混合料中，掺加石屑是配比试验中的重要环节。若不掺加中等粒径的石屑，粗骨料碎石间多数为点接触，接触比表面积小，连接强度一旦达到极限，桩体就会破坏；掺加石屑后，石屑用来填充碎石间的空隙，使桩体混合料级配良好，比表面积增大，桩体的抗剪强度、抗压强度均得到提高。粉煤灰既是细骨料，又有低强度等级水泥的作用，可使桩体具有明显的后期强度。水泥一般采用 42.5 级普通硅酸盐水泥。碎石子的粒径一般采用 20~50mm。表 2.11-2 为某项工程中材料配比试验中的石子、石屑的物理性能指标。

粉煤灰的粒度成分是影响粉煤灰质量的主要指标，其中各种粒度的相对比例由于原煤种类、煤粉细度及燃烧条件的不同，产生较大的差异。由于球形颗粒在水泥浆中起润滑作用，所以如果粉煤灰中圆滑的球形颗粒占多数，就具有需水量少、活性高的特点。一般粉煤灰越细，球形颗粒越多，因而水化及接触界面增多，容易发挥粉煤灰的活性。

表 2.11-2　　　　　　　石子、石屑的物理性能指标表

材料 \ 指标	粒径/mm	比重	松散密度/（t/m³）	含水率（%）
石子	20~50	2.70	1.39	0.96
石屑	2.5~10	2.70	1.47	1.05

注　混合料的密度一般为 2.1~2.2t/m³。

粉煤灰中未燃尽煤的含量，通常用烧失量表示。烧失量过大，说明燃烧不充分，影响粉煤灰的质量。含碳量大的粉煤灰在掺入混合料中往往增加需水量，从而降低混合料的强度。

1. 桩体配比设计

CFG 桩与素混凝土桩的不同就在于其桩体配比更经济。在有条件的地方应尽量利用工业废料作为拌合料，但地域不同，其石屑粒径的大小、颗粒的形状及含粉量均不同。如前所述，粉煤灰的质量也容易因外界因素的不同而性能各异，所以很难给出一个统一的、精度很高的配比，下面介绍的桩体配比计算只是作为参考。

混合料中，石屑与碎石（一般碎石粒径为 3~5cm）的组成比例用石屑率表示：

$$\lambda = \frac{G_1}{G_1 + G_2} \tag{11.8}$$

式中　λ ——石屑率，根据试验研究结果，λ 取 0.25~0.33 为合理石屑率；

G_1 ——单方混合料中石屑用量，kg/m³；

G_2 ——单方混合料中碎石用量，kg/m³。

混合料 28d 强度与水泥强度等级和灰水比有如下关系：

$$R_{28} = 0.366 R_{\mathrm{c}}^{\mathrm{b}} \left(\frac{C}{W} - 0.071 \right) \tag{11.9}$$

式中　　R_{28}——混合料 28d 强度，kPa；

$R_{\mathrm{c}}^{\mathrm{b}}$——水泥强度等级，kPa；

C——单方水泥用量，kg/m³；

W——单方用水量，kg/m³。

混合料坍落度按 3cm 控制，水灰比 W/C 和粉灰比 F/C（F：单方粉煤灰用量）有如下关系：

$$W/C = 0.187 + 0.791\, F/C \tag{11.10}$$

混合料密度一般为 2.1～2.2t/m³。利用以上的关系式，参考混凝土配比的用水量并加大 2%～5%，就可进行配比设计。

2. 桩体配比试验

（1）不同石屑掺量的配比试验。通过此项试验可确定混合料的坍落度与石屑率的关系，以及混合料强度与石屑率的关系，从而确定最佳石屑率。

图 2.11-5 为不同石屑率对坍落度影响的试验结果。可见相同的水灰比（W/C）和粉煤灰/水泥比（F/C），由于石屑率的变化引起的坍落度的变化是一个反向的挠曲曲线。从图 2.11-5 中可以看到，石屑率在 25%～33% 时，混合料的坍落度出现峰值，表明流动性最好，即最佳石屑率。如石屑率过大，骨料的总表面积和孔隙率都增大，在相同用水量的情况下，混合料显得干稠，流动性小，则坍落度就小；石屑率过小，则石屑浆不足，也降低了混合料的流动性，并引起混合料的离析和泌水，同样混合料的和易性也差。

在水灰比（W/C）和粉煤灰/水泥比（F/C）相同的情况下，只改变石屑率进行试验，根据不同石屑掺量对强度影响的试验结果可绘制成混合料的立方抗压强度 R_{28} 与石屑率 λ 的关系曲线（图 2.11-6），从图中可看出，石屑率同样存在着一个最佳值，在这个最佳石屑率范围内，抗压强度 R_{28} 达最大值，可见石屑率过低或过高，强度都有下降的趋势。由图 2.11-5 和图 2.11-6 对比，可有对坍落度和对抗压强度 R_{28} 的最佳石屑率，其值是相近的。

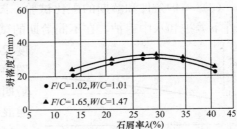

图 2.11-5　坍落度 T 与石屑率 λ 的关系曲线

（2）不同水泥、粉煤灰掺量的配比试验。图 2.11-7 是根据某一石屑率，不同水泥、粉煤灰掺量的配比试验，得到的混合料的立方抗压强度 R_{28} 和灰水比 C/W 的关系曲线。

石屑掺量使石屑率控制在最佳石屑率范围内，混合料的掺水量按坍落度为 3cm 控制的情况下，根据不同的水泥掺量、粉煤灰掺量的配合比，可得到如图 11-8 所示关系曲线。从图中可得出，在相同水泥掺量的情况下，随着粉煤灰/水泥比（F/C）的减小，水灰比（W/C）也相应减小，亦即粉煤灰掺量减小，混合料的需水量在保证坍落度 3cm 的情况下相应有所减小。

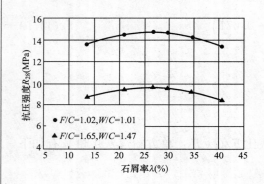

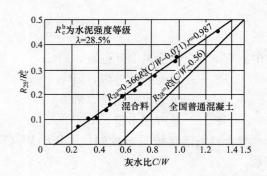

图 2.11-6　抗压强度 R_{28} 与石屑率 λ 的关系曲线　　　　图 2.11-7　R_{28}/R_c^b-C/W 关系曲线

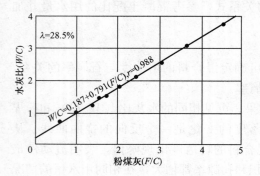

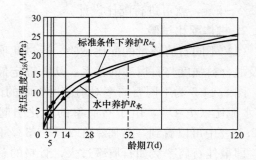

508

图 2.11-8　W/C 与 F/C 的关系曲线　　　　图 2.11-9　抗压强度 R_{28} 与龄期 T 的关系曲线

（3）养护条件和龄期的配比试验。图 2.11-9 和图 2.11-10 是根据相同配比在标准养护条件下养护和水中养护，在不同龄期的试验结果，得到的混合料抗压强度 R_{28}（标准养护

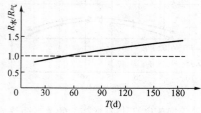

图 2.11-10　养护条件对试块
强度的影响

度 $R_气$ 和水中养护强度 $R_水$）与龄期 T 的关系曲线。从图中可以看到，混合料的强度增长有一个过程，4 个月龄期的抗压强度是 28d 龄期抗压强度的 1.71 倍，而普通混凝土 4 个月龄期的抗压强度仅是 28d 龄期强度的 1.44 倍。另外就养护条件而言，水中养护的混合料强度与标准养护条件下混合料强度相比，龄期较短时（＜52d），水中养护试样强度比标准养护条件下试样的抗压强度低，当超过这个龄期后，水中养护的强度高于标准

养护条件下的抗压强度。无论是水中养护还是标准养护，混合料的后期强度仍有较大增长，龄期超过半年，后期强度还在增长，这是因为粉煤灰经过一定时间在水中溶解并能较好地发挥其活性。

（4）桩体的应力应变特征。将 CFG 桩桩身材料制成圆柱体试样，在静三轴仪中做不同围压下的三轴压缩试验，可得到如图 2.11-11 所示的应力-应变关系，图 2.11-11（a）和（b）分别为立方体抗压强度为 R_{28}＝6MPa 和 8MPa 的两组不同围压 σ_3 下的应力应变曲线。图中曲线反映，在应变较小时，不同围压下其应力应变曲线基本重合，破坏前基本为一直线。这说明围压对桩体强度和桩体模量影响不大，不像碎石桩等散体材料桩身，周围土的约束力对

桩体强度和压缩模量影响很大。这也是 CFG 桩区别于普通碎石桩的一个重要特性，这是由于混合料具有较高的黏结强度而形成的。

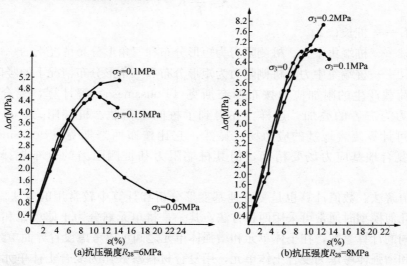

图 2.11-11　混合料的应力-应变关系

509

11.4.4　桩体强度和承载力关系

当桩体强度大于某一数值时，提高桩体强度对复合地基承载力没有影响。因此复合地基设计时，不必把桩体强度标号取得很高，一般取桩顶应力的 3 倍即可。这是由复合地基的受力特性所决定的。

桩体试块抗压强度平均值应满足式（11.11）的要求：

$$f_{cu} \geqslant 3\frac{R_a}{A_p} \tag{11.11}$$

式中　f_{cu}——桩体混合料试块（边长 150mm 立方体）标准养护 28d 立方体抗压强度平均值，kPa；

　　　R_a——单桩竖向承载力特征值，kN；

　　　A_p——桩的截面积，m²。

11.4.5　复合地基变形研究及计算方法

1. 复合地基变形研究现状

（1）解析法大多应用以明德林（Mindlin）解为基础的格迪斯（Geddes）积分来计算复合地基中桩荷载所产生的附加应力。按照半无限弹性体内集中力的明德林（Mindlin）公式，Geddes 研究了下列三种情况下土中竖向应力的表达式。

1）桩端阻力简化为集中力时：

$$\sigma_{zd} = \frac{p_{pd}}{L^2}K_d \tag{11.12}$$

2）桩侧阻力为矩形分布时：

$$\sigma_{zr} = \frac{p_{pr}}{L^2}K_r \tag{11.13}$$

3）桩侧阻力为三角形分布时：

$$\sigma_{zt} = \frac{p_{pt}}{L^2} K_t \tag{11.14}$$

式中　　　L——桩长；

p_{pd}、p_{pr}、p_{pt}——桩端集中力、桩侧阻力为矩形分布和三角形分布情况下的总荷载；

K_d、K_r、K_t——桩端集中力、桩侧阻力为矩形分布和三角形分布情况下的竖向应力系数。

桩间土荷载产生的附加应力按布西奈斯克（Boussinesq）解计算，复合地基中任一点的附加应力为二者的叠加。这样，在得到了桩间土荷载、桩端阻力、桩侧阻力分布规律后，即可计算复合地基的应力场。显然，它比按布西奈斯克（Boussinesq）解简化计算得到的复合地基应力场要精确，但其桩端阻力和桩侧阻力的分布规律还有待进一步研究。

（2）数值解法、数值计算也是复合地基变形分析和计算中较常用的方法。有限元计算中，在构造几何模型时通常可采用两种方法：其一是将单元划分为土体单元和增强体单元，二者采用不同的计算参数，在土体单元和增强体单元之间可以考虑设置界面单元；其二是将加固区土体和增强体考虑为复合土体单元，用复合材料参数作为复合土体单元的计算参数。在进行复合地基有限元分析时，计算参数的选取是一个关键，它直接关系到计算结果的精度。比较常用的方法是以某些实测的应力场和变形场为基础，对计算参数进行修正，以得到较为合理的结果，减小参数选取的盲目性。

（3）复合地基变形计算经验公式。当前，复合地基变形计算的理论正处在不断发展和完善过程中，还无法更精确地计算其应力场而为沉降计算提供合理的模式，因而复合地基的变形计算多采用经验公式。

在各类实用计算方法中，往往把复合地基变形分为两个部分：加固区的变形量 s_1 和下卧层的变形量 s_2。地基应力场近似地按天然地基进行计算。

1）加固区变形量 s_1 的计算。

① 按复合模量计算变形。将复合地基加固区中增强体和土体视为一个统一的整体，采用复合压缩模量来评价其压缩性；用分层总和法计算其压缩量。其中，复合模量可按式（11.15）求得。

$$E_{sp} = \frac{f_{spk}}{f_k} E_s \tag{11.15}$$

② 按桩间土应力计算变形。该方法是考虑 CFG 桩复合地基一般置换率较低，近似地忽略桩的存在，而根据桩间土实际分担的荷载，求出附加压力，按照桩间土的压缩模量来计算复合土层压缩变形。

另外一种方法是桩身压缩量法，它假定在荷载作用下，桩体不发生上下刺入，通过桩身的压缩量来计算加固区的变形。显然，这种计算方法不适合高黏结强度桩复合地基。水泥粉煤灰碎石桩复合地基加固区变形计算方法通常采用前面两种方法。

2）桩端下卧层沉降计算方法。复合地基下卧土层的变形是由通过桩传递的应力和由桩间土传递的应力所产生的，变形量 s_2 通常采用分层总和法计算。附加应力计算方法有压力扩散法、等效实体法、改进的格迪斯（Geddes）法等。CFG 桩复合地基由于其置换率较低和设置褥垫层，考虑到桩尖处应力集中范围有限，下卧土层内的应力分布可按褥垫层上的总荷载计算。即作用在褥垫层底面的压力仍假定为均布，并根据通用的布西奈斯克（Boussinesq）半无限空间解求出复合体底面以下的附加应力，由此计算下卧层变形量 s_2。

2. 水泥粉煤灰碎石桩复合地基变形计算

在工程中，应用较多且计算结果与实际符合较好的变形计算方法是复合模量法。计算时复合土层分层与天然地基相同，复合土层的模量等于该层天然地基模量的 ζ 倍（图 2.11-12），加固区和下卧层土体内的应力分布采用各向同性均质的直线变形体理论。

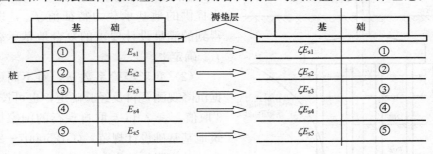

图 2.11-12　各土层复合模量示意图

复合地基最终变形量可按式（11.16）计算：

$$S_C = \psi \left[\sum_{i=1}^{n_1} \frac{p_0}{\zeta E_{si}} (z_i \bar{\alpha}_i - z_{i-1} \bar{\alpha}_{i-1}) + \sum_{i=n_1+1}^{n_2} \frac{p_0}{E_{si}} (z_i \bar{\alpha}_i - z_{i-1} \bar{\alpha}_{i-1}) \right] \tag{11.16}$$

式中　n_1——加固区范围内土层分层数；

　　　n_2——沉降计算深度范围内土层总的分层数；

　　　p_0——对应于荷载效应准永久组合时的基础底面处的附加压力，kPa；

　　　E_{si}——基础底面下第 i 层土的压缩模量，MPa；

z_i、z_{i-1}——基础底面至第 i 层土、第 $(i-1)$ 层土底面的距离，m；

α_i、α_{i-1}——基础底面计算点至第 i 层土、第 $(i-1)$ 层土底面范围内平均附加应力系数，可查表计算；

　　　ζ——加固区土的模量提高系数，$\zeta = \dfrac{f_{spk}}{f_{ak}}$；

　　　ψ——沉降计算修正系数，根据地区沉降观测资料及经验确定，也可采用表 2.11-3 的数值。

表 2.11-3　变形计算经验系数 ψ

$\bar{E}_s$/MPa	2.5	4.0	7.0	15.0	30.0	45.0
ψ	1.1	1.0	0.7	0.4	0.25	0.15

表 2.11-3 中，$\bar{E}_s$ 为变形计算深度范围内压缩模量的当量值。应按式（11.17）计算：

$$\bar{E}_s = \frac{\sum A_i}{\sum \dfrac{A_i}{E_{si}}} \tag{11.17}$$

式中　A_i——第 i 层土附加应力沿土层厚度积分值；

　　　E_{si}——基础底面下第 i 层土的压缩模量值，MPa，桩长范围内的复合土层按复合土层的压缩模量取值。

511

地基变形计算深度应大于复合土层的厚度，并符合现行国家标准《建筑地基基础设计规范》（GB 50007—2011）中地基变形设计深度的有关规定执行，但有两点需作说明。

（1）复合地基的分层与天然地基分层相同，大量工程实践表明当荷载接近或达到复合地基承载力时，各复合土层的压缩模量可按该层天然地基压缩模量的 ζ 倍计算。

工程中应由现场试验测定的 f_{spk} 和天然地基承载力 f_{dk} 确定 ζ。

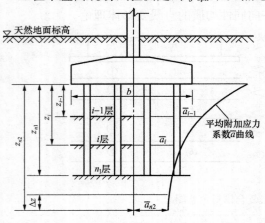

图 2.11-13　复合地基沉降计算分层示意图

若无试验资料时，初步设计可由地质报告提供的地基承载力特征值 f_{ak}，以及计算得到的满足设计要求的复合地基承载力特征 f_{spk} 确定 ζ。

（2）变形经验系数 φ，对不同地区可根据沉降观测资料及经验确定，也可按表 2.11-3 取值，表 2.11-4 取自现行的国家标准《建筑地基基础设计规范》（GB 50007—2011）表中的基底附加压力 $p_0 \leqslant 0.75 f_{ak}$ 的一栏。

复合地基变形计算深度必须大于复合土层的厚度，并应符合式（11.18）的要求：

$$\Delta S'_n \leqslant 0.025 \sum_{i=1}^{n} \Delta S'_i \qquad (11.18)$$

式中　S'_n——在计算深度范围内，第 i 层土的计算变形值；

　　　S'_i——在计算深度向上取厚度为 Δz 的土层计算变形值，Δz 如图 2.11-13 所示，并按表 2.11-4 确定。

表 2.11-4　　　　　　　　　　　　　　　　　　**Δz 值**

b/m	$\leqslant 2$	$2 < b \leqslant 4$	$4 < b \leqslant 8$	$8 < b$
$\Delta z/\mathrm{m}$	0.3	0.6	0.8	1.0

如确定的计算深度下部仍有较软土层时，应继续计算。

11.4.6　褥垫层的设计

1. 褥垫层的材料

褥垫层的材料宜用中砂、粗砂级配砂石或碎石等，最大粒径一般不宜大于 20mm。不宜采用卵石，由于卵石咬合力差，施工时扰动较大，使褥垫层厚度不容易保证均匀。

2. 褥垫层的铺设范围

褥垫层的加固范围要比基底面积大，其四周宽出基底的部分不宜小于褥垫层的厚度。

3. 褥垫层的厚度

综合以上分析，并结合大量的工程实践和总结，既考虑到技术上可靠又考虑到经济上合理，褥垫层厚度取 150～300mm 为宜。当桩径大、桩距大时宜取高值。

11.4.7　桩径

CFG 桩桩径 d 宜取 350～600mm，桩径过小，施工质量不容易控制；桩径过大，需加大褥垫层厚度才能保证桩土共同承担上部结构传来的荷载。常用的振动沉管打桩机的管径不大于 377mm，一般桩径设计为 350～400mm。

11.4.8　桩距

桩距 s 的大小取决于设计要求的复合地基承载力和变形量、土性及施工机具，所以选用桩距需考虑承载力的提高幅度应能满足设计要求、施工方便、桩作用的发挥、场地地质条件及造价等因素。试验表明，其他条件相同，桩距越小复合地基承载力越大，当桩距小于3倍桩径后，随着桩距的减小，复合地基承载力的增长率明显下降，从桩、土作用的发挥考虑，桩距宜取 3～5 倍桩径为宜。

施工过程中，无论是振动沉管还是振动拔管，都将对周围土体产生扰动或挤密，振动的影响与土的性质密切相关，振密效果好的土，施工时振动可使土体密度增加，场地发生下沉；不可挤密的土则要发生地表隆起，桩距越小隆起量越大，以至于已打的桩产生缩颈或断裂。桩距越大，施工质量越容易控制，但应针对不同的土性分别加以考虑。

下面介绍桩距选用的原则，供设计时参考。

(1) 设计的桩距首先要满足承载力和变形的要求。从施工角度考虑，尽量选用较大的桩距以防止新打桩对已打桩的不良影响。

(2) 基础形式也是值得注意的一个因素。对单、双排布桩的条形基础和面积不大的独立基础，桩距可小些；反之，满堂布桩的筏基、箱基，以及多排布桩的条形基础、设备基础，桩距可适当放大些。地下水位高、地下水丰富的建筑场地，桩距也应适当放大。

综上所述，桩距的设计应综合多种因素，一般桩距 $s=$（3～5）d 或参考表 2.11-5。可结合 11.4.2 中所述复合地基承载力计算中要求的面积置换率 m 确定桩距。

表 2.11-5 　　　　　　　　　　　　　　 **桩 距 选 用 表**

土 质 桩距 布桩形式	挤密性好的土	可挤密性土	不可挤密性土
单、双排布桩的条基	（3～5）d	（3.5～5）d	（4～5）d
含 9 根以下的独立基础	（3～6）d	（3.5～6）d	（4～6）d
满堂布桩	（4～6）d	（4～6）d	（4.5～7）d

注　d 为桩径，以成桩后的实际桩径为准。

11.4.9　桩长

由式 (11.2) 可解得

$$R_a = [f_{spk} - \alpha\beta(1-m)f_{ak}]A_p/m \tag{11.19}$$

在进行复合地基设计时，天然地基承载力 f_{ak} 是已知的；设计要求的复合地基承载力 f_{spk} 也已知；桩径 d 和桩距 s 设定后，置换率 m 和桩的断面面积 A_p 均已知；桩间土强度提高系数 α 和桩间土强度发挥度的取值同式 (11.3)。

将以上各数值代入式 (11.19) 后，则可求得 R_a。

再将 R_a 值代入式 (11.6)，根据《建筑桩基技术规范》(JGJ 94—2008) 中的 q_{si} 和 q_p 就能算出所需的桩长 l。

也可用式 (11.3) 解得桩间土强度发挥度为 p 时的桩土应力比 n：

$$n = \left(\frac{f_{spk}}{\alpha\beta f_{ak}} - 1\right)/m + 1 \tag{11.20}$$

设计时复合地基承载力 f_{spk} 和原天然地基承载力 f_{ak} 是已知的；桩径 d 和桩距 s 确定以后，置换率 m 也是已知的；桩间土强度提高系数 α，有经验时可按实际预估，无经验时按式（11.3）确定；桩间土强度发挥度 β 可根据建筑物的重要性按式（11.3）确定。这样，由式（11.20）就可得到 n 值。这时，桩顶应力为

$$\sigma_p = n\alpha\beta f_{ak} \tag{11.21}$$

桩顶受的集中力为：

$$p_p = n\alpha\beta f_{ak} A_p \tag{11.22}$$

式中 A_p ——桩断面面积，m^2。

由式（11.22）求得的 p_p 和地基土的性质，参照与施工方法相关的桩周侧摩擦阻力 q_{si} 和桩端阻力 q_p，利用式（11.4）即可预估单桩承载力为 p_p 时的桩长 l。

11.4.10 桩的布置

CFG 桩可只在基础范围内布桩。对可液化地基，基础内可采用振动沉管 CFG 桩、振动沉管碎石桩间作的加固方案，可在基础外某一范围设置护桩（可液化地基一般用碎石桩做护桩），通常情况下，桩布在基础范围内。桩的数量可按式（11.23）确定：

$$n_p = \frac{mA}{A_p} \tag{11.23}$$

式中 m ——面积置换率；

A ——基础面积，m^2；

A_p ——桩断面面积，m^2；

n_p ——面积为 A 时的理论布桩数。

实际布桩时受基础尺寸大小及形状等影响，布桩数会有一定的增减。对独立基础、箱形基础、筏基，基础边缘到桩的中心距一般为桩径或基础边缘到桩边缘的最小距离不小于 150mm，对条形基础不小于 75mm。

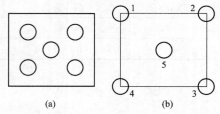

图 2.11-14 布桩形式示意图

布桩时要考虑桩受力的合理性，尽量利用桩间土应力、产生的附加应力对桩侧阻力的增大作用。通常 σ_s 越大，作用在桩上的水平力越大，桩的侧阻力也越大。如图 2.11-14（a）所示，桩均在基础内，桩的受力是比较合理的；图 2.11-14（b）所示，除 5 号桩外，其他各桩只有基础下的少部分有 σ_s 的作用，桩受到的侧向约束显然比 5 号桩小，则侧阻力也小，显然，这样的布桩形式是不合理的。

此外，对桩端有坚硬土层，且桩又不太长时可考虑采用夯扩桩，即利用 CFG 桩桩体材料，夯成一个扩大头，以获得较大的端承阻力。

在软土地区，当桩长范围内，桩端有可能落在好的土层上时，也可采用比通常用的更大一些的预制桩尖，其桩尖的直径增大到沉管外径的 $1.5\sim2.0$ 倍，通常称为大头桩尖。桩尖沉到较好的土层中便停止沉管，大头桩尖通过软土层时，软土会很快回弹，拔出沉管后投料量基本不变，但承载能力有了提高。

在软土地区采用 CFG 桩复合地基方案时，桩端一般应落在好的土层上。

CFG 桩复合地基的设计参数共 6 个，分别为桩径、桩距、桩长、桩体强度、褥垫层的

设计及桩的布置。其设计流程图如图 2.11-15 所示。

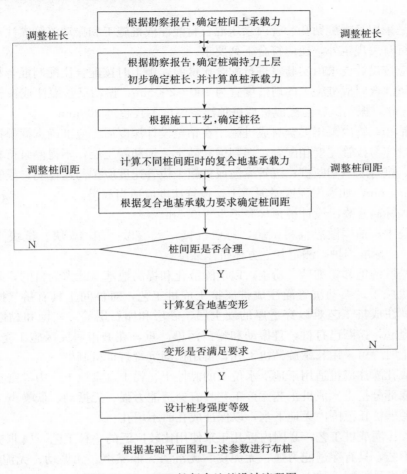

图 2.11-15　CFG 桩复合地基设计流程图

11.5　CFG 桩的施工

11.5.1　《建筑地基处理技术规范》（JGJ 79—2012）的一般规定

CFG 桩的施工，应根据设计要求和现场地基土的性质、地下埋深、场地周边是否有居民、有无对振动反应敏感的设备等多种因素选用下列施工工艺。

（1）长螺旋钻孔灌注成桩，适用于地下水位以上的黏性土、粉土、素填土、中等密实以上的砂土，以及对噪声或泥浆污染要求严格的场地。

（2）长螺旋钻孔、管内泵压混合料灌注成桩，适用于黏性土、粉土、砂土粒径不大于60mm，土层厚度不大于 4m 的卵石（卵石含量不大于 30%）。对含有卵石夹层场地，宜通过现场试验确定其适用性。北京某工程卵石粒径不大于 60mm，卵石层厚度不大于 4m，卵石含量不大于 30%，采用长螺旋钻施工工艺取得了成功。目前城区施工。对噪声或泥浆污染要求严格，可优先选用该工法。

（3）振动沉管灌注成桩，适用于粉土、黏性土及素填土地基，以及对振动和噪声污染要求不严格的场地。

（4）泥浆护壁成孔灌注成桩，适用于地下水位以下的黏性土、粉土、砂土、填土、碎石土及风化岩层。

需要注意的是采用长螺旋钻孔、管内泵压混合料灌注成桩施工和振动沉管灌注成桩施工除应执行国家现行有关规定外，还应符合下列要求。

（1）施工前应按设计要求由实验室进行配合比试验，施工时按配合比配制混合料。长螺旋钻孔、管内泵压混合料成桩施工的坍落度宜为 160～200mm，振动沉管灌注成桩施工的坍落度宜为 30～50mm，振动沉管灌注成桩后桩顶浮浆厚度不宜超过 200mm。

（2）长螺旋钻孔、管内泵压混合料成桩施工在钻至设计深度后，应准确掌握提拔钻杆时间，混合料泵送量应与拔管速度相配合，遇到饱和砂土、饱和粉土层，不得停泵待料，避免造成混合料离析、桩身缩径和断桩；沉管灌注成桩施工拔管速度应按匀速控制，拔管速度应控制在 1.2～1.5m/min，如遇淤泥或淤泥质土，拔管速度应适当放慢。

（3）施工桩顶标高宜高出设计桩顶标高不少于 0.5m。

（4）成桩过程中，抽样做混合料试块，每台机械一天应做一组（3 块）试块（边长为150mm 的立方体），标准养护，测定其立方体抗压强度。

若地基土是松散的饱和粉细砂、粉土，以消除液化和提高地基承载力为目的，此时应选择振动沉管打桩机施工；振动沉管灌注成桩属挤土成桩工艺，对桩间土具有挤（振）密效应。但振动沉管灌注成桩工艺难以穿透厚的硬土层、砂层和卵石层等。在饱和黏性土中成桩，会造成地表隆起，挤断已打桩，且振动和噪声污染严重，在城市居民区施工受到限制。在夹有硬的黏性土时，可采用长螺旋钻机引孔，再用振动沉管打桩机制桩。

长螺旋钻干成孔灌注成桩适用于地下水位上的黏性土、粉土、素填土、中等密实以上砂土，属非挤土（或部分挤土）成桩工艺。该工艺具有穿透能力强、无振动、低噪声、无泥浆污染等特点，但要求桩长范围内无地下水，以保证成孔时不坍孔。

长螺旋钻中心压灌成桩工艺，是国内近几年来使用比较广泛的一种工艺，属非挤土（或部分挤土）成桩工艺，具有穿透能力强、无泥皮、无沉渣、低噪声、无振动、无泥浆污染、施工效率高及质量容易控制等特点。

长螺旋钻孔灌注成桩和长螺旋钻中心压灌成桩工艺，在城市居民区施工，对周围居民和环境的影响较小。

11.5.2 其他要求

CFG 桩施工除应符合国家现行有关规范外，还应符合下列要求。

（1）当用振动沉管灌注成桩和长螺旋钻孔灌注成桩施工时，桩体配比中采用的粉煤灰可选用电厂收集的粗灰；当采用长螺旋钻中心压灌成桩时，为增加混合料和易性和可泵性，宜选用细度（0.045mm 方孔筛筛余百分比）不大于 45% 的 Ⅲ 级或 Ⅲ 级以上等级的粉煤灰。

（2）长螺旋钻中心压灌成桩施工时每方混合料中粉煤灰掺量宜为 70～90kg，坍落度应控制在 160～200mm，这主要是考虑保证施工中混合料的顺利输送。坍落度太大，易产生泌水、离析，泵压作用下，骨料与砂浆分离，导致堵管。坍落度太小，混合料流动性差，也容易造成堵管。振动沉管灌注成桩若混合料坍落度过大，桩顶浮浆过多，桩体强度会降低。

（3）长螺旋钻中心压灌成桩施工，应准确掌握提拔钻杆时间，钻孔进入土层预定标高后，开始泵送混合料，管内空气从排气阀排出，待钻杆内管及输送软、硬管内混合料连续时提钻。若提钻时间较晚，在泵送压力下钻头处的水泥浆液被挤出，容易造成管路堵塞。应杜

516

绝在泵送混合料前提拔钻杆,以免造成桩端处存在虚土或桩端混合料离析、端阻力减小。

振动沉管灌注桩成桩施工应控制拔管速度,拔管速度太快易造成桩径偏小或缩颈断桩。经大量工程实践认为,拔管速度控制在 1.2～1.5m/min 是适宜的。

(4) 施工中桩顶标高应高出设计桩顶标高,留有保护桩长。保护桩长的设置基于以下几个因素。

1) 成桩时桩顶不可能正好与设计标高完全一致,一般要高出桩顶设计标高一段长度。

2) 桩顶一般由于混合料自重压力较小或由于浮浆的影响,靠桩顶一段桩体强度较差。

3) 已打桩尚未结硬时,施打新桩可能导致已打桩受振动挤压,混合料上涌使桩径缩小。增大混合料表面的高度即增加了自重压力,可提高抵抗周围土挤压的能力。

冬期施工时,应采取措施避免混合料在初凝前遭到冻结,保证混合料入孔温度大于5℃,根据材料加热难易程度,一般优先加热拌合水,其次是砂和石混合料。温度不宜过高,以免造成混合料假凝无法正常泵送施工。泵送管路也应采取保温措施。施工完清除保护土层和桩头后,应立即对桩间土和桩头采用草帘等保温材料进行覆盖,防止桩间土冻胀而造成桩体拉断。

长螺旋钻中心压灌成桩施工中存在钻孔弃土。对弃土和保护土层清运时如采用机械、人工联合清运,应避免机械设备超挖,并应预留至少 200mm 用人工清除,避免造成桩头断裂和扰动桩间土层。

褥垫层材料可为粗砂、中砂、级配砂石或碎石,碎石粒径宜为 5～16mm,不宜选用卵石。当基础底面桩间土含水量较大时,应进行试验确定是否采用动力夯实法,避免桩间土承载力降低。对较干的砂石材料,虚铺后可适当洒水再行碾压或夯实。

褥垫层铺设宜采用静力压实法,当基础底面下桩间土含水量较小时,也可采用动力夯实法,夯填度(夯实后的褥垫层厚度与虚铺厚度的比值)不得大于 0.9。

清土和截桩时,不得造成桩顶标高以下桩身断裂和扰动桩间土。

施工垂直度偏差不应大于 1‰;对满堂布桩基础,桩位偏差不应大于 0.4 倍桩径;对条形基础,桩位偏差不应大于 0.25 倍桩径,对单排布桩桩位偏差不应大于 60mm。

在进行 CFG 桩复合地基设计时,必须同时考虑 CFG 桩的施工,并要了解施工中可能出现的问题,以及如何防止这些问题的发生与施工时采用什么样的设备和施工工艺,要根据场地土的性质、设计要求的承载力和变形,以及拟建场地周围环境等情况综合考虑施工设备和施工工艺及控制施工质量的措施。

11.5.3　施工设备

目前常用的施工设备及施工方法如下。

1. 振动沉管灌注成桩

就目前国内情况,振动沉管灌注成桩用得比较多,这主要是由于振动打桩机施工效率高,造价相对较低。这种施工方法适用于无坚硬土层和粉土、黏性土及素填土、松散的饱和粉细砂地层条件,以及对振动噪声限制不严格的场地。

振动沉管灌注成桩属挤土成桩工艺,对桩间土有挤(振)密作用,以便清除地基的液化并提高地基的承载力。当遇到较厚的坚硬黏土层、砂层和卵石层时,振动沉管会发生困难;在饱和黏性土中成桩,会造成地表隆起,挤断已打桩,且噪声和振动污染严重,在城市居民区施工受到限制。在夹有硬黏性土层时,可考虑用长螺旋钻预引孔,再用振动沉管机成孔

517

制桩。

2. 长螺旋钻干成孔灌注成桩

长螺旋钻干成孔灌注成桩方法适用于地下水位以上的黏性土、粉土、素填土、中等密实以上的砂土等，属非挤土（或部分挤土）成桩工艺。要求桩长范围内无地下水，这样成孔时不会发生坍孔现象，并适用于对周围环境要求（如噪声、泥浆污染）比较严格的场地。

该施工工艺具有较强的穿透能力。

3. 泥浆护壁钻孔灌注成桩

泥浆护壁钻孔灌注成桩方法适用于有砂层的地质条件，以防砂层坍孔，并适用于对振动噪声要求严格的场地。

4. 长螺旋钻中心压灌成桩

长螺旋钻中心压灌成桩方法适用于分布有砂层的地质条件，以及对噪声和泥浆污染要求严格的场地。施工时，首先用长螺旋钻孔到达设计的预定深度，然后提升钻杆，同时用高压泵将桩体混合料通过高压管路的长螺旋钻杆的内管压到孔内成桩。这一工艺具有低噪声、无泥浆污染、无振动的优点，是一种很有发展前途的施工方法。

这种施工方法具有较强的穿透能力，属非挤土成桩工艺。

CFG 桩多用振动沉管机施工，也可用螺旋钻机，有时是振动沉管和螺旋钻机联合使用。

图 2.11-16 是振动沉管机的示意图。图 2.11-17（a）和（b）分别为打

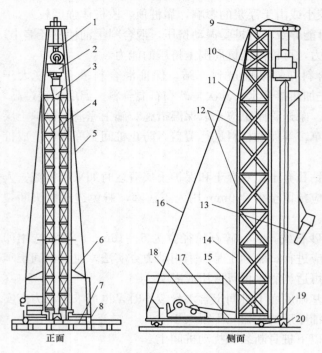

正面   侧面

图 2.11-16 振动沉管机示意图

1—滑轮组；2—振动锤；3—漏斗口；4—桩管；5—前拉索；6—遮棚；7—滚筒；8—枕木；9—架顶；10—架身顶段；11—钢丝绳；12—架身中段；13—吊斗；14—架身下段；15—导向滑轮；16—后拉索；17—架底；18—卷扬机；19—加压滑轮；20—活瓣桩尖

桩时用的钢筋混凝土预制桩尖和钢制活瓣桩尖。图 2.11-18 是步履式全螺旋钻孔机示意图。

具体选用哪一类型成桩机和什么型号，要视工程情况而定。远离城区的场地多采用振动沉管机；在城区对噪声污染严格限制的地方可用螺旋钻成孔制桩；对夹有硬土层地段条件的场地，可先用螺旋钻预引孔，再用振动沉管机制桩，以避免振动沉管制桩对已打的桩引起较大的振动，导致桩被振裂或振断。土质较硬时，多用 60kW 电动机的锤头；土质较软时，多采用 40kW 电动机的锤头。

11.5.4 施工程序

实际工程中振动沉管机成桩用得比较多，这里对振动沉管机施工做一介绍。

1. 施工准备

（1）施工前应具备的资料和条件：

1）建筑物场地工程地质报告书。

518

2）CFG 桩布桩图，图应注明桩位编号，以及设计说明和施工说明。

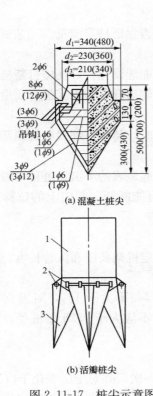

(a) 混凝土桩尖

(b) 活瓣桩尖

图 2.11-17 桩尖示意图

1—桩管；2—锁轴；3—活瓣

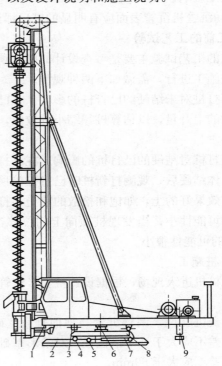

图 2.11-18 步履式全螺旋钻孔机示意图

1—上盘；2—下盘；3—回转滚轴；4—行走滚
轮；5—钢丝滑轮；6—回轴中心轴；7—行走油
缸；8—中盘；9—支腿

3）建筑场地邻近的高压电缆、电话线、地下管线、地下构筑物及障碍物等调查资料。

4）建筑物场地的水准控制点和建筑物位置控制坐标等资料。

5）具备"三通一平"条件。

（2）施工技术措施内容：

1）确定施工机具和配套设备。

2）材料供应计划，标明所用材料的规格、技术要求和数量。

3）施工前应按设计要求由实验室进行配合比试验，施工时按配合比配制混合料；当用振动沉管灌注成桩和长螺旋钻干成孔灌注成桩施工时，桩体配比中采用的粉煤灰可选用电厂收集的粗灰，坍落度宜为 30～50mm；当采用长螺旋钻中心压灌成桩时，为增加混合料的和易性和可泵性，宜选用细度（0.045mm 方孔筛筛余百分比）不大于 45% 的 Ⅲ 级或 Ⅲ 级以上等级的粉煤灰，每方混合料粉煤灰掺量宜为 70～90kg；坍落度应控制在 160～200mm。

4）试成孔应不少于 2 个，以复核地质资料及设备、工艺是否适宜，核定选用的技术参数。

5）按施工平面图放好桩位，若采用钢筋混凝土预制桩尖，需埋入地表以下 30cm 左右。

6）确定施打顺序。

7）复核测量基线、水准点及桩位、CFG 桩的轴线定位点，检查施工场地所设的水准点是否会受施工影响。

8）振动沉管机沉管表面应有明显的进尺标记，并以米（m）为单位。

2. 施工前的工艺试验

施工前的工艺试验主要是考查设计的施打顺序和桩距能否保证桩身质量。工艺试验也可结合工程桩施工进行，需做如下两种观测。

（1）新打桩对未结硬的已打桩的影响。在已打桩桩顶表面埋设标杆，在施打新桩时测量已打桩桩顶的上升量，以估算桩径缩小的数值，待已打桩结硬后开挖检查其桩身质量并测量桩径。

（2）新打桩对结硬的已打桩的影响。在已打桩尚未结硬时，将标杆埋置在桩顶部的混合料中，待桩体结硬后，观测打新桩时已打桩桩顶的位移情况。

对挤密效果好的土，如饱和松散的粉土，打桩振动会引起地表的下沉，桩顶一般不会上升，断桩的可能性小；当发现桩顶向上的位移过大时，桩可能断开；若向上的位移不超过1cm，断桩的可能性很小。

3. CFG 桩施工

（1）成桩机进入现场，根据设计桩长、沉管入土深度确定机架高度和沉管长度，并进行设备组装。

（2）成桩机就位，调整沉管与地面垂直，确保垂直度偏差不大于 1‰，对满堂布桩基础，桩位偏差不应大于 0.4 倍桩径；对条形基础，桩位偏差不应大于 0.25 倍桩径，对单排布桩桩位偏差不应大于 60mm。

（3）启动发动机沉管到预定标高，停机。

（4）沉管过程中做好记录，每沉 1m 记录电流表的电流一次，并对土层变化予以说明。

（5）停机后立即向管内投料，直到混合料与进料口齐平。混合料按设计配比经搅拌机加水拌合，拌合时间不得少于 1min，如粉煤灰用量较多，搅拌时间还要适当延长。加水量按坍落度 30～50mm 控制，成桩后浮浆厚度以不超过 20cm 为宜。

（6）启动发动机，留振 5～10s 开始拔管，拔管速度一般为 1.2～1.5m/min（拔管速度为线速度，不是平均速度），如遇淤泥或淤泥质土，拔管速度还可放慢。拔管过程中不允许反插。如上料不足，须在拔管过程中空中投料，以保证成桩后桩顶标高达到设计要求。成桩后桩顶标高应考虑计入保护桩长。

（7）沉管拔出地面，确认成桩符合设计要求后，用粒状材料或湿黏性土封顶，然后移机进行下一根桩的施工。

（8）施工过程中，抽样做混合料试块，每台机器一天应做一组（3 块）试块，试块尺寸为 5cm×15cm×15cm，标准养护并测定 28d 抗压强度。

（9）施工过程中，应随时做好施工记录。

（10）在成桩过程中，随时观察地面升降和桩顶上升情况。

4. 施工顺序选择

在设计桩的施打顺序时，主要考虑新打桩对已打桩的影响。施打顺序大体可分为两种类型，一种是连续施打，如图 2.11-19（a）所示；从 1 号桩开始，依次为 2 号桩、3 号桩……，连续打下去；另一种是间隔跳打，可以隔一根桩，也可隔多根桩，如图 2.11-19（b）所示，先打 1 号桩、3 号桩、5 号桩……，后打 2 号桩、4 号桩、6 号桩……。

连续施打可能造成桩的缺陷是桩径被挤扁或缩颈。如果桩距不太小，混合料尚未初凝，连续打一般较少发生桩完全断开的现象。

隔桩跳打，先打桩的桩径较少发生缩小或缩颈现象，但土质较硬时，在已打桩中间补打新桩时，已打的桩可能被震裂或震断。

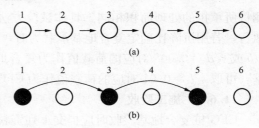

图 2.11-19　施打顺序示意图

施打顺序与土性和桩距有关，在软土中，桩距较大可采用隔桩跳打；在饱和的松散粉土中施工，如果桩距较小不宜采用隔桩跳打方案。因为松散粉土振密效果较好，先打桩施工完后，土体密度会有明显增加，而且打的桩越多，土的密度越大，桩越难打。在补打新桩时，一是加大了沉管的难度，二是非常容易造成已打桩断桩现象。

对满堂布桩，无论桩距大小，均不宜从四周转圈向内推进施工，因为这样限制了桩间土向外的侧向变形，容易造成大面积土体隆起，断桩的可能性增大。可采用从中心向外推进的方案，或从一边向另一边推进的方案。

对满堂布桩，无论如何设计施打顺序，总会遇到新打桩的振动对已结硬的已打桩的影响，桩距偏小或夹有比较坚硬的土层时，亦可采用螺旋钻引孔的措施，以减少沉、拔管时对桩的振动力。

11.6　CFG 桩效果检验

施工结束，一般 28d 后做土、桩及复合地基检测。施工质量检验主要应检查施工记录、混合料坍落度、桩数、桩位偏差、桩顶标高、褥垫层厚度及其质量、夯填度和桩体试块抗压强度等。

11.6.1　桩间土的检测

施工过程中，振动对桩间土产生的影响视土性不同而异，对结构性土，强度一般要降低，但随时间增长会有所恢复；对挤密效果好的土，强度会增加。对桩间土的变化可通过如下方法进行检验。

（1）施工后可取土做室内土工试验，考查土的物理力学指标的变化。

（2）也可做现场静力触探和标准贯入试验，与地基处理前进行比较。

（3）必要时做桩间土静载试验，确定桩间土的承载力。

11.6.2　CFG 桩的检测

通常用单桩静载试验来测定桩的承载力，也可判断是否发生断桩等缺陷。静载试验要求达到桩的极限承载力，对 CFG 桩的成桩质量也可采用可靠的动力检测方法判断桩身的完整性。应抽取不少于总桩数 10% 的桩进行低应变动力检测，检测桩身的完整性。

11.6.3　复合地基的检测

《建筑地基处理技术规范》（JGJ 79—2012）规定：CFG 桩地基竣工验收时，承载力检验应采用复合地基载荷试验。载荷试验应在桩身强度满足试验荷载条件时，并宜在施工结束 28d 后进行。试验数量为总桩数的 0.5%～1%，且每个单体工程的试验数量不应少于 3 点。选择试验点时应本着随机分布的原则进行。

复合地基检测可采用单桩复合地基试验和多桩复合地基试验，所用载荷板面积应与受检测桩所承担的处理面积相同。具体试验方法按《建筑地基处理技术规范》（JGJ 79—2012）执行，若用沉降比确定复合地基承载力时，当以卵石、圆砾、密实粗中砂为主的地基，可取 s/b 或 $s/d = 0.008$ 对应的荷载值作为复合地基承载力特征值；当以黏性土、粉土为主的地基，可取 $s/b = 0.01$ 对应的荷载值作为 CFG 桩复合地基承载力特征值。

11.6.4　施工验收

CFG 桩复合地基验收时应提交下列资料。

（1）桩位测量放线图（包括桩位编号）。

（2）材料检验及混合料试块试验报告书。

（3）竣工平面图。

（4）CFG 桩施工原始记录。

（5）设计变更通知书及事故处理记录。

（6）复合地基静载试验检测报告。

（7）施工技术措施。CFG 桩复合地基质量检验标准见表 2.11-6。

表 2.11-6　　　　　　　　　　　　CFG 桩复合地基质量检验标准

项　目	序　号	检查项目	允许偏差或允许值		检 查 方 法
			单　位	数　值	
主控项目	1	原材料	设计要求		查产品合格证书或抽样送检
	2	桩径	mm	−20	用钢尺量或计算填料量
	3	桩身强度	设计要求		查 28d 试块强度
	4	地基承载力	设计要求		按规定的办法
一般项目	1	桩身完整性	按桩基检测技术规范		按桩基检测技术规范
	2	桩位偏差	满堂布桩≤0.40D 条基布桩≤0.25D		用钢尺量，D 为桩径
	3	桩垂直度	%	≤1.5	用经纬仪测桩管
	4	桩长	mm	+100	测桩管长度或垂球测孔深
	5	褥垫层夯填度	≤0.9		用钢尺量

注　1. 夯填度指夯实后的褥垫层厚度与虚体厚度的比值。

　　2. 桩径允许偏差负值是指个别断面。

工程实例：

1. 工程概况

中建二局通州职工培训中心及住宅楼工程位于北京市通州区梨园镇北杨家洼，建筑物长 40.80m，宽 37.20m。主楼地上 18 层，裙房 3 层，1～3 层为培训中心（裙房），框剪结构；4～18 层为住宅，剪力墙结构。地上总高度 60m，地下两层为活动室及设备用房。基础采用混合式基础，即主楼部位采用筏板基础，裙房部位采用条形基础。±0.00 绝对标高为 24.60m，室内外高差为 1.50m，基底标高为−6.66m（绝对标高 18.00m）。经勘察验算，本场区地质情况不能满足结构设计承载力及差异沉降要求，需进行地基处理，处理后复合地基承载力标准值达 320kPa 以上；主楼绝对沉降不大于 30mm，差异沉降量满足现行规范要求。经方案论证，决定主楼采用 CFG 桩复合地基加固。

2. 工程地质条件

该楼建筑场地地形平坦，地面标高 22.50～23.30m，地貌单元属永定河冲洪积平原。地下水属潜水类型，静止水位埋深为 5.50～5.90m，绝对标高为 16.75～17.06m。历年最高水位为地表下 2.0m，相当于绝对标高 20.50m 左右。场地除表层分布有人工填土之外，主要分布有新近沉积黏质粉土和第四纪冲洪积形成的黏性土及粉细砂，自上而下为：

（1）杂填土①：杂色，湿，可塑，稍密，主要由砖块、灰渣及黏性土组成，局部为黏质粉土素填土，厚度为 0.7～1.20m。

（2）新近沉积黏质粉土②：褐色，湿，可塑，稍密，中密，含少量砖屑等，厚度为 0.40～0.80m。

（3）砂质粉土-黏质粉土③：黄褐色，饱和，可塑，中密，含氧化铁条纹，夹粉质黏土③1，厚度为 2.90～3.10m。

（4）黏质粉土-砂质粉土④：黄褐色，饱和，可塑-硬塑，中密，夹粉质黏土-重粉质黏土④1，厚度为 3.10～4.70m。

（5）粉质黏土⑤：灰色，饱和，可塑，中密，含少量有机物质，夹砂质粉土-黏质粉土⑤1、细砂⑤2，厚度为 5.30～6.00m。

（6）粉质黏土⑥：褐黄色，饱和，可塑-硬塑，中密，夹砂质粉土⑥1、细砂⑥2，厚度为 5.6～7m。

（7）细砂⑦：灰色，饱和，密实，含少量圆砾，夹粉质黏土⑦1，厚度为 8.60～10.3m。

（8）细砂-中砂⑧：灰色，饱和，密实，含少量圆砾，夹粉质黏土⑧1，厚度为 8.8m。

以下土层略，各土层的物理力学指标见表 2.11-7。

表 2.11-7　　　　　　　　　各土层的物理力学性质指标

土层序号	含水量 W	天然表观密度 ρ	孔隙比 l	液限 W_1 (%)	塑限 W_p (%)	压缩模量 /MPa	内聚力 /kPa	内摩擦角 /(°)	标准贯入 N	承载力标准值 /kPa
②	24.0	1.86	0.82	33.2	16.3		15.0	27.0		160
③	21.4	1.98	0.66	28.6	17.2	6	33.3	24.7	30	160
③1	19.9	2.06	0.58	25.0	15.0	6	20.0	26.0		160
④	22.3	1.98	0.66	26.3	16.8	11	24.3	30.8	26	180
④1	26.7	1.93	0.78	29.5	16.8	5	13.3	22.7	10	150
④2						26			21	180
⑤	23.7	2.00	0.67	29.6	15.7	10	18.8	23.5	12	200
⑤1	21.2	2.02	0.62	27.6	17.0	10	19.0	25.0	21	200
⑤2						30			40	250
⑥	23.1	1.98	0.70	32.1	17.5	16	30.0	25.4	13	220
⑥1	22.2	2.03	0.63	25.5	17.1	28			37	220
⑥2						30				250
⑦						40			59	280
⑧						40			66	300

3. CFG 桩设计

（1）承载力计算。CFG 桩复合地基承载力用式（11.3）进行估算。

（2）沉降计算采用复合模量法。假定加固区的复合土体为与天然地基分层相同的若干层均质地基，不同的是压缩模量都相应扩大 ζ 倍。这样，加固区和下卧层均按分层总和法进行

523

沉降计算。当荷载不大于复合地基承载力时，总沉降量 s 按上述公式计算。

（3）设计参数。建筑物基底共落在第④和④1层上，经计算，确定 CFG 桩采用桩 400mm，桩长 12.0，桩端持力层为⑥1，⑥2层，桩间距 1.4m，正方形布置，桩顶铺设 200mm 厚中粗砂褥垫层，以调整桩土应力比。桩顶进入褥垫层不超过 20mm，桩顶设计标高 17.82m，桩体材料强度为 C15。基底共计 430 根桩。由于施工时基槽开挖较浅，实际钻孔深度为 16.0m，但是泵压灌注桩长为 12.7m（含 0.7m 保护桩长）。

4. CFG 桩施工

根据工程地质及施工现场条件，采用了长螺旋钻孔泵压 CFG 混合料法施工。长螺旋钻孔泵压 CFG 料成桩施工流程如下：

长螺旋钻孔泵压 CFG 料成桩是先用长螺旋钻机钻孔达到预定标高，然后提升钻杆，同时用高压泵将桩体混合料通过高压管路及长螺旋钻杆的内管压到孔内成桩。测量放线确定桩位后的施工流程为：设备进场—安装调试—钻机就位—钻孔至设计标高、同时清除孔口渣土—泵压 CFG 料—提升钻具同时泵压 CFG 料，两者密切配合—钻机提出孔口移位、成桩。成桩后 14d 可挖土，人工凿去保护桩长，并对桩体质量进行检测，最后铺设褥垫层，形成复合地基。

参考文献

[1]　徐至钧. 水泥粉煤灰碎石桩复合地基. 北京：机械工业出版社，2004.

[2]　牛志荣. 地基处理技术及工程应用. 北京：中国建材工业出版社，2004.

[3]　秦玉生，苑守成，徐国忠. 水泥粉煤灰碎石桩的设计与施工. 地质与勘探，1999，（1）.

[4]　吴世明，杨挺，等. 岩土工程新技术. 北京：中国建筑工业出版社，2001.

[5]　李彰明. 变形局部化的工程现象、理论与试验方法. 全国岩土测试技术新进展会议大会报告（海口），2003（11）.

[6]　李彰明. 岩土工程结构. 土木工程专业讲义. 武汉：1997.

[7]　李彰明，李相崧，黄锦安. 砂土扰动效应的细观探讨. 力学与实践，2001，23（5）.

[8]　李彰明. 有限特征比理论及其数值方法 // 第五届全国岩土力学数值分析与解析方法讨论会论文集. 武汉：武汉测绘科技大学出版社，1994.

[9]　李彰明. 岩土介质有限特征比理论及其物理基础. 岩石力学与工程学报，2000，19（3）.

[10]　李彰明，冯遗兴. 动力排水固结法参数设计研究. 武汉化工学院学报，1997，19（2）.

[11]　李彰明，冯遗兴，冯强. 软基处理中孔隙水压力变化规律与分析. 岩土工程学报，1997，19（6）：

[12]　李彰明，冯遗兴. 动力排水固结法处理软弱地基. 施工技术，1998，27（4）.

[13]　李彰明，王武林，冯遗兴. 广义内时本构方程及凝灰岩粘塑性模型. 岩石力学与工程学报，1986，（1）：15-24.

[14]　李彰明，王武林. 内时理论简介与岩土内时本构关系研究展望. 岩土力学，1986，（1）：101-106.

[15]　李彰明，冯强. 厚填土地基强夯法处理参数设计探讨. 施工技术，2000，29（9）：24-26.

[16]　李彰明，黄炳坚. 砂土剪胀有限特征比模型及参数确定. 岩石力学与工程学报，2001，20（51）：1766-1768.

[17]　李彰明，赏锦国，胡新丽. 不均匀厚填土强夯加固方法及工程实例. 建筑技术开发，2003，30（1）：48-49.

[18]　李彰明. 动力排水固结法处理软弱地基. 施工技术，1998，27（4）：

[19]　李彰明，杨文龙. 土工试验数字控制及数据采集系统研制与应用. 建筑技术开发，2002，29（1）：

21-22.

[20]　LI Zhangming, et al. Dynamic response of mud in the field soil improvement with dynamic drainage consolidation. Earthquake Engineering and Soil Dynamics (March. 2001. USA，Ref，Proc. Of the Conf. (CD-ROM). ISBN-1-887009-05-1 (Paper No. 1. 10：1-8).

[21]　李彰明，杨良坤，王靖涛. 岩石强度应变率阈值效应与局部二次破坏模拟探讨. 岩石力学与工程学报，2004，23（2）：307-309.

[22]　李彰明，全国权，刘丹，等. 土质边坡建筑桩基水平荷载试验研究. 岩石力学与工程学报，2004，23（6）：930-935.

[23]　LI Zhangming，WANG Jingtao. Fuzzy evaluation on the stability of rock high slope：theory. Int. J. Advances in Systems Science and Applications，2003，3（4）：577-585.

[24]　LI Zhangming. Fuzzy evaluation on the stability of rock high slope：Application. Int. J. Advances in Systems Science and Applications，2004，4（1）：90-94.

[25]　李彰明，杨良坤，刘添俊. 半刚性桩复合地基沉降分析方法及应用. 建筑科学，2005，21（4）：46-50.

[26]　李彰明，冯遗乡，冯强. 软基处理中孔隙水压力变化规律与分析. 岩土工程学报，1997，19（6）：97-102.

[27]　张光永，吴玉山，李彰明. 超载预压法阈值问题的室内试验研究. 岩土力学，1999，20（1）：79-83.

[28]　张珊菊，李彰明等. 建筑土质高边坡扶壁式支挡分析设计与工程应用. 土工基础，2004，18（2）：1-5.

[29]　王安明，李彰明. 秦沈客运专线 A15 标段冬季施工技术. 铁道建筑，2004，（4）：18-20.

[30]　赖碧涛，李彰明. 地基处理管理信息系统的开发和应用. 岩土力学，2004，25（12）：2041-2044.

[31]　刘添俊，李彰明. 土质边坡原位剪切试验研究. 岩土工程界，2004 年增刊.

[32]　董必昌，郑俊杰. CFG 桩复合地基沉降计算方法研究. 岩石力学与工程学报，2002，（7）：

[33]　阎明礼. CFG 桩复合地基在工程中的应用. 见：中国建筑学会地基基础学术委员会复合地基学术讨论会论文集，1990.

[34]　阎明礼等. CFG 桩复合地基设计. 中国建筑科学研究院地基所，1995.

[35]　张东刚. 复合地基成桩及受力特性的分析. 岩土工程师，1999，11（1）.

[36]　龚晓南. 复合地基. 杭州：浙江大学出版社，1992.

[37]　龚晓南. 复合桩基与复合地基理论. 地基处理，1999，（1）.

[38]　杜玉礼，张震. 用 CFG 桩复合地基处理不均匀地基的差异沉降. 建筑科学，1998，（5）.

[39]　阎明礼，张东刚. CFG 桩复合地基技术及工程实践. 北京：中国水利水电出版社，2001.

[40]　阎明礼. 地基处理技术. 北京：中国环境科学出版社，1996.

[41]　吴春林. CFG 桩及其复合地基特性的研究. 北京：中国建筑科学研究院硕士研究生论文，1990.

[42]　龚晓南. 地基处理技术发展与展望. 北京：中国水利水电出版社，2004.

[43]　李彰明. 深圳宝安中心区软基处理试验小区测试与监控技术研究报告，1995（10）.

[44]　李彰明，冯遗兴. 海南大学图书馆软基处理技术报告，1995.

[45]　李彰明，冯遗兴. 三亚海警基地软弱地基处理监测技术报告，1996.

[46]　李彰明，冯遗兴. 深圳市春风路高架桥软基处理技术报告，1993.

[47]　李彰明. 广州大学城中环—标地基处理监测报告，2004.

第 12 章

碎石桩和砂石桩

12.1 碎石桩

12.1.1 概述

碎石桩（gravel pile）是以碎石（卵石）为主要材料制成的复合地基加固桩。碎石桩和后述的砂桩等在国外统称为散体桩或粗颗粒土桩（granular pile）。所谓散体桩是指无黏结强度的桩，由碎石桩或砂桩等散体桩和桩间土组成的复合地基亦可称为散体桩复合地基。目前在国内外广泛应用的碎石桩、砂桩、渣土桩等复合地基都是散体桩复合地基。碎石桩是散体桩的一种，按其制桩工艺可分为振冲（湿法）碎石桩和干法碎石桩两大类。采用振动加水冲的制桩工艺制成的碎石桩称为振冲碎石桩或湿法碎石桩；采用各种无水冲工艺（如干振、振挤、锤击等）制成的碎石桩统称为干法碎石桩。当以砾砂、粗砂、中砂、圆砾、角砾、卵石、碎石等为填充料制成的桩称为砂石桩。

振动水冲法是 1937 年由德国凯勒公司设计制造出的具有现代振冲器雏形的机具，用于挤密砂土地基获得成功。20 世纪 60 年代初，振冲法在德国开始用来加固黏性土地基，由于填料是碎石，故称为碎石桩；之后，在各国推广应用。

我国应用振冲法始于 1977 年，30 多年来，我国在坝基、道路、桥涵、大型厂房及工业与民用建筑地基处理中，振冲法已得到广泛应用。但因振冲碎石桩有泥水污染环境，故在城市和已有建筑物地段的应用受到限制，且其还有软化土的作用；于是从 20 世纪 80 年代开始，各种不同的施工工艺相应产生，如锤击法、振挤法、干振法、沉管法、振动气冲法、袋装碎石法、强夯碎石桩置换法等。虽然这些方法的施工不同于振动水冲法施工，但是，同样可以形成密实的碎石桩，扩大了碎石桩的内涵。从制桩工艺和桩体材料方面也进行了改进，如在碎石桩中添加适量的水泥和粉煤灰（称为水泥粉煤灰碎石桩，即 CFG 桩，在第 11 章讨论，本节不涉及这种碎石桩），或添加铝土矿湿泥等，使桩体获得一定程度的胶结强度。这种碎石桩按力学特性已属柔性桩，但是，按制桩工艺也属干法碎石桩的范畴。各种碎石桩，只要其制成是以碎石料组成桩体，均可称为碎石桩。目前，各种干法碎石桩施工技术蓬勃发展，与湿法碎石桩并存，是碎石桩技术发展的特色之一。

12.1.2 碎石桩的分类

根据施工工艺不同，碎石桩主要可分为以下几类。

1. 振冲碎石桩

振冲碎石桩是指利用振冲器成孔和制作的桩。振冲器构造如图 2.12-1 所示。它是以起重机吊起振冲器，起动潜水电动机后，带动偏心体，使振冲器产生高频振动，同时开动水泵，使高压水通过喷嘴喷射高压水流，在边振动边水冲的综合作用下，将振冲器沉到土中的设计预定深度，经过清孔后，就可从地面向孔中逐段填入碎石。每段填料均在振动作用下逐渐振挤密实，达到所要求的密实度后提升振冲器，如此重复填料和振密，直到设计预定的桩顶或至地面，从而在地基中形成一根大直径的很密实的碎石桩体。

振冲器有两个功能，一是产生几十到几百千牛的水平振动力作用于周围土体，二是从端部及侧面进行高压射水。振动力是加固地基的主要因素，射水协助振动力在土中钻进成孔，并在成孔后实现清孔和护壁。

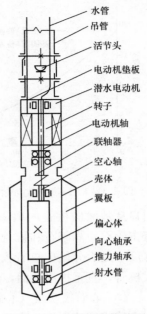

图 2.12-1 振冲器构造图

527

2. 干振碎石桩

干振碎石桩技术是对振冲碎石桩的直接改进，即以无射水干振的"振孔器"取代振动加水冲的"振冲器"造孔和制桩，利用"振孔器"的水平振动力和自重成孔、挤密碎石而成干振碎石桩，从而避免泥水污染环境及非饱和土遭水浸的缺点。干振法的"振孔器"构造如图 2.12-2 所示。

3. 沉管碎石桩

沉管碎石桩包括振挤碎石桩（振动沉管法）、锤击碎石桩（干冲碎石桩或内击沉管法）、心管干振碎石桩（心管密实法）和管内取土、锤击填料法等。

（1）振挤碎石桩（振动沉管法）。振挤碎石桩也称振动沉管碎石桩，它采用振动沉管打桩机为主要机具，是模仿挤密砂桩工艺制造的碎石桩。该法一般采用管内填料，拔管时可采用匀速拔管法，拔管速度一般不宜大于 1.5m/min，在易缩孔的地层，拔管速度可适当放慢。另外，为了避免缩颈、断桩，应适当扩大桩径，可采用反插法。所谓反插是指在拔管时拔高 0.5~1.0m，再将桩管沉入 0.5~1.0m，再拔 1.0~2.0m，再沉管 0.5~1.0m。对于已经将桩管拔出地面，而填料少于设计值的可以复打。所谓复打是指将桩管重新沉入、投料、边振边拔管。

振挤碎石桩适应于松散的黏性土和砂性土。黏粒含量越大，桩间土的振密和挤密效应越差，加固效果也越差。桩间土加固前后的标贯击数与黏粒含量的关系如图 2.12-3 所示。对于黏粒含量大的饱和软黏土，采用振挤碎石桩时，其桩间土的

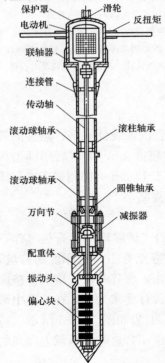

图 2.12-2 振孔器构造图

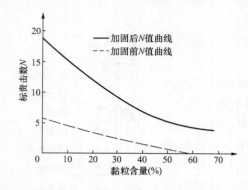

图 2.12-3　标贯击数与黏粒含量关系图

振密和挤密效应小，桩间土对碎石桩的侧向约束作用小，所以桩在垂直荷载作用下变形大。在此情况下，采用振挤碎石桩加固效果不理想。

（2）锤击碎石桩（内击沉管法）。锤击碎石桩又称为干冲碎石桩，它是采用重锤内击沉管和分层击实填料工艺制造的碎石桩。该法采用具有两个卷扬机（主、副各一）的简易打桩架，一根管径为 300～400mm 的钢管，长度根据所需地基加固深度来确定，管内设一吊锤，其重量为 10～12kN。其工艺是首先将桩管立于桩位，并且通过桩管侧面的填

料口从地面向桩管内填 1.0m 左右的碎石，然后用吊锤夯击碎石，靠碎石和桩管之间的摩擦力将桩管带到设计深度，最后分段向桩管投碎石和夯实填料，同时向上提拔桩管，直至拔出地面，即成碎石桩。

（3）心管密实桩（心管法）。心管法制成的碎石桩称为心管密实碎石桩，它包括心管干振碎石桩和心管锤击碎石桩两种不同的施工工艺。

1）心管干振碎石桩。心管干振碎石桩是采用振动沉管打桩机将桩管（外管）和心管（内管）沉入设计标高处，然后提出心管，向桩管内倒入一定高度的碎石，再将心管放入桩管的碎石面上，边压边拔。重复上述步骤，即可制成一根碎石桩。其施工工艺如图 2.12-4 所示。

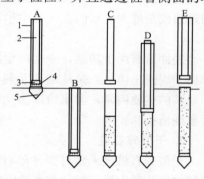

图 2.12-4　套管式双牵引打桩工艺图
1—沉管 ϕ 377；2—内心管；3—平
锤头；4—碎石；5—桩靴
A—定位埋设桩靴；B—沉管至设计标高
处；C—拔心轴灌碎石；D—心轴振压碎石
边压边拔外管；E—沉桩拔出外管及内心管

该法的特点是将振动沉管打桩机的激振力和内心管的压力相结合，使桩身密实，避免和减少断桩的可能性，提高成桩质量。

2）心管锤击碎石桩即为心管密实法。

（4）管内取土，锤击填料法。该法是将桩管立于桩位，使桩管沉入设计标高，然后向管内倒粒径为 2～75mm 级配的碎石，每次加料夯实后的桩段不宜超过 2m，加料后用锤击填料并将桩管上拔 1.25m，锤重 15kN，连续夯击 10 击，沉降量小于 17mm 为控制贯入度。实践证明，该法制成的碎石桩比振冲法制成的碎石桩，其承载力可提高 70%。

4. 强夯置换碎石桩

所谓强夯置换碎石桩是利用强夯设备和技术制造的粗而短的"矮胖形"碎石桩（碎石墩）。施工机具包括重锤、机架和升降机等；施工工艺一般为在夯点夯击一定深度的夯坑，用翻斗车向坑内填满碎石或建筑垃圾等粗粒材料，再在原夯点夯击，将碎石击入坑底并挤向旁侧，形成新的夯坑，然后重复上述步骤，直到单击夯沉量达到设计要求为止，在地基中形成一碎石桩墩，该桩墩与桩间土共同工作形成复合地基。其施工工艺如图 2.12-5 所示。特殊情况下，也可采用先挖坑再填夯的工艺。该方法可以在软土中应用，这时，承载力提高的幅度较大。

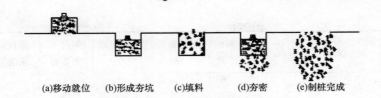

(a)移动就位　(b)形成夯坑　(c)填料　(d)夯密　(e)制桩完成

图 2.12-5　强夯碎石桩制桩工艺

5. 水泥粉煤灰碎石桩（CFG 桩）

这种工艺是通过在碎石桩体中添加以水泥为主的胶粘材料（添加粉煤灰是为了增加混合料的和易性并有低强度等级水泥的作用，同时还添加适量的石膏以改善级配），使桩体获得胶结强度，并从散体材料桩转换为柔性桩。所用机具和施工工艺与振挤碎石桩大体相同，但也可采用锤击碎石桩的机具和工艺制桩，近年来还有用长螺旋成桩机具和工艺的工程实例。详细叙述请见第 11 章。

6. 射水成孔袋装碎石桩

射水成孔袋装碎石桩是指采用高压射水成孔，然后向孔中置入袋装碎石而制成的桩。该法避免了碎石桩在软土中由于侧向约束小，而在垂直荷载作用下变形大的特点，因此，袋装碎石桩复合地基比一般碎石桩复合地基承载力高。

各类碎石桩（无论是干法还是湿法碎石桩）的主要特性及应用条件见表 2.12-1。各类碎石桩的主要特性对比见表 2.12-2。按施工方法，碎石桩的分类见表 2.12-3。

表 2.12-1　　　　　　　　　　　　　碎石桩主要特性及应用条件

项　目	内　　容
工艺特点	以振动或沉管方式挤土造孔，分层添加桩料并振实或击实成桩
加固机理	（1）置换（对各种土）。 （2）挤密（对砂土、粉土、黄土和粗粒土明显，对黏性土和淤泥质土等亦存在）。 （3）促进排水固结（对黏性土和软土，但桩料中添加了胶粘剂者除外）
工程应用	（1）软弱地基加固（提高地基的承载力和变形模量），多层建筑最适用，高层建筑可在一定条件下适用。 （2）堤坝边坡加固（提高其抗剪强度和抗滑稳定性）。 （3）消除可液化土的液化性（通过挤密）。 （4）消除湿陷性黄土的湿陷性
适用地层	砂土、粉土、黏性土、淤泥质土、有机质土、填土、黄土均适用；厚层淤泥中慎用（需采取特殊措施），因其围限力过低而难以成桩，且强度时效不利
主要优点	造价较低，进度较快，加固效果较好，适用范围较广，桩型较多，便于设计选择

表 2.12-2　　　　　　　　　　　　　各类碎石桩主要特性对比表

名　称	设　备　与　工　艺	制桩工效	可达桩长/m	可达桩径/m	侧向挤密能力	垂直加密能力	环境影响
振冲（湿法）碎石桩	以专用振冲器水平振动加水冲造孔，分层振实填料	较快	20～25	0.6～1.2	强	较强	有泥水环境污染

529

名　称		设 备 与 工 艺	制桩工效	可达桩长/m	可达桩径/m	侧向挤密能力	垂直加密能力	环境影响
干法碎石桩	干振碎石桩	以专用振孔器水平振动造孔分层振实填料	较快	≤6	0.4～0.7	强	中等	无泥水环境污染
	锤击碎石桩	重锤内击沉管分层击实填料	中等	5～12	0.4～0.7	较强	强	
	振挤碎石桩	利用振动打桩机垂直振动造孔，分层振实填料	较快	19～28	0.4～0.6	中等	中等	
	水泥粉煤灰碎石桩（CFG桩）	同振挤碎石桩（亦可参照锤击碎石桩）		19～28				

表 2.12-3　　　　　　　　碎石桩施工方法分类

分类	施工方法	成 桩 工 艺	适 用 土 类
挤密法	振冲挤密法	采用振冲器振动水冲成孔，再振动密实填料成桩，并挤密桩间土	砂性土、非饱和黏性土，以炉灰、炉渣、建筑垃圾为主的杂填土，松散的素填土
	沉管法	采用沉管成孔，振动或锤击密实填料成桩，并挤密桩间土	
	干振法	采用振孔器成孔，再用振孔器振动密实填料成桩，并挤密桩间土	
置换法	振冲置换法	采用振冲器振动水冲成孔，锤击填料成桩	饱和黏性土
	钻孔锤击法	采用沉管且钻孔取土方法成孔，锤击填料成桩	
排土法	振动气冲法	采用压缩气体成孔，振动密实填料成桩	
	沉管法	采用沉管成孔，振动或锤击填料成桩	
其他方法	强夯置换法	采用重锤夯击成孔和重锤夯击填料成桩	
	水泥碎石桩法	在碎石内加水泥和膨润土制成桩体	
	裙围碎石桩法	在群桩周围设置刚性的（混凝土）裙围来约束桩体的侧向膨胀	
	袋装碎石桩法	将碎石装入土工聚合物袋而制成桩体，土工聚合物可约束桩体的侧向鼓胀	

12.1.3　振动水冲法

如前所述，振动水冲法（振冲法）是利用振冲器（见图 2.12-1）的强烈振动和压力水冲贯入土层深度处，使松砂地基（即振冲密实法），或在软弱土层中填入碎石（即振冲置换法）等无凝聚性粗粒料，形成强度大于周围土的桩柱并和原地基土构成复合地基，以提高地基强度的一种加固技术。

振冲置换法（常指振冲碎石桩或振冲砂桩）的适用范围为饱和松散粉细砂、中粗砂和砾砂、杂填土、人工填土、粉土和不排水抗剪强度 $C_u \geq 20\text{kPa}$ 的黏性土和饱和黄土地基；但有资料表明，振冲置换法也适用于 $C_u = 15 \sim 50\text{kPa}$ 的地基土和高地下水位的情况，以及 $C_u < 20\text{kPa}$ 的一些成功的工程实例。但值得注意的是，在软土地区使用时还应慎重对待，要经过现场试验研究后，再予以确定为妥。

振冲密实法适用于处理砂土和粉土地基，不加填料的振冲密实法仅适用于处理黏粒含量小于10%的粗砂、中砂地基。

12.1.3.1 振冲法的加固机理

振冲密实（亦称振冲加密或振冲挤密）加固砂层的机理。简单来讲，一方面振冲器的强力振动使松砂在振动荷载作用下，颗粒重新排列，体积缩小，变成密砂，或使饱和砂层发生液化，松散的、单粒结构的砂土颗粒重新排列，孔隙减小；另一方面，依靠振冲器的重复水平振动力，在加回填料情况下，还通过填料使砂层挤压加密（所以这一方法被称为振冲密实法）。实践证明，装在容器中的散粒物质受到一定的振动作用或敲击就会产生沉陷和密实，同样，饱和松散砂土受到振动时抗剪强度迅速降低，一定范围内受振颗粒在自重及上覆压力作用下，重新排列致密。在动荷载作用下，砂土的抗剪强度为：

$$\tau = (\sigma - \Delta u)\tan\varphi \tag{12.1}$$

式中　σ——砂土所受的正应力，kPa；

　　　Δu——砂土所在位置的超静孔隙水压力，kPa；

　　　φ——砂土的内摩擦角，(°)。

当振冲器在加固砂土时，尤其是饱和砂土，在振冲器重复水平荷载作用下，土体中 Δu 迅速增大，使土的抗剪强度减小，土粒有可能向低势能位置转移，这样土体由松变密，形成较为紧密的稳定结构以适应新的应力条件。可是 Δu 在振动作用下会继续增大，使 Δu 趋近于零，此时，导致砂土的抗剪强度为零，土体开始变为流体，砂土结构遭到破坏，出现砂土液化现象。砂土液化以后，在上覆荷重和振动作用下，砂土颗粒又重新排列，使砂土孔隙比减小、相对密度增大、承载力提高、抗液化能量成倍增长。

振冲器在振动时，能产生较大的振动加速度，这一振动产生的水平力沿水平方向传播，并在传播中很快衰减，土体获得这种振动能量后将产生振动，这就是土质点的强迫振动。如强迫振动的频率接近土体的自振频率时，土体振动将会特别显著，也会促进土体液化。

前已述及，采用振冲法加固松散砂基分两种情况：一是不填料，二是填料（常为碎石等粗粒径材料），形成复合地基。采用振冲碎石桩加固砂土地基，除了振冲器直接对松散砂土地基有加密作用外，由于振冲孔中填满碎石，振冲器在填料时的振动还能挤密砂土地基，所以填料加固效果更加显著。简言之，振冲过程使松散砂基有三种加密作用：

（1）振挤作用。振冲器的水平振动力通过土的骨架传递（或有填料时，振冲器在填料时的振动，还能挤密桩间砂土）将周围土挤压密实。

（2）振浮作用。通过振冲器振动，使周围土体内超静孔隙水压力升高，促进土颗粒间结构力破坏，再形成稳定的结构形式。

（3）固结作用。在砂土上覆有效应力作用下，超静孔隙水压力消散时产生排水固结压密。

振冲碎石桩加固松散砂土地基的主要目的是，提高地基土的承载力和压缩模量，并增强抗液化能力，其抗液化的加固机理与砂桩加固松散砂基的加固机理类似。

12.1.3.2 振冲法的设计计算

振冲法从加固原理上分为两大类，则它的设计计算也分别进行。到目前为止，振冲法还没有成熟的设计计算理论，这里提到的只是在现有的工程实践和现有的实测资料上来进行的设计计算。

如前所述，振冲密实法又分振冲时加填料的振实挤密和振冲时不加填料的振冲加密。

531

1. 振冲密实法的设计计算

不加填料的振冲加密宜在初步设计阶段进行现场工艺试验,确定不加填料振密的可能性、孔距、振密电流值、振冲水压力、振后砂层的物理力学指标等以后,再行设计。

(1) 加固范围。砂基振冲密实法的加固范围,应根据建筑物的重要性和场地条件来确定,当用于多层和高层建筑时,宜在基础外缘扩大 1～2 排桩;但在地震区有抗液化要求时,在基础外缘扩大宽度不应小于基底下可液化土层厚度的 1/2。

(2) 加固深度。振冲密实法的加固深度应根据砂基的物理力学性能,如颗粒组成、初始密实程度、地下水位、建筑物的地震设计烈度以及松软土层的厚度和工程要求综合确定,其确定原则可参照本章振动置换法设计计算中所述相关内容。

对不加填料的振冲加密,用 30kW 振冲器,振密深度不宜超过 7m;用 75kW 振冲器,振密深度不宜大于 15m。

(3) 孔位布置和间距。桩位布置,对大面积满堂处理,宜用等边三角形布置;对单独基础或条形基础,宜用正方形、矩形或等腰三角形布桩。振冲密实法的布桩间距视砂土的颗粒组成、密实要求、振冲器功率、地下水位等因素而定。砂基的粒径越小,密实要求越高,则间距应越小。

1) 现场试验。由于确定布桩间距的影响因素较多,在没有可靠的设计依据的情况下,最好通过现场试验确定。特别是对于大型或重要工程,应通过现场试验确定布桩间距、密实电流、填料数量及施工工艺等参数。

2) 根据振冲器功率。从工程统计资料和加固机理的分析来看,用 30kW 的振冲器,布桩间距一般为 1.3～2.0m;55kW 振冲器施工时,布桩间距可采用 1.4～2.5m;若使用 75kW 大型振冲器,布桩间距可加大到 1.5～3.0m。从工程实践经验可知,对大面积处理,75kW 振冲器的挤密影响范围大,单孔控制面积较大,因而具有较高的经济效益。荷载大或对黏性土宜采用较小间距,荷载小或对砂土宜采用较大间距。

3) 不加填料的振冲加密孔间距视砂土的颗粒组成、密实要求、振冲器功率等因素而定,砂的粒径越细,密实要求越高,则间距越小。使用 30kW 振冲器,间距一般为 1.8～2.5m;使用 75kW 振冲器,间距可加大到 2.5～3.5m。振冲加密孔布孔宜用等边三角形或正方形。对大面积挤密处理,用前者比后者可得到更好的挤密效果。

4) 根据填料量估算。振冲法加密砂土地基,可根据地基单位土体回填料数量估算加密以后地基的相对密度,按式 (12.2)、式 (12.3) 计算:

$$V_i = \frac{(1+e_y)\,(e_0+e_1)}{(1+e_0)\,(1+e_1)} \tag{12.2}$$

$$e_1 = \frac{\beta\,l^2\,(H \pm h)}{\beta\,l^2 H + \dfrac{V}{1+e_1}} - 1 \tag{12.3}$$

式中　V_i ——地基单位体积填料量,m^3/m;

　　　e_0 ——原地基的天然孔隙比;

　　　e_y ——所用砂或填料振冲密实后桩身的孔隙比;

　　　e_1 ——地基加密后要求达到的孔隙比;

　　　β ——面积系数,正方形布孔时为 1.0,正三角形布孔时为 0.866;

　　　l ——振冲孔的间距,m;

H ——加固土层的厚度，即桩长，m；

h ——地表隆起（+）或沉降（-）量，m；

V ——每个振冲孔的填料量，m³。

设计大面积砂层挤密处理时，振冲孔间距也可按式（12.4）计算：

$$l = \alpha\sqrt{V_p / V_i}$$ 　　　　　　（12.4）

式中　l ——振冲孔的间距，m；

α ——布孔影响系数，正方形布孔时为 1.0，等边三角形布孔时为 1.075；

V_p ——单位桩长的填料量，m³/m；

V_i ——原地基为达到规定的密实度，单位体积所需的填料量，m³/m，可按式（12.2）计算。

需要指出的是，采用上述方法时要考虑振冲过程中随返水带出的泥砂量。这个数量是难以准确测定的。实用上可将计算的填料量乘以扩大系数，一般为 1.1～1.3，中粗砂地基取低值，粉细砂地基取高值。

布桩间距的确定还需工程技术人员在实践中积累经验，以取得较为准确的数据。

（4）桩径。振冲桩的平均直径可按每根桩的填料量计算。振冲桩直径通常为 0.8～1.2m。30kW 功率的振冲器制成的碎石桩径约 0.8m，75kW 功率的振冲器制成的碎石桩径可达 0.9～1.5m。

（5）垫层设置。在桩顶和基础之间宜铺设一层 300～500mm 厚的碎石垫层。

碎石垫层起水平排水作用，有利于施工后土层的加快固结，其更大的作用：在碎石桩顶部采用碎石垫层可以起到明显的应力扩散作用，降低碎石桩和桩周土的附加应力，减少碎石桩侧向变形，从而提高复合地基承载力，减少地基变形量。在大面积振冲处理的地基中，如局部基础下有较薄的软土，应考虑加大垫层厚度。

（6）承载力和变形计算。复合地基承载力特征值应按现场复合地基静载试验确定。

对不加填料的振冲加密地基承载力特征值应通过现场载荷试验确定，初步设计时也可根据加密后原位测试指标按《建筑地基基础设计规范》（GB 50007—2011）的有关规定确定。

振冲密实法处理后地基的变形计算，应按《建筑地基基础设计规范》（GB 50007—2011）的有关规定执行（即分层总和法计算变形）。对振实挤密法复合土层的压缩模量可按式（12.5）计算：

$$E_{sp} = [1 + m(n-1)]E_s$$ 　　　　　　（12.5）

式中　E_{sp} ——复合土层的压缩模量，MPa；

E_s ——桩间土的压缩模量，MPa。

其中，桩土应力比在无实测资料时，对于砂土地基来说 $n = 1.5～3$。原地基强度高时，取小值；原土强度低时，取大值。

对振冲加密法加密深度内土层的压缩模量应通过原位测试确定。

（7）液化判别。

（8）可加密土类的判别。

振冲挤密法适用的土质主要为砂土类，从粉砂到含砾粗砂，只要小于 0.0074mm 的细粒含量小于 10% 都可得到显著的加密效果，如前述加固机理中所述。当黏粒含量超过 20%，几乎没有加密效果。

533

（9）填料的选择。填料的作用，一方面是填充在振冲器上提后在砂层中可能留下的孔洞；另一方面是利用填料作为介质，在振冲器的水平振动下通过连续加填料，将砂层进一步挤密。

填料多用粗粒料，如粗（砾）砂、角（圆）砾、碎（卵）石、矿渣等硬质无黏性材料，粒径为 0.5～5cm，一般没有严格的要求。理论上讲填料粒径越粗，加密效果越好。但不宜用单级配料（对碎石和卵石可用自然级配）。常用的填料粒径，使用 30kW 的振冲器时，填料的粒径宜为 2～8cm，因为，如果填料的多数颗粒粒径大于 8cm，容易在孔中发生卡料现象，影响施工进度；使用 55kW 振冲器，填料粒径为 3～10cm；使用 75kW 大功率的振冲器时，常用填料粒径为 4～10cm。填料中含泥量不宜超过 5%，见表 2.12-4。

表 2.12-4　　　　　　　　　　　填料级配评价标准

适宜指数	0～10	10～20	20～30	30～50	>50
适用程度	很好	好	一般	不好	不适用

据表 12-4 的判别原则，填料的适宜数小，则桩体的密实度高，振密速度快。

若用碎石作填料，则宜选用质地坚硬的石料，不能用风化或半风化的石料，因后者经振密后容易破碎，影响桩体的强度和透水性能。作为桩体材料，碎石比卵石好，因碎石之间的咬合力比卵石的大，碎石桩强度高；卵石作填料施工时，下料容易。若当地有卵石，价格低，也可用卵石作填料。

2. 振冲置换法的设计计算

黏性土地基中采用的振冲置换法的设计原则与砂类土上采用的振冲挤密法的设计原则基本相同，但前者比后者要复杂些。振冲密实法使砂土地基加密以后，一般桩间土就可满足上部建筑荷载的要求，且砂类土地基沉降变形小，只考虑基础内砂土加密效果即可。而在黏性土、软土地基上采用的振冲置换法，其振冲加固主要是依靠制成碎石桩来提高地基强度，不但要考虑碎石桩的承载力，还要考虑置换率，以使复合地基满足要求。软黏土地基经振冲置换后，仍有较大的沉降量，设计计算时还要考虑建筑物沉降的要求等，特别要考虑相邻建筑物引起的不均匀沉降应满足规范和设计的要求。

振冲置换加固设计，目前还处在半理论半经验状态，这是因为一些设计计算还不成熟，某些参数也只能凭经验确定，因此对重要工程或地层条件复杂的工程，应在现场进行试验，根据现场试验获取的资料修改设计，制定施工工艺及要求等。

（1）加固范围。加固范围一般要根据建筑物的重要性、现场条件和基础形式综合确定，通常均要超出基础地面范围。对于一般地基（不液化地基），在基础外边缘之外宜布置 1～2 排护桩；对可液化地基，在基础外边缘扩大宽度不应小于基底下可液化土层厚度的一半；对于小型工程或建筑物荷载不大又无抗震要求的工程可按表 2.12-5 确定。

表 2.12-5　　　　　　　　　　　小型工程加固范围的确定

基础形式	碎石桩加固范围
条形基础	不超出或适当超出基底范围
单独基础	不超出基底面积
板式、十字交叉、浮筏、柔性基础	基底范围内满堂布桩，基底轮廓线外 2～3 排护桩

534

（2）加固深度。如软土厚度不大（小于 10m），加固深度应达到强度较高的下卧层一定深度；如软弱土层厚度较大，加固深度不能穿透软弱土层，这时加固深度应大于附加应力小于土的承载力特征值的位置。考虑到碎石桩的应力集中现象，加固深度可达到土的承载力特征值大于附加应力 2～3 倍深度处，另外还应满足碎石桩复合地基加固以后的变形值满足建筑物的允许变形的要求，一般桩长不宜短于 4.0m，也不宜大于 18.0m。

在有抗震要求的地基中，桩底按抗震要求的处理深度确定；在用于加固抗滑稳定的地基中，桩底应深入到最低滑动面 1.0m 以上处。

由于桩顶部分约 1.0m 以内上覆土压力较小，桩顶部分密实度很难保证，设计桩顶标高时应考虑这个因素。通常的做法是，在桩全部完成后，将桩体顶部 1.0m 左右一段挖去，铺 30～50cm 厚的碎石垫层，然后在上面做基础。

（3）桩位布置和间距。桩位的布置形式应根据碎石桩和桩间土的承载力特征值、桩径和最小桩距，在基础范围内布桩，调整置换率，使加固后复合地基的承载力达到设计要求后，再在基础外缘按前述加固范围布护桩。当用于多层和高层建筑时，宜在基础外缘扩大 1～2 排桩；当要求消除地基液化时，在基础外缘扩大宽度不应小于基底下液化土层厚度的 1/2。下面讨论各种常用基础形式下的布桩原则和方法。

1）条形基础。先考虑布一排桩。若按最小孔距布桩仍不能满足承载力要求时，可布两排桩、三排桩。此时，如果条形基础设计宽度不能满足布桩要求，应与设计人员协商扩大基础宽度或调整施工机具和施工工艺，以提高单桩承载力。

2）柱基。在柱基范围内布桩，布桩数量应使加固后的复合地基承载力满足设计要求。如果按最小孔距布桩仍不满足设计要求时，可按条形基础中所述办法处理。柱基内布桩形式根据所需的置换率按三角形、矩形或三角形和矩形的混合形式布桩。单独柱基内最少不小于 3 根。

条基、柱基布桩时，要考虑保证施工后所用计算承载力的桩都在基础范围之内。如计算承载力的碎石桩，一部分在基础内，一部分在基础外，则受力条件较差，不能充分发挥碎石桩的作用。另外，对条基和柱基设护桩工程量太大，一般难以接受，这时可从稍扩大基础面积、增加基础内布桩数，以提高安全系数来加以解决。

3）箱形基础和筏形基础。一般在基础范围内按正三角形、正方形或矩形布桩。调整置换率使加固后复合地基承载力满足设计要求。由于基础外缘部分的碎石桩受力条件差以及应力扩散，需要在周围设置 1～2 排护桩，有抗震要求的地基应设 2～4 排护桩。

桩中心间距的确定应考虑荷载的大小、原土的抗剪强度，荷载大，间距应小些；原土强度低时，间距亦应小些；特别是在深厚软基中打不到相对硬层的桩，其间距应更小，但还必须保证施工能正常进行，即最小孔距不应在施工中造成"串桩"。另外，确定桩间距还必须使加固后复合地基承载力达到设计要求。一般情况下，对选 30kW 振冲器施工的桩，其间距在 1.5～2.0m；75kW 的振冲器施工时，其间距一般可在 1.5～2.5m。

（4）桩径。桩的直径与土类及强度、桩身材料粒径、桩的填料量、振冲器类型及施工质量关系密切。如果是不均匀地层，在强度较弱的土层中，桩径较大；反之，在强度较高的土层中，桩体直径较小。另外，振冲器的功率越大，其振动力就越大，桩体直径也越大。如果施工质量控制不好，很容易形成上粗下细的"胡萝卜"形，所以，桩体远不是规则的圆柱体。所谓桩的直径是指按每根桩的填料量估算的平均理论直径，用 d 表示，一般 $d=0.8\sim$

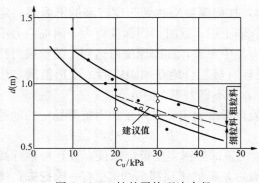

图 2.12-6　桩的平均理论直径

1.2m。对一般软黏土地基，若采用 30kW 振冲器制桩，每米桩长约需 $0.6\sim0.8m^3$ 碎石。Besancon 等三人（1984）统计的桩体的理论直径如图 2.12-6 所示。该图可用于提供初步设计时选定的桩体直径。

（5）承载力计算。

1）复合地基承载力。复合地基承载力特征值可按下列几种方法确定。

①有复合地基静载试验条件时，或对甲级和重要建筑物以及土质情况复杂的工程，应按现场复合地基静载荷试验确定。

②当有碎石桩和桩间土载荷试验资料时，复合地基承载力特征值可利用碎石桩和桩间土的载荷试验成果按式（12.6）计算：

$$f_{\text{spk}} = [1 + m(n-1)]\alpha f_{\text{ak}} \tag{12.6}$$

式中　f_{spk}——复合地基承载力特征值，kPa；

f_{pk}——桩体单位面积承载力特征值，kPa；

α——桩间土承载力提高系数，按静荷载试验确定；

m——面积置换率；

n——复合地基桩土应力比，无实测资料时，可取 $1.5\sim2.5$，原土强度高取小值，原土强度低取大值。

当等效影响圆的直径 d_{e} 已知时：

$$m = \frac{d^2}{d_{\text{e}}^2} \tag{12.7}$$

式中　d——碎石桩的直径，m；

d_{e}——等效影响圆的直径，m；

m——一般为 $0.25\sim0.4$。

等边三角形布桩时：　　　$d_{\text{e}} = 1.05l$

正方形布桩时：　　　　　$d_{\text{e}} = 1.13l$ $\left.\right\}$ $\qquad$（12.8）

矩形布桩时：　　　　　　$d_{\text{e}} = 1.13\sqrt{l_1 l_2}$

式中　l——桩的间距；

l_1——桩纵向间距；

l_2——桩横向间距。

2）碎石桩单桩承载力。如果作用于碎石桩桩顶的荷载足够大，桩体会发生破坏。可能出现的桩体破坏形式有三种：鼓胀破坏、刺入破坏、剪切破坏，如图 2.12-7 所示。只要桩长大于临界桩长（约为桩径的 4 倍），就不会发生刺入破坏。除了那些没有打到相对硬层的而长度又很短的桩外，一般不考虑刺入破坏形式。至于剪切破坏形式，只要基础底面尺寸不太小或桩间土面上有足够大的边载，便不会发生剪切破坏形式。因此，绝大多数发生的都是鼓胀破坏。鼓胀破坏多发生在桩的上段部位，有学者指出，鼓胀破坏深度为两个桩径范围内的径向位移比较多，深度超过 $(2\sim3)d$（d 为桩径），径向位移几乎可以忽略不计，如图

536

2.12-8 所示。这是因为组成桩体的材料是无黏性的，桩体的承载力主要取决于桩间土的约束力，且桩间土的约束力随深度而增大，故而单桩强度随深度而增大，且随深度增大产生鼓胀破坏的可能性就小。目前，碎石桩单桩承载力设计的理论都是以鼓胀破坏形式为基础的。

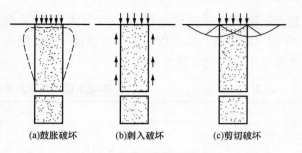

图 2.12-7　桩体破坏形式

碎石桩单桩承载力的计算方法多种多样，到目前为止，还没有一套完整的计算方法，现在有理论公式，有经验公式，有根据工程实践提出的经验公式，即侧向极限应力法、剪体剪切破坏法、球穴扩张法等。

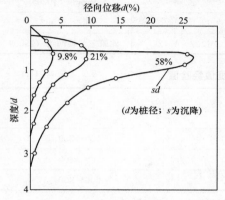

图 2.12-8　桩侧径向位移与深度的关系

3）综合单桩极限承载力计算法。由于碎石桩的破坏形式大多是鼓胀破坏，所以目前计算碎石桩单桩极限承载力的方法是侧向极限应力方法，即假设单根碎石桩的破坏是空间轴对称问题，桩间土体是被动破坏，为此，碎石桩的单桩极限承载力可按式（12.9）计算：

$$f_{pu} = K_p \sigma_{rl} \qquad (12.9)$$

式中　　K_p——即 $K_p = \tan^2\left(45° + \dfrac{\varphi_p}{2}\right)$；

　　　　σ_{rl}——桩体侧向极限应力。

有关 σ_{rl} 的算法有多种，它们可写成一个通用式：

$$\sigma_{rl} = \sigma_h + K_{cu} \qquad (12.10)$$

式中　　K——常量，不同的方法有不同的取值；

　　　　σ_h——某深度处的初始总侧向应力。

为统一起见，将 σ_h 的影响包含在参数 K'_{cu} 中，于是，式（12.9）可改写为

$$f_{pu} = K_p K'_{cu} \qquad (12.11)$$

如表 2.12-6 所列，对于不同的方法有其相应的 K_p，K'_{cu} 值，从表中可看出，它们的值是相近的。

叶书麟先生推荐：

$$f_{pu} = 20 C_u \qquad (12.12)$$

4）经验法。虽然常用的静载试验是确定碎石桩单桩承载力的直接方法，但是，当没有做载荷试验的条件时，对中小型工程可以根据地基的天然地质条件，结合施工工艺、振冲器功率并根据在同类土质中的工程实例，以及当地的经验确定碎石桩的单桩承载力。必须注意的是，采用这种经验法，要求工程技术人员必须具有相当丰富的经验。

根据国内工程实践，振冲法制成的质量良好的碎石桩的单桩承载力特征值可参考表2.12-7。

3. 振冲置换法的适宜土类

黏性土的性质差异较大，是否适合振冲置换法加固，就必须了解其物理力学性质。

（1）粉土：$I_p \leqslant 10$ 的土。它的性质介于黏性土和砂土之间，土颗粒较细，振冲时液化区

537

较大，制成的碎石桩不仅直径大（大的甚至可达 110cm 以上），强度亦高，可达 700～900kPa 或更高。加固以后的复合地基承载力特征值一般可达 300kPa，可作为大型工业厂房地基或中高层建筑物地基。

表 2.12-6   不排水抗剪强度及单桩极限承载力

c_u/kPa	土 类	K'_{cu}	$K_p \cdot K'_{cu}$	文 献
19.4		4.0	25.2	Hughes-Withers (1974)
19.0		3.0	15.8～18.8	Mokashi 等 (1976)
—		6.4	20.8	Brauns (1978)
20.0	黏 土	5.0	20.0	Mori (1979)
—		5.0	25.0	Broms (1979)
15.0～40.0		—	14.0～24.0	韩杰 (1992)
—		—	12.2～15.2	郭蔚东、钱鸿缙 (1990)

表 2.12-7   不同土质碎石桩单桩承载力特征值经验值   (kPa)

振冲器功率（kW） 土 质	30	75
软黏土	300～400	400～500
一般黏土	400～500	500～600
可加密的粉质黏土	500～700	600～900

注 经验数据还需靠各地的工程技术人员在工程实践中不断积累，以得出当地的经验数据。

(2) 一般黏性土：$I_p > 10$，且天然地基承载力特征值不小于 100kPa 的土。采用振冲法加固的效果主要来自碎石桩的强度和置换率，而对桩间土的挤密作用较小。工程实践中，30kW 振冲器在这类土中质量良好的碎石桩、质量好的碎石桩的桩体重度大于 19kN/m³ 时，碎石桩单桩承载力特征值可达 400～500kPa；75kW 振冲器成桩的碎石桩的单桩承载力特征值可达 500～600kPa（见表 2.12-8），加固后复合地基的承载力特征值可达 200～300kPa，适合中型工程及多层和一般高层建筑对地基强度的要求。

(3) 软黏土：天然地基承载力特征值小于 100kPa 的黏性土，强度低、含水量高、孔隙比大、饱和度高，常属中、高灵敏度的土。在振冲施工的振动作用下，土的强度会出现暂时的降低，特别是对于土的不排水抗剪强度 $C_u < 20$kPa 情况，在振动力作用下，这种土会出现明显的结构性，此条件下采用振冲法时应当慎重考虑；但只要精心设计、精心施工、精心监理亦能得到良好的加固效果，且在施工前应通过现场试验确定其适用性。

采用振冲法加固软黏土地基需慎重考虑的是，沉降量比较大。这主要是因为软塑黏土含水量大、饱和度高及土中水分通过碎石桩排水固结的结果。但只要上部建筑物所施加给基础的应力是均匀的，建筑物之间留有足够的沉降缝，其平面形式比较简单，使用和安全均不会有问题。而对那些沉降量要求较严格的建（构）筑物，采用振冲法就应慎重。

(4) 杂填土、粉煤灰、自重湿陷性黄土：对杂填土、粉煤灰、自重湿陷性黄土地基，采用振冲法加固也会得到不同的加固效果。对自重湿陷性黄土地基，施工中使湿陷性黄土预先经受水浸泡，可消除或部分消除以及减轻其湿陷性，加上碎石桩承担大部分建筑物荷载，可以减轻湿陷对建筑物的影响。但如果施工中不预先浸泡，是不适合采用振冲碎石桩加固自重湿陷性黄土地基的。

对杂填土地基，当采用振冲法加固时，应采用统一密实电流标准值，这样做可以使地基强度变得相对均匀，防止产生不均匀沉降，通过回填料所形成桩体的置换作用和振动作用对桩间土的加密，复合地基的强度会得到提高。

对粉煤灰地基，采用振冲法加固，可以减小孔隙比，提高强度，再加上碎石桩的作用可形成较高的复合地基承载力。

4. 设计计算中几个重要的参数

（1）桩身材料的内摩擦角：指用碎石桩做桩身材料时，桩体的内摩擦角 φ_p。目前一般采用 $35° \sim 45°$，多数采用 $38°$；国外也有采用 $42°$ 的。一般不计黏聚力。如前所述，实际的 φ_p 是受地基土的性质、碎石本身的特性、振冲器的功率、加密标准以及施工质量等多种因素影响。目前还处于人为确定阶段，很难准确确定。可以这样采用，对粒径较小（$\leqslant 50\text{mm}$）的碎石，并且原土为黏性土，φ_p 可取 $38°$；对粒径较大（最大粒径为 100mm）的碎石，且原地基土为粉性土时，φ_p 可取 $42°$；对卵石或砂卵石可取 $38°$。

（2）原地基土的不排水抗剪强度：不排水抗剪强度 c_u 不仅可用来判断振冲法是否适用，还可以用来初步选定桩距（即原土抗剪强度低时，桩间距应小些，反之亦然），可预估施工的难易程度以及加固后计算碎石桩的单桩承载力特征值。有条件的，宜用十字板剪切试验测定不排水抗剪强度，其值用 s_0 表示；无条件时用室内三轴试验。

（3）原地基土的沉降模量：原地基土沉降模量在无现场复合地基静载试验资料时，常用来计算加固后复合地基的最终沉降量，对于重要工程，尽可能通过载荷试验，确定地基土的变形模量。根据弹性理论，位于各向同性半无限均质弹性体面上的刚性圆板在荷载作用下的沉降量为

$$s = \frac{P(1-\nu^2)}{dE} \tag{12.13}$$

式中　s——圆板的沉降量，cm，通过试验量测；

　　　P——作用于圆板上的总荷载，kN；

　　　d——圆板的直径，cm；

　　　E——土的弹性模量，MPa；

　　　ν——土的泊松比。

一般情况下，载荷试验常用方形板；对方形板，需引入一个形状系数 ω，于是式（12.13）就变为

$$s = \frac{P(1-\nu^2)}{E\omega b} \tag{12.14}$$

式中　b——方板的宽度，m。

将 $P = pb^2$（p 为载荷板上单位面积所承受的荷载）代入式（12.14），经整理得

$$\frac{\omega E}{(1-\nu^2)} = \frac{p}{s/b} \tag{12.15}$$

将等式左侧的比值定义为原地基的变形模量，用 E_s 代替；桩与原土的变形模量分别用 E_p、E_s 表示；比值 s/b 为沉降比，用 s_b 表示，于是：

$$E_s = p/s_b \tag{12.16}$$

将载荷试验资料整理成 $p\text{-}s_b$ 曲线，从中确定 E_0；由于土不是真正的弹性材料，因而沉降模量不是一个常量，它与应力或应变有关。

若无地基土的载荷试验资料时，对大面积加固情况，也可用室内常规压缩试验测定。

5. 表层处理垫层的设置

振冲置换碎石桩施工结束后，桩顶部 $0.5\sim1.0\mathrm{m}$ 范围内，由于该处地基土的上覆压力小，施工时桩体的密实度很难达到要求，必须进行处理。处理的办法有两种，一种办法是将该段桩体挖去，另一种办法是用振动碾使之压实。如果采用挖除的办法，施工前的地面高程和桩顶高程要事先计算准确。一般在基础底面和桩顶设计标高（去掉施工桩顶 $0.5\sim1.0\mathrm{m}$ 的松软桩头）之间设置 $30\sim50\mathrm{cm}$ 的碎石垫层，该垫层本身也应压实。该垫层和碎石桩组成一个连续的排水通道，可加速桩间土的排水固结，垫层除起外接盾沟的作用，还可以改善基础和碎石桩之间的接触条件，使基础范围内的碎石桩受力更趋均匀。

6. 桩身材料选择

桩体材料可以就地取材，凡含泥量不大于 5% 的碎石、卵石、含石砾砂、角砾、圆砾、优质矿渣、碎砖等硬质无黏性材料均可利用；不宜使用风化易碎的石料。桩体材料的最大粒径与振冲的外径和功率有关。常用的填料粒径：$30\mathrm{kW}$ 振冲器 $2\sim8\mathrm{cm}$；$55\mathrm{kW}$ 振冲器 $3\sim10\mathrm{cm}$；$75\mathrm{kW}$ 振冲器 $4\sim15\mathrm{cm}$。

整个工程需要的总填料量为

$$V = \mu N V_p L \tag{12.17}$$

式中　　L ——桩长，m；

　　　　V_p ——每米桩体所需的填料量，$\mathrm{m^3/m}$；

　　　　μ ——充盈系数，一般 $\mu = 1.1\sim1.2$；

　　　　N ——整个工程的总桩数。

V_p 与地基土的抗剪强度和振冲器的振动力大小有关，桩的直径与 V_p 密切相关（见设计参数中桩径的确定部分）。对软黏土地基，用 $30\mathrm{kW}$ 振冲器制桩，$V_p = 0.6\sim0.8\mathrm{m^3}$；这里指的是虚方。

12.1.4　振冲法的施工

1. 施工机具及配套设备

振冲法施工的主要机具有振冲器、起重设备（用来操作振冲器）、供水泵、填料设备、电控系统以及配套使用的排浆泵电缆、胶管和修理机具。

2. 施工前准备

（1）收集资料。收集地质资料包括地层剖面、地基土的物理力学性质以及有关试验资料、地下水位和动态。

（2）熟悉技术文件。熟悉施工图样和对施工工艺的要求，施工队伍应结合现场实际情况，提出质量保证措施、改进意见等，并征得设计方同意。对施工前已做过振冲试验的工程，则应熟悉试验情况和效果，掌握试验桩的施工工艺，试验区与施工区地质条件的差异，如差异较大，应采取相应措施，并通过设计单位一起研究解决。

（3）场地平整。场地平整有两个方面的内容：一方面要清理和尽可能平整地表，如果地表强度很低，可铺以适当厚度的垫层以利于施工机械的行走；另一方面要清除地下障碍，如地下管线、废旧基础等。

（4）放线布桩。根据设计图样进行现场放线布桩。建筑物的主要轴线应由建设单位和上级建设单位放线定位。根据主要轴线布桩用钢钎或小木桩固定，并且在桩位图上将桩位编号，认真复核，避免施工中出现错位和漏桩的现象。

（5）三通。三通包括水通、电通和料通。

1）水通。一方面要保证供应施工所需的水量，另一方面要把施工中产生的泥水引走。压力水由水泵通过胶管进入各个振冲器的水管，出口水压需 400～600kPa；施工中产生的泥水应通过明沟集中引入沉淀池，沉下来的浓泥浆挖出后设法运到预先安排的存放点，经沉淀比较清的水可重复使用。

2）电通。施工中需要三相和单相电源两种。振冲器需三相电源，电压为（380±20）V，电压过低或过高都会影响施工或损坏振冲器电动机。

3）料通。在加固区附近应设置若干堆料场。确定堆料场位置的原则：一方面要使从料场到施工面的运距越近越好，另一方面要防止运料路线对施工作业路线的干扰。

（6）现场布置。对大型工程应做好施工组织设计，合理布置现场。对单独机组，一般将电缆、水管安排在一边，堆料场在另一边。排污沟不应影响填料作业。

3. 施工顺序

施工顺序是施工组织设计的重要内容，主要有以下几种。

（1）由里向外法。该施工顺序适用于原地基较好的情况，可避免由外向里施工顺序时造成中心区成孔困难。

（2）排桩法。这是一种常用的施工方法，振冲时根据布桩平面从一端轴线开始，依照相邻桩位顺序成桩到另一端结束。此种施工顺序对各种布桩均可采用，施工时不易错漏桩位，但对桩位较密的桩体容易产生倾斜，对这种情况也可采用隔行或隔桩跳打的方法进行施工。

（3）由外向里法。这种施工顺序也称围幕法。这种顺序对于大面积满堂布桩的工程，特别是地基强度较低时，尤其应该采用这种顺序施工。施工时将布桩区四周的外围 2～3 排桩完成，内层采用隔一圈成一圈的跳打办法，逐渐向中心区收缩。外围完成的桩可限制内圈成桩时土的挤出，加固效果良好，并且节省填料。采用此施工法可使桩布置得稀疏一些。

4. 振冲施工方法及工艺

在振冲密实法中，对粉细砂地基宜采用加填料的振密工艺；在振冲置换法中，振冲器在黏土中成孔后，接着就要往孔中填料。因此，无论是振冲密实法还是振冲置换法都要进行填料这一步。振冲施工方法按填料方法的不同，可分为以下几种。

（1）间断填料法。成孔后将振冲器提出孔口，直接往孔内倒入一批填料，然后再下降振冲器使填料振密，每次填料都这样反复进行，直到全孔结束。间断填料法的成桩顺序如下（图 2.12-9）。

1）振冲器对准桩位。

2）振冲成孔，造孔速度宜为 0.5～2.0m/min。

3）将振冲器提出孔口，向桩孔内填第一次料（每次填料的高度限制在 0.5m 高）。

4）将振冲器再放入孔内将桩料振实，达到"密实电流"止。

5）重复 3）、4）步骤直到整根桩制作完毕，成桩。

（2）连续填料法。连续填料法是将间断填料法中的填料和振密合为一步来做，即连续填料法是边把振冲器缓慢向上提升（不提出孔口）边向孔中填料的施工方法。连续填料法的成

541

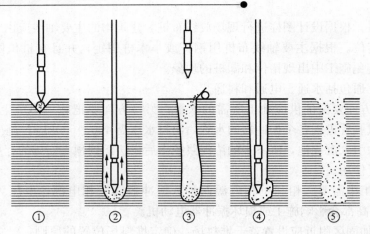

图 2.12-9　间断填料法制桩步骤图

桩顺序如下（图 2.12-10）。

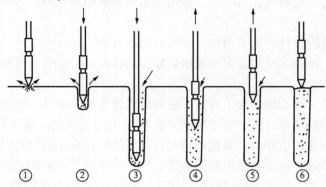

图 2.12-10　连续填料工艺振冲施工过程图

①—定位；②—成孔；③—到底开始填料；④—振制桩柱；⑤—振制桩

柱；⑥—完成

1）振冲器对准桩位。

2）振冲成孔，造孔速度宜为 0.5～2.0m/min。

3）振冲器在孔底留振。

4）从孔口不断填料，边填边振，达到"密实电流"止。

5）上提振冲器（上提距离约为振冲器锥头的长度，为 0.3～0.5m），继续振密、填料，达到"密实电流"值。

6）重复 5）步骤，直到整根桩制作完成。

（3）综合填料法。相当于前两种填料的组合施工法。这种施工法是第一次填料振密过程采用的是间断填料法，即成孔后将振冲器提出孔口，填一次料后，然后下降振冲器，使填料振密之后，就采用连续填料法，即第一批填料后，振冲器不提出孔口，只是边填边振。综合填料法的成桩顺序如下。（图 2.12-11）。

1）振冲器对准桩位。

2）振冲成孔，造孔速度宜为 0.5～2.0m/min。

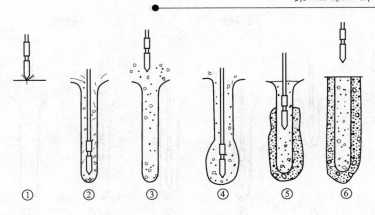

图 2.12-11　综合法振冲施工顺序示意图
①—定桩位；②—造孔；③—填底料；④—再冲振实；⑤—连续制桩；⑥—完毕

3）将振冲器提出孔口，向桩孔内填料（填料高度为 0.5m）。

4）将振冲器再放入孔内将石料压入桩底振密。

5）连续不断向孔内填料，边填边振，达到"密实电流"后，将振冲器缓慢上提，再继续振冲，达到"密实电流"后，再向上提。

6）如 5）反复操作，直至整根桩完成。

（4）先护壁后制桩法。在较软的土层中施工时，应采用"先护壁后制桩"的办法施工。该法即成孔时，不要马上达到深度，而是先达到软土层上部范围内，将振冲器提出孔口，加一批填料，然后下沉振冲器将这批填料挤入孔壁，这样就可把这段软土层的孔壁加强，以防塌孔；然后再使振冲器下降到下一段软土层中，用同样的方法填料护壁。如此反复进行，直到设计深度。孔壁护好后，就可按前述的三种方法中任选一种进行填料制桩了。

（5）不加填料法。这种施工方法只适用于松散的黏粒含量≤10%的中粗砂地基。

对于松散的中粗砂地基，由于振冲器提升后孔壁极易塌落，即可利用中粗砂本身的自由塌陷代替外加填料，自由填满下面的孔洞，从而可以用不加填料法就可振密。这种施工方法特别适用于处理入土回填或吹填的大面积砂层。该法的施工顺序如下（图 2.12-12）。

1）振冲器对准桩位。

2）振冲成孔，造孔速度宜为 8～10m/min。

3）振冲器到达设计深度后，在孔底不停地振冲。

4）利用振冲器的强力振动和喷水，使孔内振冲器周围和上部砂土逐渐塌陷，并被振密。

5）达到"密实电流"后，上提一次振冲器（每次上提高度为 0.5m），保持连续不停地振冲，一般每米振密时间约 1min。

6）按上述 4）、5）步骤反复，由下向上逐段振密，直至桩顶设计标高。

由于振密厚度一次可达十几米，其工效远胜于夯实或碾压的方法。使用这种方法振密水下回填料已成为一种新的筑坝工艺。

以上不同方法各有其优缺点和适用性。在振冲密实法中，对于处理粉细砂地基，宜采用加填料的振密工艺；对中粗砂地基可用不加填料就地振密的方法。在振冲置换法中，毫无疑问，均为加填料工艺，"先护壁后制桩"的工艺适用于软弱黏性土的振冲置换工程中。间断填料法多次提出振冲器，操作烦琐，制桩效率低，但适合人工推车填料，并可估算造桩每段

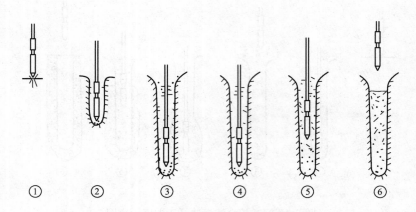

图 2.12-12　不外加填料振冲法加固顺序示意图
①—定位；②—造孔；③—孔底振冲；④—振冲致密；⑤—分段振冲致密；⑥—完毕

的填料量。另外振冲器每次下降后，常留在填料顶部振冲，不能充分发挥振冲器水平向振动力的作用。如果在施工中控制得不好，如振冲器未能下沉到原来提起的深度，容易发生漏振，造成桩体密实度不均匀。另外还必须严格控制每次填料量的堆高不能超过 0.8～1.0m，如填料堆高太大，则下端的虚料就振不密。但对于黏性土地基的振冲置换，由于成孔后孔径较小，采用连续填料法不能保证填料能顺利下到孔底，所以黏性土地基采用间断填料法桩体质量易保证。

比较说来，连续填料法振冲器不提出孔口，制桩效率高，制成的桩体密实度较均匀，施工简单，操作方便，适合机械化作业。连续填料法必须严格控制振冲器的上提高度，每次上提高度必须在 0.3～0.5m，不宜大于 0.5m，否则就会造成桩体密实度不均匀。连续填料法由于施工振动水的扰动，在桩底部形成松软的扰动区，桩底填料不易振密，影响加固质量。

综合填料法施工不仅避免前两种方法的缺点，而且提高了地基的加固效果。实践证明，桩周土的加密效果良好，成桩直径也比间断填料法的桩径大 20% 以上，成桩工效也比较高。与连续填料法相比，由于综合填料法在孔底压入并振捣密实了回填石料，桩底端头密度和强度显著提高，改善了石料和地基土的受力特性，这对于短桩加固的地基尤为重要。

在松散砂土中，尤其是饱和松散粉细砂地基中，饱和松砂在振冲作用下很容易产生液化和下沉，振冲成孔的孔径较大，施工时填入的石料容易从孔壁和振冲器之间的空隙下落，因此常采用连续填料法能充分发挥振冲器水平向振动力的作用，挤密作用大，加密效果好，效率较高。

对于具体的工程项目，用哪种工艺效果最好，可在加固前通过试验确定。

12.1.5　振冲法的质量检验

由于加固原理及设计施工方法不同，其加固效果检验亦不尽相同。

1. 振冲密实法检验

振冲密实法挤密效果的检验，通常采用开挖取样验证、直接测定和计算挤密后砂层的重力密度、孔隙比、相对密度等指标来检验；也可用标准贯入试验、动力触探试验或旁（横压试验推算砂层的密实度，对比振前振后的资料，明确处理效果。还可用标准贯入试验锤击数按《建筑地基基础设计规范》（GB 50007—2011）的规定，确定砂土地基和粉土地基加固以后的承载力特征值。对大型的和重要的工程，有必要时，也可用载荷试验检验砂土地基在挤密后的承载力。

对于不填料的振冲密实法处理的砂土地基，处理效果检验宜采用开挖取样，测定并计算砂土地基振密后砂土的孔隙比、重力密度、相对密度等指标，或用标准贯入试验、动力触探试验检验其加固效果并和加固前加以比较。

大面积砂土地基经振冲挤密后的平均孔隙比可按式（12.3）估算。

2. 振冲置换法检验

检验的目的有两个：一个是检验桩体质量是否符合规定，如果桩体质量不合格，就应研究采取什么补救措施，也就是施工质量检验；另一个是当桩体质量全部达到设计要求和相应的质量标准后，还要验证复合地基的力学性能是否全部满足设计提出的要求。例如：承载力特征值、变形特性（总沉降量、差异沉降量）、抗剪强度指标等是否达到设计要求，即加固效果检验。

关于施工质量检验，常用的方法有单桩载荷试验，对碎石桩体检验，可用重型动力触探试验进行随机检验；对桩间土的检验可在处理深度内用标准贯入静力触探等进行检验。关于加固效果检验常用的检验方法（尤其是大型的、重要的场地及复杂的振冲置换法工程）是检验复合地基的加固效果，检验方法宜采用单桩复合地基静载试验或多桩复合地基静载试验。对边坡抗滑问题有的用原位大型剪切试验检验。

《建筑地基处理技术规范》（JGJ 79—2012）规定，振冲处理后的地基竣工验收时，承载力检验应采用复合地基载荷试验。

工程实例：振冲碎石桩复合地基在工程实践中的应用

1. 广州国际会议展览中心周边道路工程概况

广州国际会议展览中心周边道路工程位于广州市东部琶洲岛上的国际博览城内，属广州国际会议展览中心的配套工程，主要为国际会展中心服务。整个周边道路路网工程总长约15.8km，总占地面积 633 万平方米，其红线范围内地基基本为软土地基。道路等级分别为城市次干道Ⅰ级和城市支路Ⅰ级，设计荷载为城 B 级汽车荷载。

2. 琶洲岛地区工程地质概况

琶洲岛地处珠江三角洲冲积平原，属平原河网地带，四面环水，除了琶洲塔附近略呈山丘状以外，全岛地势较为平坦。该区大部分地表为菜地、果园；岛上密布小涌沟和鱼塘，相互交织错落，形成密集的水网。

（1）工程地质情况。根据现场钻探资料，结合室内试验成果，按成因、岩性、状态划分，自上而下将场地岩土分层描述如下。

第（1）层填土：包括耕土、素填土、杂填土。层面埋深：$0.00 \sim 3.30$m，层厚：$0.40 \sim 9.00$m。土层多呈松散状，局部有压实。平均标准贯入值 $N = 3$ 击。

第（2）层淤泥（淤泥质土）：灰、深灰～灰黑色，含粉细砂和腐殖物，以流塑为主。层面埋深 $0.00 \sim 15.00$m，层厚 $0.60 \sim 9.90$m。在场地广泛分布。标贯贯入值 $N = 0.2 \sim 4.2$ 击，土层与桩壁的极限摩阻力（下同）$\tau_i = 20$kPa。土的承载力特征值 $f_{ak} = 50 \sim 80$kPa，属高压缩性土层。淤泥质土（淤泥）主要物理力学性质指标统计表见表 2.12-8。

表 2.12-8　　　　　　　　淤泥质土（淤泥）主要物理力学性质指标统计表

统计项目	统计个数	范围值	平均值	标准差	变异系数 δ	统计修正系数	标准值
W（%）	44	33.1～66.2	49.8	8.17	0.16	1.04	51.8
ρ/（g/cm³）	44	1.56～1.82	1.69	0.07	0.04	0.99	1.67
e	44	0.979～1.823	1.359	0.222	0.164	1.04	1.41
I_p	44	10.7～20.9	17.2	3.2	0.17	1.04	17.5
I_l	44	0.91～2.43	1.53	0.3	0.19	1.05	1.61
C/kPa	44	3.8～16.5	8.27	2.1	0.25	0.94	7.77
ϕ（°）	44	5.2～13.5	8.1l	2.04	0.25	0.94	7.62
α_{1-2}/MPa	44	0.478～1.497	0.908	0.249	0.274	1.07	0.97
E_{s1-2}/MPa	44	1.89～4.14	2.731	0.524	0.192	0.95	2.59

第（3）层粉砂：灰色，饱和，颗粒均匀，含多量淤泥，局部含少量淤泥。广泛分布，按其密实度分为如下三层。

（3-1）层松散，层面埋深 0.00～10.60m，层厚 0.55～10.20m。

（3-2）层稍密，层面埋深 1.20～12.70m，层厚 0.60～7.80m。

（3-3）层中密，层面埋深 2.30～15.30m，层厚 1.00～5.30m。

平均标准贯入值 $N=6.1$ 击，平均土的承载力特征值（下同）$f_{ak}=80$kPa。

第（4）层中、粗、砾砂：灰～灰白色，饱和，颗粒不均，磨圆度较差，含少量黏性土。广泛分布，按其密实度分为如下三层。

（4-1）层松散，层面埋深 3.00～16.20m，层厚 0.90～9.20m。

（4-2）层稍密，层面埋深 3.60～16.00m，层厚 0.60～10.80m。

（4-3）层中密，层面埋深 3.20～16.10m，层厚 0.60～10.00m。

平均标准贯入值 $N=8.9$ 击，$\tau_i=35～40$kPa，$f_{ak}=100～150$kPa。

第（5）层粉质黏土：褐色、浅灰褐色，含粉细砂，局部地段含砾石，夹薄层粉土。平均标准贯入值 $N=21.0$ 击，$\tau_i=80$kPa，$f_{ak}=110～400$kPa。

第（6）层岩层：以泥质粉砂岩、含砾粗砂岩、粗砂岩、泥岩为主。

（2）砂土液化的判定。从液化机理分析，液化的可能发生段与砂土的密实度，饱和砂土颗粒级配及埋藏深度有关。对饱和砂土，按地震烈度Ⅶ度考虑，采用标准贯入试验判别法，按式（12.18）计算：

$$N_{cr} = N_0 \left[0.9 + 0.1(d_s - d_w) \right] \sqrt{\frac{3}{\rho_c}} \qquad (12.18)$$

式中　N_{cr}——液化判别标准贯入锤击数临界值；

$\quad\quad N_0$——液化判别标准贯入锤击数基准值；

$\quad\quad d_s$——饱和土标准贯入点深度，m；

$\quad\quad d_w$——地下水位深度，m；

$\quad\quad \rho_c$——黏粒含量百分率，当小于3或为砂土时，均应采用3。

现以场地典型孔为例，判别本建筑场地在地震烈度Ⅶ度时，发生液化的可能性：

$$N_{cr} = 10.47 > N = 8.0$$

根据以上计算，深度为 9.8m 深的粉（细）砂土，在地震烈度Ⅶ度时，将会发生液化。

故本工程分布松散状态的粉（细）砂层在地震烈度Ⅶ度时，将会发生液化，$N_0 = 3.0 \sim 8.0$ 击时，液化等级以中等为主，局部轻微或严重。

（3）工程地质条件评价。场地土的类型为软弱土。场地的砂土在地震烈度Ⅶ度时，将会发生液化。其液化等级属中等为主，局部轻微或严重等级。综上所述，根据道路的基础要求，不适宜做路基天然地基持力层，需进行软土地基加固处理。

3. 软土地基处理方案的选定

由于本工程的地质条件差，软黏土地基必须经过加固处理，才能承受上部路堤及车辆的荷载。从场地地质情况看，软黏土层平均厚度约为 10m，平均含水量 49.8%，十字板强度大于 15kPa，满足碎石桩的适用及成桩条件；同时其下又存在有液化可能的粉细砂层，振冲碎石桩可对粉细砂层起到振冲密实的作用，因而从综合处理两软弱土层来看，选择振冲碎石桩法是可行的。而振冲碎石桩复合地基所需的施工工期较短，黏性土地基的检验时间一般仅为 3～4 周，正好满足广州国际会展中心周边道路工期紧、任务重的要求。袋桩砂井方案由于施工周期长被否定，粉喷桩方案虽然施工周期短，但检测周期长，且本工程软土有液化粉（细）砂层，并考虑到本省有些项目采用粉喷桩的效果并不理想所以被否定。虽然碎石桩的造价偏高，但综合考虑各方面的因素，经多次专家论证，最终确定振冲碎石桩复合地基为处理方案。

4. 振冲碎石桩复合地基设计

（1）碎石桩的布置方式与布置范围。碎石桩按等边三角形布置，根据城市道路车行道与人行道及绿化带荷载不同，对地基承载条件要求不同的特点，分别在人行道与车行道下按不同桩间距布桩。布桩范围为两侧路堤坡角之间的带状范围。

（2）碎石桩桩长、桩径及桩间距的确定。根据地质资料，考虑施工机械条件，设计采用碎石桩桩径 0.8m，考虑到粉细砂层含泥量较高，最高达 15%，且呈松散状态，故桩底要求进入粉细砂层 1～2m，同时为了消除粉细砂层的液化作用，要求碎石桩处理至原地面（标高6.0m）以下大于 7m（标高−1m）的深度。

设计时将场地分为 A、B、C 三种类型，A 类场地为池塘、河涌等地质条件差，完全不能承受上部荷载的路段，路基设于此类场地之上时，碎石桩间距应为最小，经过计算确定行车道下为 1.6m，人行道及边坡部分为 1.8m；B 类场地为果园、菜地等基础条件较差的路段，碎石桩间距居中，经过设计计算确定行车道下间距为 1.8m，人行道及边坡部分桩距为 2.0m；C 类场地为基础条件稍好路段，行车道下碎石桩中心距为 2.0m，人行道及边坡下路基不做碎石桩处理。

设计碎石桩的横断面布置如图 2.12-13 所示。

（3）复合地基沉降量计算及稳定性验算。按现行公路规范，碎石桩复合地基必须进行稳定和沉降计算，控制路基在填筑及运营期的滑动稳定性和路基在铺筑路面后的沉降量，即工后沉降。关于计算方法及要求见第 4 章。由于计算公式比较复杂，计算

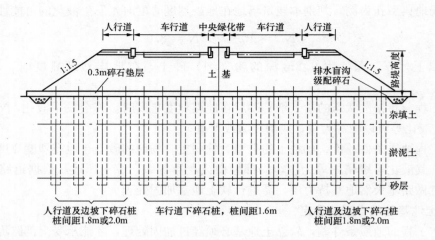

图 2.12-13　碎石桩复合地基横断面布置图

工作量很大，目前在实际工程设计中大多采用计算软件进行分析，本工程采用商业理正软土地基程序进行计算。经计算分析，上述碎石桩的直径、间距及处理深度能够满足规范要求。

（4）本工程碎石桩复合地基工程设计要点如下所述。

1）按照道路路堤"梯形荷载"和不同部位设计荷载不同的特点，在路中车行道下加密桩间距，在人行道、绿化带等部分增大桩间距或局部土质较好处不设桩。

2）在设计地基平整面标高时，坚持"宁填勿挖"的原则，将平整面设计为倾斜面，倾斜角度不能过大，保证施工机械的正常行走及稳定放置。在经过池塘、河涌地段时，要求首先将表层的浮淤清除，清淤深度视具体情况确定。

3）进行详细的地质调查，根据钻孔资料，每 40m 调整桩顶、底标高，使复合地基既能满足道路使用要求，又节约投资。

4）处理软硬不均匀地基。本工程场地北部紧邻珠江，沿江道路横断面的北侧为已填高，经压实稳定的素填土基础，南侧却是池塘、河涌等地质条件极为不好的基础。此路段持力层土的物理力学性质相差悬殊，为明显的软硬不均匀地基。处理此类地基时，应先将田埂或堤岸清除，再在软硬不均匀地基之间设置过渡区，可采用阶梯形平整模式，以消除道路横断面上的明显高差；对软硬地基处理采用不同的置换率，或地质条件较好的路段不设碎石桩，以使不均匀地基处理后沉降量基本一致，同时在碎石垫层上加铺土工布，以减少路基横断面上的不均匀沉降。并且在施工中注意在软硬土层中的提拔高度、留振时间，控制好施工质量。沿江路建成后，地基沉降和稳定都取得了满意的处理效果。工程实践证明，碎石桩法处理软硬不均匀地基是可行的，也是经济合理的。

5）为防止沿线桥梁、涵洞路段出现"跳车"的现象，设计时在结构物与道路相接处加密碎石桩间距，设置桩间距的渐变段。本工程中碎石桩加密段长度设计为 25m。

6）碎石桩填料选择。要求碎石采用新鲜岩石或微风化岩石，对于碎石桩的粒径大小的选用，考虑场地软土的十字板剪切强度基本大于 20kPa，故要求最小粒径为 3cm，最大粒径为 10cm，且 5～10cm 粒径含量不大于 60%。粒径级配良好，不得夹杂大量的石粉和石屑。这样为软土固结提供更好的排水通道。

7) 在道路的路基上铺设市政污水、雨水管道时，要求先按照软土路基设计要求对软基进行统一处理，待基础基本稳定之后，再重新开挖管道凹槽，当管道埋深较深时，待管道施工完成后，应将碎石桩被开挖部分用路堤填土回填碾压，以保证基础的承载能力。

(5) 碎石桩复合地基的施工质量控制。碎石桩复合地基的应用成功与否除与设计是否科学合理有关外，与施工质量的好坏有很大的关系。只有在施工中严格保证各种材料的用量和科学控制施工的全过程，才能使复合地基发挥工程工效，满足工程建筑对地基的要求。碎石桩复合地基的施工质量控制在前面已有详尽的介绍，本章节结合周边道路工程中遇到的一些问题具体加以深入阐述。

1) 在造孔时水量充足，使孔内充满水，以防塌孔，使制桩工作能顺利进行；水压保持在 $400 \sim 600 \text{kPa}$，对强度较低的软土，水压小一些，对强度较高的土，水压大一些；成孔过程水压、水量则尽可能大一些，而接近设计加固深度时，降低水压以减少对桩底以下土的扰动，并且对振冲器喷水中心偏差不大于 50mm。

2) 施工用电应保证（380 ± 20）V，施工现场一台振动设备需输电功率为 $50 \sim 70 \text{kW}$。施工时严格按照试桩试验成果进行电压和水压的控制，造桩密实电流控制在 $60 \sim 80 \text{A}$，"留振时间"控制为 $15 \sim 20 \text{s}$，当电流达不到规定的密实电流时，应继续加填料振密，直至超过设计规定的密实电流值。在孔口和孔底各留振 20s。

3) 填料量由桩体直径与桩长控制，一般为每米桩长 $0.5 \sim 0.7 \text{m}^3$。填料时注意加料不过猛，原则上"少吃多餐"，勤加料，但每批不得加太多。施工中，每段桩体均做到满足密实电流、填料量和留振时间三个方面的规定。避免出现断桩、颈缩桩现象。孔内填料应按 $0.5 \sim 0.8 \text{m}$ 填料高度进行分段制桩。

4) 由于工期紧，而现场交地情况又不理想，所有经常会出现"交一块地就施工一块地"的现象，而且此现象不仅出现在道路纵向，在道路横向也有此类问题。这种情况很可能促使相邻路基由于沉降周期不同而导致沉降不均匀的现象。为防止此类情况的发生，要求铺设路面结构之前，地基已有至少两个月的沉降期，月沉降量小于 5mm/月。

5. 碎石桩复合地基的质量监测与检验

(1) 碎石桩复合地基的监测。在软土地基上修筑高等级道路路堤，最突出的问题是稳定与沉降。为掌握路堤在施工期中的变形动态，施工期间就必须对沉降与稳定进行动态观测，以保证路堤在施工中的安全和稳定，同时又能准确地预测工后沉降，使工后沉降控制在允许的范围以内。本文结合周边道路工程碎石桩的监测情况，对道路监测方案进行详细的分析介绍。

1) 沉降观测。对碎石桩复合地基进行沉降观测的目的主要有三个：一是根据实测沉降曲线预测地基固结情况，根据推定的残余下沉量确定填方预留量及涵洞的预留沉降量，同时确定构筑物和路面结构的施工期；二是为控制填土速率提供依据；三是为施工计量提供依据。因此，要求每间隔 200m 左右设置一个观测点，桥头引道路段至少设置 3 个观测断面，第一块沉降板应设置在桥头搭板末端或桥台桩位处，沉降板间距小于 50m。观测时间应严格按照观测方案的要求进行，在未填筑路堤之前，要求每 3 天进行一次观测，填筑路堤时要求每填筑一层应观测一次，路堤填筑完成后，观测时间视地基的稳定情况而定。

2）稳定性观测。地基的稳定性可通过观测地表面位移边桩的水平位移和地表隆起量而获知。在边坡的坡角及其附近分别设3排边桩，纵向间距200m与沉降杆一致，在填土施工中应随时对边桩的位移及边坡以外的地面进行观测，要求边桩位移量控制小于5mm/d及路基以外没有出现地面隆起。边桩一般采用钢筋混凝土预制桩，边桩的埋设深度为平整面以下1.5m。埋设方法可采用打入或开挖埋设，要求桩周围回填密实，确保边桩稳固。当路堤稳定出现异常情况而有可能失稳时，应立即停止加载并采取果断措施，待路基恢复稳定之后，方可继续填筑。

3）在工程中，有许多由于保护不周致使测点破坏或管子阻塞而无法继续观测的情况，因此必须随时注意对测点的保护。测点标杆安装必须稳固，对露出地面的部分均应设置保护装置。在路面施工期间，必须采取严格的防护措施，一旦发现标杆受拉或移位，需立即修复，保证观测的连续性。

（2）碎石桩复合地基的检验。碎石桩施工质量的检验主要包括碎石桩的施工桩数、桩长、桩位偏差、桩端进入持力层深度及桩体密实度等方面。在检验过程中，由于振冲碎石桩靠水平振动力来振密碎石成桩，并通过碎石介质来挤密桩间土，因此，碎石桩复合地基存在桩体自身沉降问题和桩间土强度恢复问题，这决定了复合地基承载力检测需在完工后的若干天以后进行，才符合其实际受力性状。因此检测时间的选择很关键，根据本工程地质情况，要求检测时间不短于30d。按每300根桩随机抽取1根进行检验，但各标段总数不少于3根。抽样应有代表性，土质较差的地段不少于2根。

碎石桩施工完成后允许偏差应符合以下要求：桩位水平偏差不大于15cm，抽查2%；桩径不小于设计要求，抽查2%；桩长不小于设计要求；桩垂直度偏差不大于1.5%；灌碎石量不小于设计要求。碎石桩桩体密实度抽查5%；复合地基承载力抽查5%，要求用重Ⅱ型动力触探测试，选取桩间土形心位置，取与贯入量10cm相应的击数平均值确定复合地基承载力特征值。平均值取值范围为桩顶或桩间土自然地面以下淤泥层1cm至桩端之间。振冲器应配合碎石桩施工质量自动监控记录装置，进行连续的记录，监控碎石桩的整个造孔、制桩施工中的各种原始参数，以便检查每米桩成孔电流、每段桩密实电流及留振时间，作为质量鉴定的主要依据。

碎石桩复合地基自然稳定后，后期荷载仍会使地基进一步沉降，桩间土进一步排水固结，不仅加大了对桩体的约束作用，而且桩土强度也得以恢复并有所提高，因此，要求对饱和黏性土地基中的振冲桩，1h内沉降增量小于0.25mm即可加下一级荷载。

（3）动力触探试验。重Ⅱ型动力触探试验方法主要适用于中砂、碎石类土、粉细砂及一般黏性土，触探范围为1～20m，可满足周边道路碎石桩和地基土的试验要求。试验主要用于查明地层在垂直和水平方向的均匀程度，确定地基（包括桩基）的承载力，并可用于检验地基加固效果。

根据众多的工程实践证明，对碎石桩加固地基抽样采用动力触探试验评价碎石桩的承载力有较高的精度和可靠性。动力触探可根据贯入10cm的平均锤击数来确定桩体材料的密实度，并进而评价其承载力；湖北省综合勘察院用动力触探试验设备检验碎石桩的标准，见表2.12-9。

周边路软土路基碎石桩检测提出对桩间土可采用每阵击（一般为1～5击）的贯入度，然后换算成同类型的动力触探贯入10cm的锤击数。

表 2.12-9   碎 石 桩 评 价 标 准

连续 5 击下沉量/cm	密 实 程 度	连续 5 击下沉量/cm	密 实 程 度
<7	密实	10～13	不密实
7～10	不够密实	>13	松散

1）贯入前触探架应安装平稳，以保证触探孔垂直。试验时穿心锤应自由下落并应尽量连续贯入，锤击数率宜为 15～30 击/min。

2）量尺读数：除了记录贯入读数外，还应记录每贯入 10cm 的锤击数。

3）重型和特重型动力触探可以互换使用，当重型动力触探大于 50 击/10cm 时，宜改用特重型。

4）当触探杆长度超过 2m 时，须按式（12.19）校正：

$$N_{63.5} = a_1 \times N \qquad (12.19)$$

式中 $N_{63.5}$——重 Ⅱ 型动力触探试验锤击数；

N——贯入 10cm 的实测锤击数；

a_1——触探杆长度校正系数。

在对周边道路前四个标段进行的重 Ⅱ 型动力触探试验中，资料表明碎石桩浅层的锤击数平均都达到了 5 击，随着锤击深度的增大，锤击数增大，在 4m 左右达到 20 击，均显示此地段的碎石桩打桩效果较好，也表明用动力触探试验检测碎石桩复合地基的承载力完全可行。

6. 加固效果评价

以本工程前期四个标段的施工检测结果为例，从中可以得出如下结论。

（1）碎石桩的施工桩数、桩长、桩位偏差、桩端进入持力层深度均达到设计要求。

（2）采用重 Ⅱ 型动力触探试验进行检测，受检桩桩体密实度合格率（桩身触探击数不小于 5 次/10cm 或小于 5 次/10cm 的连续长度小于 0.5m）基本高于 95%。

（3）碎石桩单桩荷载试验按每 300 根桩随机抽取一根进行检测，总数不少于 3 根。各单桩复合地基在试验荷载下，压板沉降逐步增加，且能在较短时间内逐步趋于稳定。

（4）单桩复合地基承载力均大于设计要求值 120kPa，大多数已达到 150kPa，合格率大于 92%，施工质量优良。

12.2 砂石桩法

12.2.1 概述

砂石桩法是指利用振动或冲击方式，在软弱地基中成孔后，填入砂、砾石、卵石、碎石等材料并将其挤压入土中，形成较大直径的密实砂石桩的地基处理方法。它主要包括砂桩（置换）法、挤密砂桩法和沉管碎石桩法等。

砂石桩最早于 1835 年由法国工程师设计，用于在海湾沉积软土上建造兵工厂的地基工程中。当时，设计桩长为 2m，直径只有 0.2m，每根桩承担荷载 10kN。制桩方法是在土中打入铁钎，拔出铁钎，然后在形成的孔中填入块状石灰石。此后，在很长时间内由于缺乏先进的施工工艺和施工设备，没有较实用的设计计算方法而发展缓慢。第二次世界大战以后，这种方法在原苏联得到广泛应用并取得了较大成就。初期，砂石桩填料主要为砂、石，施工方法采用冲孔填砂捣实施工法，以后又发展了振动水冲施工法。20 世纪 50 年代后期，出现了振动式和锤击式施工方法。1958 年日本开始采用振动重复压拔管施工方法，这一方法的采用，使砂石桩地基处理技术发展到一个新的水平，使施工质量、施工效率和处理深度都有显著提高。

砂石桩最开始是用来处理松散砂土和人工填土地基的，现在，在软弱黏性土地基上的应用已经取得了一定的经验。因为软弱黏性土的渗透性较小，灵敏度大，成桩过程中产生的超孔隙水压力不能迅速消散，挤密效果较差，而且因扰动而破坏了土的天然结构，降低了土的抗剪强度。根据国外的经验，在软弱黏性土中形成砂石桩复合地基后，再对其进行加载预压，以提高地基强度和整体稳定性，并减少工后沉降。国内的实践也表明，如不进行预压，砂石桩施工后的地基在荷载作用下仍有较大的沉降变形，对沉降要求较严的建筑物难以满足要求。因此，采用砂石桩处理饱和软弱黏性土地基应根据工程对象区别对待，通过现场试验来确定地基处理方法。

我国在 1959 年首次在上海重型机器厂采用锤击沉管挤密砂桩法处理地基，1978 年又在宝山钢铁厂采用振动重复压拔管砂桩施工法处理原料堆场地基。这两项工程为我国在饱和软弱黏性土中采用砂石桩特别是砂桩地基处理方法取得了丰富的经验。十多年来，正如国外将砂石桩作为主要的地基处理手段已广泛用于工业建筑、油罐、堤防、码头、原料堆场、路堤等的地基加固一样，我国也将砂石桩广泛应用于工业与民用建筑、交通和水利电力等工程建设中。工程实践表明，砂石桩用于处理松散砂土和塑性指数不高的非饱和黏性土地基，其挤密（或振密）效果较好，不仅可以提高地基的承载力、减少地基的固结沉降，而且可以防止砂土由于振动或地震所产生的液化。砂石桩处理饱和软弱黏性土地基时，主要是置换作用，可以提高地基承载力和减少沉降，同时，还起排水通道作用，能够加速地基的固结。

12.2.2　作用原理

地基土的土质不同，对砂石桩的作用原理也不尽相同。

12.2.2.1　在松散砂土和粉土地基中的作用

1. 挤密作用

砂土和粉土属于单粒结构，其组成单元为松散粒状体，渗透系数大，一般大于 10^{-4} cm/s。单粒结构总处于松散至紧密状态。在松散状态时，颗粒的排列位置是很不稳定的，在动力和静力作用下会重新进行排列，趋于较稳定的状态，即使颗粒的排列接近较稳定的密实状态，在动力和静力作用下也将发生位移，改变其原来的排列位置。松散砂土在振动力作用下，其体积缩小可达 20%。

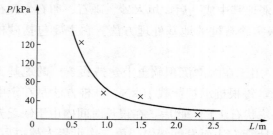

图 2.12-14　最大侧向水平挤压力随距离的衰减曲线

无论采用锤击法还是振动法在砂土和粉土中沉入桩管时，对其周围都产生很大的横向挤压力，桩管将地基中等于桩管体积的砂挤向桩管周围的土层，使其孔隙比减小，密度增加。此即砂石桩法的挤密作用。试验表明，振动沉管时，当桩尖超过检测点（压力盒）埋深 0.0～1.0m 时，桩管的侧向水平挤压力最大，成桩完成停止振动后，压力减为最大值的 1/3 左右，停止 24h 则回至零；而拔管与反插时的侧向压力值都低于沉管时的最大值。最大侧向水平挤压力随距离的变化趋势如图 2.12-14 所示。

根据圆柱形孔洞扩张理论，在土中沉管（或沉桩）时，桩管周围的土因受到挤压、扰动而发生变形和重塑，形成四个变形区域，如图 2.12-15 所示。Ⅰ区：紧贴于桩管表面的压实土膜；Ⅱ区：桩管侧塑性变形区和桩端塑性变形区；Ⅲ区：弹性变形区；Ⅳ区：未受影响区。

紧贴于桩管表面的压实土膜（Ⅰ区），由于挤压，结构遭到完全破坏，牢固地粘贴在桩管表面随桩管同时移动。施工拔管时此层土膜有时被桩管带出地面。桩管侧塑性变形区和桩端塑性变形区（Ⅱ区），由于受到挤压应力和孔隙水压力的共同作用，其强度显著降低。根据圆柱形孔洞扩张理论，桩管周围塑性变形区半径 R_P 为

$$R_\mathrm{p} = r_0 \sqrt{\frac{E_0}{2(1+\nu)s}} \qquad (12.20)$$

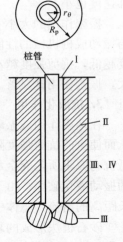

图 2.12-15　桩空扩张和桩周土分区

式中　r_0——桩管半径；

E_0——土的变形模量；

ν——土的泊松比；

s——土的抗剪强度。

桩管周围最大径向挤压应力为

$$p_\mathrm{u} = s \left\{ 1 + \ln \left[\frac{E_0}{2(1+\nu)s} \right] \right\} \qquad (12.21)$$

由式（12.20）可知，塑性变形区域的大小与桩管半径 r_0、变形模量 E_0 成正比，与抗剪强度 s 成反比。由式（12.21）可知，挤压应力的大小与 r_0 无关，而与 E_0 和 s 有关。因此，从桩管表面到塑性变形区Ⅱ和弹性变形区Ⅲ在挤压应力作用下，土体受到不同程度的压密。受到严重扰动的塑性变形区土的强度会随休止期的增长而渐渐恢复，砂石桩成桩后，随着超孔隙水压的消散，应力的调整将加速其强度的恢复。

2. 振密作用

沉管特别是采用垂直振动的激振力沉管时，桩管四周的土体受到挤压，同时，桩管的振动能量以波的形式在土体中传播，引起桩四周土体的振动，在挤压和振动作用下，土的结构逐渐破坏，孔隙水压力逐渐增大。由于土结构的破坏，土颗粒重新进行排列，向具较低势能的位置移动，从而使土由较松散状态变为密实状态。随着孔隙水压力的进一步增大，达到大于主应力数值时，土体开始液化成流体状态，流体状态的土变密实的可能性较小，如果有排水通道（砂石桩），土体中的水此时就沿着排泄通道排出地面。施工中可见喷水冒砂现象，随着孔隙水压力的消散，土粒重新排列、固结，形成新的结构。由于孔隙水排出，土体的孔隙比降低，密实度得到提高。

在砂土和粉土中振密作用比挤密作用要显著，是振动砂石桩法的主要加固作用之一。振密作用在宏观上表现为振密变形。振动成桩过程中，一般形成以桩管为中心的"沉降漏斗"，直径达 $6 \sim 9d$（d 为桩直径），并形成多条环状裂隙，上口宽度达 2.5cm 以上。一般情况下，

553

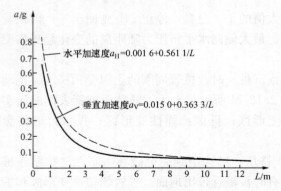

图 2.12-16　振动加速度 a 随水平距离 L 衰减曲线

整个场地加固处理完成后，场地面平均沉降量在 $0.00\sim0.50\mathrm{m}$，个别达到 $0.60\mathrm{m}$。以工程实测结果表明：砂土受振动荷载作用后，土体的振动和速度与振中距是指数函数关系衰减。例如，图 2.12-16 表示了某粉土土体最大振动加速度与水平距离衰减的关系曲线。图中可见，水平方向的加速度略大于垂直方向的，距桩管 $0\sim1\mathrm{m}$ 较大。观测时还发现，加速度的最大值发生在桩管下沉深度与加速度传感器埋深相同的时候，以后则逐渐减小，拔管与反插时的加速度均远小于成孔时的值，为其值 $\frac{1}{5}\sim\frac{1}{4}$。这主要是由于沉管时，桩尖端部位要克服砂土的天然结构强度，挤密和挤开土，故需要较大的能量，（振动加速度）而拔管和反插时，振动介质为扰动的砂土或砂石，结构强度较低，抗剪强度较小，所需要的加速度也小。

振密作用的大小不仅与砂土的性质，如起始密度、湿度、颗粒大小、应力状态有关，还与振动成桩机械的性能，如振动力、振动频率、振动持续时间等有关。例如，砂土的起始密度越低，抗剪强度越小，破坏其结构强度所需要的能量就少，因此，振密作用影响范围越大，振密作用越显著。

3. 抗液化作用

在地震作用或振动作用下，饱和砂土和粉土的结构受到破坏，土中的孔隙水压力升高，从而使土的抗剪强度降低。当土的抗剪强度完全丧失，或者土的抗剪强度降低，使土不再能抵抗它原来所能安全承受的作用切应力时，土体就发生液化流动破坏。此即砂土或粉土地基的振动液化破坏。由于砂土、粉土本身的特性，这种破坏宏观上表现为土体喷水冒砂，土体长距离的滑流，土体中建筑物上浮和地表建筑物的下陷等现象。

砂石桩法形成的复合地基，其抗液化作用主要有以下两个方面。

（1）桩间可液化土层受到挤密和振密作用。土层的密实度增加，结构强度提高，表现在土层标贯击数的增加，从而提高土层本身的抗液化能力。图 2.12-17 为某砂土、粉土互层场

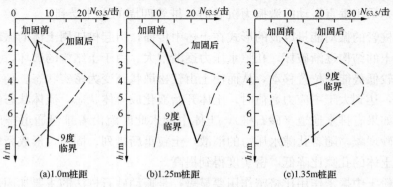

(a)1.0m桩距　　(b)1.25m桩距　　(c)1.35m桩距

图 2.12-17　加固前后标贯击数对比图

h—距地表深度

地不同桩距加固前后的标贯击数对比图。从图中可以看出，加固后桩间砂土的标贯击数由 10 击以下提高到 30 击左右，粉土的标贯击数也提高到加固前的 1.8 倍左右，说明砂土、粉土的密实度均有很大的改善。加固后可液化层的标贯击数均大于地震烈度为 9 度的标贯击数临界值，抗液化能力得到很大提高。

（2）砂石桩的排水通道作用。砂石桩为良好的排水通道，可以加速挤压和振动作用产生的超孔隙水压力的消散，降低孔隙水压力上升的幅度，因而提高桩间土的抗液化能力。表 12-11 列出了加固区桩间土和非加固区天然土的超孔隙水压力实测值。从表 12-11 中可以看出，加固后桩间土的超孔隙水压力较加固区外天然土的孔隙水压力要小得多。因此砂石桩体能有效地消散振动引起的超孔隙水压力，提高桩间土的抗液化能力。室内和现场试验都表明，当地基土层中有排水体时，相应于某一振动加速度的抗液化临界相对密度有很大降低。砂土的液化特性不仅与相对密度和排水体有关，还与砂土的振动应变史有关。国内外大量的不排水循环应力试验结果表明，预先受过适度水平的循环应力（即预振）的试样，将具有较大的抗液化强度。例如，历史上经过多次地震的天然原状土样，比同样密度的湿击法制备的重塑砂样的抗液化强度高 45%，比干击法制备的重塑砂样高 65%～112%。H. B. Seed 等通过实验室大型振动台对相对密度为 54% 的砂样进行试验，经过 5 次模拟小地震影响后，其相对密度仅增至 54.7%；但引起初始液化所需的应力循环周数却增加到 8～10 倍，抗液化强度提高到相当于相对密度为 80% 时的值，即增大了近 50%，见表 2.12-10。

表 2.12-10　超 孔 隙 水 压 力

距振源距离/m	$\Delta\mu$/kPa		$\Delta\mu$ 加固区/ $\Delta\mu$ 非加固区
	加固后桩间土	非加固天然土	
2.0	6.9	14.7	47%
3.0	9.8	13.7	72%

12.2.2.2　在黏性土地基中的作用

黏性土结构为蜂窝状或絮状结构，颗粒之间的分子吸引力较强，孔隙很大，渗透系数很小，一般小于 10^{-4} cm/s。对于非饱和的黏性土，地基沉管时能产生一定的挤密作用。但对于饱和黏性土地基，由于沉管成桩过程中的挤压和振动等强烈的扰动，黏粒之间的结合力以及黏粒、离子、水分子所组成的平衡体系受到破坏，孔隙水压力急剧升高，土的强度降低，压缩性增大。在砂石桩施工结束以后，在上覆土压力作用下，通过砂石桩良好的排水作用，桩间黏性土发生排水固结，同时由于黏性、水分子、离子之间重新形成新的稳定平衡体系，使土的结构强度得以恢复。

对黏性土地基（特别是饱和软土），砂石桩的作用不是使地基挤密，而是置换。砂石桩置换法是一种换土置换，即以性能良好的碎石来替换不良地基土。排土法则是一种强制置换，它是通过成桩机械将不良地基土强制排开并置换，而对桩间土的挤密效果并不明显，在地基中形成具有密实度高和直径大的桩体，它与原黏性土构成复合地基而共同工作。

由于砂石桩的刚度比桩周黏性土的刚度大，而地基中应力按材料变形模量进行重新分配。因此，大部分荷载将由砂石桩承担，桩体应力和桩间黏性土应力之比值称为桩土应力比，一般为 2～4。

如果在选用砂石桩材料时考虑级配，则所制成的砂石桩是黏土地基中一个良好的排水通道，它能起到排水砂井的效能，且大大缩短了孔隙水的水平渗透途径，加速软土的排水固结，使沉降稳定加快。

如果软弱土层厚度不大，则桩体可贯穿整个软弱土层，直达相对硬层，此时桩体在荷载作用下主要起应力集中的作用，从而使软土负担的压力相应减少；如果软弱土层较厚，则桩体可不贯穿整个软弱土层，此时加固的复合土层起垫层的作用，垫层将荷载扩散使应力分布趋于均匀。因此，从砂石桩和土组成复合地基角度来看，砂石桩处理饱和软弱黏性土地基主要有两个作用。

1. 置换作用

砂石桩在软弱黏性土中成桩以后，就形成了一定桩径、桩长和间距的桩与桩间土共同组成复合地基，由密实的砂石桩桩体取代了与桩体体积相同的软弱土，因为砂石桩的强度和抗变形性能等均优于其周围的土，所以形成的复合地基的承载力就比原天然地基的承载力大，沉降量也比天然地基小，从而提高了地基的整体稳定性和抗破坏的能力。在外来荷载作用下，由于复合地基中桩体的变形模量和强度较大，基础传给地基的附加应力会随着桩和桩间土发生等量的变形而逐渐集中到桩体上，使桩承担较大部分的应力，而土所负担的应力则相对减少。其结果，与天然地基相比，复合地基的承载力得到了提高。沉降量也有所减小。由于砂石桩桩体材料较松散，要依赖桩间土的侧向约束力使桩传递垂直荷载，桩体的模量较低，当桩长超过一定限度（如 $1.5\sim2.0$ 倍基础宽度）时，即使桩下端接触相对硬层，应力向桩的集中程度并不比桩下端不接触相对硬层时大。桩的端承作用也很小，承载力提高不大。复合地基与天然地基相比，地基承载力增大率与沉降量的减小率均和置换率成正比关系。置换率很大时，复合地基的作用主要起垫层的应力扩散和均布作用，从而提高地基承载力，减小沉降量。

成桩过程中，由于振动力和侧向挤压力的作用，对饱和的软黏土，特别是灵敏度高的淤泥或淤泥质黏土产生剧烈的扰动，发生触变。如上覆硬土层较薄，则形成砂石桩后，会使地面隆起，而且由于桩间土的侧限作用较小，使桩体砂石不易密实。对此种地基应在施工工艺和施工设备上作些调整，如采用较大直径的桩管，不宜用扩大直径的桩头，以减小扰动。采用隔行跳打施工顺序，在先打过的桩间插打，从而增大桩间土的约束力，以利于成桩和孔隙水压力消散；砂石料用含水量较小的干料等，仍然可以取得较好的效果。有的研究者认为，当黏性土的不排水抗剪强度 $C_u<15\text{kPa}$ 时，由于桩间土的强度不能平衡砂石料的挤入力，砂石料就以较松散的状态挤入并散布在周围的土中，从而不能形成桩和土共同发挥作用的复合地基，这时形成的地基为类似砂石垫层的人工地基。因此，建议 $C_u\geqslant20\text{kPa}$ 作为黏性土形成复合地基的控制条件。

2. 排水作用

水是影响黏性土性质的主要因素之一，黏性土地基性质的改善很大程度上取决于其含水量的减小。因此，在饱和黏性土地基中，砂石桩体的排水通道作用是砂石桩法处理饱和软弱黏性土地基的主要作用之一，比之在砂土地基中的排水作用显著。由于砂石桩缩短了排水距离，从而可以加快地基的固结沉降速率。

总之，砂石桩作为复合地基的加固作用，除了提高地基承载力、减少地基的沉降量外，还可用来提高土体的抗剪强度，增强土坡的抗滑稳定性。

12.2.3　设计计算

12.2.3.1　一般设计原则

1. 加固范围

砂石桩处理范围应大于基底范围,处理宽度宜在基础外缘扩大 1～3 排桩。对可液化地基,在基础外缘扩大宽度不应小于可液化土层厚度的 1/2,并不应小于 5m,见表 2.12-11。

表 2.12-11　　　　　　　　　　　　　加　固　范　围

基础形式	加固范围
独立基础	不超出基底面积
条形基础	不超出或适当超出基底面积
筏板、十字交叉、箱形基础	建筑物平面外轮廓线范围内满堂加固,轮廓线外加 2～3 排保护桩

2. 桩位布置

桩位布置有正方形、矩形、等腰三角形、放射形等形式。

3. 加固深度应根据软弱土层的性能、厚度或工程要求按下列原则确定

(1) 当松软土层厚度不大时,碎石桩桩长宜穿过松软土层。

(2) 当松软土层厚度较大时,对按稳定性控制的工程,碎石桩桩长应不小于最危险滑动面以下 2m 的深度;对按变形控制的工程,碎石桩桩长应满足处理后地基变形量不超过建筑物的地基变形允许值,并满足软弱下卧层承载力的要求。

(3) 对可液化的地基,碎石桩桩长应按现行国家标准《建筑抗震设计规范》(GB 50011—2010)的有关规定采用。

(4) 桩长不宜小于 4m。

4. 桩径

碎(砂)石桩的直径应根据地基土质情况和成桩设备等因素确定。采用 30kW 振冲器成桩时,碎石桩的桩径一般为 0.80～1.2m;采用沉管法成桩时,碎(砂)石桩的直径一般为 0.30～0.70m,对饱和黏性土地基宜选用较大的直径。

5. 材料

桩体材料可用碎石、卵石、角砾、圆砾、砾砂、粗砂、中砂或石屑等硬质材料,含泥量不得大于 5%,最大粒径不宜大于 50mm。

6. 垫层

碎(砂)石桩施工完毕后,基础底面应铺设 30～50cm 厚度的碎(砂)石垫层,垫层应分层铺设,用平板振动器振实。在不能保证施工机械正常行驶和操作的软弱土层上,应铺设施工用临时性垫层。

7. 现场试验

对于重要建筑或缺乏经验的场地,选择邻近的或者有代表性的场地,分别以不同布桩形式、桩间距、桩长的几种组合,有条件时还可采取不同的施工工艺进行制桩试验,以获得较合理的设计参数、施工工艺参数和处理后复合地基的加固效果。即使在一些有经验的地区,由于地层变化的复杂性,施工前也应进行制桩试验,桩数可选 7～9 根。如处理效果达不到设计要求时,应对有关的参数进行调整。

12. 2. 3. 2　计算

1. 桩间距的计算

由于砂石桩在松散砂土和粉土中与在黏性土中的作用机理不同，所以，桩间距的计算方法也随之有所不同。

（1）松散砂土和粉土地基。考虑振密和挤密两种作用，平面布置为正三角形和正方形时，如图 2.12-18 所示。对于正三角形布置，则一根桩所处理的范围为六边形（图中阴影部分），加固处理后的土体体积应变为

$$\varepsilon_v = \frac{e_0 - e_1}{1 + e_0}$$

式中　e_0——天然孔隙比；

　　　e_1——处理后要求的孔隙比。

因为一根桩处理范围：

$$V_0 = \frac{\sqrt{3}}{2} l^2 H$$

式中　l——桩间距；

　　　H——欲处理的天然土层厚度。所以

$$\Delta V = \varepsilon_v v_0 = \frac{e_0 - e_1}{1 + e_0} \frac{\sqrt{3}}{2} l^2 H \tag{12.22}$$

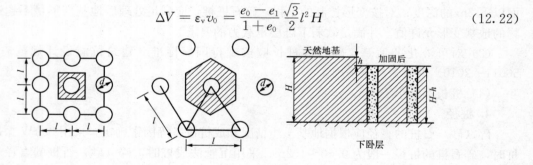

图 2.12-18　松散砂土和粉土地基加密效果计算

而实际上 ΔV 又等于砂石桩体向四周挤排土的挤密作用引起的体积减小和土体在振动作用下发生竖向的振密变形引起的体积减小之和，即

$$\Delta V = \frac{\pi}{4} d^2 (H - h) + \frac{\sqrt{3}}{2} l^2 h \tag{12.23}$$

式中　d——桩直径；

　　　h——竖向变形，下降时取正值，隆起时取负值。

式（12.23）代入式（12.22）得

$$\frac{e_0 - e_1}{1 + e_0} \frac{\sqrt{3}}{2} l^2 H = \frac{\pi d^2}{4} (H - h) + \frac{\sqrt{3}}{2} l^2 h \tag{12.24}$$

整理后得

$$l = 0.95 d \sqrt{\frac{H - h}{\dfrac{e_0 - e_1}{1 + e_0} H - h}} \tag{12.25}$$

同理，正方形布桩时：

$$l = 0.89d \sqrt{\dfrac{H-h}{\dfrac{e_0-e_1}{1+e_0}H-h}} \tag{12.26}$$

如不考虑振密作用，式（12.23）和式（12.24）可分别写成如下形式：

正三角形布置：

$$l = 0.95 \sqrt{\dfrac{1+e_0}{e_0-e_1}} \tag{12.27}$$

正方形布置：

$$l = 0.89 \sqrt{\dfrac{1+e_0}{e_0-e_1}} \tag{12.28}$$

设计时确定处理后土的孔隙比 e，可由式（12.29）求得

$$e_1 = e_{min} - D_{r1}(e_{max}-e_{min}) \tag{12.29}$$

式中　e_{max}——最大孔隙比，即砂土处于最松散状态的孔隙比；

e_{min}——最小孔隙比，即砂土处于最密实状态的孔隙比；

D_{r1}——处理后要求达到的相对密度，一般取值为 $0.70 \sim 0.85$。

e_{max} 和 e_{min} 两值可按国家标准《土工试验方法标准》（GB/T 50123）的有关规定，通过室内试验测得。

（2）黏性土地基。如图 2.12-18 所示，将每根桩承担的处理面积化为一个等面积的等效圆，即按正三角形和正方形布桩时，等效圆的面积 A_0 分别与正六边形和正方形的面积相等，即正三角形布置时，

$$A_e = \dfrac{\sqrt{3}}{2}l^2 \tag{12.30}$$

整理为

$$l = \sqrt{\dfrac{2}{\sqrt{3}}A_e} \approx 1.07\sqrt{A_e} \tag{12.31}$$

式中　A_e——一根砂石桩承担的处理面积，按下式计算。

$$A_e = \dfrac{A_p}{m} \tag{12.32}$$

式中　A_p——砂石桩的截面积；

m——面积置换率，一般为 $0.10 \sim 0.30$。

正方形布置时，

$$A_e = l^2 \tag{12.33}$$

即

$$l = \sqrt{A_e} \tag{12.34}$$

对于软弱黏性土，常用较大的置换率，但桩径一定时，则造成桩距较小，增加了制桩的难度，此时常通过调整施工工艺，如隔行跳打等方法施工。

2. 复合地基承载力计算

砂石桩复合地基承载力可以根据现场复合地基载荷试验确定，也可以通过下述方法确定：

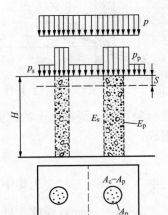

图 2.12-19　复合地基应力状态

如图 2.12-19 所示，在复合地基上，作用荷载为 p，则作用于砂石桩的应力为 p_p，作用于桩间土的应力为 p_s。如果作用于砂石桩和桩间土各自面积内的应力不变，根据力的平衡原理可得

$$pA_e = p_p A_p + p_s (A_e + A_p) \tag{12.35}$$

整理后得

$$p = [1 + m(n-1)] p_s \tag{12.36}$$

或

$$p = [1 + m(n-1)] \frac{1}{n} p_p \tag{12.37}$$

式中　n——桩土应力比，$n = p_p / p_s$，由实测获得；无实测值时，一般取 $2.0 \sim 4.0$。天然地基为黏性土时取大值，为砂性土时取最小值。

由式（12.36）和式（12.37）可知，只要通过小型载荷试验测得桩间土的承载力即 p 值或砂石桩的承载力即 p_p 值，即可由式（12.36）和式（12.37）计算复合地基的容许承载力 p_0。式（12.36）中的 p_s 为处理后的桩间土承载力，对于黏性土地可以采用处理以前的天然地基土的承载力值来代替。

3. 复合地基沉降计算

复合地基沉降计算可以采用第 11 章 CFG 桩复合地基沉降计算中介绍的方法，其中复合地基的压缩模量 E_{sp} 的计算方法介绍如下：

如图 2.12-19 所示，复合地基的压缩模量 E_{sp} 可以通过碎石桩的压缩模量 E_p 和桩间土的压缩模量 E_s 在面积上进行加权平均的方法获得，有

$$E_{sp} A_e = E_p A_p + E_s (A_e - A_p) \tag{12.38}$$

在作用于桩和桩间土上的应力不变时，

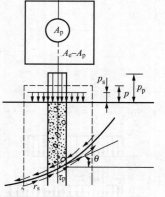

图 2.12-20　复合地基抗剪特性

$$\frac{p_p}{p_s} = n = \frac{E_p}{E_s} \tag{12.39}$$

即

$$E_p = n E_s \tag{12.40}$$

代入式（12.38）得

$$E_{sp} = [1 + m(n-1)] E_s \tag{12.41}$$

或

$$E_{sp} = [1 + m(n-1)] \frac{1}{n} E_p \tag{12.42}$$

式（12.41）和式（12.42）中，桩土应力比 n，在没有实测资料时，对黏性土取 $2 \sim 4$；粉土和砂土取 $1.5 \sim 3.0$。原土强度低者则取大值，反之则取小值。

4. 稳定性计算

如图 12-20 所示，采用圆弧滑动面法对复合地基的稳定性进行验算时，滑动面上的抗剪强度 τ_{sp} 由砂石桩的抗剪强度 τ_p 和桩间土的抗剪强度 τ_s 两部分组成：

$$\tau_{sp} = \tau_p + \tau_s = m(\mu_p p + \gamma_p z)\tan\varphi_p \cos^2\theta + (1-m)c \tag{12.43}$$

式中　μ_p——石桩应力集中系数，$\mu_p = \dfrac{n}{1 + (n-1)m}$；

　　　p——计算深度 z 处的平均应力；

　　　γ_p——桩体的重度；

z——计算深度；

φ_p——桩的内摩擦角；

θ——剪切滑动面与水平面的夹角；

c——桩间土的黏聚力。

其中，桩间土的强度 c，如不考虑荷载产生固结对桩间土强度的提高，则采用天然地基内聚力 c_0；如考虑桩间土上作用垂直应力 $p_\text{s} = \mu_\text{s} p$ 产生固结，则桩间土强度得到提高：

$$c = c_0 + p_\text{s} U \tan\varphi_\text{cu} = c_0 + \mu_\text{s} p U \tan\varphi_\text{cu} \tag{12.44}$$

式中 μ_s——应力降低系数，$\mu_\text{s} = \dfrac{1}{1 + (n-1)m}$；

U——固结度；

φ_cu——桩间土固结不排水剪内摩擦角。

12.2.4 施工工艺

12.2.4.1 施工设备

根据地质情况选择成桩方法和施工设备，对饱和松散的砂性土，一般选用振动成桩法，以便利用其对地基的振密、挤密作用；而对于软弱黏性土，则选用锤击成桩法，也可以采用振动成桩法。

振动成桩法的主要设备有振动沉拔桩机、下端装有活瓣桩靴的桩管和加料设备。

沉拔桩机由桩架、振动桩锤组成，桩架为步履式或座式，为提高桩机的移动灵活性，也可以用起重机代替进行改装。起重机一般根据桩管、桩长等情况选择具有 150～500kN 起重能力的履带起重机。

振动桩锤有单电动机、双电动机两种。单电动机功率一般为 30～90kW，双电动机桩锤由两个电动机组成，功率一般为 2×15～2×45kW。

桩管为无缝钢管，直径可以根据桩径选择，一般管径规格有 325mm、375mm、425mm、525mm 等。活瓣或活门桩靴见图 2.12-21，桩尖的锤形角一般为 60°，桩管上端前侧设有投料口或焊有投料漏斗。桩管的长度根据桩长确定，并大于设计桩长 1～2m。

加料设备，一般使用装载机或手推车。其他还有控制操作台，装有开关、电流表和

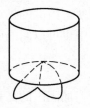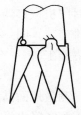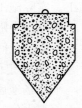

(a)活页式桩靴　　(b)活瓣式桩靴　　(c)预制混凝土桩靴

图 2.12-21 桩靴

电压表等自动控制仪表装置，用于控制沉拔桩机的开关和挤密电流。

锤击成桩法的主要设备有蒸汽打桩机或柴油打桩机、桩管、加料漏斗和加料设备。

蒸汽打桩机或柴油打桩机由移动式桩架或起重机改制桩架与蒸汽桩锤或柴油桩锤组成，起重机为 150～400kN 起重能力的履带式起重机。桩锤的质量一般为 1.2～2.5t，根据地层、桩管等情况选择桩锤的大小，且锤的质量不小于桩管质量的 2 倍。

双管成桩法的桩管采用壁厚大于 7mm 的无缝钢管，内配芯管，芯管直径比外管（桩管）直径小约 50mm。外管和内管长度相同。在外管的前侧间隔 2～3m 开有投料口，投料口高 250～300mm、宽 200～250mm，并装有活页式可灵活开关的门。外管上下两端均开

口，上端设有供拔管和移位用的吊环。芯管下端用钢板封闭，上端用钢板封闭可与桩锤替打连接，锤击芯管时同时带动外管沉入土中。

单管成桩法的桩管为壁厚 7mm 以上的无缝钢管，下端装有活瓣桩靴，或下端开口成桩时用预制钢筋混凝土锥形桩尖（此桩尖留在土中）。

12.2.4.2　施工要求

1. 三通一平和标高

三通一平指水通、电通、料通和平整场地，这是施工能否顺利进行的重要保证。

平整场地时须注意在接近地表一定深度内，土的自重应力小，桩周土对桩的径向约束力小，造成砂石桩体上部 $1\sim2$m 长密实度较差，这部分一般不能直接做地基，需进行辗压、夯实或挖除等处理。例如，双管锤击成桩法施工时，就要求桩顶标高以上须有 $1\sim2$m 的原土覆盖层，以保证桩顶端的密实。因此要根据不同成桩方法确定施工前场地的标高。另一方面，由于在饱和黏性土中施工，可能因挤压造成地面隆起变形，而在砂性土中进行振动法施工时，振动作用又可能产生振密沉降变形，所以施工前要根据试验或经验预估隆起或振密变形的数量，以确定施工前场地的标高，使处理后场地标高接近规定标高。

2. 砂石料的含水率

施工时，砂石桩的含水率对桩的质量有很大的影响，一般情况下，不同成桩方法对砂石料含水率的要求也不相同。

单桩锤击法或单管振动法一次拔管成桩或复打成桩时，砂石料含水率要达到饱和。双管锤击法成桩或单管振动法重复压拔管成桩时，砂石料含水率为 $7\%\sim9\%$。在饱和土中施工时，可以用天然湿度或干的砂石料。

3. 平面施工顺序

根据地层情况和处理目的来确定砂石桩的平面施工顺序：

砂土和粉土中以挤密为主的施工，先打周围 $3\sim6$ 排桩，后打内部的桩，内部的桩隔排施工。实际施工时因机械移动不便，内部的桩可以划分成小区然后逐排施工。

黏性土中隔排施工，同一排中也可以间隔施工。特别是置换率较大，桩距较小的饱和黏性土，要注意间隔施工。

4. 桩的定位

平整场地后，测量地面高程。加固区的高程宜为设计桩顶高程以上 1m。如果这一高程低于地下水位，需配备降水设施或者适当提高地面高程。最后按桩位设计图在现场用小木桩标出桩位，桩位偏差不得大于 3cm。

5. 成桩试验

施工前要进行成桩试验，试桩数量 $7\sim9$ 根，如不能满足设计要求，应调整桩间距、填料量等施工参数，重新进行试验或修改施工工艺设计。

12.2.4.3　成桩工艺和质量控制

1. 振动成桩法

振动成桩法分为一次拔管法、逐步拔管法和重复压拔管法三种。

（1）一次拔管法。

1）成桩工艺步骤，见图 2.12-22。

①桩管垂直对准桩位（活瓣桩靴闭合）。

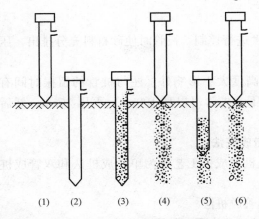

图 2.12-22　一次拔管和逐步拔管成桩工艺

②启动振动桩锤，将桩管振动沉入土中，达到设计深度，使桩管周围的土进行挤密或挤压。

③从桩管上端的投料漏斗加入砂石料，数量根据设计确定。为保证顺利下料，可加适量水。

④边振动边拔管直至拔出地面。

2）质量控制。

①桩身的连续性和密实度。通过拔管速度控制桩身的连续性和密实度。拔管速度应通过试验确定，一般地层情况，拔管速度为 1～2m/min。

②桩身直径。通过填砂石的数量来控制桩身直径。利用振动将桩靴充分打开，顺利下料。当砂石料量达不到设计要求时，要在原位再沉管投料一次或在旁边补打一根桩。

（2）逐步拔管法。

1）成桩工艺步骤，如图 2.12-22 所示。

①～②与一次拔管法步骤相同。

③逐步拔管，边振动边拔管，每拔管 50cm，停止拔管而继续振动，停拔时间 10～20s，直至将桩管拔出地面。

2）质量控制。

①桩身的连续性和密实度，通过控制拔管的速度不要太快来保证桩身的连续，不致断桩或缩径。拔管速度慢，可使砂石料有充分时间振密，从而保证桩身的密实度。

②桩的直径，要按设计要求数量投加砂石料。

（3）重复压拔管法。

1）成桩工艺步骤，如图 2.12-23 所示。

①桩管垂直就位，闭合桩靴；

②将桩管沉入地基土中达到设计深度；

③按设计规定的砂石料量向桩管内投入砂石料；

④边振动边拔管，拔管高度根据设计确定；

⑤边振动边向下压管（沉管），下压的高度由设计和试验确定；

⑥停止拔管，继续振动，停拔时间长短按规定要求；

⑦重复步骤③～⑥，直至桩管拔出地面。

2）质量控制。

①桩身的连续性。应通过适当的拔管速度、拔管高度和压管高度来控制桩身的连续性。拔管

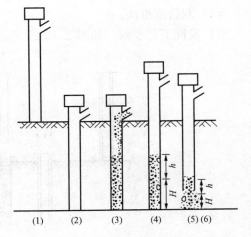

图 2.12-23　重复压拔管工艺

速度太快，砂石料不易排出，以及拔管高度较大而桩管高度又较小时，都容易造成桩身投料

不连续。

②桩的直径。利用拔管速度和下压桩管的高度进行控制。拔管时使砂石料充分排出，压管高度较大时形成的桩径也较大。

③桩体密实度。桩体的密实度，除了受压管高度大小影响外，还与桩管的留振时间有关。留振时间长，则桩身的密实度大。一般情况下，桩管每提高 100cm，下压 30cm，然后留振 10～20s。

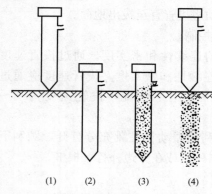

图 2.12-24 单管锤击式成桩工艺

2. 锤击成桩法

锤击成桩法成桩工艺分为单管成桩法和双管成桩法两种。

（1）单管成桩法。

1）成桩工艺步骤，如图 2.12-24 所示。

①桩管垂直就位，下端为活瓣桩靴时则对准桩位，下端为开口的则对准已按桩位埋好的预制钢筋混凝土锥形桩尖。

②启动蒸汽桩锤或柴油桩锤将桩管打入土层至设计深度。

③从加料漏斗向桩管内灌入砂石料。当砂石量较大时，可分两次灌入，第一次灌总料量的 2/3 或灌满桩管，然后上拔桩管，当能容纳剩余的砂石料时再第二次加够所需砂石料。

④按规定的拔管速度，将桩管拔出。

2）质量控制。

①桩身连续性。桩身的连续性用拔管速度来控制。拔管速度根据试验确定。一般土质条件下，拔管速度为 1.5～3.0m/min。

②桩的直径。用灌砂石量来控制桩的直径。灌砂石量没有达到要求时，可在原位再沉入桩管投料（复打）一次，或在旁边沉管投料补打一根桩。

（2）双管成桩法。

1）成桩工艺步骤，如图 2.12-25 所示。

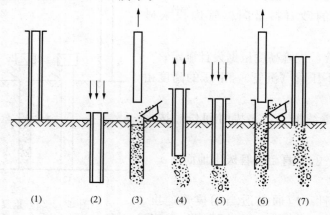

图 2.12-25 双管锤击式成桩工艺

①桩管垂直就位。

②启动蒸汽桩锤或柴油桩锤，将内、外管同时打入土层中至设计规定的深度。

③拔起内管至一定高度不致堵住外管上的投料口，打开投料口门，将砂石料装入外管里；

④关闭投料口门，放下内管，压在外管内的砂石料面上，拔起外管，使外管上端与内管和桩锤接触。

⑤启动桩锤，锤击内、外管，将砂石料压实。桩底第一次投料较少，如填 1 手推车约 0.15m³（只是桩身每次投料的一半），然后锤击压实，这一阶段称为"座底"，"座底"可以保证桩长和桩底的密实度。

⑥拔起内管，向外管里加砂石料，每次投料为 2 手推车，约 0.30m³。

⑦重复步骤④～⑥，直至拔管接近桩顶。

⑧至桩达到桩顶时，即最后 1～2 次加料每次加 1 手推车或 1.5 手推车砂石料，进行锤击压实，至设计规定的桩长或桩顶标高，这一阶段称为"封顶"。

2）质量控制。

①桩身连续性。拔管时如没有发生拔空管现象，一般可避免断桩。

②桩的直径和桩身密实度。用贯入度和填料量两项指标双重控制桩的直径和密实度。对于以提高地基承载力为主要处理目的的非液化土，以贯入度控制为主，填料量控制为辅；对于以消除砂土和粉土地震液化为主要处理目的的，则以填料量控制为主，以贯入度控制为辅。贯入度和填料量可通过试桩确定。

12.2.5　效果检验

地基处理效果的检验，就是采用一种或多种检测方法对处理后形成的复合地基的性能进行测试，以验证复合地基各项性能满足设计要求的程度。当某些性能不能满足设计要求时，要从施工、设计等方面寻找原因，如果是施工没有按规定的要求进行，则要采取适当的补救措施加以弥补。从这个意义上说，检验也是对施工质量的检测。如果是设计方面的原因，使处理效果没有达到要求，则要对设计进行修改或变更。

因此，鉴于上述两个方面的目的，砂石桩处理效果的检验方法主要有载荷试验、静力触探试验、动力触探试验、波速试验等。

12.2.5.1　载荷试验

1. 试验类型

试验类型有单桩复合地基载荷试验和多桩复合地基载荷试验两种。

单桩复合地基载荷试验一般采用钢质或钢筋混凝土质压板，形状为圆形、正方形或长方形，面积为一根桩所承担的地基处理面积，即等效影响圆的面积。

多桩复合地基载荷试验一般采用钢质或钢筋混凝土质压板，形状为正方形、矩形，其尺寸根据实际桩数所承担的地基处理面积确定，一般与桩间距和布桩形式有关。常用的有以 2 倍桩间距为正方形边长可覆盖 4 根桩所承担的处理面积的压板。

为对此说明问题，还可以做单桩载荷试验和相同尺寸压板的桩间土载荷试验。

上述载荷试验还可以与相同尺寸压板的天然地基载荷试验进行对比。

2. 试验要点

(1) 恢复期。由于制桩过程对地基土结构、构造的扰动，使其强度暂时有所降低，而且，对饱和土还产生较高的超孔隙水压。因此，制桩结束后要静置一段时间，使强度恢复，超孔隙水压消散以后再进行载荷试验。对黏性土恢复期在两周以上，对砂土和粉土恢复期为一周以上。

（2）试验。

1）压板底高程。压板底高程与基础底面设计高程相同，压板下铺设不超过 20mm 厚的中粗砂找平层。

2）加荷。总加荷量不少于设计要求值的 2 倍。荷载分级等量施加，级数可分为 8～12 级。当上一级荷载引起的沉降增量 1h 内小于 0.1mm 时方可施加下一级荷载；对饱和黏性土形成的复合地基中的砂石桩，1h 内沉降增量小于 0.25mm 时即可施加下一级荷载。

3）读数。每加一级荷载 p，在加荷前、加荷后各读记压板沉降量 s 一次。以后，每隔 0.5h 读记一次。

4）终止试验条件。试验过程中出现下列现象之一时，可以终止试验：

①沉降骤增，压板突然下沉，土被挤出或周围出现明显的裂缝；

②累计沉降量已超过 0.1δ（δ 为压板宽度）或 $0.1d$（d 为压板直径）；

③总加荷量已达到设计要求值的 2 倍以上。

5）卸荷分 3 级等量卸荷，每卸一级，读记回弹量，直至变形稳定。

（3）复合地基承载力基本值的确定。利用压力 p-s 沉降关系曲线，根据下列 3 种情况确定：

1）当 p-s 曲线上有明显的比例极限时，取此比例极限对应的荷载为承载力基本值；

2）当极限荷载能确定，而且其值又小于对应比例极限荷载值的 1.5 倍时，可取极限荷载的一半值为承载力的基本值；

3）按相对变形值确定：

①对以黏性土为主的地基，取 S/b 或 $S/d=0.02$ 所对应的荷载为承载力的基本值；

②对以砂土或粉土为主的地基，取 S/b 或 $S/d=0.015$ 所对应的荷载为承载力的基本值。

（4）复合地基承载力标准值的确定：试验点数量不少于 3 个，当对承载力的基本值进行统计计算，其极差不超过平均值的 30% 时，取其平均值为复合地基承载力标准值。

3. 利用单桩或桩间土的试验资料计算复合地基承载力

当没有大型复合地基载荷试验条件时，可以利用单桩载荷试验或桩间土载荷试验所得的承载力值，使用式（12.9）或式（12.11）计算复合地基承载力值。

12.2.5.2　室内土工试验

通过地基处理前后桩间土的物理力学性质指标的变化来验证处理的效果。试验项目有含水量、重力密度、孔隙比、压缩模量和抗剪强度指标 c、φ 等。

12.2.5.3　静力触探和动力触探试验

静力触探和标准贯入试验，用于检验桩间土的加固效果，也可用于检验砂石桩桩身的施工质量。

用重型动力触探检验砂石桩的桩身密实度和桩长等。

12.2.5.4　波速试验

波在地基土中的传播速度反映了土的动力特性，波速的大小与土的埋藏条件和孔隙比等因素有关，因此通过测定土的波速可确定土的动弹性模量和动切变模量。通过测定地基处理前后波速的变化来判断处理的效果，还可以建立区域性的波速与标贯值或承载力的相关关系。

波速试验主要有跨孔法、单孔检波法和稳态激振法 3 种。

12.2.5.5　其他专门测试

对重要工程，为了给设计、施工或研究提供可靠数据，还要进行一些专业的测试。针对不同目的，分别有超孔隙水压、复合地基应力分布和桩土应力比等。

工程实例 2：砂石桩在实际中的应用

1. 工程及工程地质概况

拟建工程为一教学试验楼，位于西安市南郊某高校内，建筑物主体为地上整体 7 层、局部 9 层、地下 1 层，结构类型为框剪结构，建筑面积 1.1 万 m^2。采用钢筋混凝土板梁基础，板厚 600mm，梁高 600mm。建筑物最大高度为 41.50m，基底标高为 -2.95m。地基处理方法采用孔内重锤夯实砂石桩，基坑开挖范围为四周均沿基础外轴线外放 3.50m。该场地地貌单元属黄土梁洼区的黄土梁南坡，地形平坦，为前有建筑物拆除后的场地，经岩土工程勘察后，该场地各层土野外特征分述如下：①杂填土（Qm14）：主要为黏土，含砖、瓦块、灰土块、炭屑等，结构松散，土质不匀，层厚 1.10～2.80m。②黄土（Qeo13）：褐黄色，具虫孔，大孔发育，土质均匀，层位稳定，分布连续。可塑—软塑，中—高压缩性，层厚 1.50～6.80m，天然地基承载力标准值（建议值）为 $f_k = 130$kPa。③黄土（Qeo13）：黄褐色，具虫孔，大孔发育，可见蜗牛壳，土质均匀，层位稳定，分布连续可塑（个别硬塑），中等压缩性，层厚 1.60～3.20m，$f_k = 150$kPa。④古土壤（Qe13）：黄褐—褐红色，具团粒结构，含钙质薄膜、钙质结核、蜗牛壳，可见虫孔，层位稳定，分布连续，硬塑，中压缩性，层厚 2.20～3.50m，$f_k = 160$kPa。⑤粉质黏土（Qa12）：黄褐—灰黄色，含氧化铁条纹及贝壳，土质均匀，可塑—硬塑，中—低压缩性，未穿透，$f_k = 160$kPa；地下水属潜水类型，勘察期间其稳定水位埋深 8.90～11.20m。

2. 地基处理方案及重锤夯实砂石桩施工工艺

拟建工程的基础埋深为 -2.95m，其持力层位于第 2 层黄土上，而该层黄土属于软弱土，故需对其进行加固。加固软弱地基的方法很多，经建设、勘察、设计并协同有关专家反复论证后，该工程的地基处理方案最终被确定为孔内重锤夯实砂石桩复合地基。有关设计参数分别为：桩长 9600mm，桩径 400mm，桩距 900mm，排距 780mm，呈等边三角形布置，桩顶标高位于 ±0.00m 以下 -3.65m，桩顶标高至基础底面之间设计为 700mm 厚 3:7 灰土垫层。设计要求对处理后的地基进行复合地基静荷载试验、桩体超重型动力触探试验和桩间土标准贯入试验，其复合地基承载力标准值 f_k 应不小于 250kPa。孔内重锤夯实砂石桩的施工工艺，实际上是在已有几十年历史的灰土挤密桩和近几年来发展起来的渣土桩的两种施工工艺的基础上形成的。孔内重锤夯实砂石桩的施工工艺如下：

（1）成孔：采用步履式螺旋钻机成孔，跳排跳桩施工，先由外放边缘处开始，逐排向内收缩。

（2）填料：填料为级配砂石（粒径为 20～40mm 碎石），每次填料不大于 0.1m^3。

（3）夯实：采用卡车底盘改装的砂石桩专用夯实机，夯锤长 3m，直径 350mm，锤端部为高 400mm 的锥体，锤重 2.0t，落距 3.0m 左右。每成一孔，立即夯底 8 击，后即灌入填料，每次填入填料 0.1m，夯击 8～10 击，夯实后成桩直径介于 500～600mm，为桩孔直径的 1.3～1.5 倍。

3. 效果检验

整个场地处理完毕后，静置 7d，而后进行 6 组复合地基静载荷试验、6 组砂石桩桩体超重型动力触探、6 组桩间土标准贯入试验，检测试验结果分析如图 12-26 所示。

复合地基静荷载试验的承压板选直径 950mm、底面积 0.7088m² 的圆形刚性承压板。试验采用慢速维持荷载法，最终加载值为 500kPa，6 组载荷试验中均未出现任何异常现象，各试验点的 p-s 曲线均呈缓变型曲线（图 12-26）。

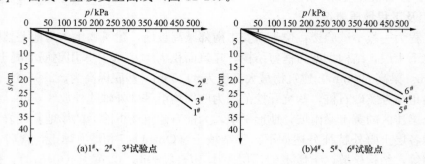

图 12-26　静荷载试验的 p-s 曲线

由于孔内重锤夯实砂石桩为一种新型的施工工艺，其复合地基承载力基本值参照砂石挤密桩的规定，取 $s/d=0.015$，即 $s=14.25$mm 所对应的荷载，为孔内重锤夯实砂石桩复合地基的承载力基本值（表 12-12），其平均值为 268kPa，按文献 [1] 规定，该平均值即为该场地砂石桩复合地基的承载力标准值。

表 12-12　　　　　　　　　　　　复合地基静载荷试验成果表

试验点编号	1	2	3	4	5	6
最终沉降量/mm	29.72	21.14	27.53	25.66	28.14	23.52
承载力基本值/kPa	240	300	260	265	255	290

（1）桩体超重型动力触探试验。桩体超重型（N_{120}）动力触探试验共进行了 6 组，连续贯入并详细记录，每组进尺 9.5m，总进尺 57m，采集数据 550 个，统计分析结果见表 12-13。

表 12-13　　　　　　　　　桩体超重型（N_{120}）动力触探试验结果

统计数 n/个	锤击数平均值/击	变异系数 δ	锤击数/击	承载力基本值/kPa
550	6.3	0.490	5.80	490

（2）桩间土标准贯入试验。桩间土标准贯入（$N_{63.5}$）试验共进行 6 组，每间隔 1.0m 测试记录一次，每组进尺 9.0m，总进尺 54.0m，采集数据 54 个，统计分析结果见表 12-14。

表 12-14　　　　　　　　　桩间土标准贯入（$N_{63.5}$）试验结果

统计数 n/个	锤击数平均值/击	变异系数 δ	锤击数/击	承载力基本值/kPa
54	5.5	0.395	4.95	160

（3）由动力触探试验确定的复合地基承载力标准值。

参考文献

[1] 靳亚顺，李秋苗. 砂石桩处理软弱地基应用研究. 长安大学学报（建筑与环境科学版），2003，20(3) 22-24.

[2] 徐至钧. 振冲法和砂石桩法加固地基. 北京：机械工业出版社，2005.

[3] 江苏宁沪高速公路股份有限公司，河海大学. 交通土建软土地基工程手册. 北京：人民交通出版社，2001.

[4] 牛志荣. 地基处理技术及工程应用. 北京：中国建材工业出版社，2004.

[5] 李彰明. 变形局部化的工程现象、理论与试验方法. 全国岩土测试技术新进展会议大会报告（海口），2003(11).

[6] 李彰明. 岩土工程结构. 土木工程专业讲义. 武汉：1997

[7] 李彰明，赏锦国，胡新丽. 不均匀厚填土地基动力固结法处理工程实践. 建筑技术开发，2003，30(1)：48-49.

[8] 李彰明，李相崧，黄锦安. 砂土扰动效应的细观探讨. 力学与实践，2001，23(5)：26-28.

[9] 李彰明. 有限特征比理论及其数值方法. 第五届全国岩土力学数值分析与解析方法讨论会论文集. 武汉：武汉测绘大学出版社，1994.

[10] 李彰明. 岩土介质有限特征比理论及其物理基础. 岩石力学与工程学报，2000，19(3)：326-329.

[11] 李彰明，冯遗兴. 动力排水固结法参数设计研究. 武汉化工学院学报，1997，19(2)：41-44.

[12] 李彰明，冯遗兴. 软基处理中孔隙水压力变化规律与分析. 岩土工程学报，1997，19(6)：97-102.

[13] 李彰明，冯遗兴. 动力排水固结法处理软弱地基. 施工技术，1998，27(4)：30，38.

[14] 龚晓南. 复合地基设计和施工指南. 北京：人民交通出版社，2003.

[15] 林宗元. 岩土工程治理手册. 沈阳：辽宁科学技术出版社，1993.

[16] 龚晓南. 地基处理手册. 北京：中国建筑工业出版社，2000.

[17] 叶洪东，等. 沉管碎石桩施工工艺改进实例. 工程勘察，1999(4).

[18] 龚晓南. 地基处理技术发展与展望. 北京：中国水利水电出版社，2004.

[19] 李彰明，王武林，冯遗兴. 广义内时本构方程及凝灰岩粘塑性模型. 岩石力学与工程学报，1986，5(1)：15-24.

[20] 李彰明，王武林. 内时理论简介与内时本构关系研究展望（讲座）. 岩土力学，1986，7(1)：101-106.

[21] 李彰明. 厚填土地基强夯法处理参数设计探讨. 施工技术（北京），2000，29(9)：24-26.

[22] 李彰明，黄炳坚. 砂土剪胀有限特征比模型及参数确定. 岩石力学与工程学报，2001，20：1766-1768.

[23] 李彰明，赏锦国，胡新丽. 不均匀厚填土强夯加固方法及工程实践. 建筑技术开发，2003，30(1)：48-49.

[24] 李彰明. 动力排水固结法处理软弱地基. 施工技术，1998，27(4)：30.

[25] 李彰明，杨文龙. 土工试验数字控制及数据采集系统研制与应用. 建筑技术开发，2002，29(1)：21-22.

[26] LI Zhangming et al. Dynamic response of mud in the field soil improvement with dynamic drainage consolidation. Earthquake Engineering and Soil Dynamics March. 2001. USA, Ref Proc. Of the Conf. (CD-ROM). ISBN-1－887009-05-1(Paper No. 1. 10：1-8).

[27] 李彰明，杨良坤，王靖涛. 岩土介质强度应变率阈值效应与局部二次破坏模拟探讨. 岩石力学与工

程学报, 2004, 23(2): 307-309.

[28] 李彰明, 全国权, 刘丹. 土质边坡建筑桩基水平荷载试验研究. 岩石力学与工程学报, 2004, 23(6): 930-935.

[29] LI Zhangming, Wang Jingtao. Fuzzy Evaluation On The Stability Of Rock High Slope: Theory. Int. J. Advances in Systems Science and Applications, 2003, 3(4): 577-585.

[30] LI Zhangming. Fuzzy Evaluation On The Stability Of Rock High Slope: Application. Int. J. Advances in Systems Science and Applications, 2004, 4(1): 90-94.

[31] 李彰明, 杨良坤, 刘添俊. 半刚性桩复合地基沉降分析方法及应用. 建筑科学, 2005, 21(4): 46-50.

[32] 李彰明. 软基处理中孔压变化规律与分析. 岩土工程学报, 1997, (19): 97-102.

[33] 张光永, 吴玉山, 李彰明. 超载预压法阈值问题的室内研究. 岩土力学, 1999, 20(1): 79-83.

[34] 张珊菊, 等. 建筑土质高边坡扶壁式支挡分析设计与工程应用. 土工基础, 2004, 18(2): 1-5.

[35] 王安明, 李彰明. 秦沈客运专线 A15 标段冬季施工技术. 铁道建筑, 2004(4): 18-20.

[36] 赖碧涛, 李彰明. 地基处理管理信息系统的开发和应用. 岩土力学, 2004, 25(12): 2041-2044.

[37] 刘添俊, 李彰明. 土质边坡原位剪切试验研究. 岩土工程界, 2004 年增刊.

[38] 李彰明. 深圳宝安中心区软基处理试验小区测试与监控技术研究报告, 1995(10).

[39] 李彰明, 冯遗兴. 海南大学图书馆软基处理技术报告, 1995.

[40] 李彰明, 冯遗兴. 三亚海警基地软弱地基处理监测技术报告, 1996.

[41] 李彰明, 冯遗兴. 深圳市春风路高架桥软基处理技术报告, 1993.

[42] 秦玉生, 苑守成. 水泥粉煤灰碎石桩的设计与施工. 地质与勘探, 2000, 36(1): 85-87, 95.

[43] 徐至钧. 水泥粉煤灰碎石桩复合地基. 北京: 机械工业出版社, 2004.

[44] 中国建筑科学研究院. JGJ 79—2002 建筑地基处理技术规范. 北京: 中国建筑工业出版社, 2002.

第 13 章

微 型 桩

13.1 概述

13.1.1 微型桩的定义

微型桩（micro pile）是一种小直径桩，直径一般小于 300mm，材料一般为钢筋混凝土。微型桩施工一般由三部分组成：钻孔、放置钢筋和注浆成桩（图 2.13-1）。微型桩可以单独承受轴向或者水平荷载，也可同时承载轴向、水平荷载。微型桩可以代替传统桩型或者作为复合地基/桩-土的组成部分。在微型桩施工时对临近建筑、土质、环境的影响比较小。微型桩在一些欧美国家已广泛使用，技术较为成熟。

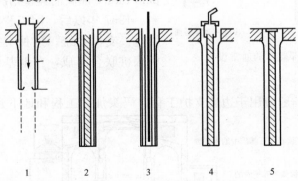

图 2.13-1　灌注微型桩的工艺流程

1—钻孔；2—成孔；3—置筋；4—注浆；5—成桩

微型桩具有以下优点：

（1）承载力高：据有关资料显示，一根直径为 140mm，长度为 4.7m 桩端进入密实中砂层的微型桩的极限承载力为 835kN。完全埋入土中的微型桩，能提供 910kN 的安全工作荷载。当微型桩的持力层为岩层时，能够承受的安全工作荷载可高达 2720kN。

（2）沉降量小：一根直径为 220mm、桩端进入硬塑黏性土长为 7m 的微型桩，当荷载加至 314kN 时，桩顶沉降仅为 3.8mm；而一根同样直径桩端进入砂状强风化岩长度为 11m 的微型桩，当荷载加至 648kN 时桩顶沉降仅为 2.2mm。

（3）所需施工场地较小，当平面尺寸为 1.1m×2.5m 和净空高度为 2.5m 时即可施工。

（4）桩孔孔径小，因而对基础和地基土几乎不产生附加应力，施工时对原有基础影响小；也不干扰建筑物的正常使用。

（5）能穿透各种障碍物，适用于各种不同的土质条件。

钻孔灌注桩的大部分荷载由钢筋混凝土承担；而要提高桩的承载力，就要增大桩的横截面和表面积。通过比较，微型桩的承载力全部或者大部分由微型桩中的钢筋来承担，而微型桩中的钢构件体积几乎占了成孔体积的一半。在微型桩施工中所采用的特殊钻孔和灌浆方法考虑到了灌注浆/土层和微型桩之间的高度黏结性，微型桩通过灌注浆向土层传递摩擦力，其原理和土钉工作原理相似。由于微型桩的直径小，故其端承力几乎可以忽略。桩和灌注浆/土层的黏结力主要由灌浆方法（也就是所说的压力灌浆和自重灌浆两种方法）和土层性质决定。

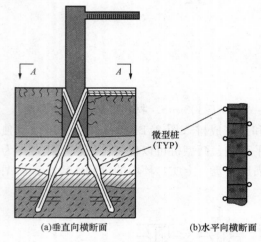

(a)垂直向横断面　　(b)水平向横断面

图 2.13-2　桩底部支撑的通常设置

13.1.2　微型桩的发展

微型桩的概念是在 20 世纪 50 年代早期提出的。当时为了加固历史性建筑和纪念碑等建筑（因其随时间的推移逐渐破坏），需要一种新的具备小位移、低扰动特点的加固技术，还要能够在有限空间内进行施工。Dr. Fernado Lizzi 开发了 palo radice，或者称树根桩，主要运用于加固工程。palo radice 是一种小直径桩，其预先钻孔、实地浇筑、轻型加固、灌浆成桩。palo radice 加固的典型情况如图 2.13-2 所示。

1957 年以后，因工程需要，发展了树根桩网这一支撑系统。这种支撑系统由竖向和斜向树根桩联合组成，在地基中形成一个三维的树根桩网（图 2.13-3）。

网状结构树根桩一般应用于边坡支护工程、码头加固工程和地下建筑加固工程。另外，

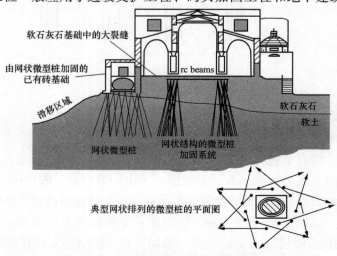

图 2.13-3　典型的树根桩网微型桩

还应用于建筑支撑和地基加固工程。

　　微型桩技术在德国和瑞士也取得很大的发展，这些技术很快被各国相关部门或者微型桩专利持有人引入远东，并且很快远东成为了微型桩的主要市场之一。Fondedile 于 1973 年通过在纽约和波士顿的一系列加固工程把微型桩技术引进北美，但是微型桩在北美发展并不是很快，直到 20 世纪 80 年代中期，许多微型桩加固成功工程被公之于世，人们才打消了对微型桩技术的顾虑，而后，微型桩很快占领了东海岸传统桩基市场（Bruce，1988 年）。在当时社会环境下，相对廉价的劳动力、钢铁的短缺和旧城区的重建都促进了微型桩在欧洲的发展。相反，微型桩在北美的缓慢发展反映了北美的钢铁充足而且廉价，劳动力却相对昂贵，工程主要集中在城市外部。在这种环境下，技术含量低、按规范施工的动力打桩发展起来。如今，全球的建筑成本和建筑技术都相似，因此增加了微型桩的需求，其中，具有设计能力的岩土承包商起了很大作用。

13.1.3　微型桩加固机理

　　微型桩是在钢套管的导向下用旋转法钻进，穿过原有建筑物基础进入地基土中至设计标高，清孔后下放钢筋，再用压力灌注水泥浆、水泥砂浆或细石混凝土，边灌、边振、边拔管，最后成桩。因混凝土或水泥浆被强制灌入地基中，故沿桩周产生的桩身摩阻力较大，使桩获得所需的抗压与抗拉能力。当桩贯入很软的淤泥层或水中，就可能产生桩的压曲问题。

　　若桩与桩之间的间隔很大且轴向受荷，则微型桩的作用相当于常规桩。微型桩底端直径小，故桩的端承力小，荷载主要由桩身摩阻力传递。鉴于桩的截面很小，钢筋混凝土用量或混凝土与钢筋的握裹力则是设计的决定因素。微型桩作为现场地基的加筋，它们的间距一般较小。荷载由桩-土复合结构共同承受，受荷状态类似于钢筋混凝土结构，即地基土代表混凝土而微型桩代表钢筋。Lizzi 对不同布置的桩群模型试验说明通过改变微型桩的间距与排列形式可以提高桩的承载能力。桩群对荷载的反作用是由加筋土作为一个整体提供的，而受荷载发生的破坏则被视为整个桩土复合体的破坏，并不是单根桩的破坏。由于桩与土体作为整体共同作用在结构上的应力分布在地基与桩基两部分上，而不是如桩基设计时所考虑的那样，仅将应力分布在桩基部分；为此，存在一个"关联效应"，即作用在一根桩上的应力会传递给相邻的桩，这是由于桩基与地基之间的强黏聚力产生的互相作用所致。

13.2　微型桩的分类

　　微型桩可以根据设计方法和施工方法来进行分类。

13.2.1　按设计应用分类

　　在比较密集的网状微型桩中，单桩的设计方法和群桩的设计方法有很大的不同。按受力不同，微型桩可以分为以下两类：

　　第一类：直接承受荷载或用于加固作用时承受主要荷载的微型桩，如图 2.13-4 所示。

　　第二类：微桩与其周围的土体共同作用，形成复合地基，一起承受荷载的网状结构微型桩（图 2.13-5）。

　　第一类微型桩可以取代多种传统类型的桩，把结构荷载传递到更大的深度，而稳定性更好。只要直接承受荷载，无论是承受轴向还是侧向荷载的微型桩，都是属于第一类型的桩，

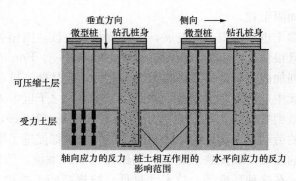

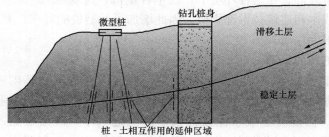

图 2.13-4　第一类型微型桩（直接承受主要荷载）

574

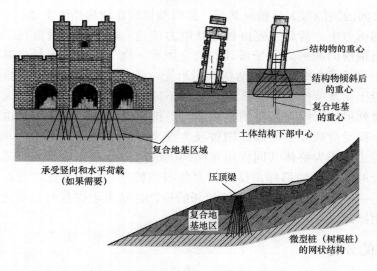

图 2.13-5　第二类型微型桩——用于增加土的集中承载力
和使用承载力的网状结构微型桩

这种荷载主要是由桩中钢筋和桩周土摩擦力来承担。北美 92% 的应用微型桩的工程都属于这一类型。尽管这类型的桩可能会按组布置，但在设计上是按单桩设计方法，其典型布置方式如图 2.13-6 所示。

第二类微型桩是网状结构的微型桩，是微桩与周围土体相互作用形成复合地基，共同承受荷载；这类型微桩加固效果比较好。典型的网状结构微型桩的排列如图 2.13-7 所示。

也有介于第一类和第二类微型桩的设计方法。一个典型的例子就是在边坡支护中，在滑裂面上打一排微型桩来支护边坡。有关研究（Pearlman，1992 年）表明微型桩只有在滑动的面上才相互发生作用。在这种情况下，桩直接承受荷载，所以它具有第一类型微型桩的特征，而在滑动面上，群桩确实增强了整体结构的连接性，这又是第二微型桩的特点，因此这个例子是第一类型微型桩和第二类的结合。

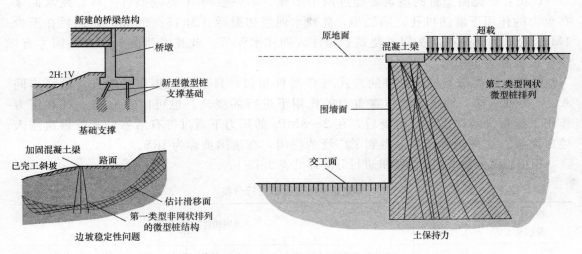

图 2.13-6 第一类型微型桩的排列   图 2.13-7 第二类型微型桩的排列

575

13.2.2 按施工方法分类

对微型桩而言，灌浆方式直接影响到微型桩的承载力，根据施工时灌浆方式和施加的压力不同可分为 A 至 D 类。图 2.13-8 中给出了详细的分类。

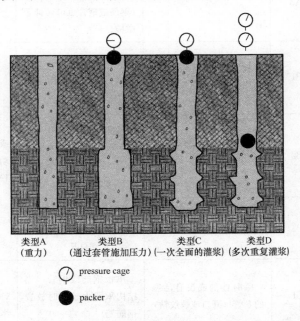

图 2.13-8 按灌注方法分类微型桩（详见表 2.13-1）

A 类：微型桩的水泥浆体在重力作用下灌注完成。

B 类：纯水泥浆体是一边抽管、一边振动、一边加压注入的，注入水泥浆的压力为 0.5～1.0MPa，并尽可能地避免扰动周围土体和水泥浆的过度流失，同时要保证收管时桩孔壁的密闭。

C 类：C 类微型桩的浇筑要经过两个步骤。第一步同 A 类微型桩一样，纯水泥浆在重力的作用下灌注桩孔。第二步，先待水泥浆初凝后（为 15～25min），然后在至少 1MPa 的压力下用有防护罩的浇筑管再注入同样水泥浆。此技术目前只有在法国才有，这种桩被称为 IGU。

D 类：D 类微型桩的成桩的方式与 C 类桩相似，只是第二步作了改进。第一步同 A、C 类型一样，纯水泥浆体在重力的作用下进行的浇筑，也可以和 B 类一样在压力作用下进行浇筑。水泥浆初凝后，在 2～8MPa 的压力下通过带有活塞的套管再次注入纯水泥浆。这种桩在世界上得到了广泛的应用，在法国被称为 IRS。

根据施工方法不同对微型桩进行分类详见表 2.13-1。

表 2.13-1　　　　　　　　　微型桩的成桩类型进行分类

微型桩类型及灌浆方式	二级分类	套　管	加固构件	注　浆
A 类 只有重力作用	A1	临时性或没有活塞的套管（开口或螺纹钻）	无，一根钢筋，钢筋笼，钢管	沿着钻孔或套管振动注入水泥砂浆或纯水泥浆
	A2	永久性，全长	套管本身	
	A3	永久性，只在桩身上部	钻孔套管在桩身的上部，下部为钢筋或钢管（钢筋或钢管也可延伸至微桩总长）	
B 类 边抽管边压力灌浆	B1	临时性的或没有活塞的套管（开口或螺纹钻）	单根钢筋或钢管（当结构承载力较低时放置钢筋笼）	首先将纯水泥浆贯入套管或螺纹钻中，抽管时一边振动，一边在套管中施加超过 1MPa 的额外压力
	B2	永久性的，部分长度	钻孔套管在桩身的上部，下部为钢筋或钢管（钢筋或钢管也可延伸至微桩总长）	
	B3	永久性的，桩身上部	上部传动的钻头，下部传动的钢筋或钢管（会延长到总长）	
C 类 首先在重力作用下灌浆，然后在"球"压力下二次灌浆	C1	临时性的或没有活塞的套管（开口或螺纹钻）	单根钢筋或钢管（当结构承载力较低时放置钢筋笼）	一边振动，一边在孔位（或套管/螺纹钻）中注入纯水泥浆。15～25min 后，在超过 1MPa 的压力作用下沿钢管或加固钢筋注入同样的水泥浆
	C2	—	—	
	C3	—	—	

微型桩类型及灌浆方式	二级分类	套　管	加固构件	注　浆
D 类 首先在重力或压力作用下灌浆，然后一次或多次在"球"压力下灌注同样的水泥浆	D1	临时性的或没有活塞的套管（开口或螺纹钻）	单根钢筋或钢管（钢筋笼只用于下部结构）	首先振动注入纯水泥浆（如 A 类）或者套管/螺纹钻加压注入纯水泥浆，几个小时后，沿着带活塞的套管再注入同样的纯水泥浆。注入的次数按需要达到的强度确定
	D2	只有在二次灌浆时钢管置于套管的外面才有可能使用套管	套管本身	
	D3	永久性的，桩身上部	上部传动的钻头，下部传动的钢筋或钢管（会延长到总长）	

13.3 建筑物基础的微型桩设计

13.3.1 微型桩的设计原则

微型桩设计基本原则与其他类型的桩略有差异。微型桩系统必须能够在承受可预见的荷载条件下，保证桩构成材料的应力在安全范围内，同时由此产生的变形也满足要求。对于常规的桩基础，由于其截面尺寸很大，因此桩承载力和刚度均很大，桩的设计受地基土承载能力控制。而微型桩截面尺寸较小，桩设计更多是受桩本身结构强度和刚度所控制。因此在微型桩设计时更应强调加强桩身的结构设计，这可以通过压力灌浆来实现。另外，微型桩若采用高强钢筋，则桩设计受其刚度控制。

13.3.2 微型桩的设计步骤

1. 检查拟建建筑物的工程资料

（1）建筑物的总平面布置图；

（2）建筑物的结构类型；

（3）荷重及对沉降的敏感性；

（4）建筑物的安全等级，抗震设防烈度和建筑（抗震）类别。

2. 检查拟建建筑物与周围环境的有关资料

（1）建筑场地的平面图，包括交通设施、高压架空线、地下管线和地下构筑物的分布；

（2）相邻建筑物的安全等级、基础形式和埋深；

（3）水、电及有关材料的供应情况；

（4）周围建筑物及边坡的防振（震）、防噪声的要求；

（5）泥浆排泄、弃土情况。

3. 检查岩土工程勘查资料

（1）按照国家标准《岩土工程勘察规范》（GB 50021—2001）的要求整理岩土工程勘察报告和图表；

（2）对场地的不良地质现象（如滑坡、崩塌、泥石流等），要有明确的判断、结论和防治方案；

577

（3）地震设防区要按设防烈度提供液化地层的相关资料；

（4）提供基桩设计要求的各种参数值（如桩周土摩阻力、桩端土承载力、密度、内聚力 c，内摩擦角 φ 等）；

（5）判断地下水的类型，并提供地下水的相关资料；

（6）在可能的情况下，提供现场或附近类似的基桩工程经验资料。

4. 桩的初步设计

（1）估计各层的荷载传递参数及根据承载力等需要确定桩长；

（2）根据群桩效应对地基承载力的影响估计桩间距。

5. 桩各部分的结构设计

（1）套管部分桩的结构承载力；

（2）无套管部分桩的结构承载力；

（3）砂浆和钢筋的黏结力；

（4）各组成部分间变形的协调性（柔韧性）；

（5）接口连接强度；

（6）桩端的连接。

6. 考虑地基与桩身结构的设计

（1）预计沉降；

（2）水平承载力/由于水平荷载引起的预计水平位移和组合应力（轴向＋弯曲）；

（3）考虑土的侧摩阻力。

7. 其他

除了以上几点，另外还需要考虑如下几点：

（1）防腐蚀要求；

（2）建筑荷载试验和质量控制要求；

（3）检查设计的可行性和造价的合理性。

13.3.3 地基设计

13.3.3.1 地基勘查要求

微型桩设计的地质勘查要求相对于其他类型的桩，如冲孔桩等低一些。下述是微型桩正确设计所必需的信息：

（1）地质概况；

（2）场地历史（如煤矿以前的开挖史，以往建筑物出现的问题，邻近建筑物基础类型等）；

（3）地质勘查过程描述或者土层分布情况；

（4）邻近建筑物地区钻孔柱状图，包括土层分类和描述、重力密度、含水量、标准贯入试验、圆锥触探试验、地下水情况的描述。钻孔深度应大于桩尖的深度，孔深度内土应作详细描述，特别是土层交界之处；

（5）根据钻孔得到的土层剖面图来分析土的类型，并提供最差土层的情况；

（6）估计土的抗剪强度参数，确定黏性土的液塑限、砂性土颗粒级配；

（7）如果遇到岩石，应提供岩石的分类、渗透率、风化程度和龟裂情况、无侧限压缩强度等资料，而且要给出挖孔者的观测描述；

（8）确定和讨论潜在的污染、腐蚀的情况；这包括传导率，pH，铅、硫酸和氯化物的含量。

一般而言，应提供所有相关的地质资料。由地质勘查得到的土层基本特点和分层情况等是否正确，可通过对成桩时的渗透率、灌浆、回流、土剪切等监测得到验证。

13.3.3.2 地基承载力

在设计中，通常认为微型桩所受荷载是通过桩土之间摩擦力传递给地基，而由于以下原因桩端则没有端阻力：

（1）砂浆和土之间的较大的黏结力是由成桩方法决定的。对于直径为 $150\sim300$mm 的典型微型桩，黏结力在密实的砂土中可达到极限值 365kN/m，而在岩石中可达到 750kN/m。

（2）桩侧摩阻力远远大于其端阻力。对于一根直径为 200mm，长为 6m 的微型桩，其侧摩阻力的值超过端阻力的 120 倍。

（3）桩要发挥侧摩擦阻力所需的位移远远小于发挥端阻力所需要的位移。

随着微型桩应用的日见广泛，现阶段实践中地基设计主要是基于经验和微型桩的荷载试验，以及参考与之工作原理类似的土钉和土锚情况。

13.3.3.3 砂浆和土间的摩擦力

表 2.13-2 给出了砂浆和土间极限摩擦力的估计值，表中包括了四种类型的灌注桩在不同地质条件下砂浆和土间极限摩擦力值。表中极限值基本上是基于当地承包商和岩土工程师的经验得到的。表 2.13-2 给出了不同地质条件下不同成桩方法中浆土极限摩擦力的范围值。

表 2.13-2　　　　　　　工程实践中微型桩的初设时浆土摩擦力 α 的取值　　　　　　　　（kPa）

土/岩石描述	桩土摩擦力的极限强度值的取值范围			
	类型 A	类型 B	类型 C	类型 D
粉土 & 黏土（含砂）（软，中塑性）	35～70	35～95	50～120	50～145
粉土 & 黏土（含砂）（硬，密实到非常密实）	50～120	70～190	95～190	95～190
砂（含粉土）（干，中等密实）	70～145	70～190	95～190	95～240
砂（含粉土，卵石）（中粗，湿，非常密实）	95～215	120～360	145～360	145～385
卵石（含砂）（中等至非常密实）	95～265	120～360	145～360	145～385
冰渍土（含粉土、砂、卵石）（中等至非常密实，胶结）	95～190	95～310	120～310	120～335
软页岩（微风化，少湿或不湿）	205～550	N/A	N/A	—
板岩和哈佛板岩（微风化，少湿或不湿）	515～1380	N/A	N/A	N/A
石灰石（微风化，少湿或不湿）	1035～2070	N/A	N/A	N/A
砂岩	520～1725	N/A	N/A	N/A
花岗岩和玄武岩（微风化，少湿或不湿）	1380～4200	N/A	N/A	N/A

13.3.3.4 桩端承载力

当微型桩的桩端支撑于岩层上时，设计中要适当考虑桩端阻力值，其大小可参照以前类似桩荷载试验的经验值。

13.3.3.5 轴向荷载作用下微桩的群桩效应

微型桩基础通常是布置比较紧密的群桩。通常的桩，在相同的平均荷载下，根据桩的类型、打桩方法、土质条件的不同，群桩承载力比桩群中每一根单桩的明显减少，而沉降量明显增大。

一些类型的桩，如钻孔的墩，其群桩效应比较明显，因为大直径的桩身减少了作用到桩侧及墩底面的有效应力。这种群桩效应对于一些桩型，如打入摩擦桩或者压力灌浆微型桩的影响较小，甚至是有利的；因为打入桩时对周围土体的挤压作用或者压力灌浆导致土体固结等都会使土体中的有效应力增加。

模型及原型的荷载试验都已经证明了"节点效应"（Lizzi，1982 年；ASCE，1987 年）的存在，即在受荷载作用的桩土体系中产生正的群桩效应，这种效应在砂性土中比在黏性土中明显得多。

对于打入型桩，当考虑群桩效应时，除了黏性土中摩擦桩，当桩中心距小于 3 倍的桩的直径时应乘于 0.7 的有效因子外，其他桩承载力都没有减少。对于直径为 200mm 压力灌浆的微桩（即类型 B、C 和 D）及最小中心距在 0.75～1m 的范围内的典型微型桩，在这个标准下则没有必要考虑群桩效应。

对于重力灌注桩（类型 A），应考虑土的类型和成桩方法对桩周围土的有效应力和群桩承载力的影响。此时可采用类似于打入桩的方法，就是把群桩看成单桩，把群桩周长范围内的基本区域看作桩的尺寸。

13.3.4 微型桩的结构设计

在微型桩的结构设计中，必须参考当地的建筑规范。当无相应规范，或在这些规范中关于微型桩设计中的特殊之处没有特别说明或者详细陈述时，就需要根据适当的现场试验做出解释和推断了。

本节微型桩设计参见图 2.13-9，其中上部分是用钢包住的中心加固栅，下部分是压力比较低的灌浆加固栅。

13.3.4.1 符号说明

C_c ——桩的长细比；

DL ——设计荷载；

E_{steel} ——钢的弹性模量；

FS ——安全系数；

F_a ——轴向允许应力；

F_n ——轴向最大应力；

$f'_{c\text{-}grout}$ ——灌浆压力；

f_y ——钢筋的抗拉强度；

K ——有效长度因子；

L ——实际无支撑长度；

$p_{c\text{-}allowable}$ ——结构允许轴向压缩荷载；

$p_{t\text{-}allowable}$ ——结构允许轴向拉伸荷载；

$p_{c\text{-}nominal}$ ——结构最大抗压强度；

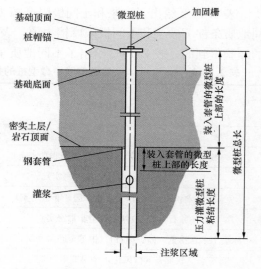

图 2.13-9 微型桩的详述

$p_{\text{t-nominal}}$ ——结构最大抗拉强度;

$p_{\text{c-designl}}$ ——结构设计抗压强度;

$p_{\text{t-designl}}$ ——结构设计抗拉强度;

r ——控制旋转半径;

φ ——强度减少系数;

α ——土和砂浆的黏结强度;

$p_{\text{G-allowable}}$ ——允许的浆土黏结体的轴向荷载;

$p_{\text{G-design-strength}}$ ——浆土黏结体的轴向设计强度;

$p_{\text{transferc-allowble}}$ ——套管连接(插入段)部分允许的传递荷载;

$p_{\text{transferc-design}}$ ——有套管的连接部分(插入段)的设计强度。

13.3.4.2 有套管部分桩的结构承载力

上部分有套管部分桩的允许拉伸和压缩荷载、设计强度可以由后面所给的平衡方程给出。由于桩上部分通常都埋在地表软土中,因此在确定桩的抗压承载力时应考虑桩侧无支撑段的长度,这可参见有关桩的侧向稳定性分析。

可利用桩的变形来计算它的允许荷载和设计强度,但是计算时要充分考虑每一组成材料的允许应变和最大应变。

除了外露在地表的部分、受冲蚀部分、穿过煤层/溶洞和穿过可能液化的土等情况外,大部分置于土中的桩都受到土的有效侧向支撑,桩的抗弯性不会减弱。

1. 有套管部分桩的长度

为了保证套管和加固钢筋条间的变形的协调,钢筋的抗拉强度取微型桩中套管的抗拉强度与加固钢筋条抗拉强度的最小值,即

$$F_{\text{y-steel}} = \min(F_{\text{y-bar}}, F_{\text{y-casing}}) \tag{13.1}$$

允许拉伸荷载:

$$P_{\text{t-allowable}} = 0.55 F_{\text{y-steel}} \times (Area_{\text{bar}} + Area_{\text{casing}}) \tag{13.2}$$

式中　$Area_{\text{bar}}$ ——加固钢筋条的截面积;

$Area_{\text{casing}}$ ——套管的截面积。

允许压缩荷载:

$$F_{\text{a}} = \frac{F_{\text{y-steel}}}{FS} \tag{13.3}$$

式中　$FS=2.21$。

允许荷载:

$$P_{\text{C-allowable}} = 0.40 f'_{\text{c-grout}} Area_{\text{grout}} + 0.47 F_{\text{y-steel}} [Area_{\text{bar}} + Area_{\text{casing}}] \tag{13.4}$$

2. 有套管部分桩的长度(荷载系数设计)

钢筋的抗拉强度取微型桩中套管的抗拉强度与加固钢筋条的抗拉强度的最小值,即

$$F_{\text{y-steel}} = \min(F_{\text{y-bar}}, F_{\text{y-casing}}) \tag{13.5}$$

设计抗拉强度:

$$P_{\text{t-nominal}} = F_{\text{y-steel}} \times (Area_{\text{bar}} + Area_{\text{casing}}) \tag{13.6a}$$

其中

$$\varphi_{\text{t}} = 0.90, P_{\text{t-design}} = \varphi_{\text{t}} \times P_{\text{t-nonimal}}$$

581

$$P_{\text{t-design}} = 0.90 \times F_{\text{y-steel}} \times (Area_{\text{bar}} + Area_{\text{casing}}) \tag{13.6b}$$

设计抗压强度：

$$P_{\text{C-nominal}} = 0.85 f'_{\text{c-grout}} Area_{\text{grout}} + F_{\text{y-steel}}(Area_{\text{bar}} + Area_{\text{casing}}) \tag{13.7a}$$

其中

$$\varphi_{c_t} = 0.85, \qquad P_{\text{c-design}} = \varphi_c \times P_{\text{c-nonimal}}$$

$$P_{\text{C-design}} = 0.85 \times 0.85 f'_{\text{c-grout}} Area_{\text{grout}} + F_{\text{y-steel}}(Area_{\text{bar}} + Area_{\text{casing}}) \tag{13.7b}$$

13.3.4.3　无套管部分桩的长度

对无套管部分桩的允许拉伸和压缩荷载及设计强度，在后面的两节中阐述。因为无套管桩部分从结构上来说是桩的最弱部分，所以允许考虑桩上部套管段土和砂浆间的强度，并把它加到无套管桩的结构承载力中，从而一起抵抗设计荷载。我们也可以从另外一个角度分析传递荷载，沿着振捣段产生的砂浆和土体之间的黏结力，可以用于减小无套管部分桩的设计荷载。在设计中，传递荷载是个估计值，后来可以得到验证。对于端承桩，传递荷载是可以忽略的。传递荷载大小依赖于浆土间摩擦力 α；可见后面关于沉管长度和传递荷载更深入的讨论。

1. 无套管桩长度（使用荷载设计）

插入段允许荷载为

$$P_{\text{transfer-allowable}} = \left[\frac{\alpha}{FS}\right] \times 3.14 \times DIA_{\text{bond}} \times L \tag{13.8}$$

插入长度 L 是一般假定的，在后面会得到验证，见后面的深入讨论。

允许拉伸荷载：

$$P_{\text{t-allowable}} = 0.55 F_{\text{y-bar}} Area_{\text{bar}} + P_{\text{transfer-allowable}} \tag{13.9}$$

允许压缩荷载：

$$P_{\text{C-allowable}} = 0.40 f'_{\text{c-grout}} Area_{\text{grout}} + 0.47 F_{\text{y-bar}} Area_{\text{bar}} + P_{\text{transfer-allowable}} \tag{13.10}$$

2. 无套管桩长度（荷载系数设计）

插入段设计强度：

$$P_{\text{transfer-design}} = \varphi_G \times \alpha_{\text{bond}} + 3.14 \times DIA_{\text{bond}} \times L \tag{13.11}$$

插入长度 L 是一般假定的，在后面会得到验证。在上面的方程中，当荷载组合不考虑地震效应时 $\varphi_G = 0.60$；当荷载组合考虑地震效应时 $\varphi_G = 1.0$。

设计抗拉强度：

$$P_{\text{t-design}} = 0.90 F_{\text{y-bar}} \times Area_{\text{bar}} + P_{\text{transfer·design}} \tag{13.12}$$

设计抗压强度：

$$P_{\text{C-design}} = 0.75(0.85 f'_{\text{c-grout}} + F_{\text{y-bar}} Area_{\text{bar}}) + P_{\text{transfer. design}} \tag{13.13}$$

13.3.4.4　推荐的安全系数和验证试验荷载及检验试验荷载

验证荷载和检验荷载是按下面的标准计算出来的最大荷载，这个标准考虑了无地震和有地震荷载组合两种情况。

SLD——适合用于无地震作用荷载组合；

DL——桩的控制荷载。

验证荷载 $= 2.5 \times DL =$ 验证的 $FS \times DL$

检验荷载 $= 1.67 \times DL =$ 检验的 $FS \times DL$

LFD——适合用于无地震作用和有地震荷载组合。

验证荷载＝要求的最大强度＝（*DL*×*LF*）÷φ_G＝2.5×*DL*

其中，无地震作用荷载组合时 φ_G = 0.60；有地震作用荷载组合时 φ_G = 1.0。

检验荷载＝1.67÷2.5×（检测荷载或最大强度）或校验荷载＝*DL*×*LF*

验证试验的主要目的是确认所选择的桩长和承包商的成桩设备、方法和过程等是否能够产生所需要的最大的浆土黏结强度。验证桩通常是一种测试桩，这种桩的成桩条件优于批量桩。检验试验目的是充分了解批量桩的成桩过程，确认批量桩能够承受所需的设计荷载而不产生过大的长期变形。检验试验一般都是在永久的批量桩上

表 13-3	安 全 系 数 取 值	
	检测试验	校验试验
微型桩	2.5×*DL*	1.67×*DL*
土 钉	2.5×*DL*	1.5×*DL*
地 锚	—	1.33×*DL*

注 *DL*—设计荷载。

进行的。以上两种试验方法，无论是哪种都要确保所有的永久批量桩（包括不用测试的桩）都要满足允许荷载和设计强度。

推荐微型桩的土工安全系数的取值参照土钉和固定地锚的安全系数，微型桩和它们是类似的。具体见表 13-3。

13.3.4.5 桩的结构

由于试验都是在控制条件下进行的，而且受荷载持续时间短，所以在设计微型桩时，为防止在检测试验和校验试验时候结构破坏，乘上一个较小的安全系数就可以避免拉伸屈服、压缩弯曲、或是混凝土的压缩破坏；这和批量桩的结构安全系数是不同的。一般情况下推荐 *FS*=1.25 作为荷载试验时抵抗结构破坏的安全系数。从其他方面考虑，在进行微型桩最大荷载试验时，最大荷载压力一般不要超过其结构承载能力的 80%。

就一些设计而言，验证桩比批量桩可能需要更大套管和更粗的钢筋。这样验证桩的硬度大，能保证批量桩的水泥浆和土体的黏结强度，但是可能反映不出来小尺寸的工程桩弯曲特性，在这种情况下，就需要靠验证试验来提供工程上的批量桩的弯曲性能。检测试验桩仅用于验证水泥浆和土体之间黏结强度。

这里为桩的结构设计所推荐的 SLD 方法和前面讨论的一样，检测和校验试验荷载乘以桩的结构安全系数 *FS*=1.25，我们可选择利用桩的转换截面的方法。然而，这需要仔细地考虑材料每一部分的允许拉应力，允许荷载乘上结构安全系数 *FS*=1.25 的做法在进一步探讨中。

1. 套管桩长度

$$F_{\text{y-steel}} = \min(F_{\text{y-bar}}, F_{\text{y-casing}}) \qquad (13.14)$$

允许拉伸试验荷载：

$$P_{\text{t-allowabke}} = 0.80 F_{\text{y-steel}} \times (Area_{\text{bar}} + Area_{\text{casing}}) \qquad (13.15)$$

允许压缩试验荷载：

$$F_a = \frac{F_{\text{y-steel}}}{FS} \qquad (13.16)$$

式中 *FS*=1.25。

2. 无套管桩长度

$$P_{\text{transfer-allowable}} = \left[\frac{\alpha}{FS}\right] \times 3.14 \times DIA_{\text{bond}} \times L \qquad (13.17)$$

583

式中　　$FS = 1.25$。

允许拉伸试验荷载：

$$P_{\text{t-allowable}} = 0.80 F_{\text{y-bar}} Area_{\text{bar}} + P_{\text{transfer-allowable}} \tag{13.18}$$

允许压缩试验荷载：

$$P_{\text{c-allowable}} = 0.68 f'_{\text{c-grout}} Area_{\text{grout}} + 0.80 F_{\text{y-bar}} Area_{\text{bar}} + P_{\text{transfer-allowable}} \tag{13.19}$$

13.3.4.6　砂浆和钢管的黏结力

水泥浆和加固钢筋组合在一起构成桩，桩传递荷载的过程是通过钢筋传给土体。对于光滑的钢筋条和钢管，最大的黏结力从 1.0MPa 到 1.75MPa，而螺旋钢筋的黏结力从 2.0MPa 到 3.5MPa。

在大多数的设计中，桩设计时控制要素不是混凝土和钢筋间的黏结力，而是桩身结构强度或地基土的强度。根据一些工程加固的实例可以看出，钢筋表面的情况会影响桩所能获得的黏结力。当钢筋表面有铁锈时，黏结力大；但是钢筋表面有碎屑脱落、套管有润滑剂或是表面有油漆等，黏结力会减小。在微型桩的施工中，对于加固钢筋条可以采用常规的处理及储存方法。

13.3.4.7　套管插入段的设计

从图 2.13-10 可以看出：微型桩的成桩过程是先将套管插入到注浆段的顶部，这可以调节上部分套管和下部分无套管间的长度，也使桩的部分荷载传给土，从而减小了无套管段所必须承受的荷载，而无套管段又是结构的最弱部分。通过套管插入段产生的传递荷载，在关于桩的结构计算中有详细说明。

由于套管和水泥浆、水泥浆和土之间的黏结力受到扰动，所以必须考虑减少传递荷载。桩受到较大的荷载时，套管有可能与水泥浆和土体失去黏结，这样就有效地减少了套管的沉入长度，也减小了所传递的荷载。这种削减影响已经在高强度荷载桩的荷载试验中得到确认。在无套管桩的设计中，传递荷载是非常重要的。因此它的值要根据承包商的经验仔细估算，而且还要经过现场试验验证。

13.3.4.8　各组成部分变形的协调

在桩的结构设计中，我们应该考虑桩的各组成部分间的变形协调性，特别是当应用了高强度钢筋时，其钢筋屈服强度会达到 828MPa（极限强度为 1035MPa），那么这个屈服强度的 85% 所对应变形会超过砂浆所能承受的变形；因此，在设计中控制钢筋屈服应力的值，可以有效地避免砂浆的破坏。

由于套管屈服强度较低（最大约为 551MPa），所以我们很少考虑砂浆和套管间的变形协调，它允许砂浆有较大应变而不会遭到破坏。

总的来说，为了满足变形协调条件，在计

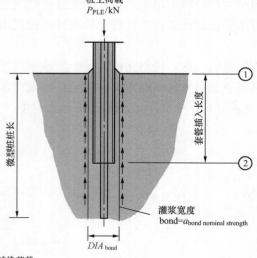

转换荷载：

$p_{\text{transfer}}(\text{kN}) = (a_{\text{bond nominal strength}}) \times 3.14 \times \text{DIA}_{\text{bond}} \times (\text{plunge length})$

单位长度上桩承受荷载 = $depth1 \times p_{\text{pile}}$

2 个单位长度上桩承受荷载 = $p_{\text{pile}} - p_{\text{transfer}}$

图 2.13-10　套管陷入长度的荷载传递详解

算时用到的屈服应力应取钢筋条和套管两者中屈服应力低的一个。受压情况下，有套管部分，为了保证砂浆的变形协调，屈服应力不能超过 600MPa；对于桩的无套管部分，在理论计算中钢筋条的屈服强度也不能超过 600MPa。

13.3.4.9　桩与桩帽的连接

除了单桩外，其他桩必须有桩帽。桩帽能把结构传下来的荷载分散开来，且能分散在桩系统中产生的过大弯矩。

微型桩顶部和钢筋混凝土桩桩帽间的连接方法有很多种，具体采用什么样的连接形式取决于连接强度、钢筋混凝土桩的类型和桩帽具体情况。在以下各图中将展示桩和桩帽连接的几个例子。

图 2.13-11 展示了合成钢筋混凝土桩与一个新的桩帽的连接。桩帽上拉、压荷载都是通过顶部金属板传递到整根桩。这种连接方式还涉及下面几个方面：

（1）钢筋承受拉伸荷载可以通过螺母传递到顶部金属板，从而降低了板与外保护层的焊接要求；

（2）可以利用桩保护层和桩帽之间的连接来减小所需要的顶部金属板和焊接处的承载力；

（3）一部分压应力荷载可以通过

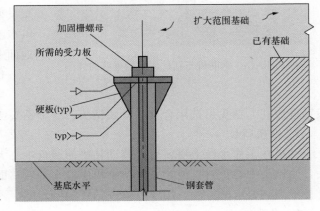

图 2.13-11　桩与桩帽基础连接的详图

585

顶板传递到外保护层，从而降低焊接所需要的压力，但顶板和外保护层间的承压板的连接需要更大的压力。

图 2.13-12 给出了一个有桩帽的混凝土桩。此桩成桩时先钻一个孔径较大的钻孔，当桩孔打好以后，将桩孔清理好，并灌入能防收缩的水泥浆。成桩前先将箍筋焊接到顶部的套管上，这些箍筋将桩所受的荷载传到不收缩的砂浆上。

这些连接处的总承载力是受下面条件控制的：

（1）受荷载箍筋数量；

（2）荷载在不收缩的水泥浆和已有混凝土之间传递能力；

（3）已有混凝土抗剪能力。

工程上可能会将凹槽凿在桩孔的旁边（一般面积＝20mm 深×32mm 宽），以增强水泥浆向已有混凝土传递荷载的能力。

图 2.13-13 给出了一个钢筋桩与新桩帽间的连接。桩帽底部的压应力荷载是通过桩顶和钢板传递到桩的，而拉应力荷载是通过钢板来传递的。

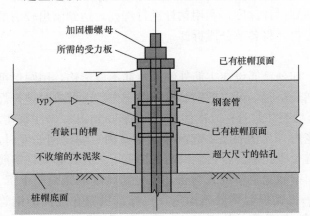

图 2.13-12　桩与有桩帽混凝土桩连接的详图

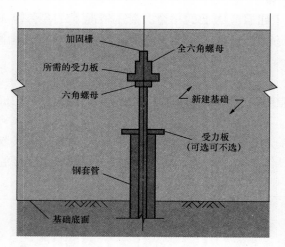

图2.13-13 钢筋桩与新桩帽间的连接的详图

13.3.5 施工工艺

13.3.5.1 施工准备

检查钻机与注浆的各种施工机械及其配套设备，重点检查钻机是否能够正常工作，钻杆是否齐全，钻头尺寸是否符合设计要求，注浆泵是否工作正常，流量计、压力表是否显示正常。备齐水泥、砂、石料及钢筋等材料，做好施工前准备工作。钻孔准备工作主要有测量放样、整理场地、布设便道、制作埋设护筒、设置泥浆池和供水池等。护筒埋设挖埋法，其顶面高出地面10cm，防止钻具碰或压坏孔口。

13.3.5.2 施工过程

微型桩的成孔采用工程地质钻机，分段钻进成孔，钻头可选用合金肋骨式钻头、合金钻头或钢粒钻头。

1. 钻机就位

钻机在工作平台上搭就后，移动钻机使转盘中心大致对准护筒中心，起吊钻头，微移钻头，使钻头中心正对桩位，并保持钻机底盘水平后，即可开始钻孔。斜桩成孔时，采用钻机脚板垫高到要求的方法，用罗盘检查钻杆的倾斜度。

2. 成孔

采用正循环方法，用水作为循环冷却钻头和除渣方法，同时在钻进过程中水和泥土搅拌混合在一起变成泥浆状，起到护壁的作用。启动机器开始钻进时杜绝由于操作原因使钻头撞击护筒而造成偏位。钻入过程中严格控制钻速，首先慢速，进入4～5m左右中档进尺。在砂黏土中钻进时，可用2、3挡转速，自由进尺。在砂土中钻时，宜用1、2挡转速，并控制进尺，以免陷没钻头或速度跟不上。当进入粉砂层时，宜用低挡慢速钻进，减少钻进对粉砂土的搅动。钻进达到设计标高后，再钻进10～20cm。在粉砂土中钻进时，应控制进尺速度，发生孔内坍塌时，应判明坍塌位置，回填黏土到坍孔处以上1～2m，如坍孔严重应全部回填，待回填物沉积密实后再钻进。直至钻到设计深度，利用钻杆进行洗孔，达到溢出较清的水为止。洗孔完成后，起重系统将钻杆上提，将各节分段拆卸。

3. 钢筋笼、注浆管制作及安装

钢筋笼按设计和施工规程要求施工，加劲箍筋设在主筋外侧，主筋不设弯钩，用圆形可转动的砂浆块作为保护层。当施工的空间较小时，可以把钢筋笼分段制作，在沉放时进行焊接。二次注浆管选用$\phi48$mm PVC高抗压劈裂注浆管；二次注浆管每隔50cm开一个注浆孔，以橡皮套封闭，管底密封，绑扎在钢筋笼内，与钢筋笼一起沉放到钻孔内。埋设钢筋笼时，要对准孔位吊直扶稳，顺其缓缓下沉，避免碰孔壁。若发生钢筋笼沉不下去时，必须将钢筋笼吊出孔位，进行扫孔，严禁用桩机吊起钢筋笼重落或人力扭动等方法将钢筋笼强制下沉。钢筋笼下到设计位置后，立即在上面焊一提钩提起钢筋笼固定在机架或搁置在地面的钢管上，防止由于不断清孔而使钢筋刺入更深。钢筋笼吊放完毕，向孔内放下初次注浆管。初次注浆管接头采用$\phi30$mm镀锌钢管，每节长度宜为2m。在初次注浆管接头处采用内缩节，使外管壁光滑，以方便初次注浆管从混凝土中拔出。

4. 填灌碎石骨料

钢筋笼、注浆管沉放结束后用初次注浆管供水对孔底进行冲洗排渣，尽量使沉渣厚度小于 200mm，且泥浆的相对密度降到 1.11～1.12 以下。符合要求后填灌碎石骨料至钻孔顶部，碎石骨料填入的同时，通过初次注浆管继续向钻孔内注入高压清水进行清孔，防止泥土随石子的填入而混入钻孔内。

5. 水泥浆制备

注浆水泥采用 32.5 级普通硅酸盐水泥。使用前先对其进行质量检查，其细度和体积安定性必须符合要求。水泥浆用水必须清洁、无污染。

在注浆前 30min 左右开始制备水泥浆。在搅拌器中充分搅拌，搅拌均匀后从出浆口流出，经过滤网过滤，除去浆液中没有水化的颗粒和杂质。过滤的浆液进入泥浆泵，再泵送入注浆管。

水泥浆的水灰比控制在 0.14～0.15。水灰比过小则水泥浆流动性小，注浆困难；水灰比过大则水泥浆黏聚性和保水性不良，会产生流浆和离析现象，从而使水泥浆固结体强度降低，无法满足设计要求。

6. 初次注浆

清孔至孔口冒出的水中不含泥砂时，方可开始注浆。初次注浆时注浆泵正常工作压力可按地基土类别考虑，对于松散土至密实土，土中有效注射压力通常为每类深度 20～50kPa；对于粗颗粒土或裂障岩，为保持钻孔侧向土压力及稳定，注入额外浆液压力可考虑为 0.5～1.0MPa。注浆时，注浆液应均匀上冒，直至灌满孔口冒出浆液，压浆才结束；注浆完毕，立即拔初次注浆管，每拔 2m 补注 1 次，直至拔出为止。注浆应连续进行，不得中断，如发生堵管，应及时采取适当处理措施。在整个注浆过程中，由于拔管过程引起振动，使钻孔顶部石子有一定程度沉落，所以需逐步灌入石子至顶部。严格控制最终浇筑面标高。

7. 二次注浆

待初次注浆液达到初凝，一般是 5～7h 后开始二次注浆。下双向密封注浆芯管至二次注浆管管底，由注浆泵往连接注浆芯管的 $\phi20mm$ 镀锌钢管内压入浆液，并从注浆芯管的开口处溢出，在注浆压力的作用下顶开橡皮套，冲破初凝的水泥浆，挤压在桩体和土壁之间，以提高桩的承载力。二次注浆的挤压效果受注浆压力、初凝时间、水灰比与土层特征等因素影响。二次注浆的注浆压力一般为 2～8MPa。一般从底部向上分层注浆，注浆时边注浆边徐徐上拔，上拔速度可控制在 15s/m 左右。上拔速度太快则水泥浆不能充分溢出，甚至不能顶开橡皮套，达不到挤压效果；上拔速度太慢则大量的水泥浆沿桩体向上溢出，造成材料的浪费。

13.3.5.3 质量控制

(1) 提高成孔时质量措施。钻机钻杆中心（桩位）偏差在 20mm 以内，桩垂直偏差不大于 1%。斜桩成孔采用钻机脚板垫高到要求的方法，钻杆的倾斜度偏差不大于 1%，施工中应保持钻机的稳定和牢固。泥浆护壁采用正循环法（成孔泥浆指标：相对密度 1.11～1.13，黏度 18～22s，含砂率小于 5%）。

(2) 确保桩身的质量措施。钢筋笼规格须符合设计和施工规范要求，需分段制作时，分段长度不大于 2 倍钻机支架高度，分段接头纵筋错开，接头位置≥500mm，同一断面内不

587

超过 50%，主筋接头焊接环向并列，焊缝长度不小于 $10d$（单面焊）或 $5d$（双面焊），螺旋箍和加强箍均与主筋点焊。

（3）骨料采用粒径 15～30mm 的碎石料，碎石应坚硬、洁净，含泥率应 <2%。

（4）确保注浆管的孔内深度，注浆管下端管口距离钻孔底部不大于 200mm。

（5）可采用跳孔施工、间歇施工或增加速凝剂等措施来防止出现穿孔和浆液沿砂层流失的现象。

工程实例 1：微型桩复合地基在工程上的应用

1. 工程地质特征

皋经联广场 B 区写字楼为 5 层商住楼，根据工程地质勘察报告，该楼位于掩埋河道中，河道深 4.8～5.2m，地下水位在自然地面以下约 0.7m。土层描述见表 2.13-3。

表 2.13-3   土 层 描 述

层 序	土层厚度 /m	土层名称	土 层 描 述	承载标准值 f_k/kPa	桩身摩擦力 q_{sik}/kPa	桩端阻力 q_{pk}/kPa
1	0.9～2.5	杂填土	杂色，灰褐色，松散，以建筑垃圾和生活垃圾为主，底部少量淤泥含有机质，不均质，具高压缩性	—	—	—
2	0～3.9	粉土	灰黄色—黄灰色，很湿，稍密，含少量氧化铁成分，可见多量云母片、较均匀，属中等压缩性土（掩埋河道处部分缺失）	140	42	—
3	约 5.5	粉砂	青灰色，饱水稍密—中密状态，矿物成分为石英长石及云母含粉和细砂，属中等压缩性土	170	48	1600
4	约 13.0	粉细砂	青灰色，饱水中密状态，矿物成分以石英长石颗粒为主，少量云母片，属中等压缩性土	210	60	2300
5	未钻穿	粉质黏土	灰褐色，可塑状态，含有机质成分，极少量朽木，属中等压缩性土	160	—	—

2. 地基处理方案选择

（注：该实例发生日期早于 2002 年的有关地基处理的新规范，故仍采用"标准值"的术语）。

根据地质情况，对以下几种方案的适用性进行了比较：

（1）以三层粉砂为建筑物的天然地基，承载力标准值 $f_k = 170$kPa，对掩埋河道处采用换填砂石处理。该方案土方量大，需采用井点降水，换填砂石费用高，处理后地基承载力不高，基础较大。

（2）采用夯扩桩。该楼所处位置四周均为居民住宅，该方案施工噪声大，对周围居民生活影响严重，故不拟采用。

（3）复合地基处理。由于以上两方案均不理想，故倾向于采用此方案。复合地基处理又可采用深层搅拌桩或微型桩加固。对这两种方案进行的经济分析如下：

1）深层搅拌桩。桩径为 $\phi500$，有效桩长 5.3m，采用 32.5 级普通硅酸盐水泥，水泥掺入比为 15%，经计算，复合地基承载力标准值$\geqslant$140kPa，概算造价约 35 万元。

2）素混凝土微型桩。桩径为 $\phi219$，桩距 700×700，有效桩长 4.8m，采用 C20 素混凝土，经计算，复合地基承载力标准值$\geqslant$140kPa，概算造价约 26 万元。

通过以上方案比较，本工程决定采用素混凝土微型桩进行地基处理。

3. 微型桩复合地基的设计

本工程基础采用中 $\phi219$，桩距 700mm，素混凝土微型桩，设计要求复合地基承载力标准值$\geqslant$140kPa，计算方法参见《建筑地基处理技术规范》（JGJ 79—2012）。

（1）计算单桩竖向承载力标准值：

$$R_k^d = q_k U_P L + a A_p q_P \tag{13.20}$$

式中　R_k^d——单桩竖向承载力标准值；

q_k——桩周土的平均摩擦力；

U_P——桩周长；

q_P——桩端天然地基土的承载力标准值；

a——桩端天然地基土的承载力折减系数；

A_p——桩的截面积。

其中，$q_k=11.425$kPa（加权平均值），$q_P=140$kPa，$U_P=0.688$m，$A_P=0.03765$m²，$L=4.8$m，$a=0.4$。经计算得，$R_k^d=39.84$kN。

（2）复合地基承载力标准值计算：

$$f_{sp,k} = m R_k^d A_P + \beta(1-m) f_{s,k} \tag{13.21}$$

式中　$f_{sp,k}$——复合地基的承载力标准值；

m——面积置换率；

A_P——桩截面积；

f_s,k——桩间天然地基土承载力标准值；

β——桩间土承载力折减系数；

R_k^d——单桩竖向承载力标准值。

根据要求，复合地基承载力标准值要求$\geqslant$140kPa。

其中，$f_{sp,k}=140$kPa，$f_{s,k}=70$kPa（人工夯实），$\beta=0.4$，$R_k^d=39.84$kN。

经计算：

$$m = \frac{140 - 0.40 \times 70}{39.84/0.037\,65 - 0.40 \times 70} = 0.108\,7$$

$$确定每平方米桩数\ n = \frac{0.108\,7 \times 1}{0.037\,65} \approx 2.89\ 根$$

工程基础布桩实际桩距为 700mm×700mm，则每平方米 3 根。据此对复合地基承载力进行验算：

$$m = n \times A_P/A = 3 \times 0.037\,65/1 \approx 0.113$$

589

转换率经计算 $f_{sp,k} = 140\text{kPa} \geqslant 140\text{kPa}$ 满足设计要求。这里强调指出微型桩复合地基承载力标准值，应该通过荷载试验确定。当微型桩处理范围以下存在软弱下卧层时，可按《建筑地基基础设计规范》（GB 50007—2011）的有关规定进行下卧层强度验算。

（3）微型桩平面布置如图 2.13-14 和图 2.13-15 所示。

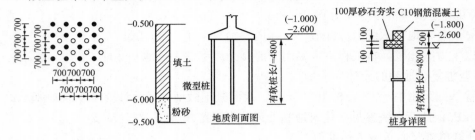

图 2.13-14　微型桩布置

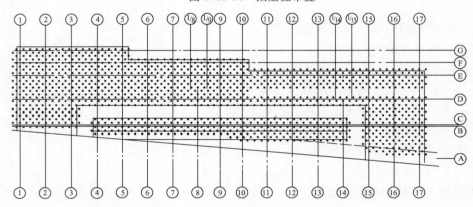

图 2.13-15　微型桩平面布置

（4）复合地基的沉降。

微型桩复合地基的沉降计算采用建筑地基基础设计规范公式求算。

复合层内的各层土的综合压缩模量为

$$E_{Spi} = mE_{pi} + (1-m)E_{si} \tag{13-22}$$

式中　E_{Spi}——复合层内各层土的综合压缩模量；

　　　m——面积置换率；

　　　E_{pi}——桩的压缩模量；

　　　E_{si}——桩间土的压缩模量。

本工程下卧层为非软弱下卧层，故此省略。

4. 施工

微型桩施工的场地应事先平整，清除桩位置地上、地下一切障碍物（包括大块石、树根和生活垃圾等）。场地低洼时应回填黏性土料，不得回填杂填土。施工顺序如图 2.13-16 所示。

成桩说明：

（1）竖管；

（2）桩锤打击桩管至设计标高；

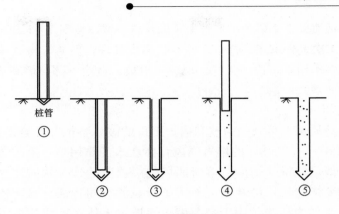

桩管
①

②　③　④　⑤

图 2.13-16　微型桩施工工序

（3）填充混凝土至管顶同时振动桩管；

（4）振动拔管；

（5）补填实至桩顶标高。

5. 质量检验

测试微型桩复合地基承载力应通过垂直静载荷试验确定，试验采用堆载法，压板尺寸为 1.04m×1.04m＝1.081 6m²，压板底标高与基础底面设计高程相同，设置 100mm 厚黄砂找平。检测总加载量为 280kN，以总沉降量加 40.54mm 达到稳定。测试结果复合地基承载力标准值≥280kN/1m²/2＝140kPa 满足设计要求。Q-s 曲线如图 2.13-17 所示。

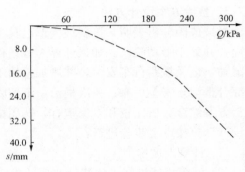

图 2.13-17　Q—s 曲线

6. 结束语

（1）微型桩地基处理方法具有施工机械轻巧、施工方便、速度快、造价低廉等优点，非常适用于暗河浜、暗港汉的加固处理。在老城区改造、新建的建筑物与相邻原建筑物相距很近时，处理方法的优越性得到更好的发挥。

（2）根据有关资料介绍和工程实践，微型桩桩距应小于 4 倍的桩径（即 $s<4d$），同时桩长应大于基础宽度的 1.5 倍（即 $h>1.5B$），这样微型桩挤密效果大为提高。

（3）微型桩在黏性土中，特别是在淤泥质土中，有桩挤密、成桩不理想及效果不明显的情况。在施打微型桩时与井点排水同时进行，不但可以降低地下水位，而且使桩体成桩性和桩对土挤密都有一定作用，对提高微型单桩承载力及复合地基承载力可以取得较好效果。

（4）根据工程经验，采用微型桩处理地基时，应尽可能利用上层硬壳层，对松散填土要人工夯实，并要求桩顶处设置 100～200mm 厚混凝土垫层，以便更好地使桩土共同作用。

（5）微型桩复合地基作为一种新型的地基处理方法，目前还处于半理论半经验阶段，需加强对其试验与理论研究，多积累资料，相信这种地基处理方法具有较好的发展前景。

工程实例 2：微型桩复合结构在滑坡整治中的应用

1. 工程概况

鹰厦铁路 K113＋344～＋440 段路基以路堑形式通过，右侧边坡高达 46m，坡脚设挡墙，墙高 4～5m。挡墙以上主要为拱形骨架浆砌片石护坡，坡率 1：1.25～1：1.4。该工点自铁路修建以来，多次发生坍塌、错动，并经过多次处理，但并未得到根治。在 2002 年 6 月长时间的特大暴雨作用下，边坡失稳，形成了滑坡，造成下部挡墙和边坡防护工程的变形、破坏。

2. 滑坡成因分析

根据野外工程地质调查得到的边坡和挡护工程的破坏特征并结合勘探成果进行分析，弱风化熔岩顶面 4.8～14.35m 厚的熔岩强风化体在水的作用下，沿着弱风化带内多处夹有的软塑状黏性土薄层，特别是沿着熔岩弱风化层顶面的软塑状黏性土薄层形成了滑动带，且正处于滑动变形阶段，已基本上形成了滑坡的空间特征，属于较典型的中层推移式滑坡，滑坡前沿舌部为挡墙的中上部。由于斜坡岩土体在地质构造下节理、裂隙贯通发育，长期的气候变化等因素，加剧了岩体沿构造裂隙面风化，2002 年 6 月特大雨量的下渗，使得地下水动力和静压力作用加强，造成软弱夹层软化，抗剪切强度大幅降低，引发斜坡的滑动变形。

3. 整治方案设计方法

滑坡成因分析表明，该斜坡变形已具备了滑坡的基本特征。边坡岩土体内已形成贯通的滑面，并处于滑动阶段。如果外界客观条件发生变化，不利因素交错发生，将会造成滑体急剧滑动，危及铁路行车安全，并增加整治工作的难度和投资。根据工点实际，总的整治原则是综合整治、安全可靠、一次根治、不留隐患。经对明洞、抗滑桩、预应力锚索及微型桩等整治方案综合分析比较和专家审查，选用微型桩加预应力锚索复合结构技术进行病害整治。其设计计算按以下步骤进行：

（1）计算滑坡推力。

（2）计算相邻桩间土体塑性变形的稳定性，确定微型桩横向间距：计算微型桩之间土体塑性变形的稳定性是通过比较水平推力和极限抗力而得到，另外还考虑桩后拱圈土体的平衡条件，抗力是由两根相邻微型桩的锚固效应提供的。

（3）计算结构的抗滑稳定性，确定微型桩的总数：对结构上的水平推力与结构体抗滑力的水平分量进行比较。

（4）复合截面的结构分析，确定微型桩的排距：分析中假设微型桩结构作为一个整体共同作用，把整体结构作为一个柔性挡墙来考虑，计算复合截面中每一部分的最大正应力，并与其容许值进行比较。

（5）计算微型桩锚固长度和钢筋与锁口梁的黏结长度，确定微型桩桩长。通过有关计算，确定病害整治方案为：微型桩群＋预应力锚索组合方案。工点设八组微型桩群。桩群中至中距离为 8m，每组桩群设 40 根桩径，如 $\phi < 0.13m$ 的微型桩；分 5 排，纵向间距 0.5m，横向间距 0.43m，呈梅花形布置。中间一排为竖直桩，其余 4 排分别以 2°、4° 的角度倾斜，单根桩长 18.0～21.0m，每根桩内布置 3 根 $\phi 28$ 的 Ⅱ 级钢筋。在边坡一级平台处设桩顶压顶梁，长 4.05m，宽 2.3m，厚 1.2m，于每个压顶梁上设 2 根预应力锚索，锚索倾角 15°，设计拉力 600kN。其布置如图 2.13-18、图 2.13-19 所示。

4. 施工情况

病害整治施工时，先施工微型桩及压顶梁，在压顶梁混凝土强度达到 70% 以上时，再进行预应力锚索张拉施工。微型桩施工时，应间隔进行，采用冲击钻机，对准桩位后固定工

592

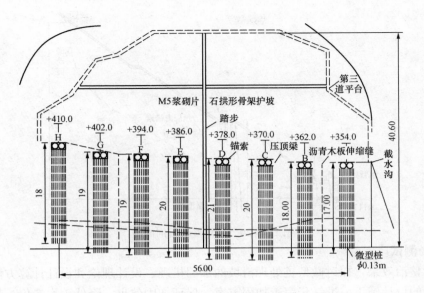

图 2.13-18 垫坡整治正面图

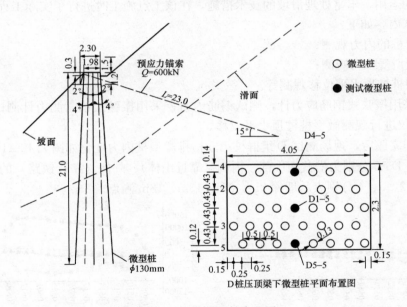

D桩压顶梁下微型桩平面布置图

图 2.13-19 微型桩布置图

作台架进行造孔，成孔完毕，放入钢筋笼，之后采用孔底返浆法注浆。孔口溢出的浆液质量分数与搅拌筒内浆液质量分数基本相同时，停止注浆。注浆材料为 M30 水泥砂浆液，水灰质量比为 0.7～1.0。

预应力锚索张拉分两次进行，第一次张拉按五级张拉（锚索设计吨位的 25％、50％、75％、100％、110％）。前四级稳定时间 5min，后一级稳定时间 15min。第一次张拉锁定后 6～10d 再进行一次补偿张拉，以补偿锚索的松弛和地层蠕变等因素造成的预应力损失。

路堑整治后剖面图如图 2.13-20 所示。

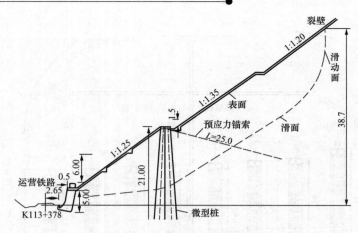

图 2.13-20 路堑整治后剖面图

5. 现场测试

为检验整治效果，探讨微型桩处理滑坡的加固机理、设计理论和设计计算方法，指导类似工程结构的设计施工，进一步完善加固方案，保证加固效果，降低工程造价，推动微型桩这一新技术的运用，丰富处理滑坡的技术措施，在该工点施工时进行了实际工程结构受力测试。现场测试内容如下：

（1）微型桩的内力观测；

（2）锚索所受拉力观测；

（3）微型桩桩顶水平位移观测等。

测试时采用振弦式钢筋应力计，测试钢筋内力；采用振弦式锚索测力计测试锚索拉力；采用 J2 经纬仪进行观测微型桩桩顶水平位移。

施工工作完成后，现场测试 D 组群桩第 5 横排微型桩内力变化如图 2.13-21 所示。图中 D1-5、D4-5、D5-5 分别为横截面中部、内侧（靠近山体）、外侧（靠近铁路）的微型桩，括号内数字 1、2、3、4 分别表示埋深 3m、8m、13m、18m 测点。

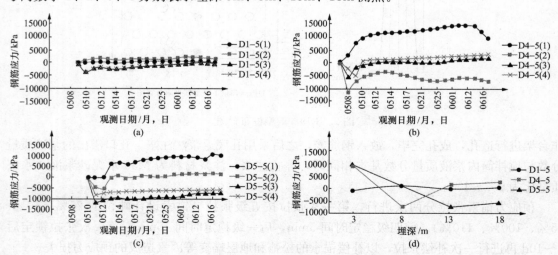

图 2.13-21 D 组群桩第 5 内力测试结果

（a）、（b）、（c）、（d）钢筋应力随深度变化曲线

图 13-21 中可见桩体内力一般随时间增长而增加，其随深度的变化较大，桩体上部内侧 [D4-5（1）]、外侧 [D5-5（1）] 均为拉应力，滑面（埋深 13m）及以下桩体轴线内力 [D1-5（3）、D1-5（4）] 接近于 0，内侧 [D4-5（3）、D4-5（4）] 受拉，外侧 [D5-5（3）、D5-5（4）] 受压。总之，应力值均较小，一般不超过 15MPa，桩体性能稳定。

6. 结论

本工程竣工后，经观测，边坡稳定性好，桩体性能稳定，使用情况正常。这说明采用微型桩，结合预应力锚索技术治理滑坡工程是成功的，达到了预计目的和效果。其施工设备简单、轻便，不受场地和空间限制，施工时震动、地面扰动和噪声小，在环境和工作条件较差的情况下，具有明显的优势，是处理滑坡的有效措施。

参考文献

[1] US Department of Transportation Federal Highway Administration. Micro pile design and construction guidelines. 2000.

[2] 叶书麟，韩杰，叶观宝. 地基处理与托换技术. 北京：中国建筑出版社，1996.

[3] 张玉坤. 微型桩复合地基在工程上的应用. 江苏建筑，2001（3）.

[4] 丁光文. 微型桩处理滑坡的设计方法. 西部探矿工程，2001（4）.

[5] 程华龙. 注浆微型桩加固软土地基的机理与设计计算. 地质科技情报，1999（S1）.

[6] 慕曦光，邵青. 微型桩基础的施工技术. 林业科技情报，2004（36）.

[7] 李彰明. 变形局部化的工程现象、理论与试验方法. 全国岩土测试技术新进展会议大会报告（海口），2003. 11.

[8] 李彰明. 岩土工程结构. 土木工程专业讲义. 武汉：1997.

[9] 李彰明，赏锦国，胡新丽. 不均匀厚填土地基动力固结法处理工程实践. 建筑技术开发，2003，30（1）：48-49.

[10] 李彰明，李相崧，黄锦安. 砂土扰动效应的细观探讨. 力学与实践，2001，23（5）：26-28.

[11] 李彰明. 有限特征比理论及其数值方法. 第五届全国岩土力学数值分析与解析方法讨论会论文集. 武汉：武汉测绘大学出版社，1994.

[12] 李彰明. 岩土介质有限特征比理论及其物理基础. 岩石力学与工程学报，2000，19（3）：326-329.

[13] 李彰明，冯遗兴. 动力排水固结法参数设计研究. 武汉化工学院学报，1997，19（2）：41-44.

[14] 李彰明，冯遗兴. 软基处理中孔隙水压力变化规律与分析. 岩土工程学报，1997，19（6）：97-102.

[15] 李彰明，冯遗兴. 动力排水固结法处理软弱地基. 施工技术，1998，27（4）：30，38.

[16] 李彰明，王武林，冯遗兴. 广义内时本构方程及凝灰岩粘塑性模型. 岩石力学与工程学报，1986，5（1）：15-24.

[17] 李彰明，王武林. 内时理论简介与内时本构关系研究展望（讲座）. 岩土力学，1986，7（1）：101-106.

[18] 李彰明. 厚填土地基强夯法处理参数设计探讨. 施工技术（北京），2000，29（9）：24-26.

[19] 李彰明，黄炳坚. 砂土剪胀有限特征比模型及参数确定. 岩石力学与工程学报，2001（20）：1766-1768.

[20] 李彰明，赏锦国，胡新丽. 不均匀厚填土强夯加固方法及工程实践. 建筑技术开发，2003，30（1）：48-49.

[21] 李彰明. 动力排水固结法处理软弱地基. 施工技术，1998，27（4）：30.

[22] 李彰明，杨文龙. 土工试验数字控制及数据采集系统研制与应用. 建筑技术开发，2002，29（1）：21-22.

[23] Li ZHANGMING, etal. Dynamic response of mud in the field soil improvement with dynamic drainage

consolidation. Earthquake Engineering and Soil Dynamics（March. 2001. USA，Ref，Proc. Of the Conf.（CD-ROM）. ISBN-1-887009-05-1(Paper No. 1. 10：1～8).

[24] 李彰明，杨良坤，王靖涛. 岩土介质强度应变率阈值效应与局部二次破坏模拟探讨. 岩石力学与工程学报，2004，23(2)：307-309.

[25] 李彰明，全国权，刘丹. 土质边坡建筑桩基水平荷载试验研究. 岩石力学与工程学报，2004，23(6)：930-935.

[26] Li ZHANGMING，Wang Jingtao. Fuzzy Evaluation On The Stability Of Rock High Slope：Theory. Int. J. Advances in Systems Science and Applications，2003，3(4)：577-585.

[27] Li ZHANGMING. Fuzzy Evaluation On The Stability Of Rock High Slope：Application. Int. J. Advances in Systems Science and Applications，2004，4(1)：90-94.

[28] 李彰明，杨良坤，刘添俊. 半刚性桩复合地基沉降分析方法及应用. 建筑科学. 2005，21(4)：46-50.

[29] 李彰明. 软基处理中孔压变化规律与分析. 岩土工程学报. 1997，(19)：97-102.

[30] 张光永，吴玉山，李彰明. 超载预压法阈值问题的室内研究. 岩土力学，1999，20(1)：79-83.

[31] 张珊菊，等. 建筑土质高边坡扶壁式支挡分析设计与工程应用. 土工基础，2004，18(2)：1-5.

[32] 王安明，李彰明. 秦沈客运专线 A15 标段冬季施工技术. 铁道建筑，2004，4：18-20.

[33] 赖碧涛，李彰明. 地基处理管理信息系统的开发和应用. 岩土力学，2004，25(12)：2041-2044.

[34] 刘添俊，李彰明. 土质边坡原位剪切试验研究. 岩土工程界，2004 年增刊.

[35] 丁光文，王新. 微型桩复合结构在滑坡整治中的应用. 岩土工程技术，2004(1).

[36] ASCE Committee on Placement and Improvement of Soils. Soil Improvement. A Ten-year Update. Symposium at ASCE Convention. Atlantic City. NJ. April 28 1987

[37] BARLY，A D，WOODWARD M A. High Loading of Long Slender Minipiles. ICE Conference on Piling European Practice and Worldwide Trends. Thomas Telford. London，1992.

[38] BJERRUM. Norwegian Experience with Steel Piles to Rock. Geotechnique. 1957，7.

[39] BRUCE D A. Developments in Geotechnical Construction Processes for Urban Engineering. Civil Engineering Practice. 1988，3(1)：

[40] PEARLMAN S L，etal Pin Piles for Bridge Foundations-A Five Year Update. 14th Annual International Bridge Conference. Pittsburgh Pennsylvania. June，1997

[41] ROARK，YOUNG. Formulas for Stress and Strain. 5 th Edition. New York：McGraw-Hill. 1975.

第 14 章

其他常用地基加固方法

14.1 加筋地基

土工合成材料（geosynthetics）是一种新型的岩土工程材料，是岩土工程应用的合成材料产品的总称。它以人工合成的高分子聚合物为原料，如合成纤维、合成橡胶、合成树脂、塑料或者一些天然的材料，将它们制成各种类型的产品，置于土体内部、表面或各层土体之间，来改善土体性能或保护土体。下面主要介绍土工合成材料加筋地基。

加筋地基是将基础下一定范围内的软弱土层挖去，然后逐层铺设土工合成材料与砂石等组成的加筋垫层来作为地基持力层。当筋材埋设方式和数量得当时，就可以极大地改善地基承载力。

加筋地基成功应用的实践可概括为以下三个主要方面：①土堤的地基加筋，如堤防工程、公路或铁路路堤下的加筋地基；②浅基础地基的加筋，如油罐或筏板基础下的加筋地基，特别是条形基础下的加筋地基；③公路地面层下基层的加筋，用于提高承载能力、减小车辙深度和延长使用寿命。此外，加筋地基（垫层）可与其他各种桩基础结合形成复合地基。

加筋地基的模型试验，包括原型试验和离心模型试验，也随着工程应用而发展。试验对揭示破坏机理，了解各个参数如材料强度、铺设长度和间距等对地基承载力的影响起到积极作用，但到目前为止还缺少成熟的可写进规程中的加筋地基的承载力计算公式。

14.1.1 土工合成材料

加筋地基的土工合成材料从几何形状上可以分为：一维的，如纤维和条带；二维的，如土工织物和土工格栅；三维结构，如土工格室和由土工格室格栅架设成三维框格中间填以砾卵石构成的垫层。从原材料上可分为塑料（聚丙烯、聚乙烯等）和玻璃纤维的制品。

1. 纤维和网片

短纤维和小块网片的尺寸一般为 25～100mm，被均匀拌合在土中，然后再分层击实构成加筋土。合成材料质量与土的质量比一般控制在 0.1%～0.2%。纤维加筋土的三轴试验表明，内摩擦角 φ 基本不变，而黏聚力 c 获得约 50kPa 的提高。不同原材料、不同的几何形状，如平直单丝、卷曲丝、多股绞线和小块网片，以及不同质量比对加筋土抗剪强度的贡献有差别，这方面还需更多的试验认证。

2. 土工织物和土工格栅

土工织物和土工格栅是二维连续的土工合成材料，它们被水平设在土中。当需要多层合成材料时，层间土必须碾压达到设计的压实度。

二维土工合成材料加筋土的作用机理如下：当加筋土在基底压力下产生变形时，合成材料与土之间的相对位移或位移趋势使两者界面产生摩擦力，界面摩擦力使合成材料产生拉力，拉力的方向指向基础的外侧并偏向上方，因此，拉力的向上分力起张力膜作用，直接平衡向下的附加应力；拉力水平力对加筋土的侧限作用也提高了地基的承载力。从以上分析可见加筋土界面的摩擦力起重要作用，土工格栅具有均布的大空格和土嵌锁在一起表现出较高的筋土界面摩擦力，故其为较土工织物更好的土工合成材料。

3. 土工格室

土工格室一般用长 12.5m、宽 75～200mm 和厚度 1.2mm 的高密度聚乙烯条制成，条间沿宽度方向用超声波焊接，焊缝间距 300mm。土工格室产品运输时尺寸为 12.5m×220mm×100mm，在加筋地基现场展开的面积达 10m×5 m，每块面积中含有数百个独立的格室，每格直径约 200mm。在格室中充填砂砾料，振动压实后构成三维加筋地基。

土工格室加筋地基因为格室的侧限作用提高垫层的抗剪强度和承载力，另一方面土工格室垫层相当于基础的旁侧荷载，格室厚度越大，旁侧荷载越大，从而增加的承载力也越大。

4. 土工格栅框格垫层

为了建筑更厚的垫层，将土工格栅连接成平面呈方形或三角形的框格。节点处用钢或塑料棍连接，框格中用砾卵石充填。典型的框格垫层厚度为 1m。

土工格栅框格垫层常用于软弱地基上筑堤。一个成功的例子是在德国的 Hausham 建筑尾矿坝，坝高 32m，而地基极其软弱，在架设 1m 高土工格栅框格时，必须先在软土上满铺一层双向土工格栅和一层土工织物，以便施工人员行走。

14. 1. 2　加筋地基设计理论

土工合成材料加筋地基的设计理论来源于两个方面，一是关于土工合成材料的特性，二是地基极限承载力的极限平衡理论。土工合成材料是高分子聚合物产品，存在耐久性的问题，它们一般具有较大的蠕变，铺设时可能受到损伤。这些特性应反映在加筋材料设计抗拉强度的确定中。在加筋地基设计中必须首先确定地基的极限承载力，其理论基础仍然是极限平衡理论和由极限平衡理论推导出的太沙基极限承载力公式。据此进行纤维加筋地基、土工织物或土工格栅加筋地基，以及加筋垫层的设计。

14. 1. 2. 1　加筋材料的容许抗拉强度

加筋土设计中有两种不同性质的安全系数，一是设计安全系数，二是材料安全系数。设计安全系数即一般岩土工程计算中经常采取的对工程安全性评价的指标，它是综合考虑了荷载组合、计算方法中的假定，以及计算指标中选取的可靠性等方面的不确定性因素，而给予安全性的一个富余值。材料安全系数过去是用一个综合值，或称总体安全系数，现在则改称分项安全系数，这样才可以明确地计及材料的不同弱点所在，如其强度受蠕变、施工破坏和老化的影响等。材料的抗拉强度要对各项影响系数折减。由于目前的试验方法并不能如实地模拟材料的实际工作条件及环境，诸如试样尺寸、试验边界条件、受荷形式及速率等，为了考虑因此导致的差异，采用以试验所得的极限抗拉强度再分别针对各种影响计算折减的分项安全系数，可按式（14.1）确定容许抗拉强度：

$$T_a = \frac{T_u}{F_{ID} \times F_{CR} \times F_{CD} \times F_{BD}} \tag{14.1}$$

式中　T_a——材料抗拉强度极限值，kN/m；

　　　F_{ID}——施工损伤影响系数；

　　　F_{CR}——材料蠕变影响系数；

　　　F_{CD}——化学剂损伤影响系数；

　　　F_{BD}——生物损伤影响系数。

一般土工合成材料都具有良好的抗化学剂破坏和抗生物破坏的能力，很多研究资料揭示，土中合成材料的蠕变性减弱。因此，为了避免土工合成材料的强度折减过大，国家标准《土工合成材料应用技术规范》（GB 50290—1998）中规定：无经验时，四个影响系数的乘积宜采用 2.5～5.0；当施工条件差、材料蠕变性大时，其乘积应采用大值。

14.1.2.2　条形浅基础的加筋地基

1. 加筋机理

加筋地基提高承载力的主要原因如下：

（1）限制软土地基的侧向变形；

（2）合成材料分隔软土和其上的填土；

（3）垫层的应力扩散角变大；

（4）合成材料拉力向上的分力（张力膜作用）。

实际上，张力膜作用并不明显，Love 等（1987 年）认为在小沉降变形时可忽略不计，在大变形时起主要作用，他们在试验中发现应力扩散角增加很少，并指出合成材料应有足够的抗拉模量以便传递切应力，做土工格栅在粒状材料中是优选的合成材料，但在软黏土地基上，向上穿过格栅空格的软黏土将降低格栅与基上粒状材料的摩擦力，这种情况土工织物应是较佳选择。

2. 筋材布置

实践中要求合成材料的布置范围符合最上层合成材料距基底 $Z_1 < 2b/3$、最下层合成材料距基底 $Z_n \leqslant 2b$、材料层数 N 为 3～6，且长度 L 足够。此时加筋地基的破坏表现为合成材料的断裂，其断裂点在基础下方，接近合成材料与压力扩散线的交点。

按基础两侧压力扩散线外侧筋材的抗拔出极限状态来确定筋材长度，要求筋材容许拉力不大于压力扩散线外侧筋材的抗拔力，并且在计算筋材锚固段长度时，忽略基底压力在筋材上附加应力引起的摩擦力，只计算上覆土重引起的正应力，则可得第 i 层筋材的水平总长度 L_i 为

$$L_i = b + 2Z_i \tan\theta + \frac{T_a F_{sp}}{f_p \gamma (d + Z_i)} \tag{14.2}$$

式中　γ——砂垫层的砂重力密度，kN/m³；

　　　f_p——土与筋材的界面摩擦因数，由试验确定，无试验资料时，土工织物可取 $0.67 \tan\varphi$，土工格栅可取 $0.8 \tan\varphi$，φ 为加筋砂垫层中砂的内摩擦角；

　　　F_{sp}——抗拔出安全系数；

θ——地基压力扩散角，可从《建筑地基基础设计规范》（GB 50007—2011）中查得。

用式（14.2）计算得各层筋材长度后，可取最大值，按各层等长布置，一般长度不超过 $2.5b$。实际上，加筋地基的破坏形式已不是整体剪切破坏，而是沿压力扩散线的冲剪破坏。这与许多研究者发现加筋地基的破坏面并非向基础某侧发展的完整滑动面，而是从基础边缘向下方近似垂直的发展，或与铅直方向形成一定的压力扩散角的分析是一致的。

3. 地基承载力设计公式

在加筋地基中，土和筋材的相对位移（或位移趋势）形成了土与筋材界面的摩擦力，从而在筋材中产生拉力。筋材拉力对地基承载力的贡献包括以下两个方面：一是拉力向上分力的张力膜作用，二是拉力水平分力的反作用力所起的侧限作用。侧限作用可根据极限平衡条件计算，具体做法是将 N 层筋材设计拉力的水平分力除以 D_u 得到水平限制应力增量 $\Delta\sigma_3 = NT_a/D_u$。为筋材拉力与水平面夹角，取 $\alpha = 45° + \varphi/2$，即筋材变形后沿朗肯主动滑动面方向。用极限平衡条件求 $\Delta\sigma_3$ 对应的竖向应力增量 $\Delta\sigma_1$，即为提高的地基承载力。再考虑到筋材拉力的向上分力增加的地基承载 $\dfrac{2NT_a\sin\alpha}{b + 2Z_n\tan\theta}$，则筋材提高的地基承载力 Δf 为

$$\Delta f = \frac{NT_a}{K}\left[\frac{2\sin\left(45° + \frac{\varphi}{2}\right)}{b + 2Z_n\tan\theta} + \frac{\cos\left(45° + \frac{\varphi}{2}\right)}{D_u}\tan^2\left(45° + \frac{\varphi}{2}\right)\right] \tag{14.3}$$

式中 K——地基承载力安全系数，取 2.5～3.0；

Z_n——最低一根筋材的深度，m。

在地基承载力设计中还应考虑垫层的压力扩散作用，使作用在下卧软土层顶的压力减小，以及软土层因埋深修正而提高的承载力，将这两项叠加于 Δf 上即得到加筋土垫层增加的地基承载力设计值 Δf_R：

$$\Delta f_R = \eta_d\gamma_f(d + Z_n - 0.5) + p\frac{2Z_n\tan\theta}{b + 2Z_n\tan\theta} + \Delta f \tag{14.4}$$

式中 η_d——承载力修正系数，可根据地基土类别和土性指标查《建筑地基基础设计规范》（GB 50007—2011）；

γ_f——原地基上重力密度，kN/m^3；

p——基底压力设计值，kPa。

加筋土（砂）垫层地基承载力设计公式为

$$p - f_{ak} \leqslant \Delta f_R \tag{14.5}$$

式中 f_{ak}——软土地基承载力特征值，kPa。

4. 加筋地基的沉降

在地基承载力满足设计要求的前提下，对于需要进行变形验算的建筑物还应作变形计算，即建筑物的地基变形计算值，不应大于地基特征变形允许值。

地基变形由两部分组成，一是加筋土体的变形，该变形可忽略不计；二是其下软土层的变形。变形的计算方法可采用《建筑地基基础设计规范》（GB 50007—2011）中最终沉降量的计算公式，沉降计算压力为扩散于 Z_n 处的压力。

应指出的是，多层筋材加筋地基可显著减小沉降量，而路堤式道路堤基下一层筋材减小沉降的作用是可以忽略不计的，它仅能起到部分均匀堤中心和两侧沉降差的作用。

5. 加筋地基设计步骤

（1）初步选定加筋材料，如土工格栅或土工织物，拟定其布置参数，包括各层筋材到基底距离，各层间距等。确定填土垫层中填土的内摩擦角 φ 和表观密度 γ。

（2）据式（14.3）和式（14.4）分别计算出加筋地基需提高的地基承载力 Δf_R 及要求筋材提供的承载力增量 Δf。

（3）按式（14.5）校核加筋地基的承载力。

（4）由式（14.2）得到加筋材料的长度 L_i，取最大值等长布置。

14.1.2.3　土堤的加筋地基

位于软土地基上的土堤，包括堤坝和路堤，其加筋土地基有两种结构形式，一是平铺的土工织物或土工格栅，二是土工格栅框格垫层。前者又分三种情况：在地基表面平铺一层；挖除部分软土，分层平铺数层筋材，各层筋材间铺设砂砾料构成加筋土垫层；在堤身内部沿堤由底向上平铺数层加筋材料。最后一种情况主要是避免软土的开挖，利用软土表面硬壳层的承载能力或者是防渗的需要（不采用渗透性的砂垫层）。两种结构形式的设计方法基本上是一致的。

1. 破坏形式

土堤的加筋土地基可能产生的破坏形式有：①堤和地基整体滑动破坏；②土堤的堤坡部分沿着筋材表面水平滑动；③基土挤出破坏；④地基承载力不足产生过大的沉降。下面针对防止每一种破坏形式发生，提出相应的设计方法。

2. 堤坡滑动

这里采用修正的圆弧滑动分析法。要点是要计算出没有加筋材料时最危险圆弧的位置，并假定加筋后滑弧的位置不变，筋材拉力的方向与滑弧相切，则整体滑弧滑动的安全系数为

$$F_s = \frac{\sum (C_i l_i + W_i \cos\alpha_i \tan\varphi_i) + T}{\sum W_i \sin\alpha_i} \tag{14.6}$$

式中　T——取筋材的容许抗拉强度，当为 N 层时，取 $T = N T_a$；

　　　l_i——土条底部弧长；

　　W_i——土条重量；

　　C_i——土条所在土层的黏聚力；

　　φ_i——土条所在土层的内摩擦角；

　　α_i——滑弧圆心与土条底部的连线于竖直方向的夹角。要求 F_s 不小于 1.3，有些层的筋材没有铺满，处于滑弧以外要求有足够的锚固长度。

3. 堤坡滑动

滑动土坡楔体上的受力示于图 2.14-1。滑动力 $E_a = \frac{1}{2} k_a \gamma H^2$，抗滑动力为 $\frac{1}{2} \gamma H l \tan\varphi_{sg}$。考虑两者的平衡，并取抗滑安全系数为 2.0，可得

$$l \geqslant \frac{2 k_a H}{\tan\varphi_{sg}} \tag{14.7}$$

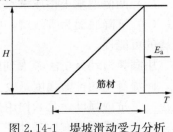

图 2.14-1　堤坡滑动受力分析

式中　　k_a——主动土压力系数，且 $k_a = \tan^2\left(45° - \dfrac{\varphi}{2}\right)$；

　　　　φ_{sg}——堤土与加筋材料的界面摩擦角。

4. 基土挤出

当为基土挤出时，挤出力为主动土压力 E_{af}，抗挤出力有三个，一是被动土压力 E_{pf}，另两个分别为筋材对软基土和硬基土对软基土的摩擦力 S_g 和 S_f，分别计算如下：

$$E_{af} = \left(\gamma H + \frac{\gamma_f}{2}D\right)DK_{af} - 2c_f D\sqrt{K_{af}} \tag{14.8}$$

$$E_{pf} = \frac{1}{2}\gamma_f D^2 K_{pf} + 2c_f D\sqrt{K_{pf}} \tag{14.9}$$

$$S_g = l\frac{\gamma H}{2}\tan\varphi_{sg} \tag{14.10}$$

$$S_f = l\left[c_f + \left(\frac{\gamma H}{2} + \gamma_f D\right)\tan\varphi_f\right] \tag{14.11}$$

式中　　K_{af}——软基土的主动压力系数；

　　　　K_{pf}——软基土的被动压力系数，$K_{pf} = \tan^2\left(45° + \dfrac{\varphi_f}{2}\right)$；

　　　　c_f——软基土的黏聚力；

　　　　φ_f——软基土的内摩擦角；

　　　　γ——堤土的重力密度；

　　　　γ_f——软基土的重力密度；

　　　　φ_{sg}——筋材和软基土的界面摩擦角。

软基土抗挤出的安全系数为

$$F_s = \frac{E_{pf} + S_g + S_f}{E_{af}} \tag{14.12}$$

要求 $F_s \geqslant 1.5$。

5. 承载力校核

承载力校核可参见 14.1.2.2 节中关于条形浅基础加筋土地基的承载力验算。

铺于堤基的筋材，其作用主要是隔离，只要筋材有足够的拉伸变形，则可适应大的下垂变形而不断裂，使堤身整体且均匀地沉降，堤两侧的基土受挤压隆起，产生如下作用：

（1）埋深增加而提高承载力；

（2）两侧地基土挤压排水，抗剪强度提高；

（3）沉降底面为垂线型，中间大、两边小，对堤身顶部有挤压作用，减小堤顶形成纵向裂缝的可能性。

用圆弧滑动分析法考虑到堤顶无裂缝和堤身沉到地基内的部分，则通过堤身的滑弧增长，而堤身土的抗剪强度是较高的，此外，因两侧地基土隆起也延长了滑弧，因挤压排水，也提高了抗剪强度，总的作用是提高了抗滑稳定的安全系数。

土工合成材料在地基处理工程中还有其他应用，如可用于过滤、排水、隔离、防渗等方面，在此就不再详细阐述。

14.1.3　地基加筋施工要点

施工程序对软地基上加筋效果十分关键，工序不当，会使筋材破坏，引起地基不均匀沉降，甚至造成堤坝失事。施工重点注意下列各点：

1. 准备场地

应砍除树木，整平地面。

2. 铺设筋材

（1）筋材要求幅宽尽量大，长度要满足大于堤底宽加上回折长且无接缝。

（2）筋材强度大的方向垂直于堤坝轴线，铺设时卷材垂直于堤坝轴线，干顺展铺；拉紧勿使皱褶，常需在其上及时压重或设固定钉，防止筋材被风吹掀起。

（3）筋材铺好后，尽快填土。填土前检查有无损伤，如孔洞、撕裂等情况，如有损伤应及时补救。

（4）筋补救方法，对大面积破坏应割除裂缝另铺新材（但要注意是否满足受力要求），小裂缝、孔洞则缝补上一块新材，破坏面积边长为 15～20cm 时，可在其上搭接新材，各边不小于 1m。

3. 填土：对不同地基要求不同

（1）极软地基。

1）采用轻型施工机械，以后卸式卡车沿筋材边缘卸土，先填筑堤坡两侧坡趾处的戗台和交通道，旨在拉紧筋材。注意：卸土应卸在前已铺好的土面上，土堆高不得超过 1m，用轻型推土机或前端装载机散土。

2）筑好戗台后，往两戗台间填土，应平行于堤坝轴线对称地进行，由外向中心推进，并且平面上始终保持中凹形。

3）第一层填土施工机械只允许顺堤坝轴线方向运行，不得回折。施工机械形成的车辙不要超过 8cm。第一层压实仅能靠推土机或前端装载机等轻型机械。当填土厚 0.6～0.7m 后才能用干碾等压实。填土应碾压到设计规定的密实度，并控制施工填土的含水量。

（2）一般地基。

1）铺设筋材不得有皱褶，并要拉紧。

2）填土从中心向外侧，对称进行，平面上使其呈中凸形。使筋材一直受拉，填铺土厚不能过高，防止局部下陷。

3）第一层即可用平碾及汽胎碾，不要过压。

14.1.4　施工质量控制及监测

施工质量控制及监测是施工中的一个重要环节，它具有以下作用：

（1）保证施工质量和施工安全；

（2）作为变更设计和改进施工方法的重要依据，以确保施工安全并且节省工程造价；

（3）控制施工定额；

（4）在监测中取得第一手资料，增加对加筋土性状的了解，供将来改进设计方法参考；

（5）通过长期监测，有利于制定合理的养护措施。

本节包括施工质量控制，施工监测内容、方法及适当的仪器设备。

14. 1. 4. 1　施工质量控制

1. 材料质量

加筋土工程涉及的材料包括加筋材料、填料、面板、面板基垫等。这里着重介绍加筋材料的质量检测，包括以下主要步骤：

（1）浏览说明书，确认是否有产品性能说明及质量合格证。

（2）检查材料的产品类型、性能是否符合设计要求。

（3）将厂家提供的产品性能指标与出版的有关文献资料进行比较；同时，在购买的材料中随机取样送质量检测中心检测；对于不同批量生产的同一种产品，应分别检验。

（4）对于有接缝要求的工程，应检验接缝强度。

（5）检查运送的材料数量是否与说明书相符；材料要妥善保存，防止紫外线辐射；另外，在堆放过程中也尽量避免损伤。

2. 施工容许误差

对于基础开挖深度上容许误差限为 ±75mm；每层填土压实后厚度及填土高度误差限为 ±25mm；筋材竖向间距和筋材搭接宽度的误差限为 ±25mm。

14. 1. 4. 2　施工监测

1. 监测计划

监测前要做好充分的准备，制定监测计划，其包括以下主要内容：

（1）监测目的；

（2）选择监测对象、观测方法和所需仪器设备，布置测点，并与施工单位协调；

（3）数据采集、整理，并提交监测报告；

（4）对于与工程质量、施工安全密切相关的参数，要制定报警限值；

（5）预算；

（6）合同书。

2. 选择监测对象

负责监测项目的工程师必须彻底了解工程概况，包括加筋材料的布置、面板设置、地基地质条件和施工方法。对于影响工程及量测的环境条件也必须予以考虑。这些环境因素包括降雨、大气压、气温等。要正确、合理地选择监测对象，首先要了解加筋土结构的性状及其主要影响因素。与加筋土性状有关的主要因素，如地基、填料、筋材、墙面等，必须在制定监测计划之前予以评定。地基的沉降将影响加筋土结构内的应力分布。加筋土体内的侧向应力水平与筋材的刚度有关，一般认为，筋材刚度较小时，接近主动土压力状态 K_a，反之，则接近于静止土压力状态 K_0。此外，面板刚度对侧向土压力状态也有影响，一般情况下，刚性墙面上的土压力比柔性墙面的大。

表征加筋土性状的主要指标包括筋材上的拉力分布、筋材与墙面的连接拉力、面板上的侧压力、地基竖向应力分布、墙面位移、墙顶填土沉降、地基沉降等，在选择监测对象时应予以充分考虑。另外，对于筋材的松弛、蠕变、老化和地基沉降等参数，必要时应作长期监测。

3. 观测方法及仪器设备

观测方法及仪器设备的选择一般要遵循方便、可靠、经济的原则。另外，还要考虑到所监测参数的可能变化范围，以便选择相应的仪器量程，提高量测精度。

604

监测人员必须熟悉仪器的使用、精度和可靠度，并且了解环境对仪器工作状态的影响和仪器的防护要求。此外，仪器的安装要达到要求，使之处于良好的工作状态。

4. 测点布置

测点应布置在主断面上。主断面指能代表总体的典型断面或者最危险的断面。要求选定至少两个主断面。另外，在次要断面上布置少数测点，以便与主断面进行对比。

测点的布置最好能提供不同量测方法上的校核。例如，点伸长计布置在筋材上可量测总应变，而应变计测量的是个别点上的应力和应变，如果将应变计布置在两个相邻伸长计的中点，那么就可以比较两种方法的量测结果。

多数仪器量测的是个别点上的数值，但是许多情况下，需要得到某个参数在整个断面上的分布规律，这就要求合理布置测点。例如，要得到筋材上的拉应力分布及最大拉力点位置，测点布置少了，会影响数据内插精度；布置多了，又会增加监测的工作量。根据以往的实践经验，在临界区测点的布置间距可取 300mm。

5. 影响实测数据的异常因素

在量测过程中，有些异常因素有可能影响实测结果，这些因素包括仪器的工作状态、施工过程（特别是延迟）、在测点附近活动、结构非正常性状的表观观察、环境因素（如温度、降雨等）。在记录量测数据时，应同时记下这些影响因素。

14.2　换填法

当软地基的承载力和变形满足不了建筑物的要求，而软弱土层的厚度又不很大时将基础底面以下处理范围内的软弱土层的部分或全部挖去，然后分层换填强度较大的砂、碎石、素土、灰土、高炉干渣、粉煤灰或其他性能稳定、无侵蚀性的材料，并压（夯、振）实至要求的密实度为止，这种地基处理的方法称为换填法。该法适用于淤泥、淤泥质土、湿陷性黄土、素填土、杂填土地基及暗沟、暗塘等的浅层处理。

按回填材料不同，垫层可分为砂垫层、砂石垫层、碎石垫层、素土垫层、灰土垫层、干渣垫层和粉煤灰垫层等。虽然不同材料的垫层，其应力分布稍有差异，但从试验结果分析其极限承载力还是比较接近的；通过沉降观测资料发现，不同材料垫层的特点基本相似，故可将各种材料的垫层设计都近似的按砂垫层的计算方法进行计算。但对湿陷性黄土、膨胀土、季节性冻土等某些特殊土采用换土垫层处理时，因其主要处理目的是消除地基土的湿陷性、膨胀性和冻胀性，所以在设计时需考虑的解决问题的关键也应有所不同。下面主要介绍砂垫层的设计、施工，以及质量检测。

14.2.1　压实原理

当黏性土的土样含水率较小时，其粒间引力较大，在一定的外部压实功能作用下，如还不能有效地克服引力而使土粒相对移动，这时压实效果就比较差。当增大土样含水率时，结合水膜逐渐增厚，减小了引力，土粒在相同压实功能条件下易于移动而挤密，所以压实效果较好。但当土样含水率增大到一定程度后，孔隙中就出现了自由水，结合水膜的扩大作用就不大，因而引力的减少就显著，此时自由水填充在孔隙中，从而产生了阻止土粒移动的作用，所以压实效果又趋下降，因而设计时要选择一个"最优含水率"，这就是土的压实机理。

在工程实践中，对垫层碾压质量的检验，要求能获得填土的最大干密度 ρ_{dmax}，其最大干密度可用室内击实试验确定。在标准击实方法的条件下，对于不同含水量土样，可得到不同干密度 ρ_d，从而绘制干密度 ρ_d 和制备含水率 w 的关系曲线，曲线上的 ρ_d 峰值即为最大干密度 ρ_{dmax}，与之相应的制备含水量为最优含水率 w_{op}。

垫层的作用主要如下：

1. 提高地基承载力

浅基础地基承载力与持力层的抗剪强度有关。如果以抗剪强度较高的砂或其他填筑材料代替软弱的土，可提高地基的承载力，避免地基破坏。

2. 减少沉降量

一般地基浅层部分沉降量在总沉降量中所占的比例是比较大的。以条形基础为例，在相当于基础宽度的深度范围内的沉降量占总沉降量的 50% 左右。如以密实砂或其他填筑材料代替上部软弱土层，就可以减少这部分的沉降量。由于砂垫层或其他垫层对应力的扩散作用，使作用在下卧层土上的压力较小，这样也会相应减少下卧层土的沉降量。

3. 加速软弱土层的排水固结

建筑物的不透水基础直接与软弱土层相接触时，在荷载的作用下，软弱土层地基中的水被迫绕基础两侧排出，因而使基底下的软弱土不易固结，形成较大的孔隙水压力，还可能导致由于地基强度降低而产生塑性破坏的危险。砂垫层和砂石垫层等垫层材料透水性大，软弱土层受压后，垫层可作为良好的排水面，可以使基础下面的孔隙水压力迅速消散，加速垫层下软弱土层的固结和提高其强度，避免地基土塑性破坏。

4. 防止冻胀

因为粗颗粒的垫层材料孔隙大，不易产生毛细管现象，因此可以防止寒冷地区土中结冰所造成的冻胀。这时，砂垫层的底面应满足当地冻结深度的要求。

5. 消除膨胀土的胀缩作用

在膨胀土地基上可选用砂、碎石、块石、煤渣或灰土等材料作为垫层以消除胀缩作用，但垫层厚度应依据变形计算确定，一般不少于 $0.3m$，且垫层宽度应大于基础宽度，而基础的两侧宜用与垫层相同的材料回填。

14. 2. 2 垫层设计

对垫层的设计，既要求有足够的厚度以置换可能被剪切破坏的软弱土层，又要求有足够大宽度以防止砂垫层向两侧挤出。

1. 垫层厚度的确定

垫层厚度 z 应根据垫层底部下卧土层的承载力确定，并符合式（14.13）要求：

$$p_z + p_{cz} \leqslant f_{az} \tag{14.13}$$

式中　p_z——垫层底面处的附加应力设计值，kPa；

p_{cz}——垫层底面处土的自重压力值，kPa；

f_{az}——经深度修正后垫层底面处土层的地基承载力特征值，kPa。

垫层底面处的附加压力值 p_z 除了可用弹性理论的土中压力公式求得外，也可按压力扩散角 θ 进行简化计算。假定基底压力 p 按 θ 通过砂垫层向下扩散到软弱下卧层顶面，并假定该处由此产生的压力呈均匀分布，则可得附加压力 p_z 为

条形基础：
$$p_z = \frac{b(p - p_c)}{b + 2z \cdot \tan\theta} \tag{14.14}$$

矩形基础：
$$p_z = \frac{b \cdot l(p - p_c)}{(b + 2z \cdot \tan\theta)(l + 2z \cdot \tan\theta)} \tag{14.15}$$

式中　b——矩形基础或条形基础底面的宽度，m；

　　　l——矩形基础底面的长度，m；

　　　p_c——基础底面处土的自重压力值，kPa；

　　　z——基础底面下垫层的厚度，m；

　　　θ——垫层的压力扩散角（°），宜通过试验确定，无试验资料时可按表 2.14-1 采用。

表 2.14-1　　　　　　　　　　　　　　　压 力 扩 散 角 θ　　　　　　　　　　　　　　　（°）

z/b　换填材料	中砂、粗砂、砾砂、圆砾、角砾卵石、碎石	黏性土和粉土 ($8 < I_p < 14$)	灰　　土
0.25	20	6	28
≥0.50	30	23	

注　当 $z/b < 0.25$ 时，除灰土仍取 $\theta = 28°$ 外，其余材料均取 $\theta = 0°$；当 $0.25 < z/b < 0.5$ 时，θ 值可内插求得。

　　具体计算时，一般可根据垫层的承载力确定出基础宽度，再根据下卧土层的承载力确定出垫层的厚度。可先假设一个垫层的厚度，然后按式（14.13）进行验算，直至满足要求为止。

　　假定基础地面平均压力 p 按扩散角 $\theta = 35° \sim 45°$ 通过砂垫层向下扩散到软弱下卧层顶面，并假定该处由此产生的压力呈梯形分布，则可得其附加压力 p_z 为

$$p_z = \frac{blp}{bl + \left(l + b + \frac{4}{3}z\tan\theta\right)z\tan\theta} \tag{14.16}$$

　　根据试验资料，当矩形基础下垫层厚度为基底宽度的 $0.8 \sim 1.0$ 倍，条形基础下垫层厚度为基底宽度的 $1.0 \sim 1.5$ 倍时，能消除部分甚至大部分非自重湿陷性黄土地基的湿陷性；对于柱基下的垫层厚度为基底宽度的 $1.0 \sim 1.5$ 倍，对于条形基础其垫层厚度为基底宽度的 $1.5 \sim 2.0$ 倍时，可基本消除非自重湿陷性黄土地基的湿陷性。

　　对湿陷性黄土垫层处理深度，现行的《湿陷性黄土地区建筑规范》（GB 50025—2004）有以下原则性规定：

　　（1）甲类建筑应消除全部湿陷量或桩基、深基、垫层等穿透全部湿陷土层，对于非自重湿陷性黄土场地，应将基础下湿陷起始压力小于附加压力与上覆土的饱和自重压力之和的所有土层进行处理，或处理至基础下压缩层的下限为止；对于自重湿陷性黄土场地，应处理基础以下的全部湿陷性土层。

　　（2）对乙类建筑消除地基部分湿陷量的最小处理厚度为：对于非自重湿陷性黄土场地，不应小于压缩层厚度的 2/3；对于自重湿陷性黄土场地，不应小于湿陷性土层厚度的 2/3，并应控制未处理土层的湿陷量不大于 20cm。

　　（3）如基础宽度大或湿陷性土层厚度大，处理 2/3 的压缩层或处理 2/3 的湿陷性土层有困难时，或当控制剩余湿陷量不能满足设计要求时，在建筑物范围内应采取整片处理。在非自重湿陷性黄土场地，其处理厚度不应小于 4m；在自重湿陷性黄土场地，其处理厚度不应小于 6m。

（4）对丙类建筑消除地基部分湿陷量最小处理厚度应符合表 2.14-2 的规定。

$$b' \geqslant b + 2 \cdot z\tan\theta \tag{14.17}$$

式中　b'——垫层底面宽度，m；

　　　θ——垫层的压力扩散角（°），可按表 2.14-1 采用；当 $z/b < 0.25$ 时，仍按 $z/b = 0.25$ 取值。

垫层顶面每边宜比基础底面大 300mm，或从垫层底面两侧向上按当地开挖基坑经验的要求放坡，整片垫层的宽度可根据施工的要求适当加宽。

2. 垫层承载力的确定

垫层的承载力宜通过现场试验确定，并应验算下卧层的承载力。

3. 沉降计算

对于重要的建筑或垫层下存在软弱下卧层的建筑，还应进行地基变形计算。建筑物基础沉降等于垫层自身的变形量 s_1 与下卧土层的变形量 s_2 之和。其中垫层自身的变形量 s_1 为

$$s_1 = \frac{p + \alpha p}{2E_1} z \tag{14.18}$$

表 2.14-2　消除地基部分湿陷量的最小处理厚度

地基湿陷等级	湿　陷　类　型	
	非自重湿陷性场地	自重湿陷性场地
Ⅱ	2.0	2.0
Ⅲ	—	3.0
Ⅳ	—	4.0

注　在Ⅲ、Ⅳ级自重湿陷性黄土场地上，对多层建筑地基宜采用整片处理，未处理土层湿陷量不宜大于 30cm。

式中　α——基底扩散系数；

　　　E_1——垫层压缩模量。

s_2 可按分层总和法确定，此处不再详述。

对超出原地面标高的垫层或换填材料的密度高于天然土层密度的垫层，宜早换填并考虑其附加的荷载对建造的建筑物及邻近建筑物的影响。

14.2.3　垫层施工

1. 对材料的要求

砂、砂石垫层的材料，宜采用级配良好，质地坚硬的粒料，其颗粒的不均匀系数最好不能小于 10，以中、粗砂为好，可掺入一定数量的碎（卵）石，但要分布均匀。细砂也可作为垫层材料，但不易压实，而且强度也不高，使用时也宜掺入一定数量的碎卵石。砂垫层的用料虽然不是很严格，但含泥率不应超过 5%，也不得含有草根、垃圾等有机杂物。如用作排水固结地基的砂、石材料，含泥率不宜超过 3%，并且不应夹有过大的石块或碎石，因为碎石过大会导致垫层本身的不均匀压缩，一般要求碎卵石最大粒径不宜大于 50mm。

2. 施工要点

（1）砂垫层施工中的关键是将砂加密到设计要求的密实度。加密的方法常用的有振动法（包括平振、插振、夯实）、水撼法、碾压法等。这些方法要求在基坑内分层铺砂，然后逐层振密或压实，分层的厚度视振动力的大小而定，一般为 15~20cm。分层厚度可用样桩控制。施工时，下层的密实度经检验合格后，方可进行上层施工。

（2）铺筑前，应先行验槽。浮土应清除，边坡必须稳定，防止塌土。基坑（槽）两侧附近如有低于地基的孔洞、沟、井和墓穴等，应在未做垫层前加以填实。

（3）开挖基坑铺设砂垫层时，必须避免扰动软弱土层的表面，否则坑底土的结构在施工时遭到破坏后，其强度就会显著降低，以致在建筑物荷重的作用下将产生很大的附加沉降。因此，基坑开挖后应及时回填，不应暴露过久或浸水，并防止践踏坑底。

（4）砂垫层底面应铺设在同一标高上，如深度不同时，基坑地基土面应挖成踏步或斜坡搭接，各分层搭接位置应错开 0.5～1.0m 距离，搭接处应注意捣实，施工应按先深后浅的顺序进行。

（5）人工级配的砂石垫层，应将砂石拌合均匀后，再行铺填捣实。

（6）捣实砂石垫层时，应注意不要破坏基坑底面和侧面土的强度。因此，对基坑下灵敏度大的地基上，在垫层最下一层宜先铺设一层 15～20cm 的松砂，只用木夯夯实，不得使用振捣器，以免破坏基底土的结构。

（7）采用细砂作为垫层的填料时，应注意地下水的影响，且不宜使用平振法、插振法和水撼法。

（8）水撼法施工时，在基槽两侧设置样桩，控制铺砂厚度，每层为 25cm。铺砂后，灌水与砂面齐平，然后用钢叉插入砂中摇撼十几次，如砂已沉实，便将钢叉拔出，在相距 10cm 处重新插入摇撼，直至这一层全部结束，经验查合格后铺第二层（不合格时需再插撼）。每铺一次，灌水一次进行摇撼，直至设计标高为止。

14.2.4　质量检测

（1）垫层质量检验包括分层施工质量检查和工程质量验收。

（2）分层施工的质量和质量标准应使垫层达到设计要求的密实度，各类垫层标准如下：

1）砂垫层的干重力密度：中砂≥16kN/m³，粗砂根据经验应适当提高；

2）废渣垫层表面应坚实、平整、无明显软陷，压陷差<2mm；

3）灰土垫层的压实系数一般应达 0.93～0.95。

（3）砂垫层的分层施工质量检查可选用下列方法：

1）环刀压入法：环刀容积 2×10^6～4×10^6 mm³，径高比 1：1。取样前测点表面应刮去 30～50mm 厚的松砂；并采用定向筒压入。环刀内砂样应不含尺寸大于 10mm 的泥团或石子。

2）采用 ϕ20mm，长度 1.25m 的平头光圆钢筋，自由贯入高度为 700mm，并应使钢筋垂直下落。符合质量控制要求的贯入度值根据砂样品种通过试验确定。

（4）测点布置：

1）整片垫层：面积≤300m² 时，环刀法为 30～50m² 布置一个，贯入法为 10～15m² 布置一个；面积>300m² 时，环刀法为 50～100m² 布置一个，贯入法为 20～30m² 布置一个。

2）条形基础下垫层：参照整片垫层要求，且满足环刀法每 20m 至少布置一个，贯入法每 10m 至少布置一个。

3）单独基础下垫层：参照整片垫层要求，且不少于两个。

（5）换填结束后，可按工程的要求进行垫层的工程质量验收，验收方式可通过荷载试验进行。在有充分试验依据时，也可采用标准贯入试验或静力触探试验。

（6）当有成熟试验表明通过分层施工质量检查能满足工程要求时，也可不进行工程质量的整体验收。

14.3　侧向约束法与荷载分布调整法

14.3.1　改变边界条件——侧向约束法

在使用地基两侧打入刚性桩体如钢板桩、搅拌桩、木桩、钢筋混凝土桩等，或设置各类（水泥、砖石、钢筋混凝土）墙体等，可限制软土的横向变形及挤动，当分布荷载不大于受影响的地基土强度，该方法可以保证地基稳定。该方法主要可用于含水量较大的软土地基，特别适用于当该类软基为一夹层或下卧层、上部荷载传递至该层时产生的附加应力已可被其所承受，而地基总体变形需要得到控制的情况。

该方法基本原理可以理解如下：地基的基本作用在于具有一定的强度，即具有要求的承载力，同时要具有一定抵抗变形的能力，当地基强度满足要求时，由于地基侧限条件作用可满足变形要求，从而达到使用要求。

14.3.2　调整荷载分布

常常可以见到的地基失效原因之一是局部应力集中，从设计的角度考虑，可以调整荷载分布使得地基土恰当发挥其作用。尽管这一思想非常简单且不属于地基处理本身问题，但若我们将地基的使用目的作为地基处理与否，以及如何处理的基本考虑出发点，而不是仅仅为处理而处理，这一方法同样使得地基能更好发挥作用。当审慎细密地考虑使用地基及荷载特点时，可带来出乎意料的益处。

工程实例：土工织物在广州抽水蓄能电站边坡中的应用

1. 工程概况

广州抽水蓄能电站总装机容量 2400MW，分一期、二期工程。一期工程于 1993 年投产，二期工程于 2000 年 3 月竣工。每期工程装机容量均为 $4 \times 300MW$。由于一期、二期工程共用同一上、下水库，因此二期工程的进出水口与 1 期工程同步建成。

上、下库进出水口的边坡大部分为风化砾质砂土，边坡高达 30m，坡度为 1：1.75～1：2.5。原设计采用 20cm 混凝土板下设 30cm 厚砂石料反滤层，由于护坡范围广、工程量大，而砂石料反滤层不能机械化施工，对工期影响大，经研究改用土工织物作为反滤层。

2. 土工织物的选择

土工织物有排水、过滤、分隔等功能，又具有质轻、耐磨耐腐蚀、价格低廉等特点，且货源充足，便于运输存放，施工简单。

广州蓄能电站运行后，护坡的正常最大水深为 27m，昼夜水位变化为 20m，最大水头压力为 0.27MPa，水头压力变化为 0.27MPa。经过设计和试验单位的反复讨论，认为在这样的压力范围内土工织物的渗透系数变化不大，强度亦可满足。为选择适合于广州蓄能电站进出水口的边坡滤层的土工织物，委托了中国科学院武汉岩土力学研究所和长江科学院对广州蓄能电站土工织物滤层进行了试验。

根据对坡面土料的含水率、密度、比重、直接剪切等项目的测试结果，分析见表 2.14-3。考虑边坡高度，水位变化幅度和频度，以及抽水蓄能电站的重要性等因素，选用了 450～520g/m² 的纯涤纶无纺土工织布进行了试验，试验结果见表 2.14-4。土工织物的初始渗透系数为 k_0，淤堵试验测出了土工织物与土料组合后的渗透系数值 k_g，认为比值 $k_0/k_g \leqslant 5$ 时，不会发生淤堵现象，本试验在各种条件下测出的 k_0/k_g 值均小于 5，见表 2.14-5。

表 2.14-3　　　　　　　　　　　实 验 结 果 汇 总 表

土壤编号	含水率		密度试验（蜡封法）				比重 C_g	渗透系数 k_0/(cm/s)	直接固结快剪	
	w(%)		密度 ρ/(g/cm³)		干密度 ρ_d/(g/cm³)				C/kPa	φ/(°)
	测值	均值	测值	均值	测值	均值				
1	8.7 10.4 9.9 ⋮ 10.2	9.9 (6样)	2.08~ 1.09	1.99	1.89~ 1.73	1.81	2.64	2.25×10⁴~ 3.15×10⁴	0.47	41.5
2	11.9 14.5 14.3 15.7 ⋮	15.1 (6样)	1.62~ 1.69	1.66	1.46~ 1.40	1.43	2.63	5.88×10⁴~ 3.34×10⁴	0.10	36.5

表 2.14-4　　　　　　　　　　　无纺土工织布特征值表

规格/(g/m²)	厚度/mm	抗拉强度		延伸率（%）		撕裂强度/N		顶破强度/N	落锤孔口尺寸/mm	法向渗透系数/(cm/s)	水平渗透系数/(cm/s)	有效孔径/μm	摩擦因数
		纵向	横向	纵向	横向	纵向	横向						
462 干	3.5	110	120	71	70	200	250	1830	11.2	3.99×10²	1.21×10²	60~80	0.30
462 湿	3.5	110	120	100	67	186	250	1510	11.2				0.27
500 干	3.7	110	125	80	70	201	260	1840	10.6	1.70×10²	1.53×10²	60~80	0.30
505 湿	3.7	110	130	83	73	202	270	1850	12.0				0.30
512 湿	3.7	115	135	83	75	203	278	1870	12.0	1.52×10²	2.06×10²	60~80	0.30

611

以往工程采用土工织物滤层的护坡，其混凝土面板均为预制块。本工程根据工期需要及施工条件，护坡采用了现浇混凝土面板。为保证现浇混凝土面板下的土工织物滤层不受影响并具有较大摩阻力，在土工织物与上覆混凝土界面试验中作了以下几个方案的比较：

（1）混凝土直接浇筑在无纺土工织物上；

（2）在现浇混凝土和无纺土工织物之间铺一层编织布；

（3）在现浇混凝土和无纺土工织物之间铺一层塑料薄膜。

对以上几个方案分别进行了摩擦试验及排水和黏结程度试验，试验结果在无纺土工织物与现浇混凝土之间铺一层编织布时，既不影响排水，又不降低摩擦因数，试验结果见表 2.14-6。

根据上述试验成果的汇总分析，最后选用了规格为 500g/m² 的涤纶无纺土工织物和规格为 100g/m² 的聚丙烯防滑编织布，组成了护坡的土工织物反滤层。编织布特征值见表 2.14-7。

表 2.14-5　　　　　　　　　　淤堵试验前后土工织物渗透系数的变化表

试验编号	组合条件		渗透条件	试样密度 ρ /（g/cm³）	渗透比降	历时/d	土工织物渗透系数/（cm/s）		k_0'/k_g 比值	原状土渗透系数		
	土工织物	土样编号					组合前 k_0'	组合后 k_0'		k_g'/k_s' 的比值	k_0 /（cm/s）	
1	512	1 击实	从上到下	1.61	17.2	19	9.2×10^2	3.5×10^2	3.5	7.9	
2	512	1 击实		1.71	18.0	19	9.07×10^2	1.80×10^2	5.0	5.4	
3	512	2 击实		1.52	16.5	19	8.87×10^2	7.6×10^2	1.2	22.8	
4	512	2 击实		1.58	17.3	19	1.14×10^2	3.80×10^2	3.0	11.4	从安全考虑最大值为 3.34×10^2
5	462	3 松散		1.49	8.8	16	4.48×10^2	3.93×10^2	1.2	11.8	
6	462	4 松散		1.51	9.0	19	3.18×10^2	4.15×10^2	未减小	12.4	
7	500	3 松散	模拟水位骤升骤降 0～15cm 0～17cm				1.16×10^2	2.75×10^2	4.2	8.2	
							1.11×10^2	2.95×10^2	3.8	8.8	
							8.65×10^2	3.70×10^2	2.3	11.1	

表 2.14-6　　　　　　　　　　三种方案比较试验结果

设计方案	摩擦因数 f		排水情况	黏结程度	其　他
	砾质砂与无纺布	编织布与无纺布			
1	0.31～0.23		有影响	牢固	
2	0.31～0.23	<0.32～0.34	无影响	牢固	
3	0.31～0.23	塑料薄膜与土工织布>0.2	无影响	不牢固	强度低、易破

表 2.14-7　　　　　　　　　　编 织 布 特 征 值

规格/（g/m²）	经纬密度/（根/寸）	抗拉强度/（N/cm²）		顶破度/N	渗透因数/（cm/s）	摩擦因数	拼缝强度/（N/cm）
		经　向	纬　向				
100±5	14×12 或 13×15	120	120	1500	10^{-1}～10^{-1}	0.32	63～75

　　本工程按采用 20cm 厚现浇混凝土护坡面板、局部地质较差处混凝土护坡面板厚 50cm 进行结构的抗滑稳定分析，如图 2.14-2 所示。

　　抗滑稳定理论上主要取决于护坡结构的抗滑力与下滑力的比值。按常规计算坡面稳定的结果表明，在水位骤降有渗透水压力作用时，坡面的整体稳定安全系数小于 1.0，局部稳定安全系数仅达 1.0～1.05，满足不了规范 $K \geqslant 1.3$ 的要求，其余工况则能满足 $K \geqslant 1.3$ 的 ϕ5cm 改为 ϕ15cm 要求，加大排水面积。采用这样的排水孔直径，瞬间的渗漏水头忽略不计（即假定渗透水压为零，排水孔有效面积为 100%），坡面的整体稳定安全系数可达 1.1～1.2，但仍小于 1.3。为此，根据试验单位的建议，对坡面进行加固处理。处理后不再要求安全系数达到 1.3。

3. 加固及其他措施

　　为使坡面抗滑稳定足够安全，并防止土工织物老化，确保排水功能正常发挥，施工时采

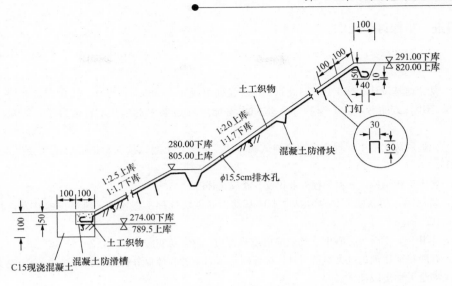

图 2.14-2　进出口护坡示意图

613

取了以下措施：

(1) 坡脚设置一断面为 100×100 的混凝土防滑块，坡脚及马道均设有防滑槽，另在 1：1.7 和地质较差的坡面上增设一三角形断面混凝土防滑块，高差约 5m 设置一个。

(2) 离坡顶及马道以下 2m 处设置两排门钉，门钉间距 2m 呈梅花形布置，以加强无纺土工织物与编织布、土工织物与土层之间的联系，增加其抗滑力。

(3) 马道坡面转折处及施工缝 L 为 80～100mm 的插筋，以加强混凝土面板的整体性。

(4) 排水孔内设置有无砂混凝土预制块，以阻止阳光中的紫外线直射引起土工织物老化。

(5) 浇筑混凝土面板时，为防止水泥浆堵塞排水孔处的面层网眼，在其表面预留孔处垫一层水泥袋纸，然后再浇筑混凝土，待混凝土凝固后，挖除水泥袋纸。

(6) 土工织物原则上不允许在坡面上搭接（其长度按设计在厂家订购生产）；特殊情况下需要搭接，其搭接长度不得少于 1m，搭接处必须用尼龙绳缝合，以保证土工织物的抗拉强度。

(7) 施工时浇筑多长的混凝土坡面，现场当即铺多长的土工织物，不能事先让土工织物在阳光下暴露过长的时间。

4. 结束语

广州抽水蓄能电站从 1993 年起运行至今已有二十余年，迄今为止除在一期工程上库进出水口左岸边坡混凝土板上有两条水平裂缝外（据分析为坡面平整时夯土不密实引起），边坡混凝土板未发现有下滑现象，进出水口边坡是稳定的。这说明其排水效果达到设计要求，设计所采用的参数和采取的加固措施是正确有效的。广州蓄能电站运行期间，也有一些兄弟单位和中国科学院一些其他工程项目借鉴此经验进行工程设计，其工程均运行良好。

虽然土工织物目前在土坡中的应用已较广泛，但其试验研究、设计理论仍处在摸索阶段，尤其是在蓄能电站上的应用尚无规范可循。本项工程经过运行实践表明，在水位变动频繁、骤降幅度大的条件下，边坡仍能保持稳定，可见土工织物在护坡上的应用是很有潜力可挖的，值得进一步探讨和推广。

参考文献

[1] 龚晓楠. 复合地基设计和施工指南. 北京：人民交通出版社，2003.

[2] 梁成平，李俊，方丽芳. 土工织物在广州抽水蓄能电站边坡中的应用. 岩土力学，2002，23(1)：116-119.

[3] 李彰明. 变形局部化的工程现象、理论与试验方法. 全国岩土测试技术新进展会议大会报告(海口)，2003(11).

[4] 李彰明. 岩土工程结构. 土木工程专业讲义. 武汉：1997.

[5] 李彰明，赏锦国，胡新丽. 不均匀厚填土地基动力固结法处理工程实践. 建筑技术开发，2003，30(1)：48-49.

[6] 李彰明，李相崧，黄锦安. 砂土扰动效应的细观探讨. 力学与实践，2001，23(5)：26-28.

[7] 李彰明. 有限特征比理论及其数值方法. 第五届全国岩土力学数值分析与解析方法讨论会论文集. 武汉：武汉测绘大学出版社，1994.

[8] 李彰明. 岩土介质有限特征比理论及其物理基础. 岩石力学与工程学报，2000，19(3)：326-329.

[9] 李彰明，冯遗兴. 动力排水固结法参数设计研究. 武汉化工学院学报，1997，19(2)：41-44.

[10] 李彰明，冯遗兴. 软基处理中孔隙水压力变化规律与分析. 岩土工程学报，1997，19(6)：97-102.

[11] 李彰明，冯遗兴. 动力排水固结法处理软弱地基. 施工技术，1998，27(4)：30，38.

[12] 李彰明，王武林，冯遗兴. 广义内时本构方程及凝灰岩粘塑性模型. 岩石力学与工程学报，1986，5(1)：15-24.

[13] 李彰明，王武林. 内时理论简介与内时本构关系研究展望(讲座). 岩土力学，1986，7(1)：101-106.

[14] 李彰明. 厚填土地基强夯法处理参数设计探讨. 施工技术(北京)，2000，29(9)：24-26.

[15] 李彰明，黄炳坚. 砂土剪胀有限特征比模型及参数确定. 岩石力学与工程学报，2001，20：1766-1768.

[16] 李彰明，赏锦国，胡新丽. 不均匀厚填土强夯加固方法及工程实践. 建筑技术开发，2003，30(1)：48-49.

[17] 李彰明. 动力排水固结法处理软弱地基. 施工技术，1998，27(4)：30.

[18] 李彰明，杨文龙. 土工试验数字控制及数据采集系统研制与应用. 建筑技术开发，2002，29(1)：21-22.

[19] Li ZHANGMING etal. Dynamic response of mud in the field soil improvement with dynamic drainage consolidation. Earthquake Engineering and Soil Dynamics March. 2001. USA, Ref, Proc. Of the Conf. (CD—ROM). ISBN—1—887009—05—1(Paper No. 1. 10：1～8).

[20] 李彰明，杨良坤，王靖涛. 岩土介质强度应变率阈值效应与局部二次破坏模拟探讨. 岩石力学与工程学报，2004，23(2)：307-309.

[21] 李彰明，全国权，刘丹. 土质边坡建筑桩基水平荷载试验研究. 岩石力学与工程学报，2004，23(6)：930-935.

[22] Li ZHANGMING, Wang Jingtao. Fuzzy Evaluation On The Stability Of Rock High Slope：Theory. Int. J. Advances in Systems Science and Applications，2003，3(4)：577-585.

[23] Li ZHANGMING. Fuzzy Evaluation On The Stability Of Rock High Slope：Application. Int. J. Advances in Systems Science and Applications，2004. 4(1)：90-94.

[24] 李彰明，杨良坤，刘添俊. 半刚性桩复合地基沉降分析方法及应用. 建筑科学，2005，21(4)：46-50.

[25] 李彰明. 软基处理中孔压变化规律与分析. 岩土工程学报，1997(19)：97-102.

[26]　张光永，吴玉山，李彰明. 超载预压法阈值问题的室内研究. 岩土力学，1999，20(1)：79-83.

[27]　张珊菊，等. 建筑土质高边坡扶壁式支挡分析设计与工程应用. 土工基础，2004，18(2)：1-5.

[28]　王安明，李彰明. 秦沈客运专线 A15 标段冬期施工技术. 铁道建筑，2004(4)：18-20.

[29]　赖碧涛，李彰明. 地基处理管理信息系统的开发和应用. 岩土力学. 2004，25(12)：2041-2044.

[30]　刘添俊，李彰明. 土质边坡原位剪切试验研究. 岩土工程界，2004 年增刊

[31]　中国建筑科学研究院. GB 50007—2002　建筑地基基础设计规范. 北京：中国建筑工业出版社，2002.

[32]　中华人民共和国建设部. GB 50290—1998　土工合成材料应用技术规范. 北京：中国计划出版社，1998.

[33]　SL/T 225—1998　水利水电工程土工合成材料应用技术规范.

[34]　中华人民共和国交通部. JTJ 019—1998　公路土工合成材料应用技术规范. 北京：人民交通出版社，1998.

[35]　王钊. 国外土工合成材料的应用研究. 中国香港：现代知识出版社，2002.

[36]　王钊，王协群. 土工材料加筋地基的设计. 岩土工程学报，2000，22(6).

[37]　龚晓南. 地基处理技术发展与展望. 北京：中国水利水电出版社，2004.

[38]　李彰明. 深圳宝安中心区软基处理试验小区测试与监控技术研究报告，1995(10).

[39]　李彰明，冯遗兴. 海南大学图书馆软基处理技术报告，1995.

[40]　李彰明，冯遗兴. 三亚海警基地软弱地基处理监测技术报告，1996.

[41]　李彰明，冯遗兴. 深圳市春风路高架桥软基处理技术报告，1993.

[42]　李彰明. 广州大学城中环一标地基处理监测报告，2004.

[43]　地基处理手册编写委员会. 地基处理手册. 2 版. 北京：中国建筑工业出版社，2000.

615

第 15 章

工程实例——软基常见处理方案及比选

15.1 工程基本情况及条件

15.1.1 工程概况

某机场扩建项目规划建设的第二条跑道（B 跑道）和相关配套设施场地位于该机场现有第一条跑道（A 跑道）的西侧，规划总占地面积约 18.21km²，一期建设面积 10km²。其中新规划的飞行区、一期站坪区、一期建筑区和原飞行区西区，占地面积约 8.2km²；其中一期站坪区和一期建筑区原地貌基本为鱼塘区，新规划飞行区为海域，原飞行区西区基本为平土区。另有预留区包括预留站坪区和预留建筑区，占地面积约 1.8km²，现状地貌大部分为海域，部分为鱼塘区。

规划建设的第二条跑道主跑道长度为 3600m、宽 60m（含道肩宽 75m），与第一条跑道（A 跑道）相距 1600m。相关配套设施主要有航站区、货运区、机场维修区和商务区等。配套设施主要分布于第一条跑道与第二条跑道之间。其中南北两侧主要为跑道端灯光带、进出机场通道和其他设施规划用地。

该规划建设场地现状地貌为浅海、滨海滩涂和潮间带，部分为水产养殖鱼塘区。填海区现状为滨海滩涂地和海域。淤泥较深厚，地质条件软弱，工程前期准备工程包括填堤围海、填海、填塘，并进行软基处理。其中填堤围海之后实施的填海及软基处理工程，要求施工期不超过 36 个月。

以下介绍其中第二条跑道（B 跑道）地基处理方案及比选。

15.1.2 工程地质与水文地质

15.1.2.1 工程地质条件

根据填海区现场钻探、原位测试及室内土工试验，场区的工程地质条件如下：

1. 地层

根据岩土工程勘察报告，场地分布地层有人工填土（Q^{ml}）、第四系全新统海相沉积（Q_4^m）海区淤泥（Ⅰ）、陆区淤泥（Ⅱ）及含有机质中粗砂、第四系晚更新统冲洪积（Q_3^{al+pl}）黏土、含黏性土粗砂、淤泥质粉质黏土、粉质黏土、含黏性土中砂及第四系残积（Q^{el}）粉质黏土。

（1）人工填土层。

灰黄、深灰及灰黑色黏性土，大部分为海堤、塘埂土；部分为褐红、褐黄色黏性土，局部含有块石、砂土等，稍湿—湿，松散—稍密状态。层厚为 0.40～6.80m，平均厚度为 2.56m。标准贯入试验击数平均 2 击。

（2）第四系全新统海相沉积层。

1）淤泥Ⅰ（海区淤泥）：土灰、深灰—灰黑色，局部灰黄色，表层易流动，部分超饱和（静放有水流出），具腥臭味，有机质含量为 3.59%～10.07%，大部分含粉细砂，偶见贝壳碎片。该淤泥具高含水量、高压缩性、极低强度及欠固结等特点。该层在海中为连续分布，厚度为 1.10～12.60m。

2）淤泥Ⅱ（陆区淤泥）：深灰—灰黑色，局部上部呈土灰色，饱和，流塑状态，具腐臭味，有机质含量为 3.74%～10.41%，含生物碎屑及贝壳碎片，局部含薄层砂透镜体，具高含水量、高压缩性、极低强度及欠固结等特点。该层在陆区为连续分布，厚度变化大，空间形态较复杂。海堤、道路及塘堤下部淤泥普遍受挤压，其挤压深度为 0.50～1.00m。该层层厚 1.30～7.50m。淤泥厚度及底板埋深分别如图 2.15-1 所示。

原飞行区域

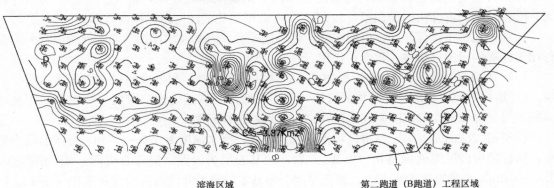

滨海区域　　　　第二跑道（B跑道）工程区域

图 2.15-1　淤泥等厚线

3）含有机质中粗砂：深灰—灰黑色，饱和，松散，淤泥质黏土含量，有机质含量为 2.58%～6.13%，偶见贝壳碎片，局部相变为粉细砂、粉土。场地内局部分布，在场区北部见本层，层厚为 0.40～3.90m。标准贯入试验平均 3 击。

（3）第四系晚更新统冲洪积层。

1）黏土：褐黄、浅黄、灰白及褐红等杂色，土质细腻均一，局部不均匀含中细砂或夹薄层砂透镜体，饱和，可塑状态。场地内该层分布较广泛，层厚为 0.40～7.40m。标准贯入试验平均 11 击。

2）含黏性土粗砂：褐红、浅黄、灰白等杂色，饱和，稍密，不均匀含黏性土 5%～40%，局部夹黏土或粉细砂、砾砂透镜体，场地局部砂质较纯净，底部含少量小卵石（直径 2～5cm），个别较大（直径＞20cm）。场地内本层分布亦较广泛，层厚为 0.50～6.00m，标准贯入试验平均 12 击。

3）淤泥质粉质黏土：深灰—灰黑色，饱和，流塑—软塑状态，局部可见碳化木，有机质含量为 2.41%～6.12%，该层下部含砂逐渐变粗，局部含粉细砂薄层透镜体。场地内该层局部分布，层厚为 0.40～3.70m，标准贯入试验平均 4 击。局部含砂较多或为砂透镜体，标贯击数偏高。

4）粉质黏土：浅黄、灰白等色，土质细腻均一。局部不均匀含中细砂或薄层砂透镜体，饱和，可塑状态。场地内该层局部分布，层厚为 0.50～5.70m，标准贯入试验平均 11 击。

5）含黏性土中砂：褐红、浅黄、灰白等杂色，饱和，中密，不均匀含黏性土 20%～40%，局部夹黏土或粉细砂透镜体，局部含少量小卵石。该层局部分布，层厚为 0.4～6.00m。标准贯入试验平均 9 击。

（4）第四系残积层。

粉质黏土：褐黄、褐红色，由混合花岗岩、花岗片麻岩风化残积而成，原岩结构清晰，局部不均匀含石英砂，湿，可塑—硬塑。场地内该层分布广泛，地层稳定，钻探揭露厚度为 0.50～14.70m。标准贯入试验平均 15 击。

2. 不良地质现象

（1）场区内广泛分布的淤泥为高含水量、高压缩性、低强度、低渗透性软弱土，且厚度变化大（最大厚度达 12.60m），容易引起不均匀沉降。造成淤泥局部厚度较大的原因可能有如下几点：①受构造起伏影响，构造风化槽内下伏地层埋藏较深，造成上覆淤泥层厚度较大；②古河道、古冲沟内淤泥厚度较大；③古地形地貌低洼区淤泥厚度较厚。

（2）场地位于伶仃洋珠江口的东侧，机场建成后，海水潮汐作用及船舶航行引起的波浪作用对海堤的侵蚀（机械、化学）作用。

（3）在 Q_3 地层中局部分布有粉质黏土、含黏性土中砂、粗砂中间存在淤泥质粉质黏土层，Q_3 地层具河流相的二元结构的特征，其不仅增加了软基处理的难度，更主要问题是地基的大量沉降和不均匀沉降问题，同时存在场地稳定性问题。

特别需关注的是，第二跑道区场地现状为海域，海水深度为 3.0～5.0m，海床面较为平整；所处的地段原泥面标高在 -2.5m 左右，地基表层为淤泥（局部有流泥），淤泥厚度为 2.8～9.6m，平均厚度为 6.35m，淤泥厚度分布基本趋势为北浅南深的分布规律（图 15-1），场地的条件较为单一。

15.1.2.2　水文地质

1. 地表水

仅在机场南北端各有一条小河，分别为兴围河及福永河。河水流向为自北东向南西，水量小。福永河为主要地表水体，水量稍大，另外孖庙涌有一条沟渠及下十围村有两条小溪自东向西流入海中，水量小，河水受水产养殖、生活及工业污水污染，污染严重。福永河河床标高低，高潮时，海水倒灌河中 1km 以上。其次，场地陆地内养殖塘星罗棋布，根据养殖的需要，一般均蓄满塘水，水深多为 0.50～1.20m。

2. 地下水

根据场地地层分布、含水性质、赋存条件及水力特征，场地地下水含（隔）水层可分为以下几种类型：

（1）现状海堤及填方相对隔水层。场地沿海有现状海堤，陆地道路（便道）、塘堤纵横交错，填土的密实性为松散～密实，为相对隔水层，局部含上层滞水。

（2）软土及黏性土隔水层。由上部 Q_4 海积淤泥及中部 Q_3 冲洪积黏土、淤泥质粉质黏土、粉质黏土等组成。

（3）中部砂层孔隙含水层。由上部 Q_4 海积含有机质中粗砂及中部 Q_3 冲洪积含黏性土粗砂、含黏性土中砂（局部是二元结构）组成。由于上部为淤泥及黏土、粉质黏土层，下部为残积粉质黏土层，其地下水类型为微承压水，主要接受海水、地表水的补给。

（4）下部残积土隔水层。该层由混合花岗岩、花岗片麻岩的风化残积粉质黏土组成，该层分布稳定，一般厚度大于 10m。

15.1.3　主要土（岩）层物理力学指标

土体主要物理、力学及渗透性指标设计参考值见表 2.15-1。

表 2.15-1　　　　土体主要物理、力学及渗透性指标设计参考值

时代	岩　性	天然状态下土的物理性指标				压缩系数	压缩模量	直剪		承载力特征	渗透系数
		含水量	天然密度	孔隙比	液性指数			凝聚力	内摩擦角		
		ω	ρ	e	I_L	$a_{v100\sim200}$	E_s	C	φ	f_{ak}	k
		%	g/cm³			MPa⁻¹	MPa	kPa	°	kPa	cm/s
Q^{ml}	人工填土										
Q_4^m	海区淤泥	100.4	1.43	2.757	3.31	2.5	1.6	0.6	7	15～20	6.6×10^{-7}
	陆区淤泥	85.5	1.52	2.145	2.32	1.6	1.8	0.8	7	20～30	6.0×10^{-7}
	淤泥质细砂	72.9	1.58	1.960	1.84	1.6	2.07	3	10	40	5.1×10^{-6}
	含有机质中粗砂	23.6	1.91	0.84	0.6	0.5	4.5	4	13	100—	1.0×10^{-2}
Q_3^{al+pl}	黏土	38.9	1.86	0.978	0.875	0.47	4.0	18	7.5	150—	3.53×10^{-7}
	含黏性土粗砂	19.6	2.07	0.52	0.69	0.20	8.0	20	17	180—	$9.36\times10^{-5}\sim$ 9.36×10^{-5}
	淤泥质粉质黏土	49.7	1.75	1.351	1.89	0.97	3.5	15.1	8	70～90	1.97×10^{-6}
	粉质黏土	31.9	1.89	0.955	0.73	0.43	5.0	23	10	160—	1.19×10^{-5}
	含黏性土中砂	21.2	1.97	0.652	0.49	0.3	8.0	15	27	200—	$8.3\times10^{-6}\sim$ 1.6×10^{-4}
	粉砂	27.3	1.92	0.822	0.872			0	29		2.79×10^{-3}
	中砂							0	34		4×10^{-4}
	中粗砂							0	32		2.84×10^{-3}
elQ	粉质黏土	31.3	1.86	0.925	0.38	0.4	5.5	20	22		1.19×10^{-5}

为了提高沉降与固结计算的针对性，除了将场地地层的土性指标分成两个区域，即鱼塘区（陆区）和海域区统计，还将用地红线外的地质孔相关数据剔除。剔除后，淤泥主要性质指标见表 2.15-2 与表 2.15-3。

表 2.15-2　　　　　　淤泥主要性质指标一览表

参数指标	海域区	鱼塘区
天然含水量 w（%）	91.4	83.6
天然重力密度 r/(kN/m³)	14.8	15.4
天然孔隙比 e	2.44	2.20

参数指标	海域区	鱼塘区
压缩指数 C_c	0.75	0.68
竖向固结系数 C_v/（cm²/s）	0.000566	0.000 49
水平向固结系数 C_h/（cm²/s）	0.00066	0.000 523

表 15-3　　　　　　　　　　　　　　　淤泥十字板剪切试验成果统计表

地层	统计指标　　　项目	原状土抗剪强度 C_u/kPa	重塑土抗剪强度 C_u'/kPa	灵敏度 S_t
海区淤泥（Q_4^m）	统计个数	15	15	15
	范围值	0.23～2.03	0.10～0.82	1.09～6.30
	算术平均值	0.97	0.49	2.37
	标准差	0.54	0.29	1.31
	变异系数	0.560	0.589	0.554
	标准值	0.71	0.35	3.01
陆区淤泥（Q_4^m）	统计个数	24	24	24
	范围值	0.72～6.39	0.20～3.60	1.41～7.22
	算术平均值	3.05	1.10	3.88
	标准差	1.55	0.97	1.78
	变异系数	0.506	0.890	0.459
	标准值	2.50	0.75	4.52

15.2　方案考虑与选择

该场地地基处理技术要求如下：

（1）工后沉降（按使用年限 20 年计）≤20cm；

（2）差异沉降≤1.5‰；

（3）地基承载力≥140 kPa；

（4）土基顶面反应模量≥60MPa/m；

（5）土基顶面平整度≤30mm；

（6）压实度≥98%。

15.2.1　考虑的主要因素

（1）技术措施可靠：必须充分考虑地基及环境条件，保证有满足工程技术要求的措施。

（2）投资省：因工程量大，工程技术标准要求高，地质及环境条件复杂，要求的施工工期短，针对性强及优化的方案，投资省，经济性好。

（3）确保工期：本工程工期规定明确，必须保质、保量如期完成工程任务。

（4）确保现机场不停航条件下的飞行安全，满足民航机场不停航施工管理规定。

（5）技术先进、施工简便可行：力求以先进的地基处理技术，施工简便可靠，并有可靠的机械设备保证。

（6）合理利用材料资源：充分考虑本市土源、砂源紧缺、石料运输距离远的现状，合理选择最适宜的填筑和施工材料。

（7）注意环境保护，保证工程施工不造成对环境的污染。

15.2.2　软基处理荷载标准的分析

飞行区包括机场跑道、滑行道、联络道和站坪等。前述已给出了本次软基处理的基本技术要求，但未知飞行区场地使用荷载等重要的设计参数。关于飞行区场地荷载的分析计算如下：

（1）道面结构换算荷载。

刚性道面，44cm 混凝土层，厚各 20cm 的两层水泥稳定碎石层。换算荷载为

$$p_1 = (0.44 \times 25 + 0.4 \times 22)\text{kPa} \approx 20\text{kPa}$$

（2）飞机活荷载对地基附加应力影响的分析。

1）飞机计算参数。

选用当今最大的飞机空客 A380 作为计算依据，该飞机在起飞时最大重量为 562t，飞机的有关轮位分布和计算参数见图 2.15-2 和表 2.15-4、表 2.15-5。

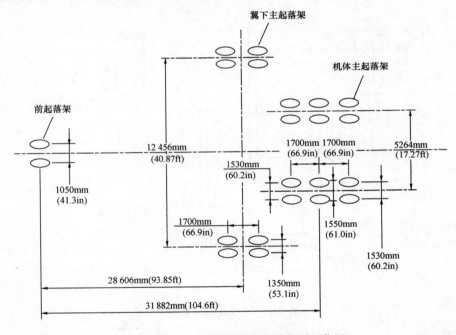

图 2.15-2　A380 起落架与轮胎的平面位置

表 2.15-4　　　　　　　　　　　A380 的有关计算参数

参　数	数　值
最大机坪重量	562 000kg（1 239 000lb）
主起落架组重量百分比	查说明书表 7-4-1
起落架轮胎尺寸	1270×455R22 32PR
起落架轮胎压力	14.1bar（205psi）
翼下起落架轮胎尺寸	1400×530R23 40PR
翼下起落架轮胎压力	15 bar（218 psi）
机身起落架轮胎尺寸	1400×530R23 40PR
机身起落架轮胎压力	15 bar（218 psi）

注　1. 最大机坪重量指停或滑行在机坪时的最大重量，而不是起飞重量，一般起飞重量小于该最大重量。

　　2. kg—千克，lb—磅（非法定），bar—巴（非法定），psi—磅/平方英寸（非法定）。

表 2.15-5　　　　　　　　　A380 各起落架的质量　　　　　　　　　（kg）

1	2	3	4	5	6
		导向起落架		机翼起落架（VWG 每个支架）	机体起落架（BWG 每个支架）
型号	最大起飞重量	前轮驱动时的最大静荷载	以 10ft/s² 减速时的静荷载	静荷载	静荷载
—800	562 000	40 040	69 790	106 890	160 340

2）道面结构。

道面板，水泥混凝土，厚 44cm。道面下设两层半刚性基层，上下基层均采用 20cm 厚的水泥稳定碎石。

3）简化的计算图如图 2.15-3 所示。

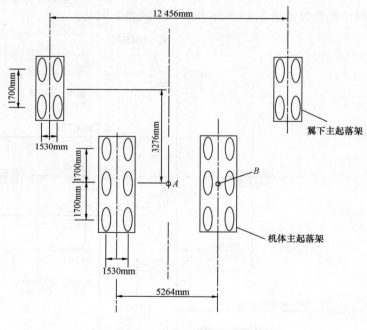

图 2.15-3　简化的计算图

4）计算方法。

由于道面采用刚性混凝土及半刚性基层，地中附加应力采用角点法计算。计算中考虑各起落架之间的相互影响。

5）计算工况。

①单个机体主起落架中心（A 点）下各深度的附加应力；

②两个机体主起落架间中心（B 点）下各深度的附加应力。

6）计算结果。

计算结果如图 2.15-4 所示，该结果表明：

①产生的附近应力随深度而逐渐衰减，影响深度接近 7m（动静应力比＞0.2）。

②当填土厚度为 3～4m 时，附加应力值约为 35kPa。

飞机在不平稳降落时，会对路面产生冲击。但是，由于 A380 飞机降落时的重量只有 380t 左右，远小于起飞重量。此外，冲击是短暂的，且只在跑道的局部产生，因此冲击对地基的影响可不予考虑。

（3）飞行区的荷载取值。

计算值：$p=20\text{kPa}+35\text{kPa}=55\text{kPa}$。

建议设计取用：70kPa。

相当于超载：15kPa。

考虑适量的超载主要有下述意义：

1）可以弥补实际沉降大于计算沉降量，预留沉降不足，引起堆载强度不足问题；

2）在本工程淤泥厚度分布变化较大，适量超载可以减少差异沉降；

3）深圳地区实际工程经验表明，实际预压时间普遍比计算时间长，适量超载可减少预压时间，对保证工期有利；

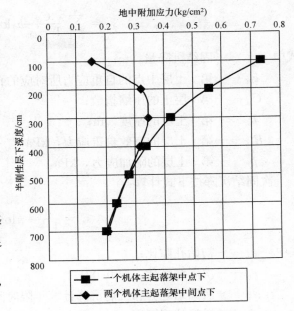

图 2.15-4　A380 产生的地中附加应力图

4）考虑适当的超载量为以后的软基处理设计工程量的调控提供条件。

上述结果与该机场一期工程软基处理试验段、站坪和停机坪采用的荷载值基本一致。

15.2.3　主要方案的固结与沉降计算分析

15.2.3.1　沉降计算中荷载的确定

（1）填土荷载。原始地面到交工面之间的填土荷载，在地下水位以下，按浮容重计算；在地下水位以上，按天然重度计算。三种填料的天然重度如下：

压实填石：22.0kN/m^3。

松散填石：20.0kN/m^3。

压实填土：19.0kN/m^3。

压实填砂：19.0kN/m^3。

（2）飞行区荷载。结构荷载和使用荷载+超载为 70kPa。

（3）地下水位：1.0m。

15.2.3.2　沉降计算

总沉降量 S_∞ 按下式计算：

$$S_\infty = ms_c + s_a$$

式中　　s_c——主固结沉降量，m；

　　　　m——经验系数，按深圳机场一期工程的经验，大面积填土取 1.15；

　　　　s_a——次固结沉降。

对于正常固结的淤泥层采用压缩指数计算其固结沉降，计算公式如下：

623

$$s_c = \sum_{i=1}^{n} \frac{C_{ci}}{1+e_{0i}} h_i \log \left(\frac{p_{0i} + p'_i}{p_0} \right)$$

式中　s_c ——固结沉降量，m；

$\quad\quad e_{0i}$ ——第 i 土层中点的自重应力所对应的孔隙比；

$\quad\quad C_{ci}$ ——第 i 层土的压缩指数；

$\quad\quad h_i$ ——第 i 土层的厚度，m；

$\quad\quad P_{0i}$ ——第 i 土层的有效自重应力，kPa；

$\quad\quad p_i$ ——第 i 土层的附加应力，kPa。

次固结沉降按下式计算：

$$s_a = \frac{c_a}{1+e_o} h \log \frac{t_1 + t_2}{t_1}$$

式中　e_o ——初始孔隙比；

$\quad\quad c_a$ ——次固结系数，取 0.021；

$\quad\quad t_1 、 t_2$ ——次固结起算和工后沉降计算年限时间，分别取 1 年和 20 年；

$\quad\quad h$ ——淤泥计算厚度。

关于淤泥下卧层沉降计算问题，该地方经验表明，大面积软基处理情况下，淤泥下卧层沉降总量不可忽视，实测值一般在 50～150mm，少数情况超过 200mm。该数值比采用勘察资料提供的压缩模量进行计算得到的数据要小得多。为了合理估计淤泥下卧层的沉降，参照该机场一期工程软基试验段的实测数据，对计算参数进行调整。根据机场试验段一期工程的经验及采用的计算方法，沉降计算的修正系数采用 1.15。

淤泥层计算参数按表 2.15-2 取值，海域区跑道沉降计算结果为 1.75m。

15. 2. 3. 3　固结计算

1. 计算方法

针对该场地主要的软基处理方法，采用同时考虑径向和竖向排水的固结理论计算，其计算公式如下：

$$\overline{U}_{rz} = 1 - (1 - \overline{U}_z)(1 - \overline{U}_r)$$

式中　$\overline{U}_z = 1 - \dfrac{8}{\pi^2} e^{-\frac{\pi^2 T_v}{4}}$ ，为竖向排水平均固结度，本工程考虑单向排水；

$\quad\quad \overline{U}_r = 1 - e^{-\frac{8T_h}{F(n)}}$ ，为径向排水平均固结度；

$\quad\quad T_v = \dfrac{c_v t}{H^2}$ ，为竖向固结时间因数；

$\quad\quad T_h = \dfrac{c_h t}{d_e}$ ，为径向固结时间因数；

$\quad\quad F(n) = \dfrac{n^2}{n^2-1} \ln(n) - \dfrac{3n^2-1}{4n^2}$ ；

$\quad\quad n = \dfrac{d_e}{d_w}$ ，为井径比；

$\quad\quad d_e$ ——竖井影响范围的直径；

624

d_w——竖井的直径。

该地方实际排水固结工程的经验表明，排水固结堆载预压实测资料推测的堆载预压时间普遍大于理论计算值，有观点认为是固结系数非线性的原因，也有观点认为是插板施工时对周围土体产生的扰动影响了插板表面排水性能。为了使计算结果更加符合实际，在计算时考虑涂抹效应，取涂抹系数 0.85。

2. 计算结果

填土施工时间假定为 4 个月，插板间距分别考虑三角形布置间距 0.9m、1.0m、1.1m 三种情况，并以土层平均厚度为 6.05m（以同时考虑其他分区情况）计算，计算结果见表 2.15-6 及图 2.15-5。

表 2.15-6　　　　　　　　　　　固结计算结果

满载预压时间/月 固结度 插板间距/m	1	2	3	4	5	6	8	10
0.9	46.66	70.32	83.39	90.67	94.75	97.04	99.06	99.70
1.0	42.73	65.79	79.44	87.60	92.50	95.46	98.33	99.39
1.1	40.04	63.49	76.39	85.09	90.57	94.02	97.59	99.03

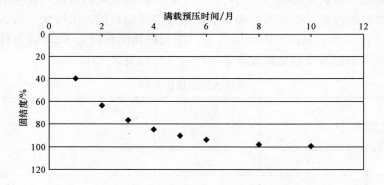

图 2.15-5　固结度与预压时间关系（插板间距 1.1m）

当采用插板间距 1.1m 三角形布置，填土施工时间为 4 个月，预压满载时间为 6 个月（180 天）时，固结度可达到 94%。

卸载控制固结度：

$$\overline{U} = 1 - \frac{\Delta s - s_a}{s_c}$$

式中　$\overline{U}$——卸载时的平均固结度；
　　　Δs——工后沉降；
　　　s_c——固结沉降；
　　　s_a——次固结沉降。

在固结总沉降量为 2.0m，次固结沉降 7cm 的条件下，满足工后沉降 20cm 对应的固结度为 93.5%，则考虑次固结影响后的工后沉降可小于 20cm，可满足设计要求。

从上述计算分析可以确定，在总沉降量小于 2.0m 的情况下，插板间距 1.1m，梅花形布置，填土施工期控制大于 4 个月，满载预压时间 6 个月，卸载时固结度为 94%，能够满足设计工后沉降技术要求；在淤泥总沉降量大于 2.0m 的情况下，设计采用满载预压时间 200 天，卸载固结度控制在大于 96%，工后沉降能够满足设计要求。

15.2.4　七种处理方案及比选

对于该场地，以跑道（处理宽度 80m，其中跑道宽 60m，道肩各 7.5m，加宽各 2.5m）为例，考虑了各种可能的地基处理方案，包括以下七种：

（1）大换填方案——大换填，块石换填，中、粗砂结合开山土换填；

（2）静力排水固结——插板排水堆载预压，插板排水超载预压；

（3）真空与堆载联合预压法；

（4）拦淤堤封闭式换填法——淤泥作堆（超）载体的超载预压法；

（5）抛石爆破挤淤/爆破挤淤置换法；

（6）搅拌桩法；

（7）强夯块石墩法。

以下分别介绍。

15.2.4.1　大换填方案

大换填方案的具体做法是在换填范围的外侧抛填开山石拦淤堤，采用高能量强夯着底，利用索铲开挖淤泥，然后分层碾压开山石。由于跑道场地现状为海域，在换填处理范围设置拦淤堤之后，淤泥的开挖可以采用绞吸泥船和抓斗挖泥船开挖，以增加工效、降低造价。以跑道处理宽度 80m 为例，在淤泥的厚度为 H，淤泥的顶面标高为 -3.0m 条件下，跑道每延米长度和单位处理面积的场地填筑和软基处理造价分析见表 2.15-7。

表 2.15-7　　　　　　　　　跑道大换填造价分析

项目名称	单位	数量	单价/元	合价/元
拦淤堤抛石	m³	150×2	45	13 500
拦淤堤强夯	m²	20	90	1800
清淤	m³	60H	9	540H
淤泥利用	m³	60H	15	$-900H$
回填开山石方	m³	60（$H+6$）	45	16 200+2700H
开山石碾压	m³	60（$H+6$）	4	1440+240H
合计				32 940+2580H
折合 m² 单价				412+32.3H

注　H 为淤泥的厚度，价格中负号表示利用淤泥的价格。

15.2.4.2　静力排水固结——插板排水堆载预压法

对于本工程，要求跑道部分填筑和软基处理工程尽量先行，所以进行插板排水堆载预压方法（图 2.15-6）处理跑道地基时，应先考虑围堰分隔。围堰的方案可以有吹砂围堰、砂袋围堰和抛石围堰等多种形式，为了比较方便起见，采用施工速度较快但造价较高的抛石围堰方案。跑道部分采用插板排水堆载预压处理的典型断面如图 2.15-6 所示。基本方法和工序如下：

（1）抛石围堰，在跑道处理范围之外设置一道抛石围堰，以创造吹填和填筑条件；

（2）吹填海砂出水面，标高 1.0m；

（3）打设插板，间距 1.1m；

（4）分层碾压填筑开山石，厚度为 4.5＋0.2H，（H 为淤泥的厚度，淤泥的压缩沉降按厚度的 20％估计）；

（5）堆载预压，采用开山石为堆载料（容重 20kN/m³），堆载高度 3.5m。

（6）堆载预压时间 180～200 天，预计填筑和堆载预压时间共 20 个月。

80m 宽度跑道在淤泥厚度为 H，淤泥的顶面标高为 －3.0m 条件下，采用插板排水堆载预压处理的每延米跑道填筑和处理造价，以及换算单位处理面积填筑和软基处理造价分析见表 2.15-8。

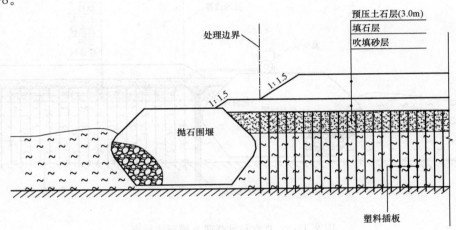

图 2.15-6　静力排水固结方案示意

表 2.15-8　　　　　　　　　　　跑道插板排水堆载预压处理造价分析

项目名称	单位	数量	单价/元	合价/元
吹填海砂	m³	4.5×80	30	10 800
插板	m	80×（4.5＋H）	3.0	1080＋240H
回填开山石	m³	80×（4.5＋0.2H）	45	16 200＋720H
开山石碾压	m³	80×（4.5＋0.2H）	4	1440＋64H
回填堆载土石方	m³	280	45	12 600
卸载土石方	m³	280	9	2520
卸载土石方利用		280	45	－12 600
抽水及监测	项	1	2000	2000
合计				34040＋1024H
折合 m² 单价				426＋12.8H

注　H 为淤泥的厚度，价格中负号表示利用石方的价格。

627

15.2.4.3 真空与堆载联合预压法

在土石方材料缺乏，或者工期要求紧、运输困难的情况下，可以考虑采用真空预压与堆载联合预压法。插板排水真空联合堆载预压的基本形式如图 2.15-7 所示。跑道部分真空联合预压典型断面如图 2.15-7 所示。软基处理的方法和堆载方法基本相同，基本方法和工序如下：

（1）抛石围堤，在跑道处理范围之外设置一道抛石围堰，以创造吹填和填筑条件；

（2）吹填海砂出水面，标高 1.5m；

（3）打设插板和搅拌桩密封墙；

（4）铺设真空管线、覆膜，抽真空一周；

（5）铺土工布，砂垫层 0.5m，然后填石至设计标高；

（6）抽真空 120 天。

总工期预计 18 个月。

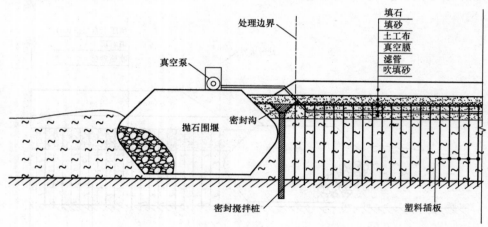

图 2.15-7 真空与堆载联合预压法示意

80m 宽度跑道在淤泥厚度为 H，淤泥的顶面标高为 −3.0m 条件下，采用插板排水与真空联合堆载预压处理的每延米跑道填筑和处理造价，以及换算单位处理面积填筑和软基处理造价分析见表 2.15-9。

表 2.15-9 　　　　　　　　　跑道真空与堆载联合预压法处理造价分析

项目名称	单位	数量	单价/元	合价/元
吹填海砂	m³	360	30	10 800
插板	m	80×（4.5+H）	3.0	1080+240H
搅拌桩密封墙	m	2.5×（7.0+H）	30	525+75H
铺土工布	m²	80	10	800
填砂	m³	40	30	1200
回填开山石	m³	80×（4.0+0.2H）	45	14 400+720H
开山石碾压	m³	80×（4.0+0.2H）	4	1280+64H
抽真空及其他	m²	80	120	9600
监测	项	1	1000	1000
合计				40 685+1099H
折合 m² 单价				509+13.7H

注　H 为淤泥的厚度。

15.2.4.4　拦淤堤封闭式换填法——淤泥作堆（超）载体的超载预压法

超载预压法施工工艺较真空与堆载联合预压法相对简单。本法与上述第二种方案实际上相同，主要区别在于利用的堆载材料不同。处理前先沿堆载预压区四周形成石渣或长管袋围堤，抽干积水，清除表面浮淤。采用排水沟分块加速排水，暴晒至开裂后，场平并形成 0.5‰～1‰ 路拱。先铺设 0.3m 砂垫层，施工集水排水井及塑料排水盲沟，在砂垫层上插打塑料排水板，塑料排水板间距 1.0～1.2m，再铺设 0.2m 厚砂垫层，上铺一层无纺布（250g/m²）起隔离作用。此后在石渣或长管袋围堤形成的港池中，堆存淤泥作为压载。集水排水井采用内径不小于 0.8m 预制管（与砂垫层相接部位采用钢筋井圈，其外包透水无纺布），随着堆载料加高而加高，并采用潜水泵抽出集水排水井中的水。当堆积淤泥厚度超过 3m 后，在堆存淤泥面上插打塑料排水板直至入已铺砂垫层内。则堆载淤泥在重力及渗透力作用下，亦通过塑料排水板逐步排水至下压砂垫层中并被潜水泵抽出。因此，天然淤泥及上部堆存淤泥同时失水固结及压密。顶层堆存淤泥在蒸发及毛细水产生的负孔隙水压力作用下，也不断失水。根据该机场首期试验段施工中测定结果，上部淤泥含水量可降至 34% 以下。

天然淤泥面位于水下，又难以抽干部位，根据当地经验则宜采用砂被作为水平排水垫层，其他施工程序与方法同上。

堆载预压至根据实测沉降值按抛物线法拟合，双曲线法复核满足工后沉降量不大于 20cm，差异沉降小于 1.5‰（均考虑次固结沉降）及日沉降量不大于 0.2mm 要求后，宜再延长堆载预压时间 2～3 个月。然后卸载直至达到结构层高程后，再施工结构层。结构层主要由碎石渣料组成，采用分层碾压密实，以满足地基承载力≥140kPa，土基顶面反应模量≥60MN/m³ 及平整度≤30mm 要求。

根据本工程淤泥地基强度低等特点，荷载必须分层分级施加，以免一次加荷过大造成淤泥土层破坏，加载淤泥在自重固结作用下能快速脱水，卸载后可作为土面区等填筑用料。堆载预压法典型断面如图 2.15-8 所示。

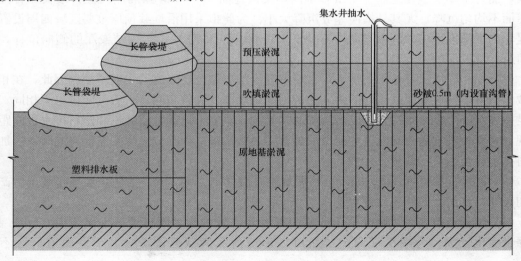

图 2.15-8　堆载预压法典型断面示意

工程造价上，真空与堆载联合预压法和超载预压法在受压荷载相当的条件下，真空与堆载联合预压法可以减少约 4.0m 高的堆载料用量，取而代之的是真空抽水，消耗电力和增加真空管设备费用等。但本工程中堆（超）预压荷载考虑采用淤泥料，淤泥料堆载时又可自身脱水而作为飞行土面区填筑土料利用，因此总的费用也会降低，其造价分析结果为：超载预压 326.98 元/m²，详见表 2.15-10。

表 2.15-10　　　　　　　淤泥作堆（超）载体的超载预压法造价分析

方案	序号	项目名称	单位	数量	单价/元	合价/元
超载预压法（堆载淤泥）	1	石渣堤石方回填	m³	0.70	50.88	35.62
	2	长管袋堤	m³	0.55	34.72	19.10
	3	吹填淤泥	m³	7.26	15.00	108.90
	4	回填砂垫层	m³	0.50	32.85	16.43
	5	回填碎石	m³	0.20	64.06	12.81
	6	回填石渣	m³	0.80	50.88	40.70
	7	砂被	m³	0.50	53.09	26.55
	8	塑料排水板	m	4.47	3.76	16.81
	9	铺设编织布	m²	1.06	2.66	2.82
	10	超载预压淤泥	m³	2.00	15.00	30.00
	11	卸载淤泥	m³	1.60	5.05	8.08
	12	超载预压水	m²	1.00	3.40	3.40
	13	集水井、盲沟管及抽水	m²	1.00	5.78	5.78
		每平方米造价/（元/m²）			326.98	

采用淤泥作堆（超）载体的超载预压法，尚需注意下述问题：

（1）根据该机场首期工程堆载预压试验结果，由于地基侧向变形产生的附加竖向沉降量较大，而且主要发生在地面下 4 m 范围内，又以地面下 1～3m 深的侧向位移最大，直接危及道面不均匀沉降，尤其是横向差异沉降大小。为此拟采用沿堆载预压重要区域四周设置石渣堤作为下部围堤，并沉入淤泥内不少于 4.0m，既可约束被排水固结淤泥的侧向位移，又是填筑堆载淤泥的施工道路和围堤。

（2）在相同堆载及排水条件下，工后沉降量随压缩土层厚度增大而增加。因此，在相同荷载作用下在同一预压固结时间内，地基的固结度即使大致相同，工后沉降量也不相同。为满足差异沉降要求，维持各处工后沉降基本相同，主要采用调整超载量和塑料排水板间距来实现。对面积较小的深淤泥区主要采取加密塑料排水板；面积较大深淤泥区可同时采用加密塑料排水板及加大压载量来实现。

（3）淤泥抗剪强度仅 4～5kPa，极限填筑高度仅 1.3～1.5m。为防止堆填超载土后产生剪切破坏，堆载土四周还须设置反压平台（护道）。

（4）工程经验表明，堆载预压地基中部沉降比较均匀，而自预压土顶角内 3～5m 起，沉降量变化较大。为减少横向差异沉降，预压荷载满载范围，应大于道面道肩区不少于 10m。

（5）堆载预压试验表明，在加载 12t/m² 情况下，经 17 个月超载预压排水固结，淤泥的物理力学性质，变形性质有较大改善。而取样表明，仍为高含水量、高塑性状态；因此不宜在卸载后的预压堆载区内随意开挖深槽或施加集中荷载。

当排水箱涵通过道面道肩预压区时，先采用深层搅拌桩加固箱涵地基形成复合地基及形成两侧搅拌桩挡墙后方可进行开挖施工排水箱涵及管线沟。

（6）关于卸载时间。理论上，在小于先期固结压力时，土体处于弹性状态不会产生固结变形，实际上软土存在由蠕变等因素产生的次固结变形，堆载预压处理部位是超载预压，正常运用已处于超固结状态下，仍会有继续沉降。机场首期工程采用超载预压的站坪实测值也有类似情况。因此欧洲一些机场要求堆载预压至满足工后沉降量要求后还须静置1～3年再浇筑道面混凝土。在该机场首期工程中民航设计院所提技术要求中明确指出，当地基处理至完全符合要求后，尚应推迟2～3个月时间再卸除荷载。

因此，应依据上述要求经确认工后沉降量及差异沉降均满足要求，日沉降量小于0.2mm/d后，再推迟2～4个月时间，然后卸除荷载，进行结构层施工。

（7）满足承载力反应模量及平整度要求措施。

经超载预压的淤泥即使达到满足工后沉降量、差异沉降及平整度要求，也难以直接满足承载力不小于140kPa及反应模量不小于60MN/m³要求。因此在处理后的淤泥砂垫层上设置经分层碾压的碎石石渣结构层。

15.2.4.5　抛石爆破挤淤法

抛石爆破挤淤法也是一种类似于大换填的全面置换法，这种方法是抛石挤淤方法的一种改进。抛石挤淤在淤泥较薄、淤泥强度较低的情况下，抛石体通过自重挤走淤泥使得抛石体有效地着底。在淤泥厚度大的情况下，抛石难以保证挤走全部淤泥，而且易形成淤泥包造成抛石地基不均匀。为了解决该问题，抛石的同时在抛石体前部淤泥的位置放置炸药包，控制药包爆炸使得淤泥瞬间失去强度，变成流态，使得抛石体顺利挤走淤泥达到下卧持力层。这种方法在不同淤泥深度及不同海堤规模的工程，都取得了良好的工程效果。

在以往工程经验中，某处理场地淤泥厚度8.0m，泥面标高1.0m，采用这种方法使得抛填石层帮宽将近50m，实测残留淤泥层小于1.0m，取得良好效果。本工程跑道抛石爆破挤淤方法的具体施工方法和工序简述如下：

（1）在跑道中心位置抛石形成30m左右的抛石堤，在抛石堤时，堤头每推进5.0～6.0米，在堤头淤泥层中实施多药包控制爆破，使得抛石体着底；

（2）中心堤形成之后在堤的两侧抛石帮宽，每抛填帮宽5.0m，在抛石外侧淤泥层中按一定的间距埋设药包并实施爆破，使得抛填石料着底；

（3）如此推进，使得抛石体到达宽度要求，抛石体全部或者基本着底；

（4）抛石体的着底效果可以采用地质雷达跟踪扫描检验；

（5）抛石到位之后，表面采用面夯对抛石体的面层进行强夯压密。

与大换填方法相比，抛石爆破挤淤处理方法的最大优势是节约投资，而且缩短工期。虽然这种爆破挤淤的软基处理一般用于海堤填筑和软基处理工程，但是分析本工程的条件，可以认为采用这种方法处理跑道也是可行的。主要理由如下：

（1）本工程跑道位置的淤泥厚度不大，平均6.0m，最小2.8m，最大厚度9.3m，有利于抛石挤淤方法的实现，而且淤泥厚度小爆破挤淤方法的效果就更好；

（2）场地目前是海域，抛石挤淤的过程中淤泥有出路，一般认为爆破挤淤过程中淤泥流动的影响宽度约有200m，考虑全部淤泥挤出在两侧淤泥面的升高量只有2.0m；

（3）目前有地质雷达等先进的探测仪器，可以在施工过程随时对工程质量和挤淤效果进

631

行监测，可以采取措施保证施工质量。

抛石爆破挤淤法处理跑道（80m 宽范围）填海的施工如图 2.15-9 所示。

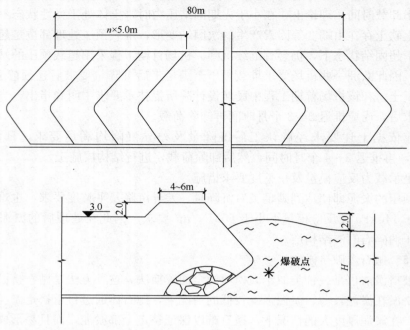

第一次抛石爆破成堤 30m，之后两侧抛石爆破挤淤各 25m，每次帮宽爆破处理 5.0m

图 2.15-9　抛石爆破挤淤法处理示意

80m 宽度跑道在淤泥厚度为 H，淤泥的顶面标高为 -3.0m 条件下，采用抛石爆破挤淤置换处理的每延米跑道填筑和处理造价，以及换算单位处理面积填筑和软基处理造价分析见表 2.15-11。

表 2.15-11　　　　　　　　　　跑道抛石爆破挤淤换填造价分析

项目名称	单位	数量	单价/元	合价/元
抛石方量	m^3	$80 \times (6+H)$	45	$21\,600 + 3600H$
爆破处理	m^3	$80 \times (6+H)$	6	$2880 + 480H$
监测	m^3	$80 \times (6+H)$	2	$960 + 160H$
淤泥利用	m^3	$80H$	15	$-1200H$
面层强夯	m^2	80	30	2400
合计				$27840 + 3040H$
折合 m^2 单价				$348 + 38H$

注　H 为淤泥的厚度，$-1200H$ 指的是利用淤泥应在总价中扣除的费用。

15.2.4.6　搅拌桩法

在本工程，搅拌桩适合用在陆域区，因为搅拌桩施工要求填土层内不得有块石等障碍物。在淤泥厚度 H，地面标高 2.5m 的条件下，按承载力 150kPa 的要求，搅拌桩的设计参数如下：

搅拌桩直径 0.55m、间距 1.1m，正方形布置、长度为（5.0＋H）m。

搅拌桩的工程造价计算分析见表 2.15-12。

表 2.15-12　　　　　　　　　　搅拌桩复合地基处理造价分析

项目名称	单位	数量	单价/元	合价/元
搅拌桩	m	（6＋H）/1.21	57.5	285＋47.5H
碎石垫层	m³	0.3	60	18
填土	m³	4	30	120
单价	元/m²			423＋47.5H

15.2.4.7　强夯块石墩法

根据地方地基处理技术规范，淤泥厚度小于 8.0m 的条件下，可以采用强夯块石墩置换法进行地基处理。虽然在大面积强夯块石墩施工上有困难，但在条状分布的地带或者淤泥分布较浅的地段进行强夯块石墩法处理也是可行的，而且具有丰富的开山石、施工工期较短等优势。强夯块石墩的设计参数和工序如下：

（1）抛填开山石出水面，厚度 4.0m；

（2）强夯块石墩施工，间距 3.0×3.0m；

（3）表面整平并面夯压实；

（4）填土石或土方到设计标高。

80m 宽度跑道在淤泥厚度为 H（H 小于 6.0m），淤泥的顶面标高为 −3.0m 条件下，采用强夯块石墩置换处理的每延米跑道填筑和处理造价，以及换算单位处理面积填筑和软基处理造价分析见表 2.15-13。

表 2.15-13　　　　　　　　　　强夯块石墩造价分析

项目名称	单位	数量	单价/元	合价/元
抛石垫层	m³	4.0	45	180
强夯处理	m²	1	90	90
块石墩体石料	m³	1.54H	45	69H
面层强夯	m²	1	45	45
场地填石	m³	2	45	90
合计				405＋69H

15.2.4.8　方案比选

将上述各种软基处理方案单价与淤泥深度的关系制成图表如图 2.15-10 所示，可以得出以下结论：

（1）对于本工程的飞行区及跑道，在所有各种软基处理方法中，当预压土石方可以周转利用时，插板排水堆载预压方法造价最低；在预压土石方不能再利用的条件下，真空预压在造价上有优势。

（2）强夯块石墩处理方法在所有参加分析的方法中造价最高，而且实践证明在处理较深厚淤泥的情况下，质量较难以保障。

（3）抛石爆破挤淤法在淤泥较浅的条件下，工期和造价上均有优势。

（4）大换填在造价上比抛石爆破挤淤法高，且工期长、施工难度较大。

（5）爆破挤淤对周边的影响问题应该予以考虑，离水工建筑物或船只的距离应大于200m。

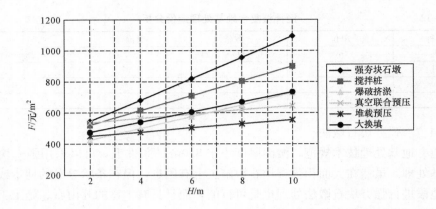

图 2.15-10　淤泥深度与处理造价关系

　　根据上述分析，以及当地软基处理工程经验，不同软基处理方法在本工程运用的优缺点列表比较见表2.15-14。

表 2.15-14　　　　　　　　　　　　　　软基处理方法比较

序号	软基处理方法	适用地质条件	填料要求	造价	工期	处理效果
1	大换填	淤泥厚度较薄	开山石	较高	一般	好
2	排水固结堆载预压	无限制	土方（淤泥亦可）石方均可	低	长	好
3	排水固结真空联合预压	要求淤泥底部无连贯的砂层	土方为主	较高	较长	好
4	爆破挤淤	淤泥的厚度小于10m，现状海域	开山石为主	较低	最短	好
5	搅拌桩复合地基	无限制	使用填土或陆域	高	较短	较好
6	强夯块石墩	淤泥厚度小于8m	开山石	较高	较长	一般

　　根据上述比选结果，建议采用插板排水堆载预压方案作为本工程主要软基处理方案。在工程条件有特殊要求的情况下，可根据各种软基处理方案的特点，有针对性地选取相适应的方案。

15.3　进一步的问题

　　软基处理方案的选择受到很多因素的影响，主要与质量保证、投资造价、工期保证、环境限制、先进技术推广性、相关人员认识及利益等有关，在很多情况下还受到决策层面考虑其他因素进行决策的影响。从技术角度来讲，选择了某种方案，其投资造价、工期等就基本确定，但是其质量却与设计和施工的针对性、精细化有关，特别是是否深刻理解该方案方法的内涵并加以科学运用，这可以说是该选择方法成功及经济节省的关键。

　　参考资料来自深圳宝安建筑工务局、铁道部科学研究院深圳研究设计院等。

附　　录

附录1　张　量　初　步

以数学的形式描述和概括岩土力学及其工程问题时，张量运算是一个非常有力的工具。从运用的角度来看，张量具有两个明显特点，一是它在描述客观存在的规律时，不改变其与坐标选取无关的不变性关系；二是它的表述方便且具有整体性。在材料本构关系的描述中，大量运用张量运算及表述；因此在此对张量基础知识作简单介绍。

"向量"这一概念被用来表示力或速度这类量时，不仅需要确定它们的大小也应表明其方向，一些更复杂的物理量就需要由多个向量的某种组合来表征。于是，"向量"概念又被推广为"张量"。本附录开始部分将叙述如何以向量为基本单元来建立直角坐标系中的不变量，即张量。这些内容也可以作为在一般坐标系中建立张量问题的基础。后面，将介绍张量基本运算与几种特殊张量。

1.1　直角坐标系与单位向量

直角坐标系的特点在于坐标轴线是三条相互垂直的直线，它们是处在相互垂直的三个平面的相交线上的。按照右手法则，附图 1-1 标出了三个单位向量 e_1，e_2，e_3，它们的作用在于提供量测一个从原点 O 出发的无量纲的单位尺度。

例如，在三维 Euclid（欧氏）空间中，任意一点 p 可以用位置向量 s 来定义。按照指标符号，s 又可分解为

$$s = x_1 e_1 + x_2 e_2 + x_3 e_3 = \sum_{i}^{3} x_i e_i \tag{1}$$

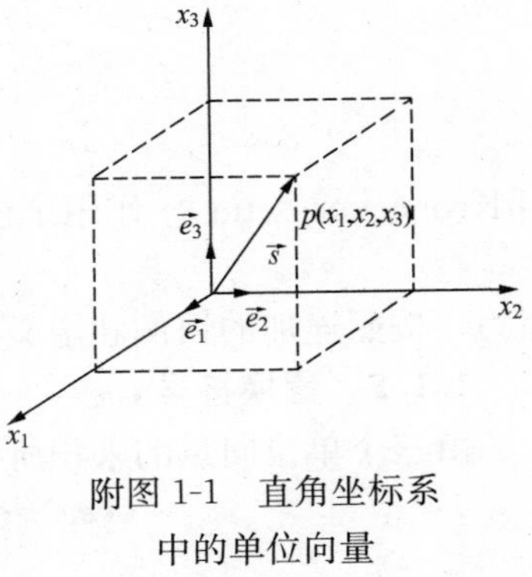

这里的符号 x_i 代表向量 s 在各个坐标轴上的投影分量。三个单位向量标定了这些分量的方向并提供了为量测含有长度量纲的 x_1，x_2 和 x_3 所需要的单位度量。

附图 1-1　直角坐标系中的单位向量

1.1.1　连加惯例

为简化书写，目前大家公认的办法是按照 Einstein 的规定，在某一项中，若某一指标重复两次则表示需要在整个指标范围内连加。以式（1）为例，就可以简写作

$$s = x_i e_i \quad (i = 1,2,3) \tag{2}$$

所重复的 i 与 $\sum_{i=1}^{3}$ 的作用相同，并称为哑指标以区别于自由指标，后者在一项中仅出现一次，因此不需要连加。由此可见，任何一项中如有多于两个的相同指标就是错误的；个别情况出现三个或三个以上相同指标，要注明不作连加。

1.1.2 点积

两个向量 U 和 V 的点积定义为

$$U \cdot V = |U| \, |V| \cos\alpha (= V \cdot U) \tag{3}$$

这里，$|U|$ 和 $|V|$ 代表相应向量的绝对值，α 是两个向量间的夹角。如果用单位向量表示，则有

$$U \cdot V = (U_1 e_1 + U_2 e_2 + U_3 e_3) \cdot (V_1 e_1 + V_2 e_2 + V_3 e_3)$$

$$= U_1 V_1 + U_2 V_2 + U_3 V_3 = U_i V_i \tag{4}$$

由式（3）和式（4）可见，点积的结果是一个标量，所以点积也称为标量（或内）积。

1.1.3 叉积

两个向量之间的另一种乘积形式是叉积，其定义为

$$U \times V = W(= -V \times U) \tag{5}$$

叉积的结果是一个向量 W，它垂直于 U 和 V 两个向量所在的平面，且其正方向遵守右手法则，它的模等于

$$|W| = |U| \, |V| \sin\alpha \tag{6}$$

这里的 $|U|$，$|V|$ 和 α 所代表的含义与式（3）中的相同。用单位向量表示时，则有

$$W = (U_1 e_1 + U_2 e_2 + U_3 e_3) \times (V_1 e_1 + V_2 e_2 + V_3 e_3)$$

$$= (U_2 V_3 - U_3 V_2) e_1 + (U_3 V_1 - U_1 V_3) e_2 + (U_1 V_2 - U_2 V_1) e_3 \tag{7}$$

由式（5）～式（7）可见，叉积的结果是一个向量，所以叉积也称为向量（或外）积。

1.1.4 Kronecker delta δ_{ij}

由两个单位向量的点积所导出的标量就称为 Kronecher delta δ_{ij}，即

$$e_i \cdot e_j = \delta_{ij} = \delta_{ji} = \begin{cases} 1, 若 \ i = j \\ 0, 当 \ i \neq j \end{cases} \tag{8}$$

若以矩阵形式表示，则有

$$\delta_{ij} = \begin{bmatrix} 1 & 0 & 0 \\ 0 & 1 & 0 \\ 0 & 0 & 1 \end{bmatrix} \tag{9}$$

当 Kronecker delta δ_{ij} 作用于任一向量分量就会使指标 i 改变为 j，也就是说

$$\delta_{ij} V_i = V_j \tag{10}$$

因为，按照连加的惯例和定义式（8），所有的 ij 项均消失而只余下 $i = j$ 一项。

1.1.5 置换符号 e_{ijk}

由三个单位向量的乘积所得到的标量结果是一个置换符号（或替代符号）。

$$(e_i \times e_j) \cdot e_k = (e_j \times e_k) \cdot e_i = (e_k \times e_i) \cdot e_j$$

$$= e_{ijk} = \begin{cases} 1, ijk = 123, 231, 312 (偶次置换) \\ -1, ijk = 321, 213, 132 (奇次置换) \\ 0, 其他情况 \end{cases} \tag{11}$$

例如，按照式（11）中的定义，一个矩阵所组成的行列式可以写成

$$|A| = \begin{vmatrix} A_{11} & A_{21} & A_{31} \\ A_{12} & A_{22} & A_{32} \\ A_{13} & A_{23} & A_{33} \end{vmatrix} = e_{ijk} A_{1i} A_{2j} A_{3k} = e_{ijk} A_{i1} A_{j2} A_{k3} \tag{12}$$

同样，可以将式（7）中的叉积计算结果简单地缩写为

$$\boldsymbol{W} = e_{ijk}U_i V_j \boldsymbol{e}_k \tag{13}$$

1.2 微积分运算中的公式

1.2.1 向量的微分

设 $\boldsymbol{U}$ 和 $\boldsymbol{V}$ 均为标量型变量 x 的向量型函数，f 为 x 的标量型函数，于是在微分运算中将得到

$$\frac{\mathrm{d}}{\mathrm{d}x}(\boldsymbol{U} + \boldsymbol{V}) = \frac{\mathrm{d}\boldsymbol{U}}{\mathrm{d}x} + \frac{\mathrm{d}\boldsymbol{V}}{\mathrm{d}x} \tag{14a}$$

$$\frac{\mathrm{d}}{\mathrm{d}x}(f\boldsymbol{U}) = \frac{\mathrm{d}f}{\mathrm{d}x}\boldsymbol{U} + f\frac{\mathrm{d}\boldsymbol{U}}{\mathrm{d}x} \tag{14b}$$

$$\frac{\mathrm{d}}{\mathrm{d}x}(\boldsymbol{U} \cdot \boldsymbol{V}) = \frac{\mathrm{d}\boldsymbol{U}}{\mathrm{d}x} \cdot \boldsymbol{V} + \boldsymbol{U} \cdot \frac{\mathrm{d}\boldsymbol{V}}{\mathrm{d}x} \tag{14c}$$

$$\frac{\mathrm{d}}{\mathrm{d}x}(\boldsymbol{U} \times \boldsymbol{V}) = \frac{\mathrm{d}\boldsymbol{U}}{\mathrm{d}x} \times \boldsymbol{V} + \boldsymbol{U} \times \frac{\mathrm{d}\boldsymbol{V}}{\mathrm{d}x} \tag{14d}$$

若 $\boldsymbol{V}$ 为数个标量型变量 $x_1, x_2 \cdots x_n$ 的向量场或向量型函数，那么它的全微分 $\mathrm{d}\boldsymbol{V}$ 可以表示为

$$\mathrm{d}\boldsymbol{V} = \frac{\partial \boldsymbol{V}}{\partial x_1}\mathrm{d}x_1 + \frac{\partial \boldsymbol{V}}{\partial x_2}\mathrm{d}x_2 + \cdots + \frac{\partial \boldsymbol{V}}{\partial x_n}\mathrm{d}x_n \tag{15}$$

若 $\boldsymbol{V}$ 为数个标量函数 $f_i = f_i(x_j)$ 的向量函数，其中 $i = 1, 2, 3, \cdots, m$；又 x_j 是标量型变量并有 $j = 1, 2, \cdots, n$，那么 $\boldsymbol{V}$ 对某个 x_j 的偏导数意味着：

$$\frac{\partial \boldsymbol{V}}{\partial x_i} = \frac{\partial \boldsymbol{V}}{\partial f_1}\frac{\partial f_1}{\partial x_j} + \frac{\partial \boldsymbol{V}}{\partial f_2}\frac{\partial f_2}{\partial x_j} + \cdots + \frac{\partial \boldsymbol{V}}{\partial f_m}\frac{\partial f_m}{\partial x_j} \tag{16}$$

为简明地表示一个向量的分量，如对某个坐标轴的微分常采用以下符号：

$$V_{i,j} = \frac{\partial \boldsymbol{V}_i}{\partial x_j} \tag{17}$$

1.2.2 向量算子：梯度、散度和旋度

符号 ∇ 称为 del 或 nabla，是一个算子。在直角坐标系下，它的定义式是

$$\nabla = \frac{\partial}{\partial x_1}\boldsymbol{e}_1 + \frac{\partial}{\partial x_2}\boldsymbol{e}_2 + \frac{\partial}{\partial x_3}\boldsymbol{e}_3 \tag{18}$$

1. 标量 ϕ 的梯度，gradϕ 或 $\nabla\phi$

设函数 $\phi(x_1, x_2, x_3) = \mathrm{const}$ 代表三维空间中的一个曲面，它是一个标量场。这个可微函数的梯度是一个向量场并被定义为

$$\nabla\phi = \mathrm{grad}\phi = \left(\frac{\partial}{\partial x_1}\boldsymbol{e}_1 + \frac{\partial}{\partial x_2}\boldsymbol{e}_2 + \frac{\partial}{\partial x_3}\boldsymbol{e}_3\right)\phi$$

$$= \frac{\partial \phi}{\partial x_1}\boldsymbol{e}_1 + \frac{\partial \phi}{\partial x_2}\boldsymbol{e}_2 + \frac{\partial \phi}{\partial x_3}\boldsymbol{e}_3 \tag{19a}$$

$$= \phi_i \boldsymbol{e}_i \tag{19b}$$

由式（2）所确定的位置向量 $\boldsymbol{s}$ 代表了曲面 $\phi = \mathrm{const}$ 上的某一点 $P(x_1, x_2, x_3)$。于是，

$$\nabla \phi \cdot \mathrm{d}s = \left(\frac{\partial \phi}{\partial x_1}e_1 + \frac{\partial \phi}{\partial x_2}e_2 + \frac{\partial \phi}{\partial x_3}e_3\right) \cdot (\mathrm{d}x_1 e_1 + \mathrm{d}x_2 e_2 + \mathrm{d}x_3 e_3)$$

$$= \frac{\partial \phi}{\partial x_1}\mathrm{d}x_1 + \frac{\partial \phi}{\partial x_2}\mathrm{d}x_2 + \frac{\partial \phi}{\partial x_3}\mathrm{d}x_3 = \mathrm{d}\phi = 0$$

这一事实表明，$\nabla \phi$ 是垂直于 $\mathrm{d}s$ 的，而后者又是处在曲面 $\phi = \mathrm{const}$ 的切线方向上。由此证明，标量场中任意一点上的梯度是一个向量，其方向在该点上正交于所规定的曲面。

2. 向量的散度，divV 或 $\nabla \cdot V$

由 del 算子与向量 V 的点积会导致一个标量场，称为该向量的散度。

$$\nabla \cdot V = \left(\frac{\partial}{\partial x_1}e_1 + \frac{\partial}{\partial x_2}e_2 + \frac{\partial}{\partial x_3}e_3\right) \cdot (V_1 e_1 + V_2 e_2 + V_3 e_3)$$

$$= \frac{\partial V_1}{\partial x_1} + \frac{\partial V_2}{\partial x_2} + \frac{\partial V_3}{\partial x_3} \tag{20a}$$

$$= V_{i,i} \tag{20b}$$

需要记住的是，不能将散度写成 $V \cdot \nabla$，因为 $V_1 \dfrac{\partial}{\partial x_1}$ 等项是无意义的。

3. 向量的旋度，curlV 或 $\nabla \times V$

将 delta 算子叉乘向量 V，其结果是一个向量，称为向量的旋度，即 curl$V$。它的含义是

$$\nabla \times V = \left(\frac{\partial V_3}{\partial x_2} - \frac{\partial V_2}{\partial x_3}\right)e_1 + \left(\frac{\partial V_1}{\partial x_3} - \frac{\partial V_3}{\partial x_1}\right)e_2 + \left(\frac{\partial V_2}{\partial x_1} - \frac{\partial V_1}{\partial x_2}\right)e_3 \tag{21a}$$

$$= e_{ijk}V_{k,j}e_i \tag{21b}$$

利用以上所列的各项基本算子，可以得到以下一些有用的结果，例如

$$\nabla \cdot \nabla \phi = \left(\frac{\partial}{\partial x_1}e_1 + \frac{\partial}{\partial x_2}e_2 + \frac{\partial}{\partial x_3}e_3\right) \cdot \left(\frac{\partial \phi}{\partial x_1}e_1 + \frac{\partial \phi}{\partial x_2}e_2 + \frac{\partial \phi}{\partial x_3}e_3\right)$$

$$= \frac{\partial^2 \phi}{\partial x_1^2} + \frac{\partial^2 \phi}{\partial x_2^2} + \frac{\partial^2 \phi}{\partial x_3^2} = \nabla^2 \phi \tag{22}$$

这里的算子 ∇^2 代表

$$\left(\frac{\partial^2}{\partial x_1^2} + \frac{\partial^2}{\partial x_2^2} + \frac{\partial^2}{\partial x_3^2}\right)$$

并称为 Laplace 算子，也叫作 Laplacian。因此，方程式 $\nabla^2 \phi = 0$ 就是所熟悉的方程。此外，还可以很容易地证明：

$$\mathrm{curl}\,\mathrm{grad}\phi = \nabla \times (\nabla \phi) = \vec{0} \tag{23}$$

$$\mathrm{div}\,\mathrm{curl}V = \nabla \cdot (\nabla \times V) = 0 \tag{24}$$

式（23）和式（24）分别表明了存在有标量势 ϕ 和向量势 V。

1.2.3 积分中的散度定理

在推导力的平衡方程式时，常要用到一个表面-体积的积分式称为散度定理，也常称为

638

Gauss 定理，下面来叙述这个定理的内容。

附图 1-2 绘制了处于三维空间的一个固体。它的外围表面 S 上具有的外法线单位向量场为 $\boldsymbol{v}$ 。可以证明，一个向量场 $\boldsymbol{U}$ 的散度在其体积 V 内的全部积分等于 $\boldsymbol{U}$ 在封闭面 S 的法向分量沿该范围内的积分，即

$$\int_V \nabla \cdot \boldsymbol{U} \mathrm{d}V = \int_S \boldsymbol{U} \cdot \boldsymbol{v} \mathrm{d}S \tag{25a}$$

由式（3）的点积定义，可以看出，$\boldsymbol{U} \cdot \boldsymbol{v}$ 代表在单位向量 $\boldsymbol{U}$ 上的 $\boldsymbol{v}$ 投影分量，也是 $\boldsymbol{U}$ 的法向分量。

利用式（4）和式（20），按照微分符号的惯例，可以用指标形式写出式（25a），即

$$\int_V U_{i,i} \mathrm{d}V = \int_S U_i v_i \mathrm{d}S \tag{25b}$$

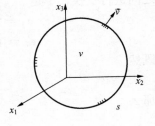

附图 1-2

1.3 坐标变换

设有一空间点 P 处于直角坐标系中，其位置向量的分量可由 (x_1, x_2, x_3) 代表，经过坐标变换后，这组变量将改为 (x'_1, x'_2, x'_3) 。

如附图 1-3 所示，x_i 和 $x'_i (i = 1, 2, 3)$ 两个直角坐标之间的转换关系是

$$x'_1 = x_1 \cos(x_1, x'_1) + x_2 \cos(x_2, x'_1) + x_3 \cos(x'_3, x'_1)$$
$$x'_2 = x_1 \cos(x_1, x'_2) + x_2 \cos(x_2, x'_2) + x_3 \cos(x'_3, x'_2)$$
$$x'_3 = x_1 \cos(x_1, x'_3) + x_2 \cos(x_2, x'_3) + x_3 \cos(x'_3, x'_3) \tag{26a}$$

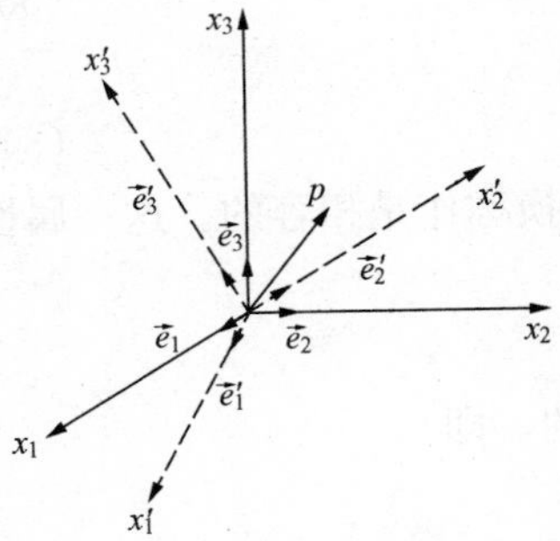

其逆形式是

$$x_1 = x'_1 \cos(x'_1, x_1) + x'_2 \cos(x'_2, x_1) + x'_3 \cos(x'_3, x_1)$$
$$x_2 = x'_1 \cos(x'_1, x_2) + x'_2 \cos(x'_2, x_2) + x'_3 \cos(x'_3, x_2)$$
$$x_3 = x'_1 \cos(x'_1, x_3) + x'_2 \cos(x'_2, x_3) + x'_3 \cos(x'_3, x_3) \tag{27a}$$

附图 1-3 坐标变换

令 (x_i, x'_j) 代表 x_i 与 x'_j 两轴正方向的夹角，符号 ∂_{ij} 表示 $\cos(x_i, x'_j)$ 按照式（3）的规定及式（26a）和式（27a）中的关系式，可以写出

$$\partial_{ij} = \begin{cases} \cos(x_i, x'_j) = \boldsymbol{e}'_j \cdot \boldsymbol{e}_i = \partial x'_j / \partial x_i \\ \cos(x'_j, x_i) = \boldsymbol{e}_i \cdot \boldsymbol{e}'_j = \partial x_i / \partial x'_j \end{cases} \tag{28}$$

需要注意的是，一般来说，由于 $(x_i, x'_j) \neq (x_j, x'_i)$，所以 $\partial_{ij} \neq \partial_{ji}$ 。

这样，利用连加的惯例写法及式（28）中的符号规定，可以大大缩减式（26a）和式（27a）的写法，于是就相应的得到：

$$x'_j = \sum_{i=1}^{3} x_i \cos(x_i, x'_j) = x_i \partial_{ij} \tag{26b}$$

$$x_i = \sum_{i=1}^{3} x'_j \cos(x'_j, x_i) = x'_j \partial_{ij} \tag{27b}$$

其中，i 和 $j = 1, 2, 3$ 。

按照导出式（26a）和式（27a）所用的思路，同样地也可以在 e_i 和 e'_j 两个直角坐标系之间进行变换，于是

$$e'_j = (e'_j \cdot e_1)e_1 + (e'_j \cdot e_2)e_2 + (e'_j \cdot e_3)e_3 = \partial_{ij}e_i \tag{29a}$$

$$e'_i = (e_i \cdot e'_1)e'_1 + (e_i \cdot e'_2)e'_2 + (e_i \cdot e'_3)e'_3 = \partial_{ij}e'_j \tag{29b}$$

既然

$$e_i \cdot e_k = \delta_{ik}$$

那么

$$\partial_{ij}e'_j \cdot \partial_{kl}e'_l = \partial_{ij}\partial_{kl}\partial_{jl} = \delta_{ik}$$

即

$$\partial_{ij}\partial_{kj} = \delta_{ik} \tag{30}$$

类似地：

$$\partial_{ij}\partial_{il} = \delta_{jl} \tag{31}$$

需要说明的是，这里的 i 和 k 指标对应于 x 系统，而 j 和 l 属于 x' 系统；具体地说，在 δ_{ij} 中第一个指标指的是 x 系统，而第二个指标是代表 x' 系统，两者不可互换位置。由于 Kronecker delta 是对称的，式（30）仅是 6 个独立方程的缩并。展开以后可以写成

$$\partial_{11}^2 + \partial_{12}^2 + \partial_{13}^2 = 1, \partial_{21}^2 + \partial_{22}^2 + \partial_{23}^2 = 1, \partial_{31}^2 + \partial_{32}^2 + \partial_{33}^2 = 1 \tag{32}$$
$$\partial_{11}\partial_{21} + \partial_{12}\partial_{22} + \partial_{13}\partial_{23} = 0, \partial_{11}\partial_{31} + \partial_{12}\partial_{32} + \partial_{13}\partial_{33} = 0$$
$$\partial_{21}\partial_{31} + \partial_{22}\partial_{32} + \partial_{23}\partial_{33} = 0$$

如将式（31）展开来，也会有类似的情况。

以上的示范说明，x 和 x' 两个系统之间是可以进行坐标变换的。两者之间的关系可以用函数形式概括为

$$x'_j = x'_j(x_1, x_2, x_3)(j = 1, 2, 3) \tag{33}$$

其逆形式为

$$x_i = x_i(x'_1, x'_2, x'_3)(i = 1, 2, 3) \tag{34}$$

如果式（33）和式（34）方程都是唯一可定的且可逆，则变换称作是相容的。这一属性可以通过以下条件得到保证。它们是：

（1）函数 x'_j 或 x_i 是单值，连续和可微的。

（2）Jacobi 行列式 $J = |\partial x'_j / \partial x_i|$（或 $|\partial x_i / \partial x'_j|$）是正的，即

$$J = \begin{vmatrix} \partial x'_1/\partial x_1 & \partial x'_2/\partial x_1 & \partial x'_3/\partial x_1 \\ \partial x'_1/\partial x_2 & \partial x'_2/\partial x_2 & \partial x'_3/\partial x_2 \\ \partial x'_1/\partial x_3 & \partial x'_2/\partial x_3 & \partial x'_3/\partial x_3 \end{vmatrix} > 0 \tag{35}$$

这样就能使变换为正常的，即右手坐标系经转换后仍然保持为右手坐标系。反之，若 Jacobi 行列式为负值，右手坐标系就会被转换为一个左手坐标系，于是成为非正常变换。

1.4　Descartes 张量、张量性质和张量演算

1.4.1　Descartes 张量

一些物理量，如温度和质量，是不随参考坐标的选择而变化的，它们可以用某个实数值代表，所以称为标量。另外一些量，如速度和力，却只能用向量的概念来标定，在这种情况下，为完全地描述该量就不仅需要确定它的大小值，还应明确其方向。一个向量的分量自然

会随直角坐标系按式（26a）和式（27a）所规定的法则进行某种相容变换而改变。既然

$$\boldsymbol{V} = V'_j \boldsymbol{e}'_j = V_i \boldsymbol{e}'_i \tag{36}$$

于是由式（29b）可知

$$V'_j \boldsymbol{e}'_j = V_i \partial_{ij} \boldsymbol{e}'_j$$

令 j 仅等于 1 或 2 或 3，逐个验证，最后证明可以消去方程两端的 $\boldsymbol{e}'_j$，而有

$$V'_j = V_i \partial_{ij} \tag{37}$$

这一形式与式（26b）完全相同。

在维数更多的一般情况下，为获得一个物理量的不变形式，可以借助向量中的概念推广为

$$\boldsymbol{T} = T_{a_1 a_2 \cdots a_n} \boldsymbol{e}_{a_1} \boldsymbol{e}_{a_2} \cdots \boldsymbol{e}_{a_n} \tag{38}$$

这个物理量 $\boldsymbol{T}$ 就是由各分量 $T_{a_1 a_2 \cdots a_n}$ 所组成的，它是一个不依赖于坐标选择的实体并称为张量，其分量的总数目取决于单位向量系统 $\boldsymbol{e}_{a_i}(i = 1, 2, \cdots, n)$ 的个数，因为它是在这些系统中被分解的。根据式（37）的定义，一个 n 阶（或秩）张量就应该取决于 n 个单位向量系统的量。由于每个单位向量系统有 3 个分量，所以总计它应有 3^n 个分量。

类似于式（36）对于向量所确定的不变量条件，针对张量 $\boldsymbol{T}$ 则有

$$\boldsymbol{T} = T'_{\beta_1 \beta_2 \cdots \beta_n} \boldsymbol{e}'_{\beta_1} \boldsymbol{e}'_{\beta_2} \cdots \boldsymbol{e}'_{\beta_n} = T'_{a_1 a_2 \cdots a_n} \boldsymbol{e}_{a_1} \boldsymbol{e}_{a_2} \cdots \boldsymbol{e}_{a_n} \tag{39}$$

很显然，两组分量 T' 和 T 之间的转换关系是取决于两组坐标系统的。但是利用式（37），就可以得到以下的事实，即

$$T'_{\beta_1 \beta_2 \cdots \beta_n} = T_{a_1 a_2 \cdots a_n} \partial_{a_1 \beta_1} \partial_{a_2 \beta_2} \cdots \partial_{a_n \beta_n} \tag{40}$$

基于同样的不变量条件，式（39）和式（40）两式就具有等价的含义。由此，式（40）所表示的变换法则就可以用来唯一地定义或鉴别一组分量是否属于直角坐标系中的 Descartes 张量。

按照这一法则，一个标量可以作为零阶张量且不随坐标变换而改变，一个向量应归结为一阶张量，因为它是更高阶的量，则应严格按照式（40）予以检验是否具有张量的属性。

在需要用方程式表达某种物理关系时，自然希望它的有效性不会受坐标选取的影响。为实现这一点，就要求方程中所涉及的各项都应具有同一个张量形式，因为，仅只在这种情况下该物理关系才能有一致性属性，即不随坐标而变化。

1.4.2 Descartes 张量的性质

（1）相等。如果两个张量具有相同的阶数且它们的各个分量之间满足关系式

$$T^{(1)}_{a_1 a_2 \cdots a_n} = T^{(2)}_{a_1 a_2 \cdots a_n} \tag{41}$$

则称二者为相等。

（2）相加（或相减）。具有相同阶数的两个张量之和（或差）构成另一个同类型的张量。

$$T^{(3)}_{a_1 a_2 \cdots a_n} = T^{(1)}_{a_1 a_2 \cdots a_n} + T^{(2)}_{a_1 a_2 \cdots a_n} \tag{42}$$

遇到相减时，只要将其中的加号改为减号即可。

两个相等张量之差会导致一个相同阶数的零张量，其分量在直角坐标系中均为零，所以需要区别看待它与标量 0。

(3) 张量积。如果两个张量分别具有 m 阶和 n 阶，它们的张量积是一个 $(m+n)$ 阶张量，即

$$T^{(3)} = T^{(1)} T^{(2)} \tag{43a}$$

其分量被定义为

$$T^{(3)}_{a_1 \cdots a_m a_{m+1} \cdots a_{m+n}} = T^{(1)}_{a_1 \cdots a_m} T^{(2)}_{a_{m+1} \cdots a_{m+n}} \tag{43b}$$

式（43b）的右端是两个实数的乘积。

两个向量的张量积（每个向量都是一个一阶张量）就叫作并矢（$= V_1 V_2$）。

(4) 缩并。如果两个张量的分量中有一个共同指标 a_s，其张量积就成为

$$T^{(3)}_{a_1 \cdots a_s a_s \cdots a_m a_{m+1} \cdots a_{m+n}} = T^{(1)}_{a_1 \cdots a_s \cdots a_m} T^{(2)}_{a_s a_{m+1} \cdots a_{m+n}} \tag{44}$$

按照变换法则式（40）转换 $T^{(3)}$ 分量时，从 x 系统到 x' 系统应有

$$T^{(3)'}_{\beta_1 \cdots \beta_s \beta_t \cdots \beta_{m+n}} = T^{(3)}_{a_1 \cdots a_s a_s \cdots a_{m+n}} \partial_{a_1 \beta_1} \cdots \partial_{a_s \beta_s} \partial_{a_s \beta_t} \cdots \partial_{a_{m+n} \beta_{m+n}} \tag{45}$$

等式右边的 $\partial_{a_s \beta_s} \partial_{a_s \beta_t}$，根据式（31），可以归并为

$$\partial_{a_s \beta_s} \partial_{a_s \beta_t} = \delta_{\beta_s \beta_t}$$

即 β_t 必然等同于 β_s，于是 $T^{(3)}$ 或 $T^{(3)'}$ 的总阶数降低两级，这是因为与两个变换符号 $\partial_{a_s \beta_s}$ 和 $\partial_{a_s \beta_t}$ 被缩并为一个 Kronecker dalta。

在有些教科书中，也称两个 m 阶和 n 阶的张量缩并为标量积。$T^{(1)} \cdot T^{(2)}$ 是一个 $(m+n-2)$ 阶张量，因为在任一坐标系中

$$T^{(1)}_{a_1 \cdots a_m a_s} T^{(2)}_{a_s a_{m+1} \cdots a_{(m+n-2)}} = T^{(3)}_{a_1 \cdots a_m a_{m+1} \cdots a_{(m+n-2)}} \tag{46}$$

其中 a_s 是一个重复性的指标，$T^{(2)}$ 和 $T^{(3)}$ 分别是 $(m-1)$ 阶和 $(n+m-2)$ 阶的张量。由商法则可以导出 $T^{(1)}$ 必然是个 $(m+1)$ 阶张量，以前面有关缩并的论述为依据，反过来就可以证明这点。

按照变换法则：

$$T^{(2)'}_{\beta_s \beta_{m+1} \cdots \beta_{(m+n-2)}} = T^{(2)}_{a_s a_{m+1} \cdots a_{(m+n-2)}} \partial_{a_s \beta_s} \partial_{a_{m+1} \beta_{m+1}} \cdots \partial_{a_{(m+n-2)} \beta_{(m+n-2)}} \tag{47}$$

又

$$T^{(3)'}_{\beta_1 \cdots \beta_m \beta_{m+1} \cdots \beta_{(m+n-2)}} = T^{(3)}_{a_1 \cdots a_m a_{m+1} \cdots a_{m+n-2}} \partial_{a_1 \beta_1} \cdots \partial_{a_m \beta_m} \times \partial_{a_{m+1} \beta_{m+1}} \cdots \partial_{a_{(m+n-2)} \beta_{(m+n-2)}} \tag{48}$$

由式（46）可以写出：

$$T^{(2)}_{a_s a_{m+1} \cdots a_{(m+n-2)}} = \delta_{a_s a_t} T^{(2)}_{a_t a_{m+1} \cdots a_{(m+n-2)}} \tag{49}$$

另一方面，按照式（30）又有

$$\delta_{a_s a_t} = \partial_{a_s \beta_s} \partial_{a_t \beta_s} = \partial_{a_s \beta_s} \partial_{a_s \beta_t} \partial_{a_t \beta_t} \tag{50}$$

利用式（46）、式（49）和式（50），最后将式（48）改换为

$$T^{(3)'}_{\beta_1 \cdots \beta_m \beta_{m+1} \cdots \beta_{(m+n-2)}} = (T^{(1)}_{a_1 \cdots a_m a_s} \partial_{a_1 \beta_1} \cdots \partial_{a_m \beta_m} \partial_{a_s \beta_s}) \times (T^{(2)}_{a_1 a_{m+1} \cdots a_{(m+n-2)}} \delta_{\beta_s \beta_t} \partial_{a_t \beta_t} \cdots \partial_{a_{m+1} \beta_{m+1}} \cdots \partial_{a_{(m+n-2)} \beta_{(m+n-2)}})$$

$$\tag{51}$$

比较式（51）右端的第二个括弧项与式（47）右端的表达式，可以看出式（51）实际上代表：

$$T^{(3)'}_{\beta_1 \cdots \beta_m \beta_{m+1} \cdots \beta_{(m+n-2)}} = T^{(1)'}_{\beta_1 \cdots \beta_m \beta_s} T^{(2)'}_{\beta_s \beta_{m+1} \cdots \beta_{(m+n-2)}}$$

$$= (T^{(1)}_{a_1 \cdots a_m a_s} \partial_{a_1 \beta_1} \cdots \partial_{a_m \beta_m} \partial_{a_s \beta_s}) \times T^{(2)'}_{\beta_s \beta_{m+1} \cdots \beta_{(m+n-2)}}$$

既然 $T^{(2)'}_{\beta_s \beta_{m+1} \cdots \beta_{(m+n-2)}}$ 是任意的，那么

$$T^{(1)'}_{\beta_1 \cdots \beta_m \beta_s} = T^{(1)}_{\alpha_1 \cdots a_m a_s} \partial_{a_1 \beta_1} \cdots \partial_{a_m \beta_m} \partial_{a_s \beta_s}$$

由此证明，$\boldsymbol{T}^{(1)}$ 是遵守式（40）规定的变换法则，因此是一张量。

（5）对称张量和反对称张量。在二阶张量中，如果

$$T_{ij} = T_{ji} \tag{52}$$

那么 $\boldsymbol{T}$ 就是对称的，而如果

$$T_{ij} = - T_{ji} \tag{53}$$

那么 $\boldsymbol{T}$ 就是反对称张量。

对于更高阶的张量，如果相对某一对指标是具有这类对称（或反对称）属性，则就那一对指标而言该张量是对称（或反对称）的。

（6）各向同性张量。有些张量分量在各个坐标系下均相同，则称这类张量为各向同性的，标量和零张量就是其中最简单的例子。

Kronecker dalta. δ_{ik} 也称为二阶的单位张量，这是因为

$$\delta_{ik} = \partial_{jl} \partial_{kl} \partial_{ik} \tag{54}$$

符合变换法则，从式（31）出发，可以很容易地证明

$$\partial_{ij} \partial_{kl} \partial_{ik} = \partial_{ij} \partial_{il} = \partial_{jl}$$

无论在什么坐标下，单位张量的各个分量都是固定不变的，所以是一个二阶的各向同性张量。

置换符号 e_{ikm} 具有三阶各向同性的张量属性，一则是它的分量不随坐标变换而改变，另一方面又有

$$e_{jln} = \partial_{ij} \partial_{kl} \partial_{mn} e_{ikm} \tag{55}$$

这也是符号张量变换法则，式（55）的证明可由以下的推理得到。

由变换矩阵的行列式，即式（35）的 Jacobi 行列式，可知

$$J = \begin{vmatrix} \partial_{11} & \partial_{12} & \partial_{13} \\ \partial_{21} & \partial_{22} & \partial_{23} \\ \partial_{31} & \partial_{32} & \partial_{33} \end{vmatrix} = \begin{vmatrix} \partial_{11} & \partial_{21} & \partial_{31} \\ \partial_{12} & \partial_{22} & \partial_{32} \\ \partial_{13} & \partial_{23} & \partial_{33} \end{vmatrix} \tag{56}$$

其中第二个行列式是第一个的转置，二者的值相等。这两个行列式互乘之后就构成Jacobi行列式的平方，再利用式（30）或式（32）即得到

$$J^2 = \begin{vmatrix} \partial_{11} & \partial_{12} & \partial_{13} \\ \partial_{21} & \partial_{22} & \partial_{23} \\ \partial_{31} & \partial_{32} & \partial_{33} \end{vmatrix} \begin{vmatrix} \partial_{11} & \partial_{21} & \partial_{31} \\ \partial_{12} & \partial_{22} & \partial_{32} \\ \partial_{13} & \partial_{23} & \partial_{33} \end{vmatrix} = \begin{vmatrix} 1 & 0 & 0 \\ 0 & 1 & 0 \\ 0 & 0 & 1 \end{vmatrix} = 1 \tag{57}$$

这就意味着 $J = \pm 1$，在正常变换时就应该是正 1（见附录 1.3 节中的论述和规定）。

为确定式（55）的右端部分，可以利用三阶方阵的行列式的紧凑写法，其形式与式（12）相似，于是得到

$$\partial_{ij} \partial_{kl} \partial_{ik} e_{ikm} = J e_{jln} \tag{58}$$

既然 $J = + 1$，式（58）就成为式（55），问题得到证明。

1.4.3　张量函数的演算

张量函数（或张量场）是指物理的分量遵守张量的变换法则且为一个或多个变量的函数。

定义张量函数的导数时，所包含的含义与标量函数中的一样。这样，一个张量 $\boldsymbol{T}$ 相对广义时间 t 的偏导数就是

643

$$\frac{\partial}{\partial t}\boldsymbol{T}(x_i,t) = \lim_{\Delta t \to 0} \frac{\boldsymbol{T}(x_i,t+\Delta t) - \boldsymbol{T}(x_i,t)}{\Delta t}(i=1,2,\cdots,n) \tag{59}$$

在式（18）中曾定义过 del 算子

$$\nabla = \frac{\partial}{\partial x_\delta}\boldsymbol{e}_\delta\left(\text{或} = \frac{\partial}{\partial x_{\alpha_\delta}}\boldsymbol{e}_{\alpha_\delta}\right)(\delta=1,2,3) \tag{60}$$

将它作用在一个张量函数之后，类似与标量和向量函数中的式（19）、式（20）和式（21）各式，也可以导出相应的结果。

（1）n 阶张量 $\boldsymbol{T}$ 的梯度，$\text{grad}\boldsymbol{T}$ 或 $\nabla\boldsymbol{T}$，是一个 $(n-1)$ 阶的张量：

$$\nabla\boldsymbol{T} = \left[\frac{\partial}{\partial x_\delta}T_{\alpha_1\alpha_2\cdots\alpha_n}\right]\boldsymbol{e}_{\alpha_1}\boldsymbol{e}_{\alpha_2}\cdots\boldsymbol{e}_{\alpha_n}\boldsymbol{e}_\delta \tag{61a}$$

方括弧中的内容就是 $\nabla\boldsymbol{T}$ 的分量，采用直角坐标系中微分的惯例标记法，又可以改写为

$$[\nabla\boldsymbol{T}] = \frac{\partial}{\partial x_\delta}T_{\alpha_1\alpha_2\cdots\alpha_n} = T_{\alpha_1\alpha_2\cdots\alpha_n,\delta} \tag{61b}$$

（2）n 阶张量 $\boldsymbol{T}$ 的散度，$\text{div}\boldsymbol{T}$ 或 $\nabla\cdot\boldsymbol{T}$ 是一个 $(n-1)$ 阶的张量。如果 $\boldsymbol{T}$ 是一个向量函数，其结果将是一个标量函数：

$$\nabla\cdot\boldsymbol{T} = \left[\frac{\partial}{\partial x_\delta}T_{\alpha_1\cdots\alpha_\delta\cdots\alpha_n}\right](\boldsymbol{e}_{\alpha_1}\cdots\boldsymbol{e}_{\alpha_\delta}\cdots\boldsymbol{e}_{\alpha_n})\cdot\boldsymbol{e}_\delta \tag{62a}$$

按照张量的缩并法则，$\nabla\cdot\boldsymbol{T}$ 的分量

$$[\nabla\cdot\boldsymbol{T}] = \frac{\partial}{\partial x_{\alpha_\delta}}T_{\alpha_1\cdots\alpha_\delta\cdots\alpha_n} = T_{\alpha_1\cdots\alpha_\delta\cdots\alpha_n,\alpha_\delta} \tag{62b}$$

是一个 $(n-1)$ 阶张量，因为 α_δ 与 $\alpha_1,K\alpha_\delta K\alpha_n$ 序列中某一个指标重复。而在式（61）中的 δ 则不同于 $\alpha_1 K\alpha_n$ 中任何一个指标。

（3）n 阶张量 $\boldsymbol{T}$ 的旋度，$\text{curl}\boldsymbol{T}$ 或 $\nabla\times\boldsymbol{T}$，仍然保持为 n 阶。

按照直角坐标系中的右手法则，单位向量之间的叉积结果应该为

$$\boldsymbol{e}_\delta\times\boldsymbol{e}_\beta = e_{\delta\beta\gamma}\boldsymbol{e}_\gamma \tag{63}$$

其中 $e_{\delta\beta\gamma}$ 就是式（11）所定义的置换符号。于是

$$\begin{aligned}\nabla\times\boldsymbol{T} &= \frac{\partial}{\partial x_\delta}\boldsymbol{e}_\delta\times(T_{\beta\alpha_1\cdots\alpha_{n-1}}\boldsymbol{e}_\beta\boldsymbol{e}_{\alpha_1}\cdots\boldsymbol{e}_{\alpha_{n-1}}) \\ &= [e_{\delta\beta\gamma}T_{\beta\alpha_1\cdots\alpha_{n-1},\delta}]\boldsymbol{e}_\gamma\boldsymbol{e}_{\alpha_1}\cdots\boldsymbol{e}_{\alpha_{n-1}}\end{aligned} \tag{64a}$$

和

$$[\nabla\times\boldsymbol{T}] = e_{\delta\beta\gamma}T_{\beta\alpha_1\cdots\alpha_{n-1},\delta} \tag{64b}$$

式（64）中的结果清楚地表明，$\nabla\times\boldsymbol{T}$ 是另一个 n 阶张量，其分量可由式（64b）确定。

（4）在 1.2.3 节中曾给出过向量函数的散度定理，推而广之，在张量场中也可以得到相应式（25）的积分表达式：

$$\int_V \nabla\cdot\boldsymbol{T}\mathrm{d}V = \int_S \boldsymbol{T}\cdot\boldsymbol{v}\mathrm{d}S \tag{65a}$$

这里，V 是由闭合曲面 S 所包围的体积，$\boldsymbol{v}$ 就是外围表面上向外法线的单位向量场，如以指标形式表示，则式（65a）等价于：

$$\int_V T_{\alpha_1\cdots\alpha_\delta\cdots\alpha_n,\alpha_\delta}\mathrm{d}V = \int_S T_{\alpha_1\cdots\alpha_\delta\cdots\alpha_n,\nu_{\alpha_\delta}}\mathrm{d}S \tag{65b}$$

1.5　两种张量表示方法的说明

张量可以用一个黑体符号表示，如式（38）的左端项 T，就是一种象征表示方法。另一种方法是以包含坐标指标的分量形式表示，称为指标表示方法，如式（40）。

指标型表示方法的优点是便于标明张量的阶数，在以后采用一般坐标体系下区分协变量与逆变量，并适于张量的各项运算。这些优点得益于仅以张量的分量作为它的代表，但由此也会相应地带来缺点，张量分量成为与坐标系的选择有关的，在形式上不能完善地体现它与坐标的无关性，除非要记住张量都应符合式（40）的守恒性质。在书写上，张量分量比较繁杂。

象征型表示方法则既可以表示张量的实体，形式上又简洁，它的缺点也是显而易见的，由于指标不具体，使用时往往要事先声明规定。

两种方法贯通使用，互相补充是在各类书籍、文献中常见的。以下再给出一些对照示例。

（1）张量：

$$\boldsymbol{T} = T_{a_1 a_2 \cdots a_n} \boldsymbol{e}_{a_1} \boldsymbol{e}_{a_2} \cdots \boldsymbol{e}_{a_n}$$
$$= T_{a_1 a_2 \cdots a_n} \boldsymbol{e}_{a_1} \otimes \boldsymbol{e}_{a_2} \otimes \cdots \otimes \boldsymbol{e}_{a_n} \tag{66}$$

它是式（38）的另一种表示形式，这里的符号 $\otimes$ 代表张量积，有时也可以略去只将单位向量 $\boldsymbol{e}_{a_i}$ 排列写出。

（2）张量积：

将式（43a）展开来写则有

$$T^{(3)}_{a_1 \cdots a_m a_{m+1} \cdots a_{m+n}} \boldsymbol{e}_{a_1} \otimes \cdots \otimes \boldsymbol{e}_{a_m} \otimes \boldsymbol{e}_{a_{m+1}} \otimes \cdots \otimes \boldsymbol{e}_{a_{m+n}}$$
$$= T^{(1)}_{a_1 \cdots a_m} T^{(2)}_{a_{m+1} \cdots a_{m+n}} (\boldsymbol{e}_{a_1} \otimes \cdots \otimes \boldsymbol{e}_{a_m}) \otimes (\boldsymbol{e}_{a_{m+1}} \cdots \otimes \boldsymbol{e}_{a_{m+n}}) \tag{67}$$

式（43b）给出的只是式（67）中的分量

（3）点积：

式（3）的另一种写法是

$$\boldsymbol{U} \cdot \boldsymbol{V} = (U_i \boldsymbol{e}_i) \cdot (U_j \boldsymbol{e}_j) = U_i U_j \boldsymbol{e}_i \cdot \boldsymbol{e}_j = U_i V_j \delta_{ij} = U_i V_i \tag{68a}$$

参照式（44）可以更一般地将这一缩并过程写为

$$\boldsymbol{T}^{(1)} \cdot \boldsymbol{T}^{(2)} = T^{(1)}_{a_1 \cdots a_m a_s} T^{(2)}_{a_t a_{m+1} \cdots a_{m+n}} \boldsymbol{e}_{a_1} \otimes \cdots (\boldsymbol{e}_{a_s} \cdot \boldsymbol{e}_{a_t}) \cdots \otimes \boldsymbol{e}_{a_{m+n}}$$
$$= T^{(3)}_{a_1 \cdots a_s a_t \cdots a_{m+n}} \boldsymbol{e}_{a_1} \otimes \cdots \delta_{a_s a_t} \cdots \otimes \boldsymbol{e}_{a_{m+n}} \tag{68b}$$
$$= T^{(3)}_{a_1 \cdots a_s a_s \cdots a_{m+n}} \boldsymbol{e}_{a_1} \otimes \cdots \otimes \boldsymbol{e}_{a_{m+n}}$$

其中 $\boldsymbol{e}_{a_s}$ 和 $\boldsymbol{e}_{a_t}$ 被缩并，从而使点积的张量降阶两级。

（4）叉积：

式（5）也可以改写为

$$\boldsymbol{U} \cdot \boldsymbol{V} = (U_i \boldsymbol{e}_i) \times (U_j \boldsymbol{e}_j) = U_i U_j \boldsymbol{e}_i \times \boldsymbol{e}_j = U_i V_j e_{ijk} \boldsymbol{e}_k \tag{69a}$$

式（69a）右端项的导出可参见式（63），其一般形式可以写为

$$\boldsymbol{T}^{(1)} \cdot \boldsymbol{T}^{(2)} = T^{(1)}_{a_1 \cdots a_m a_s} T^{(2)}_{a_t a_{m+1} \cdots a_{m+n}} \boldsymbol{e}_{a_1} \otimes \cdots \otimes (\boldsymbol{e}_{a_s} \otimes \boldsymbol{e}_{a_t}) \otimes \cdots \otimes \boldsymbol{e}_{a_{m+n}}$$
$$= T^{(3)}_{a_1 \cdots a_m a_k a_{m+1} \cdots a_{m+n}} \boldsymbol{e}_{a_1} \otimes \cdots \otimes \boldsymbol{e}_{a_m} \otimes \boldsymbol{e}_{a_k} \otimes \boldsymbol{e}_{a_{m+1}} \otimes \cdots \otimes \boldsymbol{e}_{a_{m+n}} \tag{69b}$$

这是因为 $\boldsymbol{T}^{(1)}$ 尾项单位向量 $\boldsymbol{e}_{a_s}$ 与 $\boldsymbol{T}^{(2)}$ 首项单位向量 $\boldsymbol{e}_{a_t}$ 叉积后形成它们相垂直的新向

量，即

$$e_{a_s} \times e_{a_t} = e_{a_s a_t a_k} e_{a_k}$$

从而使叉积后总阶数下降一级，而且有

$$T^{(3)}_{a_1 \cdots a_m a_k a_{m+1} \cdots a_{m+n}} = T^{(1)}_{a_1 \cdots a_m a_s} T^{(2)}_{a_t a_{m+1} \cdots a_{m+n}} e_{a_s a_t a_k} \tag{69c}$$

（5）双点积：

$$\boldsymbol{T}^{(1)} : \boldsymbol{T}^{(2)} = T^{(1)}_{a_1 \cdots a_m a_s a_u} T^{(2)}_{a_t a_v a_{m+1} \cdots a_{m+n}} e_{a_1} \otimes \cdots \otimes \cdots (e_{a_s} \cdot e_{a_t})(e_{a_u} \cdot e_{a_v}) \cdots \otimes e_{a_{m+n}}$$

$$= T^{(3)}_{a_1 \cdots a_m a_s a_u a_s a_u a_{m+1} \cdots a_{m+n}} e_{a_1} \otimes \cdots \otimes e_{a_{m+n}} \tag{70a}$$

可使点积后结果降阶四级，因为有两次缩并，注意这里的次序是第一个张量的两个指标与后一个张量的两个指标按序列相点积，如果是按交叉顺序，则有另一种双点积，即

$$\boldsymbol{T}^{(1)} \cdot\cdot \boldsymbol{T}^{(2)} = T^{(1)}_{a_1 \cdots a_m a_s a_u} T^{(2)}_{a_t a_v a_{m+1} \cdots a_{m+n}} e_{a_1} \otimes \cdots (e_{a_s} \cdot e_{a_v}) \cdots \otimes (e_{a_u} \cdot e_{a_t}) \cdots \otimes e_{a_{m+n}}$$

$$= T^{(3)}_{a_1 \cdots a_m a_s a_u a_u a_s a_{m+1} \cdots a_{m+n}} e_{a_1} \otimes \cdots \otimes e_{a_{m+n}} \tag{70b}$$

1.6 张量的代数运算

（公式汇集，右式可看作左式的定义或证明）

1. 求积

$$\boldsymbol{P} = \boldsymbol{TS} \neq \boldsymbol{ST} \qquad P_{ij} = T_{ik} S_{kj} \neq S_{ik} T_{kj} \tag{71}$$

$$\boldsymbol{T}^2 = \boldsymbol{T}\,\boldsymbol{T} \qquad T^2_{ij} = T_{ik} T_{kj} \tag{72}$$

$$\boldsymbol{TI} = \boldsymbol{IT} = \boldsymbol{T} \qquad T_{ij}\delta_{jk} = \delta_{ij} T_{jk} = T_{ik} \tag{73}$$

$$\boldsymbol{Ia} = \boldsymbol{a} \qquad \delta_{ij} a_j = a_i \tag{74}$$

2. 转置

$$\boldsymbol{P} = \boldsymbol{T}^{\mathrm{T}} \qquad P_{ij} = T^{\mathrm{T}}_{ij} = T_{ji} \tag{75}$$

$$(\boldsymbol{T}^{\mathrm{T}})^{\mathrm{T}} = \boldsymbol{T} \qquad (T^{\mathrm{T}}_{ij})^{\mathrm{T}} = (T_{ji})^{\mathrm{T}} = T_{ij} \tag{76}$$

$$(\boldsymbol{T} + \boldsymbol{S})^{\mathrm{T}} = \boldsymbol{T}^{\mathrm{T}} + \boldsymbol{S}^{\mathrm{T}} \qquad (T_{ij} + S_{ij})^{\mathrm{T}} = (T_{ij})^{\mathrm{T}} + (S_{ij})^{\mathrm{T}} = T_{ji} + S_{ji} \tag{77}$$

$$(\boldsymbol{TS})^{\mathrm{T}} = \boldsymbol{S}^{\mathrm{T}} \boldsymbol{T}^{\mathrm{T}} \qquad (T_{ik} S_{kj})^{\mathrm{T}} = S^{\mathrm{T}}_{kj} T^{\mathrm{T}}_{ik} = S_{jk} \cdot T_{ki} \tag{78}$$

$$\boldsymbol{I}^{\mathrm{T}} = \boldsymbol{I} \tag{79}$$

3. 求迹

$$t_r \boldsymbol{T}^2 = T_{11} + T_{22} + T_{33} = T_{ii} \tag{80}$$

$$t_r(\boldsymbol{T} + \boldsymbol{S}) = t_r \boldsymbol{T} + t_r \boldsymbol{S} \tag{81}$$

$$t_r(\boldsymbol{TS}) = t_r(\boldsymbol{ST}) \qquad T_{ik} S_{ki} = S_{ki} T_{ik} \tag{82}$$

$$t_r \boldsymbol{I} = 3 \qquad \delta_{ii} = 3 \tag{83}$$

4. 标积

$$p = \boldsymbol{n} \cdot \boldsymbol{a} = \boldsymbol{n}^{\mathrm{T}} \cdot \boldsymbol{a} \qquad p = n_i a_i \tag{84}$$

$$\boldsymbol{s} = \boldsymbol{n} \cdot \boldsymbol{T} = \boldsymbol{n}^{\mathrm{T}} \cdot \boldsymbol{T} \qquad S_j = n_i T_{ij} \tag{85}$$

$$p = \boldsymbol{T} \cdot \boldsymbol{S} = \boldsymbol{S} \cdot \boldsymbol{T} = t_r(\boldsymbol{T}^{\mathrm{T}} \boldsymbol{S}) = t_r(\boldsymbol{S}^{\mathrm{T}} \boldsymbol{T}) \qquad p = T_{ij} S_{ij} = T^{\mathrm{T}}_{ji} S_{ij} = T_{ij} S^{\mathrm{T}}_{ji} \tag{86}$$

$$\boldsymbol{T} \cdot (\boldsymbol{SR}) = (\boldsymbol{SR})\boldsymbol{T} = (\boldsymbol{TR}^{\mathrm{T}}) \cdot \boldsymbol{S} = \boldsymbol{S} \cdot (\boldsymbol{TR}^{\mathrm{T}}) = (\boldsymbol{S}^{\mathrm{T}} \boldsymbol{T}) \cdot \boldsymbol{R} = (\boldsymbol{RT}^{\mathrm{T}}) \cdot \boldsymbol{S}^{\mathrm{T}} = (\boldsymbol{T}^{\mathrm{T}} \boldsymbol{S}) \cdot \boldsymbol{R}^{\mathrm{T}},$$

对应的下标表示为 $\quad T_{ij} S_{ik} R_{kj} = T_{ij} R^{\mathrm{T}}_{jk} \cdot S_{ik} = S^{\mathrm{T}}_{ki} T_{ij} R_{kj} = R_{kj} T^{\mathrm{T}}_{ji} S_{ki} = T^{\mathrm{T}}_{ji} S_{ik} R^{\mathrm{T}}_{jk} \tag{87}$

$$\boldsymbol{I} \cdot \boldsymbol{T} = t_r(\boldsymbol{I}^{\mathrm{T}} \boldsymbol{T}) = t_r \boldsymbol{T} \qquad \delta_{ij} T_{ij} = T_{ii} \tag{88}$$

5. 求模

$$|a| = \sqrt{a \cdot a} \qquad a = \sqrt{a_i \cdot a_i} \tag{89}$$

$$|T| = \sqrt{T \cdot T} = \sqrt{t_r (T^T \cdot T)} \qquad T = \sqrt{T_{ij} T_{ij}} \tag{90}$$

6. 行列式

$$\det T \equiv \begin{vmatrix} T_{11} & T_{12} & T_{13} \\ T_{21} & T_{22} & T_{23} \\ T_{31} & T_{32} & T_{33} \end{vmatrix} = \frac{1}{3!} \varepsilon_{ijk} \varepsilon_{rst} T_{ir} T_{js} T_{kt} \tag{91}$$

$$\varepsilon_{123} = \varepsilon_{231} = \varepsilon_{312} = 1$$

$$\varepsilon_{213} = \varepsilon_{321} = \varepsilon_{132} = -1$$

$$\varepsilon_{iik} = \varepsilon_{ijj} = \varepsilon_{iji} = \varepsilon_{iii} = 0$$

$$\det T^T = \det T \tag{92}$$

$$\det(aT) = a^3 \det T \tag{93}$$

$$\det(TS) = \det T \times \det S \tag{94}$$

7. 求逆

$$T T^{-1} = T^{-1} T = 1 \qquad T_{ik} T_{kj}^{-1} = \delta_{ij} \tag{95}$$

$$T^{-1} = \frac{1}{\det T} \left(\frac{\partial \det T}{\partial T} \right)^T \qquad T_{ij}^{-1} = \frac{1}{2 \det T} \varepsilon_{ijl} \varepsilon_{jst} T_{sk} T_{tl} \tag{96}$$

$$(T^{-1})^{-1} = T \tag{97}$$

$$(TS)^{-1} = S^{-1} T^{-1} \tag{98}$$

$$(T^T)^{-1} = (T^{-1})^T \tag{99}$$

$$\det(T^{-1}) = (\det T)^{-1} \tag{100}$$

1.7　几种特殊张量

1.7.1　对称张量和反对称张量

对称张量和反对称张量，任意张量 T 可以唯一地分解为对称张量和反对称张量之和。

$$T = \frac{1}{2}(T + T^T) + \frac{1}{2}(T - T^T) = S + A \tag{101}$$

1. 对称张量

$$S \equiv \frac{1}{2}(T + T^T) \tag{102}$$

性质：

$$S^T = \frac{1}{2}(T + T^T)^T = \frac{1}{2}(T^T + T) = S \tag{103}$$

即 $S_{ij} = S_{ji}$。若有两个单位向量 n_α、n_β 相互垂直，则

$$n_\alpha^T S n_\beta^T = (n_\alpha)_i S_{ij} (n_\beta)_j = Q_{\alpha i}^T S_{ij} Q_{\beta j}^T = Q_{\alpha i}^T S_{ij} Q_{j\beta} = S_{\alpha\beta} \tag{104}$$

式中　$S_{\alpha\beta}$——S 在 n_α、n_β 方向的切分量。

如对任何方向均有 $S_{\alpha\alpha} > 0$，则 S 为正定，S_{ij} 为正定二次型 $Q_{ia} S_{ij} G_{ja}$ 的系数，若 $S_{\alpha\alpha} \geqslant 0$ 为半正定。

2. 反对称张量

$$A = \frac{1}{2}(T - T^T) \tag{105}$$

647

性质：
$$\boldsymbol{A}^{\mathrm{T}} = \frac{1}{2}\,(\boldsymbol{T} - \boldsymbol{T}^{\mathrm{T}})^{\mathrm{T}} = \frac{1}{2}\,(\boldsymbol{T}^{\mathrm{T}} - \boldsymbol{T}) = -\boldsymbol{A} \tag{106}$$

即
$$A_{ij} = -A_{ji}$$

$$[A_{ij}] = \begin{bmatrix} 0 & -\dfrac{1}{2}\,(T_{21} - T_{12}) & \dfrac{1}{2}\,(T_{13} - T_{31}) \\[2mm] \dfrac{1}{2}\,(T_{21} - T_{12}) & 0 & -\dfrac{1}{2}\,(T_{32} - T_{23}) \\[2mm] -\dfrac{1}{2}\,(T_{13} - T_{31}) & \dfrac{1}{2}\,(T_{32} - T_{23}) & 0 \end{bmatrix} = \begin{bmatrix} 0 & -\omega_3 & \omega_2 \\ \omega_3 & 0 & -\omega_1 \\ -\omega_2 & \omega_1 & 0 \end{bmatrix} \tag{107}$$

反对称张量 A_{ij} 和向量 ω_k 之间有对应关系。

1.7.2　球形张量（各向同性张量）和偏量

由
$$\boldsymbol{T} = \frac{1}{3}\,(t_r\boldsymbol{T})\boldsymbol{I} + \left[\boldsymbol{T} - \frac{1}{3}\,(t_r\boldsymbol{T})\boldsymbol{I}\right] = \boldsymbol{P} + \boldsymbol{D} \tag{108}$$

有球形张量
$$\boldsymbol{P} \equiv \frac{1}{3}\,(t_r\boldsymbol{T})\boldsymbol{I} \qquad P_{ij} = \frac{1}{3}\,T_{kk}\delta_{ij} \tag{109}$$

偏量
$$\boldsymbol{D} = \boldsymbol{T} - \frac{1}{3}\,(t_r\boldsymbol{T})\boldsymbol{I} \qquad D_{ij} = T_{ij} - \frac{1}{3}\,T_{kk}\delta_{ij} \tag{110}$$

注意：
$$t_r\boldsymbol{D} = D_{ii} = T_{ii} - \frac{1}{3}\,T_{kk} \times 3 = 0 \tag{111}$$

1.7.3　正交向量

保持所变换的向量和映像的长度不变的张量，也即使向量发生刚性转动（或刚性转动加上对垂直于转轴的平面反射）的线性变换。

设张量 $\boldsymbol{Q}$ 使任意向量 b 转至 b^*，即 $b^* = \boldsymbol{Q}b$，而使 $|b^*| = |b|$，即使 $(\boldsymbol{Q}b)\cdot(\boldsymbol{Q}b) = (\boldsymbol{Q}b)^{\mathrm{T}}\,(\boldsymbol{Q}b) = b^{\mathrm{T}}\boldsymbol{Q}^{\mathrm{T}}\boldsymbol{Q}b = bb = b^{\mathrm{T}}b$。

因 b 任意，故必有
$$\boldsymbol{Q}^{\mathrm{T}}\boldsymbol{Q} = \boldsymbol{I} \text{ 或 } \boldsymbol{Q}^{\mathrm{T}} = \boldsymbol{Q}^{-1} \tag{112}$$

因此，$(\det\boldsymbol{Q})^2 = 1$，所以 $\det\boldsymbol{Q} = \pm 1$（$+1$ 对应于转动，-1 对应于转动加反射）。

$$\tag{113}$$

1.7.4　相似张量

若张量 $\boldsymbol{T}$ 使 a 变换至 b，相应的 $\boldsymbol{T}^*$ 使 a^* 变换至 b^*，则
$$b = \boldsymbol{T}a \qquad b^* = \boldsymbol{T}^* a^*$$

而 a^*、b^* 由 a、b 经过旋转而来，所以
$$b^* = \boldsymbol{Q}b \qquad a^* = \boldsymbol{Q}a$$

则 $\boldsymbol{T}^* a^* = \boldsymbol{Q}\boldsymbol{T}a \rightarrow \boldsymbol{T}^*\boldsymbol{Q}a = \boldsymbol{Q}\boldsymbol{T}a$。

因 a 任意，故必有
$$\boldsymbol{T}^* = \boldsymbol{Q}\boldsymbol{T}\boldsymbol{Q}^{\mathrm{T}}$$

这里，$\boldsymbol{T}^*$ 由 $\boldsymbol{T}$ 经过旋转而来，互为相似张量。

1.8 张量的主值和主方向

主方向 n：经线性算子 T 作用后仍保持其单位的单位矢量，即

$$Tn = \lambda In \tag{114}$$

λ 为待定量，式（114）可移项改写为

$$(T - \lambda I)n = 0 \tag{115}$$

n 的平凡解条件为

$$\det(T - \lambda I) = 0 \tag{116}$$

即

$$\Delta(\lambda) = -\lambda^3 + \mathrm{I}\lambda^2 - \mathrm{II}\lambda + \mathrm{III} = 0$$

式中

$$\begin{cases} \mathrm{I} = t_r T = T_{11} + T_{22} + T_{33} \\ \mathrm{II} = \dfrac{1}{2}(t_r^2 T - t_r T^2) \\ \mathrm{III} = \det T \end{cases}$$

特征方程 $\Delta(\lambda) = 0$ 有三个根 λ_1，λ_2，λ_3，称为 T 的主值。由三次方程根和系数的关系：

$$\begin{cases} \mathrm{I} = \lambda_1 + \lambda_2 + \lambda_3 \\ \mathrm{II} = \lambda_1\lambda_2 + \lambda_2\lambda_3 + \lambda_3\lambda_1 \\ \mathrm{III} = \lambda_1\lambda_2\lambda_3 \end{cases} \tag{117}$$

649

可知，三个根的值与坐标无关，其组合也和坐标无关，从而 I、II、III 是与坐标无关的 T 的三个不变量。

如 T 为对称张量，可证三个主值全为实数，如：

$$\lambda_1 \neq \lambda_2 \neq \lambda_3$$

则对应于每个 $\lambda_r(r = 1, 2, 3)$ 都有一个主方向 n_r：

$$Tn_r = \lambda_r n_r \tag{118}$$

可以证明 n_r 相互正交，$n_r^T n_\Delta = \delta_{r\Delta}$，故以 n_r 为坐标轴时，

$$T_{r\Delta} = n_r^T T n_\Delta = \lambda_v \delta_{r\Delta}$$

即

$$[T_{r\Delta}] = \begin{bmatrix} \lambda_1 & 0 & 0 \\ 0 & \lambda_2 & 0 \\ 0 & 0 & \lambda_3 \end{bmatrix} \tag{119}$$

在 $\lambda_1 = \lambda_2 \neq \lambda_3$ 时，则 n_3 为主方向，垂直于 n_3 的平面上任意方向都是主方向，在 $\lambda_1 = \lambda_2 = \lambda_3 = \lambda$ 时，则 $T = \lambda I$，此时，T 是各项同性张量，所有的方向都是主方向。

两个特别情况：

（1）T^n 和 T 有相同的主轴，前者主值为后者主值的年 n 次幂。

$$Tn_r = \lambda_r n_r$$

$$T^2 n_r = \lambda_r T n_r = \lambda_r^2 n_r$$

$$\cdots\cdots\cdots\cdots\cdots$$

当 n 为正整数时，$T^n n_r = \lambda_r T^{n-1} n_r = \cdots = \lambda_r^n n_r$，显然，$n$ 为分数、负数时也成立（有条件，如 $n = \dfrac{1}{2}$，须 $\lambda_r > 0$，即 T 正定）。

（2）T 和它的相似张量 QTQ^T 有相同的主值。

因设 QTQ^T 的主方向为 n_r^*，则 $n_r^* = Qn_r$，

$\therefore$　　　　　所以　$Q^T n_r^* = n_r$

$$TQ^T n_r^* = Tn_r = \lambda_r n_r$$

$$(QTQ^T)n_r^* = \lambda_r n_r^*$$

参考文献

[1]　孙志铭. 物理中的张量. 北京：北京师范大学出版社，1985.

[2]　李国深，耶纳 M. 塑性大应变微结构力学. 北京：科学出版社，2003.

[3]　朱兆祥. 材料本构关系. 合肥：中国科技大学研究生讲义，1982.

附录 2 计量单位换算表

物理量	单位名称	单位符号	与国际单位制(SI)换算关系	因次表达式
质量	千克(公斤)	kg	国际单位制基本单位 1kg＝0.101 972kgf·s²/m	
	吨	t	1t＝10³kg	
	克	g		[M]
	磅	lb	1lb＝0.453 6kg	
	英吨(长吨)	ukton,ton	1ukton＝1.016 05t＝1016.05kg	
	美吨(短吨)	uston,shton	1uston＝0.907 185t＝907.185kg	
体积 容积	立方米	m³	SI 导出单位	
	升	L	1L＝1dm³＝10⁻³m³	
	立方厘米	cm³	SI 导出单位	
		cc	1cc＝1cm³＝10⁻³L	
	立方英尺	ft³	1ft³＝2.832×10⁻²m³＝28.32L	[L³]
	立方英寸	in³	1in³＝1.638 7×10⁻⁵m³＝1.638 7×10⁻²L	
	英加仑	gal(UK)	1gal(UK)＝4.546×10⁻³m³＝4.546L	
	美加仑	gal(US)	1gal(US)＝3.785×10⁻³m³＝3.785L	
力 重力	牛(顿)	N	SI 导出单位	
	千牛(顿)	kN	1kN＝1000N	
	千克力	kgf	1kgf＝9.806 65N	[MLT⁻²]
	吨力	tf	1tf＝9806.65N＝9.806 65kN	
	达因	dyn	1dyn＝1g·cm·s⁻²＝10⁻⁵N	
速度	米每秒	m/s	SI 导出单位	
	英寸每秒	in/s	1in/s＝0.025 4m/s	[LT⁻¹]
	英尺每秒	ft/s	1ft/s＝0.304 8m/s	
流量	立方米每小时	m³/h		
	升每分	L/min	1L/min＝0.060 002m³/h	
	立方英尺每小时	ft³/h	1ft³/h＝0.028 317m³/h＝0.047 194L/min	
	英加仑每分	gal(UK)/min	1gal(UK)/min＝0.272 7m³/h＝4.546L/min	
	美加仑每分	gal(US)/min	1gal(UK)/min＝0.227 13m³/h＝3.785 3L/min	
温度	开(尔文)	K	SI 基本单位	
	华氏度	F	1F＝0.555 556K	Ⓗ
	摄氏度	℃	SI 导出单位	
时间	秒	s	SI 基本单位	
	分	min	1min＝60s	[T]
	(小)时	h	1h＝60min＝3600s	

附录 2　计量单位换算表

物理量	单位名称	单位符号	与国际单位制(SI)换算关系	因次表达式
长度	米	m	SI 基本单位	
	分米	dm	$1dm=10^{-1}m$	
	厘米	cm	$1cm=10^{-2}m$	
	毫米	mm	$1mm=10^{-3}m$	$[L]$
	英尺	ft	$1ft=30.48cm=304.8mm$	
	英寸	in	$1in=25.4mm$	
面积	平方米	m^2	SI 基本单位	
	平方英尺	ft^2	$1ft^2=9.29\times10^{-2}m^2$	$[L^2]$
	平方英寸	in^2	$1in^2=6.452\times10^{-4}m^2$	
压力	帕(斯卡)	Pa	SI 导出单位 $1Pa=1N/m^2$	
压强	巴	bar	$1bar=10^5Pa$	
应力	毫米汞柱	mmHg	$1mmHg=133.322Pa$	
	毫米水柱	mmH_2O	$1mmH_2O=9.80665Pa$	
	托	Torr	$1Torr=133.322Pa$	$[ML^{-1}T^{-2}]$
	标准大气压	atm	$1atm=101\ 325Pa$	
	工程大气压	at	$1at=98\ 066.5Pa$	
	磅力每平方英尺	lbf/ft^2	$1lbf/ft^2=47.8803Pa$	
	磅力每平方英寸	lbf/in^2	$1lbf/in^2=6894.76Pa$	

652